橱柜设计方案 ▶

全屋定制CAD设计图集

主编 杨岚

中国林業出版社
CFPH China Forestry Publishing House

图书在版编目（C I P）数据

全屋定制 CAD 设计图集 / 杨岚主编 . -- 北京 : 中国林业出版社 , 2020.7
ISBN 978-7-5219-0625-7

Ⅰ . ①全… Ⅱ . ①杨… Ⅲ . ①室内装饰设计－计算机辅助设计－ AutoCAD 软件－图集 Ⅳ . ① TU238.2-39

中国版本图书馆 CIP 数据核字 (2020) 第 102063 号

中国林业出版社
责任编辑：李 顺 陈 慧
出版咨询：（010）83143569

出 版：中国林业出版社（100009 北京西城区德内大街刘海胡同 7 号）
网 站：http://www.forestry.gov.cn/lycb.html
印 刷：深圳市汇亿丰印刷科技有限公司
发 行：中国林业出版社
电 话：（010）83143500
版 次：2020 年 7 月第 1 版
印 次：2020 年 7 月第 1 次
开 本：889mm×1194mm 1 ／ 16
印 张：15.25
字 数：400 千字
定 价：598.00 元（全 3 册）

前言

Preface

本套《全屋定制CAD设计图集》是一种个性化、多样化的设计理念，其通过“互联网+”的营销模式，以数字化和智能化的方式进行生产，随着社会的不断发展，全屋定制逐渐被广大消费者所接受，它强调的是个性化设计及家居设计风格的统一，全屋定制不仅能让我们的生活更加舒适，也能独树一帜地演绎主人的生活理念。

全屋定制涵盖了用户调查、方案设计、后期沟通、工厂生产、安装、售后等一系列服务，因此必须依靠强大的企业或服务平台，实现设计、生产、施工、饰品配套等多种资源的整合与利用；以全屋设计为主导，配合专业定制和整体主材配置来实现属于客户自己的家装文化。

想在未来的全屋定制行业占领先机，除了依靠品质、服务等因素，对整装品牌而言，人是不可或缺的重要力量。因此企业对于设计师的培养和设计师自身能力的提升，越来越显得必不可少。

作为全屋定制企业最核心的岗位——设计师，任重而道远，设计师不仅是企业价值的创造者，更是帮助企业解决问题的行动者，设计师在企业的转型升级、突破瓶颈等问题中都是中坚力量，设计师面对的挑战和困难也是非常艰巨的。

为了能让广大设计师和我们的同行业者更快解决实际问题，找到用户需求，我们特将近年来的生产实践整理成册，本套系列丛书分为三部分，第一部分背景墙；第二部分为酒窖、榻榻米；第三部分为酒柜。

我们在整理这套书时候尽量原创，在编写过程中参考和引用了很多行业内知名的企业、设计师的宝贵资料和研究成果，同时也参照了很多行业图集，在此基础上进行了部分修改！在此对原作者和研究者表示衷心的感谢！

本书在编写过程中，肯定有诸多纰漏之处，我们也向本书提出质疑或提供建议的读者表示诚挚的敬意！

编者

2020年3月

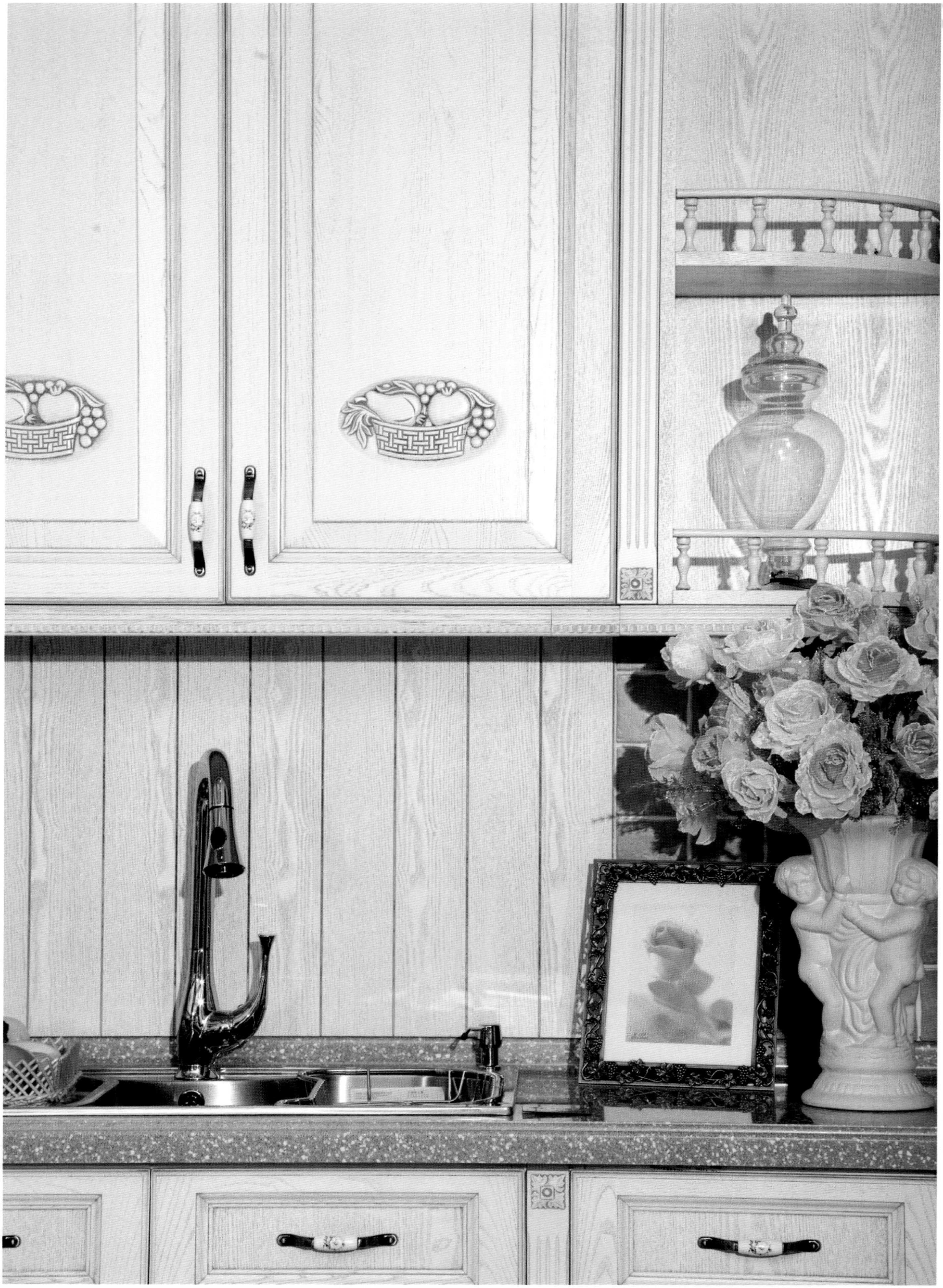

CUISINE PRATIQUE
HP

Contents

目 录

第一章

一字型橱柜

第一节 简约一字型橱柜

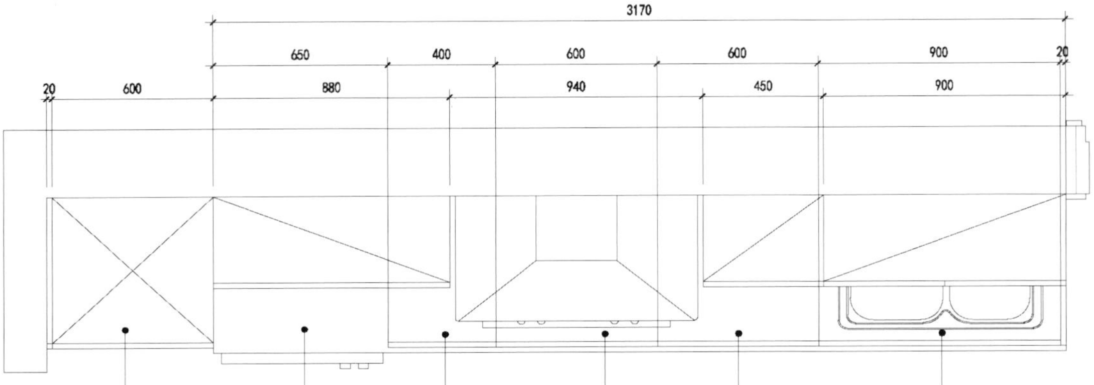

样式一 厨房平面布置图 1:25

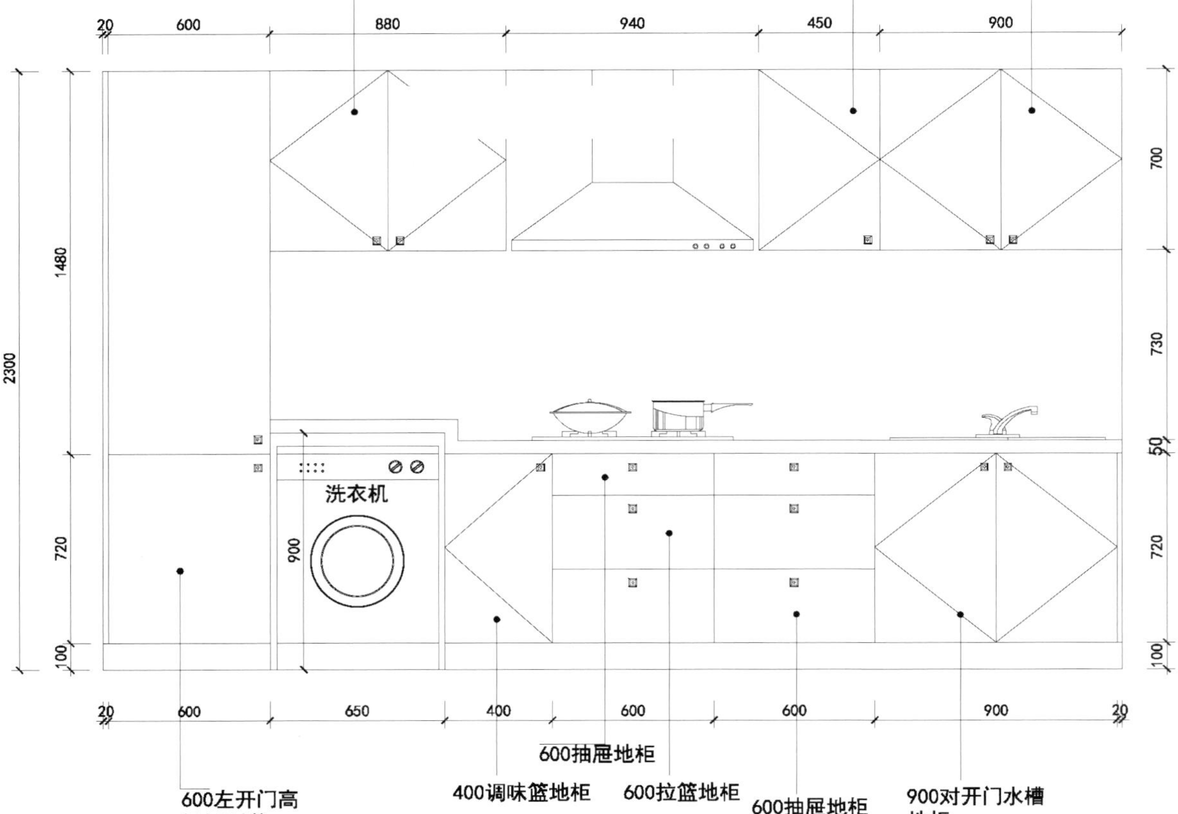

样式一 厨房立面布置图 1:25

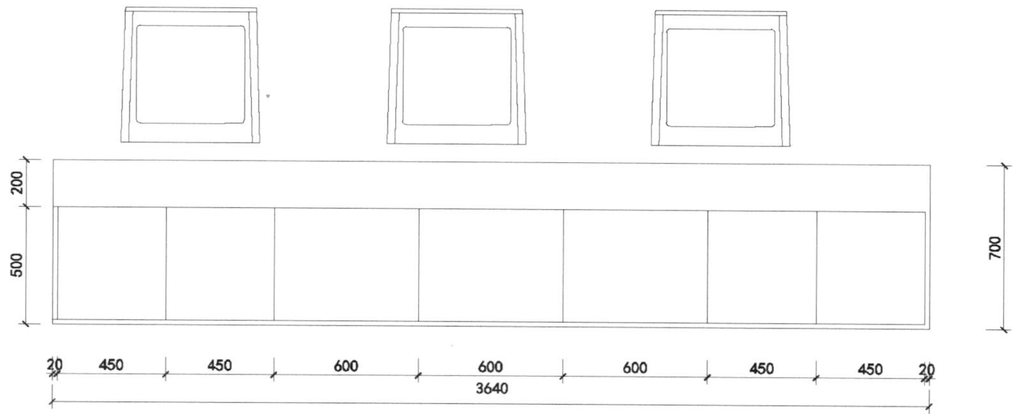

样式二 厨房平面布置图 1:25

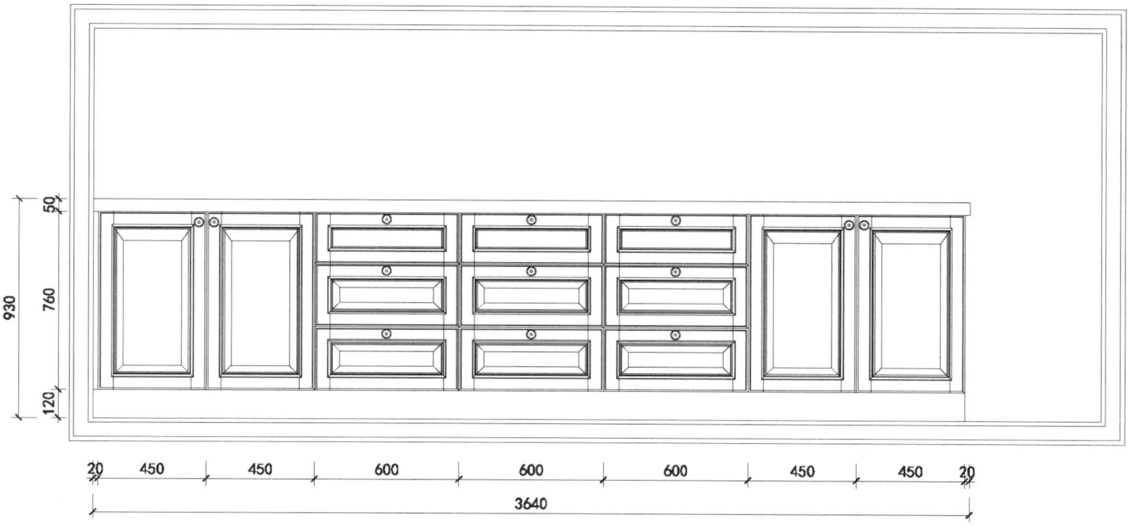

样式二 厨房立面布置图 1:25

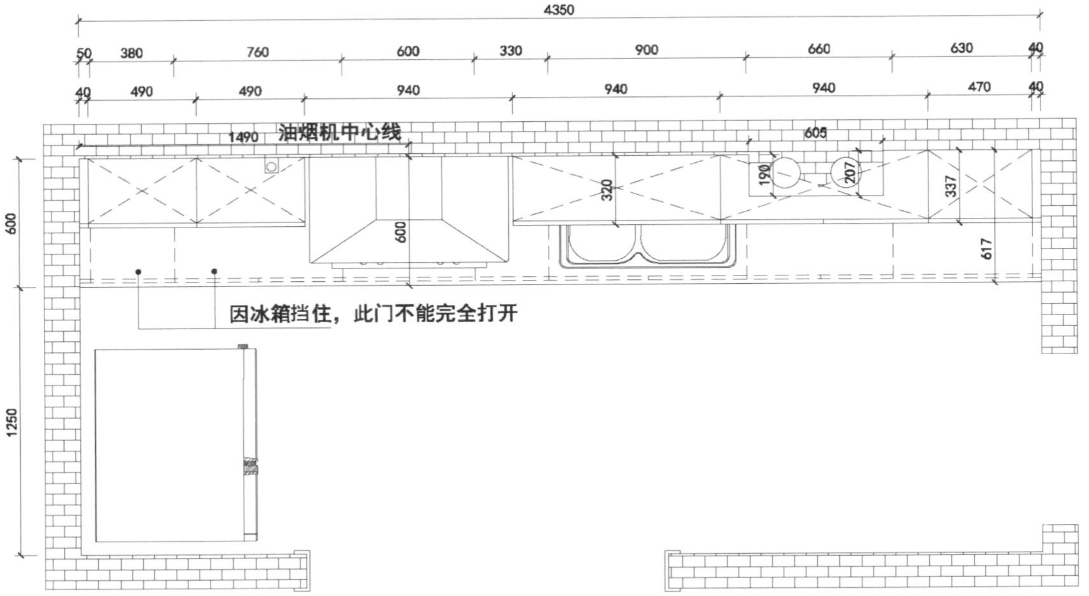
4350
50 380 760 600 330 900 660 630 40
40 490 490 940 940 940 470 40
1490
油烟机中心线
605
600
320
190
207
337
617
600
1250
因冰箱挡住，此门不能完全打开

样式三 厨房平面布置图 1:25

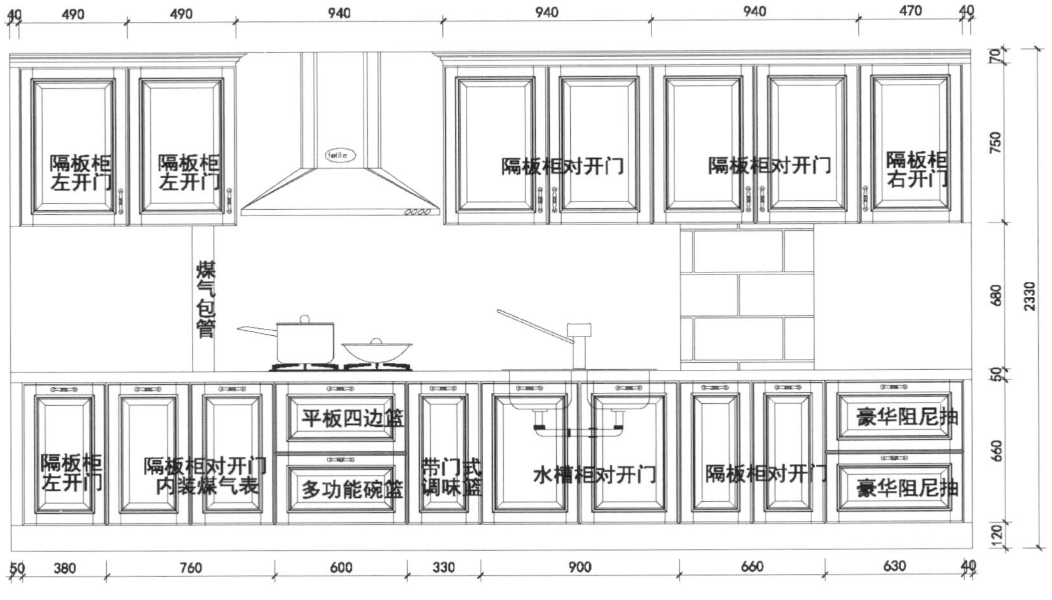
40 490 490 940 940 940 470 40
隔板柜
左开门
隔板柜
左开门
隔板柜对开门
隔板柜对开门
隔板柜
右开门
煤气包管
隔板柜
左开门
隔板柜对开门
内装煤气表
平板四边篮
多功能碗篮
带门式
调味篮
水槽柜对开门
隔板柜对开门
豪华阻尼抽
豪华阻尼抽
70
750
680
50
660
120
2330
50 380 760 600 330 900 660 630 40

样式三 厨房立面布置图 1:30

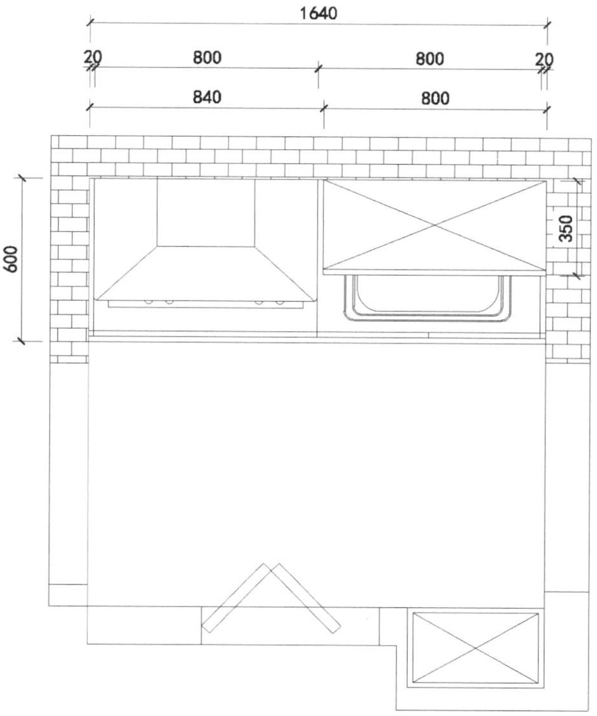

样式四 厨房平面布置图 1:25

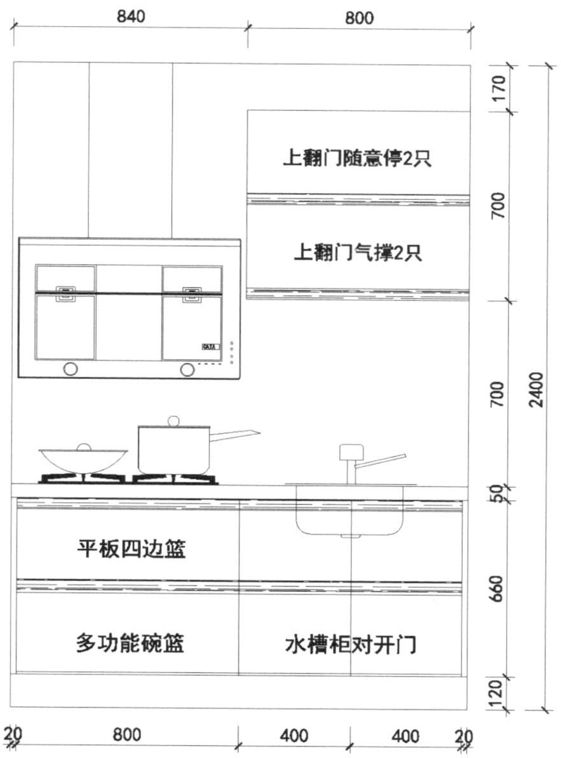

样式四 厨房立面布置图 1:25

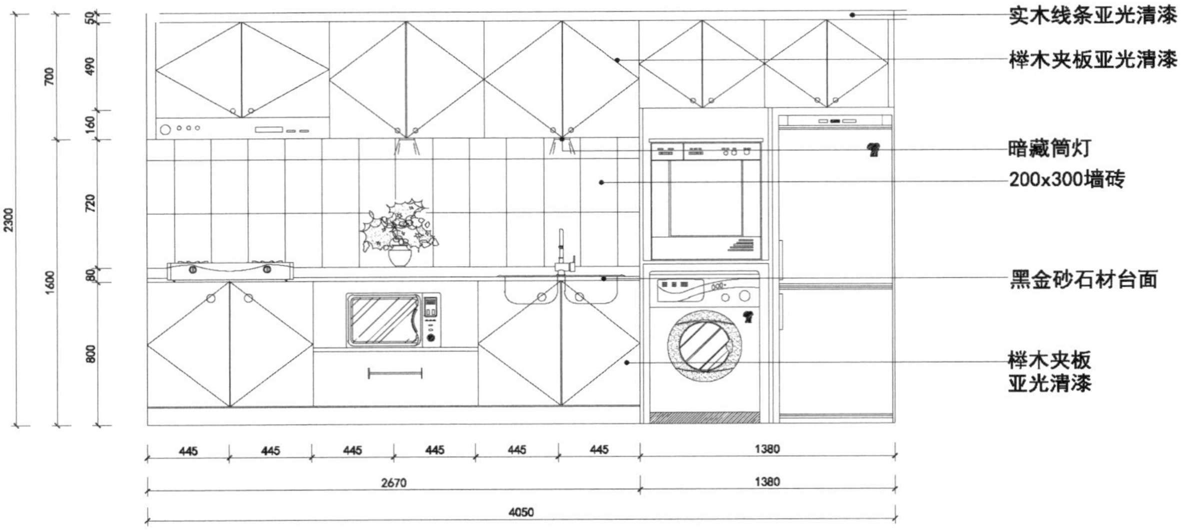

样式五 厨房立面布置图 1:25

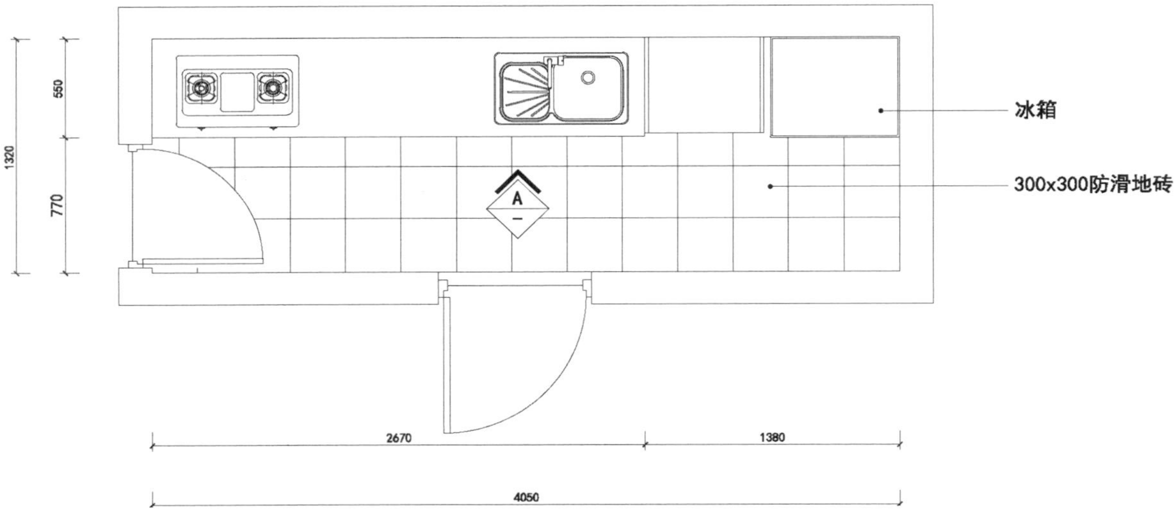

样式五 厨房平面布置图 1:25

第二节 欧式一字型橱柜

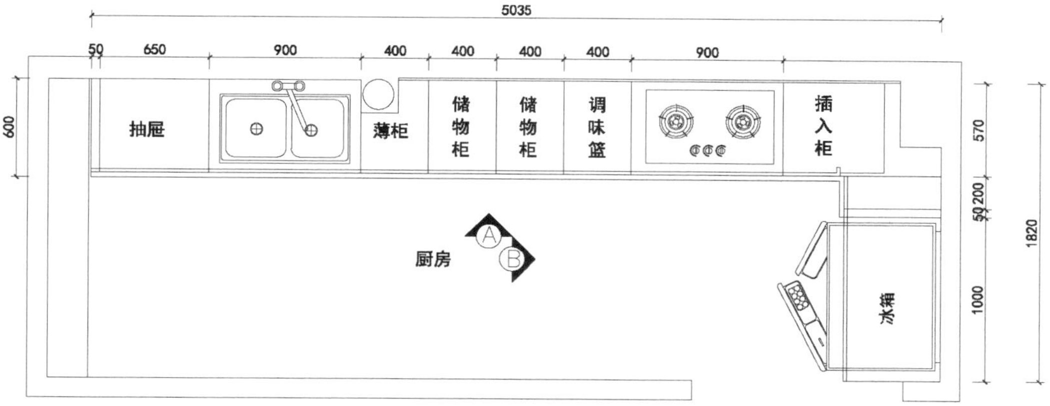

厨房平面布置图 1:25

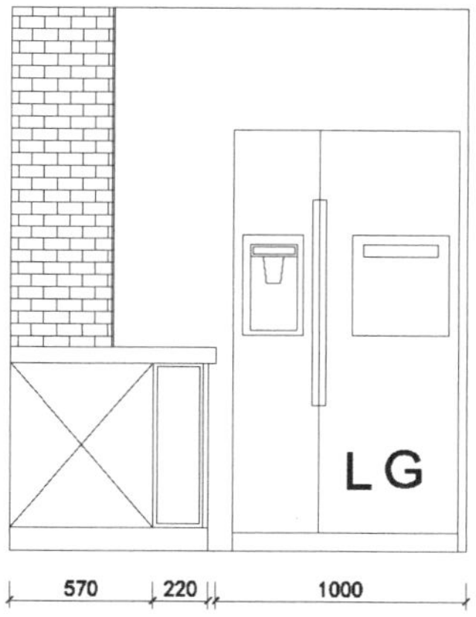

厨房 B 面立面图 1:30

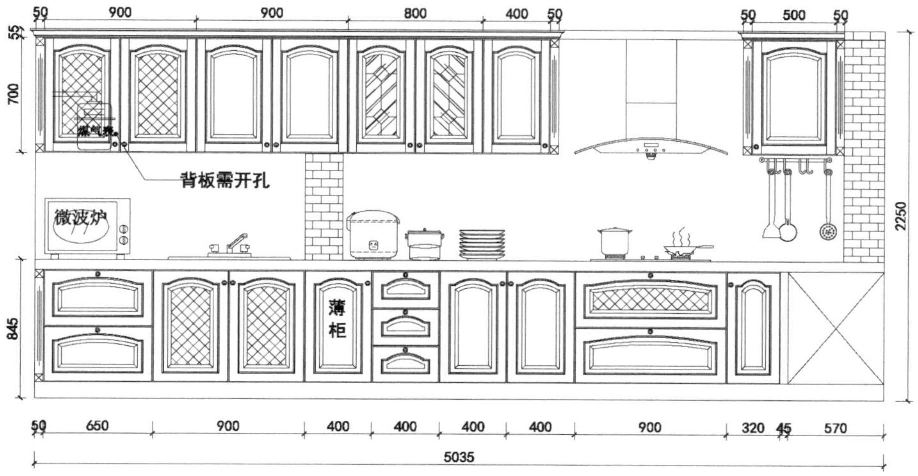

厨房 A 面立面图 1:30

第三节 防火板一字型橱柜

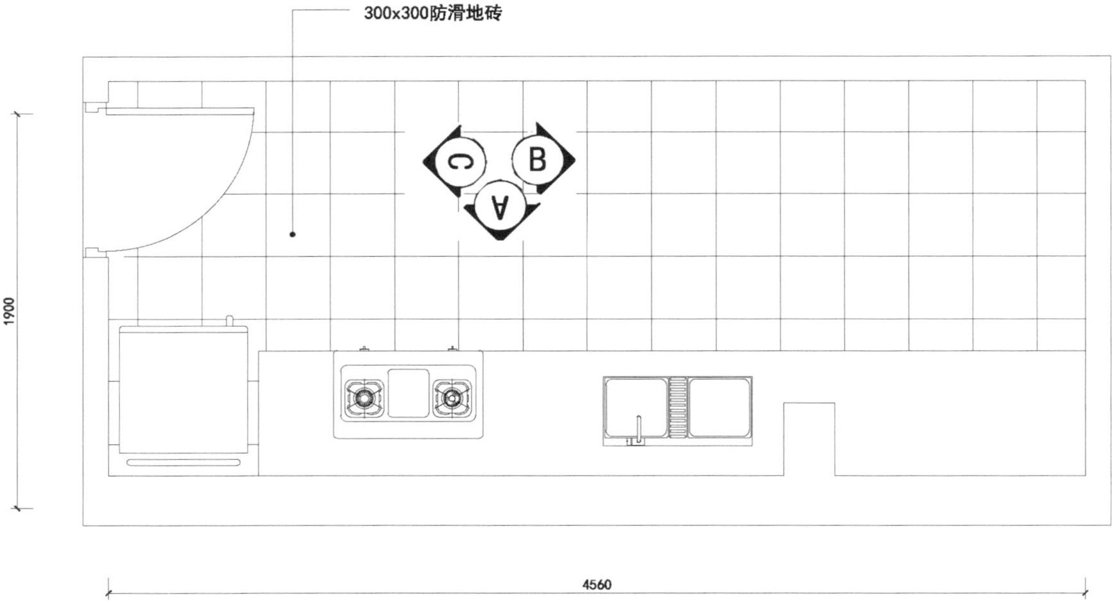

厨房平面布置图 1:30

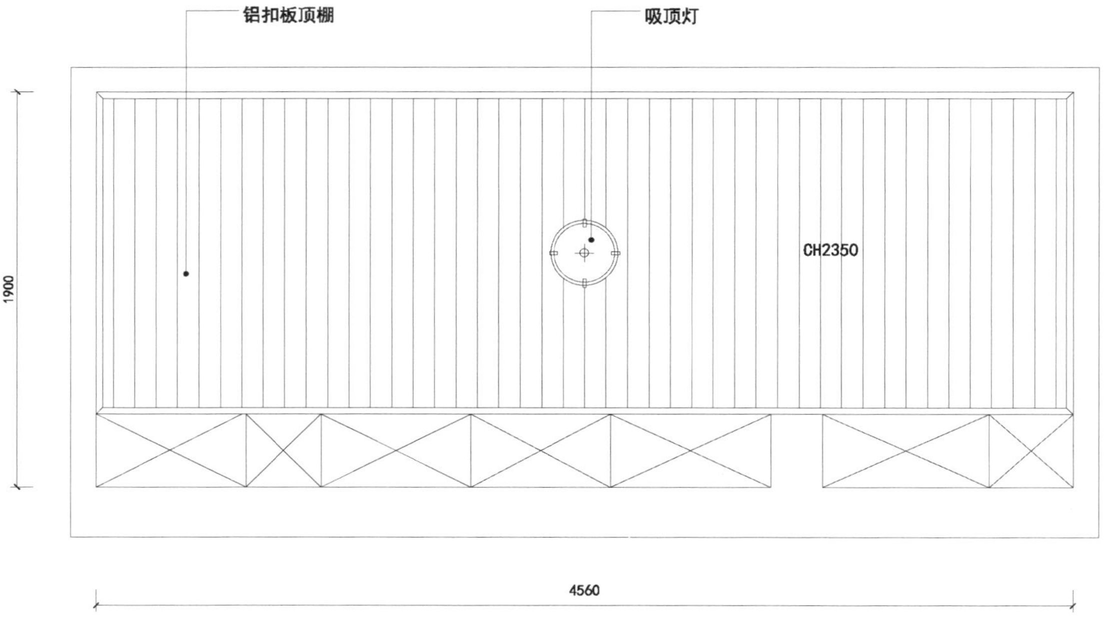

厨房吊顶布置图 1:30

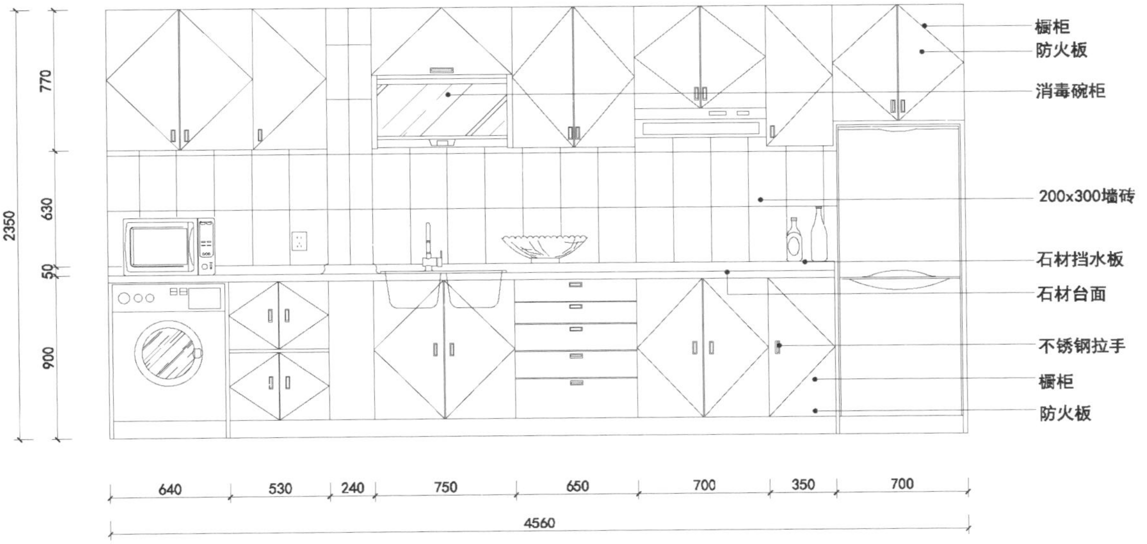

厨房 A 面立面布置图 1:25

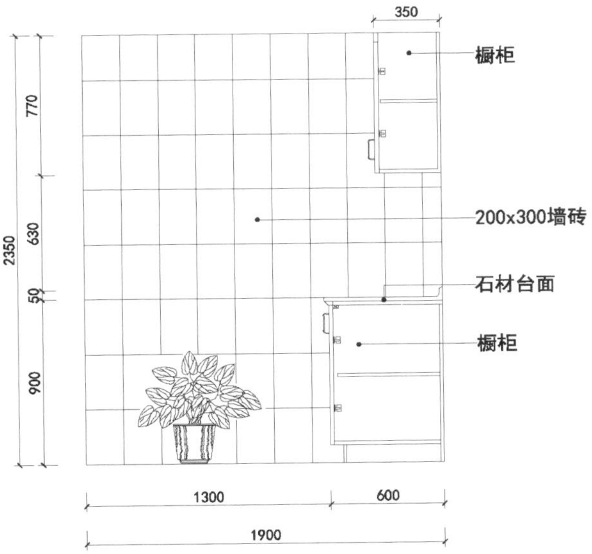

厨房 B 面立面布置图 1:25

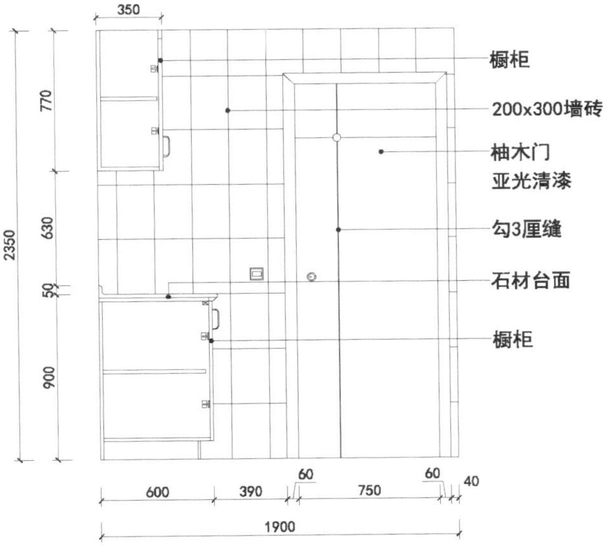

厨房 C 面立面布置图 1:25

第二章

L 型橱柜

第一节 欧式L型橱柜

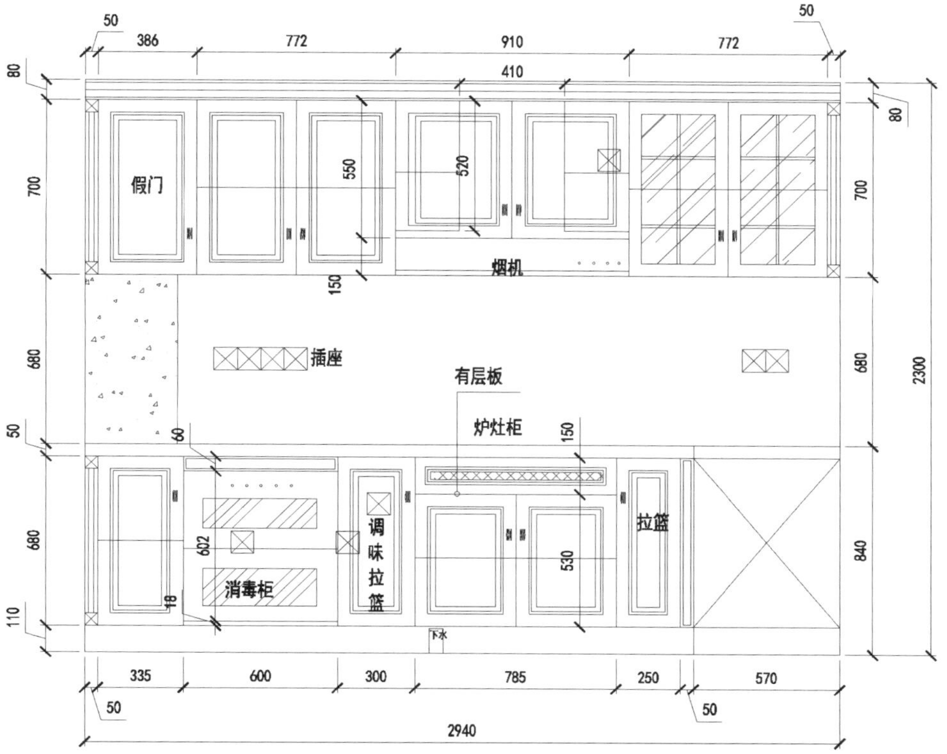

样式一 厨房A面立面布置图 1:25

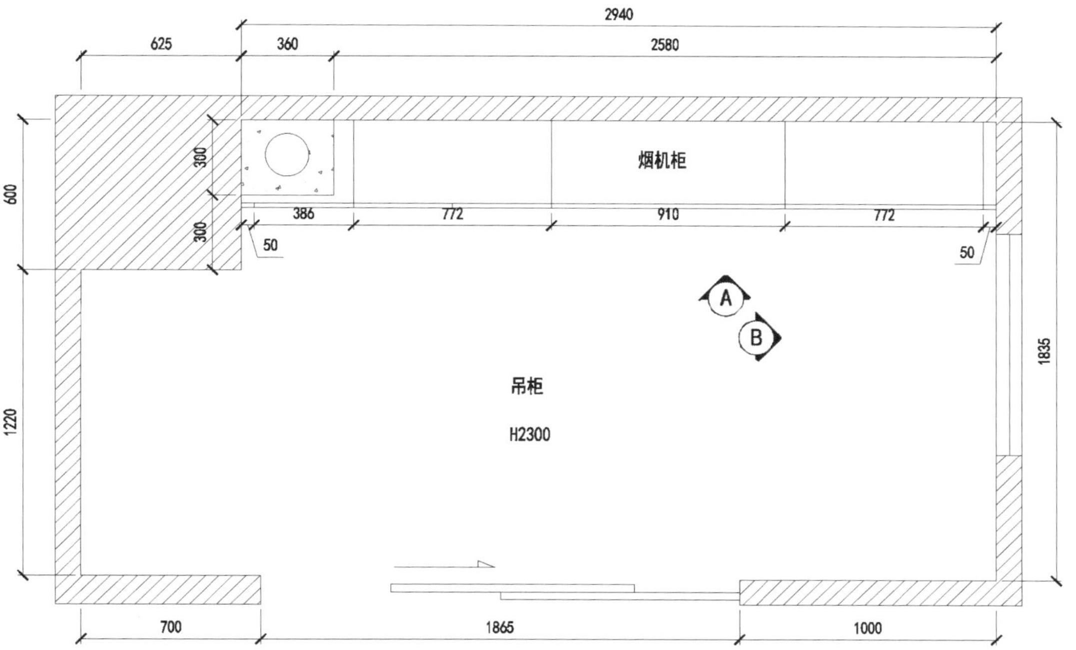

样式一 厨房平面图 1:25

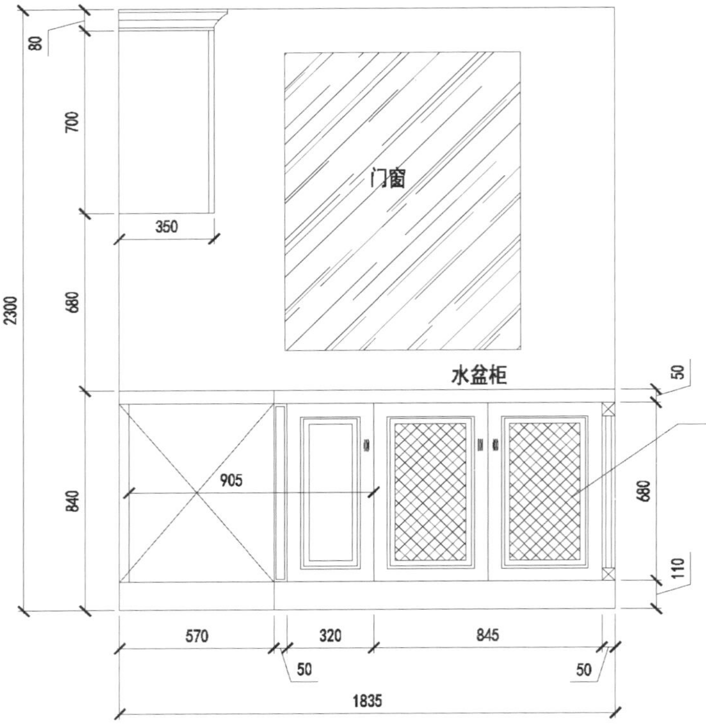

样式一 厨房 B 面立面布置图 1:25

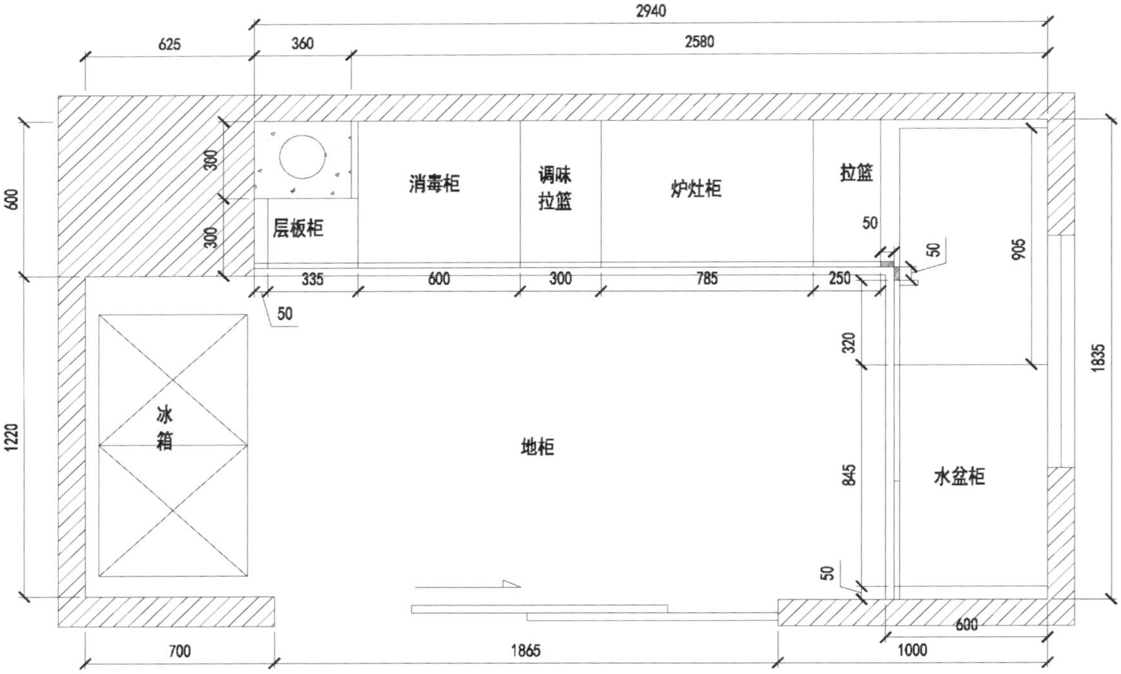

样式一 厨房平面布置图 1:25

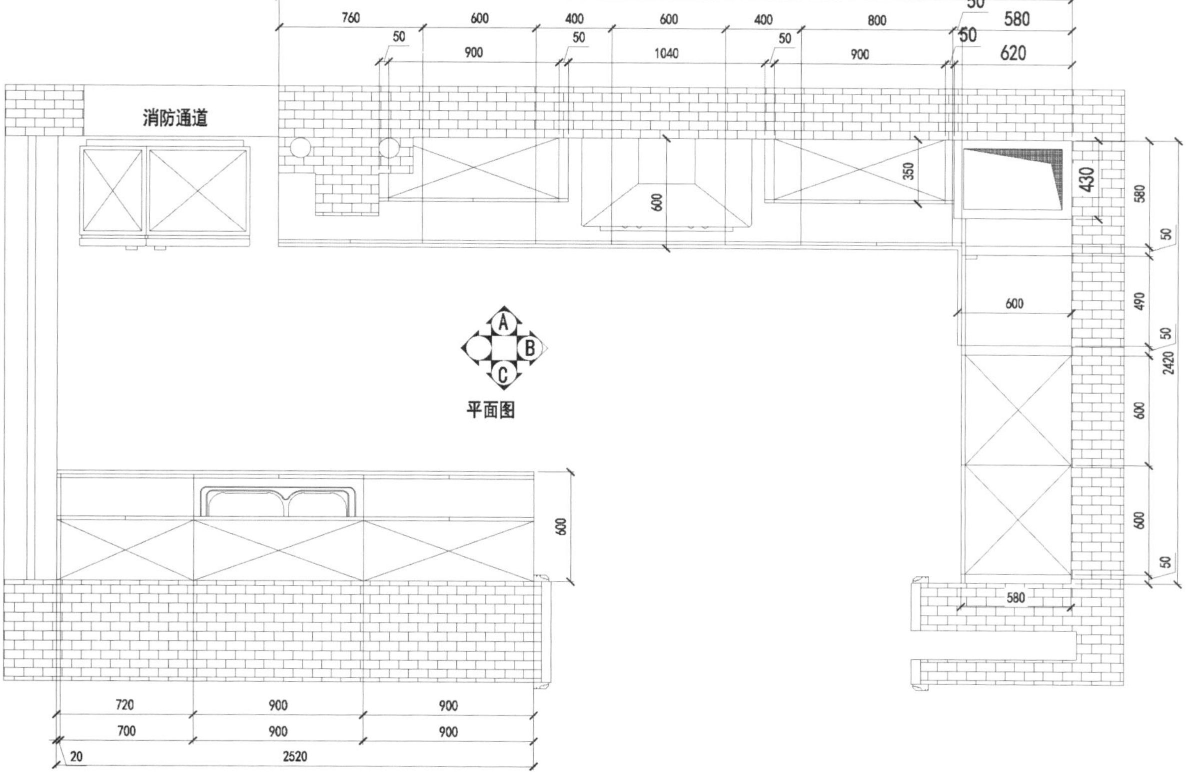

样式二 厨房平面布置图 1:25

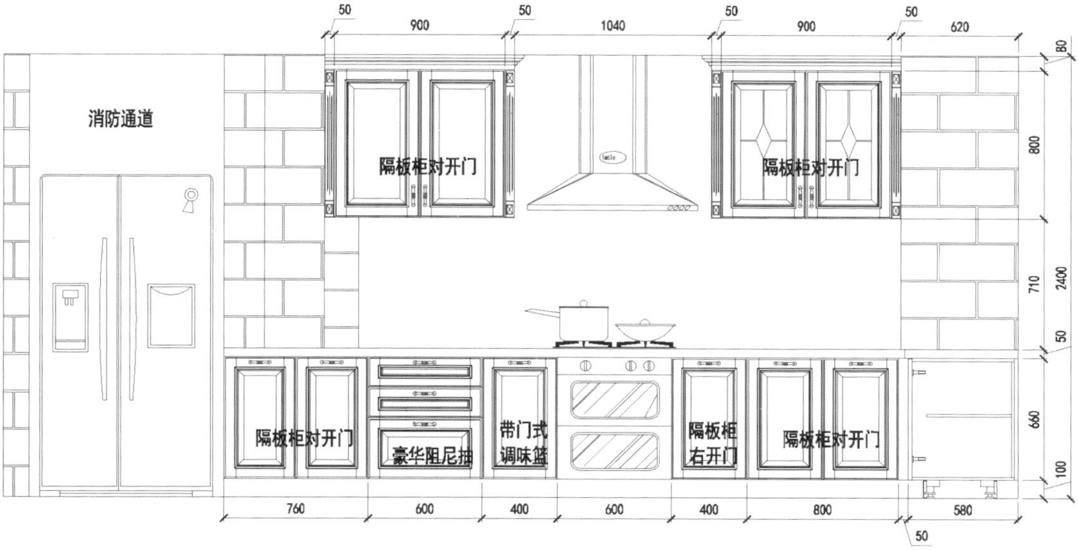

样式二 厨房 A 面立面布置图 1:25

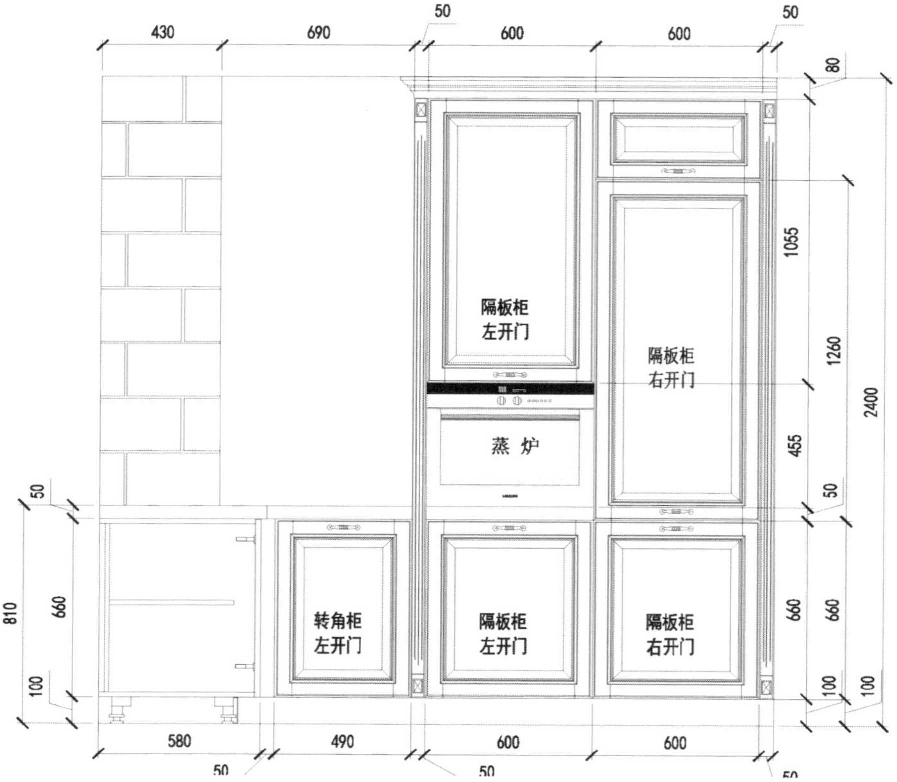

样式二 厨房 B 面立面布置图 1:25

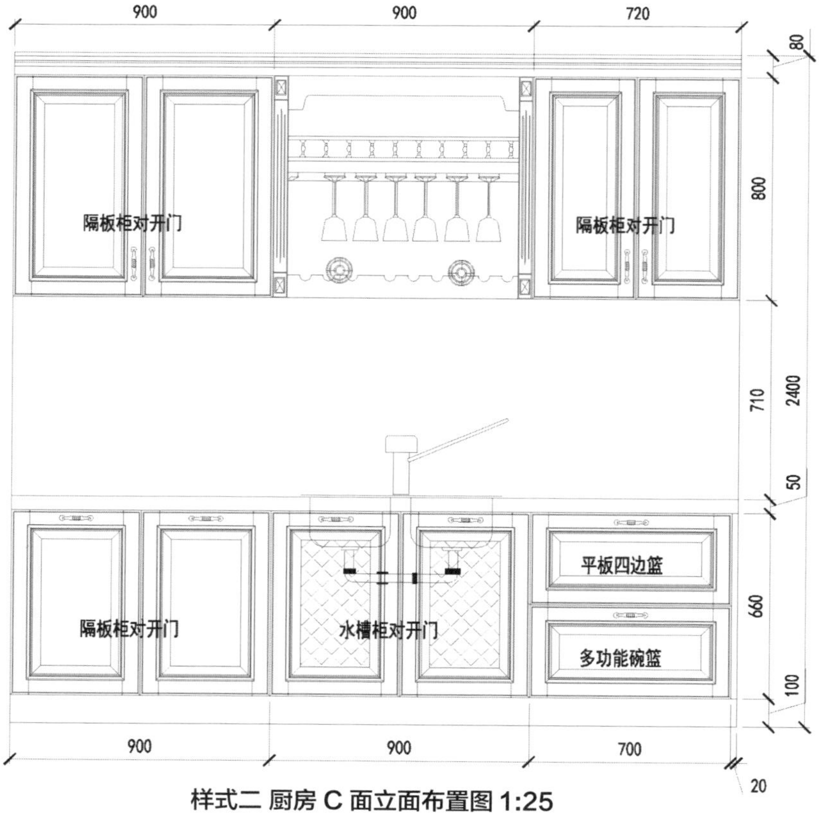

样式二 厨房 C 面立面布置图 1:25

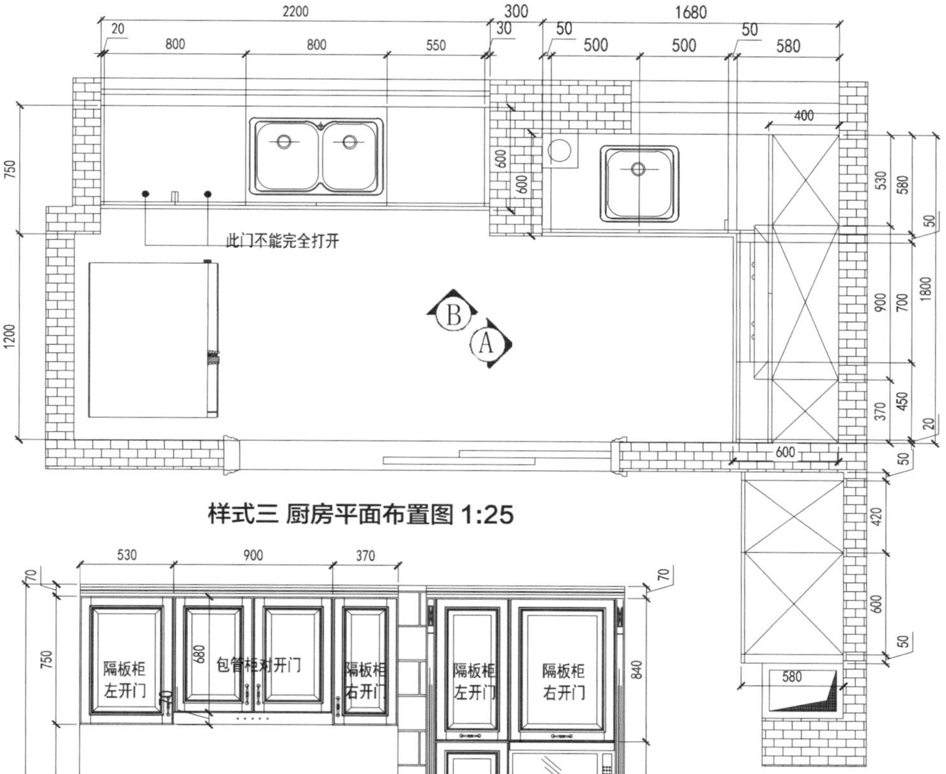

样式三 厨房平面布置图 1:25

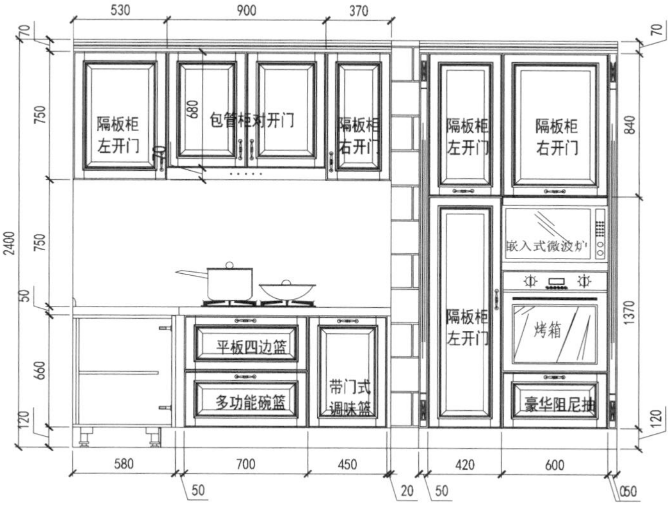

样式三 厨房 A 面立面布置图 1:25

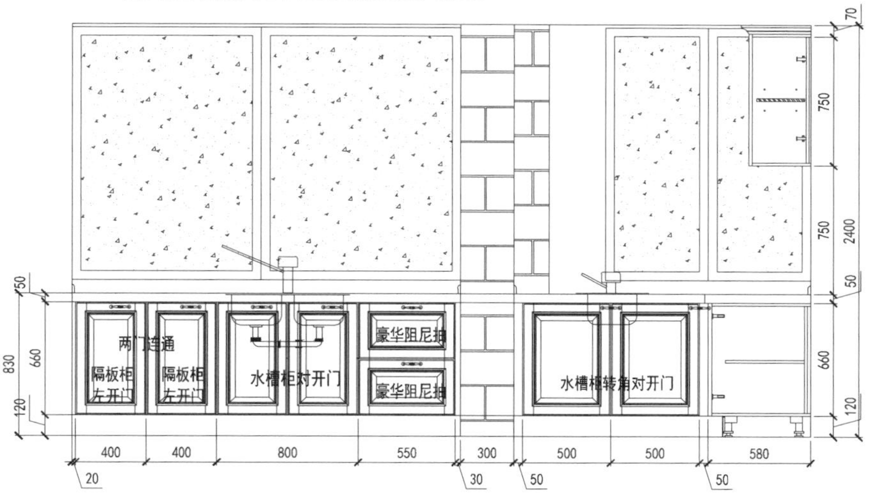

样式三 厨房 B 面立面布置图 1:25

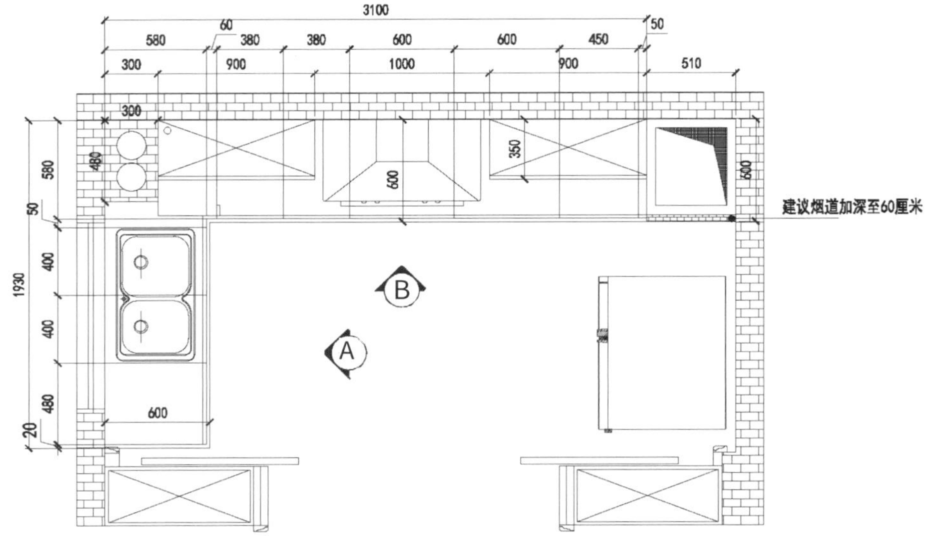

样式四 厨房平面布置图 1:25

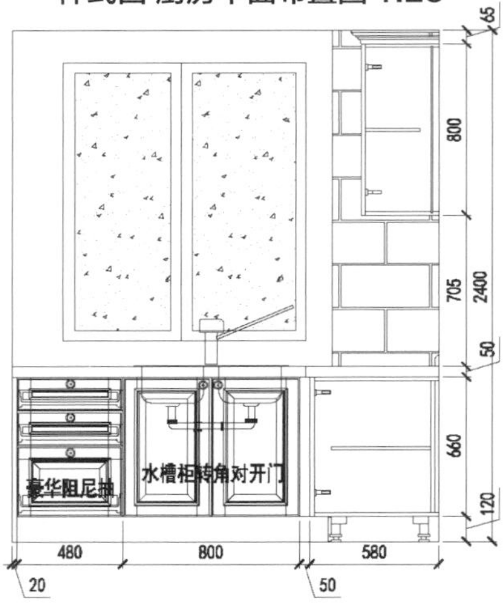

样式四 厨房 A 面立面布置图 1:25

样式四 厨房 B 面立面布置图 1:25

第二节 早餐台L型橱柜

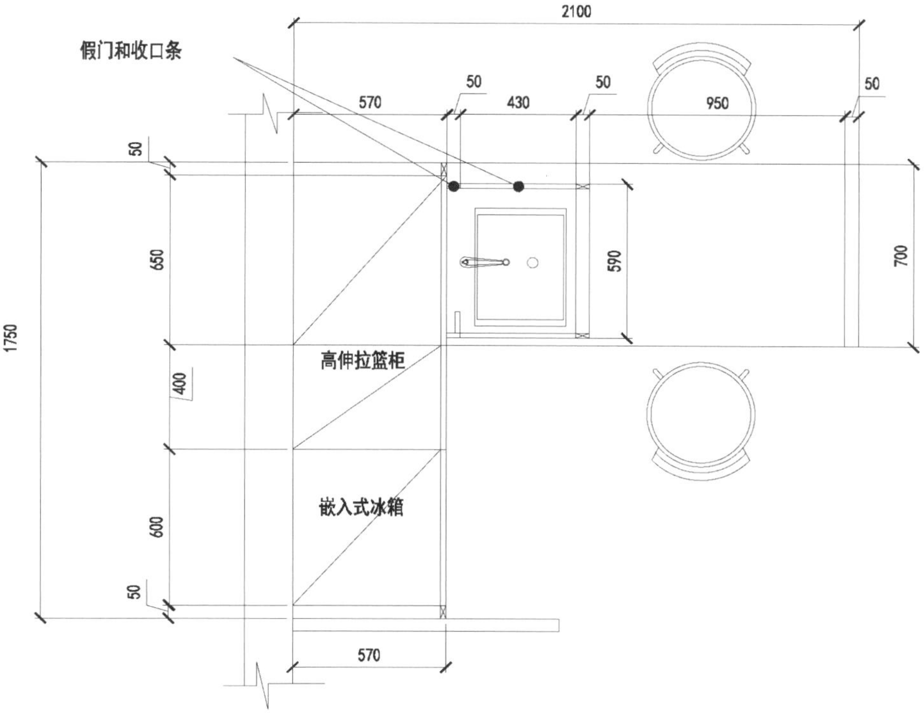

样式一 厨房平面布置图 1:25

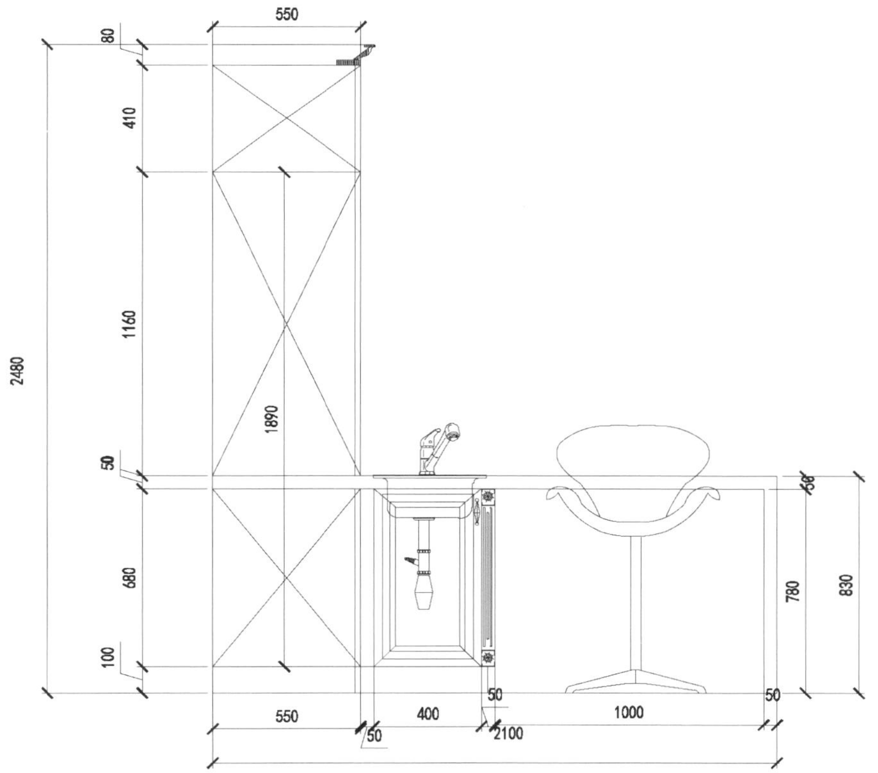

样式一 厨房 A 面立面布置图 1:25

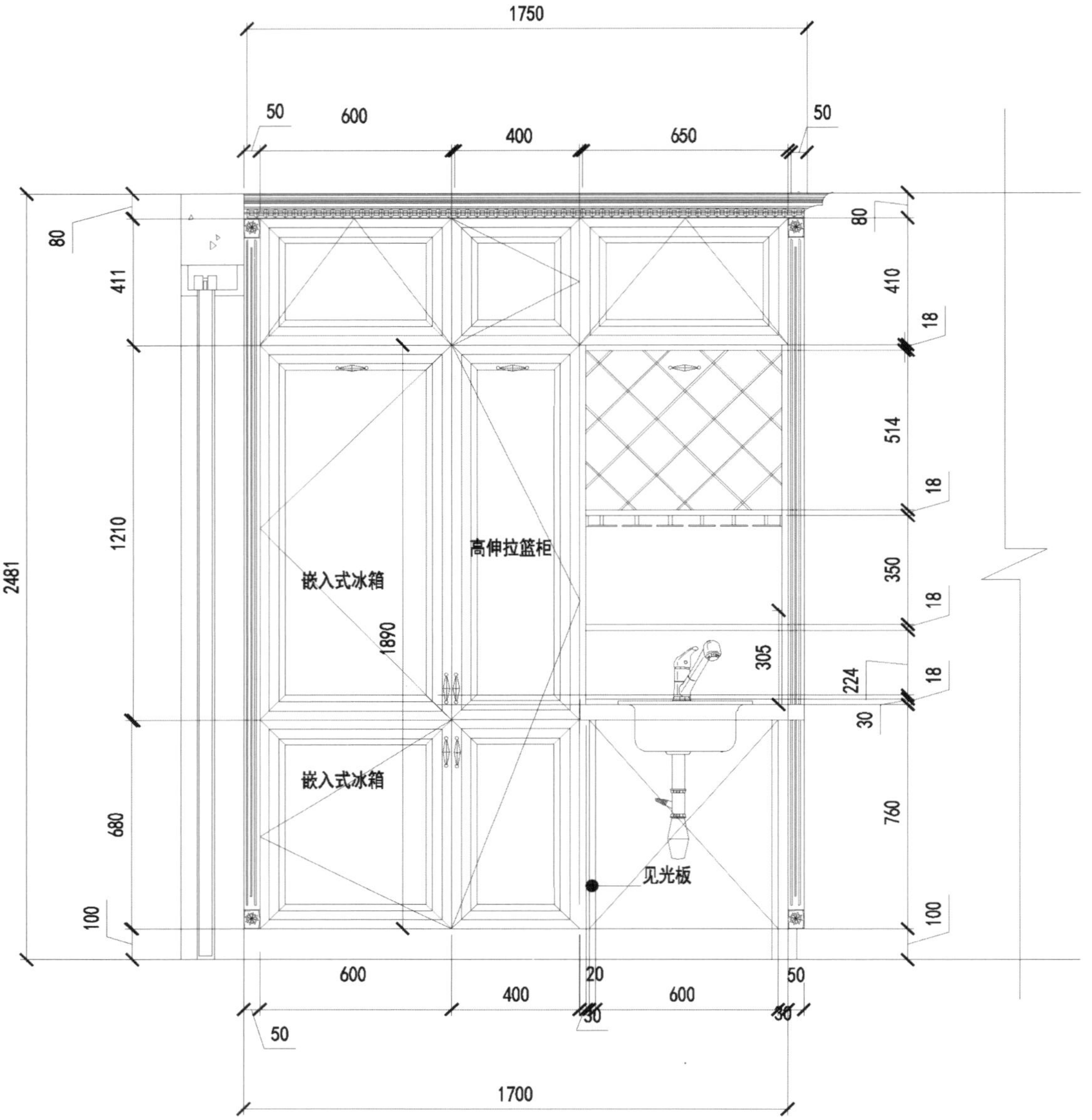

样式一 厨房 B 面立面布置图 1:25

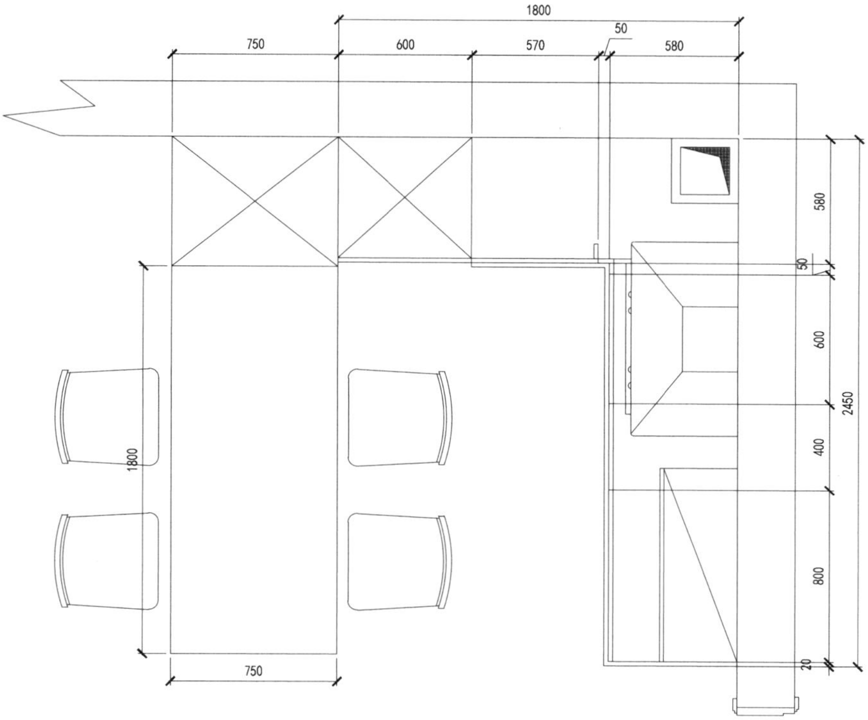

样式二 厨房平面布置图 1:25

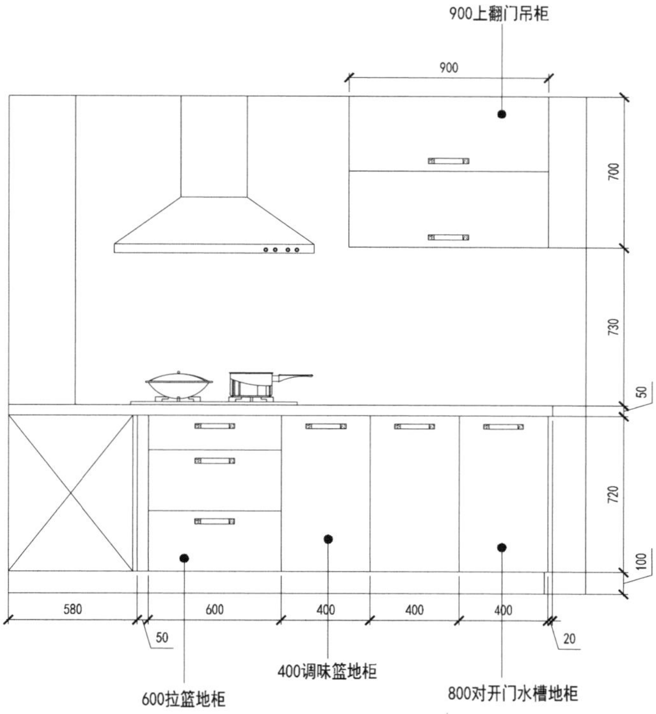

样式二 厨房立面布置图 1:25

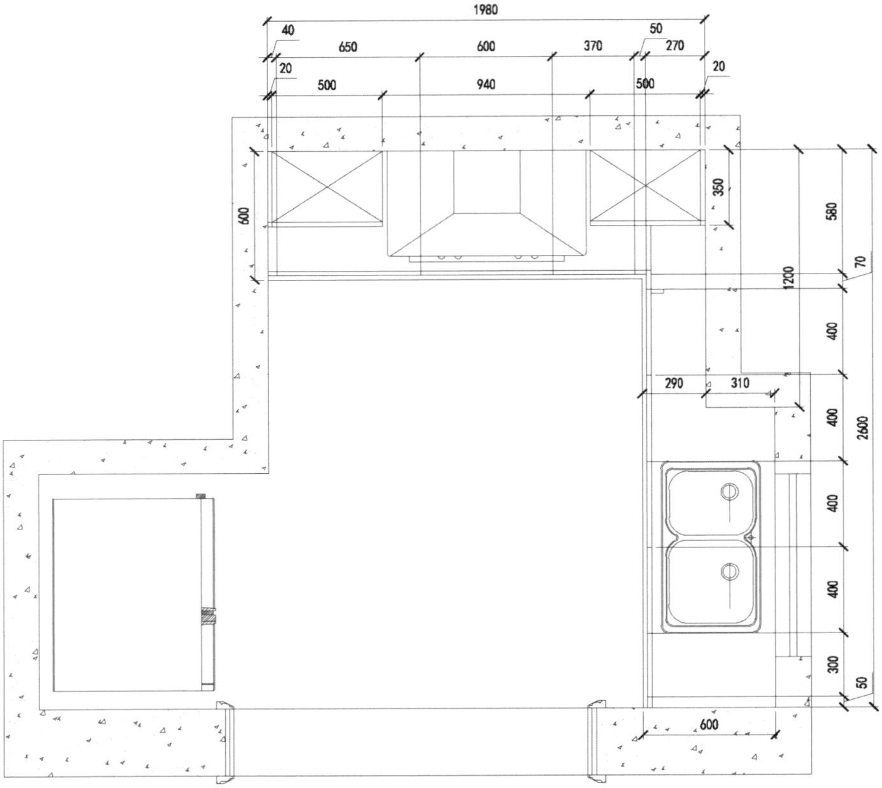

样式三 厨房平面布置图 1:25

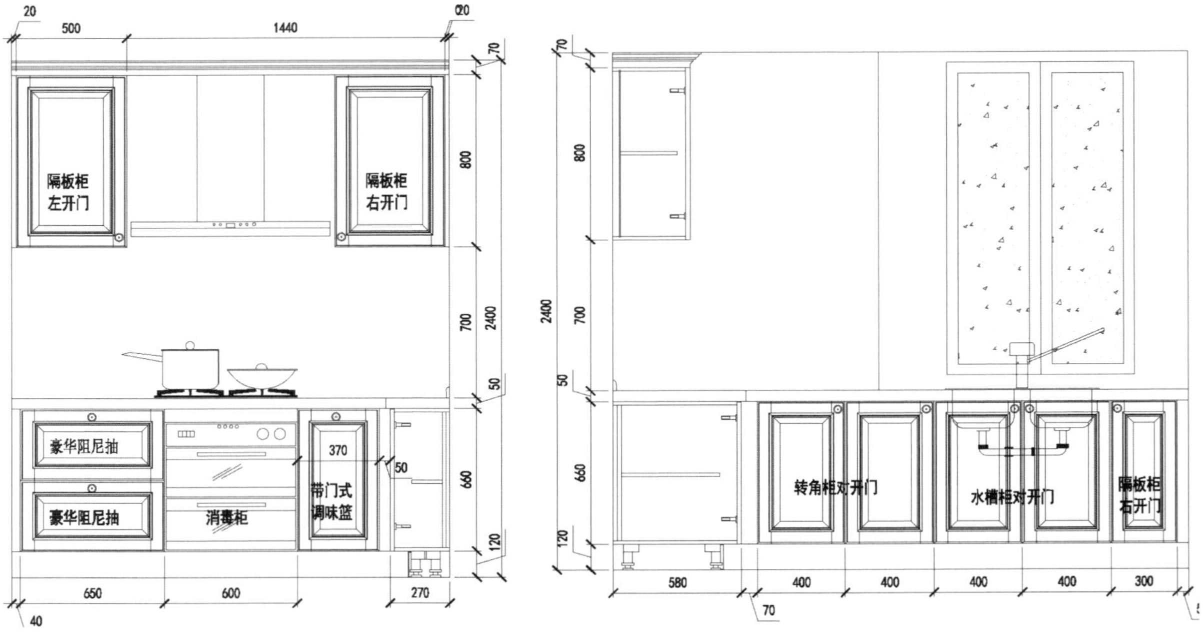

样式三 厨房立面布置图 1:25

第三节 小户型欧式橱柜

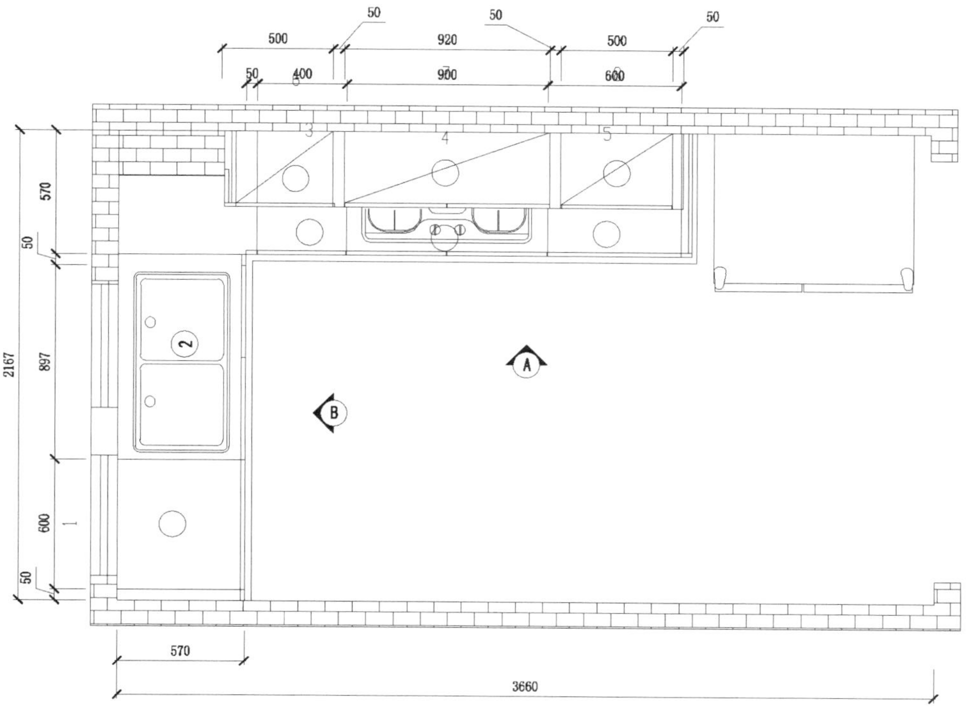

样式一 厨房平面布置图 1:25

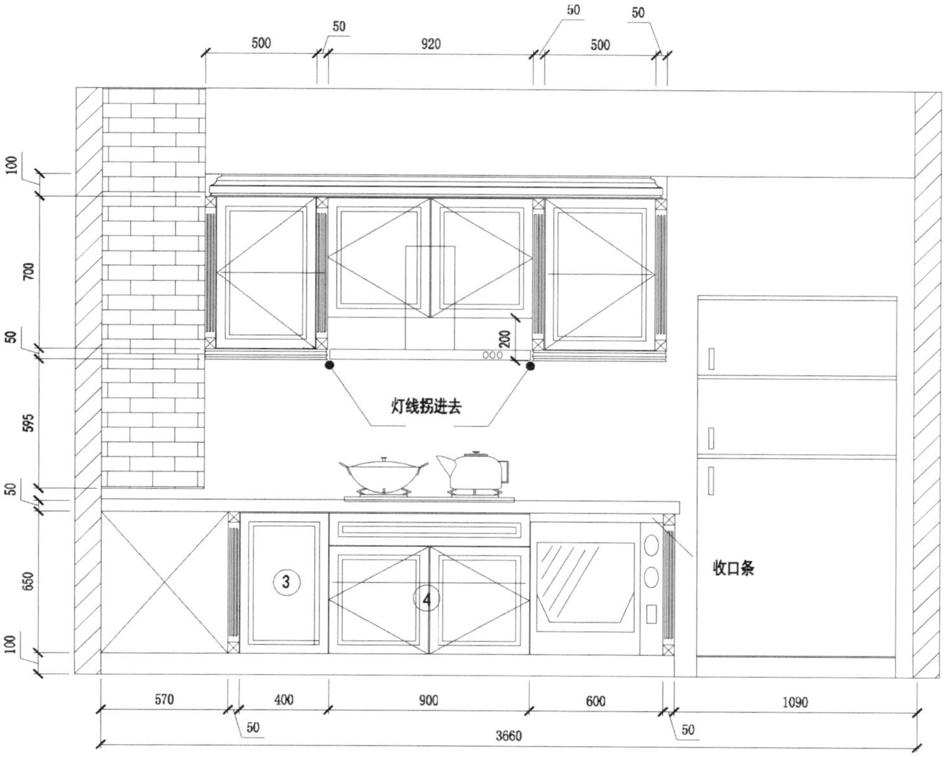

样式一 厨房 A 面立面布置图 1:25

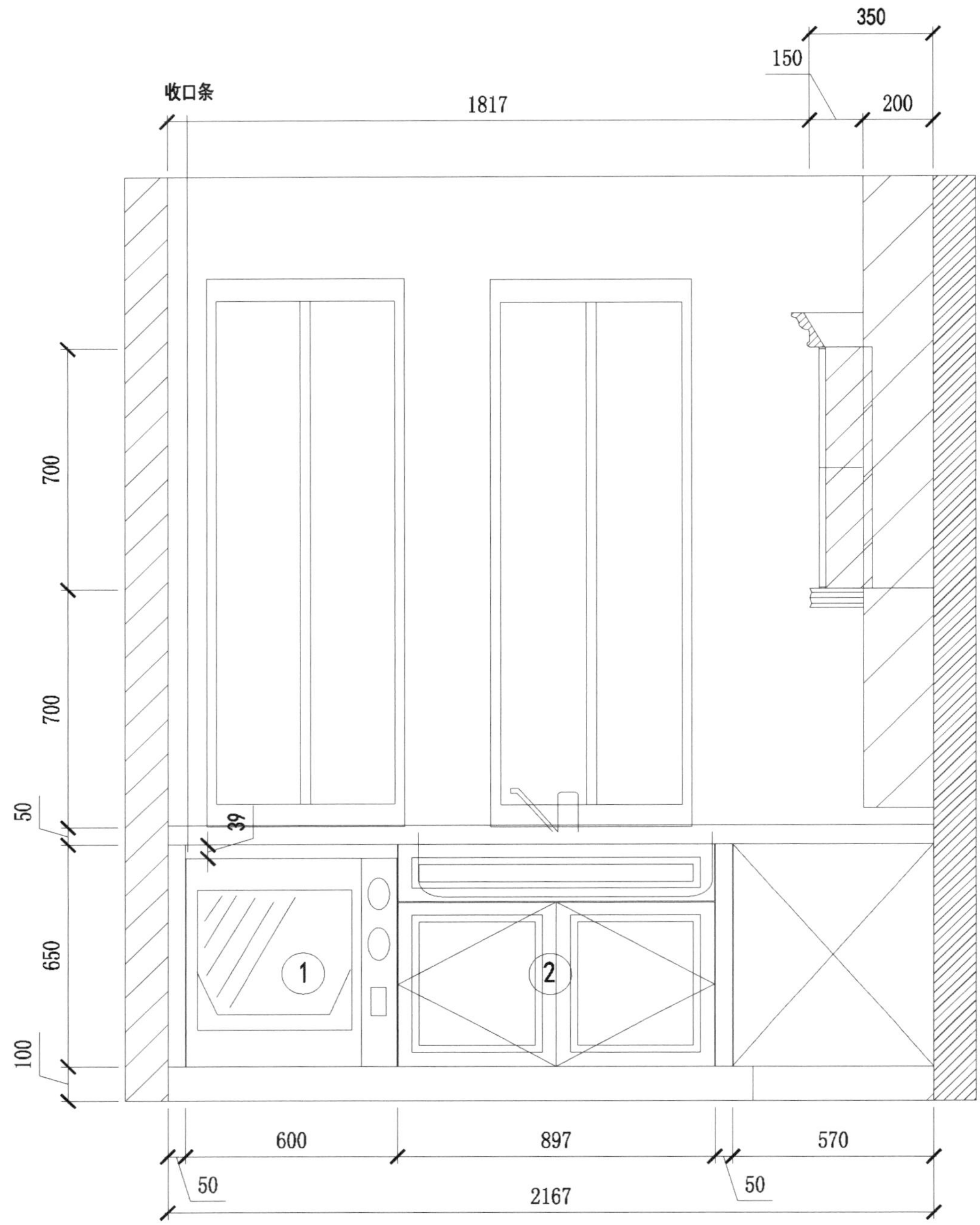

样式一 厨房 B 面立面布置图 1:25

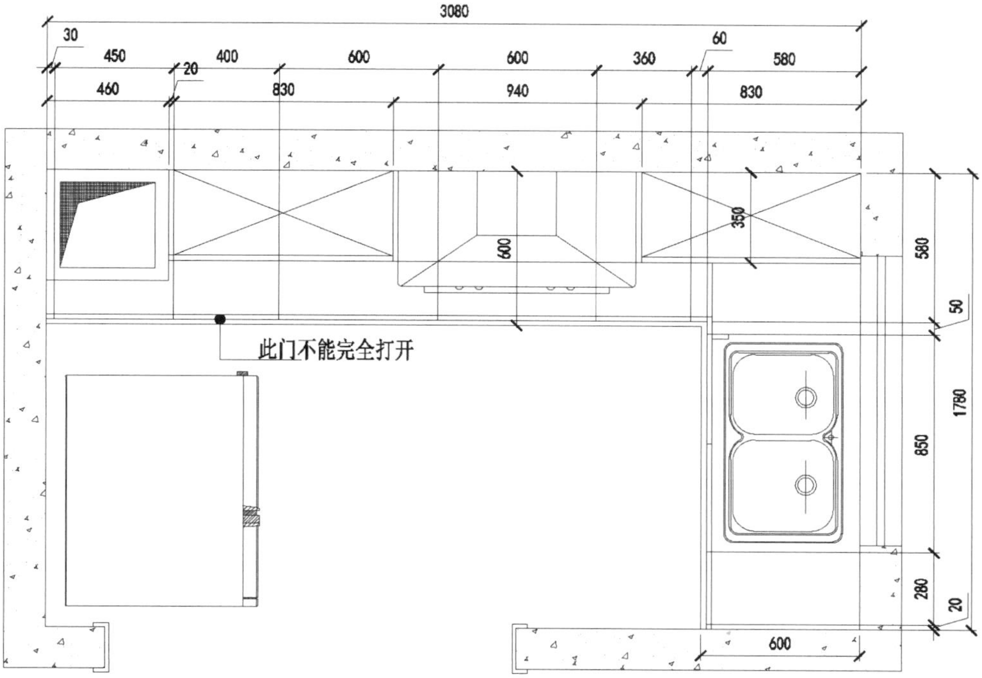

样式二 厨房平面布置图 1:25

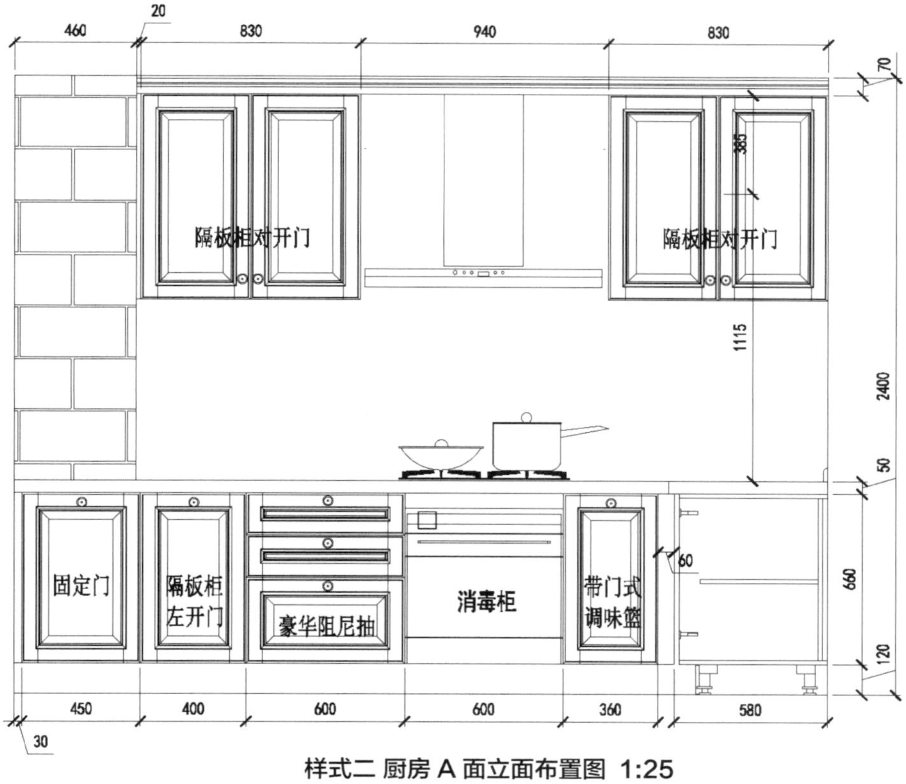

样式二 厨房 A 面立面布置图 1:25

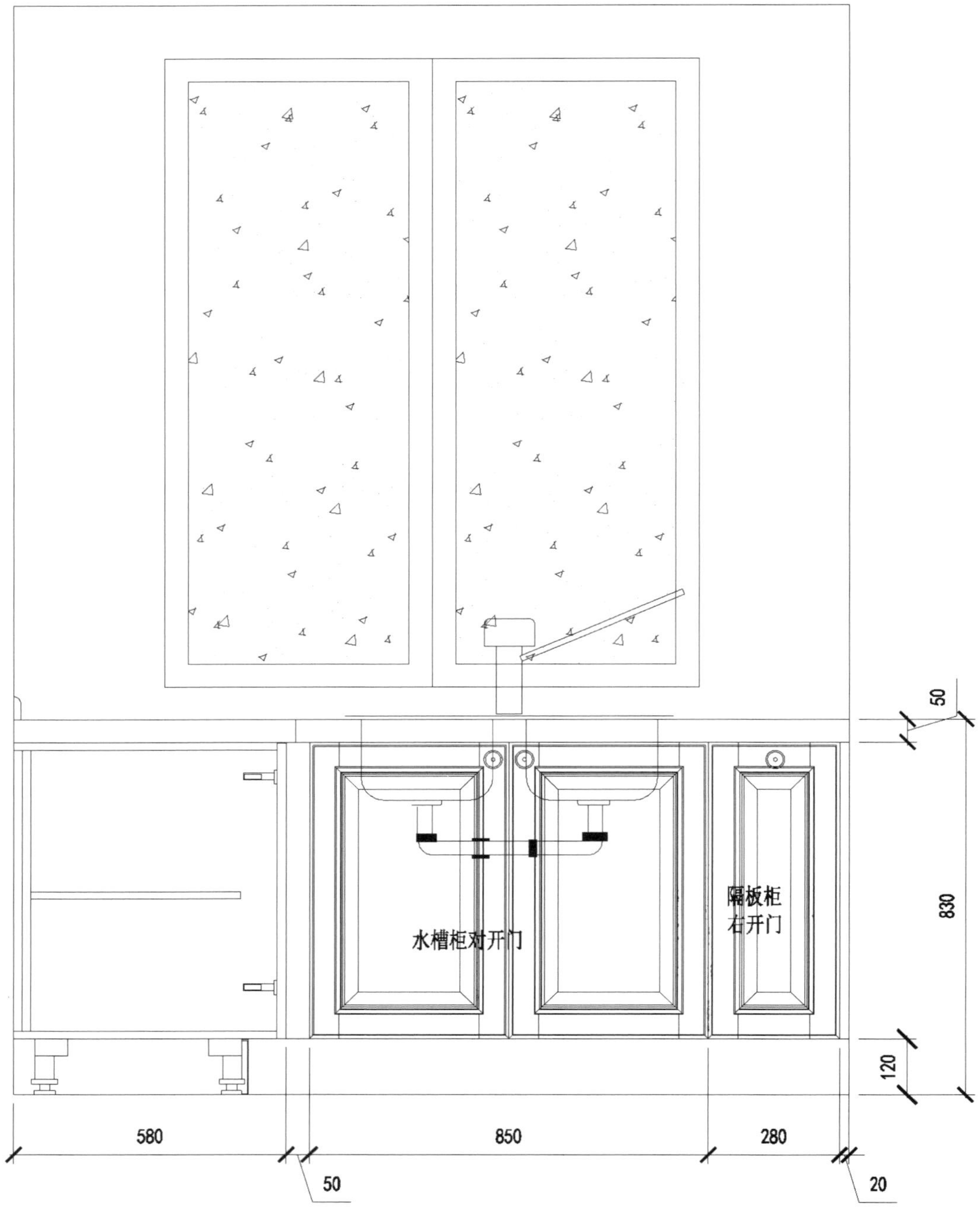

样式二 厨房 B 面立面布置图 1:25

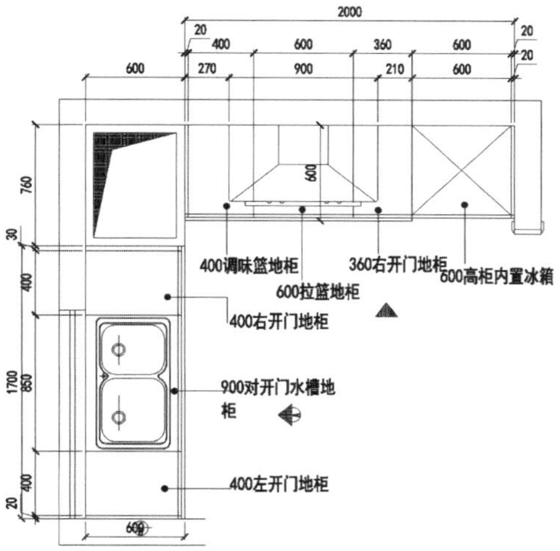

样式三 厨房平面布置图 1:25

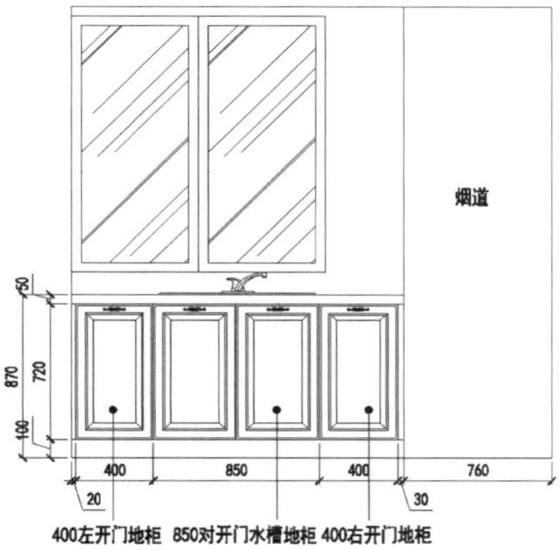

样式三 厨房 A 面立面布置图 1:25

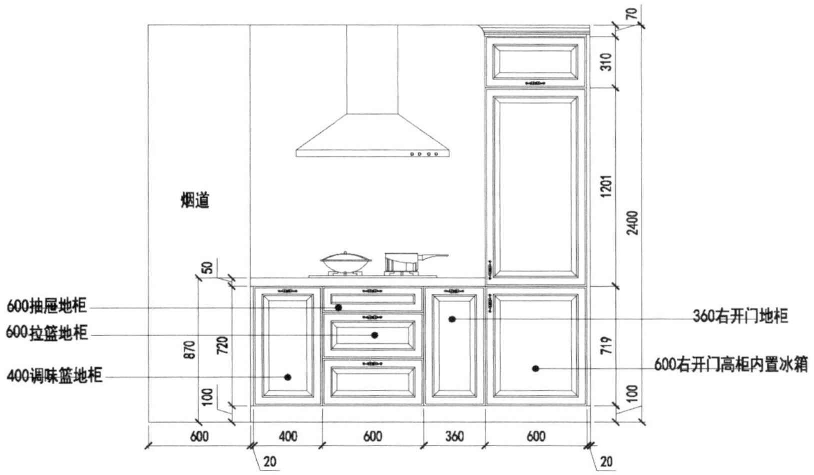

样式三 厨房 B 面立面布置图 1:25

第四节 简约 L 型橱柜

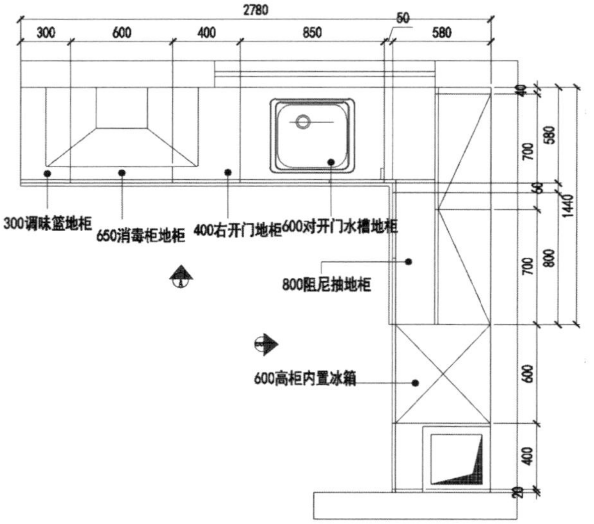

样式一 厨房平面布置图 1:25

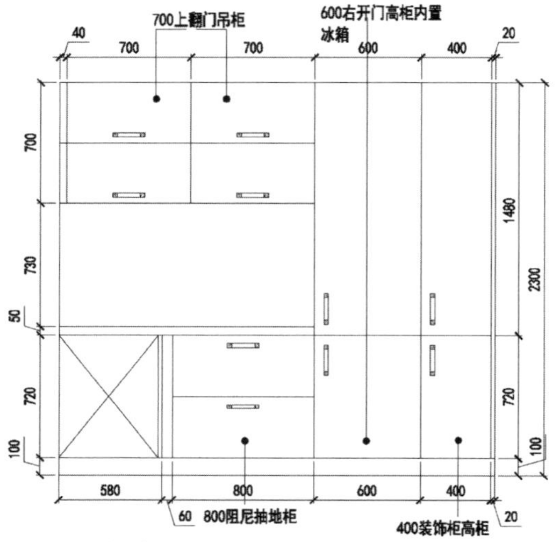

样式一 厨房 B 面立面布置图 1:25

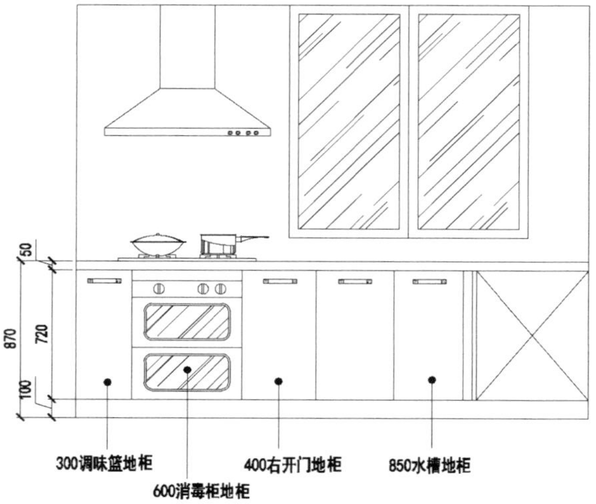

样式一 厨房 A 面立面布置图 1:25

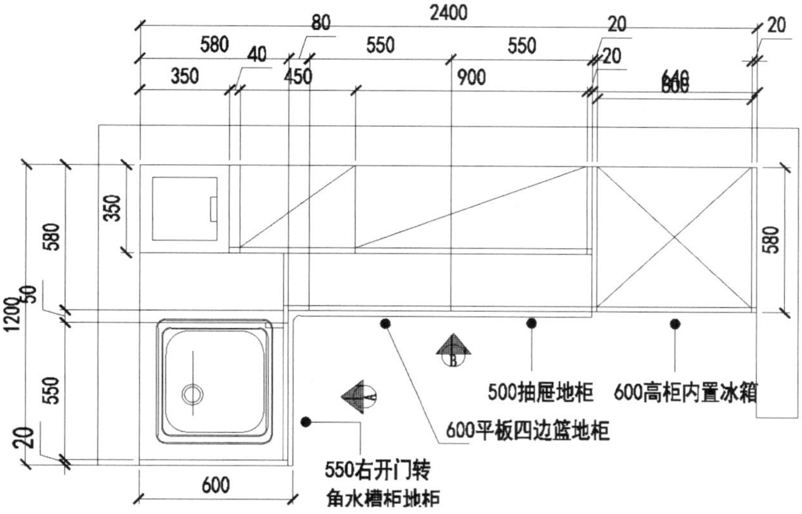

样式二 厨房平面布置图 1:25

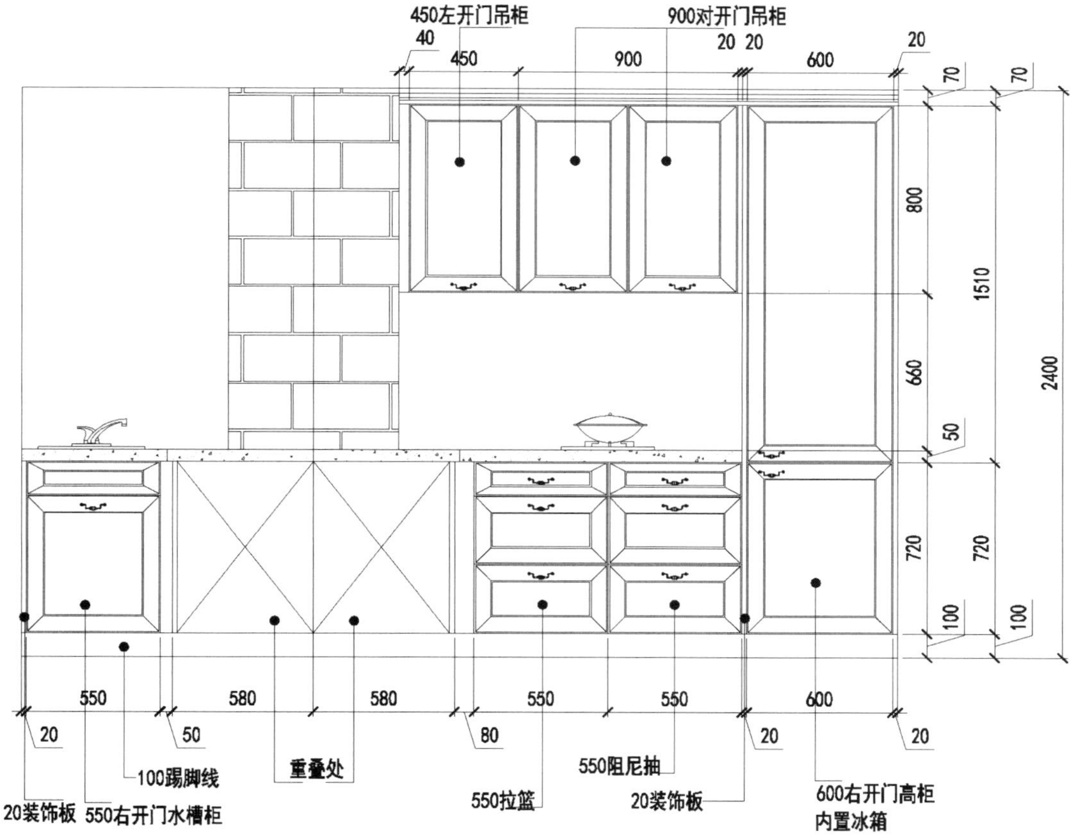

样式二 厨房立面布置图 1:25

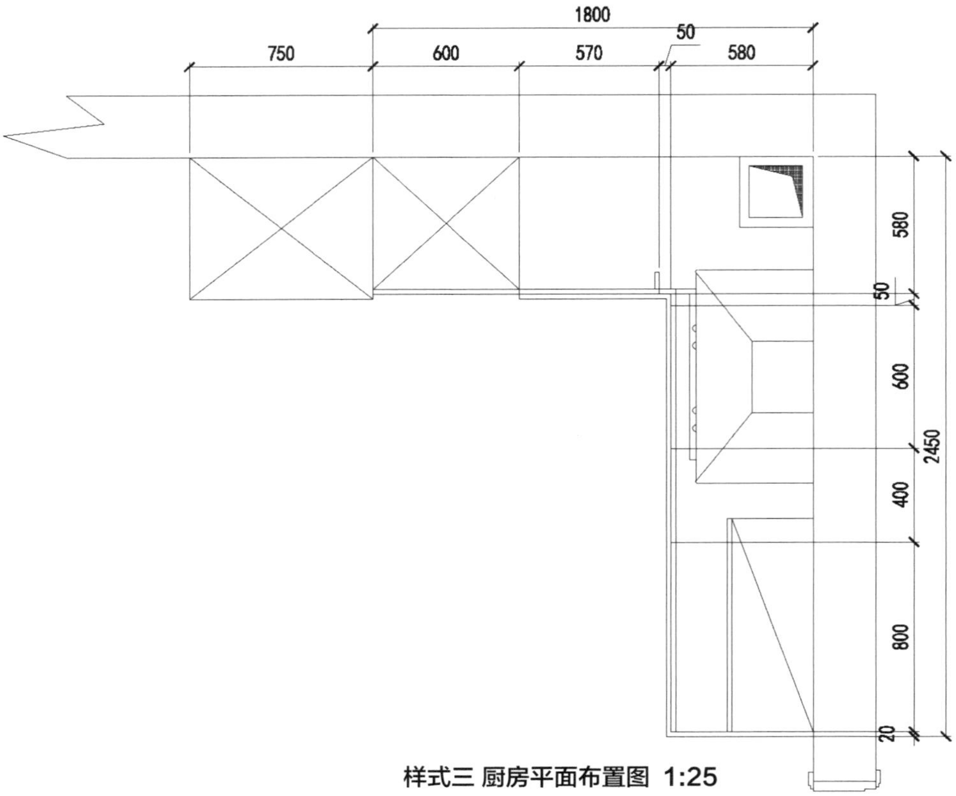

样式三 厨房平面布置图 1:25

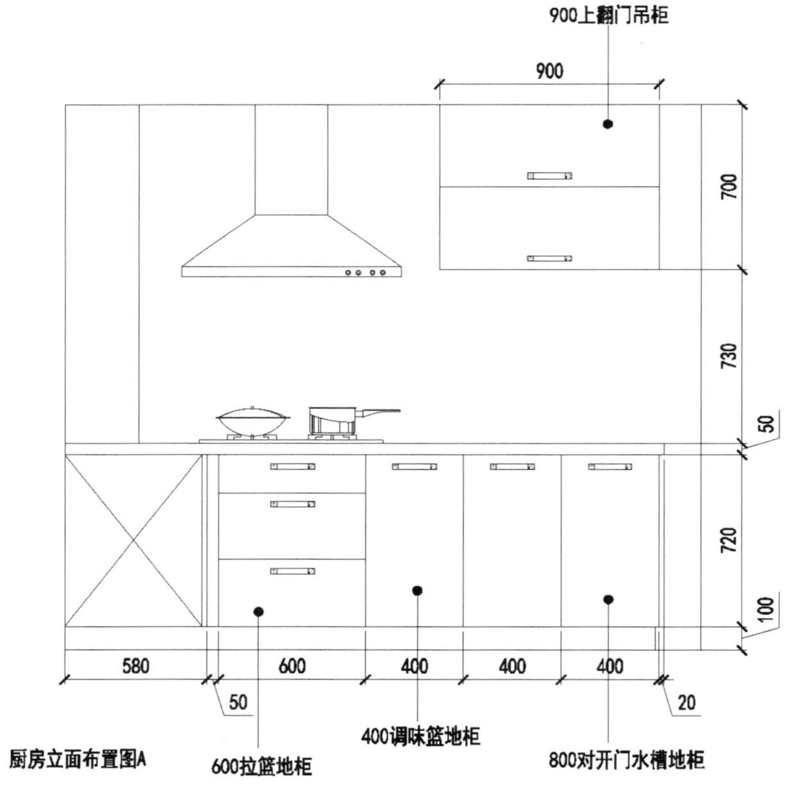

样式三 厨房立面布置图 1:25

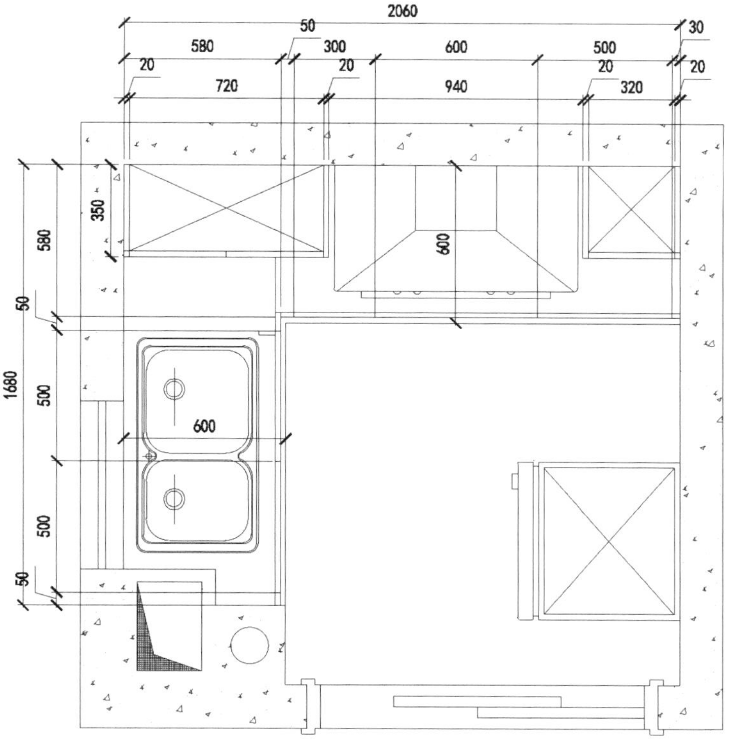

样式四 厨房平面布置图 1:25

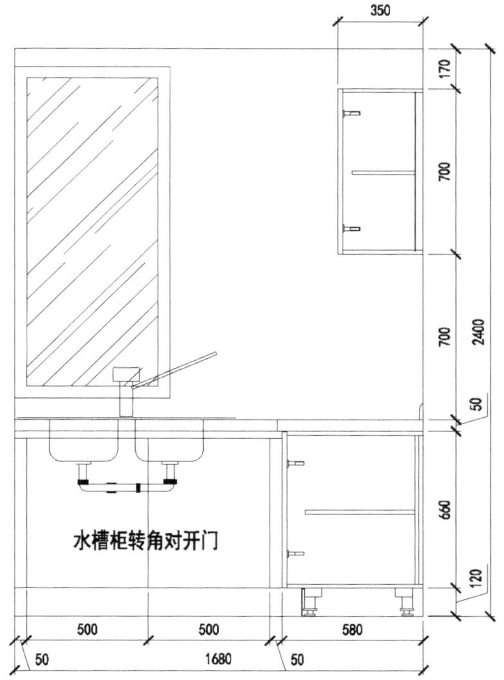

样式四 厨房 A 面立面布置图 1:25

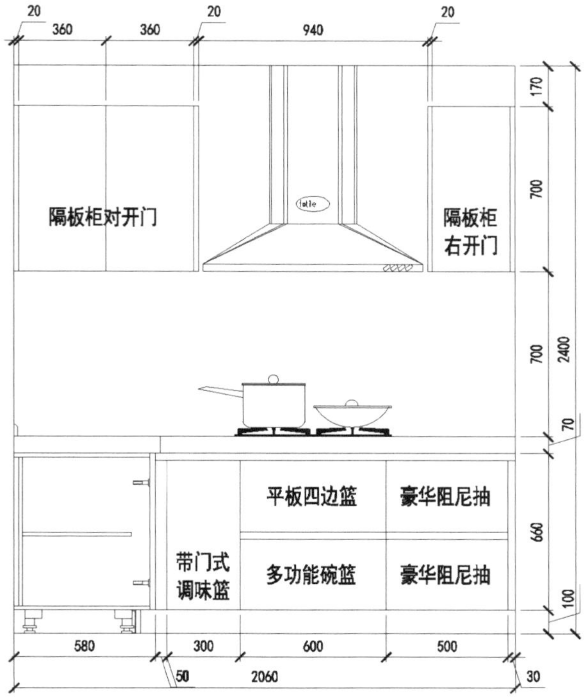

样式四 厨房 B 面立面布置图 1:25

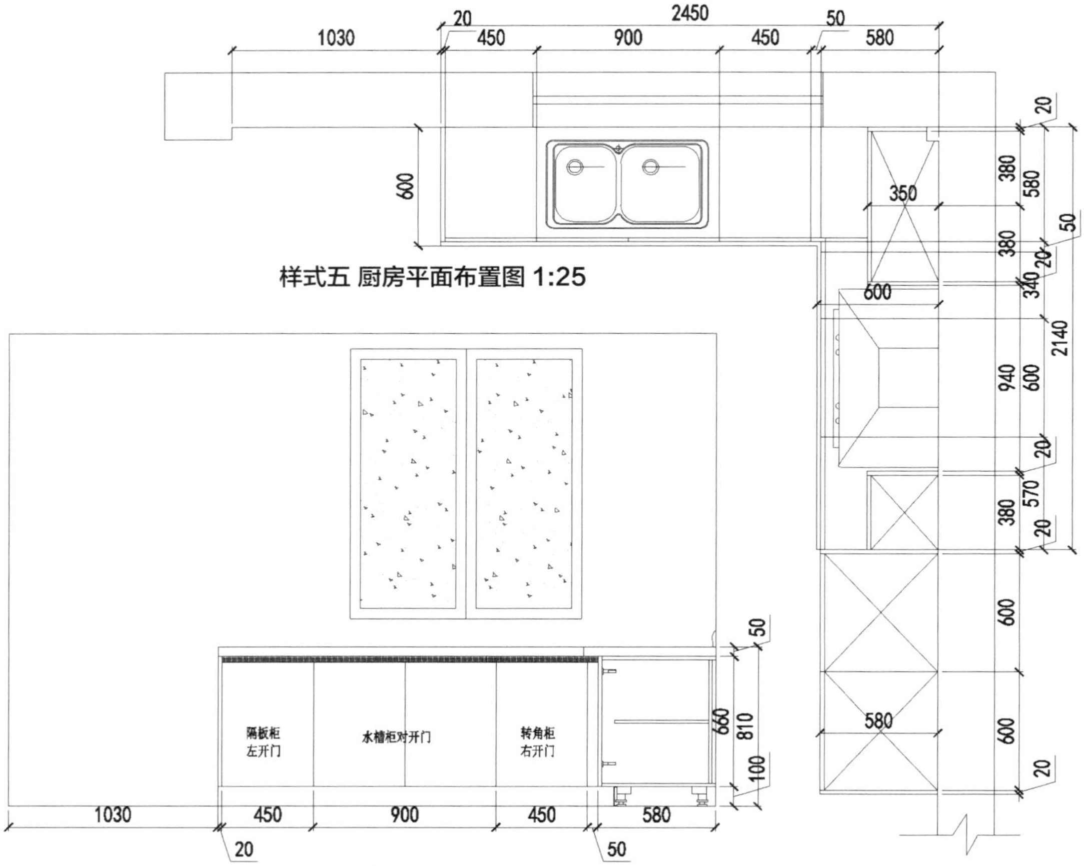

样式五 厨房平面布置图 1:25

样式五 厨房 A 面立面布置图 1:25

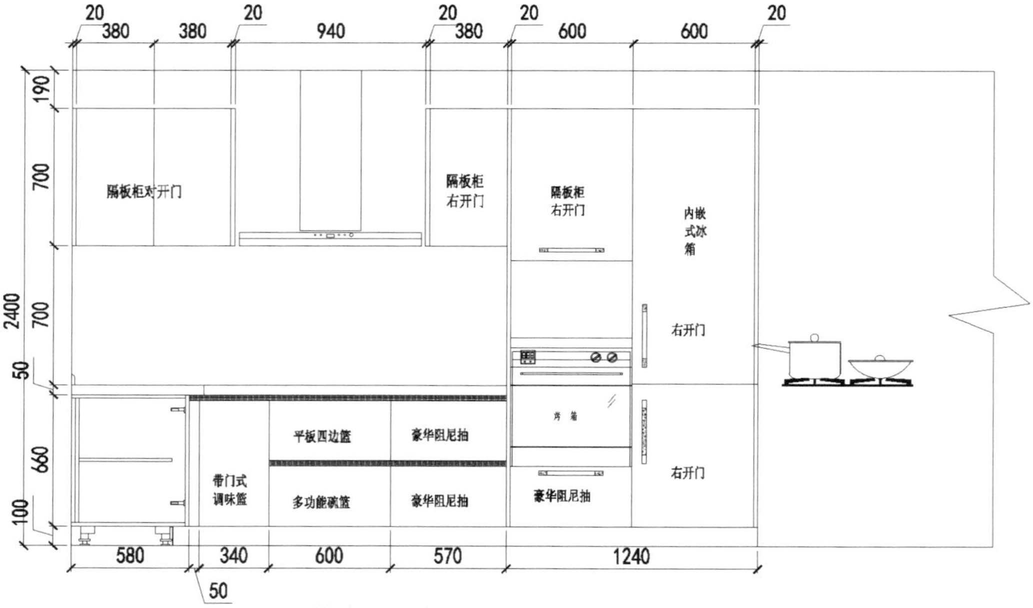

样式五 厨房 B 面立面布置图 1:25

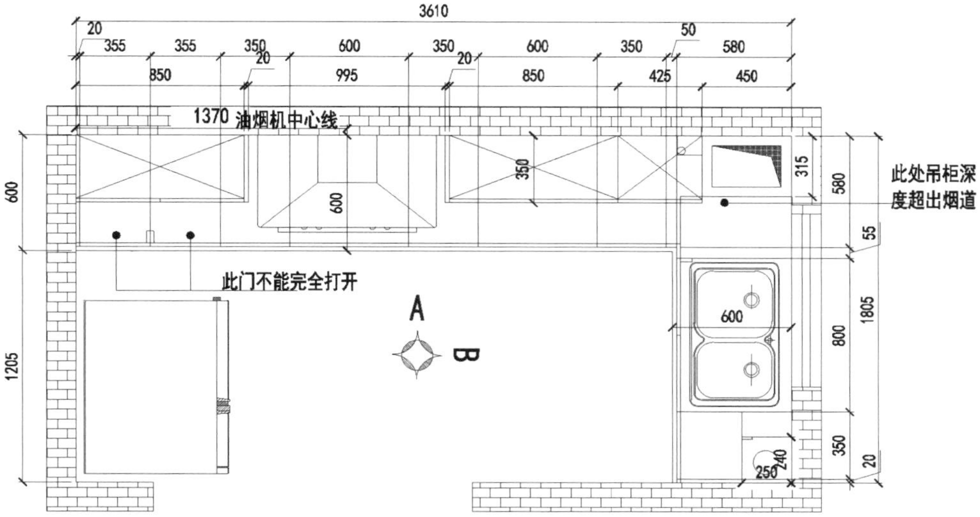

样式六 厨房平面布置图 1:25

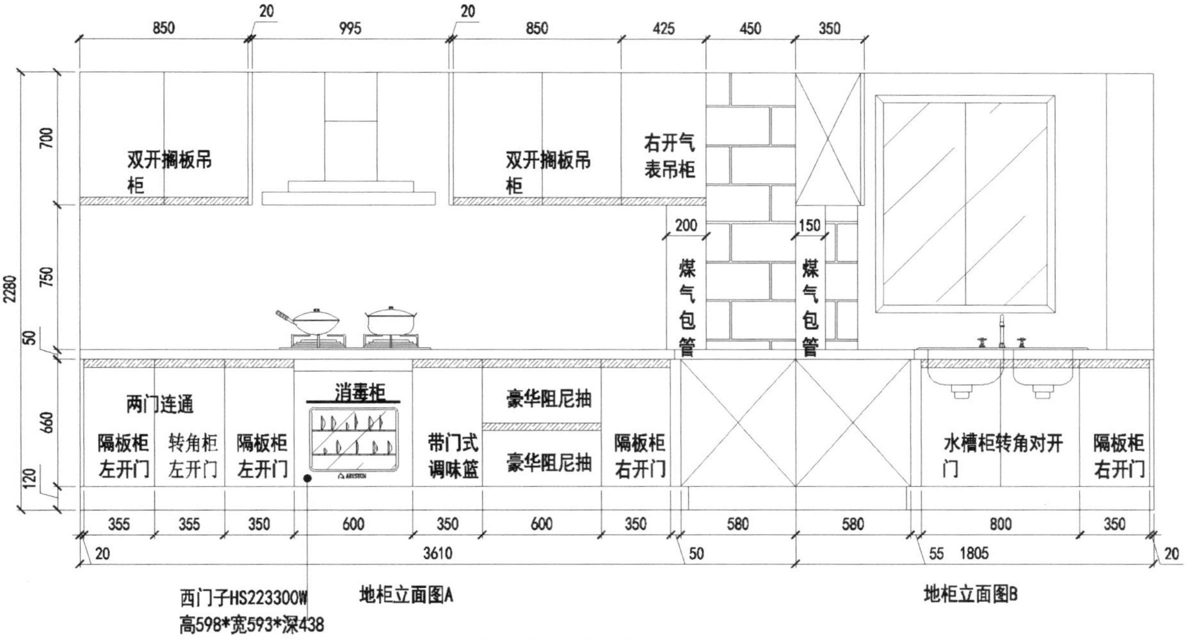

样式六 厨房立面布置图 1:25

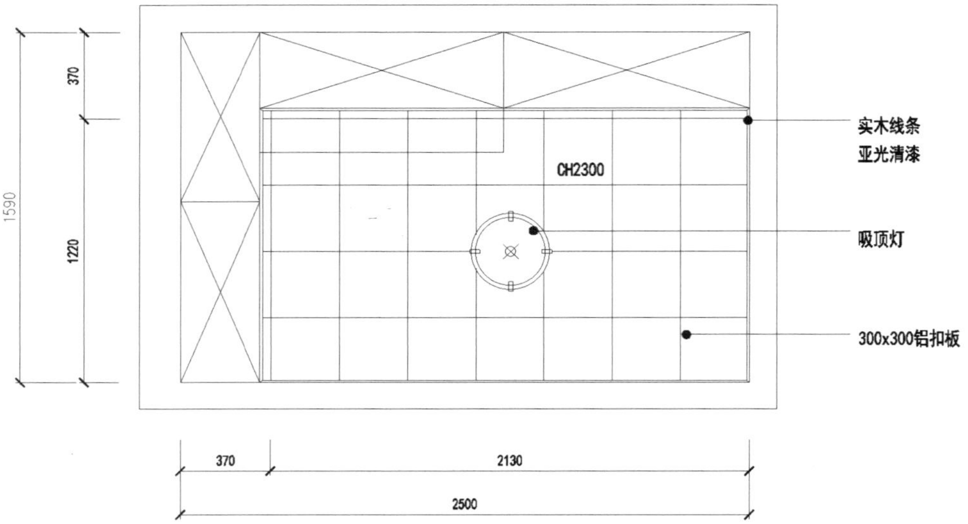

样式七 顶棚布置图 1:25

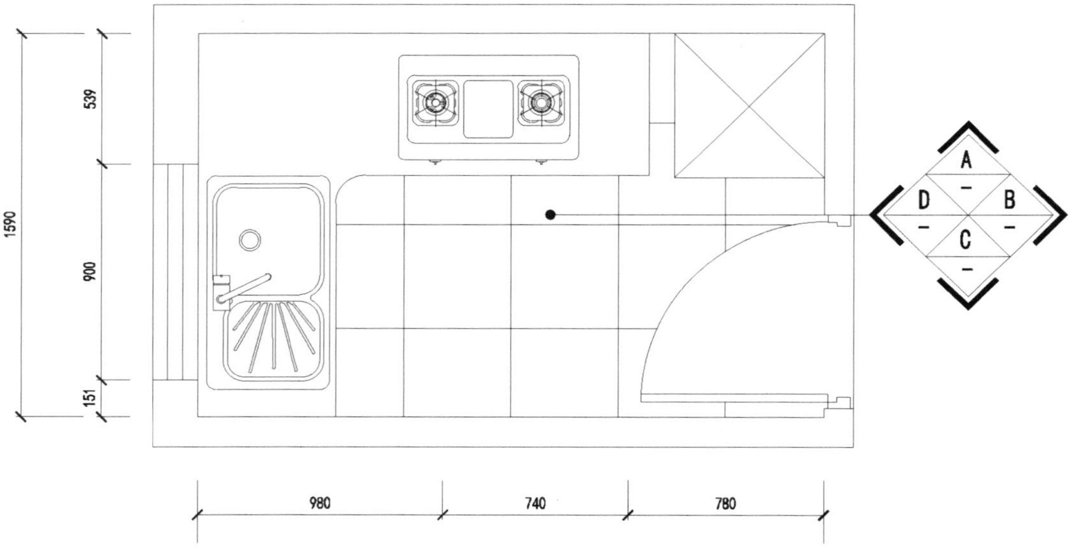

样式七 平面布置图 1:25

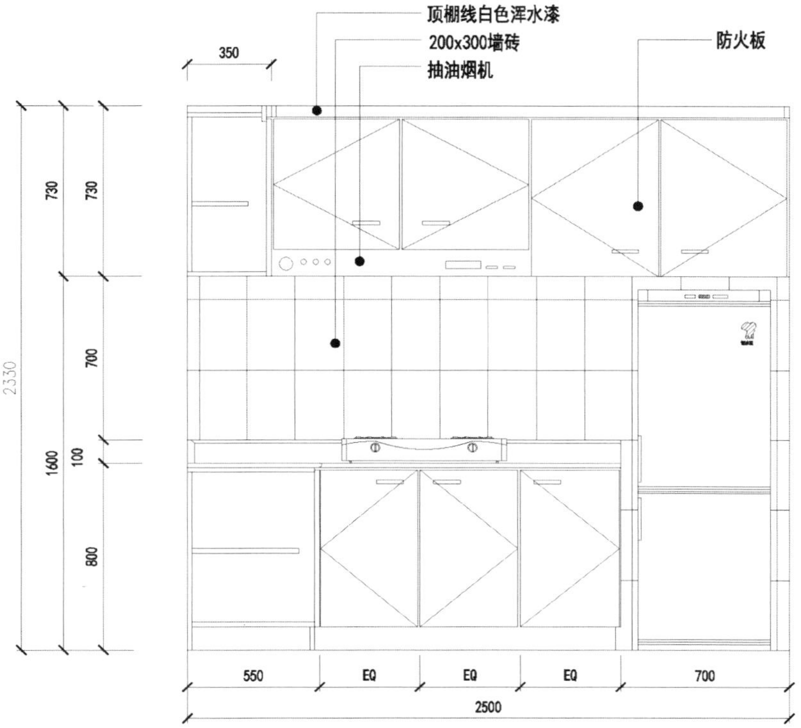

样式七 A 面立面图 1:25

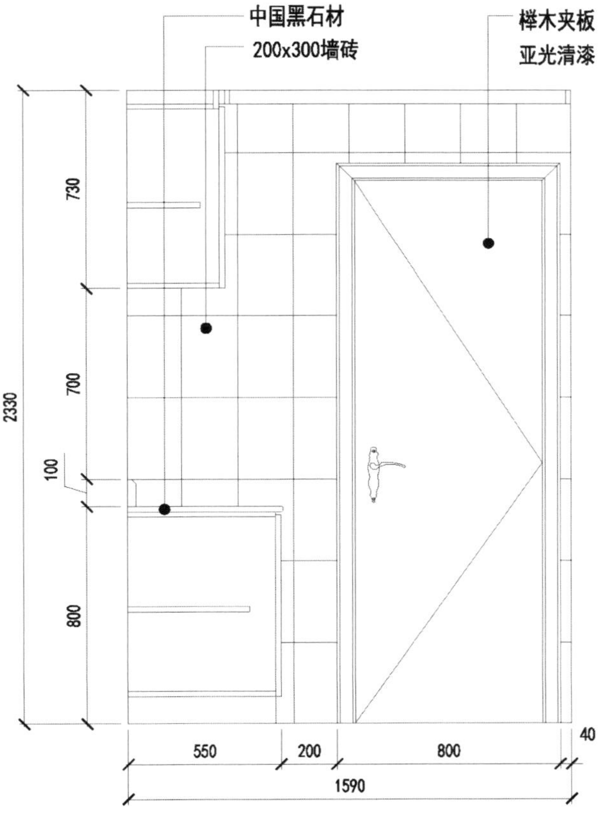

样式七 B 面立面图 1:25

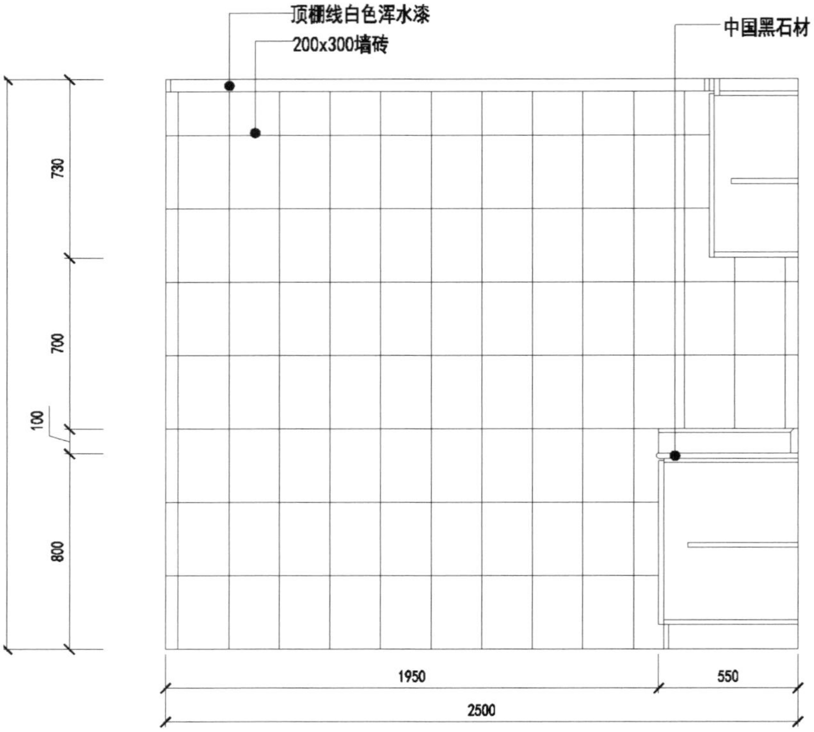

样式七 C 面立面图 1:25

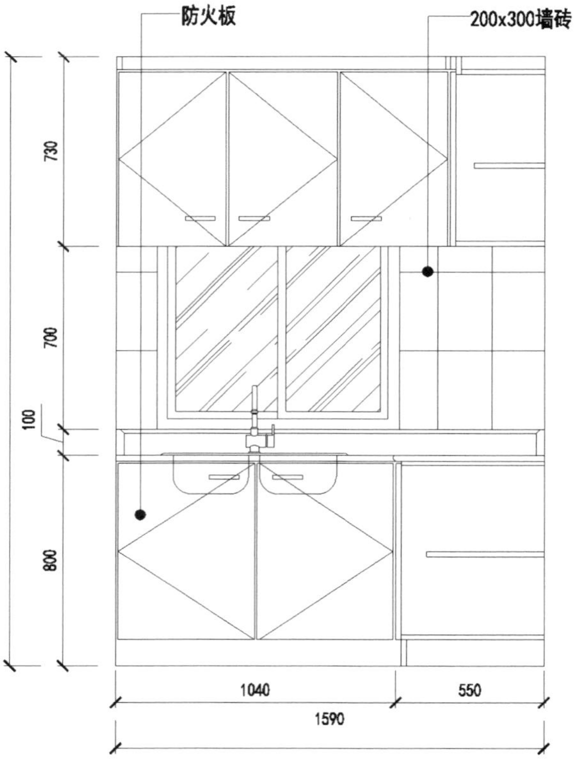

样式七 D 面立面图 1:25

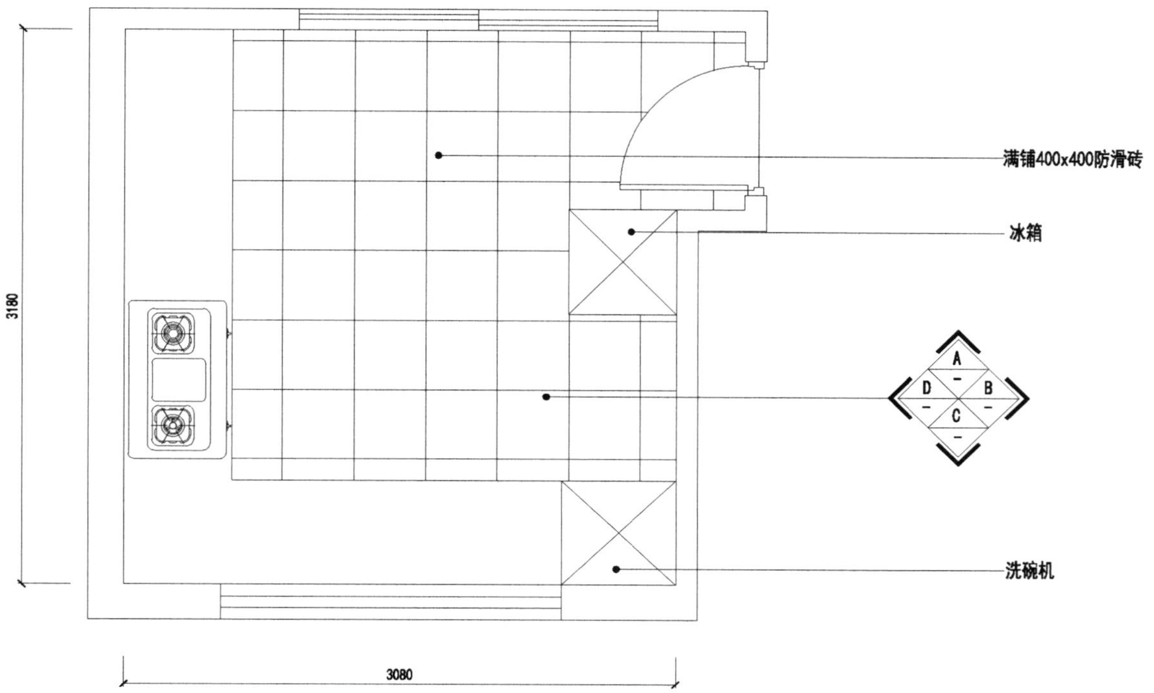

样式八 平面布置图 1:25

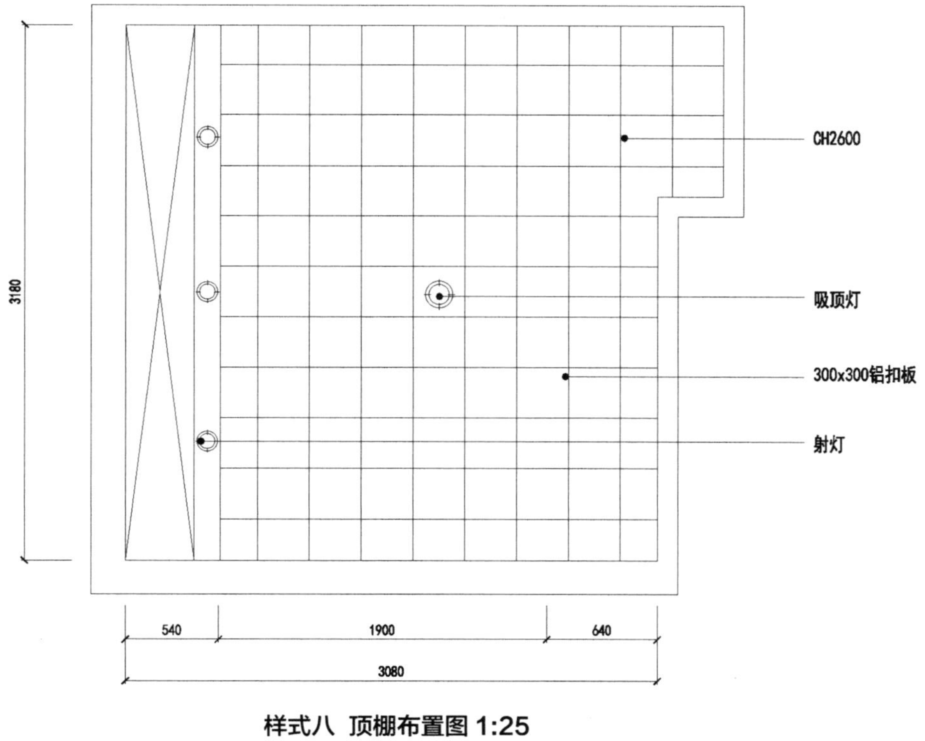

样式八 顶棚布置图 1:25

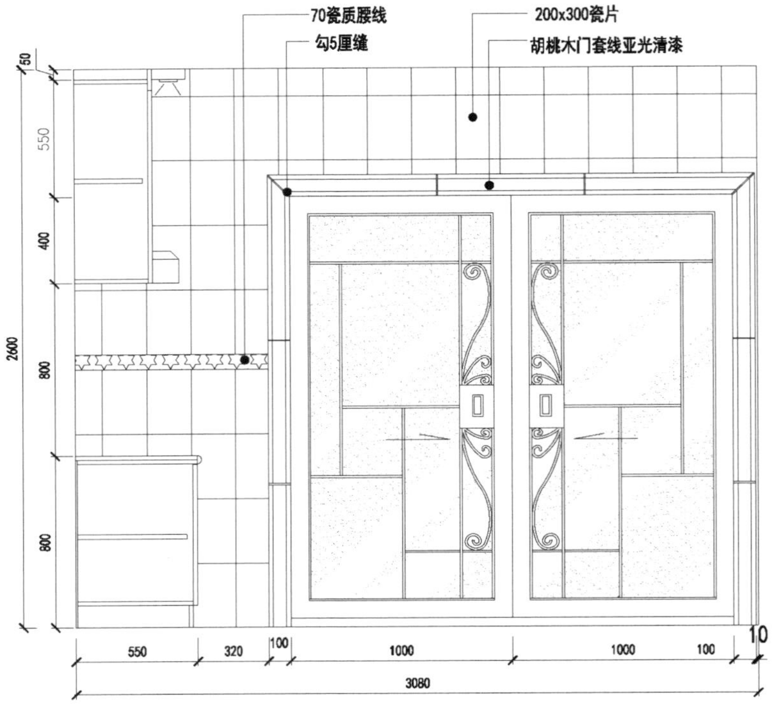

样式八 A 面立面图 1:25

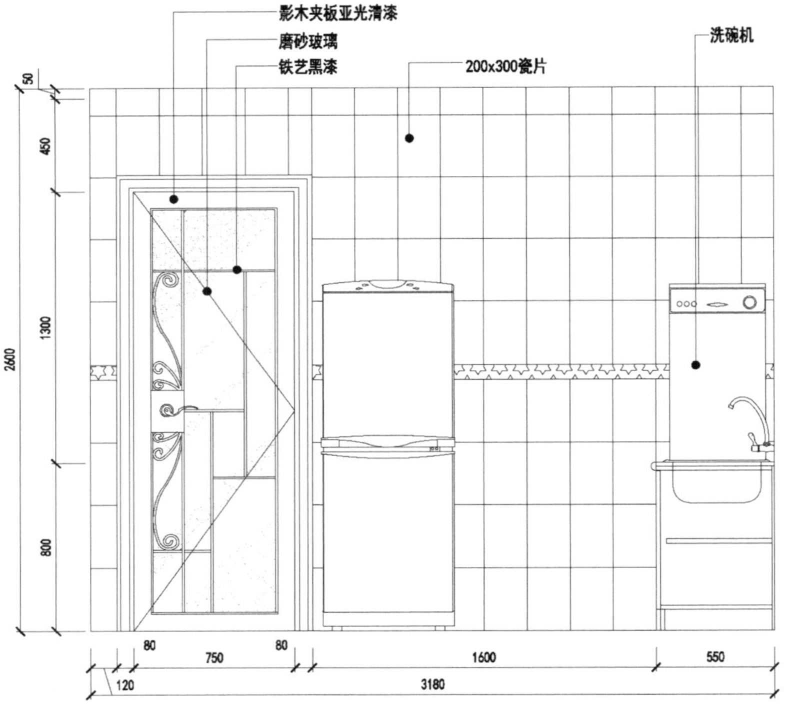

样式八 B 面立面图 1:25

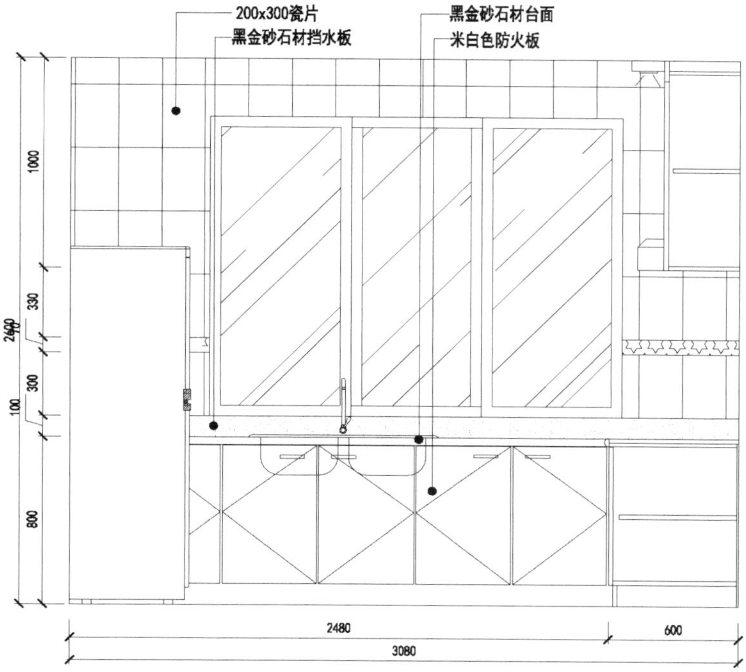

样式八 C 面立面图 1:25

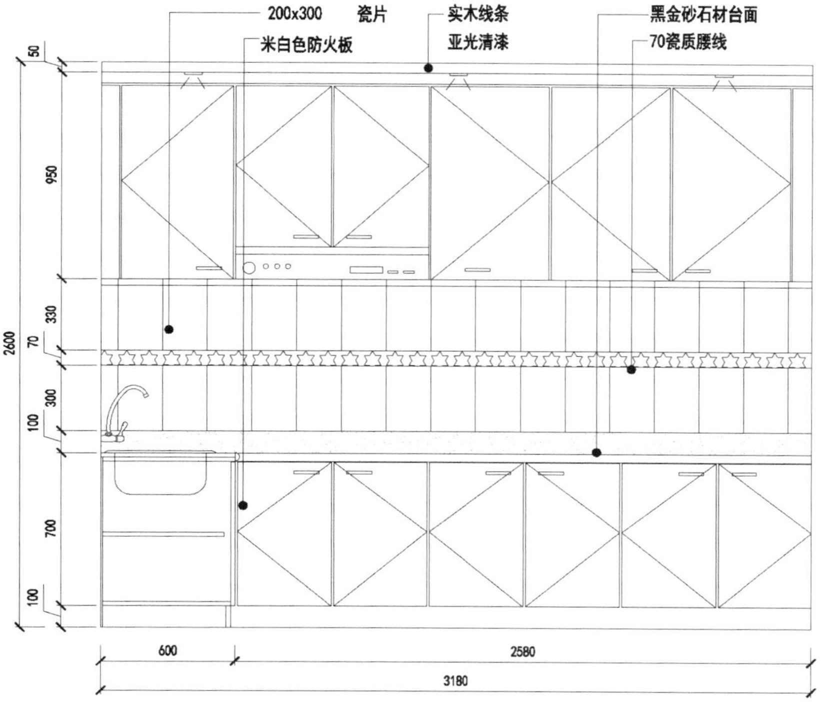

样式八 D 面立面图 1:25

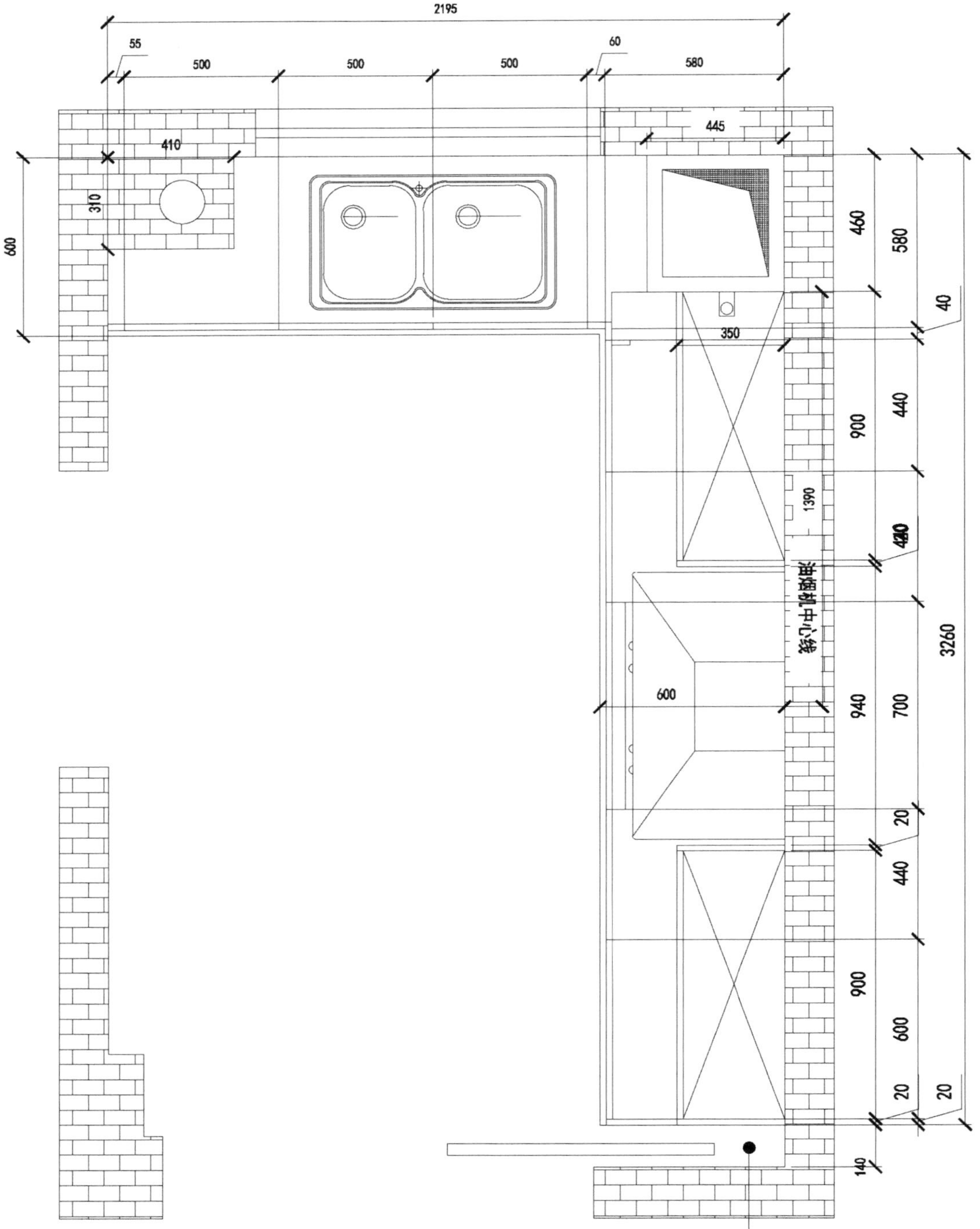

样式九 平面布置图 1:25

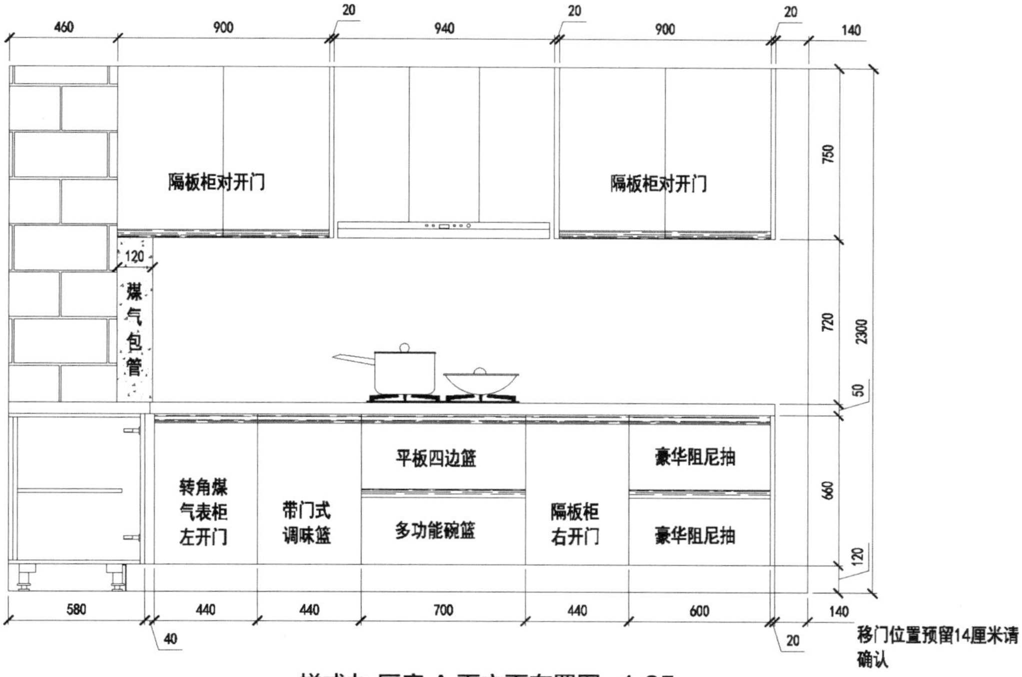

样式九 厨房 A 面立面布置图 1:25

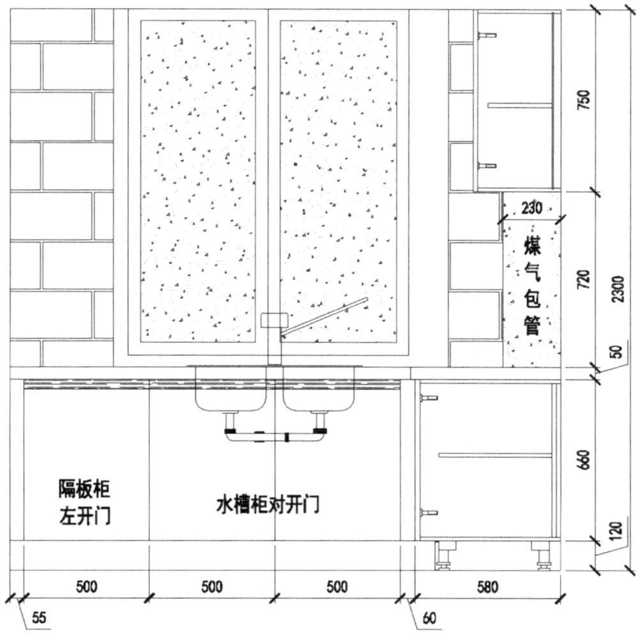

样式九 厨房 B 面立面布置图 1:25

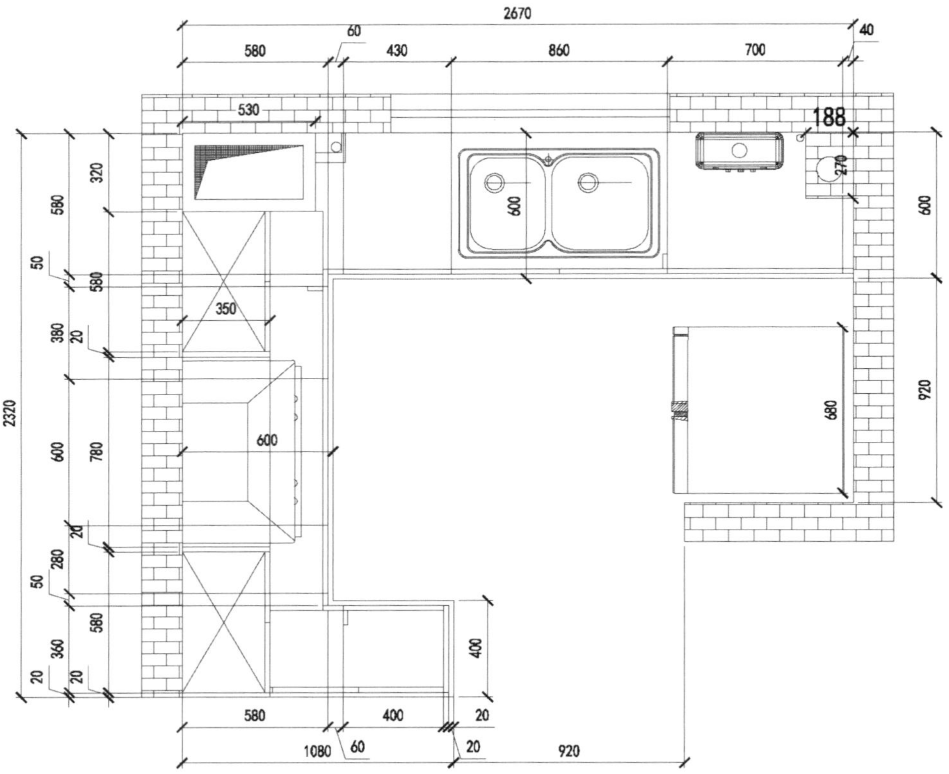

样式十 厨房平面布置图 1:25

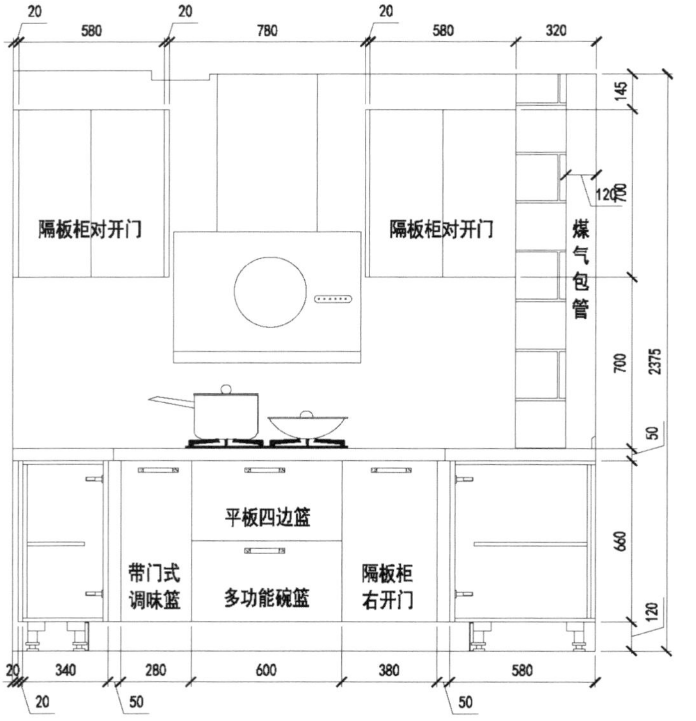

样式十 厨房立面布置图 1:25

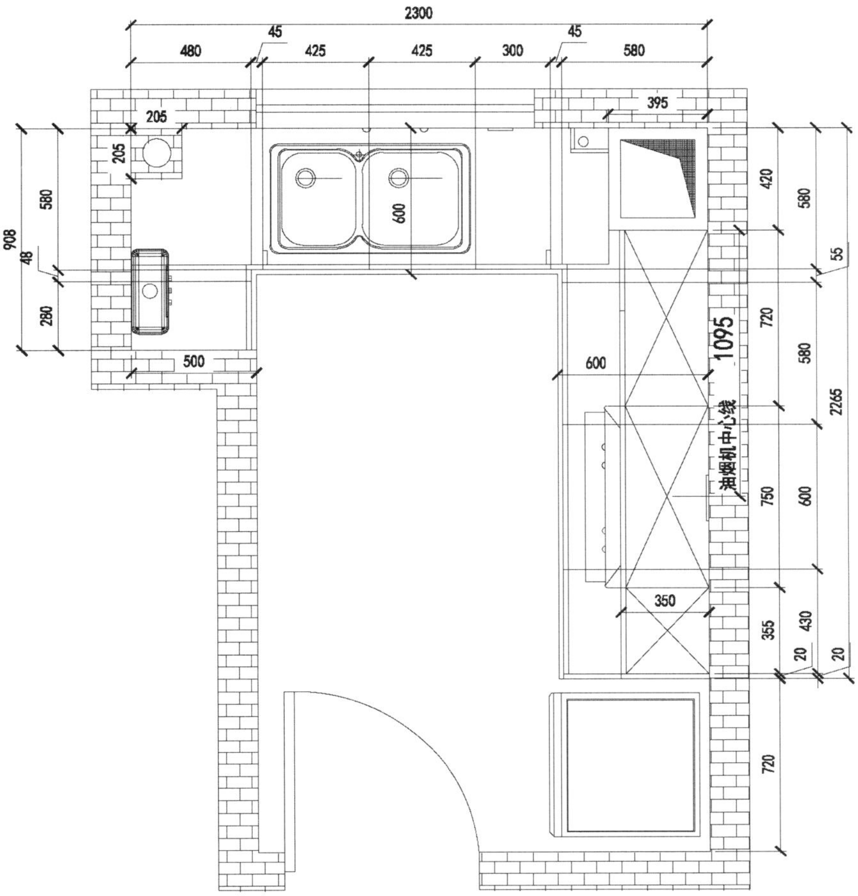

样式十一 厨房平面布置图 1:25

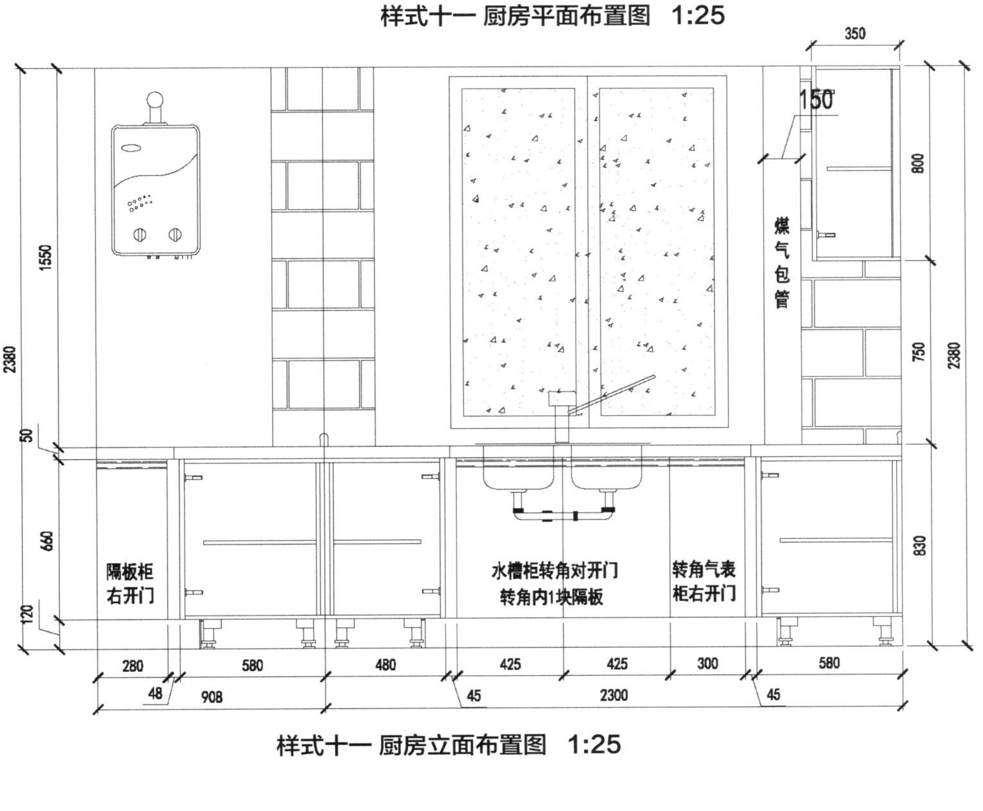

样式十一 厨房立面布置图 1:25

第五节 防火板 L 型橱柜

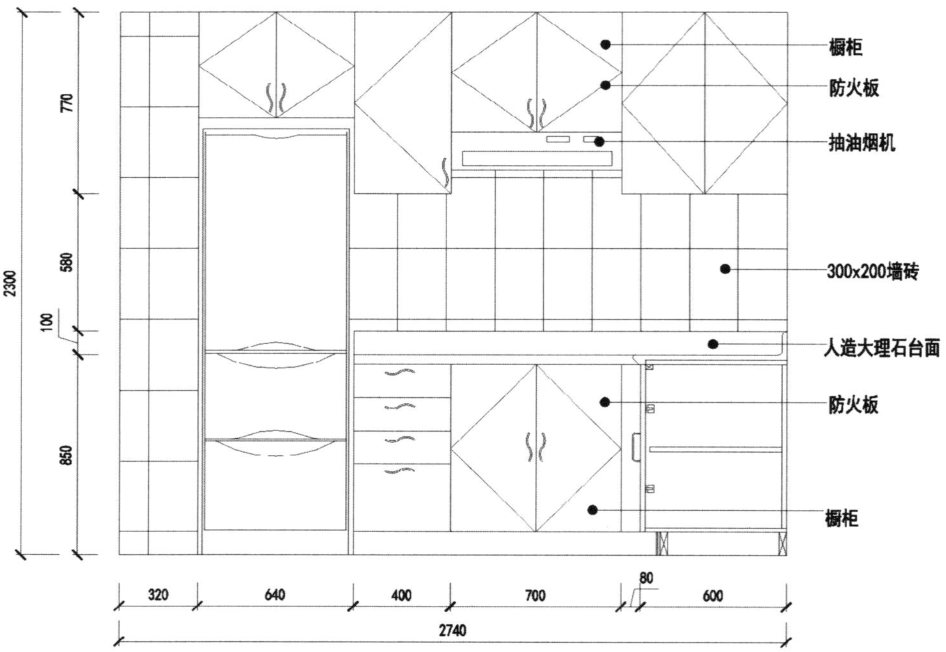

A 面立面图 1:25

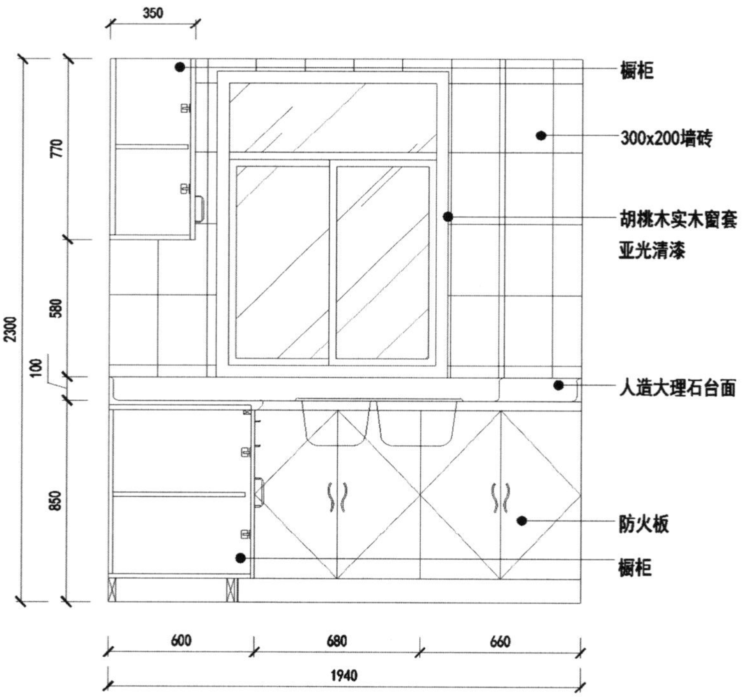

B 面立面图 1:25

第六节 实木 L 型橱柜

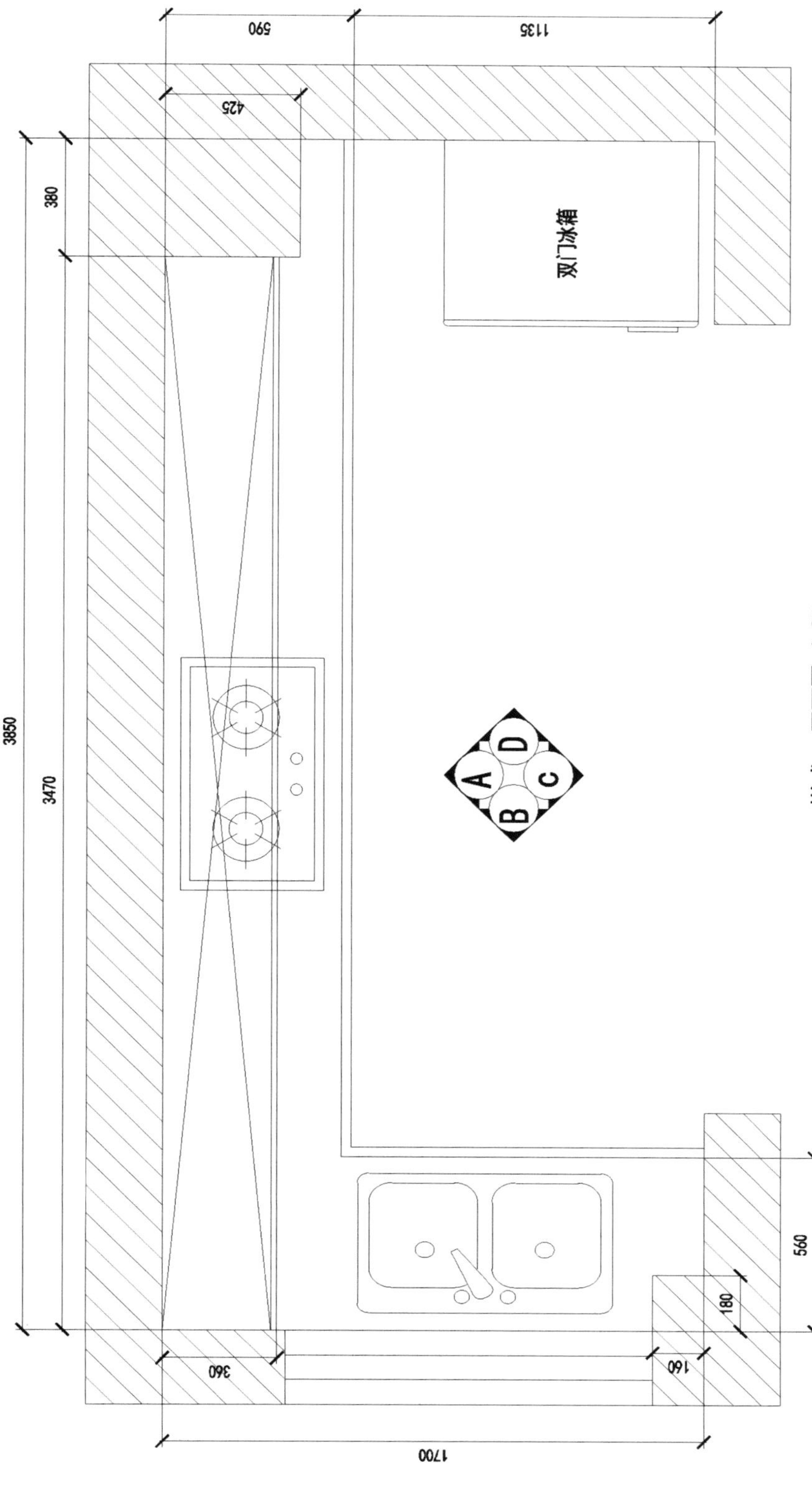

样式一 平面图 1:25

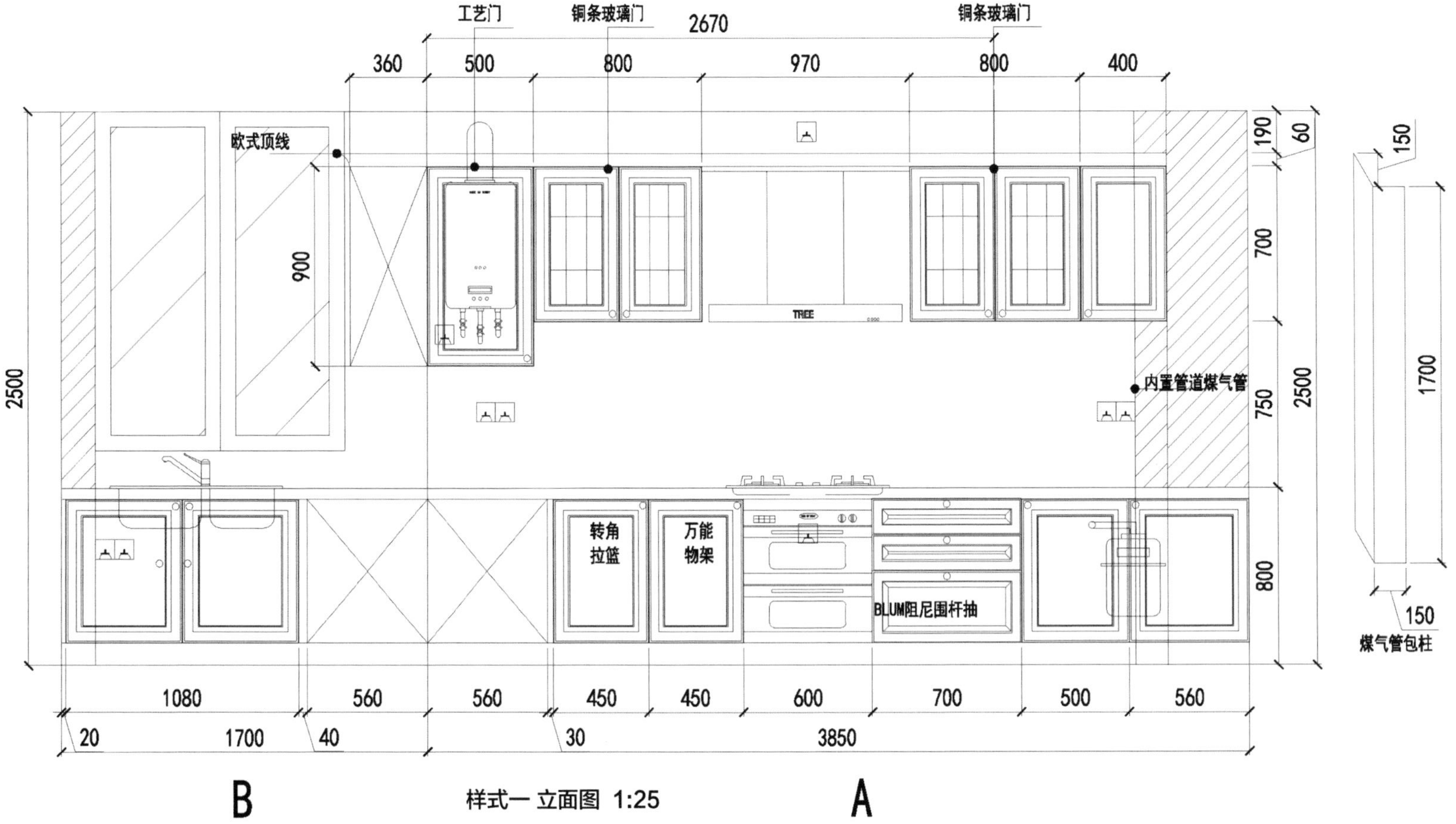
工艺门
铜条玻璃门
铜条玻璃门
2670
360
500
800
970
800
400
欧式顶线
900
TREE
内置管道煤气管
190
60
700
750
2500
800
2500
转角
拉篮
万能
物架
BLUM阻尼围杆抽
150
1700
150
煤气管包柱
1080
560
560
450
450
600
700
500
560
20
1700
40
30
3850
B
A

样式一 立面图 1:25

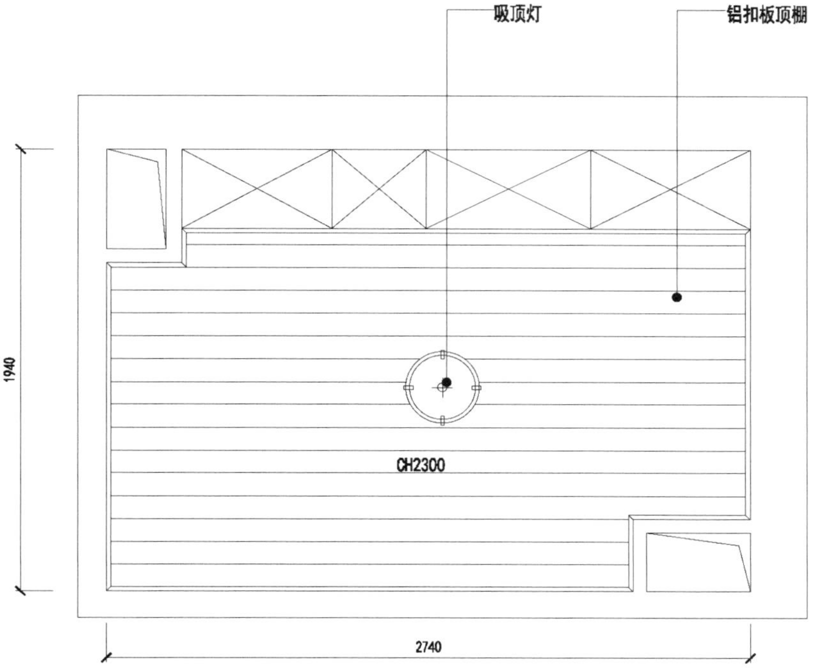

样式二 顶棚布置图 1:25

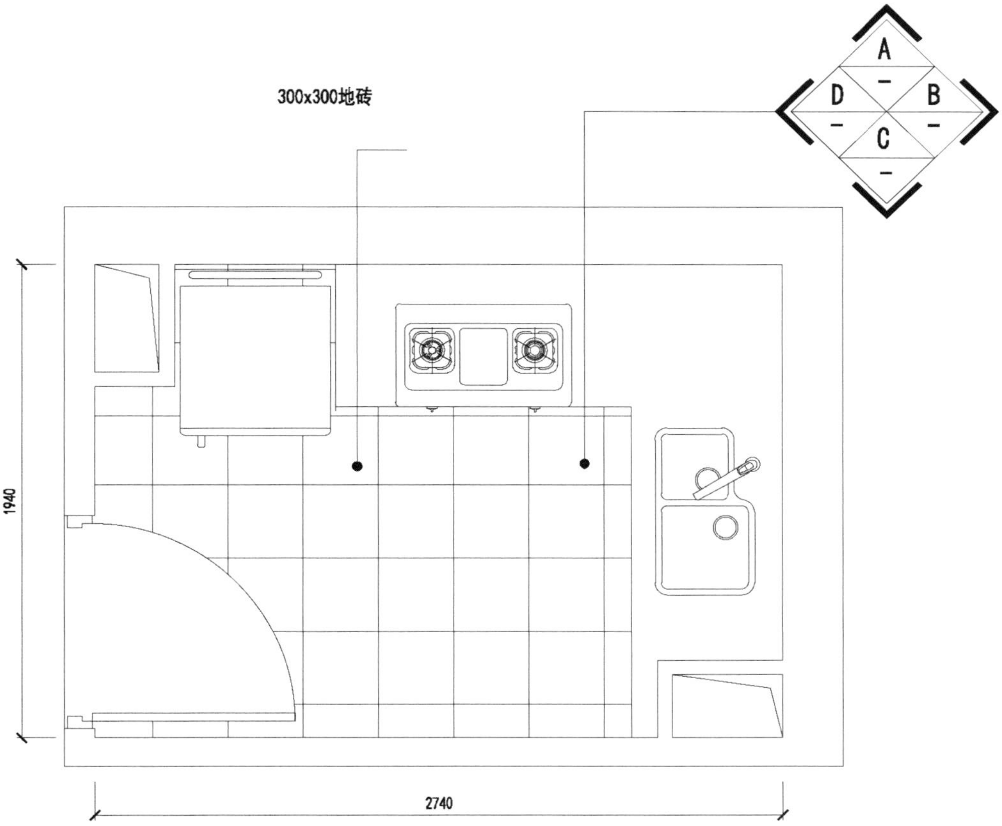

样式二 平面布置图 1:25

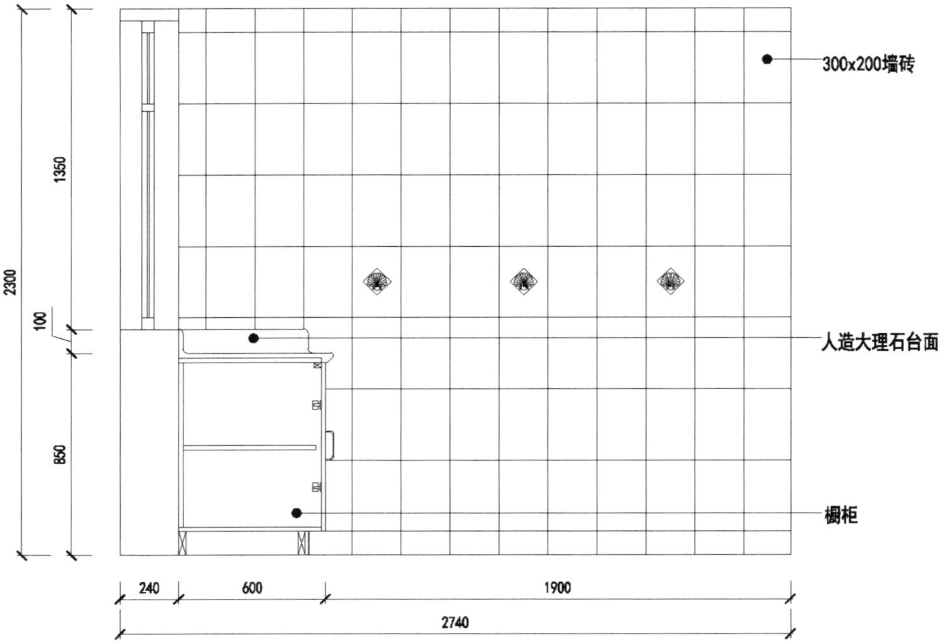

样式二 C 面立面图　1:25

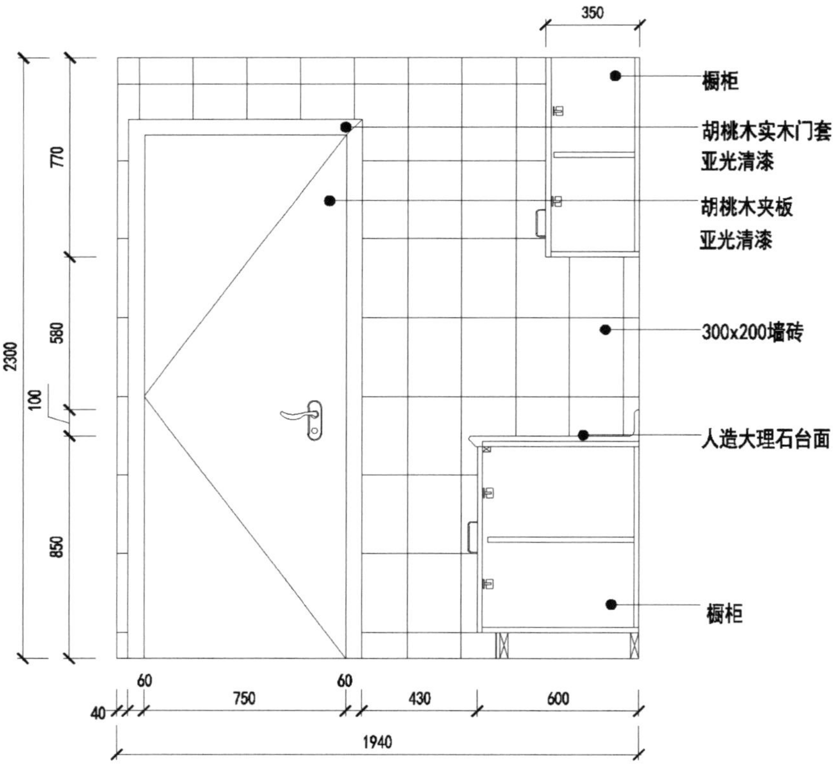

样式二 D 面立面图　1:25

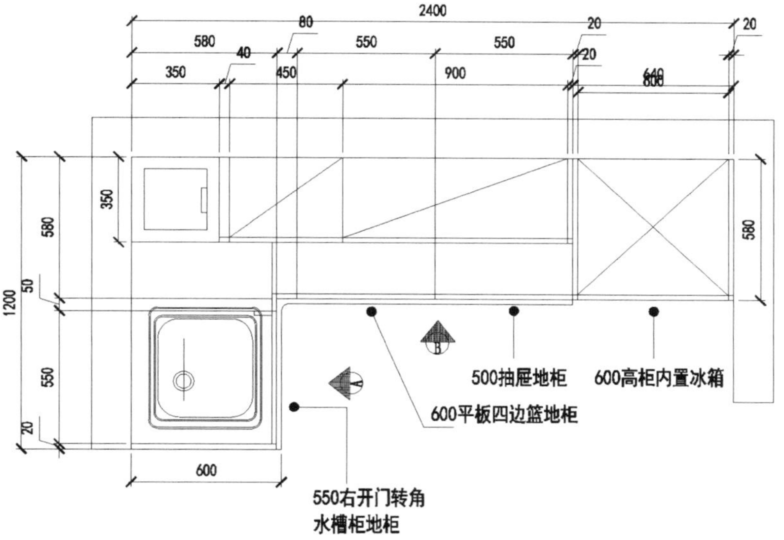

样式三 厨房平面布置图 1:25

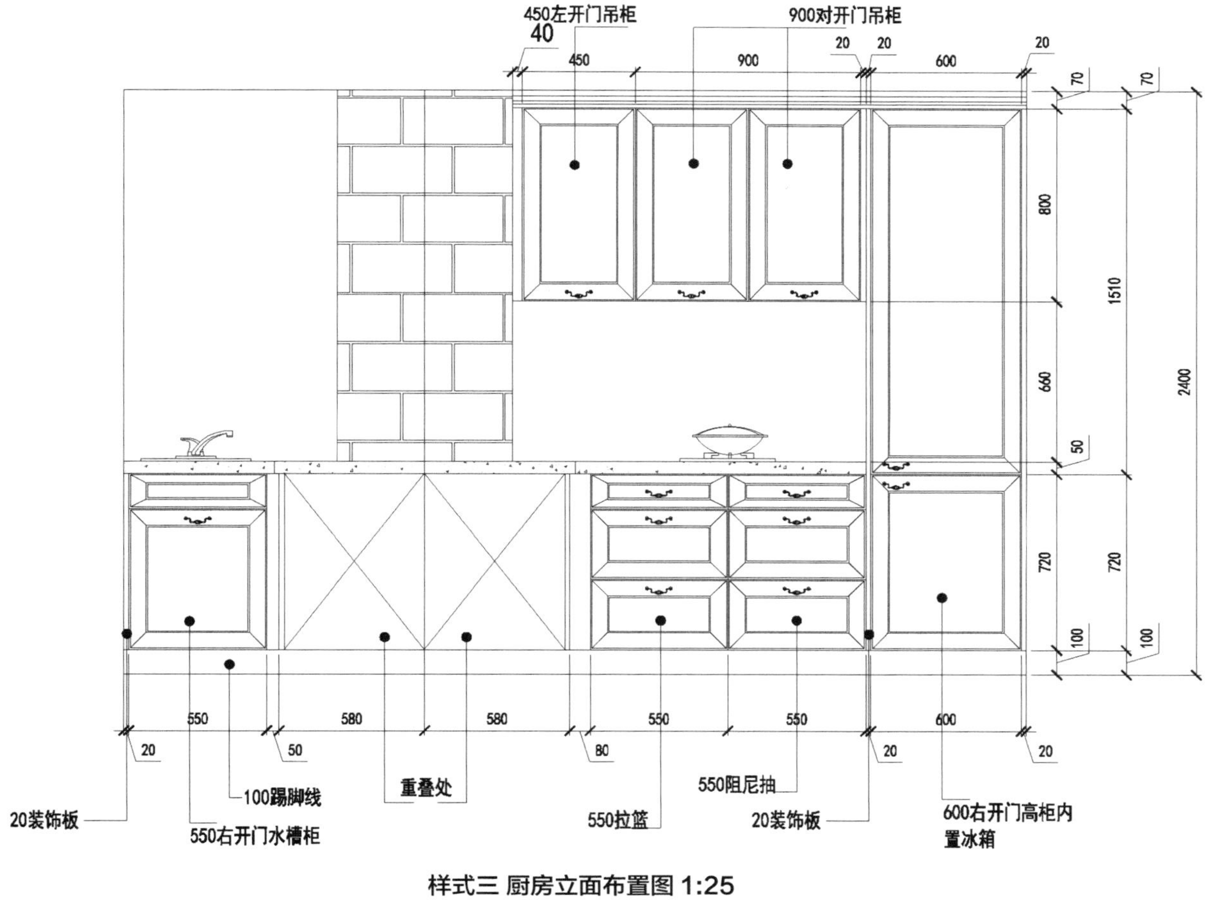

样式三 厨房立面布置图 1:25

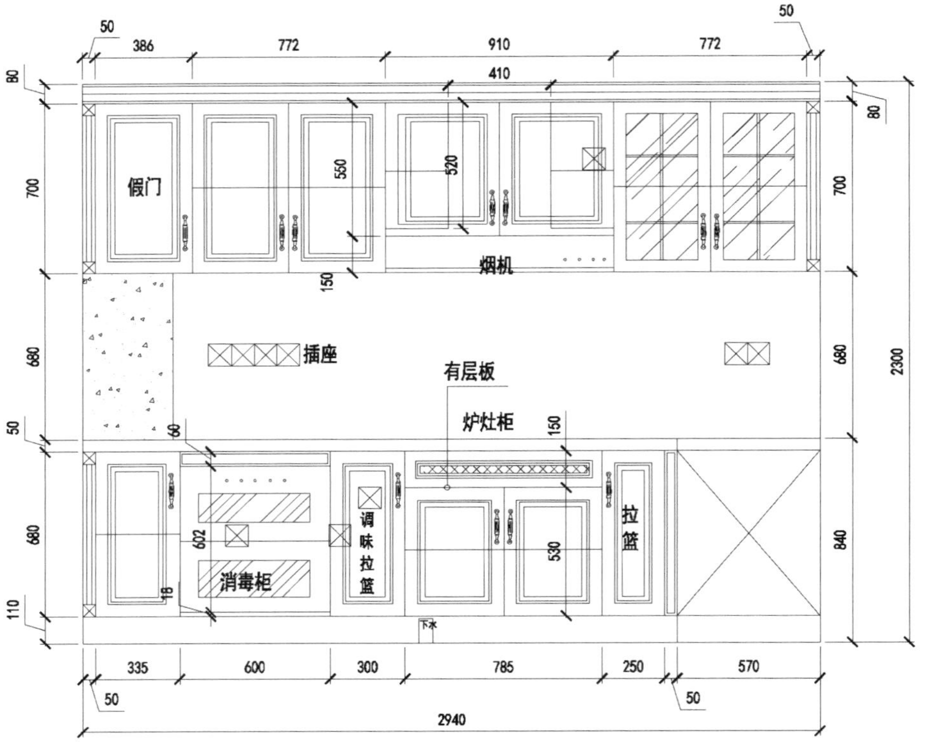

样式四 A 面立面布置图 1:25

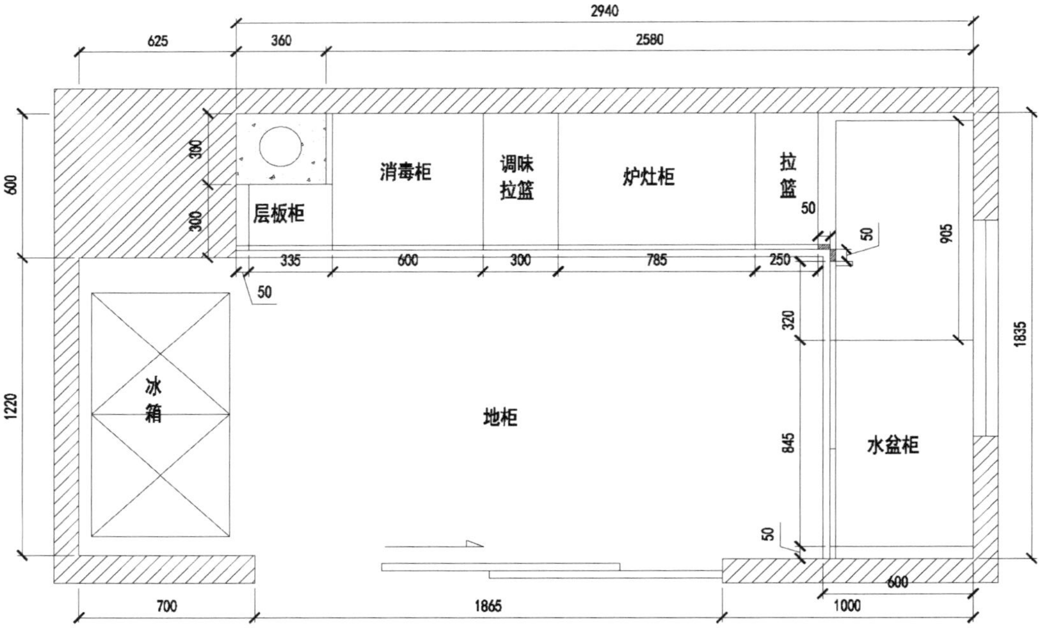

样式四 平面布置图 1:25

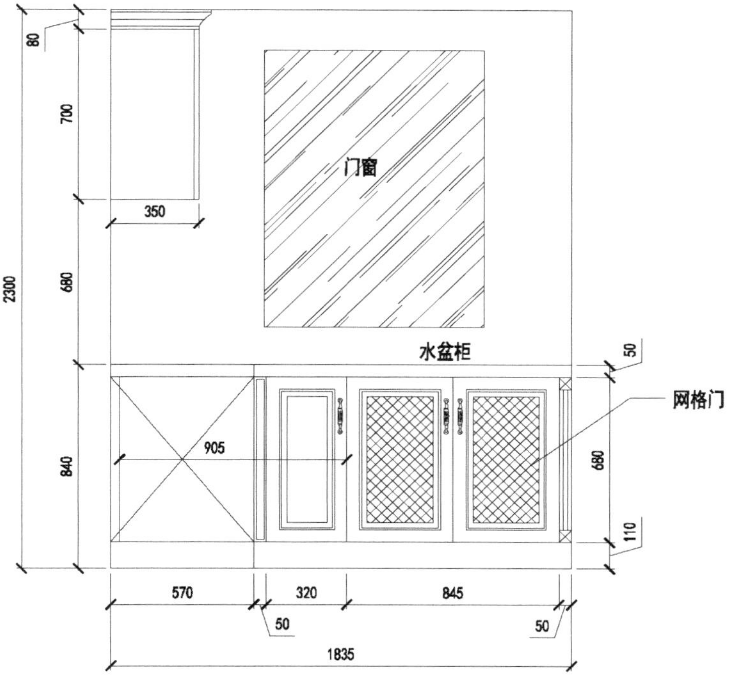

样式四 B 面立面布置图 1:25

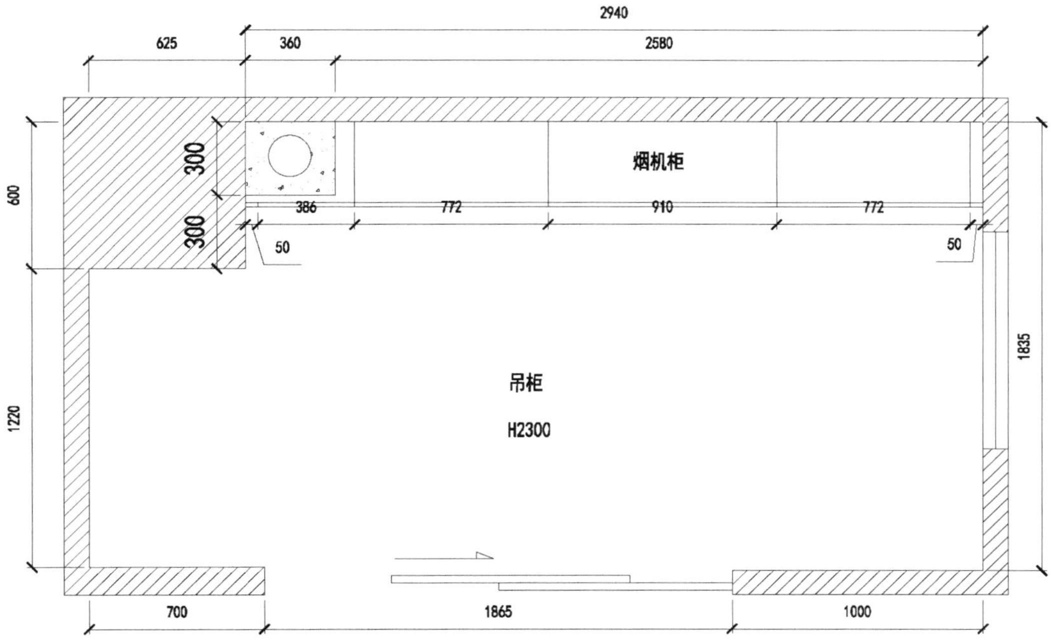

样式四 平面图 1:25

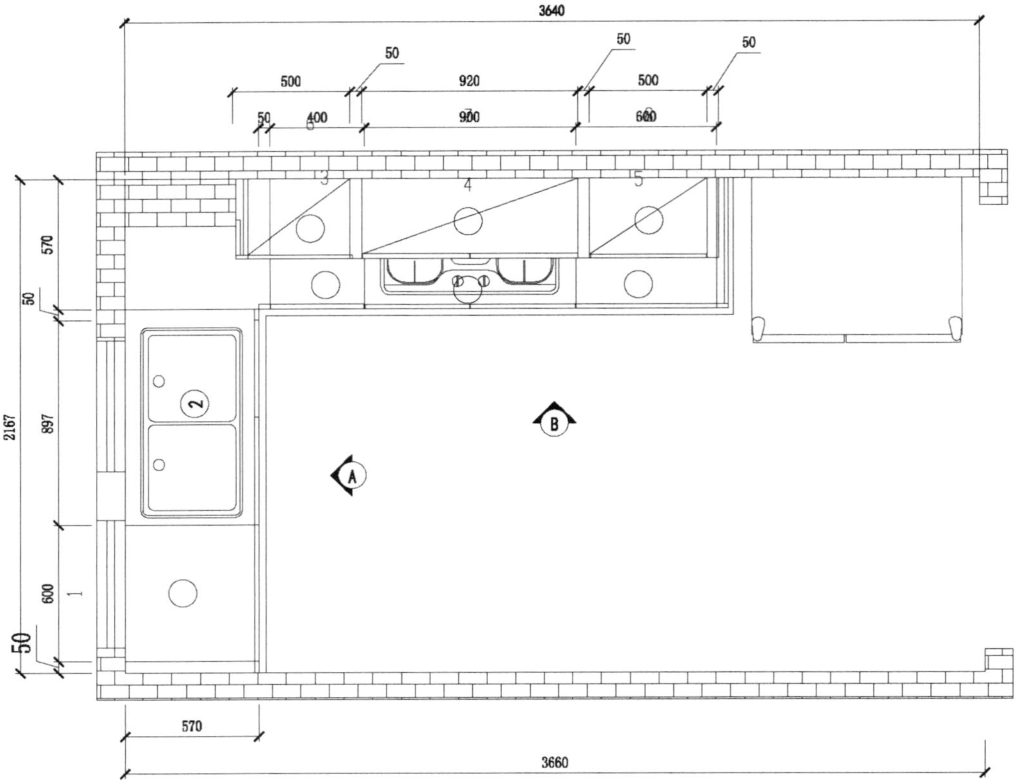

样式五 平面布置图 1:25

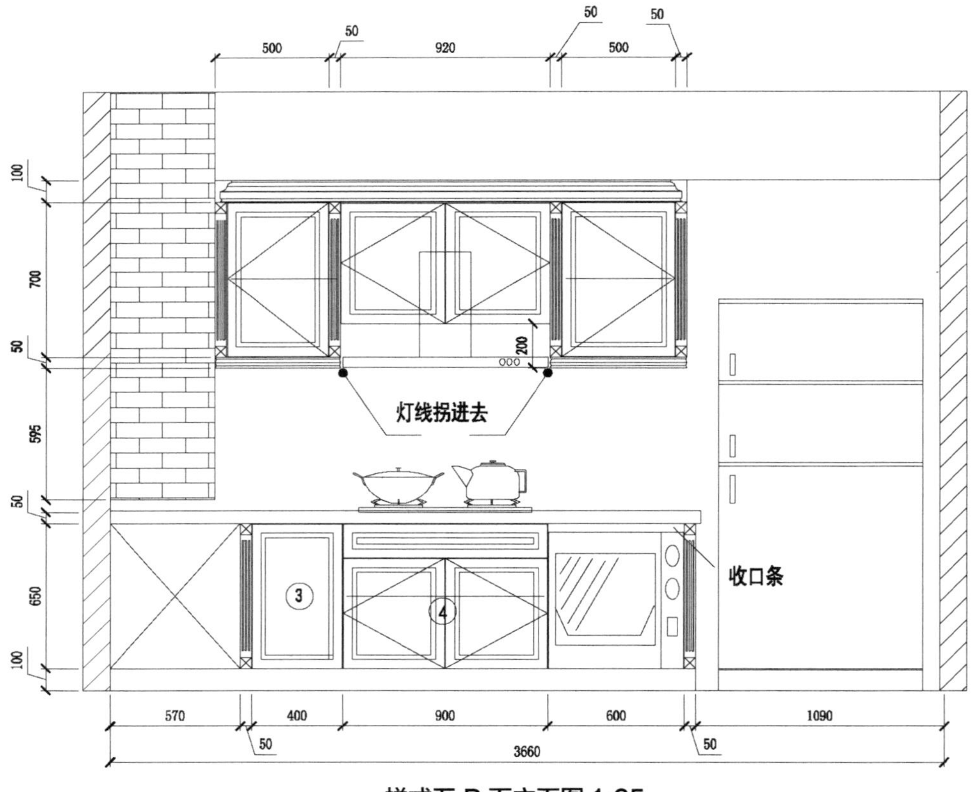

样式五 B 面立面图 1:25

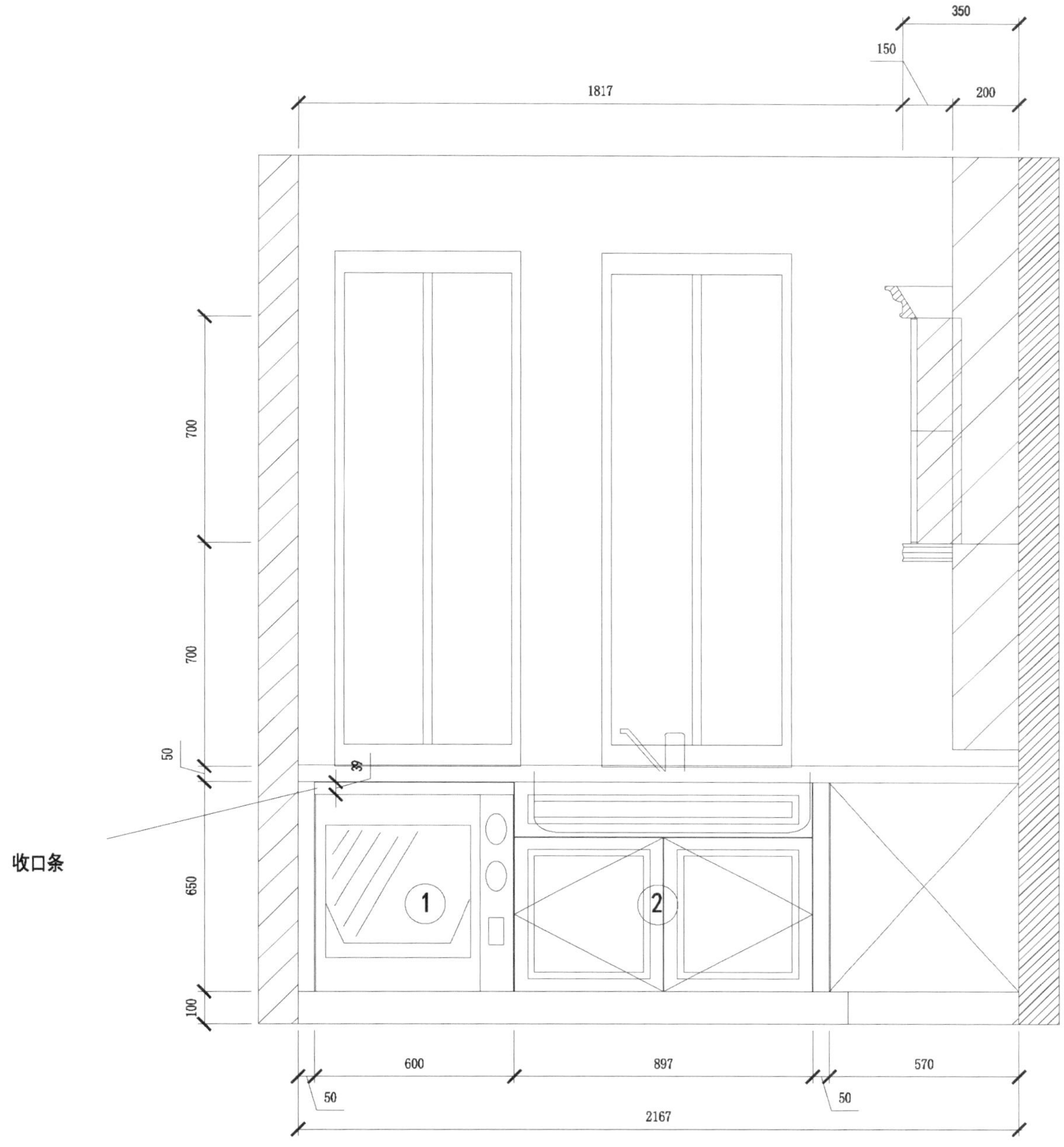

样式五 A 面立面图 1:25

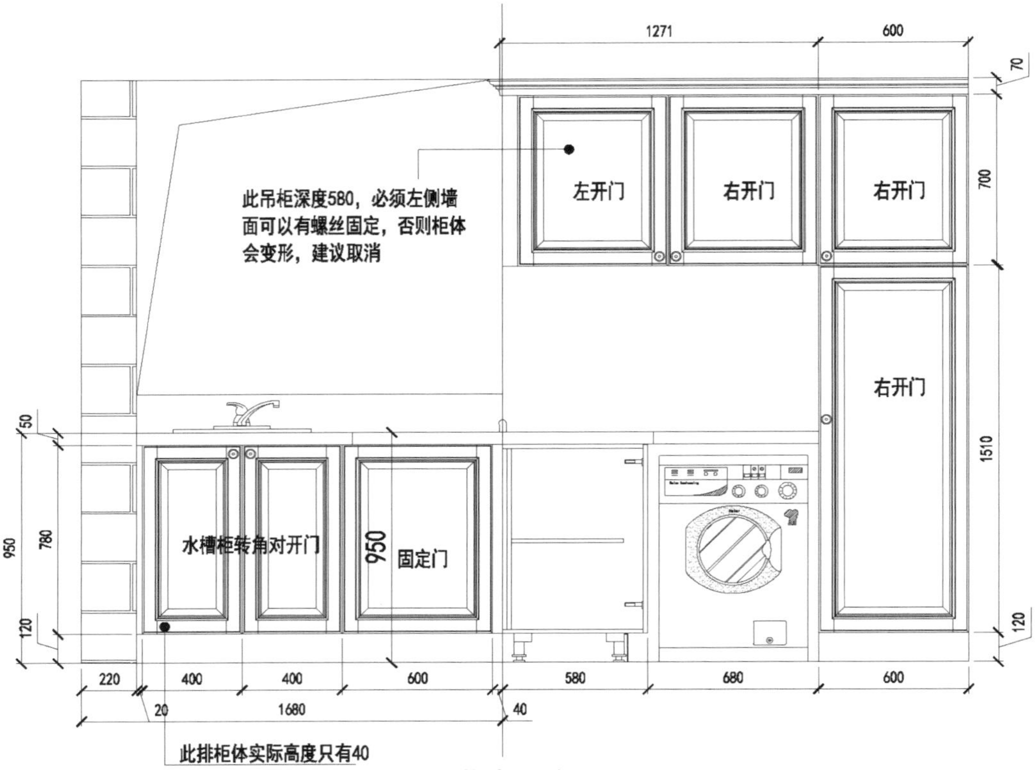

1271　　　　600　　　70

此吊柜深度580，必须左侧墙
面可以有螺丝固定，否则柜体
会变形，建议取消

左开门　　右开门　　右开门

700

右开门

1510

水槽柜转角对开门　950　固定门

50
950　780
120

220　400　400　600　580　680　600

20
1680
40

120

此排柜体实际高度只有40

样式六 立面图 1:25

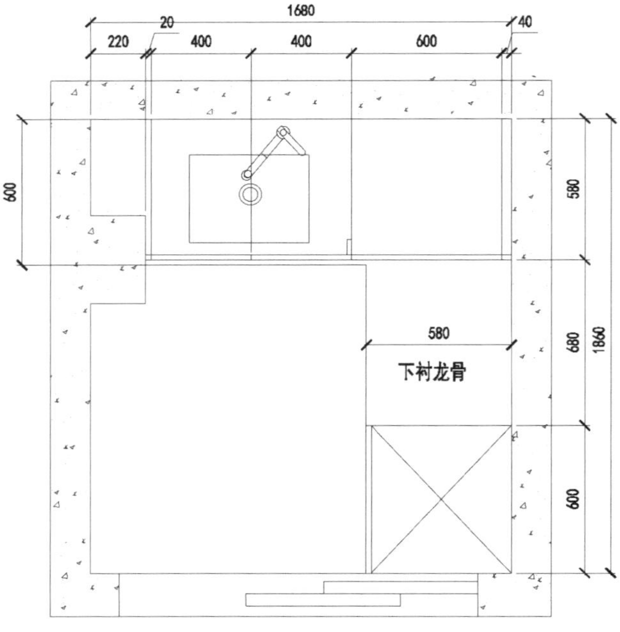

1680
220　20　400　400　600　40

600　　580

580

下衬龙骨　　680　1860

600

样式六 平面图 1:25

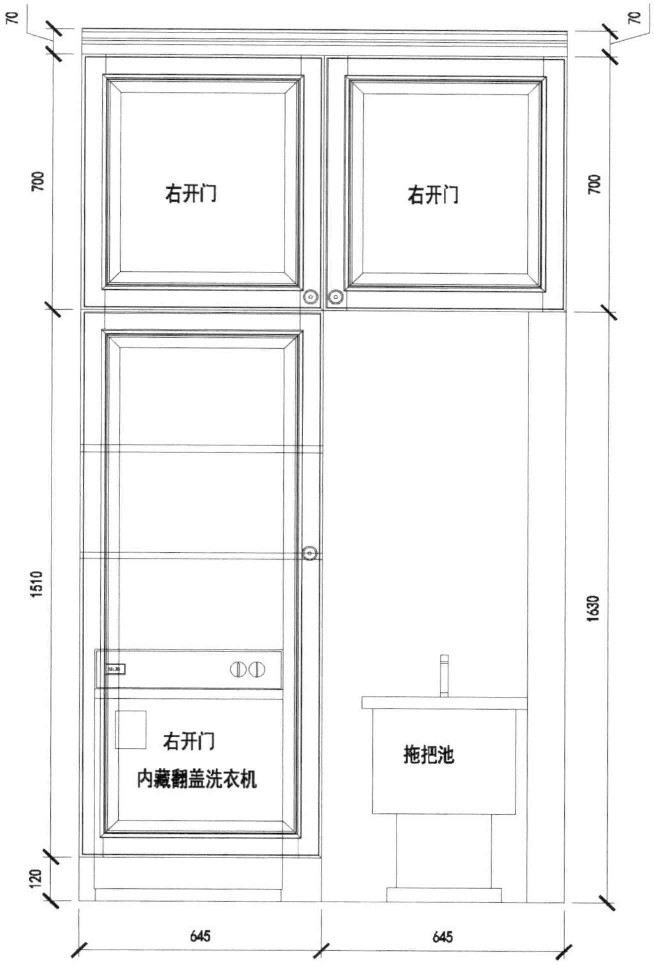

样式六 阳台立面图 1:25

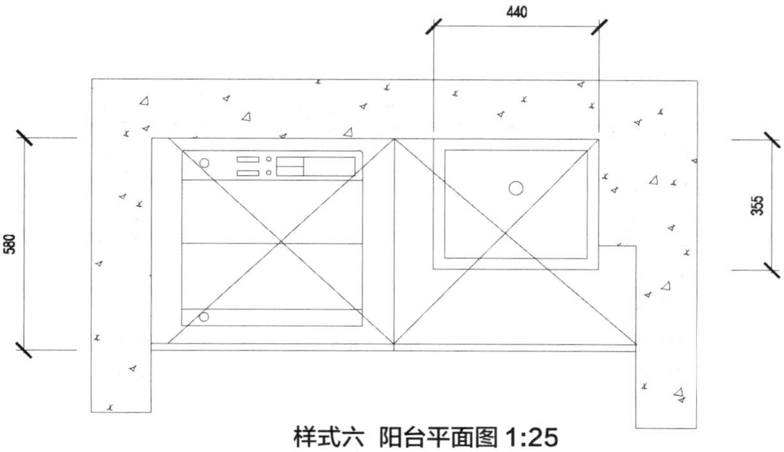

样式六 阳台平面图 1:25

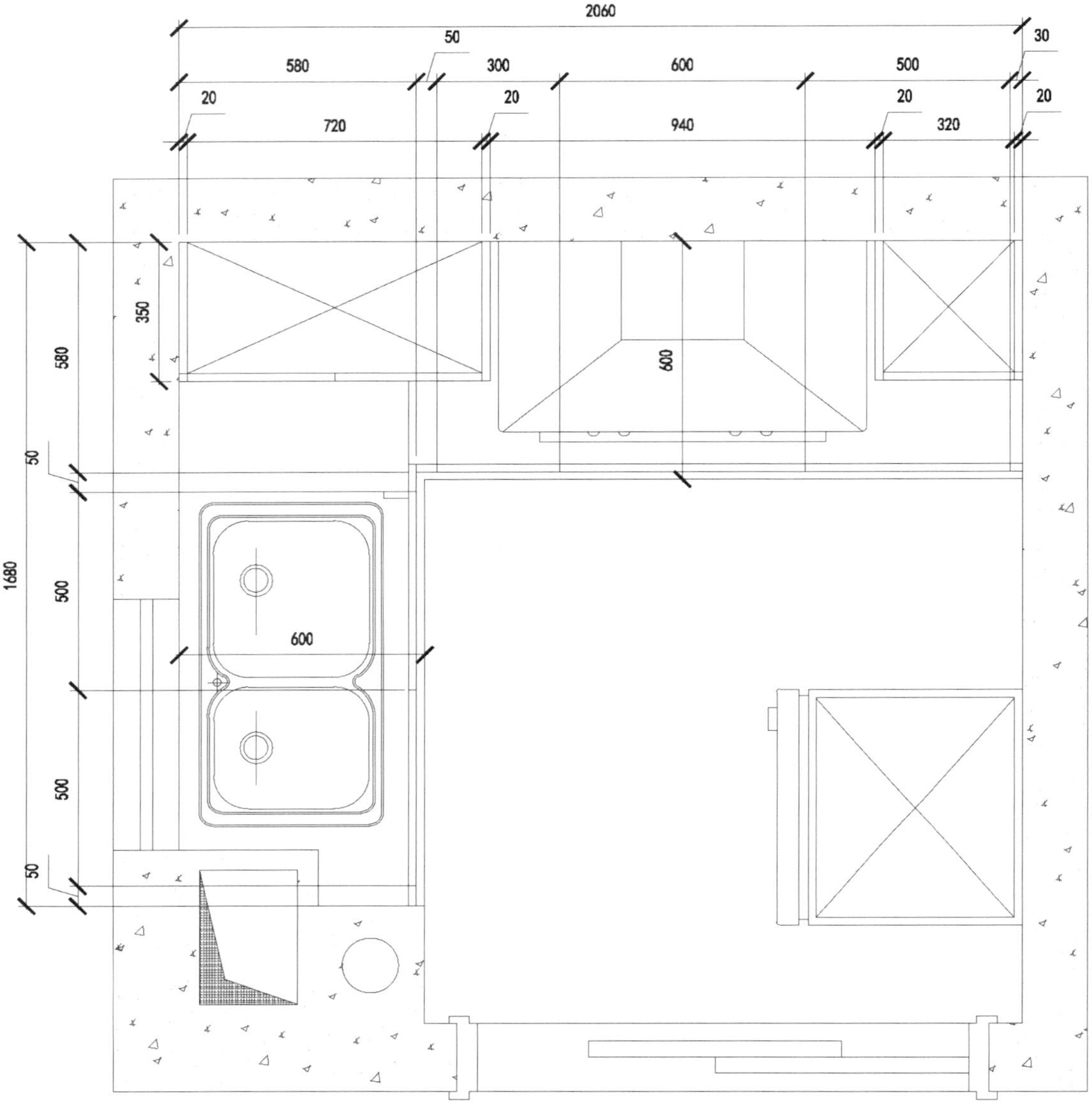
2060
50
30
580
300
600
500
20
20
20
20
720
940
320
350
580
600
50
1680
500
600
500
50

样式七 平面图 1:25

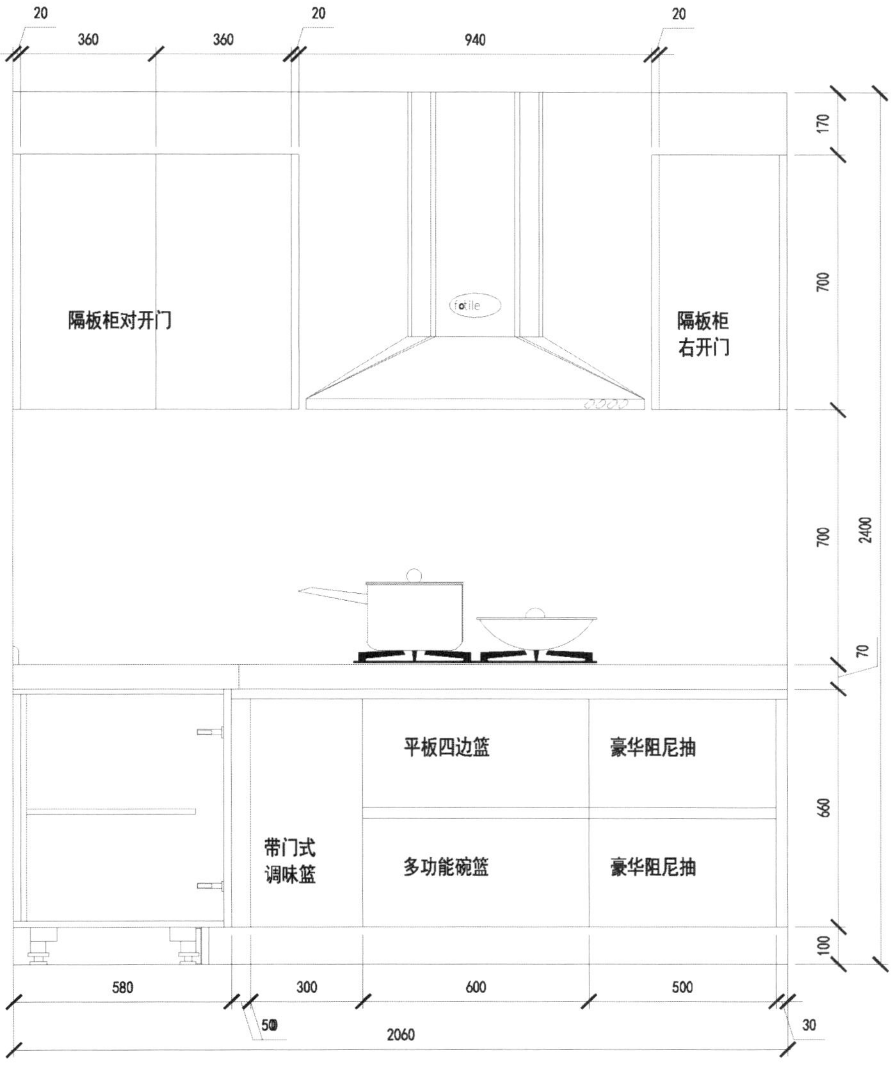
20
360
360
20
940
20
170
700
隔板柜对开门
fotile
隔板柜
右开门
700
2400
70
平板四边篮
豪华阻尼抽
660
带门式
调味篮
多功能碗篮
豪华阻尼抽
100
580
300
600
500
50
2060
30

样式七 立面图 1:25

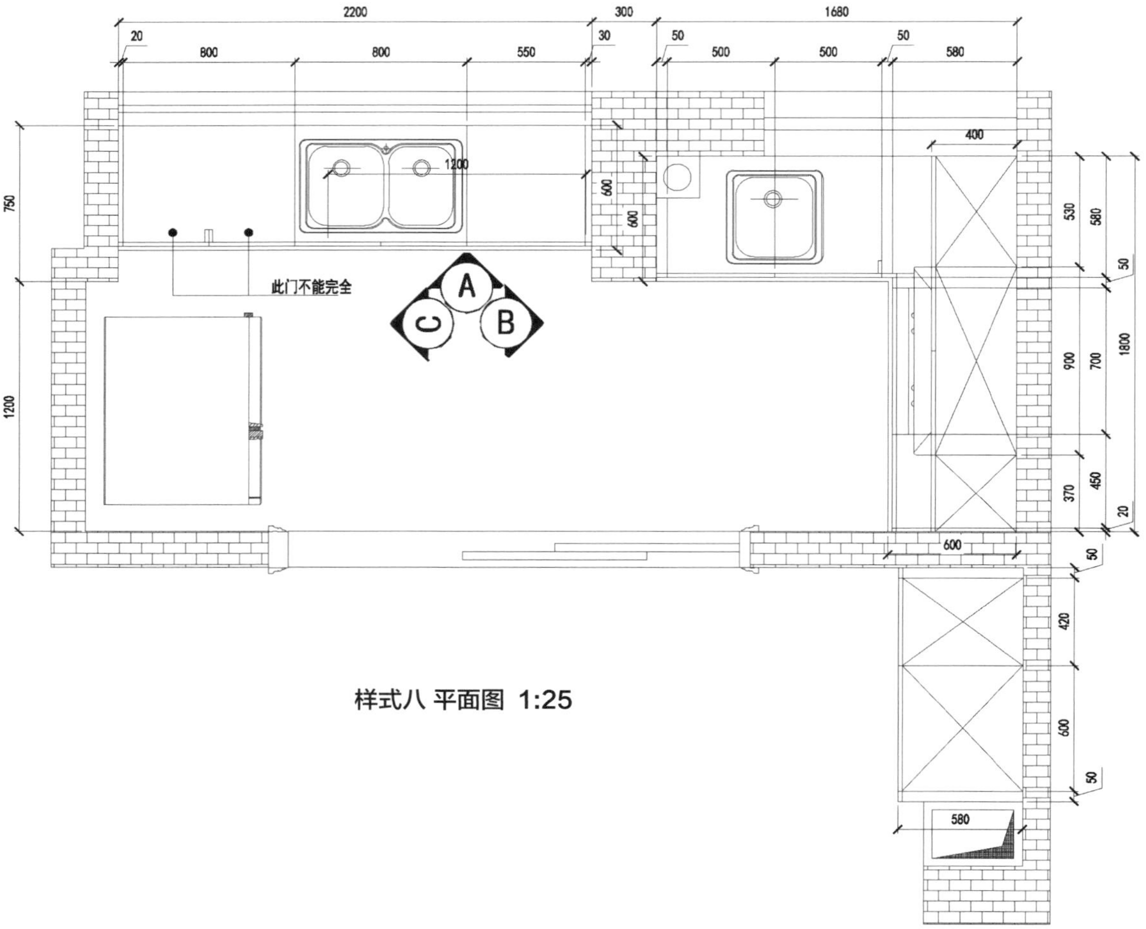

样式八 平面图 1:25

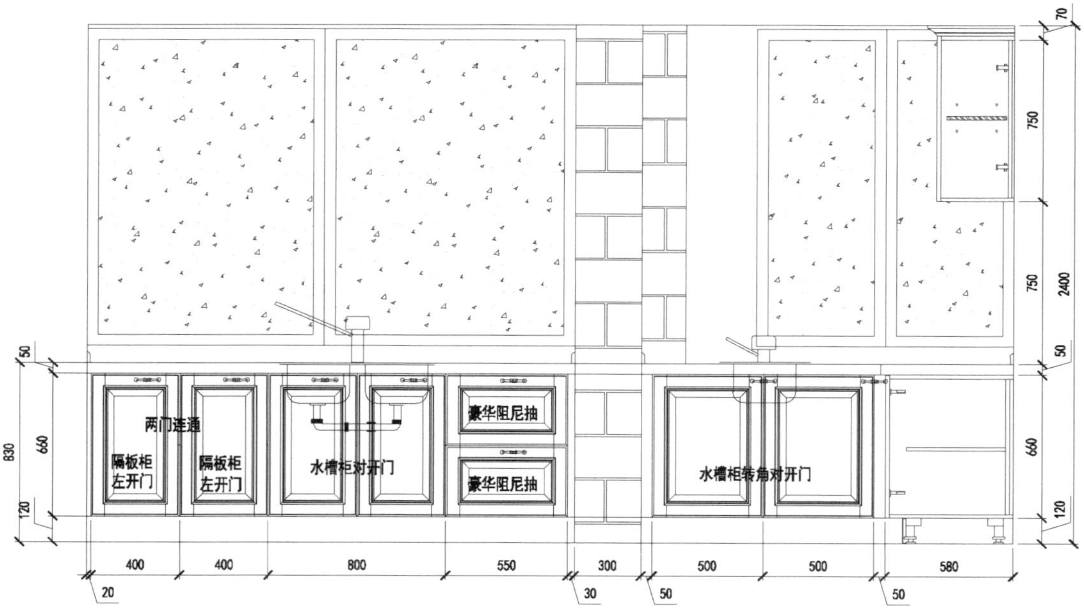

样式八 A 面立面图 1:25

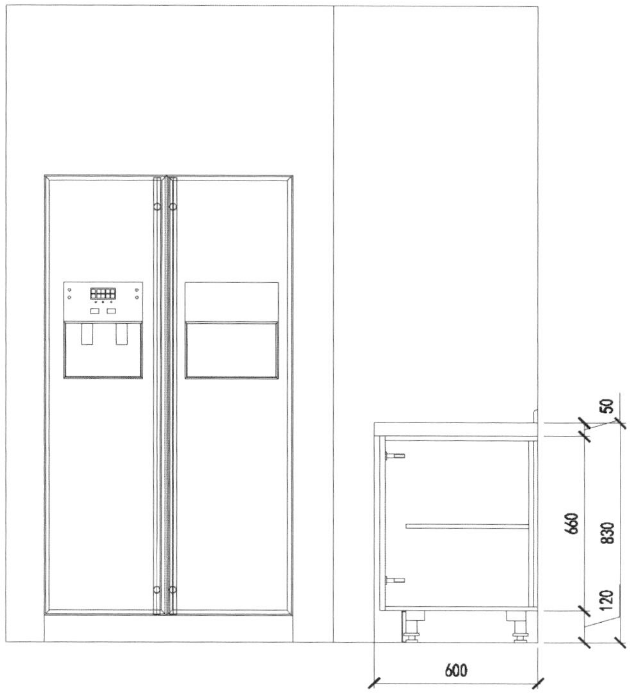

样式八 C 面立面图 1:25

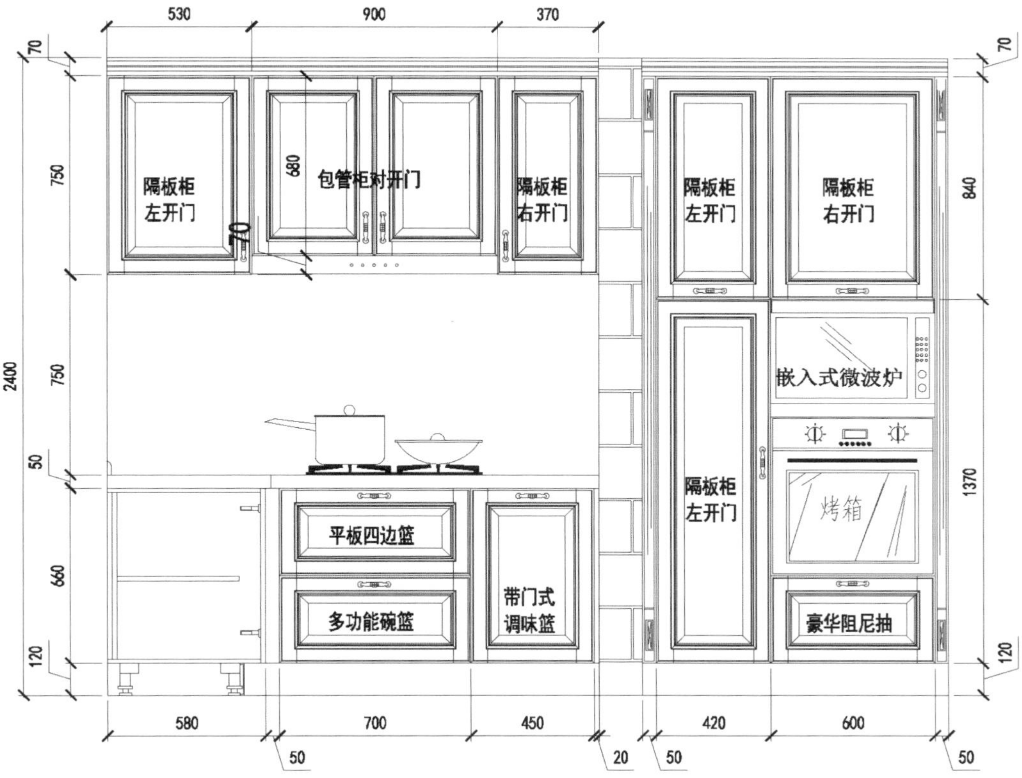

样式八 B 面立面图 1:25

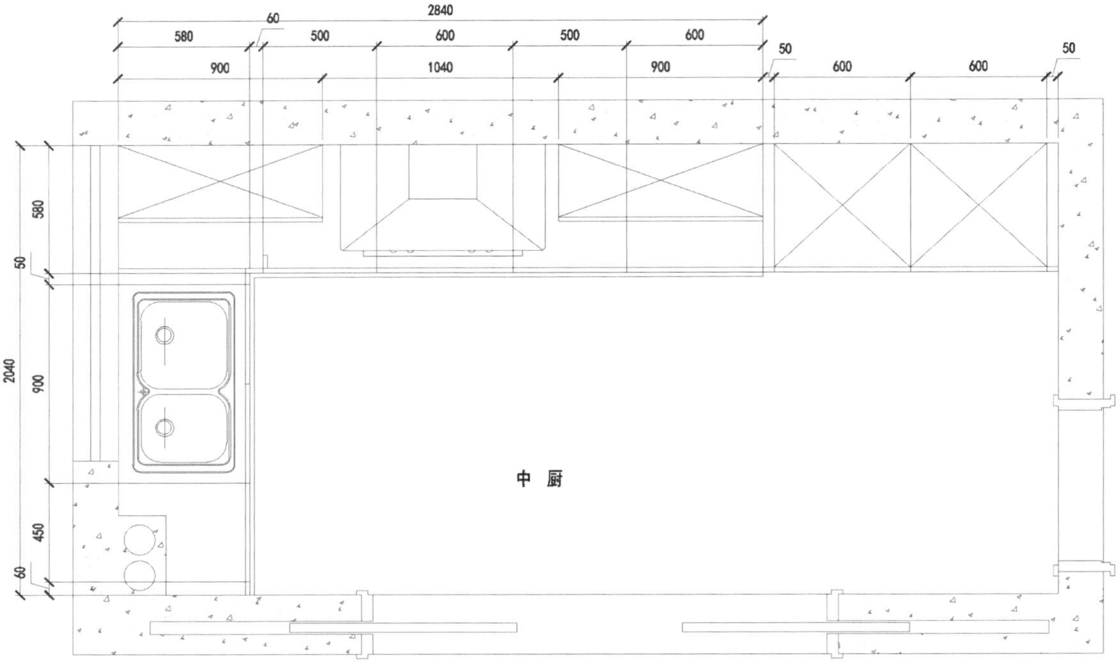

样式九 平面图 1:25

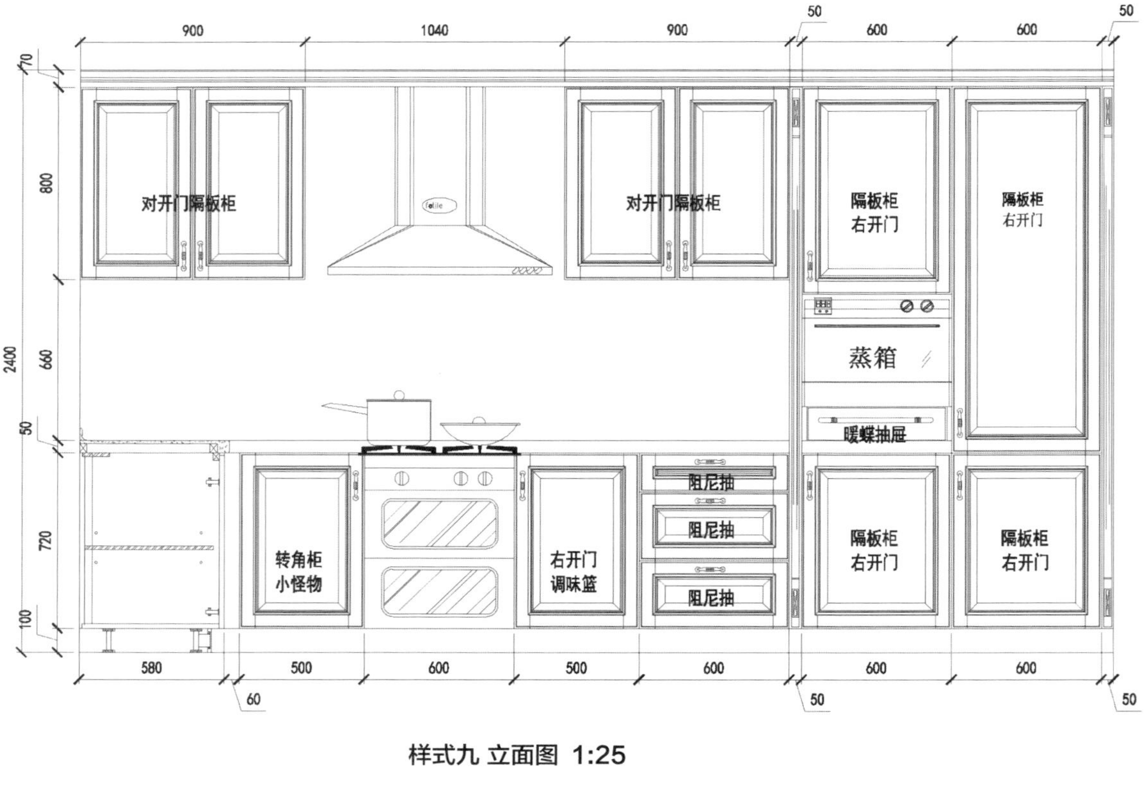

样式九 立面图 1:25

第三章

U 型橱柜

第一节 实木 U 型橱柜

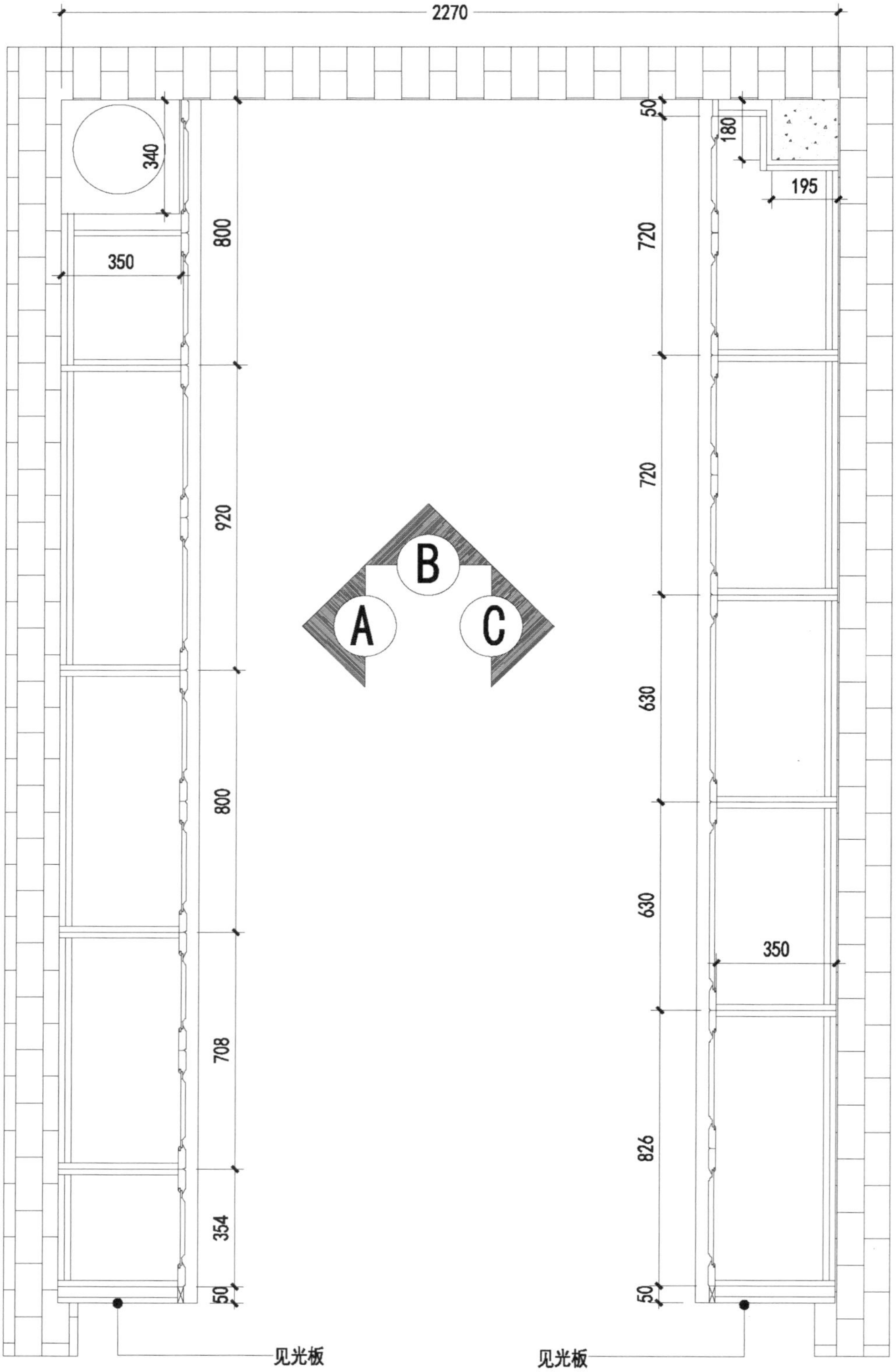

样式一 平面图 1:25

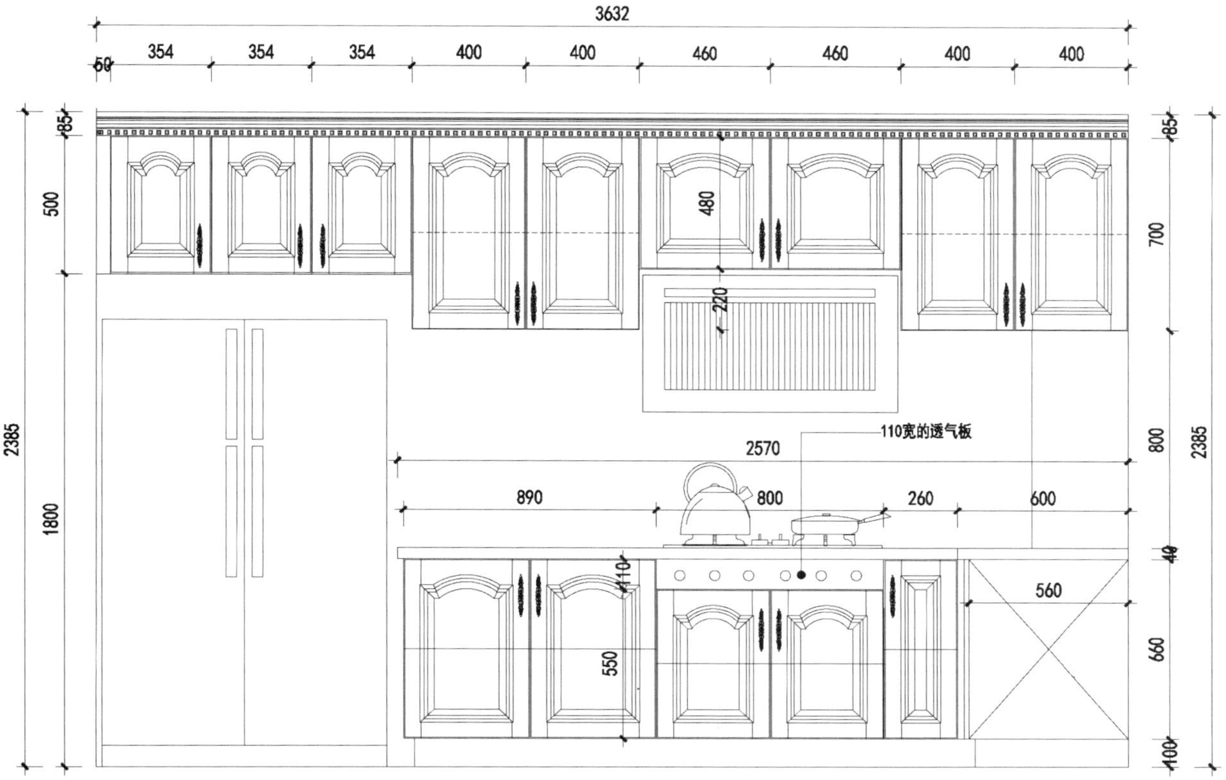

样式一 A 面立面图 1:25

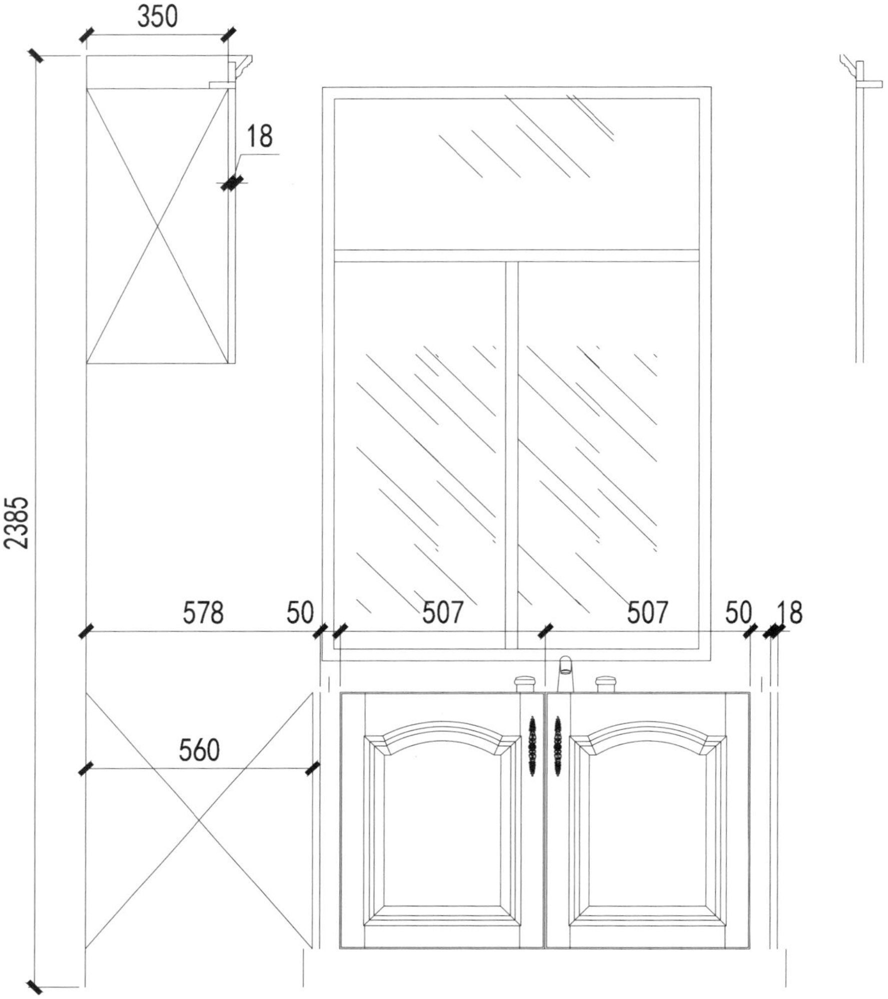

样式一 B 面立面图 1:25

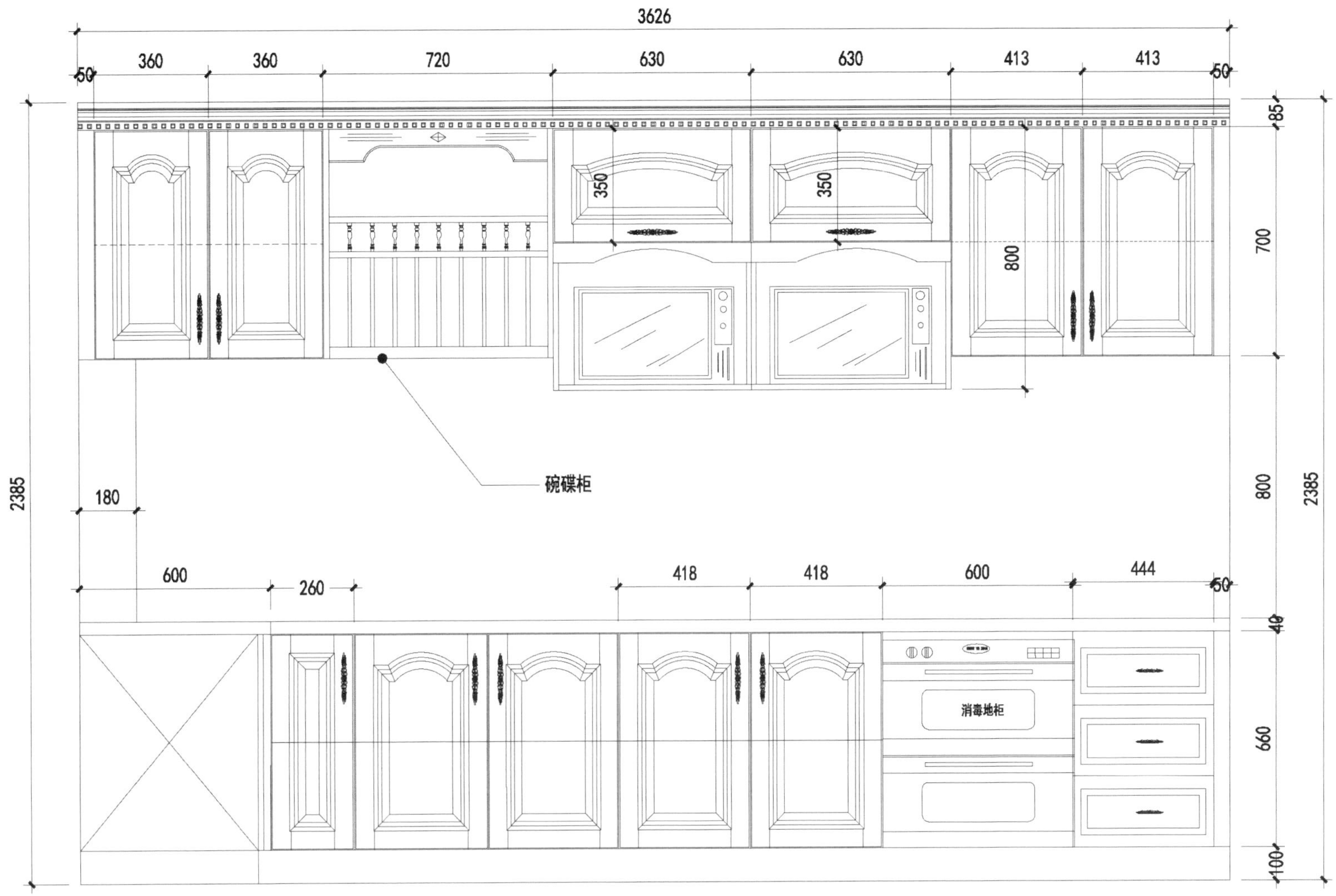

样式一 C 面立面图 1:25

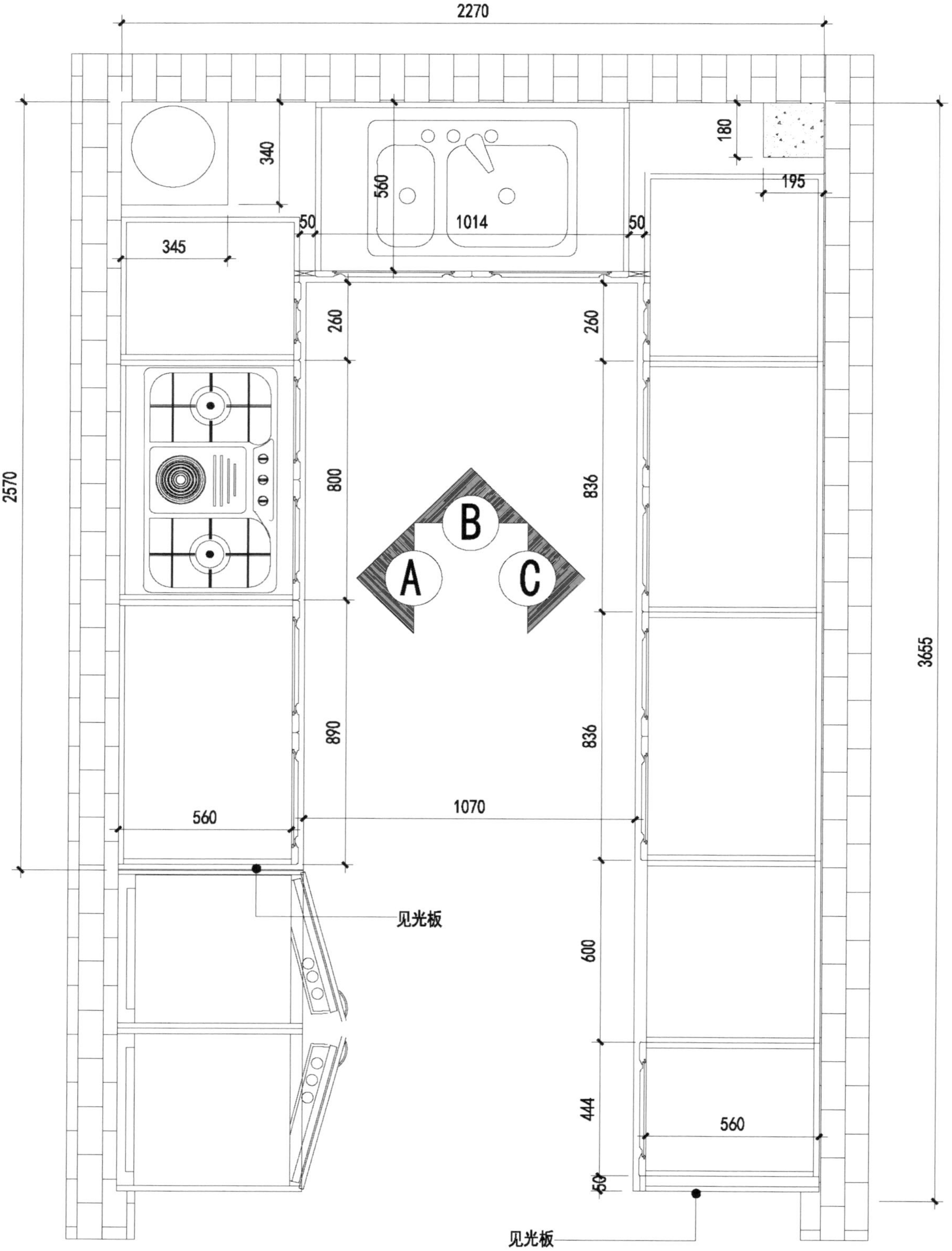

样式一 平面布置图 1:25

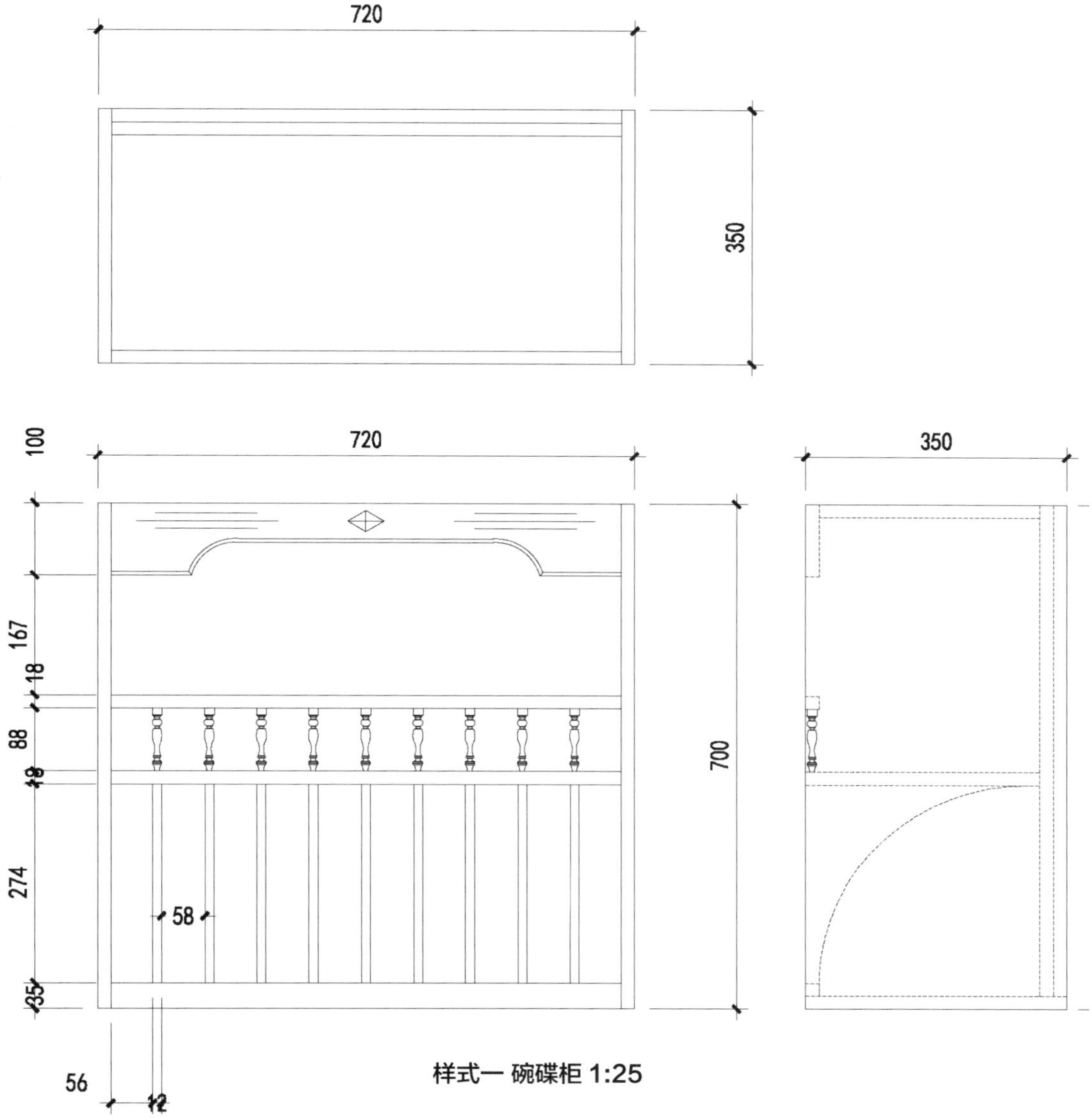
720
350
100
720
350
167
18
88
18
274
58
700
35
56
12
样式一 碗碟柜 1:25

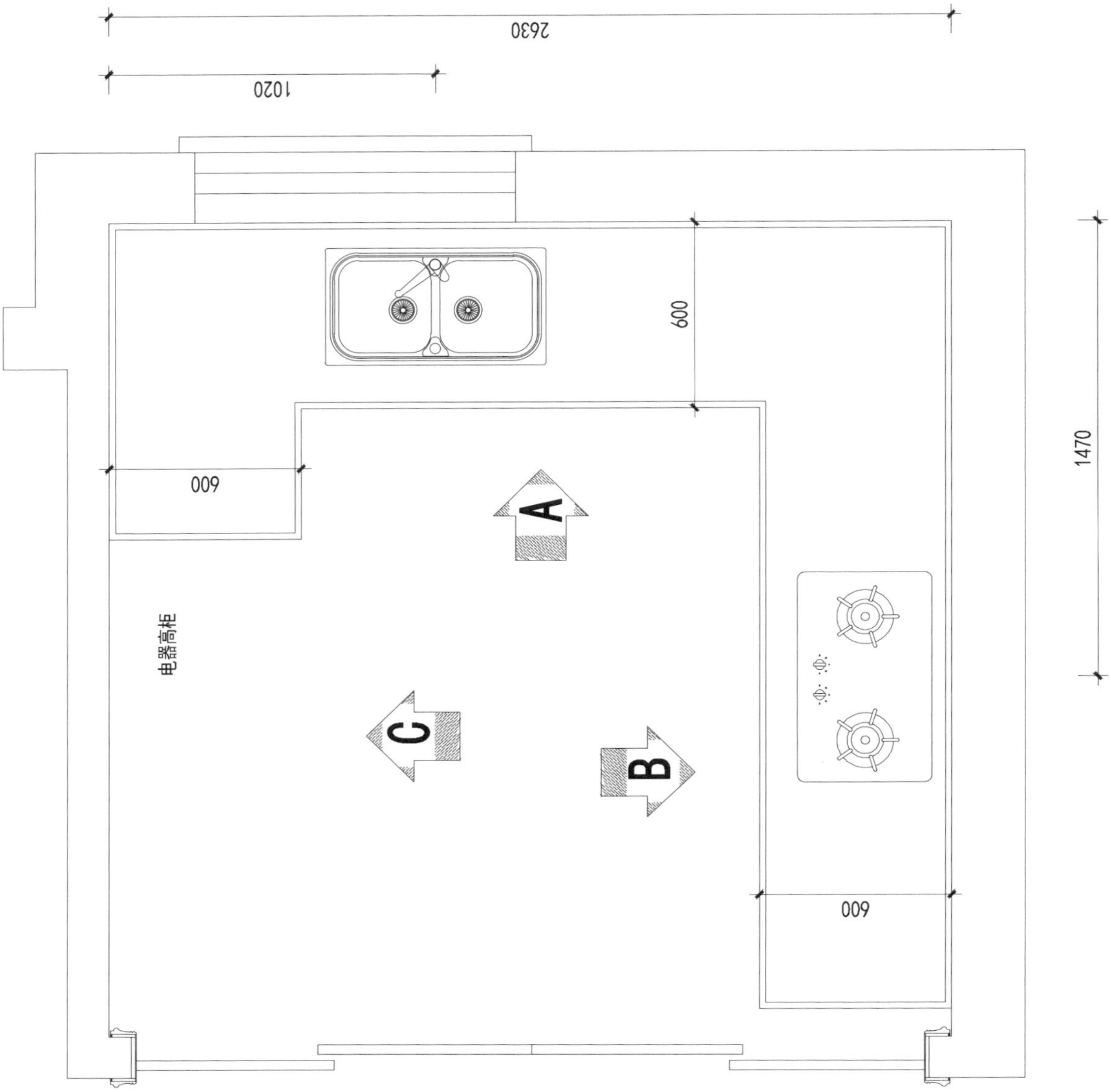
2630
1020
600
600
1470
600
电器高柜
A
B
C

样式二 平面图 1:25

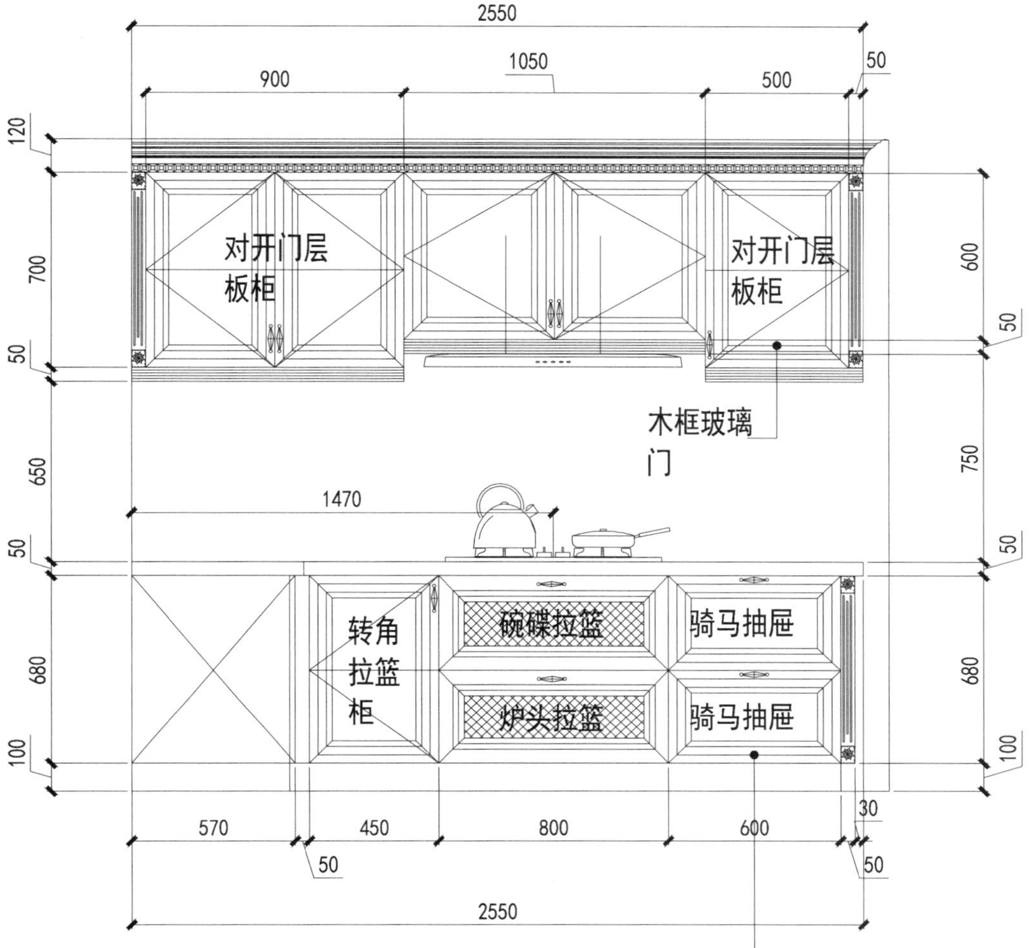

样式二 B 面立面图 1:25

2550

900 1050 500 50

120

700 对开门层
板柜 对开门层
板柜

600

50

50 木框玻璃
门

650 750

50 1470 50

转角
拉篮
柜 碗碟拉篮 骑马抽屉

680 680

炉头拉篮 骑马抽屉

100 100

570 450 800 600

30

50 50

2550

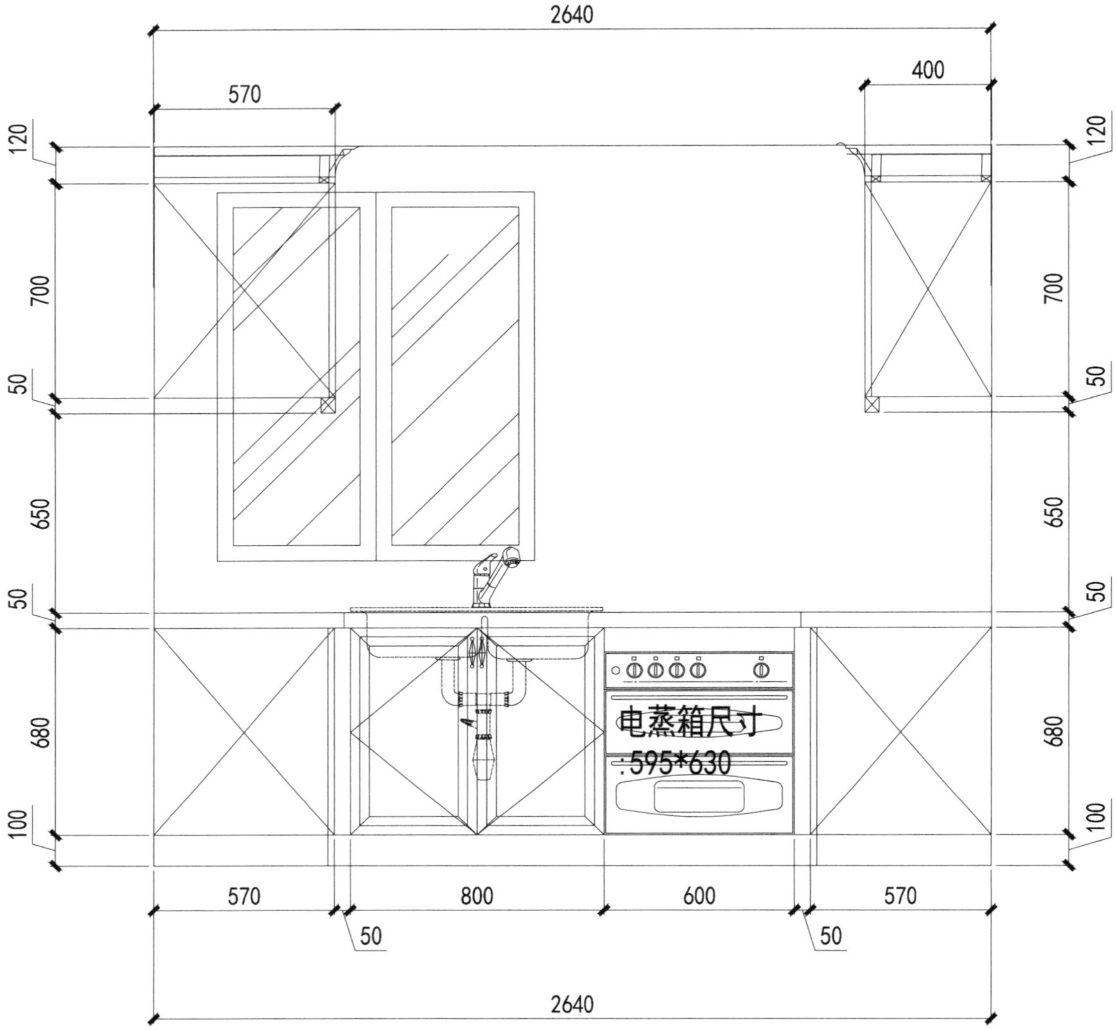

样式二 A 面立面图 1:25

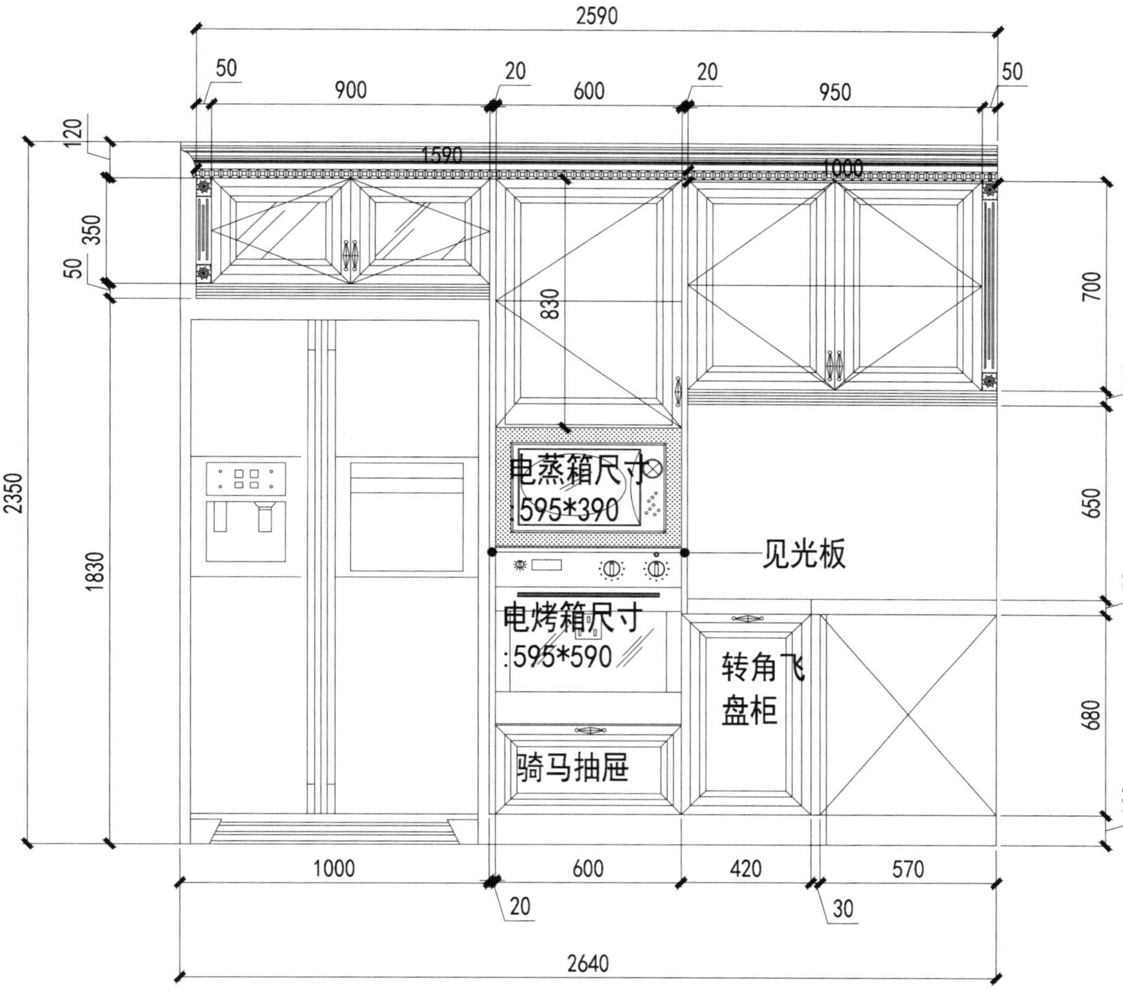
2590
50
900
20
600
20
950
50
120
1590
1000
350
50
830
700
50
2350
1830
电蒸箱尺寸
:595*390
见光板
650
50
电烤箱尺寸
:595*590
转角飞
盘柜
680
骑马抽屉
100
1000
600
420
570
20
30
2640

样式二 C 面立面图 1:25

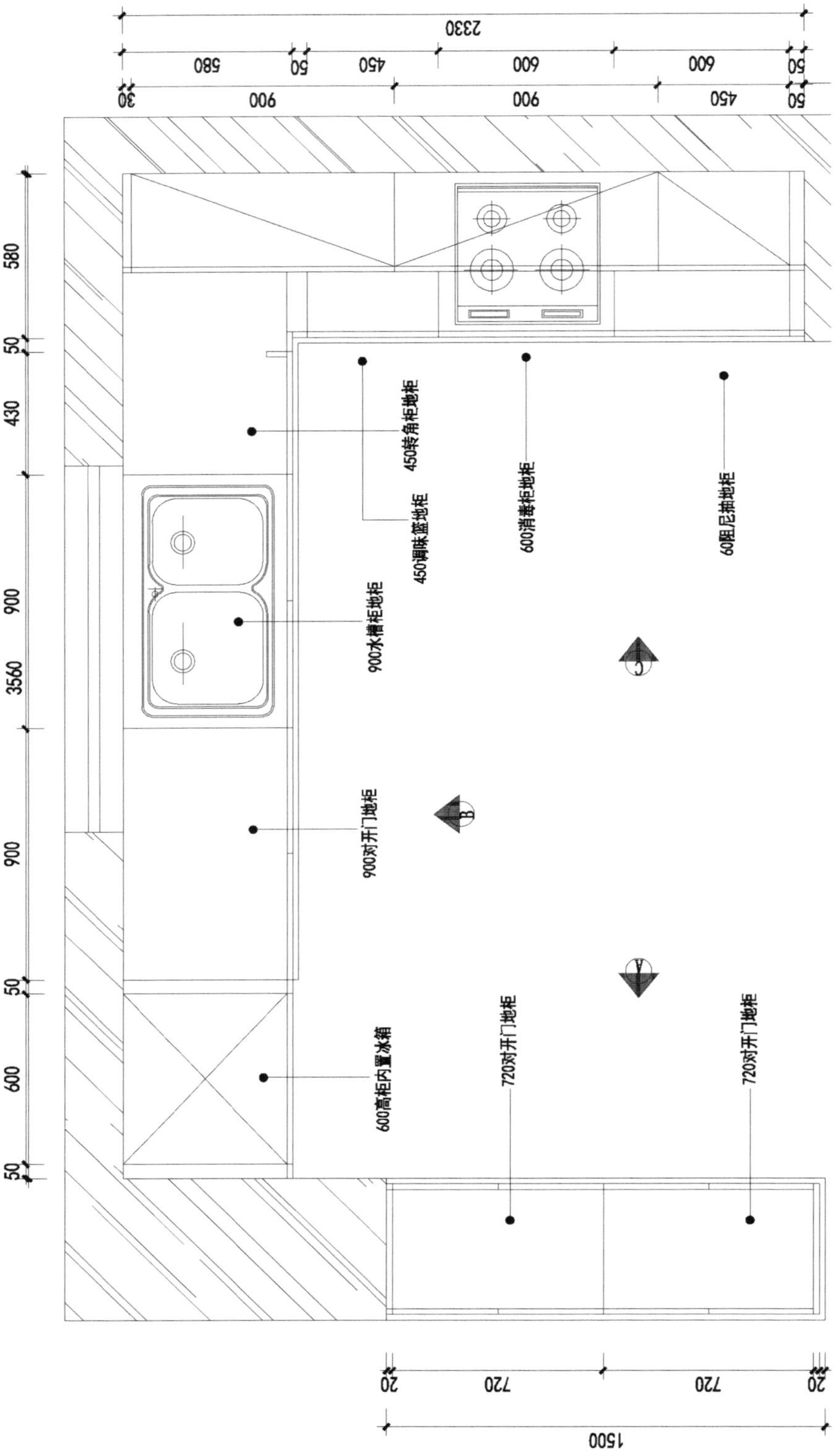
2330
580
50
450
600
600
50
30
900
900
450
50
580
50
430
900
3560
900
50
600
50
450转角柜地柜
450调味篮地柜
600消毒柜地柜
60阻尼抽地柜
900水槽柜地柜
900对开门地柜
600高柜内置冰箱
720对开门地柜
720对开门地柜
20
720
720
20
1500

样式三 平面图 1:25

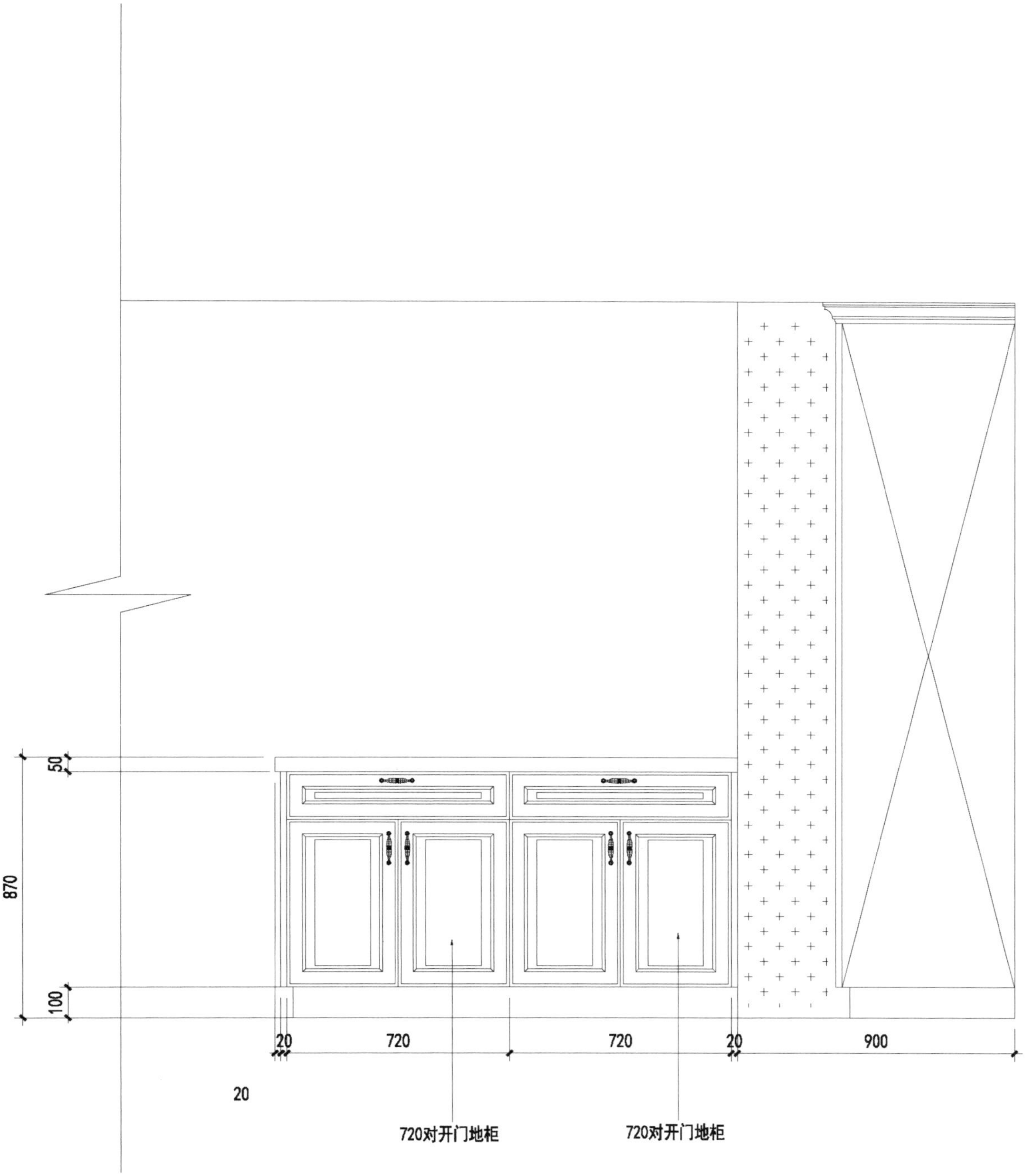

样式三 A 面立面图 1:25

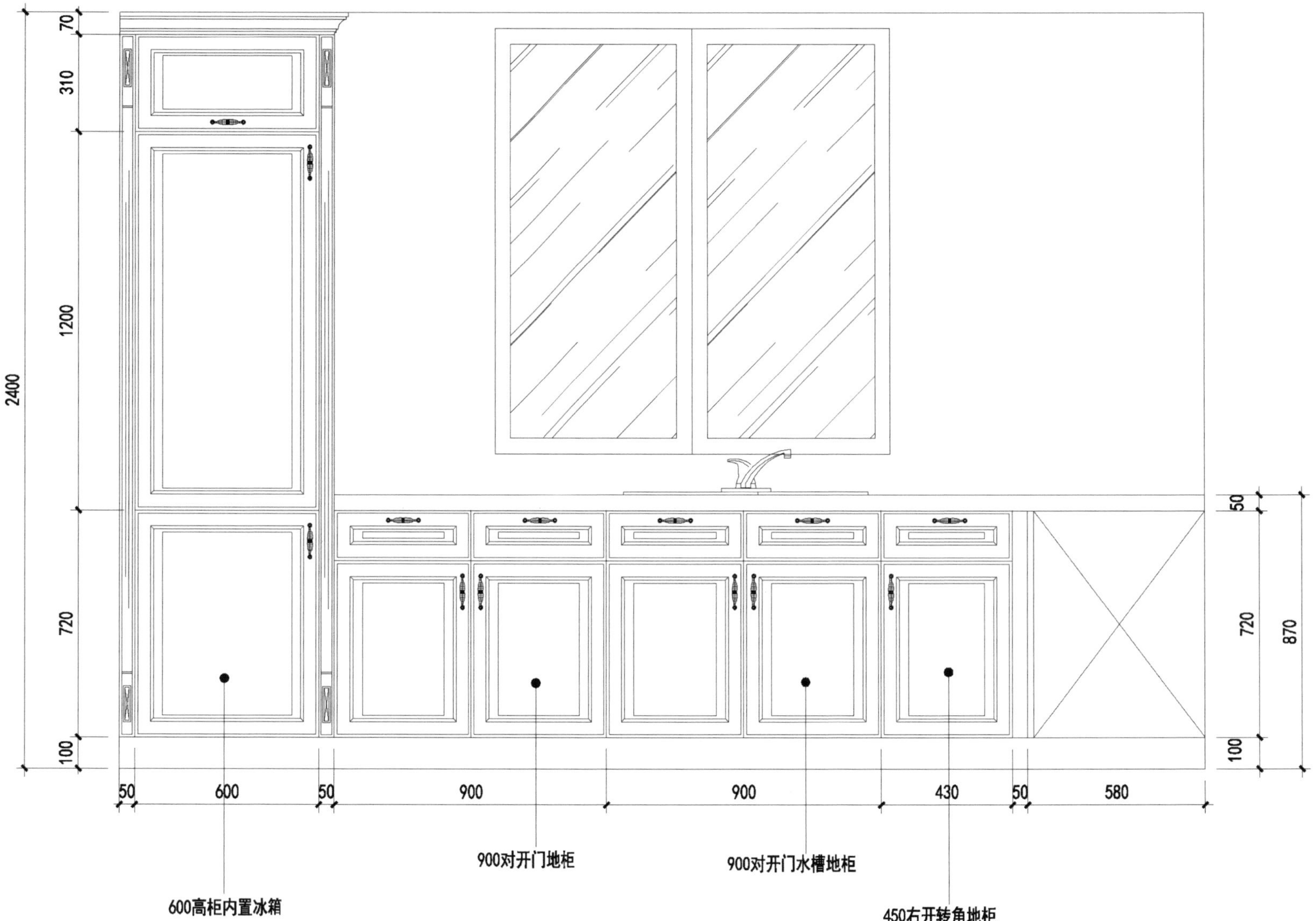

样式三 B 面立面图 1:25

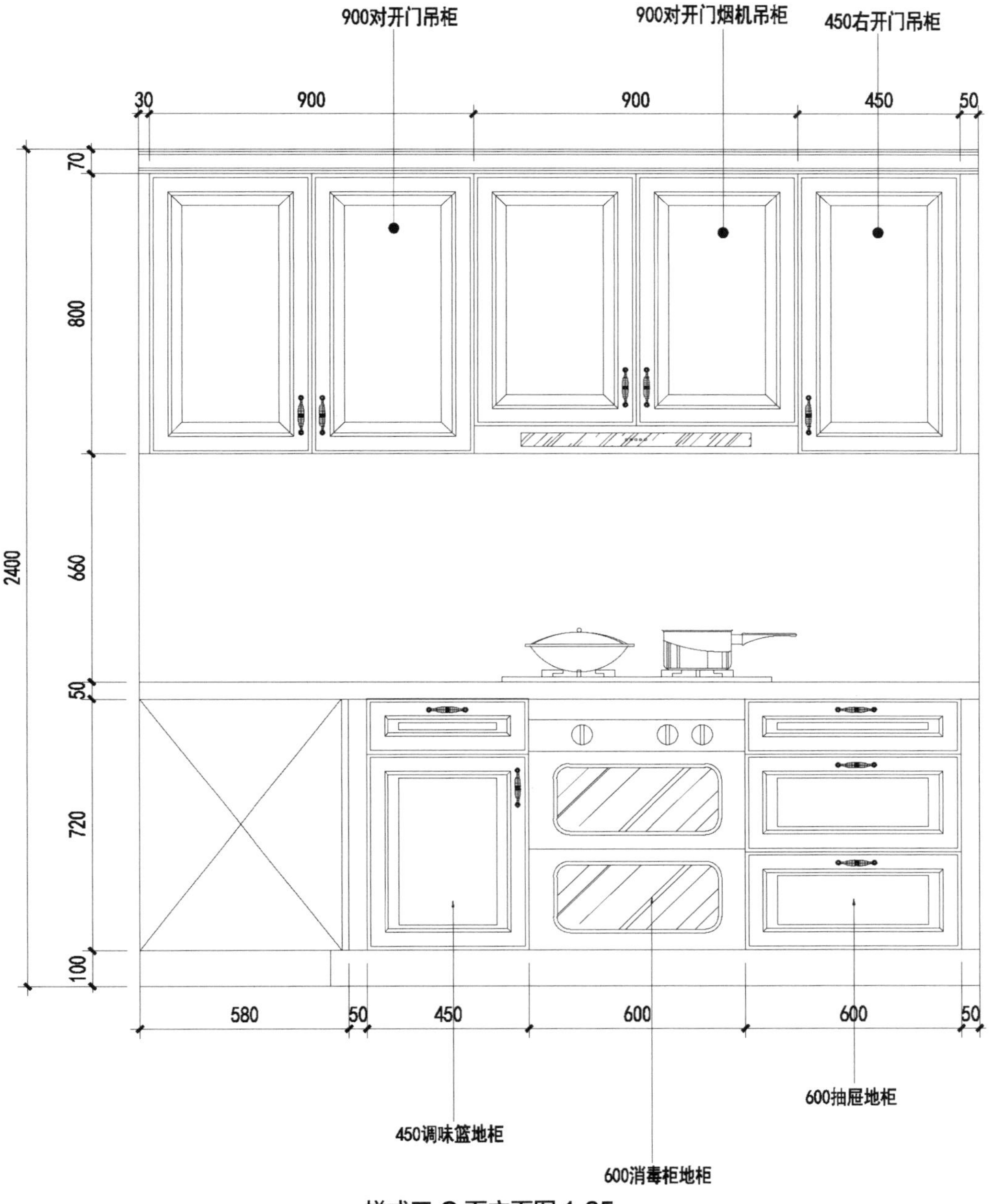

样式三 C 面立面图 1:25

全屋定制 CAD 设计图集 – 厨柜

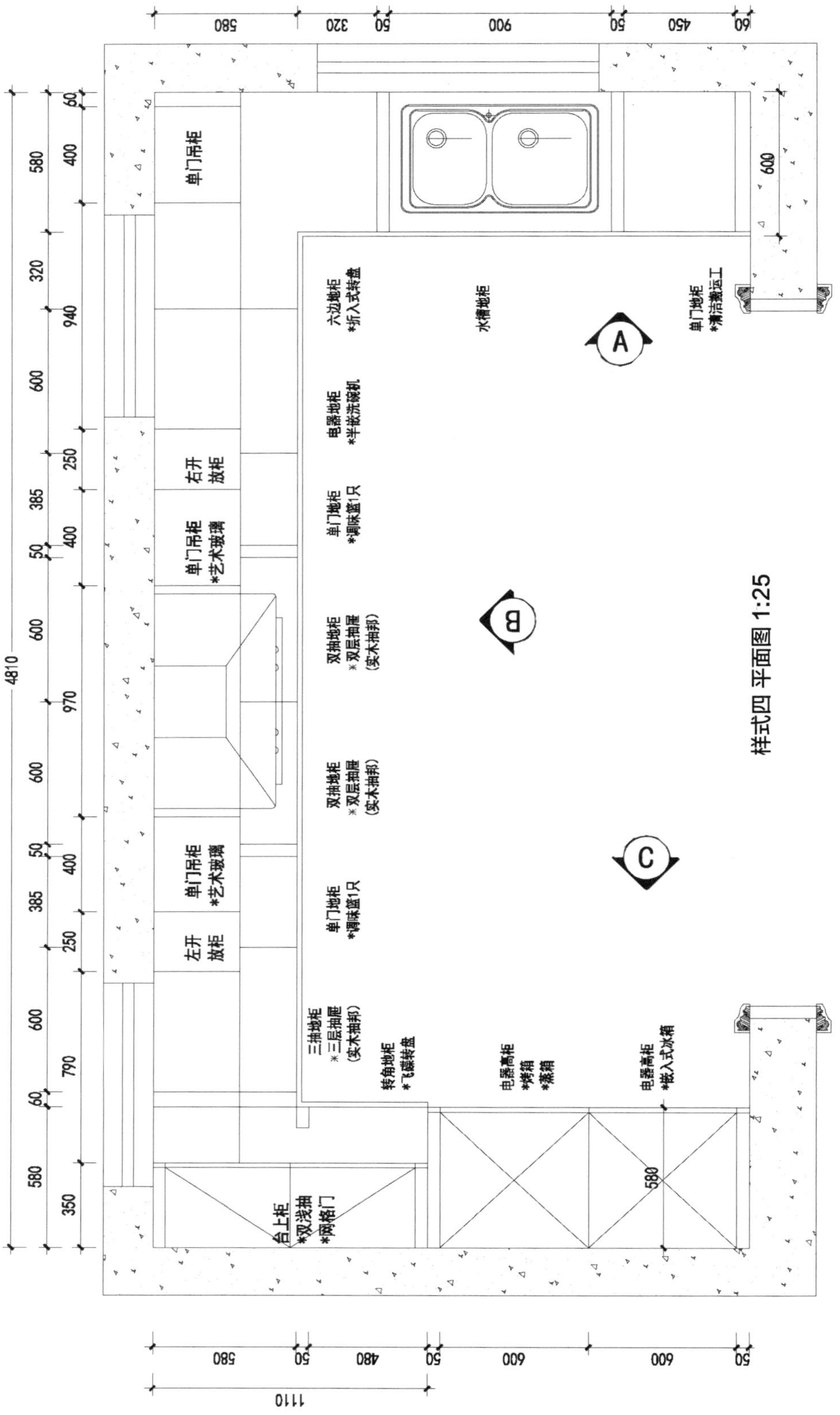

样式四 平面图 1:25

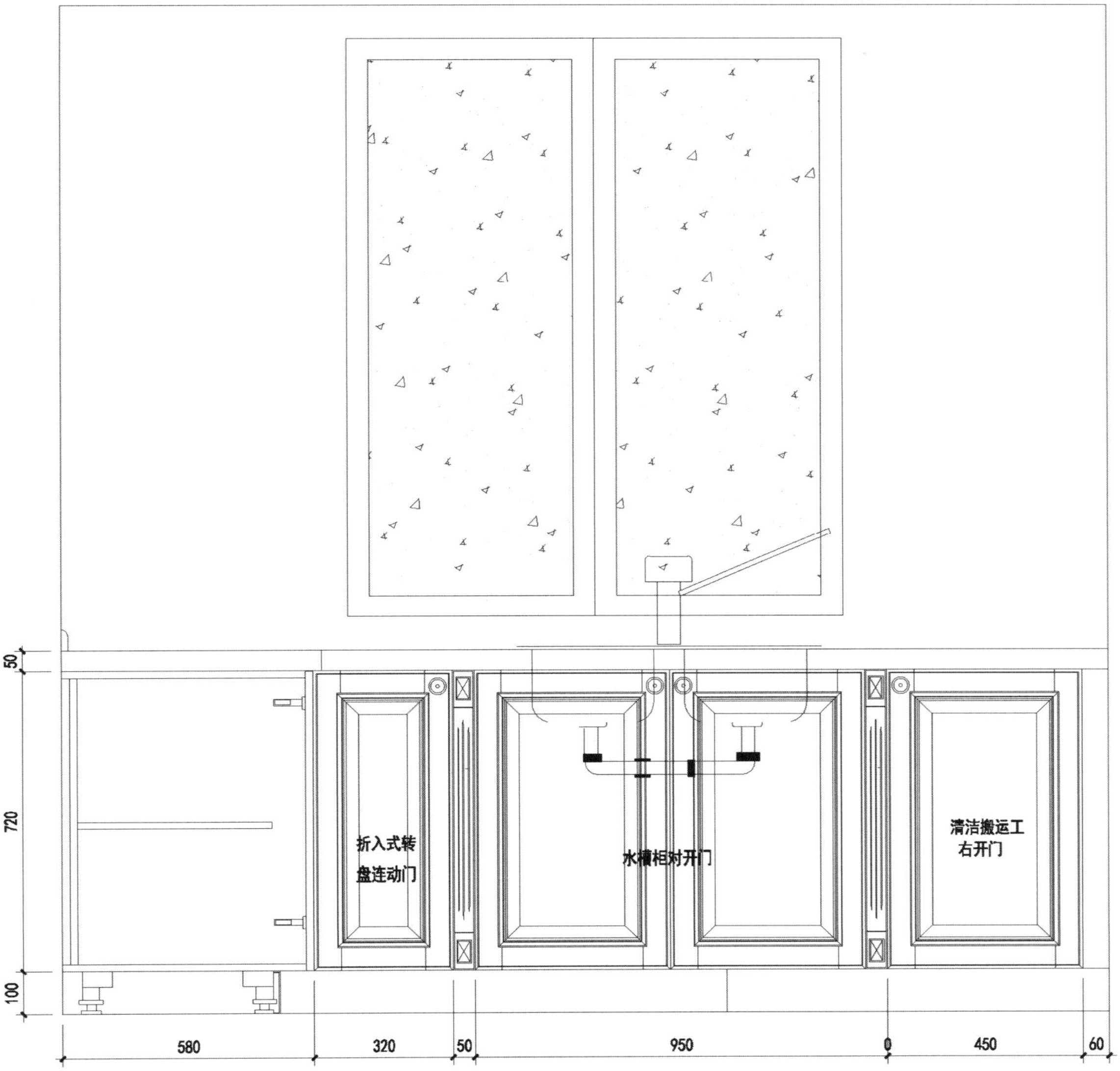

样式四 A 面立面图 1:25

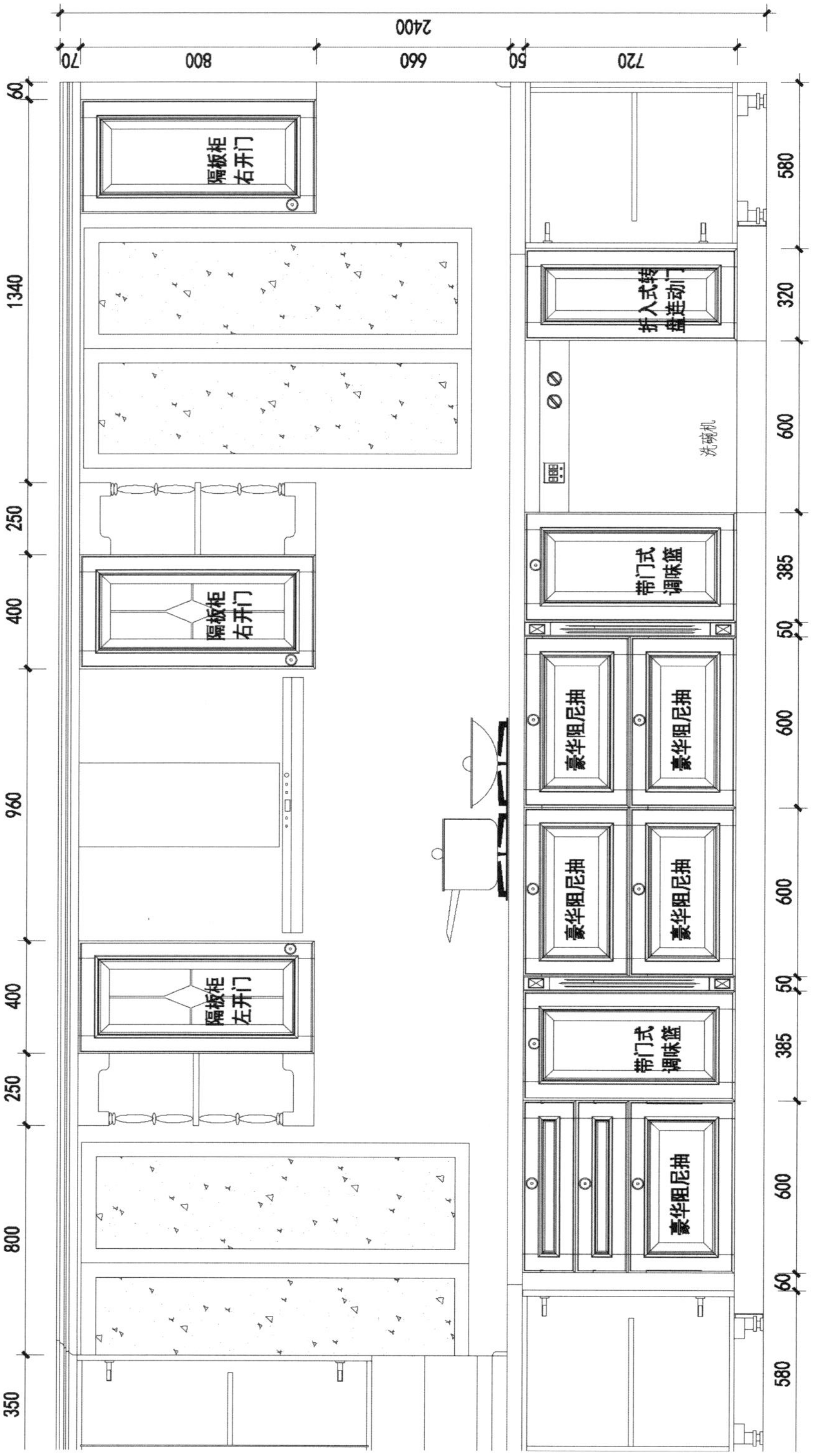

样式四 B 面立面图 1:25

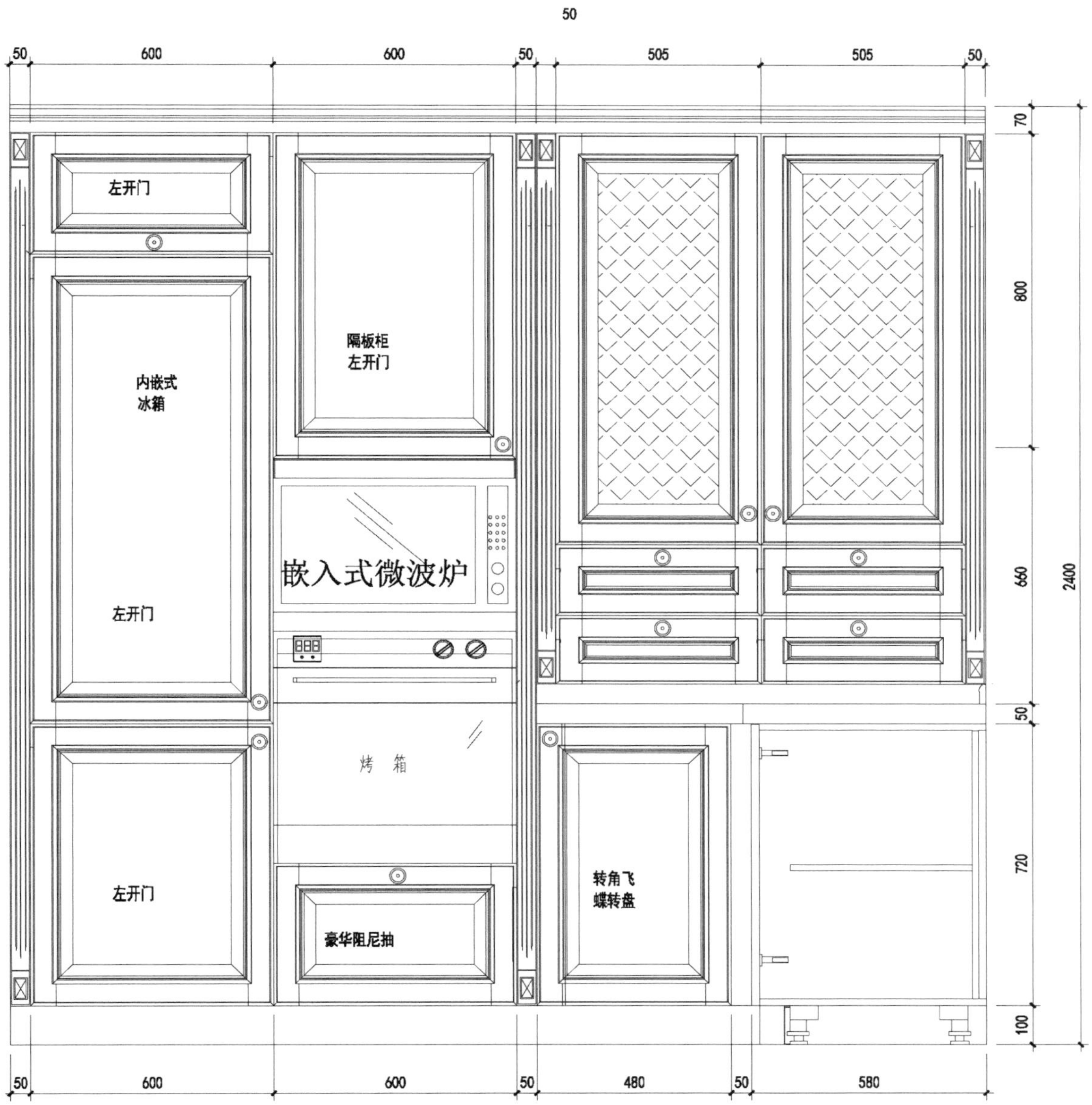

样式四 C 面立面图 1:25

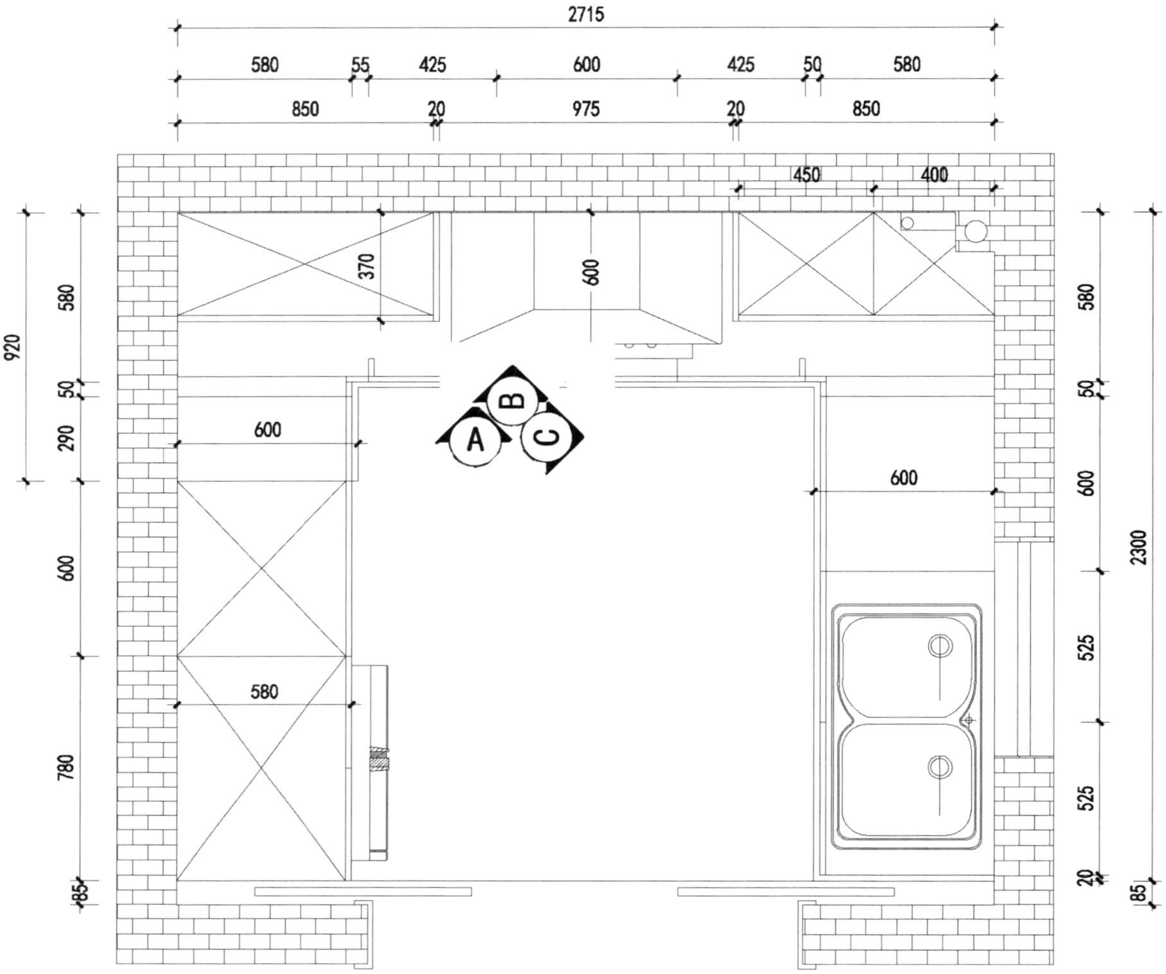
2715
580
55
425
600
425
50
580
850
20
975
20
850
450
400
370
600
920
580
50
290
600
600
580
780
85
580
50
600
600
2300
525
525
20
85
A
B
C

样式五 平面图 1:25

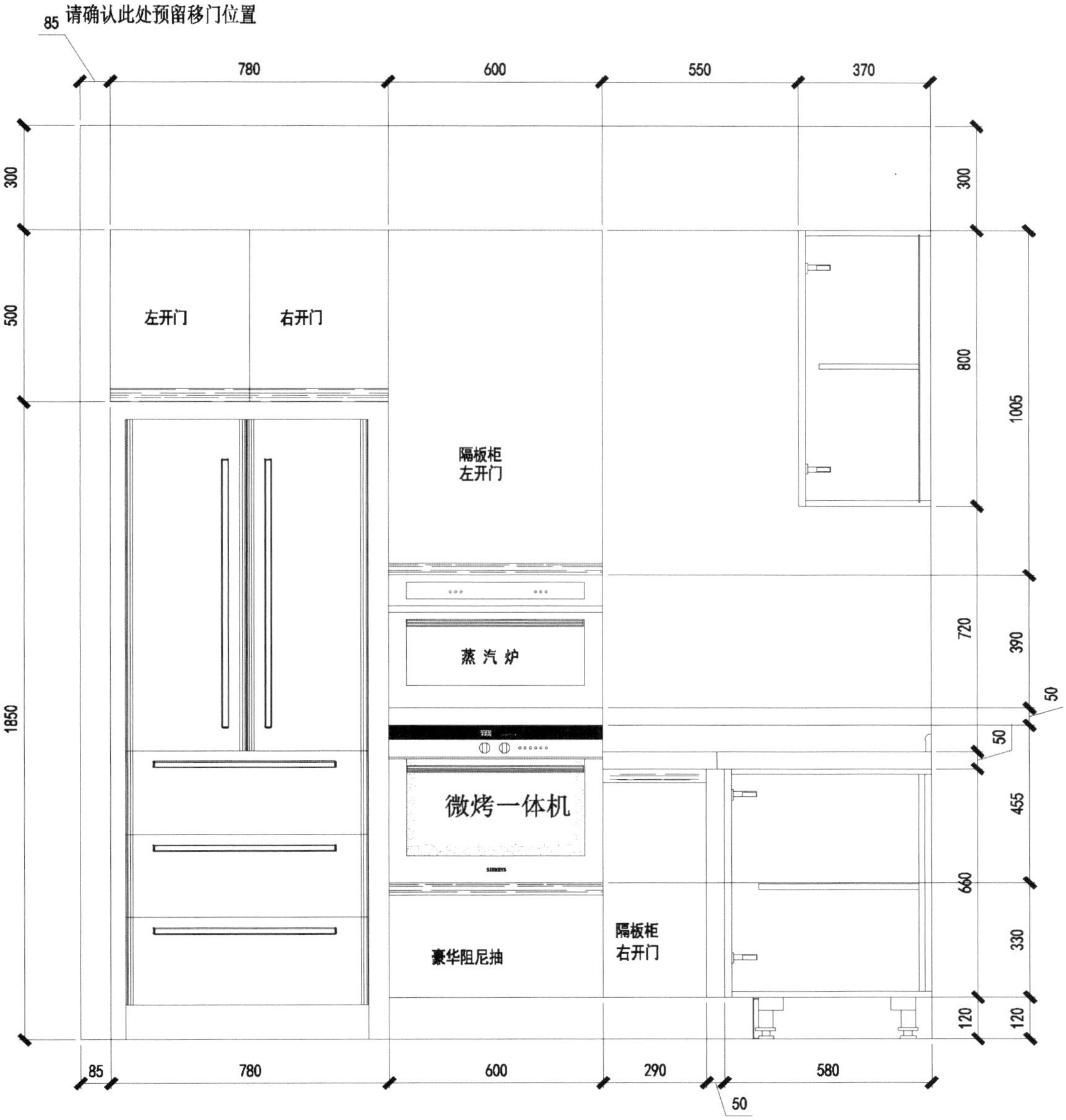
85 请确认此处预留移门位置
780
600
550
370
300
500
1850
300
800
1005
720
390
50
50
455
660
330
120
120
左开门
右开门
隔板柜
左开门
蒸汽炉
微烤一体机
豪华阻尼抽
隔板柜
右开门
85
780
600
290
580
50

样式五 A 面立面图 1:25

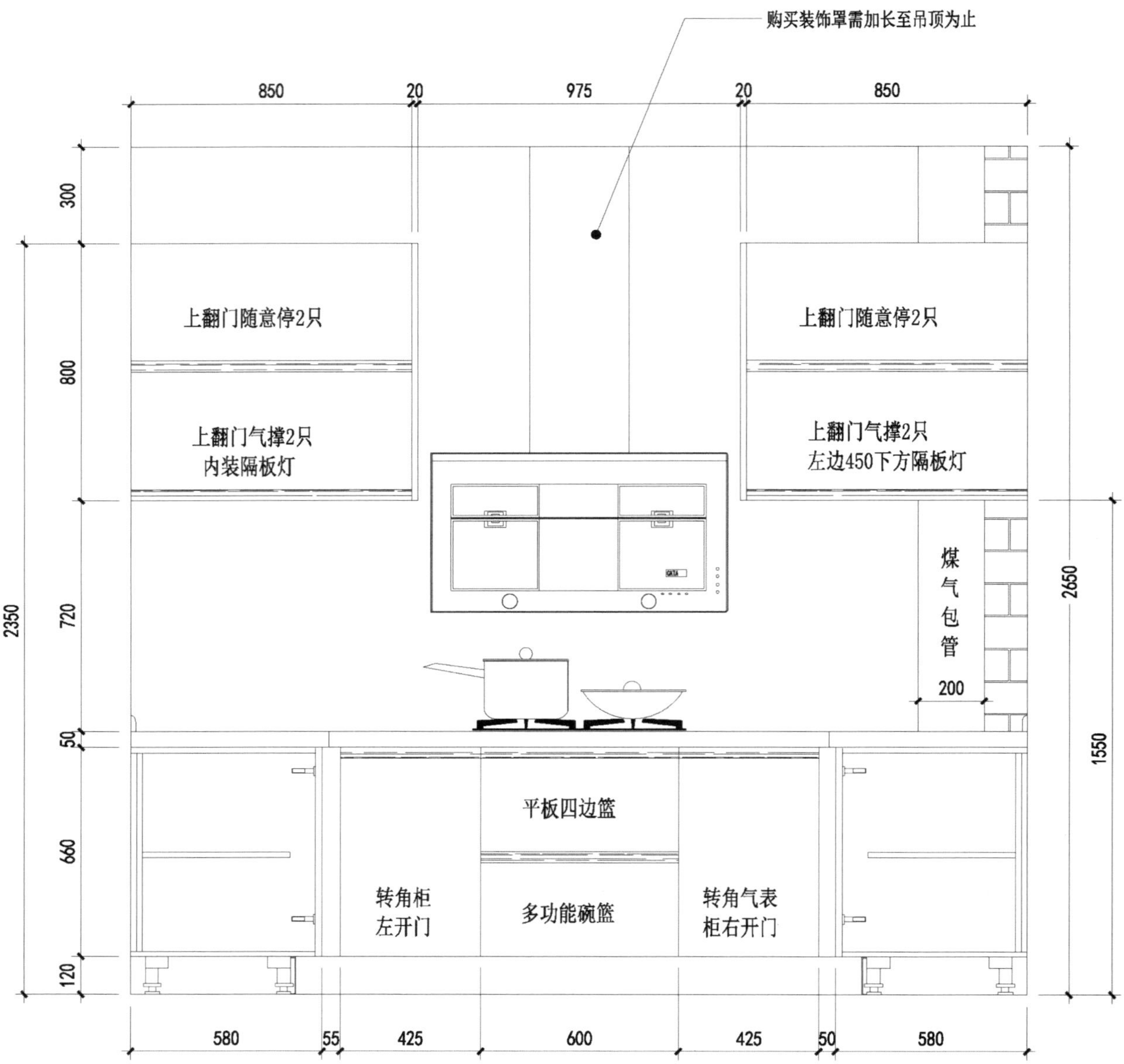
购买装饰罩需加长至吊顶为止
850
20
975
20
850
300
800
720
50
660
120
2350
2650
1550
上翻门随意停2只
上翻门气撑2只
内装隔板灯
上翻门随意停2只
上翻门气撑2只
左边450下方隔板灯
煤气包管
200
平板四边篮
转角柜左开门
多功能碗篮
转角气表柜右开门
580
55
425
600
425
50
580

样式五 B 面立面图 1:25

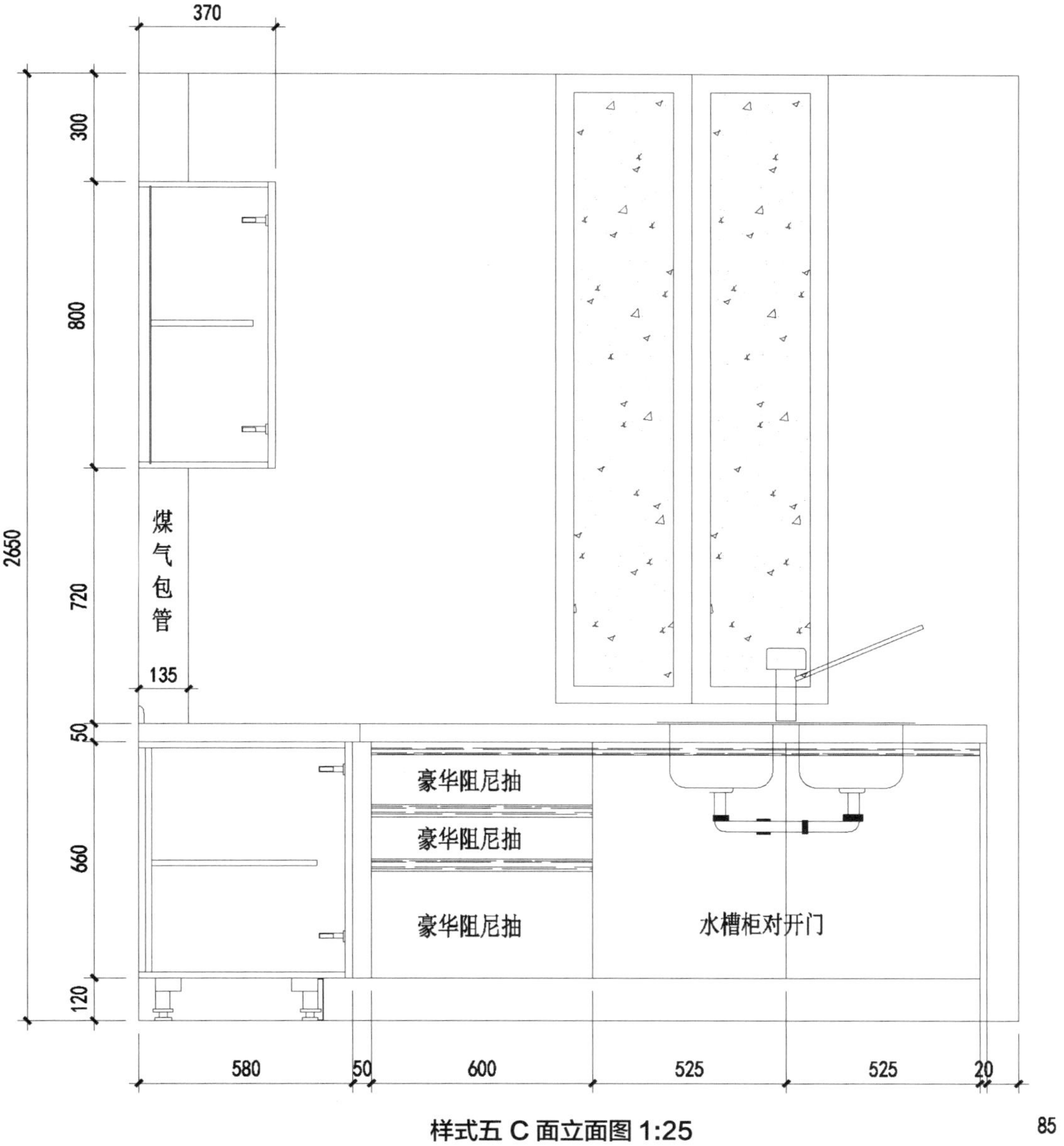

样式五 C 面立面图 1:25

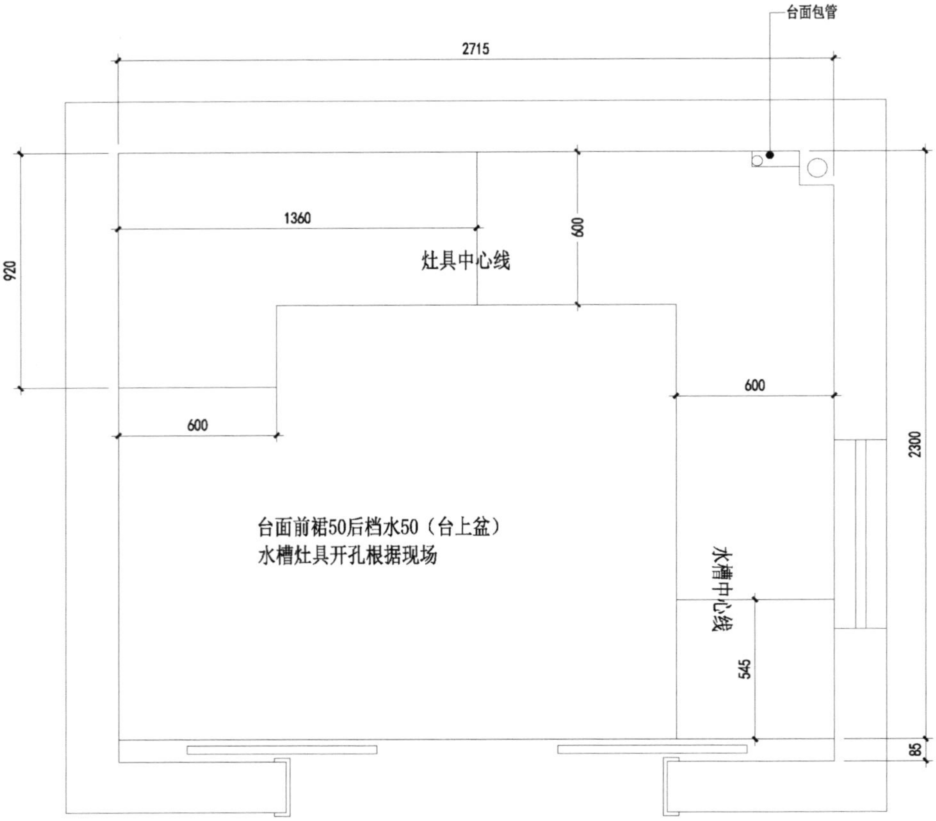

样式五 平面施工图 1:25

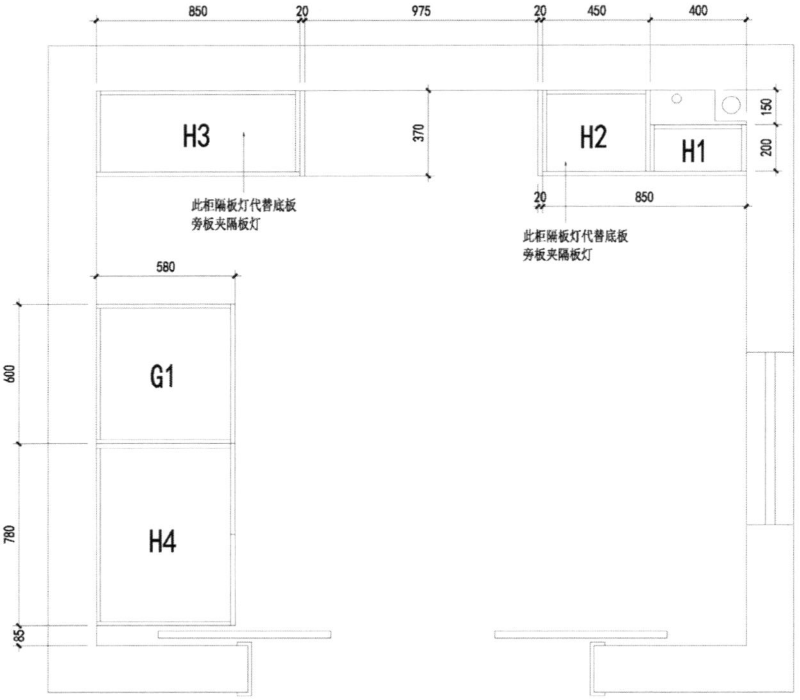

样式五 平面施工图 1:25

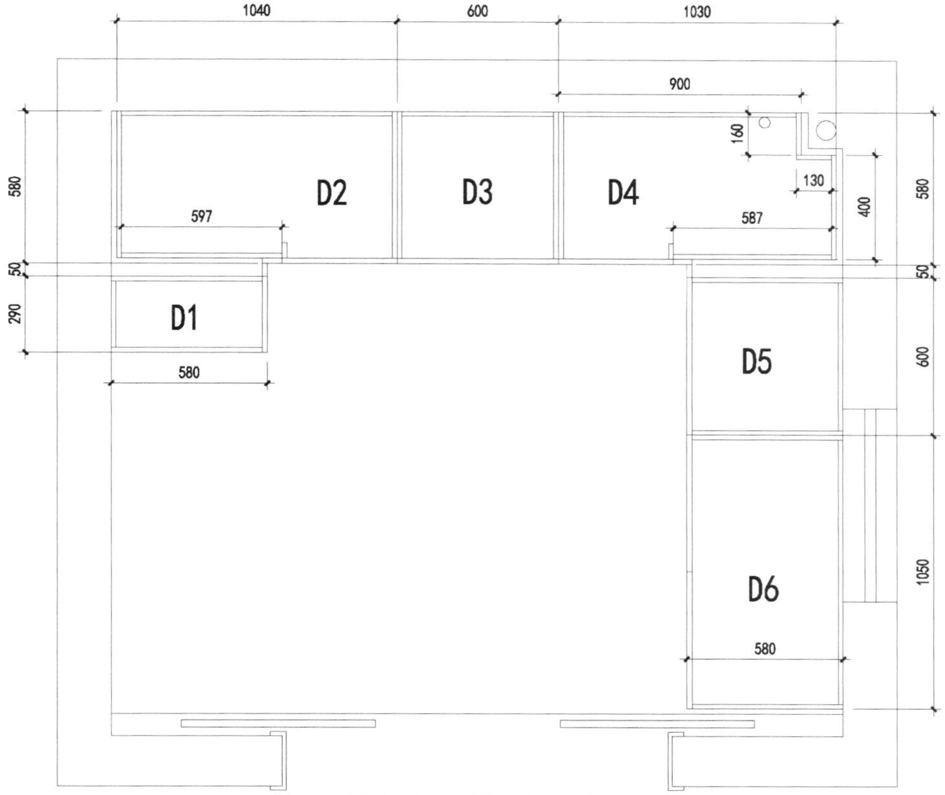

样式五 平面施工图 1:25

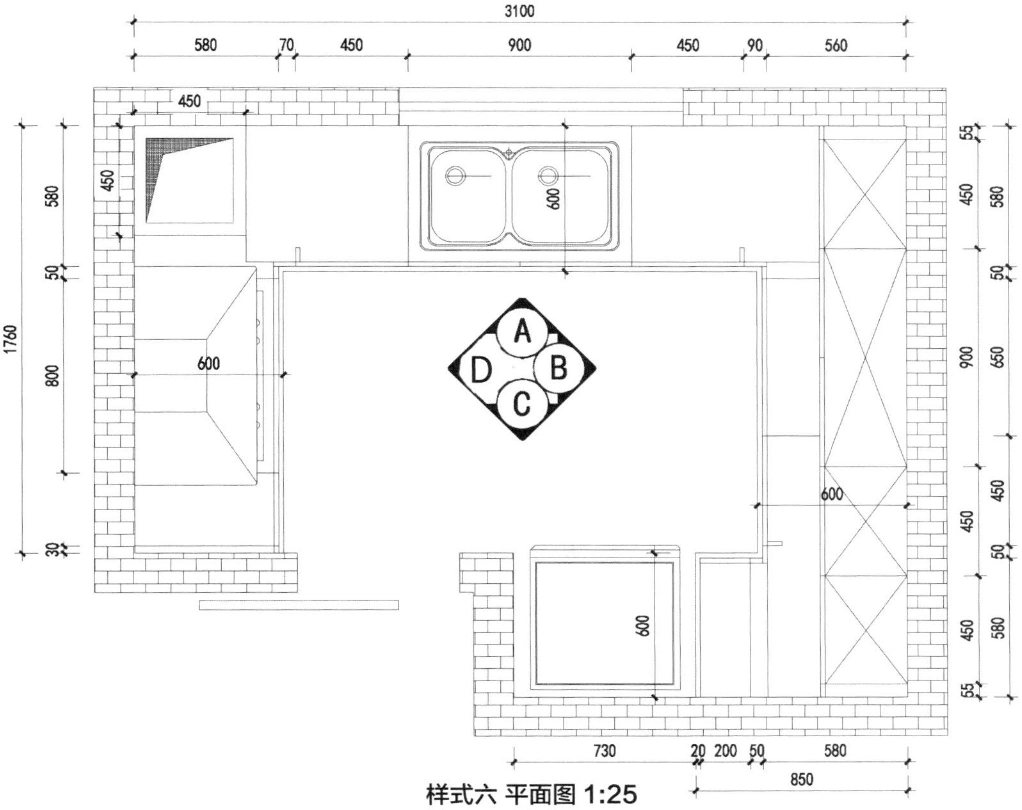

样式六 平面图 1:25

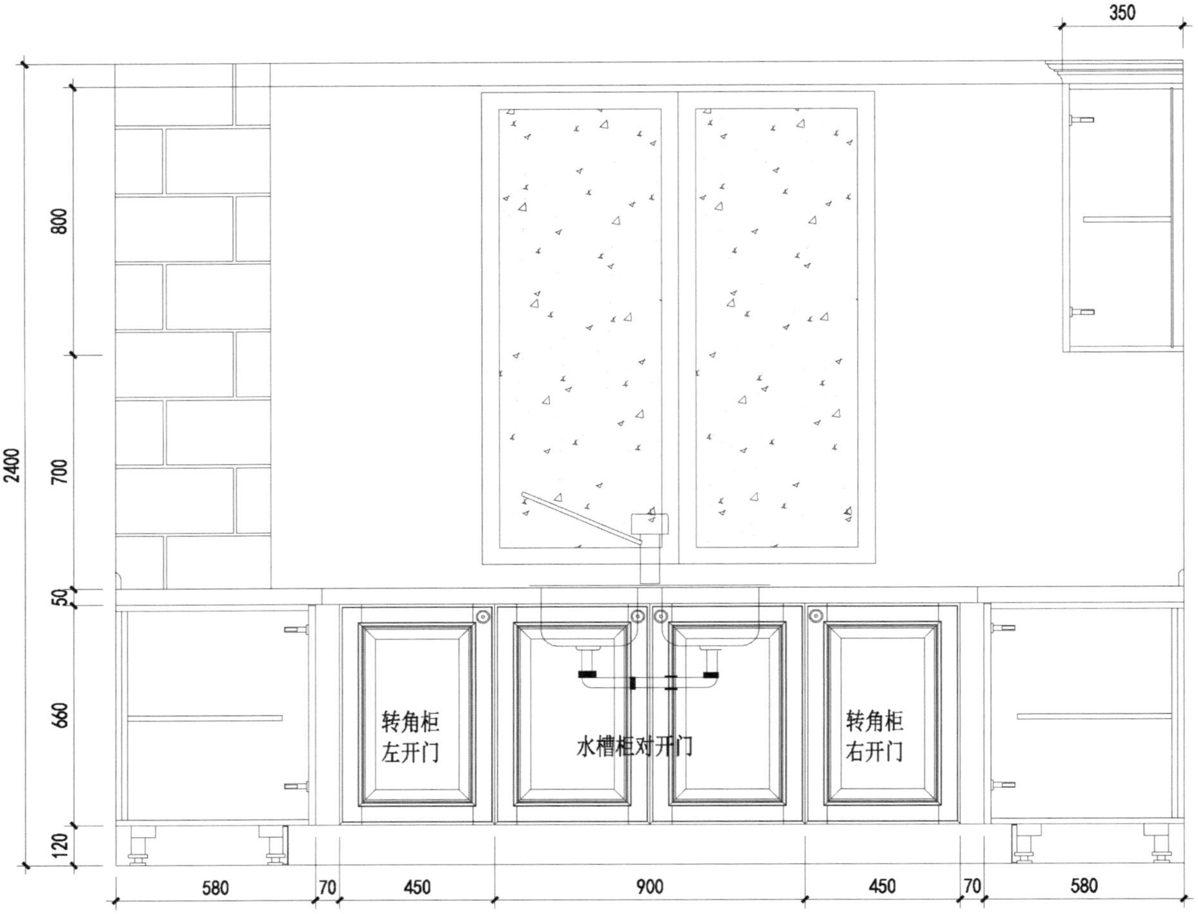

样式六 A 面立面图 1:25

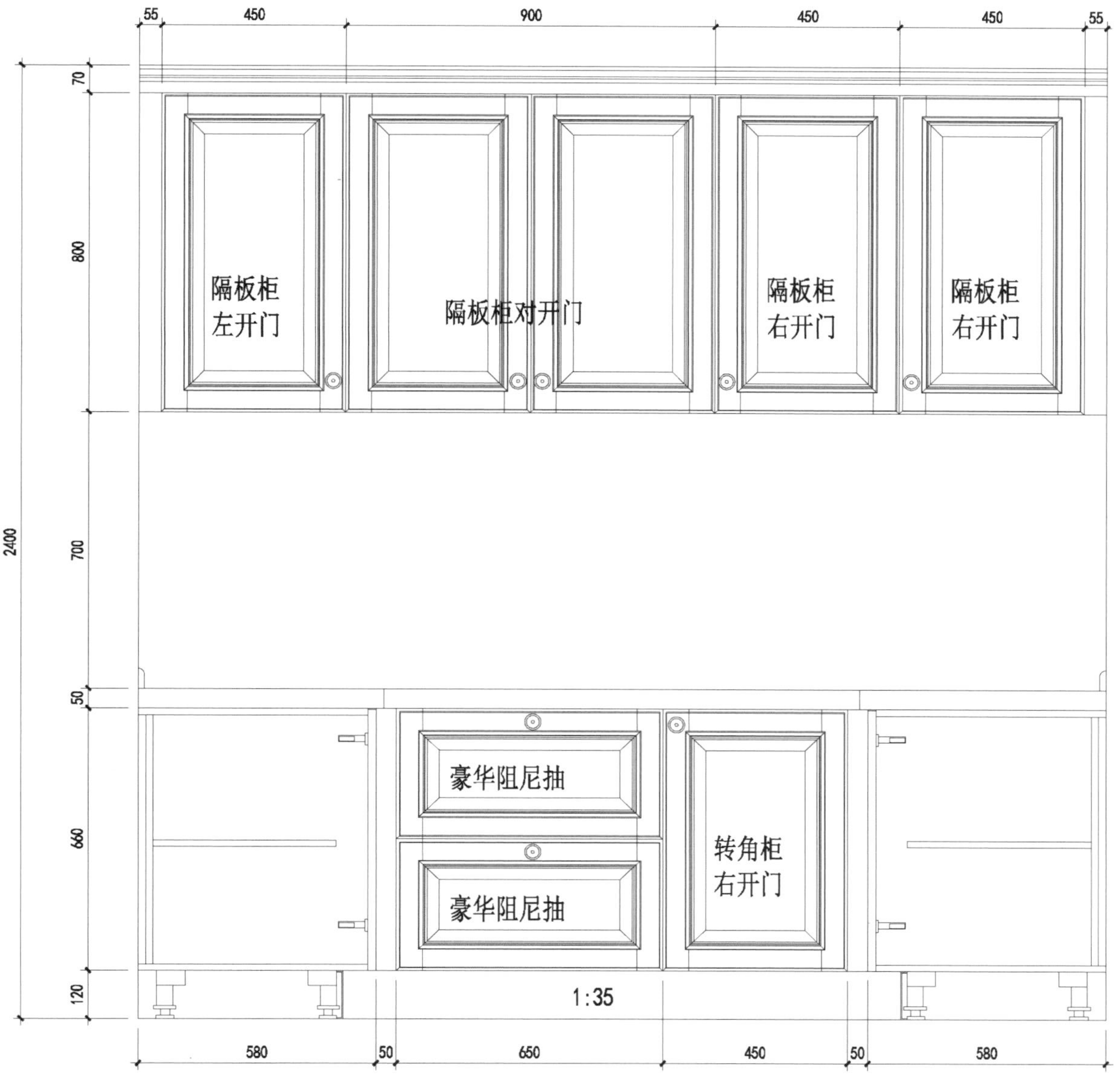

样式六 B 面立面图 1:25

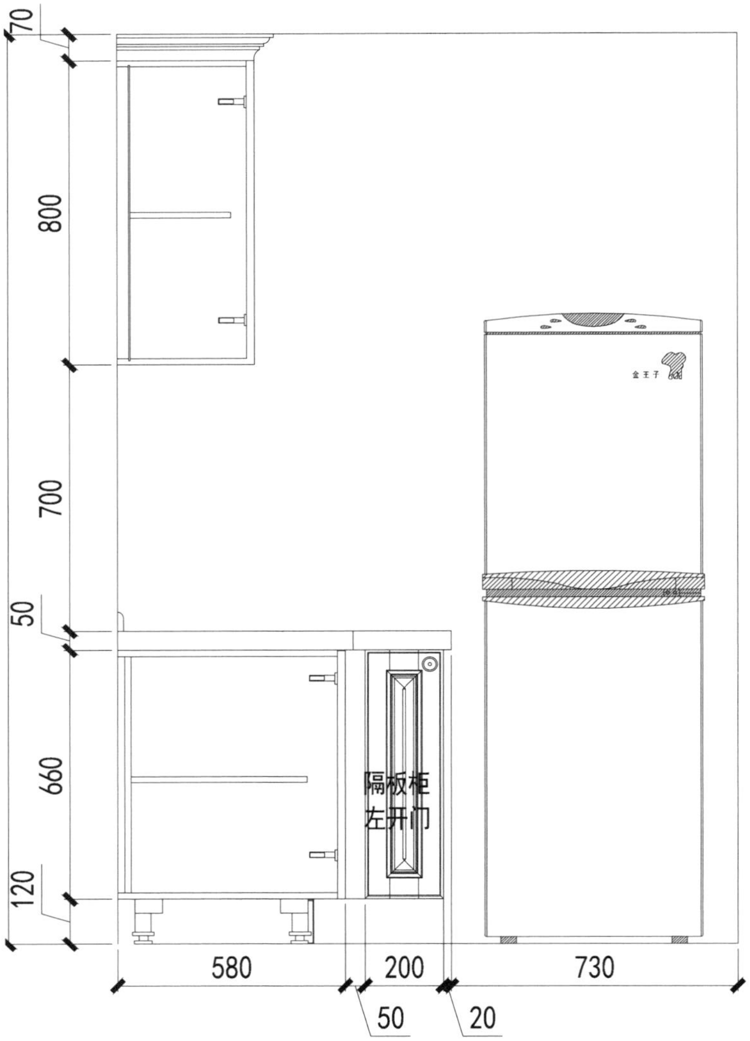

样式六 C 面立面图 1:25

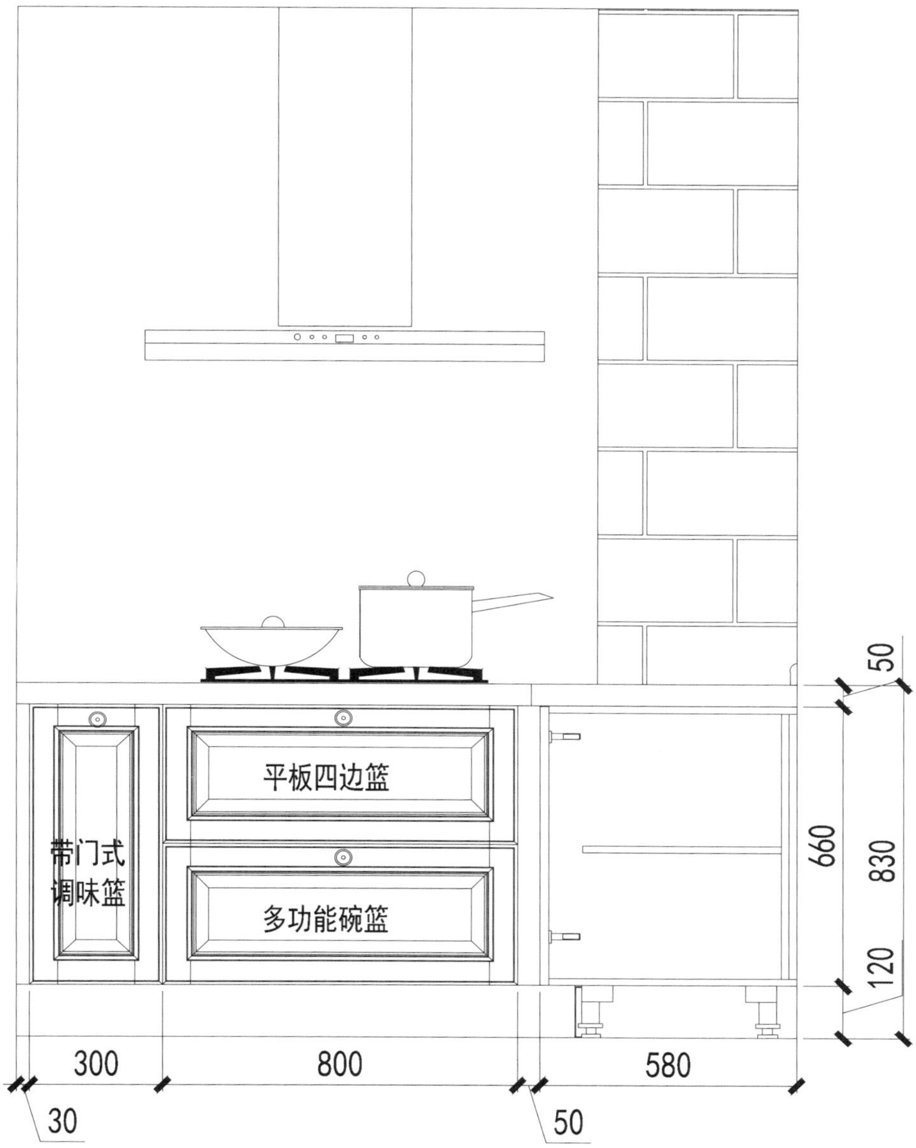

样式六 D 面立面图 1:25

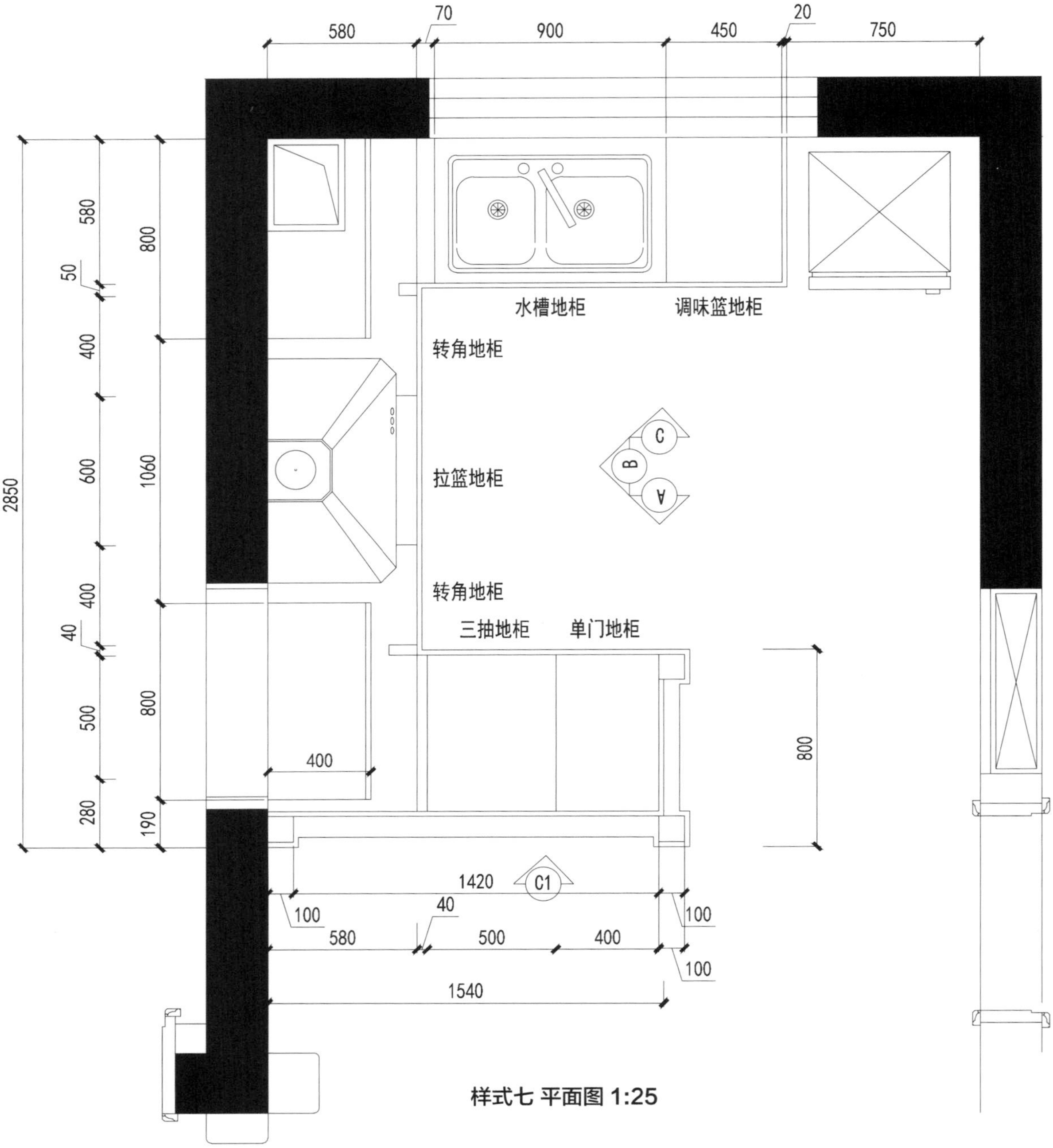
580
70
900
450
20
750
2850
580
50
400
600
400
40
500
280
800
1060
800
190
水槽地柜
调味篮地柜
转角地柜
拉篮地柜
转角地柜
三抽地柜
单门地柜
C
B
A
800
400
1420
C1
100
40
100
580
500
400
100
1540

样式七 平面图 1:25

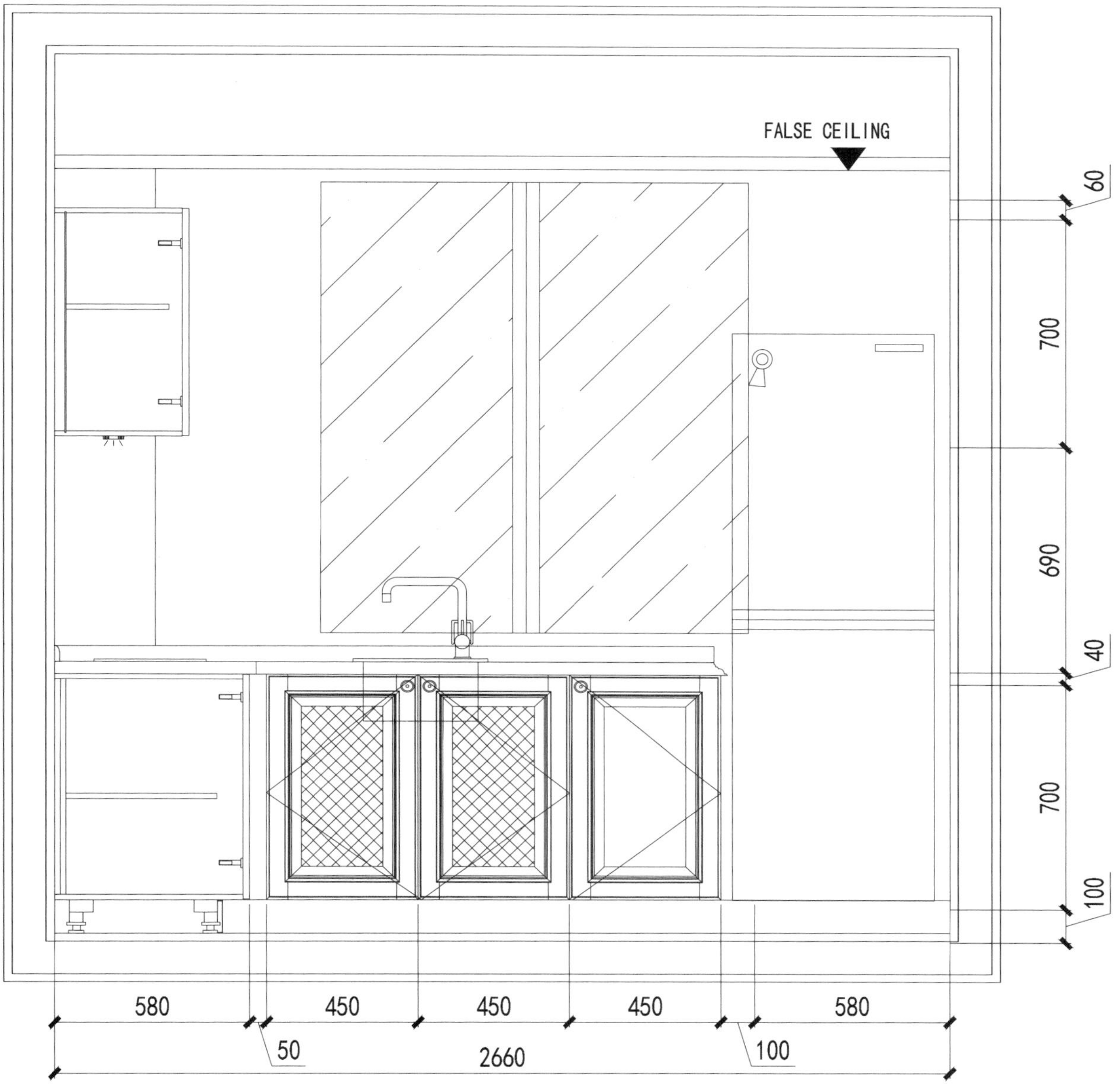

样式七 C 面立面图 1:25

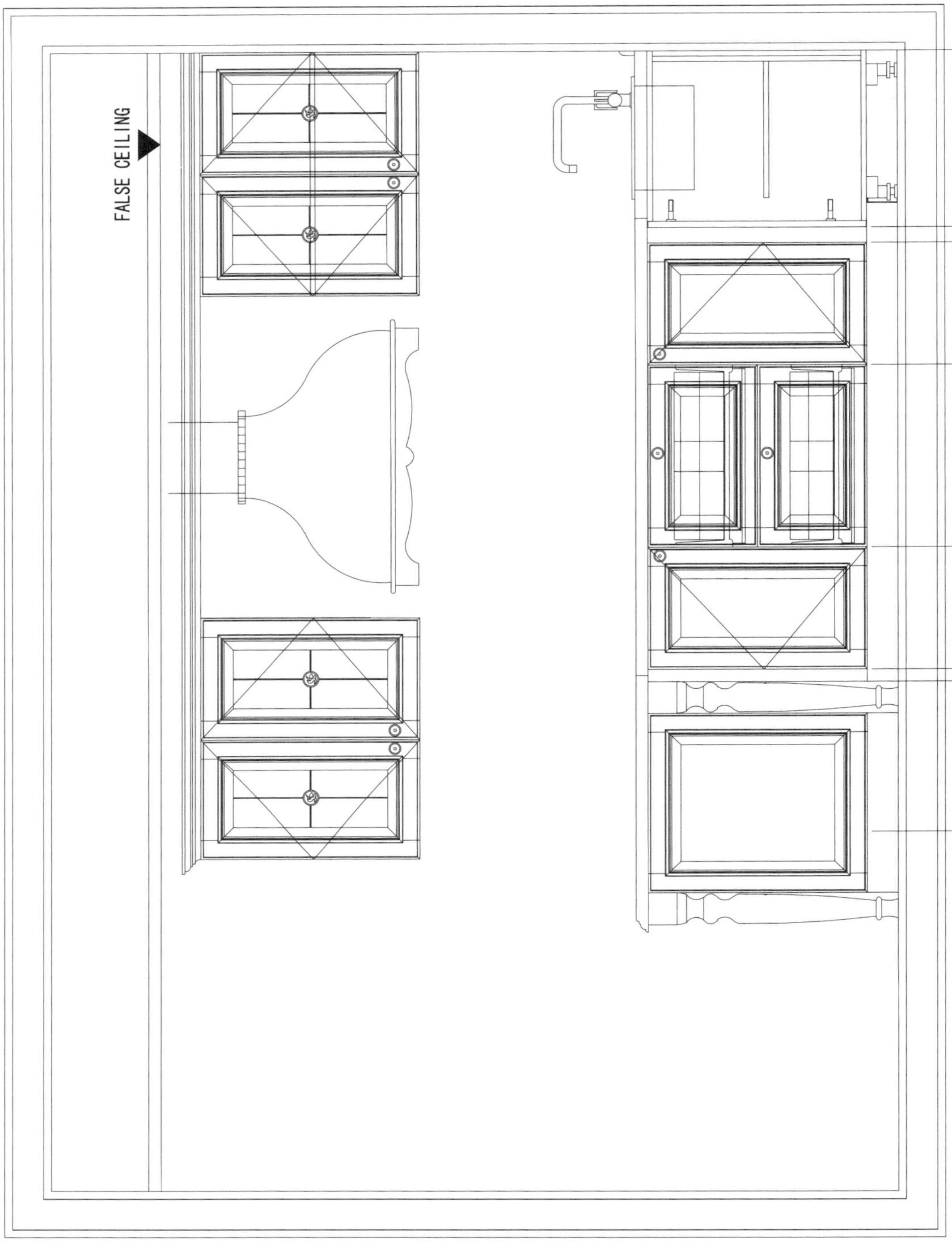

样式七 B 面立面图 1:25

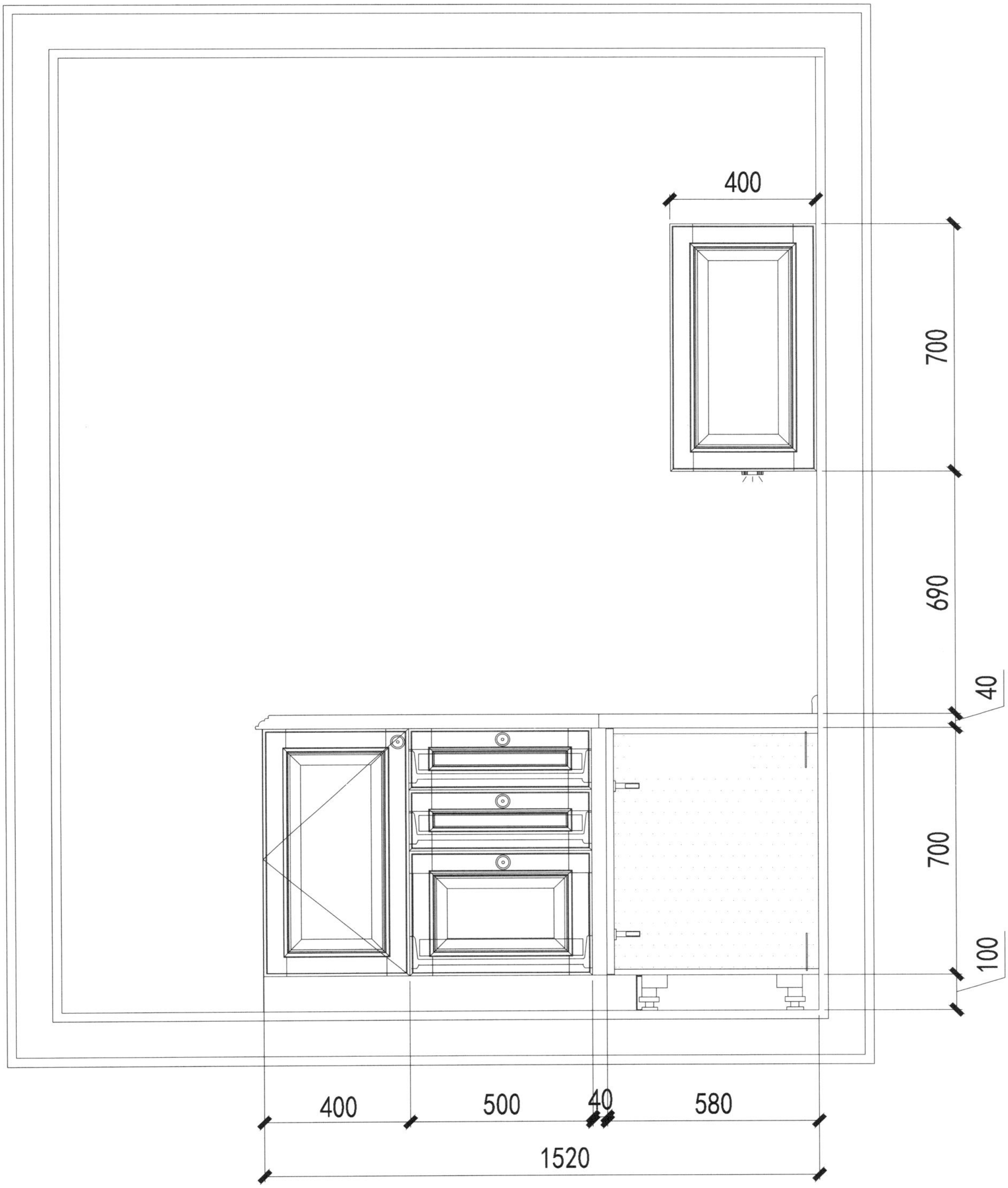

样式七 A 面立面图 1:25

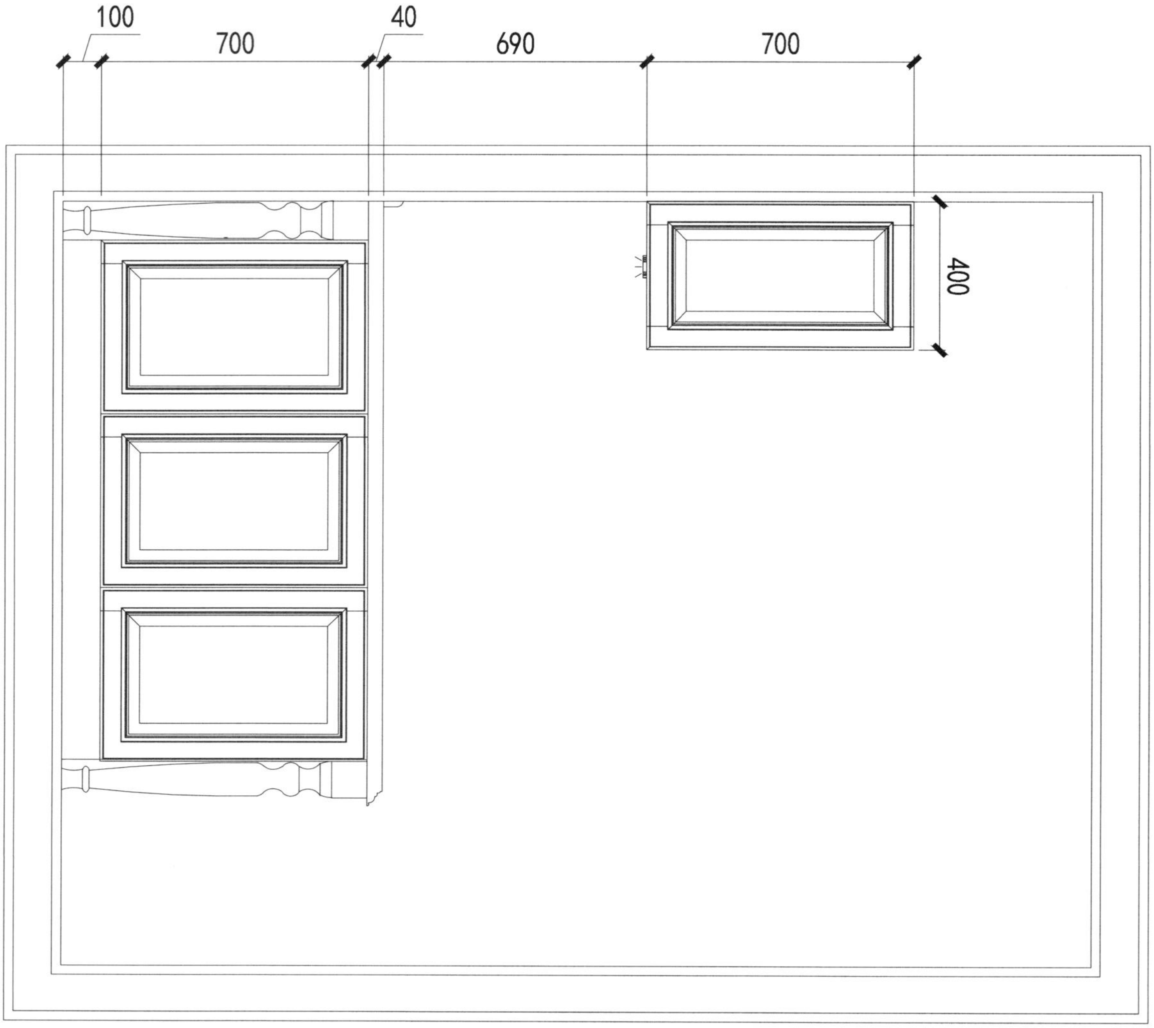

样式七 A 面立面图 1:25

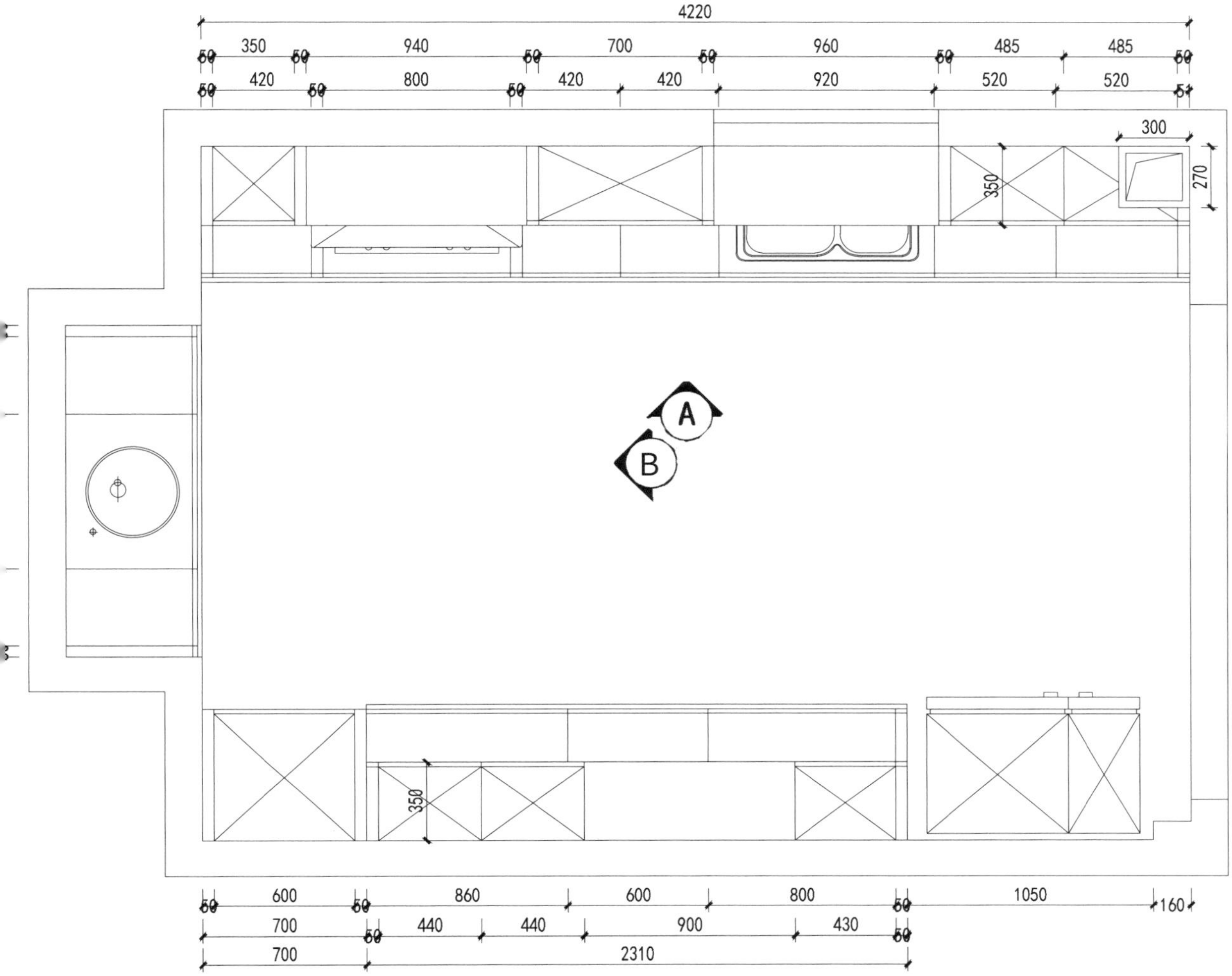
4220
50
350
50
940
50
700
50
960
50
485
485
50
420
800
420
420
920
520
520
51
300
350
270
A
B
350
600
860
600
800
1050
160
700
440
440
900
430
700
2310

样式八 平面图 1:25

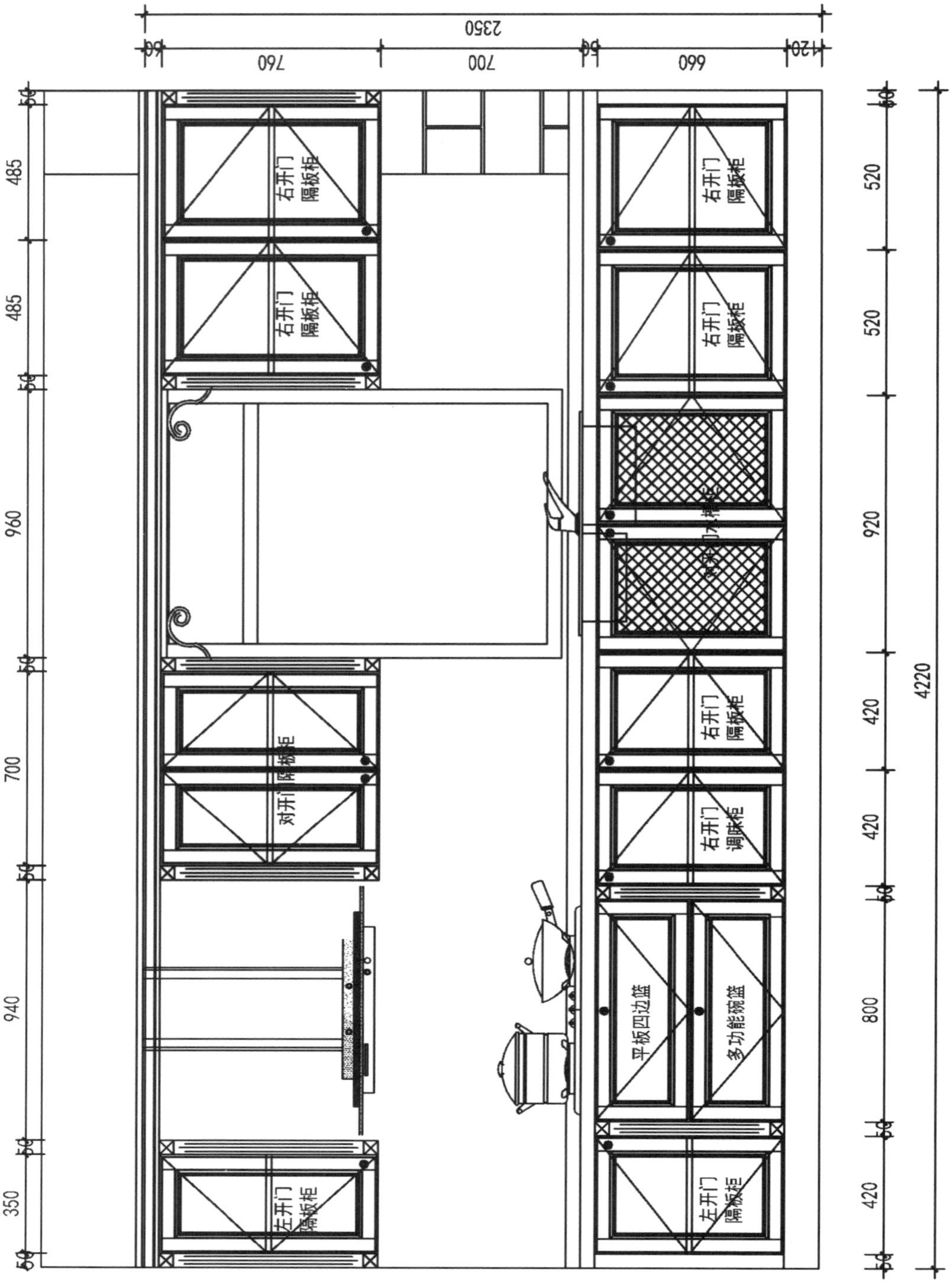

样式八 A 面立面图 1:25

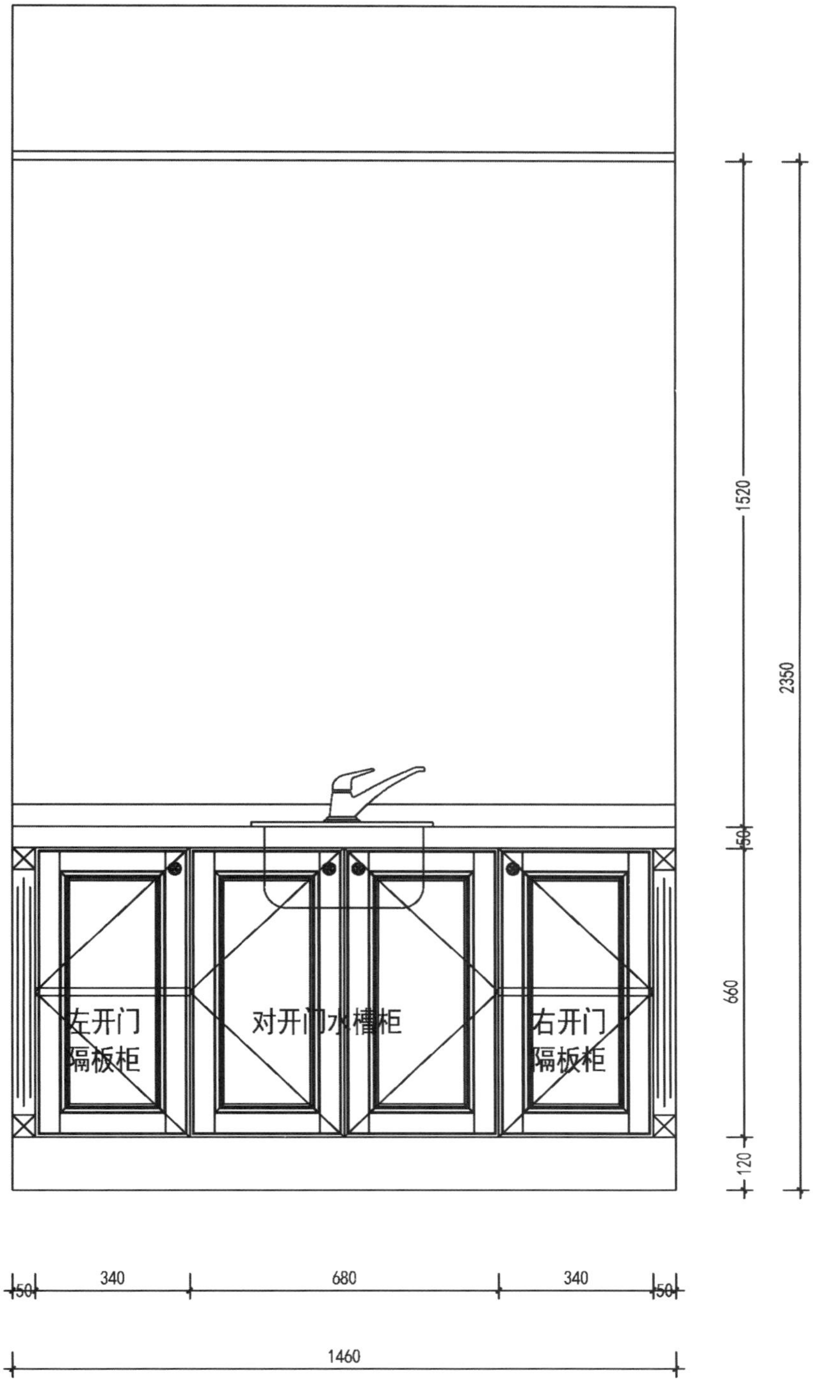

样式八 B 面立面图 1:25

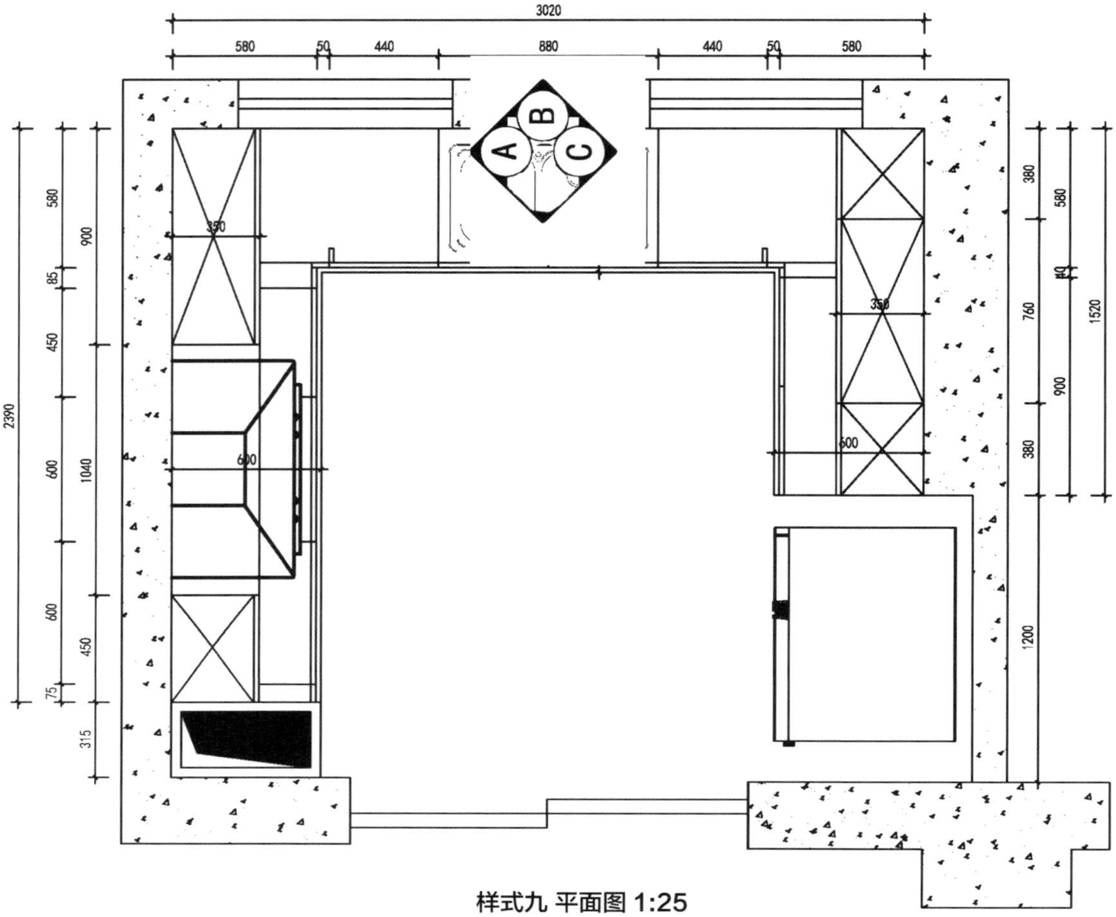
3020
580
50
440
880
440
50
580
A
B
C
2390
580
900
85
450
1040
600
600
450
75
315
350
600
380
580
760
1520
900
380
350
600
1200

样式九 平面图 1:25

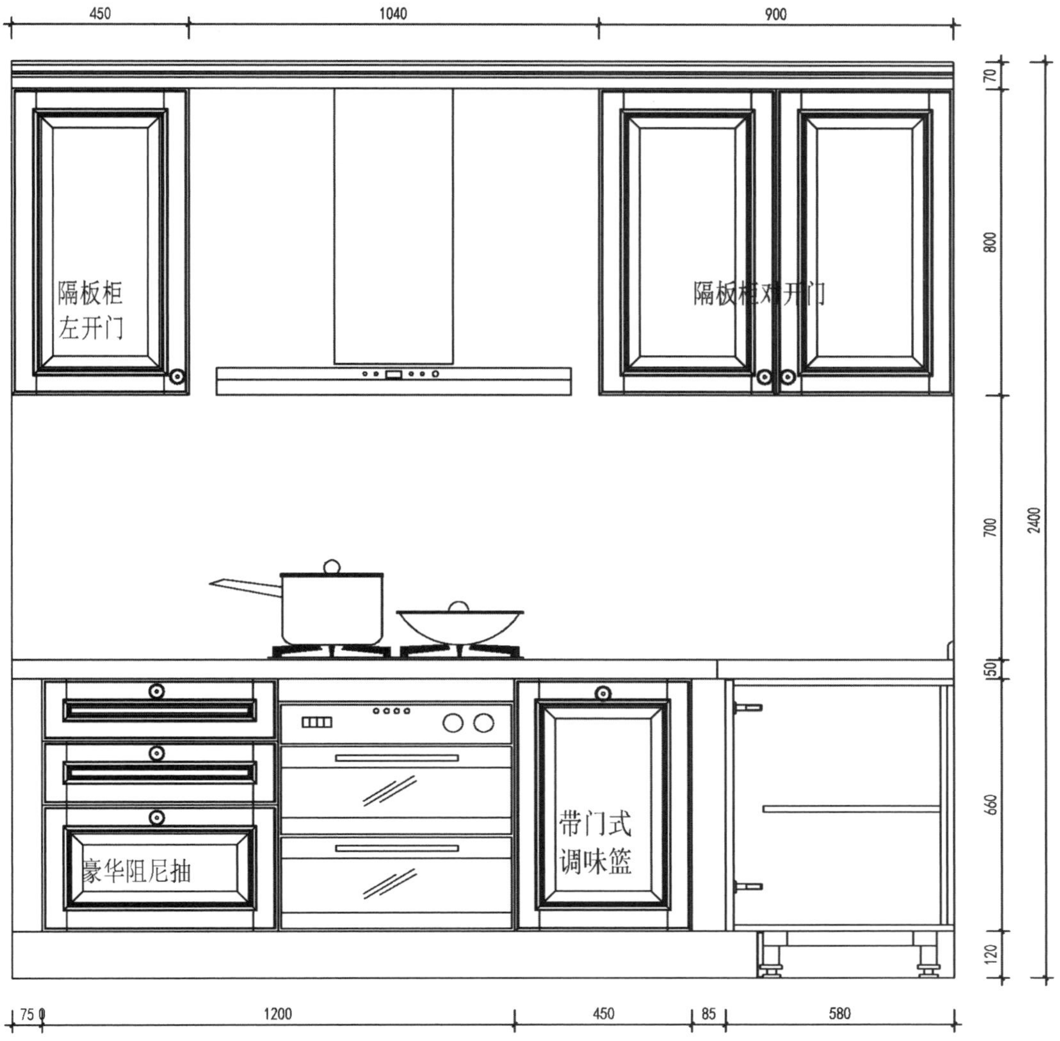

样式九 A 面平面图 1:25

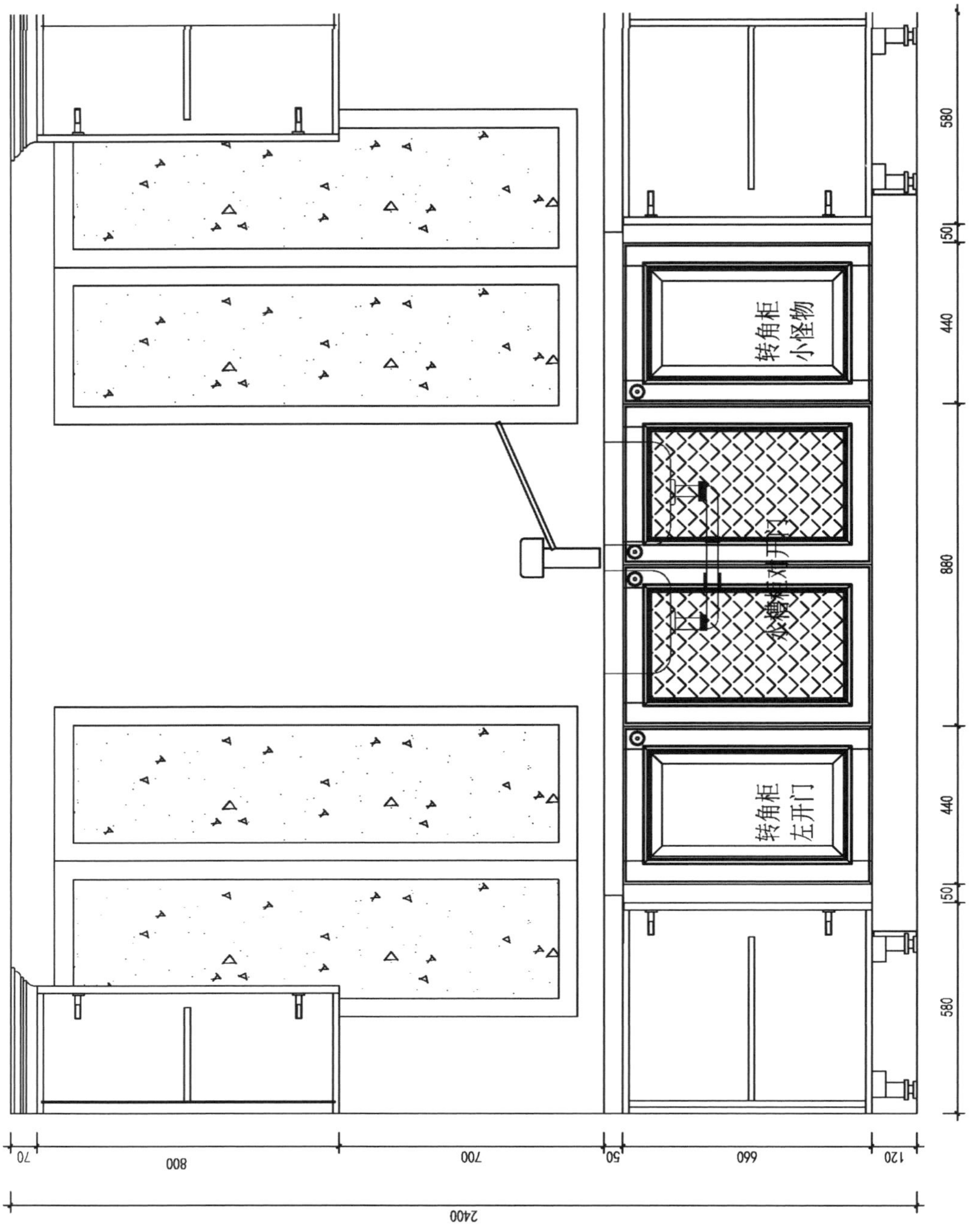

样式九 B 面平面图 1:25

样式九 C 面平面图 1:25

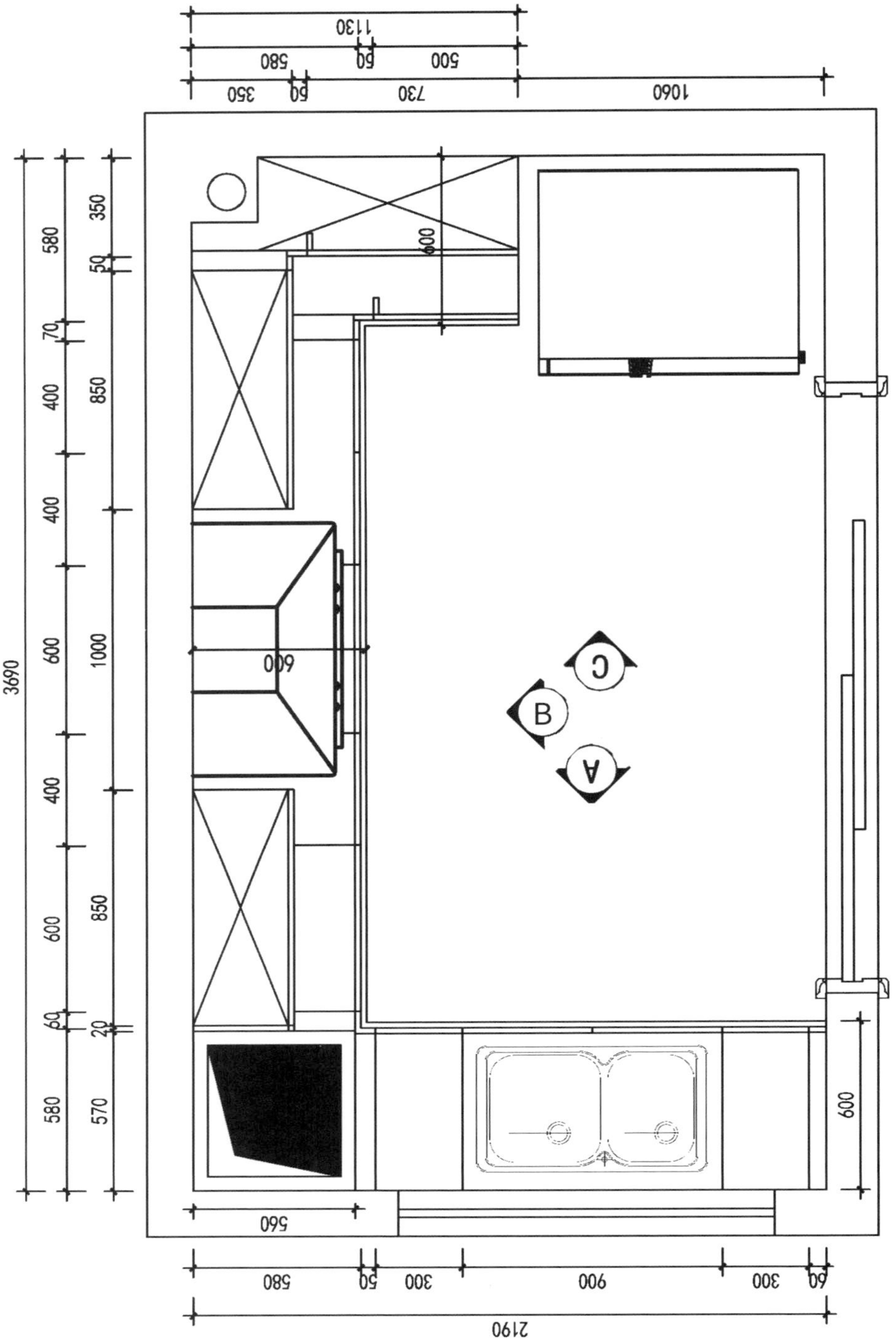
1130
580
50
500
350
60
730
1060
3690
580
70
400
400
600
400
600
60
580
350
50
850
1000
850
20
570
600
600
A
B
C
600
560
580
50
300
900
300
60
2190

样式十 平面图 1:25

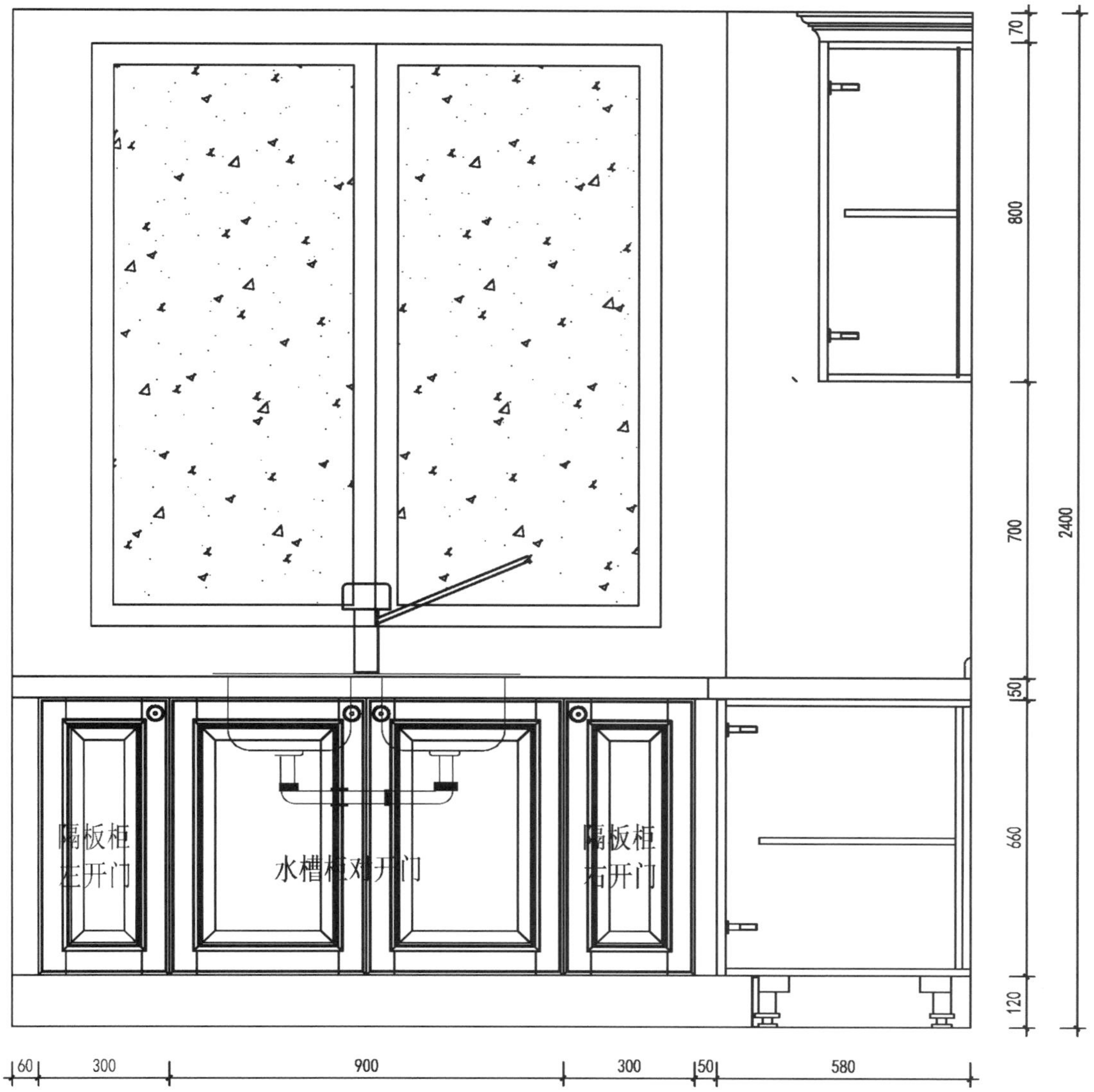

样式十 A 面立面图 1:25

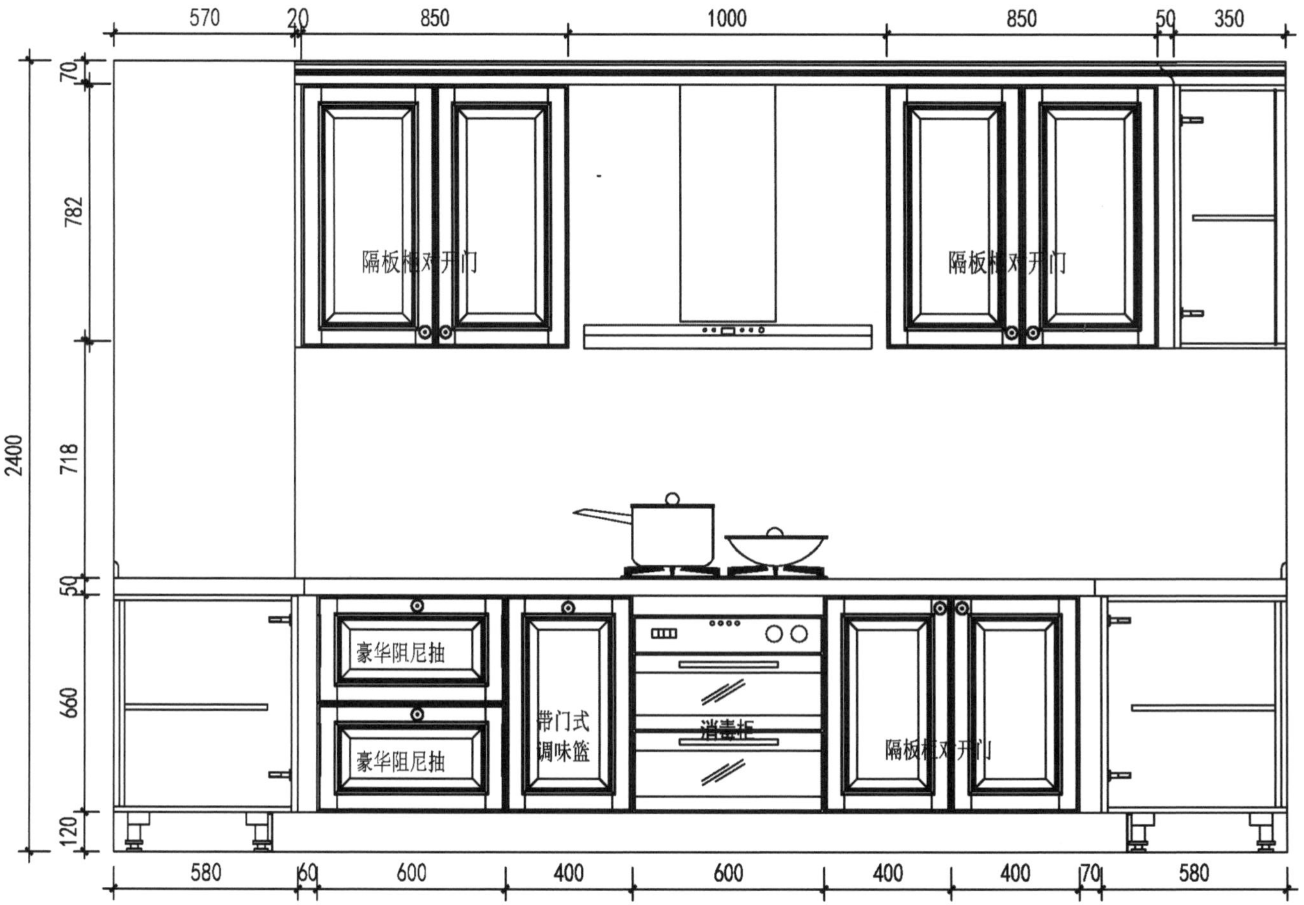
570
20
850
1000
850
50
350
70
782
718
50
660
120
2400
隔板柜对开门
隔板柜对开门
豪华阻尼抽
豪华阻尼抽
带门式
调味篮
消毒柜
隔板柜对开门
580
60
600
400
600
400
400
70
580

样式十 B 面立面图 1:25

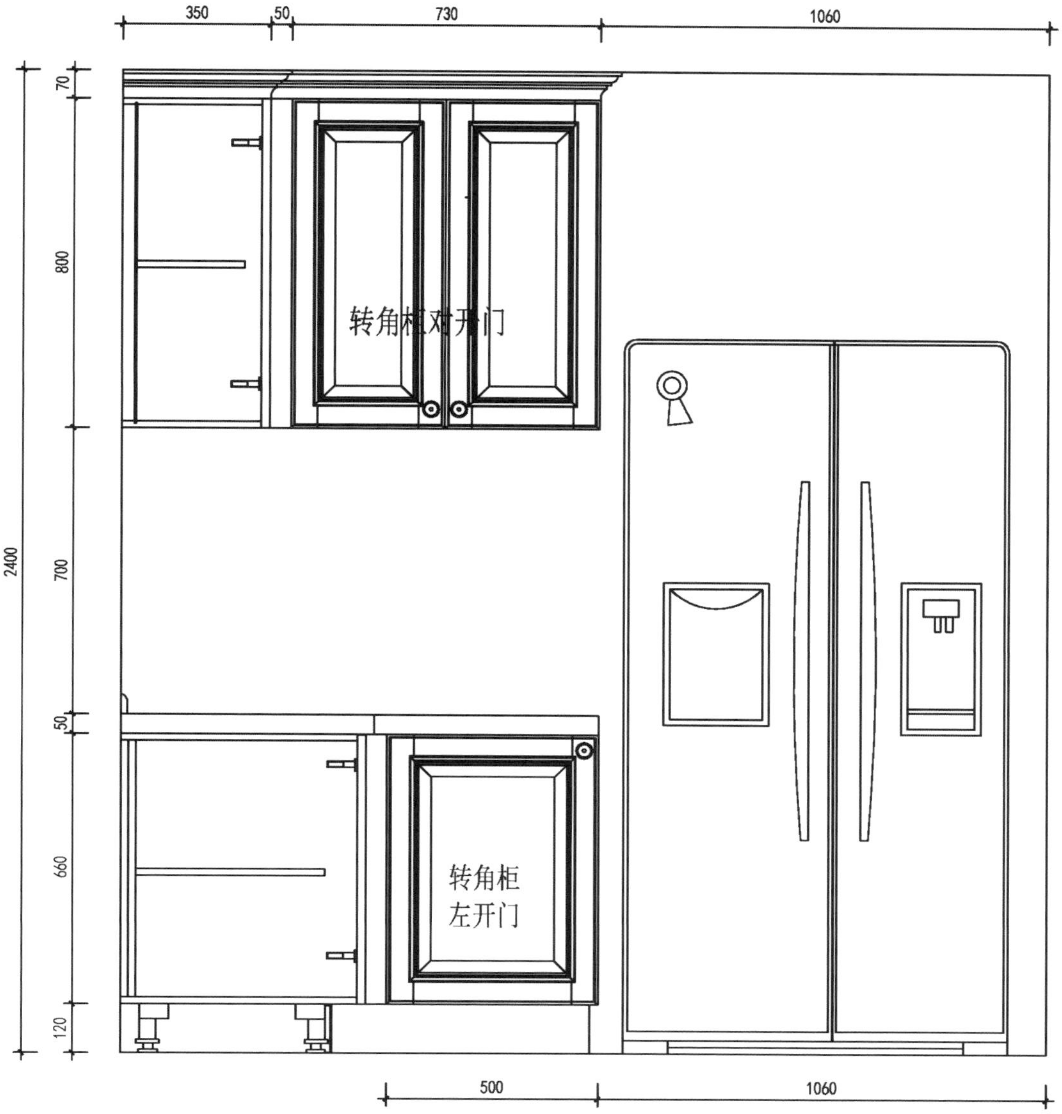

样式十 C 面立面图 1:25

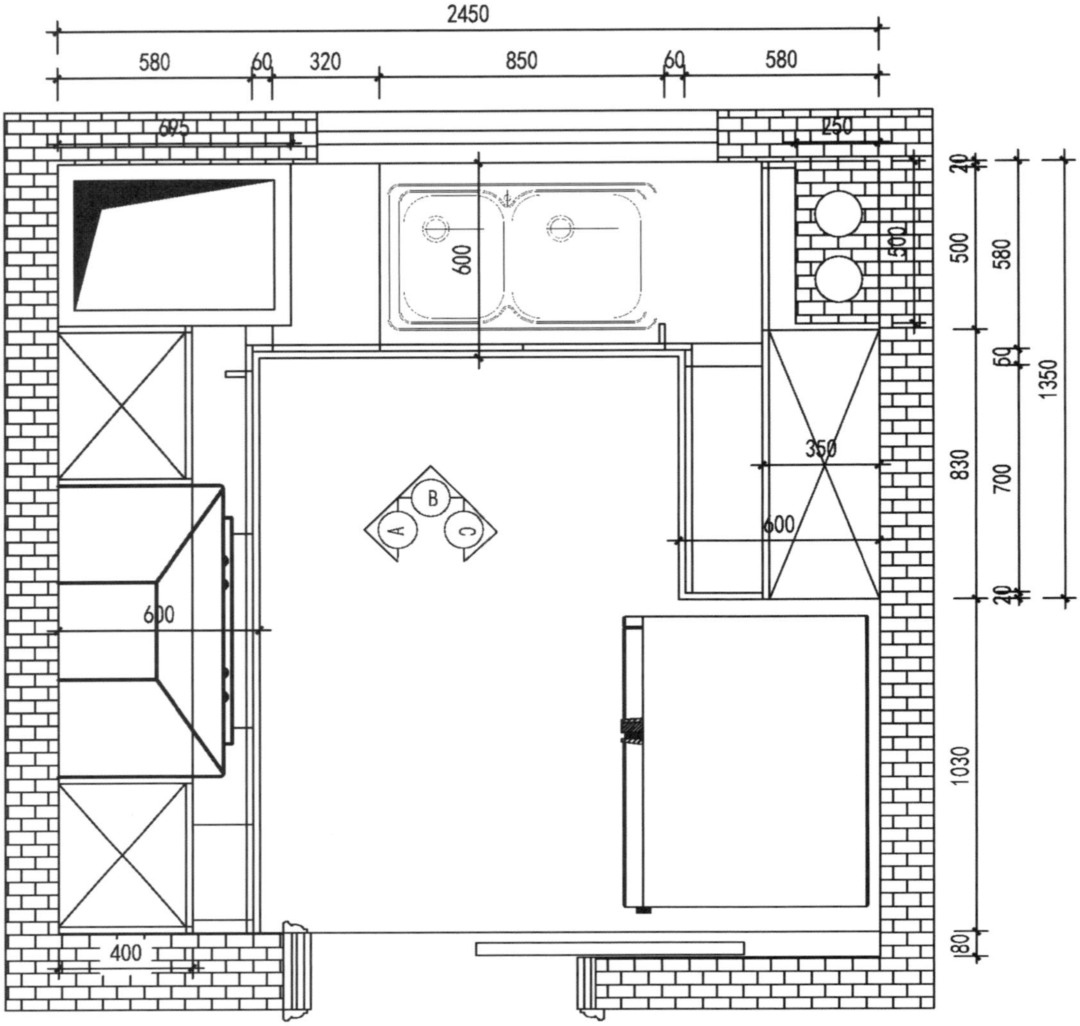
2450
580
60
320
850
60
580
695
250
600
500
20
450
940
400
40
300
350
830
700
1350
1030
80
A
B
C

样式十一 平面图 1:25

样式十一 A 面立面图 1:25

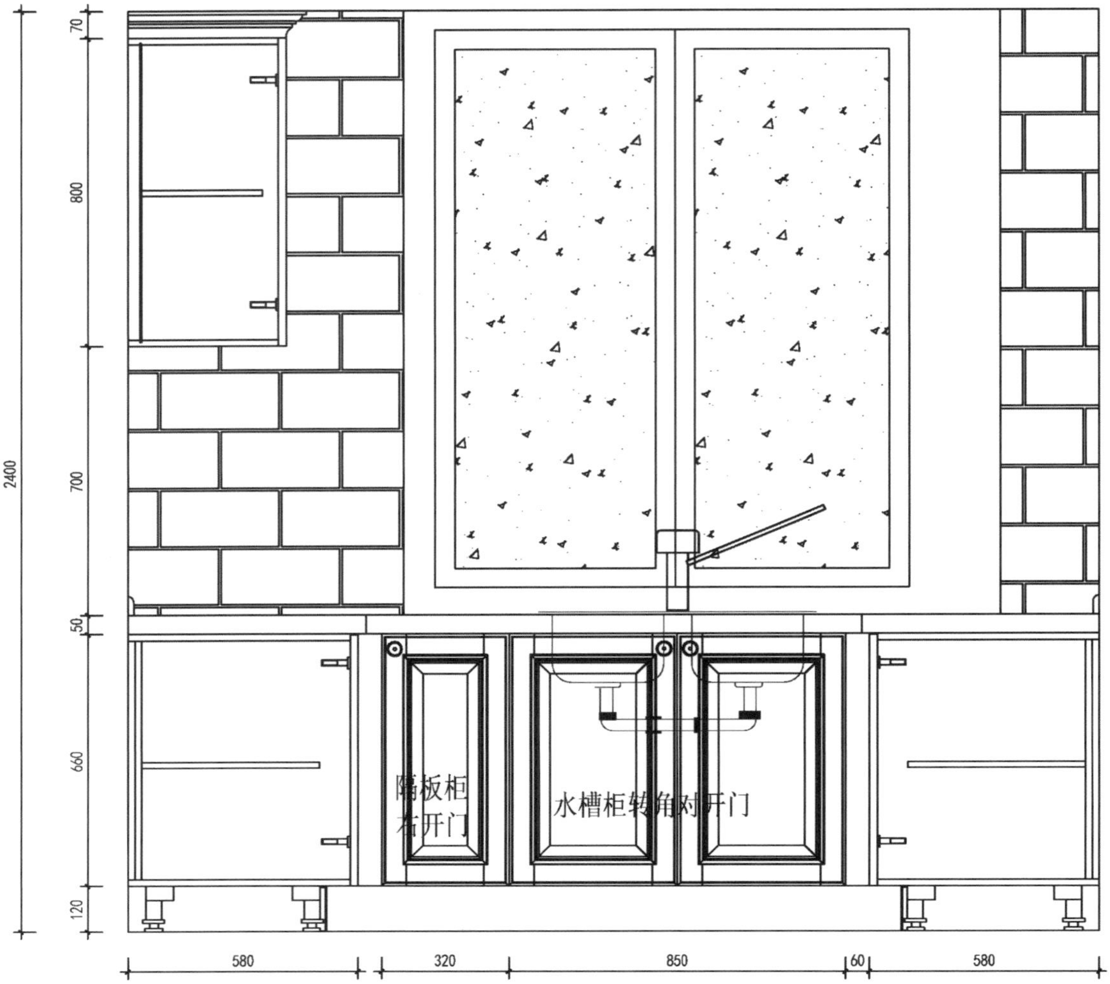

样式十一 B 面立面图 1:25

20
500
830
70
800
700
50
660
120
固定假门
隔板柜对开门
豪华阻尼抽
豪华阻尼抽
580
700
20
1030
80

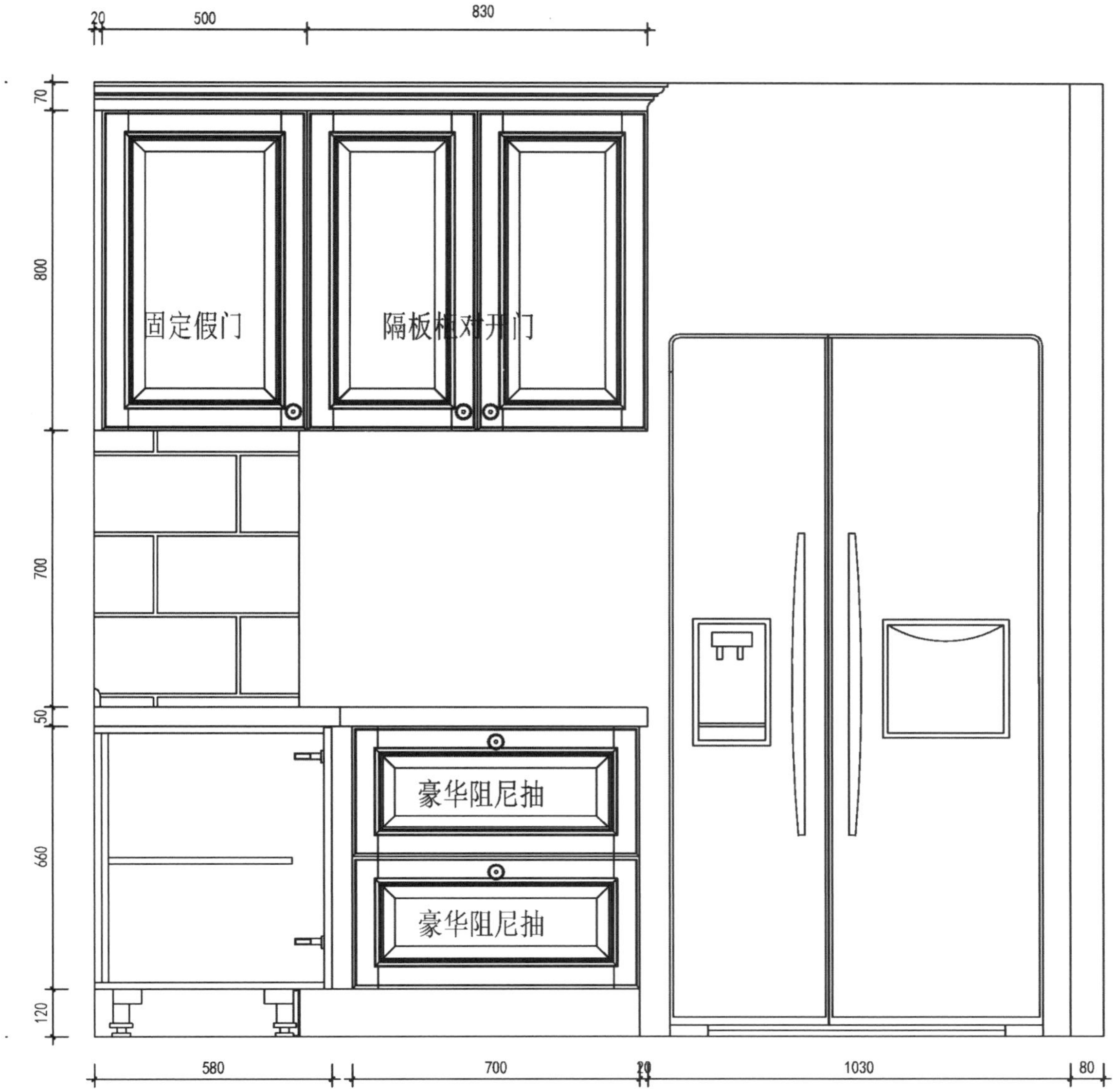

样式十一 C 面立面图 1:25

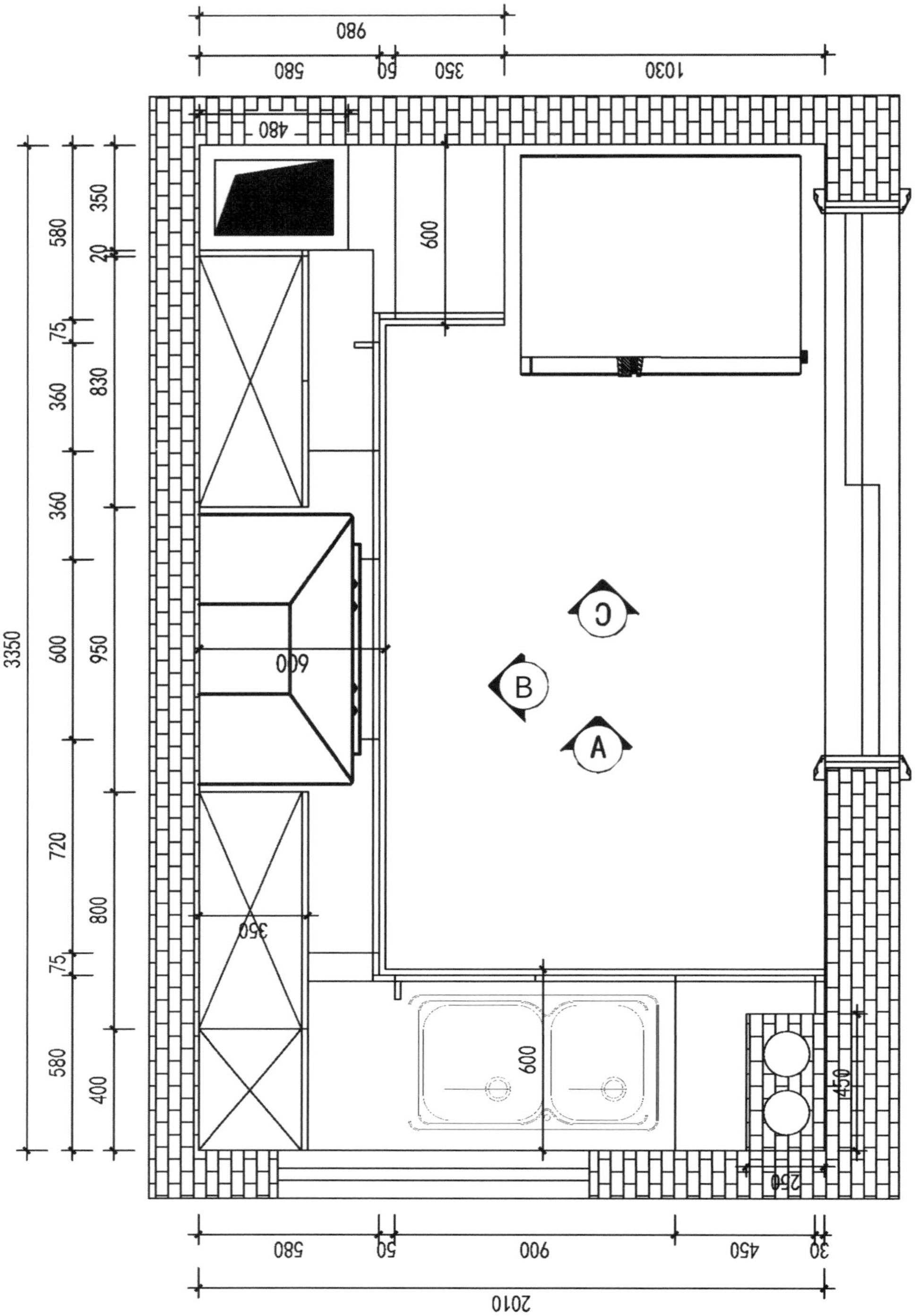
980
580
50
350
1030
480
600
3350
580
75
360
360
600
720
75
580
350
20
830
950
800
400
600
350
600
450
250
580
50
900
450
30
2010
A
B
C

样式十二 平面图 1:25

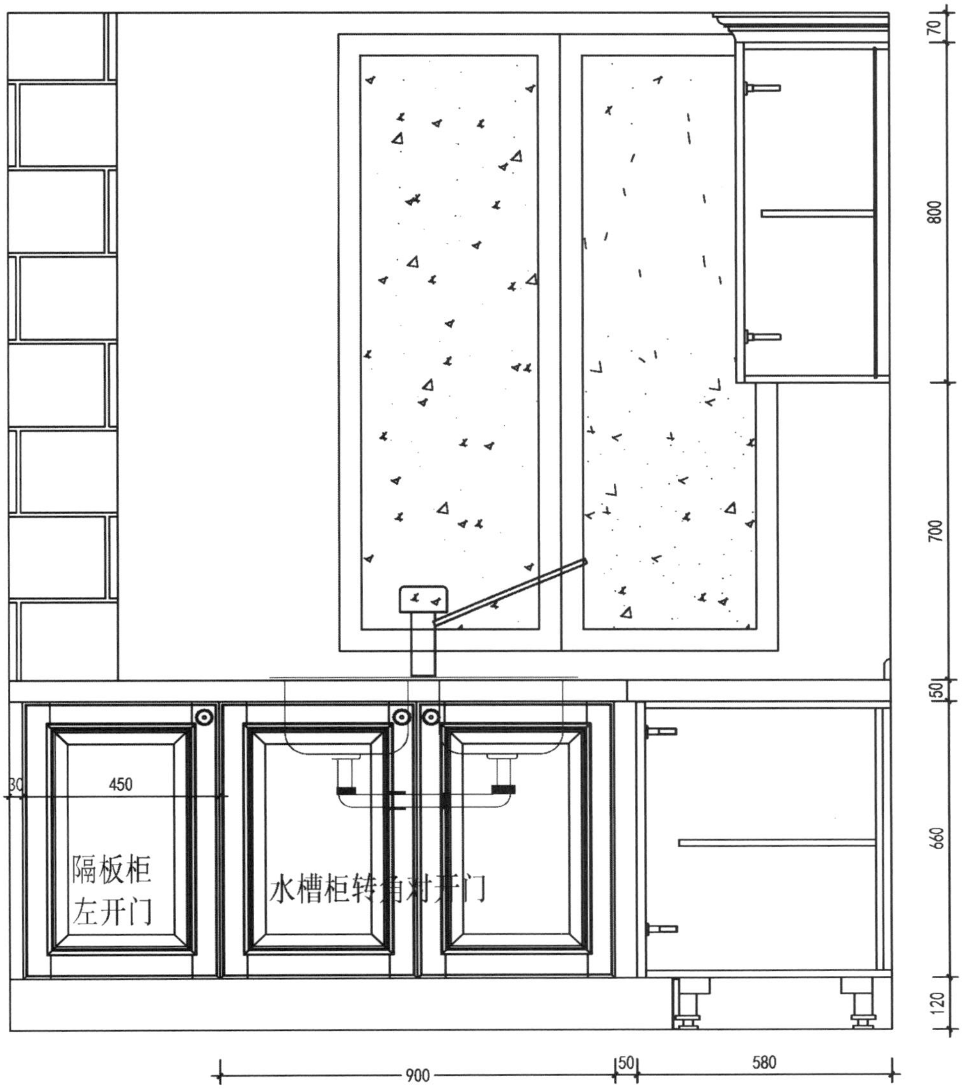

样式十二 A 面立面图 1:25

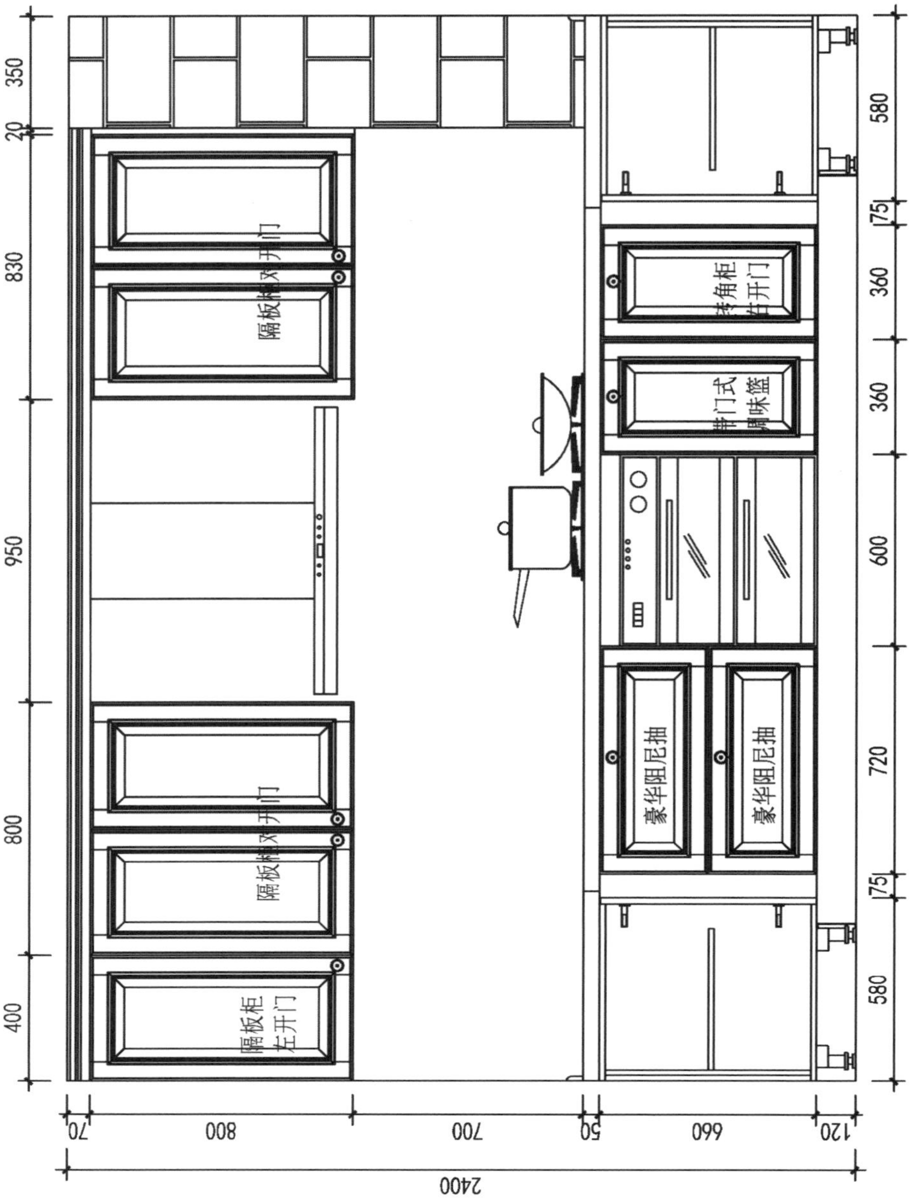

样式十二 B 面立面图 1:25

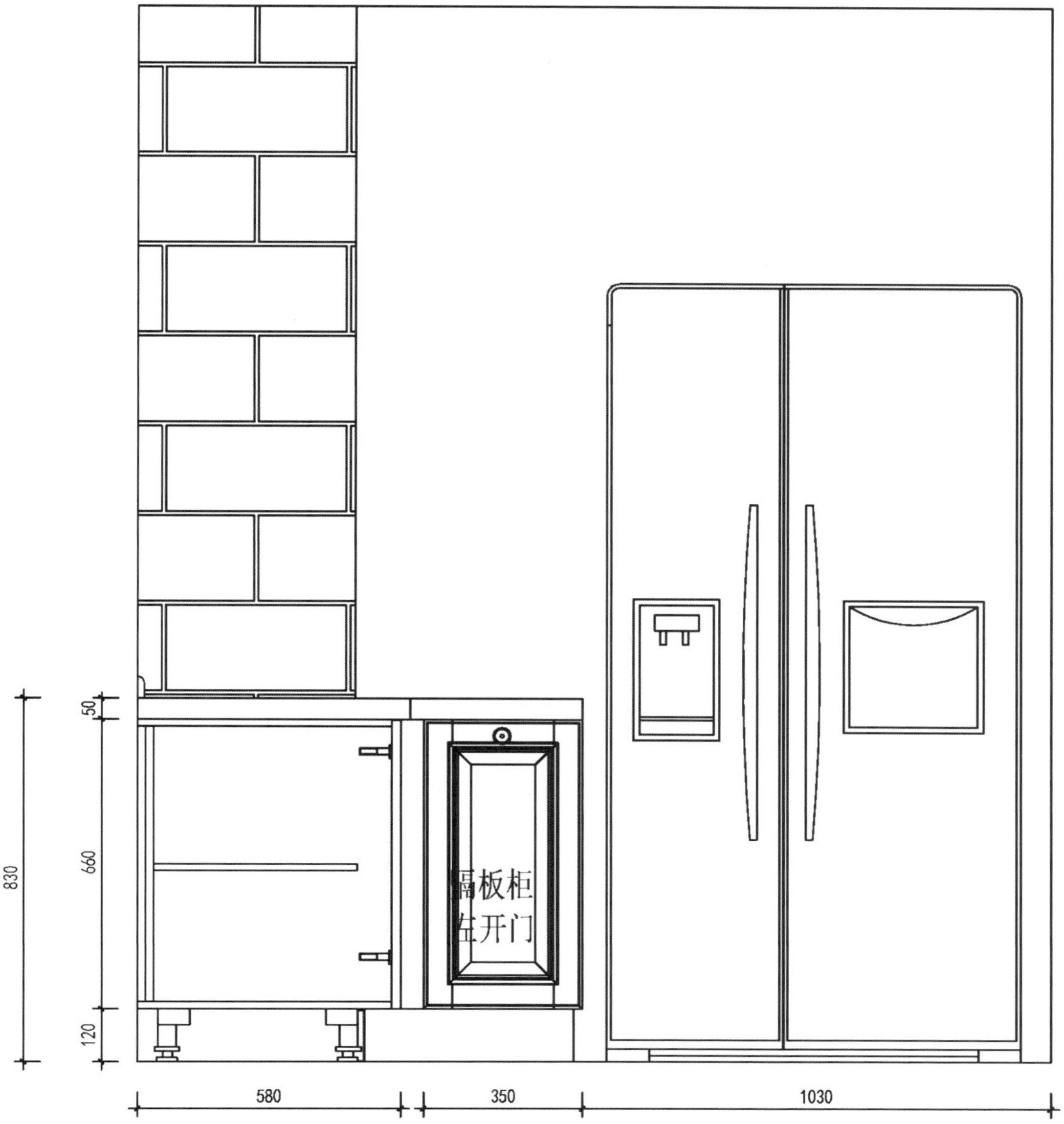

样式十二 C 面立面图 1:25

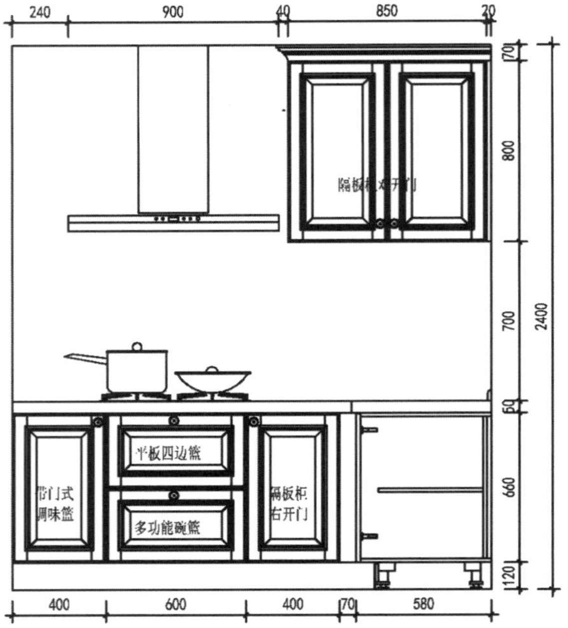

样式十三 A 面立面图 1:25

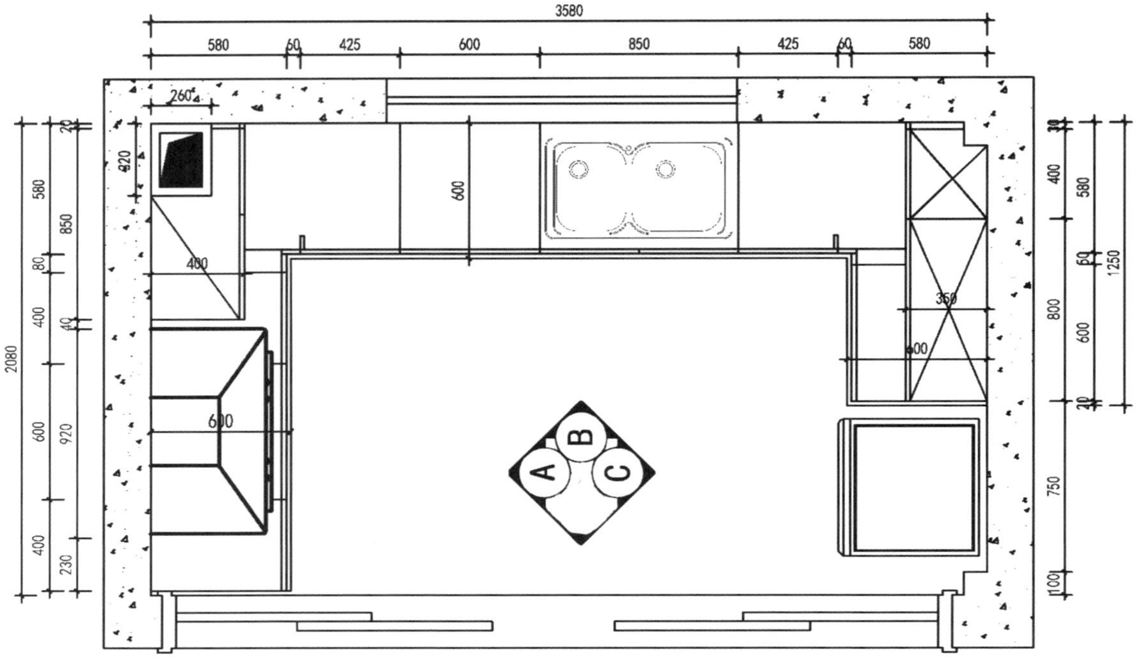

样式十三 平面图 1:25

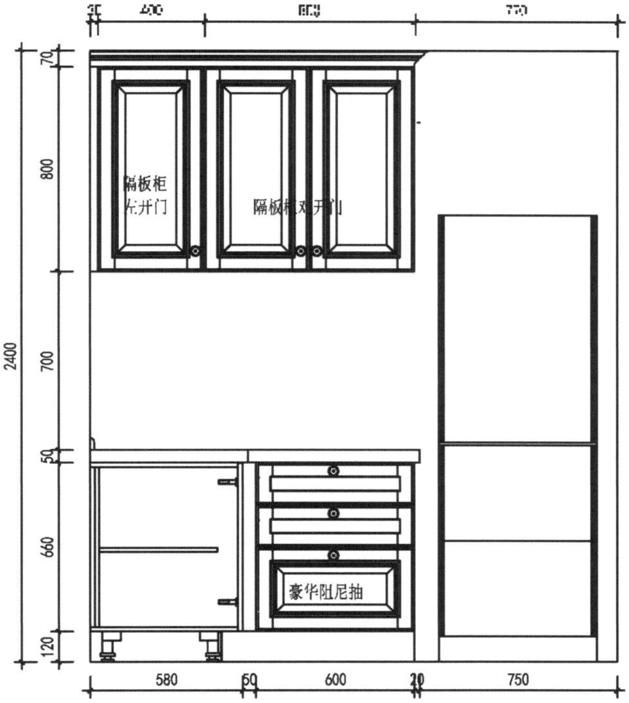

样式十三 C 面立面图 1:25

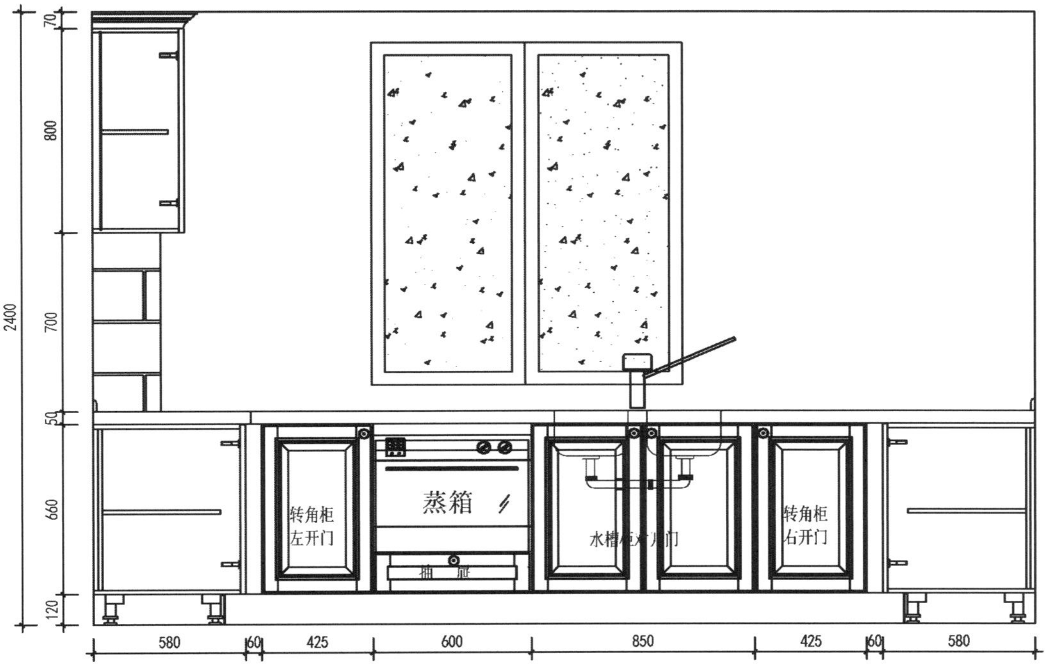

样式十三 B 面立面图 1:25

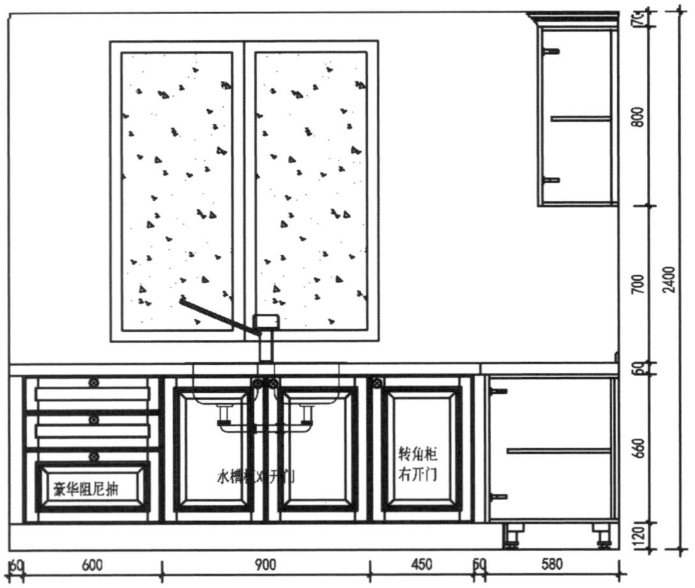

样式十四 A 面立面图 1:25

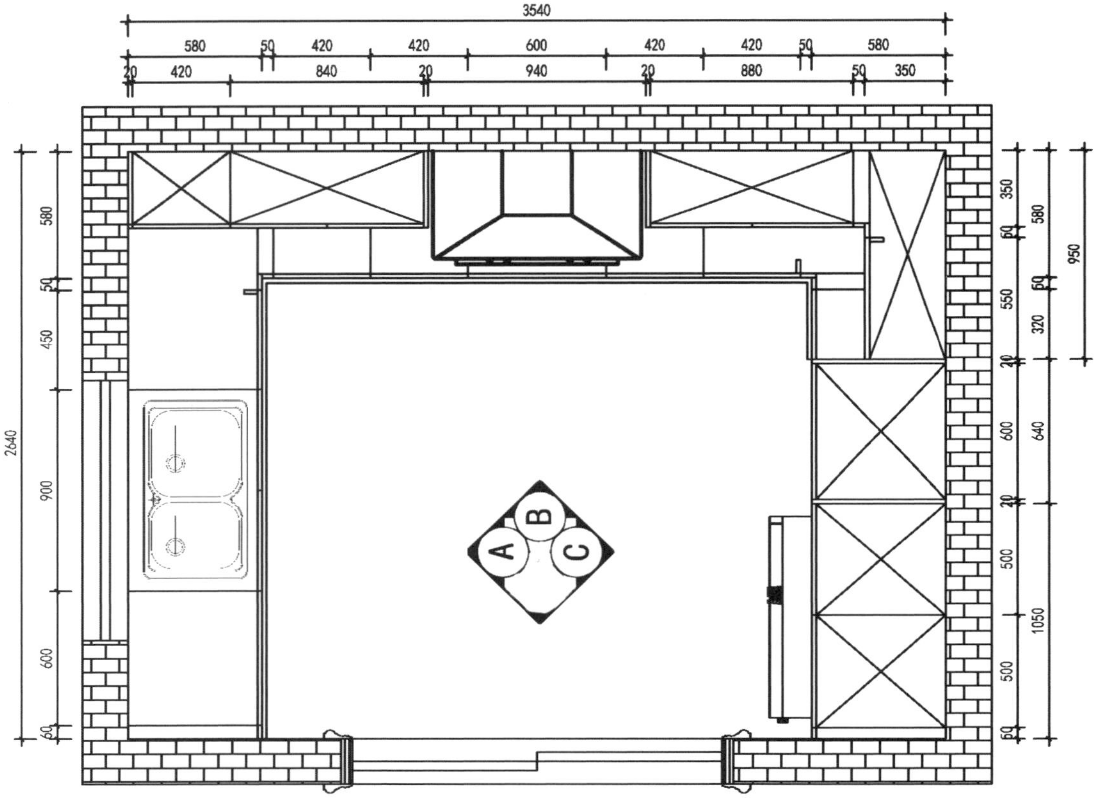

样式十四 平面图 1:25

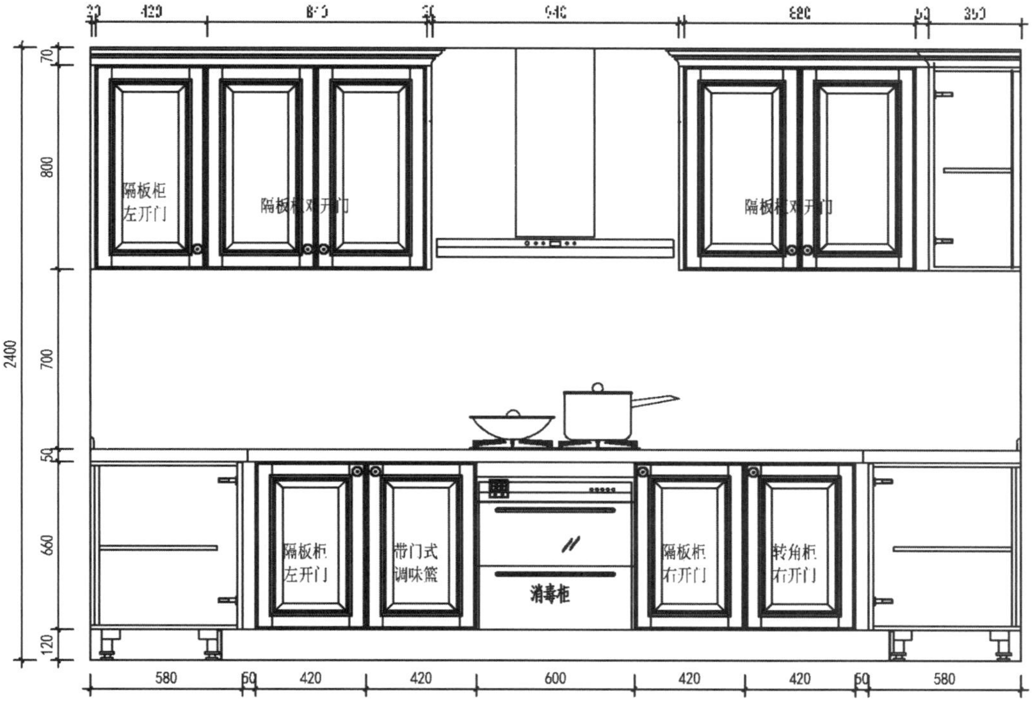

样式十四 B 面立面图 1:25

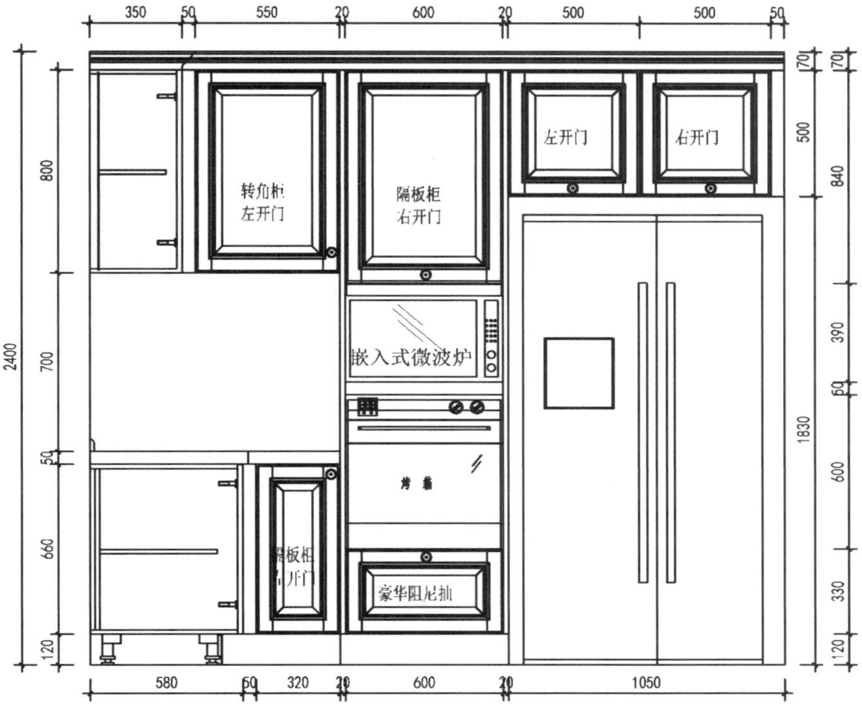

样式十四 C 面立面图 1:25

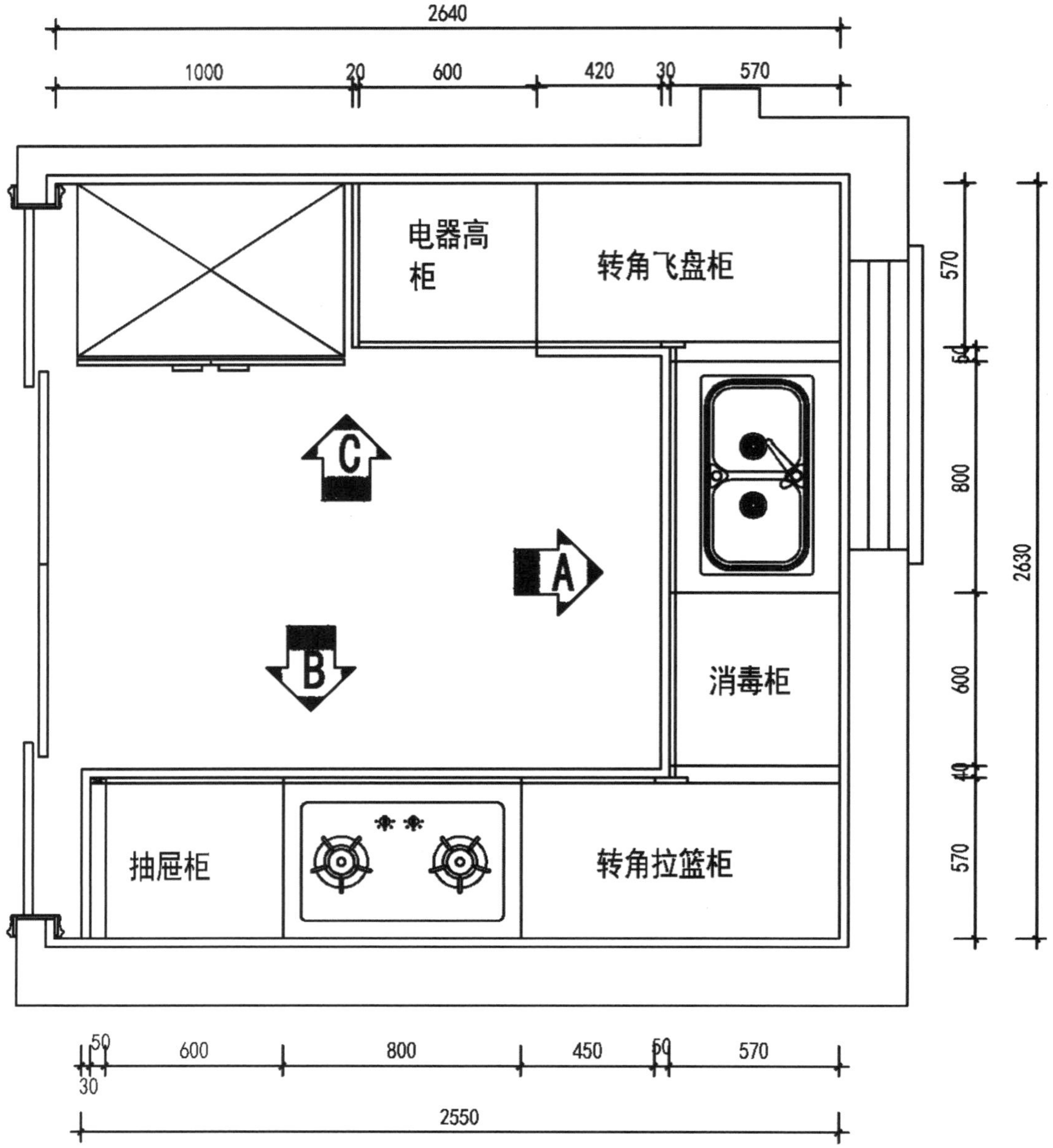
2640
1000
20
600
420
30
570
电器高
柜
转角飞盘柜
C
A
B
消毒柜
抽屉柜
转角拉篮柜
570
50
800
600
40
570
2630
50
30
600
800
450
60
570
2550

样式十五 平面图 1:25

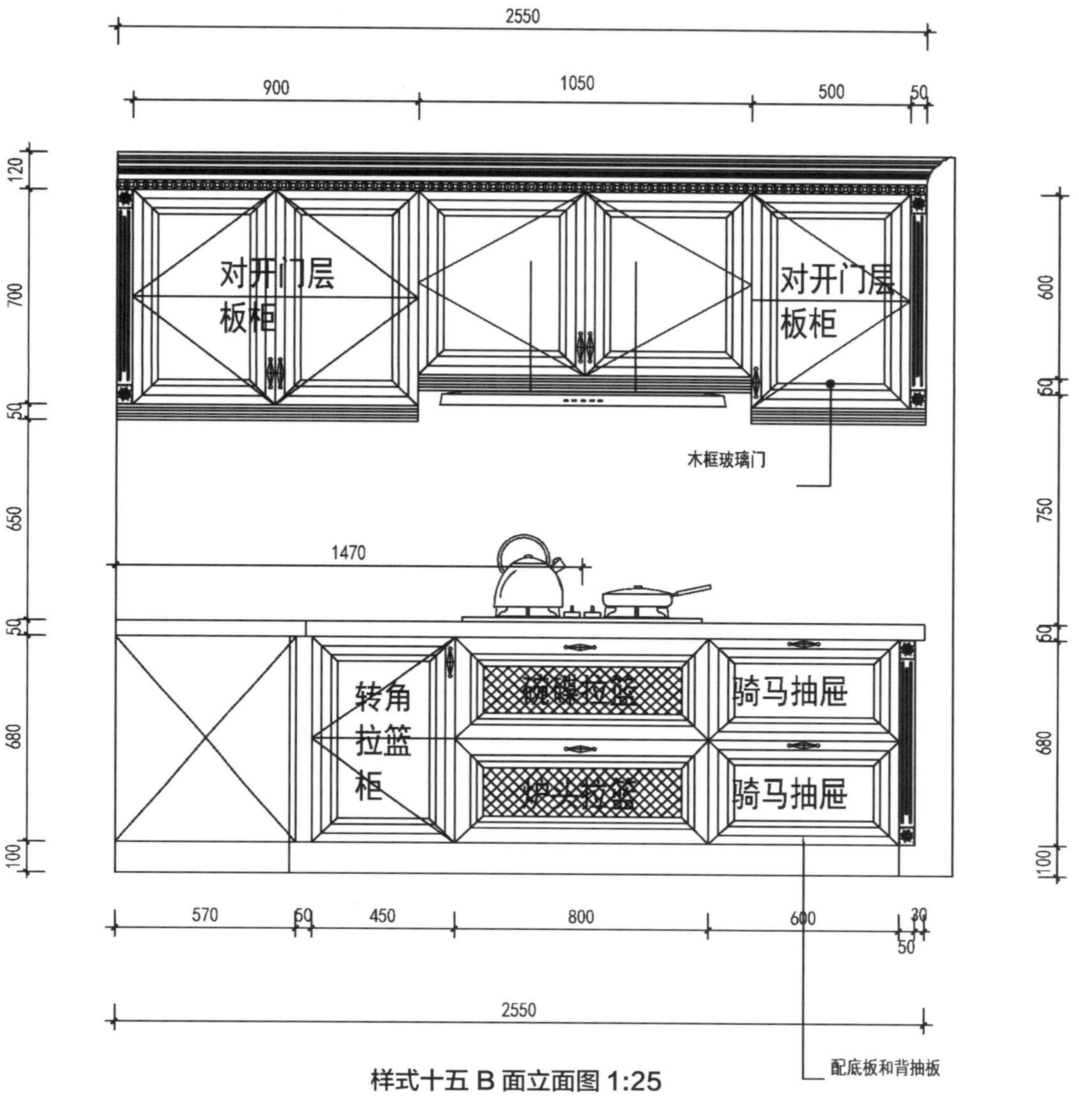
2550
900
1050
500
50
120
700
50
650
50
680
100
600
50
750
50
680
100
对开门层板柜
对开门层板柜
木框玻璃门
1470
转角拉篮柜
碗碟拉篮
炉上拉篮
骑马抽屉
骑马抽屉
570
50
450
800
600
30
50
2550
配底板和背抽板

样式十五 B 面立面图 1:25

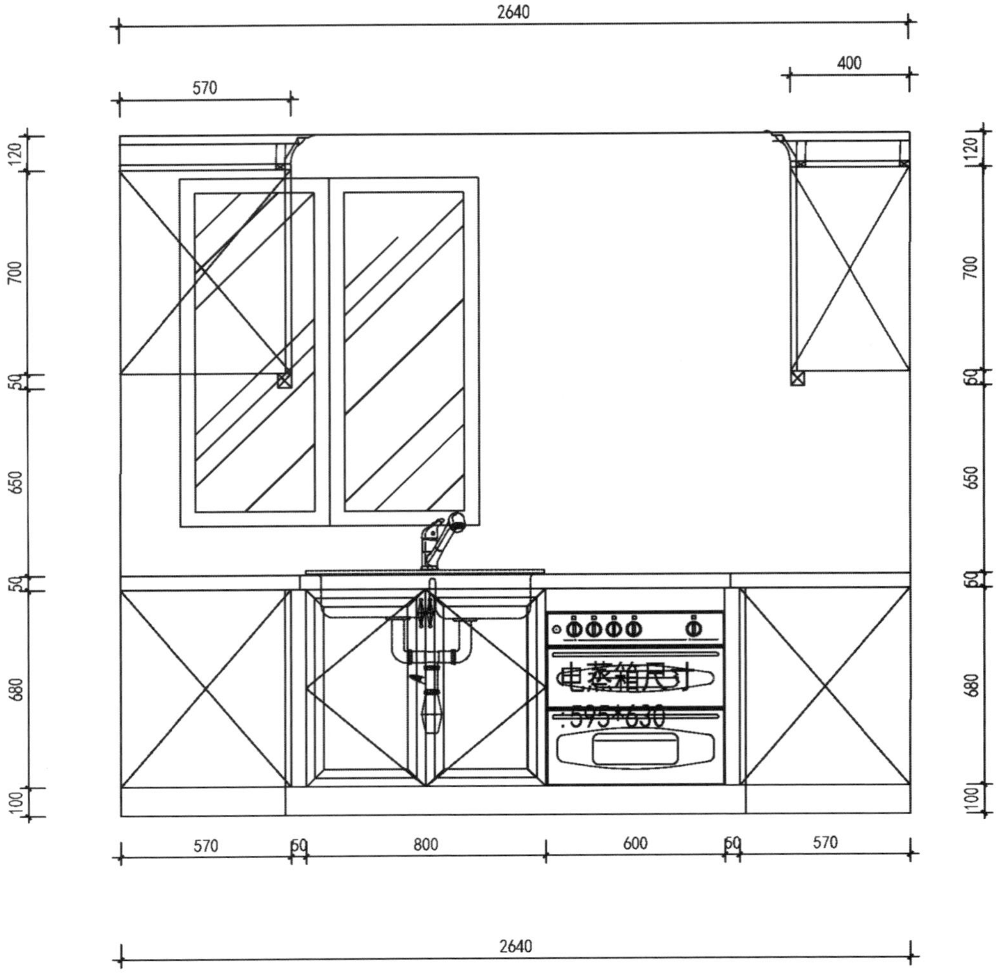

样式十五 A 面立面图 1:25

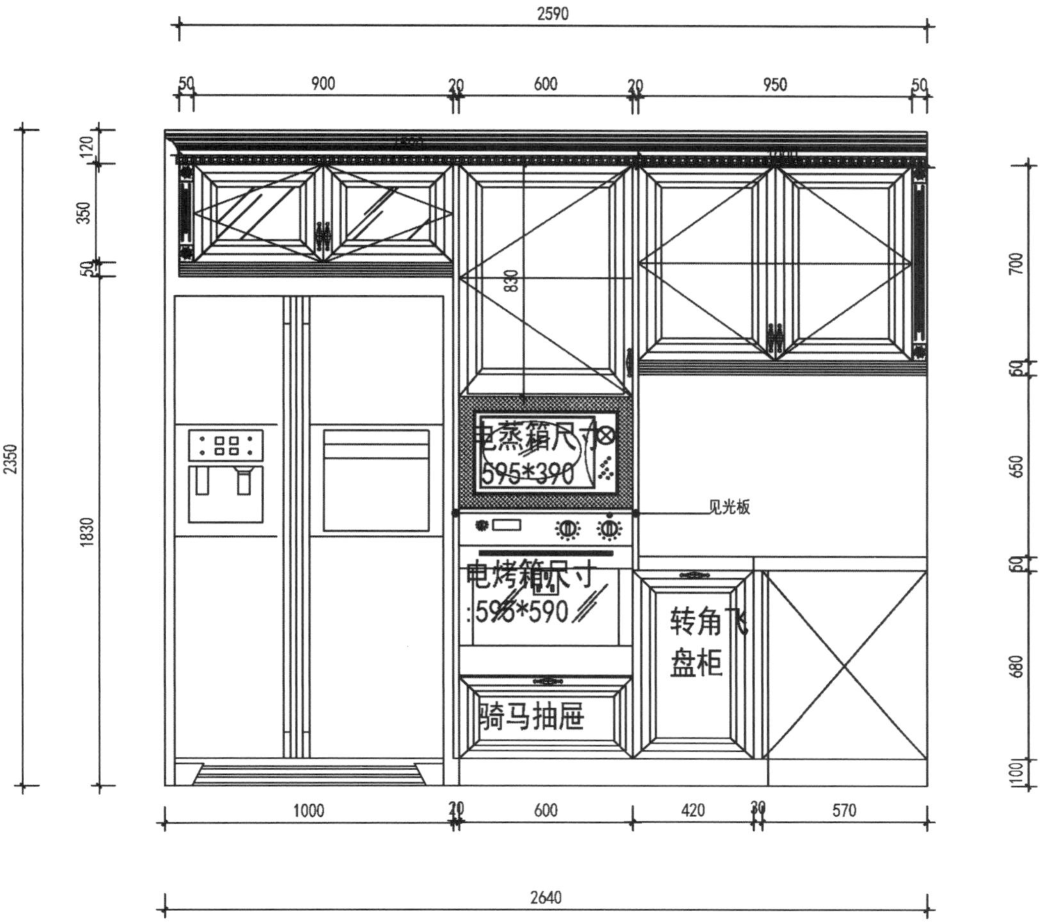
2590
50
900
20
600
20
950
50
120
350
50
1830
2350
700
50
650
50
680
100
电蒸箱尺寸
595*390
见光板
电烤箱尺寸
:595*590
转角飞
盘柜
骑马抽屉
1000
20
600
420
30
570
2640

样式十五 C 面立面图 1:25

第二节 简约 U 型橱柜

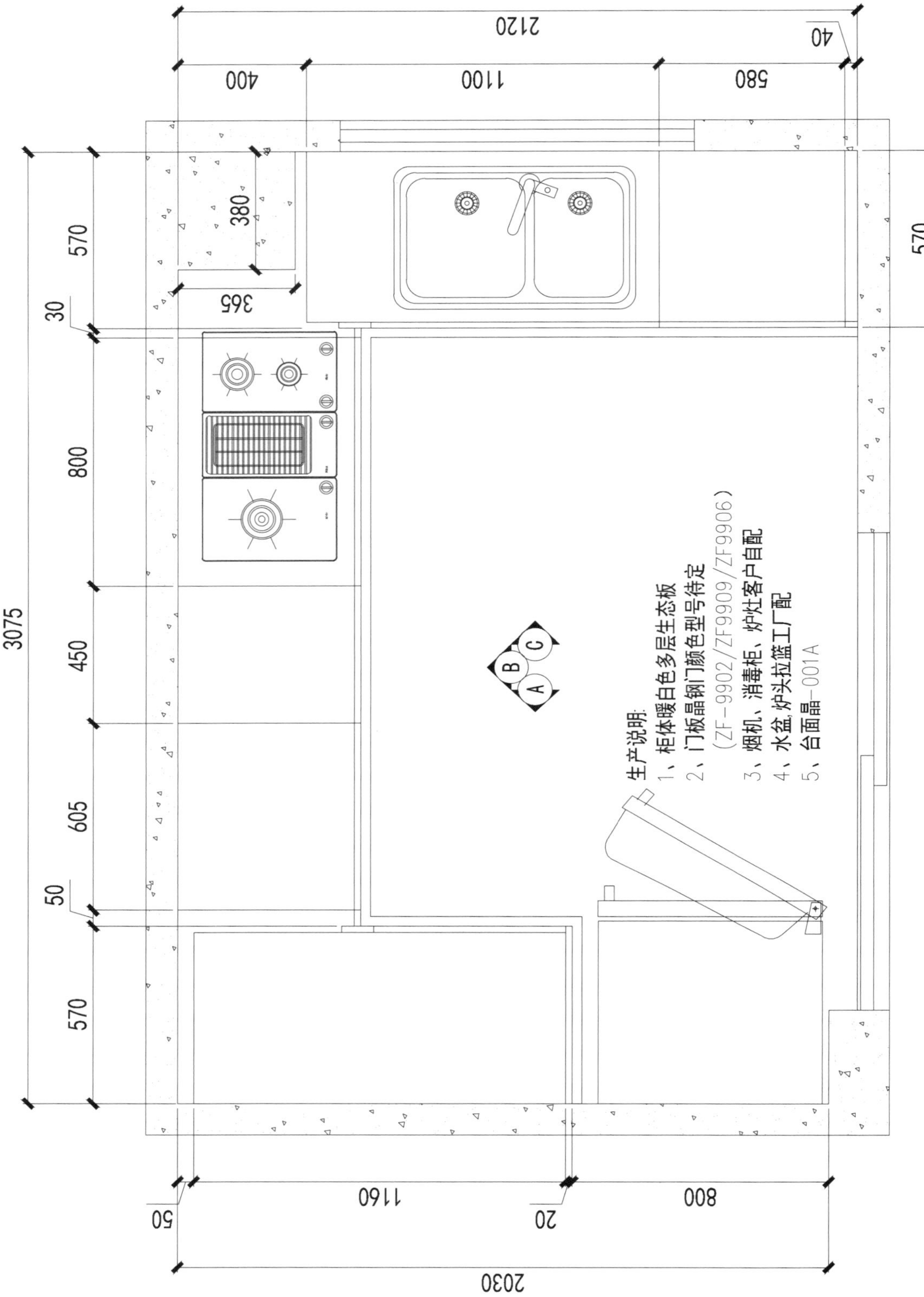

样式一 平面布置图 1:25

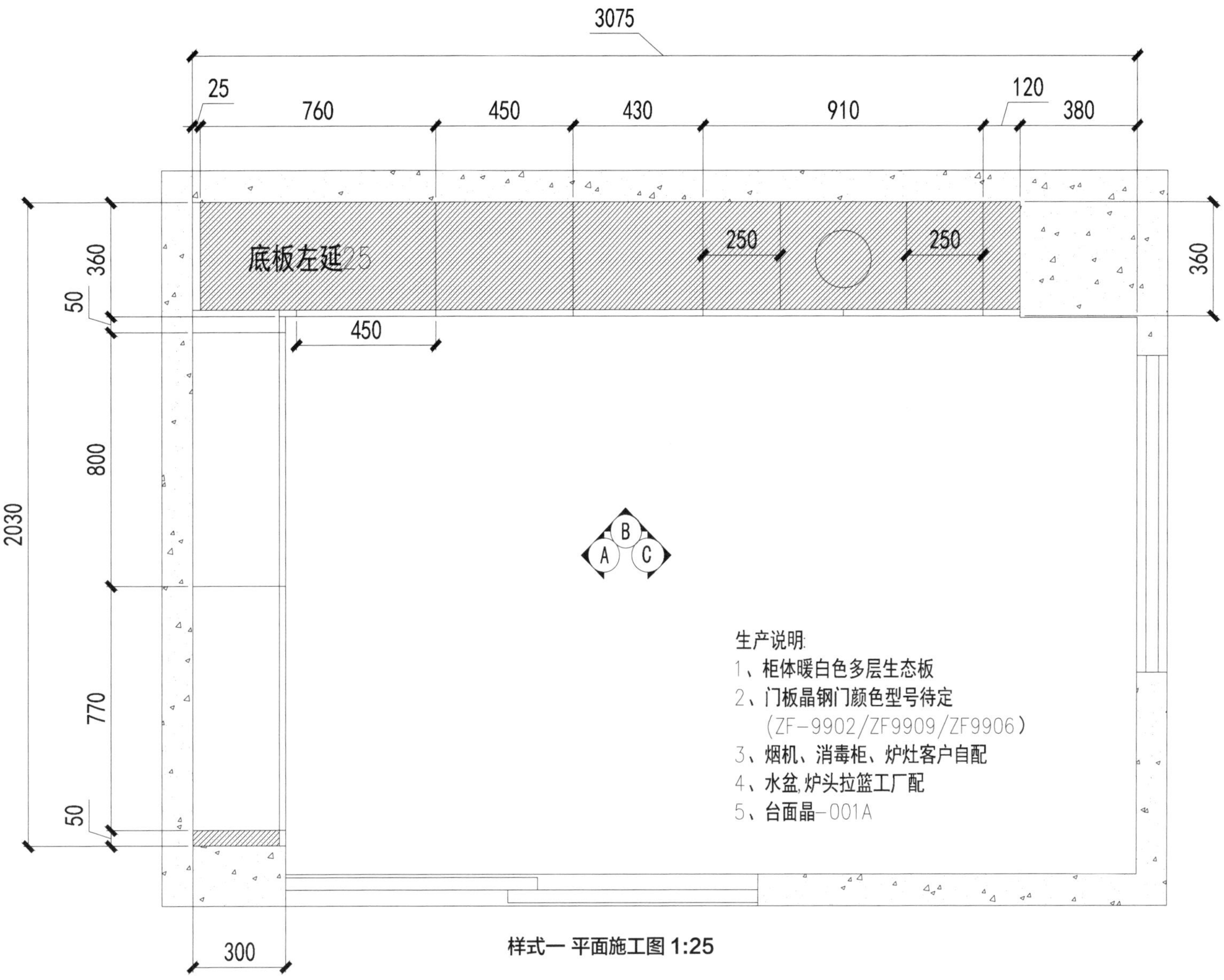
3075
25
760
450
430
910
120
380
底板左延25
250
250
360
360
50
450
800
2030
770
50
300
B
A
C
生产说明:
1、柜体暖白色多层生态板
2、门板晶钢门颜色型号待定
(ZF-9902/ZF9909/ZF9906)
3、烟机、消毒柜、炉灶客户自配
4、水盆,炉头拉篮工厂配
5、台面晶-001A

样式一 平面施工图 1:25

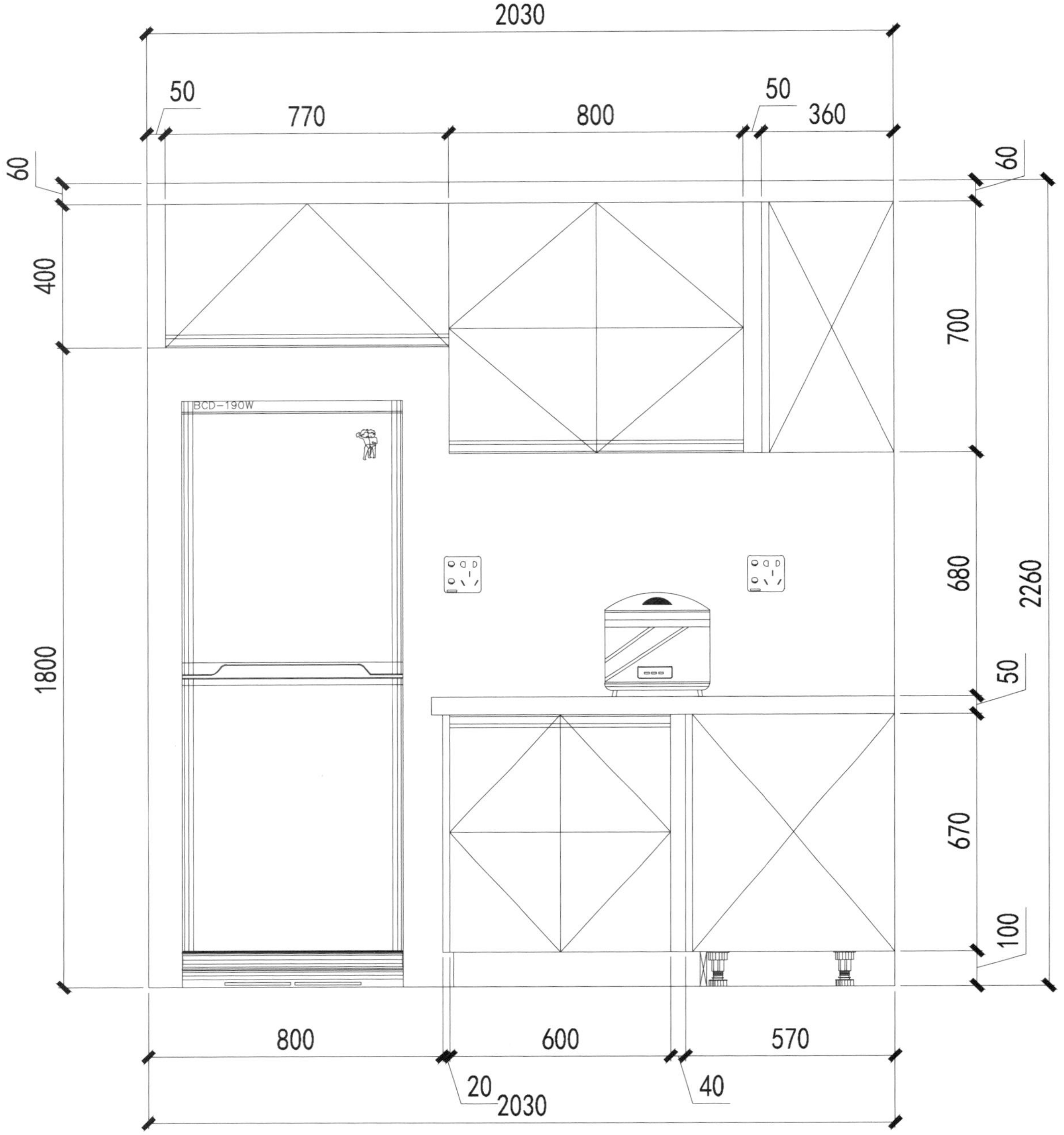

样式一 A 面立面图 1:25

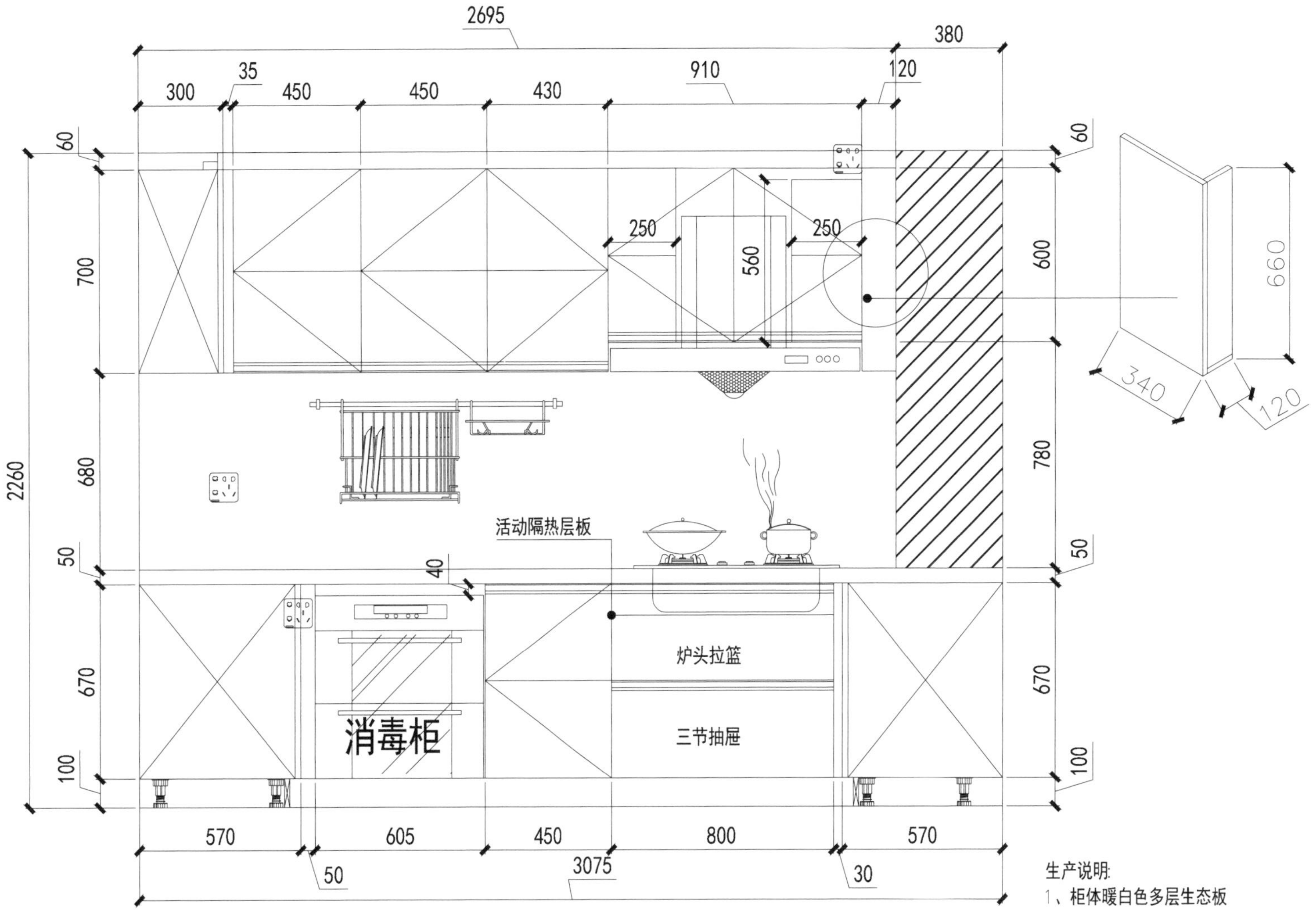

样式一 B 面立面图 1:25

生产说明:
1、柜体暖白色多层生态板
2、门板晶钢门颜色型号待定
（ZF-9902/ZF9909/ZF9906）
3、烟机、消毒柜、炉灶客户自配
4、水盆,炉头拉篮工厂配
5、台面晶-001A

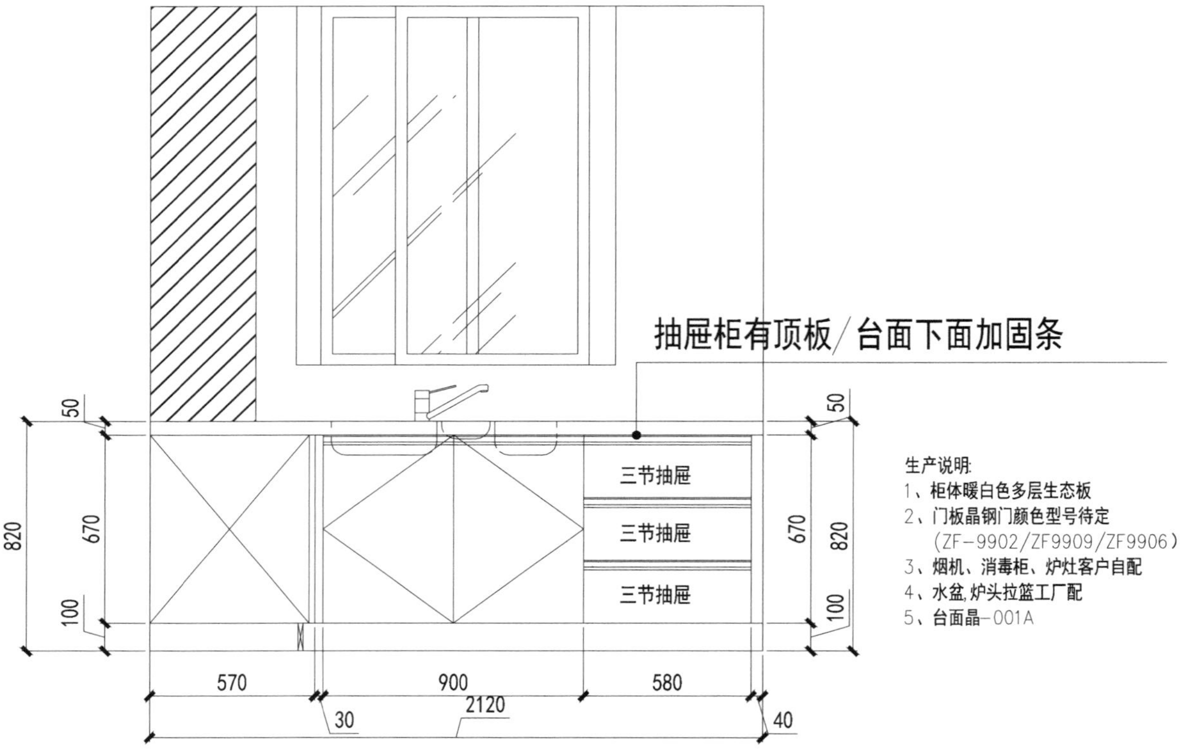
抽屉柜有顶板/台面下面加固条
三节抽屉
三节抽屉
三节抽屉
50
820
670
100
50
670
820
100
570
900
580
2120
30
40
生产说明:
1、柜体暖白色多层生态板
2、门板晶钢门颜色型号待定
(ZF-9902/ZF9909/ZF9906)
3、烟机、消毒柜、炉灶客户自配
4、水盆,炉头拉篮工厂配
5、台面晶-001A

样式一 C 面立面图 1:25

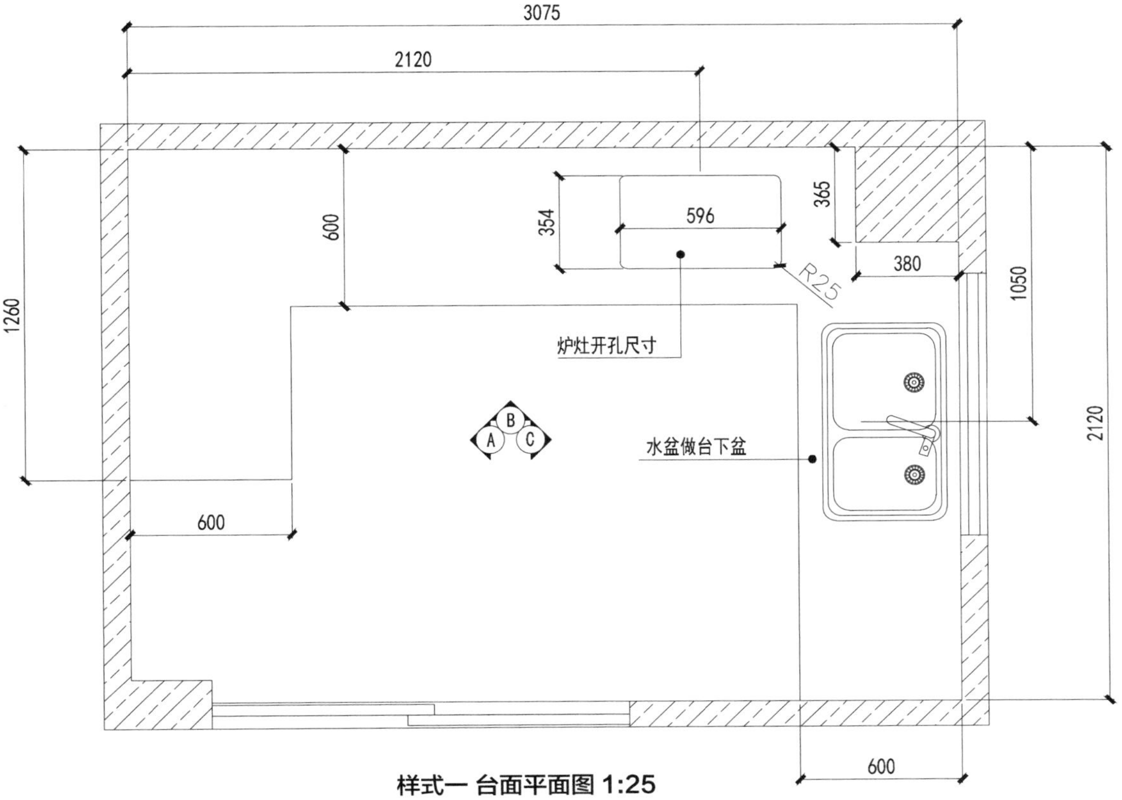

样式一 台面平面图 1:25

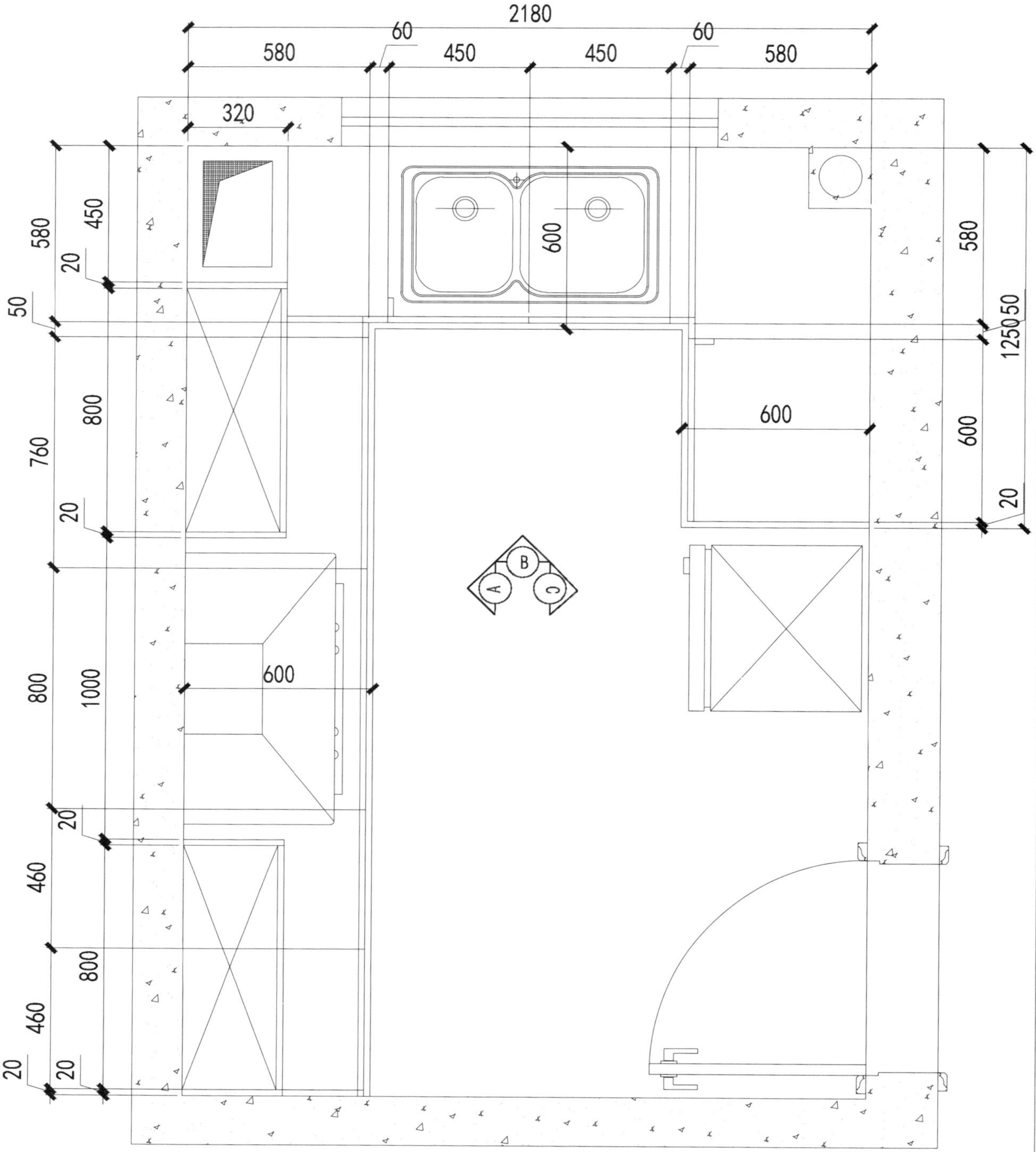

样式二 平面布置图 1:25

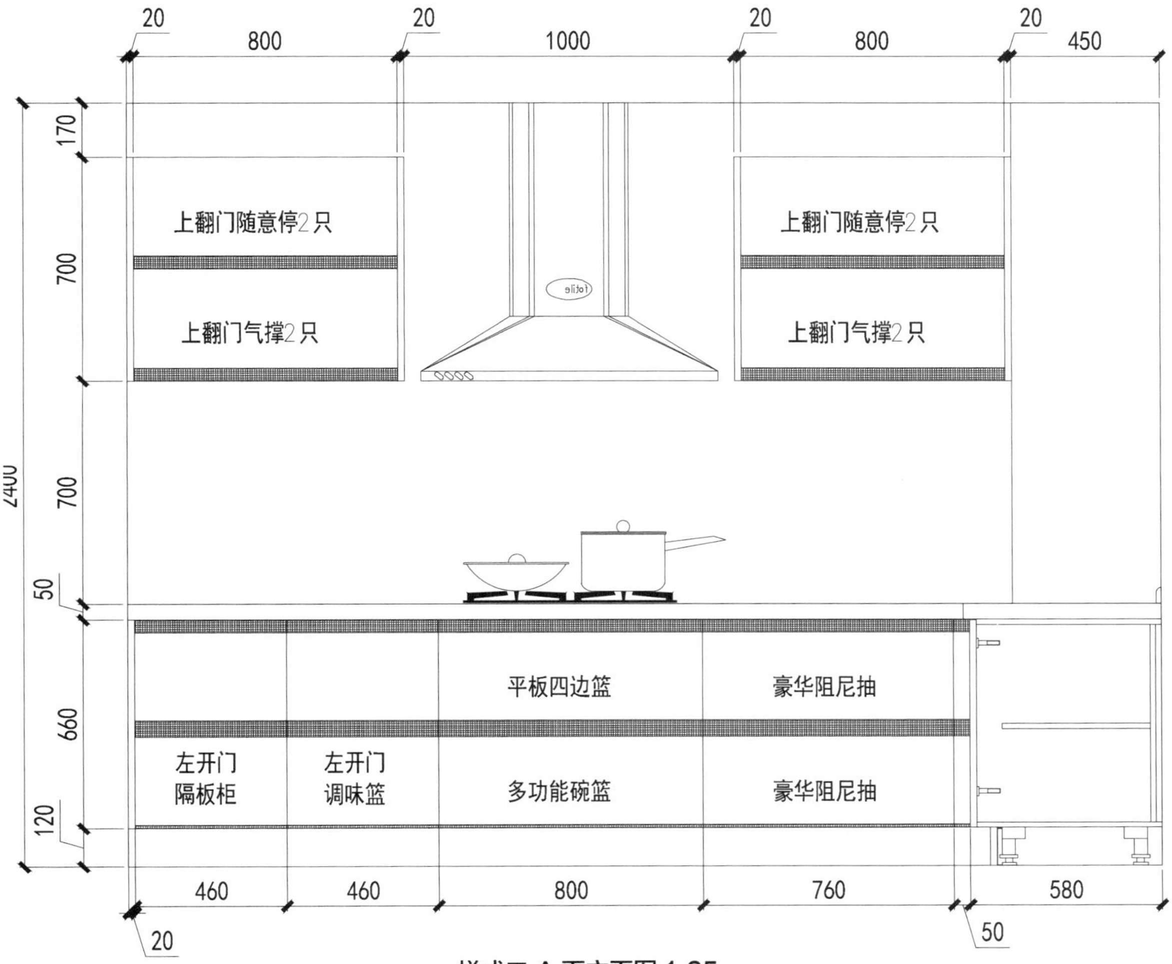
20
800
20
1000
20
800
20
450
170
700
700
50
660
120
2400
上翻门随意停2只
上翻门气撑2只
上翻门随意停2只
上翻门气撑2只
平板四边篮
豪华阻尼抽
左开门
隔板柜
左开门
调味篮
多功能碗篮
豪华阻尼抽
460
460
800
760
580
20
50

样式二 A 面立面图 1:25

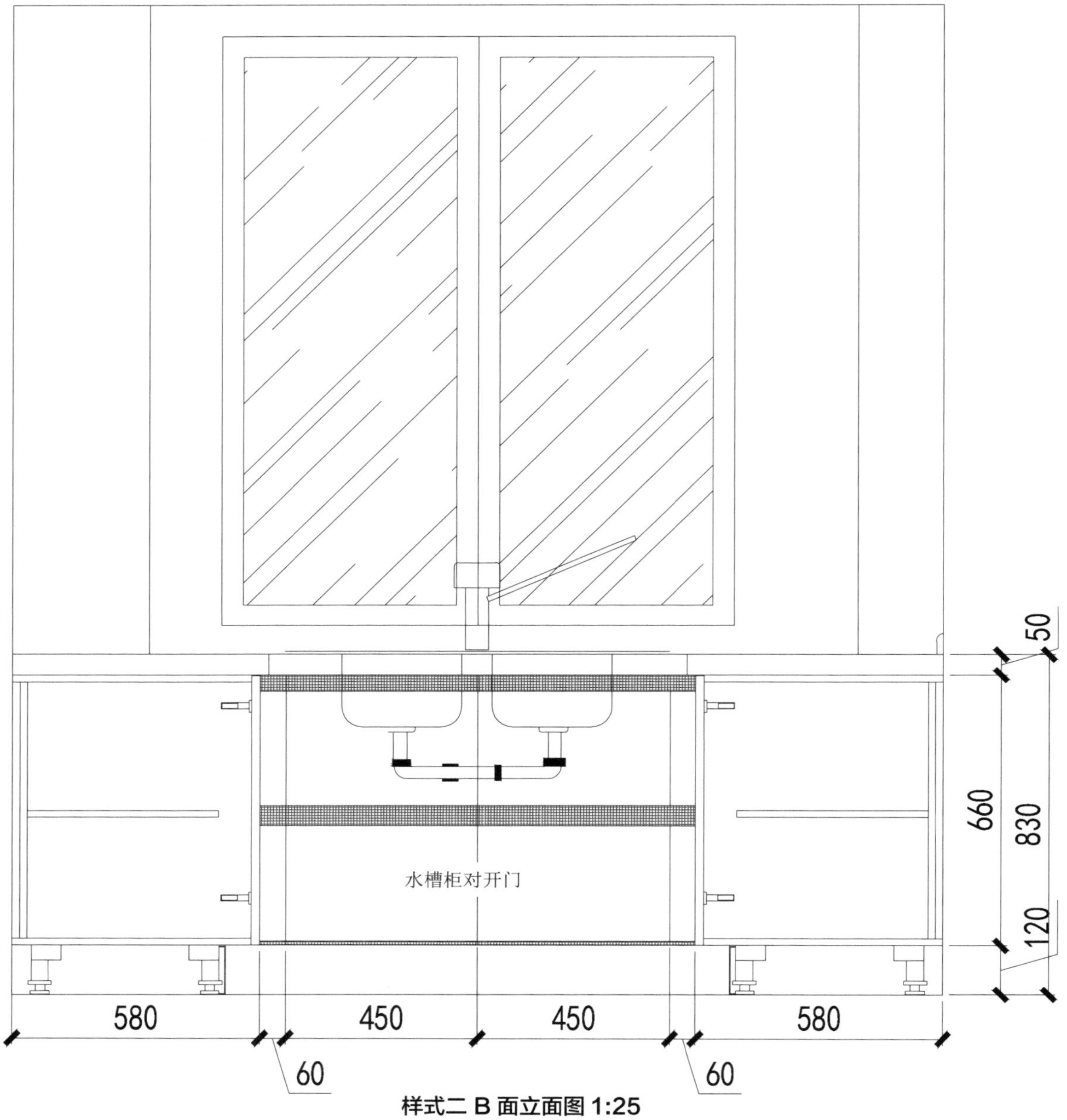

样式二 B 面立面图 1:25

样式二 C 面立面图 1:25

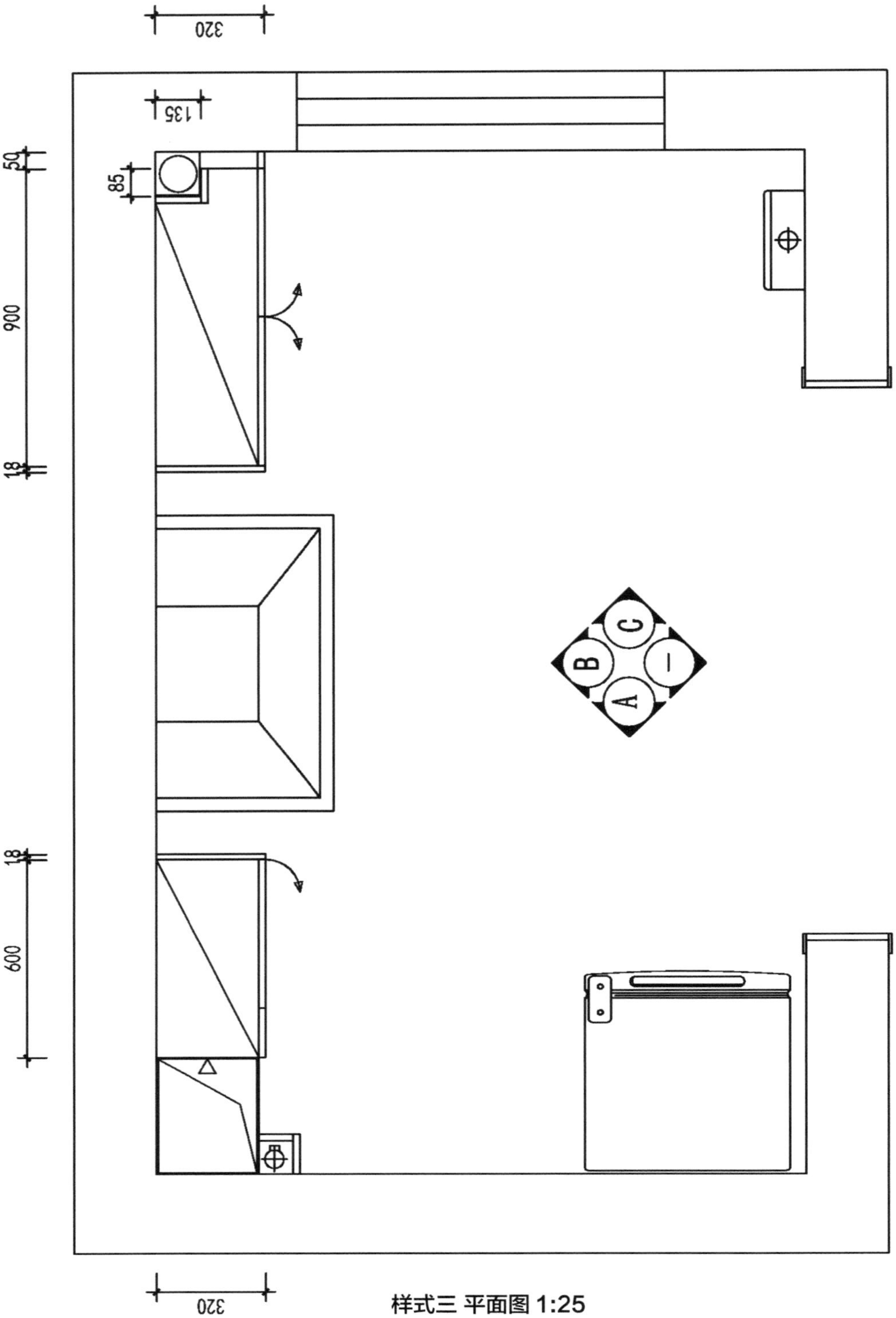

样式三 平面图 1:25

320

135

320

50

85

900

18

18

600

B C

A 一

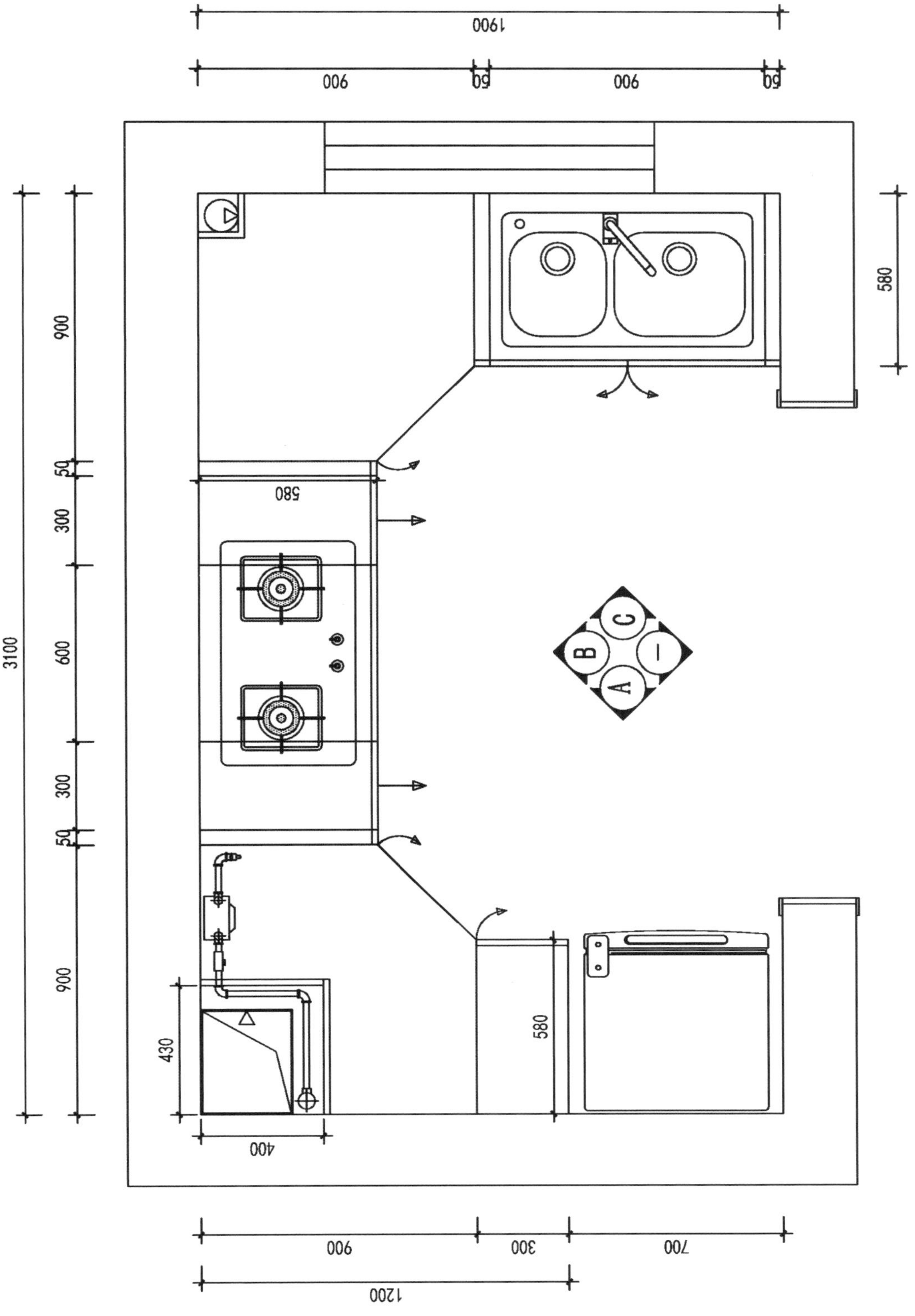

样式三 平面布置图 1:25

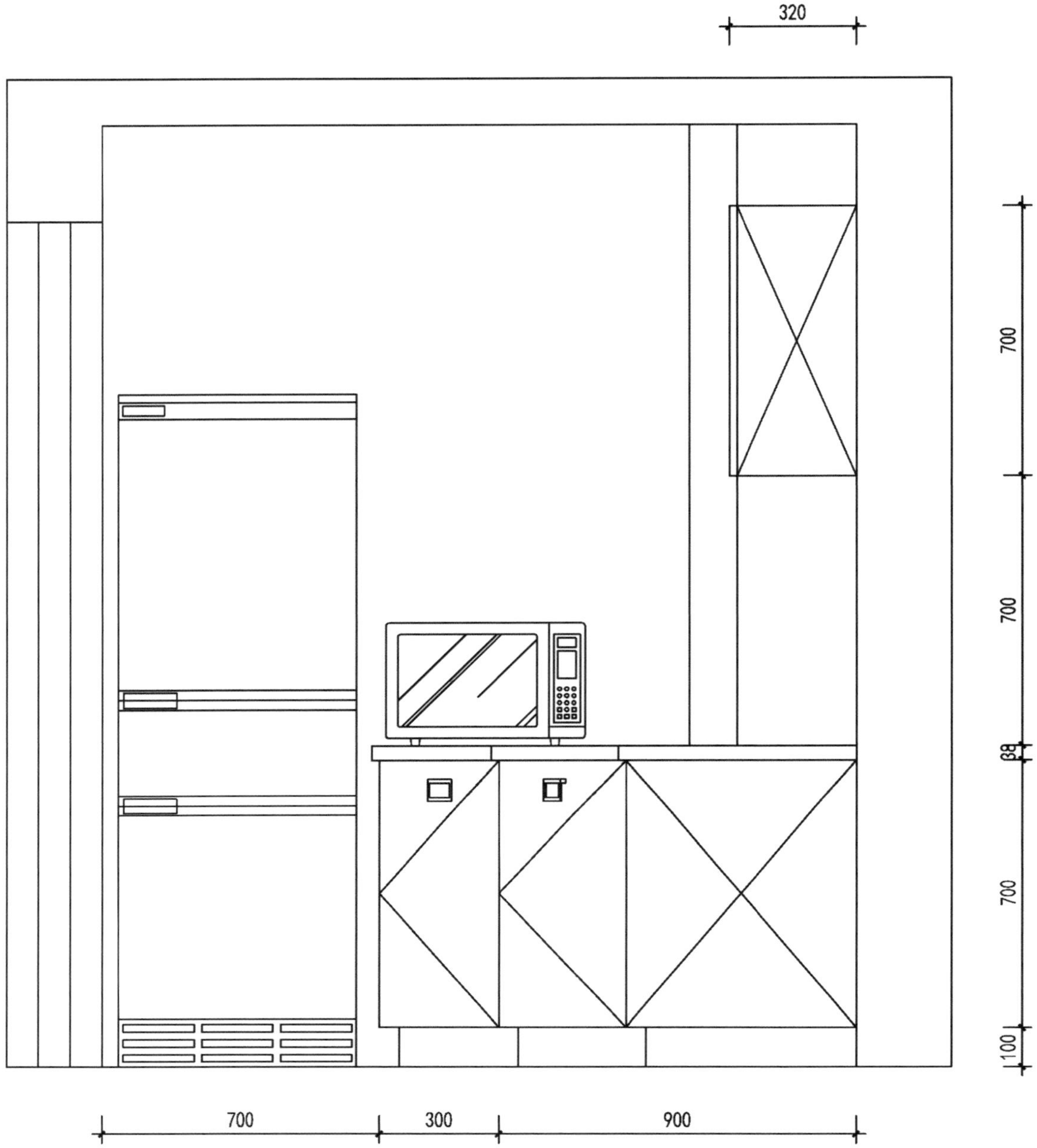

样式三 A 面立面图 1:25

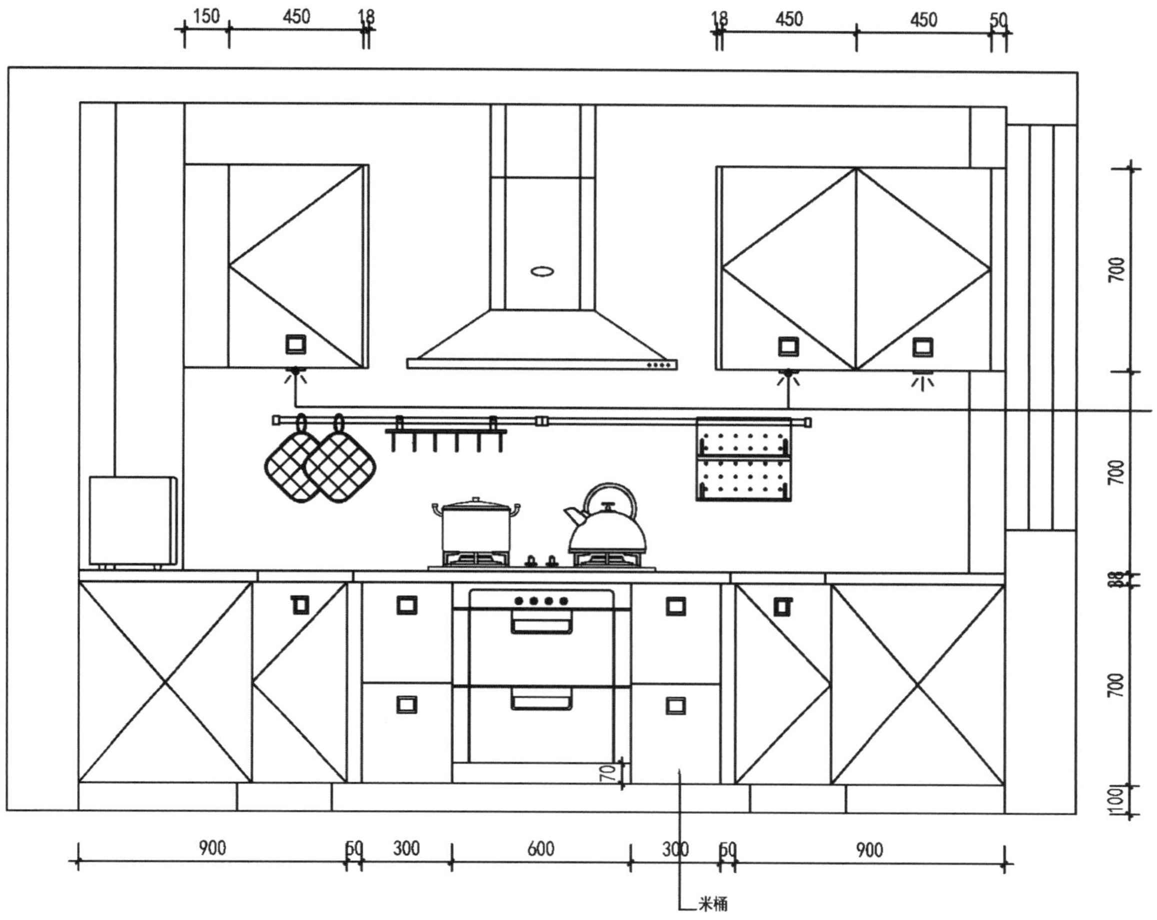

样式三 B 面立面图 1:25

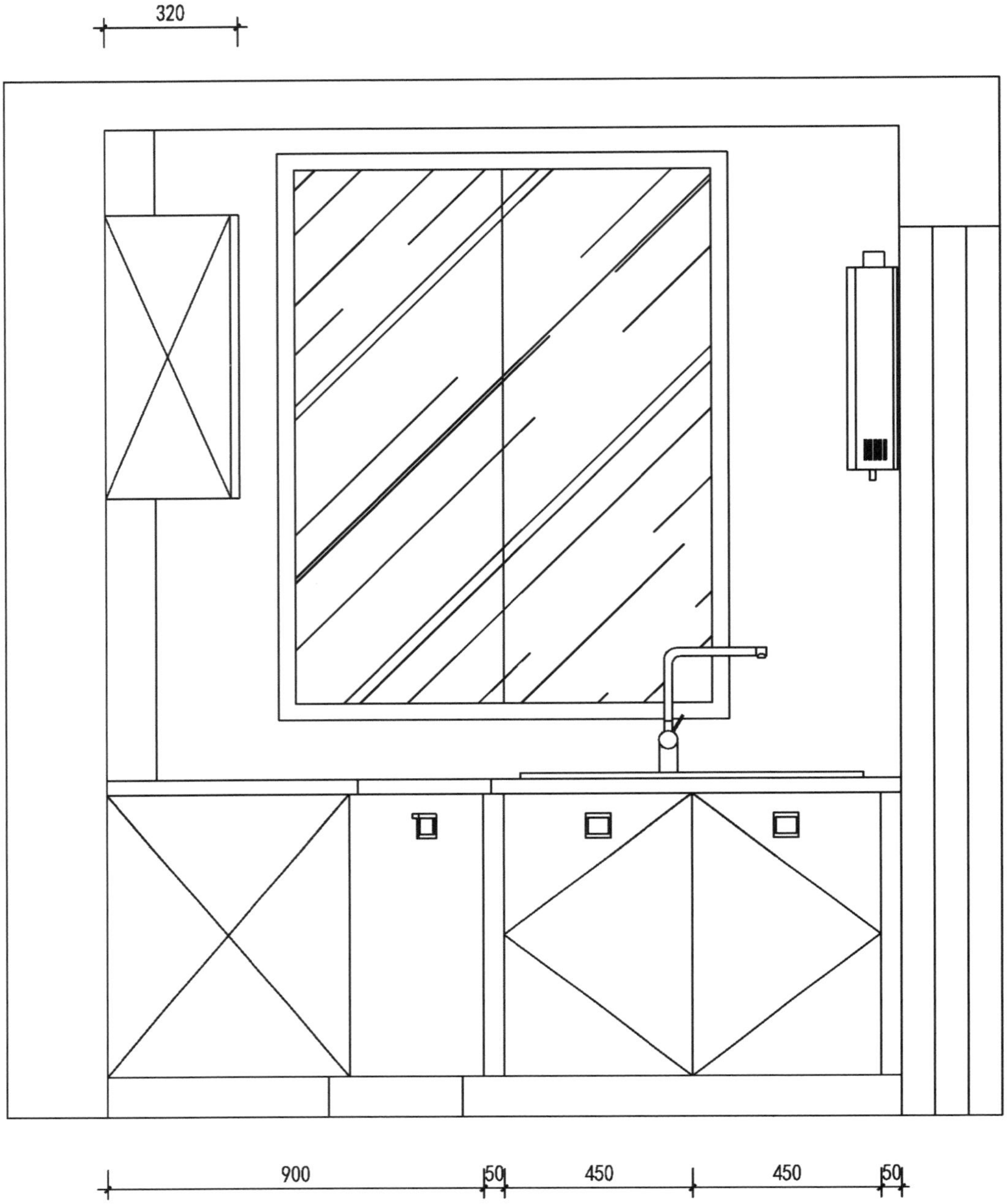

样式三 C 面立面图 1:25

第三节 小户型 U 型橱柜

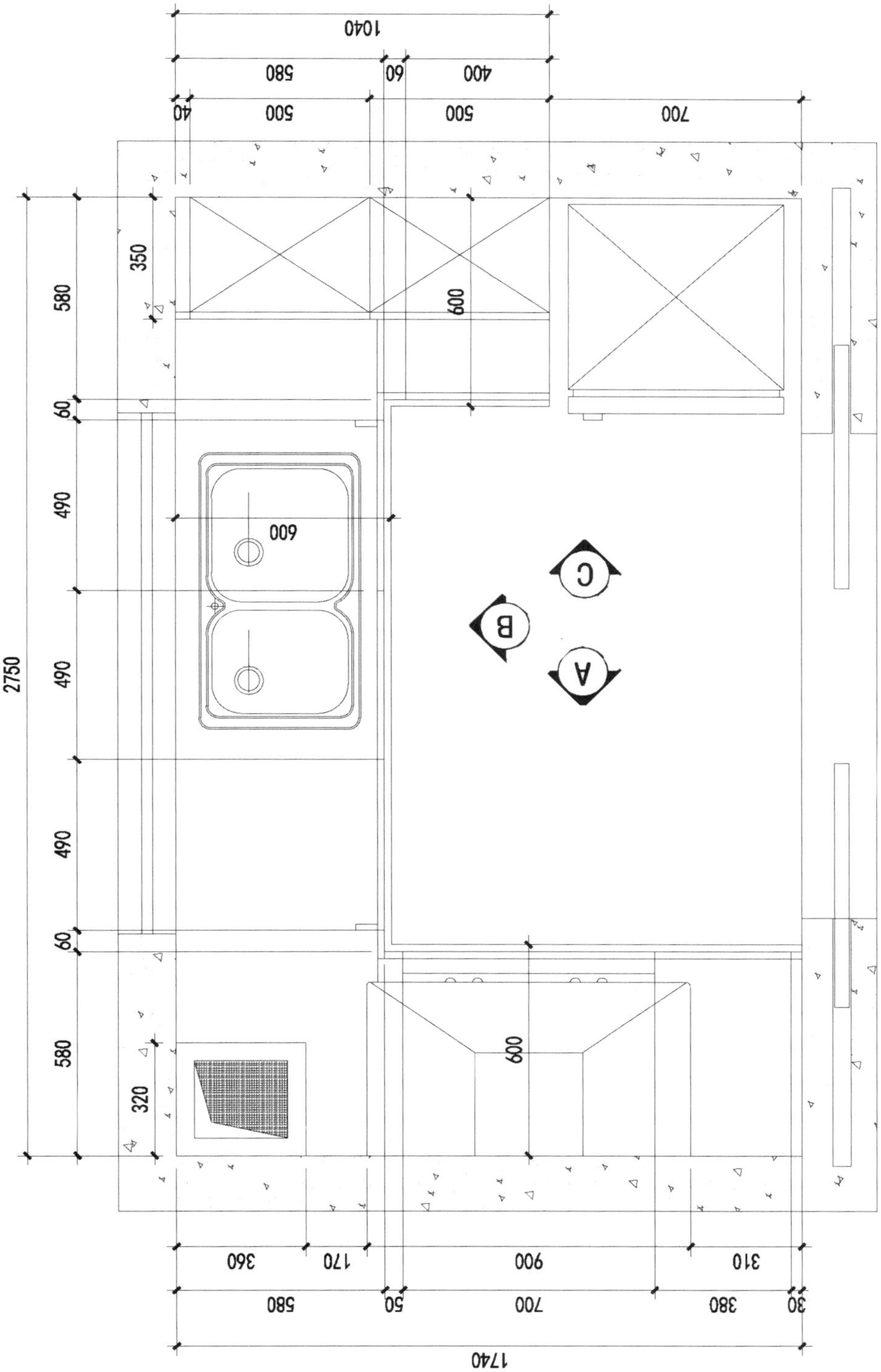

样式一 平面布置图 1:25

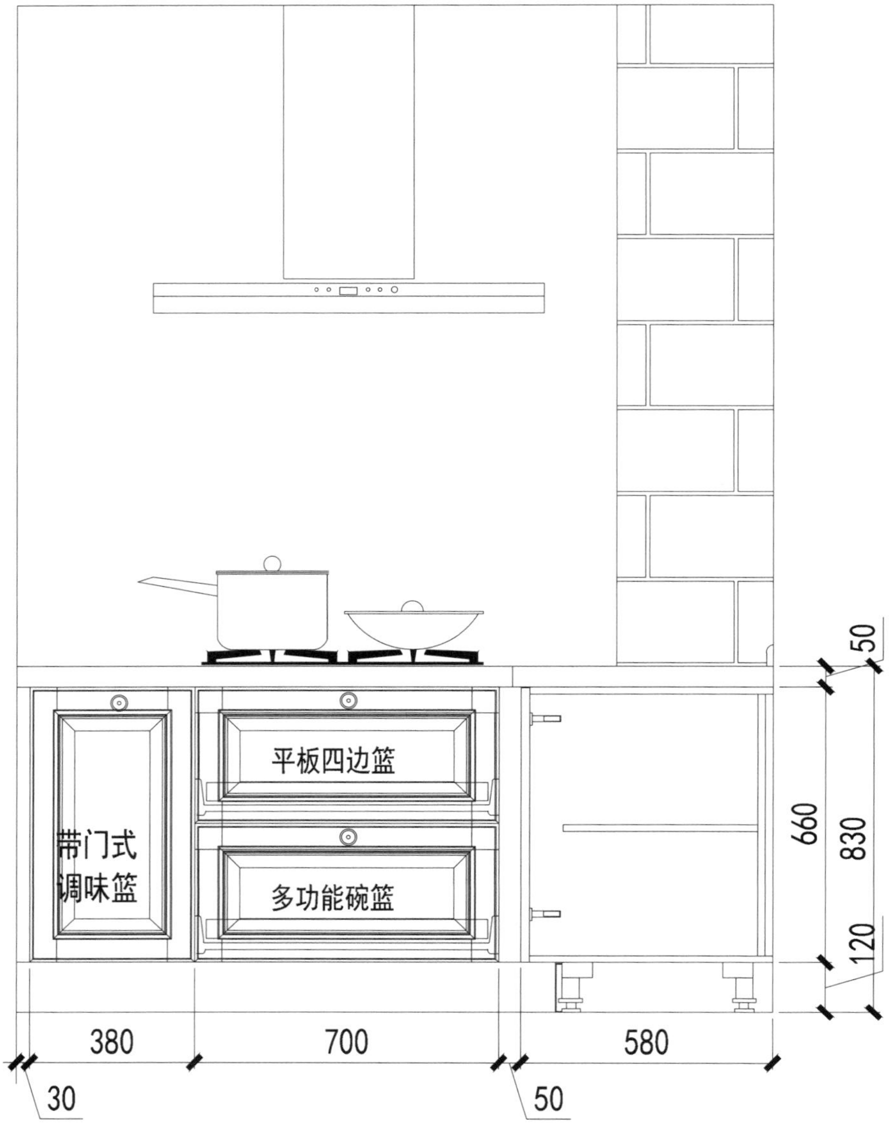

样式一 A 面立面图 1:25

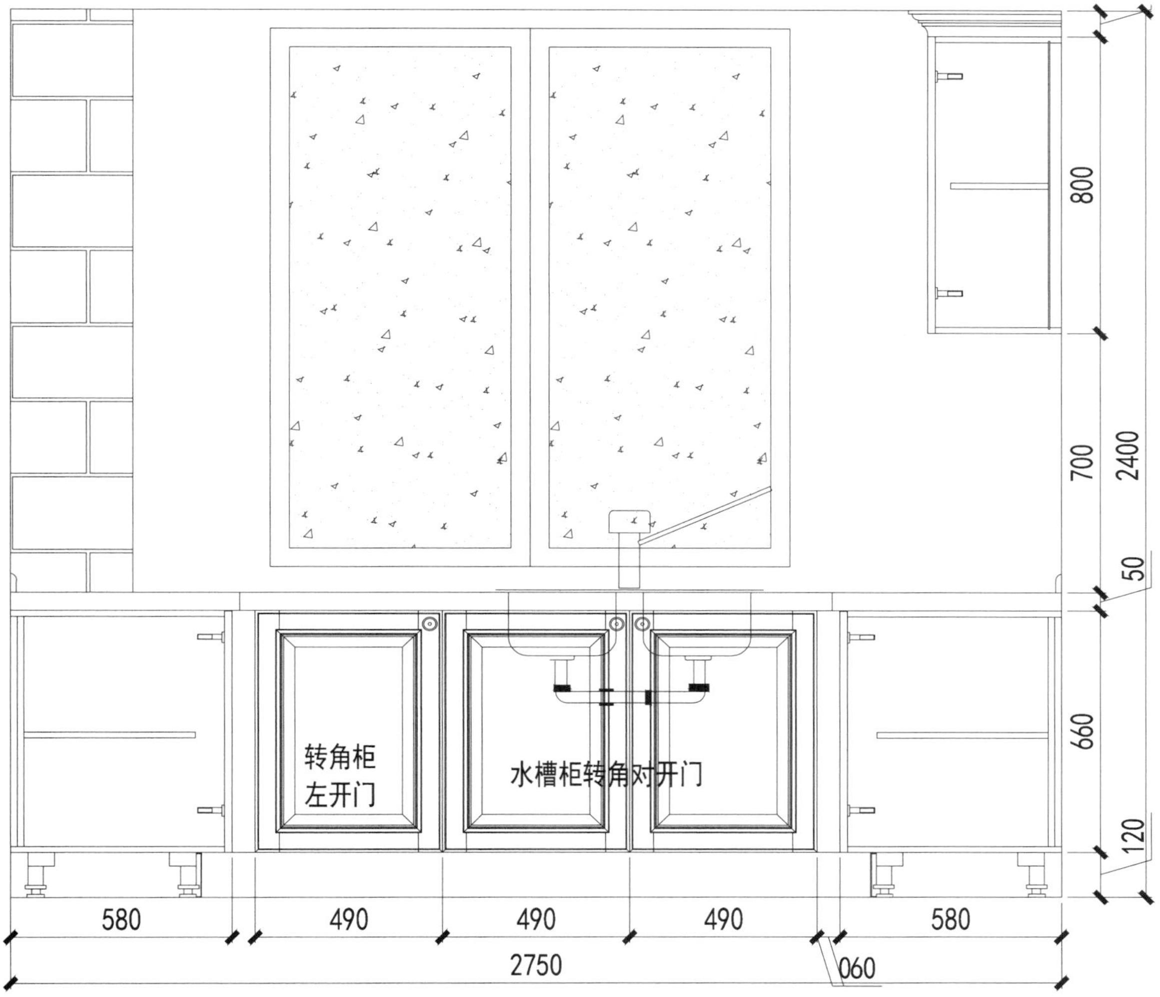

样式一 B 面立面图 1:25

样式一 C 面立面图 1:25

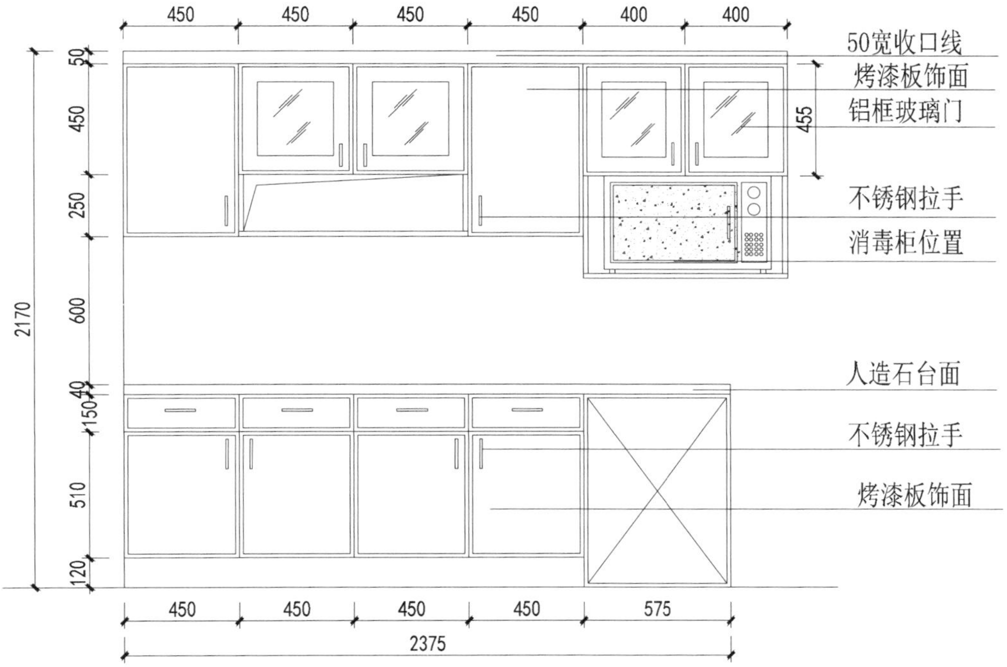

样式二 B 面立面图 1:25

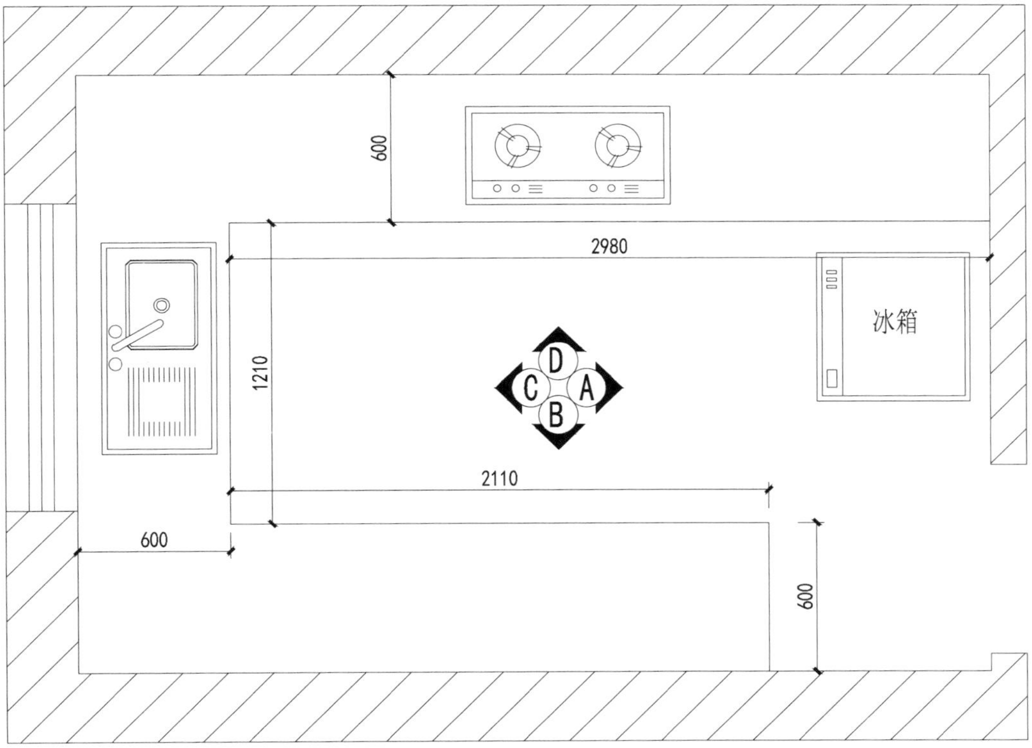

样式二 平面图 1:25

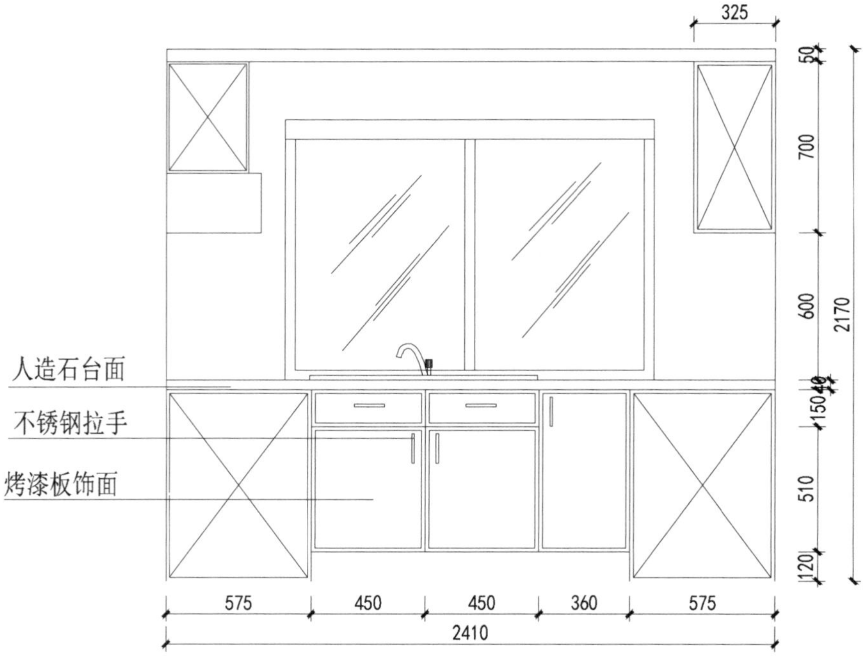

样式二 C 面立面图 1:25

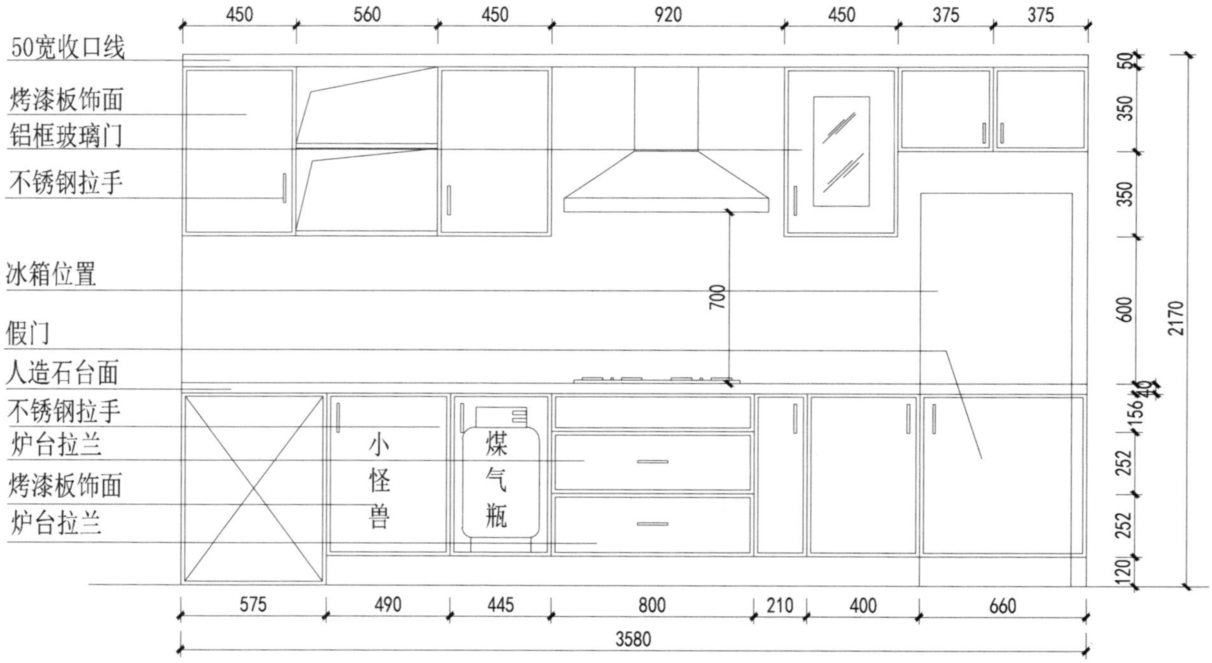

样式二 D 面立面图 1:25

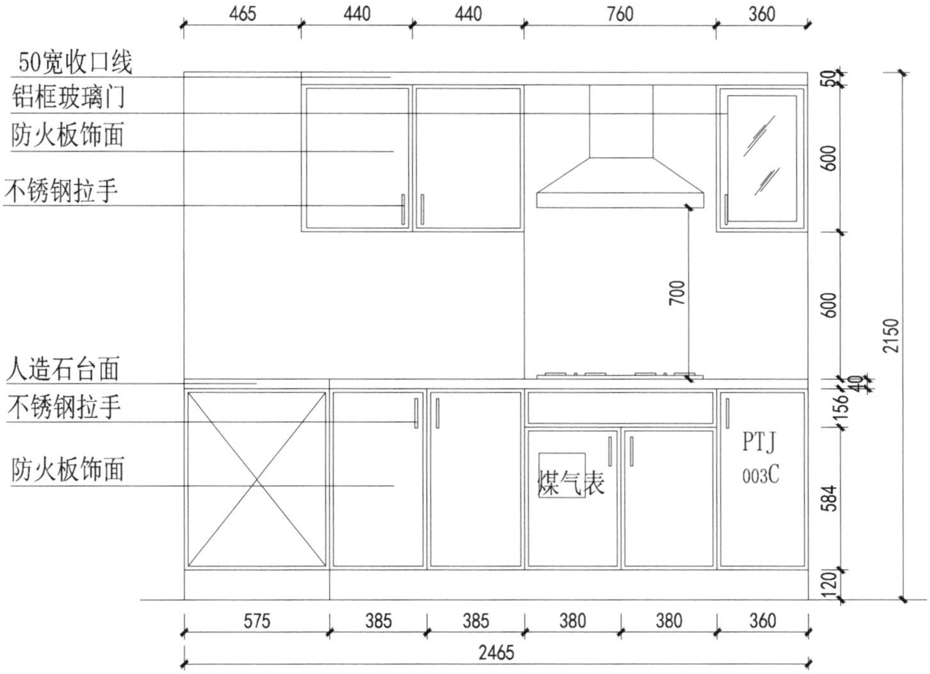

样式三 A 面立面图 1:25

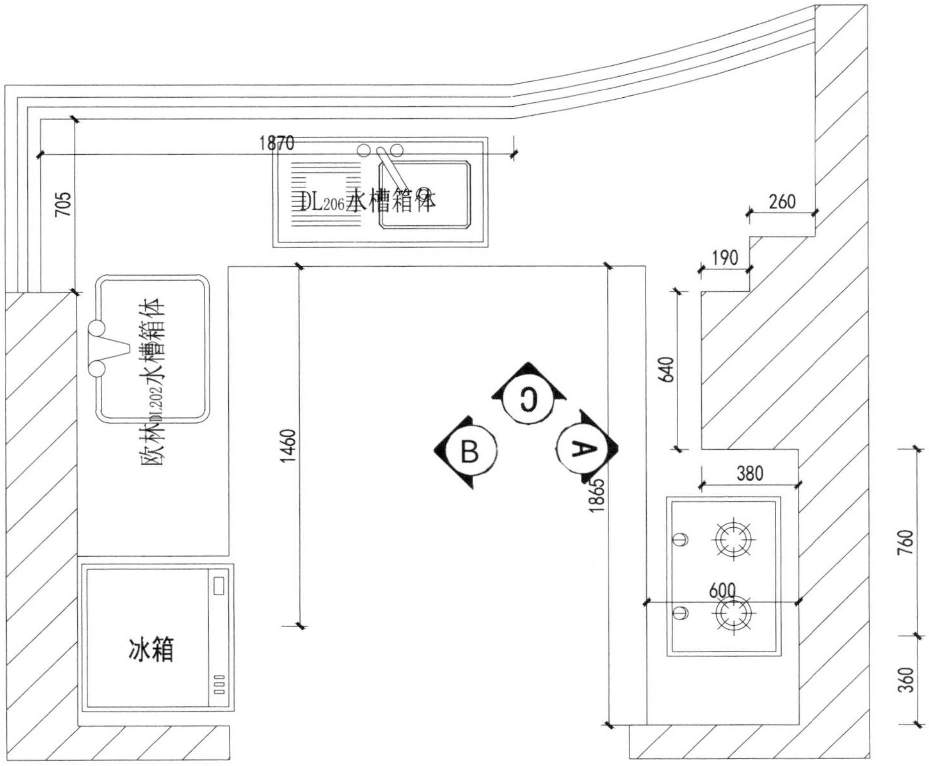

样式三 平面图 1:25

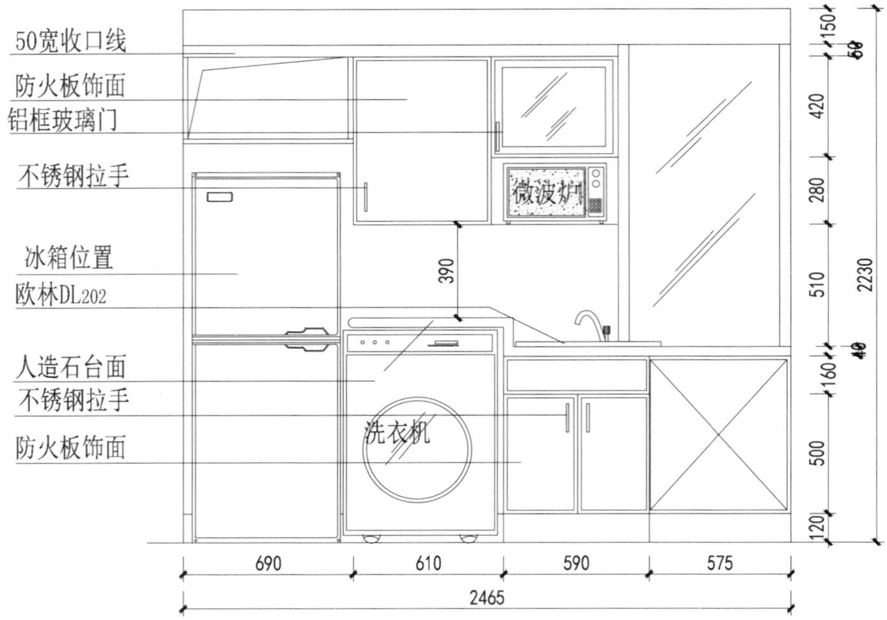

样式三 B 面立面图 1:25

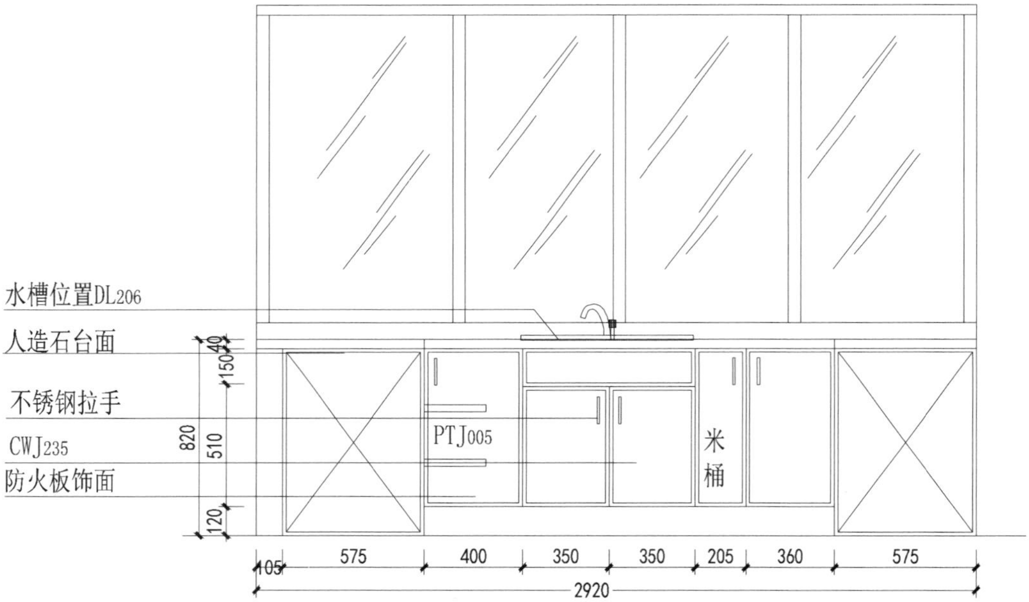

样式三 C 面立面图 1:25

第四节 防火板材 U 型橱柜

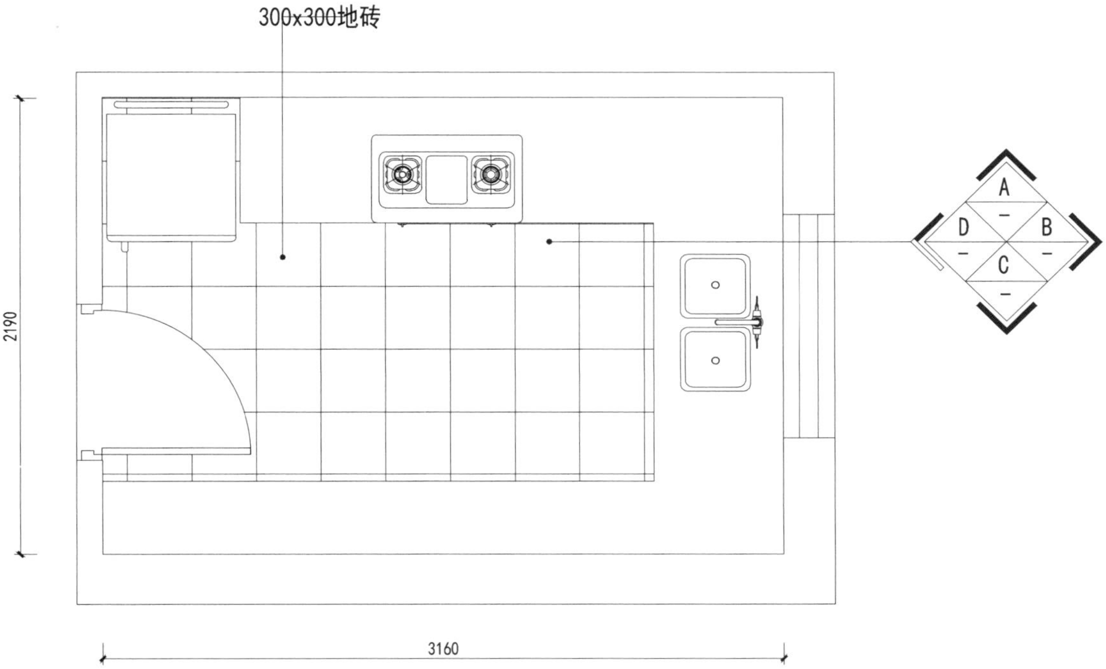

样式一 平面布置图 1:25

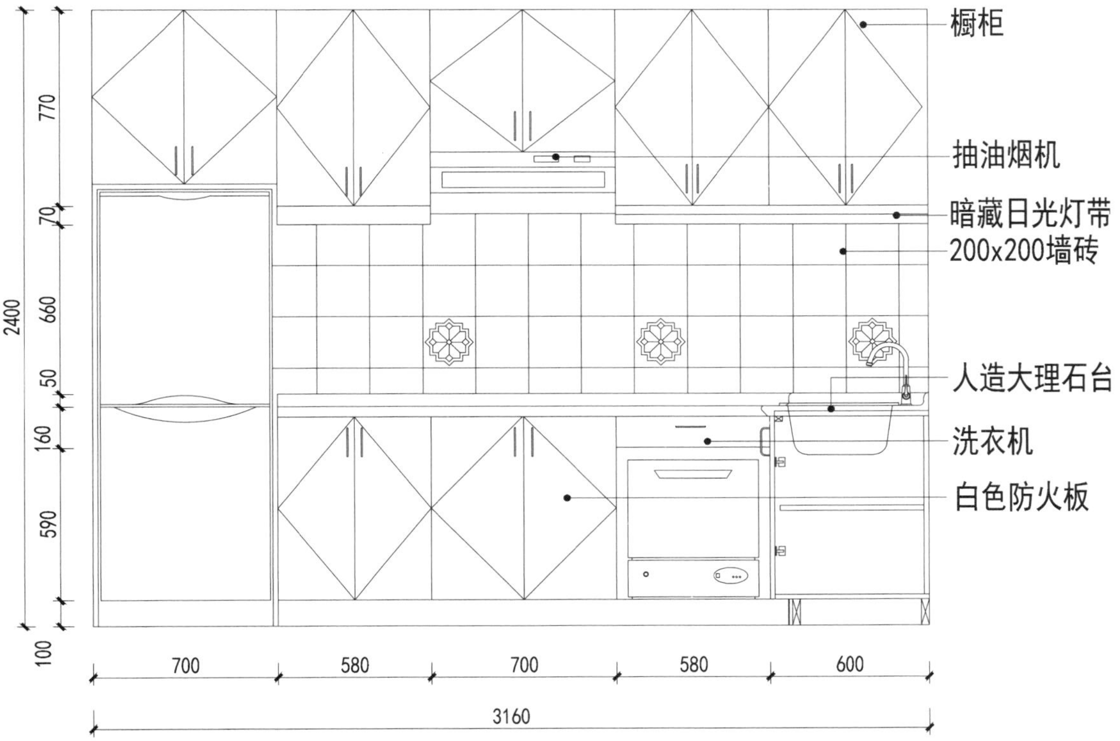

样式一 A 面立面图 1:25

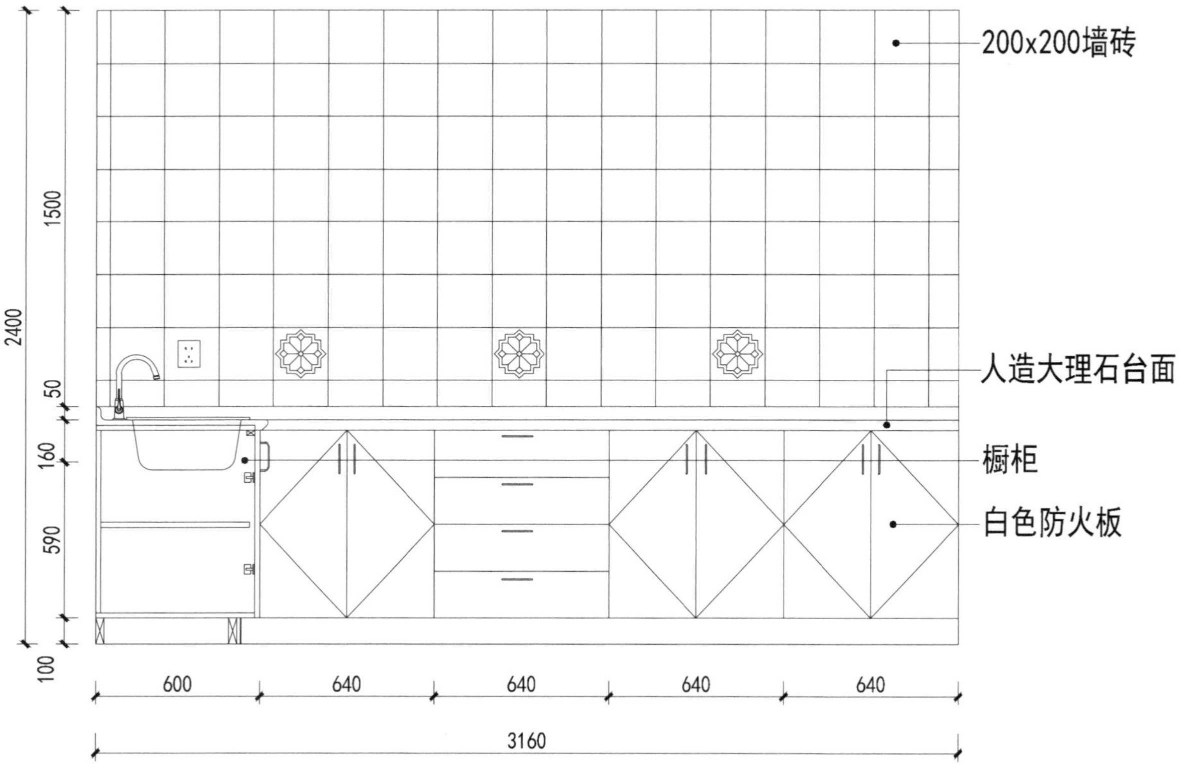

样式一 C 面立面图 1:25

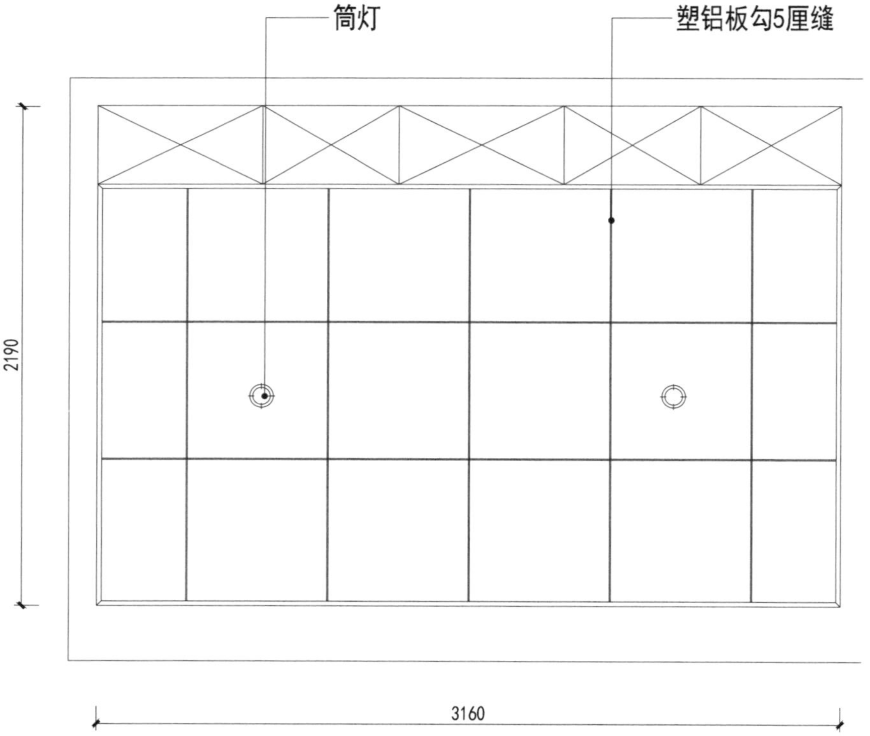

样式一 顶棚平面图 1:25

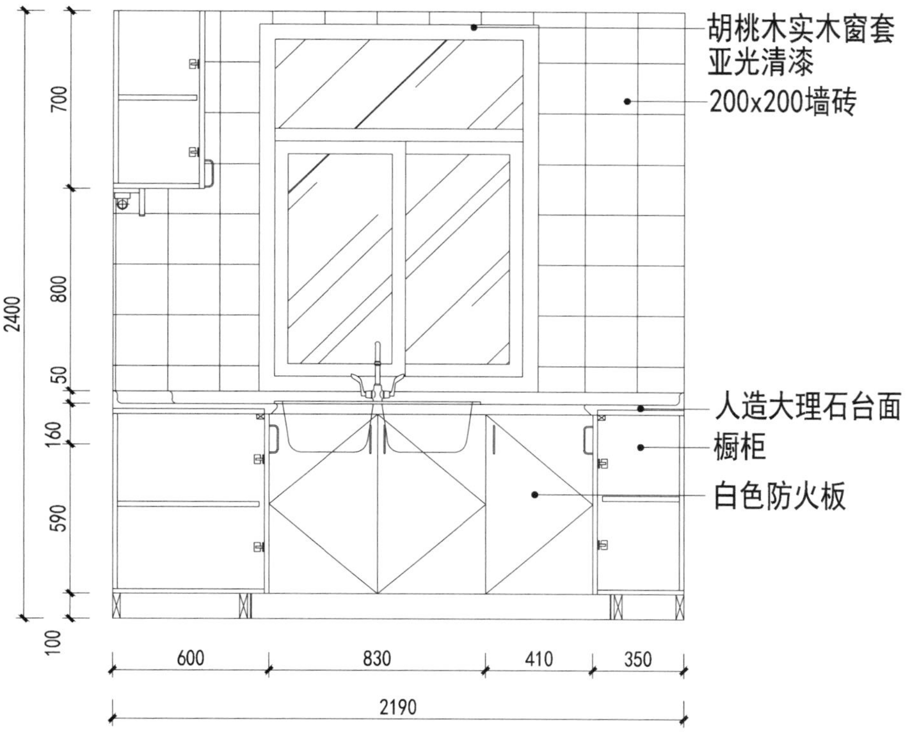

样式一 B 面立面图 1:25

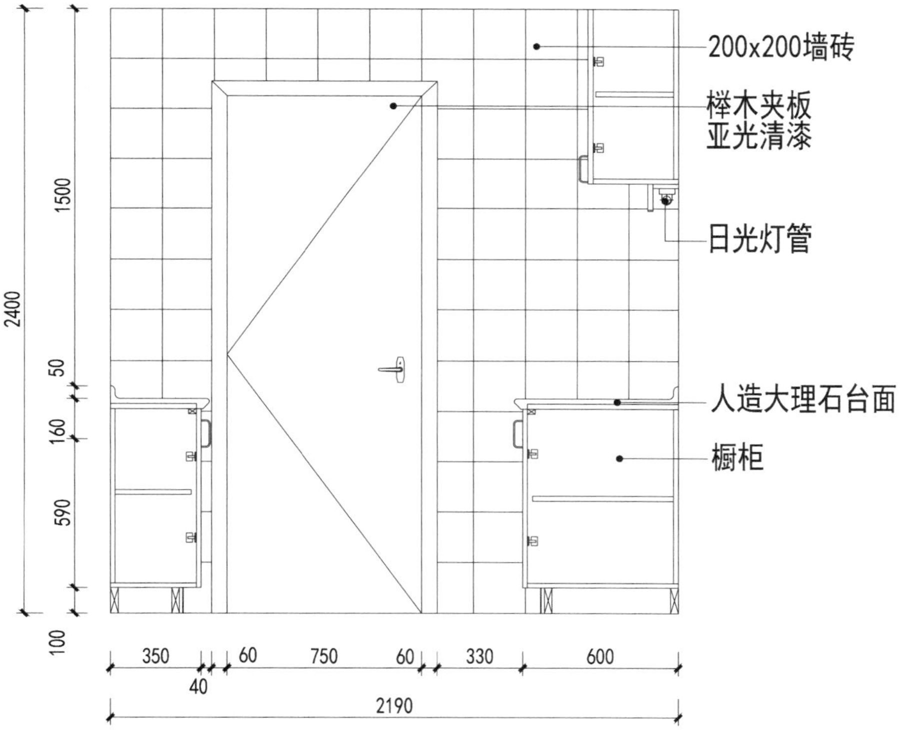

样式一 D 面立面图 1:25

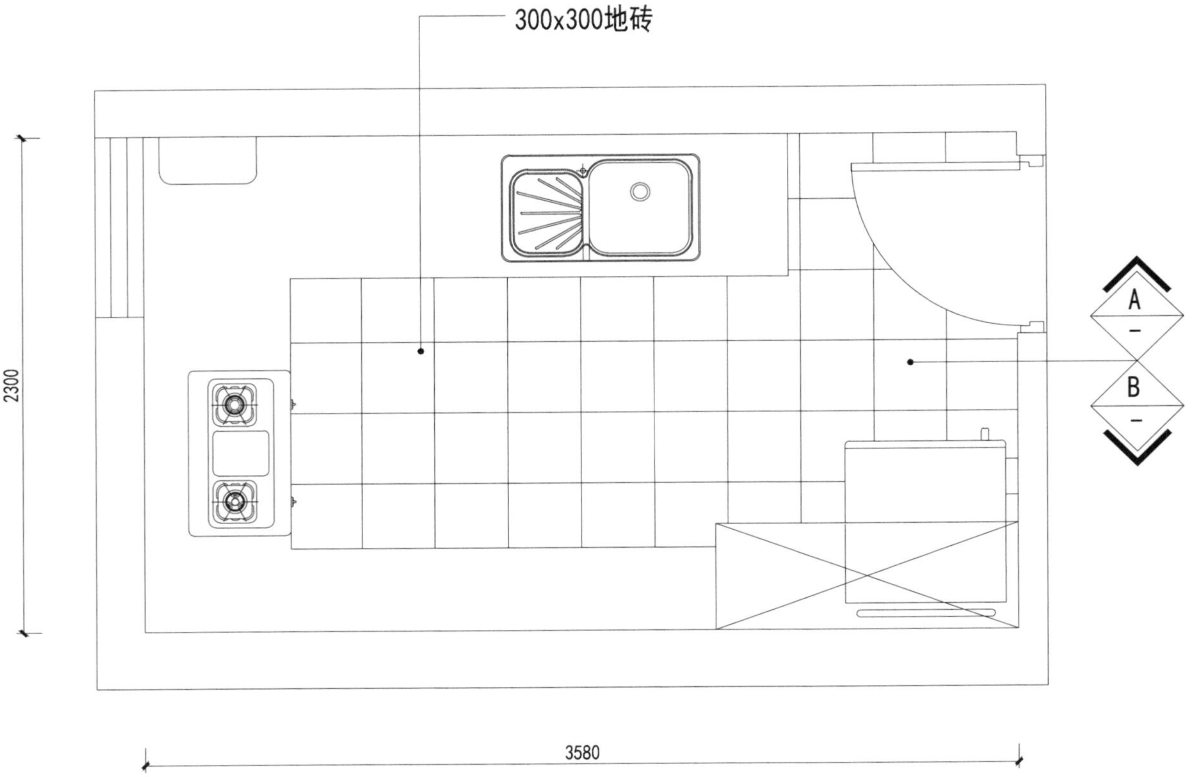

样式二 平面图 1:25

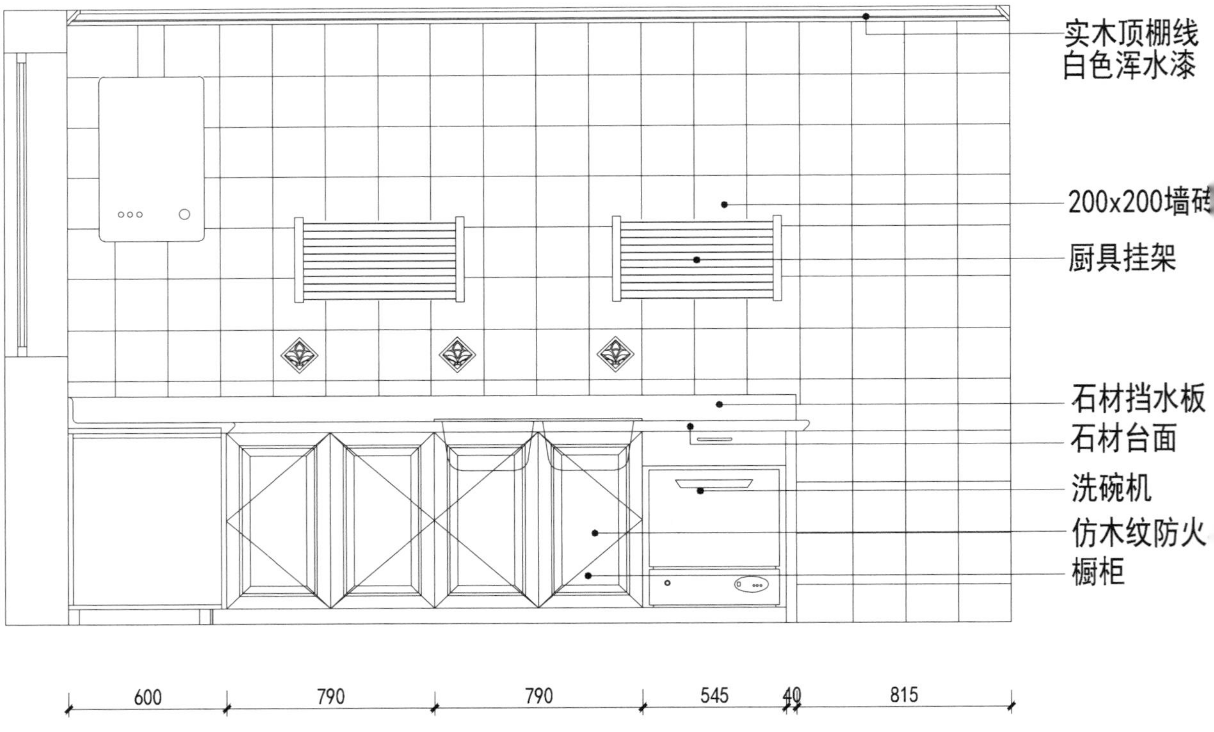

样式二 A 面立面图 1:25

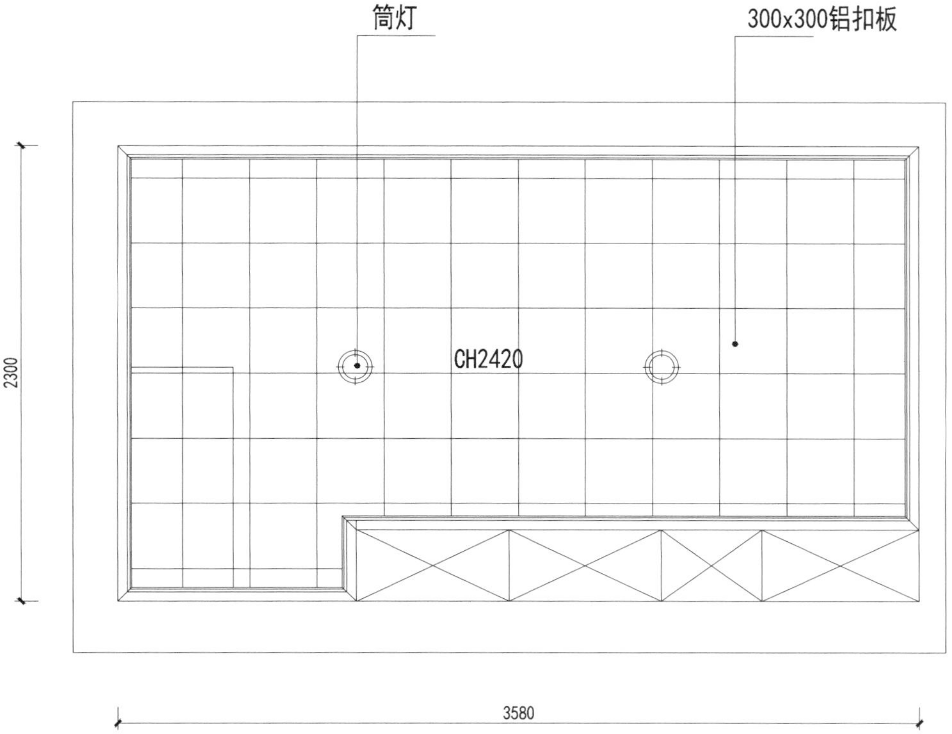

样式二 顶棚布置图 1:25

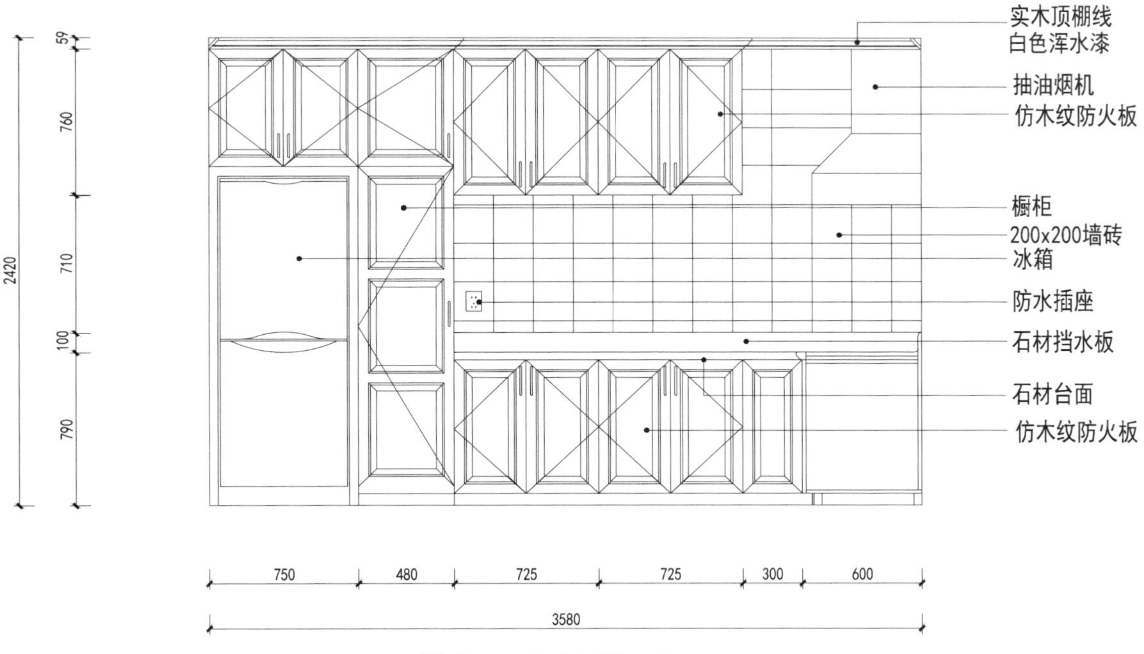

样式二 B 面立面图 1:25

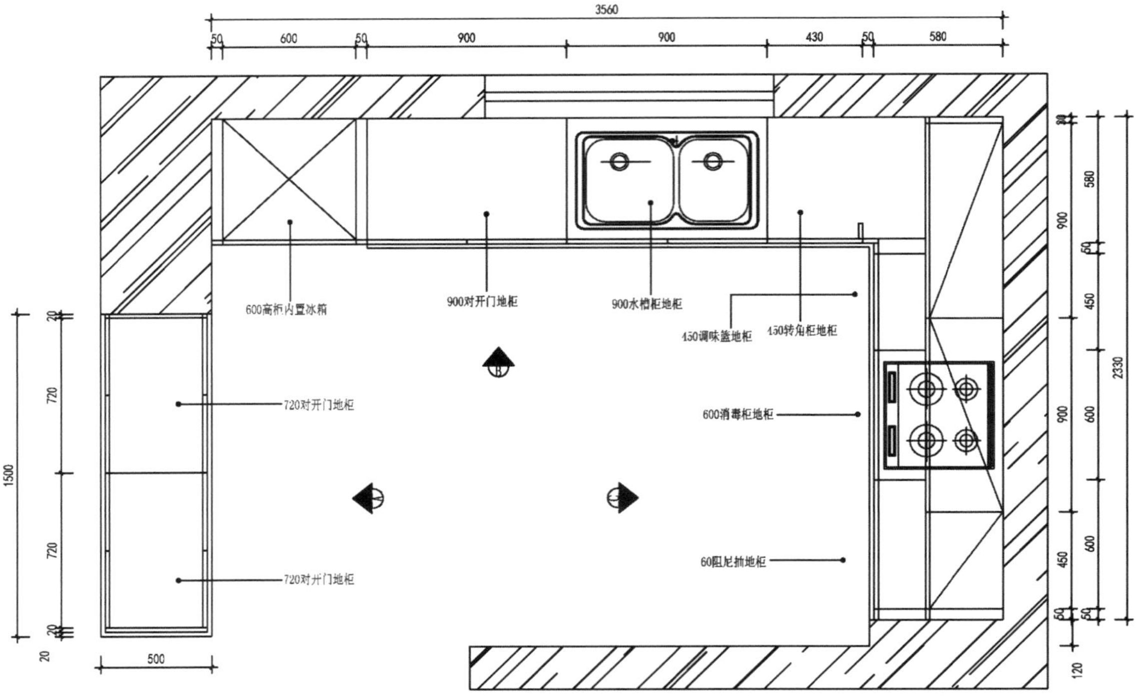

样式三 平面图 1:25

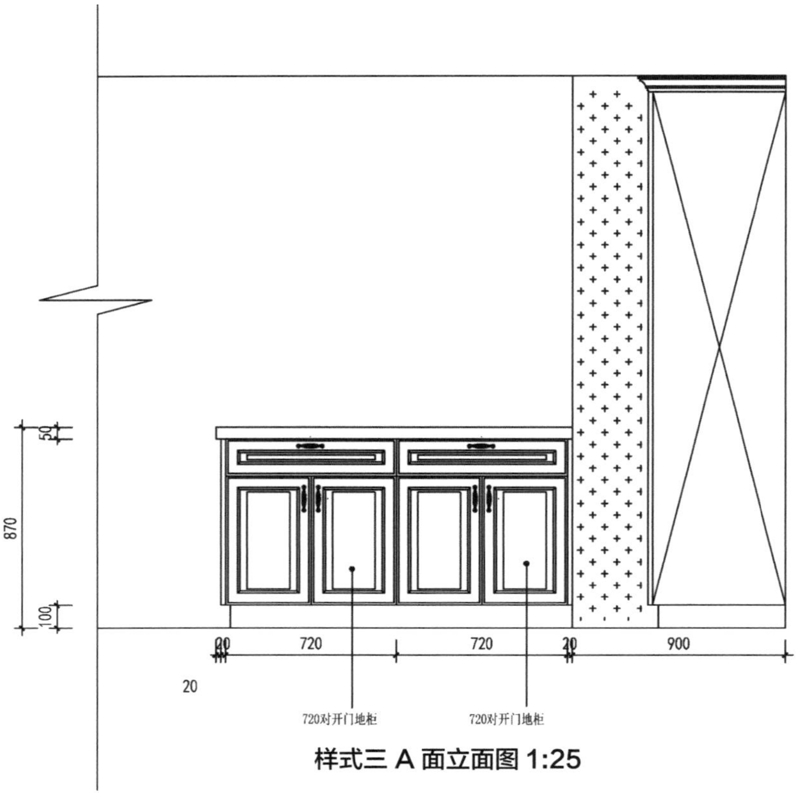

样式三 A 面立面图 1:25

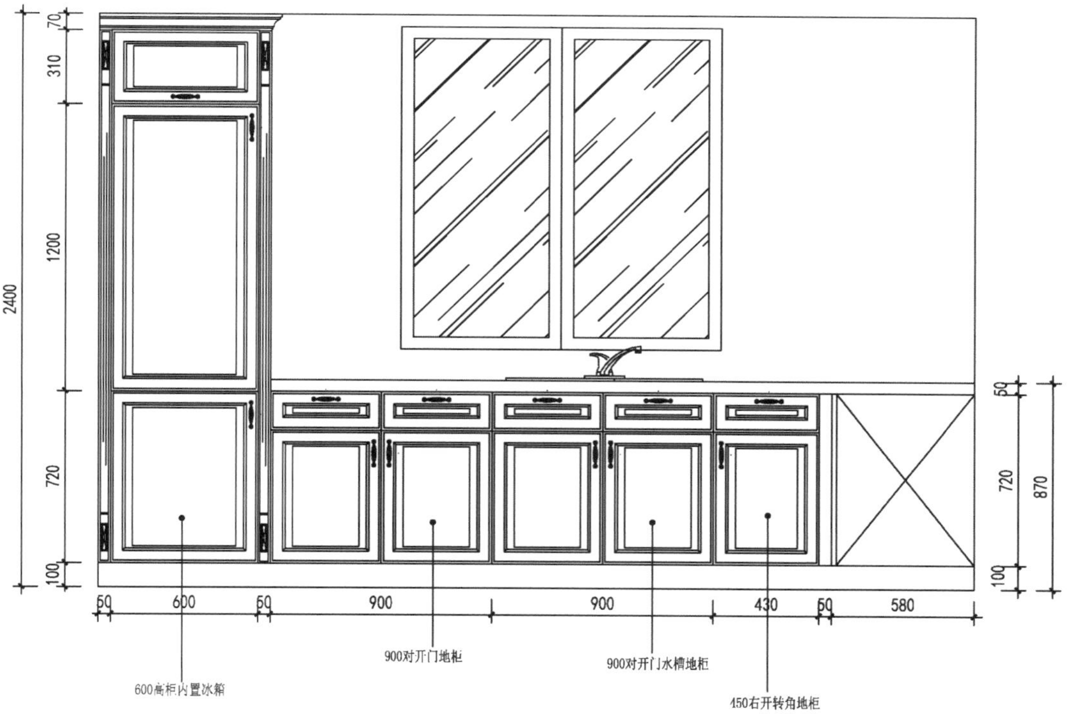

样式三 B 面立面图 1:25

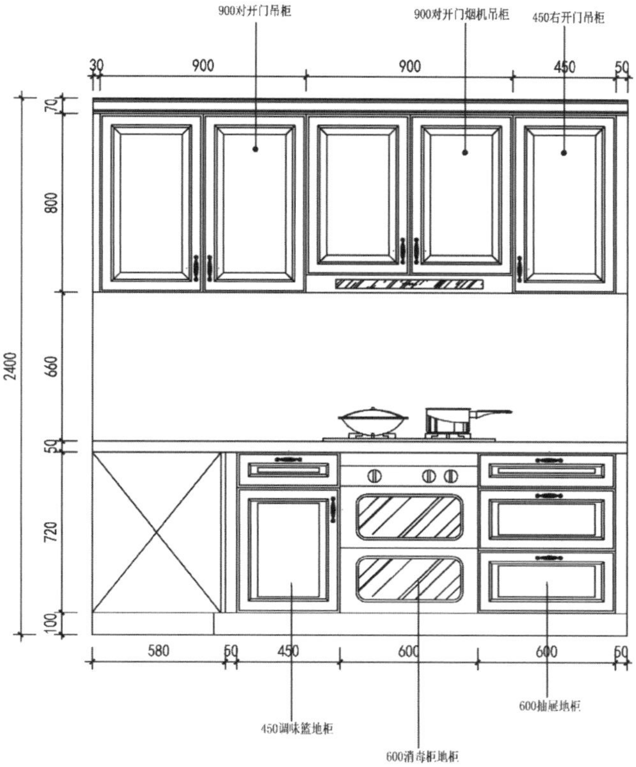

样式三 C 面立面图 1:25

第五节 大户形 U 型橱柜

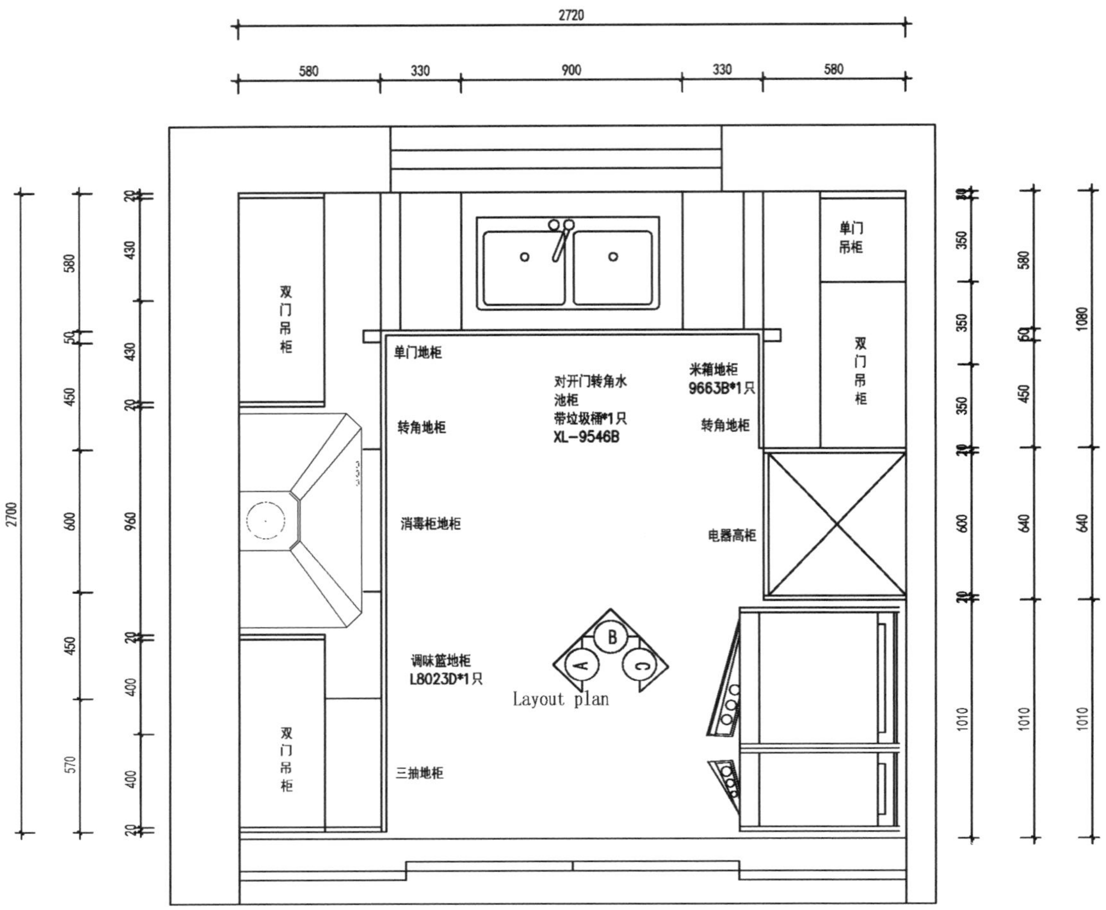

平面布置图 1:25

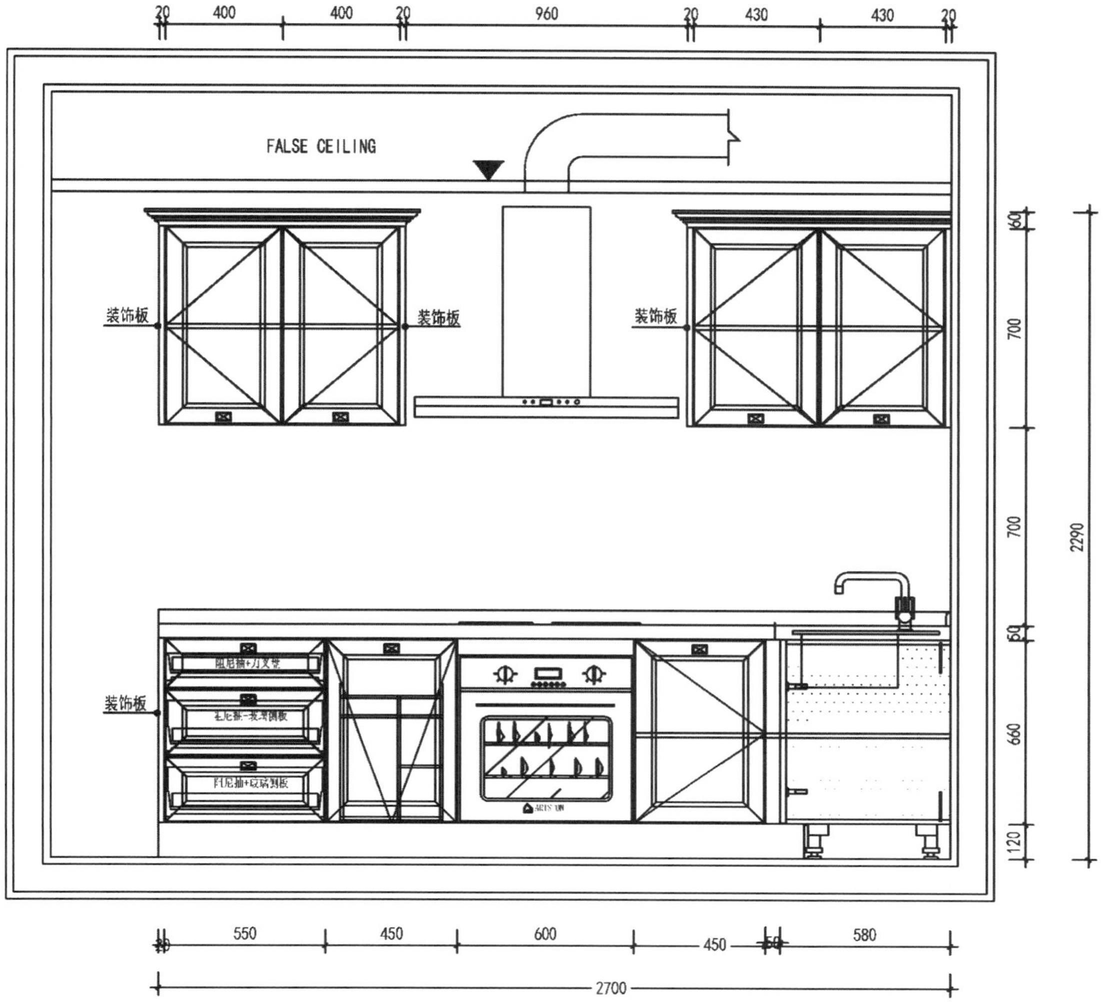
20
400
400
20
960
20
430
430
20
FALSE CEILING
装饰板
装饰板
装饰板
装饰板
阻尼抽+刀叉盘
60
700
700
60
660
120
2290
550
450
600
450
50
580
2700

A 面立面图 1:25

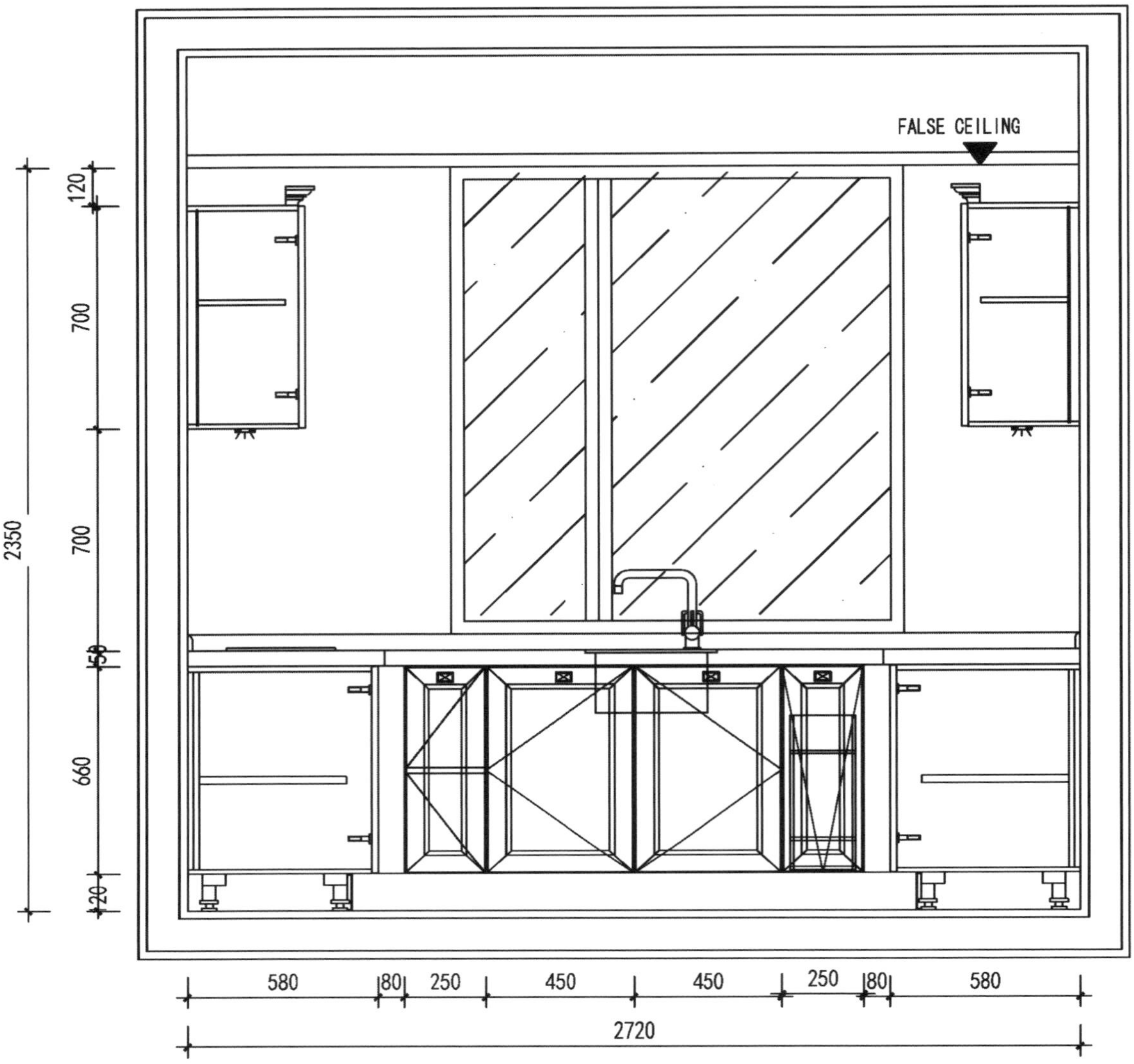
FALSE CEILING
120
700
700
2350
50
660
120
580
80
250
450
450
250
80
580
2720
B 面立面图 1:25

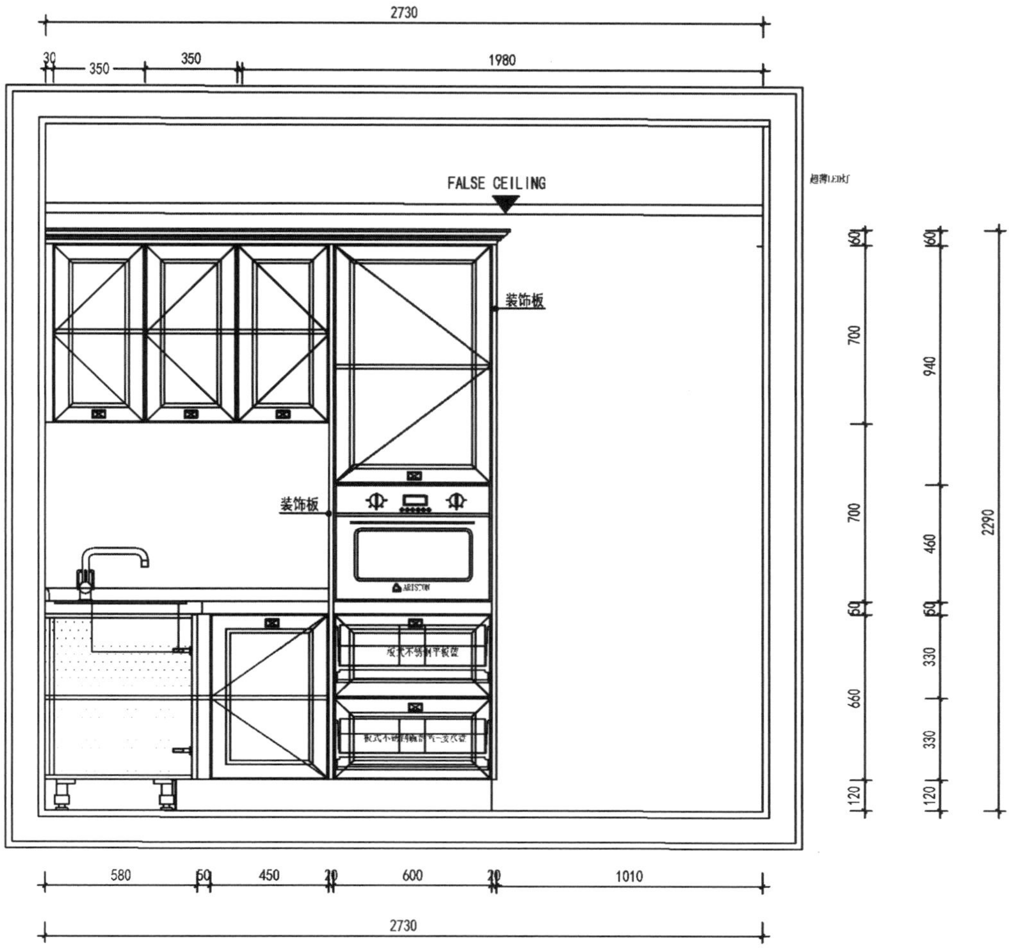
2730
30
350
350
1980
FALSE CEILING
装饰板
装饰板
60
700
700
60
660
120
60
940
460
60
330
330
120
2290
580
60
450
20
600
20
1010
2730

C 面立面图 1:25

第六节 餐台 U 型橱柜

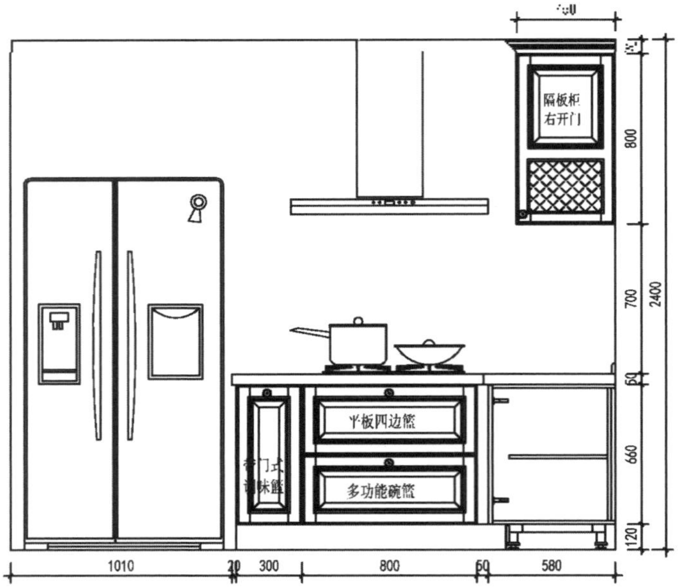

样式一 A 面立面图 1:25

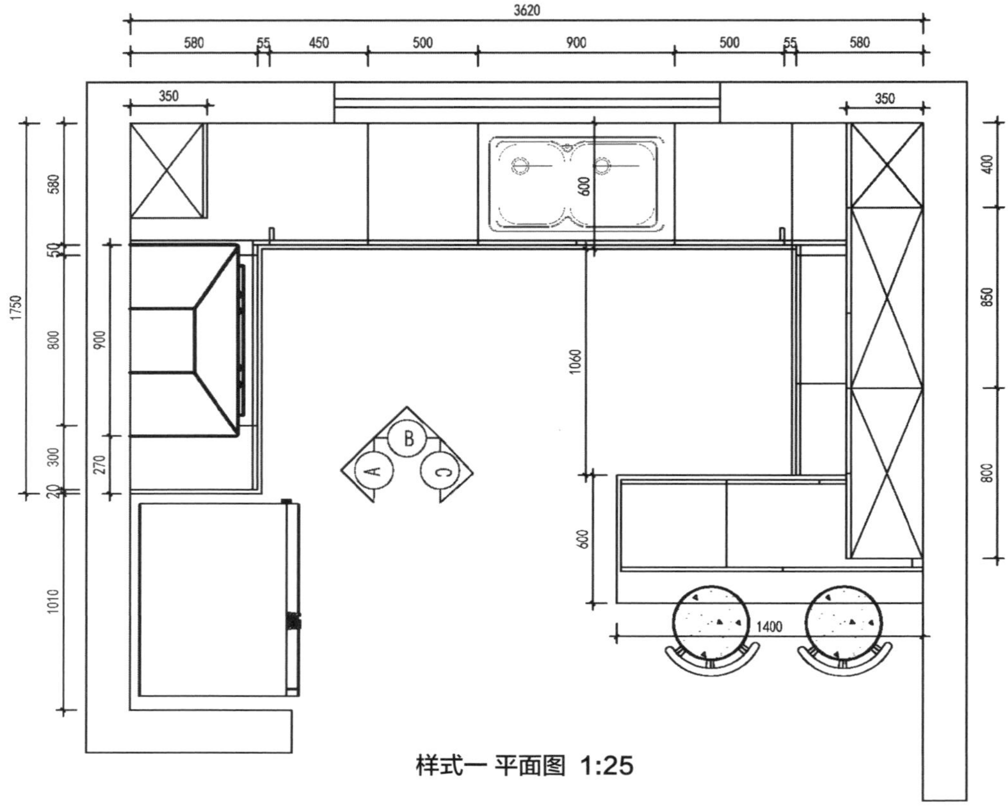

样式一 平面图 1:25

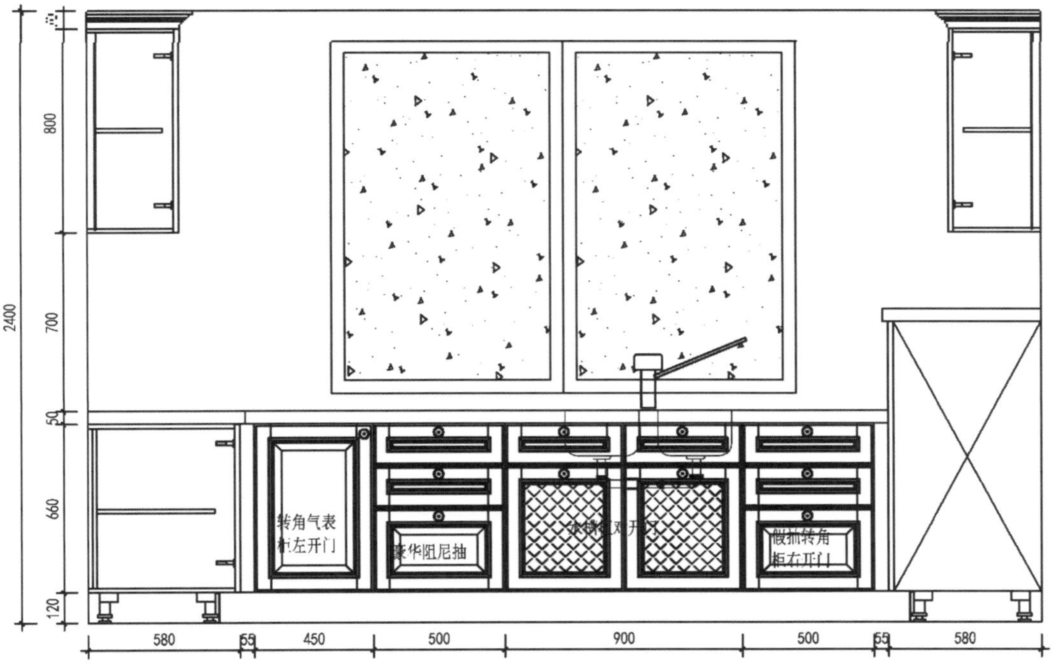

样式一 B 面立面图 1:25

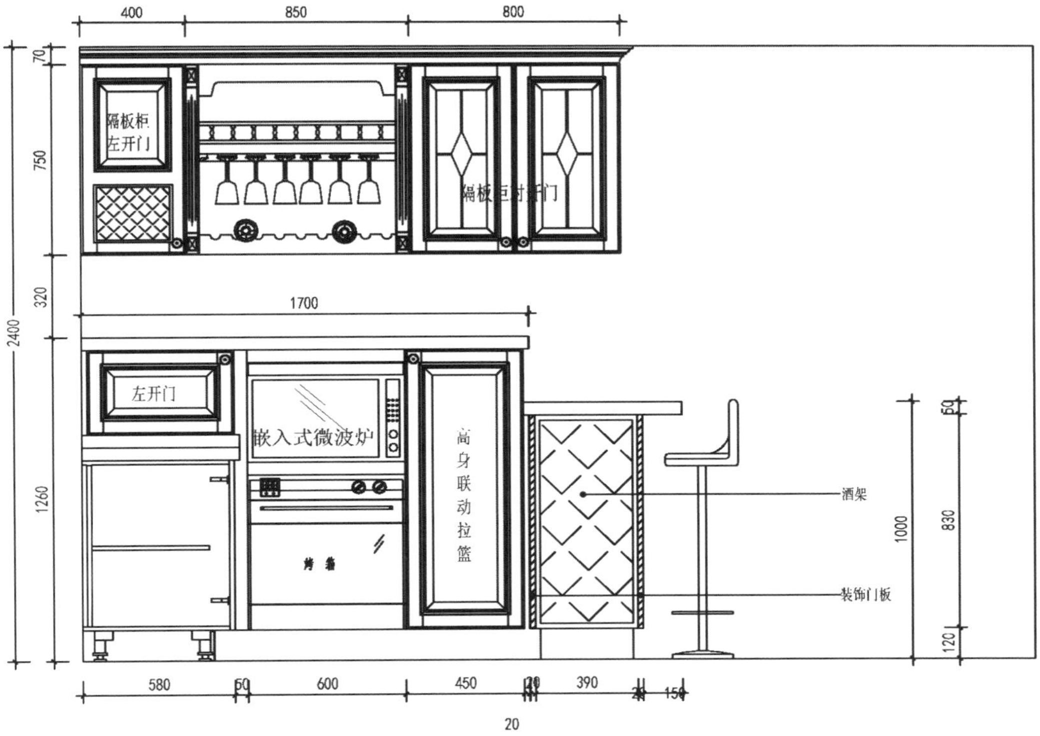

样式一 C 面立面图 1:25

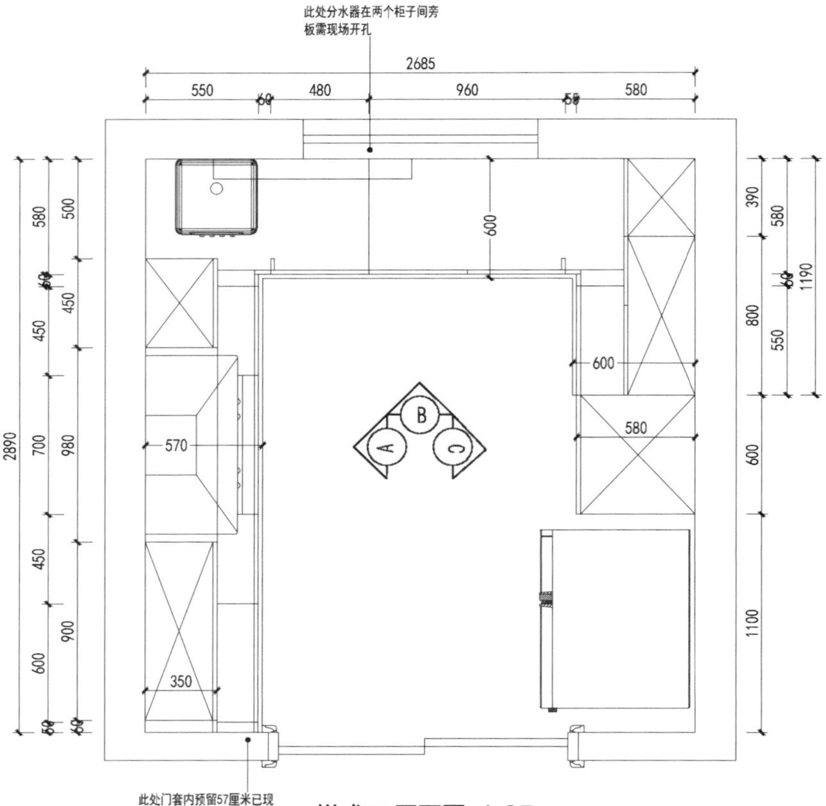

样式二 平面图 1:25

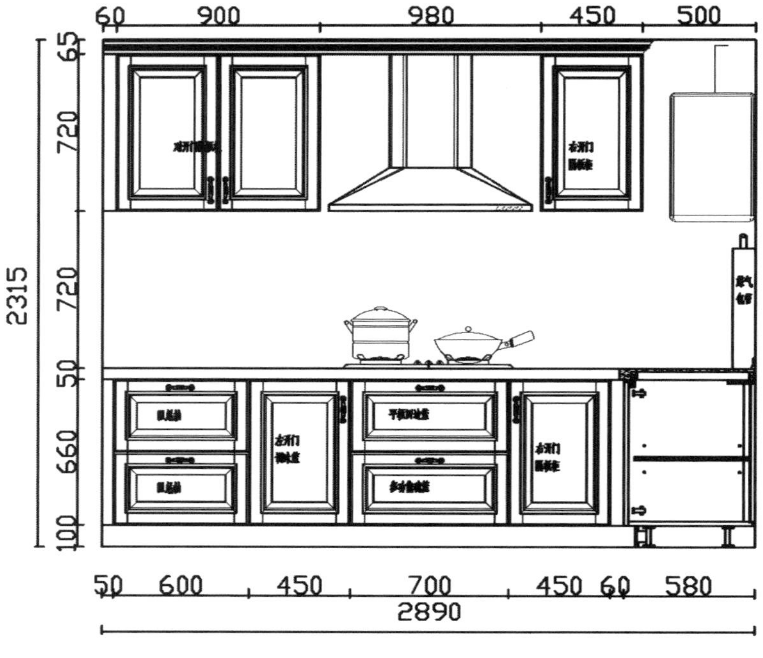

样式二 A 面立面图 1:25

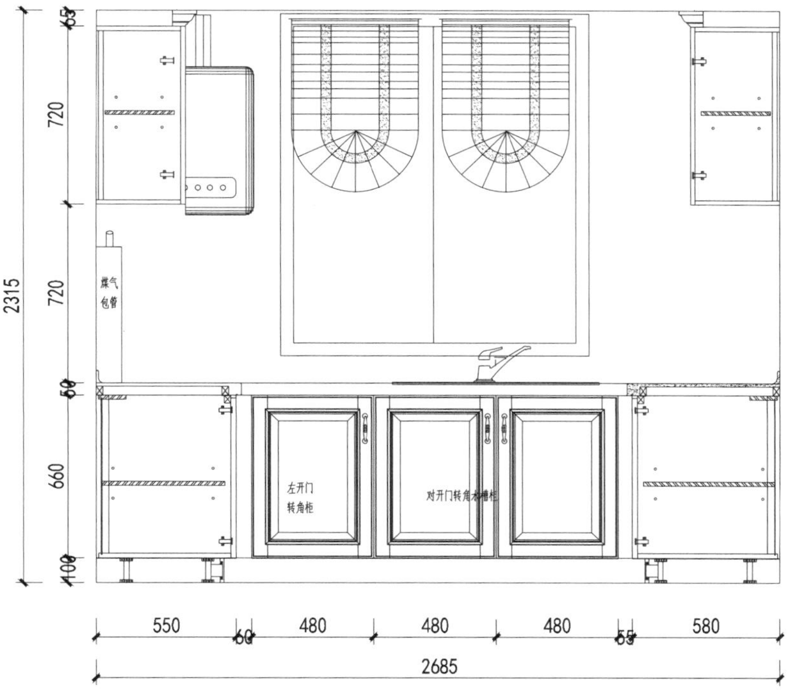

样式二 B 面立面图 1:25

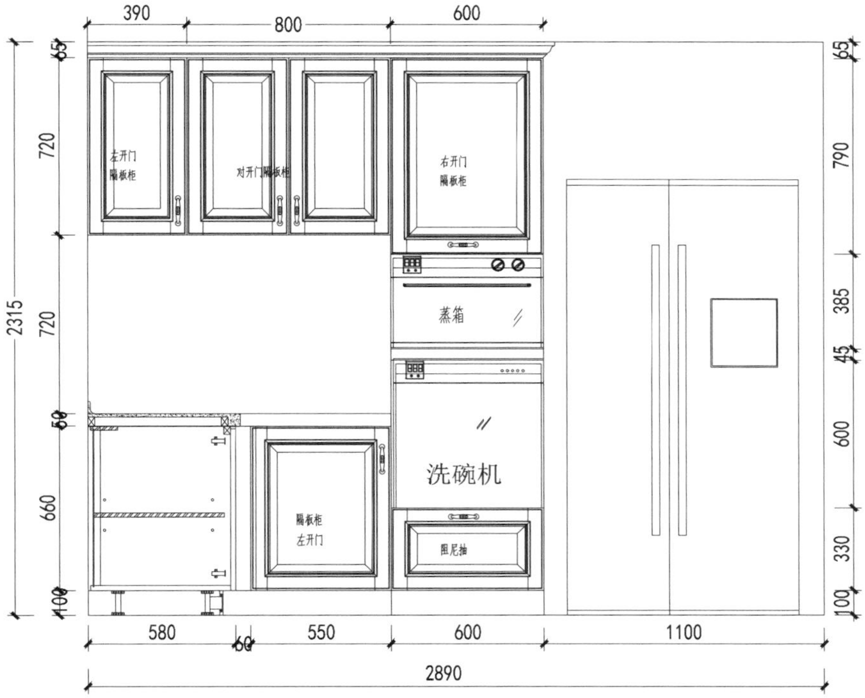

样式二 C 面立面图 1:25

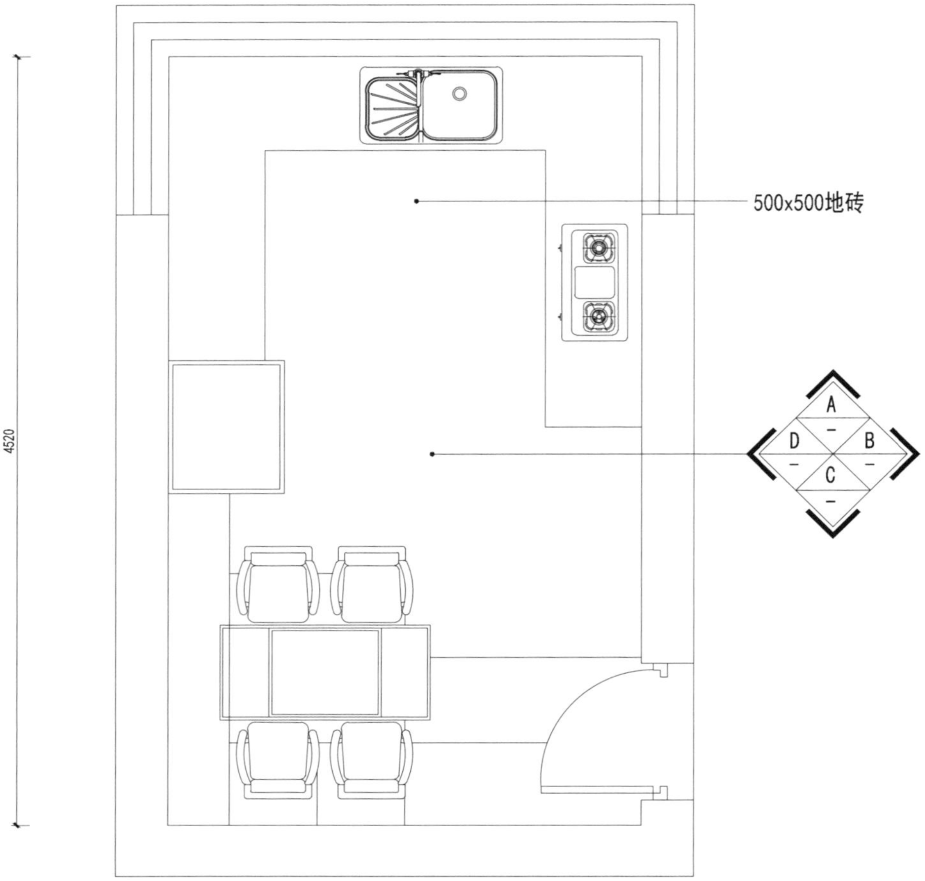

样式三 平面布置图 1:25

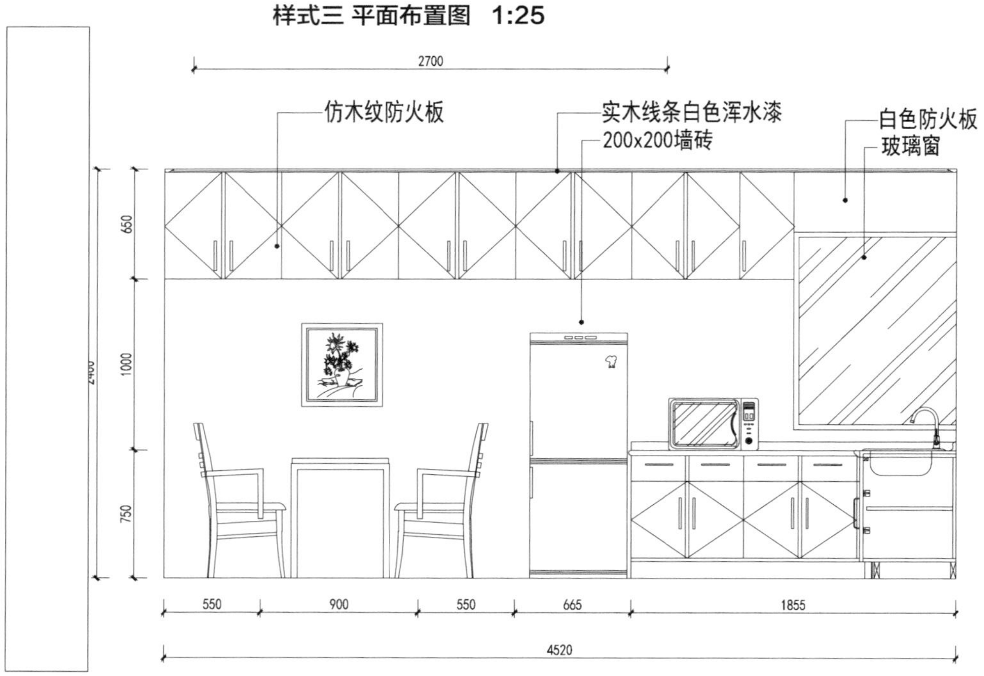

样式三 D 面立面图 1:25

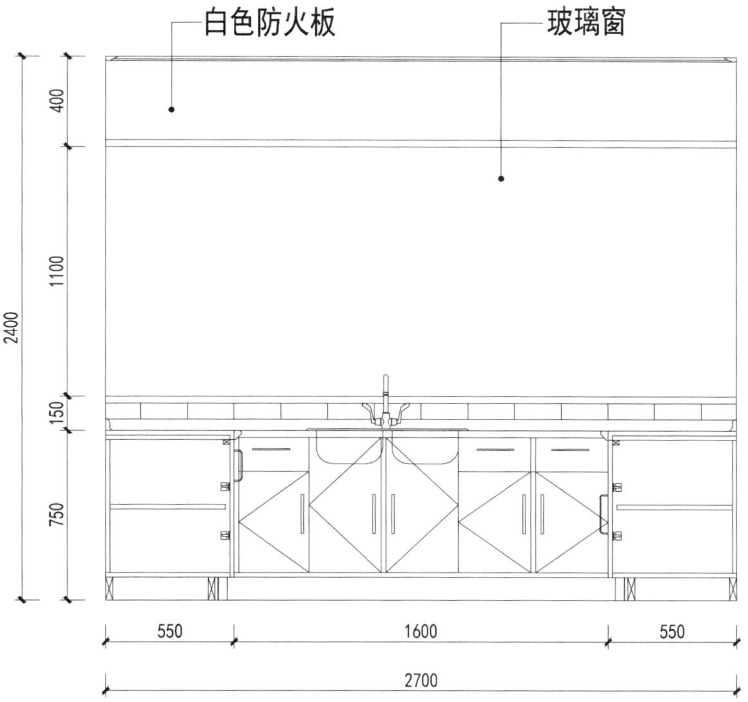

样式三 A 面立面图 1:25

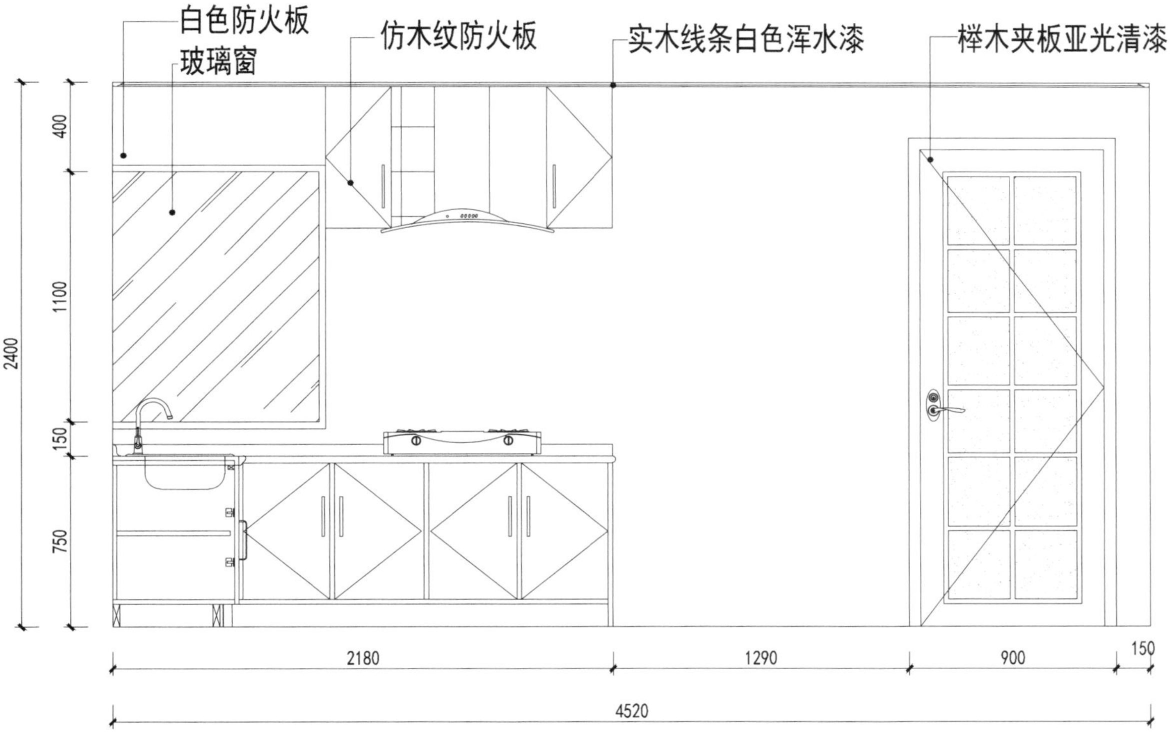

样式三 B 面立面图 1:25

第七节 活动桌 U 型橱柜

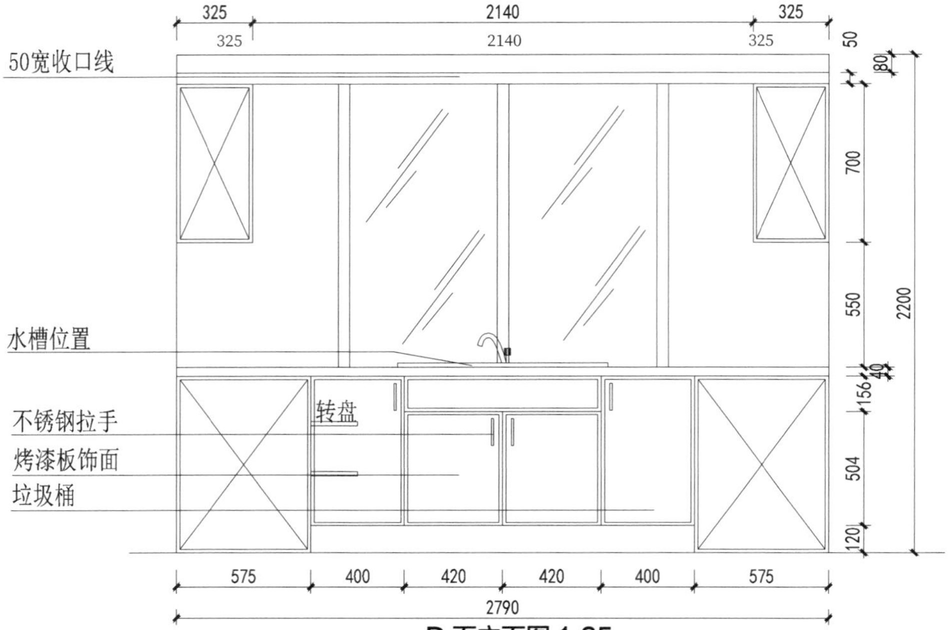

D 面立面图 1:25

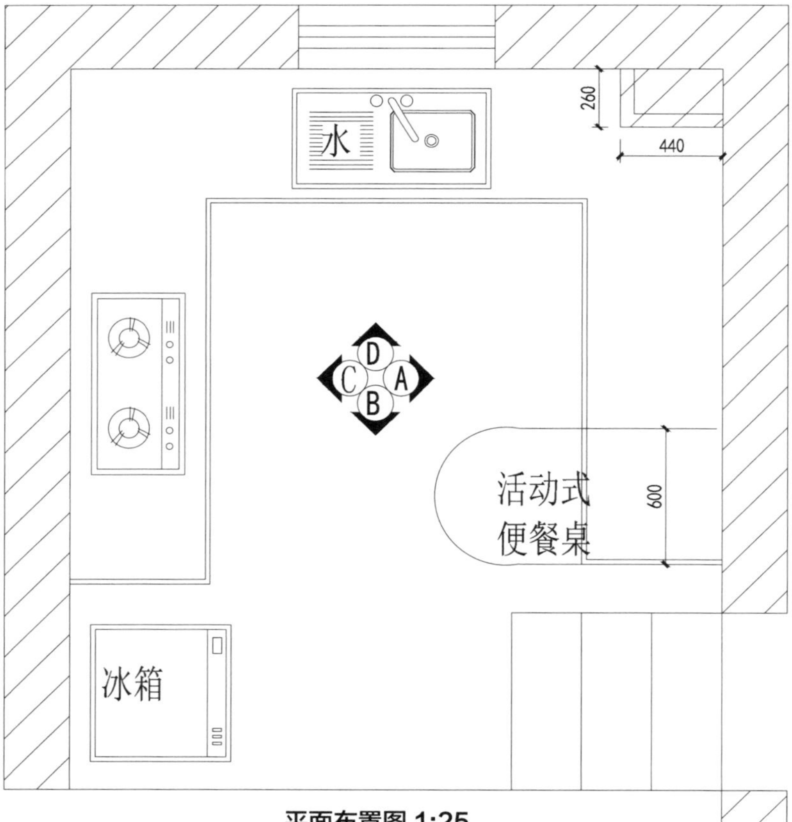

平面布置图 1:25

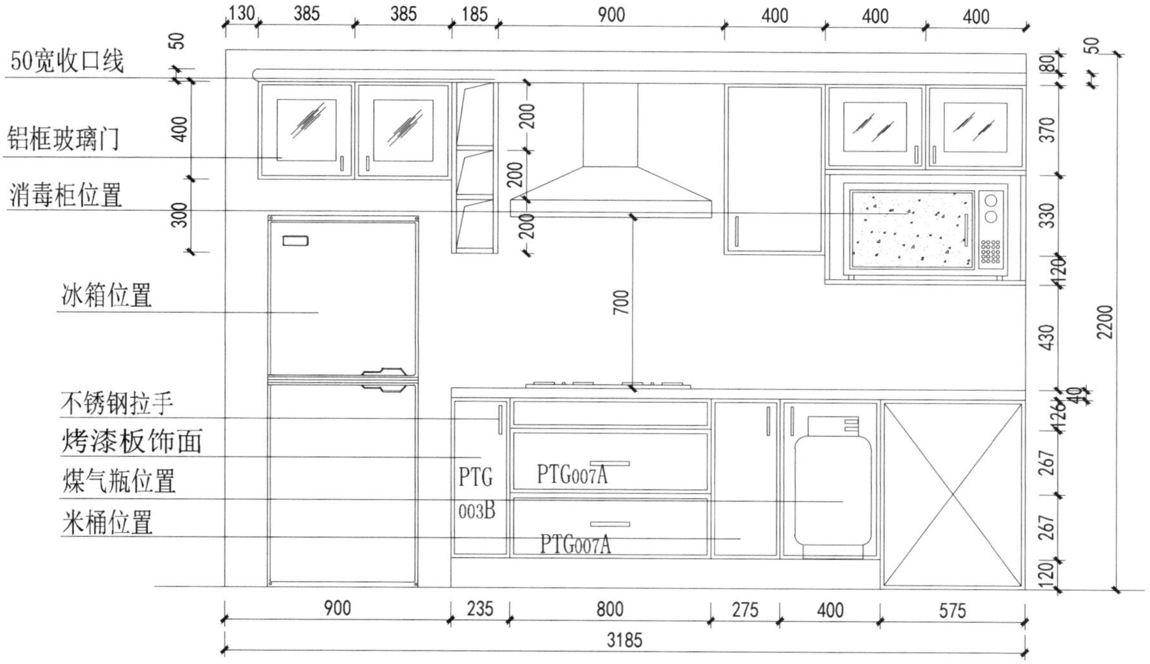

C 面立面图 1:25

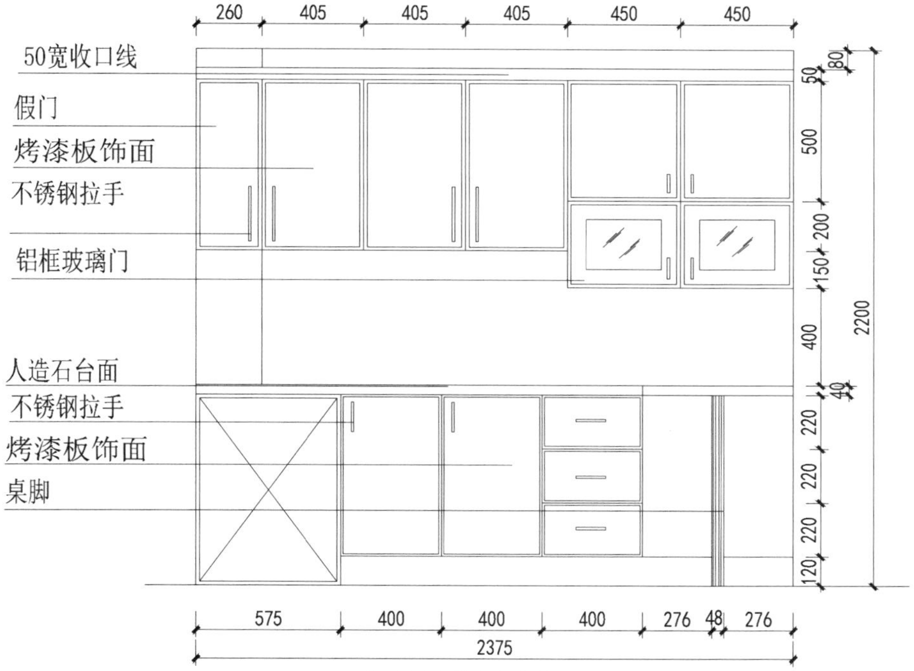

A 面立面图 1:25

第八节 烤漆 U 型橱柜

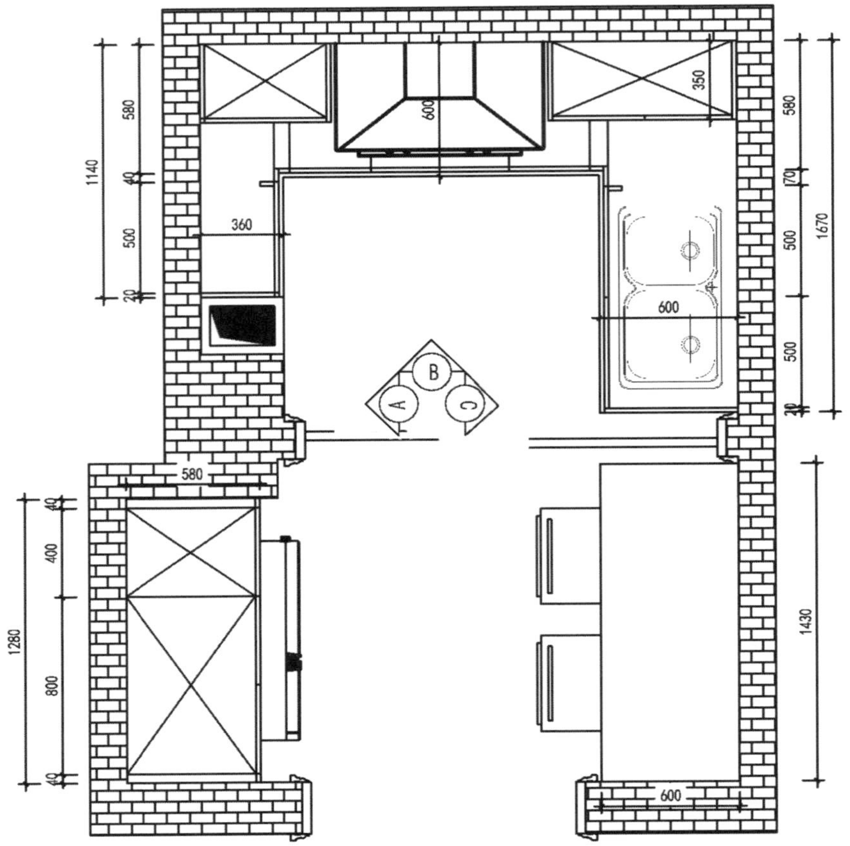

平面布置图 1:25

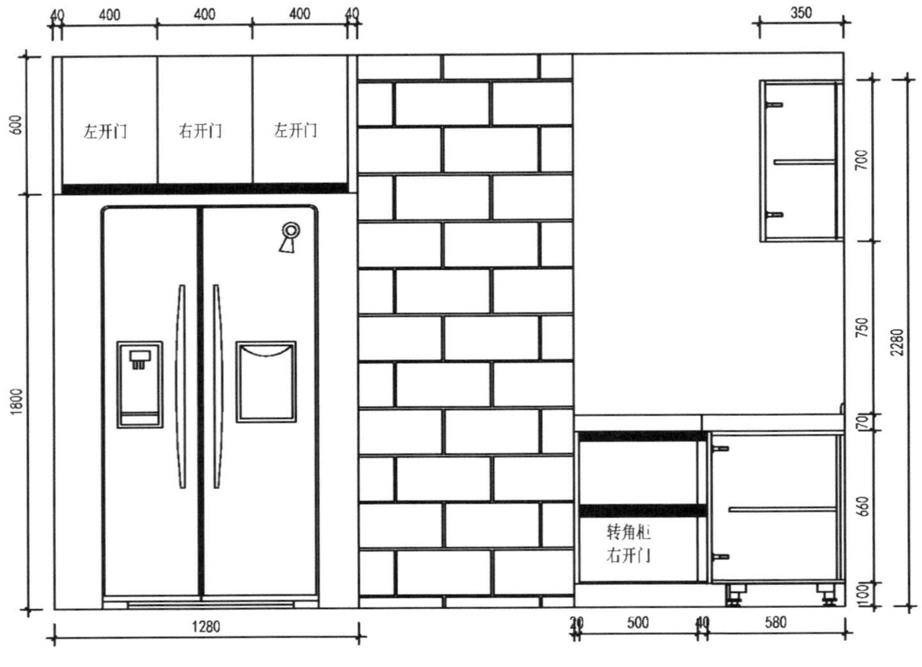

A 面立面图 1:25

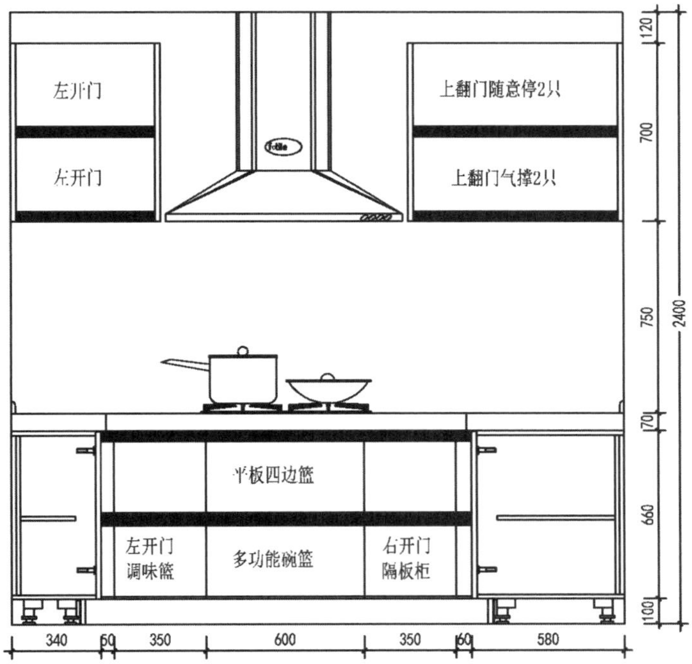

左开门

左开门

上翻门随意停2只

上翻门气撑2只

平板四边篮

左开门
调味篮

多功能碗篮

右开门
隔板柜

120

700

2400

750

70

660

100

340 | 60 | 350 | 600 | 350 | 60 | 580

B 面立面图 1:25

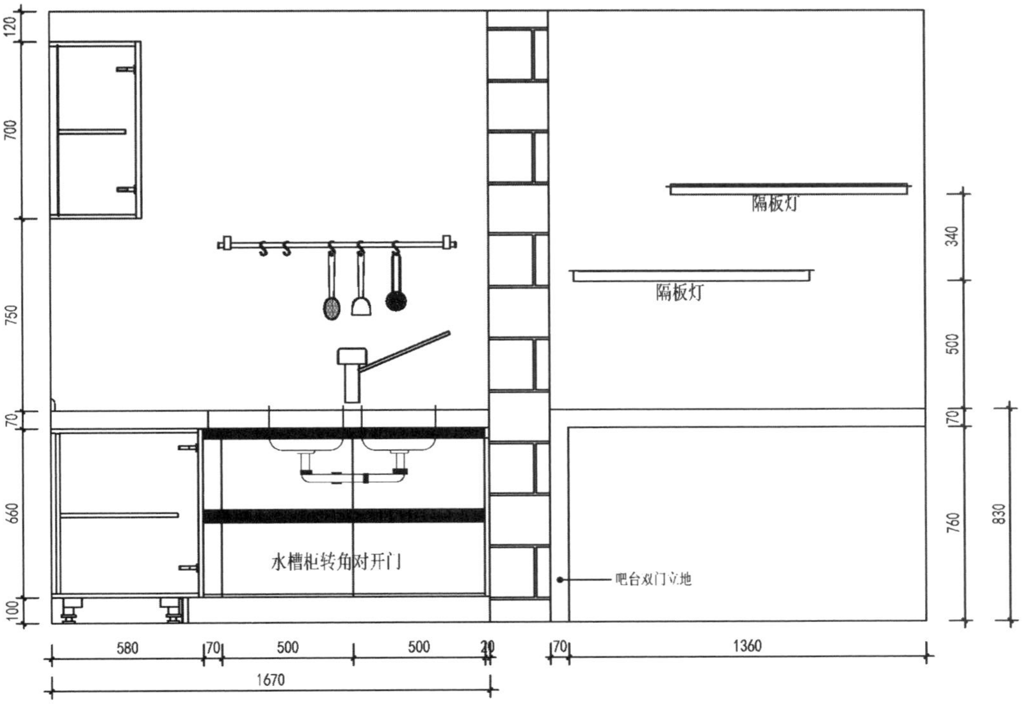

隔板灯

隔板灯

水槽柜转角对开门

吧台双门立地

120

700

750

70

660

100

340

500

70

830

760

580 | 70 | 500 | 500 | 20 | 70 | 1360

1670

C 面立面图 1:25

第九节 欧式U型橱柜

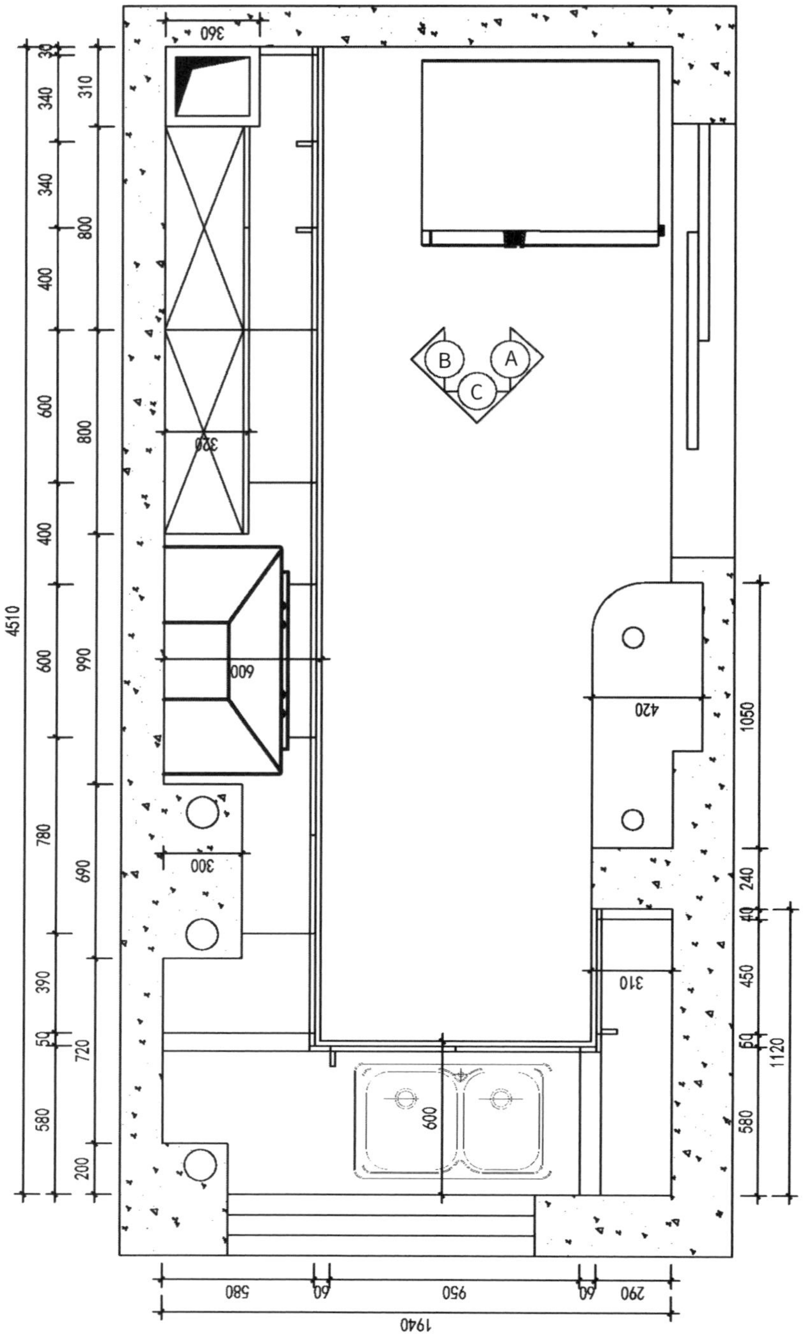

样式一 平面图 1:25

全屋定制 CAD 设计图集 – 厨柜

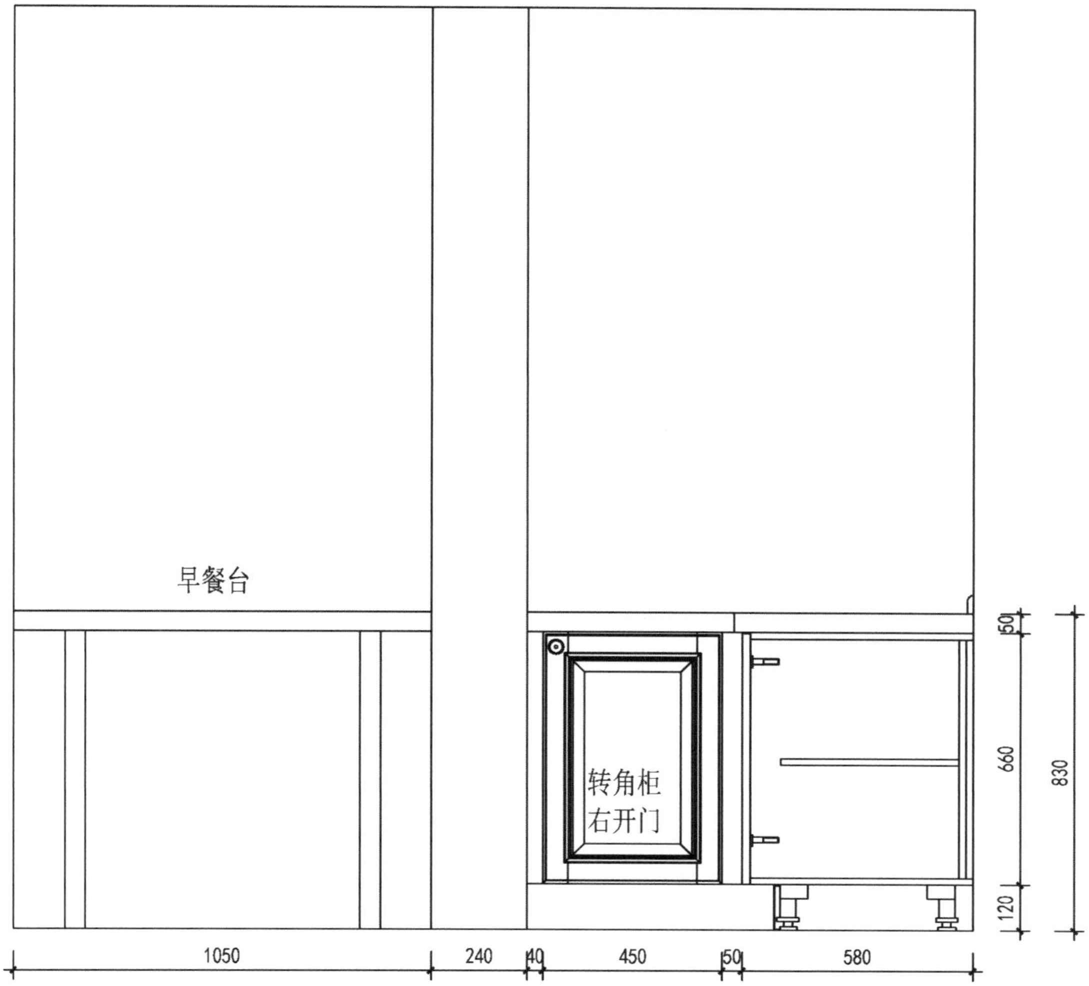

样式一 A 面立面图 1:25

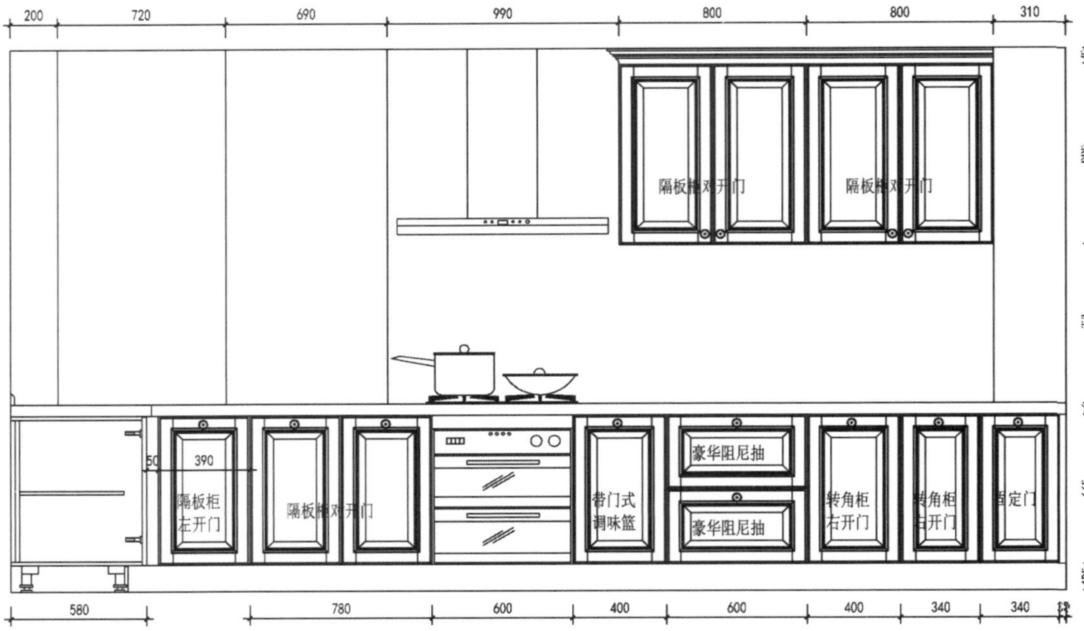

样式一 B 面立面图 1:25

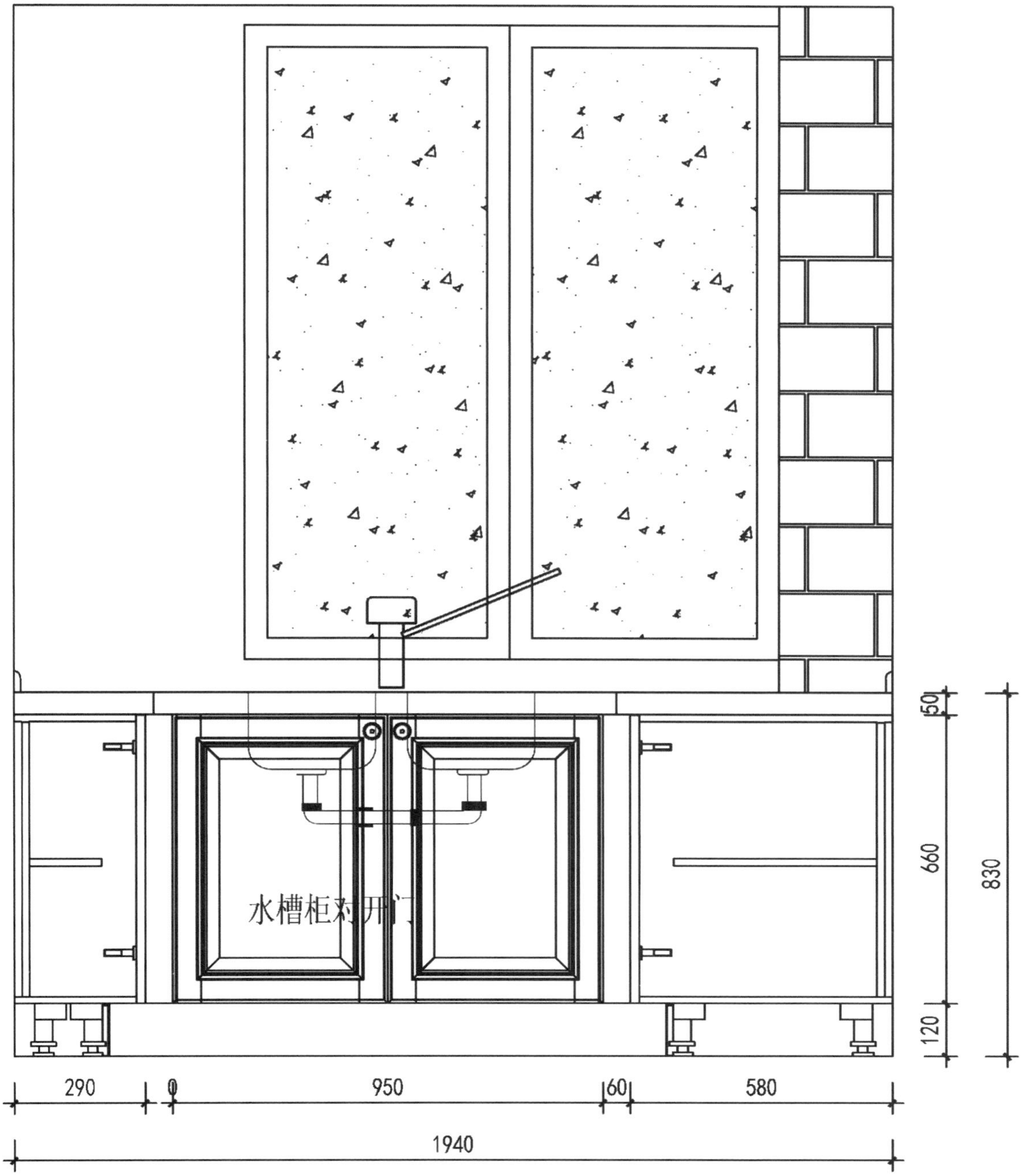

样式一 C 面立面图 1:25

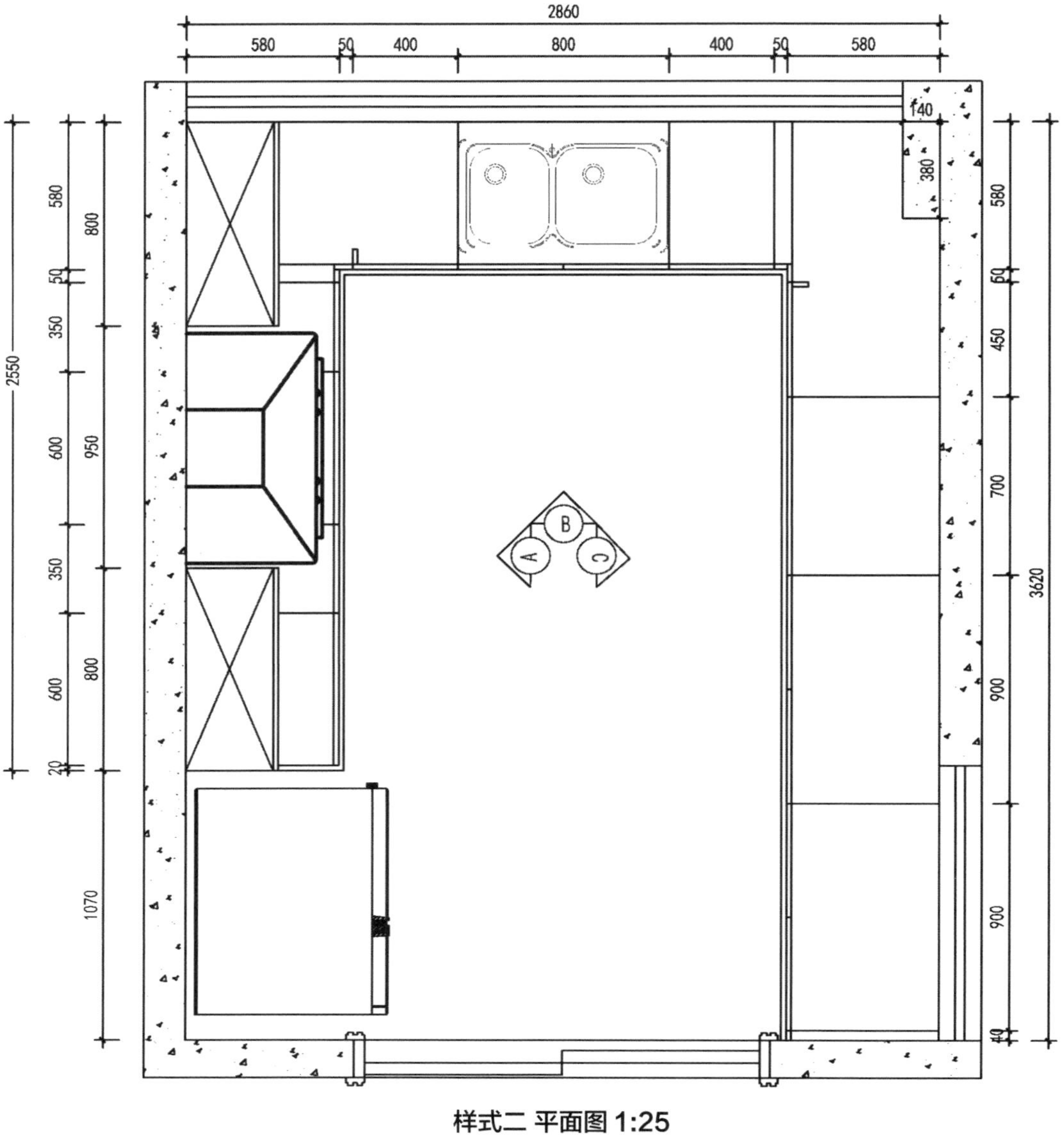
2860
580
50
400
800
400
50
580
140
380
2550
580
50
350
600
350
600
20
800
950
800
1070
580
50
450
700
900
900
40
3620
A
B
C

样式二 平面图 1:25

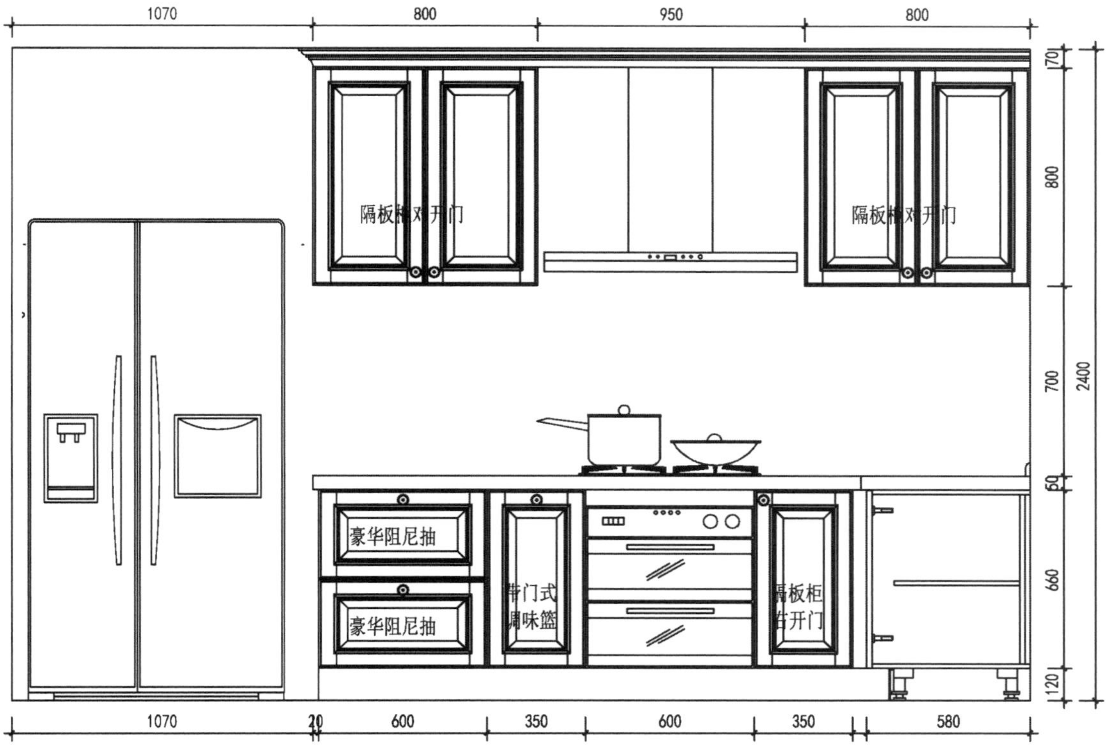

样式二 A 面立面图 1:25

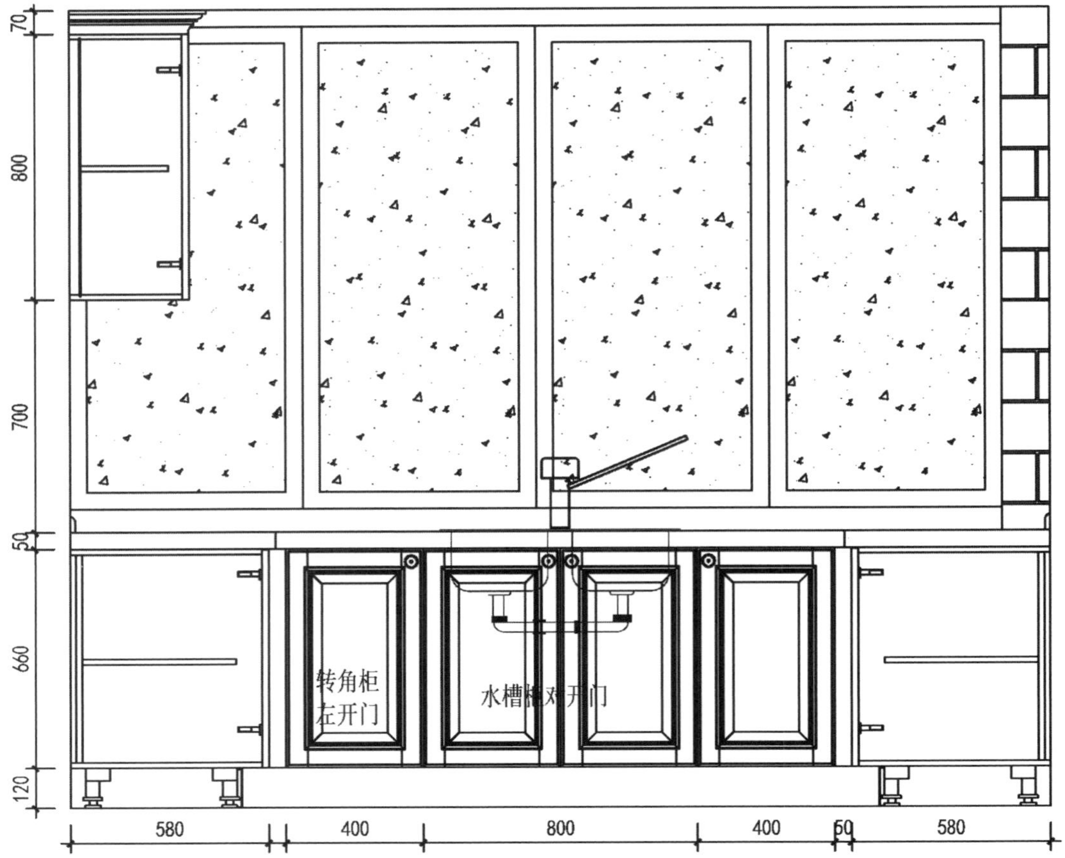

样式二 B 面立面图 1:25

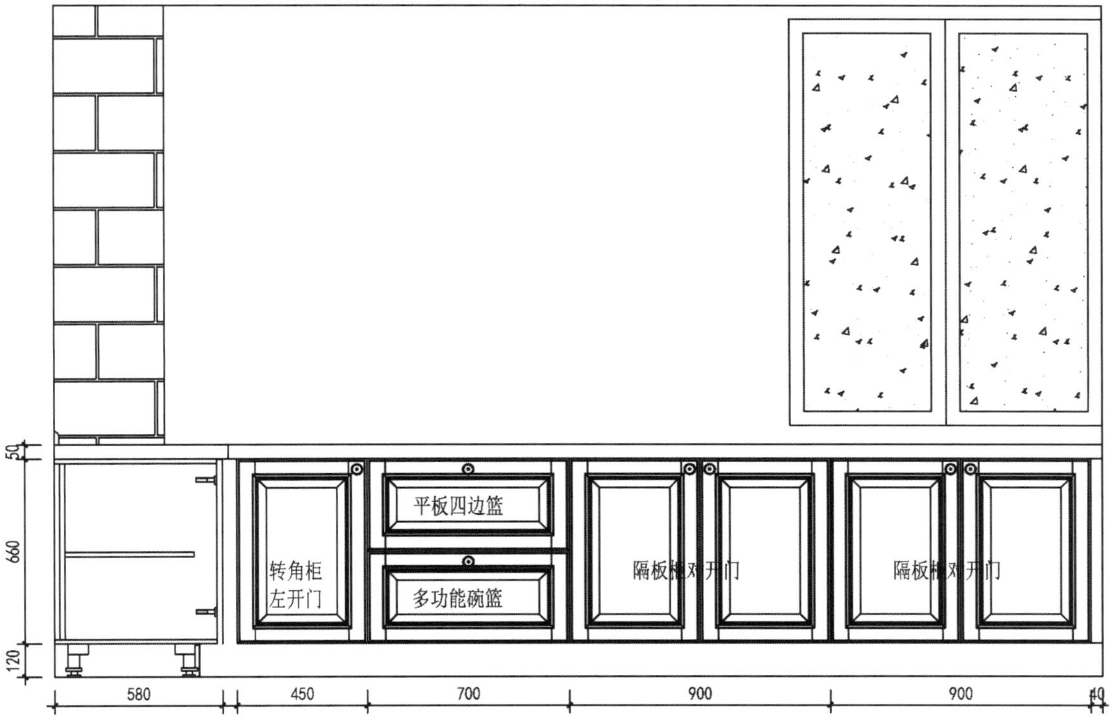

样式二 C 面立面图 1:25

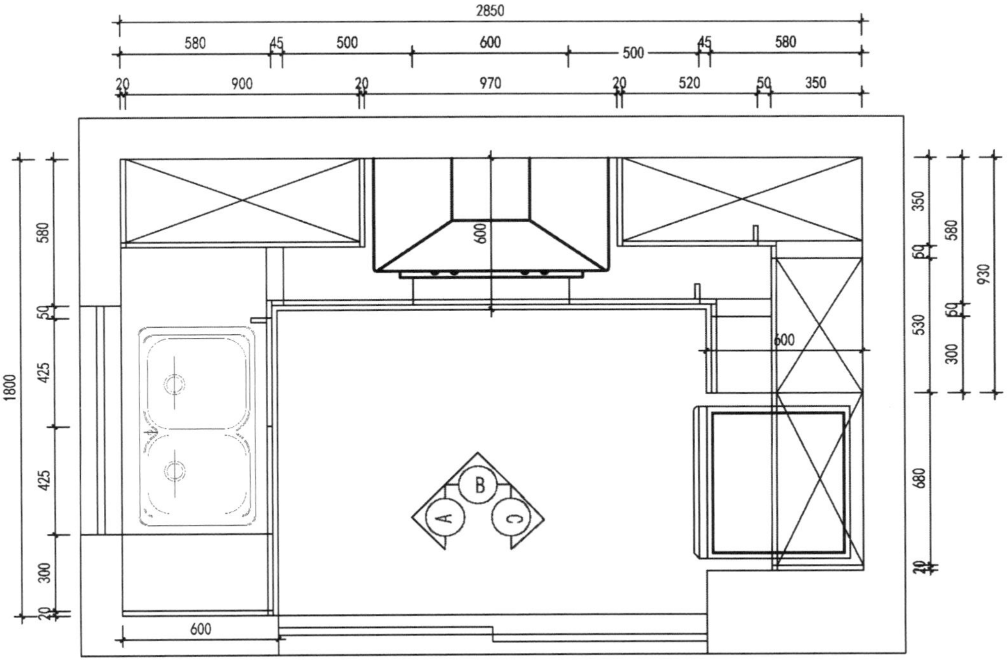

样式三 平面图 1:25

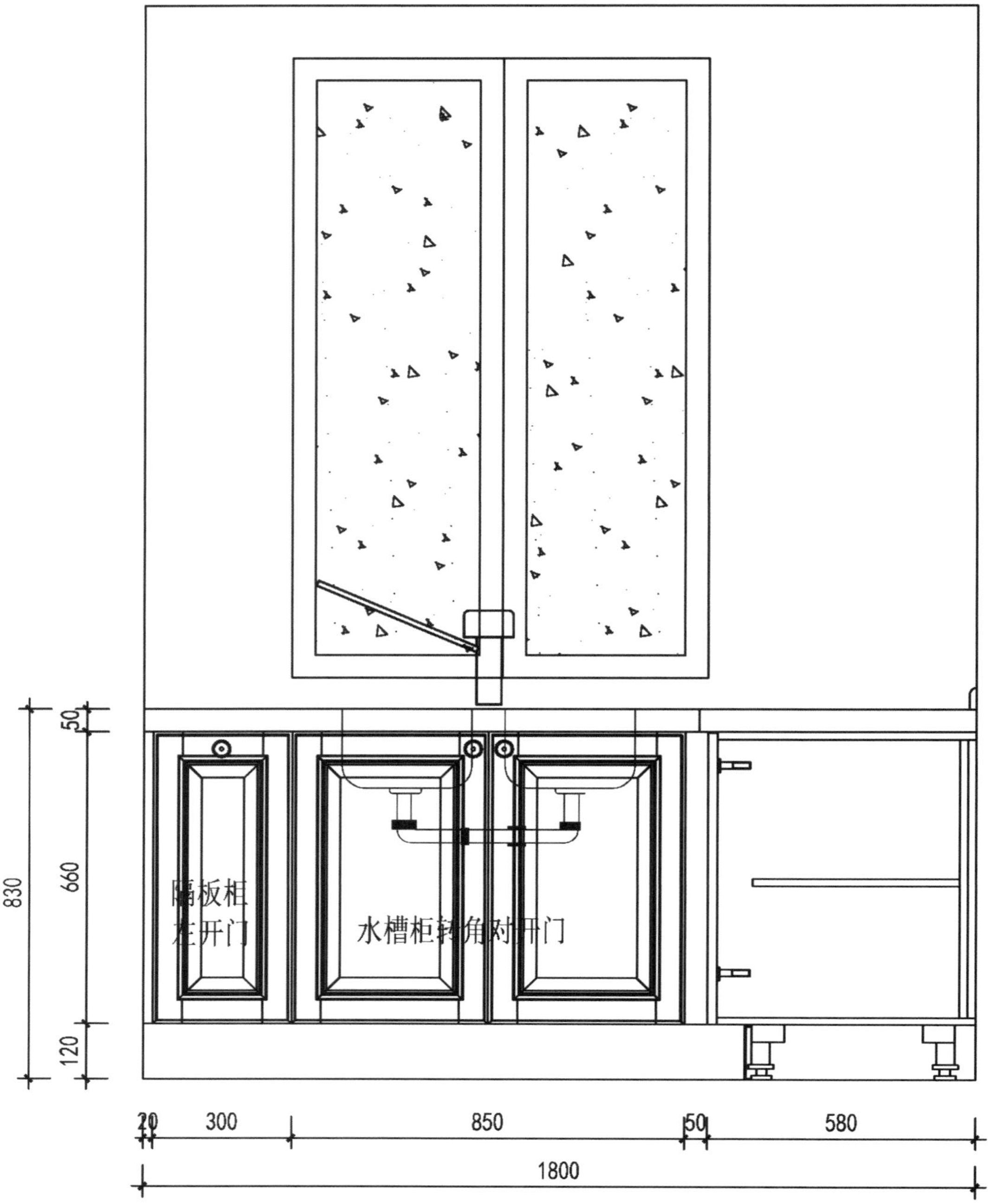

样式三 A 面立面图 1:25

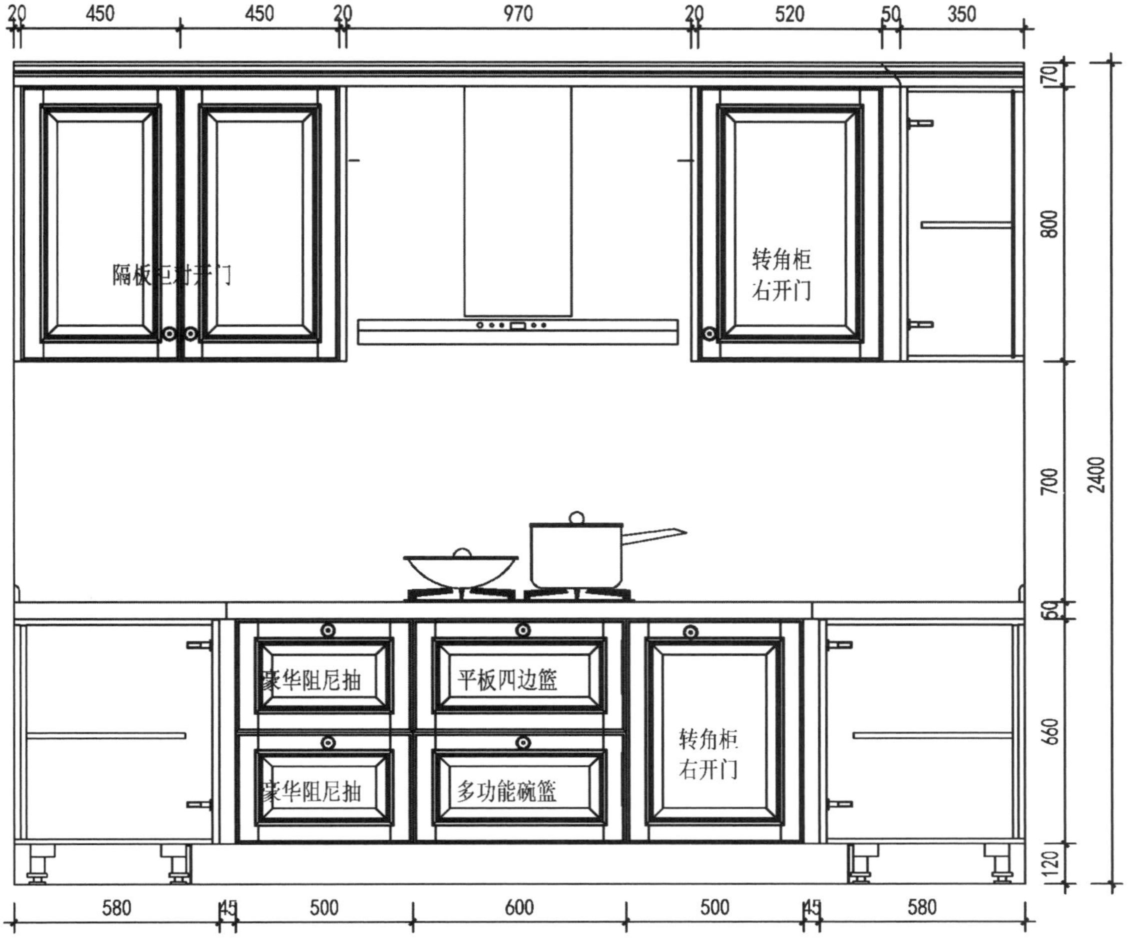
20
450
450
20
970
20
520
50
350
隔板柜对开门
转角柜
右开门
170
800
700
2400
50
660
120
豪华阻尼抽
平板四边篮
豪华阻尼抽
多功能碗篮
转角柜
右开门
580
45
500
600
500
45
580

样式三 B 面立面图 1:25

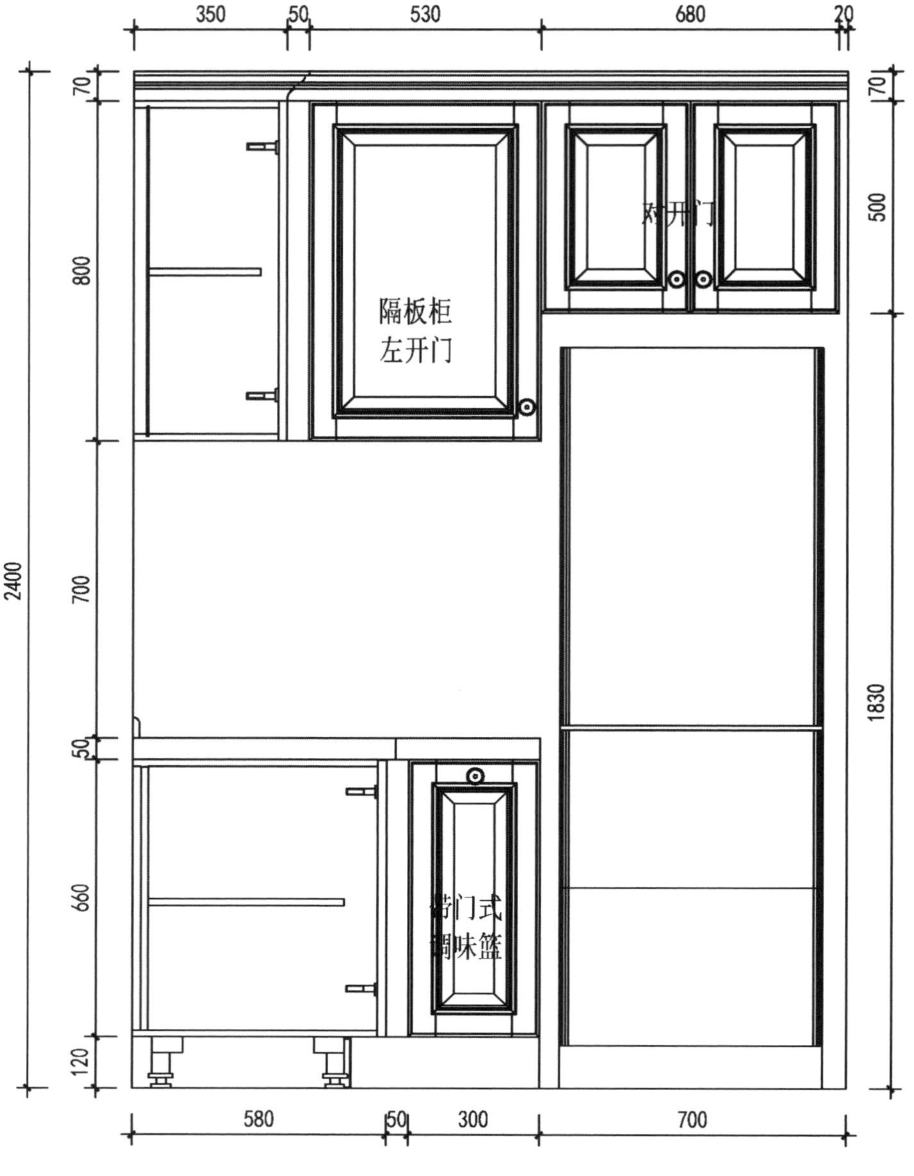

样式三 C 面立面图 1:25

第四章

岛型橱柜

第一节 简约岛型橱柜

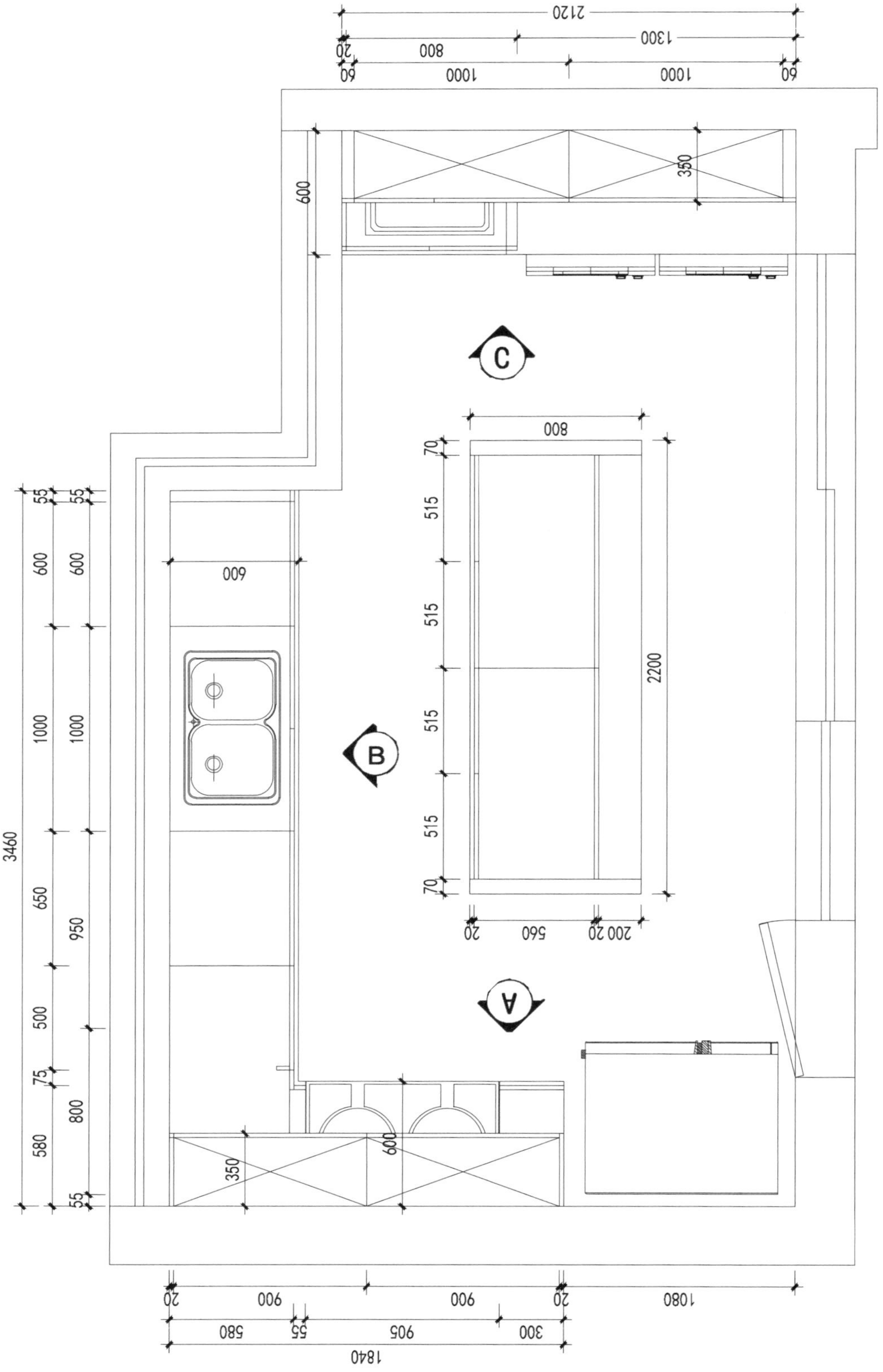

样式一 平面图 1:25

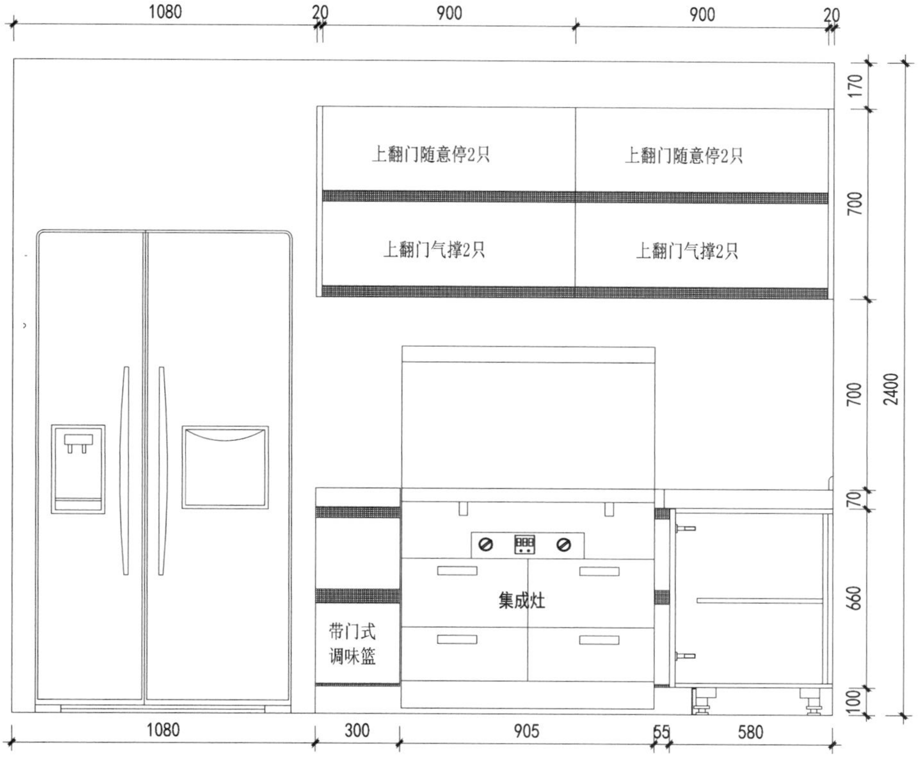

样式一 A 面立面图 1:25

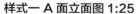

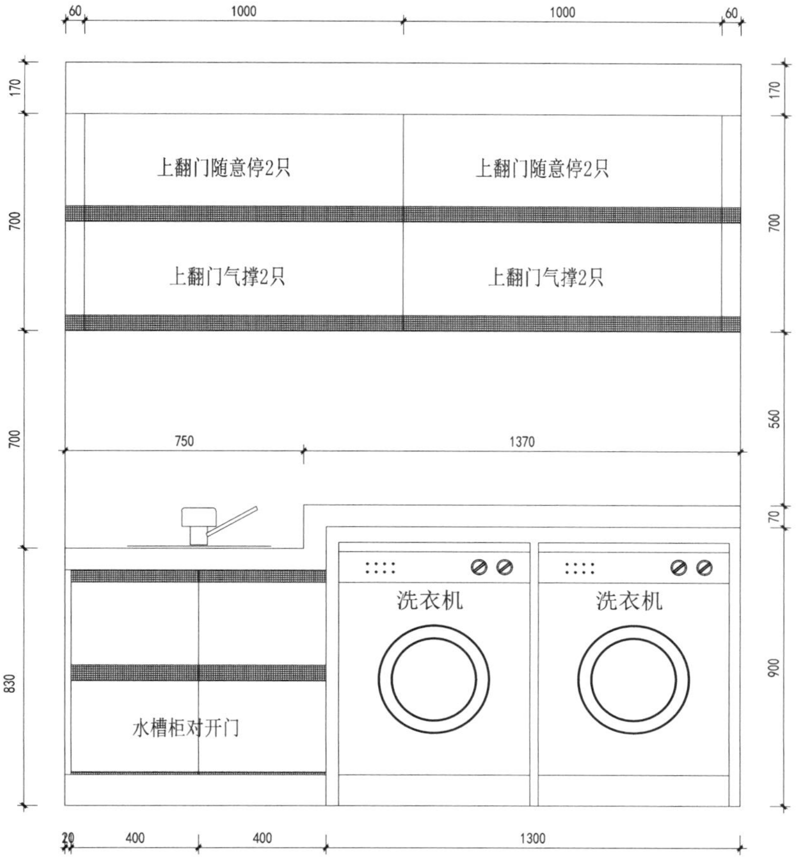

样式一 C 面立面图 1:25

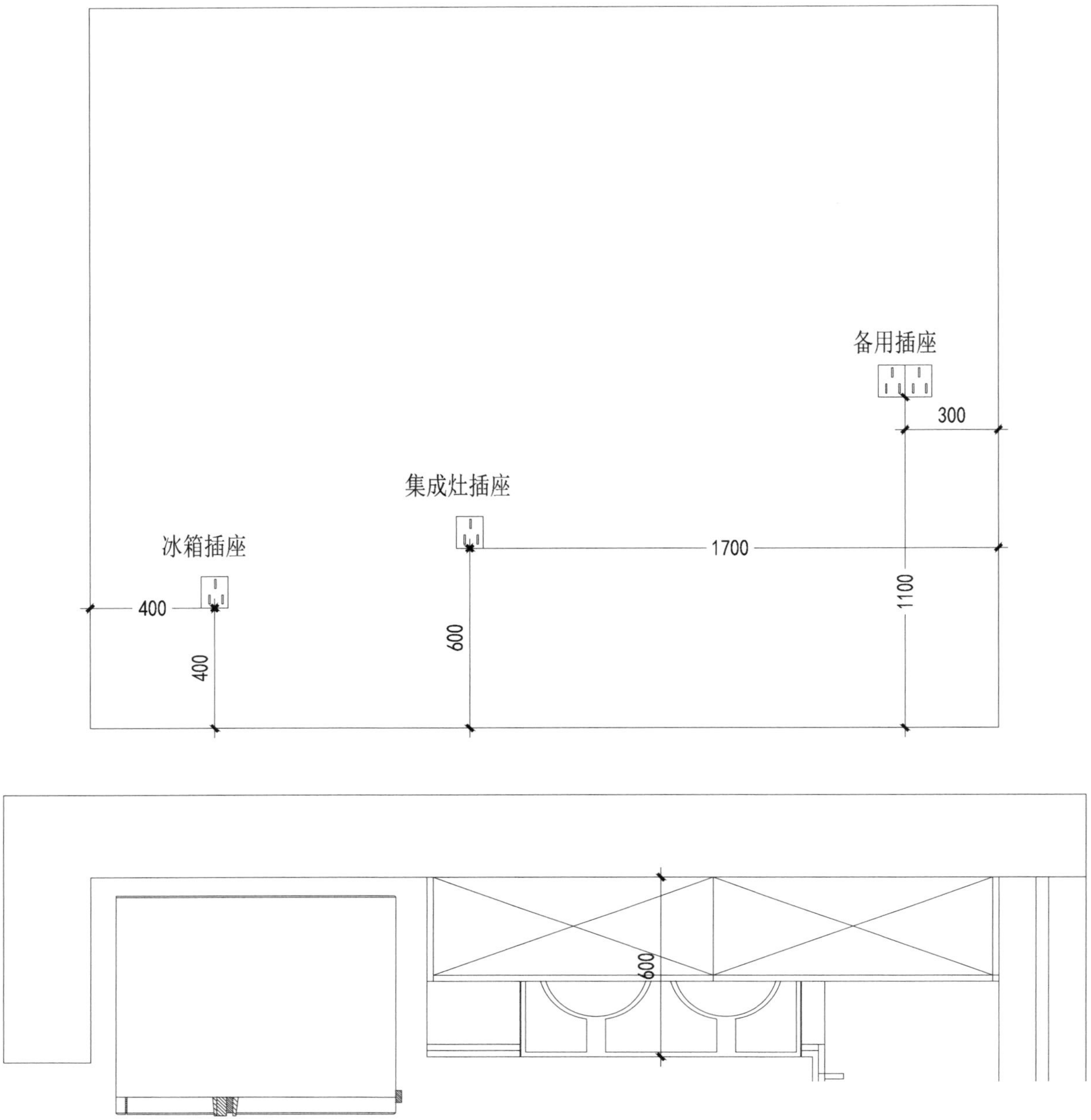

样式一 A 面施工图 1:25

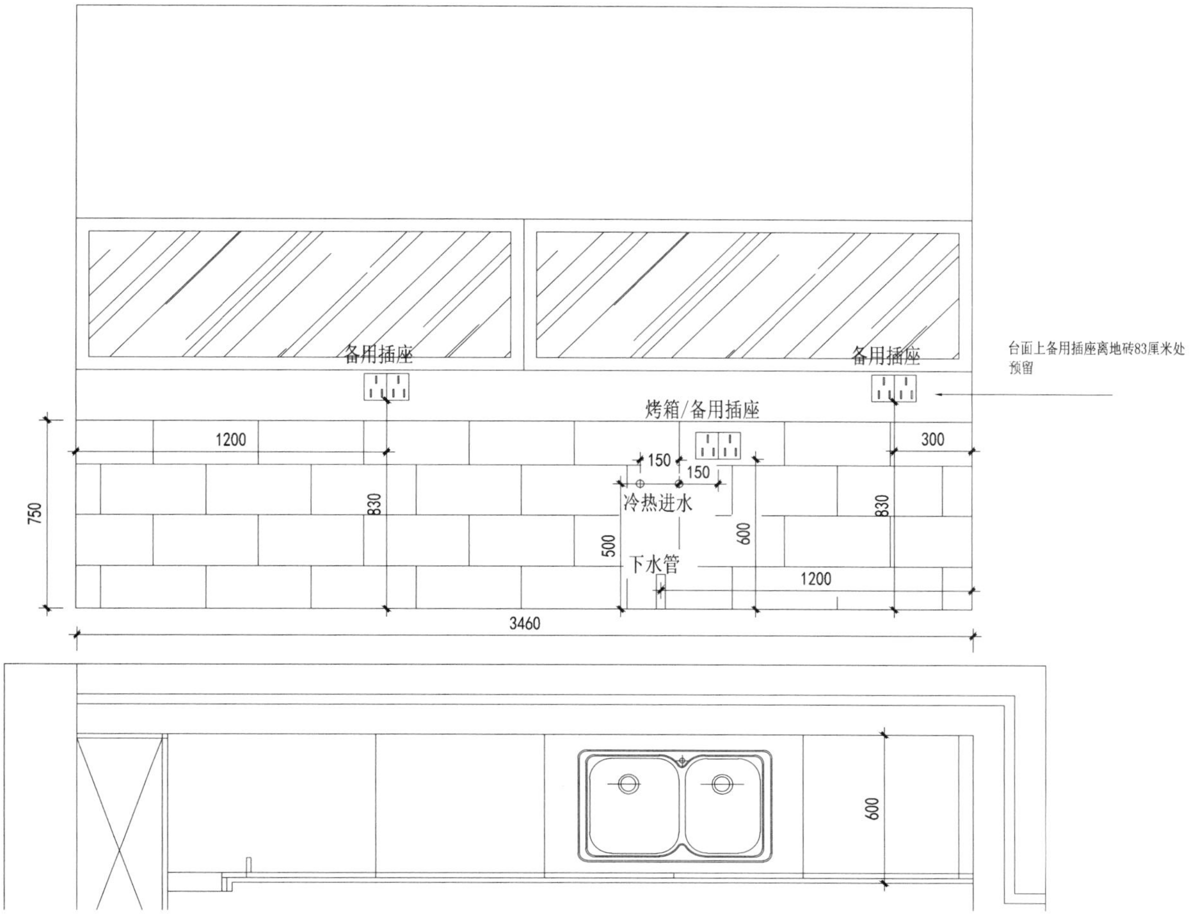

样式一 B 面施工图 1:25

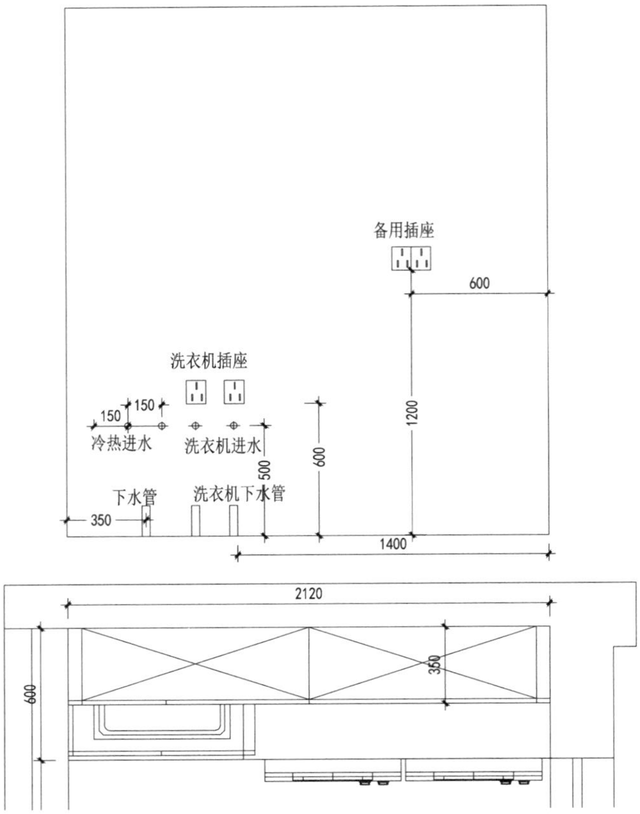

样式一 C 面施工图 1:25

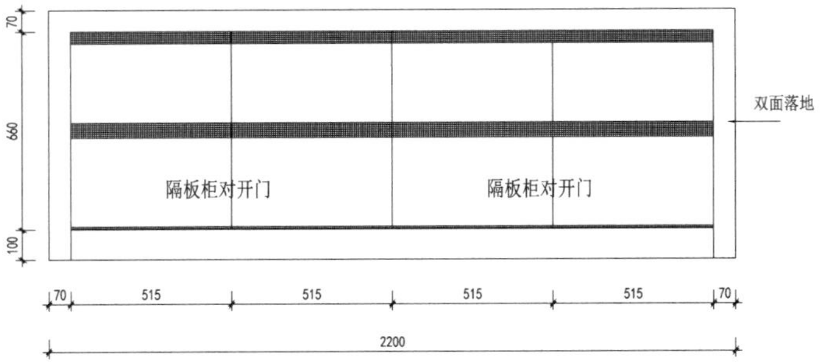

样式一 岛台正面图 1:25

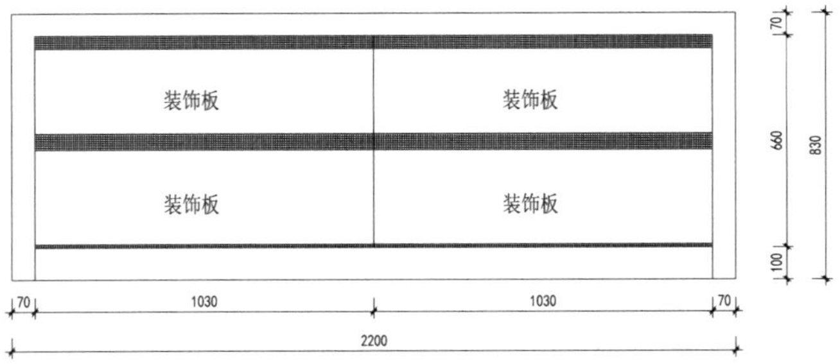

样式一 岛台背面图 1:25

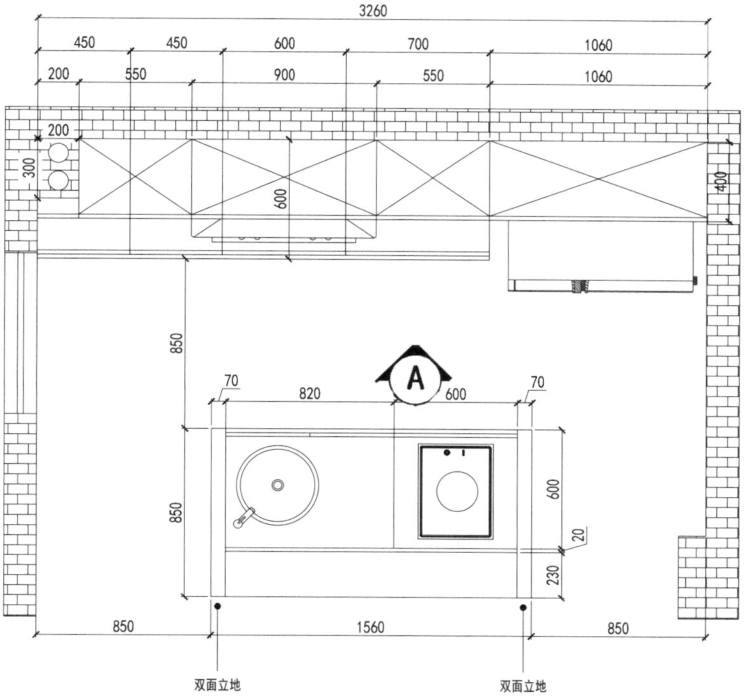

样式二 平面图 1:25

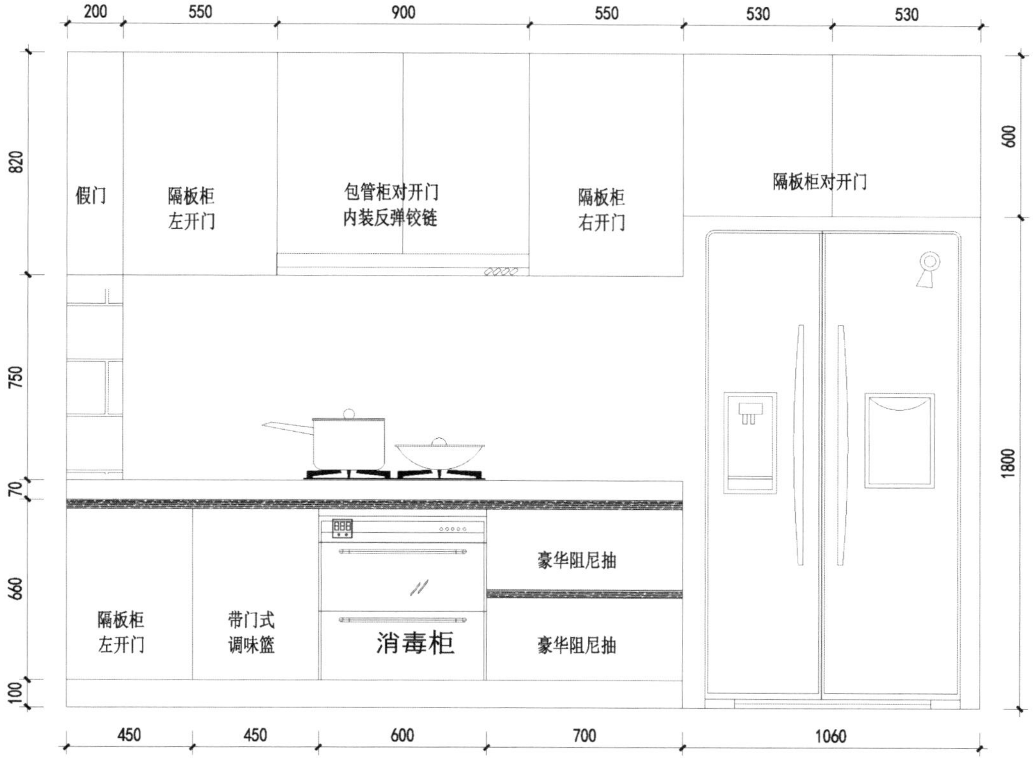

样式二 A 面立面图 1:25

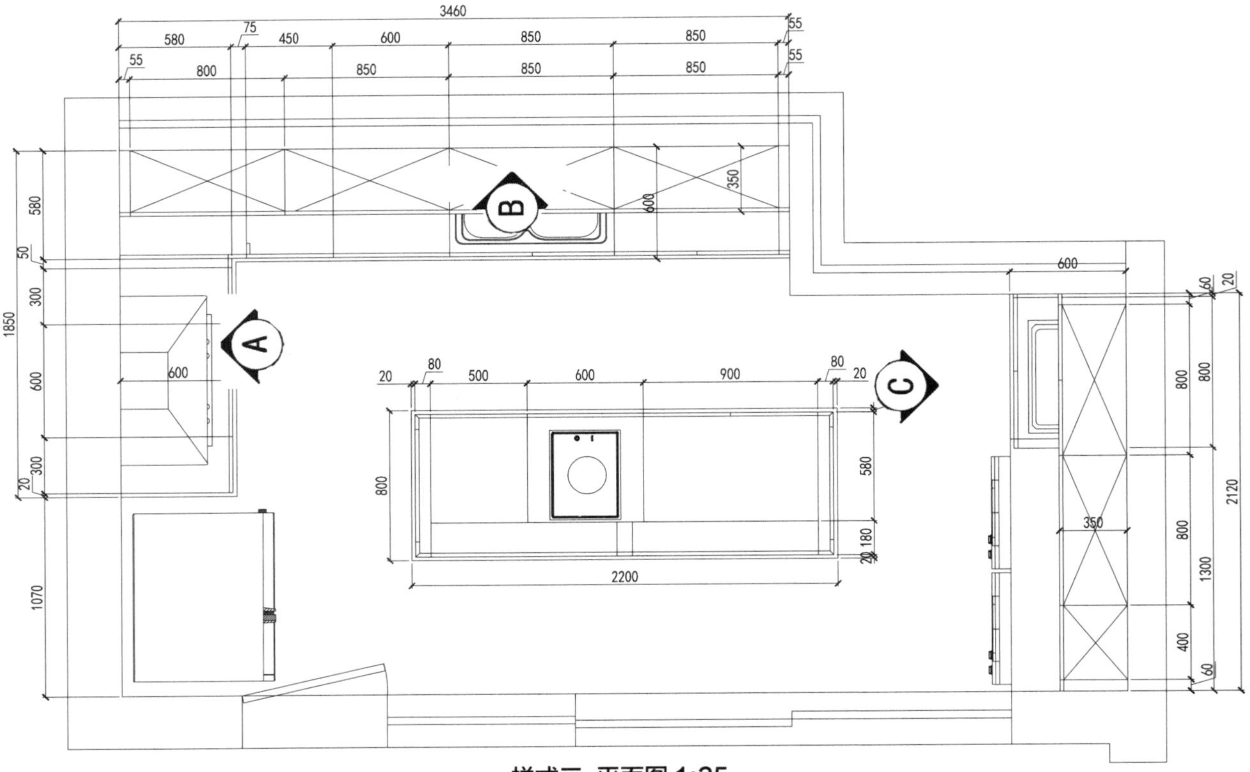

样式三 平面图 1:25

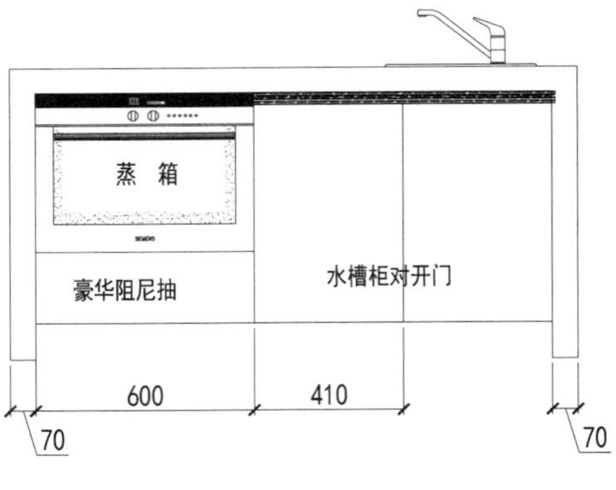

样式三 岛台正面图 1:25

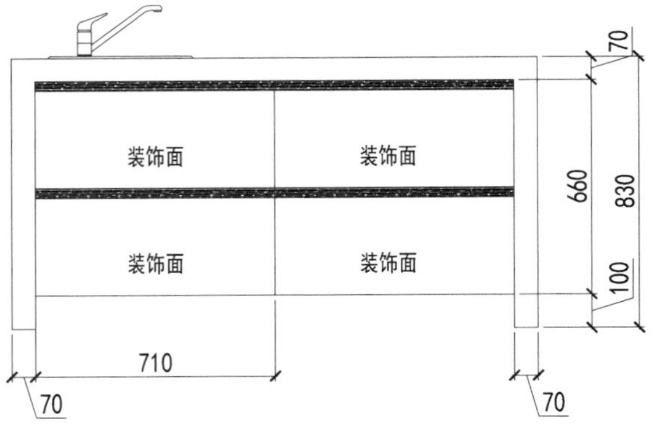

样式三 岛台背面图 1:25

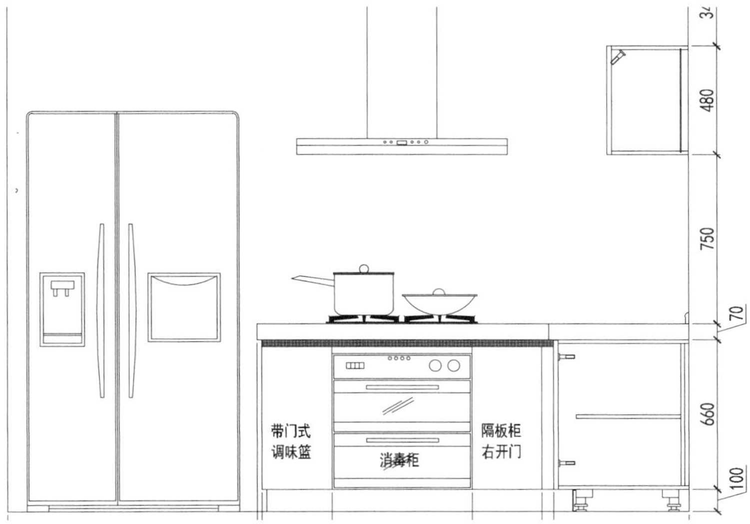

样式三 A 面立面图 1:25

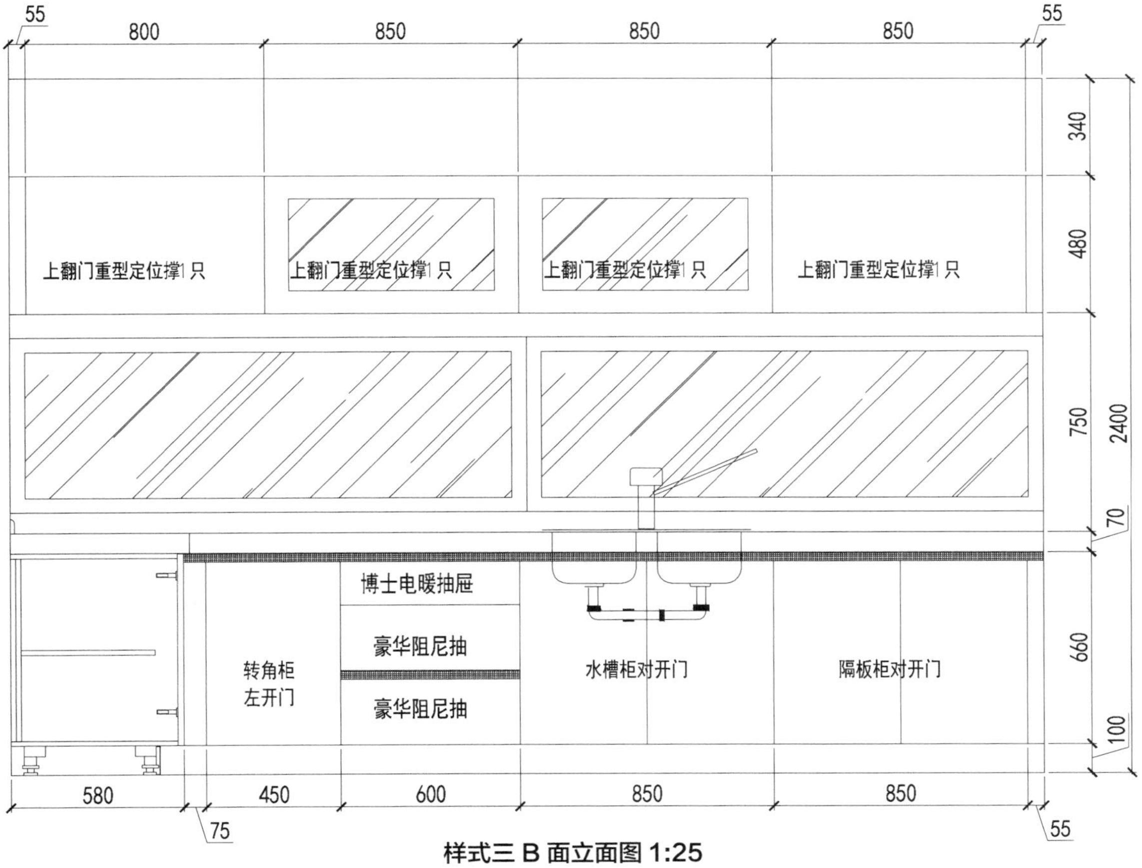

样式三 B 面立面图 1:25

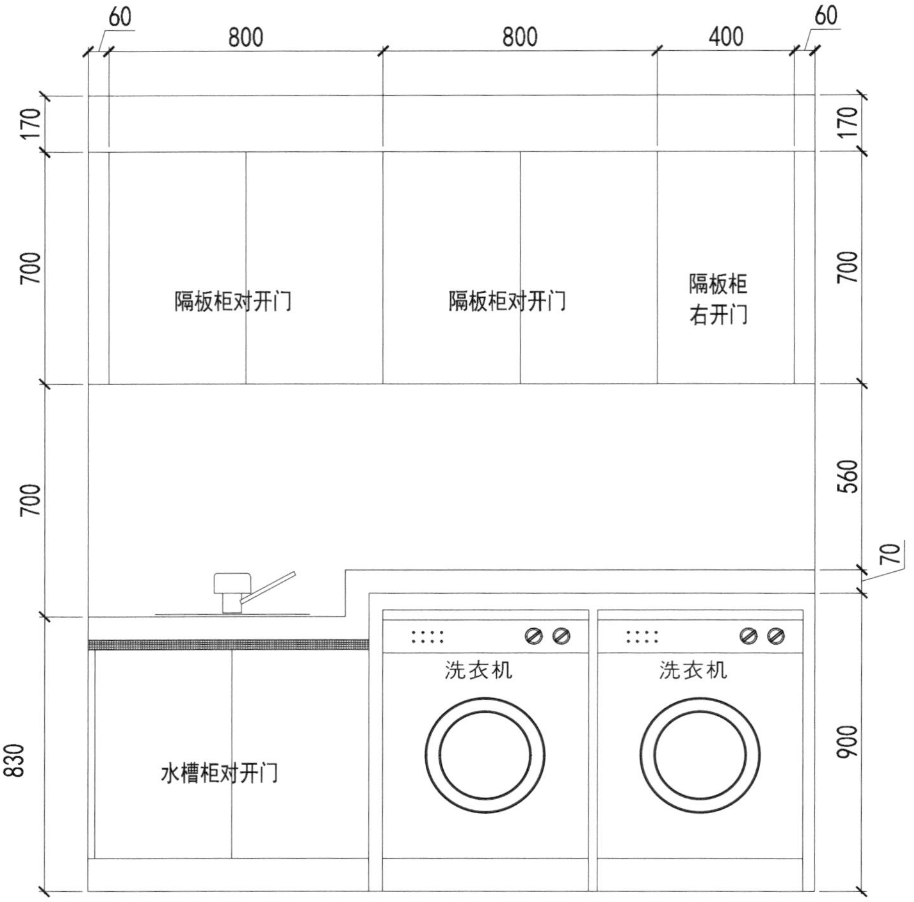

样式三 C 面立面图 1:25

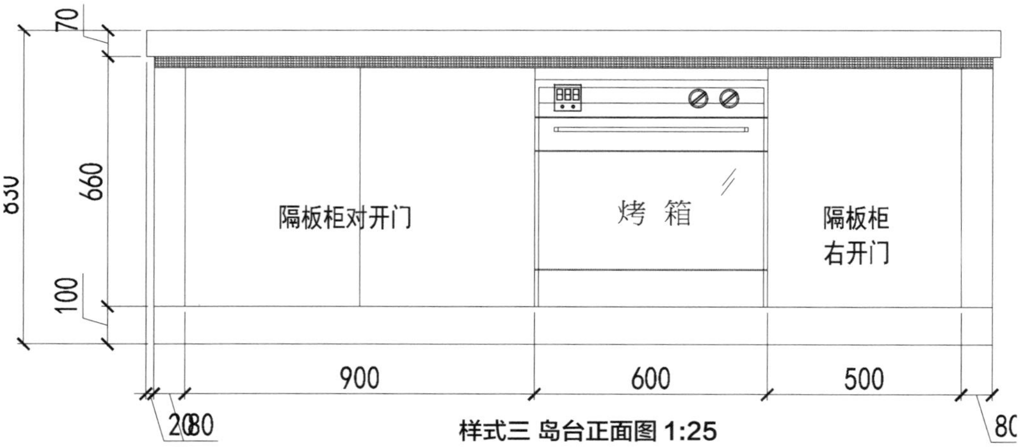

样式三 岛台正面图 1:25

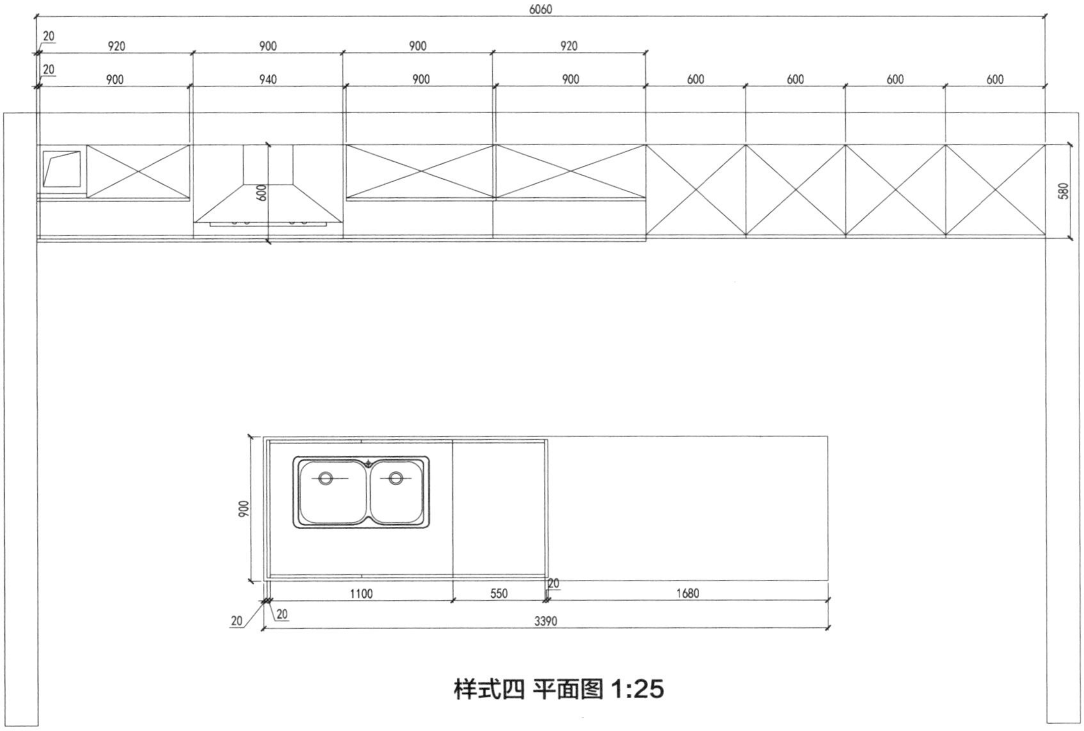

样式四 平面图 1:25

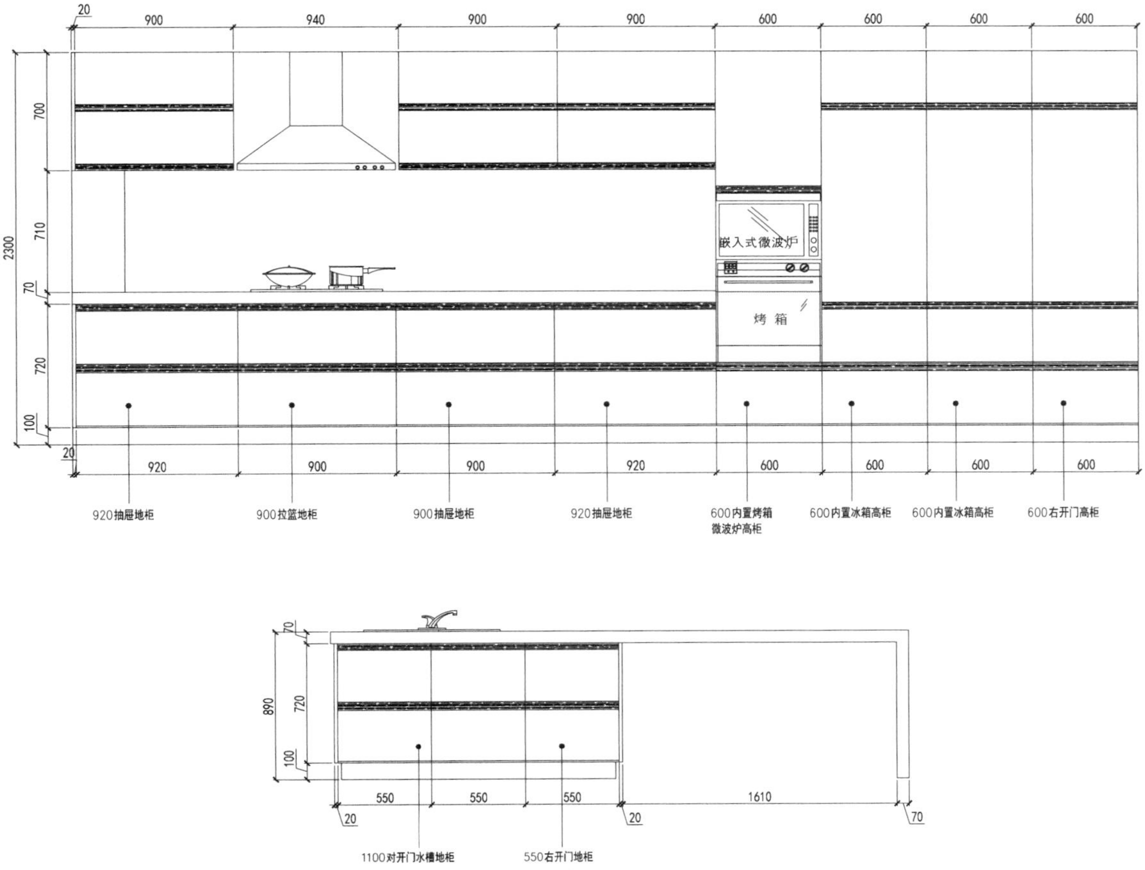

样式四 立面图 1:25

第二节 欧式岛型橱柜

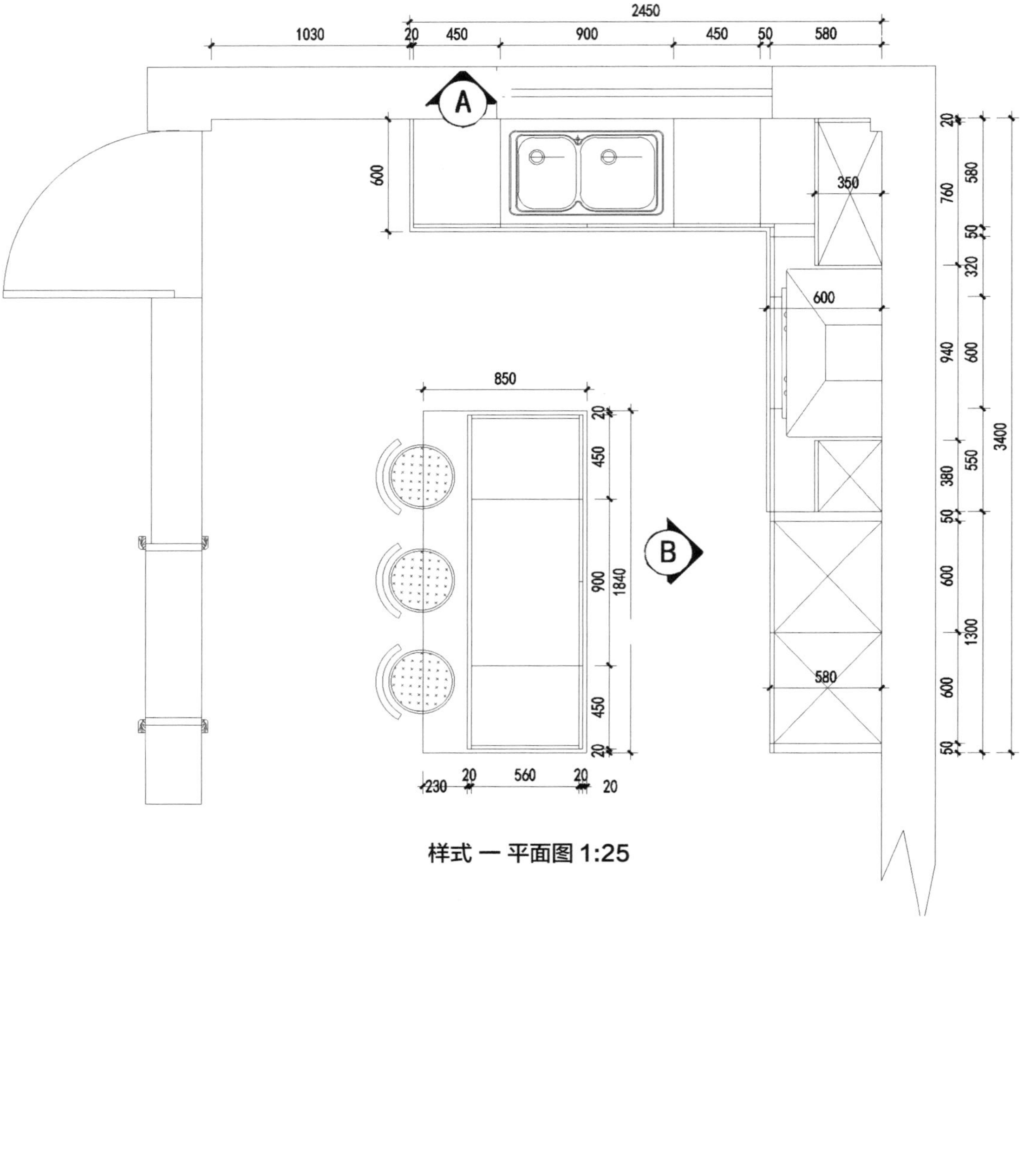

样式一平面图 1:25

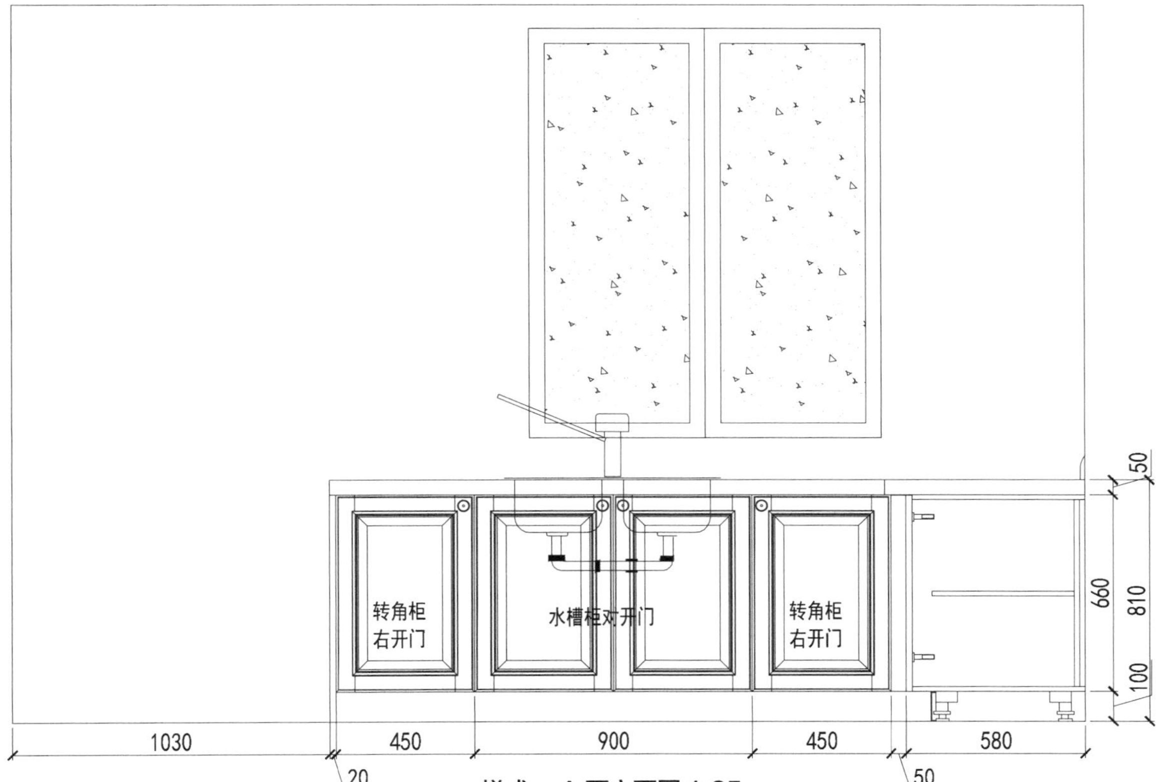

样式一 A 面立面图 1:25

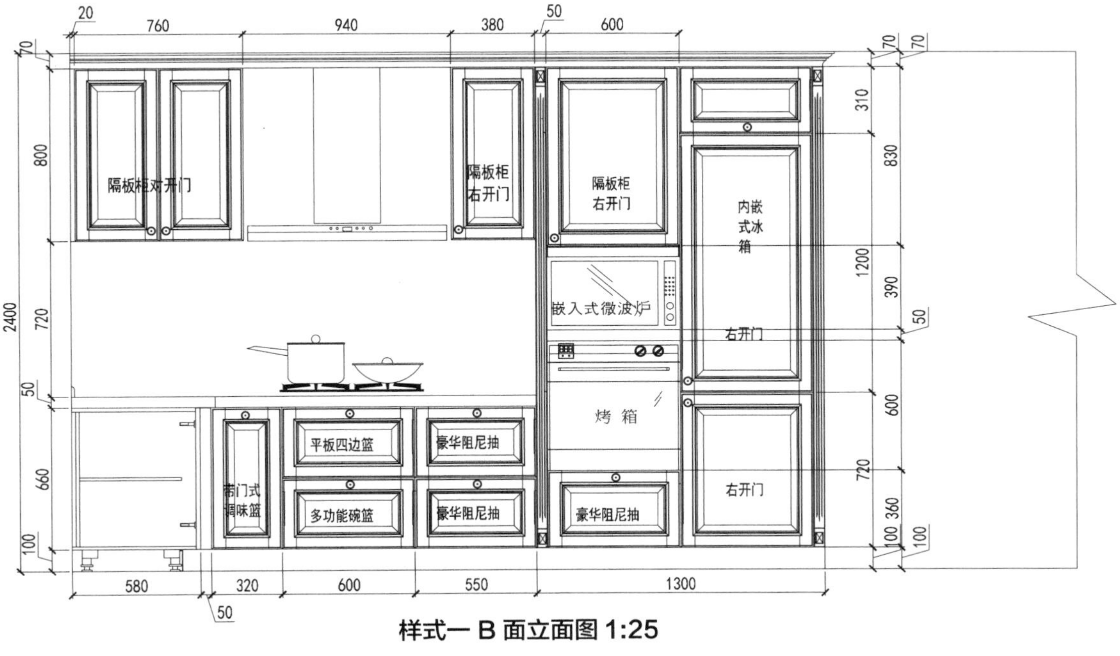

样式一 B 面立面图 1:25

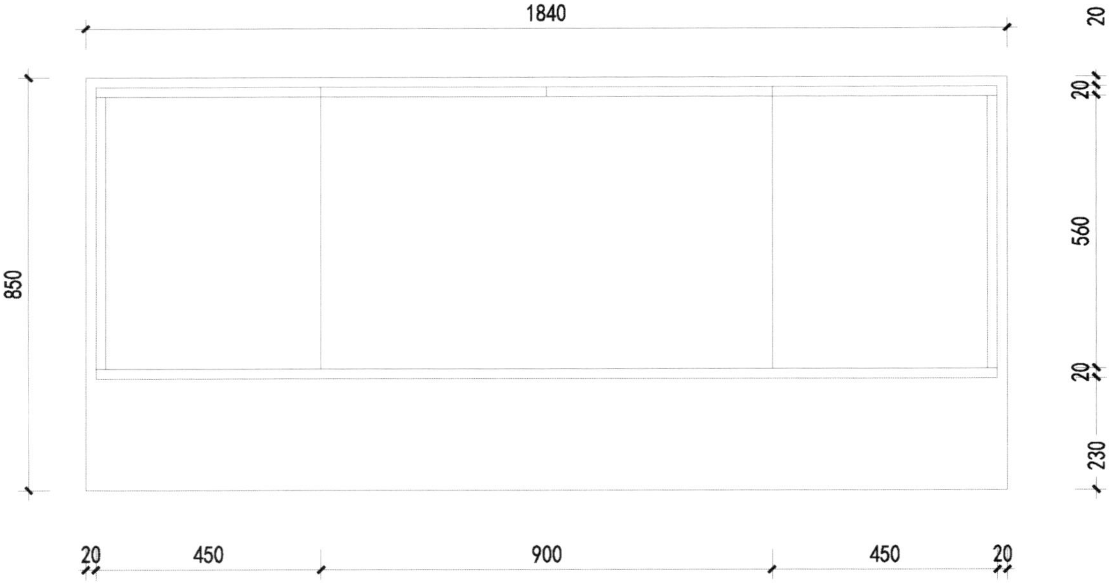

样式一 岛台平面图 1:25

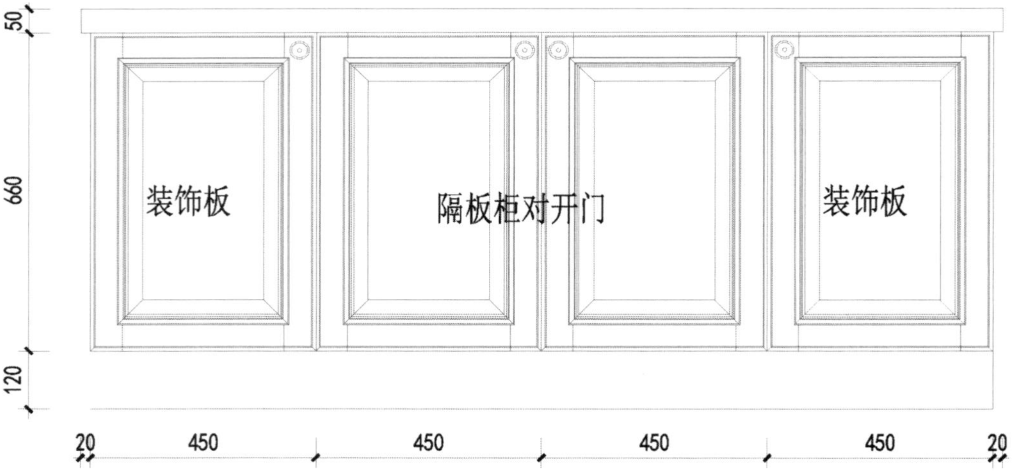

样式一 岛台正面图 1:25

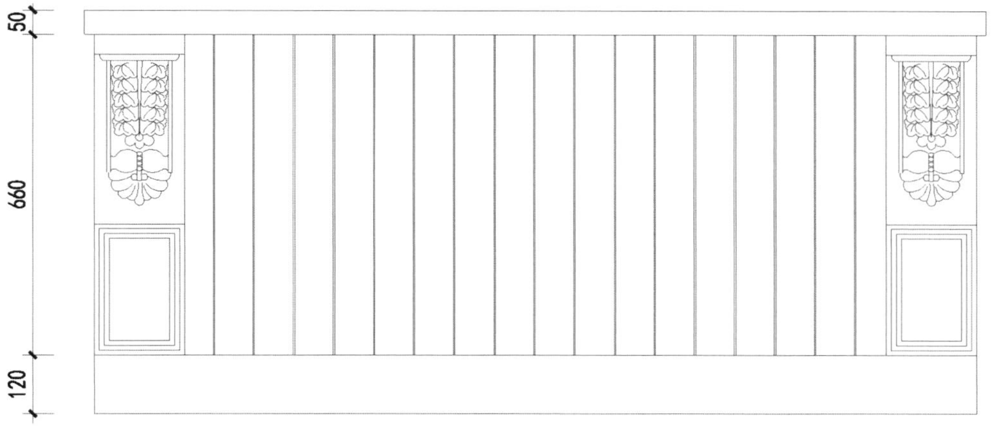

样式一 岛台反面图 1:25

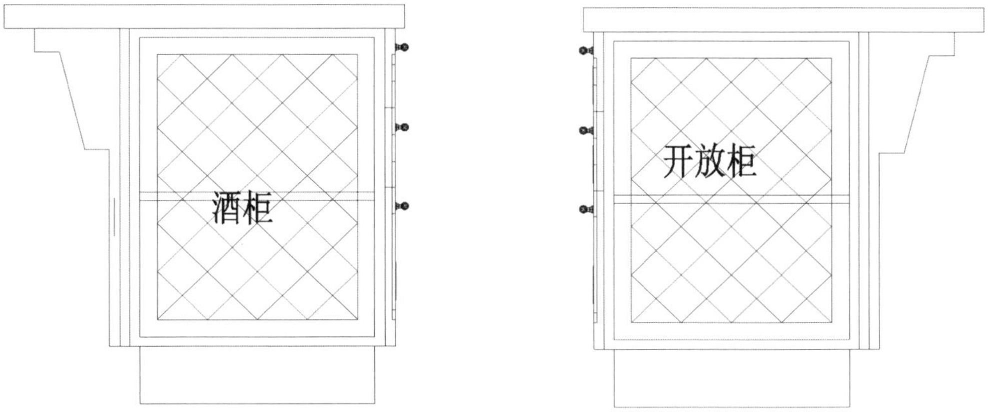

样式一 岛台侧面图 1:25

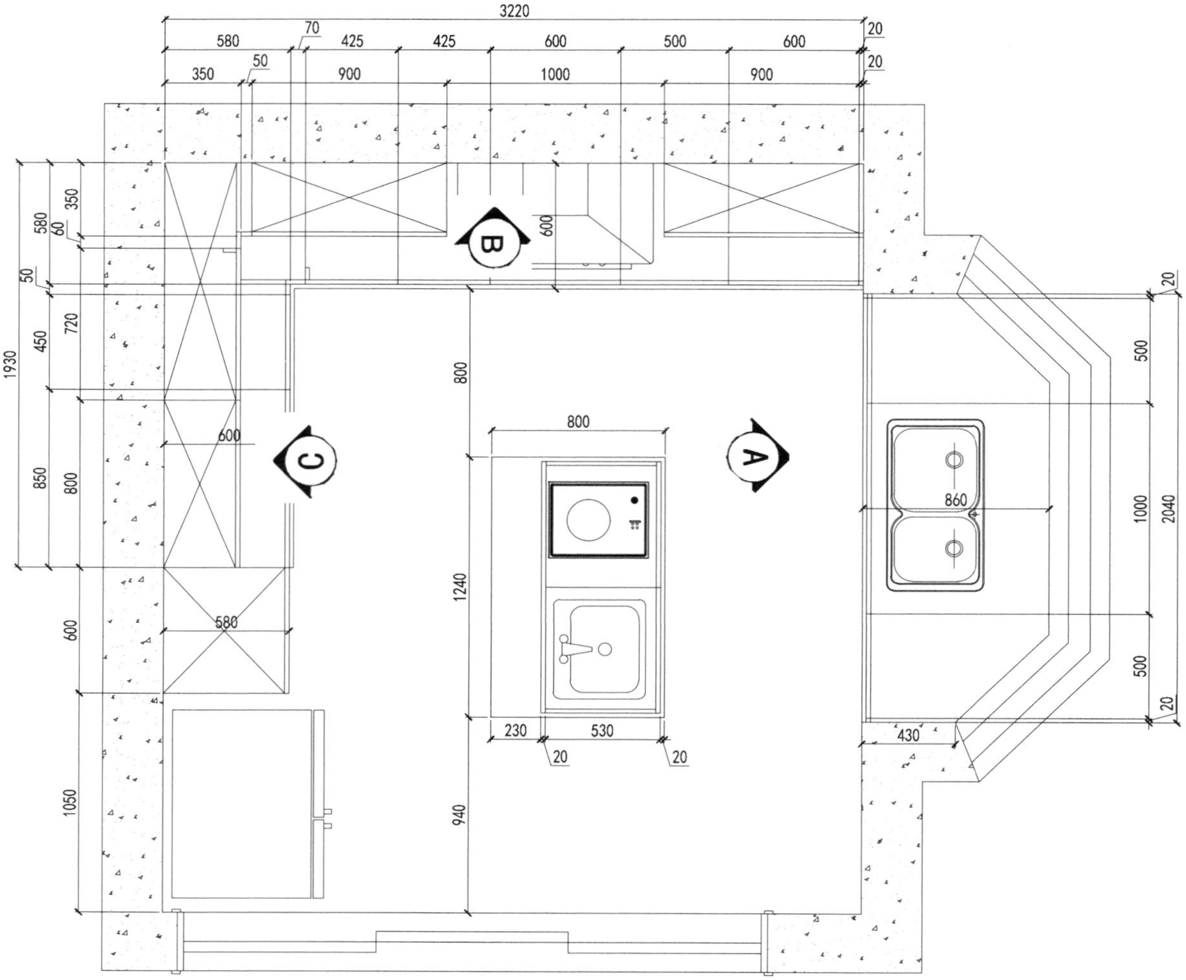
3220
580
70
425
425
600
500
600
20
350
50
900
1000
900
20
B
600
A
C
800
860
1000
2040
500
500
1930
580
350
60
50
720
450
850
800
600
600
580
1240
800
940
230
530
20
20
430
1050

样式二 平面图 1:25

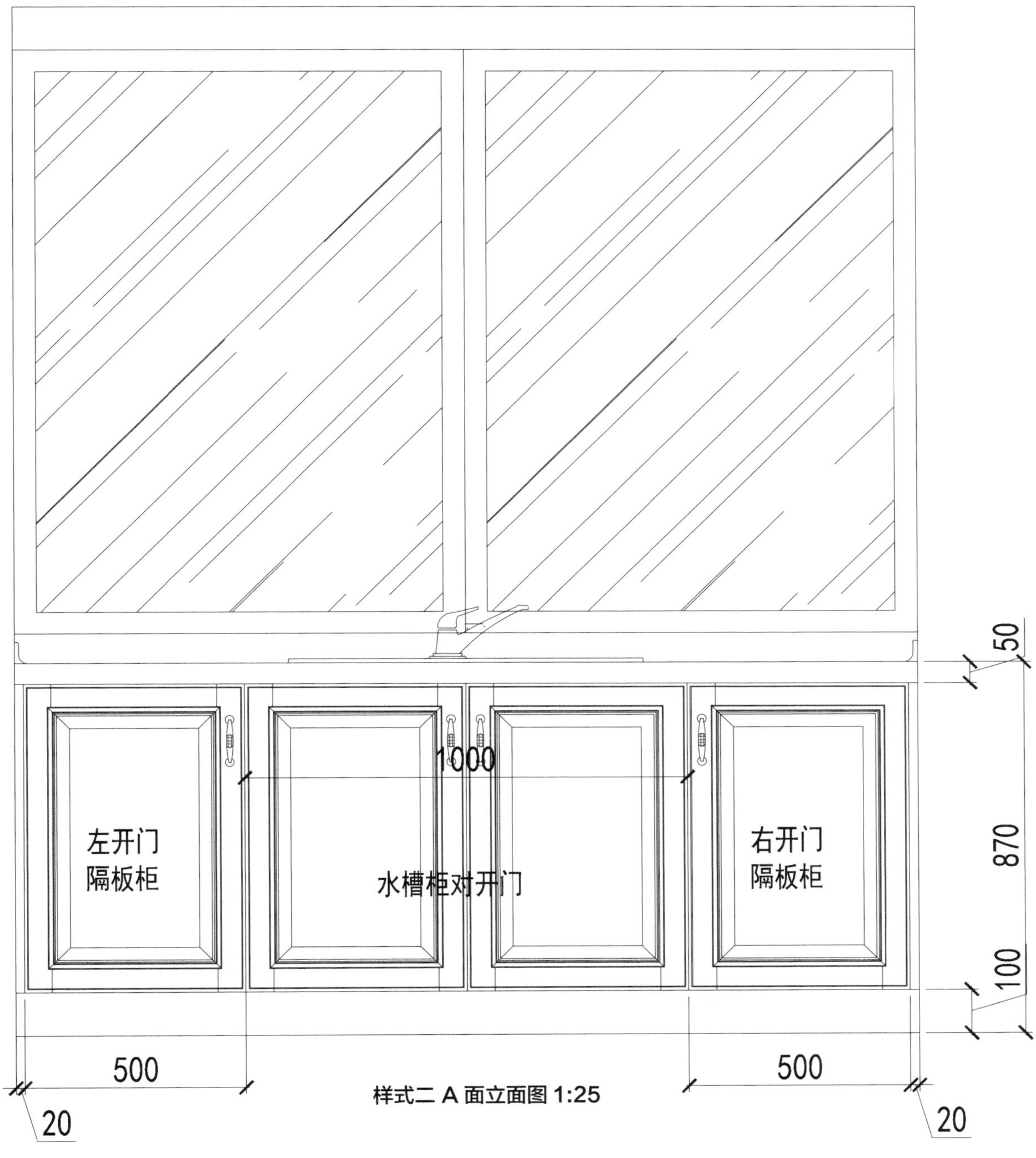

样式二 A 面立面图 1:25

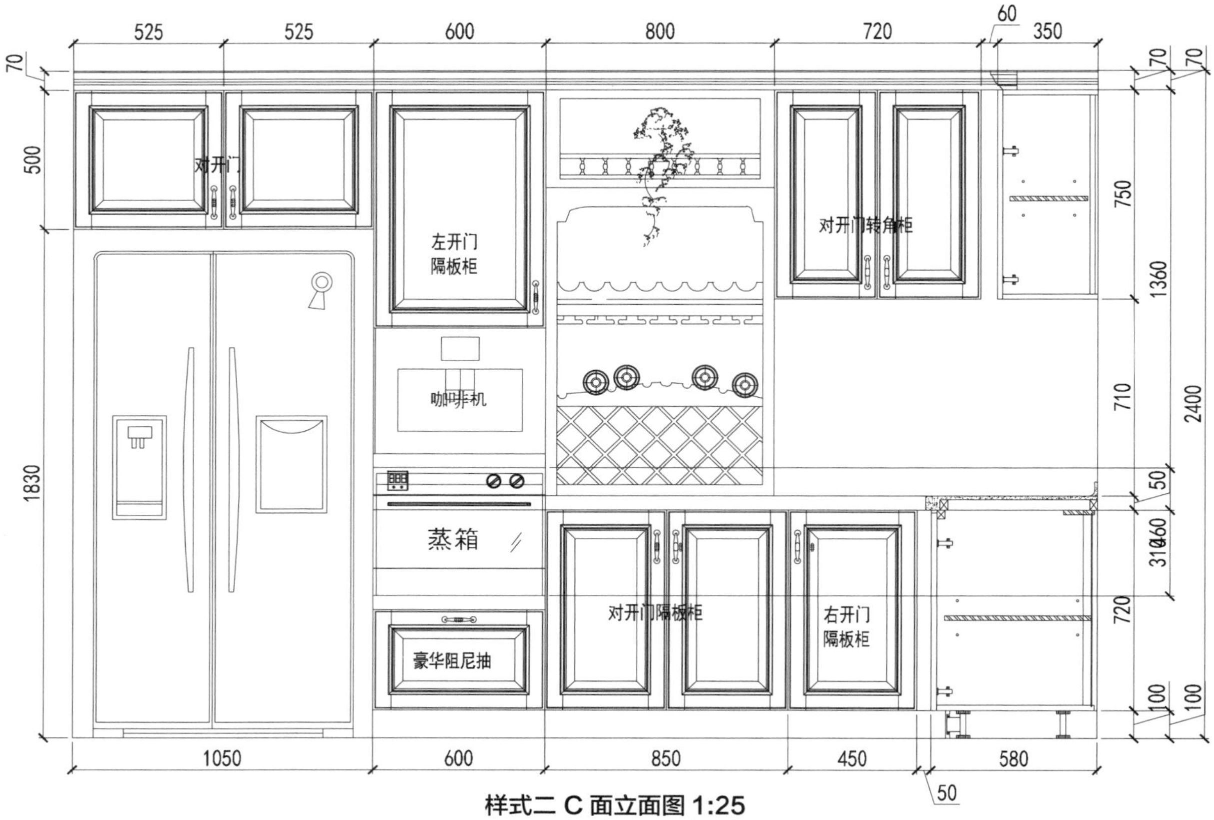

525 525 600 800 720 60 350 70 70

70

500 对开门

1830

左开门
隔板柜

咖啡机

蒸箱

豪华阻尼抽

对开门转角柜

750

1360

710

对开门隔板柜

右开门
隔板柜

2400

50

310 60

720

100 100

1050 600 850 450 580

50

样式二 C 面立面图 1:25

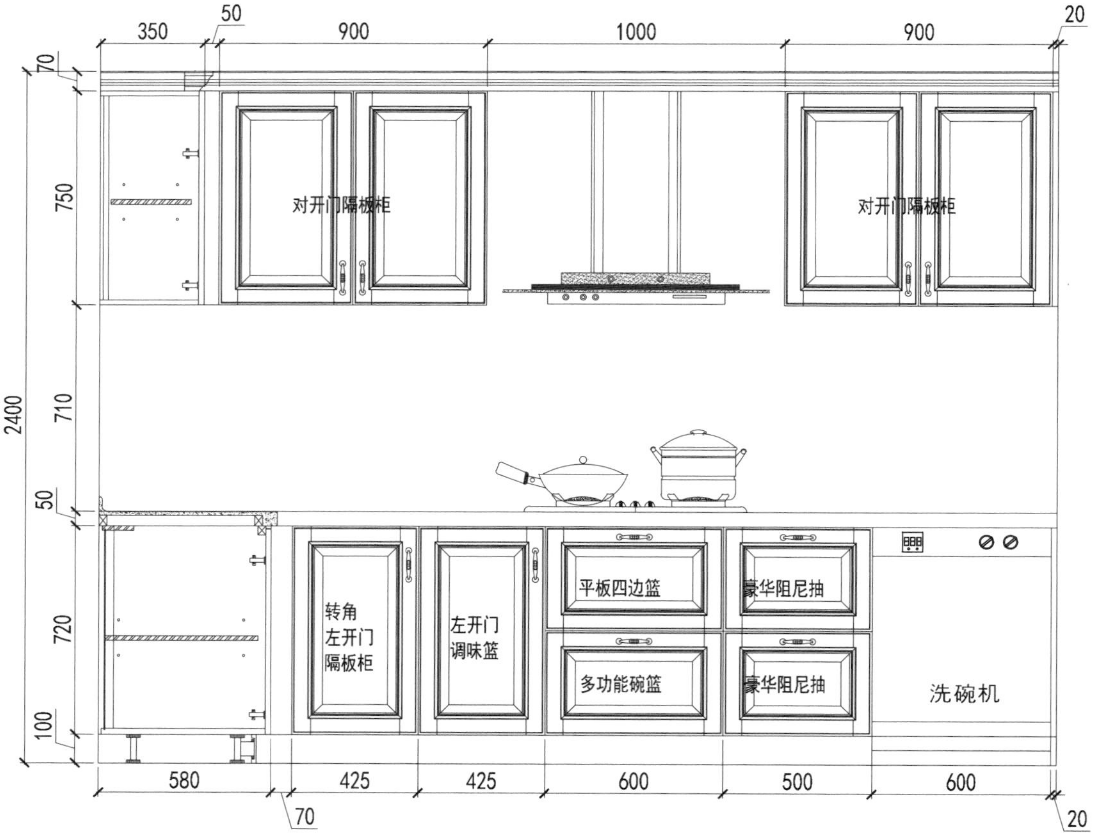

350 50 900 1000 900 20

70

750

对开门隔板柜

对开门隔板柜

2400

710

50

720

转角
左开门
隔板柜

左开门
调味篮

平板四边篮

豪华阻尼抽

多功能碗篮

豪华阻尼抽

洗碗机

100

580 425 425 600 500 600

70 20

样式二 B 面立面图 1:25

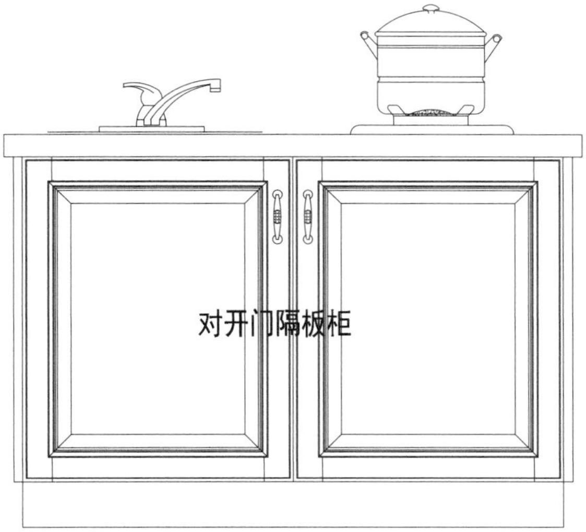

样式二 岛台正面图 1:25

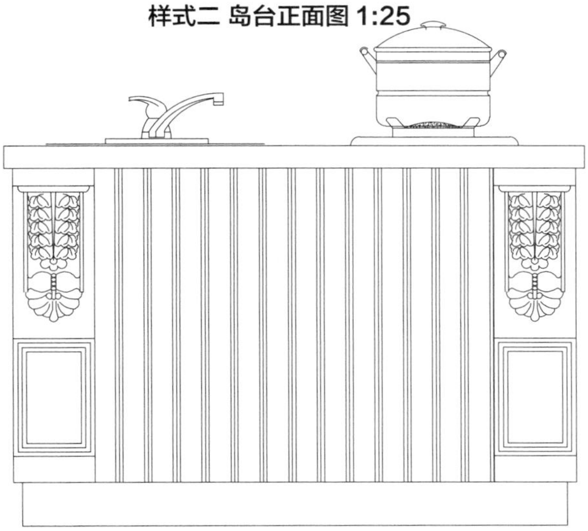

样式二 岛台反面图 1:25

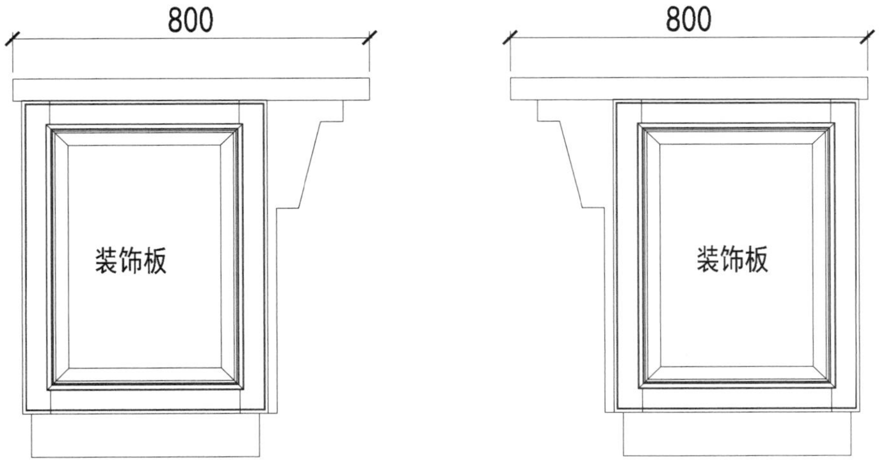

样式二 岛台侧面图 1:25

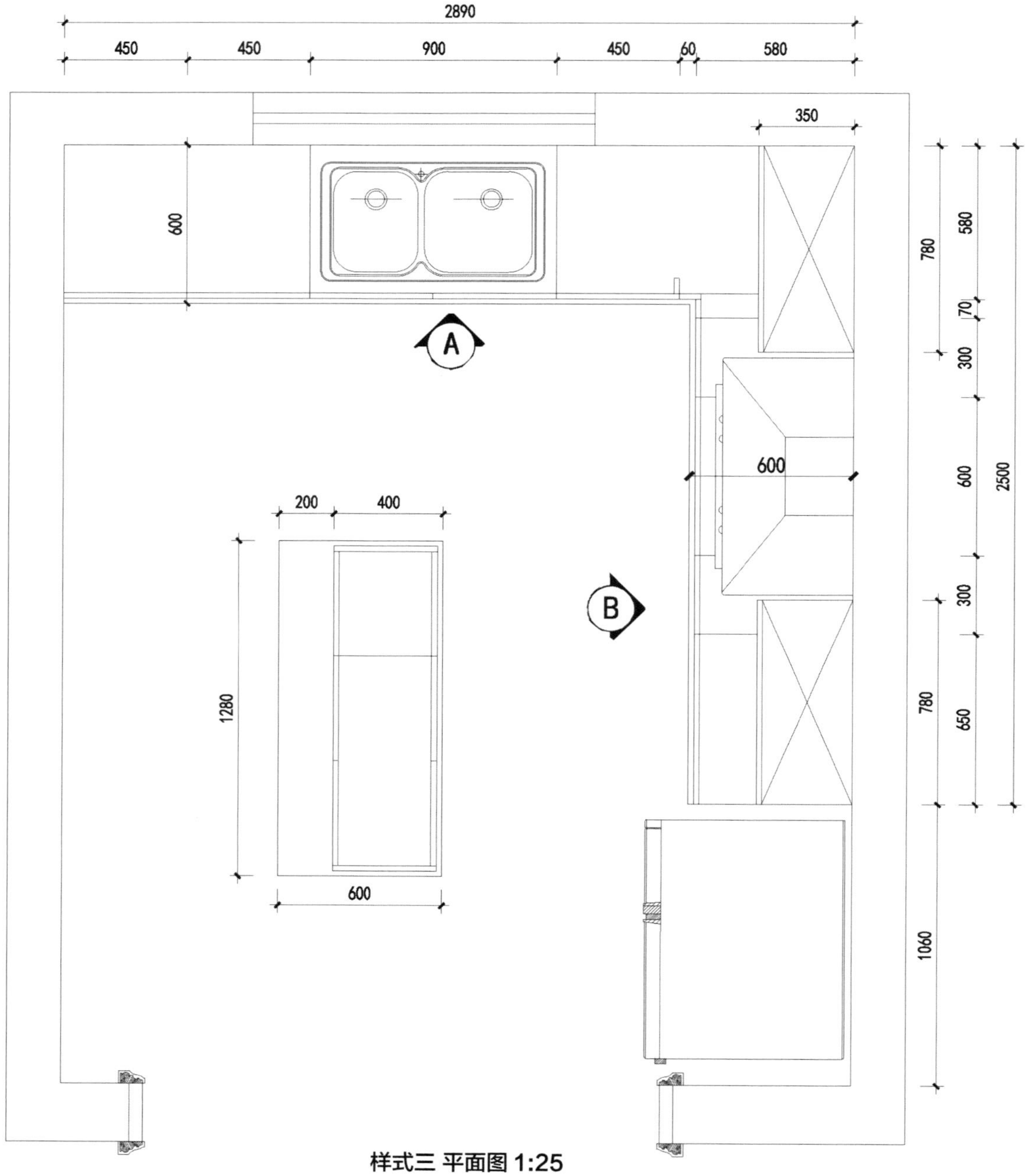
2890
450
450
900
450
60
580
350
600
780
580
70
300
600
2500
300
780
650
1060
600
200
400
1280
600
A
B

样式三 平面图 1:25

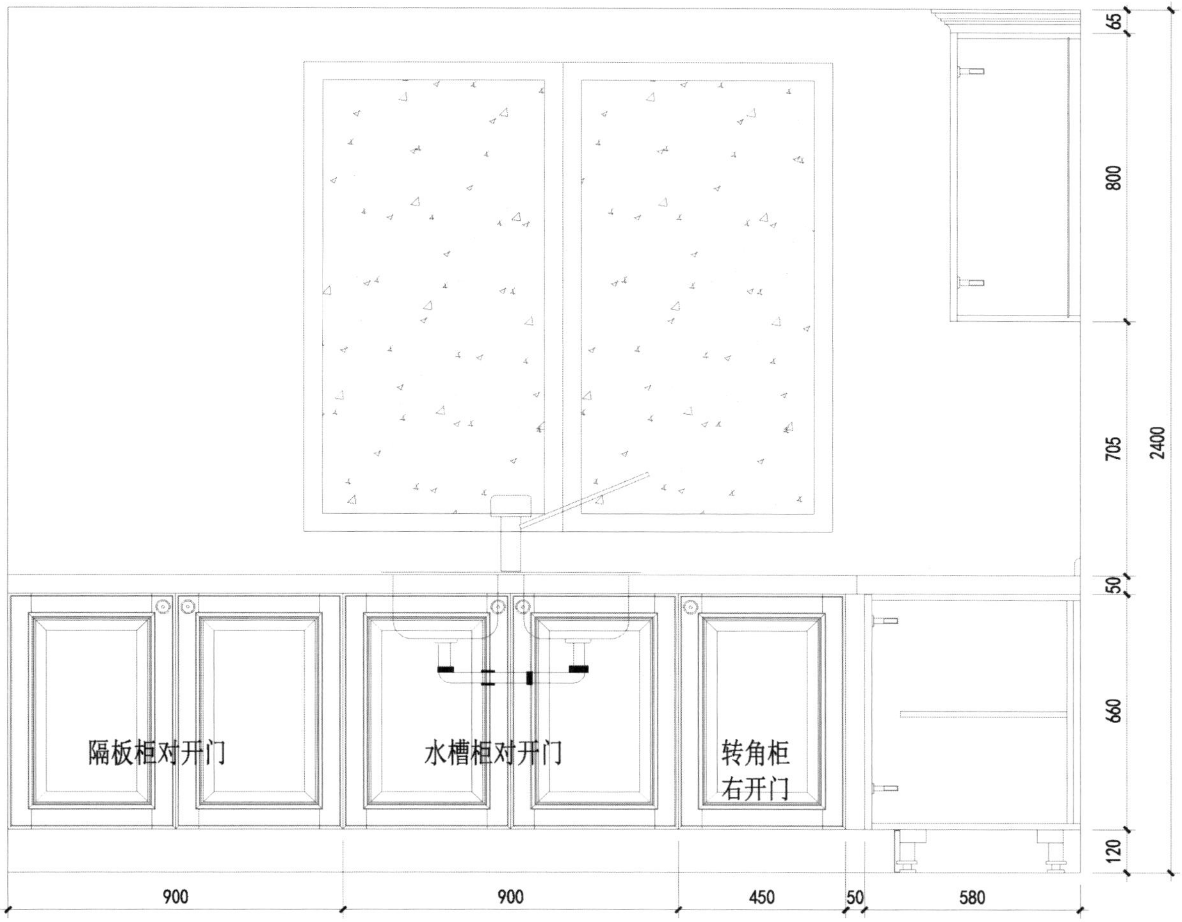

样式三 A 面立面图 1:25

样式三 B 面立面图 1:25

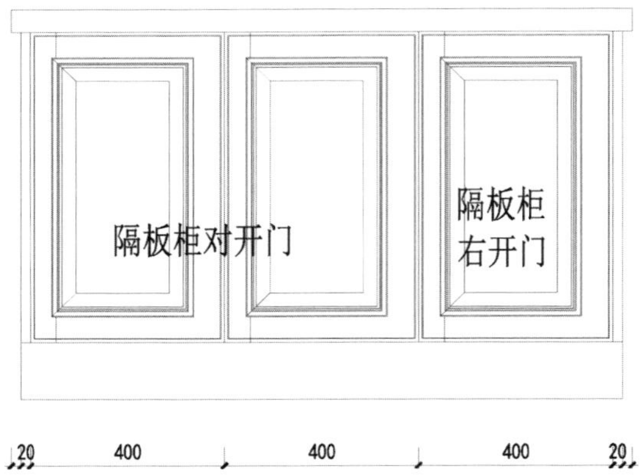

样式三 岛台正面图 1:25

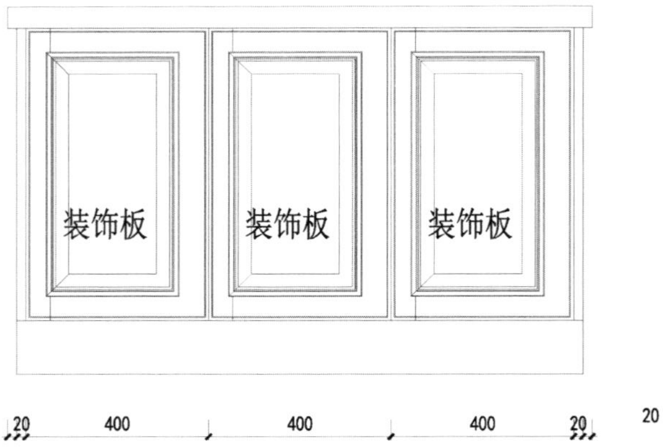

样式三 岛台反面图 1:25

第三节 实木岛型橱柜

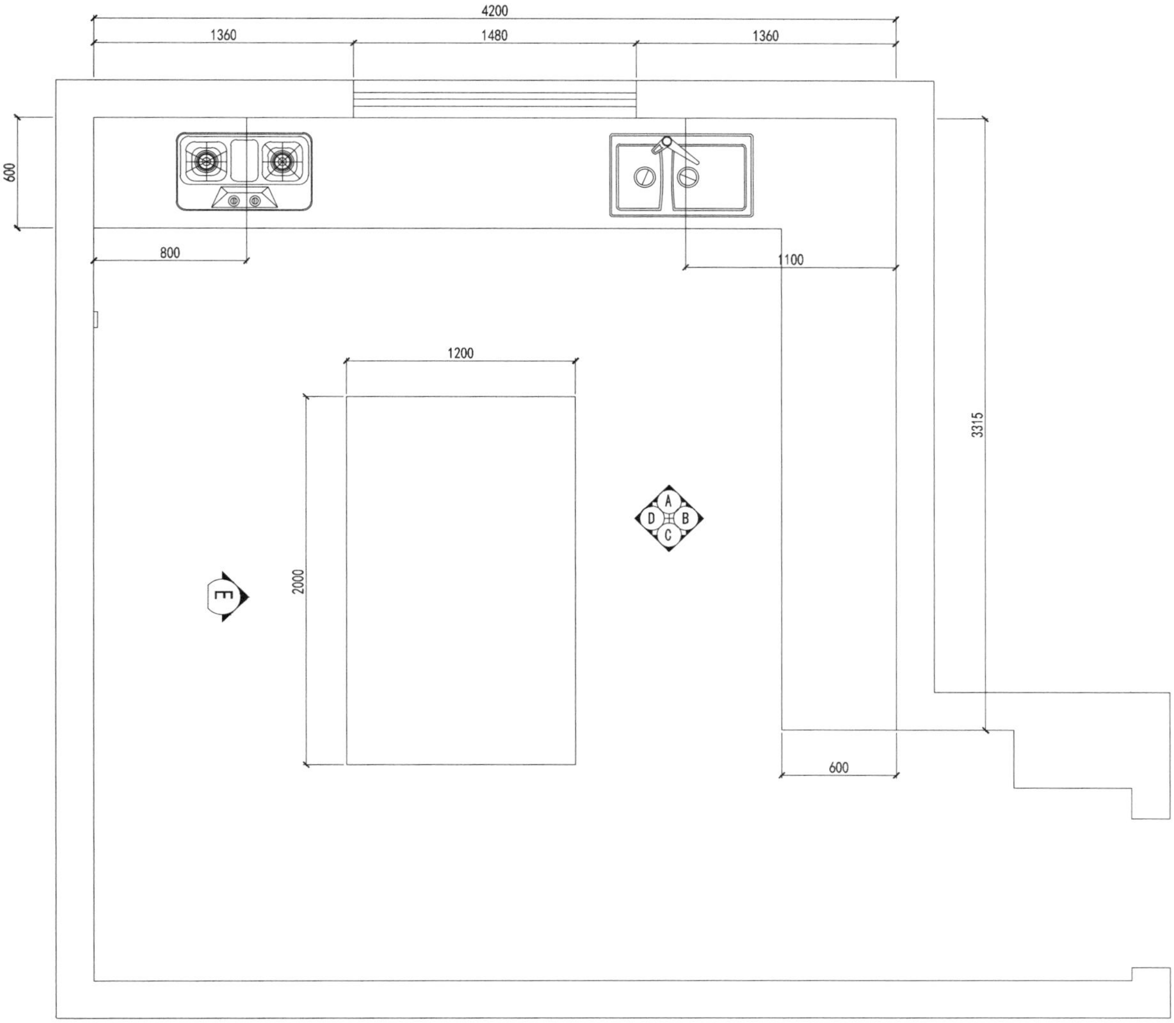

样式一 平面图 1:25

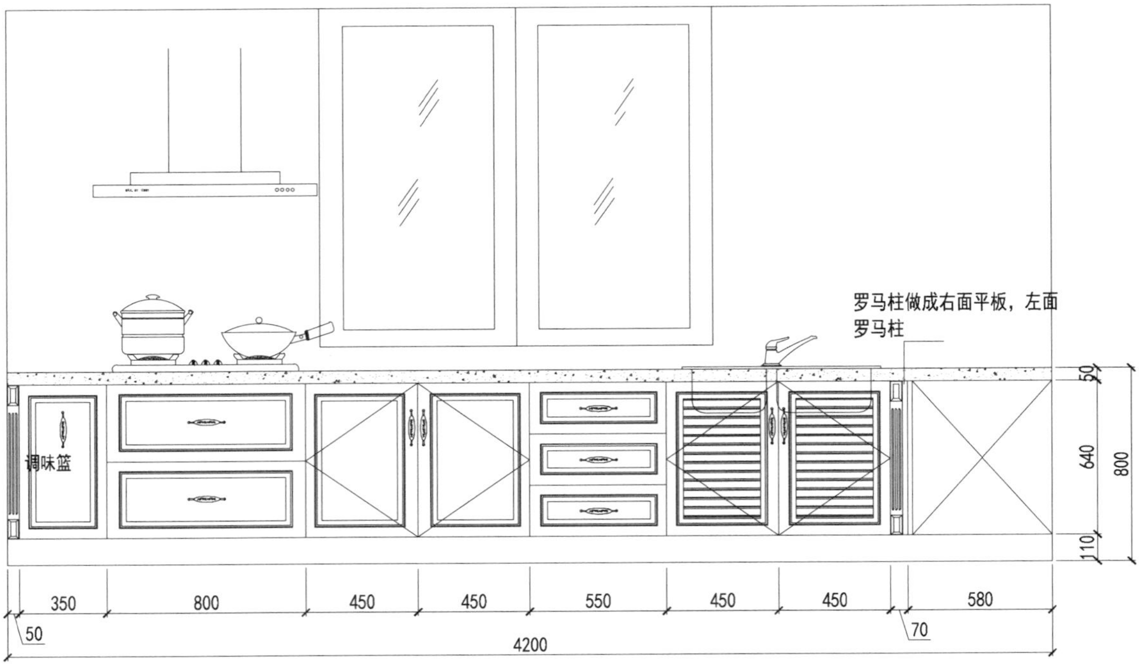

样式一 A 面立面图 1:25

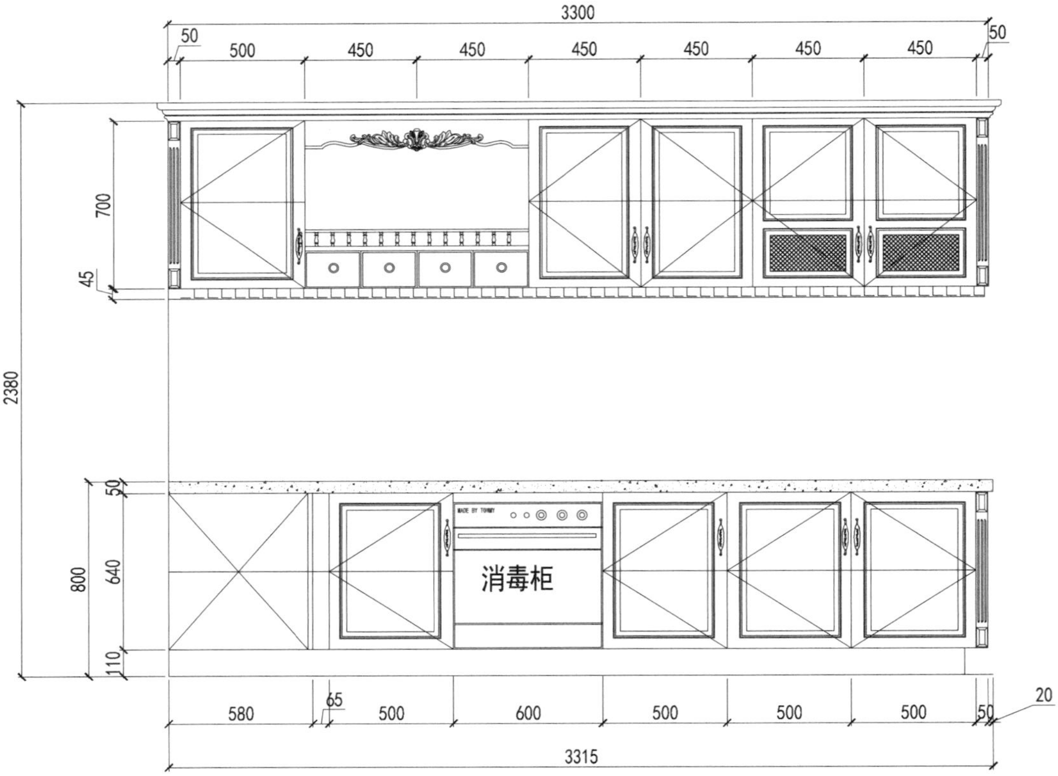

样式一 B 面立面图 1:25

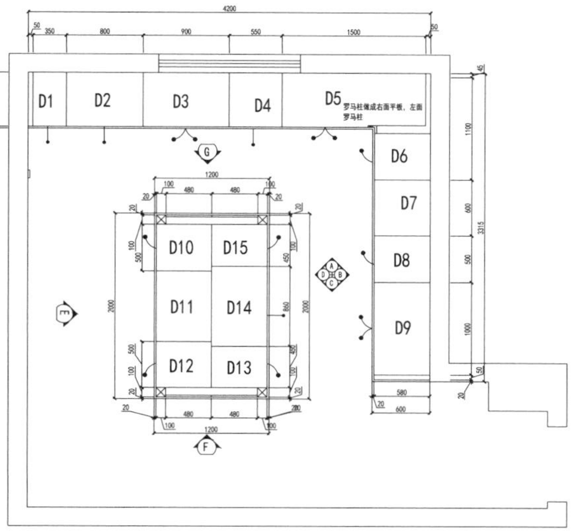

样式一 平面布置图 1:25

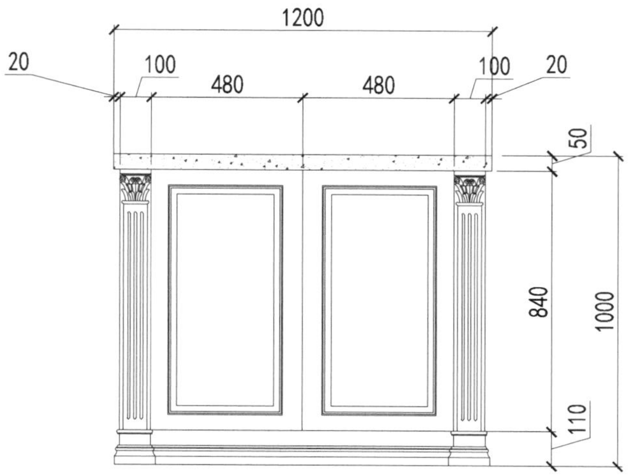

样式一 FG 面正视见光图 1:25

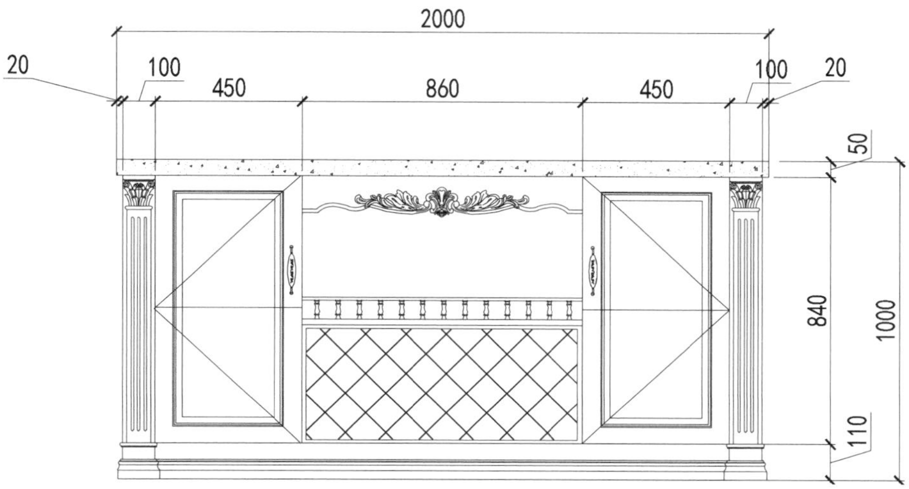

样式一 E 面正面图 1:25

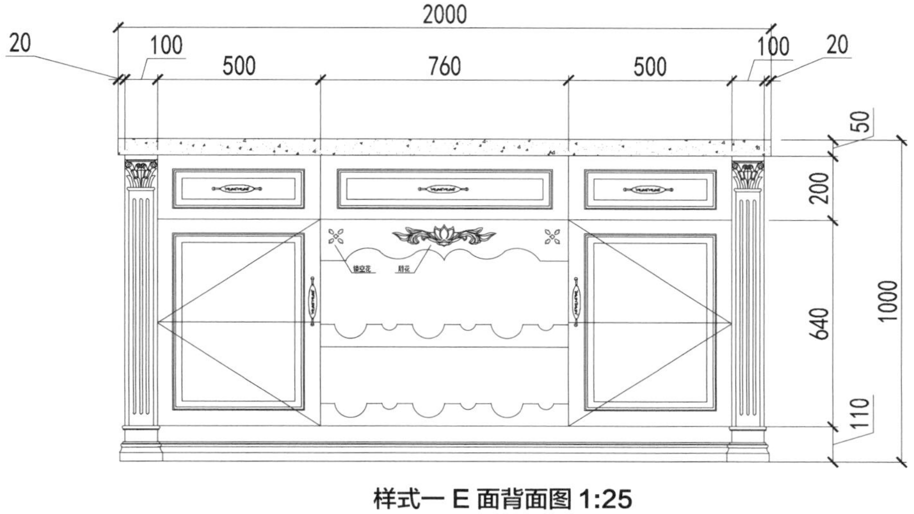

样式一 E 面背面图 1:25

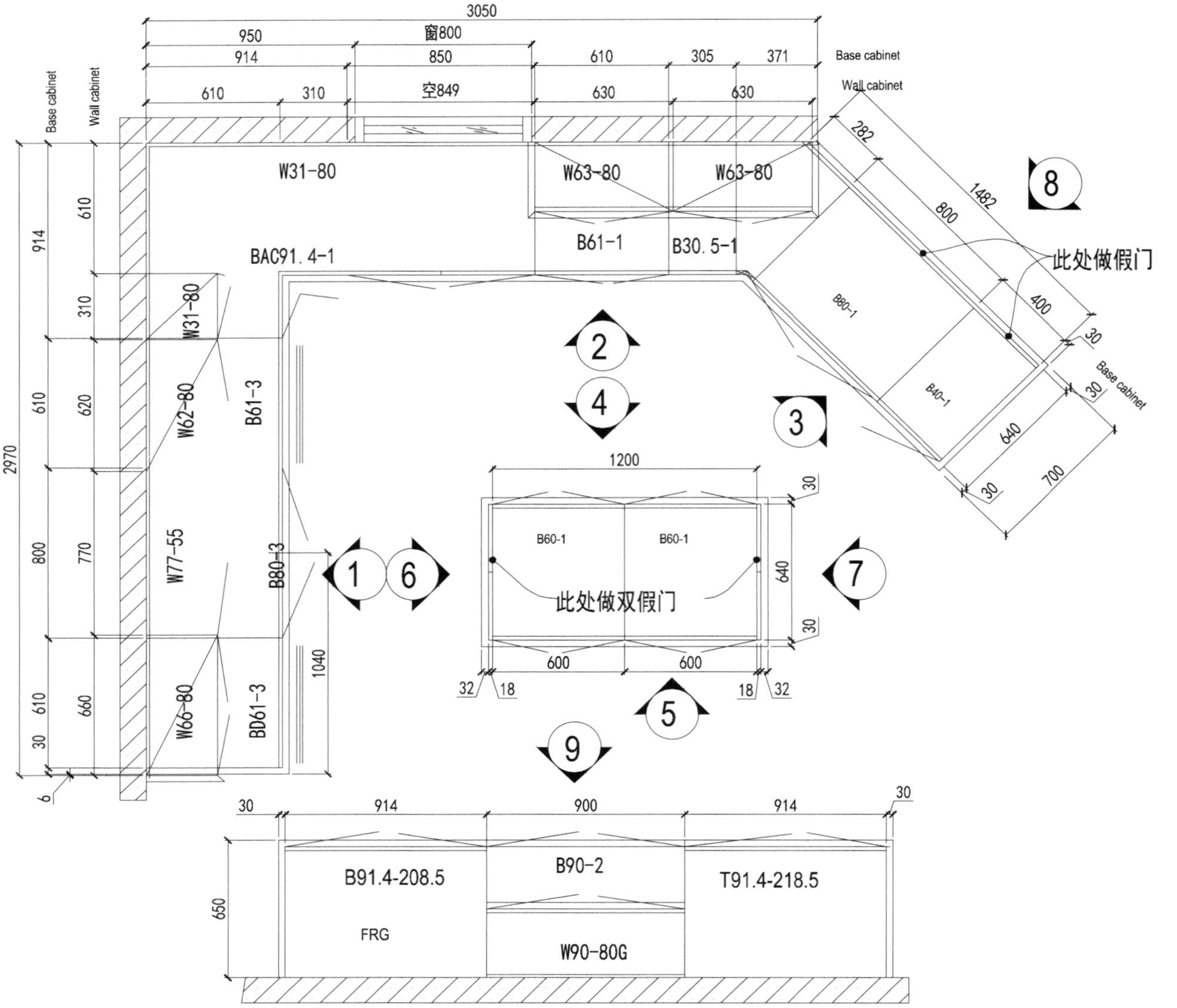
3050
950
窗800
914
850
610
305
371
610
310
空849
630
630
Base cabinet
Wall cabinet
282
1482
800
400
30
640
700
W31-80
W63-80
W63-80
B61-1
B30.5-1
BAC91.4-1
此处做假门
B80-1
B40-1
W31-80
W62-80
B61-3
W77-55
B80-3
W66-80
BD61-3
1040
2970
914
610
800
610
30
6
310
620
770
660
1200
B60-1
B60-1
此处做双假门
640
600
600
32
18
18
32
914
900
914
650
B91.4-208.5
FRG
B90-2
W90-80G
T91.4-218.5

样式二 平面图 1:25

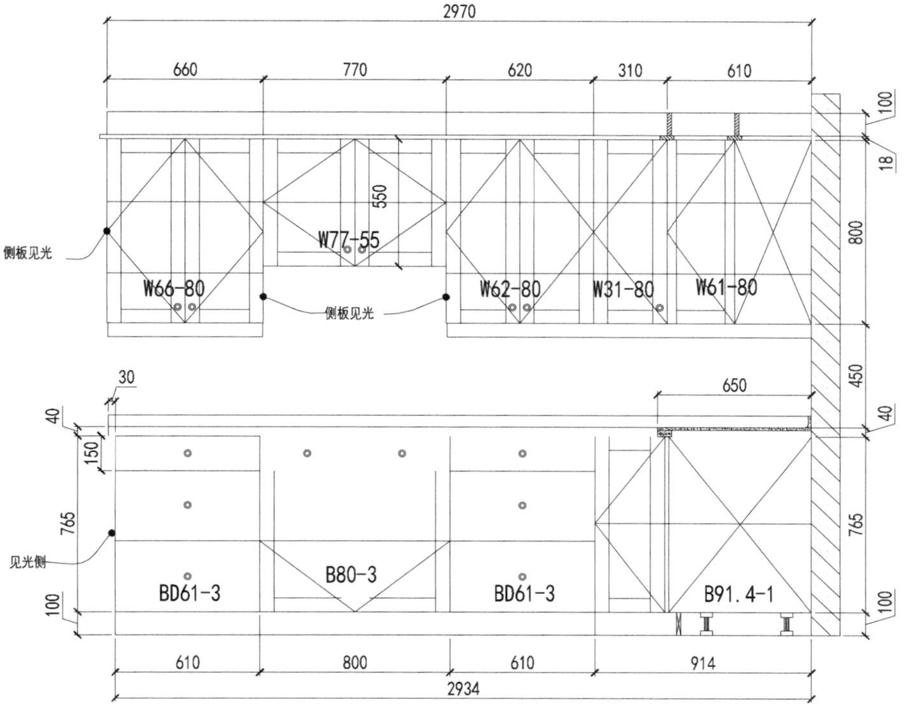

样式二 1 面立面图 1:25

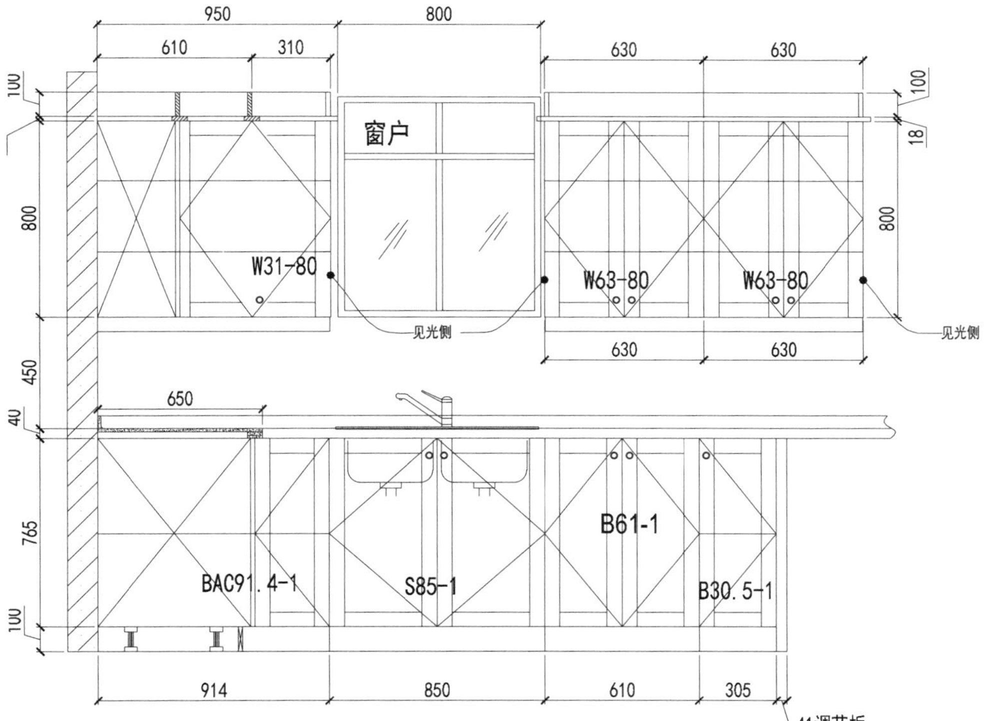

样式二 2 面立面图 1:25

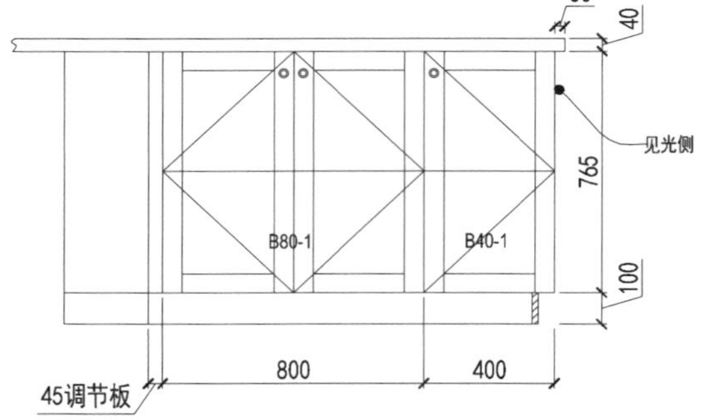

样式二 3 面立面图 1:25

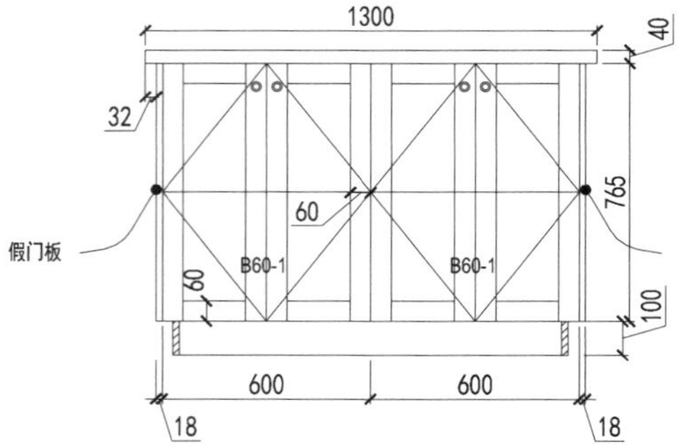

样式二 4、5 面立面图 1:25

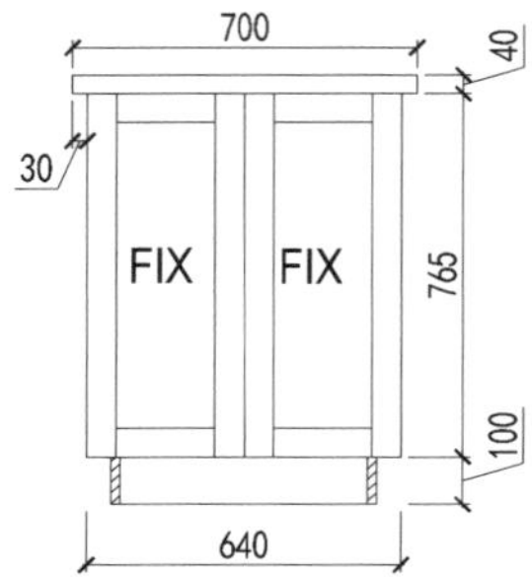

样式二 6、7 面立面图 1:25

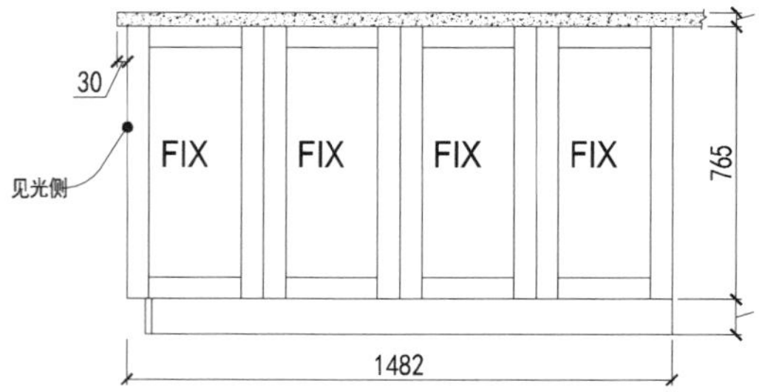

样式二 8 面立面图 1:25

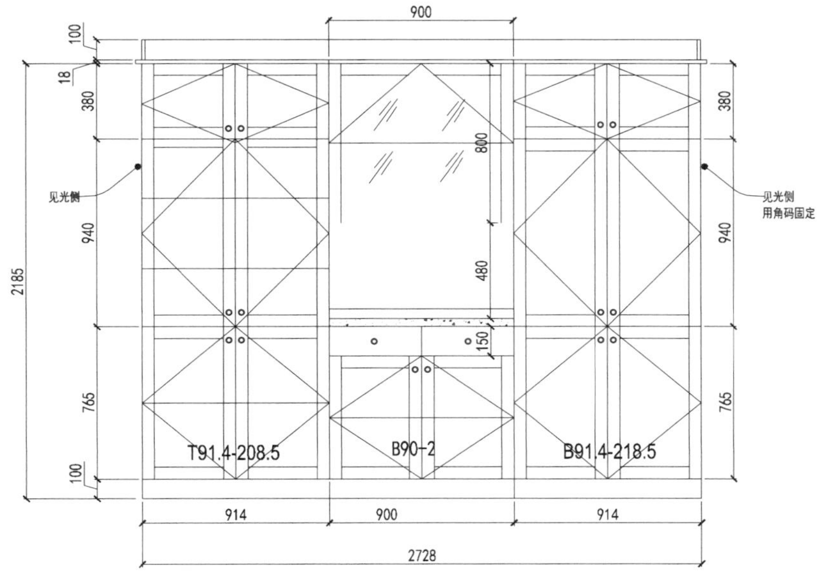

样式二 9 面立面图 1:25

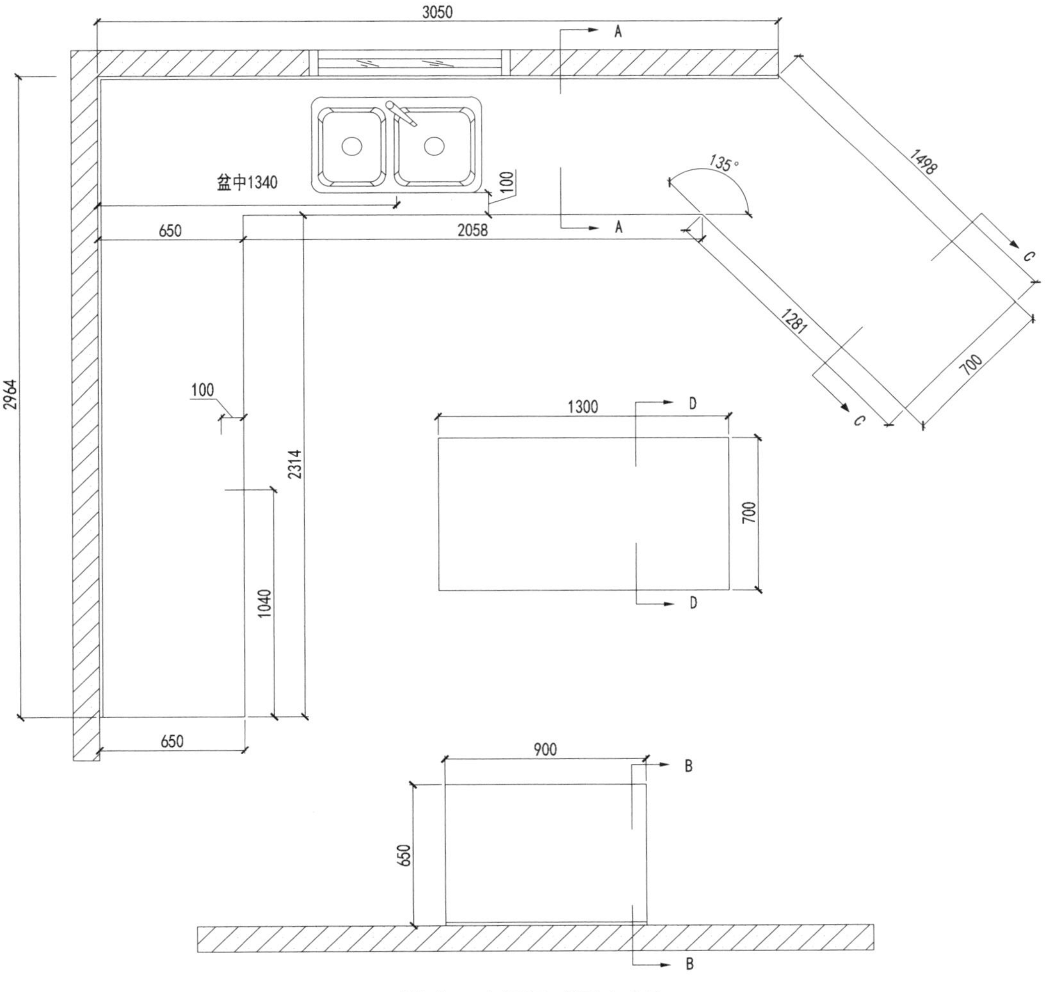

样式二 台面尺寸图 1:25

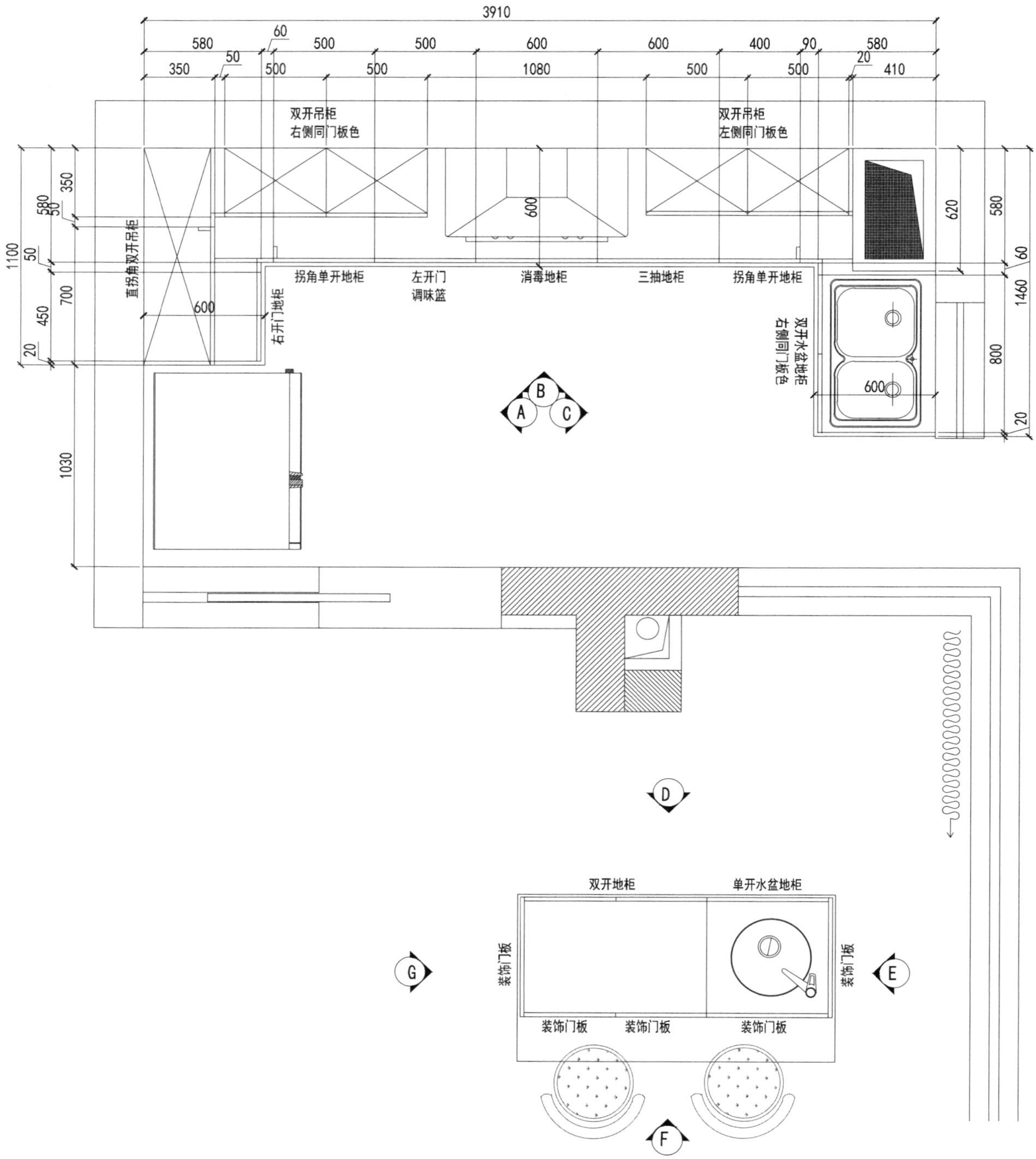

样式三 厨房平面图 1:25

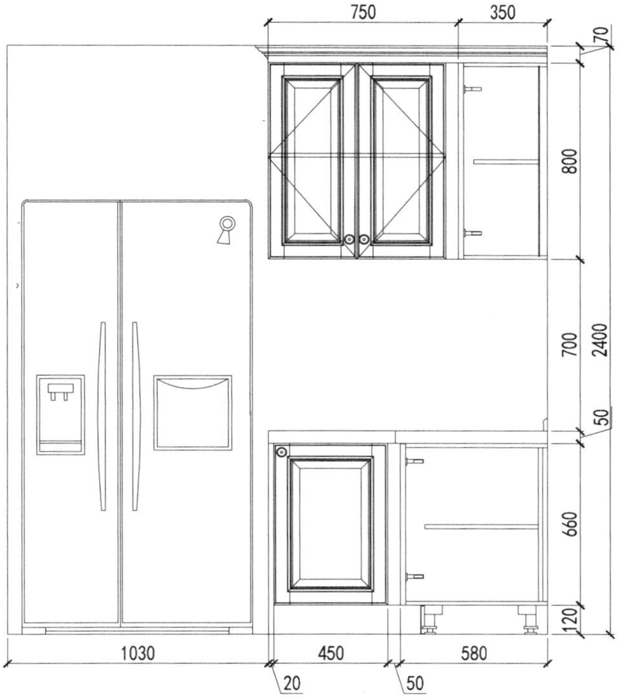

样式三 A 面立面图 1:25

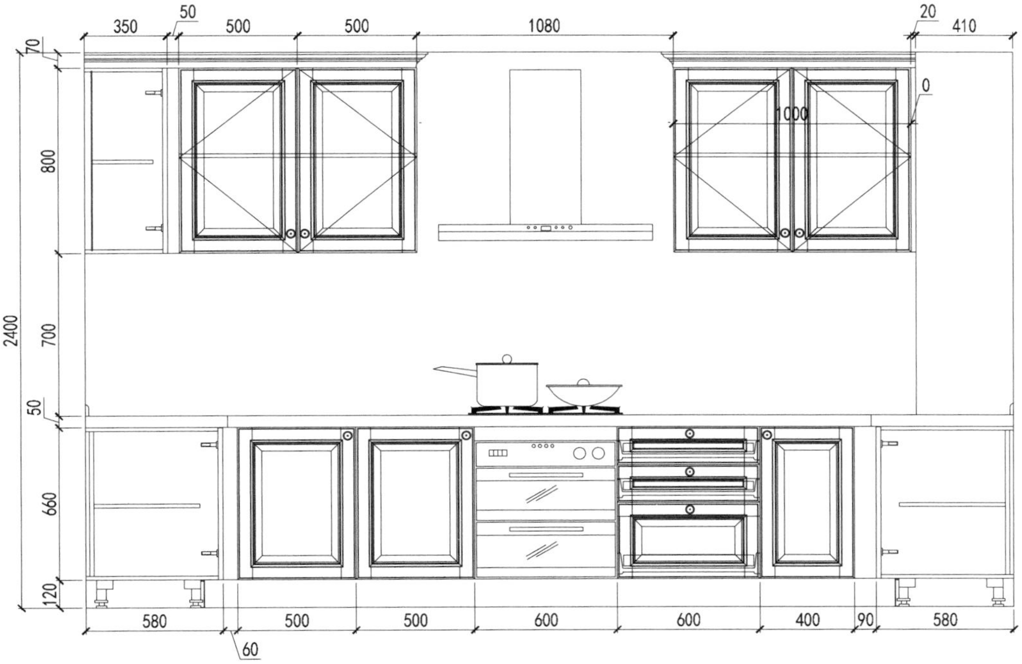

样式三 B 面立面图 1:25

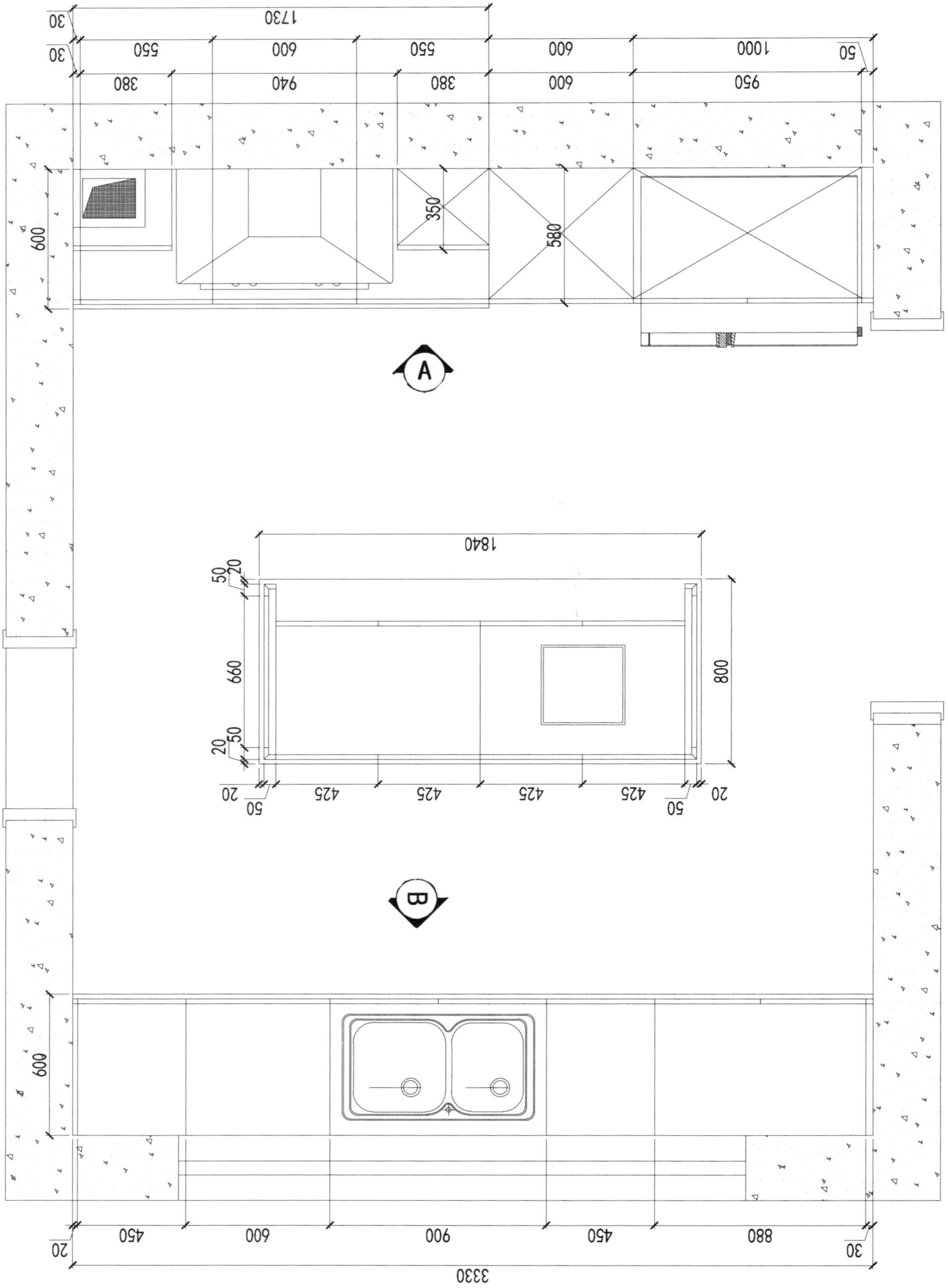

1730
30
550
600
550
600
1000
50
380
940
380
600
950
600
350
580
A
1840
50
20
660
800
425
B
600
450
900
880
3330

样式四 平面图 1:25

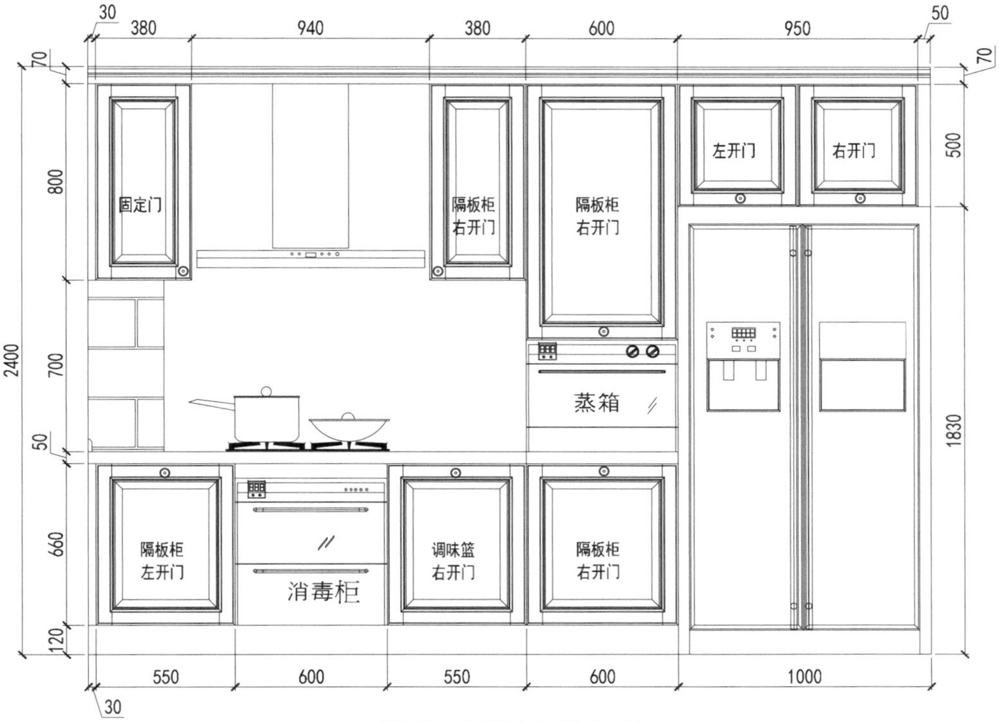

样式四 A 面立面图 1:25

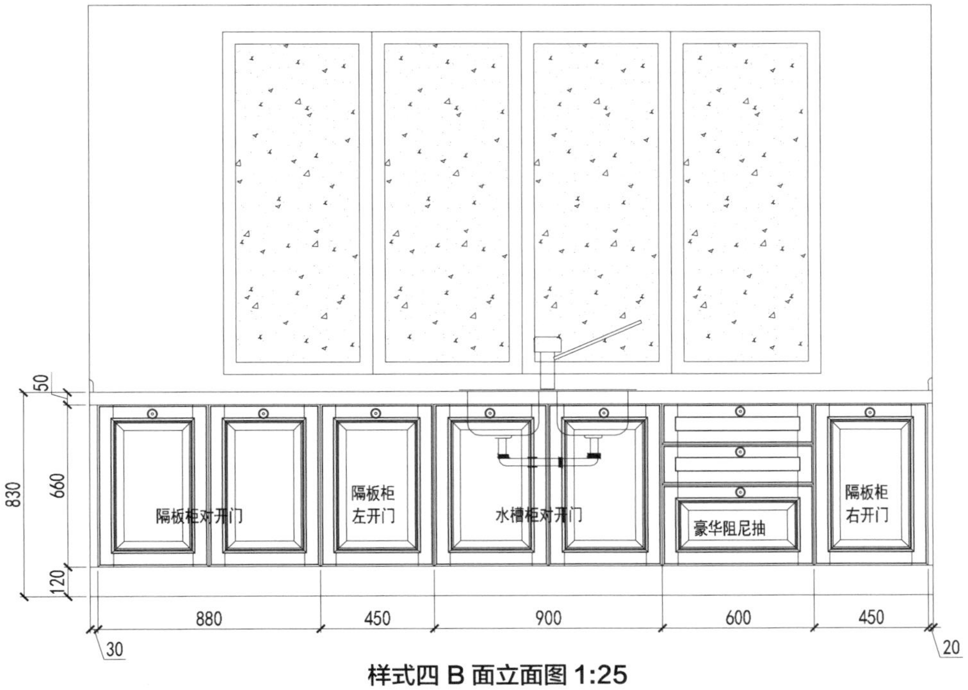

样式四 B 面立面图 1:25

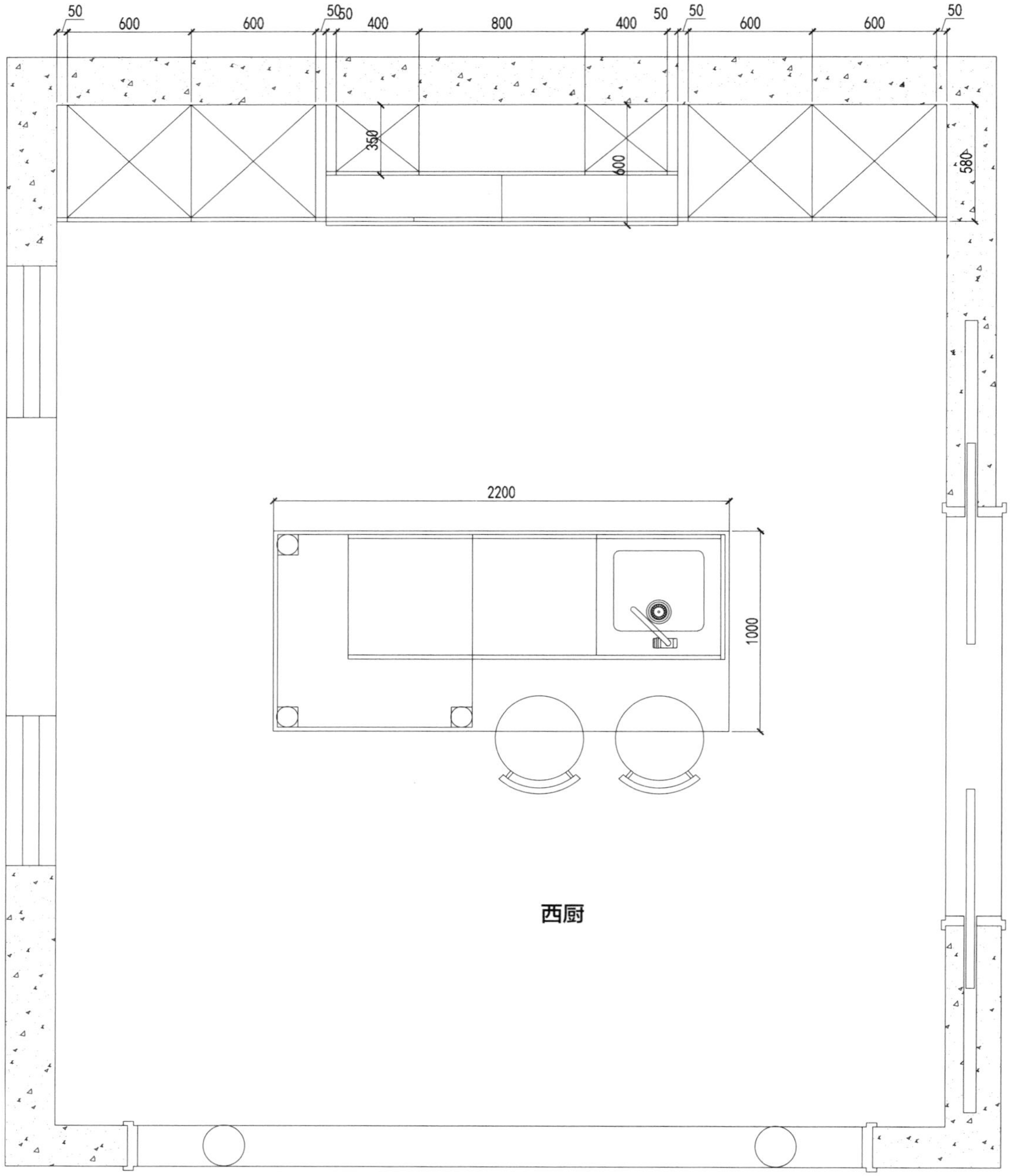
50
600
600
50
50
400
800
400
50
50
600
600
50
350
600
580
2200
1000
西厨

样式五 平面图 1:25

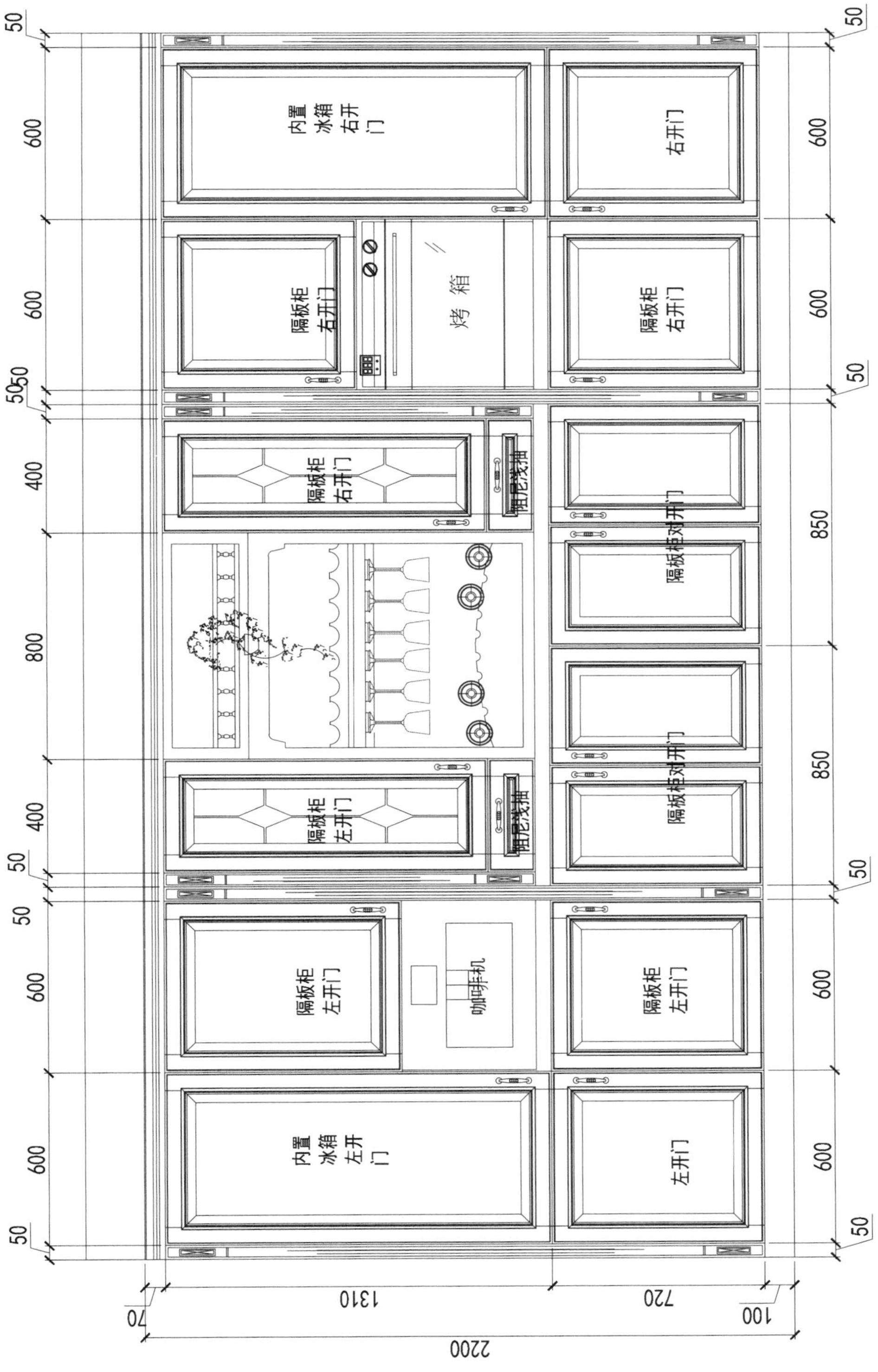
内置冰箱右开门
右开门
隔板柜右开门
烤箱
隔板柜右开门
阻尼浅抽
隔板柜对开门
隔板柜对开门
隔板柜左开门
阻尼浅抽
隔板柜左开门
咖啡机
隔板柜左开门
内置冰箱左开门
左开门
50
600
600
50
50
400
800
400
50
50
600
600
50
850
850
1310
720
70
100
2200

样式五 立面图 1:25

第五章

橱柜配件

第一节 橱柜门

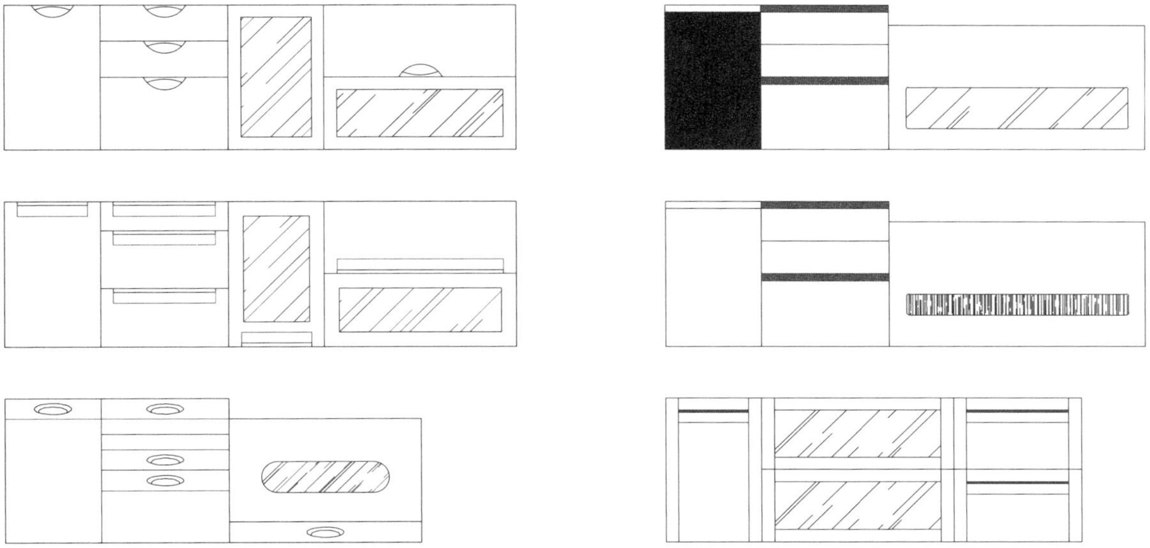

系列一 常用现代门形 1:30

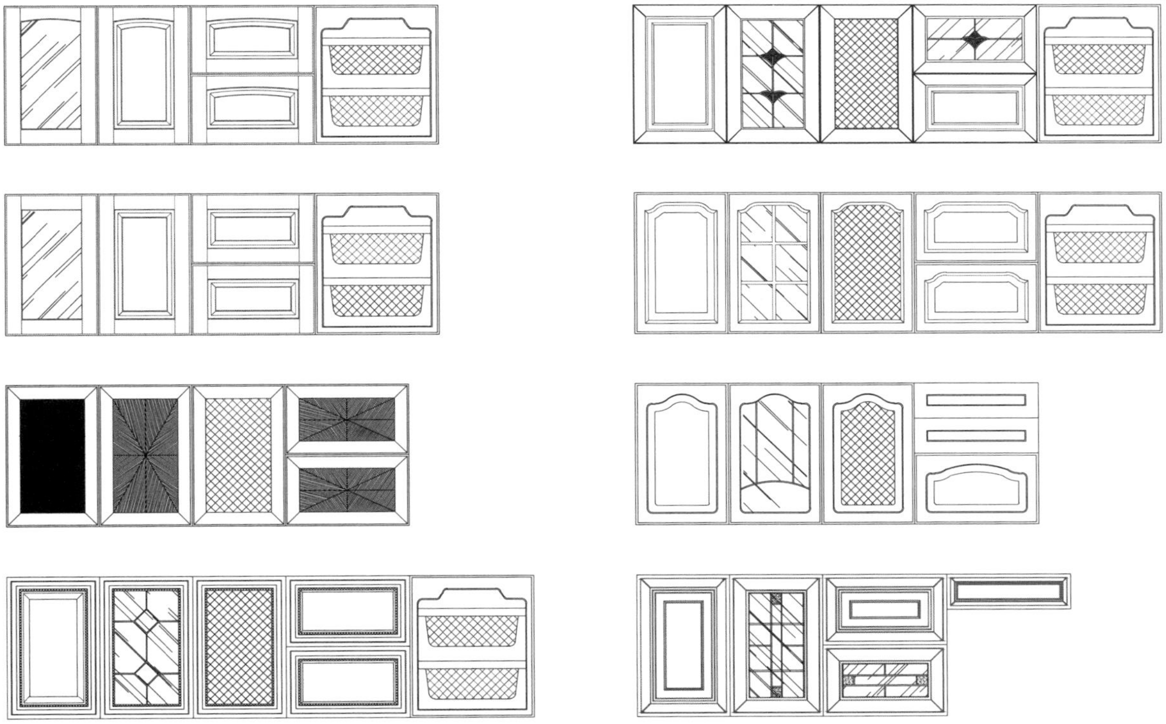

系列二 复合实木门形 1:30

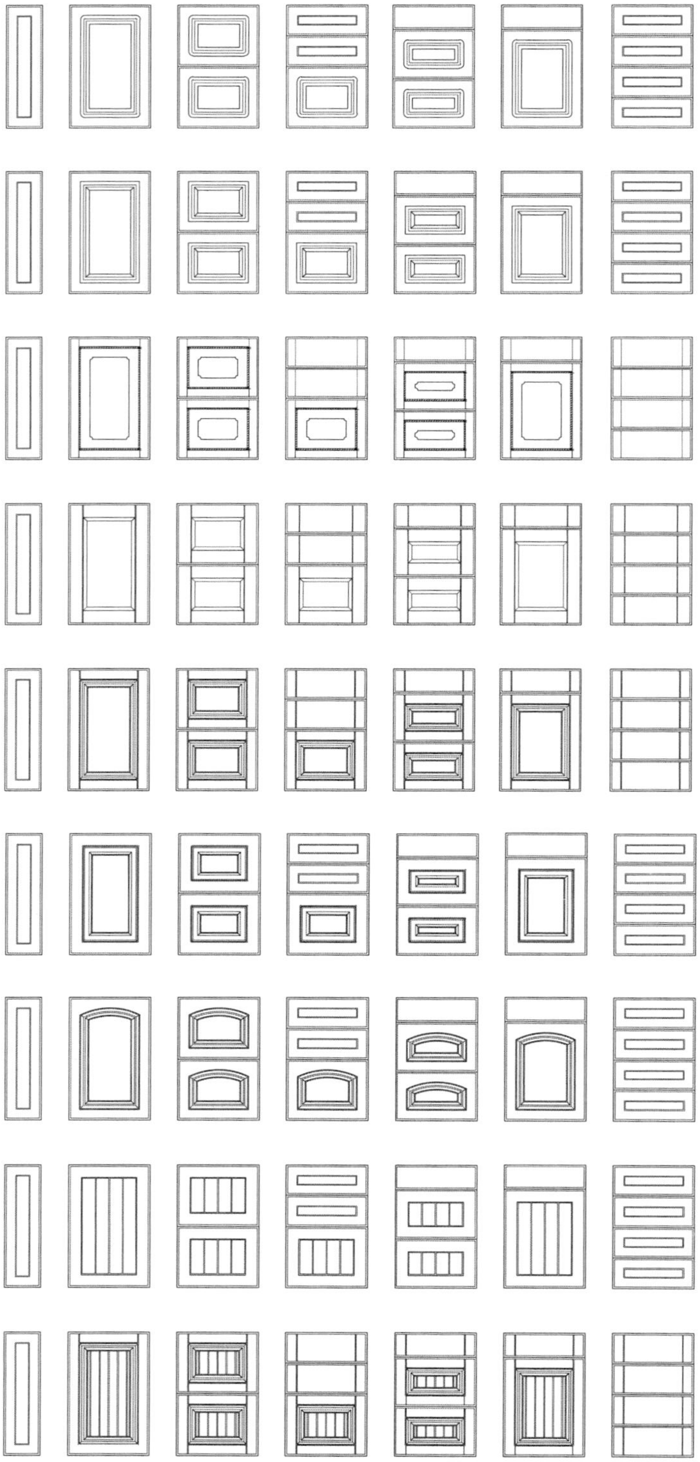

系列三 实木木门 1:30

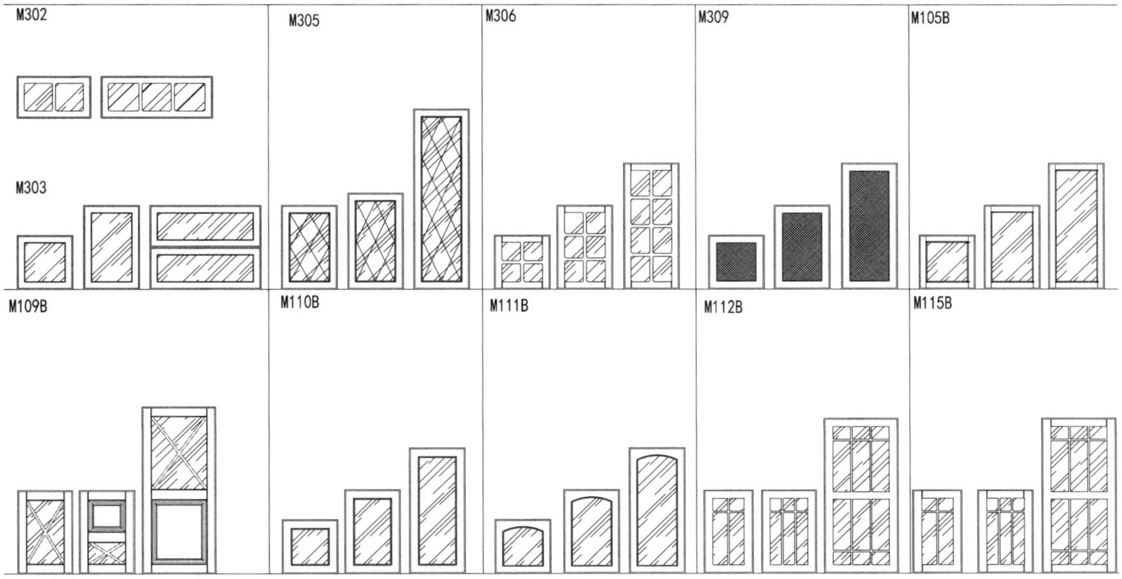

系列四 玻璃门型 1:30

系列五 其它常用门系列 1:30

第二节 拉 手

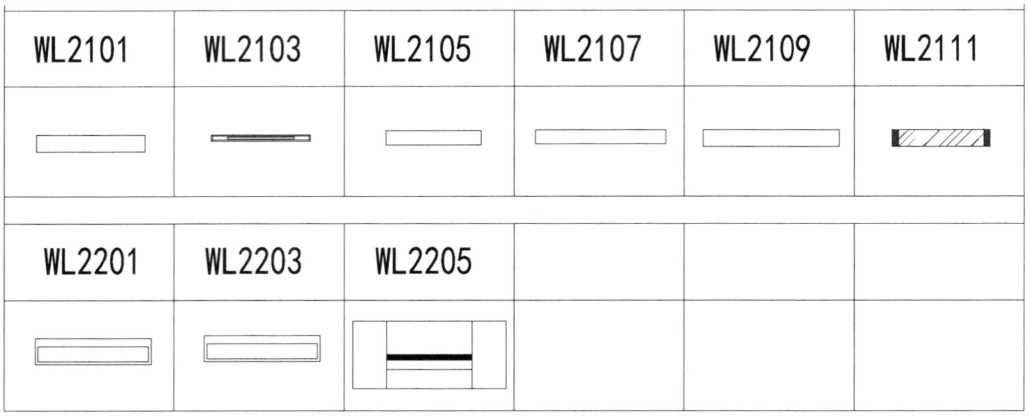
WL2101
WL2103
WL2105
WL2107
WL2109
WL2111
WL2201
WL2203
WL2205

系列一 1:30

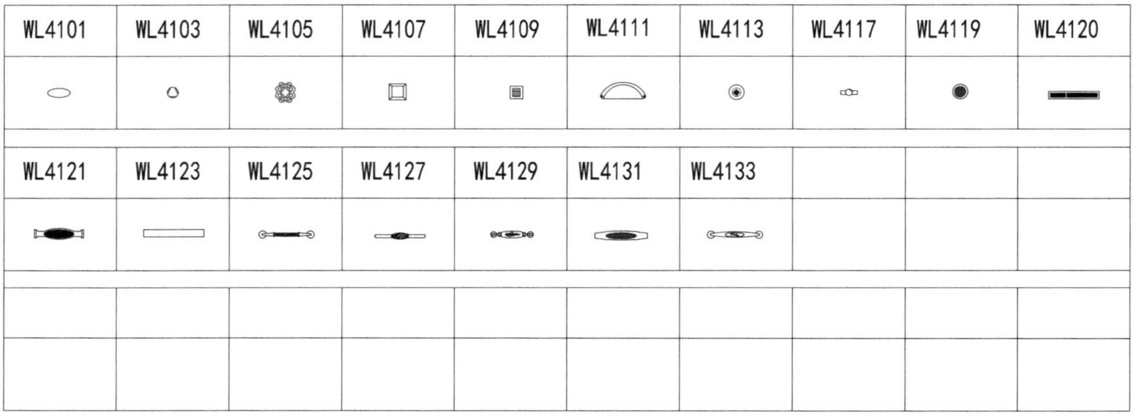
WL4101
WL4103
WL4105
WL4107
WL4109
WL4111
WL4113
WL4117
WL4119
WL4120
WL4121
WL4123
WL4125
WL4127
WL4129
WL4131
WL4133

系列二 1:30

第三节 功能柜

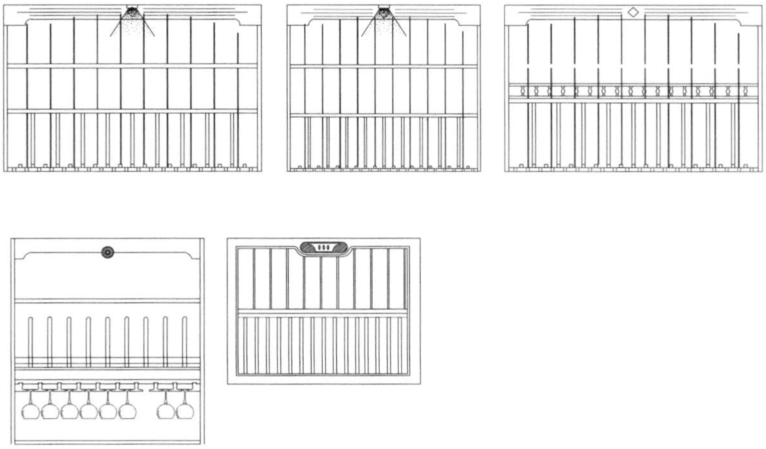

系列一 碗碟吊柜 1:15

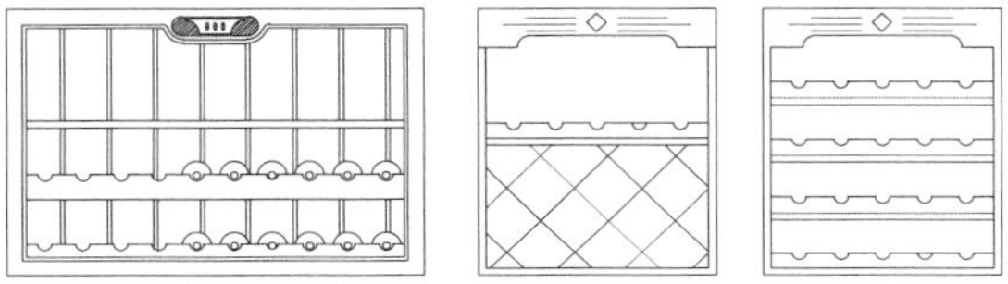

系列二 酒柜 1:15

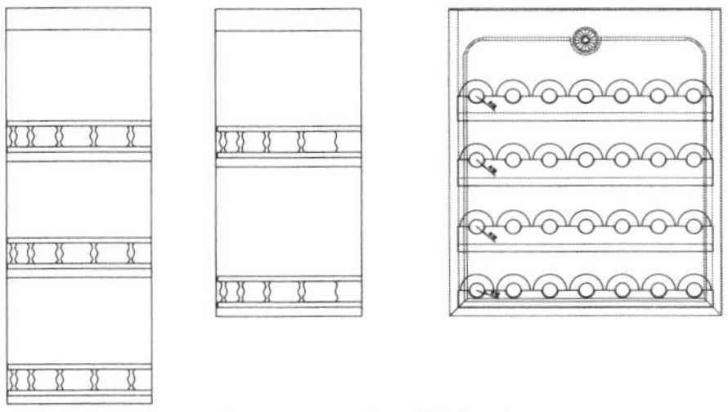

系列三 圆弧开放柜 1:15

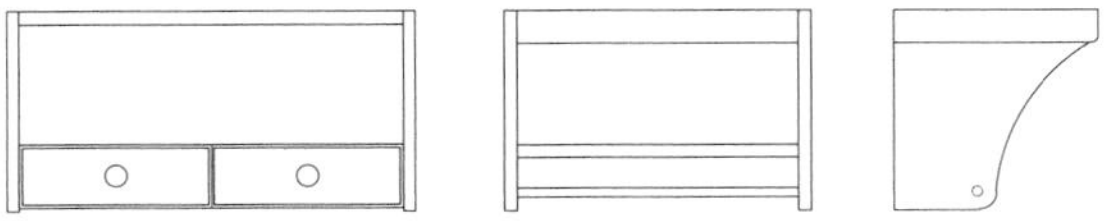

系列四 调料柜 1:15

第四节 转角柜

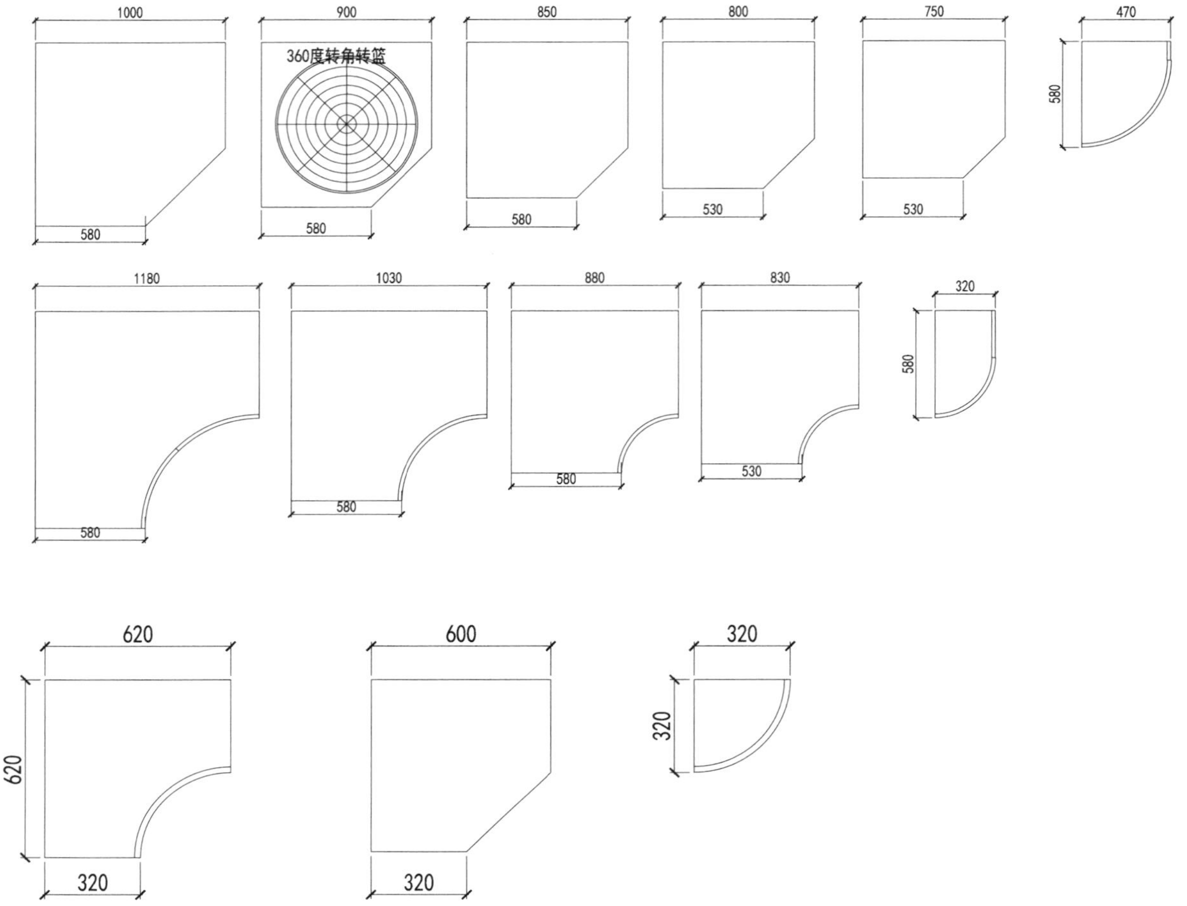

系列一 地柜 1:15

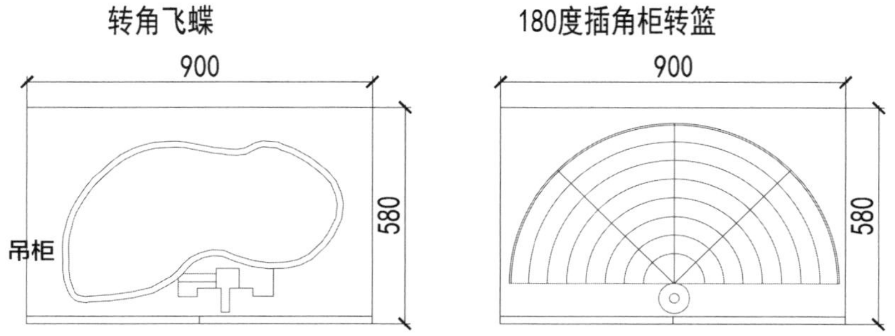

系列二 吊柜 1:15

第五节 吧 台

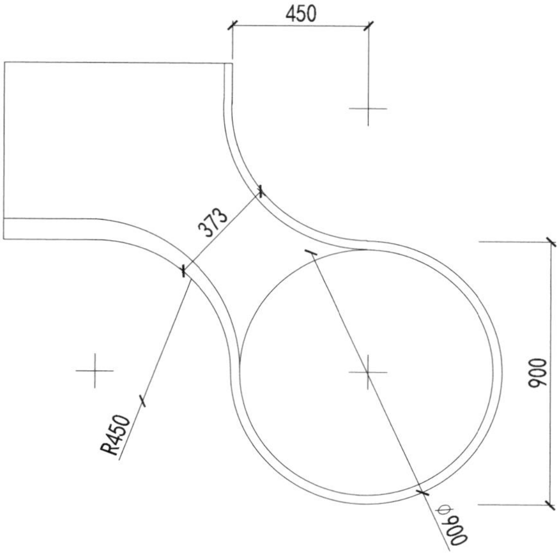

样式一 1:15

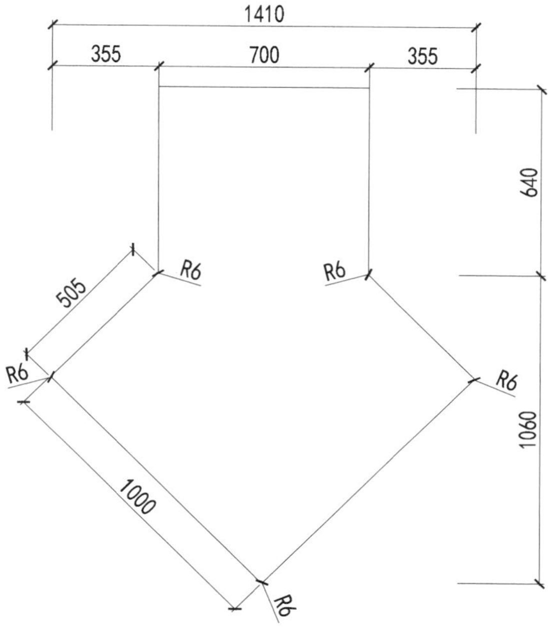

样式二 1:15

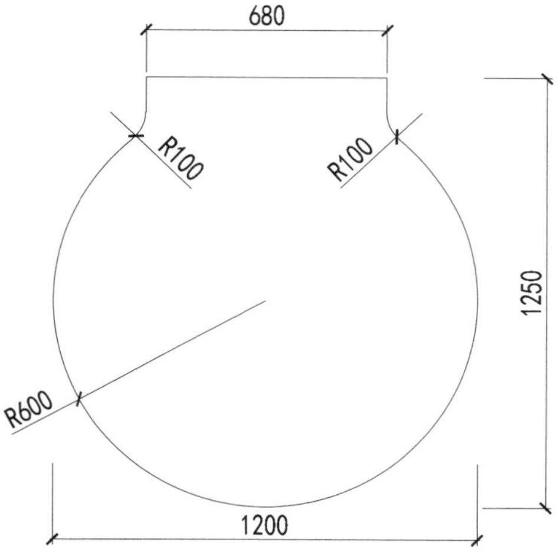

吧台

样式三 1:15

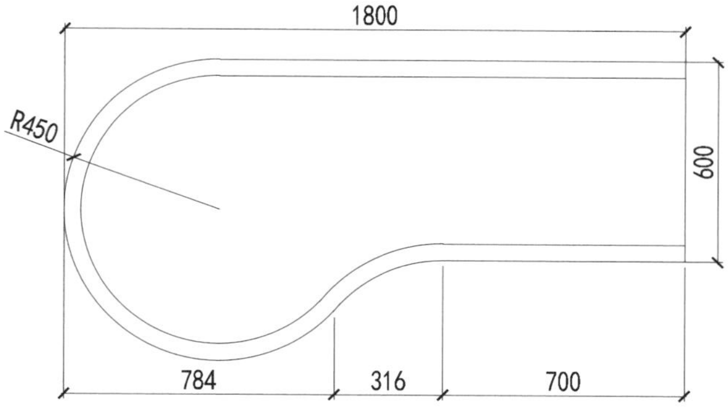

样式四 1:15

第六节 烟罩机

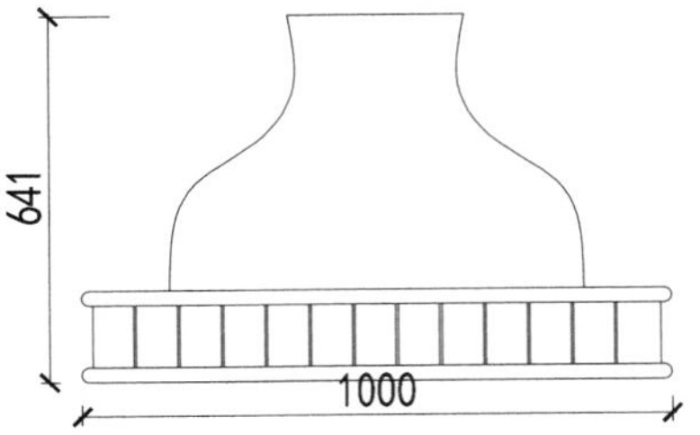

G-01

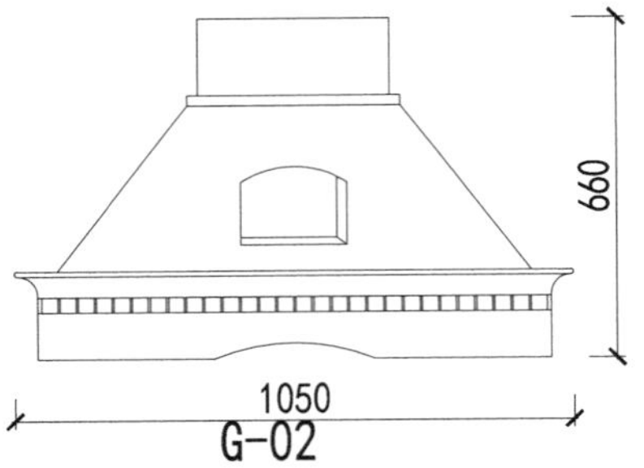

G-02

G-01

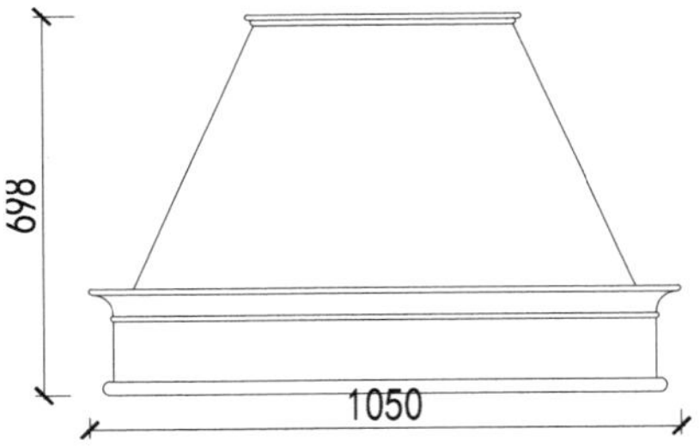

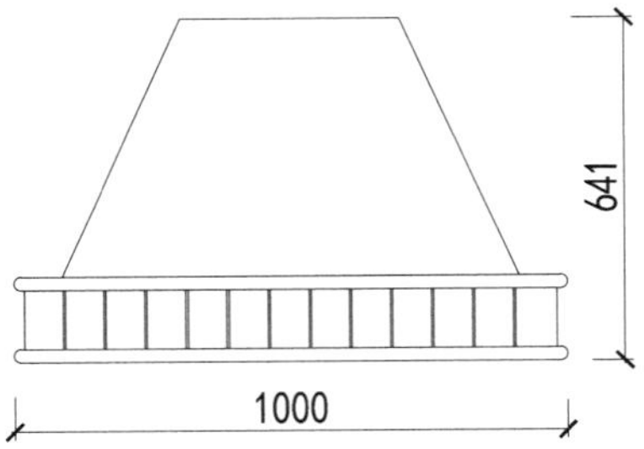

G-04

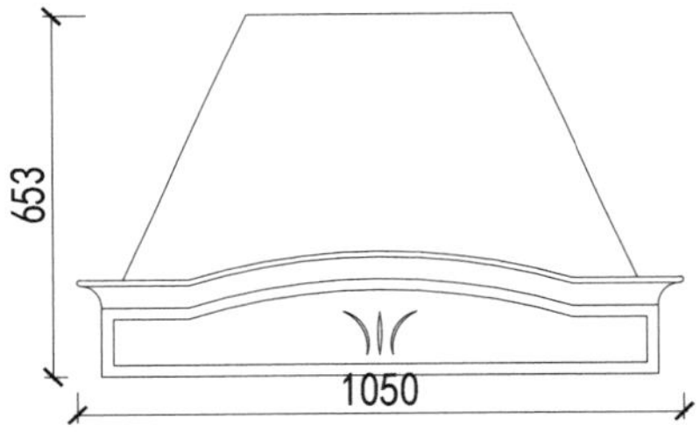

G-05

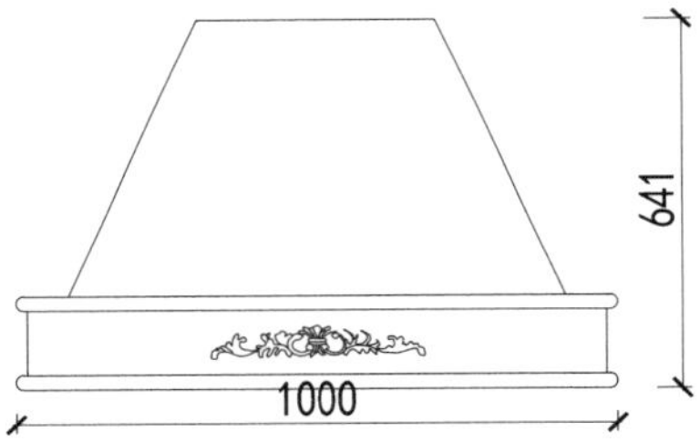

G-06

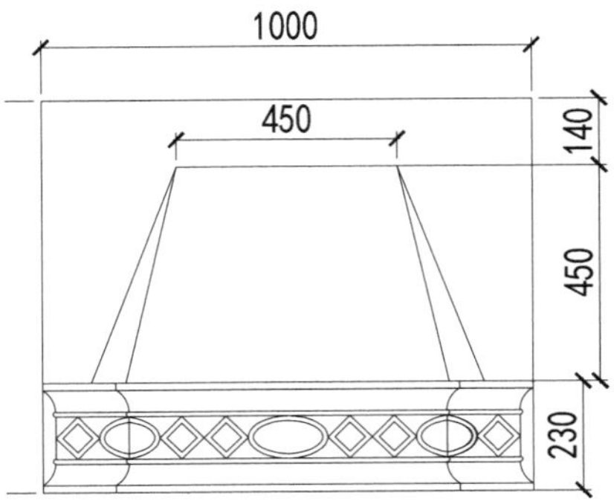

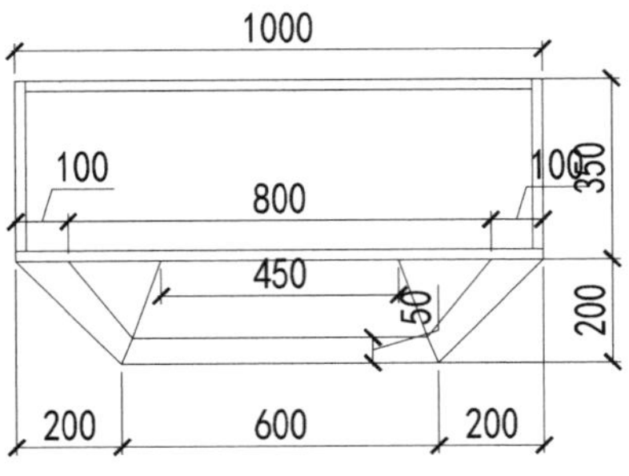

样式一 1:15

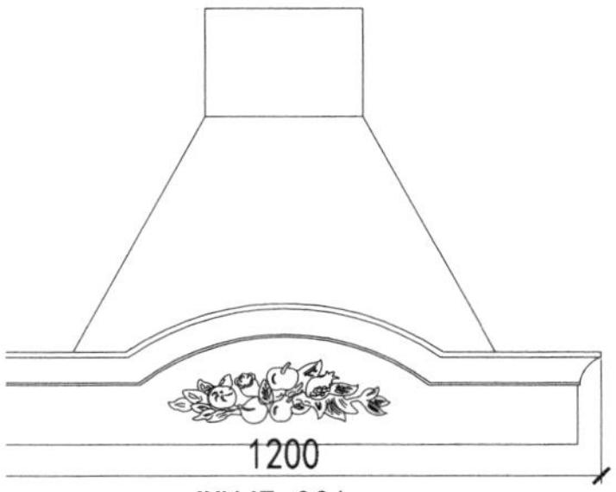

JXYJZ-001

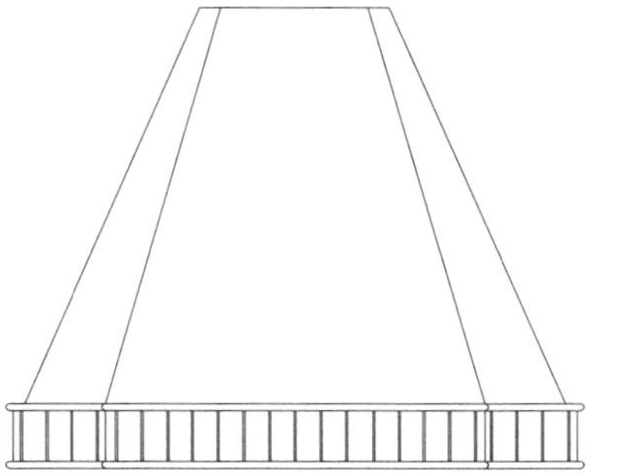

JXYJZ-002

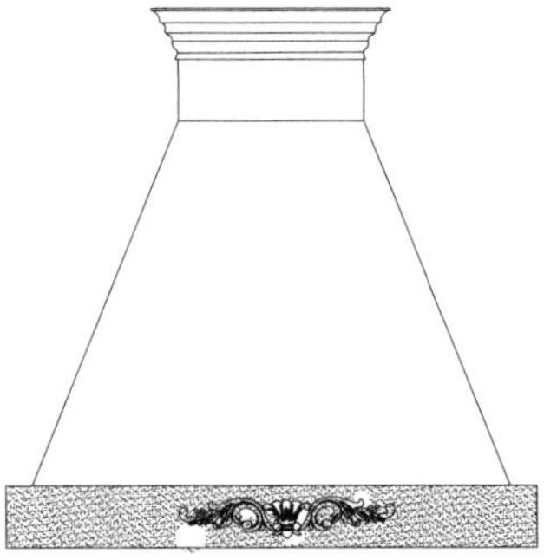

JXYJZ-005

JXYJZ-006

JXYJZ-003

JXYJZ-004

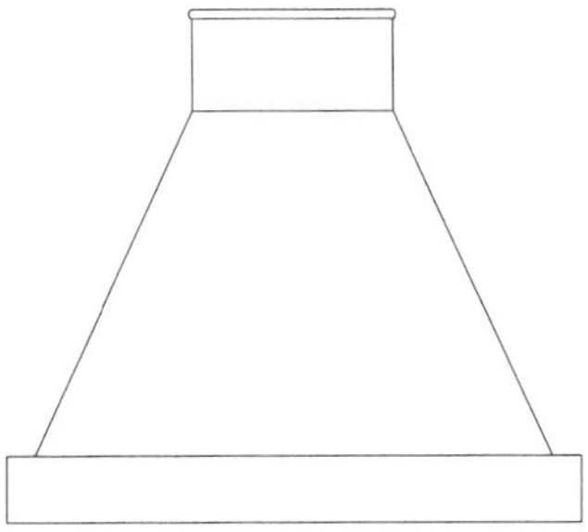

JXYJZ-007

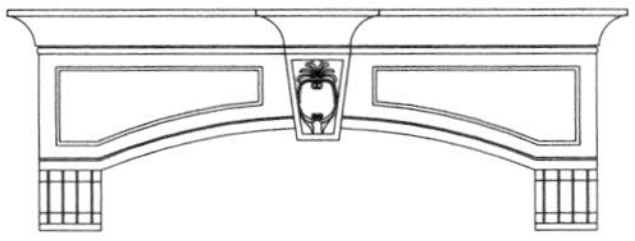

JXYJZ-008

样式二 1:15

第七节 其 他

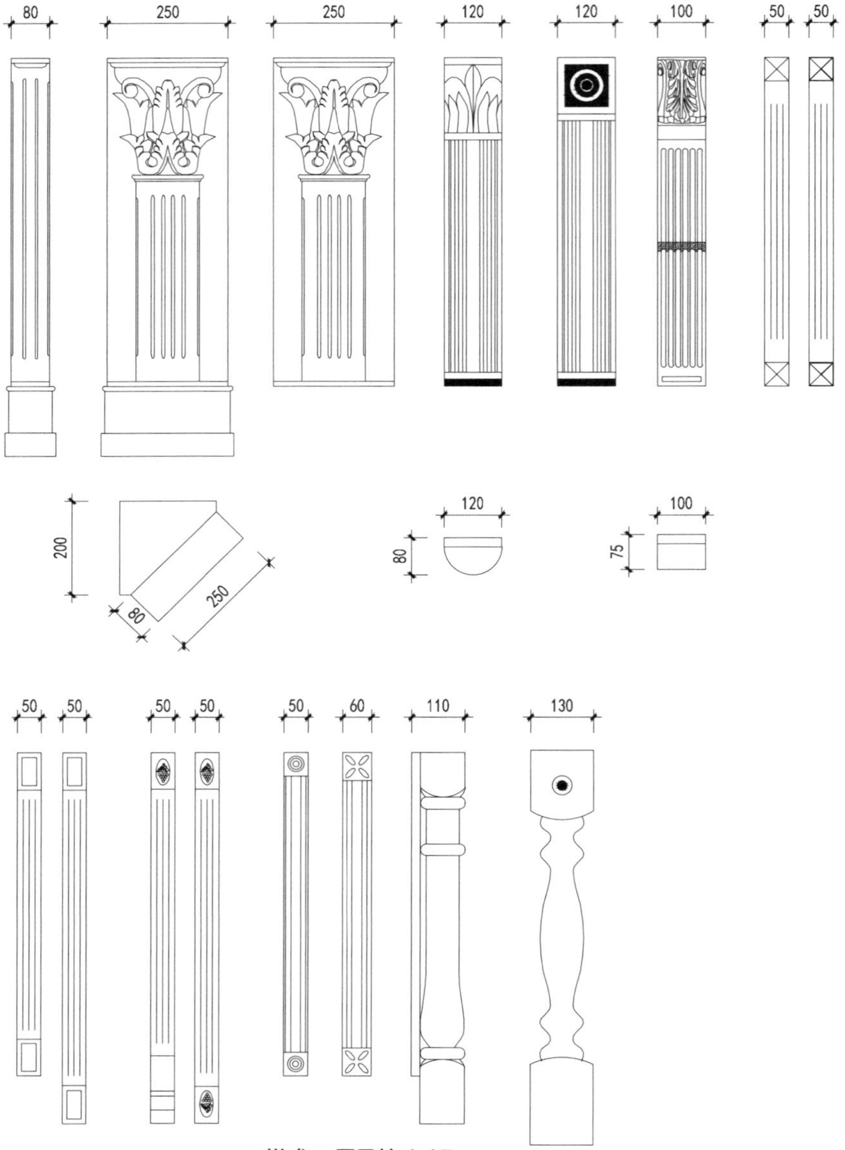

样式一 罗马柱 1:15

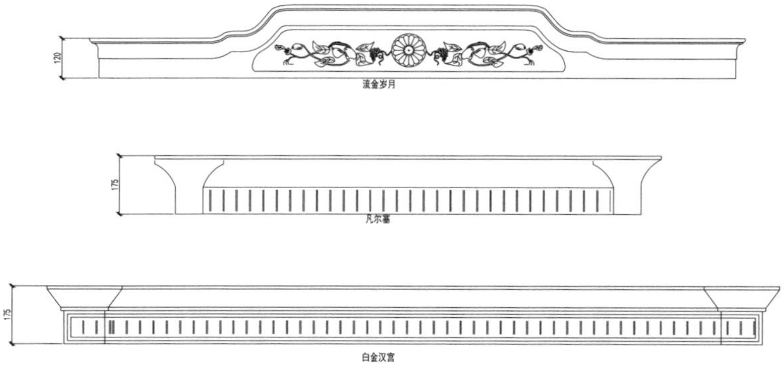

样式二 其它 1:15

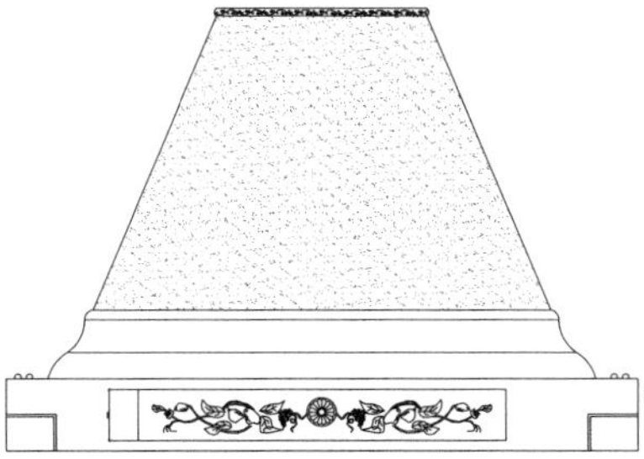
流金岁月

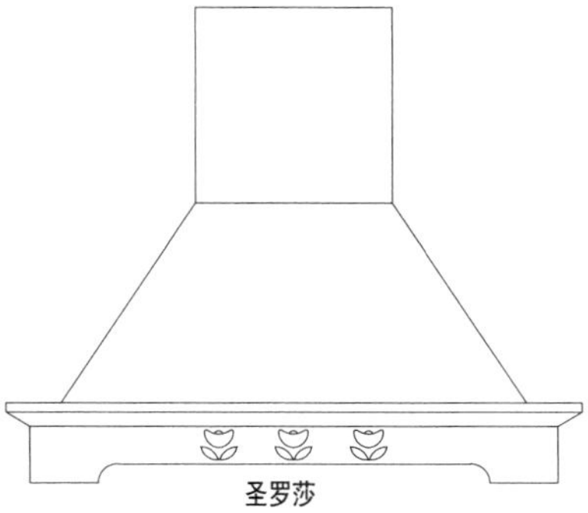
圣罗莎

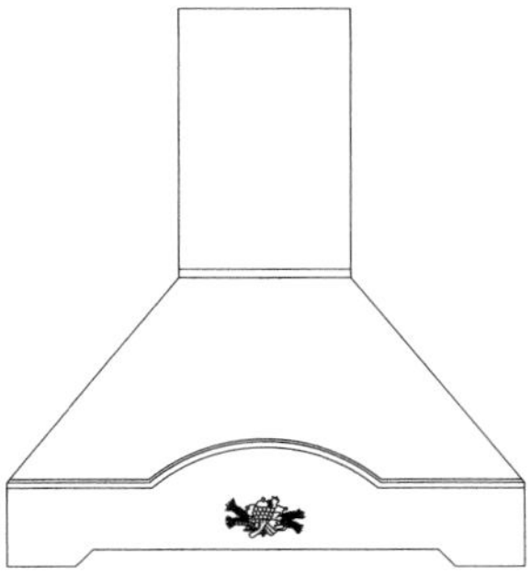
海牙皇庭

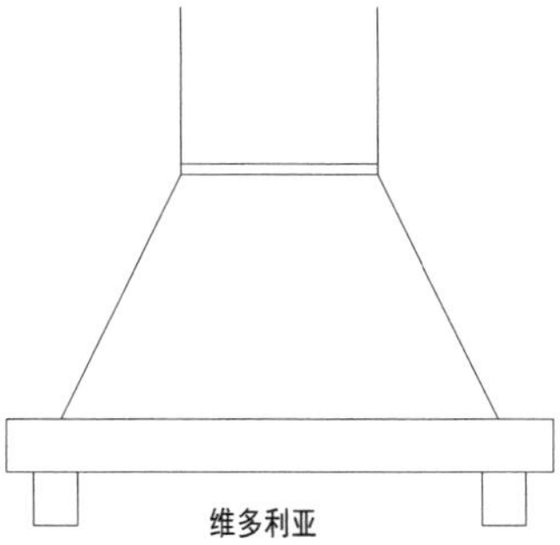
维多利亚

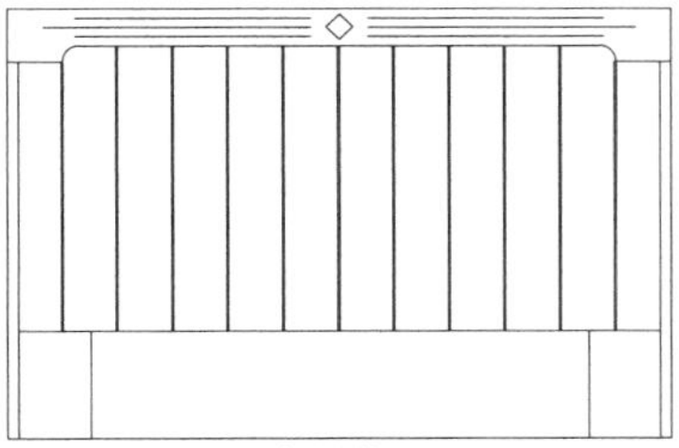
书香古韵

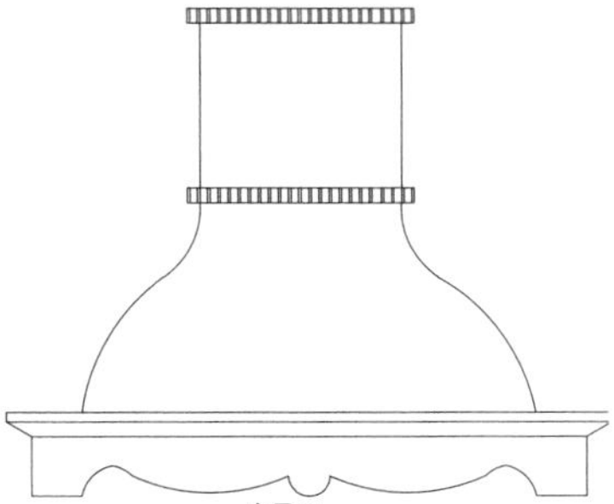
索尼亚

通用型

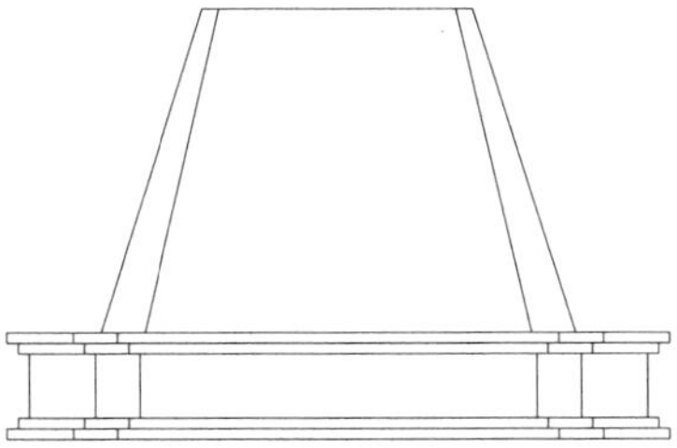

样式二 其 他 1:15

第六章

商用厨房案例

第一节 小型商橱

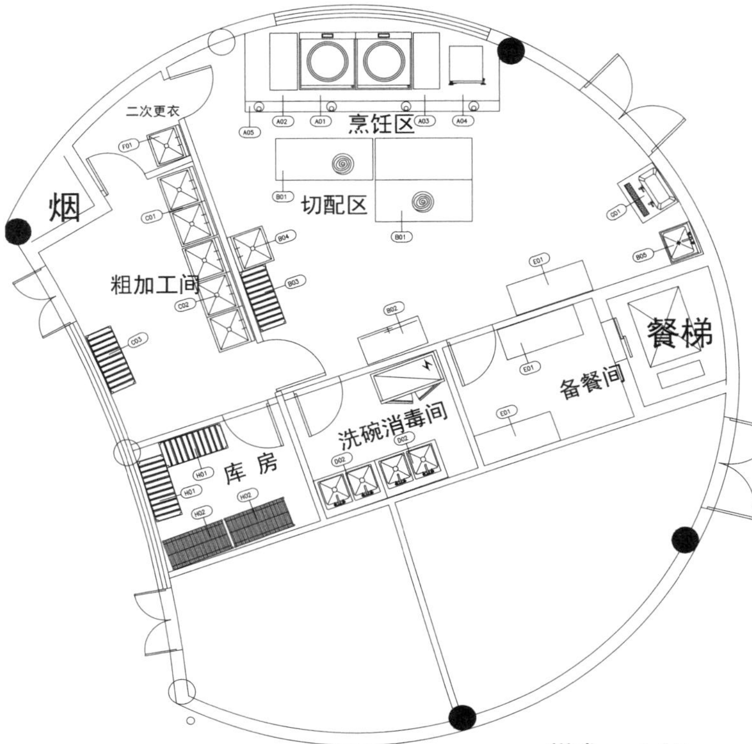

序号	名　　称	规　　格	数量	单位
	烹饪区			
A01	双大锅燃气炒灶	190*950*800	1	台
A02	调料台	500*950*800	1	台
A03	单门电热蒸饭机	50KG	1	台
A04	蹬头铲刀架	1000*500*1600	1	台
A05	排烟罩	4500*1200*600	1	套
A06				
	烹饪区			
B01	简易工作台	1800*800*800	1	台
B02	不锈钢碗柜	1600*500*1800	1	台
B03	四层货架	1500*500*1600	1	台
B04	单斗水池	600*600*800	1	台
B05	拖把池	600*600*500	1	台
B06				
	粗加工			
C01	三斗水池	1800*600*800	1	台
C02	双斗水池	1200*600*800	1	台
C03	四层货架	1500*500*1600	1	台
C04				
	消毒间			
D01	蒸汽消毒柜	723型	1	台
D02	双星水池	1500*750*800	2	台
D03				
	备餐间			
E01	简易工作台	1500*600*800	3	台
E02				
	二次更衣			
F01	单斗脚踏水池	600*600*800	1	台
F02				
	餐厅			
G01	开水器	9KW	1	台
G02				
	库房			
H01	四层平板货架	1100*500*1600	2	台
H01	米面架		2	台

样式一 1:15

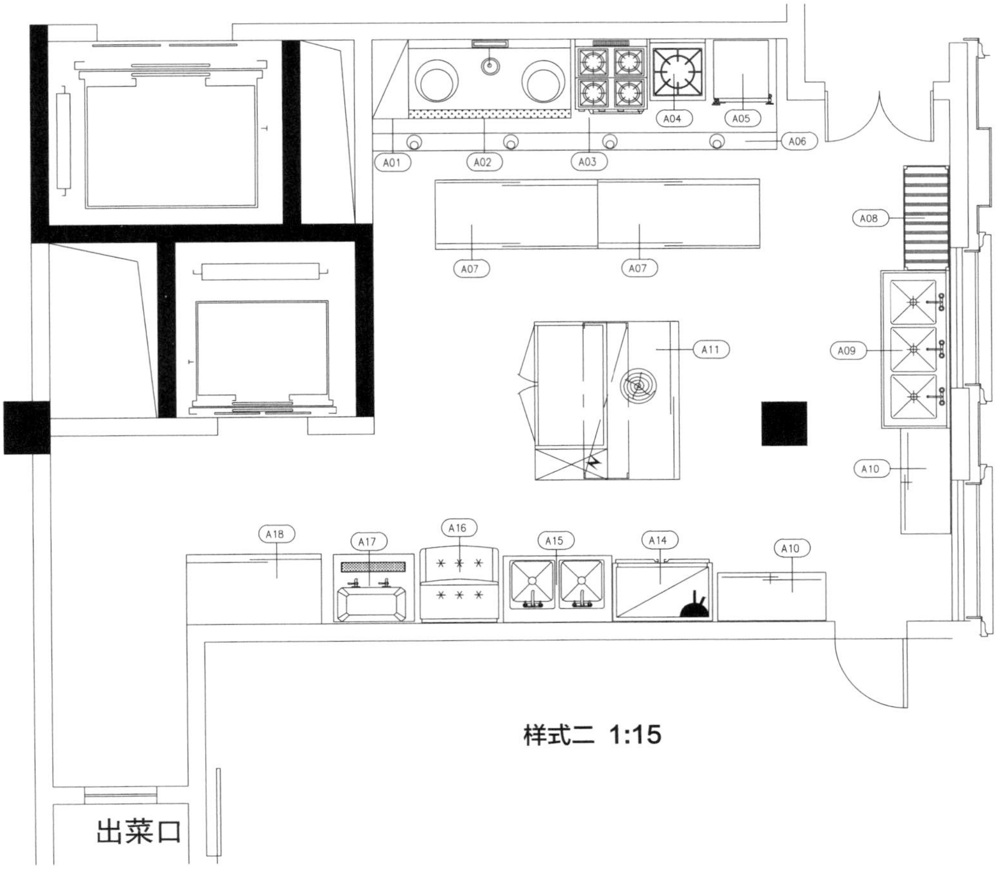

样式二 1:15

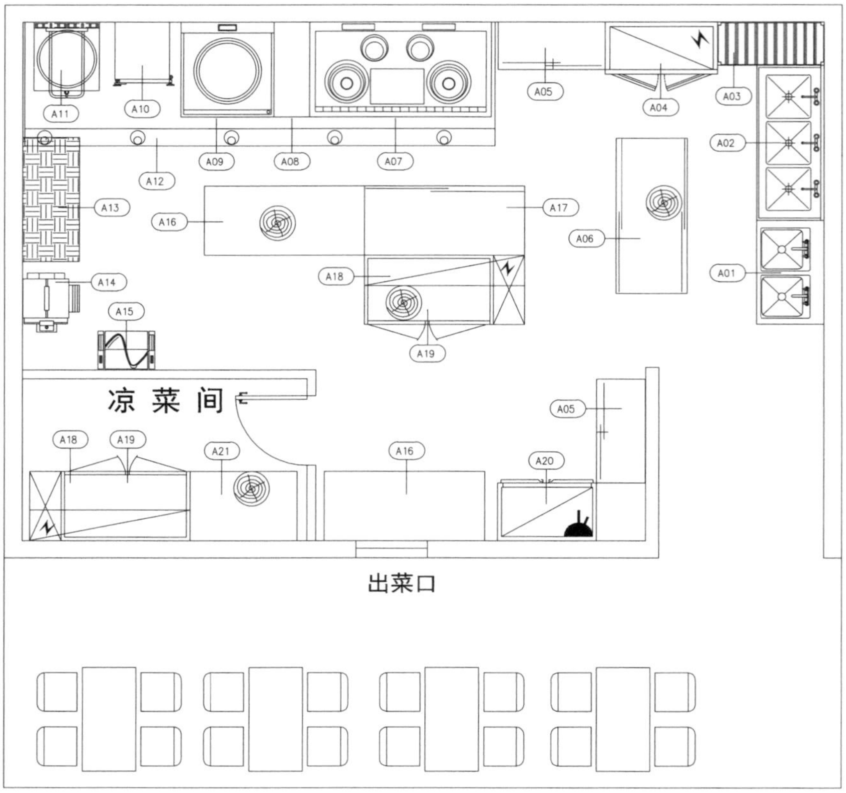

序号	名　称	规　格	数量	单位
	厨房			
A01	两眼水池	1200*750*800	1	台
A02	三眼水池	1800*750*800	1	台
A03	四层货架	1200*500*1500	1	台
A04	双门消毒柜	760型	1	台
A05	高身碗柜	1200*500*1800	2	台
A06	双面拉门工作台	1800*800*800	1	套
A07	双眼鼓风炒菜灶	2000*1000*800	1	台
A08	灶间调料车	400*1000*800	1	台
A09	大锅灶	1150*1050*800	1	台
A10	单门蒸饭车	12层	1	台
A11	电饼铛	YXD-45型	1	台
A12	排烟罩	5000*1200*500	1	套
A13	木面案	1500*600*800	1	台
A14	压面机	40型	1	台
A15	和面机	50KG	1	台
A16	双层工作台	1800*800*800	3	台
A17	单面拉门工作台	1800*800*800	1	台
A18	三层配菜架	1800*350*700	2	台
A19	保鲜工作台	1500*800*800	2	台
A20	四门冰柜	双机双温	1	台
A21	双层工作台	1200*800*800	1	台
A22				

样式三 1:15

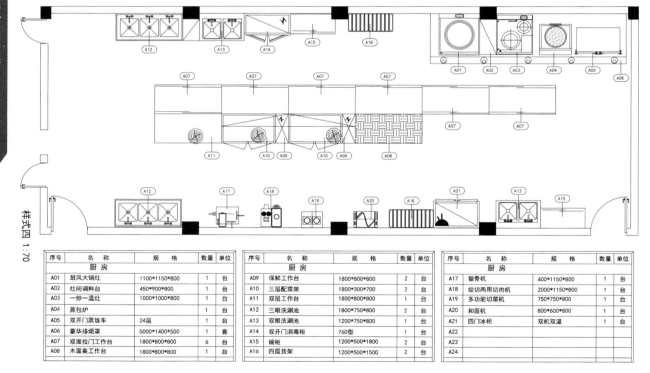

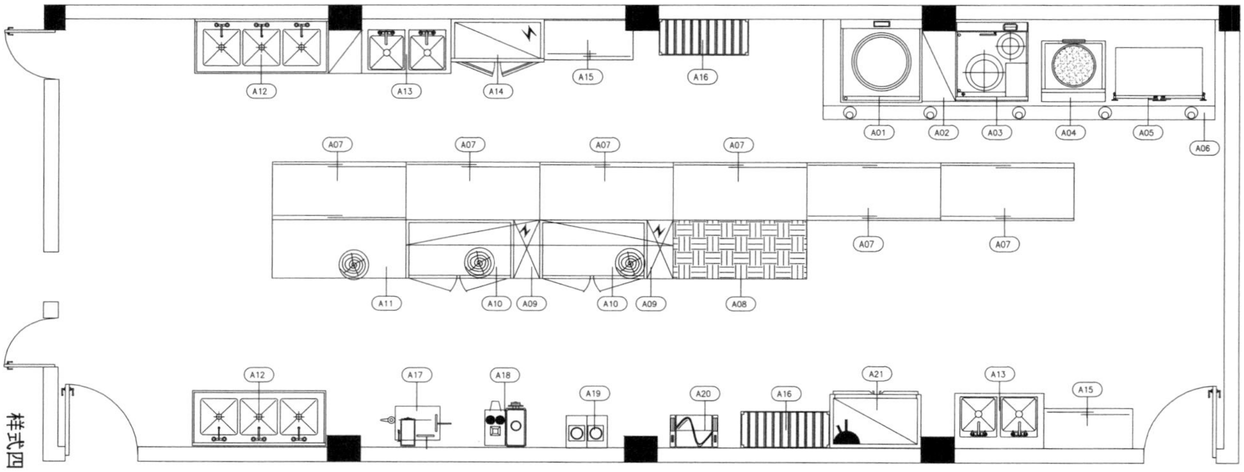

样式四 1:70

序号	名　称	规　格	数量	单位
	厨房			
A01	鼓风大锅灶	1100*1150*800	1	台
A02	灶间调料台	450*900*800	1	台
A03	一炒一温灶	1000*1000*800	1	台
A04	蒸包炉		1	台
A05	双开门蒸饭车	24层	1	台
A06	豪华排烟罩	5000*1400*500	1	套
A07	双面拉门工作台	1800*800*800	6	台
A08	木面案工作台	1800*800*800	1	台

序号	名　称	规　格	数量	单位
	厨房			
A09	保鲜工作台	1800*800*800	2	台
A10	三层配菜架	1800*300*700	2	台
A11	双层工作台	1800*800*800	1	台
A12	三眼洗涮池	1800*750*800	2	台
A13	双眼洗涮池	1200*750*800	1	台
A14	双开门消毒柜	760型	1	台
A15	碗柜	1200*500*1800	2	台
A16	四层货架	1200*500*1500	2	台

序号	名　称	规　格	数量	单位
	厨房			
A17	锯骨机	400*1150*800	1	台
A18	绞切两用切肉机	2000*1150*800	1	台
A19	多功能切菜机	750*750*800	1	台
A20	和面机	800*600*800	1	台
A21	四门冰柜	双机双温	1	台
A22				
A23				
A24				

样式四 1:15

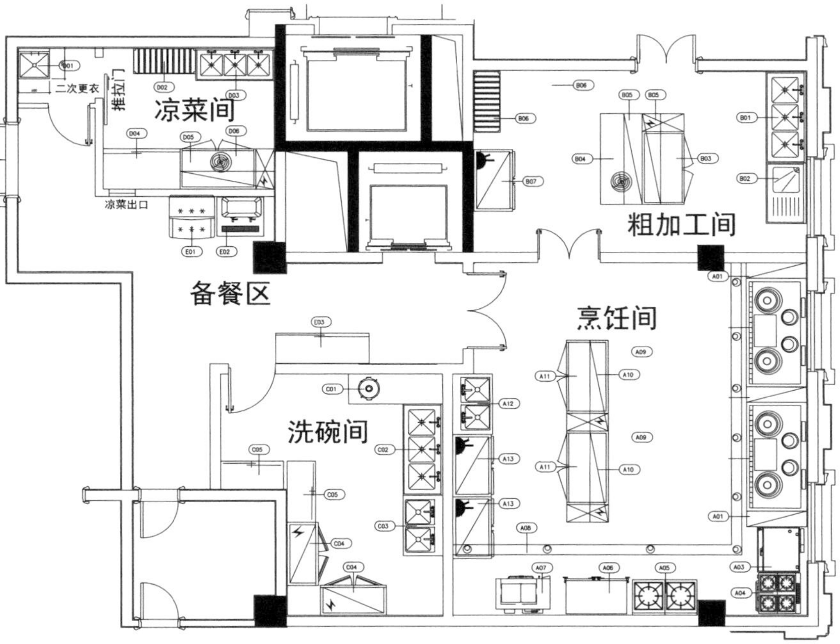

序号	名 称	规 格	数量	单位
	烹 饪 间			
A01	灶间调料台	400*1150*800	3	台
A02	双炒双温鼓风灶	2150*1150*800	2	台
A03	三层海鲜蒸柜	910*910*1800	1	台
A04	四眼煲仔炉	750*750*800	1	台
A05	双眼低汤灶	1200*700*550	1	台
A06	双开门蒸饭车	24层	1	台
A07	三层烤箱	三层六盘	1	台
A08	豪华排烟罩	12500*1400	1	套
A09	双面拉门工作台	1800*800*800	2	台
A10	三层配菜架	1800*350*700	2	台
A11	保鲜工作台	1800*800*800	2	台
A12	双眼水池	1200*600*800	1	台
A13	四门冰柜	双机双温	2	台
A14				
	粗加工间			
B01	三眼水池	1800*750*800	1	台
B02	单眼沥水池	1200*750*800	1	台
B03	保鲜工作台	1800*800*800	1	台
B04	双层工作台	1800*800*800	1	台
B05	三层配菜架	1800*350*700	2	台
B06	四层货架	1200*500*1500	2	台
B07	四门冰柜	双机双温	1	台
B08				
	洗碗间			
C01	残食台	1800*600*800	1	台
C02	三眼水池	1800*750*800	1	台
C03	双眼水池	1200*750*800	1	台
C04	消毒柜	760型	2	台
C05	高身碗柜	1200*500*1800	2	台
	凉菜间			
D01	单眼水池	600*600*800	1	台
D02	四层货架	1200*500*1500	1	台
D03	三眼水池	1500*600*800	1	台
D04	拉门工作台	1400*800*800	1	台
D05	三层配菜架	1800*350*700	1	台
D06	保鲜工作台	1800*800*800	1	台
	备餐区			
E01	制冰机	50KG	1	台
E02	开水器	15KW	1	台
E02	备餐台	1500*600*800	1	台
E02				

样式五 1:15

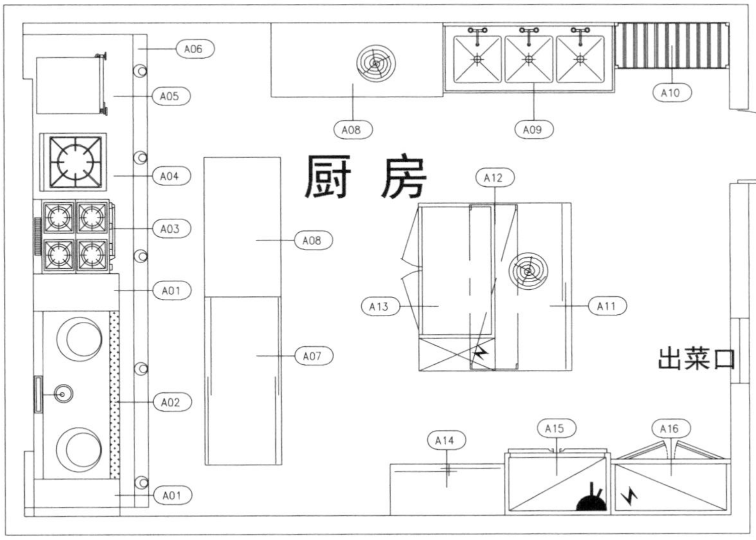

序号	名 称	规 格	数量	单位
	厨 房			
A01	灶间调料台	400*900*800	2	台
A02	三眼鼓风炒菜灶	1800*900*800	1	台
A03	四眼煲仔炉	750*750*800	1	台
A04	单眼低汤灶	600*700*550	1	台
A05	单门蒸饭车	12层	1	台
A06	排烟罩	5000*1200*500	1	套
A07	双面拉门工作台	1800*800*800	1	台
A08	双层工作台	1800*800*800	2	台
A09	三眼水池	1800*750*800	1	台
A10	四层货架	1200*500*1500	1	台
A11	单面拉门工作台	1800*800*800	1	台
A12	三层配菜架	1800*350*700	1	台
A13	保鲜工作台	1800*800*800	1	台
A14	碗柜	1200*500*1800	1	台
A15	四门冰柜	双机双温	1	台
A16	消毒柜	760型	1	台
A17				
A18				
A19				
A20				
A21				
A22				

样式六 1:15

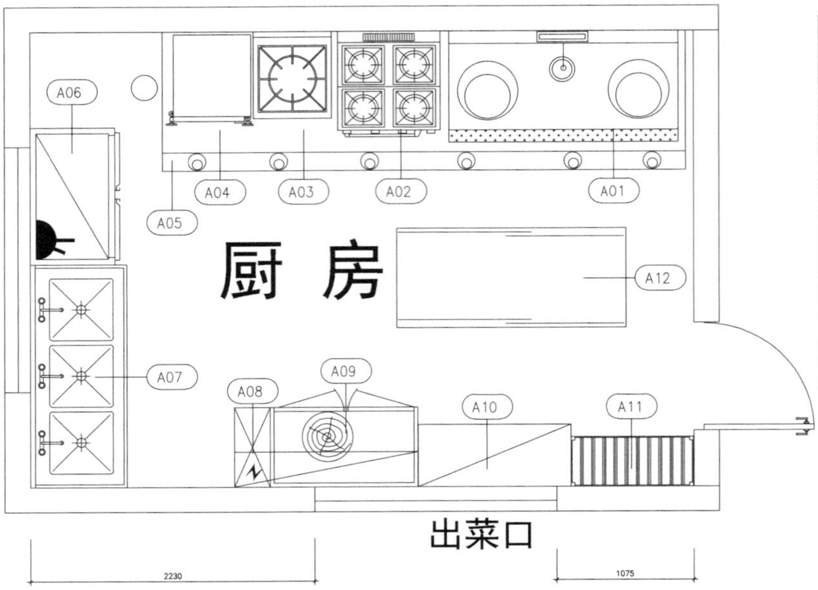

序号	名　称	规　格	数量	单位
	厨 房			
A01	三眼鼓风灶	1800*900*800	1	台
A02	四眼煲仔炉	750*750*800	1	台
A03	单眼低汤灶	600*700*550	1	台
A04	单门蒸饭车	12层	1	台
A05	排烟罩	4000*1200*500	1	台
A06	四门冰柜	双机双温	1	台
A07	三眼水池	1800*750*800	1	台
A08	三层配菜架	1500*350*700	1	台
A09	保鲜工作台	1500*800*800	1	台
A10	双层工作台	1200*500*800	1	台
A11	四层货架	1000*400*1500	1	台
A12	双面拉门柜	1800*800*800	1	台
A13				
A14				
A15				

样式七 1:15

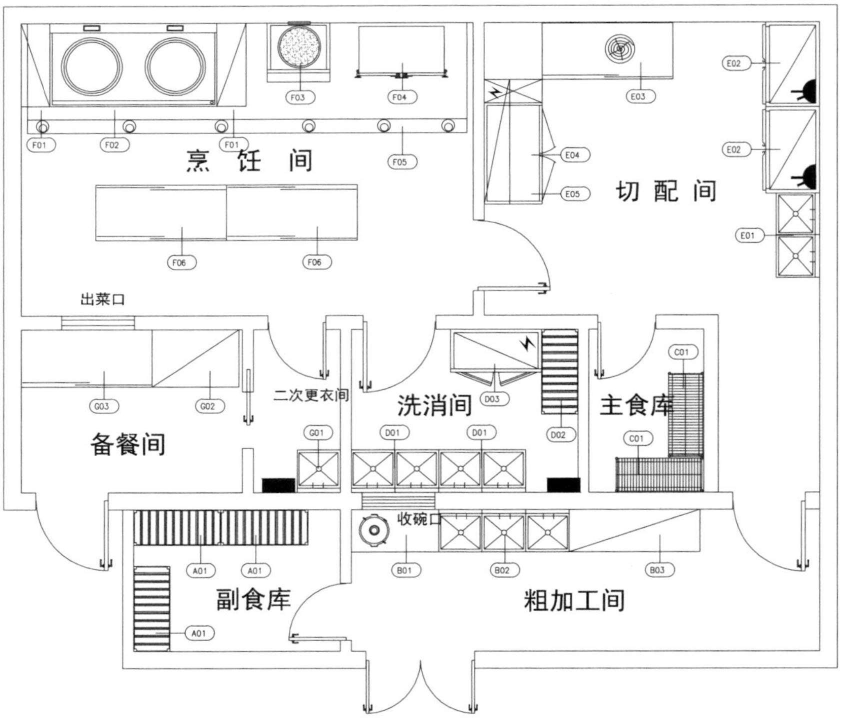

序号	名　称	规　格	数量	单位
	副食库			
A01	四层货架	1200*500*1500	3	台
	粗加工间			
B01	残食台	1200*600*800	1	台
B02	三眼水池	1800*600*800	1	台
B03	双层工作台	1800*600*800	1	台
	主食库			
C01	米面架	1200*500*350	2	台
	洗消间			
D01	双眼水池	1200*600*800	2	台
D02	四层货架	1200*500*1500	1	台
D03	消毒柜	760型	1	台
	切配间			
E01	双眼水池	1200*600*800	1	台
E02	四门冰柜	双机双温	2	台
E03	拉门工作台	1800*800*800	1	台
E04	保鲜工作台	1800*800*800	1	台
E05	三层配菜架	1800*300*700	1	台
E06				
	烹饪间			
F01	灶间调料台	400*1200*800	2	台
F02	双头大锅灶	2200*1200*800	1	台
F03	煮粥炉		1	台
F04	双门蒸饭车	24层	1	台
F05	豪华排烟罩	6000*1400*500	1	套
F06	双面拉门工作台	1800*800*800	2	台
	备餐间			
G01	单眼洗手池	500*500*800	1	台
G02	双层简易工作台	1200*800*800	1	台
G03	单面拉门工作台	1800*800*800	1	台

样式八 1:15

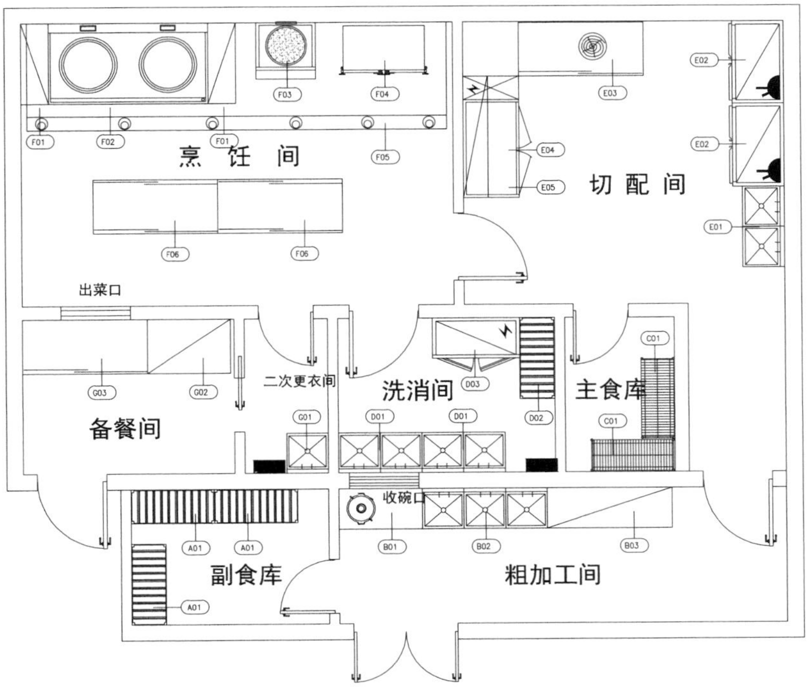

样式九 1:15

序号	名 称	规 格	数量	单位
	副食库			
A01	四层货架	1200*500*1500	3	台
	粗加工间			
B01	残食台	1200*600*800	1	台
B02	三眼水池	1800*600*800	1	台
B03	双层工作台	1800*600*800	1	台
	主食库			
C01	米面架	1200*500*350	2	台
	洗消间			
D01	双眼水池	1200*600*800	2	台
D02	四层货架	1200*500*1500	1	台
D03	消毒柜	760型	1	台
	切配间			
E01	双眼水池	1200*600*800	1	台
E02	四门冰柜	双机双温	2	台
E03	拉门工作台	1800*800*800	1	台
E04	保鲜工作台	1800*800*800	1	台
E05	三层配菜架	1800*300*700	1	台
E06				
	烹饪间			
F01	灶间调料台	400*1200*800	2	台
F02	双头大锅灶	2200*1200*800	1	台
F03	煮粥炉		1	台
F04	双门蒸饭车	24层	1	台
F05	豪华排烟罩	6000*1400*500	1	套
F06	双面拉门工作台	1800*800*800	2	台
	备餐间			
G01	单眼洗手池	500*500*800	1	台
G02	双层简易工作台	1200*800*800	1	台
G03	单面拉门工作台	1800*800*800	1	台

第二节 大型商橱

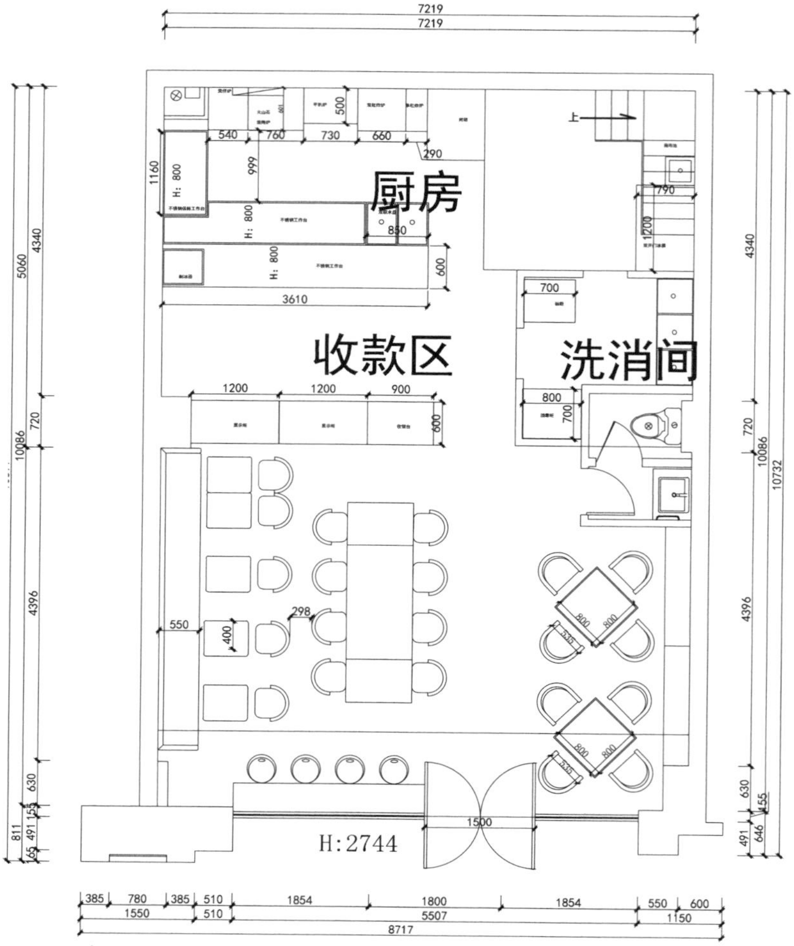

样式一 1:15

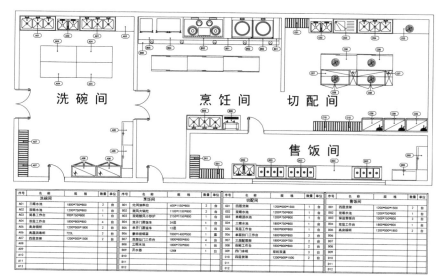

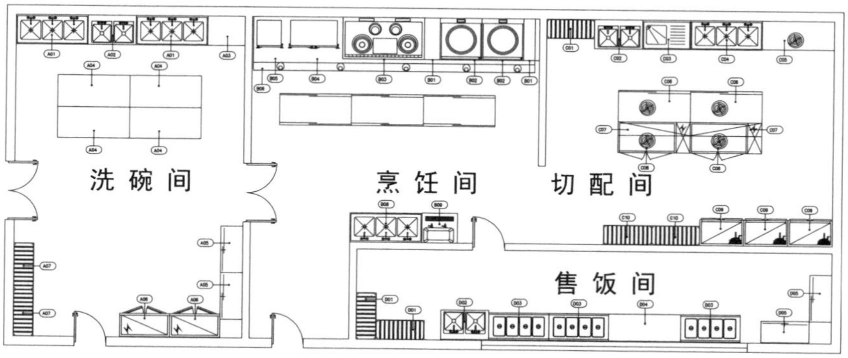

序号	名 称	规 格	数量	单位
	洗碗间			
A01	三眼水池	1800*750*800	2	台
A02	双眼水池	1200*750*800	1	台
A03	简易工作台	900*750*800	1	台
A04	双层工作台	1800*800*800	4	台
A05	高身碗柜	1200*500*1800	2	台
A06	高温消毒柜	723L	2	台
A07	四层货架	1200*500*1500	2	台
A08				
A09				
A10				
A11				
A12				

序号	名 称	规 格	数量	单位
	烹饪间			
B01	灶间油料台	400*1150*800	2	台
B02	鼓风大锅灶	1100*1150*800	2	台
B03	双眼鼓风小炒炉	2150*1150*800	1	台
B04	双开门蒸饭车	24层	1	台
B05	单开门蒸饭车	12层	1	台
B06	豪华排烟罩	7000*1400*500	1	套
B07	双面拉门工作台	1800*800*800	4	台
B08	三眼水池	1800*750*800	1	台
B09	开水器	12KW	1	台
B10				
B11				
B12				

序号	名 称	规 格	数量	单位
	切配间			
C01	四层货架	1200*500*1500	1	台
C02	双眼水池	1200*750*800	1	台
C03	单眼沥水池	1200*750*800	1	台
C04	三眼水池	1800*750*800	1	台
C05	双层工作台	1800*800*800	1	台
C06	单面拉门工作台	1800*800*800	2	台
C07	三层配菜架	1800*350*700	2	台
C08	保鲜工作台	1800*800*800	2	台
C09	四门冰柜	双机双温	3	台
C10	四层货架	1200*500*1500	2	台
C11				
C12				

序号	名 称	规 格	数量	单位
	售饭间			
D01	四层货架	1200*500*1500	2	台
D02	双眼水池	1200*750*800	1	台
D03	保温售饭台	1500*750*800	3	台
D04	双层工作台	1800*800*800	1	台
D05	高身碗柜	1200*500*1800	2	台
D06				
D07				
D08				
D09				
D10				
D11				
D12				

样式二 1:15

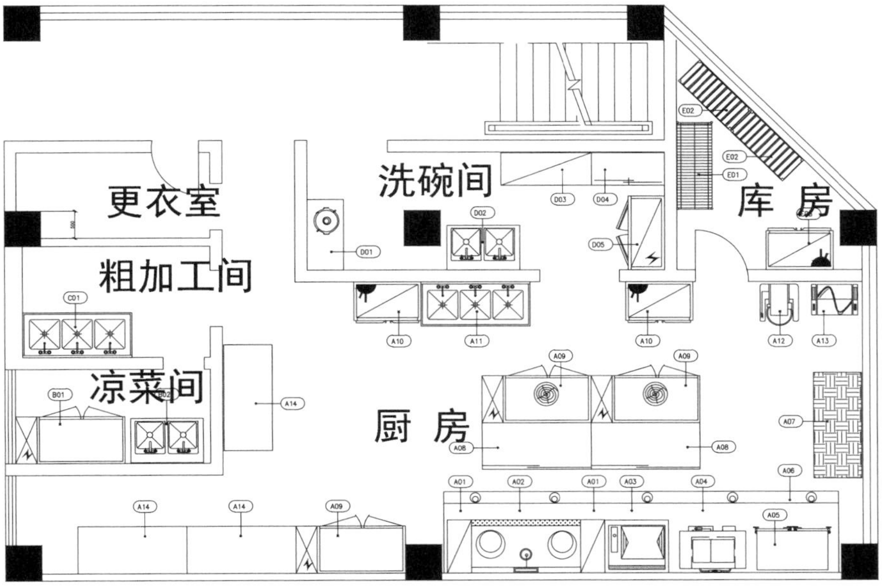

序号	名 称	规 格	数量	单位
	厨 房			
A01	灶间拼台	400*900*800	2	台
A02	双眼鼓风灶	1800*900*800	1	台
A03	蒸撑炉	1100*900*800	1	台
A04	三层烤箱	三层六盘	1	台
A05	双开门蒸饭车	24层	1	台
A06	豪华排烟罩	6500*1200*500	1	套
A07	木面案	1800*800*800	1	台
A08	单面拉门柜	1800*800*800	2	台

序号	名 称	规 格	数量	单位
A09	保鲜工作台	1800*800*800	3	台
A10	四门冰柜	双机双温	2	台
A11	三眼水池	1800*750*800	1	台
A12	搅拌机	B30型	1	台
A13	和面机	40KG	1	台
A14	双层工作台	1800*800*800	3	台
B01	保鲜工作台	1800*800*800	1	台
B02	双眼水池	1200*750*800	1	台
C01	三眼水池	1800*750*800	1	台

序号	名 称	规 格	数量	单位
D01	残食台	1200*600*800	1	台
D02	双眼水池	1500*750*800	1	台
D03	简易工作台	1500*600*800	1	台
D04	高身碗柜	1200*500*1800	1	台
D05	消毒柜	760型	1	台
E01	米面架	1500*500*350	1	台
E02	四层货架	1200*500*1500	2	台
E03	四门冰柜	双机双温	1	台

样式三 1:15

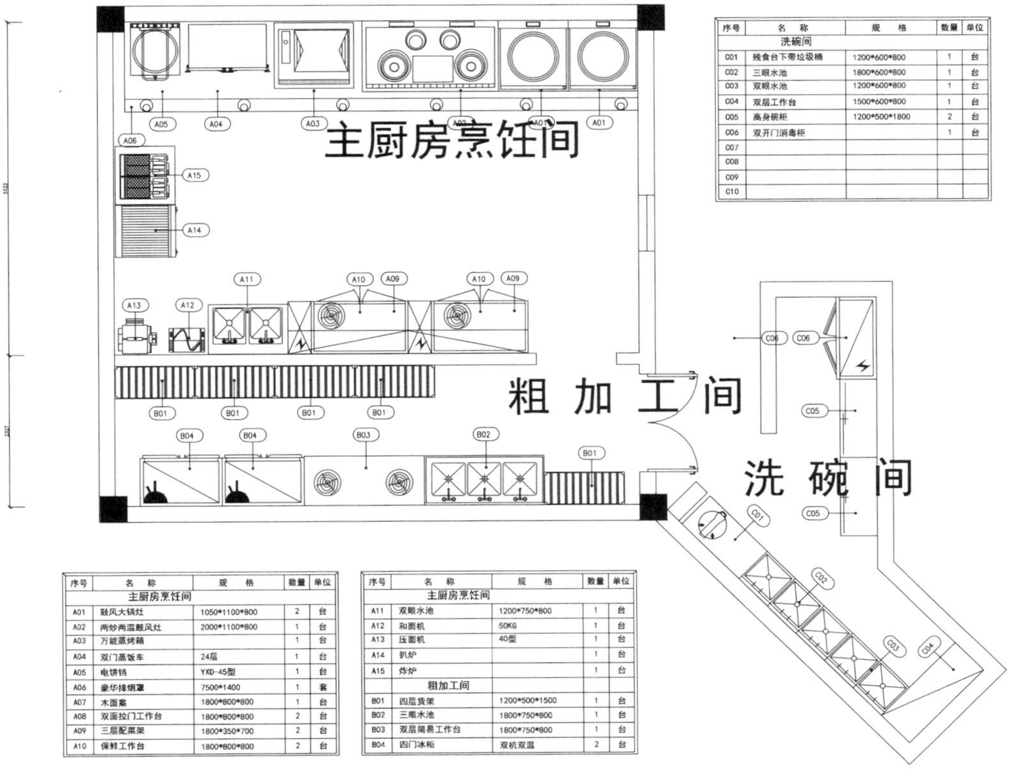

序号	名 称	规 格	数量	单位
	洗碗间			
C01	残食台下带垃圾桶	1200*600*800	1	台
C02	三眼水池	1800*600*800	1	台
C03	双眼水池	1200*600*800	1	台
C04	双层工作台	1500*600*800	1	台
C05	高身碗柜	1200*500*1800	2	台
C06	双开门消毒柜		1	台
C07				
C08				
C09				
C10				

序号	名 称	规 格	数量	单位
	主厨房烹饪间			
A01	鼓风大锅灶	1050*1100*800	2	台
A02	两炒两温鼓风灶	2000*1100*800	1	台
A03	万能蒸烤箱		1	台
A04	双门蒸饭车	24层	1	台
A05	电饼铛	YXD-45型	1	台
A06	豪华排烟罩	7500*1400	1	套
A07	木面案	1800*800*800	1	台
A08	双面拉门工作台	1800*800*800	2	台
A09	三层配菜架	1800*350*700	2	台
A10	保鲜工作台	1800*800*800	2	台

序号	名 称	规 格	数量	单位
	主厨房烹饪间			
A11	双眼水池	1200*750*800	1	台
A12	和面机	50KG	1	台
A13	压面机	40型	1	台
A14	扒炉		1	台
A15	炸炉		1	台
	粗加工间			
B01	四层货架	1200*500*1500	1	台
B02	三眼水池	1800*750*800	1	台
B03	双层简易工作台	1800*750*800	1	台
B04	四门冰柜	双机双温	2	台

样式四 1:15

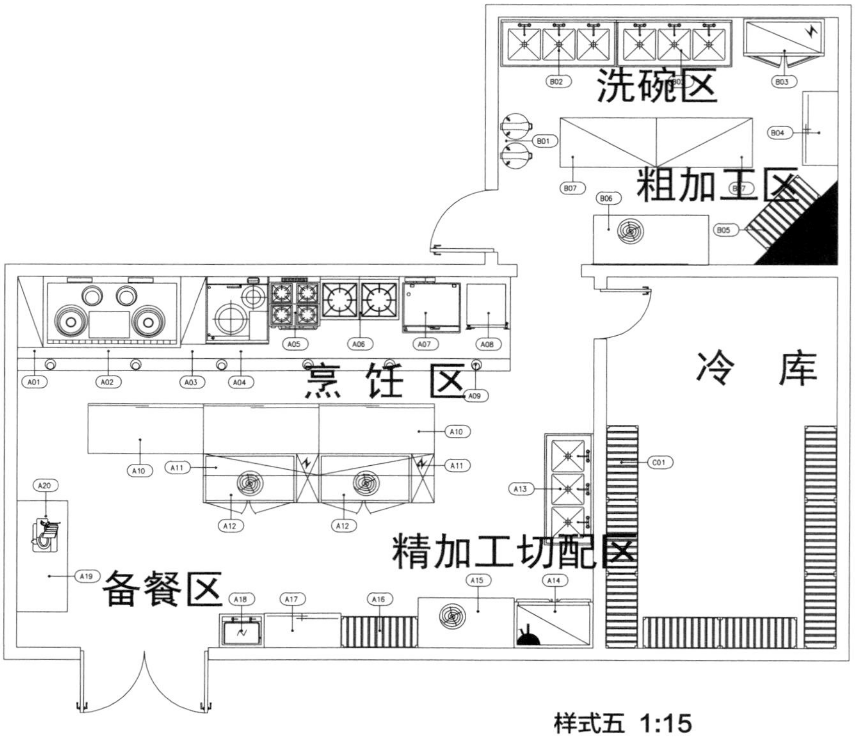

序号	名　称	规　格	数量	单位
烹饪区/切配区/备餐区				
A01	灶间油古调料台	400*1150*800	1	台
A02	双炒双温鼓风灶	2150*1150*800	1	台
A03	灶间油古调料台	400*1000*800	1	台
A04	单炒单温鼓风灶	1100*1000*800	1	台
A05	四眼煲仔炉	750*750*800	1	套
A06	双头低汤灶	1200*700*550	1	台
A07	三门海鲜蒸柜	910*910*1850	1	台
A08	单门蒸饭车	12层	1	套
A09	豪华排烟罩	7500*1450	1	套
A10	单面拉门工作台	1800*800*800	3	台
A11	三层配菜架	1800*350*700	2	台
A12	保鲜工作台	1800*800*800	2	台
A13	三眼水池	1800*750*800	1	台
A14	四门冰柜	双机双温	1	台
A15	双层切菜台	1500*800*800	1	台
A16	四层货架	1200*500*1500	1	台
A17	高身碗柜	1200*500*1800	1	台
A18	开水器	12KW	1	台
A19	双层工作台	1800*800*800	1	台
A20	切片机		1	台
A21				
洗碗区/粗加工区				
B01	带轮垃圾桶		2	台
B02	三眼水池	1800*750*800	2	台
B03	双开门消毒柜	760型	1	台
B04	高身碗柜	1200*500*1800	1	台
B05	四层货架	1200*500*1500	1	台
B06	简易切配台	1800*800*800	1	台
B07	双层工作台	1500*800*800	2	台
冷库				
C01	四层货架	1200*500*1500	8	台
C02				
C03				

样式五 1:15

背景墙设计方案 ▶

全屋定制CAD设计图集

主编 杨岚

中国林业出版社
CFPH China Forestry Publishing House

图书在版编目（C I P）数据

全屋定制 CAD 设计图集 / 杨岚主编 . -- 北京 : 中国林业出版社 , 2020.7
ISBN 978-7-5219-0625-7

Ⅰ . ①全… Ⅱ . ①杨… Ⅲ . ①室内装饰设计－计算机辅助设计－ AutoCAD 软件－图集 Ⅳ . ① TU238.2-39

中国版本图书馆 CIP 数据核字 (2020) 第 102063 号

中国林业出版社
责任编辑：李 顺 陈 慧
出版咨询：（010）83143569

出 版：中国林业出版社（100009 北京西城区德内大街刘海胡同 7 号）
网 站：http://www.forestry.gov.cn/lycb.html
印 刷：深圳市汇亿丰印刷科技有限公司
发 行：中国林业出版社
电 话：（010）83143500
版 次：2020 年 7 月第 1 版
印 次：2020 年 7 月第 1 次
开 本：889mm×1194mm 1 ／ 16
印 张：14.5
字 数：400 千字
定 价：598.00 元（全 3 册）

前言

Preface

本套《全屋定制CAD设计图集》是一种个性化、多样化的设计理念，其通过“互联网+”的营销模式，以数字化和智能化的方式进行生产，随着社会的不断发展，全屋定制逐渐被广大消费者所接受，它强调的是个性化设计及家居设计风格的统一，全屋定制不仅能让我们的生活更加舒适，也能独树一帜地演绎主人的生活理念。

全屋定制涵盖了用户调查、方案设计、后期沟通、工厂生产、安装、售后等一系列服务，因此必须依靠强大的企业或服务平台，实现设计、生产、施工、饰品配套等多种资源的整合与利用；以全屋设计为主导，配合专业定制和整体主材配置来实现属于客户自己的家装文化。

想在未来的全屋定制行业占领先机，除了依靠品质、服务等因素，对整装品牌而言，人是不可或缺的重要力量。因此企业对于设计师的培养和设计师自身能力的提升，越来越显得必不可少。

作为全屋定制企业最核心的岗位——设计师，任重而道远，设计师不仅是企业价值的创造者，更是帮助企业解决问题的行动者，设计师在企业的转型升级、突破瓶颈等问题中都是中坚力量，设计师面对的挑战和困难也是非常艰巨的。

为了能让广大设计师和我们的同行业者更快解决实际问题，找到用户需求，我们特将近年来的生产实践整理成册，本套系列丛书分为三部分，第一部分背景墙；第二部分为酒窖、榻榻米；第三部分为酒柜。

我们在整理这套书时候尽量原创，在编写过程中参考和引用了很多行业内知名的企业、设计师的宝贵资料和研究成果，同时也参照了很多行业图集，在此基础上进行了部分修改！在此对原作者和研究者表示衷心的感谢！

本书在编写过程中，肯定有诸多纰漏之处，我们也向本书提出质疑或提供建议的读者表示诚挚的敬意！

编者

2020年3月

LET IT BE

THE AMERICANS

Contents

目　录

第一章

中式风格

第一节 电视背景墙

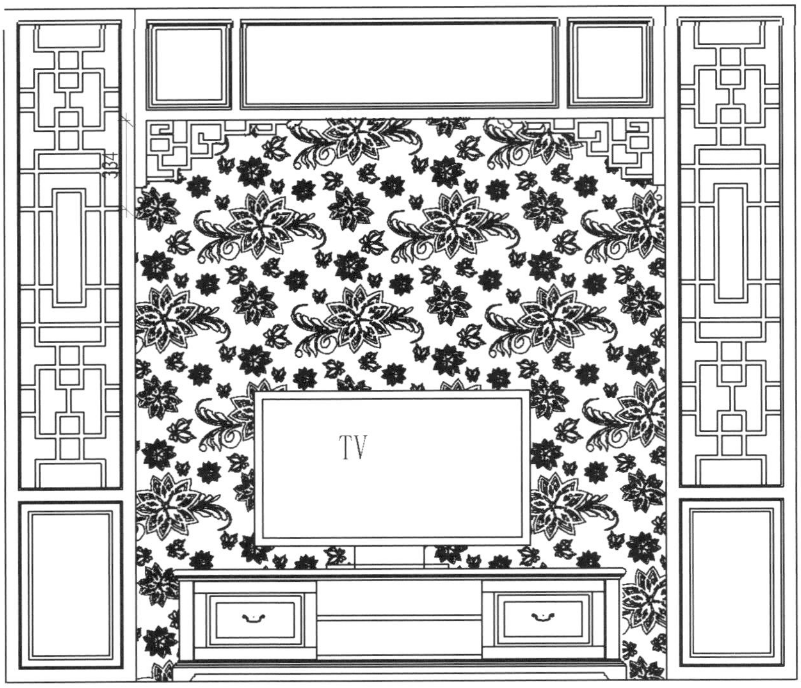

背景墙样式一 1:25

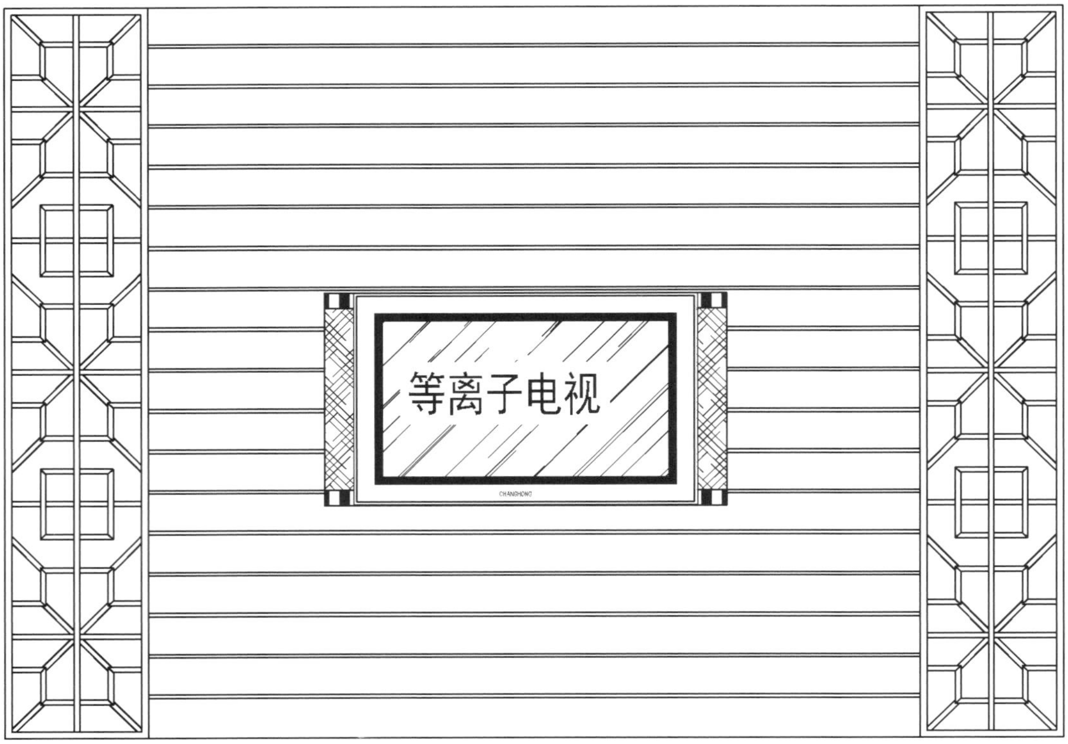

背景墙样式二 1:25

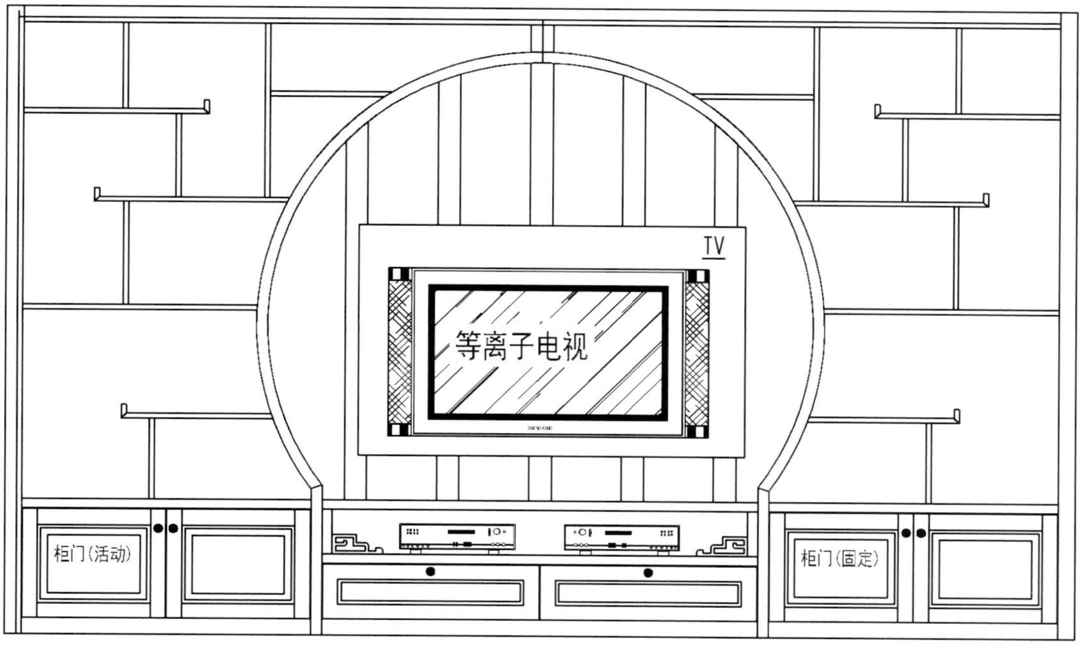

背景墙样式三 1:25

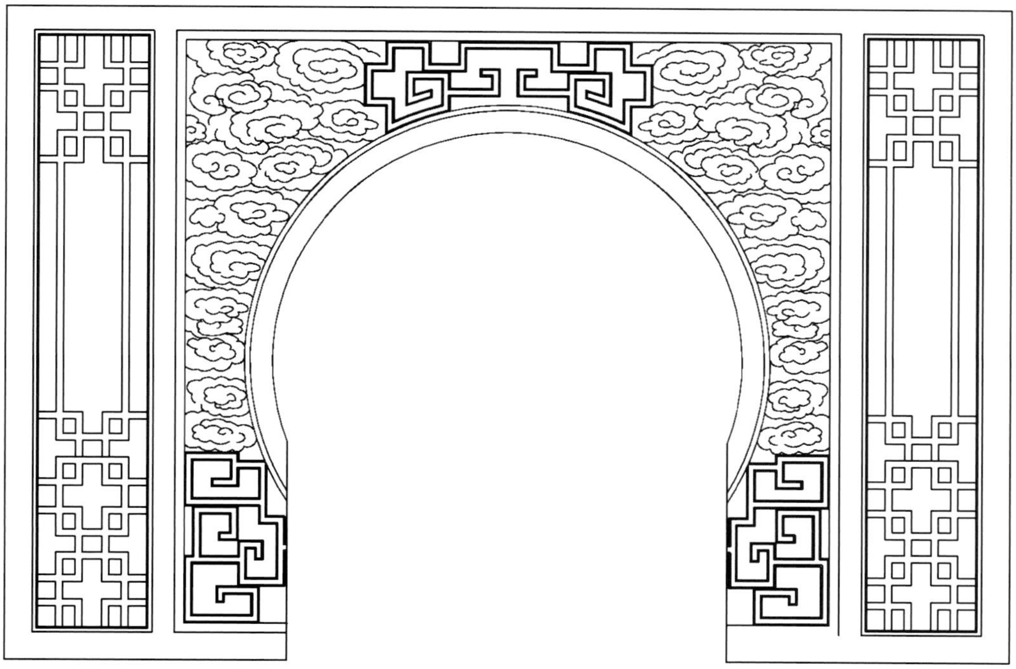

背景墙样式四 1:25

背景墙样式五 1:25

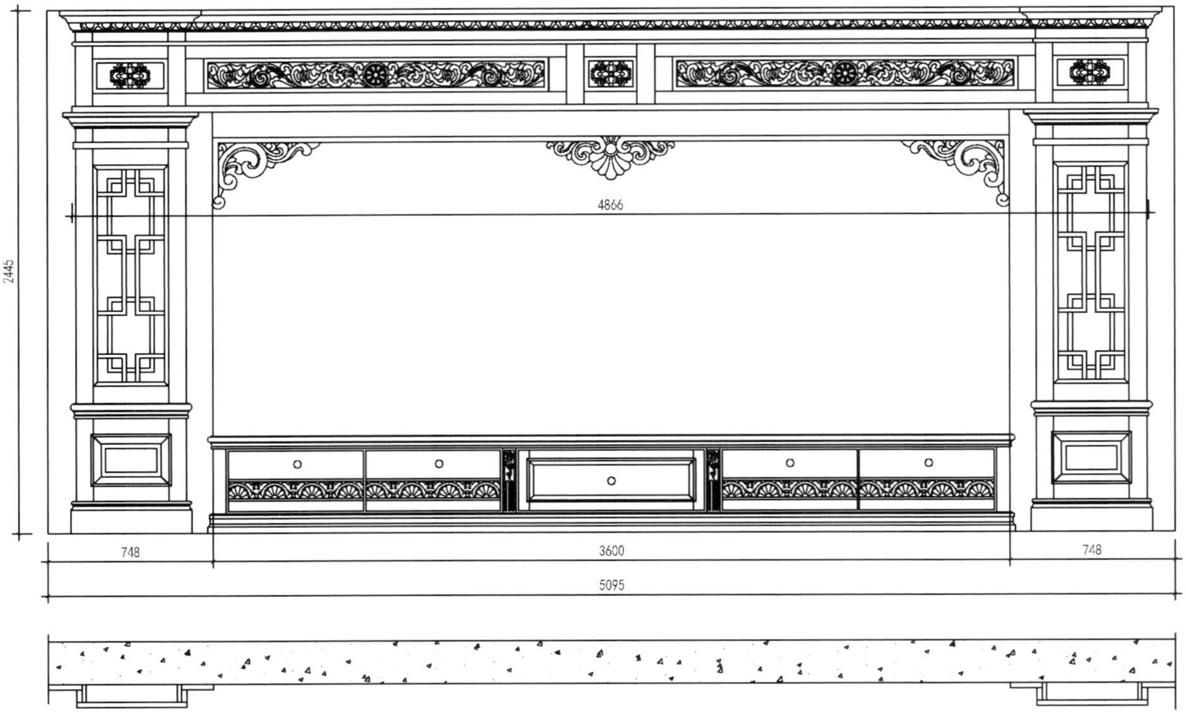

背景墙样式六 1:25

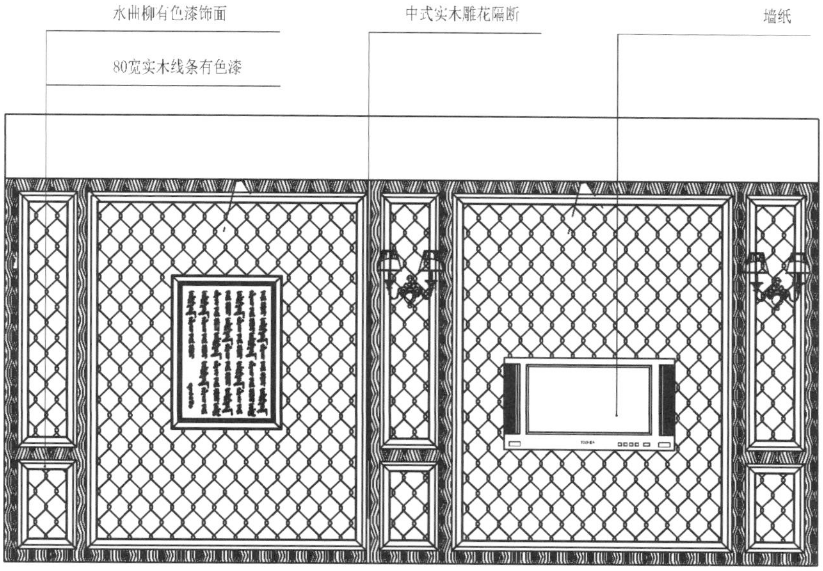

背景墙样式七 1:50

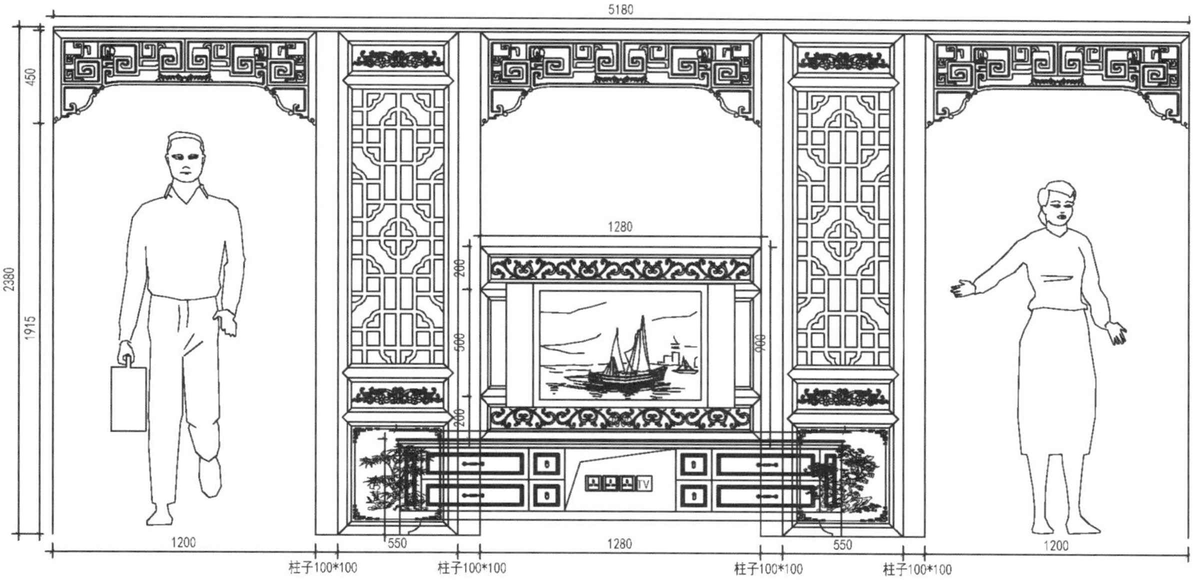

背景墙样式八 1:30

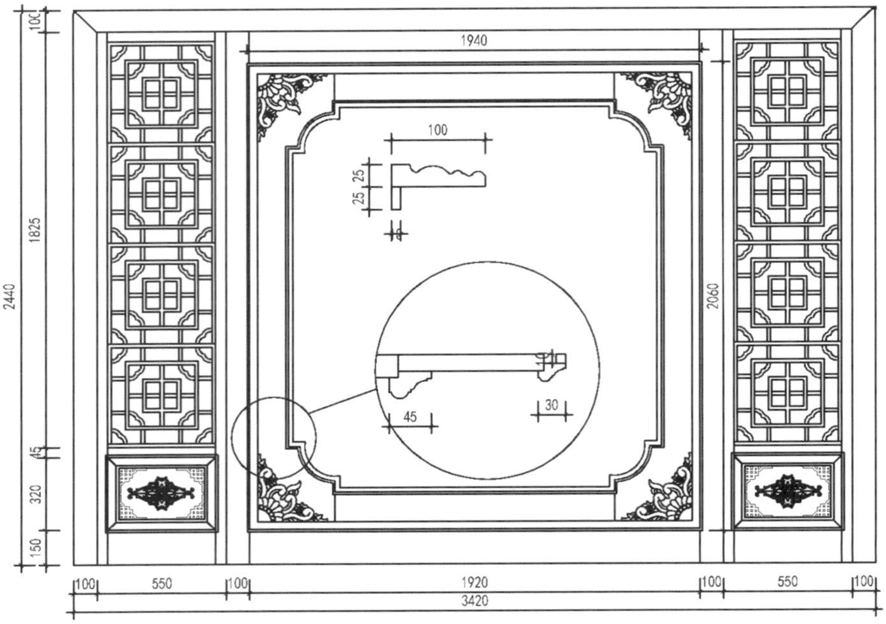

背景墙样式九 立面图 1:30

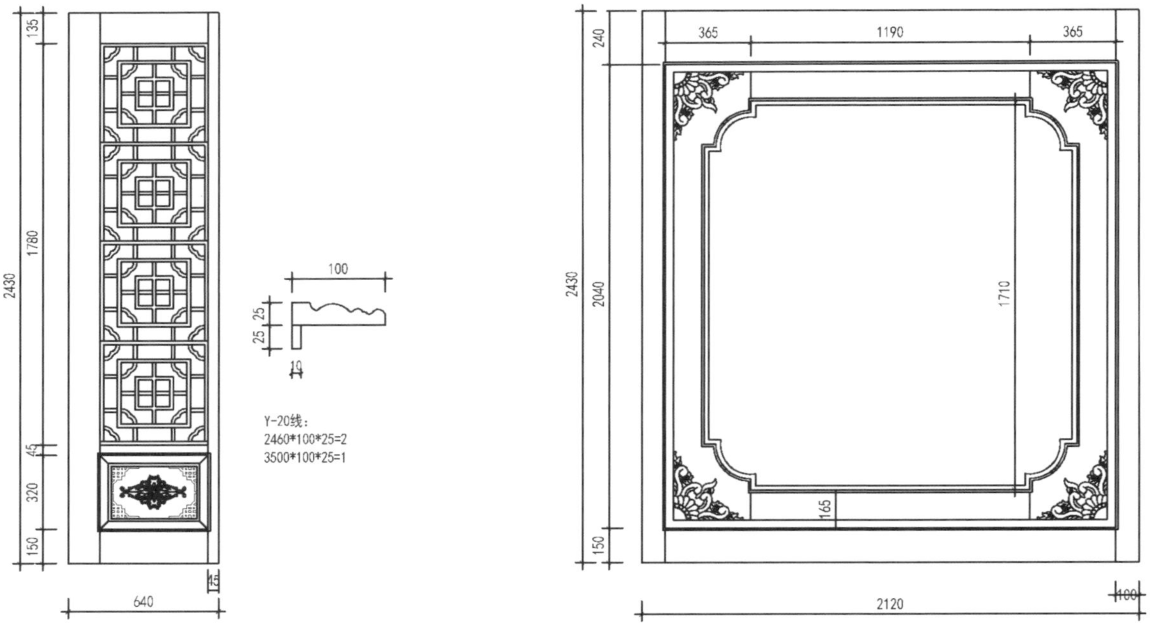

背景墙样式九 局部立面图 1:30

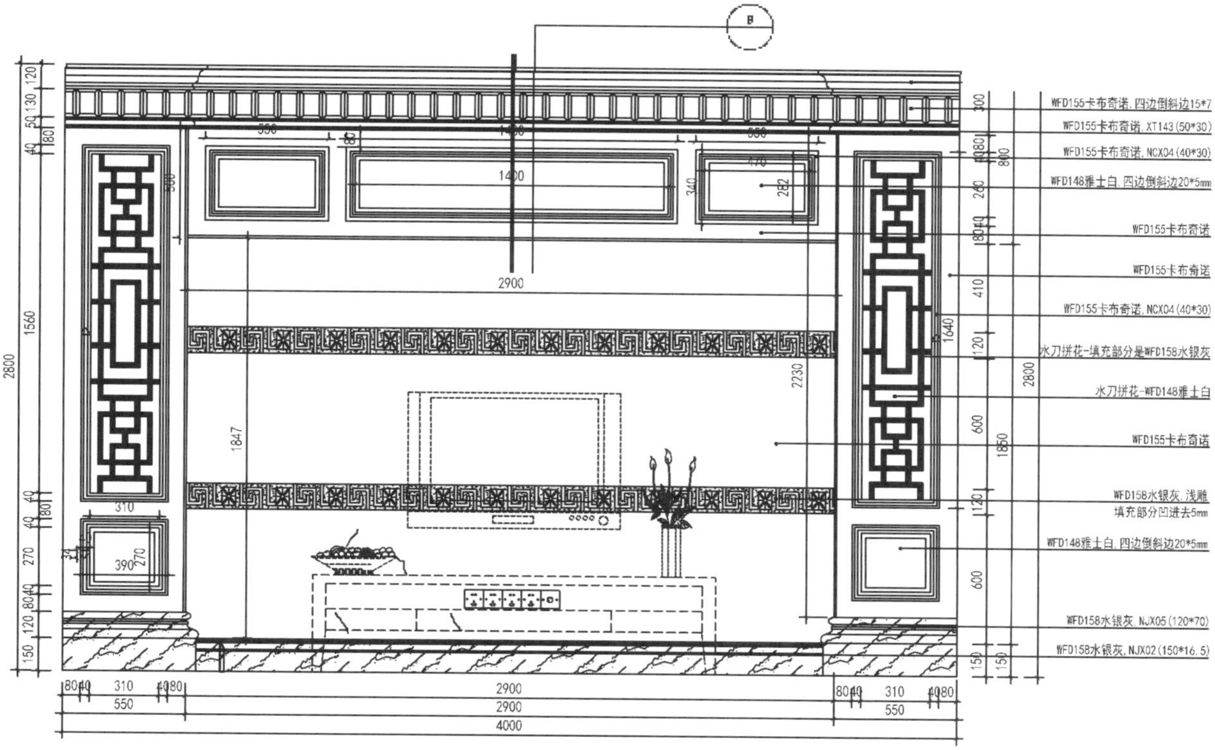
WFD155卡布奇诺, 四边倒斜边15*7
WFD155卡布奇诺, XT143 (50*30)
WFD155卡布奇诺, NCX04 (40*30)
WFD148雅士白, 四边倒斜边20*5mm
WFD155卡布奇诺
WFD155卡布奇诺
WFD155卡布奇诺, NCX04 (40*30)
水刀拼花-填充部分是WFD158水银灰
水刀拼花-WFD148雅士白
WFD155卡布奇诺
WFD158水银灰, 浅雕
填充部分凹进去5mm
WFD148雅士白, 四边倒斜边20*5mm
WFD158水银灰, NJX05 (120*70)
WFD158水银灰, NJX02 (150*16.5)
2900
4000

背景墙样式十 立面图 1:30

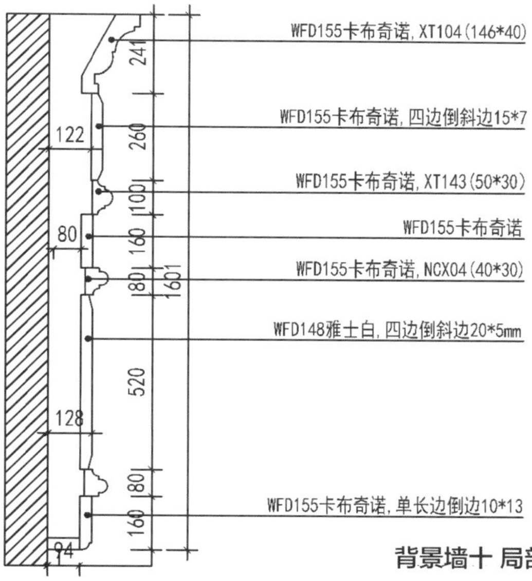
WFD155卡布奇诺, XT104 (146*40)
WFD155卡布奇诺, 四边倒斜边15*7
WFD155卡布奇诺, XT143 (50*30)
WFD155卡布奇诺
WFD155卡布奇诺, NCX04 (40*30)
WFD148雅士白, 四边倒斜边20*5mm
WFD155卡布奇诺, 单长边倒边10*13

背景墙十 局部 a 剖面图 1:30

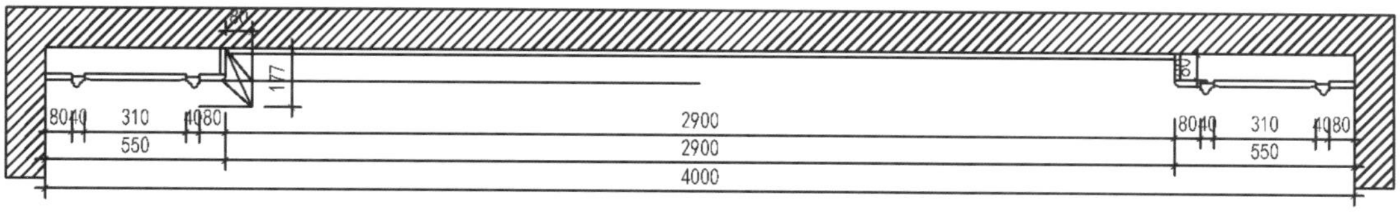
2900
4000

背景墙样式十 平面图 1:30

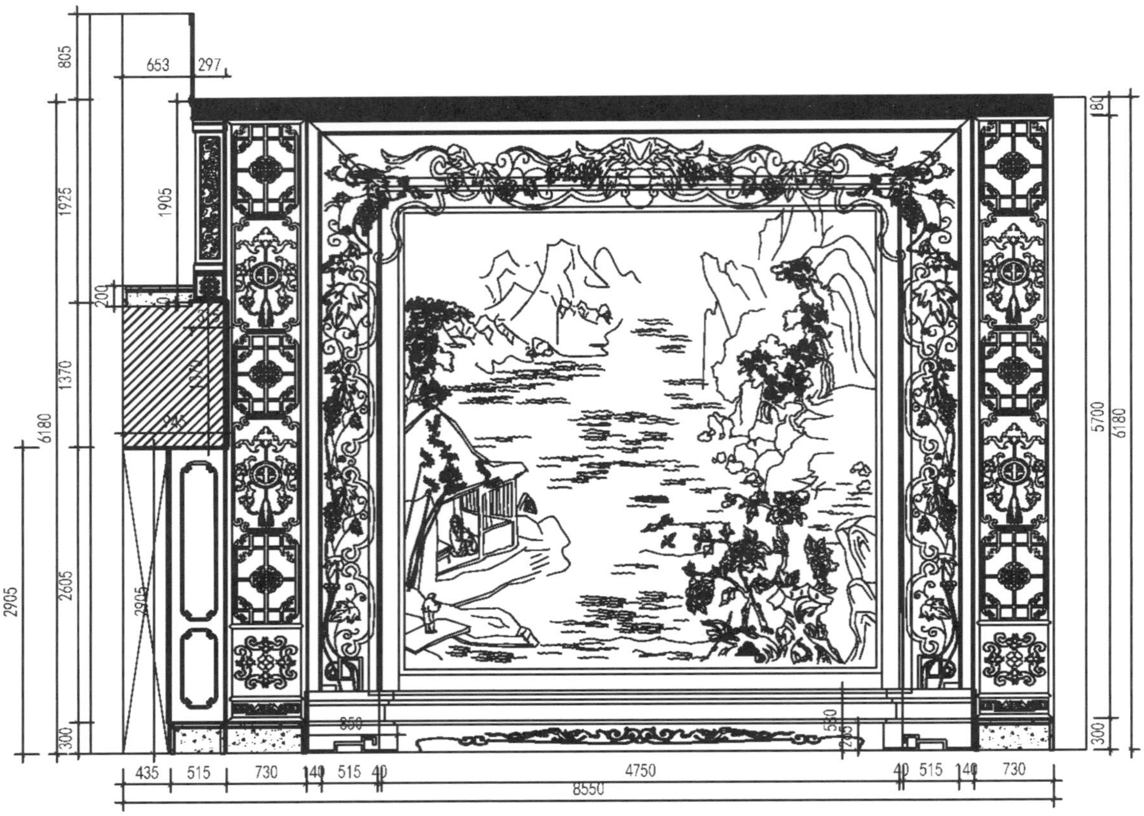

背景墙样式十一 立面图 1:80

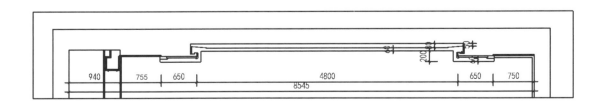

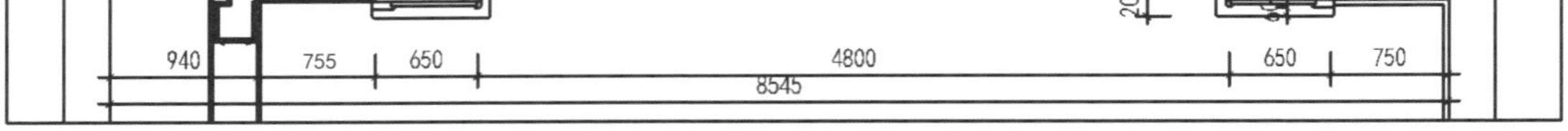

背景墙样式十一 平面图 1:80

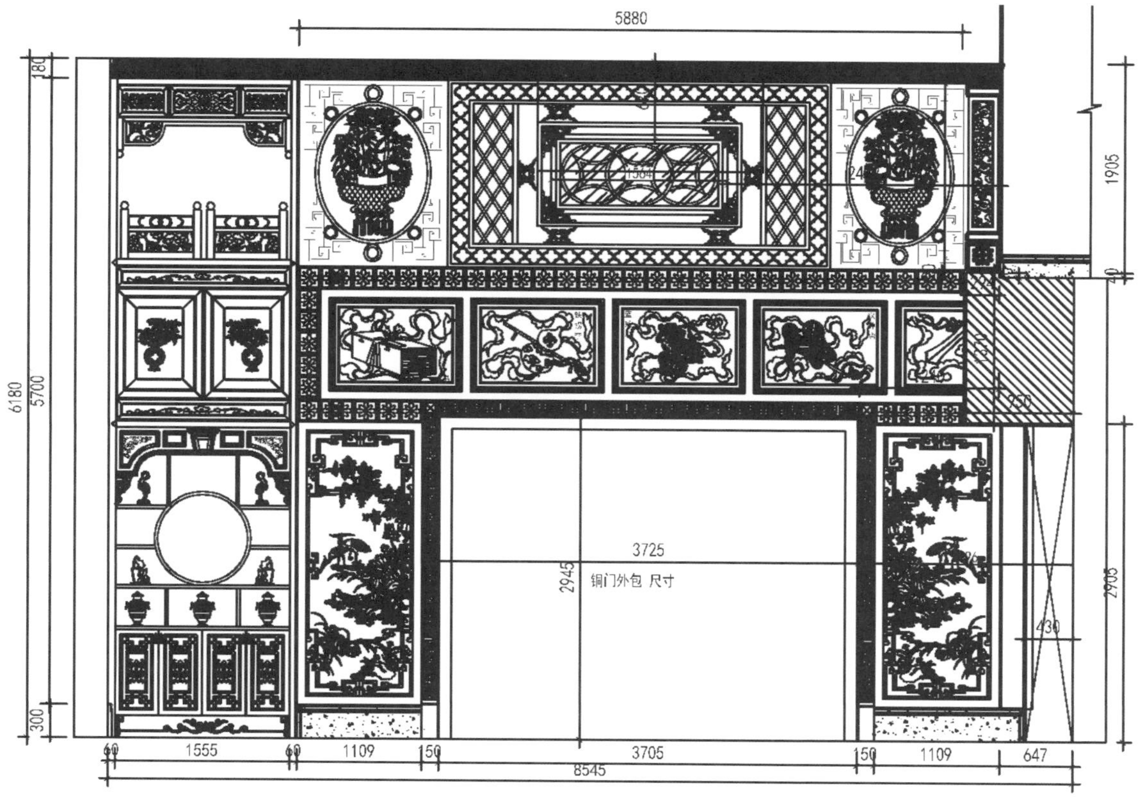

背景墙样式十二 立面图 1:80

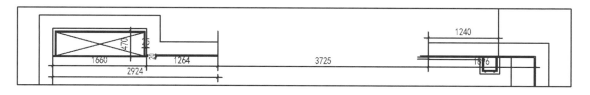

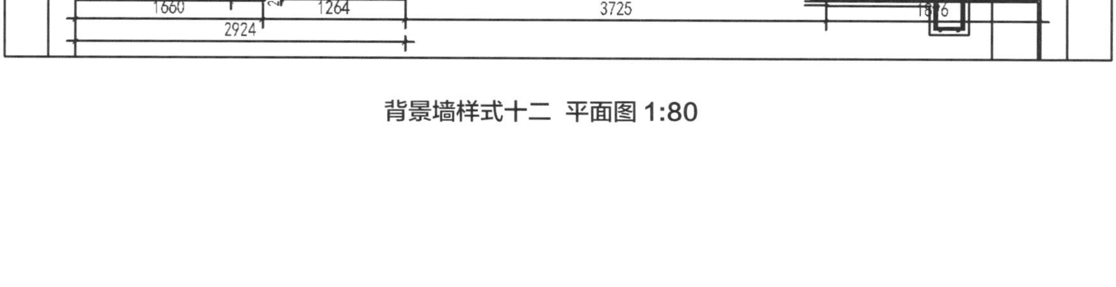

背景墙样式十二 平面图 1:80

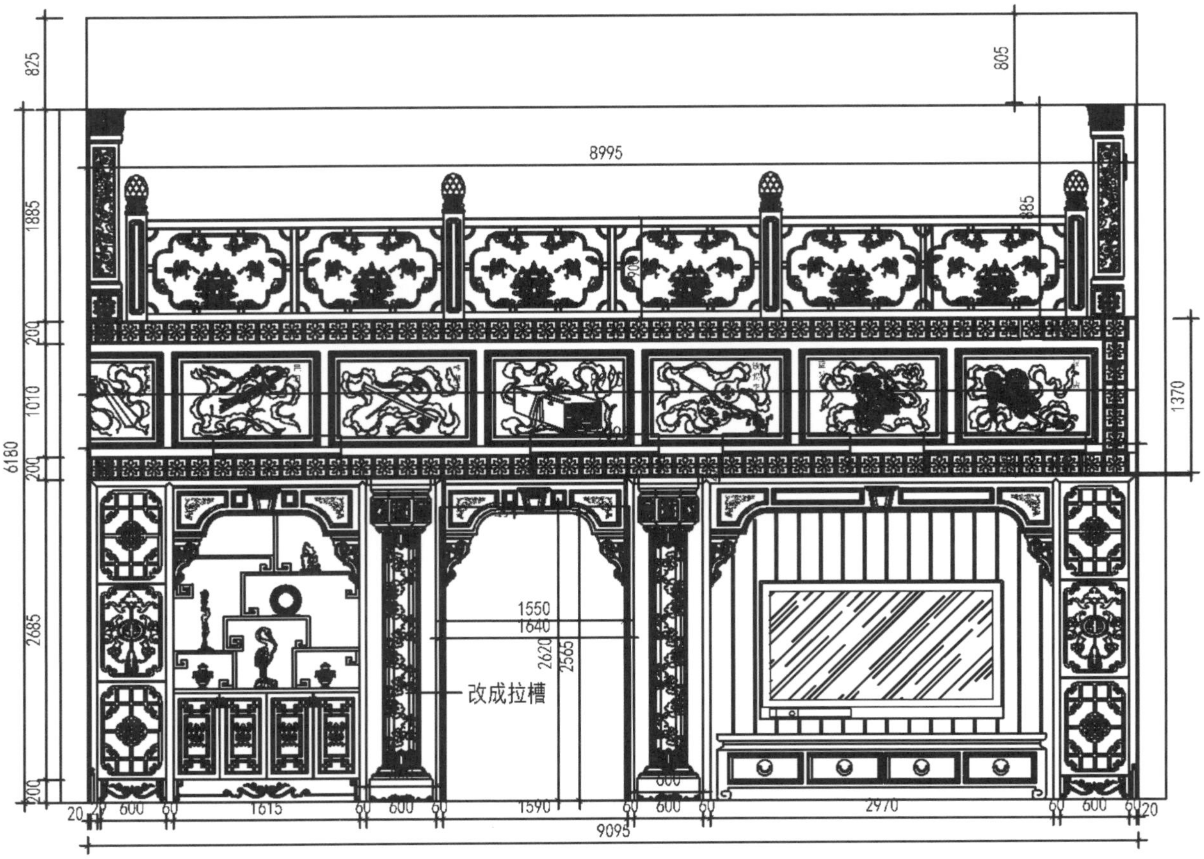

背景墙样式十三 立面图 1:80

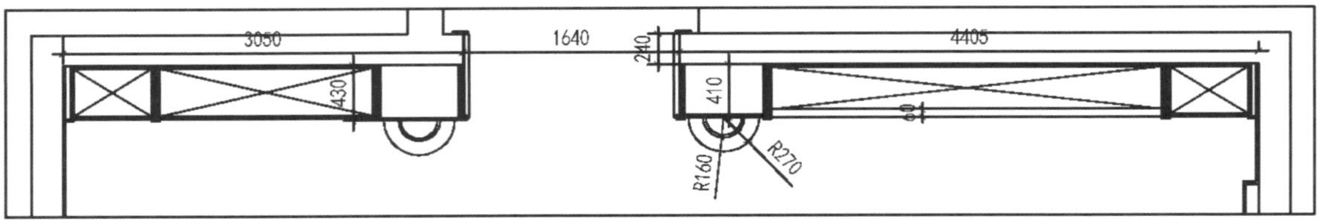

背景墙样式十三 平面图 1:80

第二节 沙发背景墙

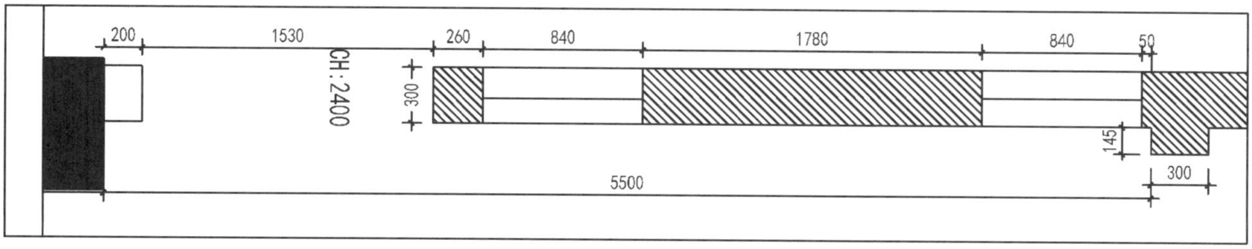

沙发背景墙一 平面图 1:40

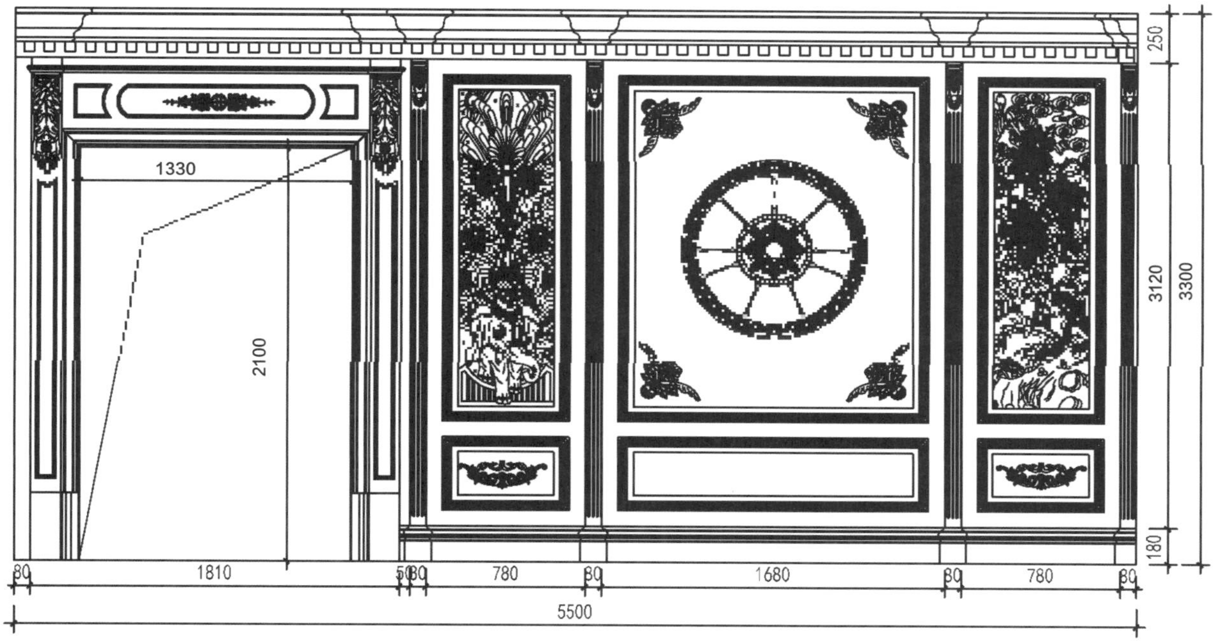

沙发背景墙一 立面图 1:40

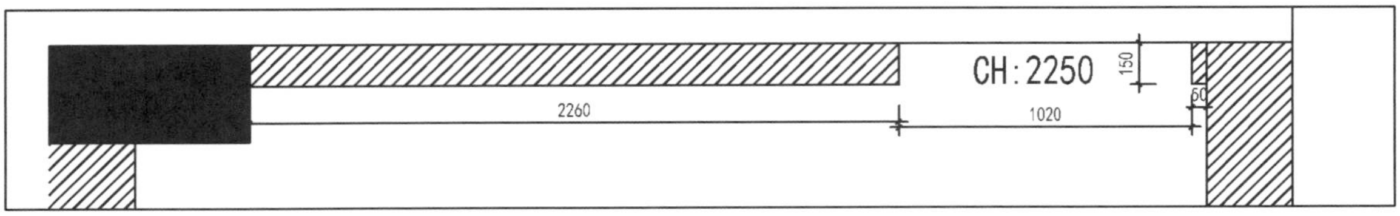

沙发背景墙二 平面图 1:30

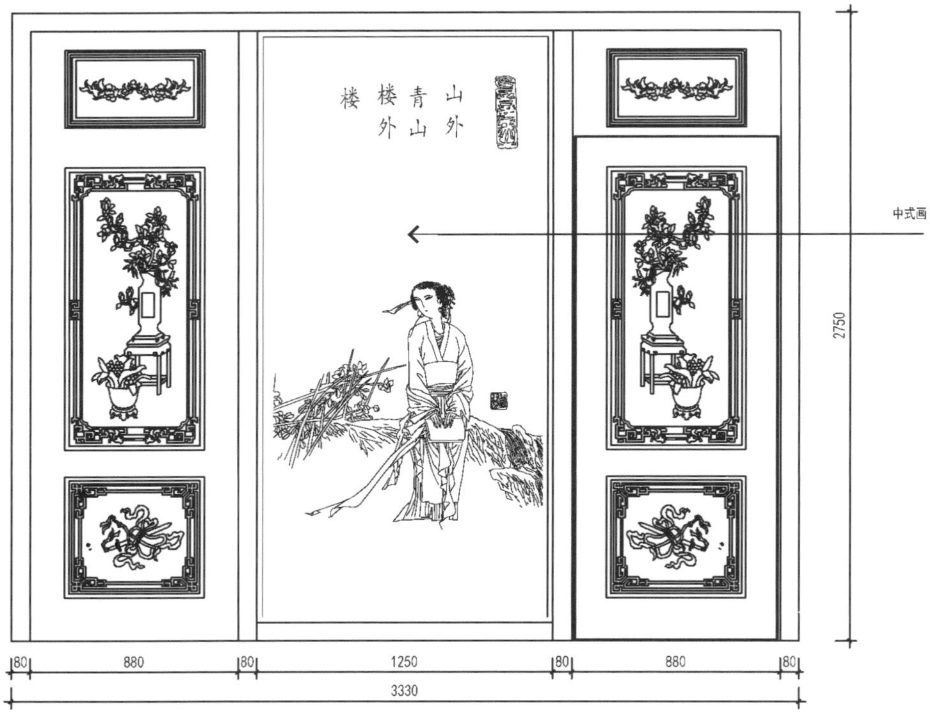

沙发背景墙二 立面图 1:30

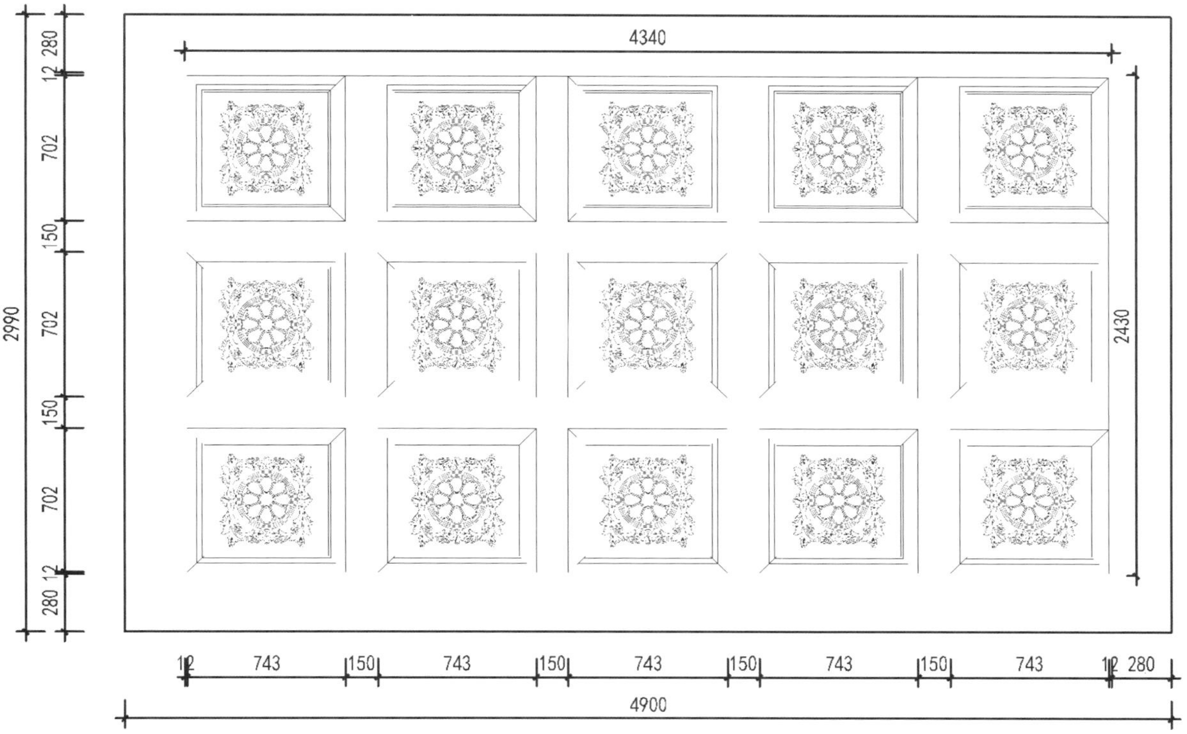

沙发背景墙三 立面图 1:40

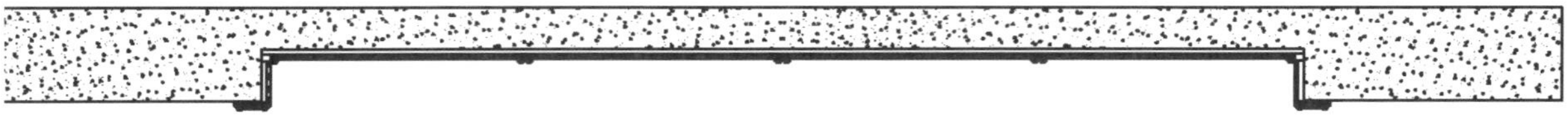

沙发背景墙四 平面图 1:30

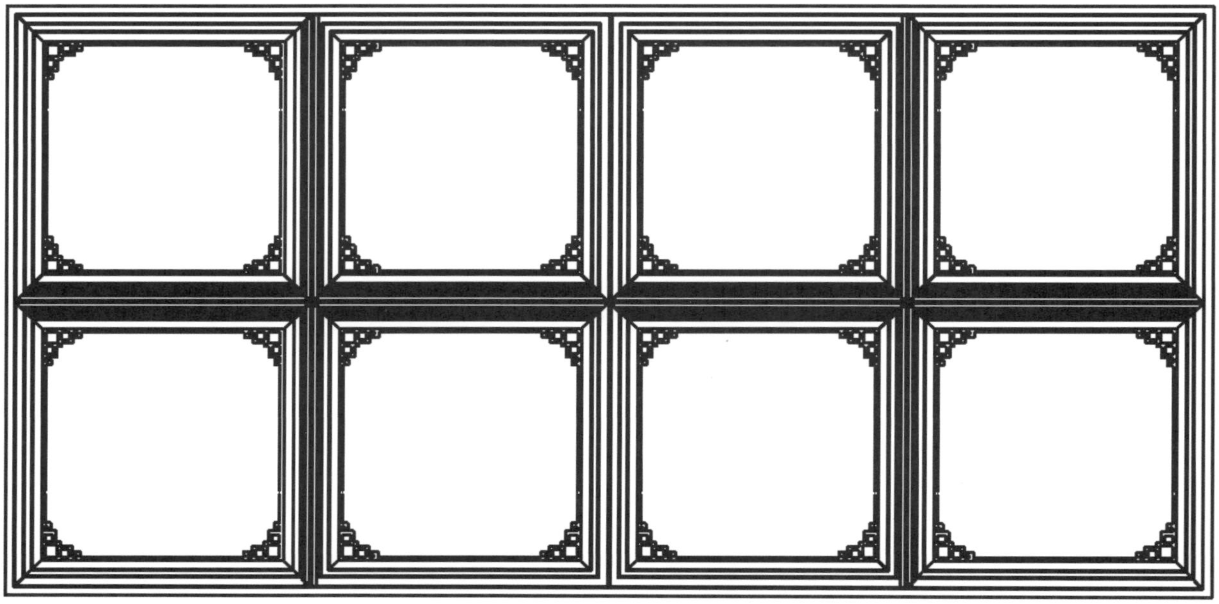

沙发背景墙四 立面图 1:30

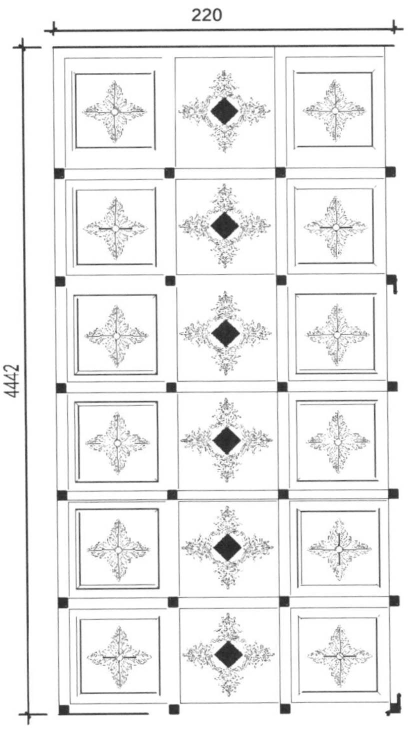

沙发背景墙五 立面图 1:30

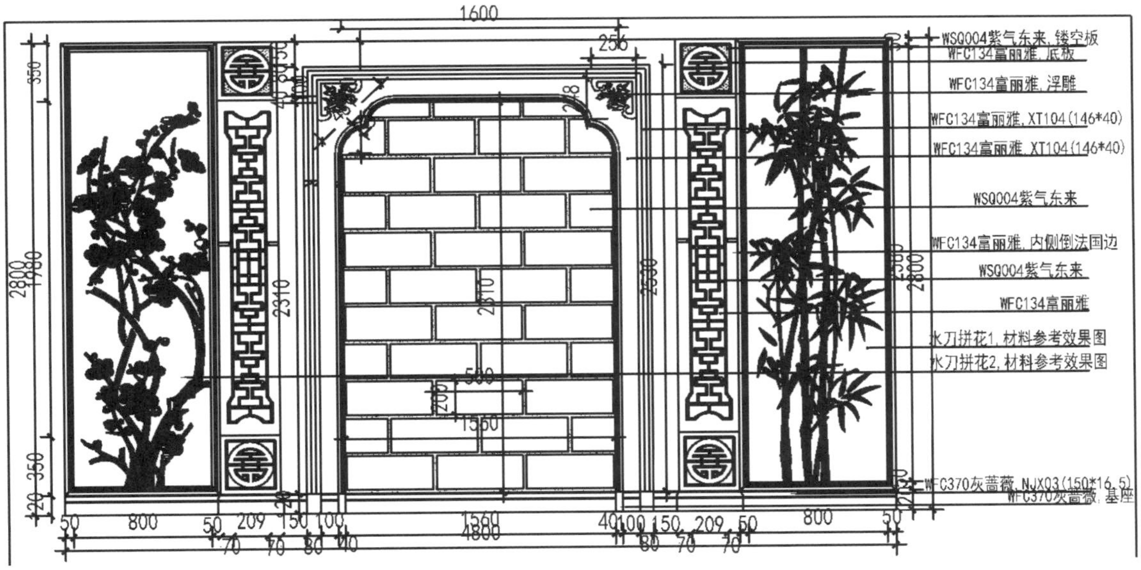

沙发背景墙六 立面图 1:30

全屋定制 CAD 设计图集 — 背景墙

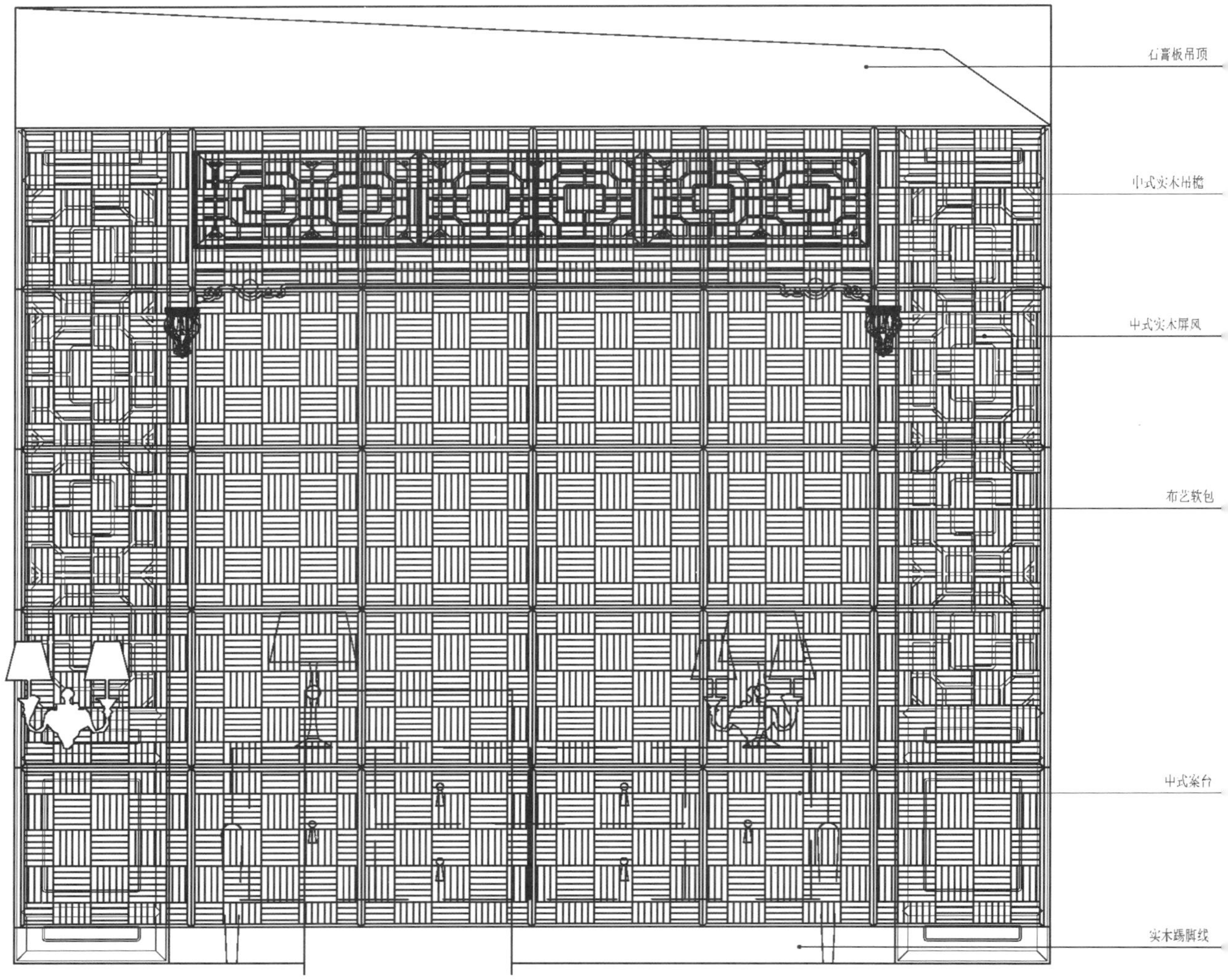

沙发背景墙七 立面图 1:30

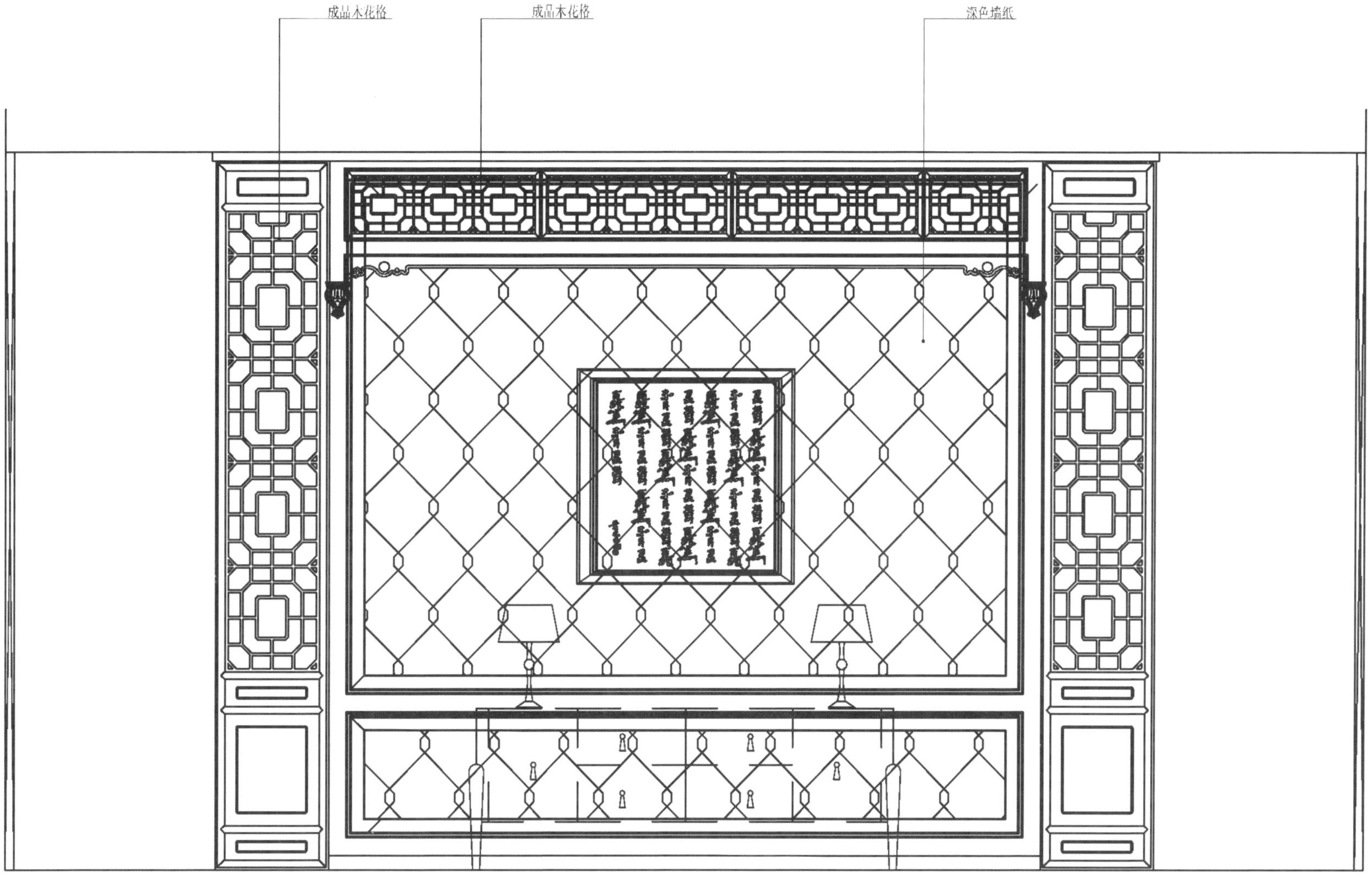

沙发背景墙八 立面图 1:30

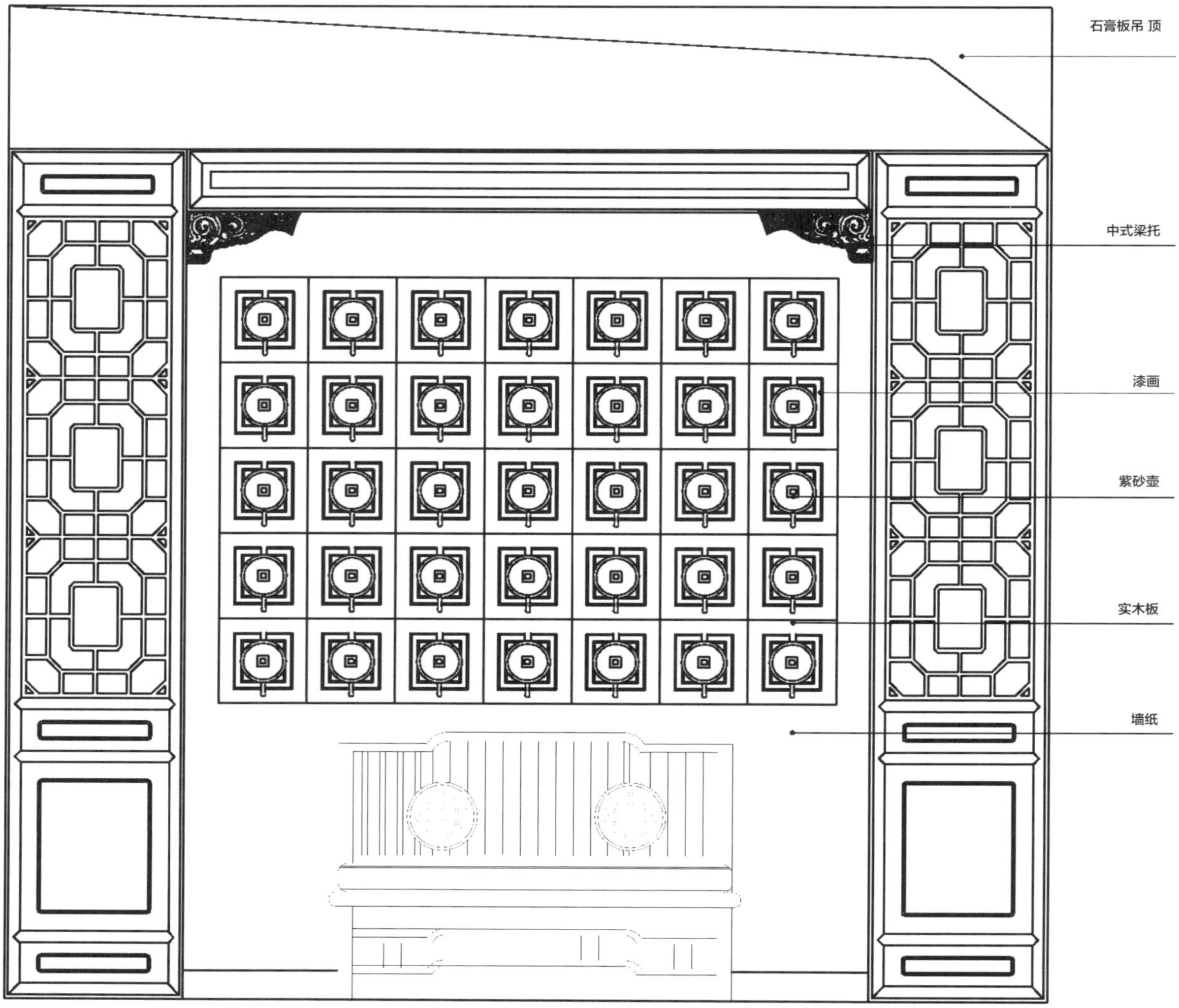

沙发背景墙九 立面图 1:30

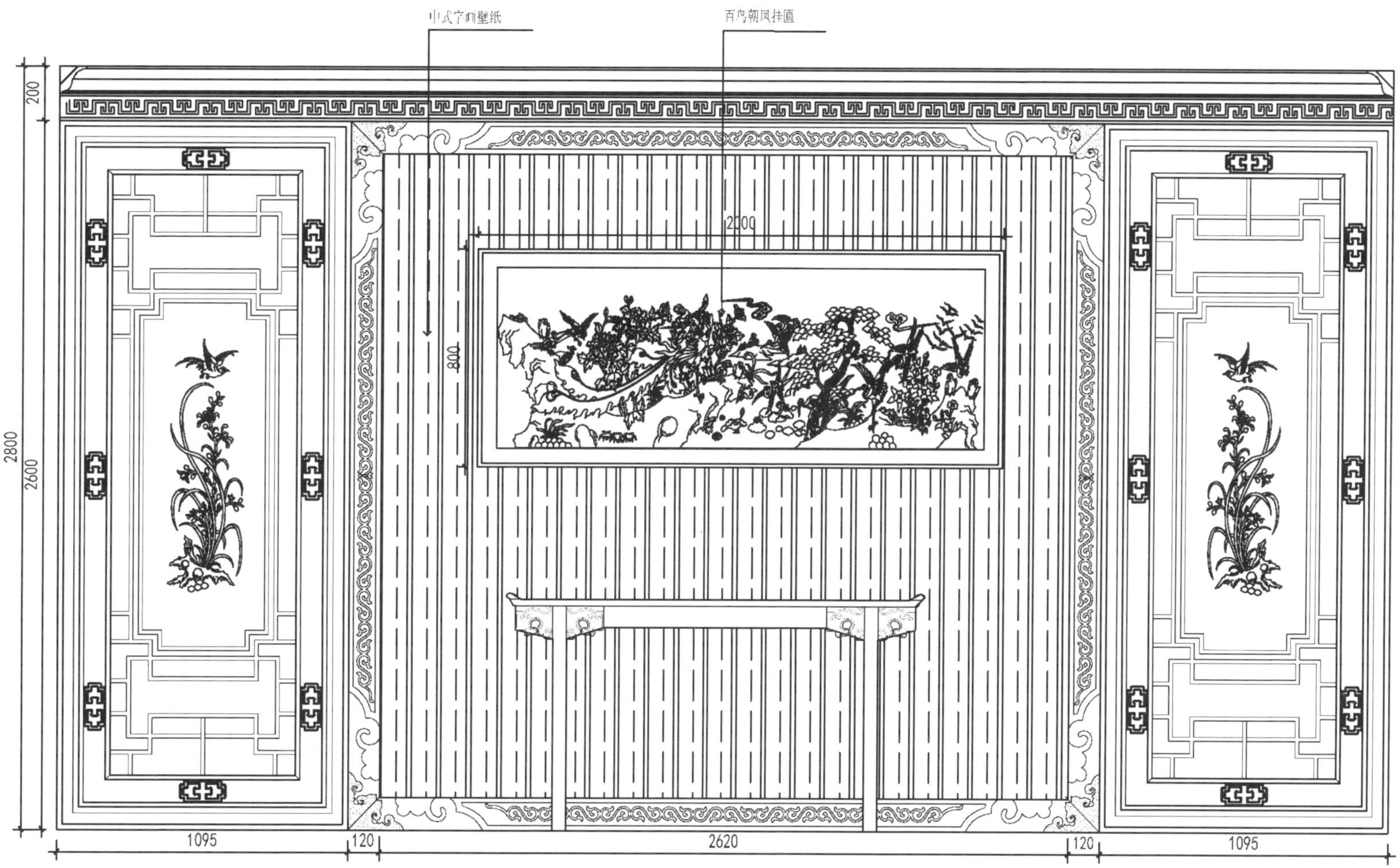

沙发背景墙十 立面图 1:30

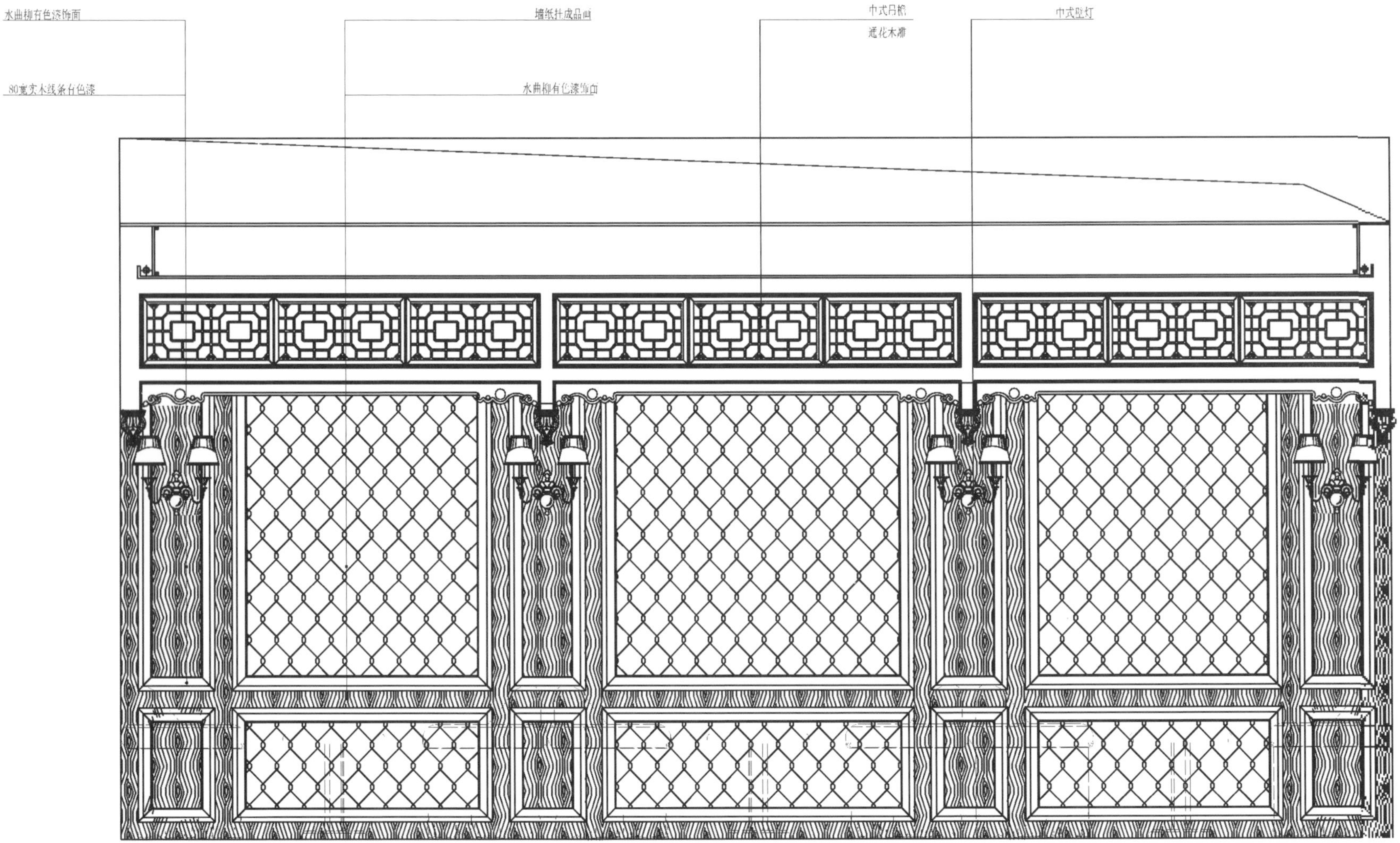

沙发背景墙十一 立面图 1:30

第三节 卧室背景墙

卧室背景墙样式一 1:20

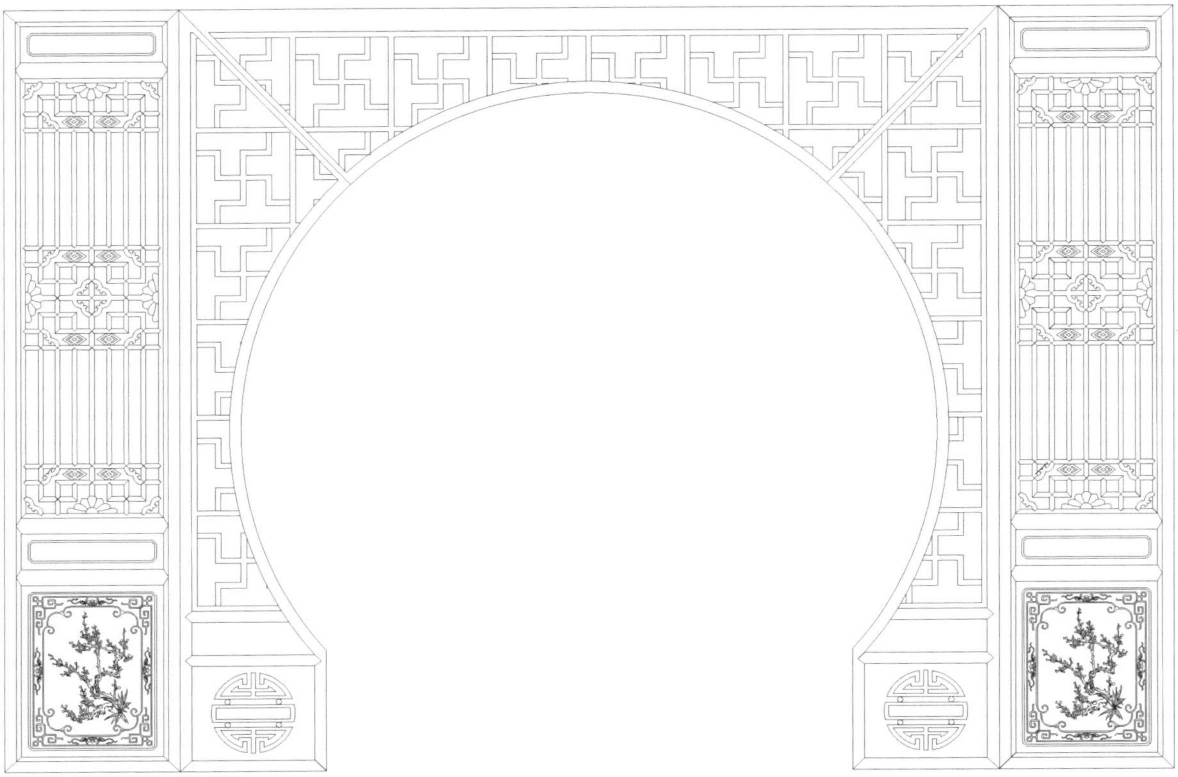

卧室背景墙样式二 1:20

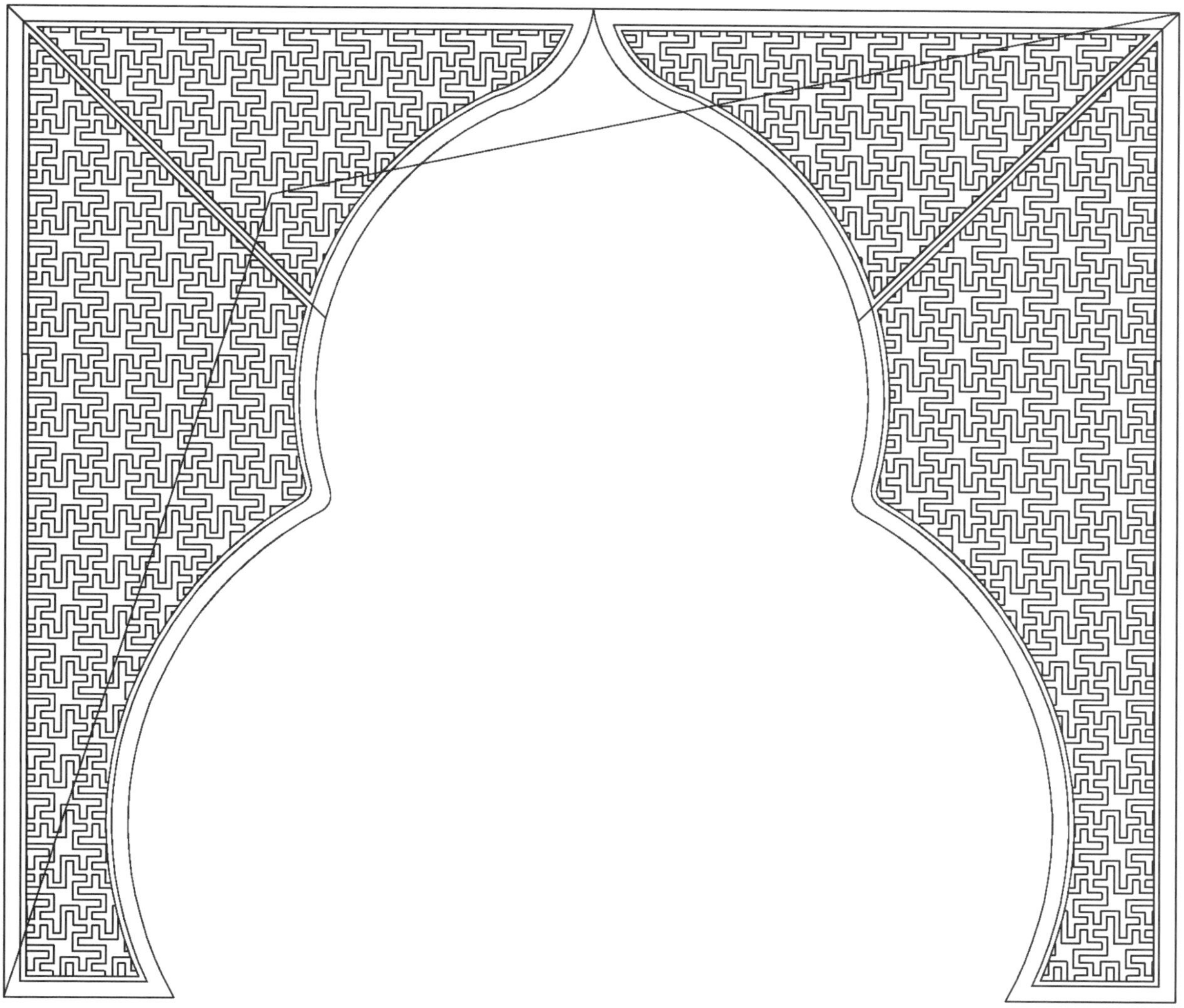

卧室背景墙样式三 1:20

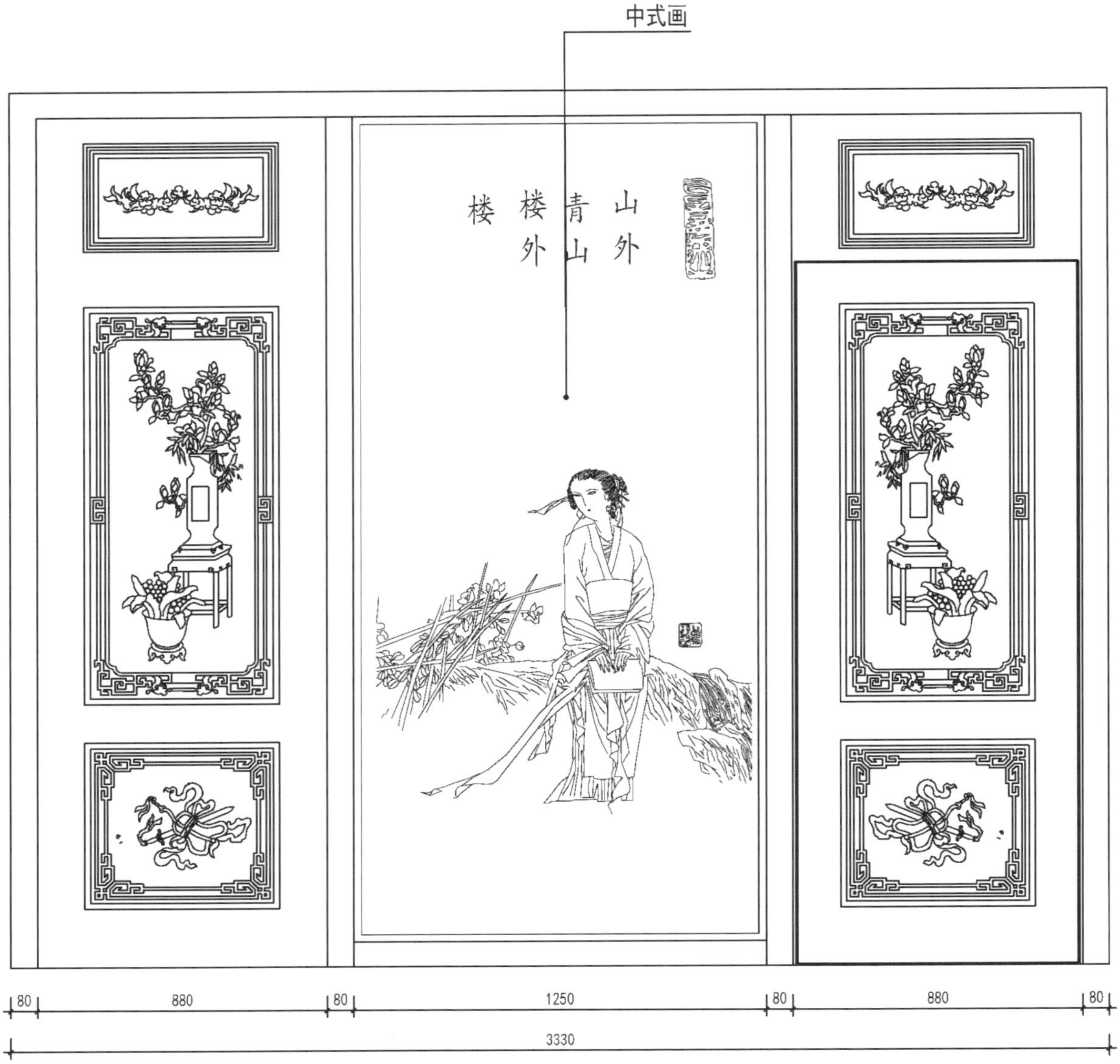

卧室背景墙样式四 1:20

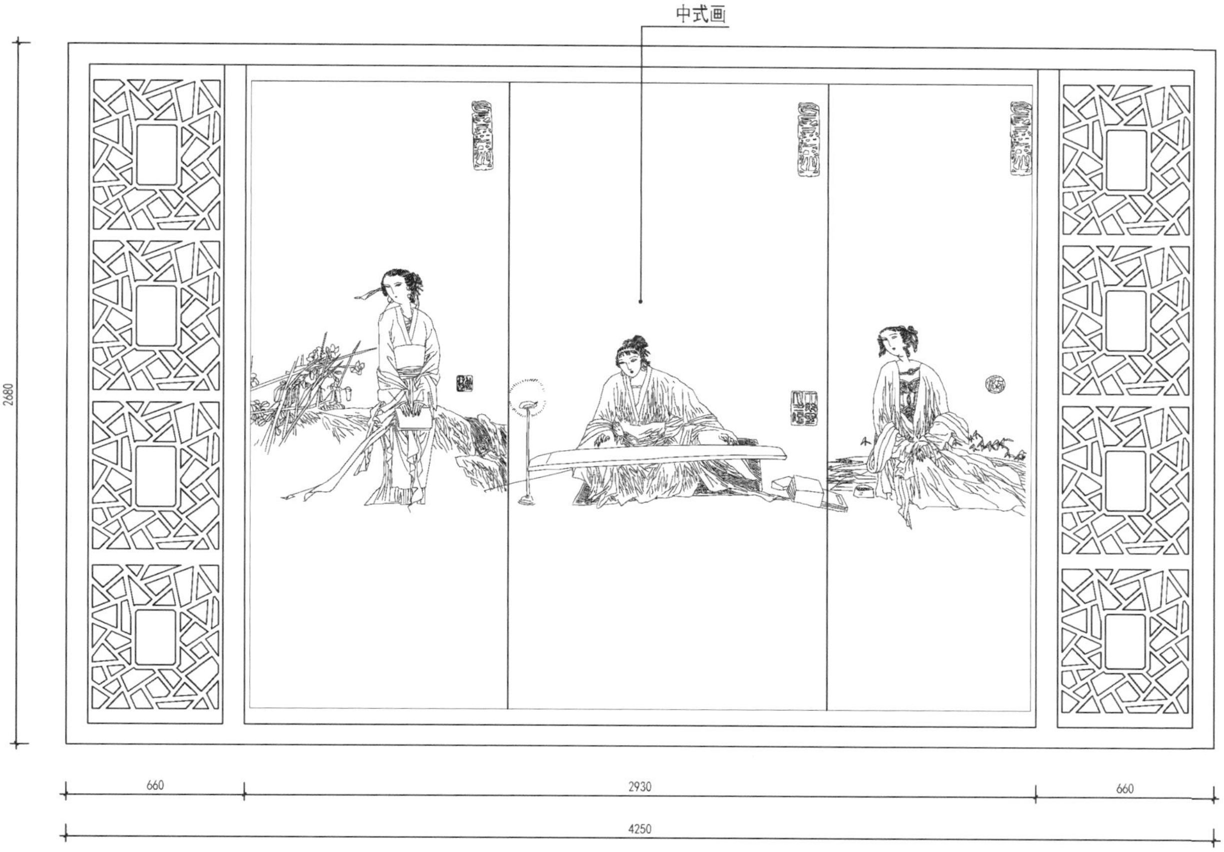

卧室背景墙样式五 1:20

卧室背景墙样式六 1:20

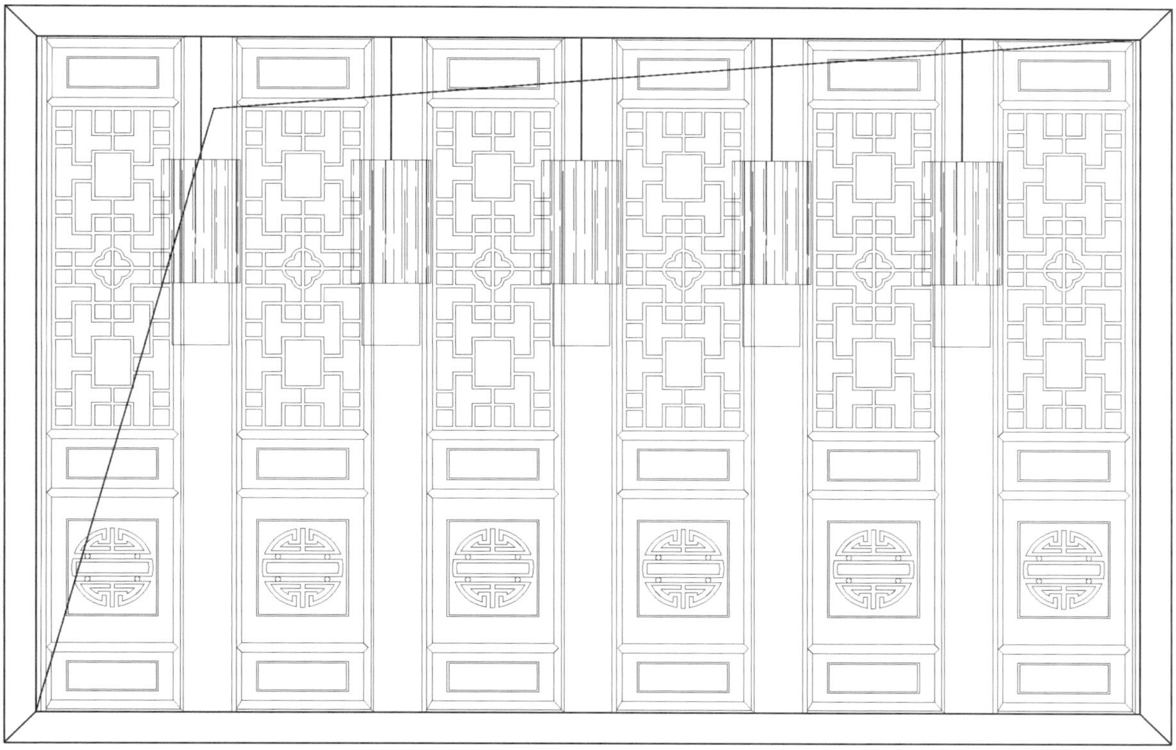

卧室背景墙样式七 1:20

第四节 玄关、垭口背景墙

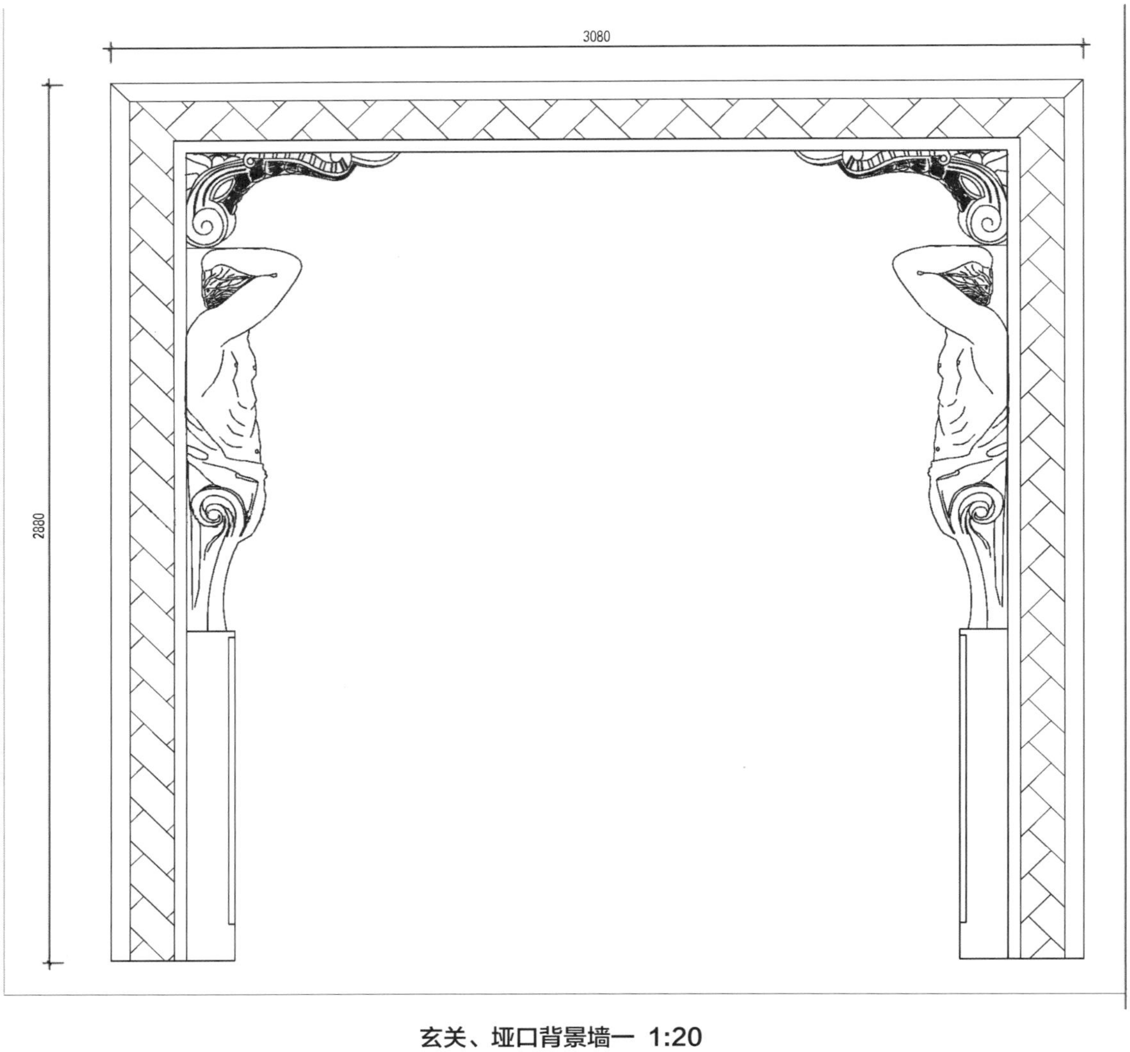

玄关、垭口背景墙一 1:20

玄关、垭口背景墙二 1:15

玄关、垭口背景墙三 1:30

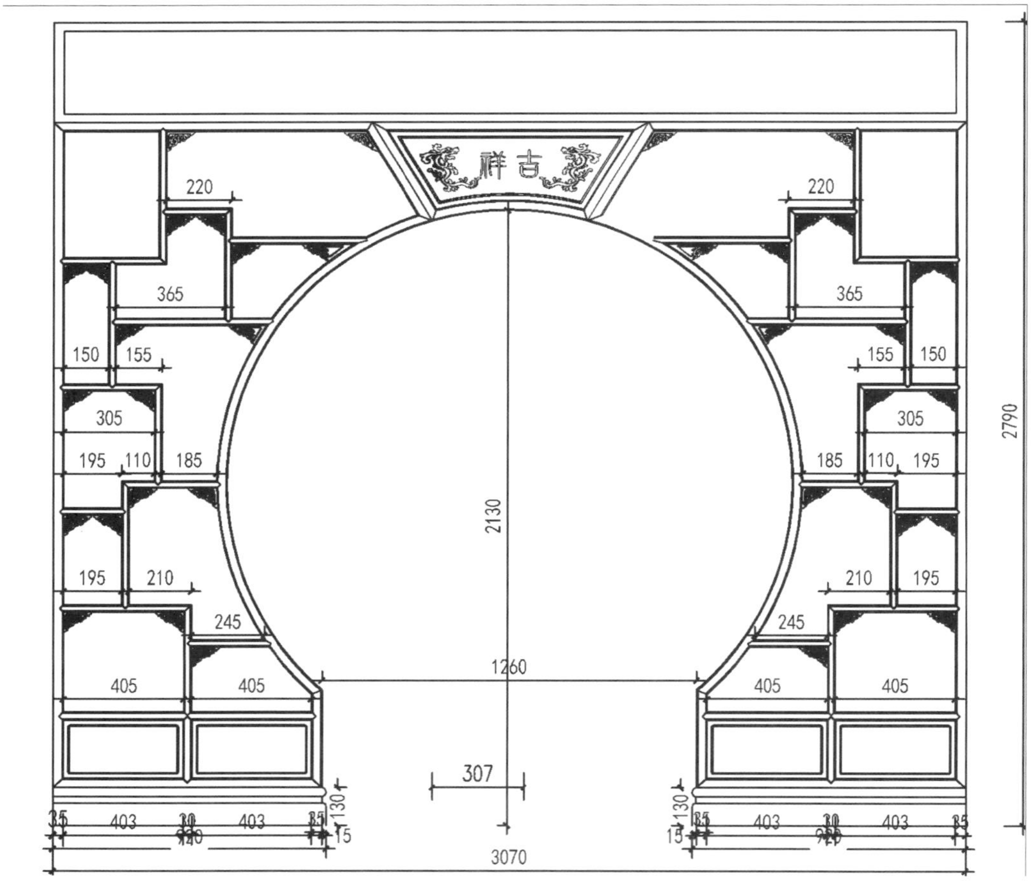

玄关、垭口背景墙四 1:15

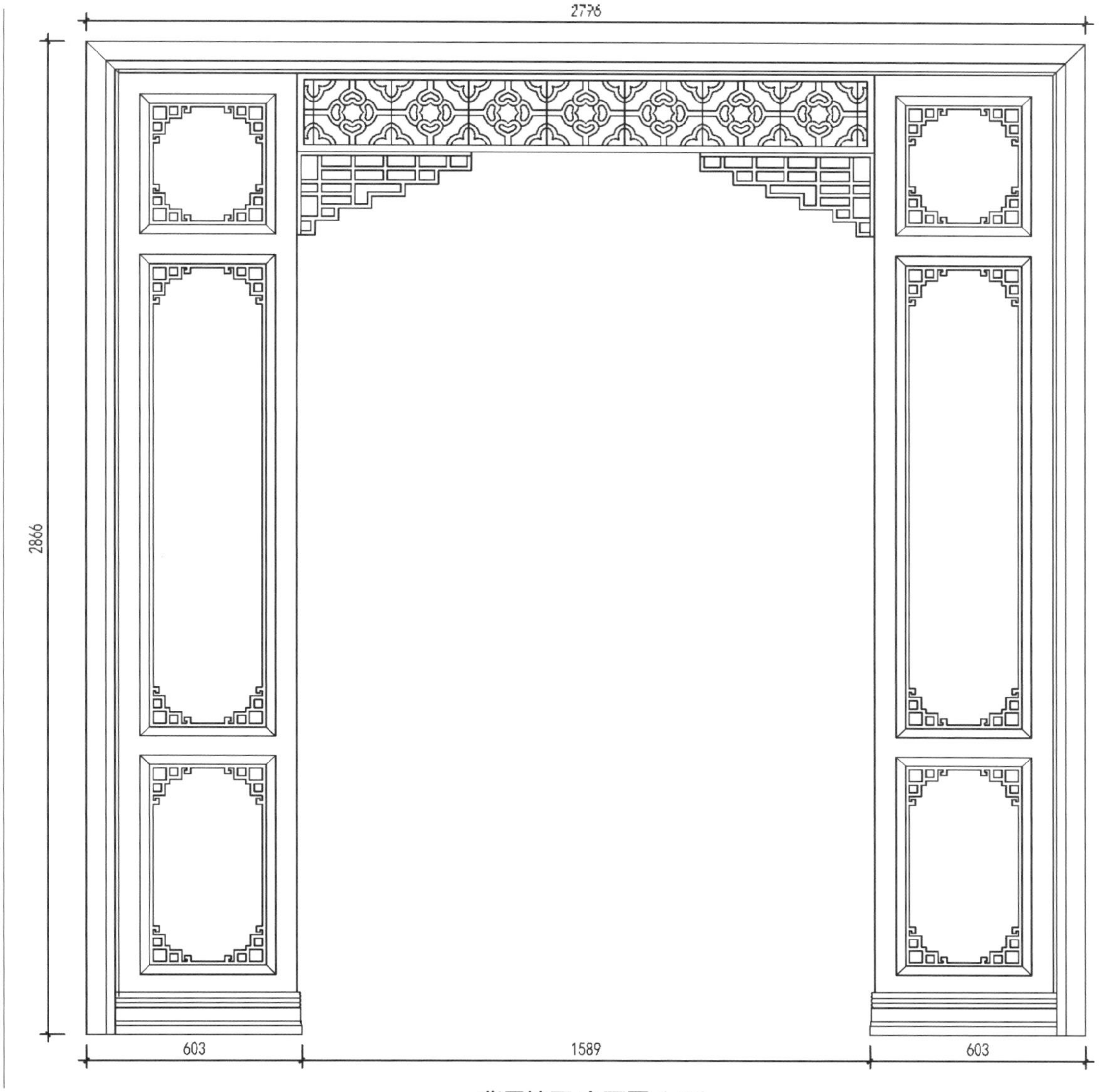

背景墙五 立面图 1:20

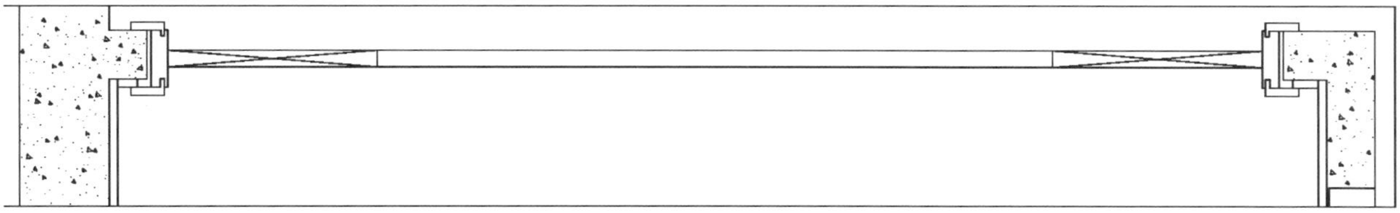

玄关、垭口背景墙五 平面图 1:20

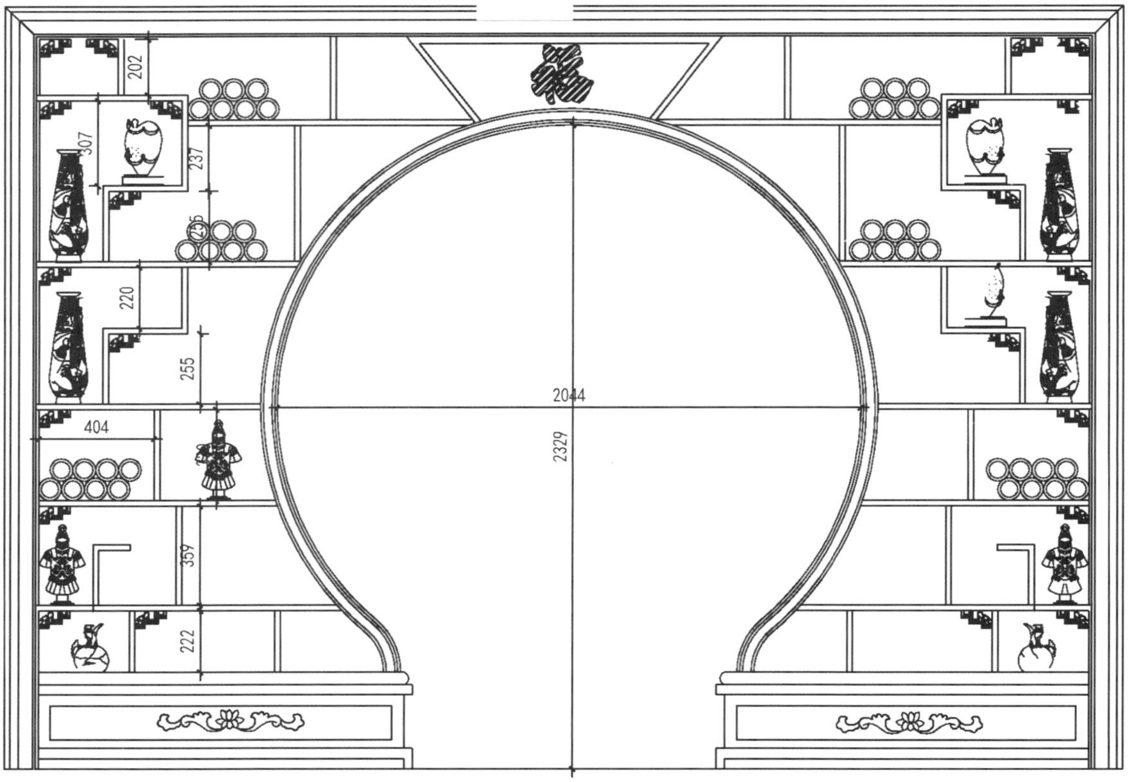

玄关、垭口背景墙六 立面图 1:25

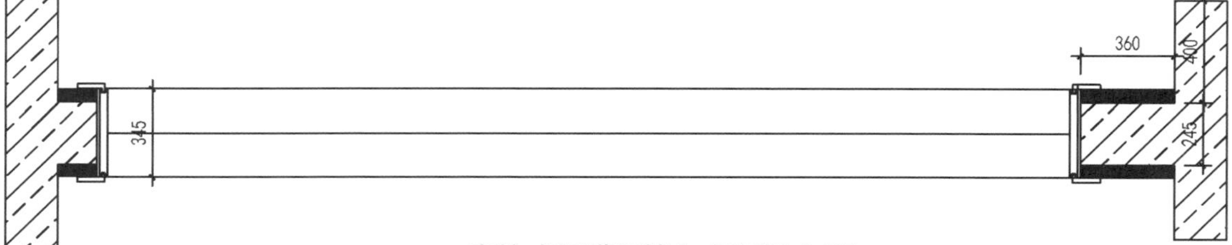

玄关、垭口背景墙六 平面图 1:25

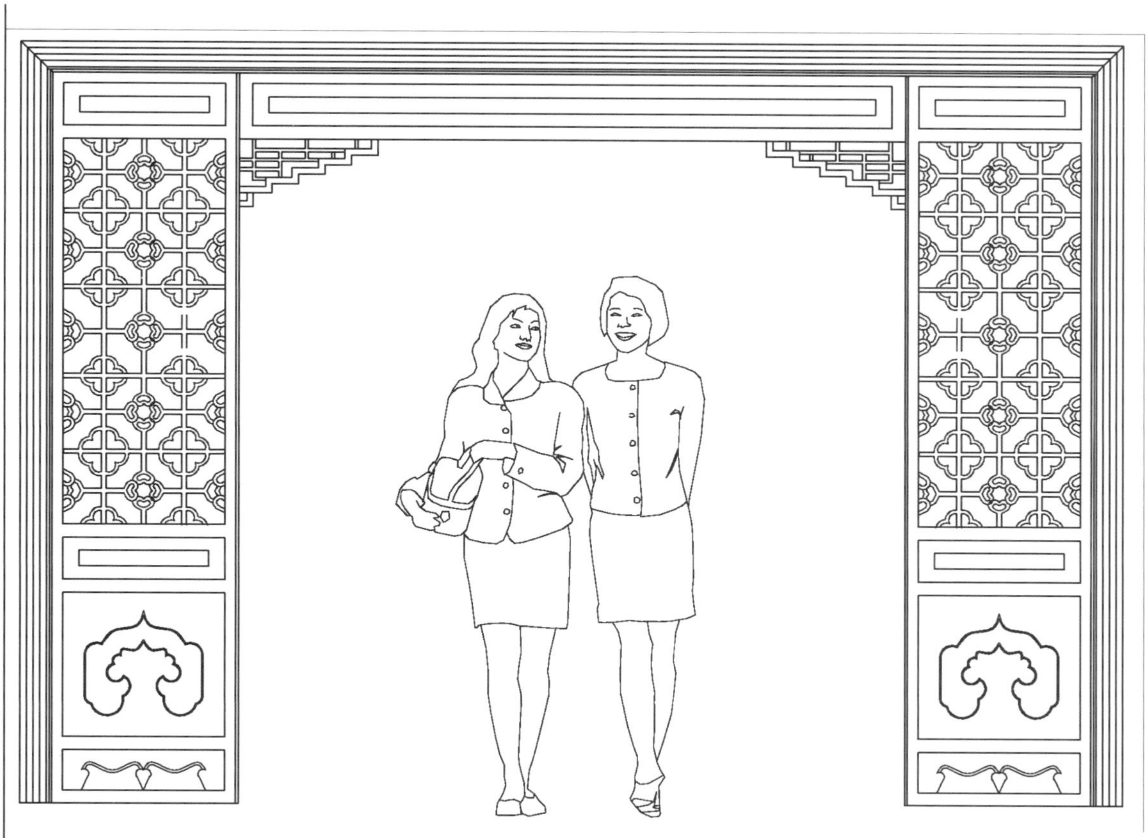

玄关、垭口背景墙七 立面图 1:20

玄关、垭口背景墙七 平面图 1:25

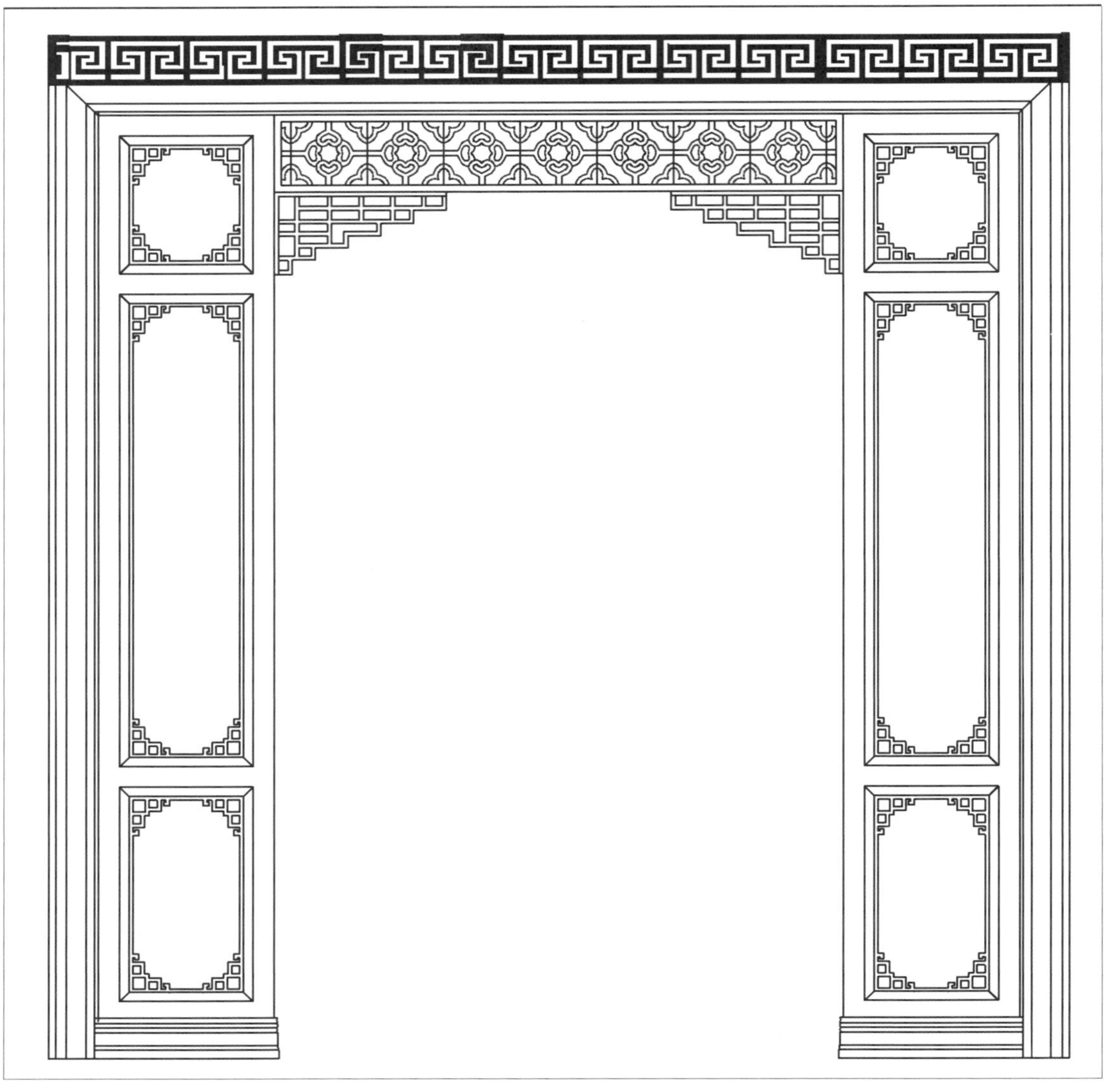

玄关、垭口背景墙八 立面图 1:20

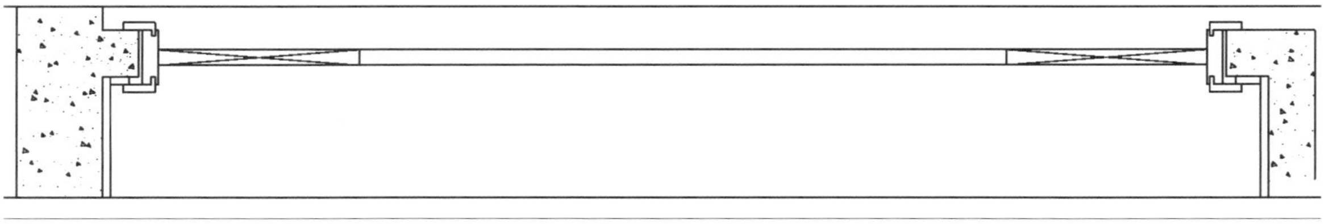

玄关、垭口背景墙八 平 面图 1:20

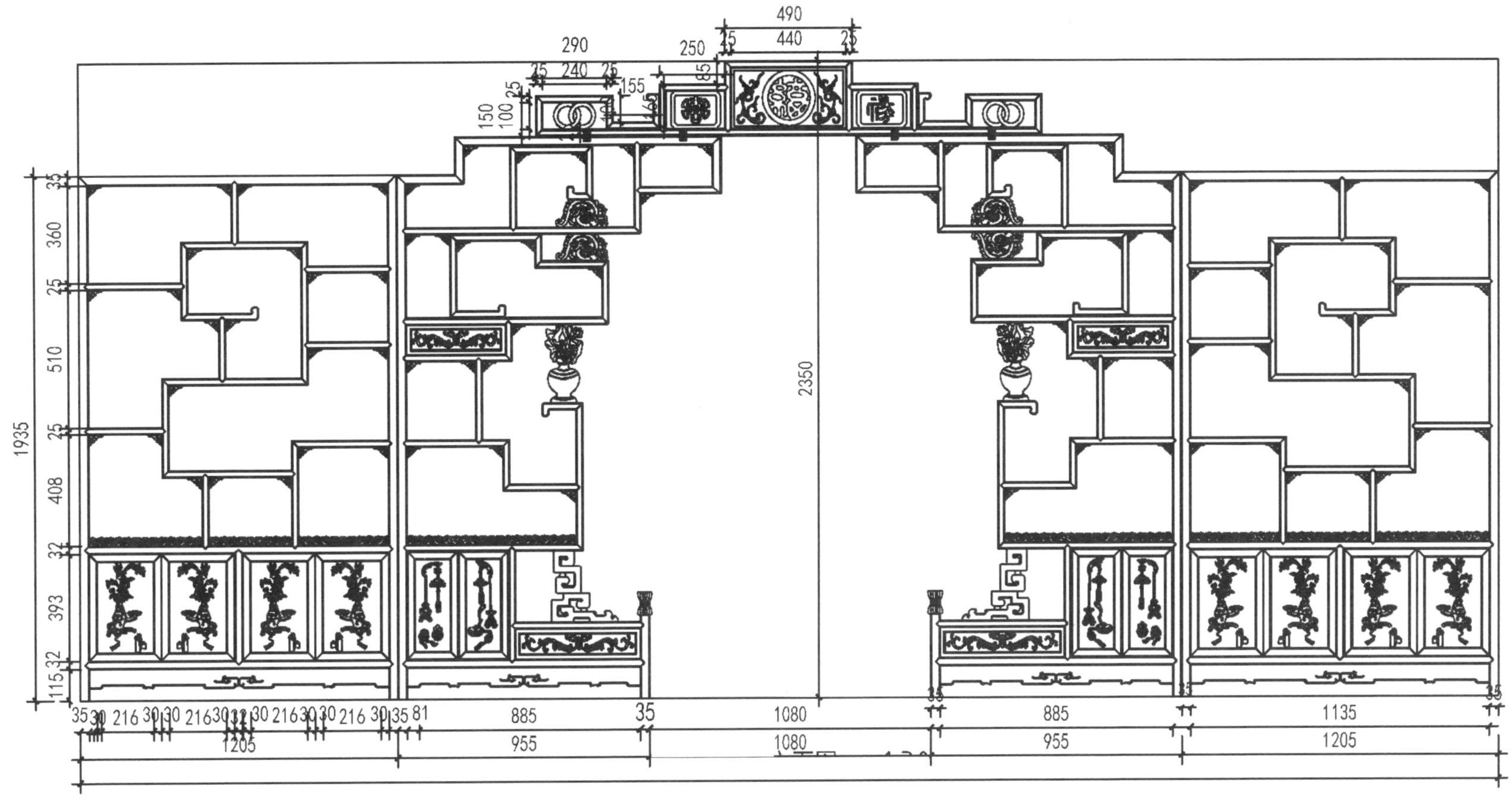

玄关、垭口背景墙九 立面图 1:30

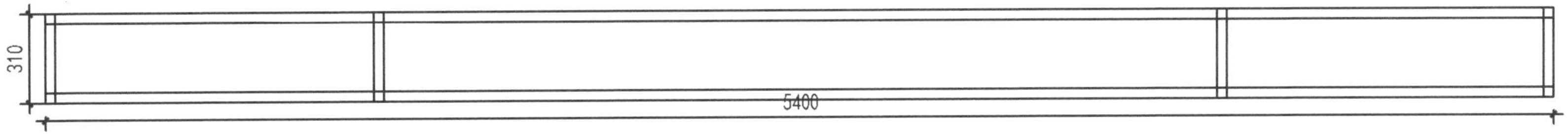

玄关、垭口背景墙九 平面图 1:30

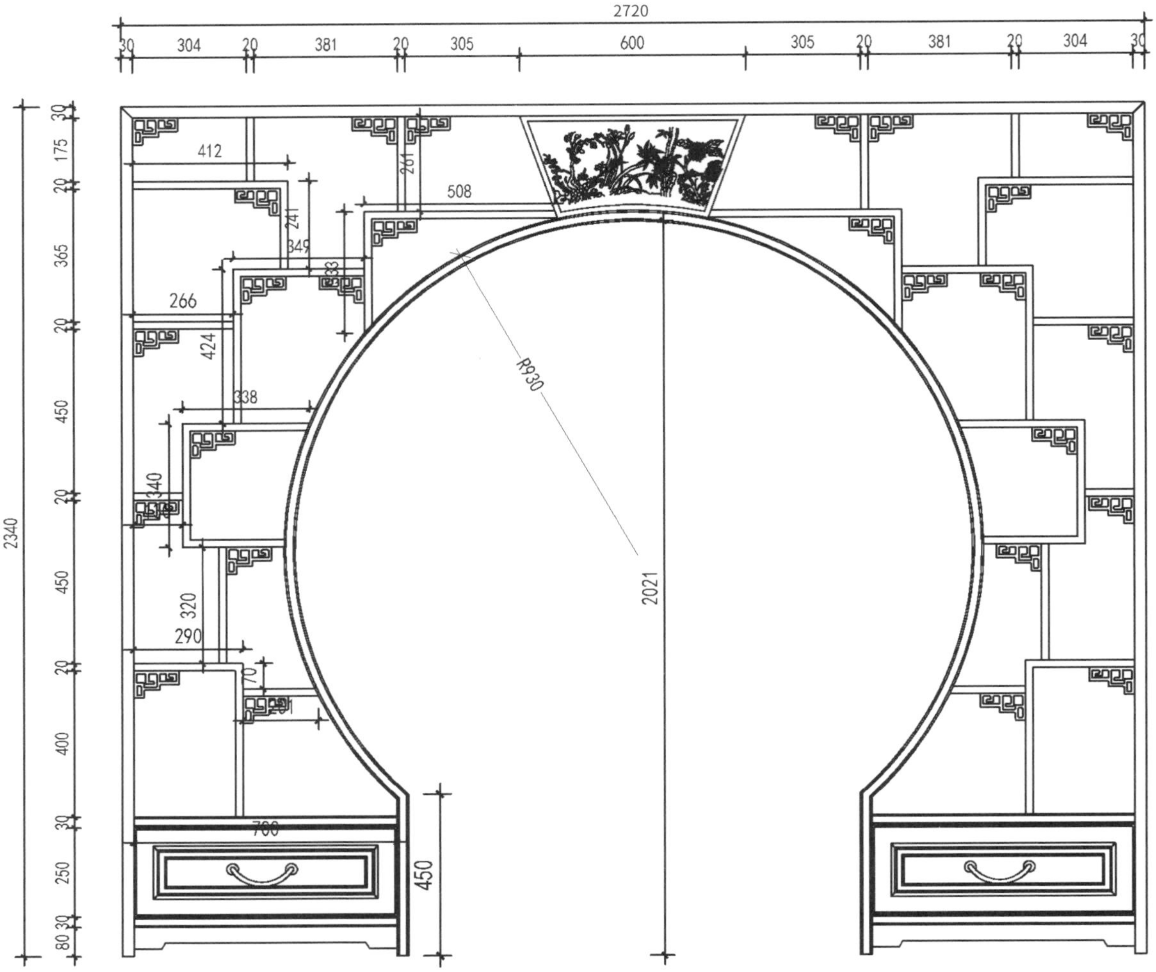

玄关、垭口背景墙十 立面图 1:20

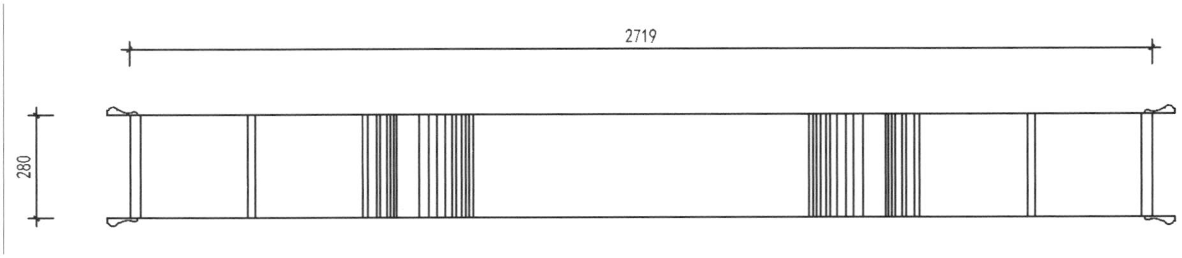

玄关、垭口背景墙十 平面图 1:20

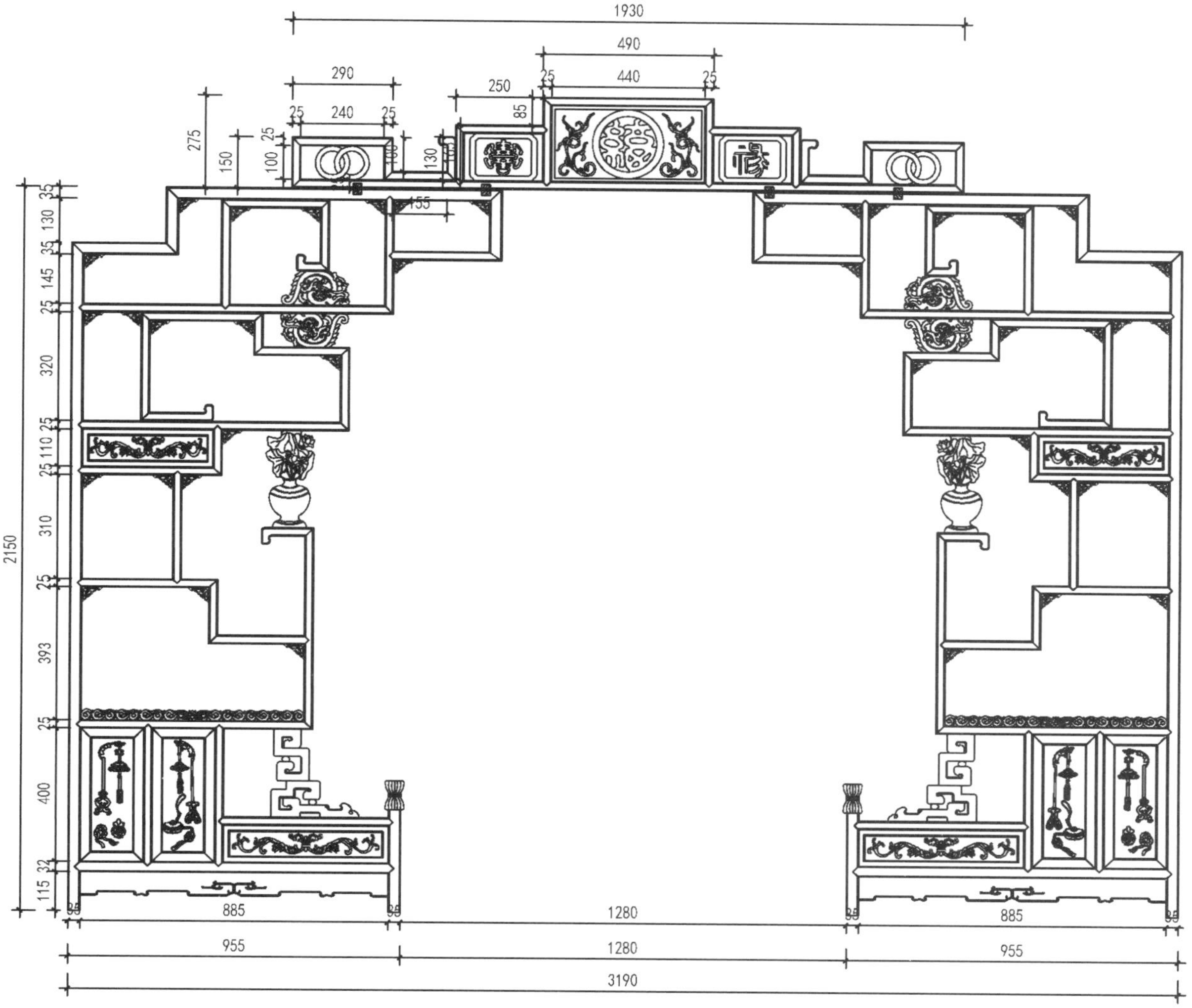

玄关、垭口背景墙十一 立面图 1:20

玄关、垭口背景墙 十二 立面图 1:20

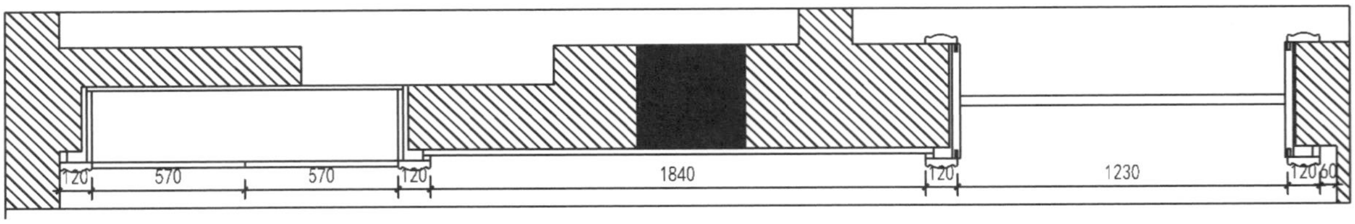

玄关、垭口背景墙十二 平面图 1:30

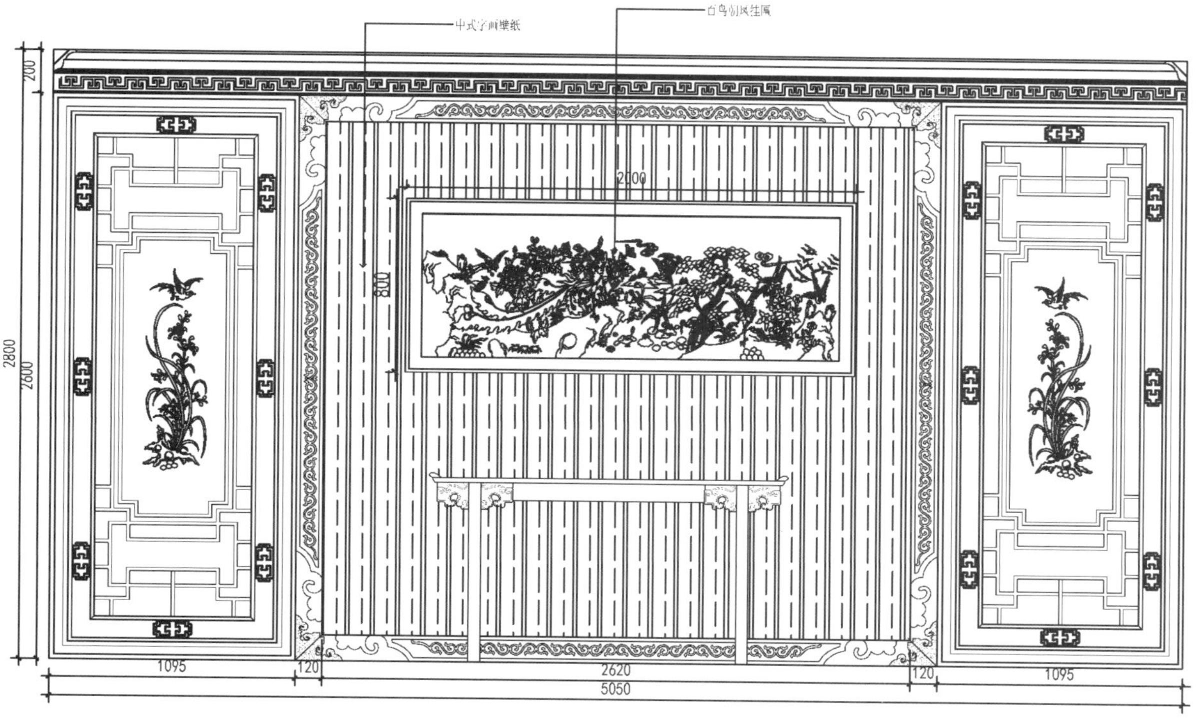

玄关、垭口背景墙十三 立面图 1:30

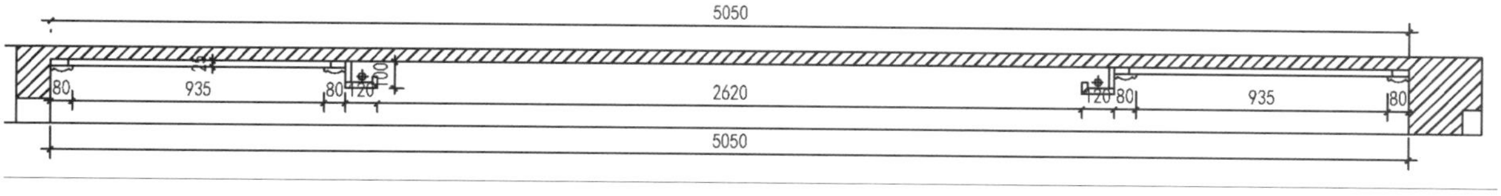

玄关、垭口背景墙十三 平面图 1:30

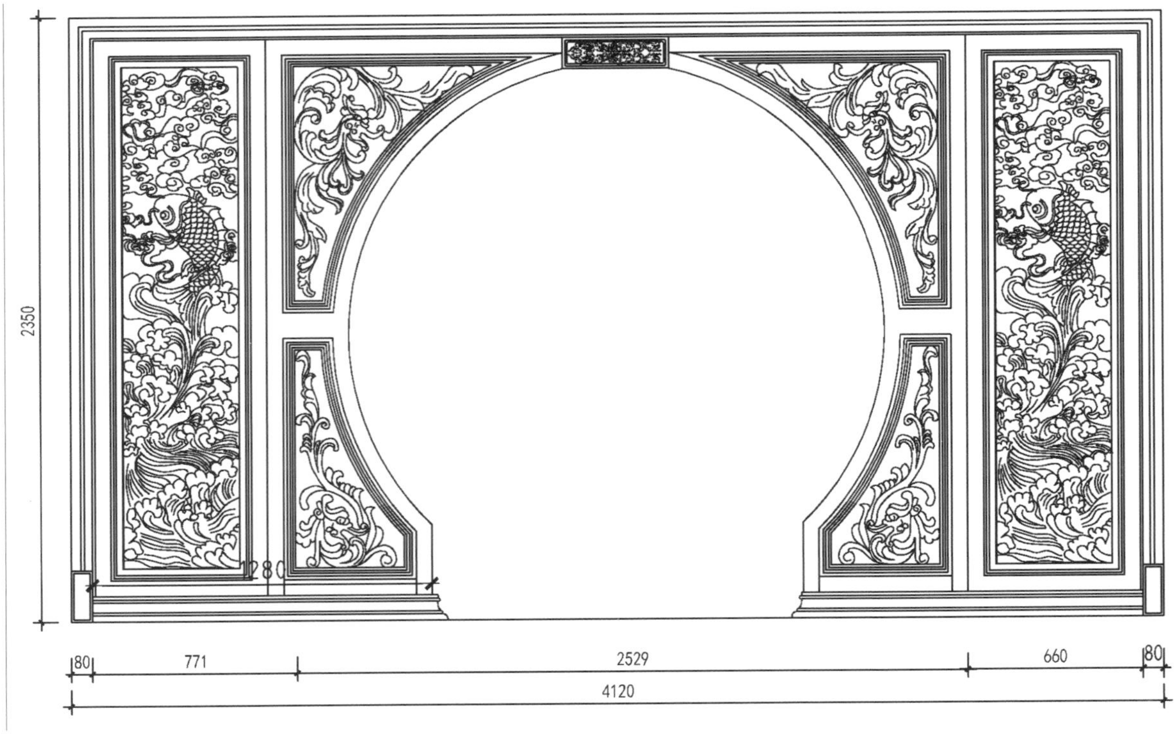

玄关、垭口背景墙十四 立面图 1:30

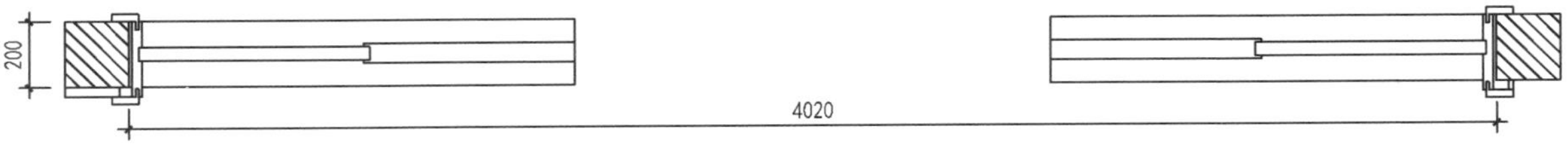

玄关、垭口背景墙十四 平面图 1:30

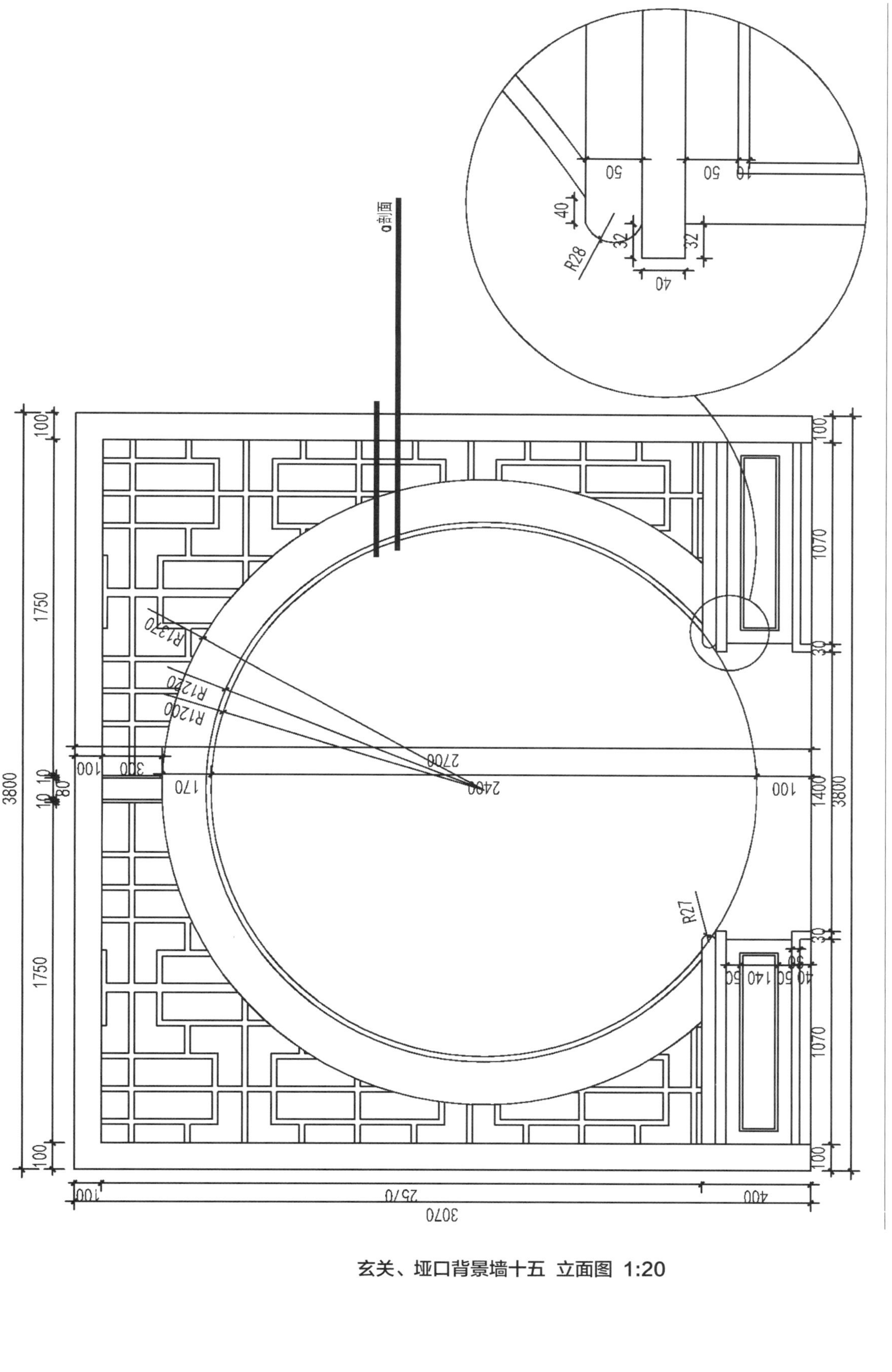

玄关、垭口背景墙十五 立面图 1:20

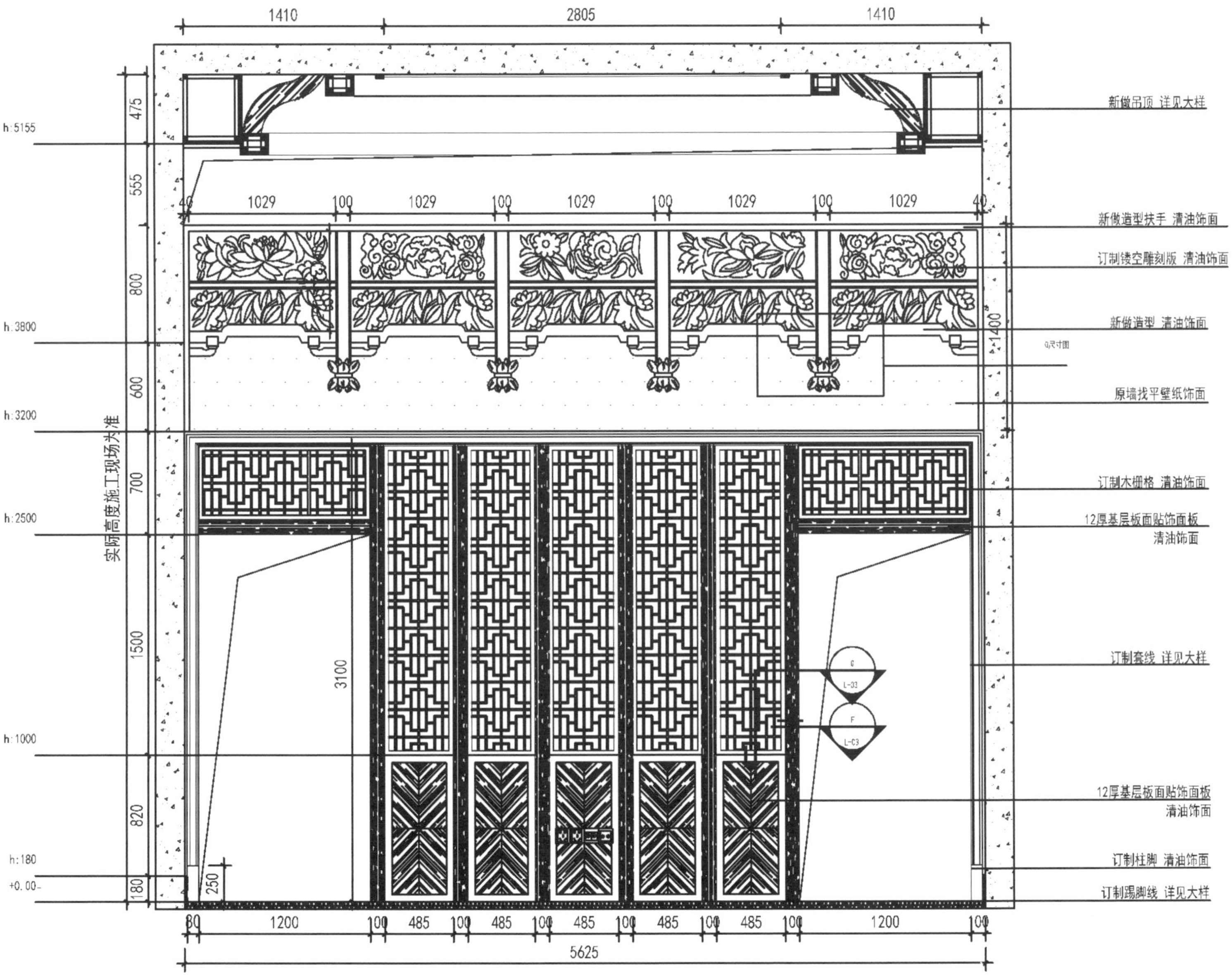

玄关、垭口背景墙十六 立面图 1:20

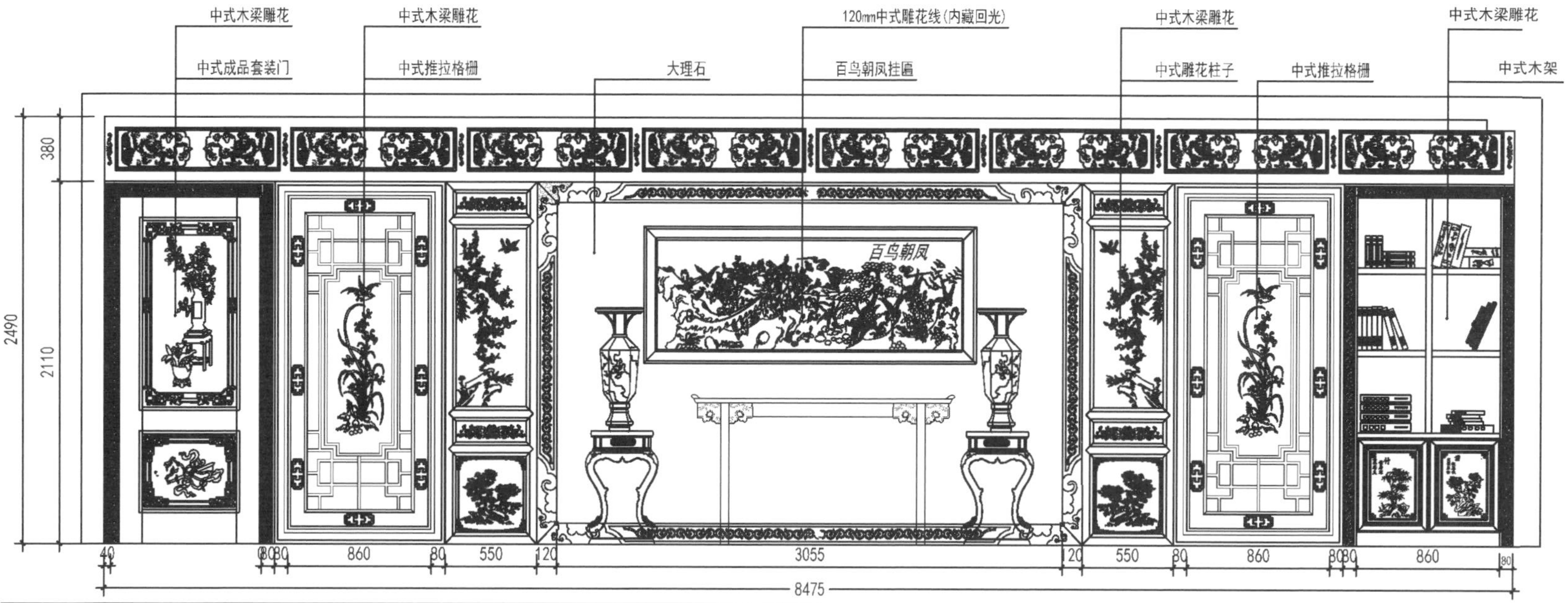

玄关、垭口背景墙十七 立面图 1:20

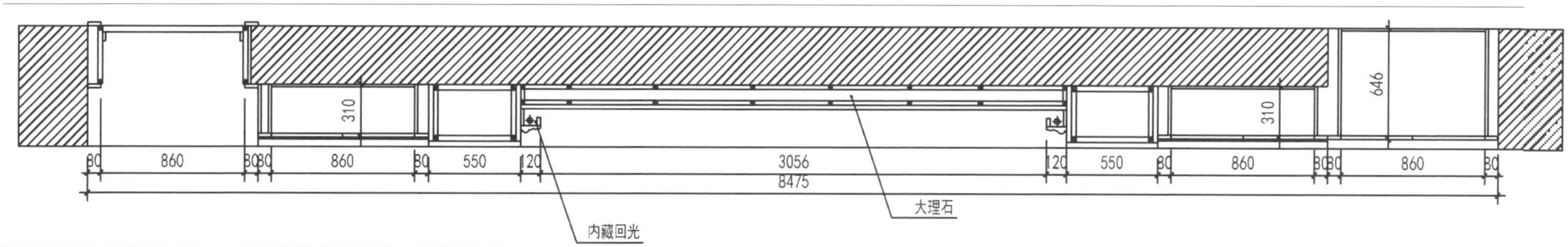

玄关、垭口背景墙十七 平面图 1:20

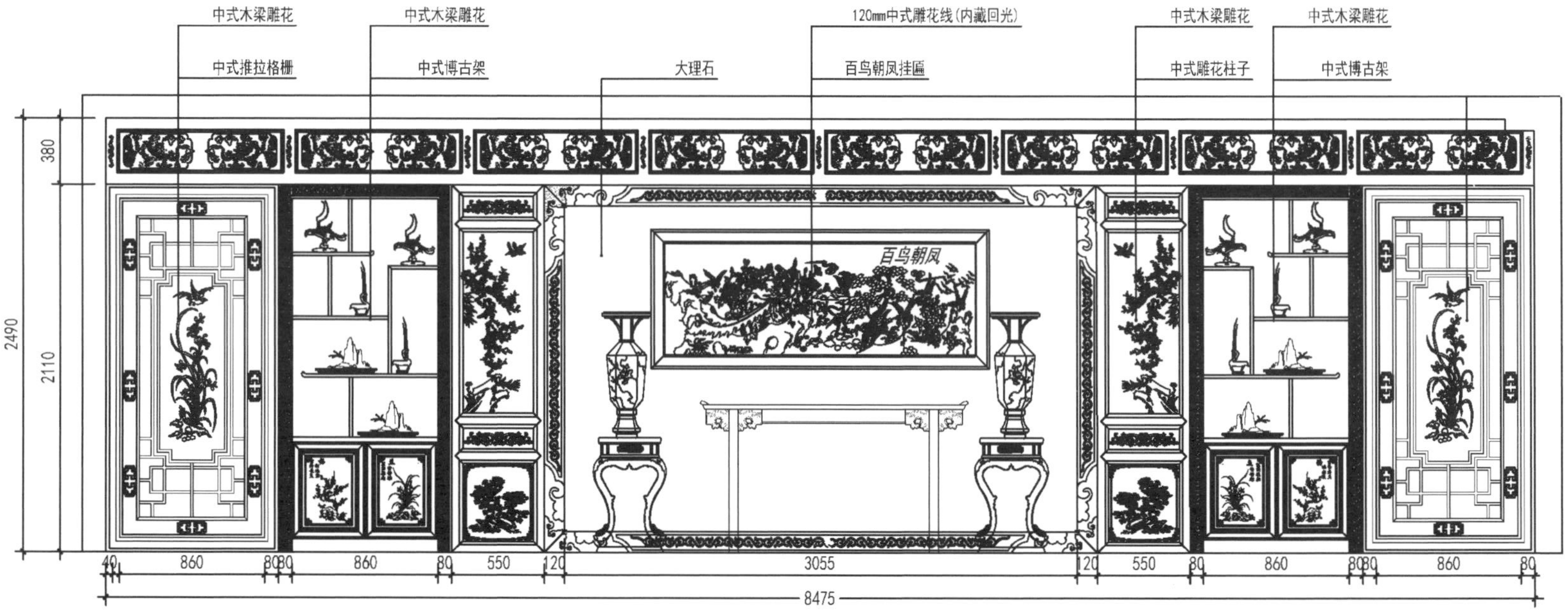

玄关、垭口背景墙十八 立面图 1:20

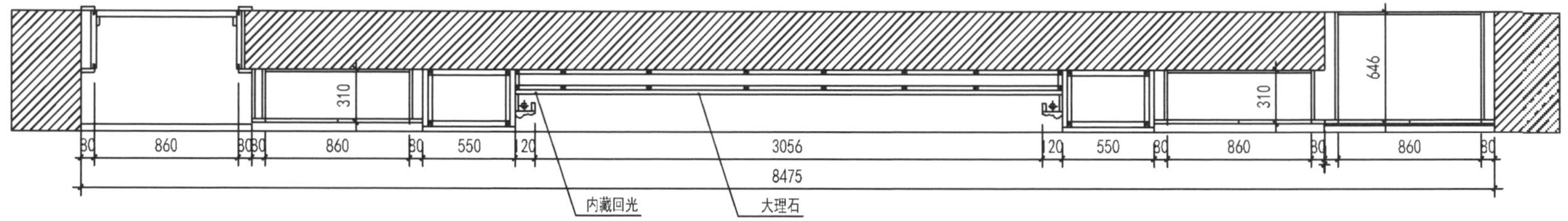

玄关、垭口背景墙十八 平面图 1:20

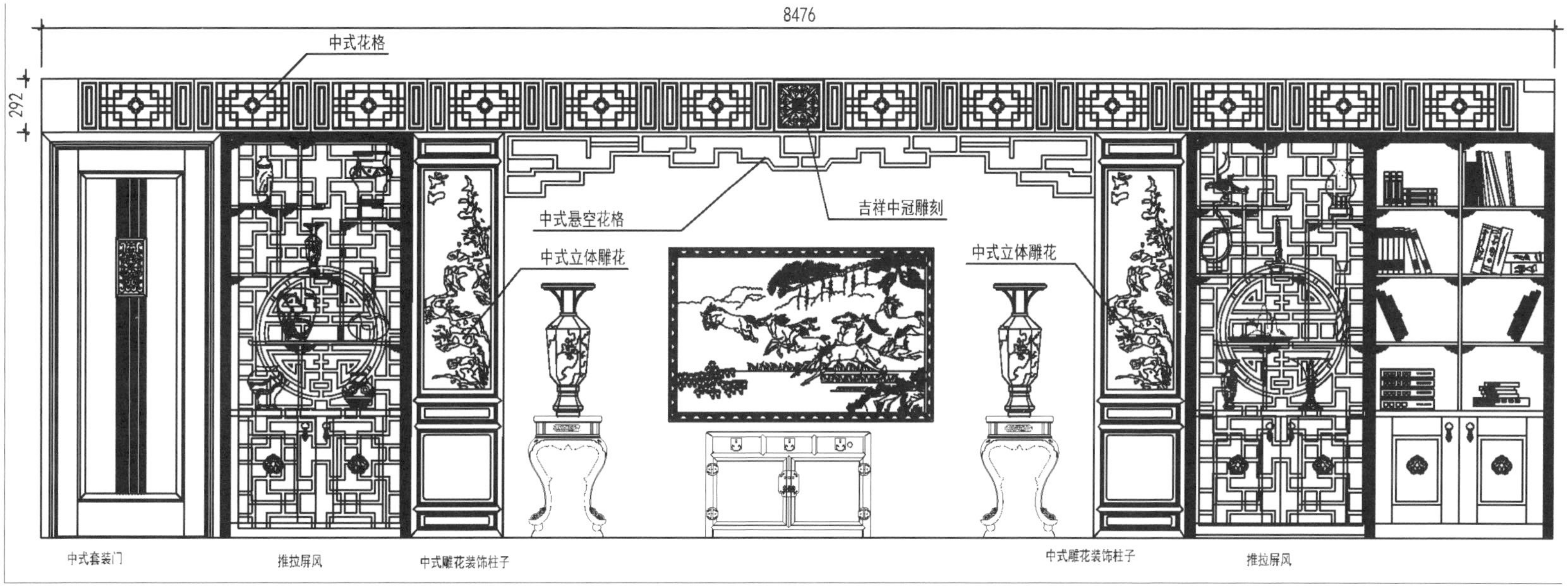

玄关、垭口背景墙十九 立面图 1:20

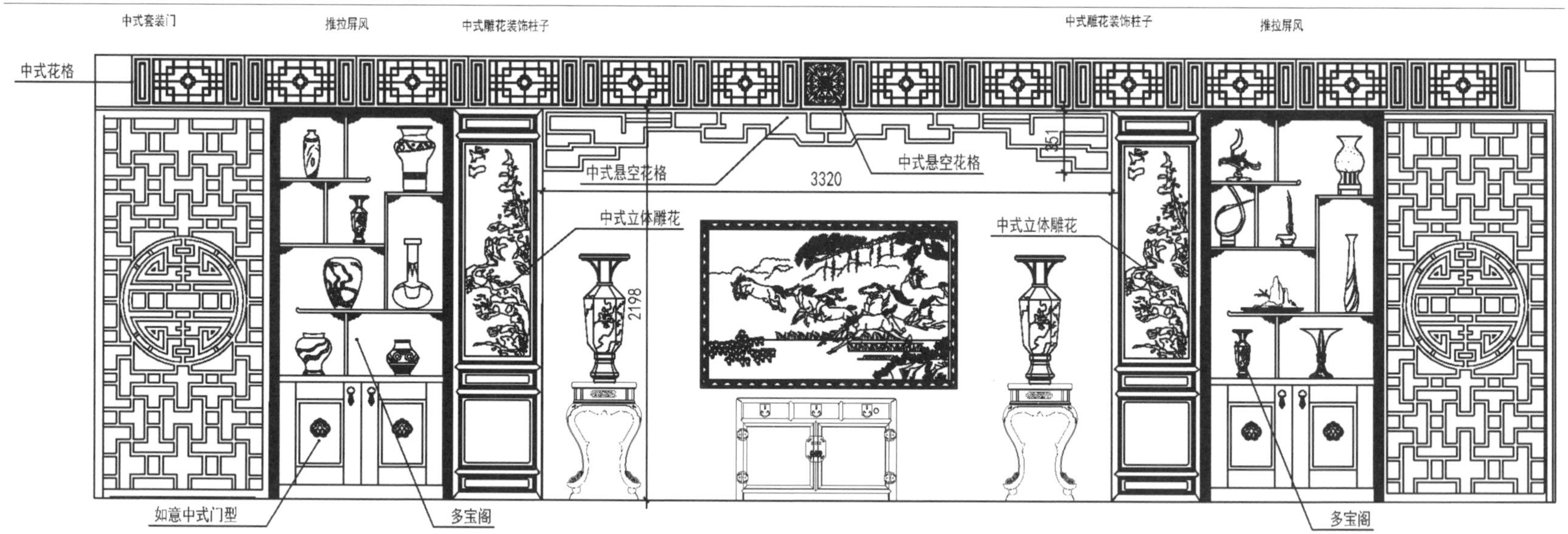

玄关、垭口背景墙二十 立面图 1:20

第五节 全屋定制案例

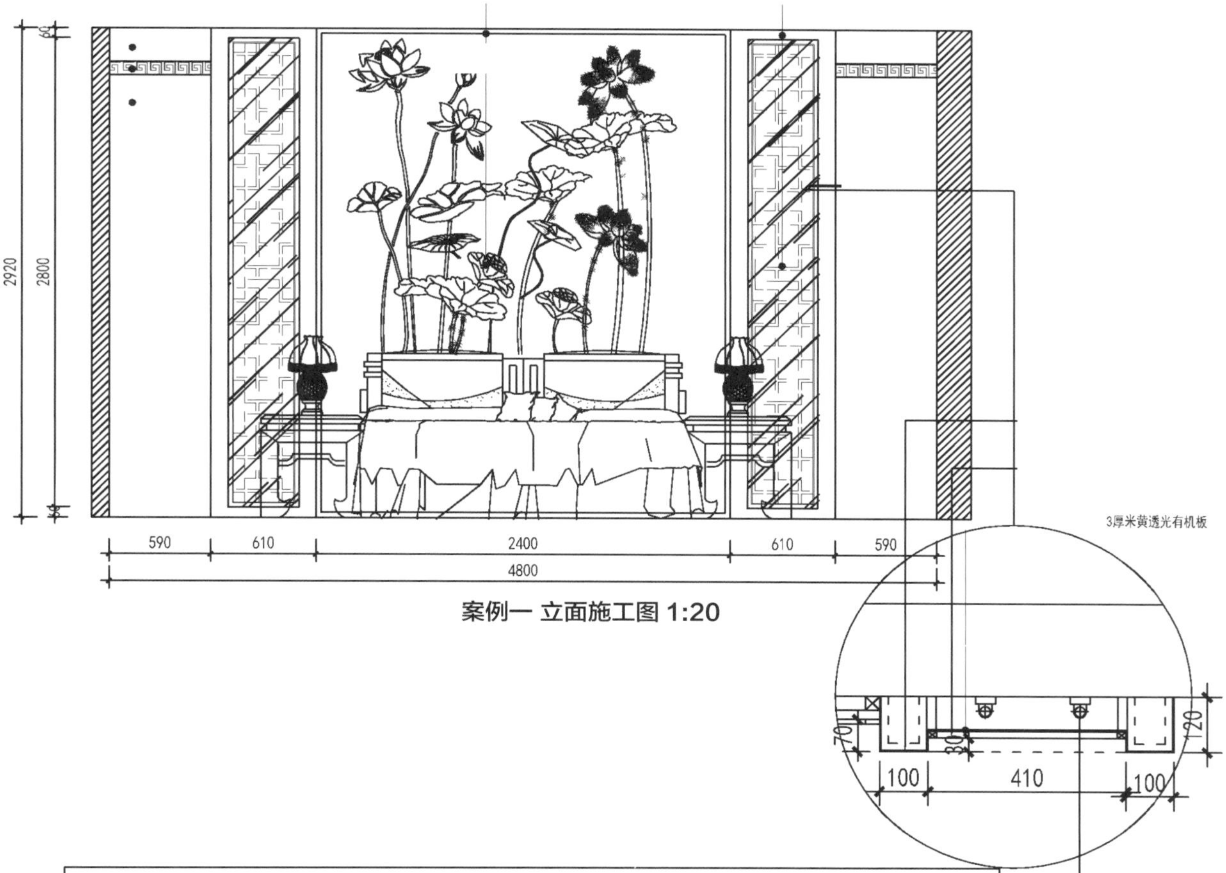

案例一 立面施工图 1:20

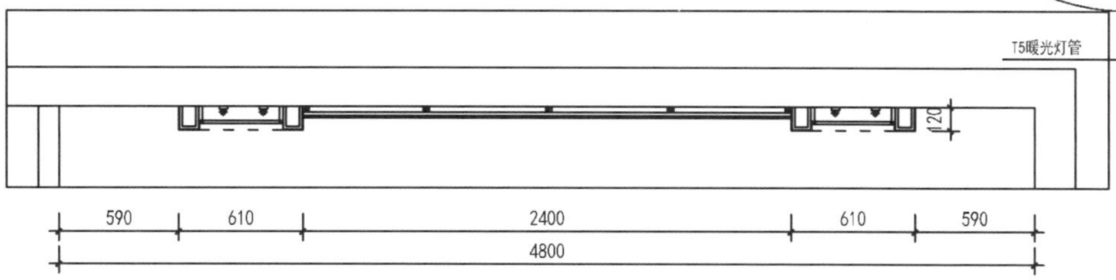

案例一 平面图 1:20

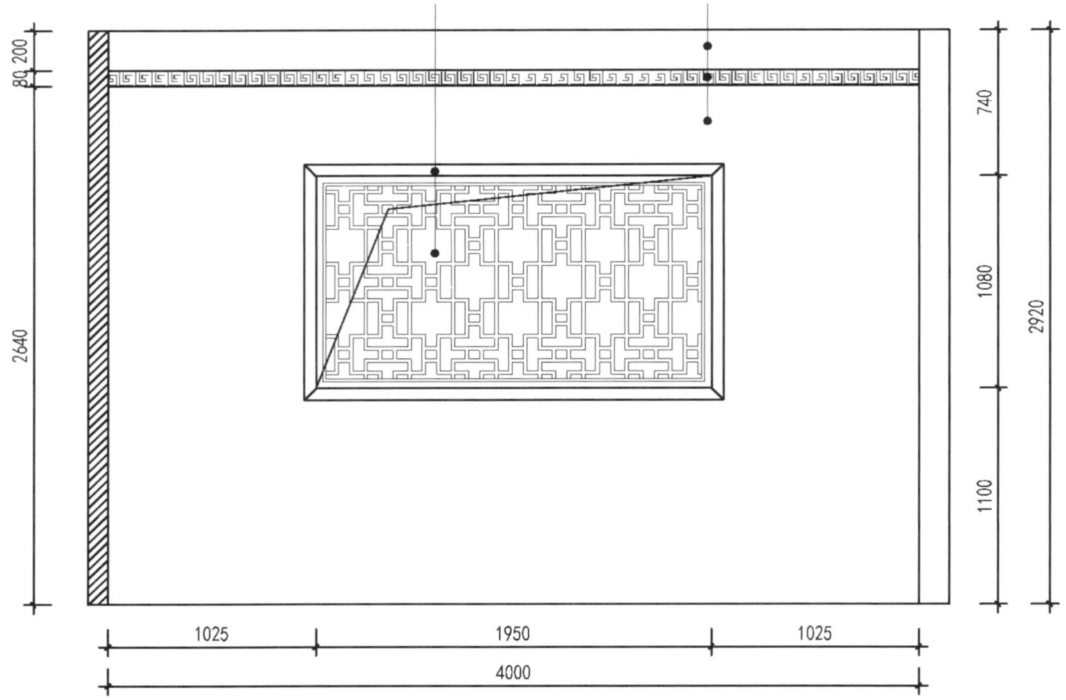

案例二 立面施工图 1:20

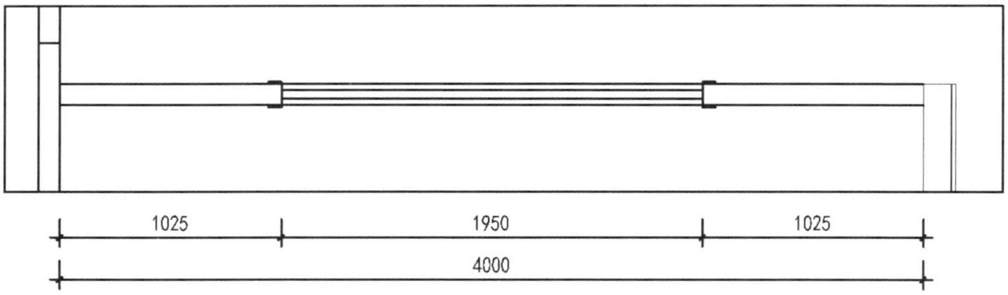

案例二 平面图 1:20

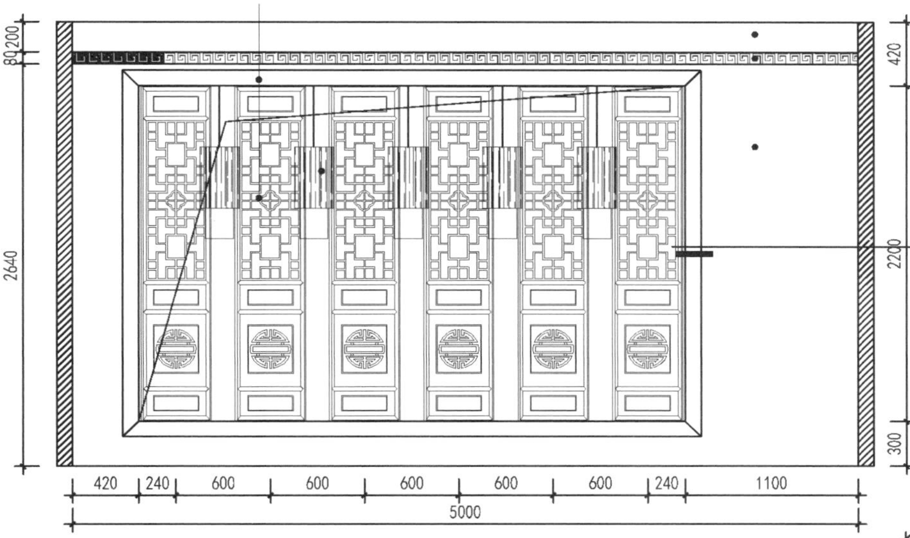

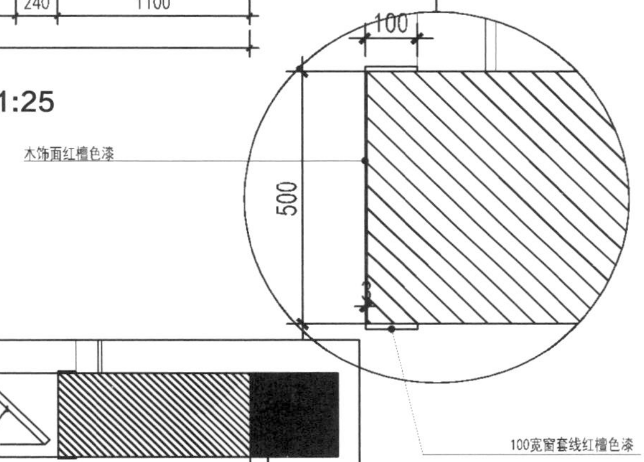

案例三 立面施工图 1:25

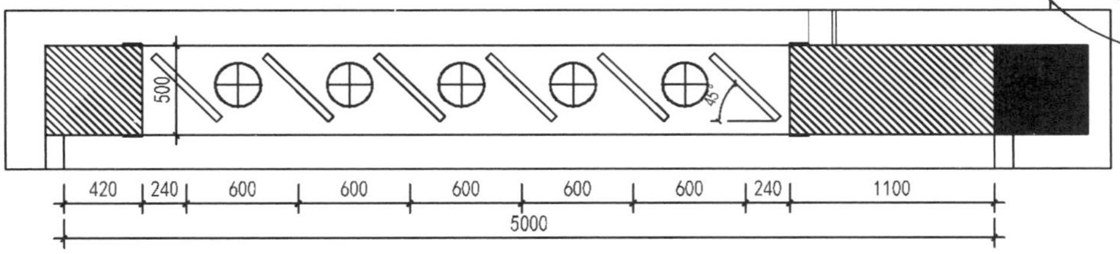

案例三 平面图 1:25

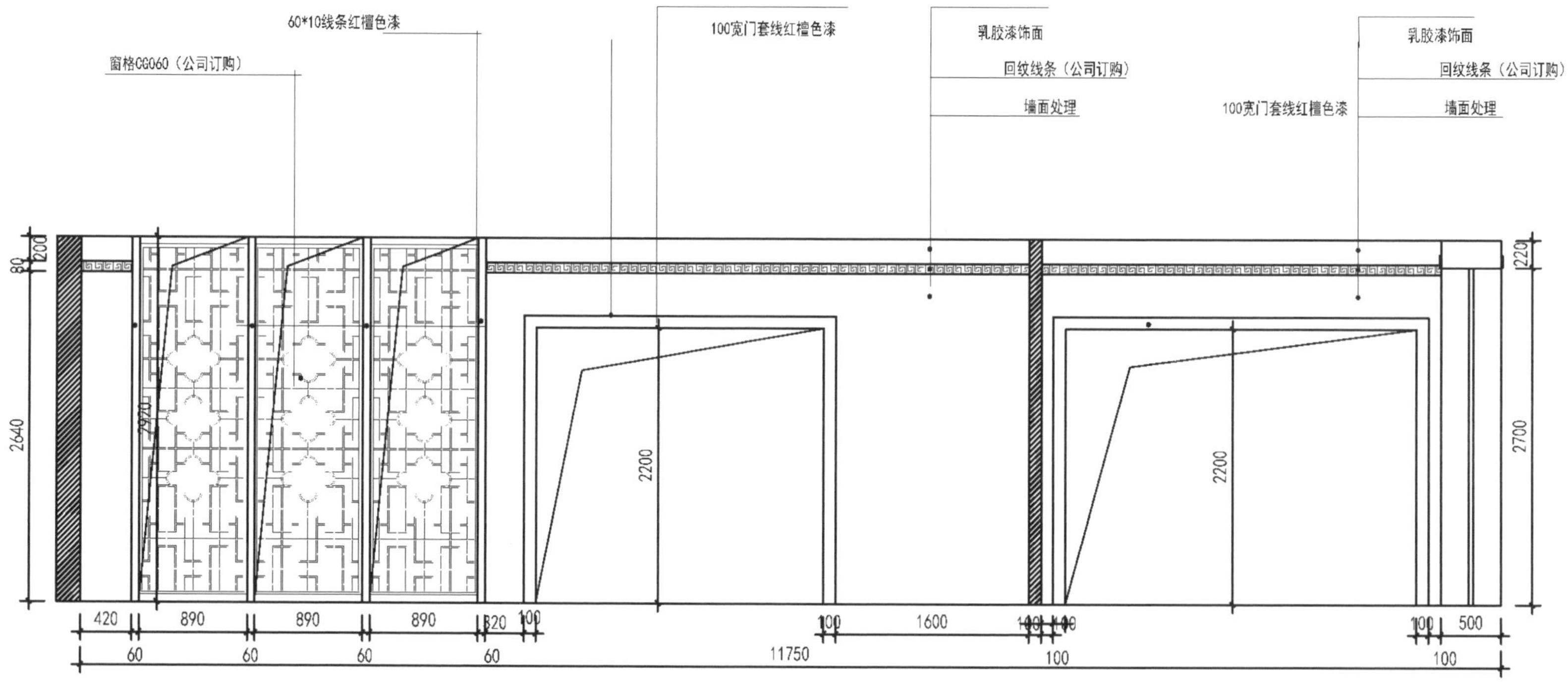

案例四 立面施工图 1:30

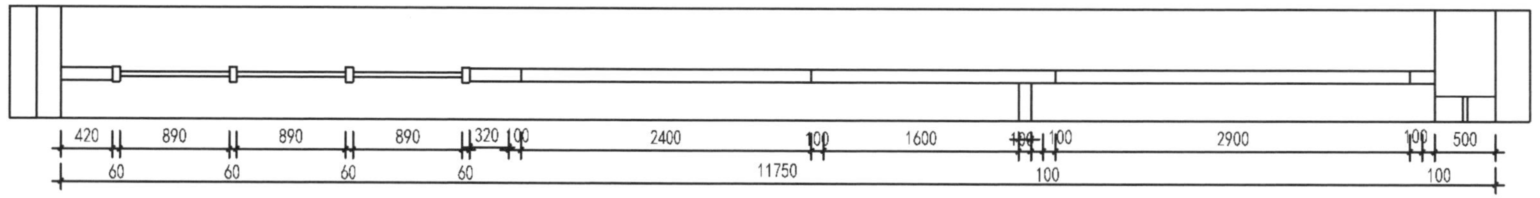

案例四 平面图 1:30

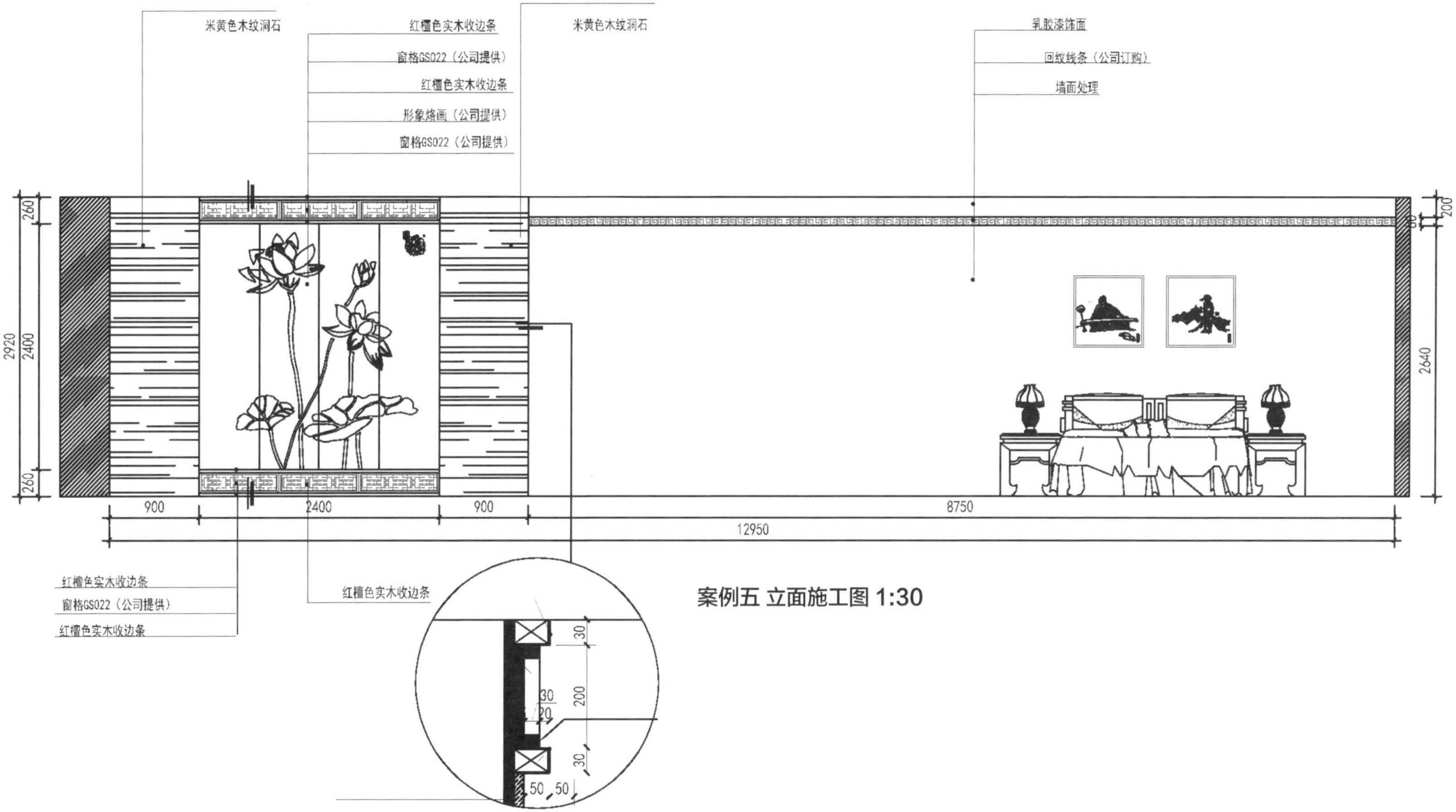

案例五 立面施工图 1:30

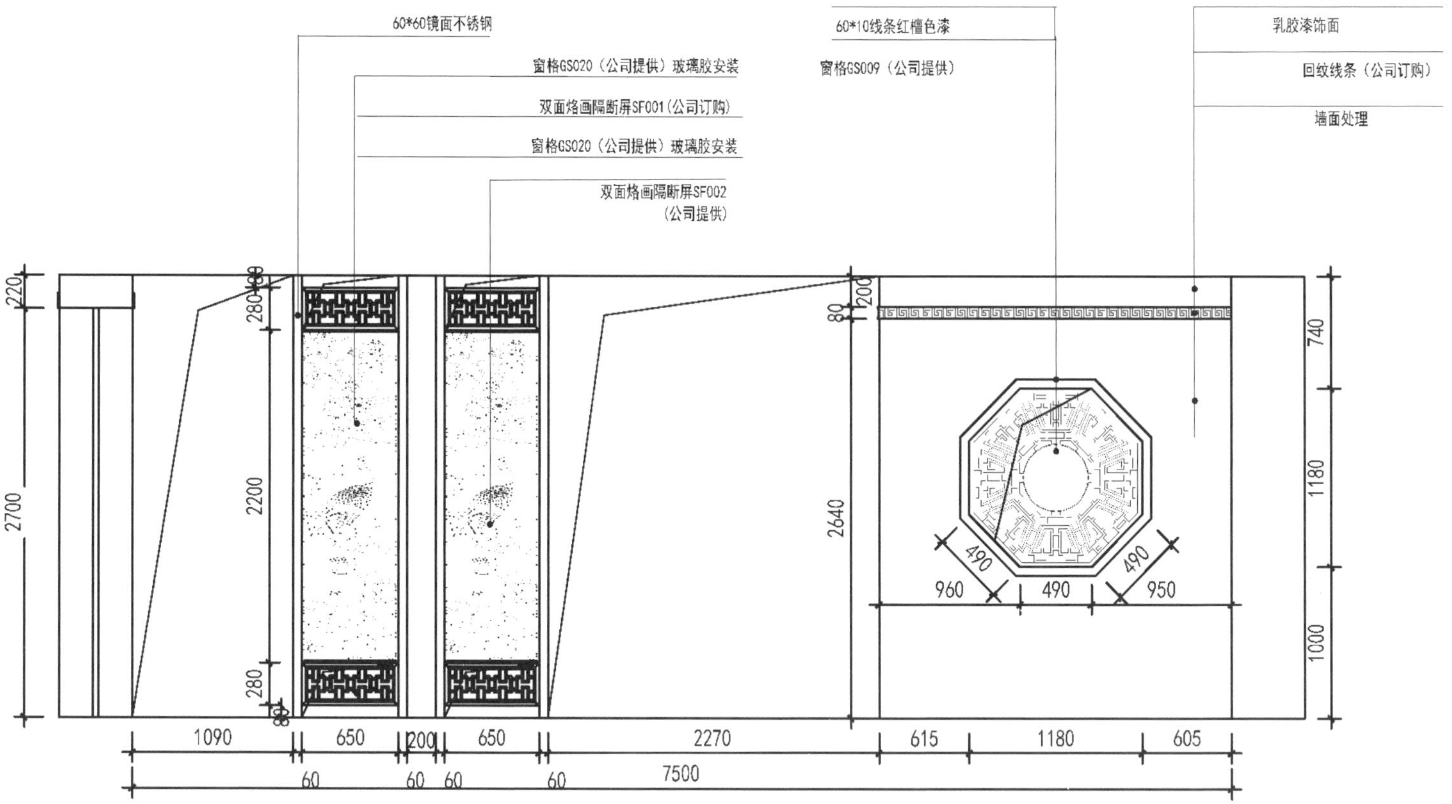

案例六 立面施工图 1:30

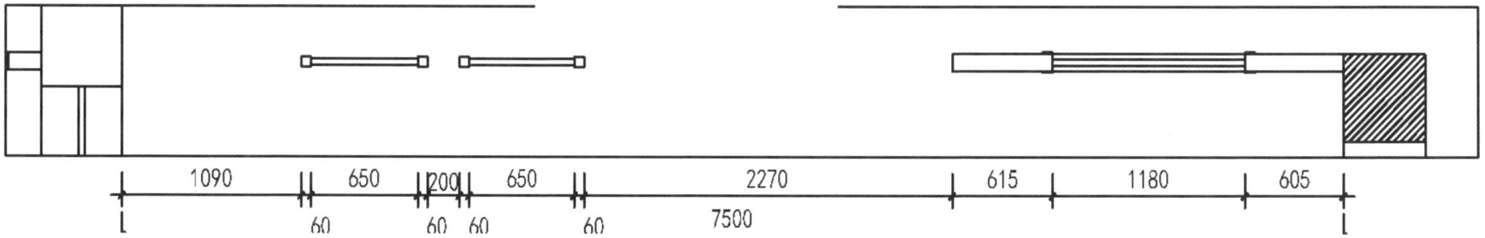

案例六 平面图 1:30

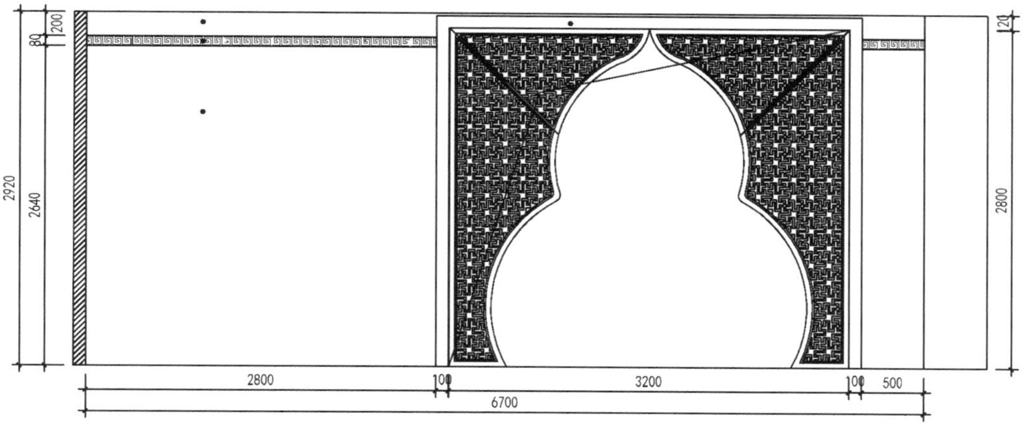

案例七 立面施工图 1:30

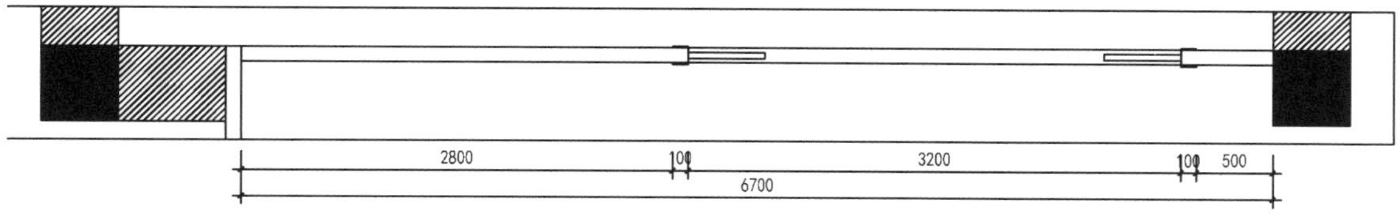

案例七 平面图 1:30

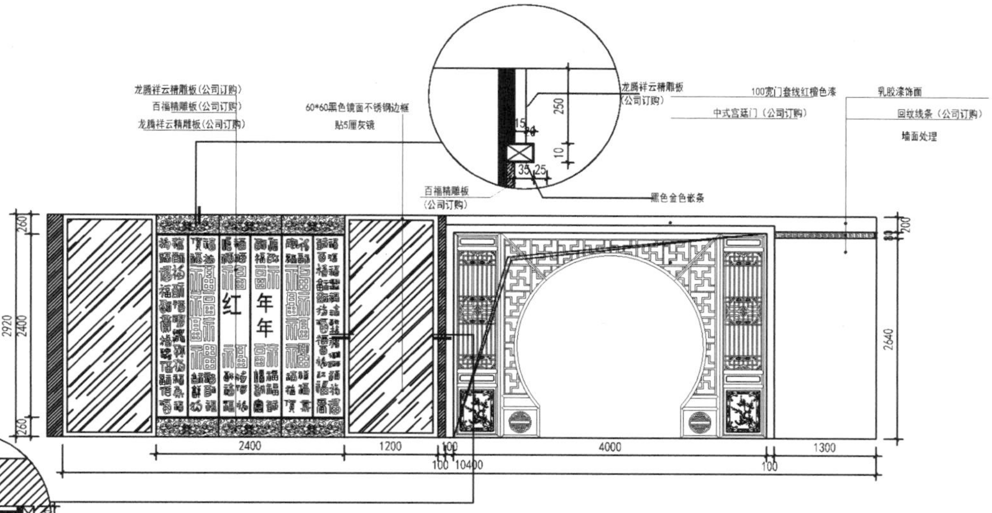

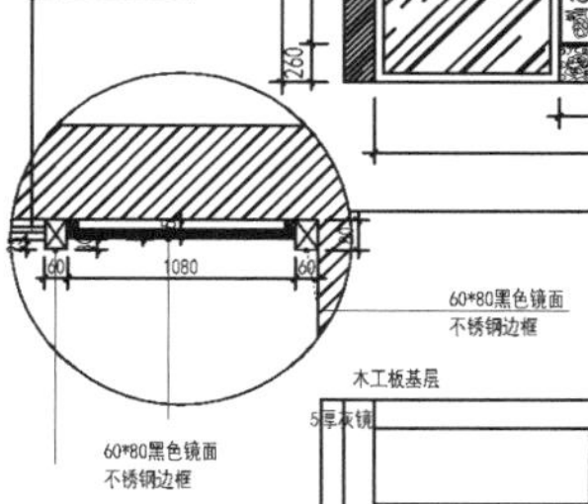

案例八 立面施工图 1:20

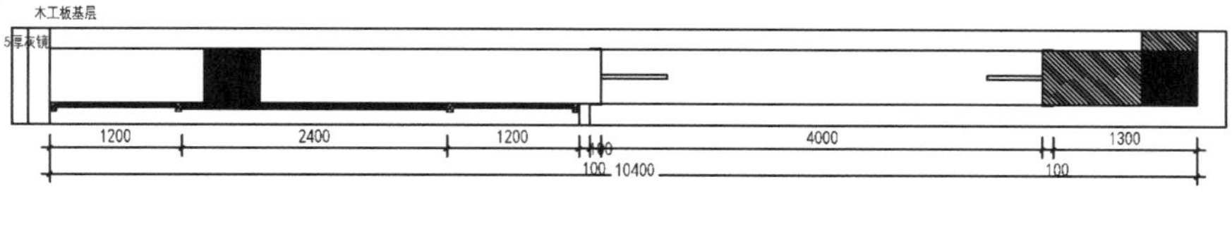

案例八 平面图 1:30

材质 巴西花梨
颜色 色板A

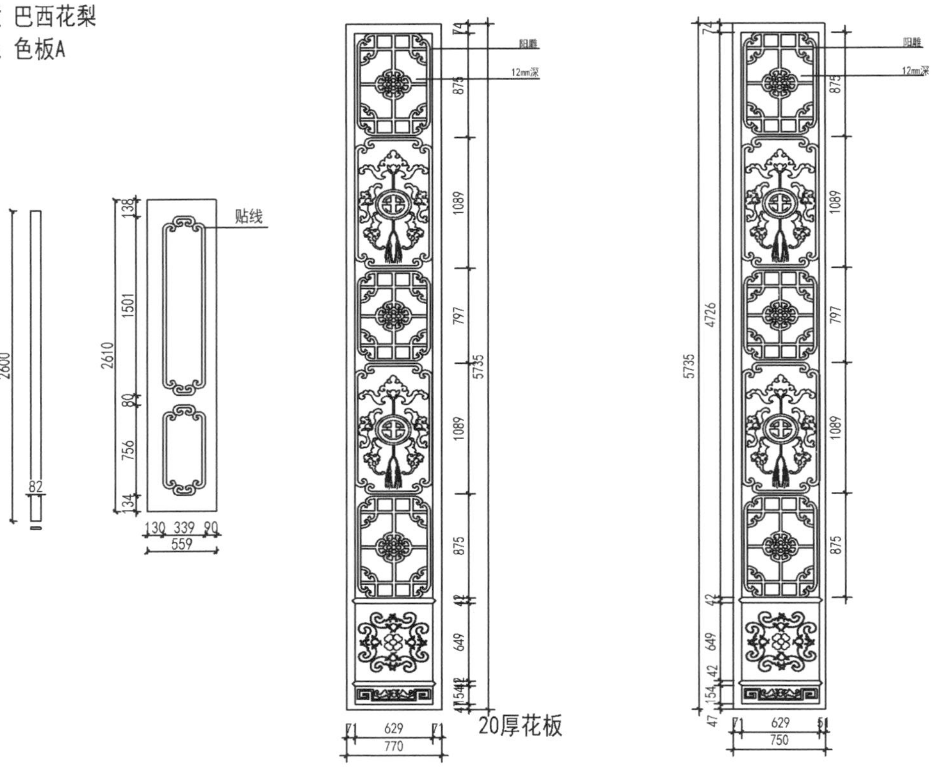

客厅分解一 1:30

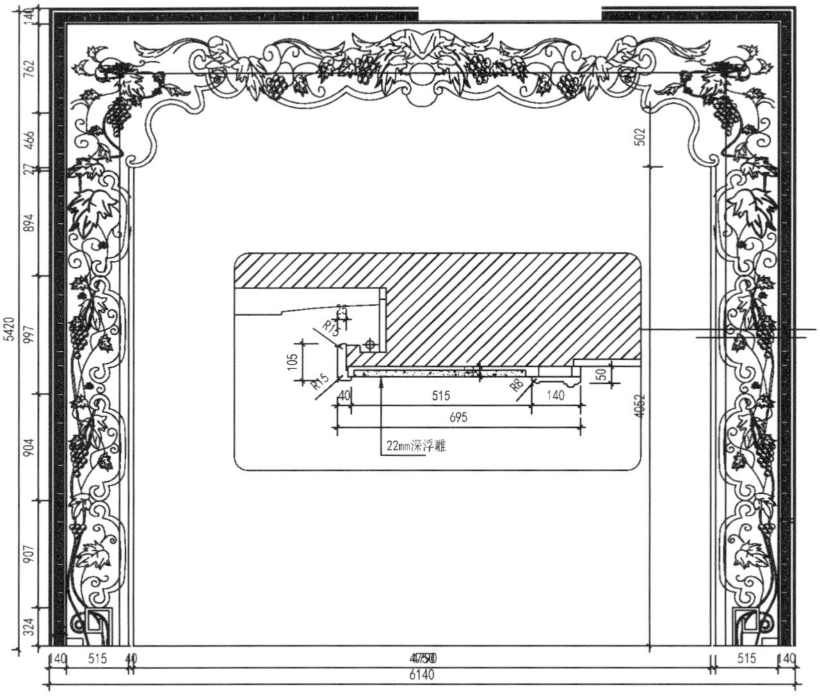

材质 巴西花梨
颜色 色板A

案例九 立面施工图 1:30

全屋定制 CAD 设计图集－背景墙

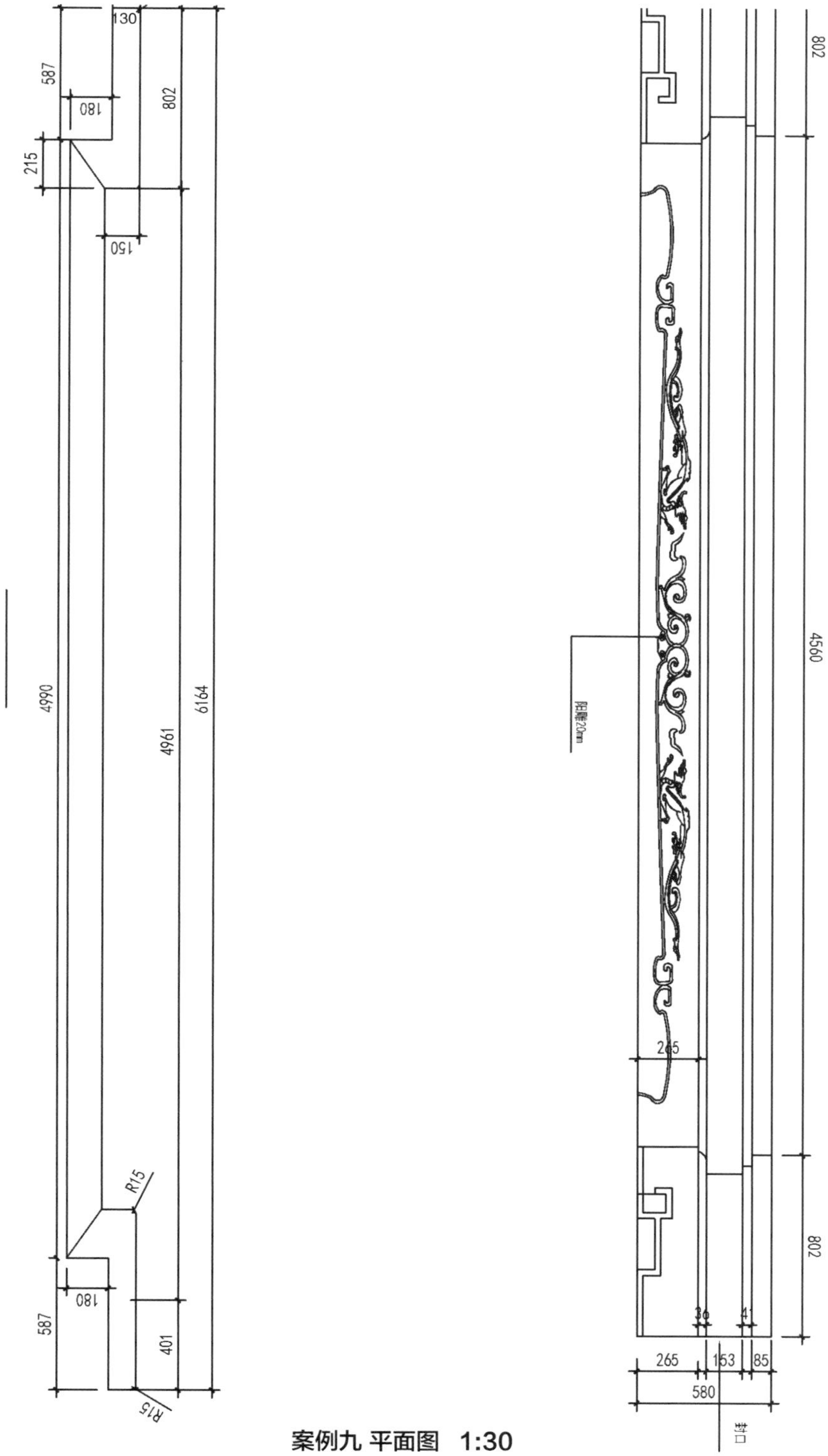

130
587
180
802
215
150
4990
4961
6164
R15
180
587
401
R15
802
4560
阳雕20mm
265
802
36
41
265
163
85
580
封口

案例九 平面图 1:30

材质 巴西花梨
颜色 色板A

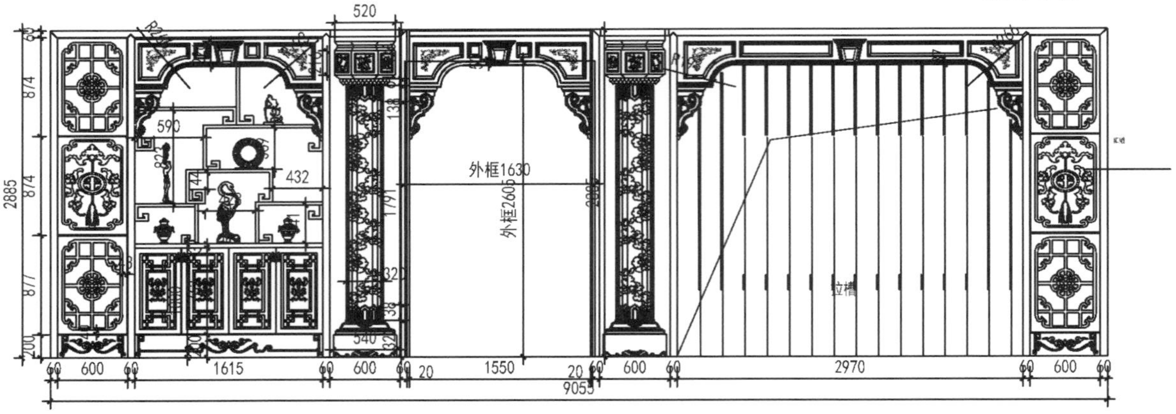

2605x1630x650x40=1套(背面配120x20mm回纹线反扣40mm 与餐厅门套线款式一致)

案例十 立面施工图 1:20

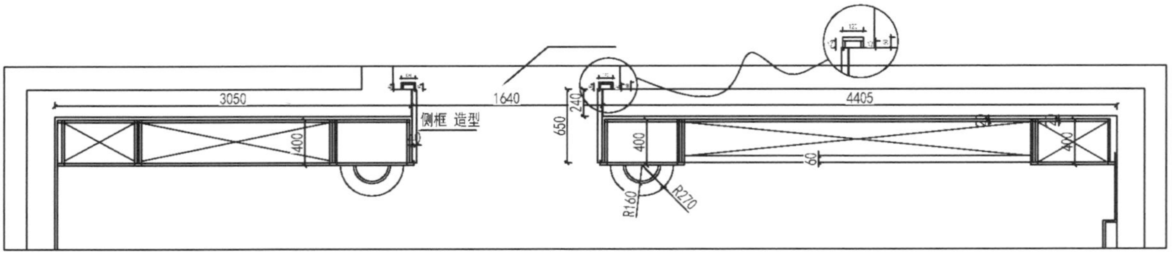

案例十 平面图 1:20

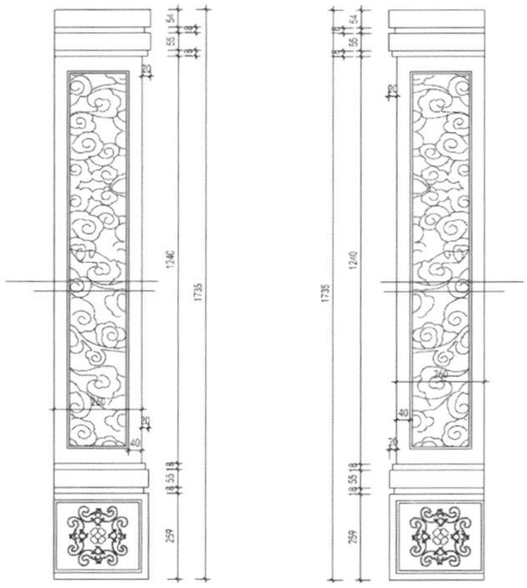

罗马柱 1　　罗马柱 2

案例十 局部图 1:30

顶板
柜门板造型

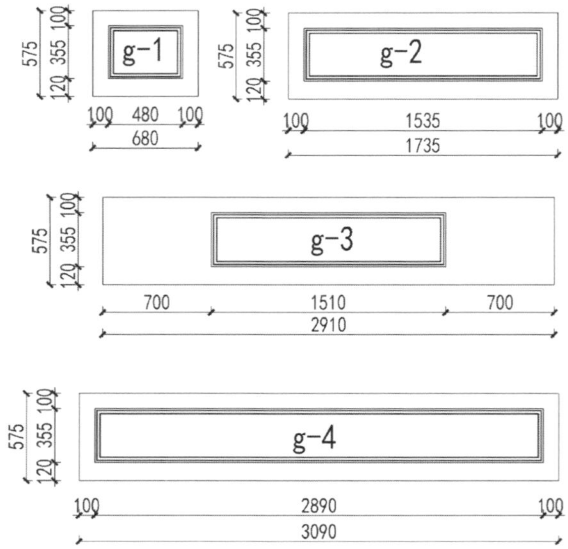

客厅分解二 1:30

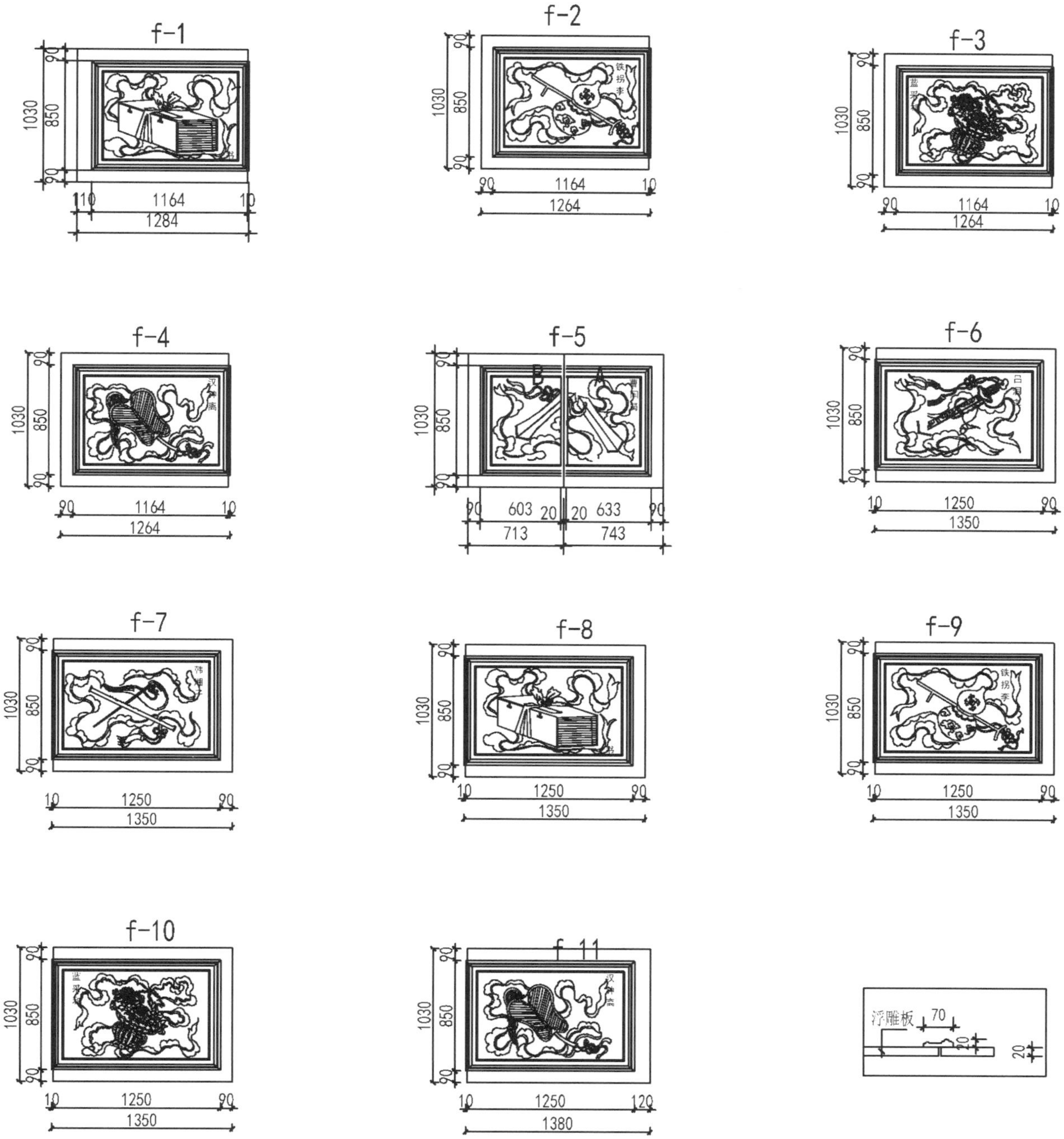
f-1
1030
850
90
110
1164
10
1284
f-2
1264
f-3
1264
f-4
1264
f-5
B
A
603
20
633
713
743
f-6
1250
1350
f-7
1350
f-8
1350
f-9
1350
f-10
1350
f-11
120
1380
铁拐李
蓝采和
汉钟离
曹国舅
韩湘子
浮雕板
70
20

客厅分解三 1:30

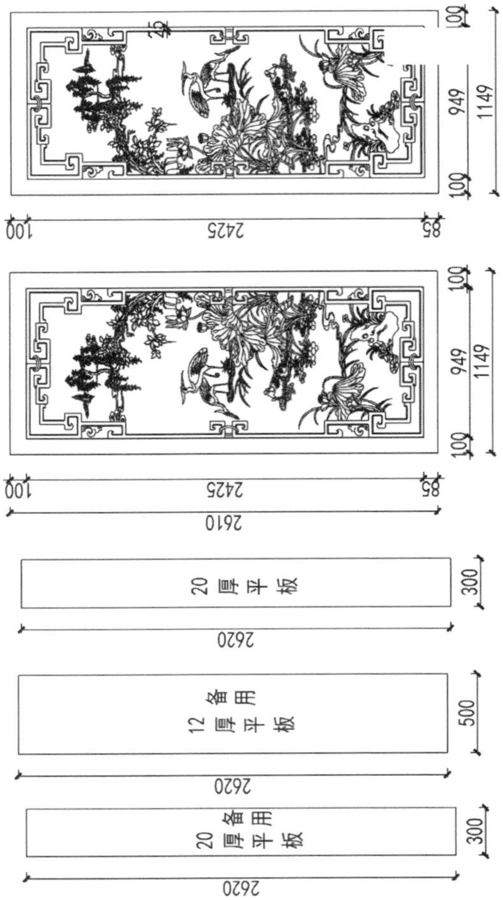

客厅分解四 1:30

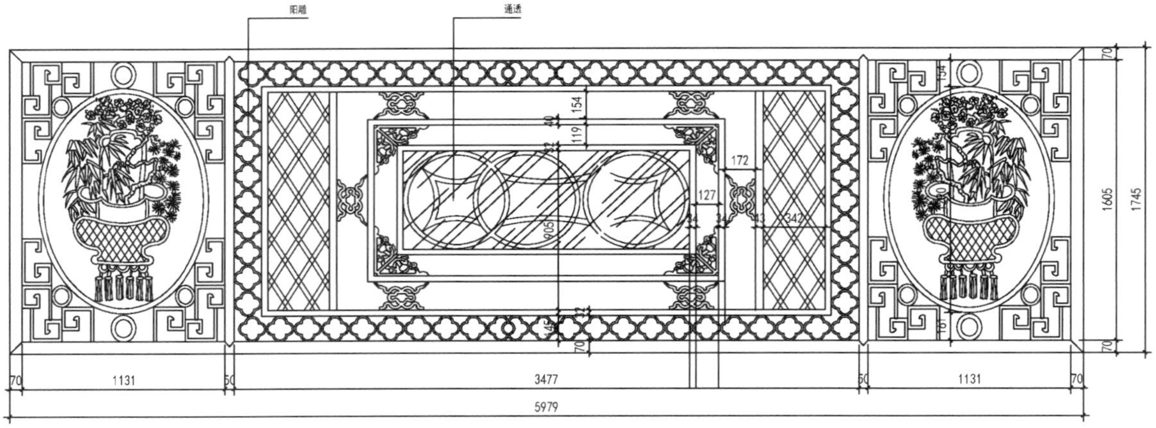

案例十一 1:30

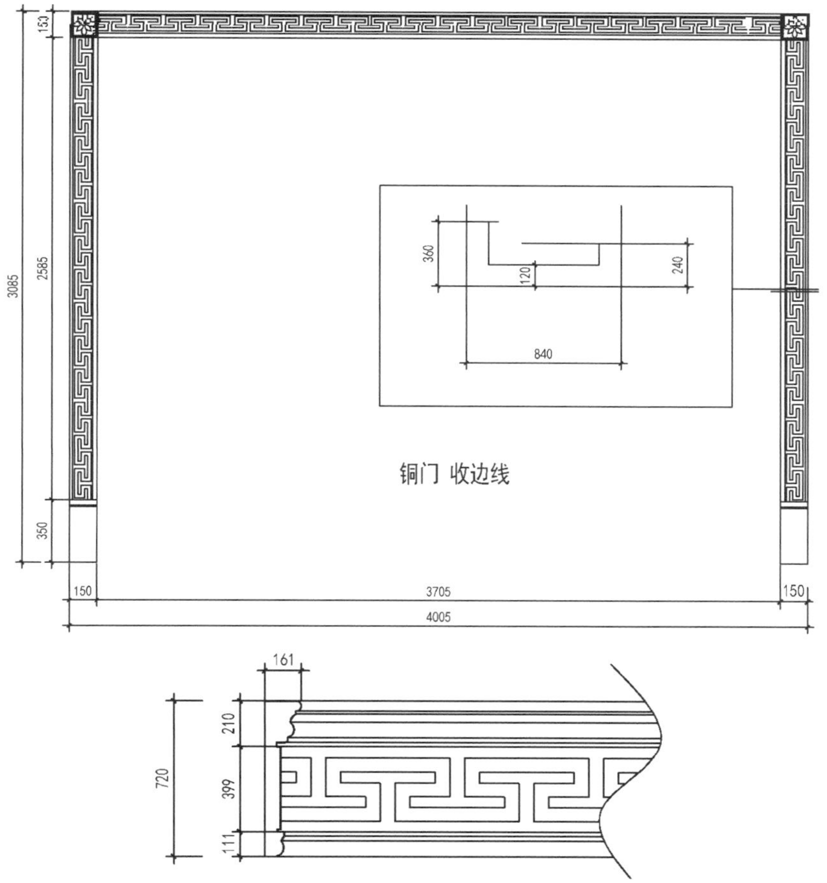

案例十二 1:30

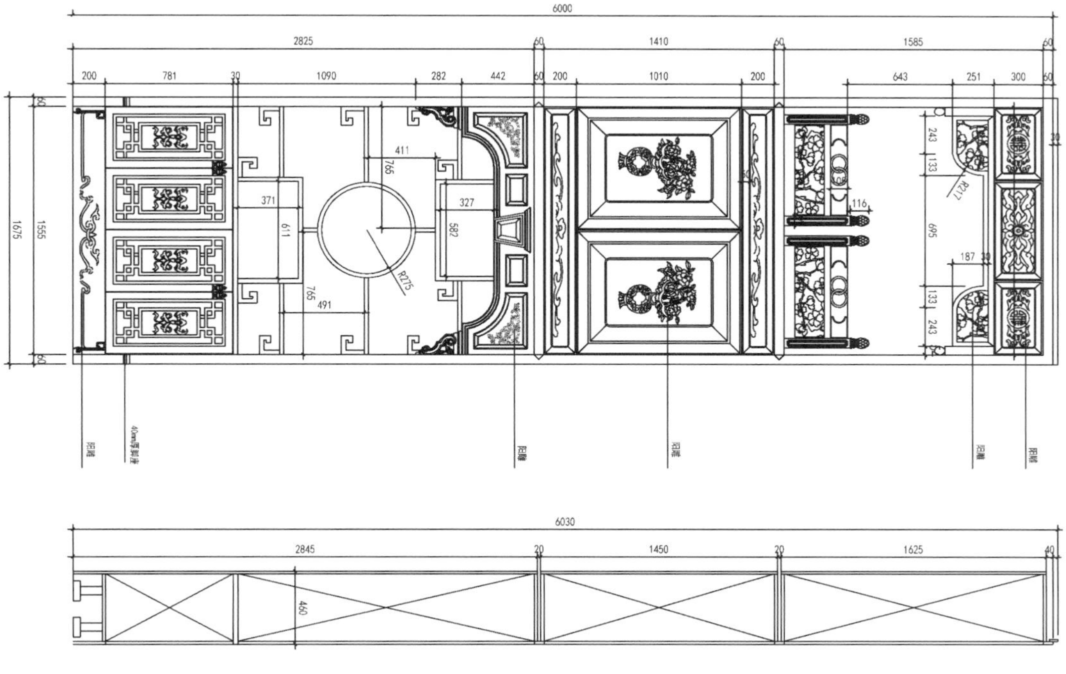

案例十三 1:30

第二章

欧式
奢华风格

第一节 电视及壁炉背景墙

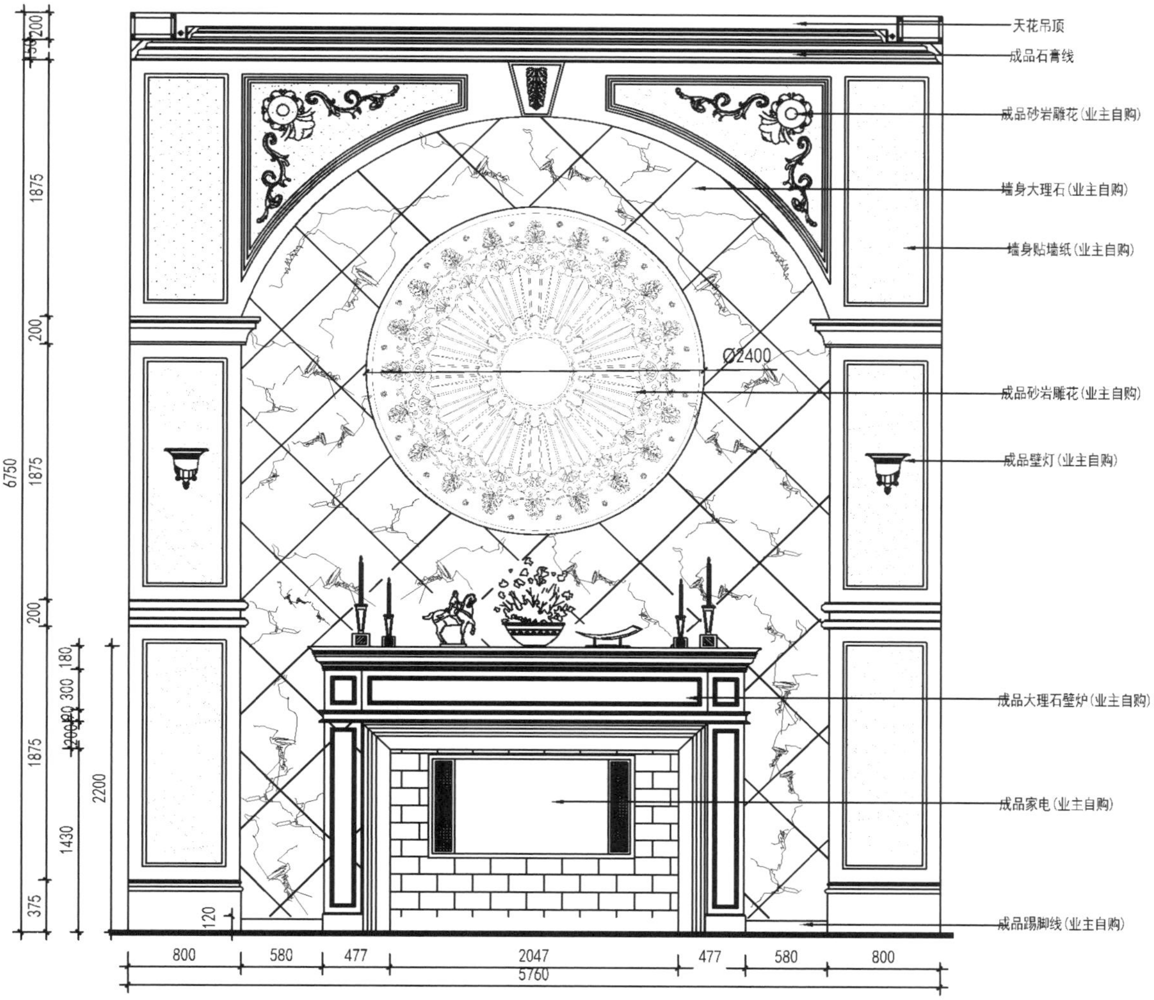

背景墙样式一 1:50

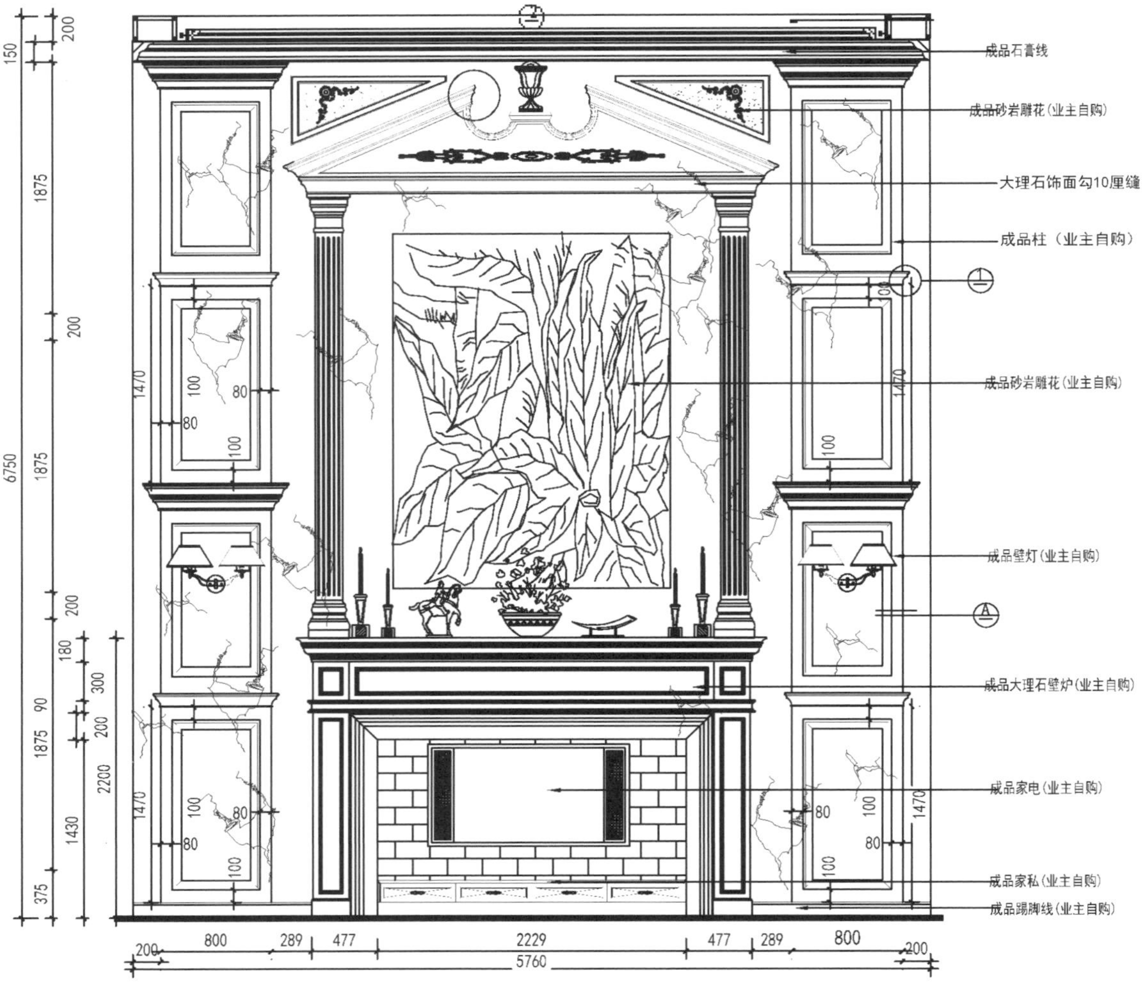

背景墙样式二 立面图 1:50

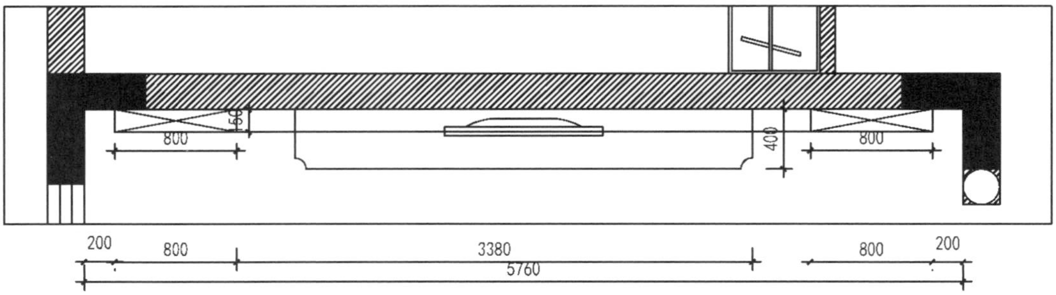

背景墙样式二 平面图 1:50

背景墙样式三 1:30

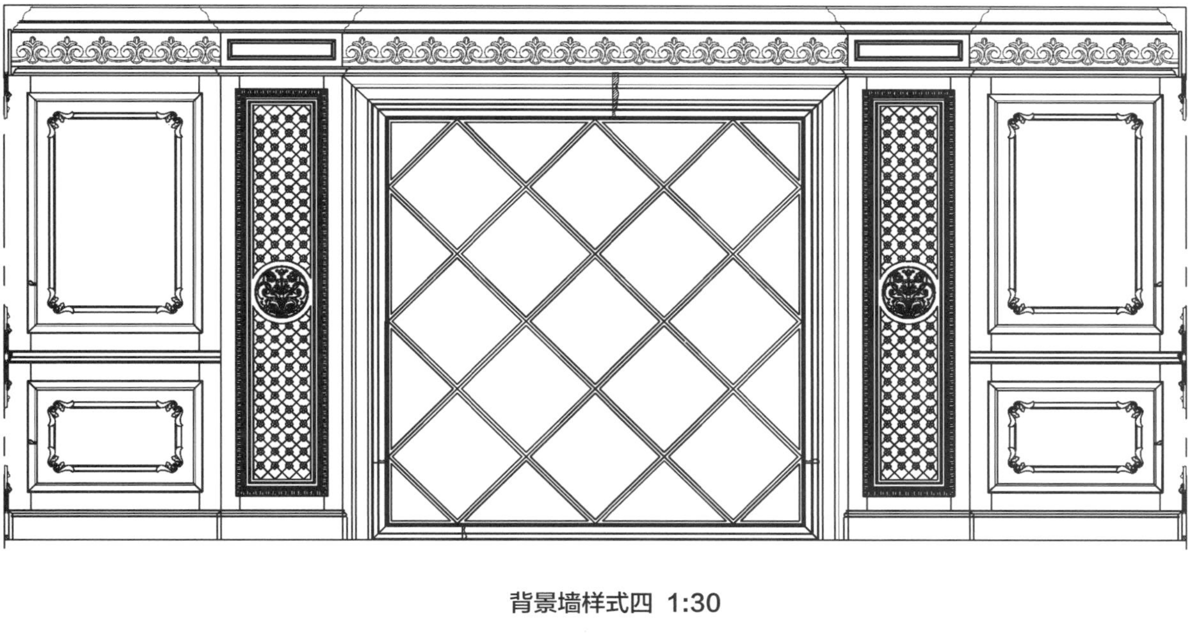

背景墙样式四 1:30

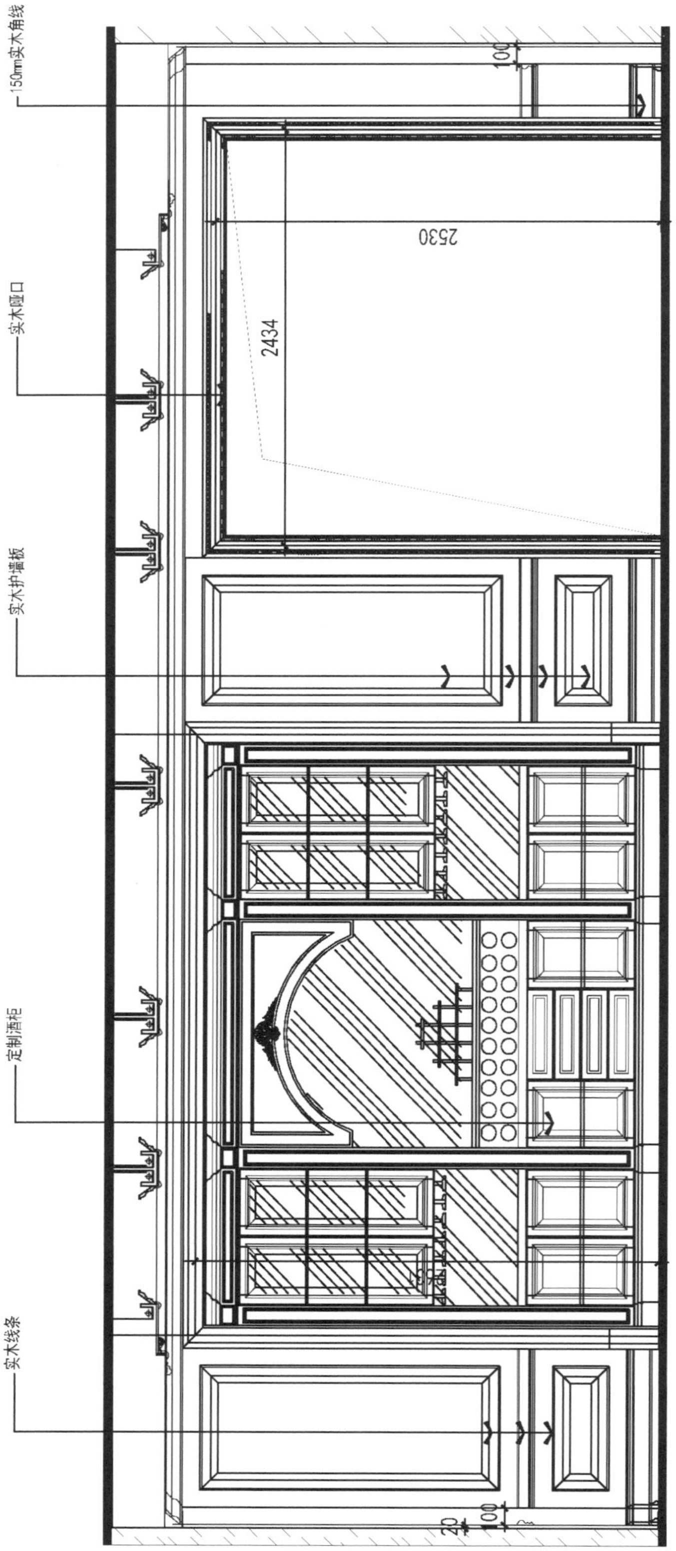
150mm实木角线
实木哑口
实木护墙板
定制酒柜
实木线条
100
2530
2434
20
100

背景墙样式五 1:30

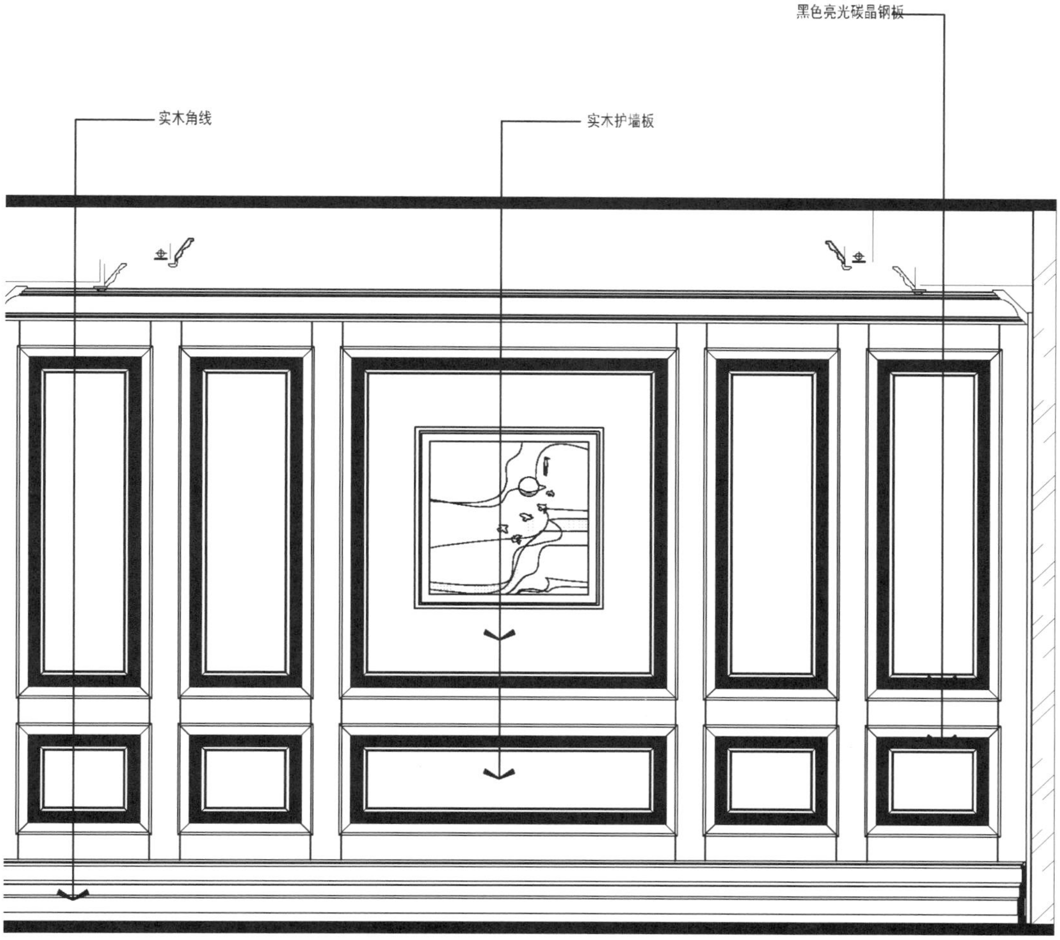
黑色亮光碳晶钢板
实木角线
实木护墙板

背景墙样式六 1:30

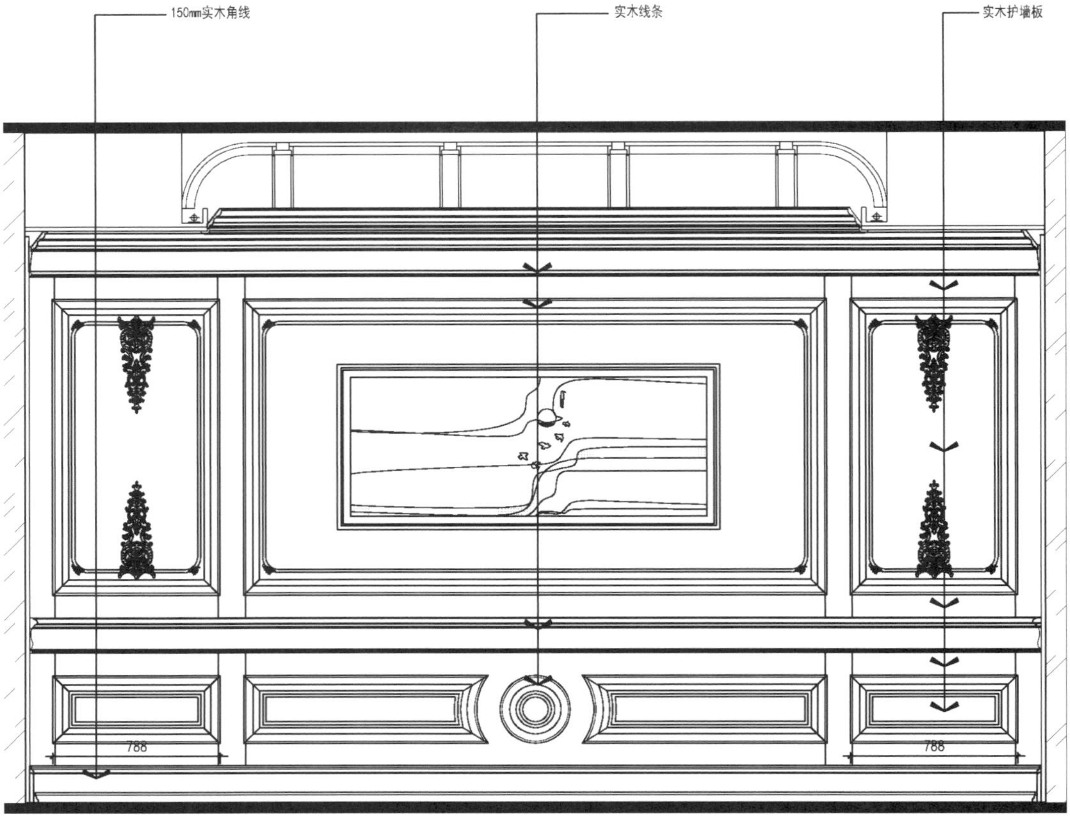

背景墙样式七 1:30

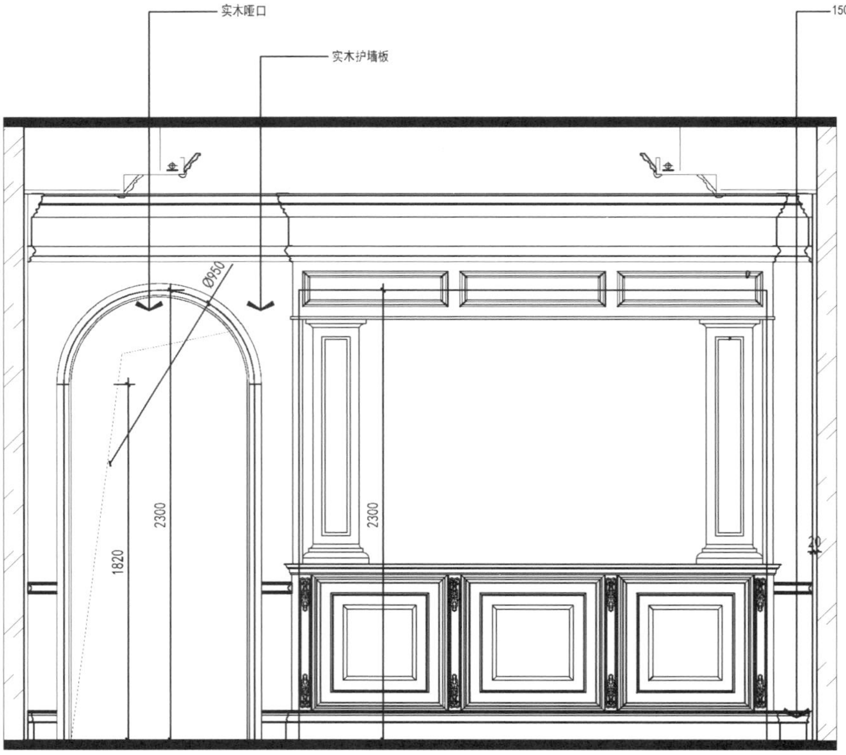

背景墙样式八 1:30

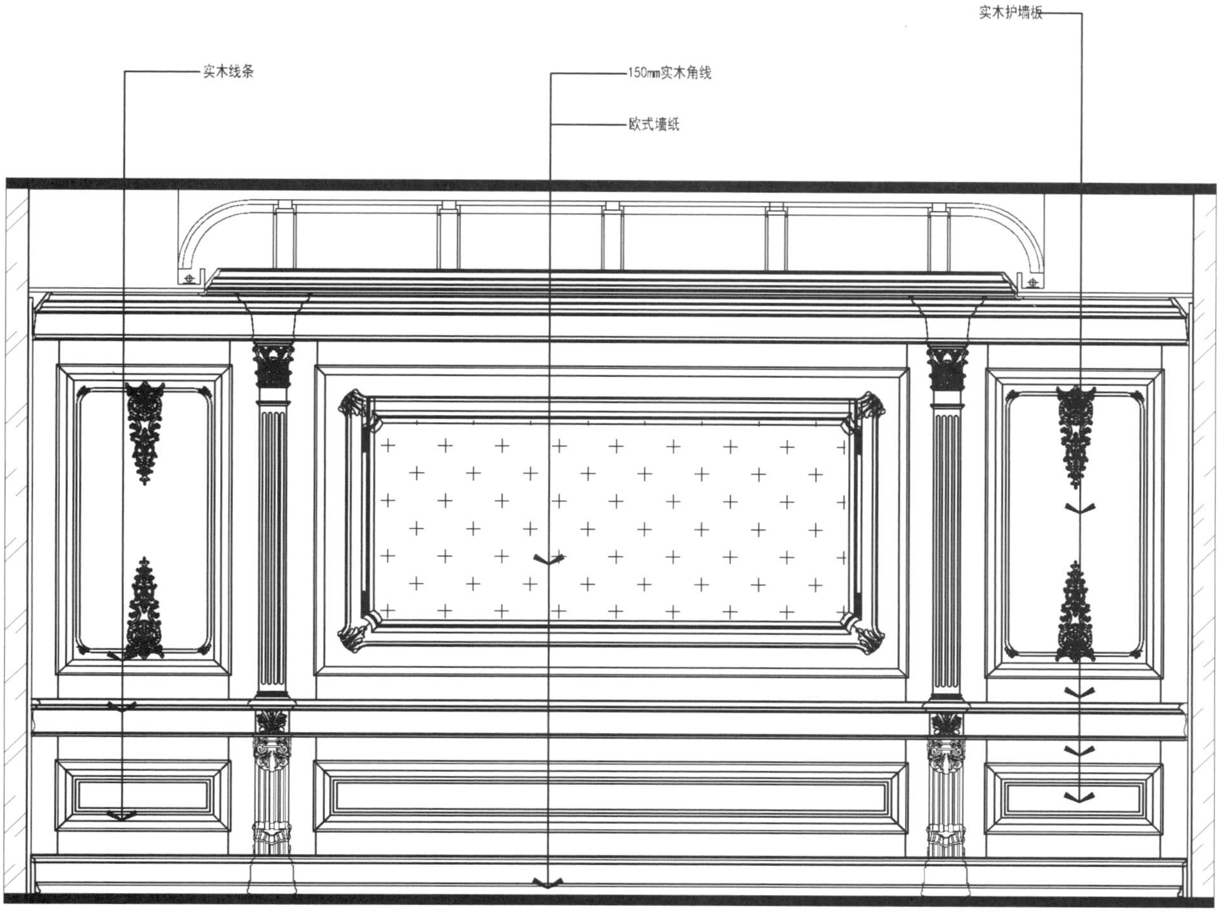
实木护墙板
实木线条
150㎜实木角线
欧式墙纸

背景墙样式九 1:30

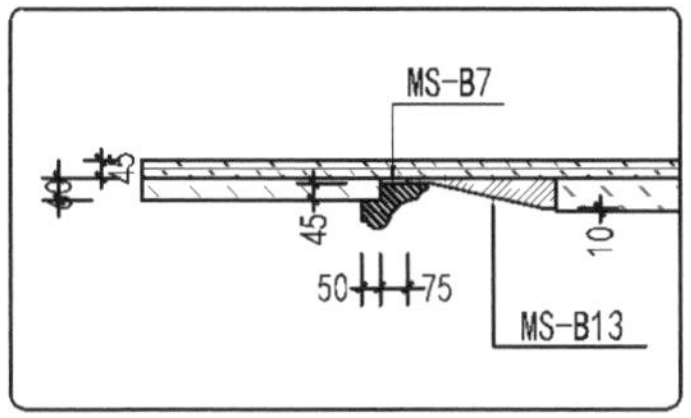

护墙板端面放大

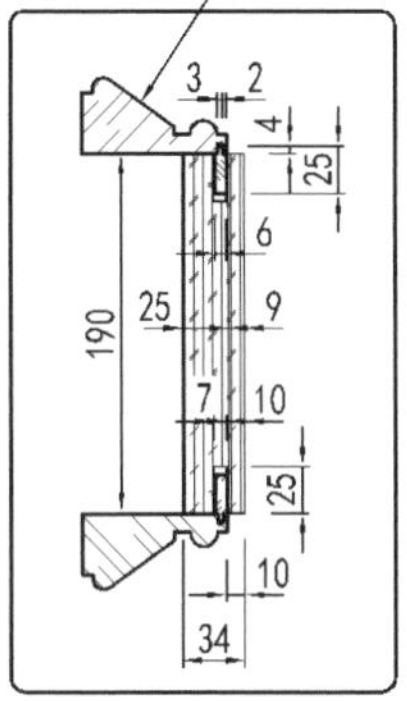

哑口一/哑口三端面放大

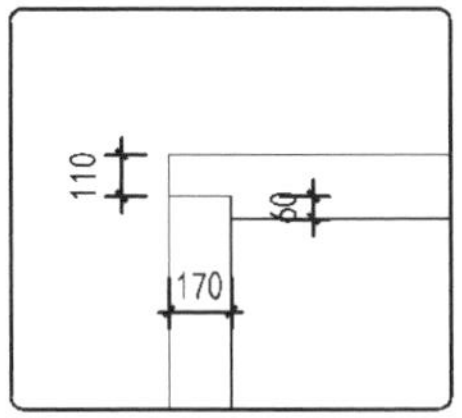

哑口一/哑口三框连接方式

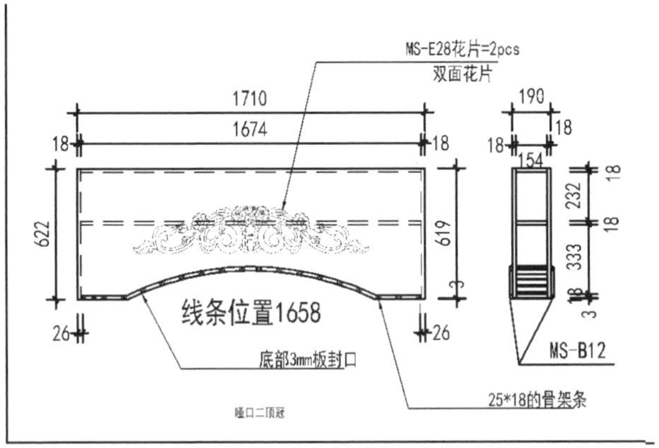

修改图

注：只有J-C6墙板修改，其它部分不改。

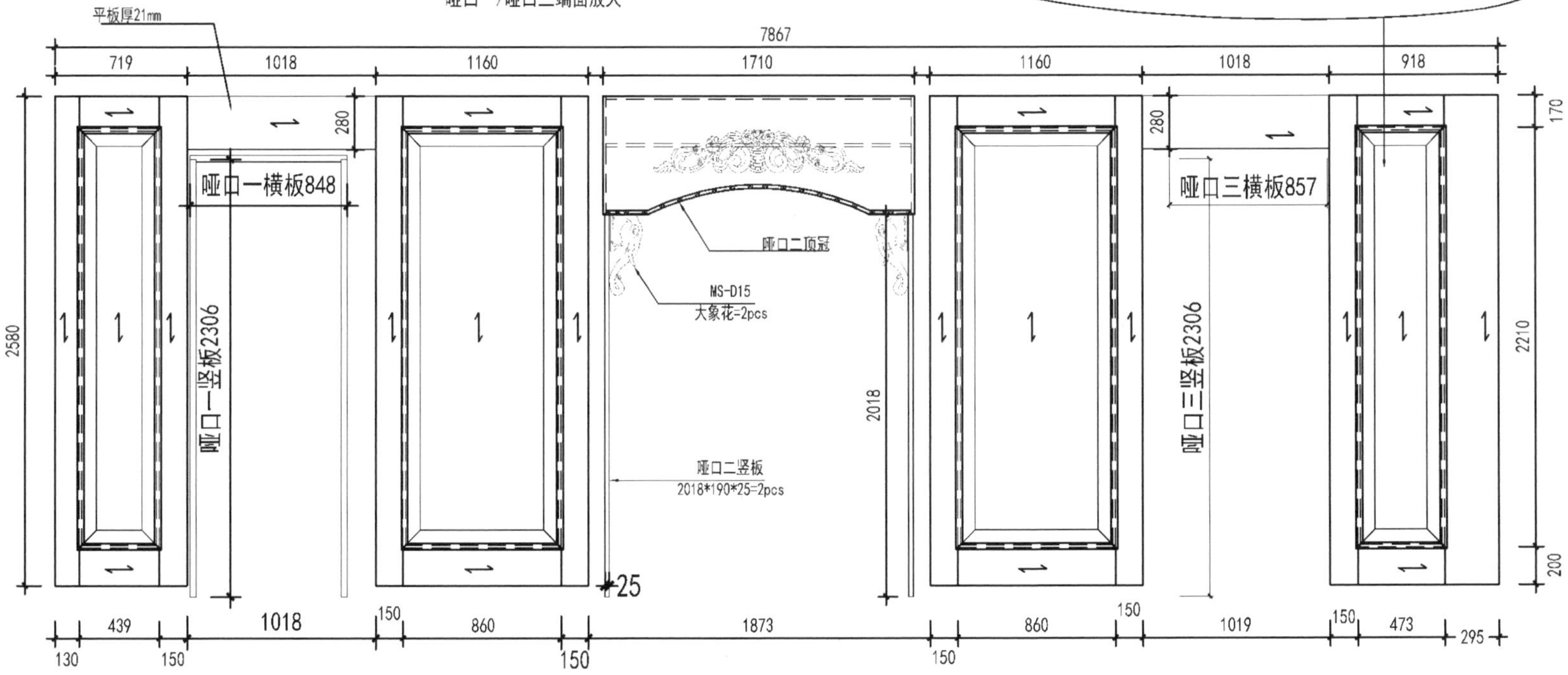

背景墙样式十 1:30

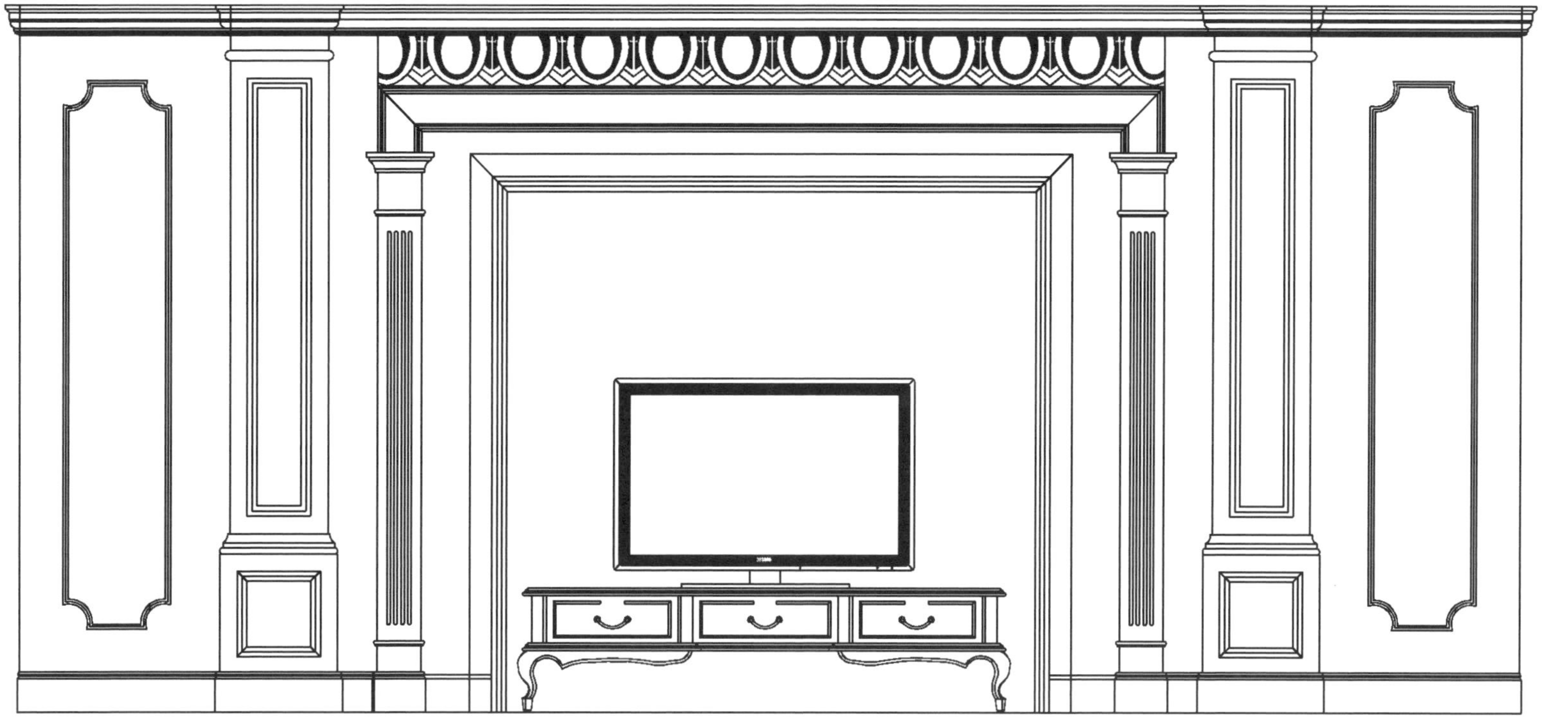

背景墙样式十一 1:30

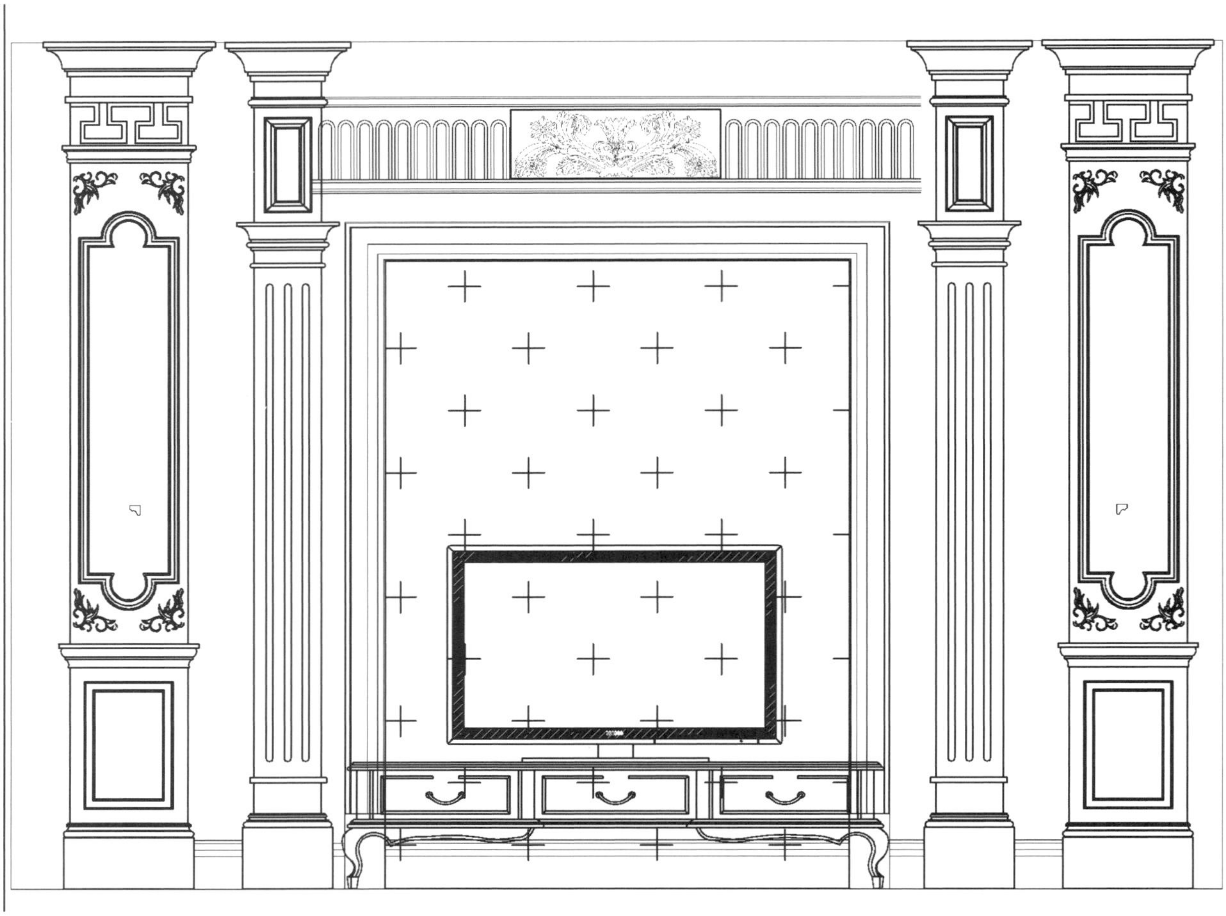

背景墙样式十二 1:30

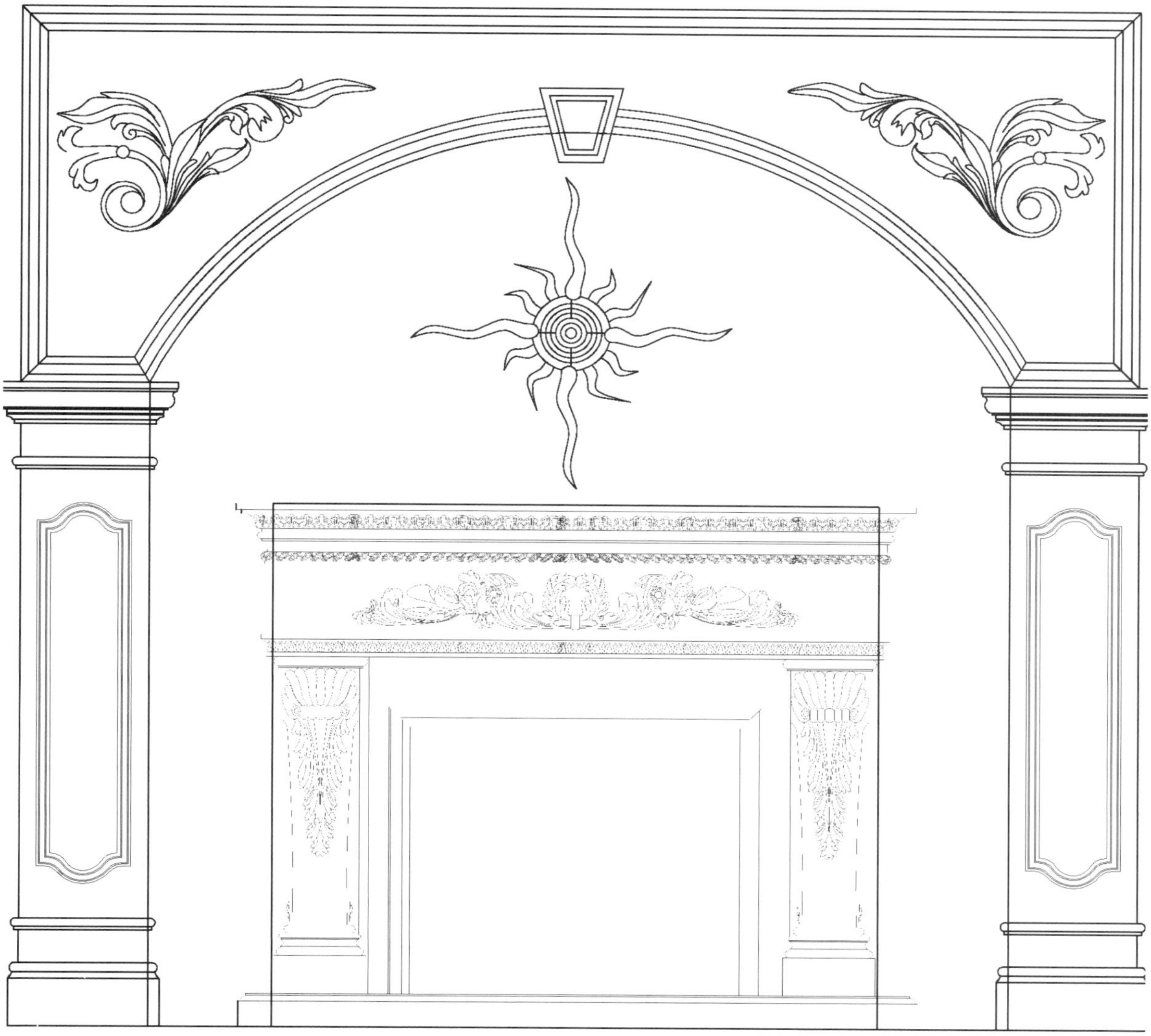

背景墙样式十三 1:15

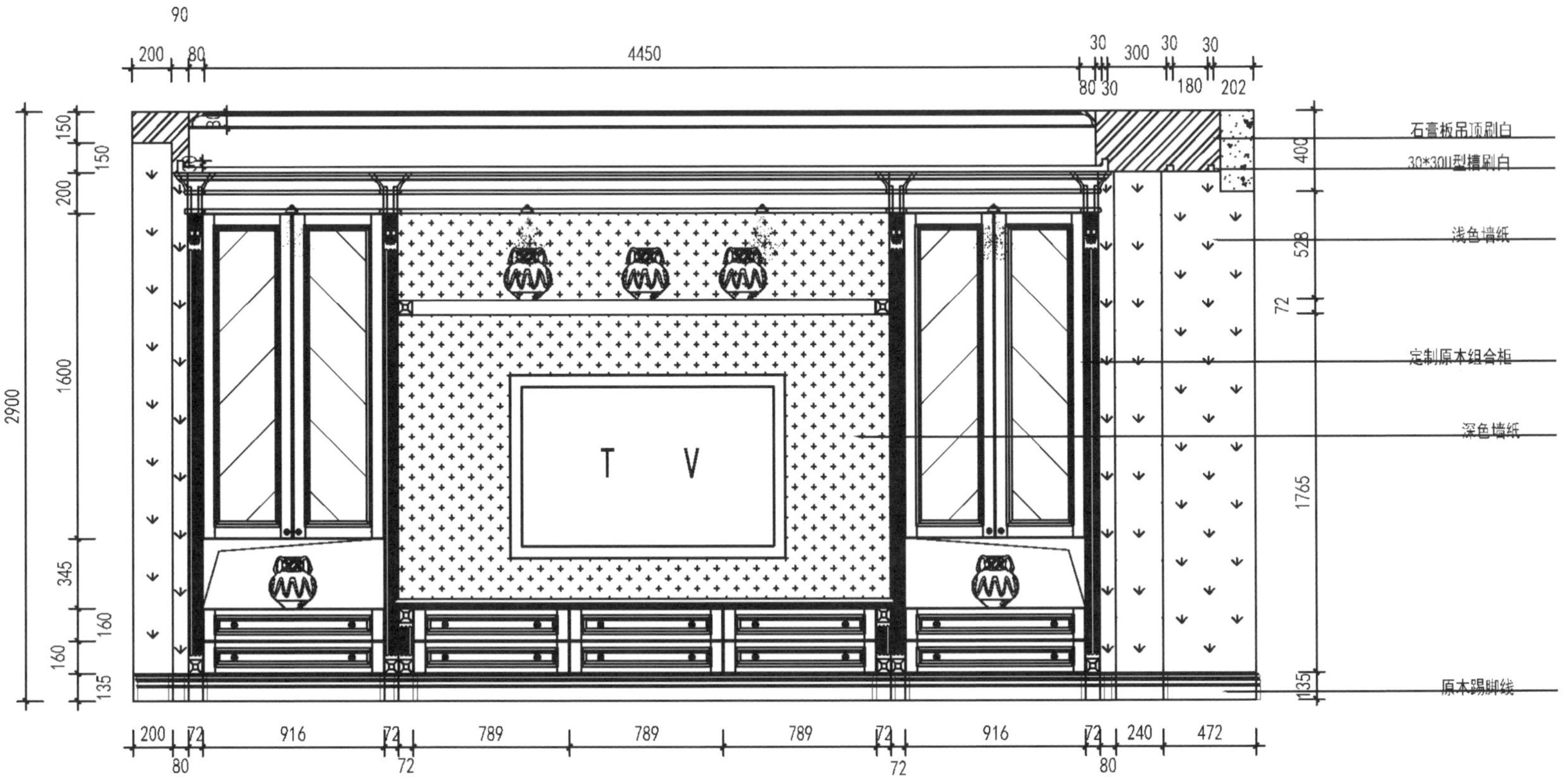
石膏板吊顶刷白
30*30U型槽刷白
浅色墙纸
定制原木组合柜
深色墙纸
原木踢脚线
T V
4450
2900
1600
916
789
1765
528
400
472
240

背景墙样式十四 1:40

背景墙样式十五 1:40

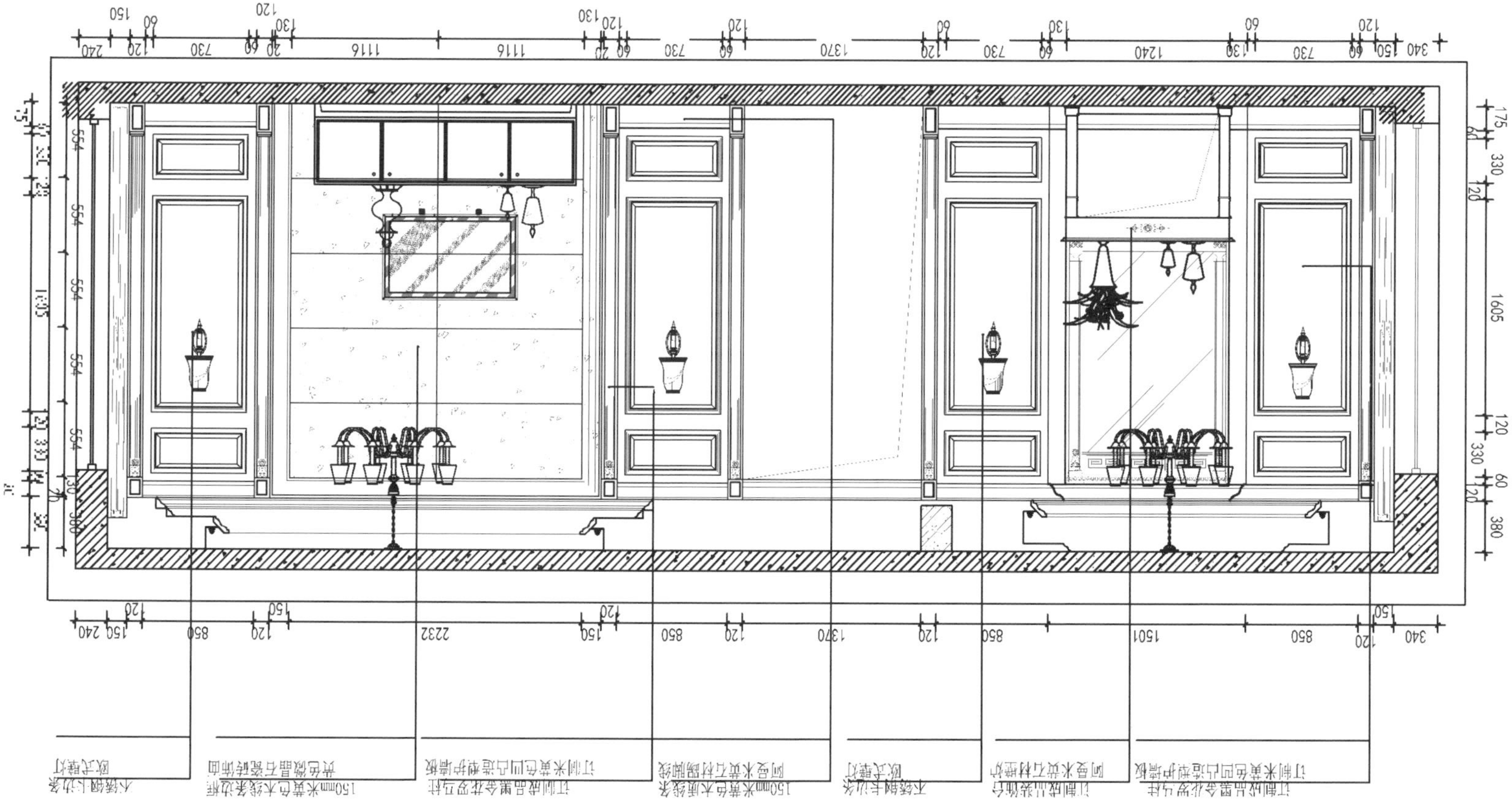

不锈钢卡边条
欧式壁灯
150mm米黄色木线条边框
黄色微晶石瓷砖饰面
订制成品黑金花罗马柱
订制米黄色凹凸造型护墙板
150mm米黄色木质线条
阿曼米黄石材踢脚线
不锈钢卡边条
欧式壁灯
订制成品装饰台
阿曼米黄石材壁炉
订制成品黑金花罗马柱
订制米黄色凹凸造型护墙板

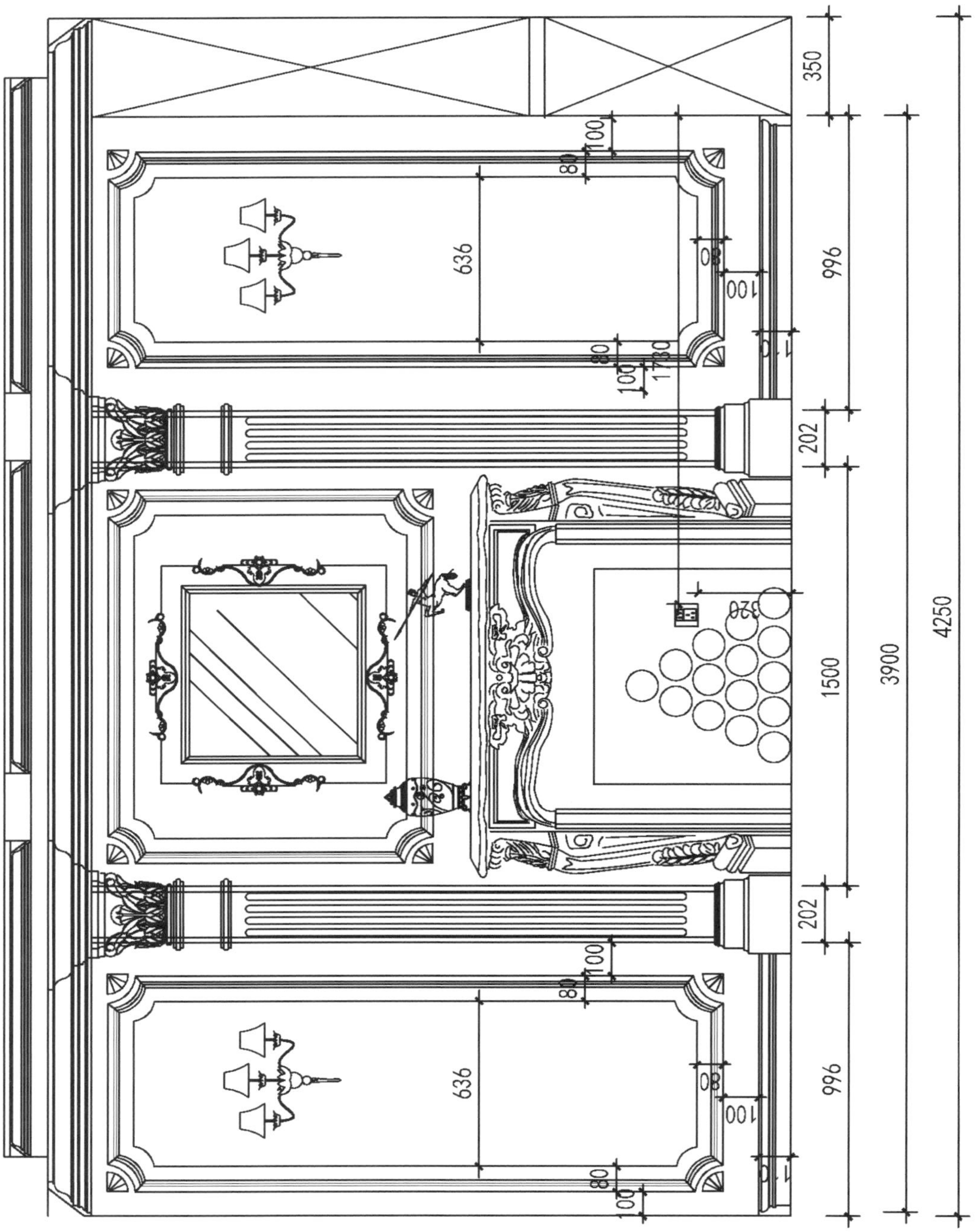
636
636
80
100
80
100
80
100
80
100
80
100
80
100
1730
320
10
10
202
202
996
1500
996
350
3900
4250

背景墙样式十六 1:40

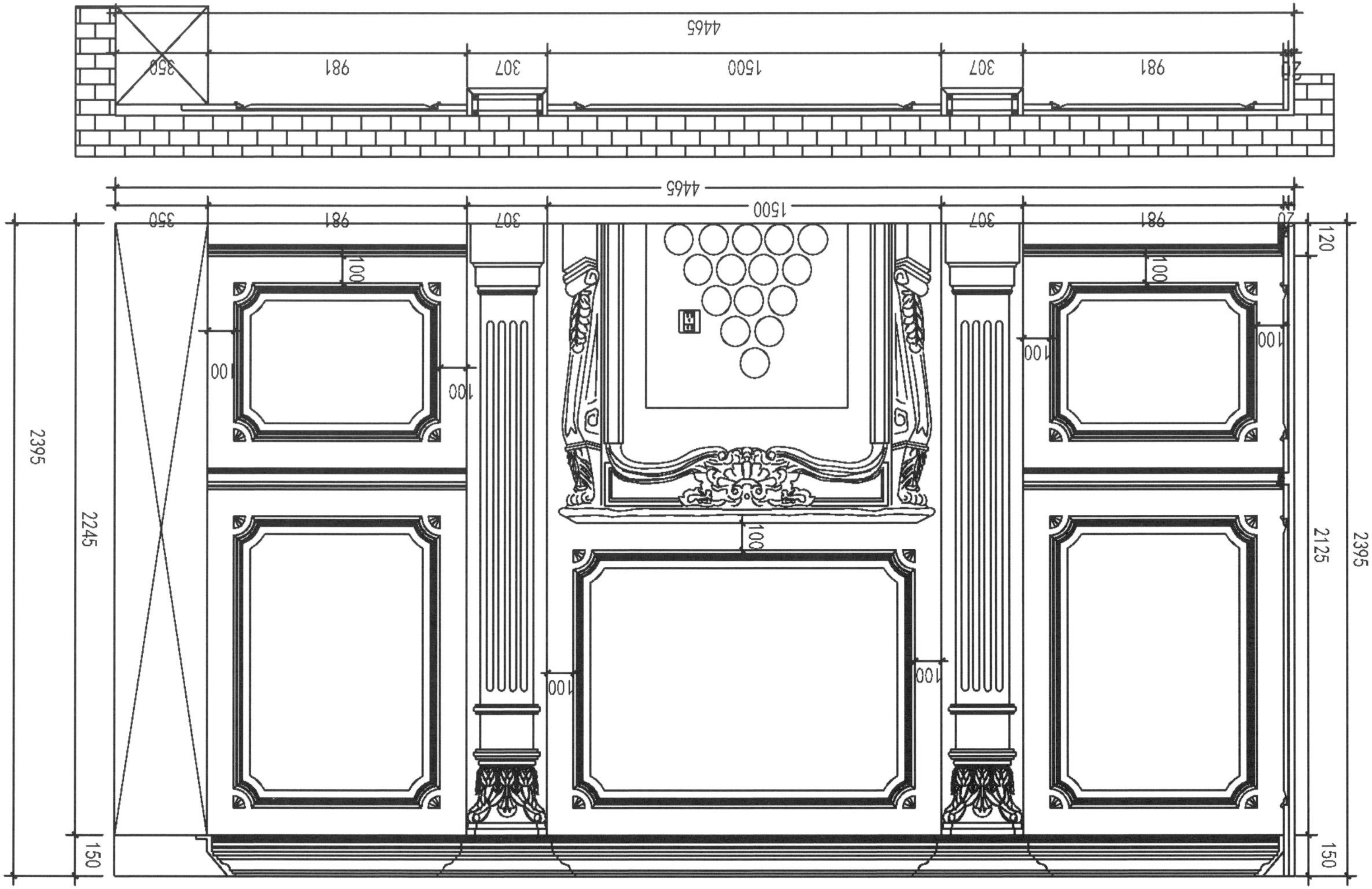
150
2395
2125
120
100
100
100
100
100
100
100
100
150
2245
2395
20
981
307
1500
307
981
350
4465
20
981
307
1500
307
981
350
4465

背景墙样式十七 1:40

第二节 沙发背景墙

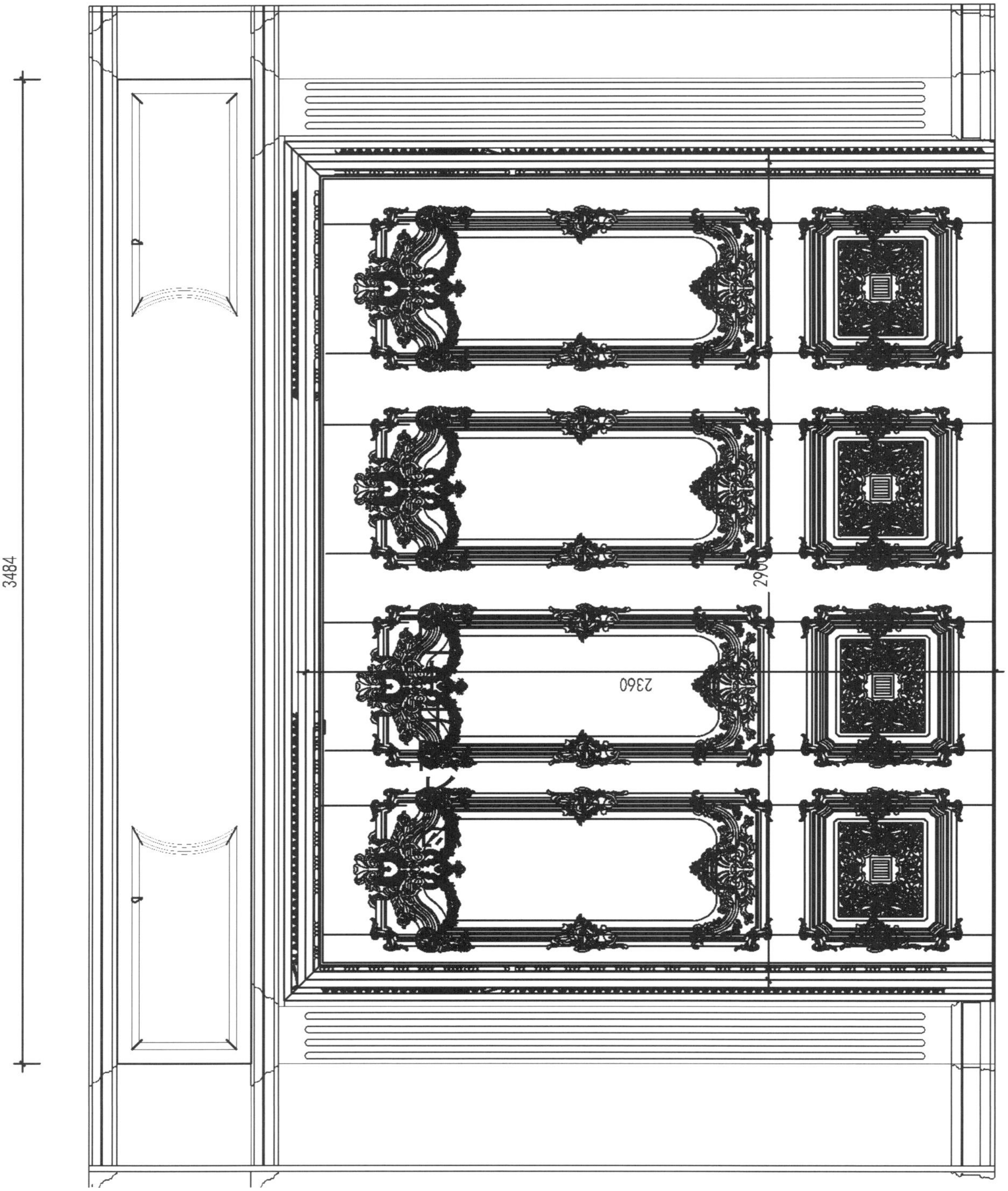

沙发背景墙一 1:40

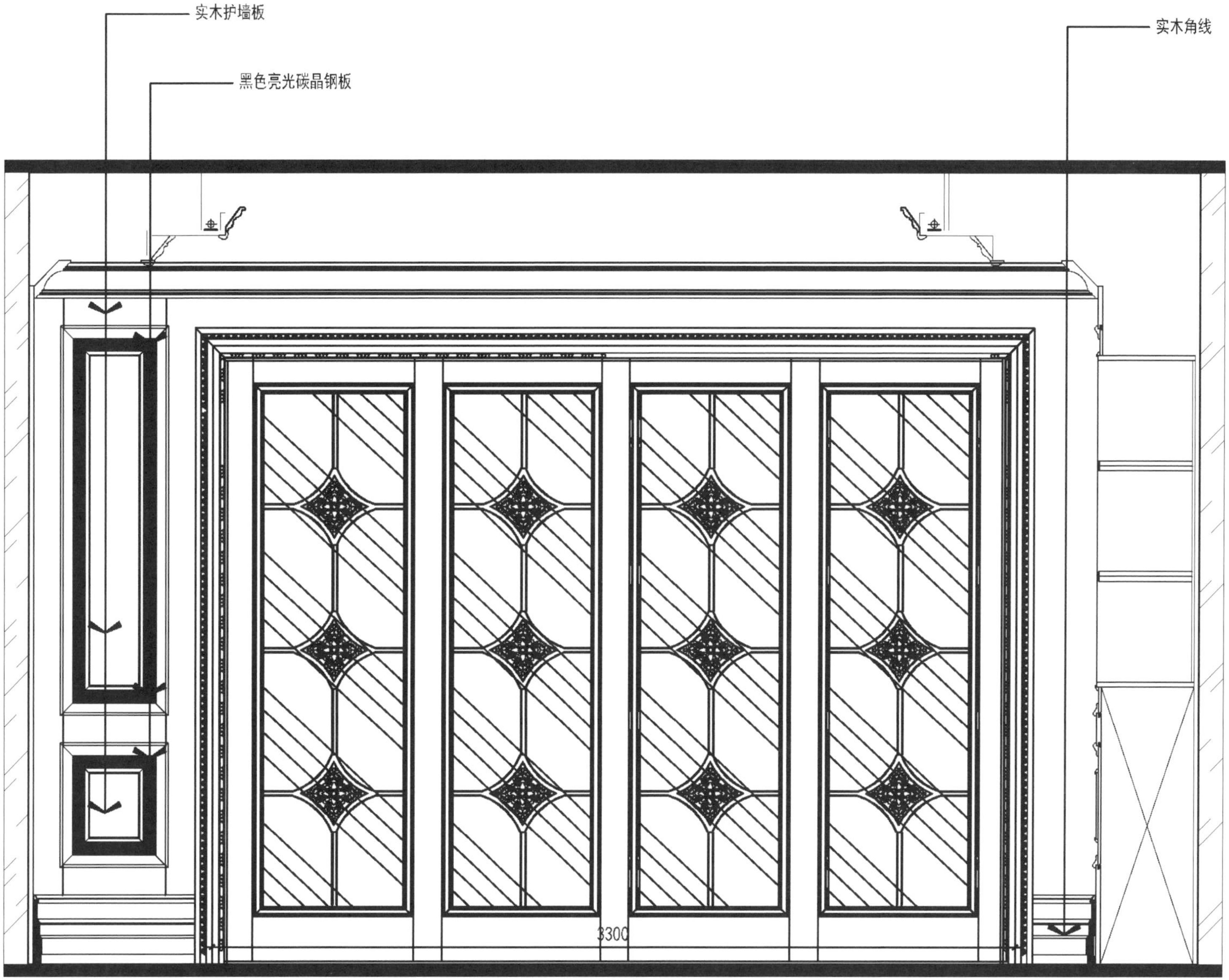
实木护墙板
黑色亮光碳晶钢板
实木角线
3300

沙发背景墙二 1:40

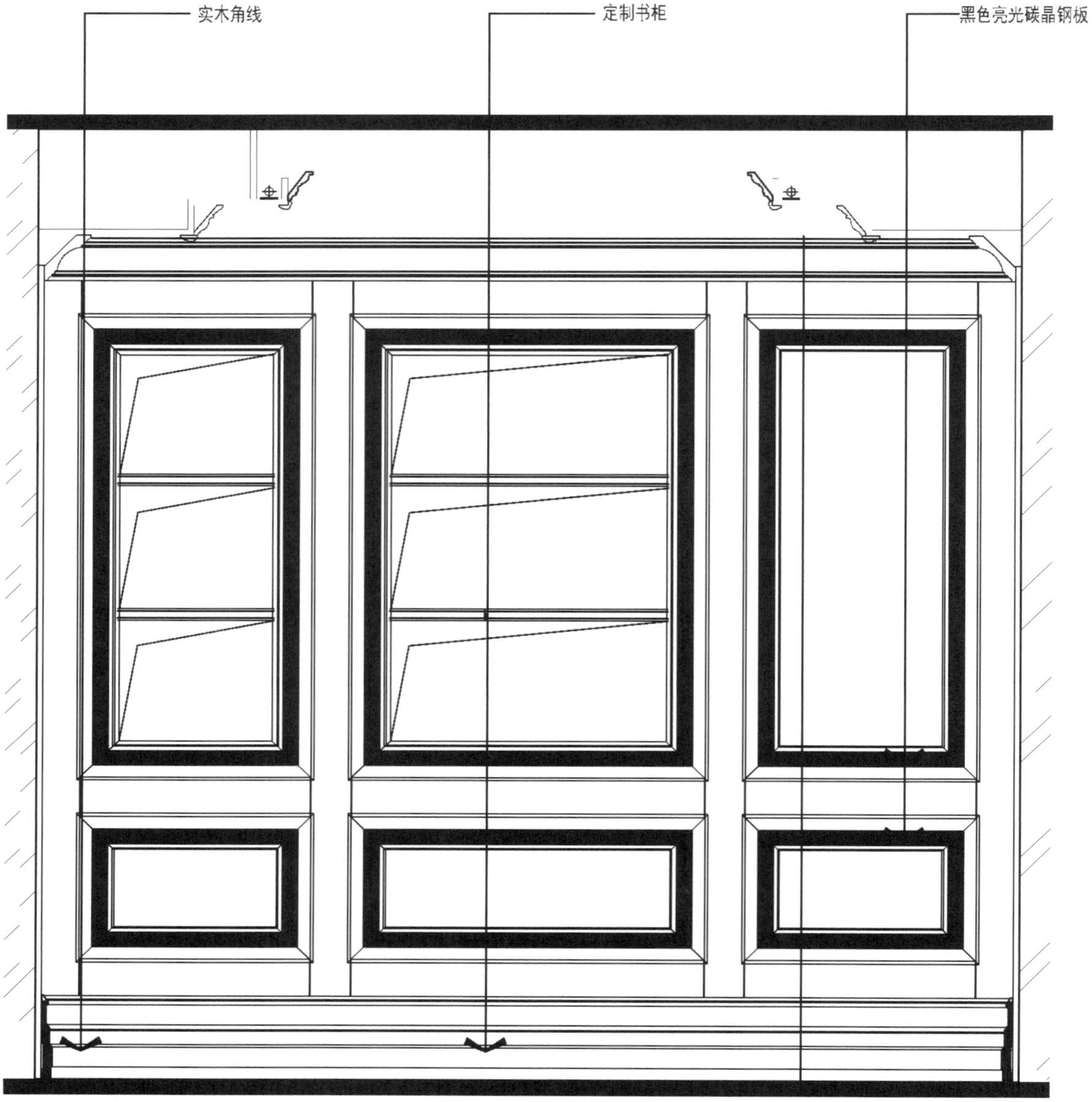
实木角线
定制书柜
黑色亮光碳晶钢板

沙发背景墙三 1:25

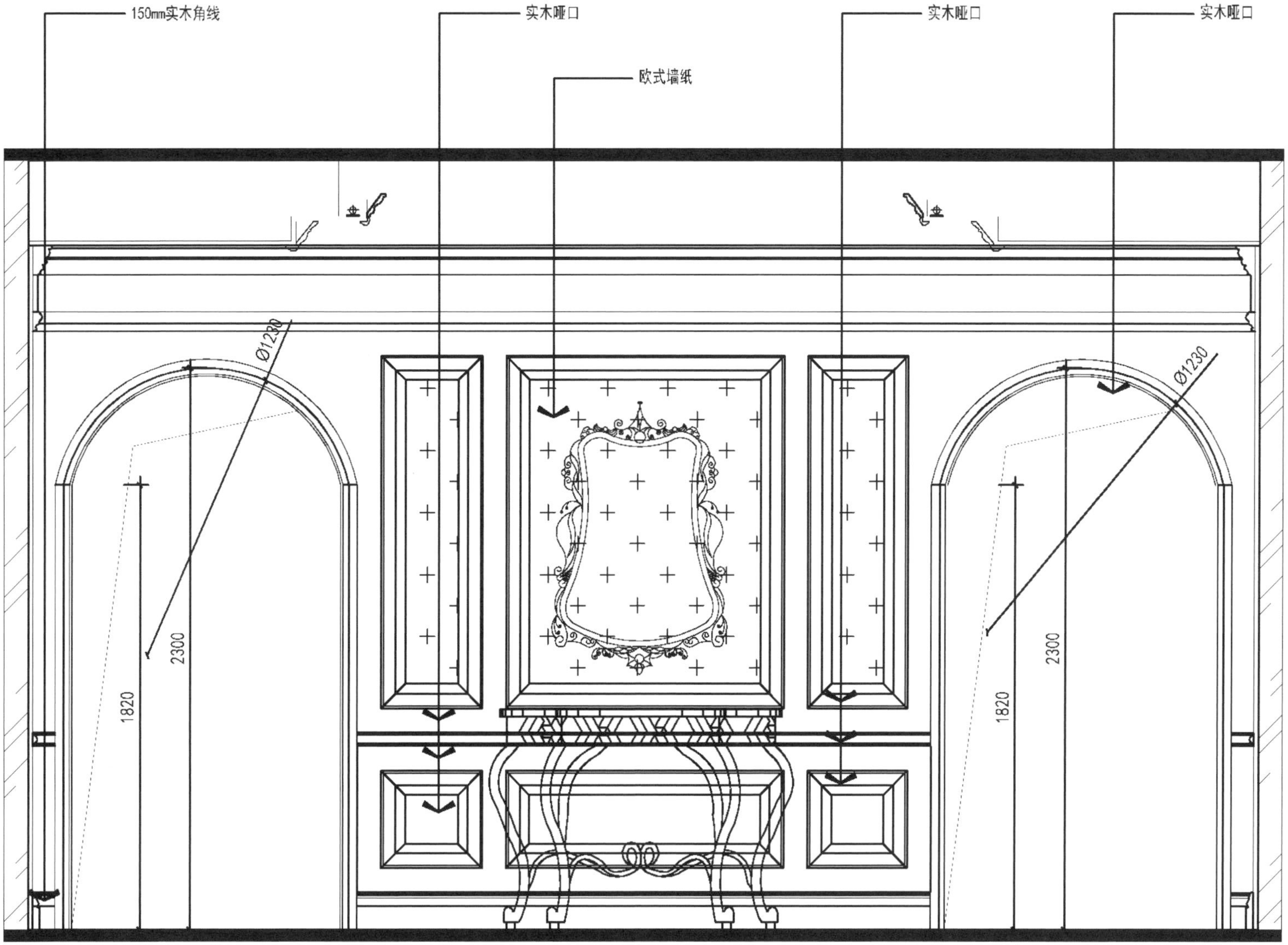
150mm实木角线
实木哑口
欧式墙纸
实木哑口
实木哑口
Ø1230
Ø1230
2300
1820
2300
1820

沙发背景墙四 1:25

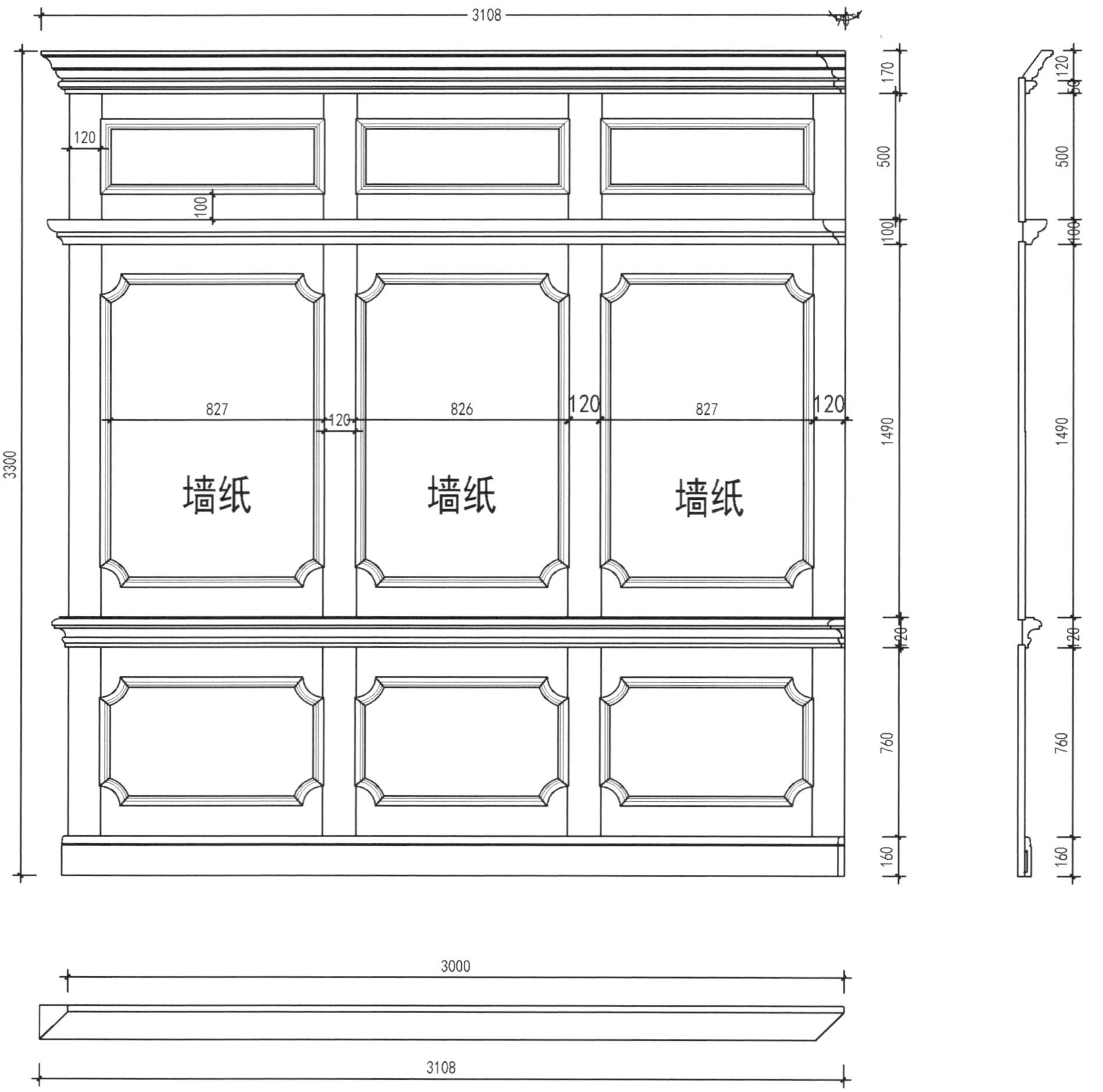
3108
3300
120
100
827
120
826
120
827
120
墙纸
墙纸
墙纸
170
500
100
1490
120
760
160
120
50
500
100
1490
120
760
160
3000
3108

沙发背景墙五 1:25

沙发背景墙六 1:25

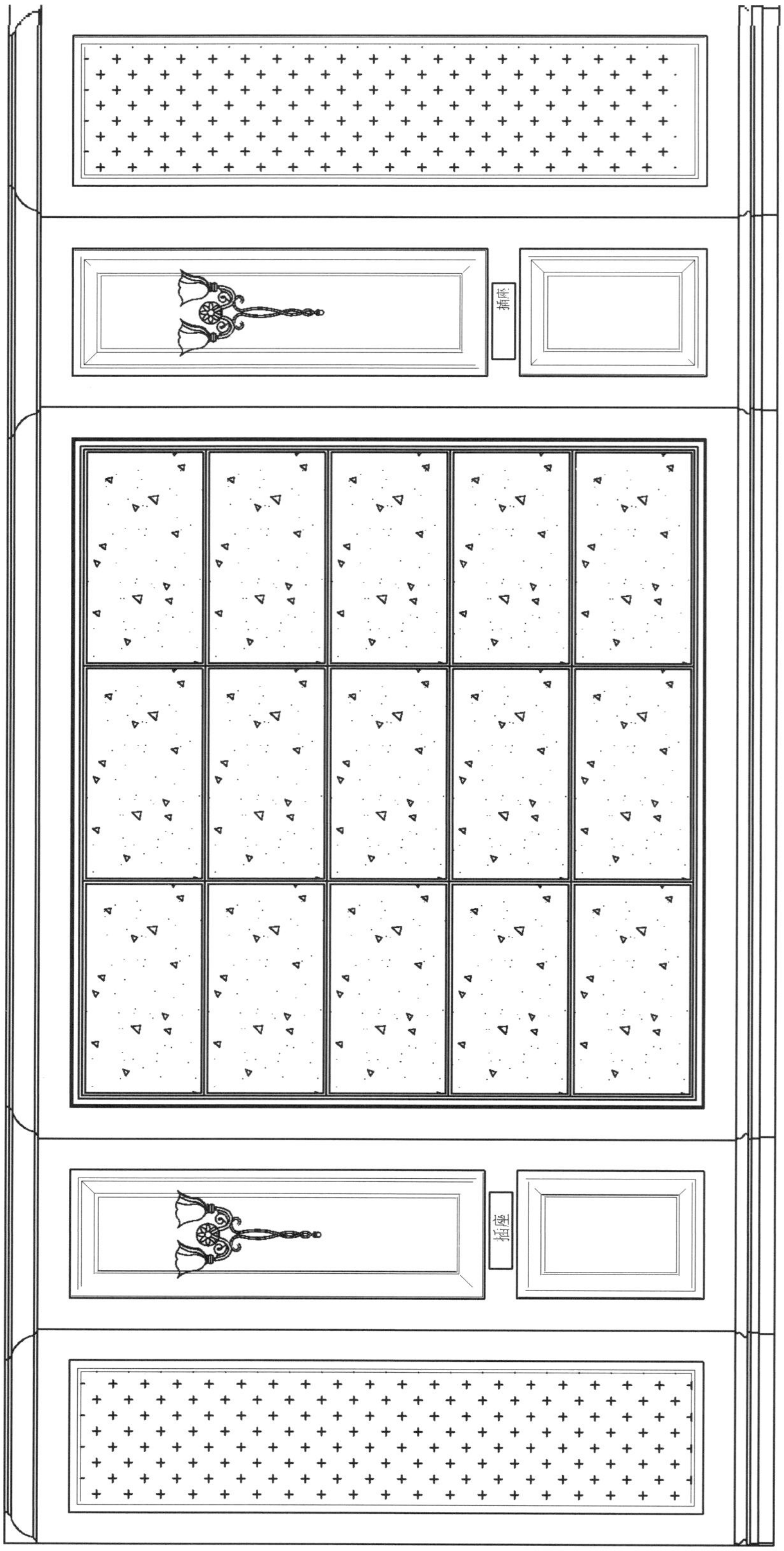

沙发背景墙七 1:25

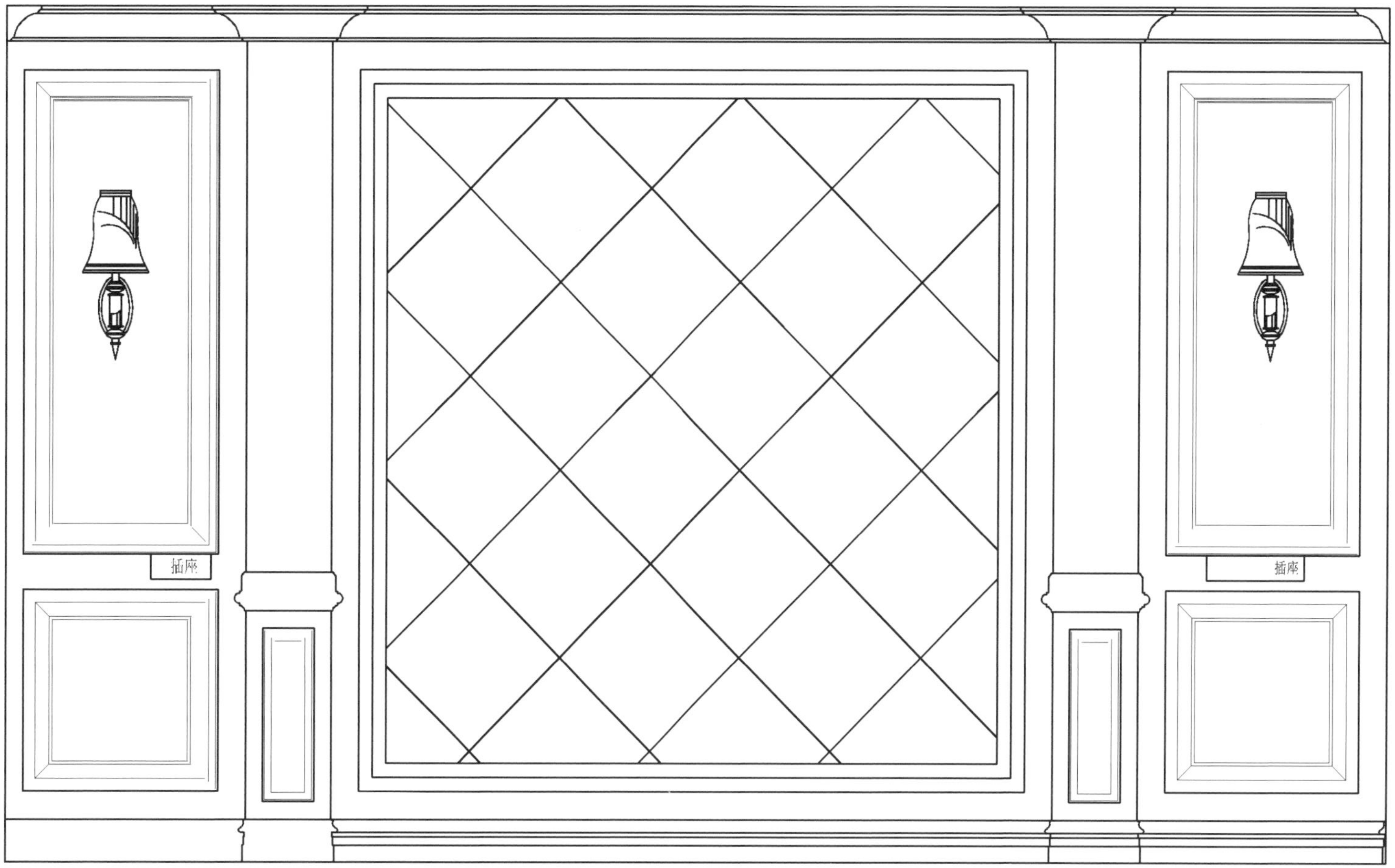

沙发背景墙八 1:20

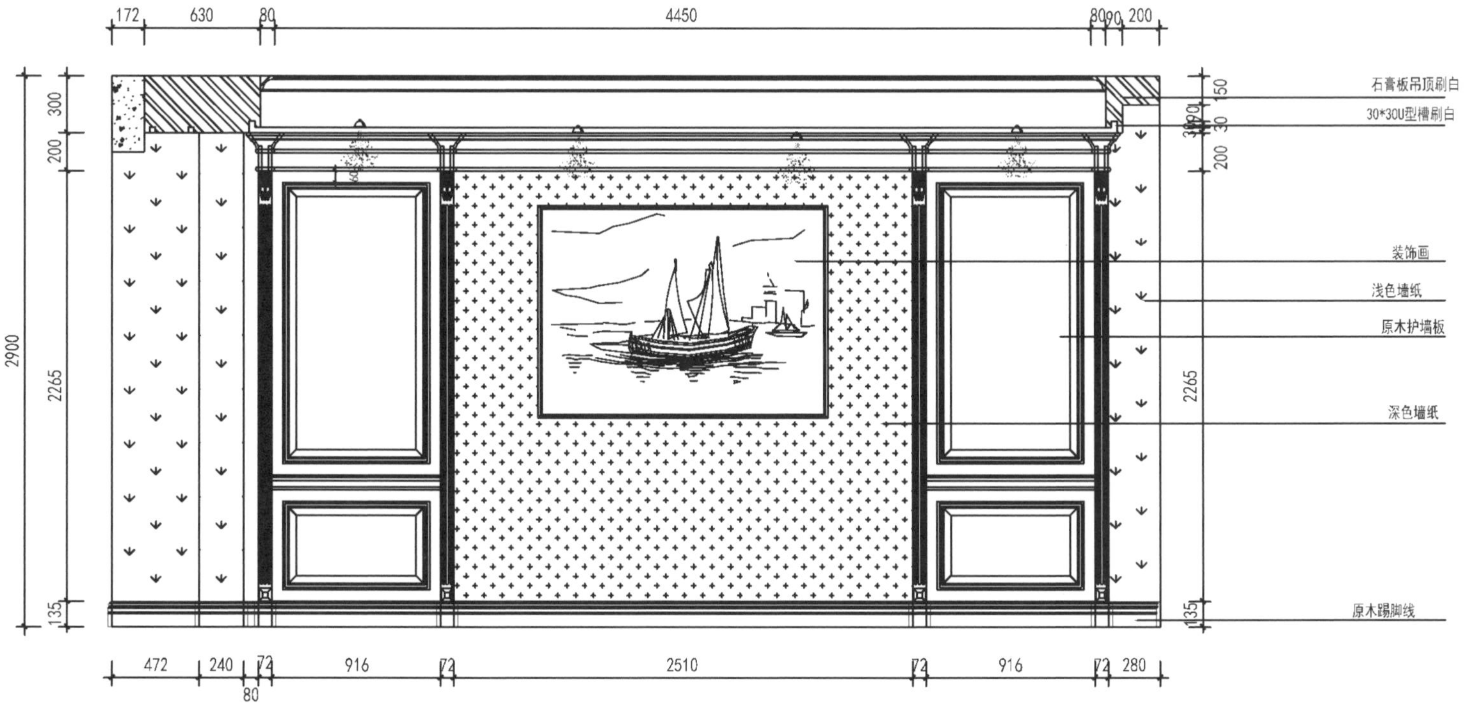
172
630
80
4450
80
90
200
2900
300
200
2265
135
150
30
30
90
石膏板吊顶刷白
30*30U型槽刷白
装饰画
浅色墙纸
原木护墙板
深色墙纸
原木踢脚线
472
240
72
80
916
2510
280

沙发背景墙九 1:40

第三节 卧室背景墙

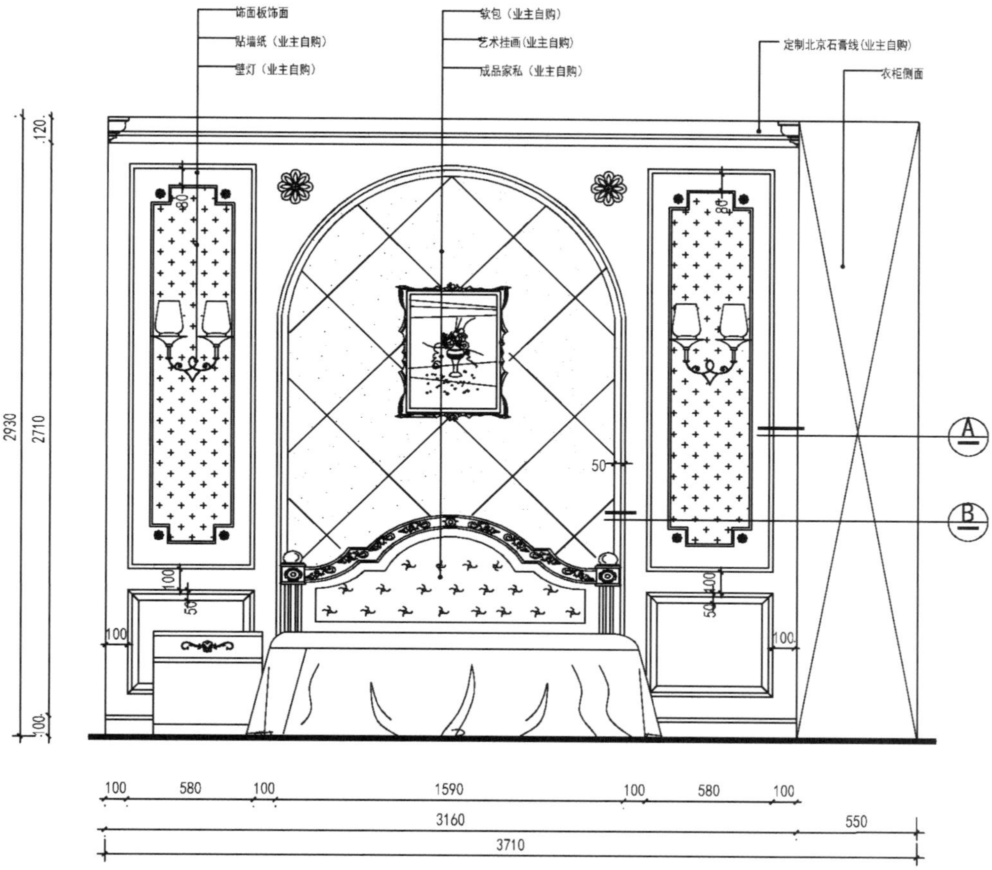

背景墙样式一 1:30

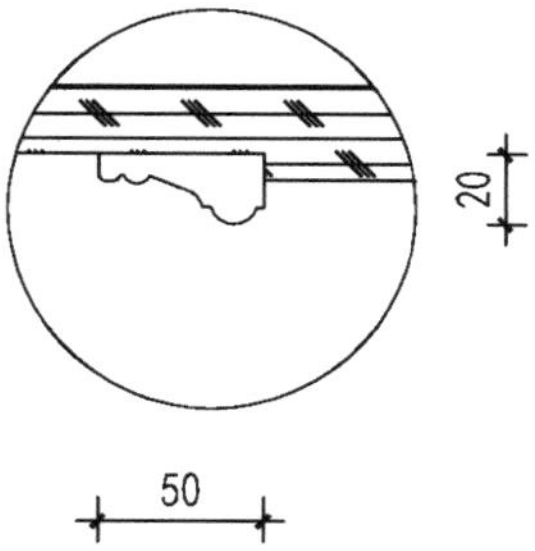

B- 剖面图

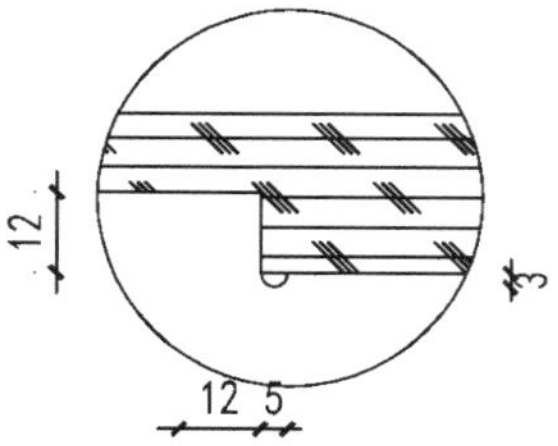

A- 剖面图

背景墙样式一 局部大样图 1:30

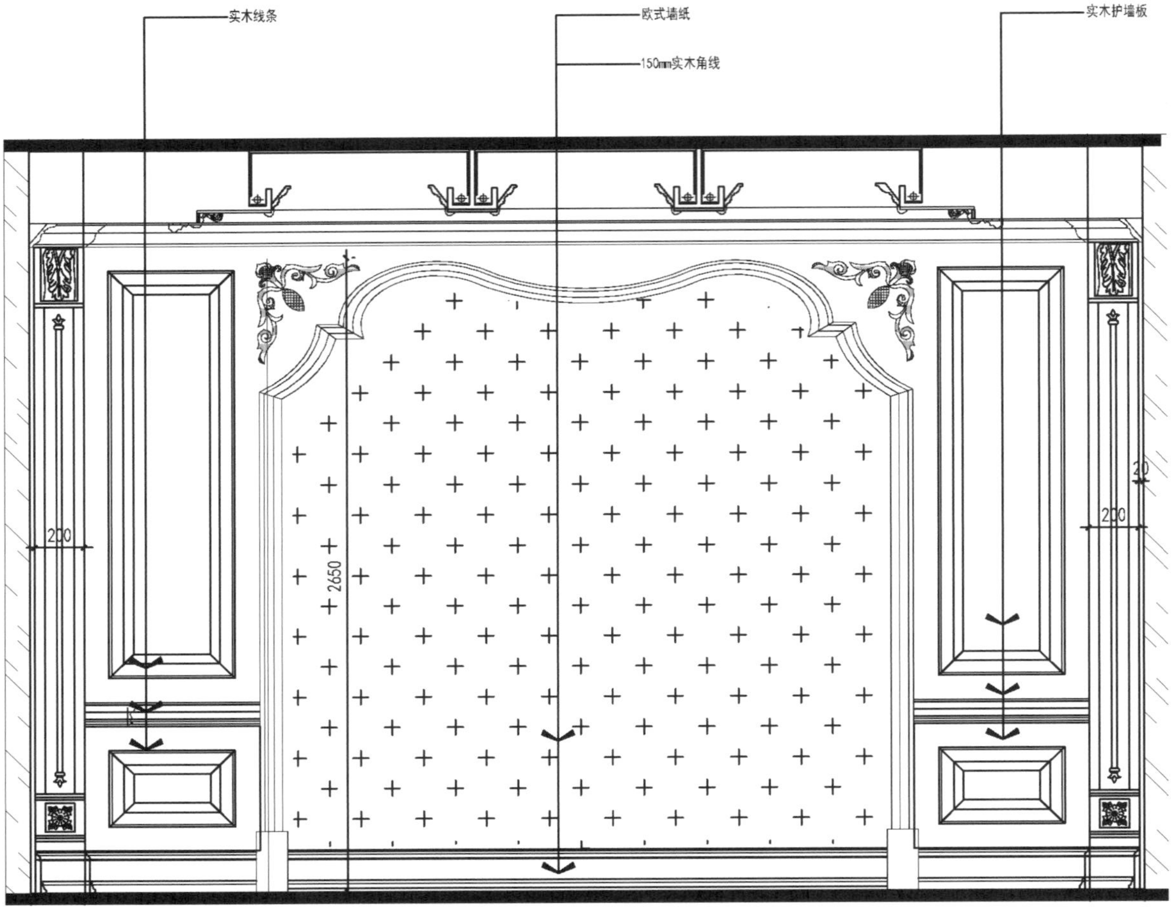
实木线条
欧式墙纸
150mm实木角线
实木护墙板
200
200
20
2650

背景墙样式二 1:30

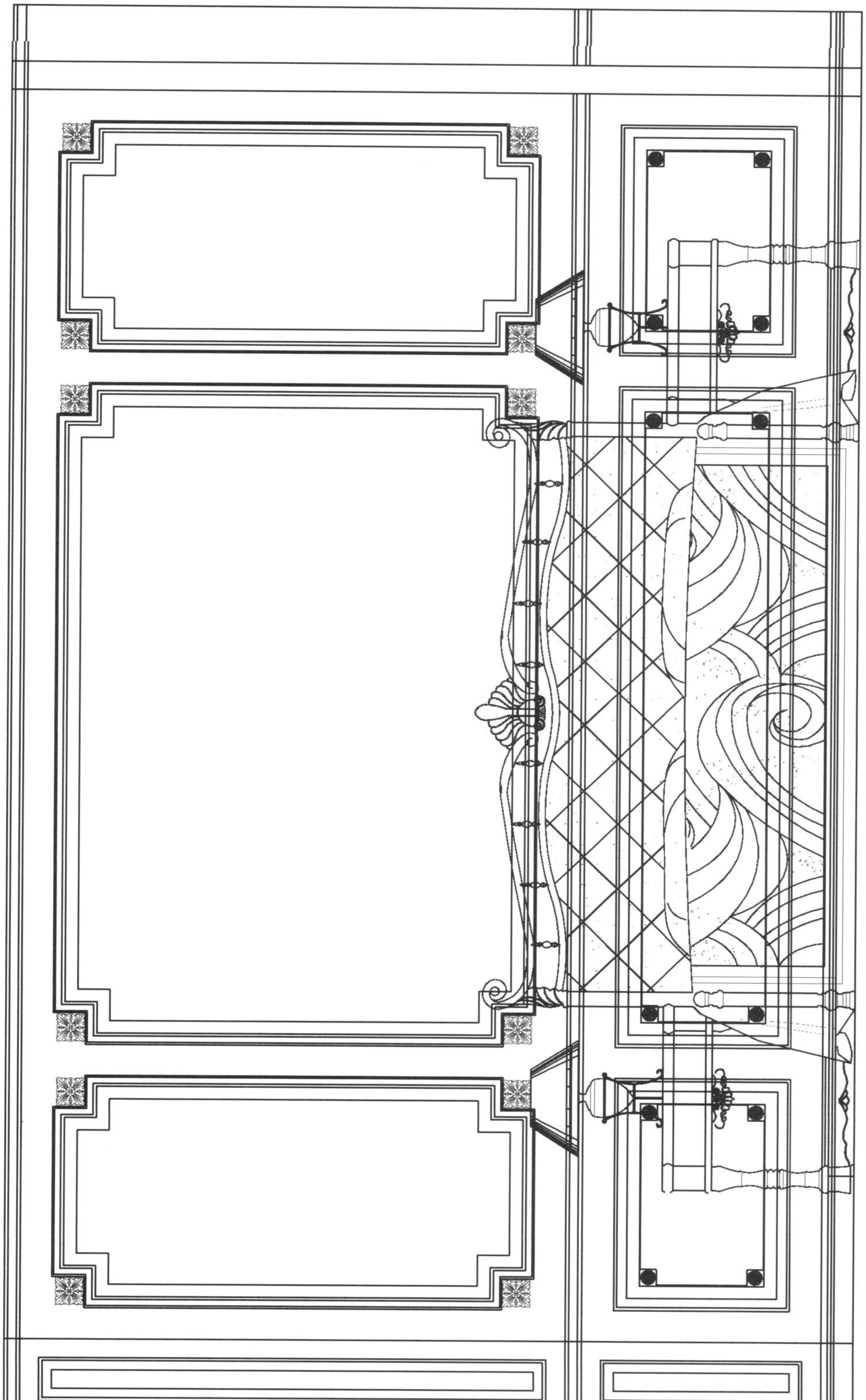

背景墙样式三 1:30

全屋定制 CAD 设计图集 — 背景墙

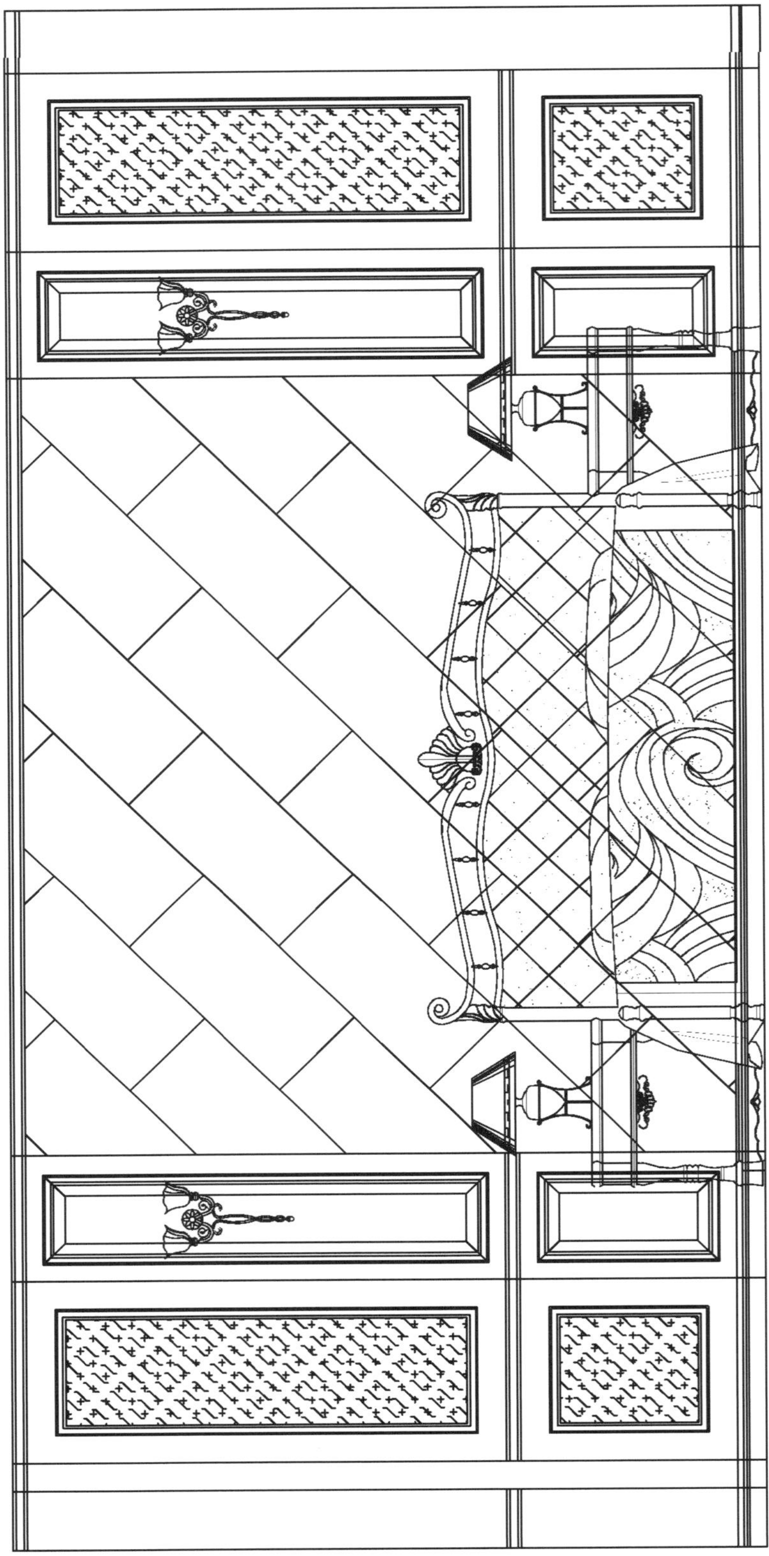

背景墙样式四 1:30

背景墙样式五 1:30

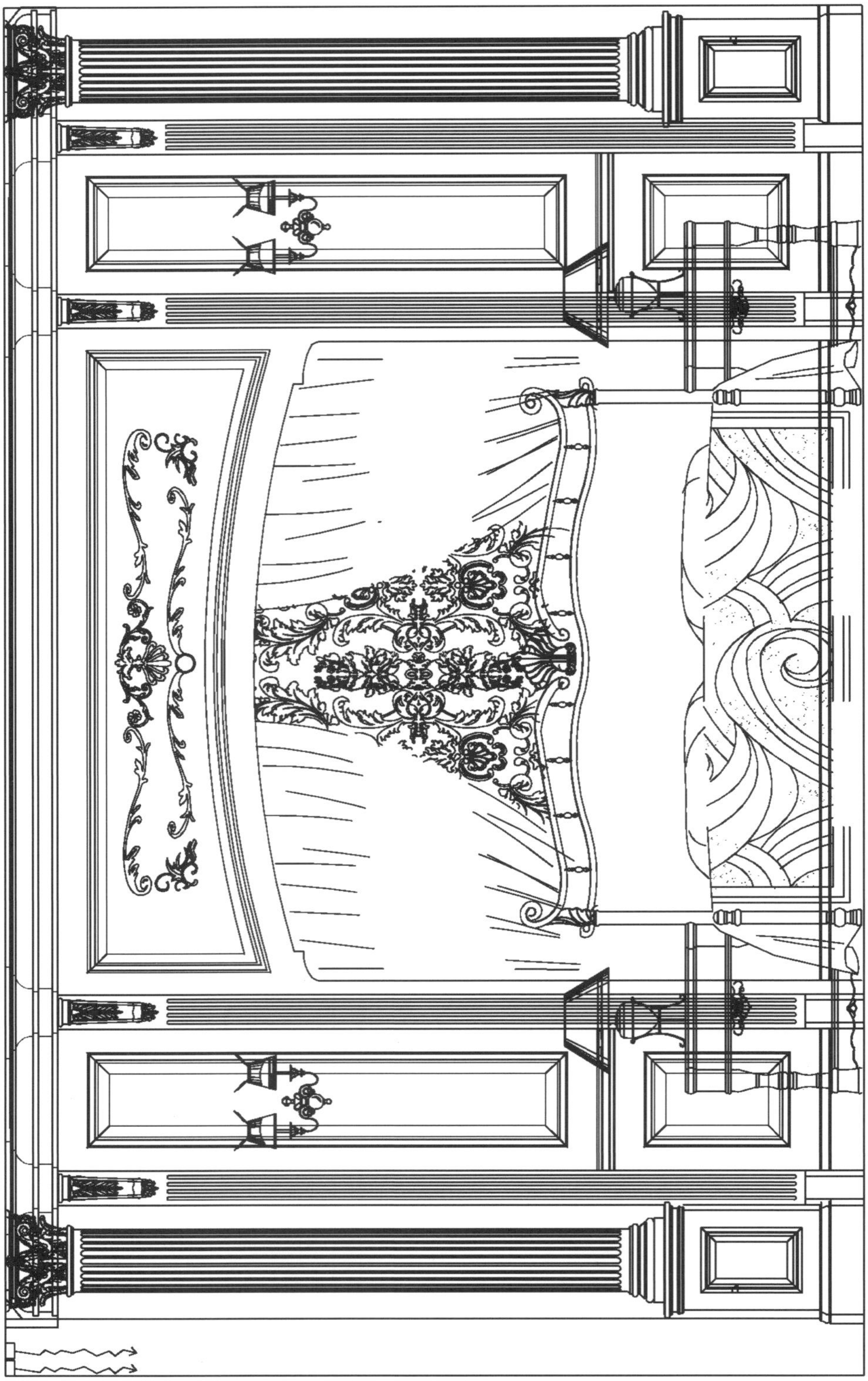

背景墙样式六 1:30

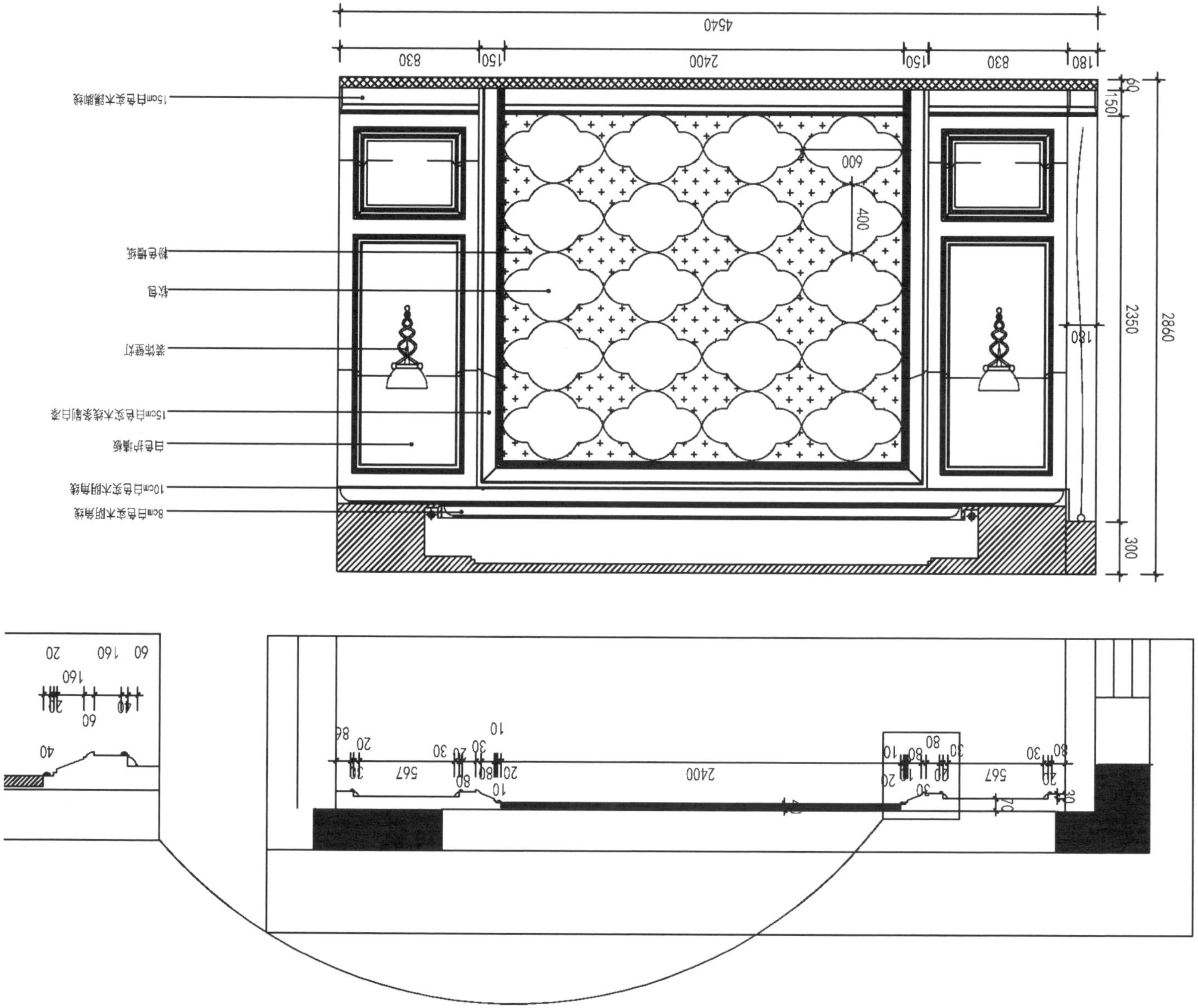
15cm白色实木踢脚线
粉色墙纸
软包
装饰壁灯
15cm白色实木线条刷白漆
白色护墙板
10cm白色实木阴角线
8cm白色实木阴角线
4540
830
150
2400
150
830
180
600
400
2860
2350
300
60
180

背景墙样式七 1:30

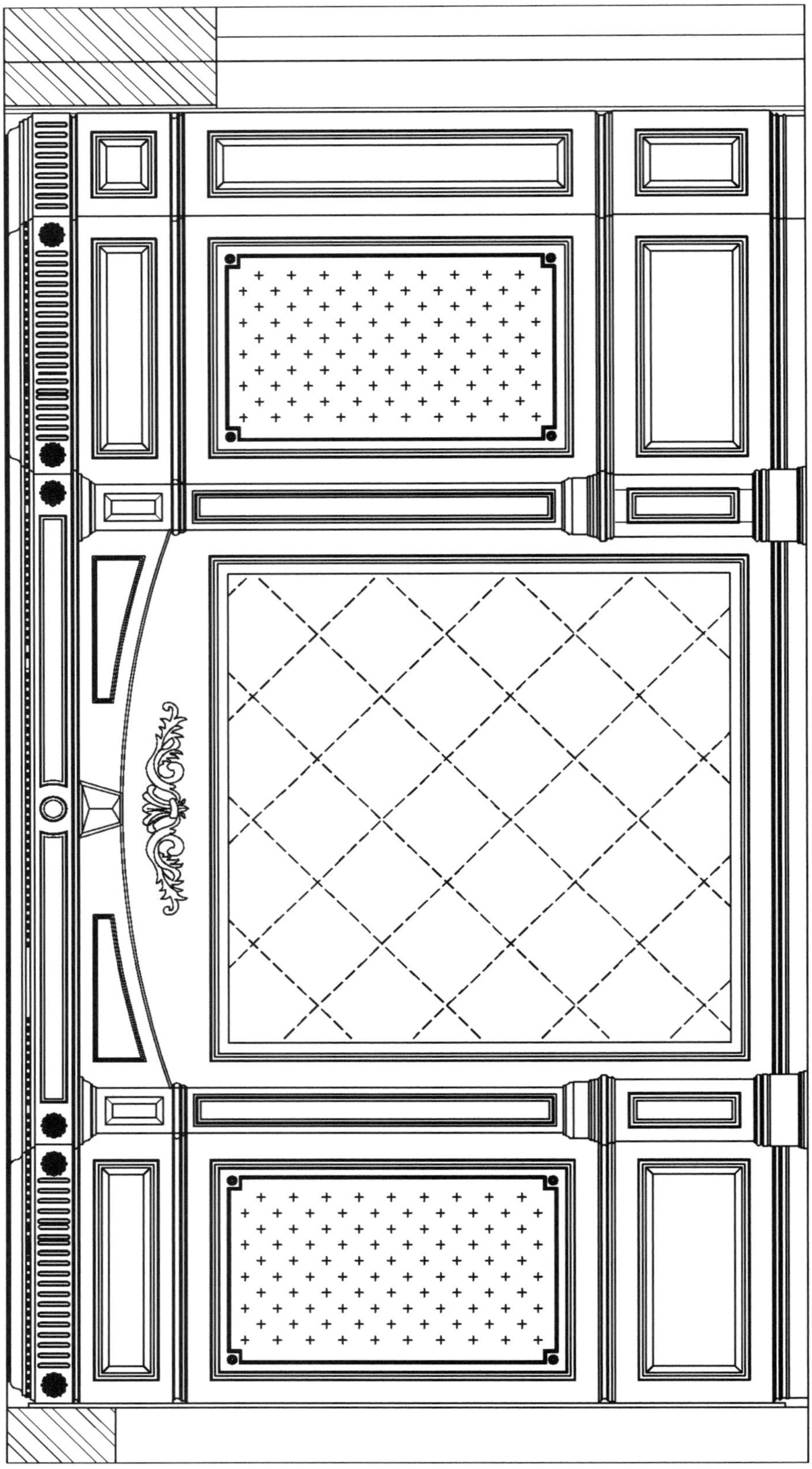

背景墙样式八 1:30

第四节 垭口及装饰背景墙

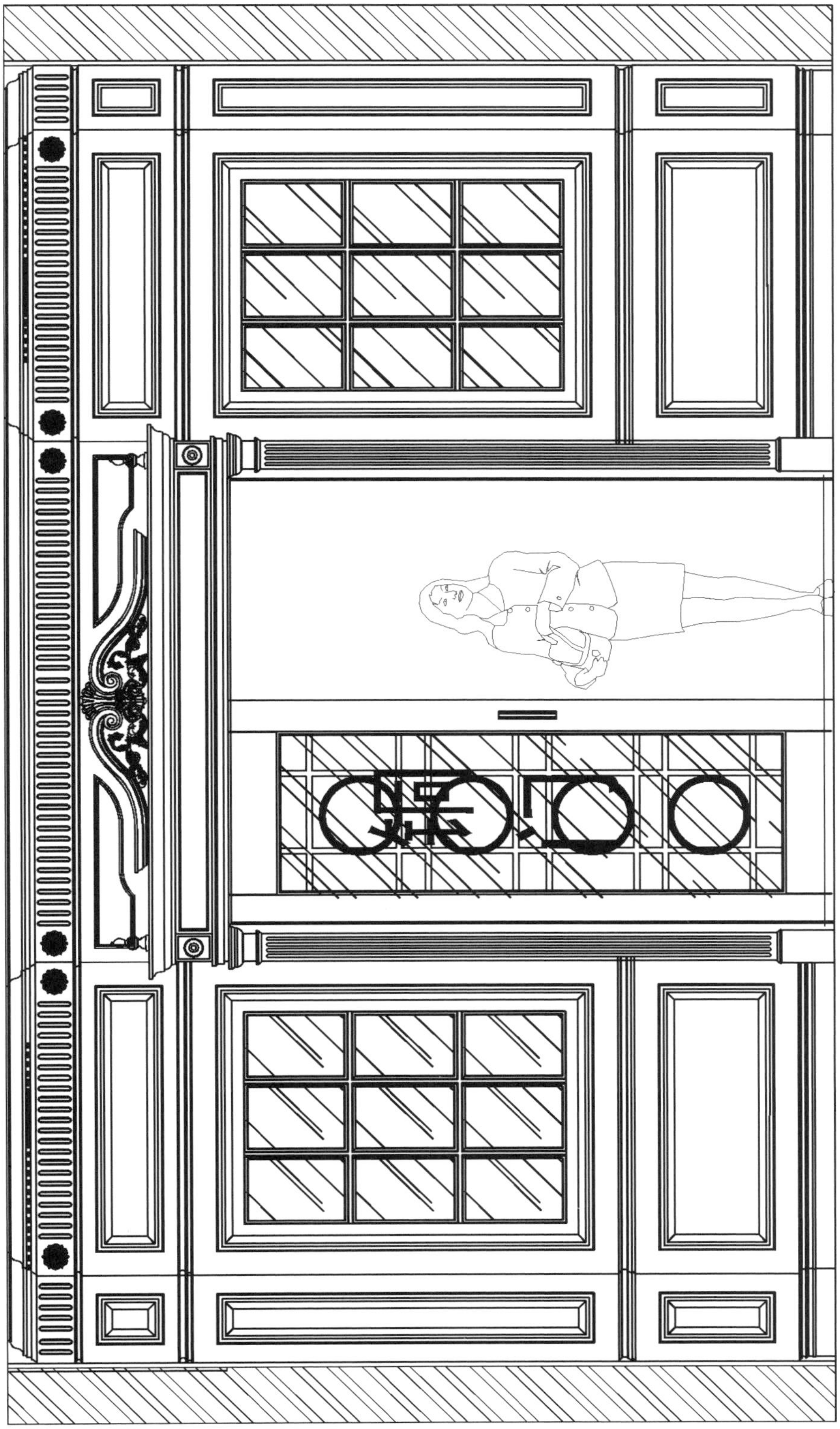

背景墙样式一 1:30

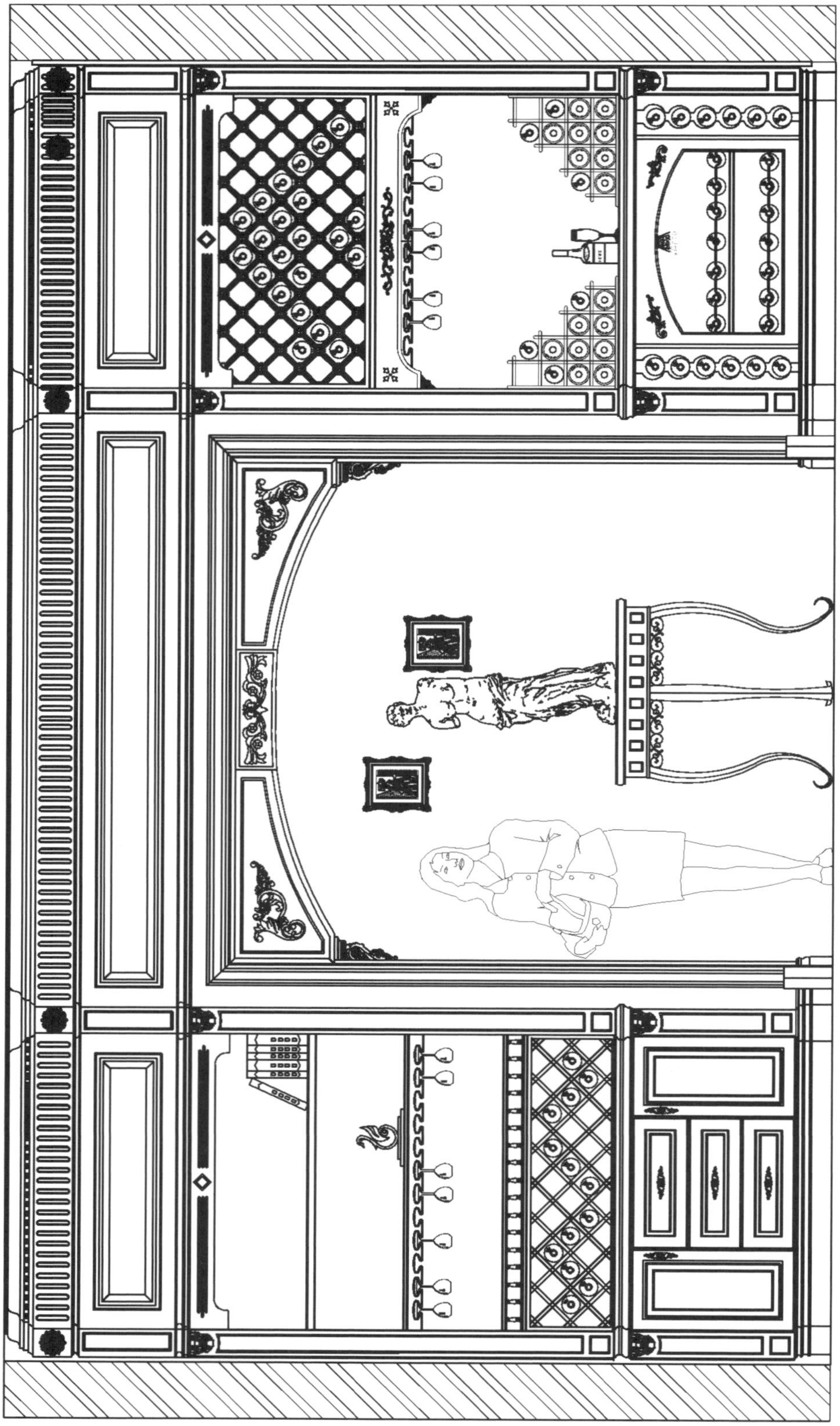

背景墙样式二 1:30

背景墙样式三 1:30

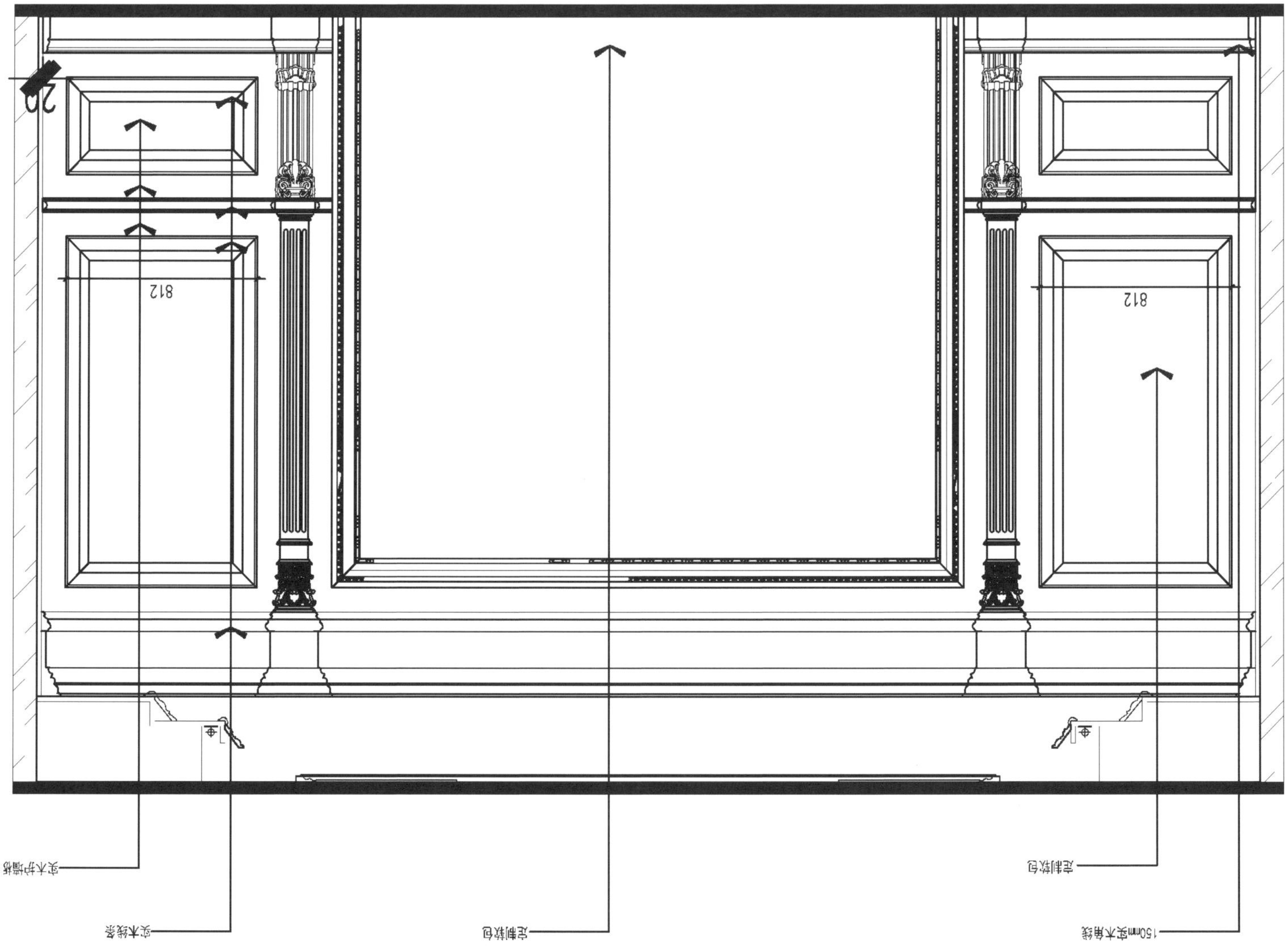
812
812
实木护墙板
实木线条
定制软包
定制软包
150mm实木角线

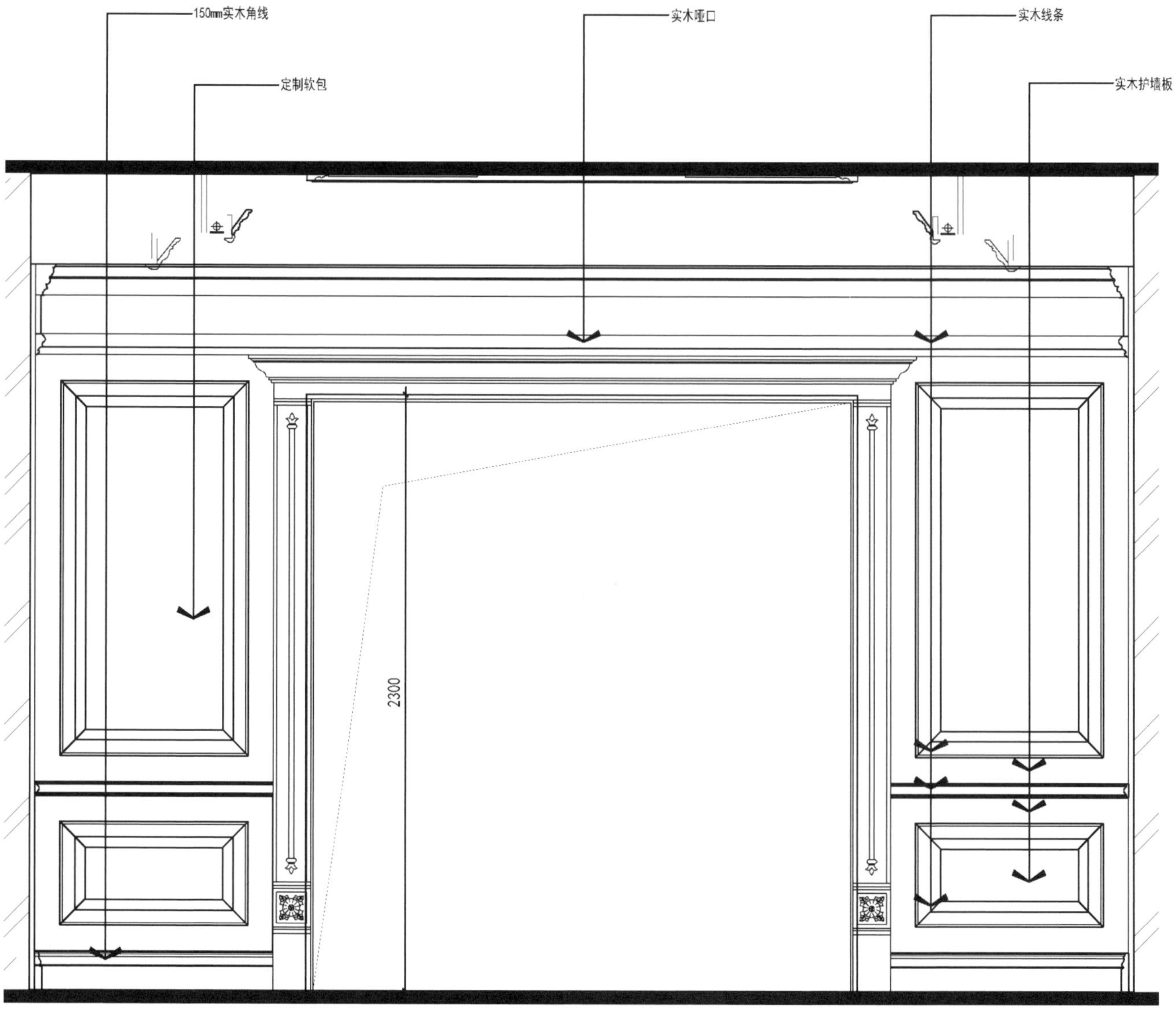
150mm实木角线
定制软包
实木哑口
实木线条
实木护墙板
2300

背景墙样式四 1:30

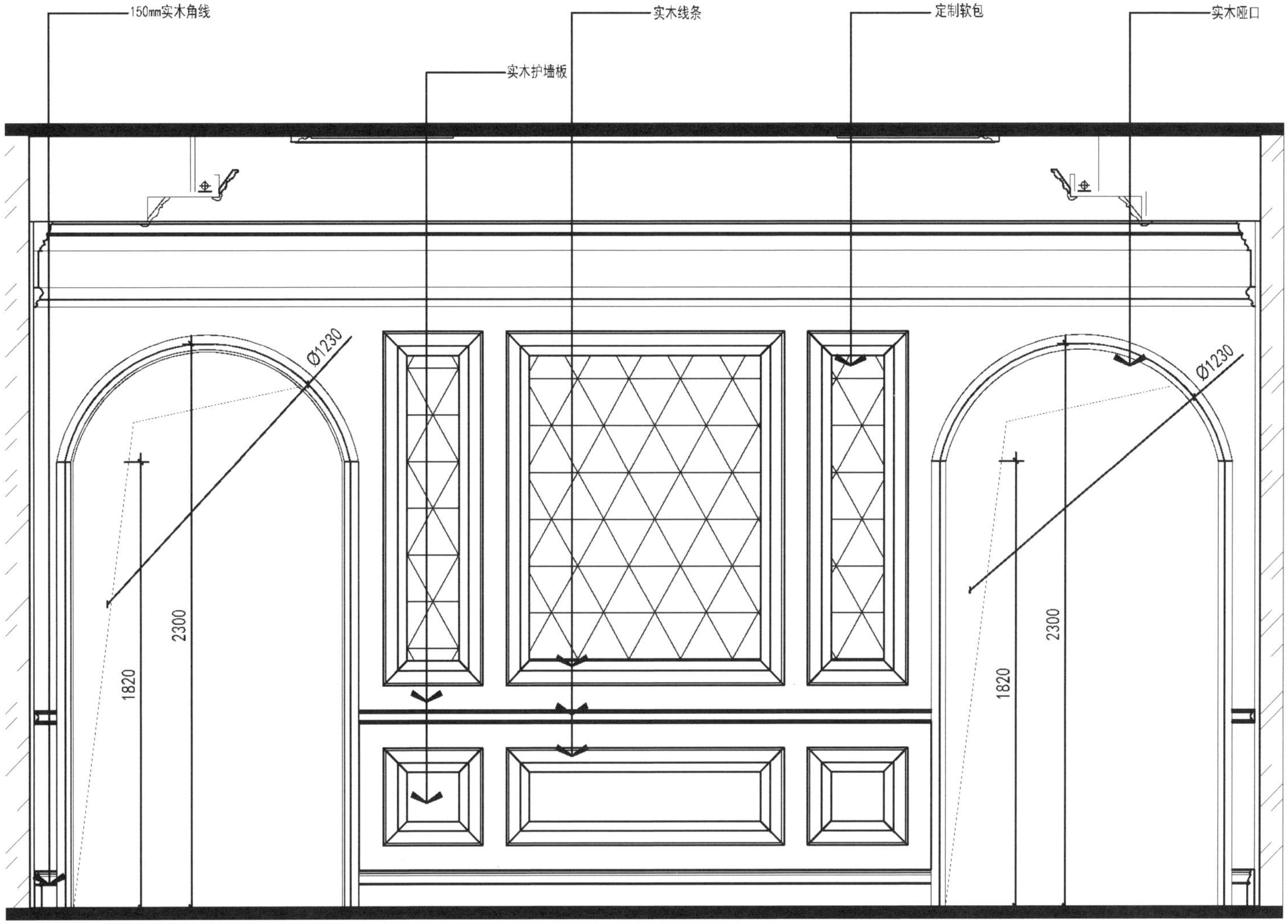
150㎜实木角线
实木线条
定制软包
实木哑口
实木护墙板
Ø1230
Ø1230
2300
1820
2300
1820

背景墙样式五 1:30

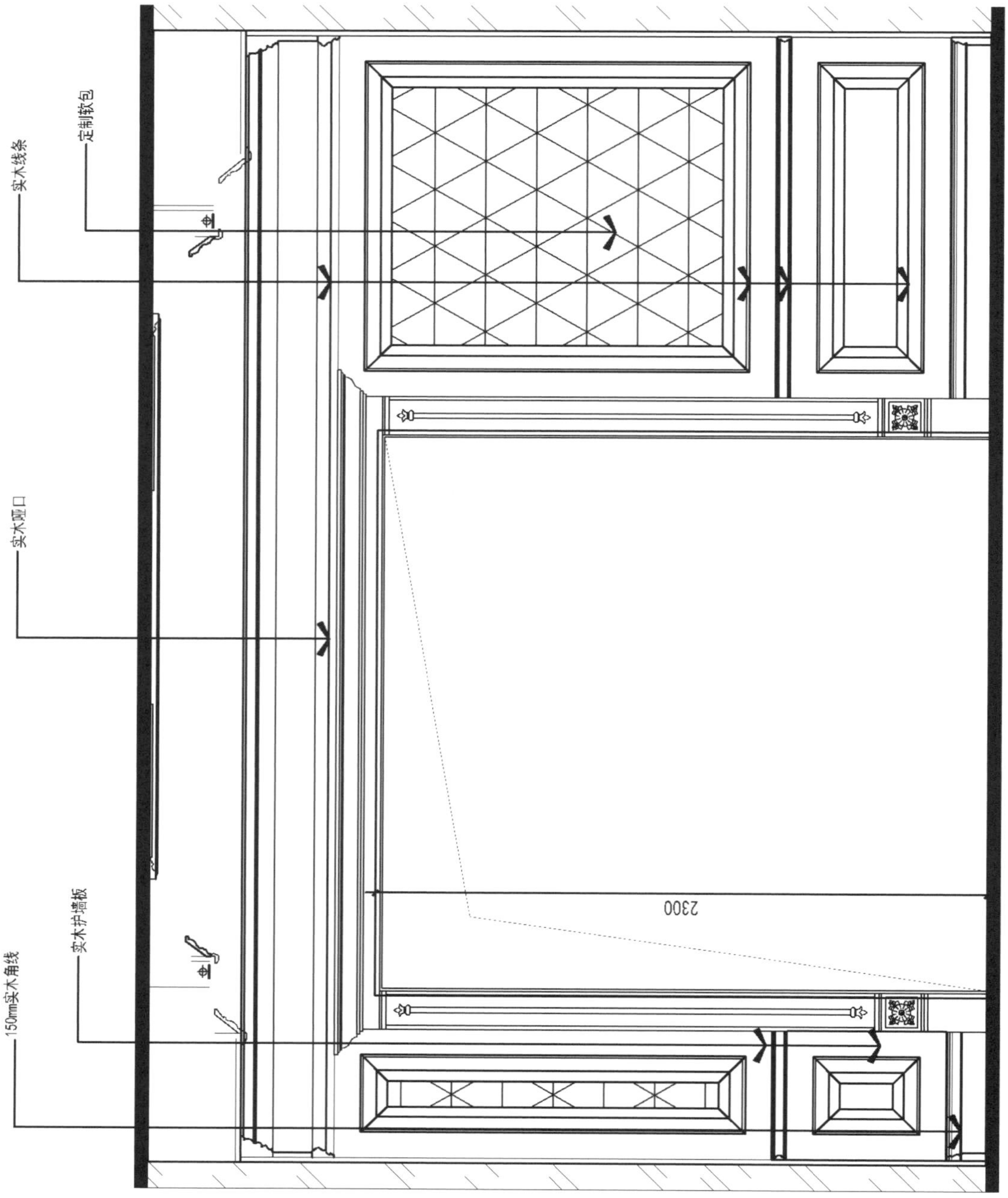

实木线条
定制软包
实木哑口
实木护墙板
150mm实木角线
2300

背景墙样式六 1:30

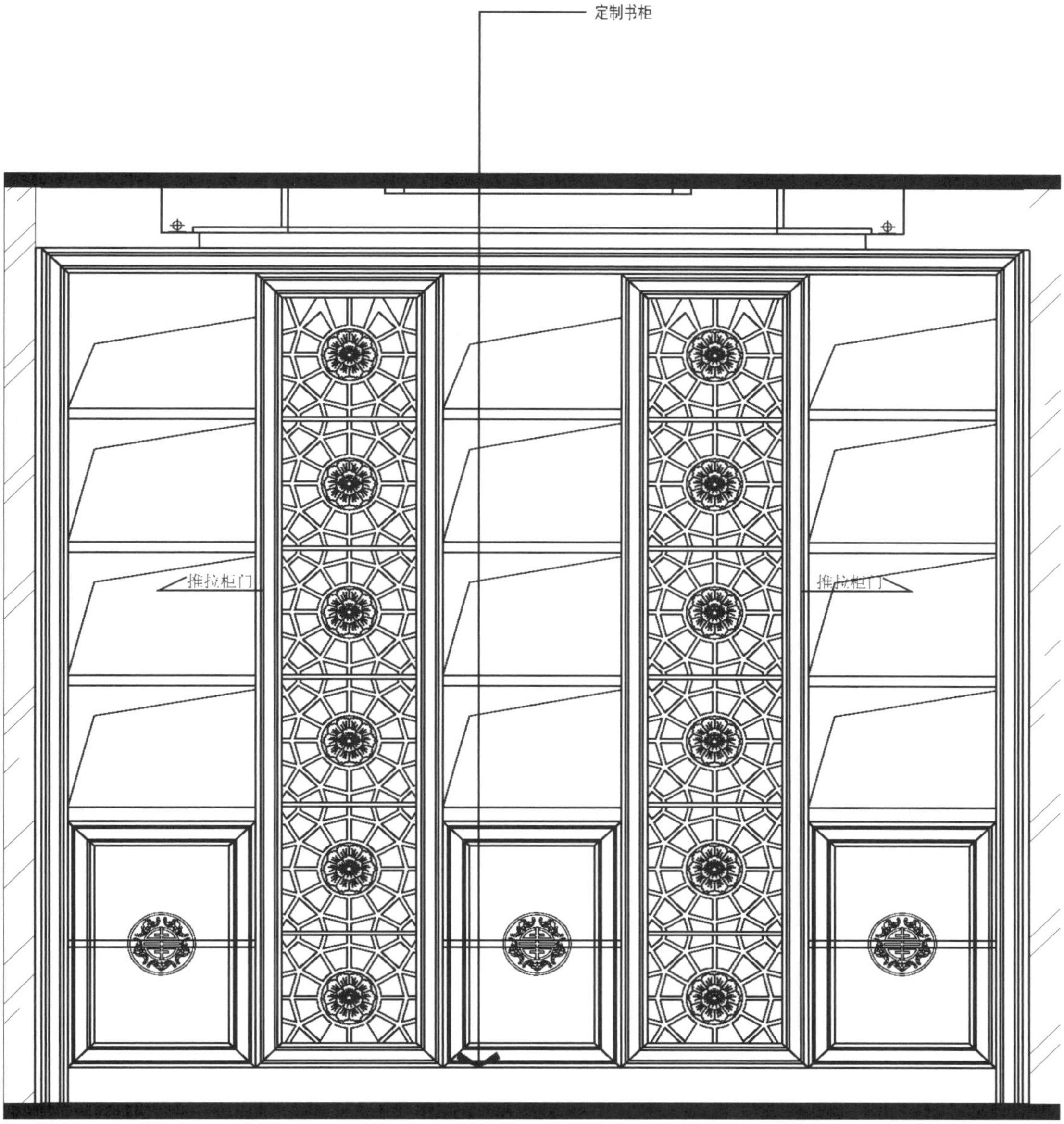
定制书柜
推拉柜门
推拉柜门

背景墙样式七 1:30

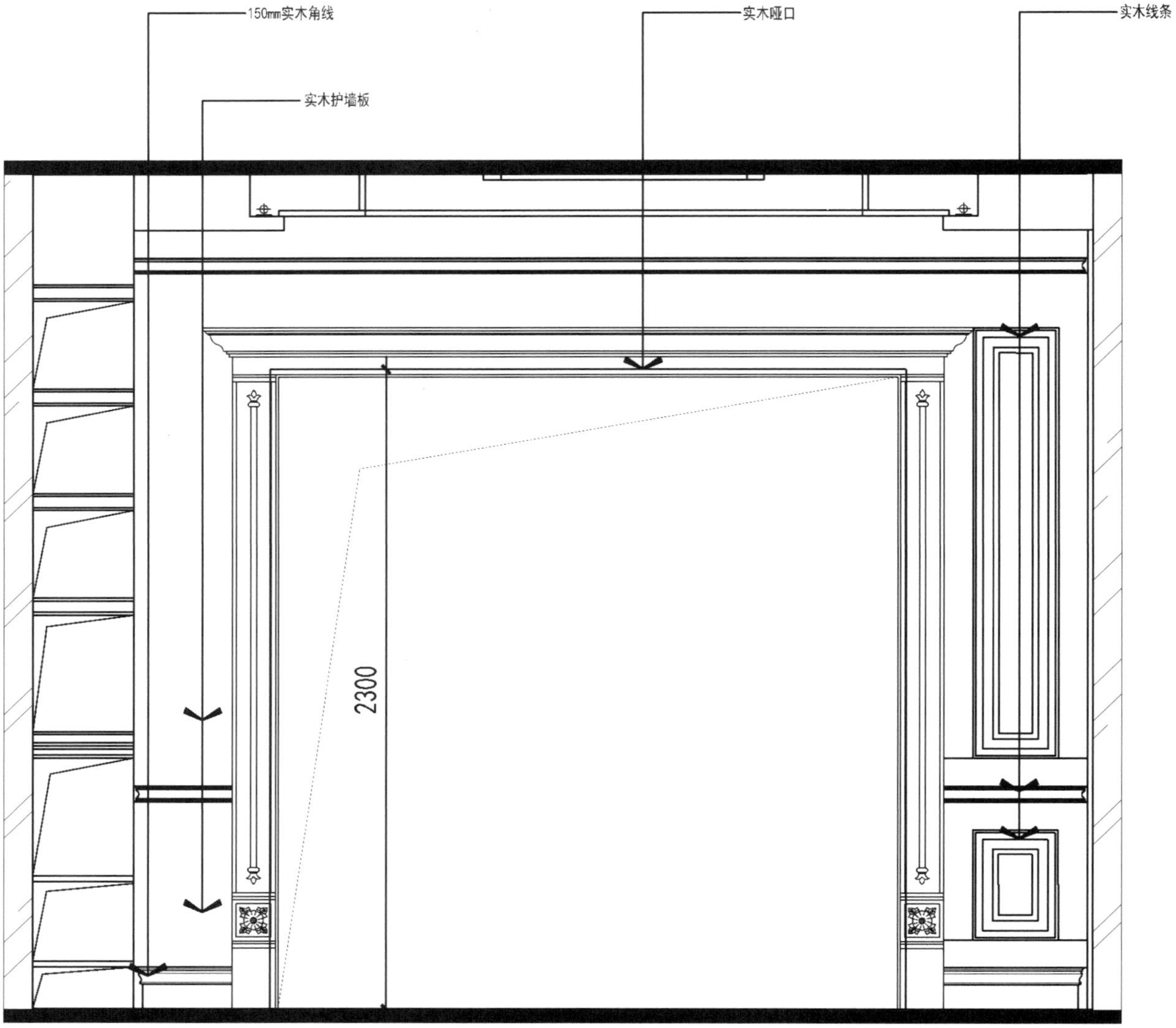
150mm实木角线
实木哑口
实木线条
实木护墙板
2300

背景墙样式八 1:30

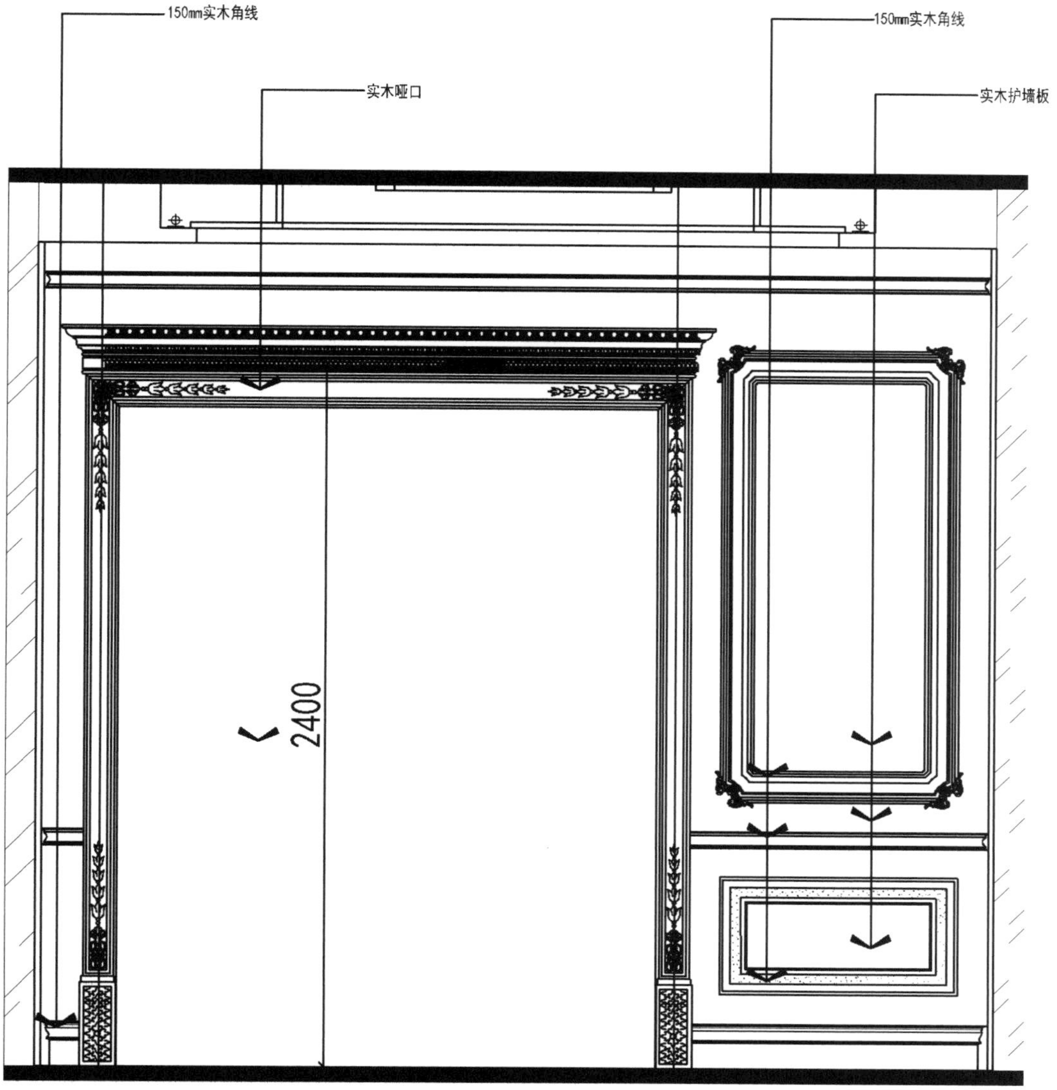
150mm实木角线
150mm实木角线
实木哑口
实木护墙板
2400

背景墙样式九 1:30

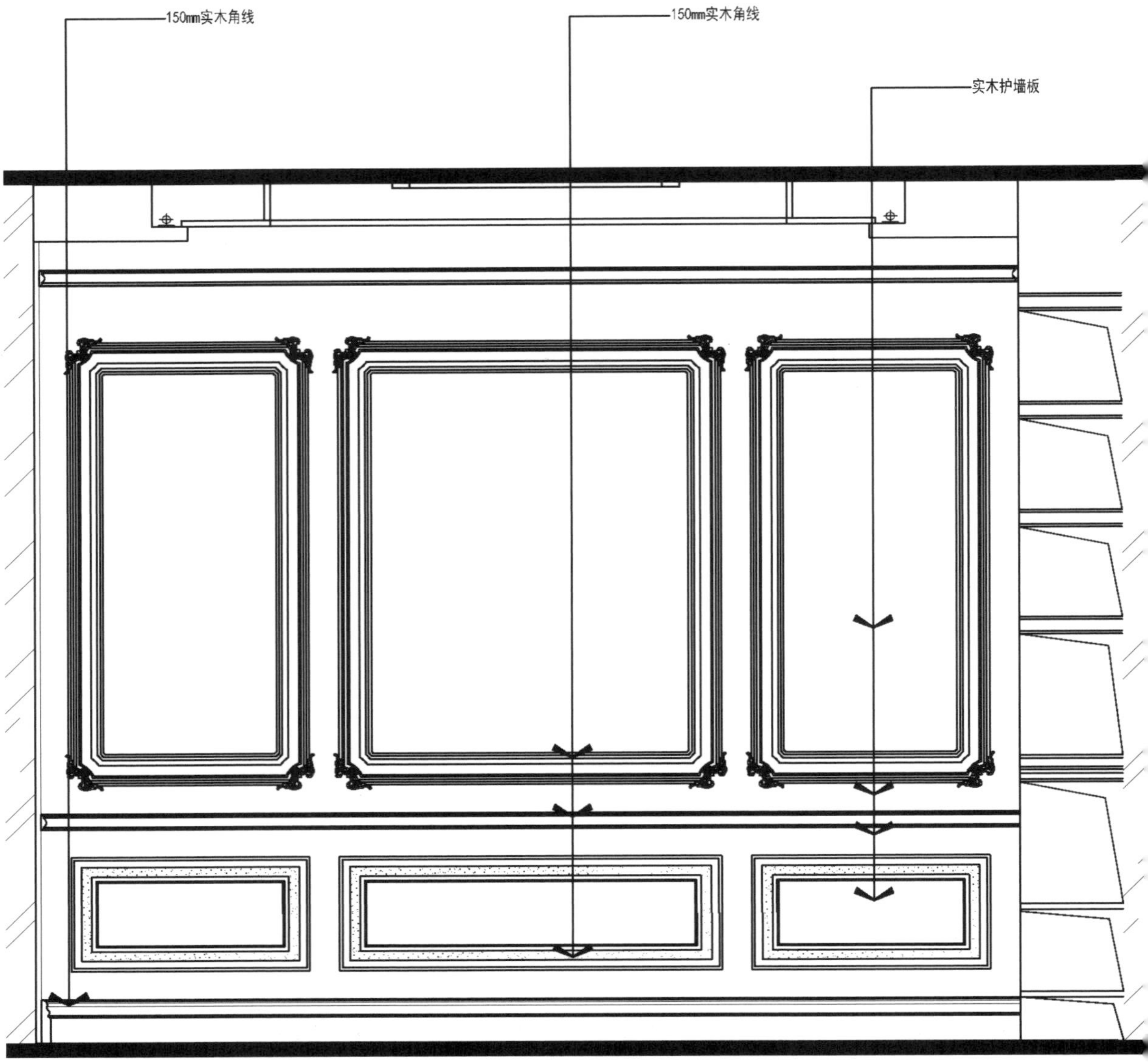
150mm实木角线
150mm实木角线
实木护墙板

背景墙样式十 1:30

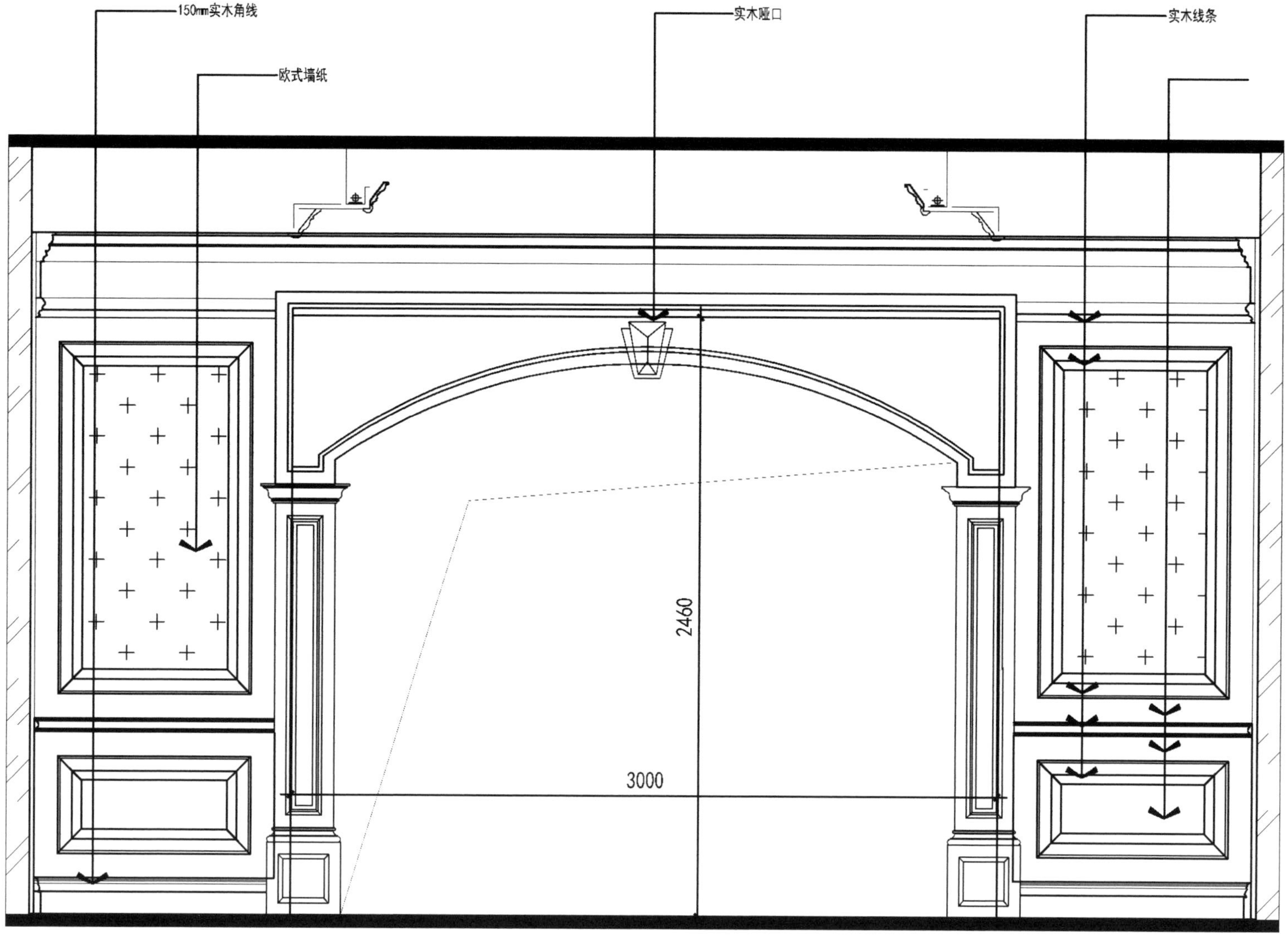
150mm实木角线
欧式墙纸
实木哑口
实木线条
2460
3000

背景墙样式十一 1:30

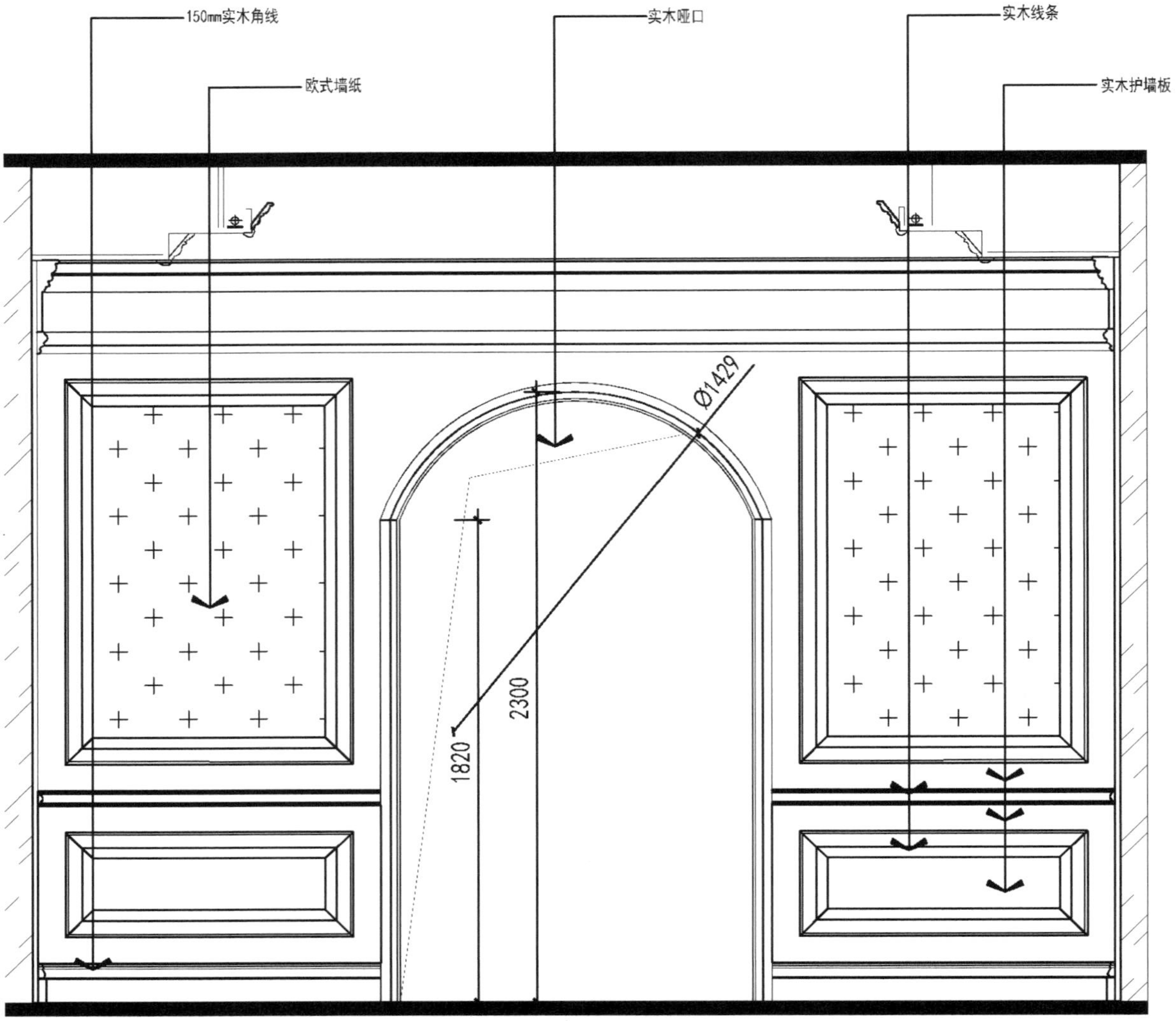
150mm实木角线
实木哑口
实木线条
欧式墙纸
实木护墙板
Ø1429
2300
1820

背景墙样式十二 1:30

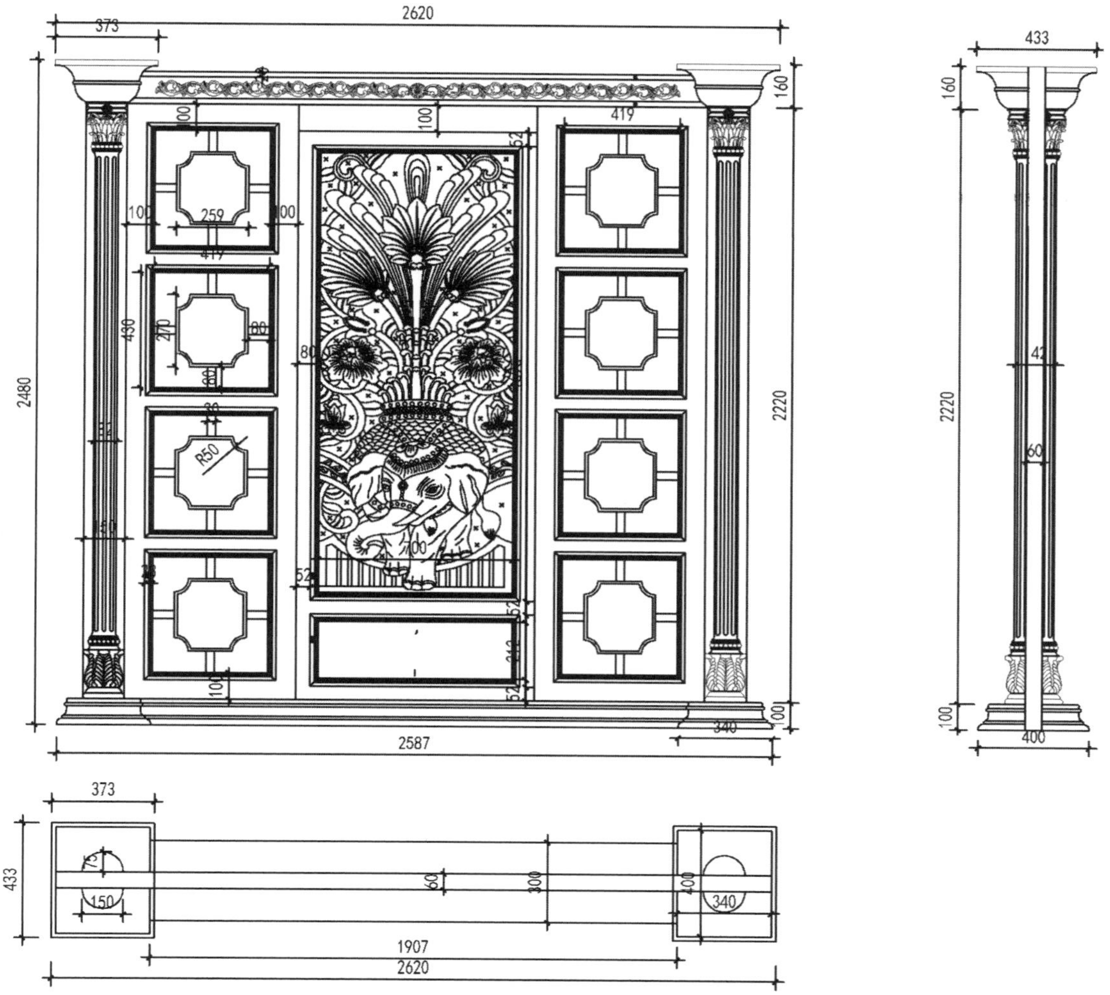
2620
373
160
100
419
259
430
270
80
30
R50
150
52
700
2480
2220
2587
340
433
42
60
400
75
1907
300

背景墙样式十三 1:30

第五节 全屋整体案例

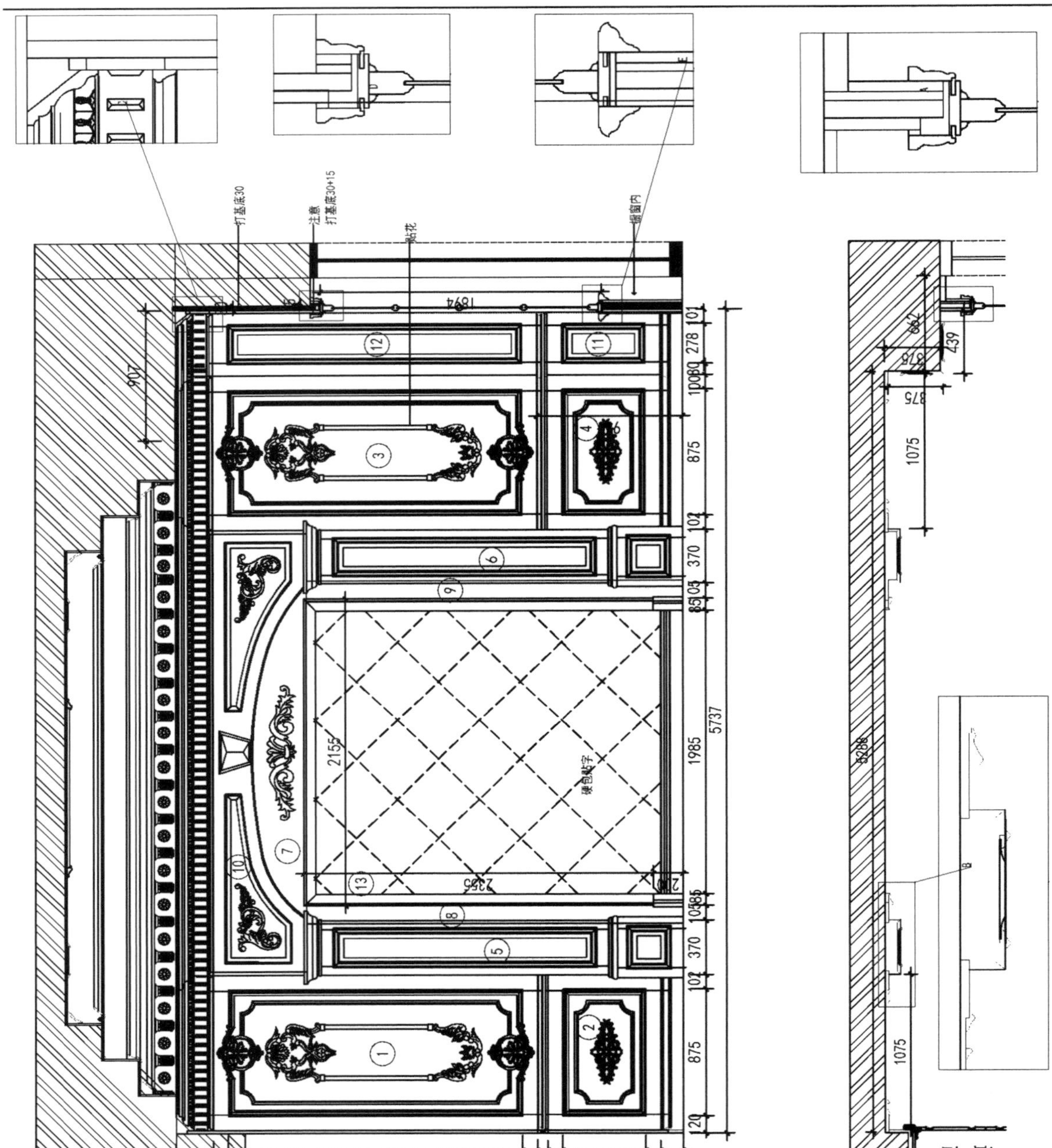

案例一 前厅 A 面图 1:30

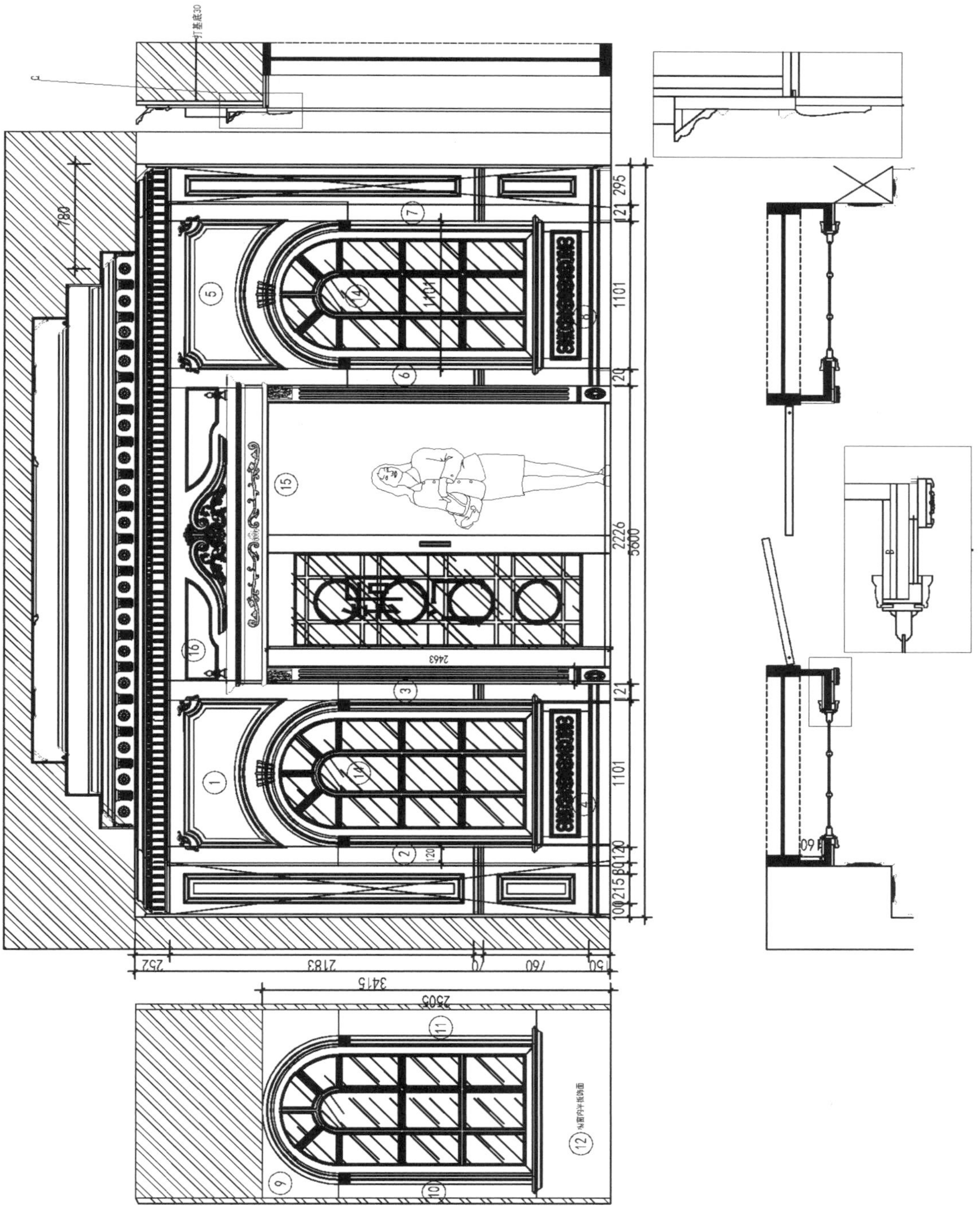

案例一 前厅 B 面图 1:30

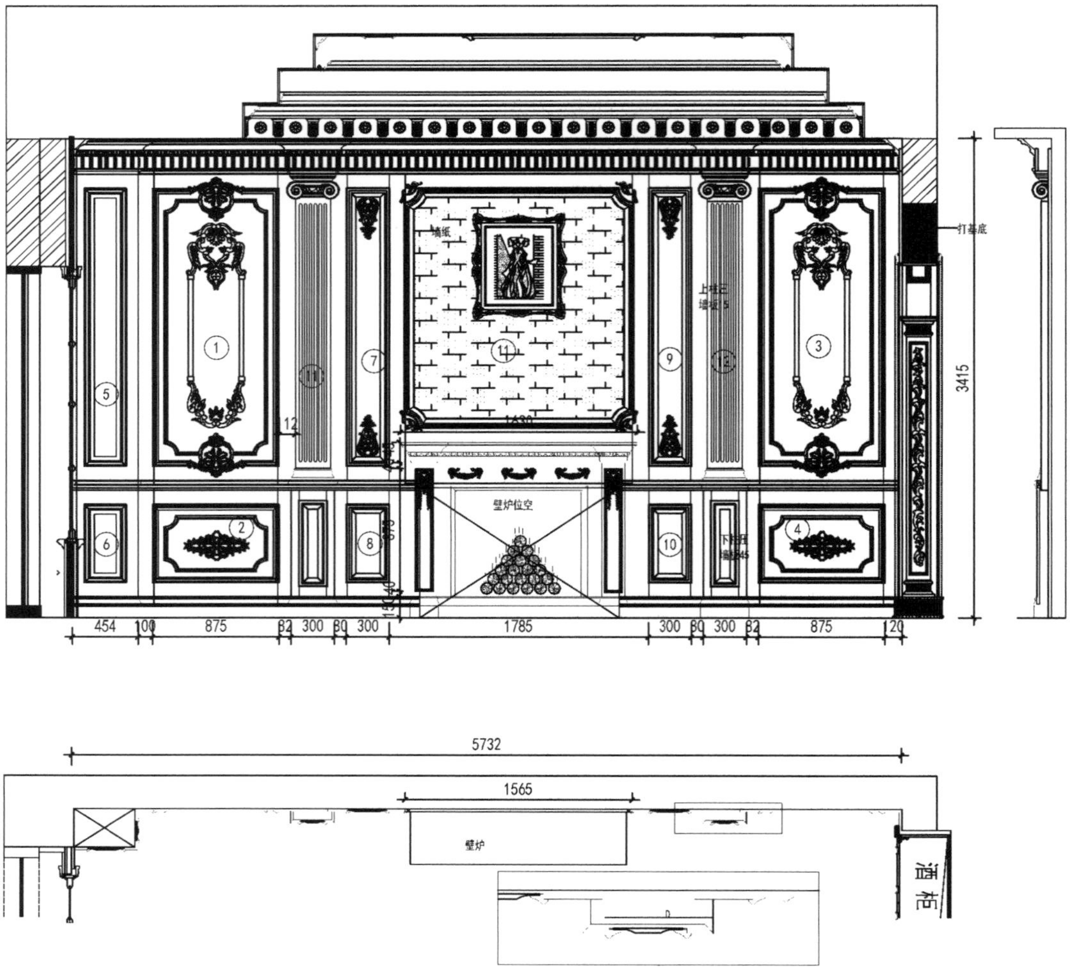

案例一 前厅 C 面图 1:30

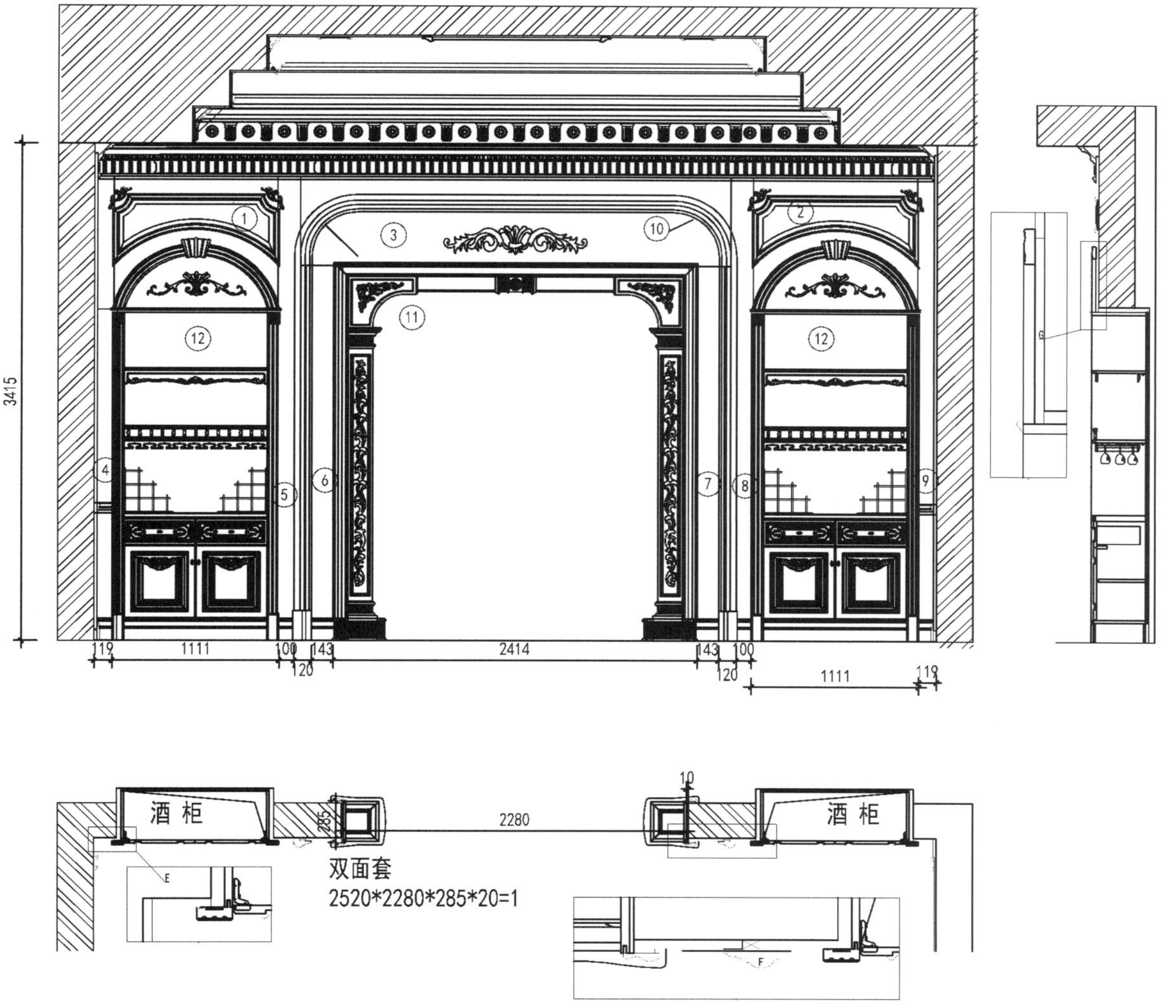

案例一 前厅 D 面图 1:30

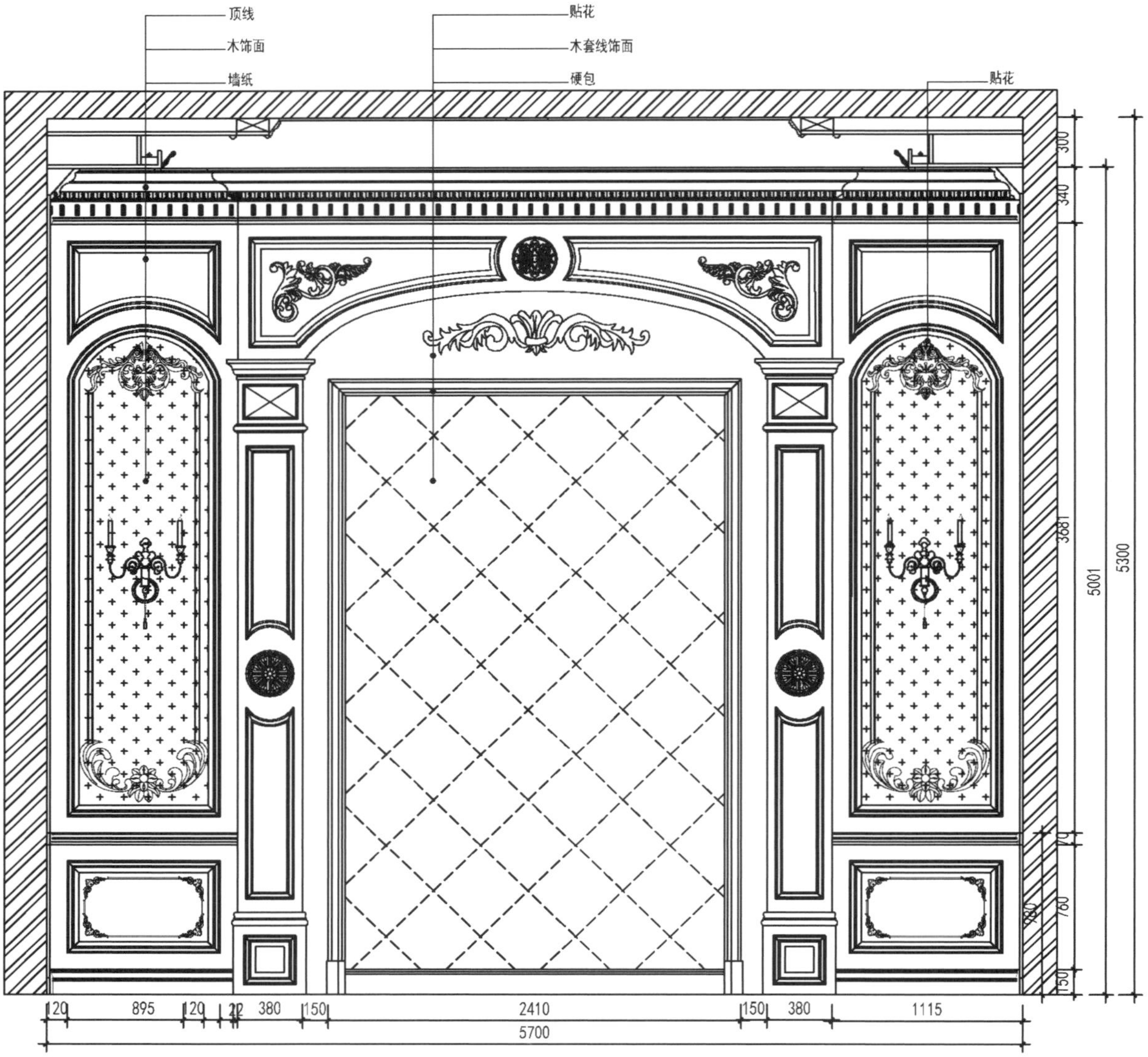

案例二 前厅 A 面图 1:30

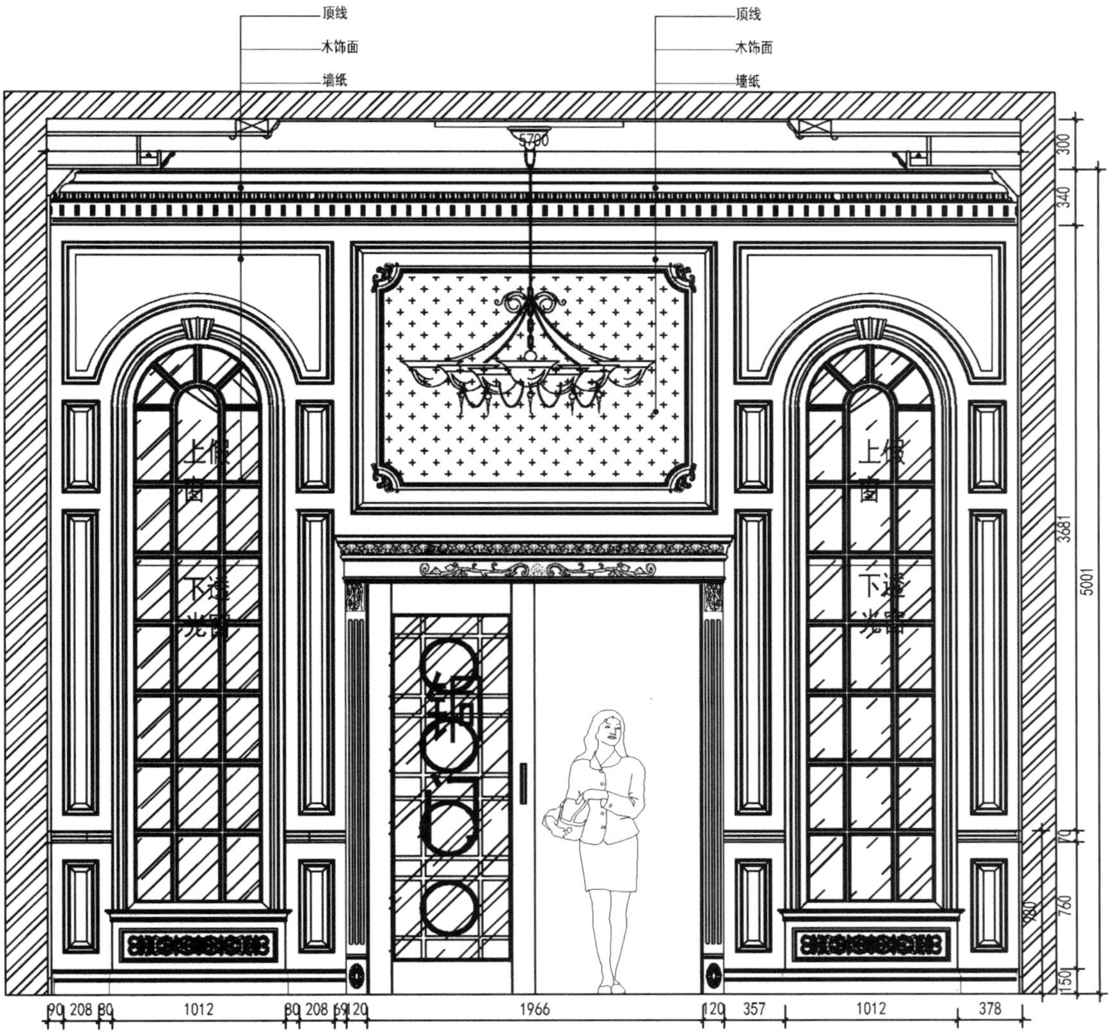

案例二 前厅 B 面图 1:30

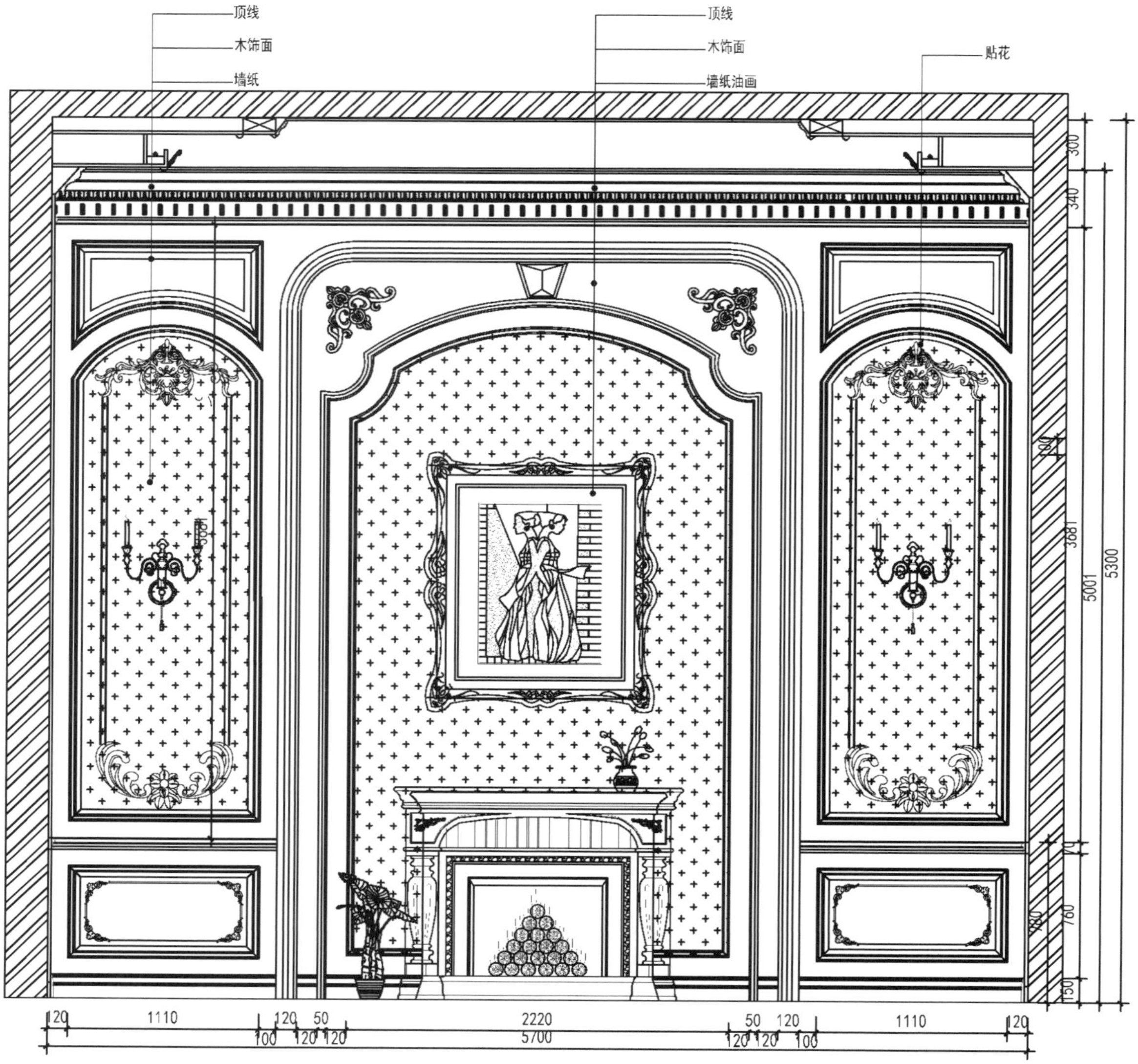

案例二 前厅 C 面图 1:30

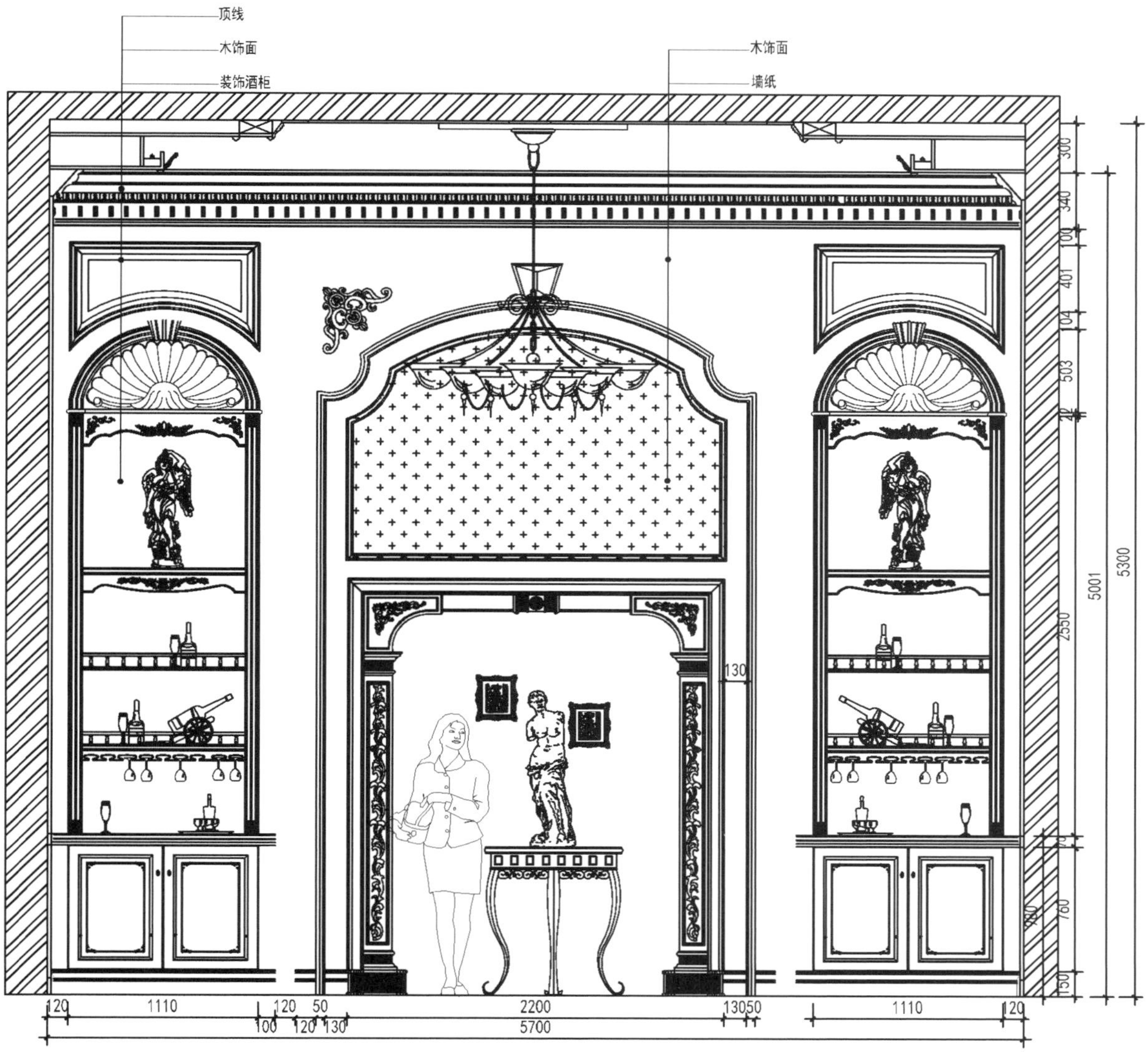

案例二 前厅 D 面图 1:30

第三章

现代简约风格

第一节 电视背景墙

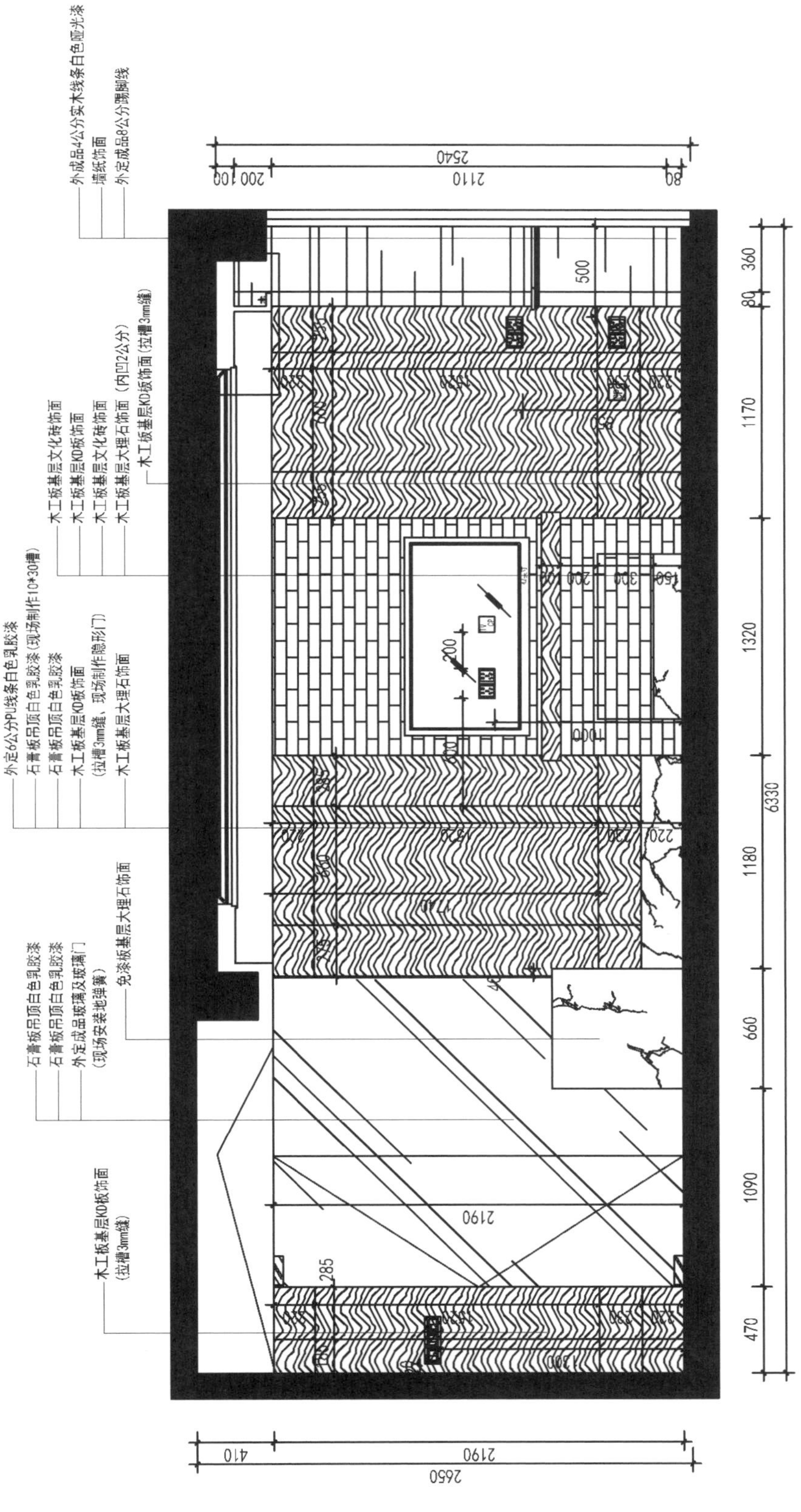

背景墙样式一 1:30

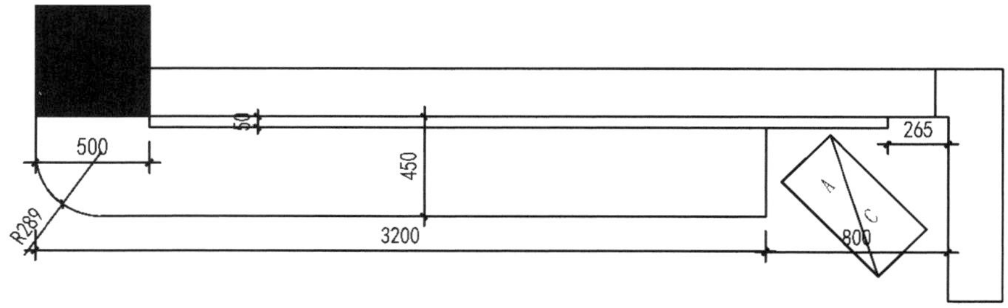

500
50
450
265
R289
3200
800
A
C

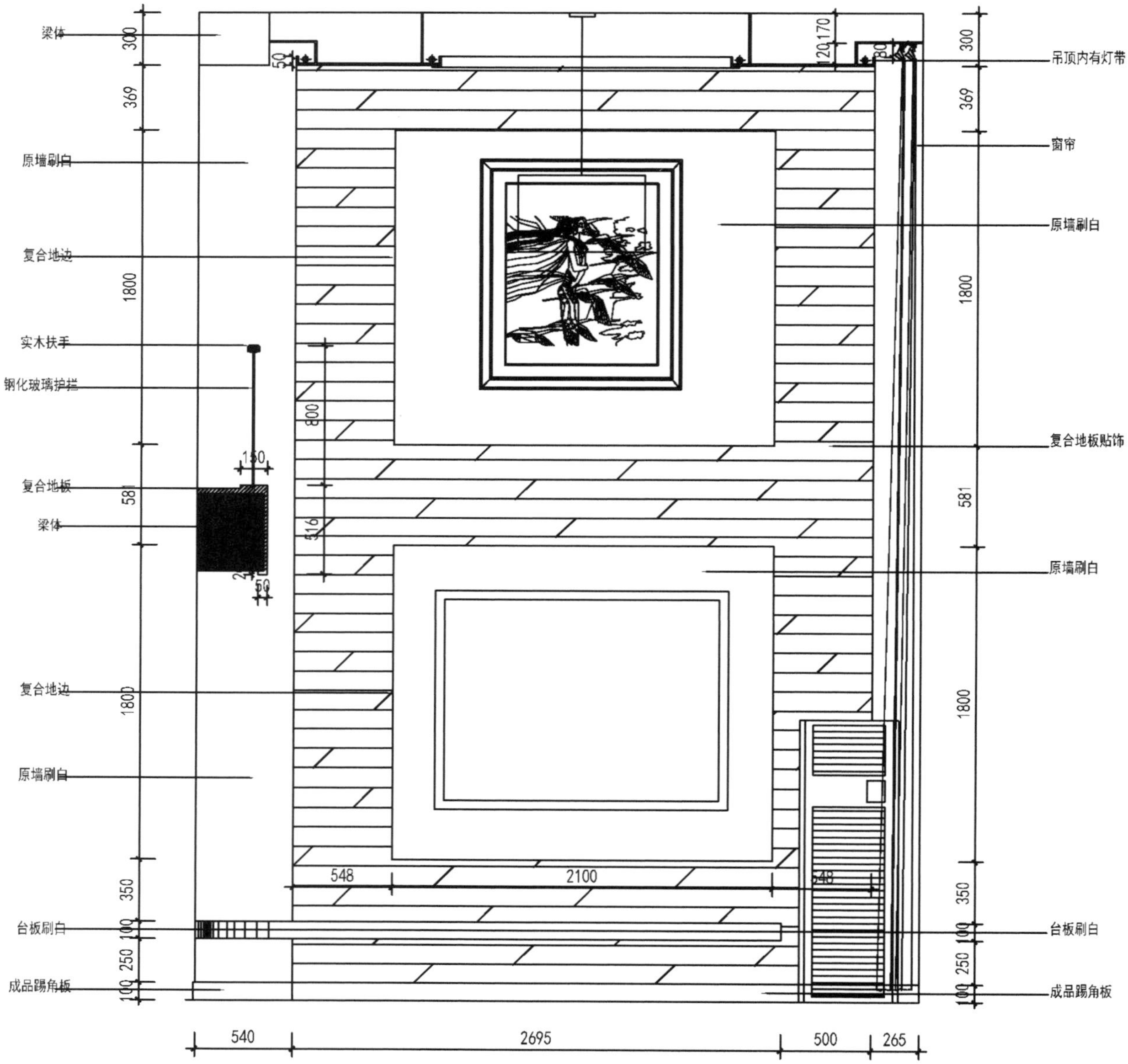

梁体
原墙刷白
复合地边
实木扶手
钢化玻璃护拦
复合地板
梁体
复合地边
原墙刷白
台板刷白
成品踢角板
吊顶内有灯带
窗帘
原墙刷白
复合地板贴饰
原墙刷白
台板刷白
成品踢角板
300
369
1800
581
1800
350
100
250
100
50
120
170
30
800
516
150
50
548
2100
548
540
2695
500
265

背景墙样式二 1:30

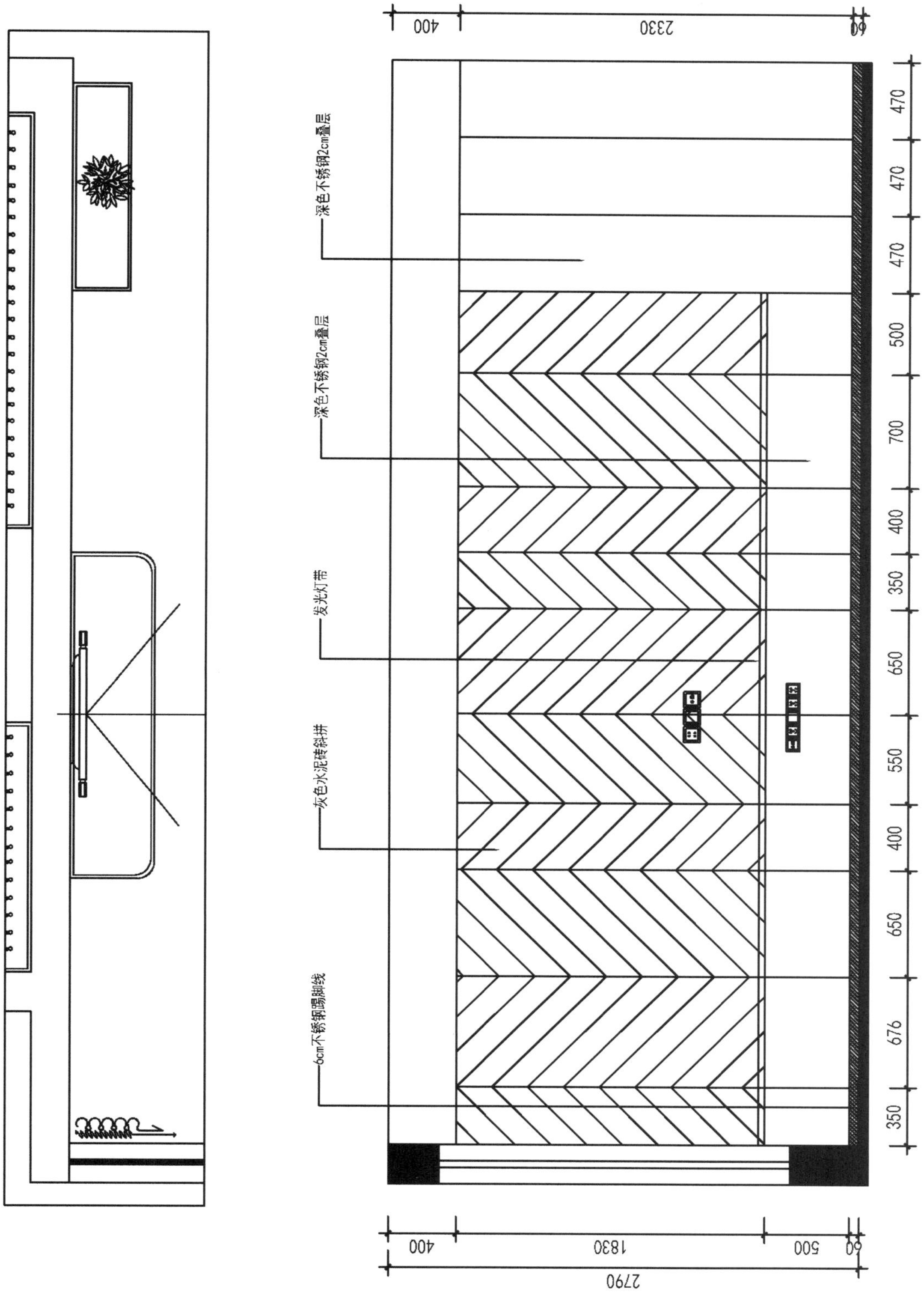
400
2330
60
深色不锈钢2cm叠层
深色不锈钢2cm叠层
发光灯带
灰色水泥砖斜拼
6cm不锈钢踢脚线
470
470
470
500
700
400
350
650
550
400
650
676
350
400
1830
500
60
2790

背景墙样式三 1:30

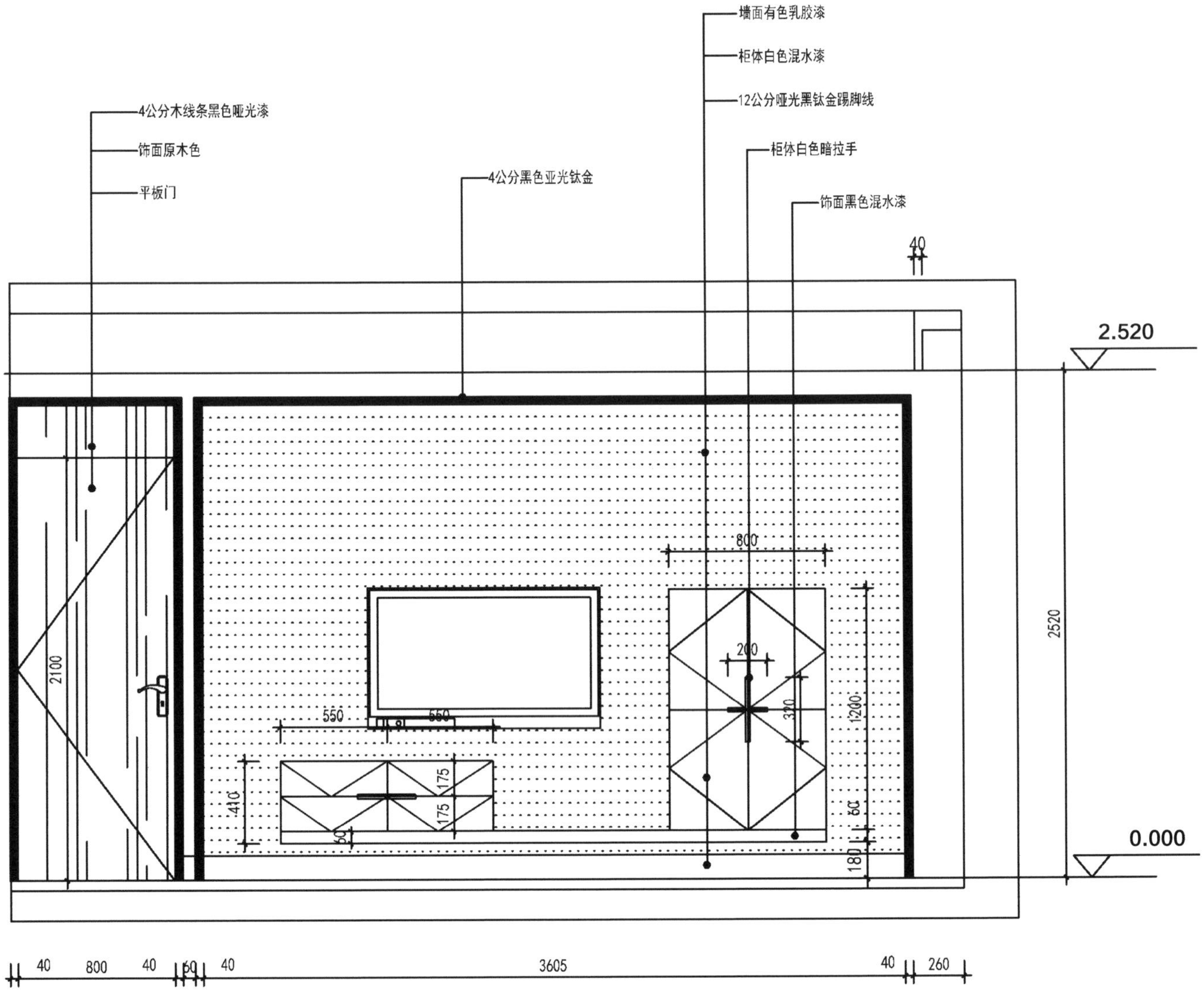
墙面有色乳胶漆
柜体白色混水漆
12公分哑光黑钛金踢脚线
柜体白色暗拉手
饰面黑色混水漆
4公分木线条黑色哑光漆
饰面原木色
平板门
4公分黑色亚光钛金
40
2.520
0.000
2520
800
200
320
1200
60
180
550
550
175
175
410
60
2100
40
800
40
60
40
3605
40
260

背景墙样式四 1:30

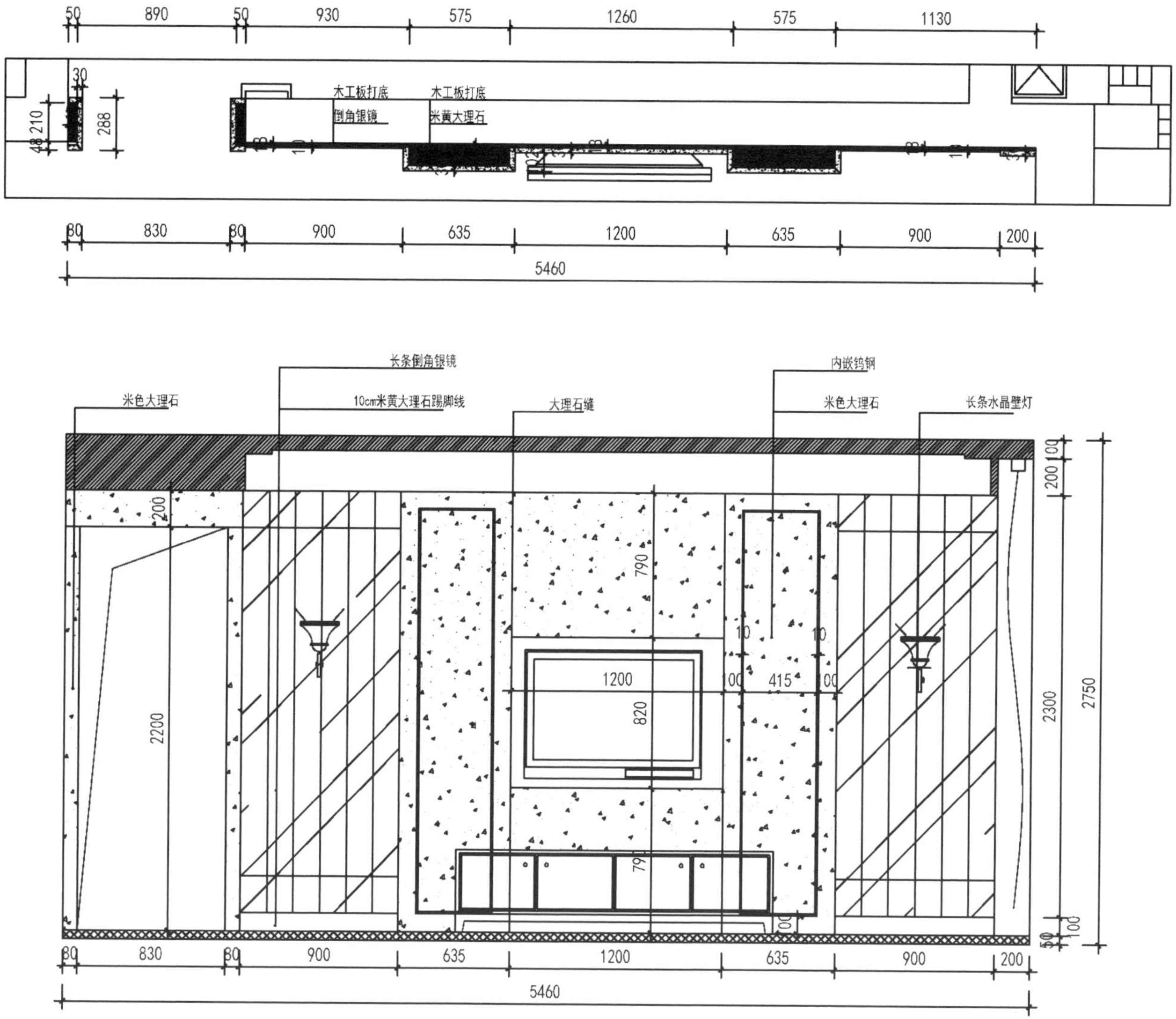
木工板打底
倒角银镜
木工板打底
米黄大理石
长条倒角银镜
10cm米黄大理石踢脚线
大理石缝
内嵌钨钢
米色大理石
米色大理石
长条水晶壁灯
5460
2750
2300
2200
1200
820

背景墙样式五 1:30

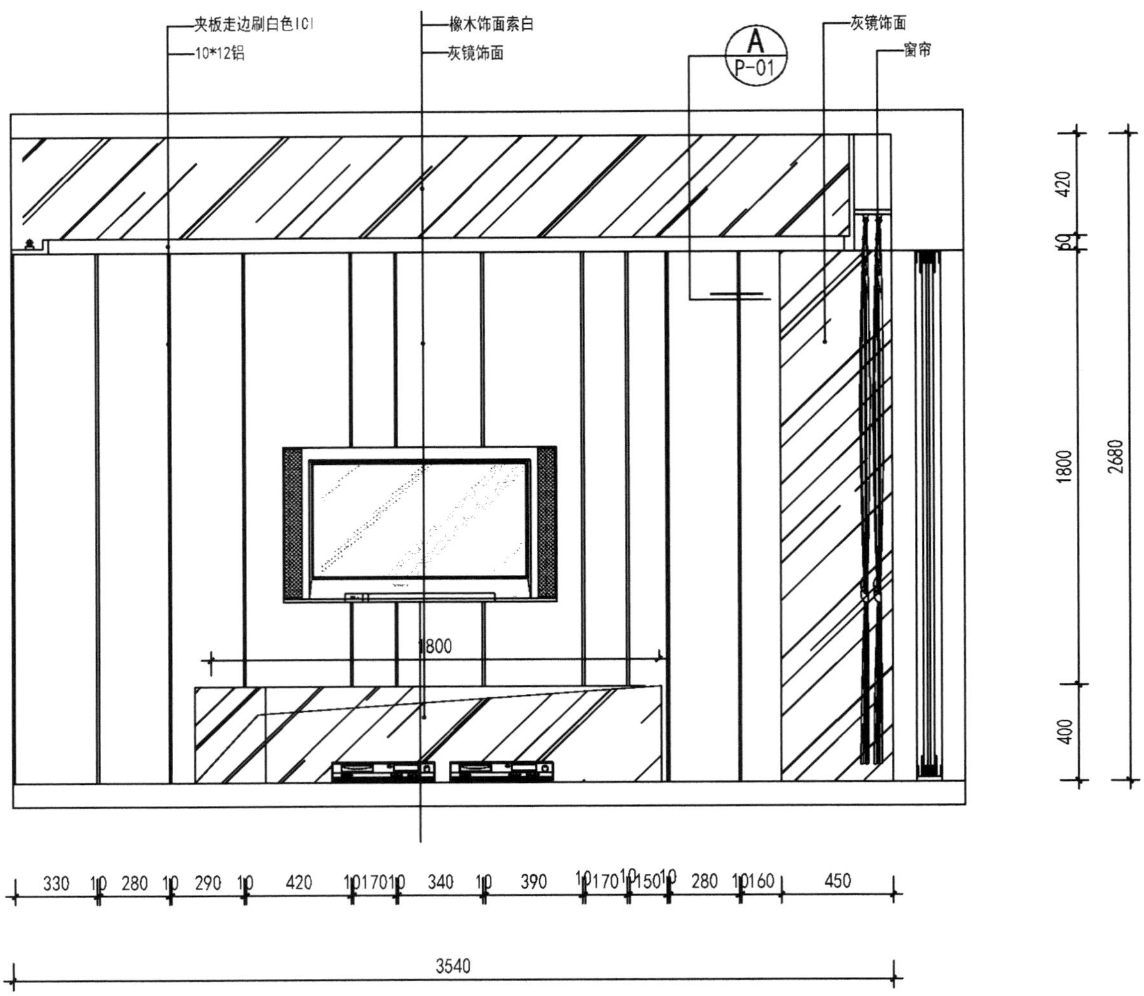
夹板走边刷白色ICI
10*12铝
橡木饰面素白
灰镜饰面
A
P-01
灰镜饰面
窗帘
1800
420
60
1800
400
2680
330 10 280 10 290 10 420 10170 10 340 10 390 10170 10 150 10 280 10160 450
3540

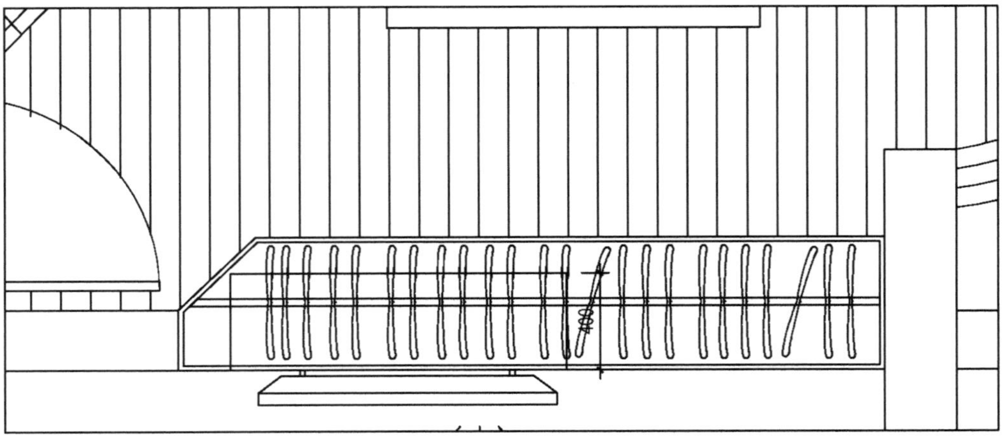
400

背景墙样式六　1:30

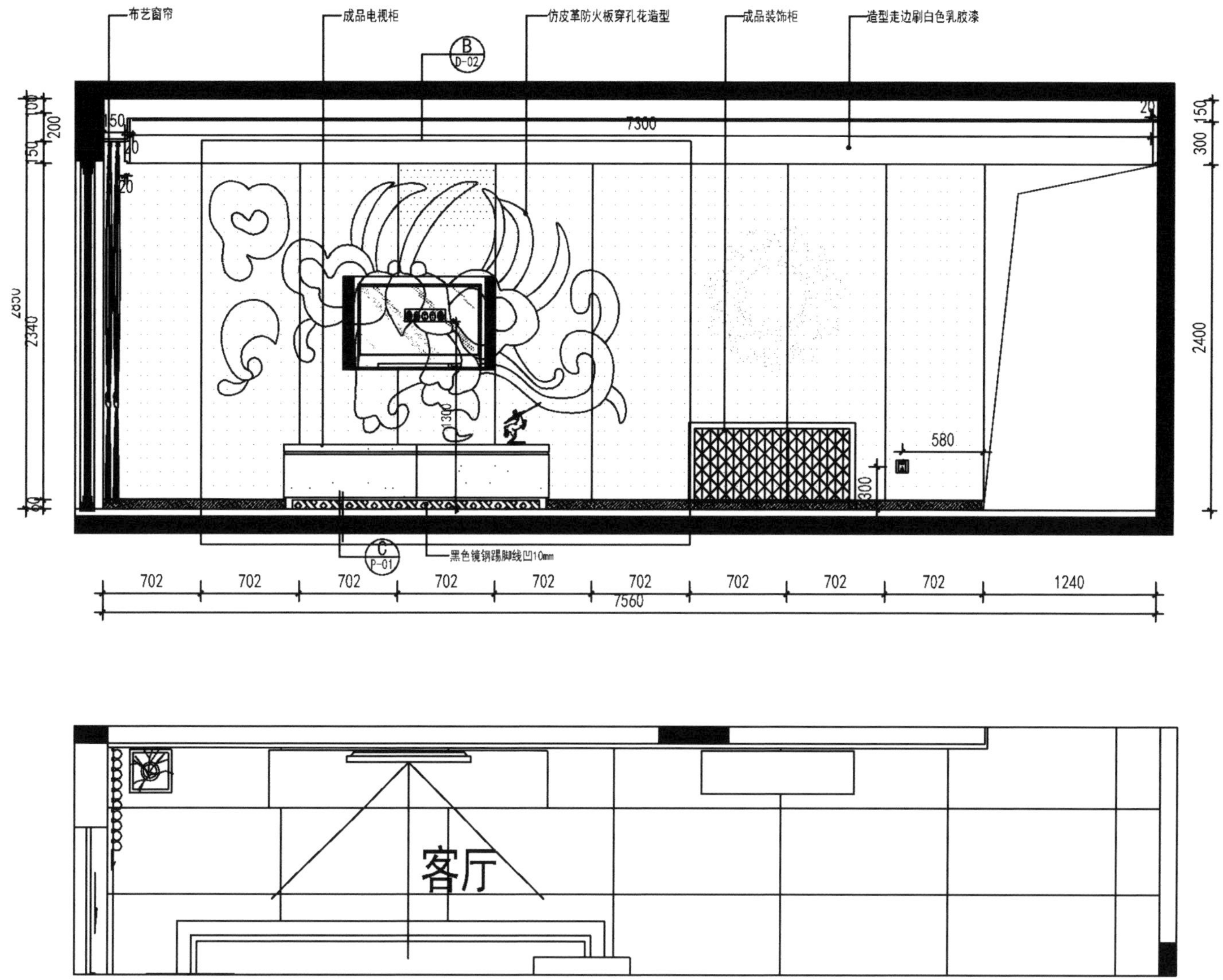
布艺窗帘
成品电视柜
仿皮革防火板穿孔花造型
成品装饰柜
造型走边刷白色乳胶漆
B
D-02
C
P-01
黑色镜钢踢脚线凹10mm
7300
7560
702
1240
2400
2340
2850
300
150
200
100
580
1300
客厅

背景墙样式七 1:30

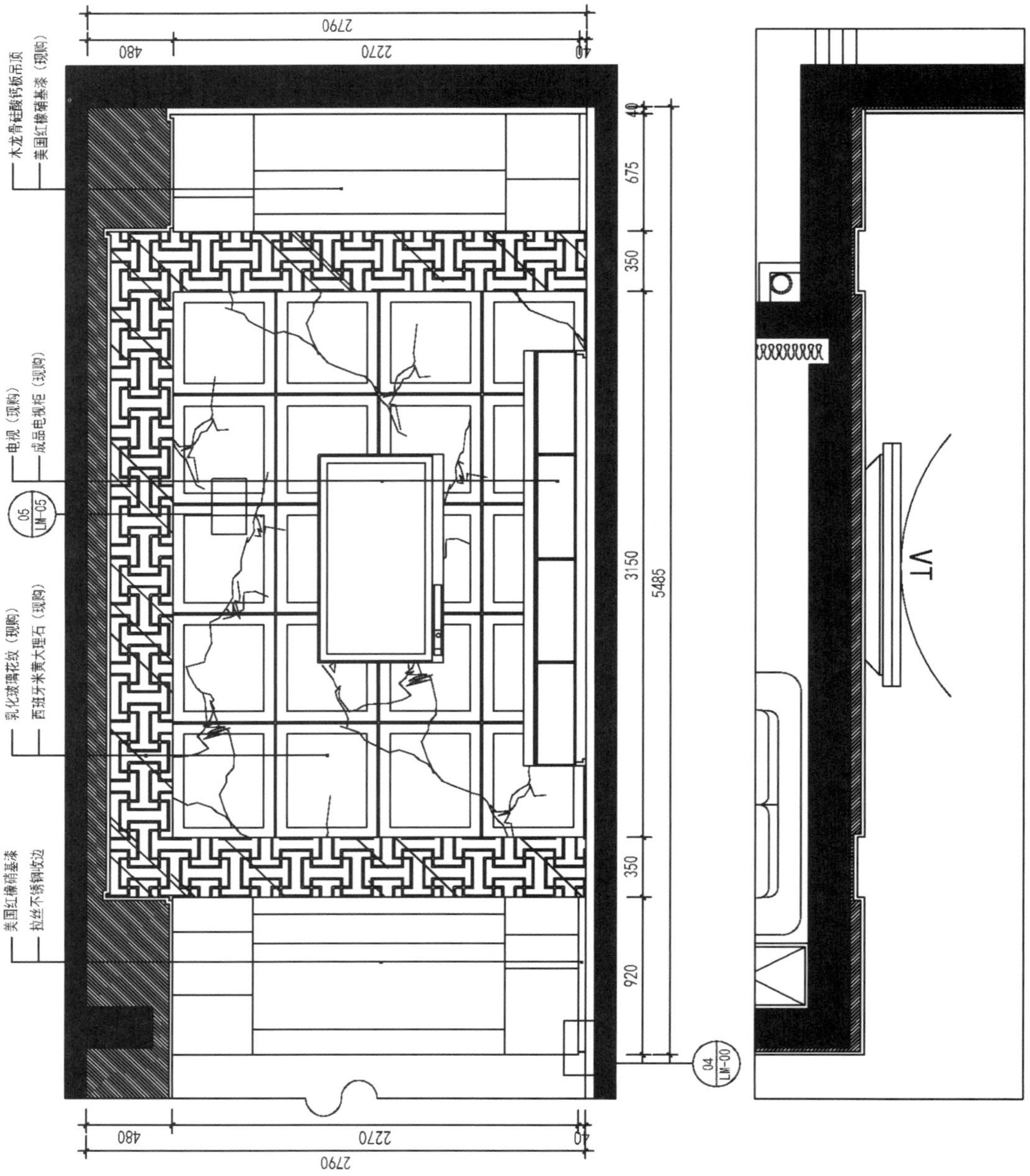

木龙骨硅酸钙板吊顶
美国红橡硝基漆（现购）
电视（现购）
成品电视柜（现购）
05
LM-05
乳化玻璃花纹（现购）
西班牙米黄大理石（现购）
美国红橡硝基漆
拉丝不锈钢收边
2790
480
2270
40
675
350
3150
5485
920
04
LM-00
TV

背景墙样式八 1:30

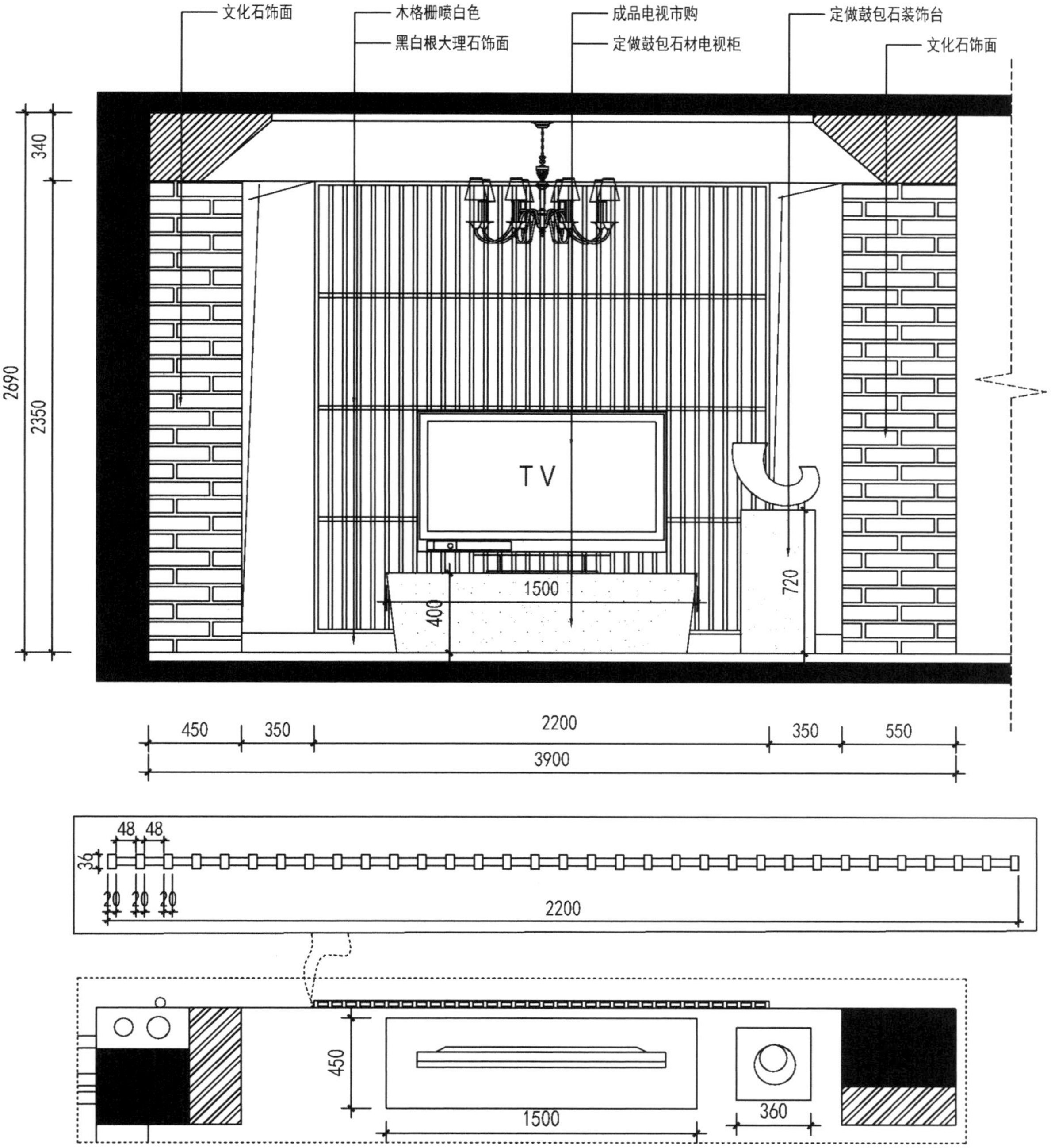
文化石饰面
木格栅喷白色
黑白根大理石饰面
成品电视市购
定做鼓包石材电视柜
定做鼓包石装饰台
文化石饰面
TV
340
2690
2350
1500
400
720
450
350
2200
350
550
3900
48
48
36
20
20
20
2200
450
1500
360

背景墙样式九 1:30

第二节 沙发背景墙

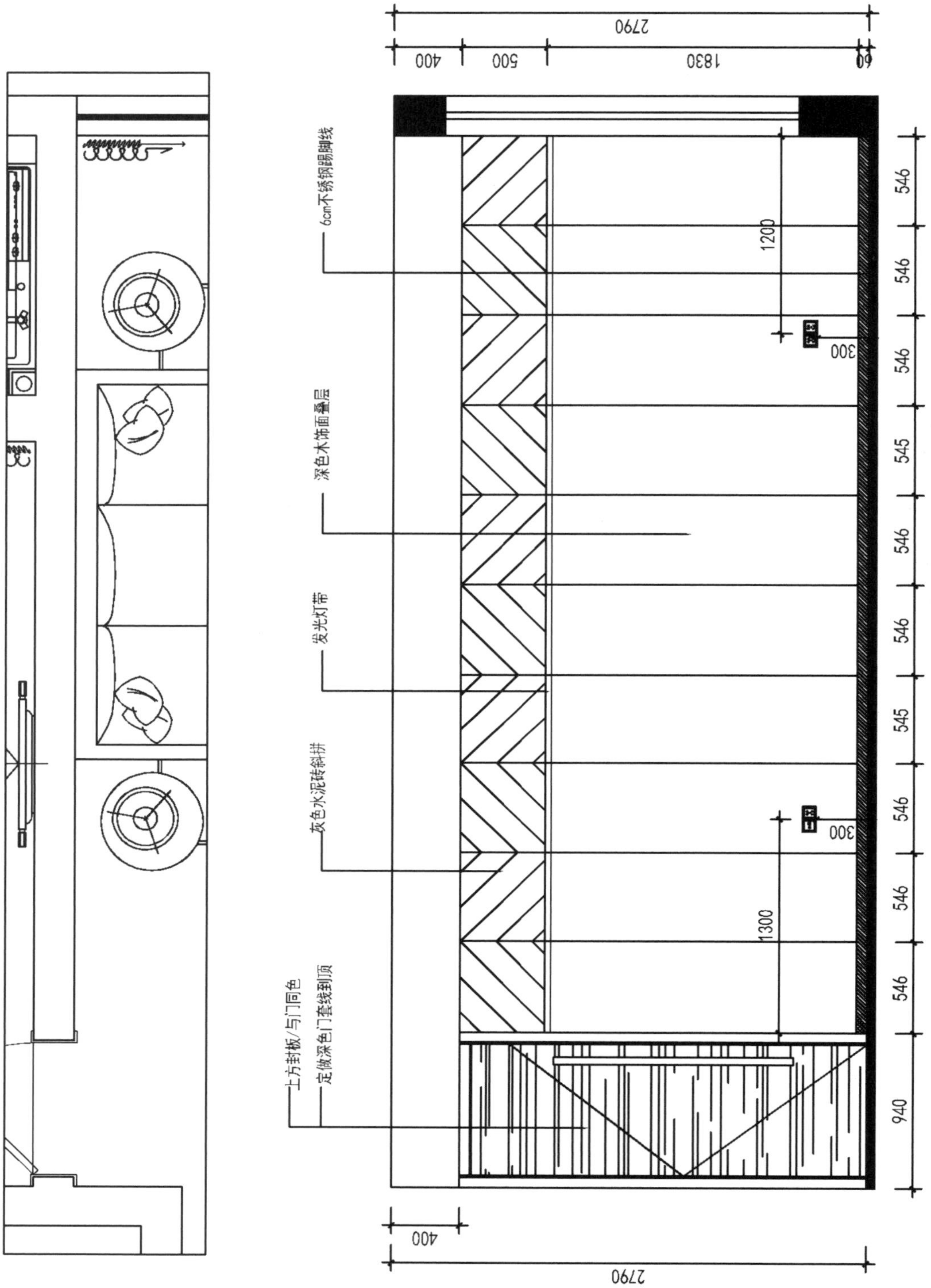

背景墙样式一 1:30

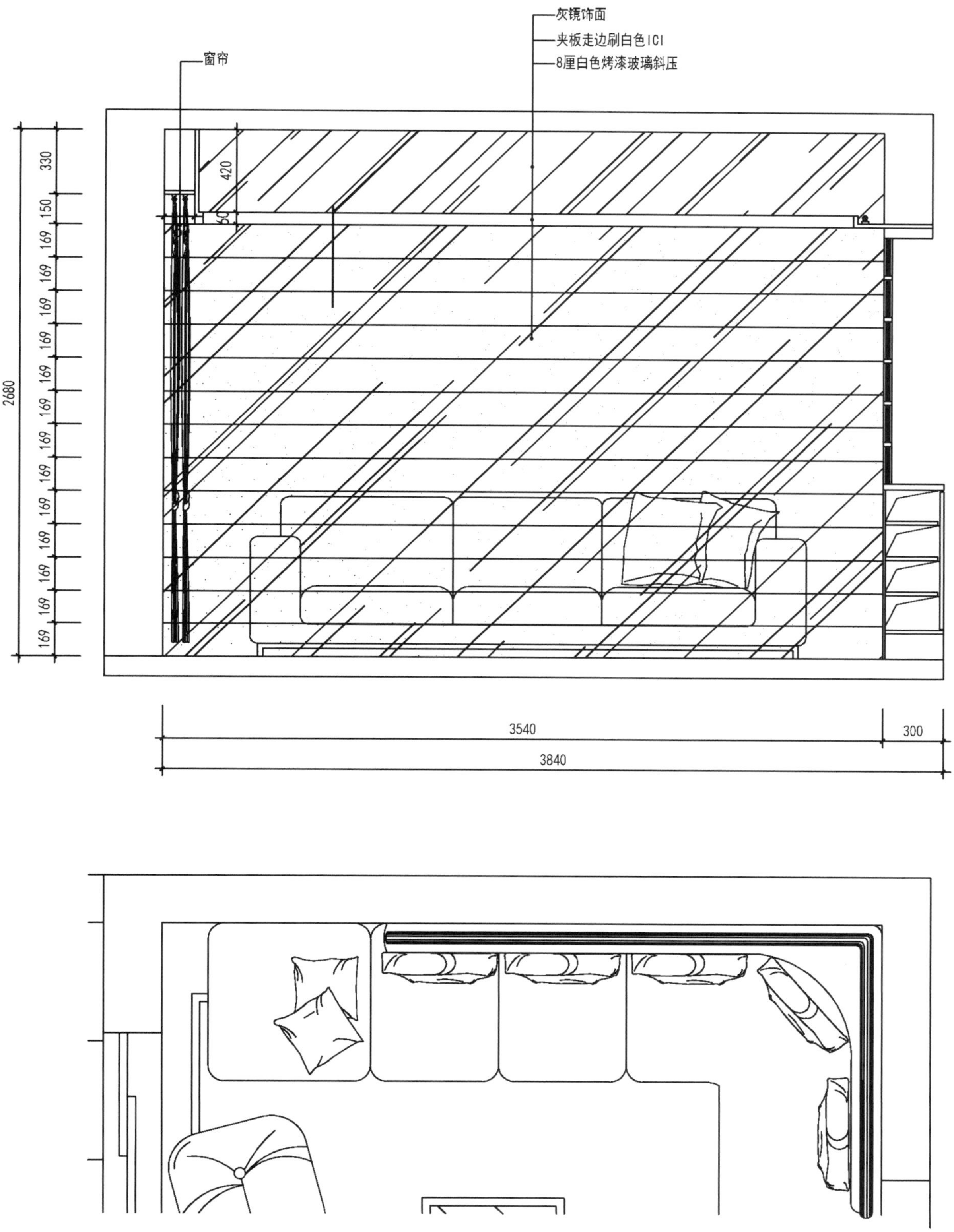
灰镜饰面
夹板走边刷白色ICI
8厘白色烤漆玻璃斜压
窗帘
330
150
420
60
169
2680
3540
300
3840

背景墙样式二 1:30

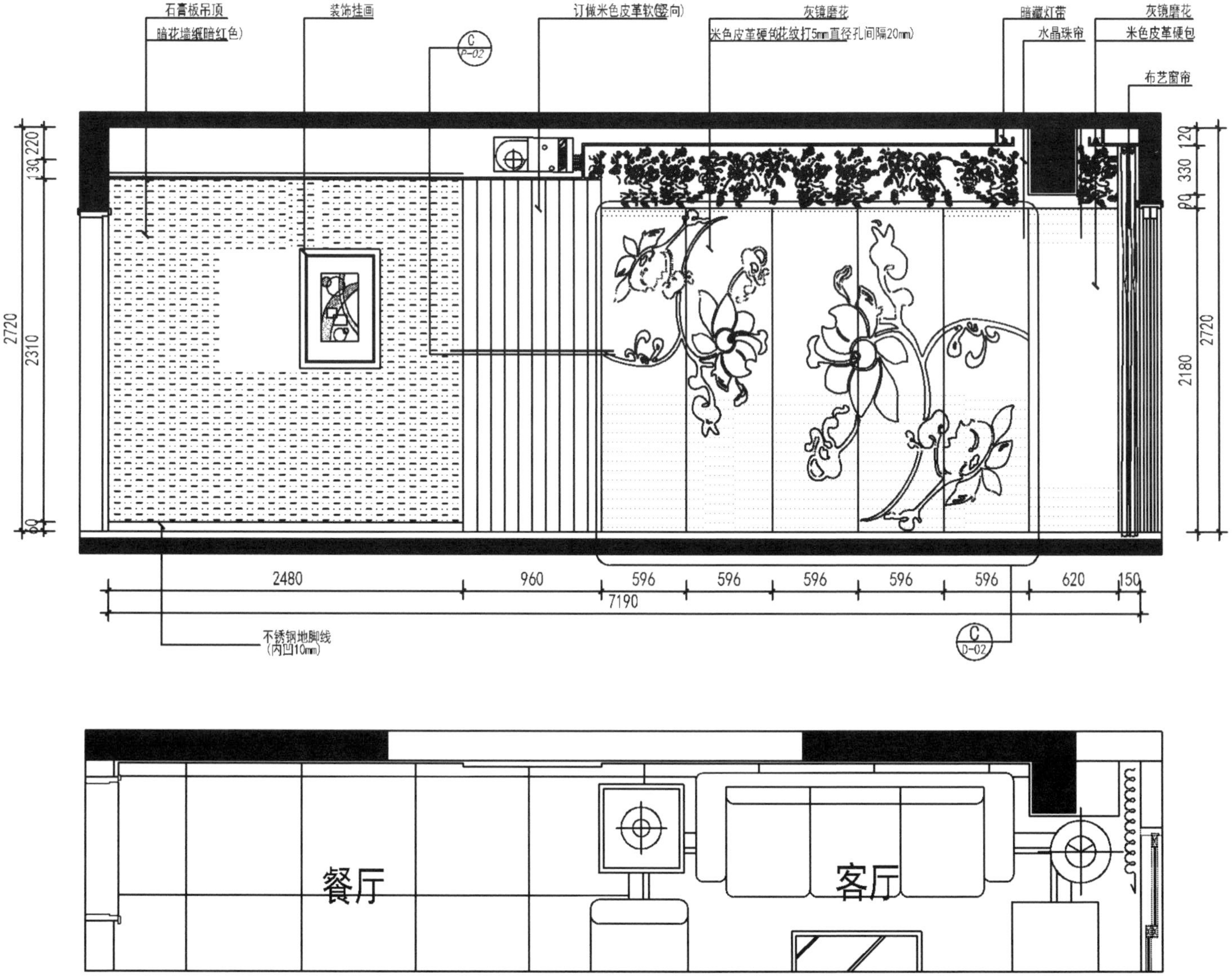

石膏板吊顶
暗花墙纸(暗红色)
装饰挂画
C
P-02
订做米色皮革软包(竖向)
灰镜磨花
米色皮革硬包花纹打5mm直径孔间隔20mm)
暗藏灯带
水晶珠帘
灰镜磨花
米色皮革硬包
布艺窗帘
2720
2310
130
220
60
2720
2180
330
120
60
2480
960
596
596
596
596
596
620
150
7190
不锈钢地脚线
(内凹10mm)
C
D-02
餐厅
客厅

背景墙样式三 1:30

背景墙样式四 1:30

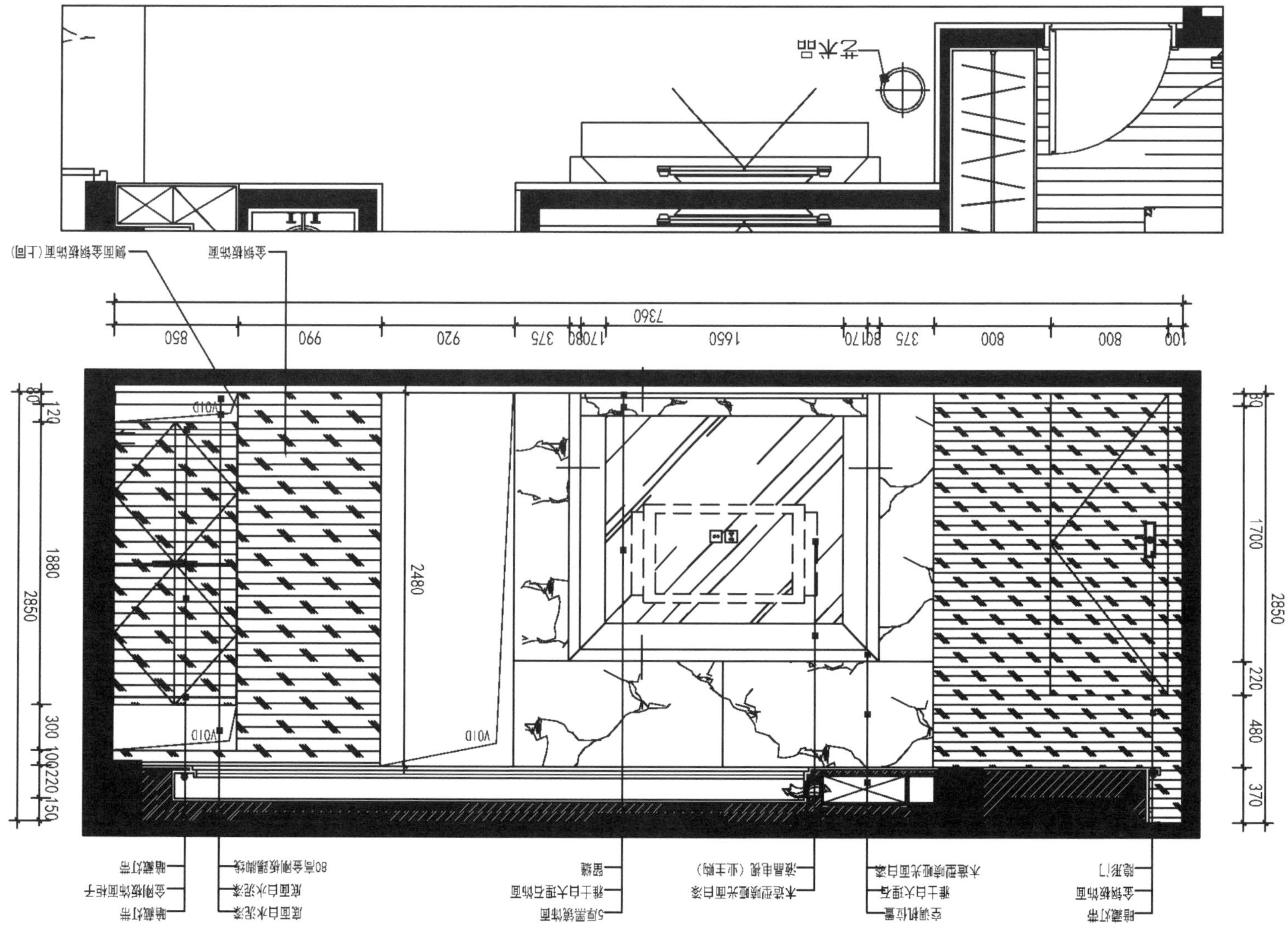
侧面金钢板饰面（上同）
金钢板饰面
艺术品
暗藏灯带
金刚板饰面柜子
暗藏灯带
底面白水泥漆
底面白水泥漆
80高金刚板踢脚线
5厚黑镜饰面
雅士白大理石饰面
留缝
木造型喷哑光面白漆
液晶电视（业主购）
空调机位置
雅士白大理石
木造型喷哑光面白漆
暗藏灯带
金钢板饰面
隐形门
VOID
2480
7360
850
990
920
375
1650
800
100
2850
1880
300
1700
220
480
370

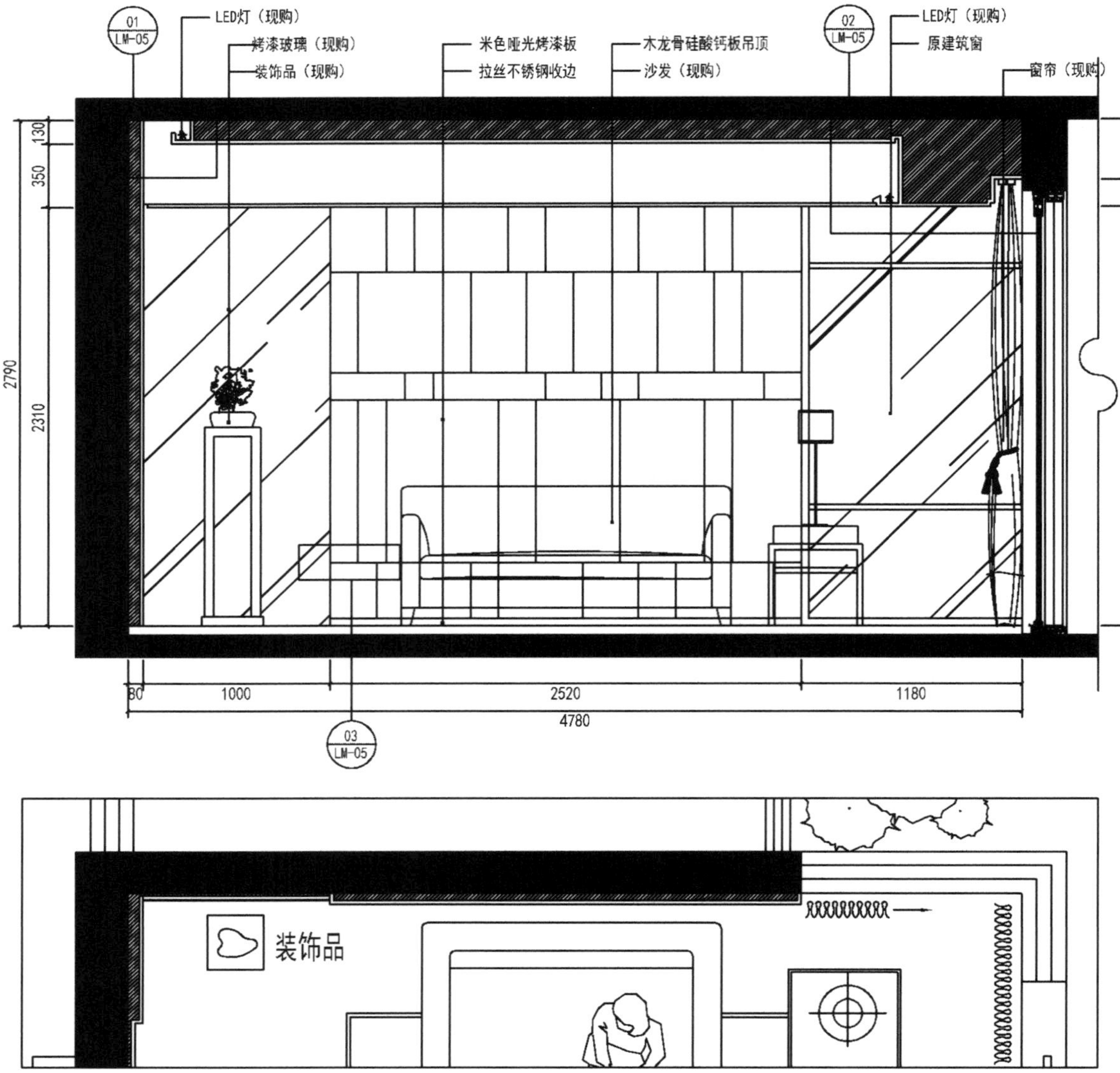
LED灯（现购）
烤漆玻璃（现购）
装饰品（现购）
米色哑光烤漆板
拉丝不锈钢收边
木龙骨硅酸钙板吊顶
沙发（现购）
LED灯（现购）
原建筑窗
窗帘（现购）
01
LM-05
02
LM-05
03
LM-05
130
350
2310
2790
330
150
2310
2790
80
1000
2520
1180
4780
装饰品

背景墙样式五 1:30

第三节 卧室背景墙

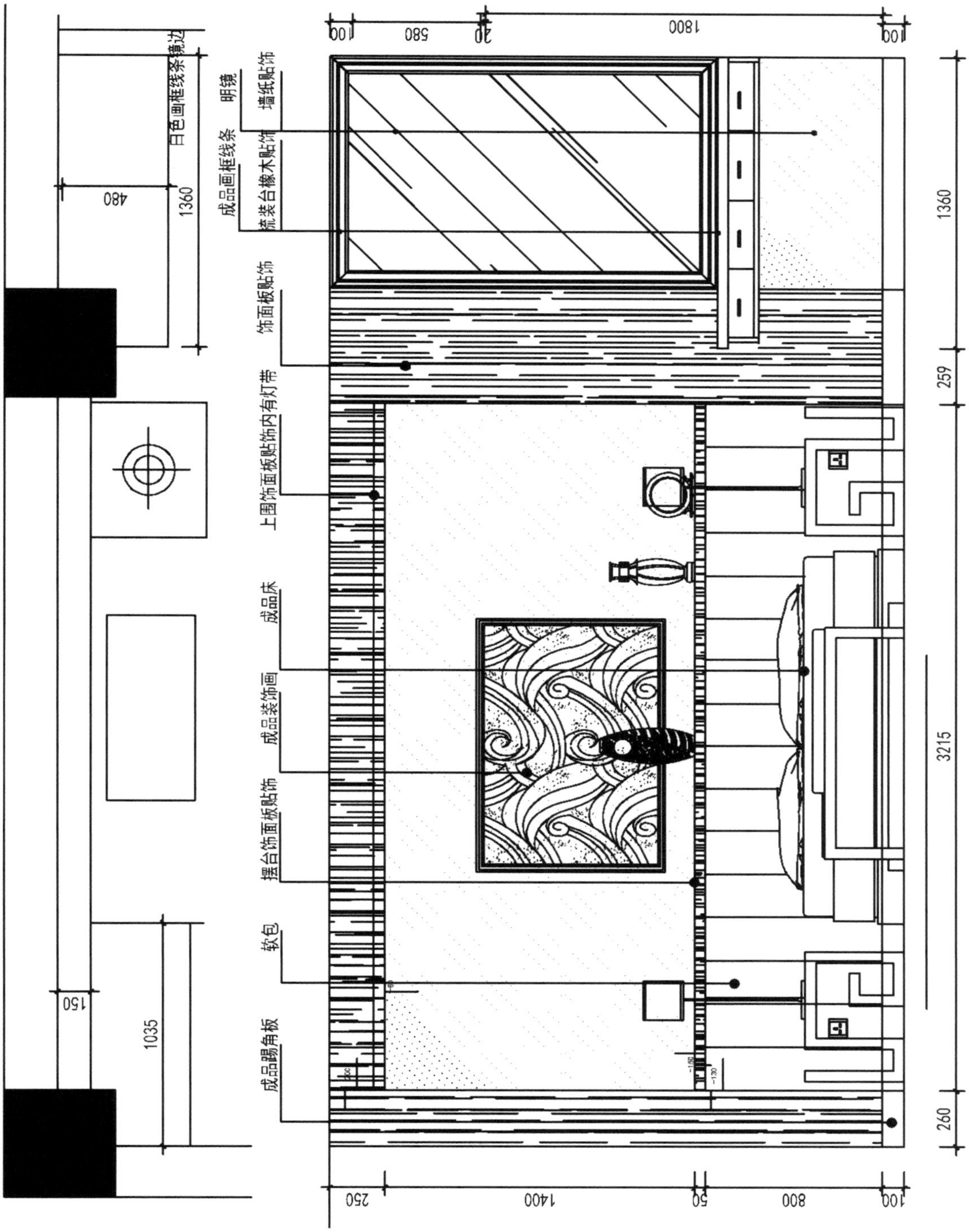

卧室背景墙一 1:30

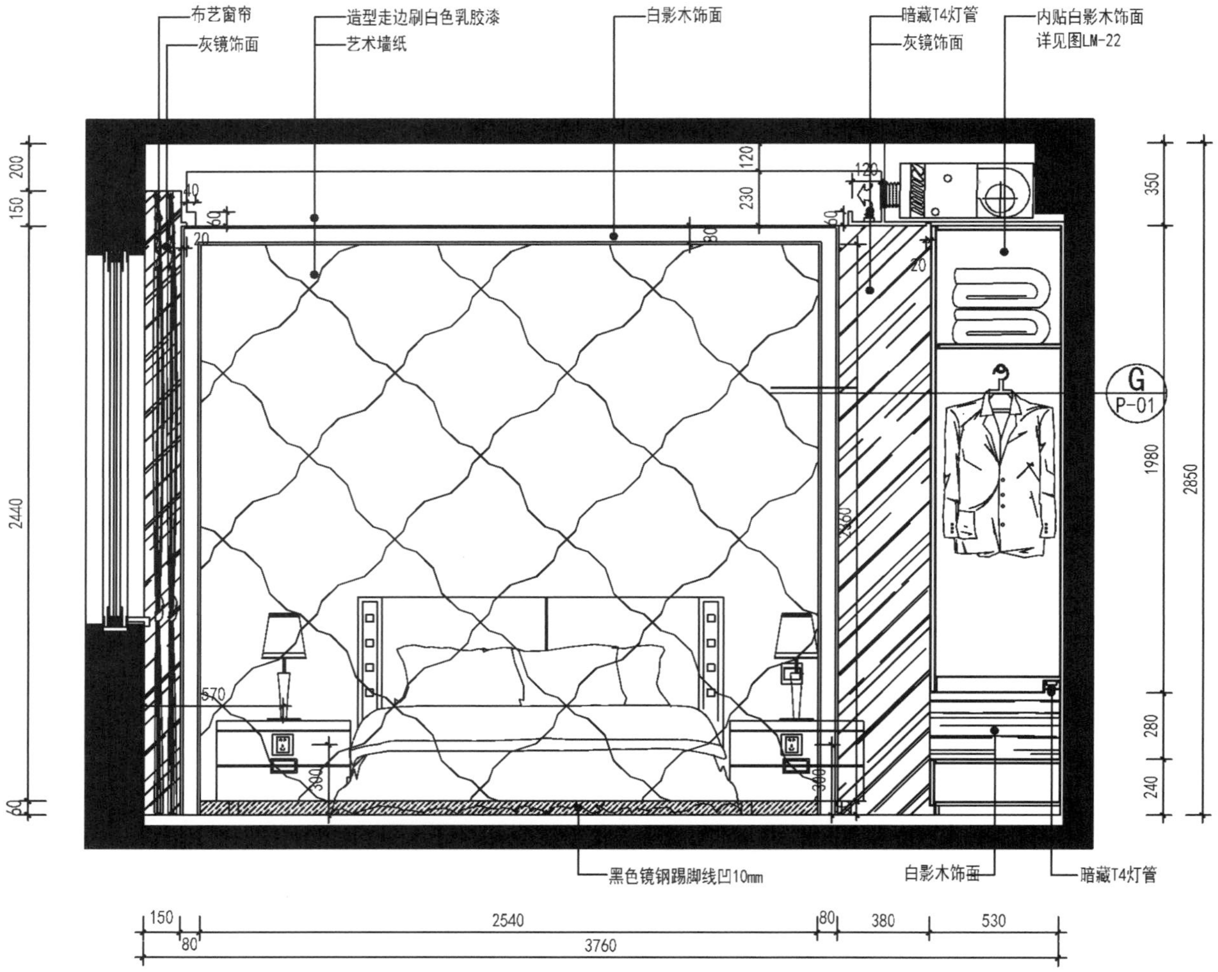
布艺窗帘
灰镜饰面
造型走边刷白色乳胶漆
艺术墙纸
白影木饰面
暗藏T4灯管
灰镜饰面
内贴白影木饰面
详见图LM-22
黑色镜钢踢脚线凹10mm
白影木饰面
暗藏T4灯管
G
P-01
200
150
2440
60
350
1980
280
240
2850
120
230
150
80
2540
80
380
530
3760

卧室背景墙二 1:30

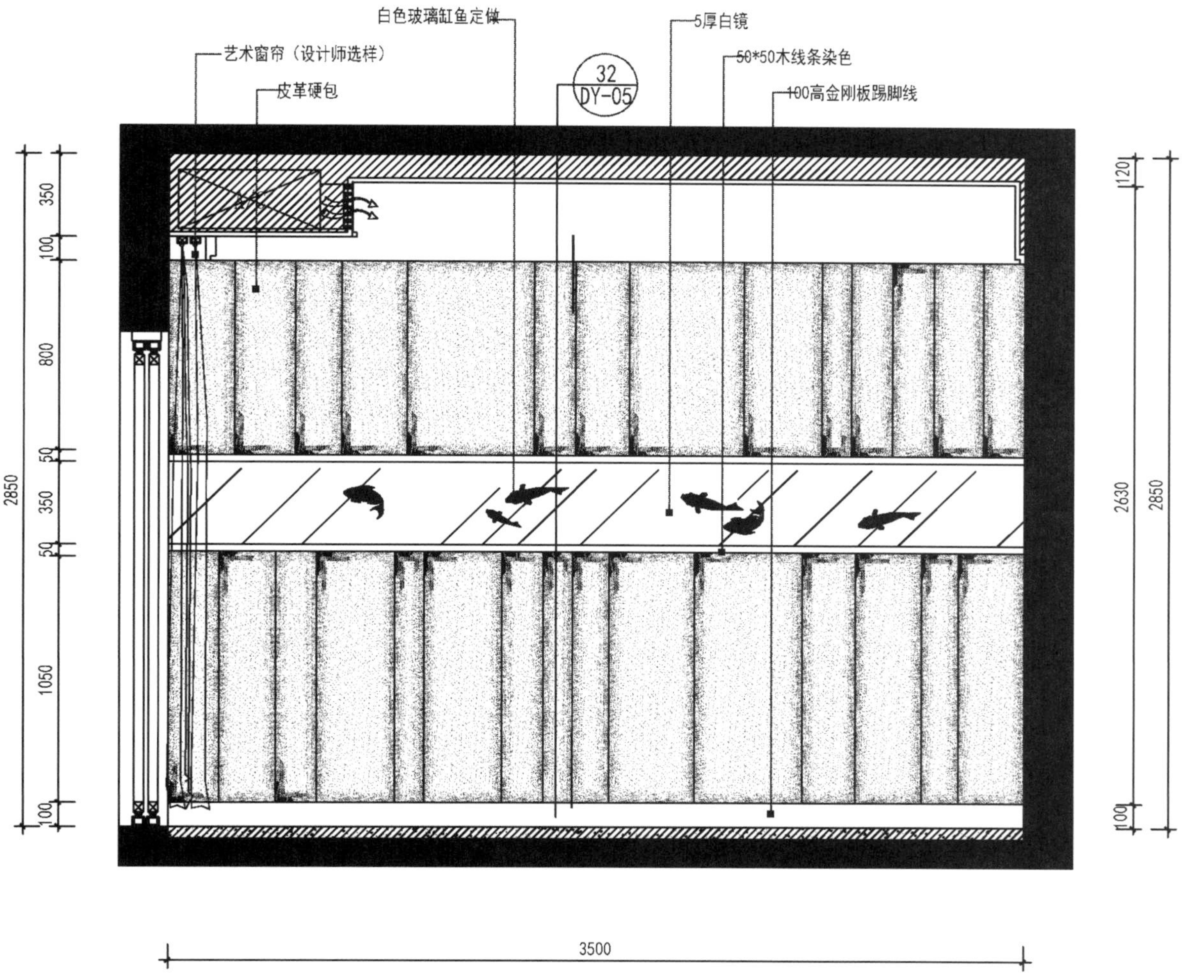
白色玻璃缸鱼定做
5厚白镜
艺术窗帘（设计师选样）
50*50木线条染色
皮革硬包
100高金刚板踢脚线
32
DY-05
350
100
800
50
2850
350
50
1050
100
120
2630
2850
100
3500

卧室背景墙三 1:30

第四章

地中海田园风格

第一节 电视背景墙

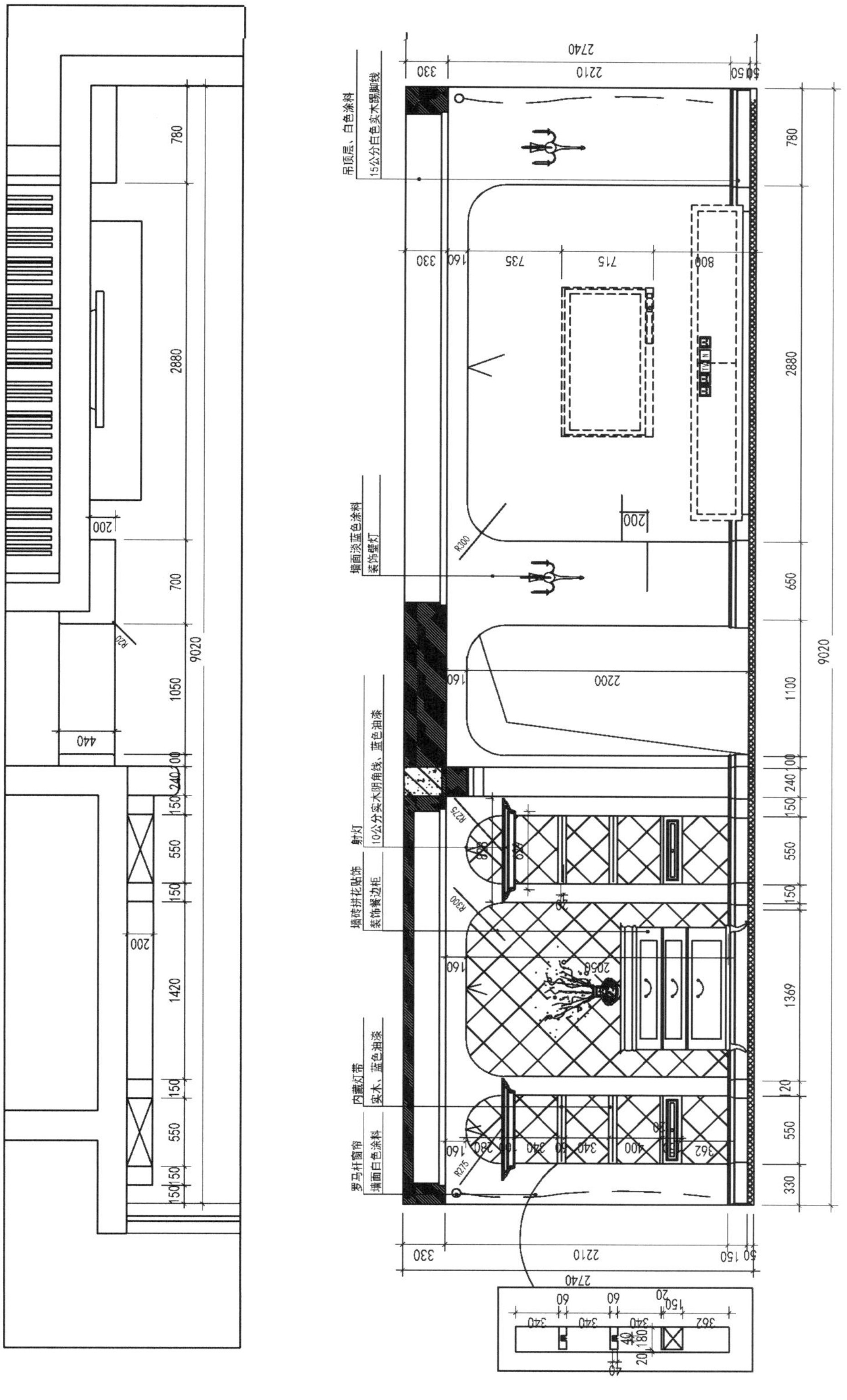

背景墙样式一 1:30

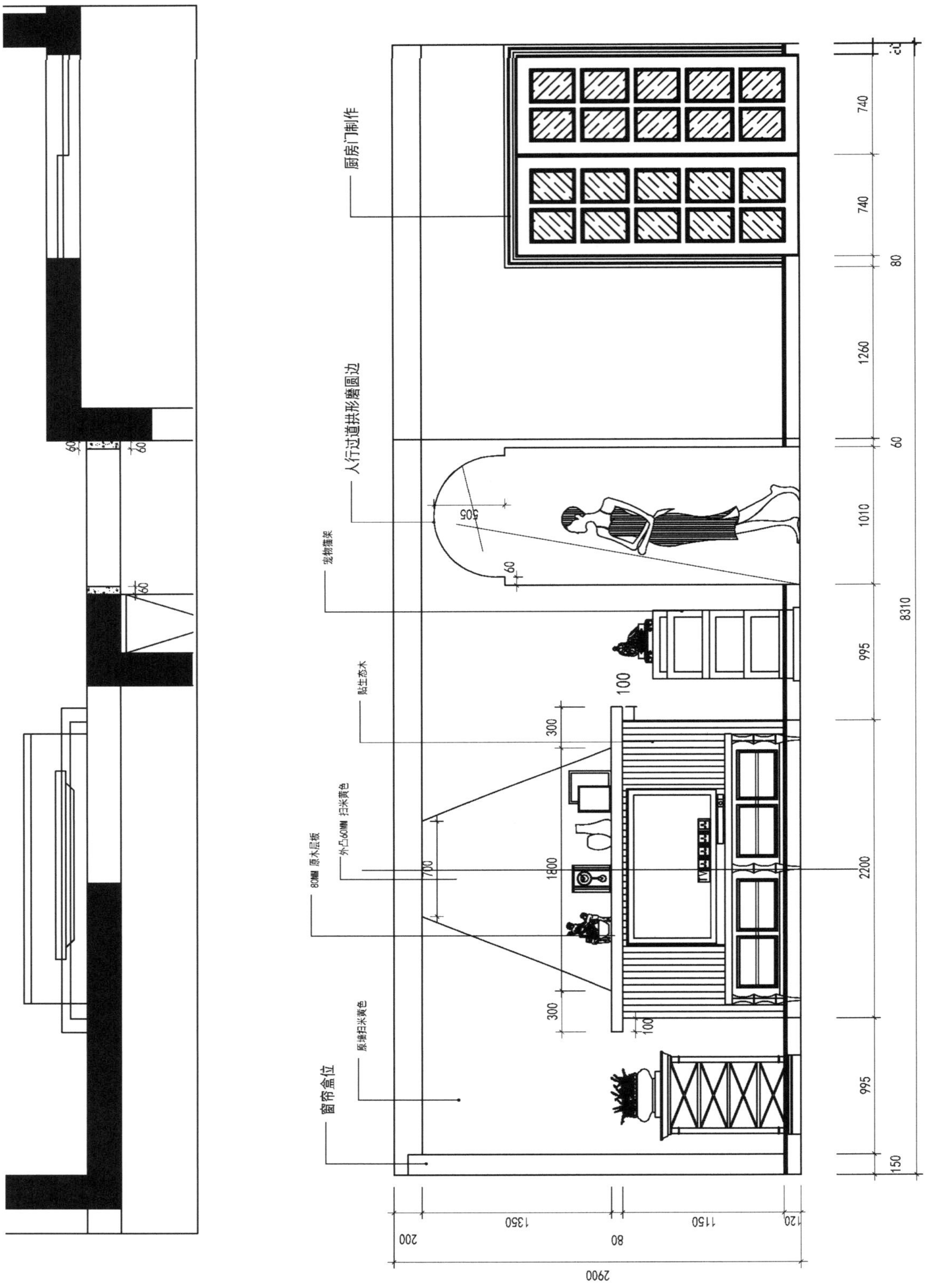
厨房门制作
人行过道拱形磨圆边
宠物猫架
贴生态木
外凸60MM 扫米黄色
80MM 原木层板
原墙扫米黄色
窗帘盒位
740
740
80
1260
60
1010
995
2200
995
150
8310
505
60
100
300
1800
700
300
100
1350
1150
120
200
80
2900

背景墙样式二 1:30

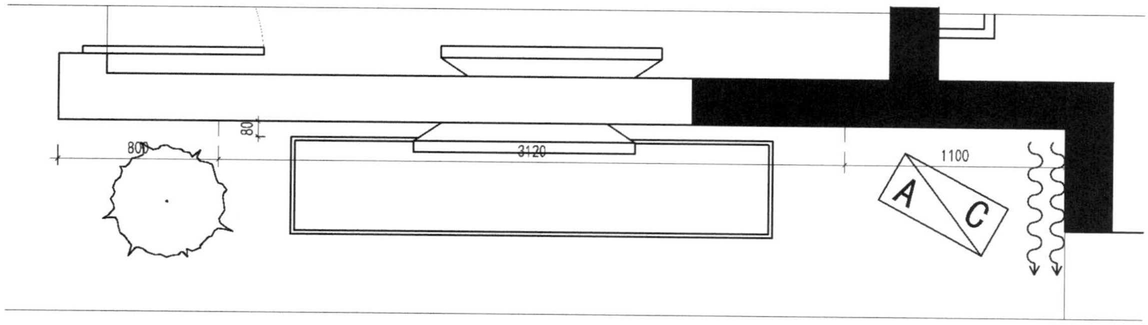
800
80
3120
1100
A
C

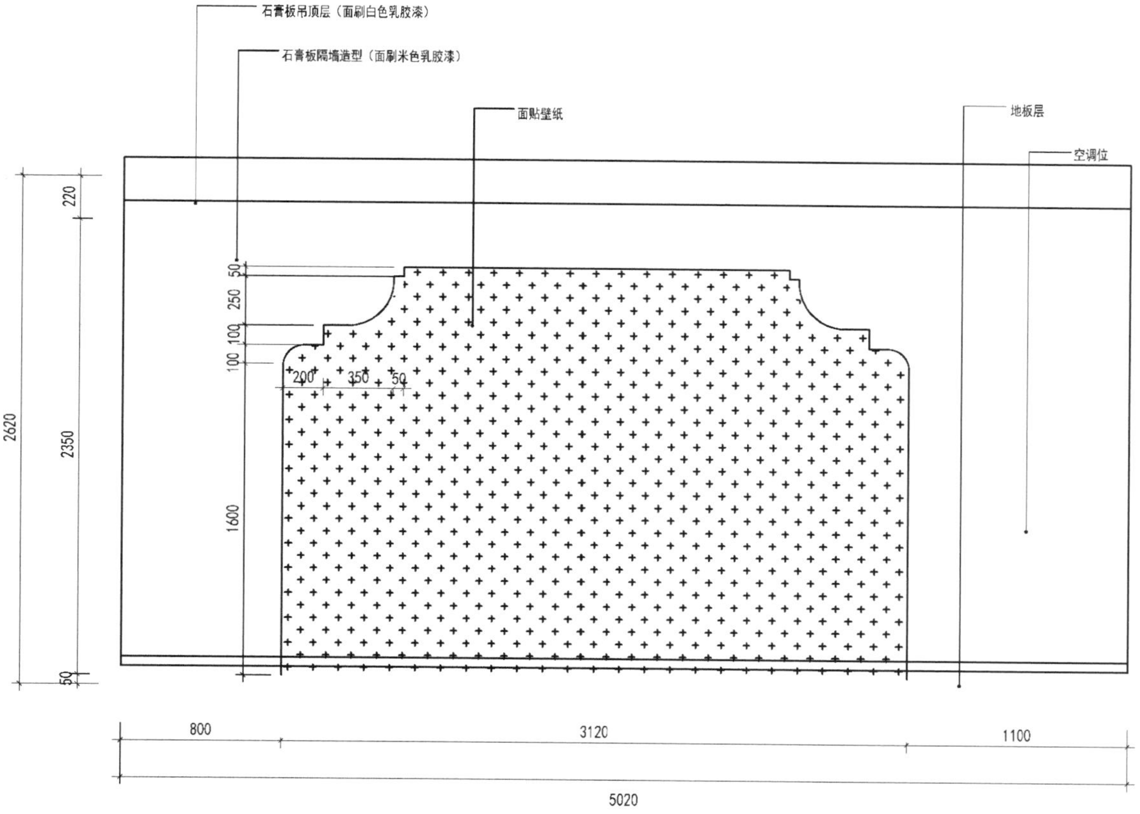
石膏板吊顶层（面刷白色乳胶漆）
石膏板隔墙造型（面刷米色乳胶漆）
面贴壁纸
地板层
空调位
220
2620
2350
50
250
100
100
200
350
50
1600
50
800
3120
1100
5020

背景墙样式三 1:30

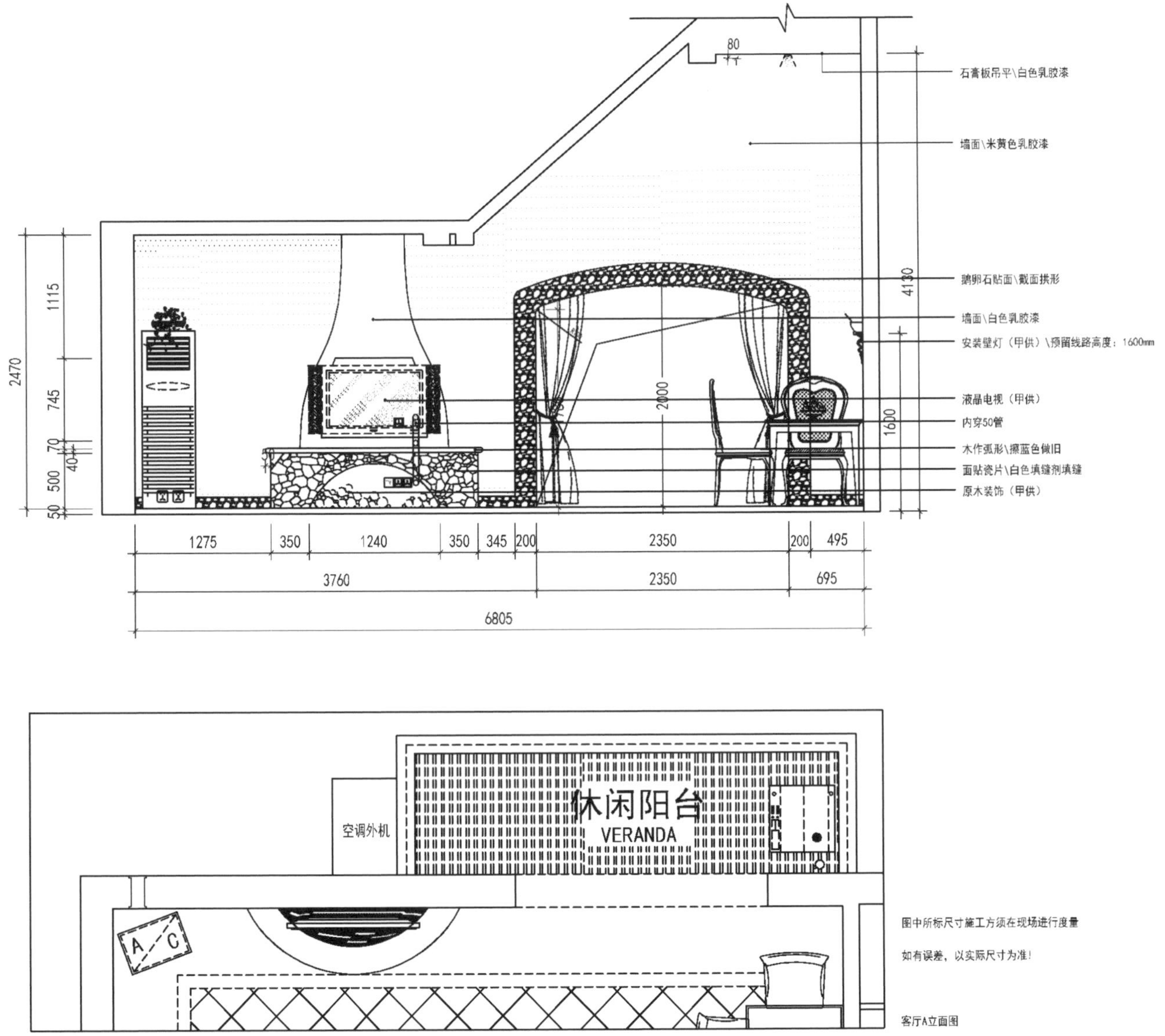
80
4130
1600
2000
石膏板吊平\白色乳胶漆
墙面\米黄色乳胶漆
鹅卵石贴面\截面拱形
墙面\白色乳胶漆
安装壁灯（甲供）\预留线路高度：1600mm
液晶电视（甲供）
内穿50管
木作弧形\擦蓝色做旧
面贴瓷片\白色填缝剂填缝
原木装饰（甲供）
2470
1115
745
70
40
500
50
1275
350
1240
350
345
200
2350
200
495
3760
2350
695
6805
空调外机
休闲阳台
VERANDA
A
C
图中所标尺寸施工方须在现场进行度量
如有误差，以实际尺寸为准！
客厅A立面图

背景墙样式四 1:30

第二节 沙发背景墙

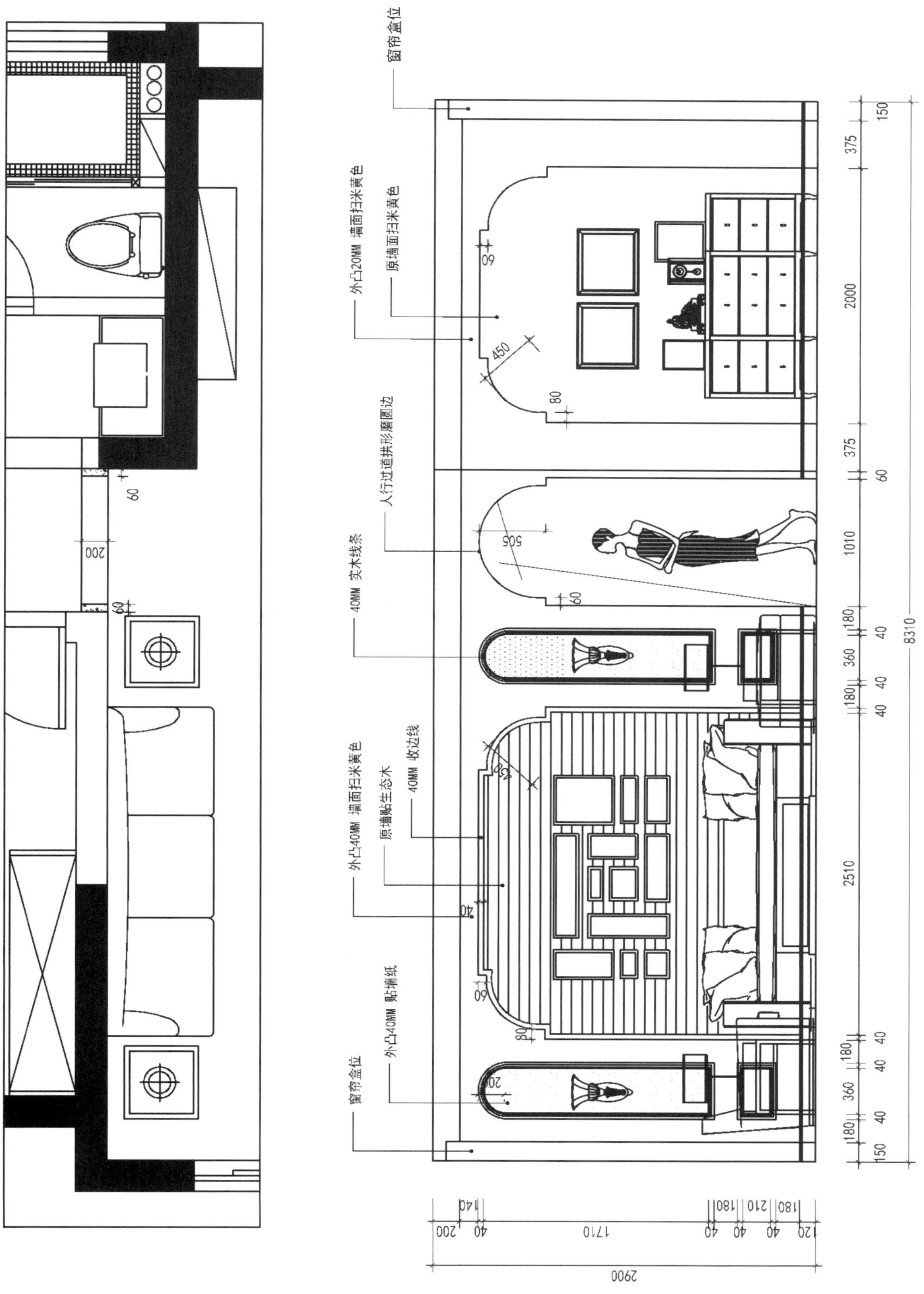

背景墙样式一 — 1:30

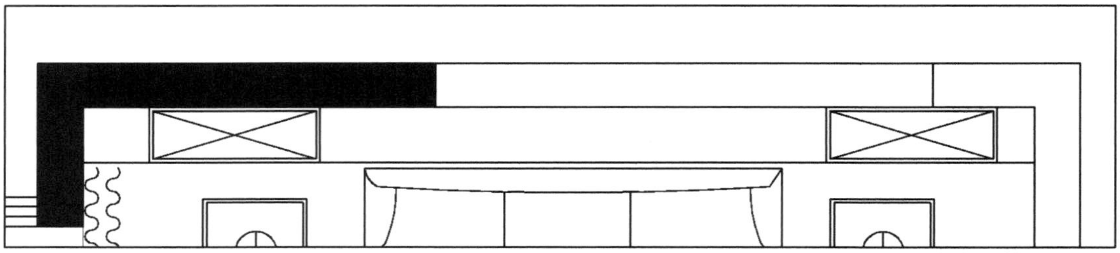

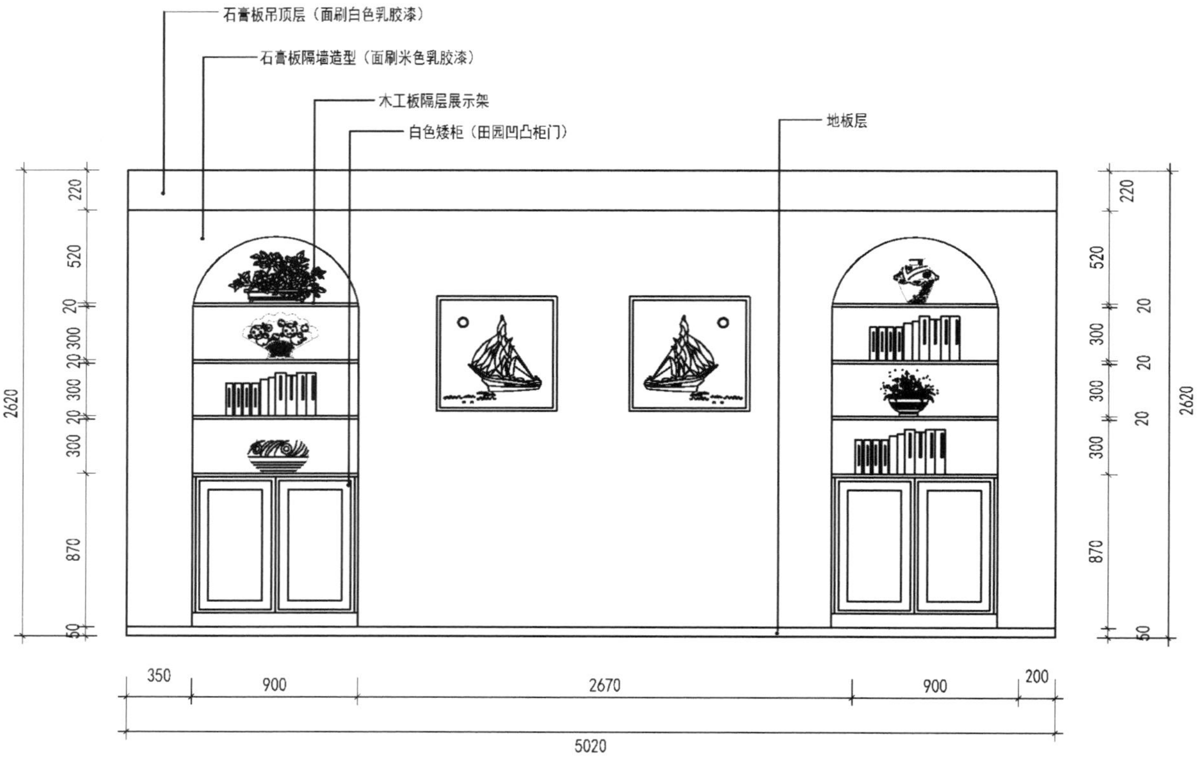
石膏板吊顶层（面刷白色乳胶漆）
石膏板隔墙造型（面刷米色乳胶漆）
木工板隔层展示架
白色矮柜（田园凹凸柜门）
地板层
220
520
20
300
20
300
20
300
870
50
2620
350
900
2670
900
200
5020

背景墙样式二 1:30

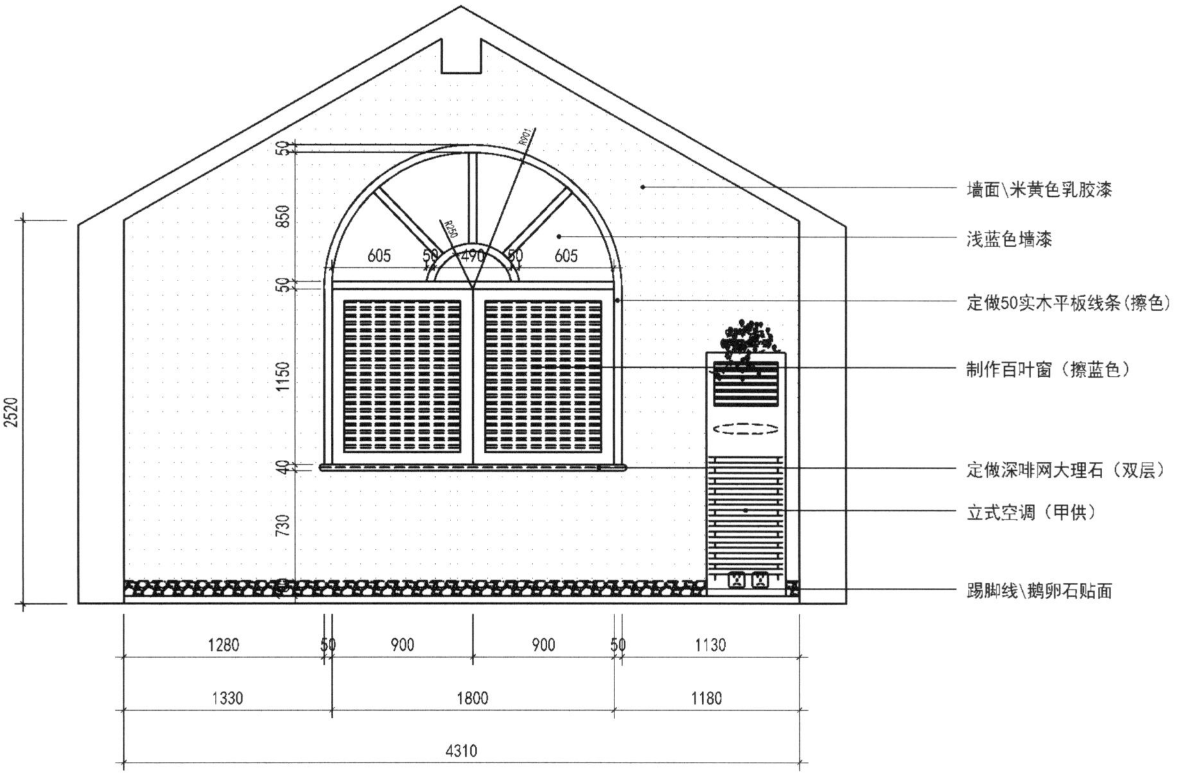
50
850
50
1150
40
730
2520
605
50
490
50
605
R900
R250
墙面\米黄色乳胶漆
浅蓝色墙漆
定做50实木平板线条(擦色)
制作百叶窗（擦蓝色）
定做深啡网大理石（双层）
立式空调（甲供）
踢脚线\鹅卵石贴面
1280
50
900
900
50
1130
1330
1800
1180
4310

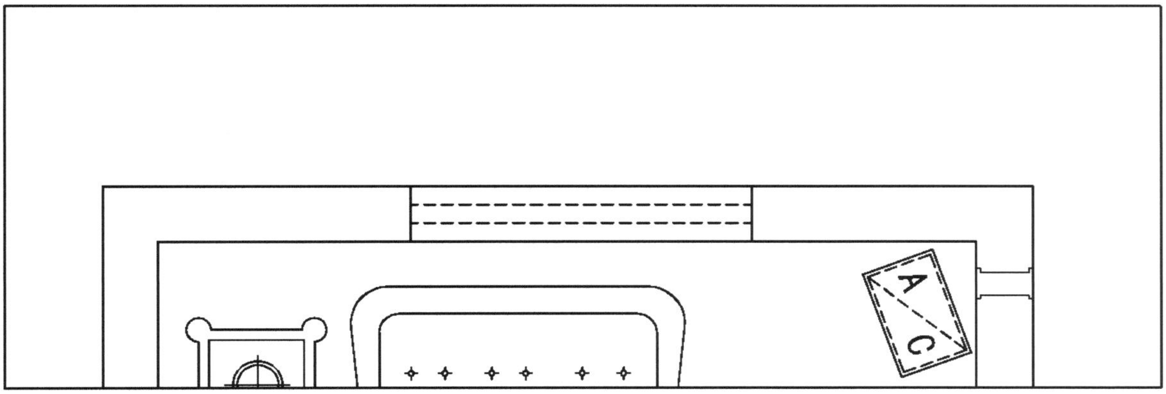
A
C

背景墙样式三 1:30

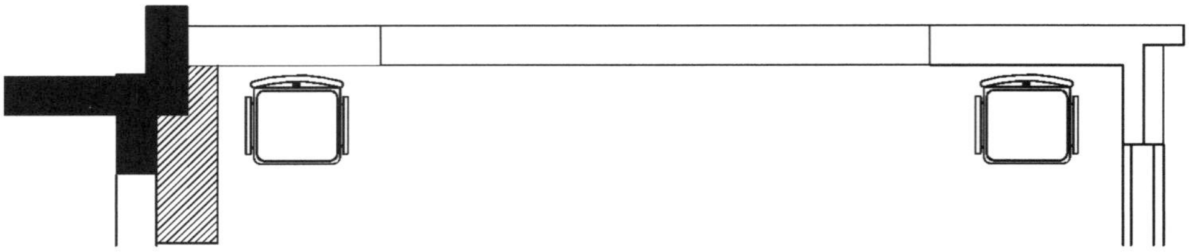

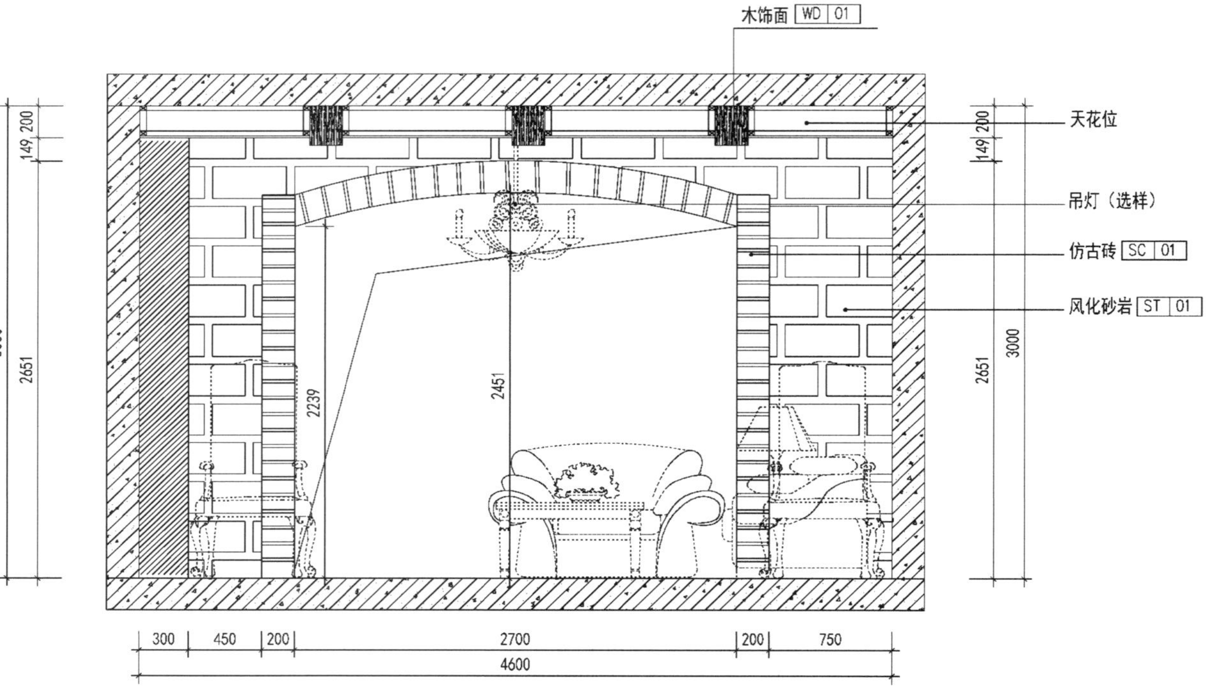
木饰面 WD 01
天花位
吊灯（选样）
仿古砖 SC 01
风化砂岩 ST 01
200
149
3000
2651
2239
2451
300
450
200
2700
200
750
4600

背景墙样式四 1:30

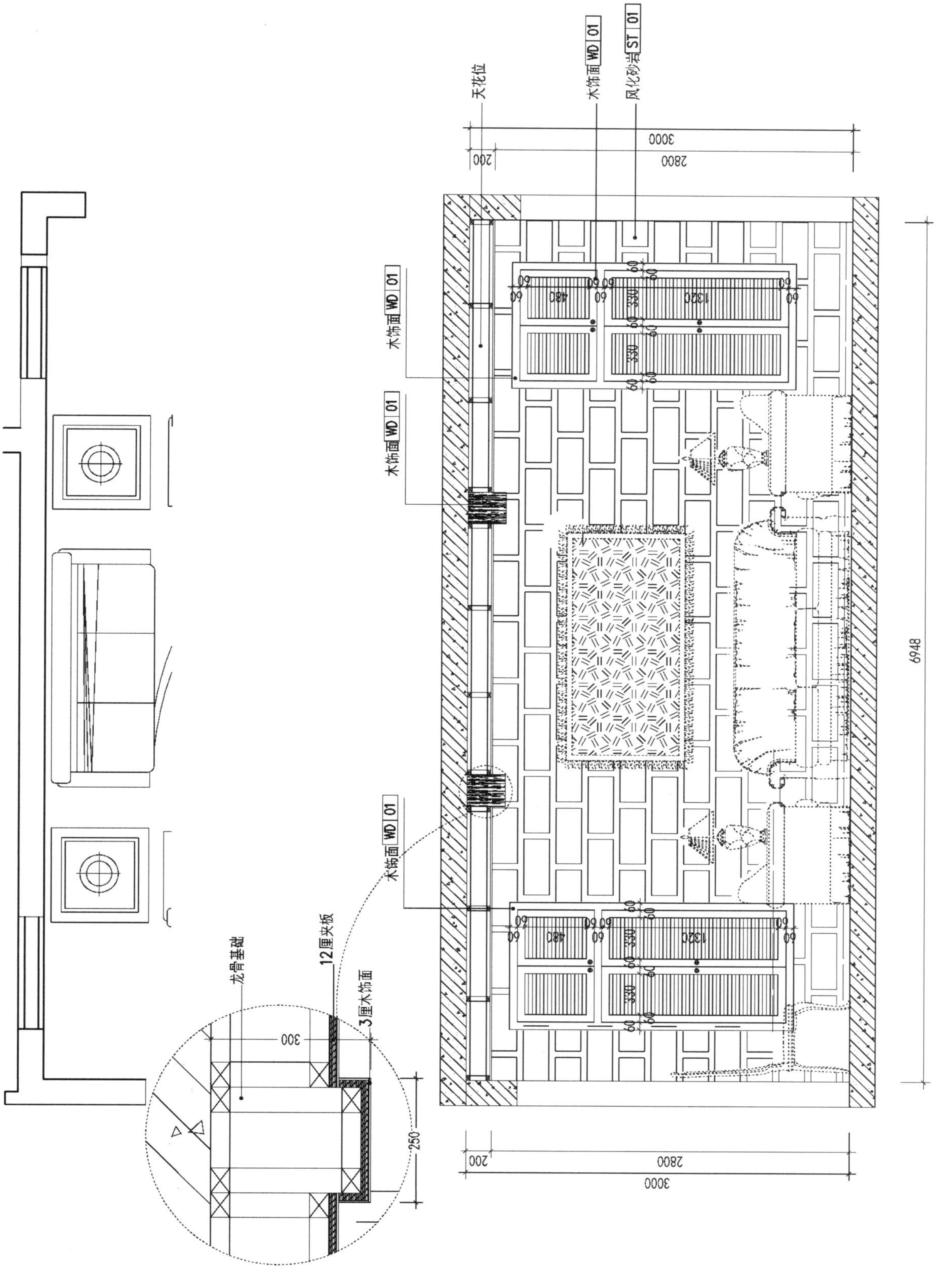
天花位
木饰面 WD 01
风化砂岩 ST 01
3000
2800
200
6948
60
480
330
1320
龙骨基础
12厘夹板
3厘木饰面
300
250

背景墙样式五 1:30

第三节 卧室背景墙

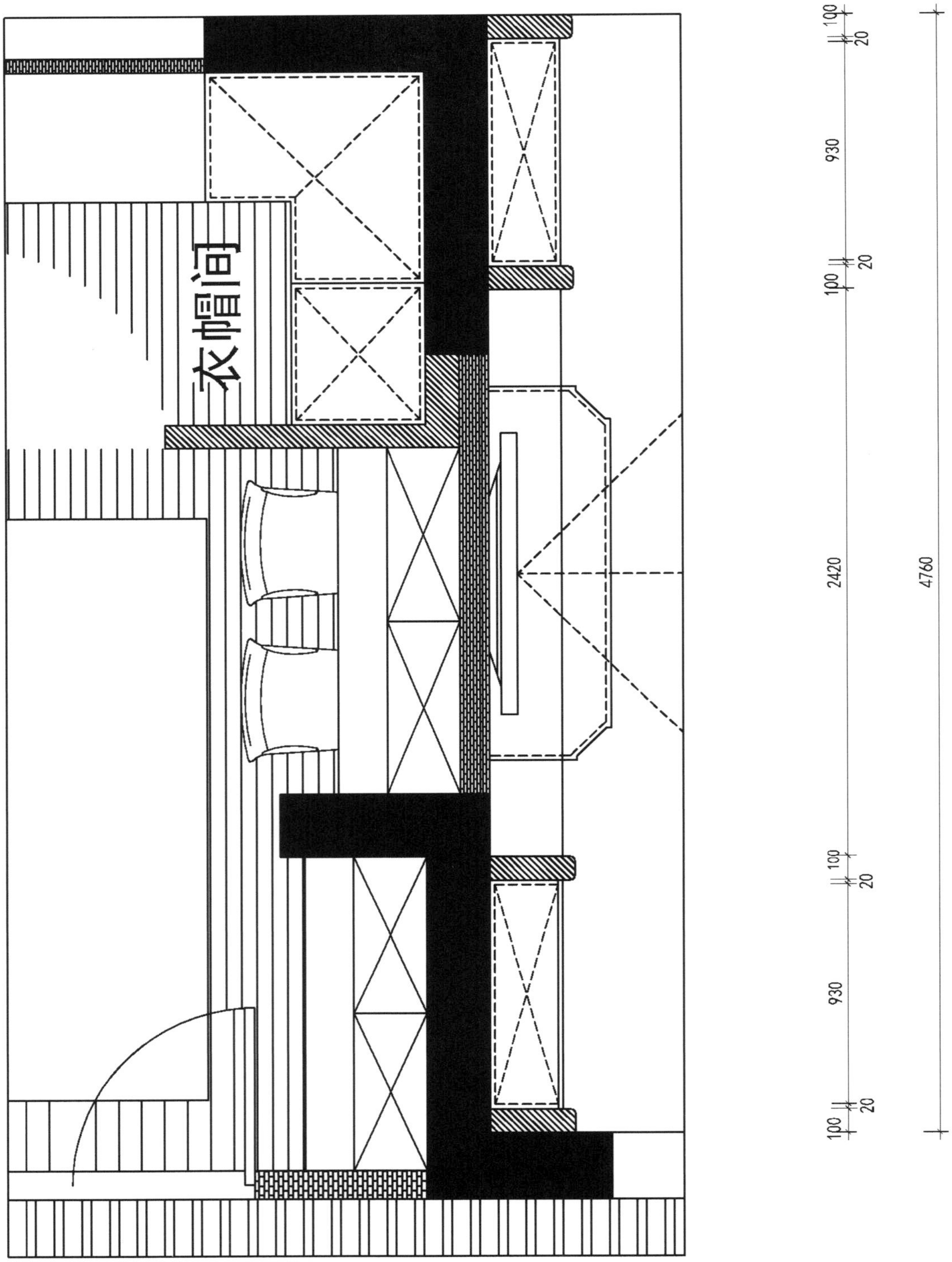

背景墙样式一 1:30

背景墙样式二 1:30

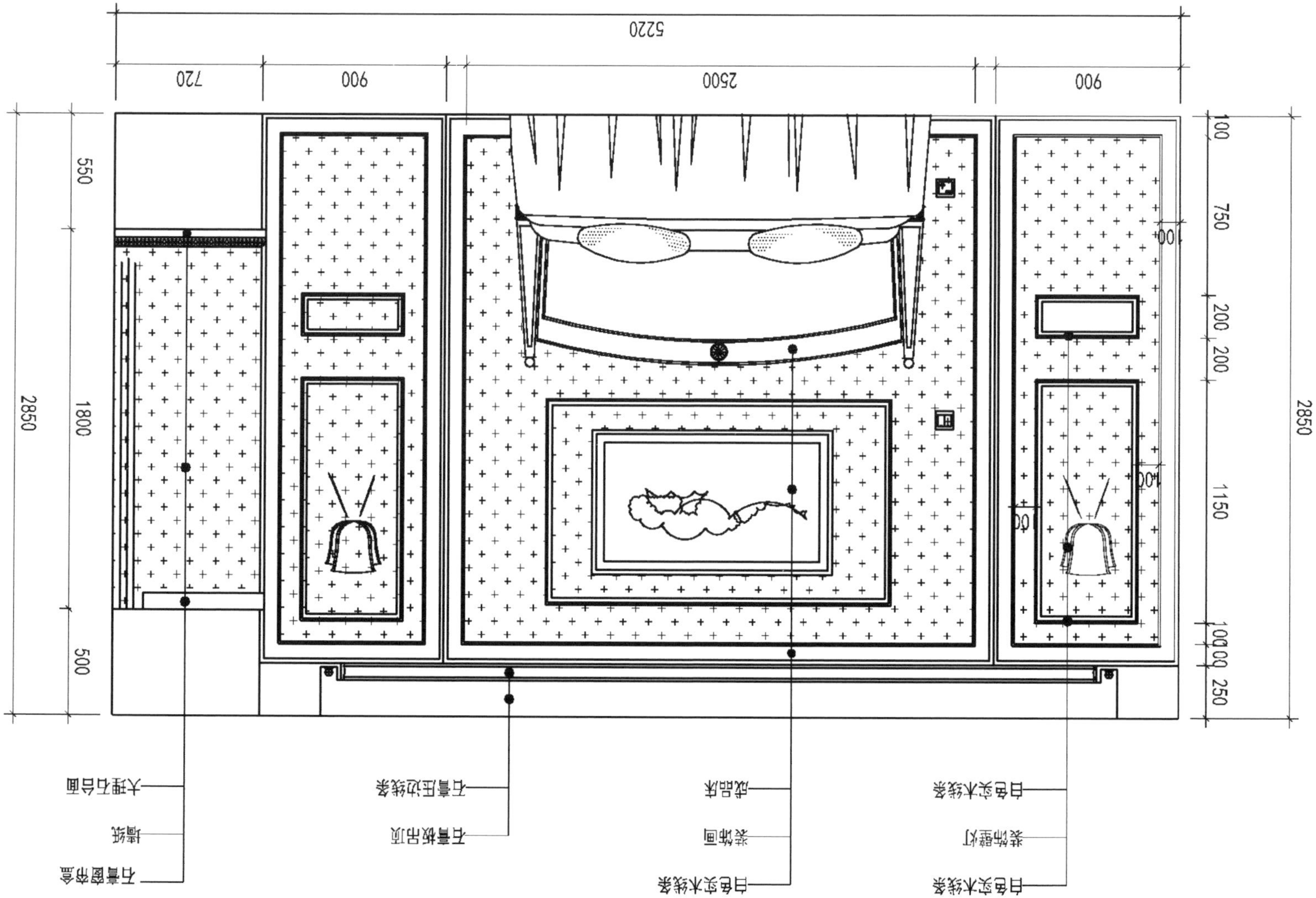
5220
720
900
2500
900
2850
550
1800
500
100
750
200
200
1150
100
00
250
100
100
100
大理石台面
墙纸
石膏窗帘盒
石膏压边线条
石膏板吊顶
成品床
装饰画
白色实木线条
白色实木线条
装饰壁灯
白色实木线条

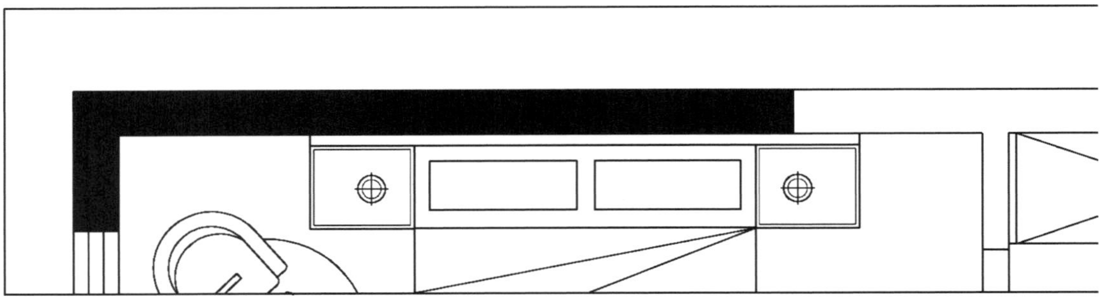

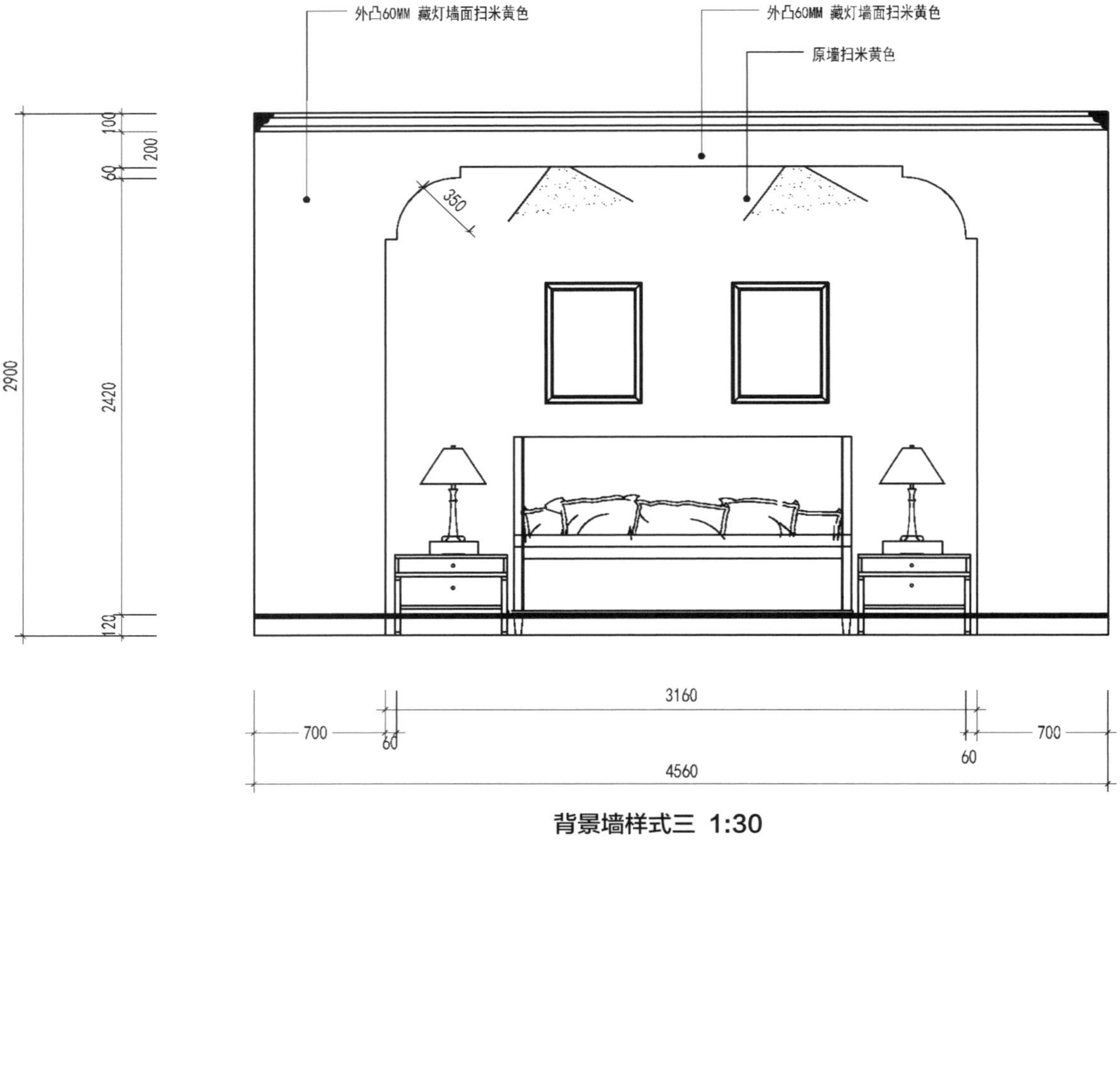
外凸60MM 藏灯墙面扫米黄色
外凸60MM 藏灯墙面扫米黄色
原墙扫米黄色
350
100
200
60
2900
2420
120
3160
700
60
700
60
4560

背景墙样式三 1:30

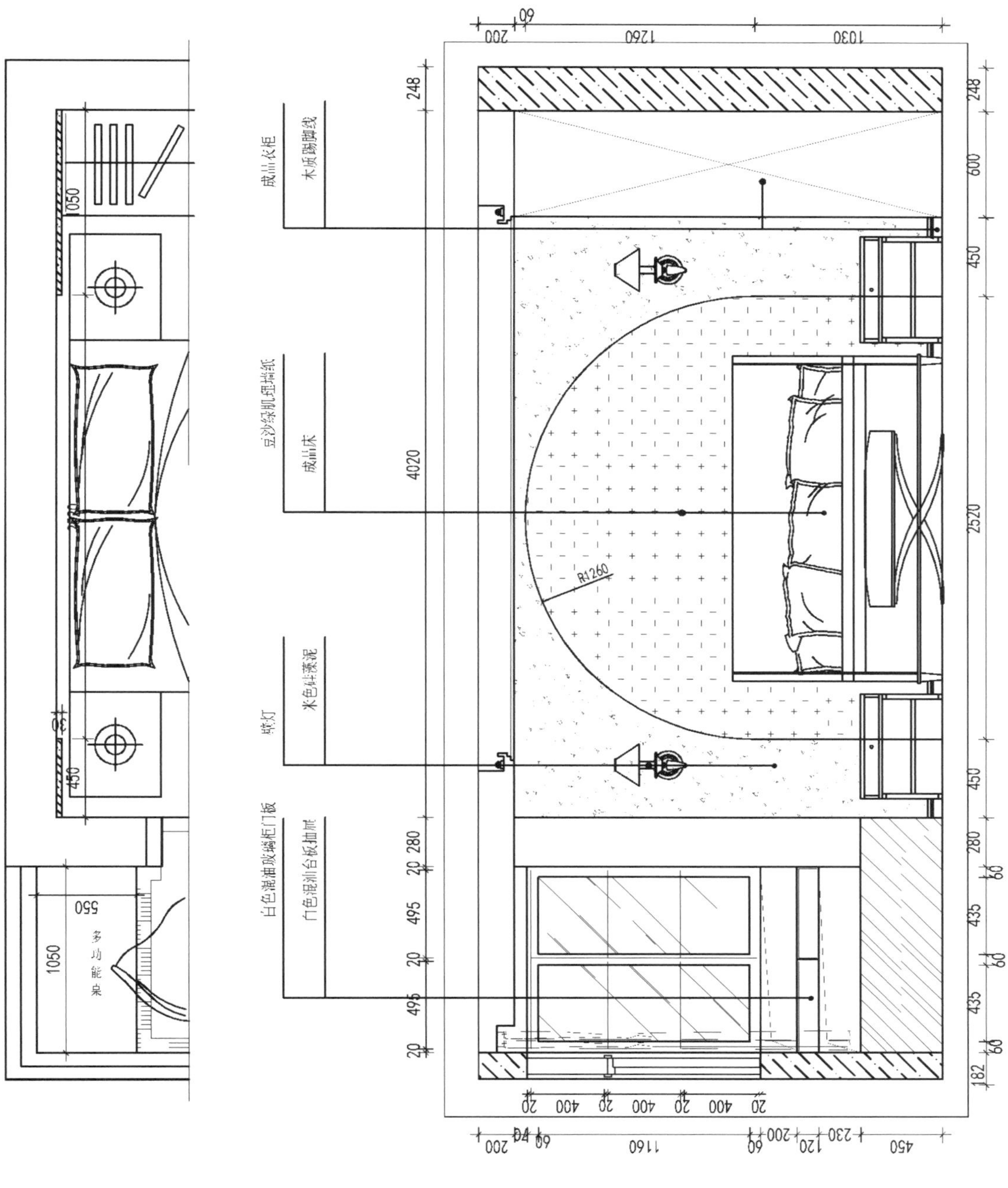
成品衣柜
木质踢脚线
豆沙绿肌理墙纸
成品床
壁灯
米色硅藻泥
白色混油玻璃柜门板
白色混油台板抽屉
多功能桌
R1260
4020
2520

背景墙样式四 1:30

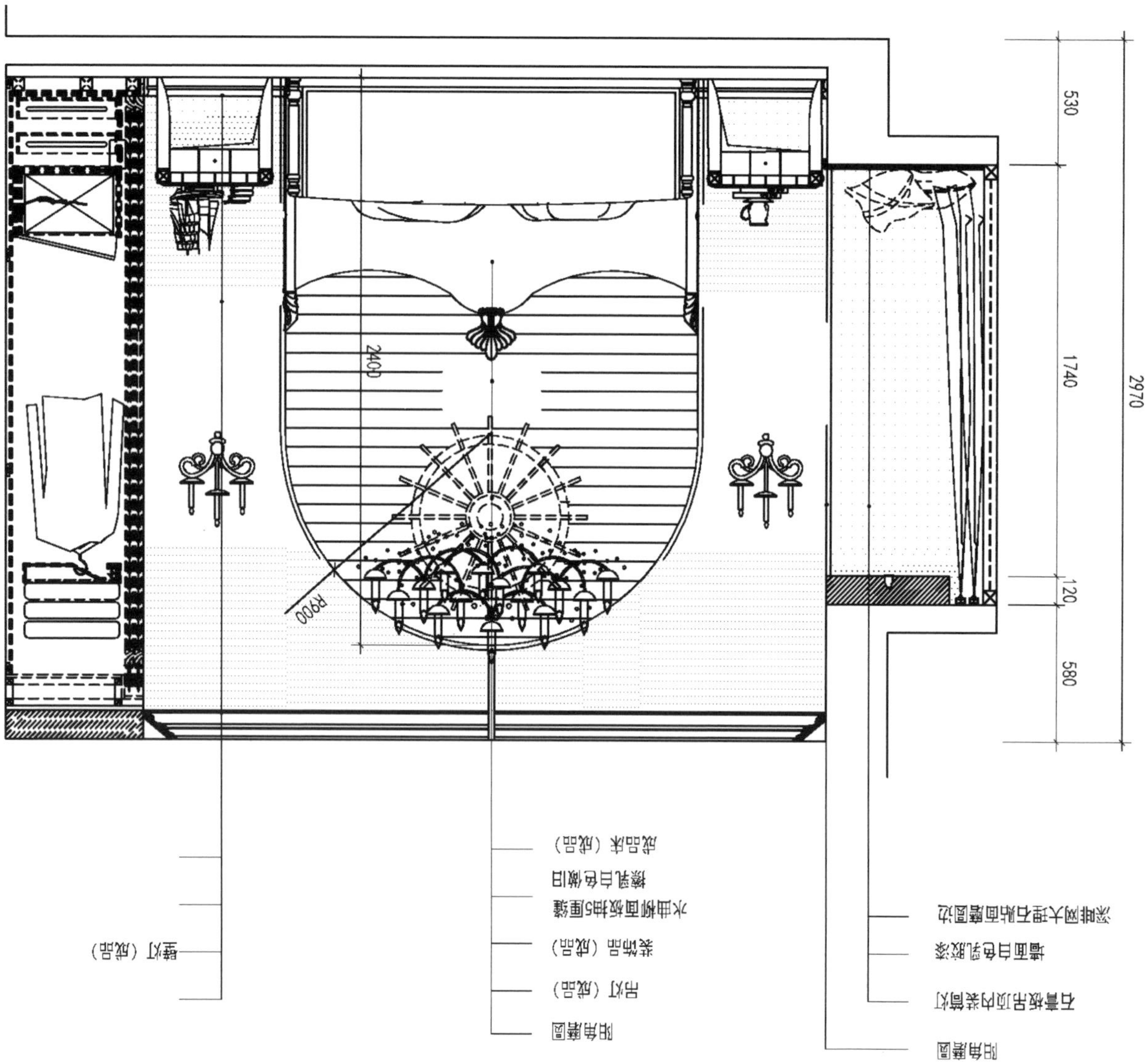
壁灯（成品）
阳角磨圆
吊灯（成品）
装饰品（成品）
水曲柳面板抽5厘缝
擦乳白色做旧
成品床（成品）
阳角磨圆
石膏板吊顶内装筒灯
墙面白色乳胶漆
深啡网大理石贴面磨圆边
R900
2400
530
1740
120
580
2970

背景墙样式五 1:30

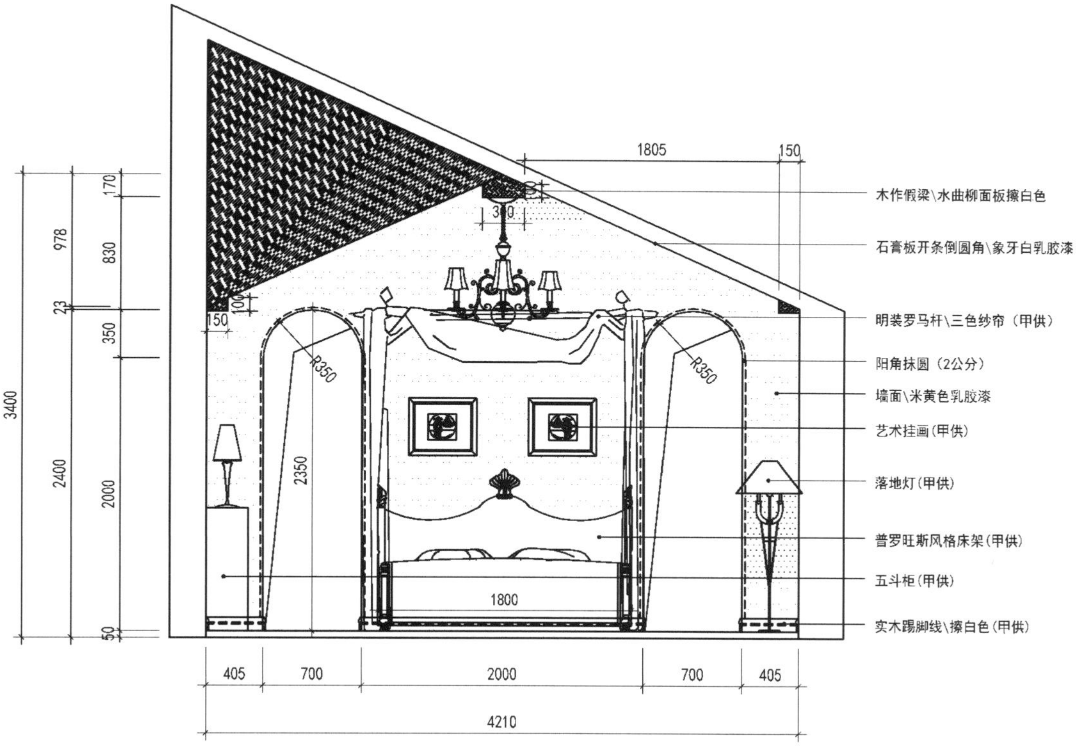

图中所标尺寸施工方须在现场进行度量
如有误差，以实际尺寸为准！

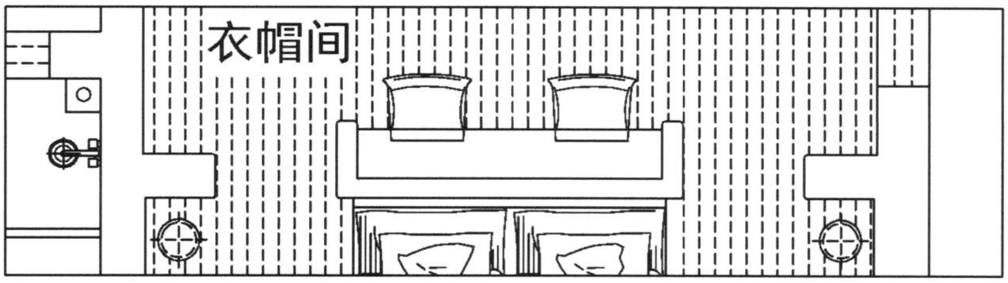

背景墙样式六 1:30

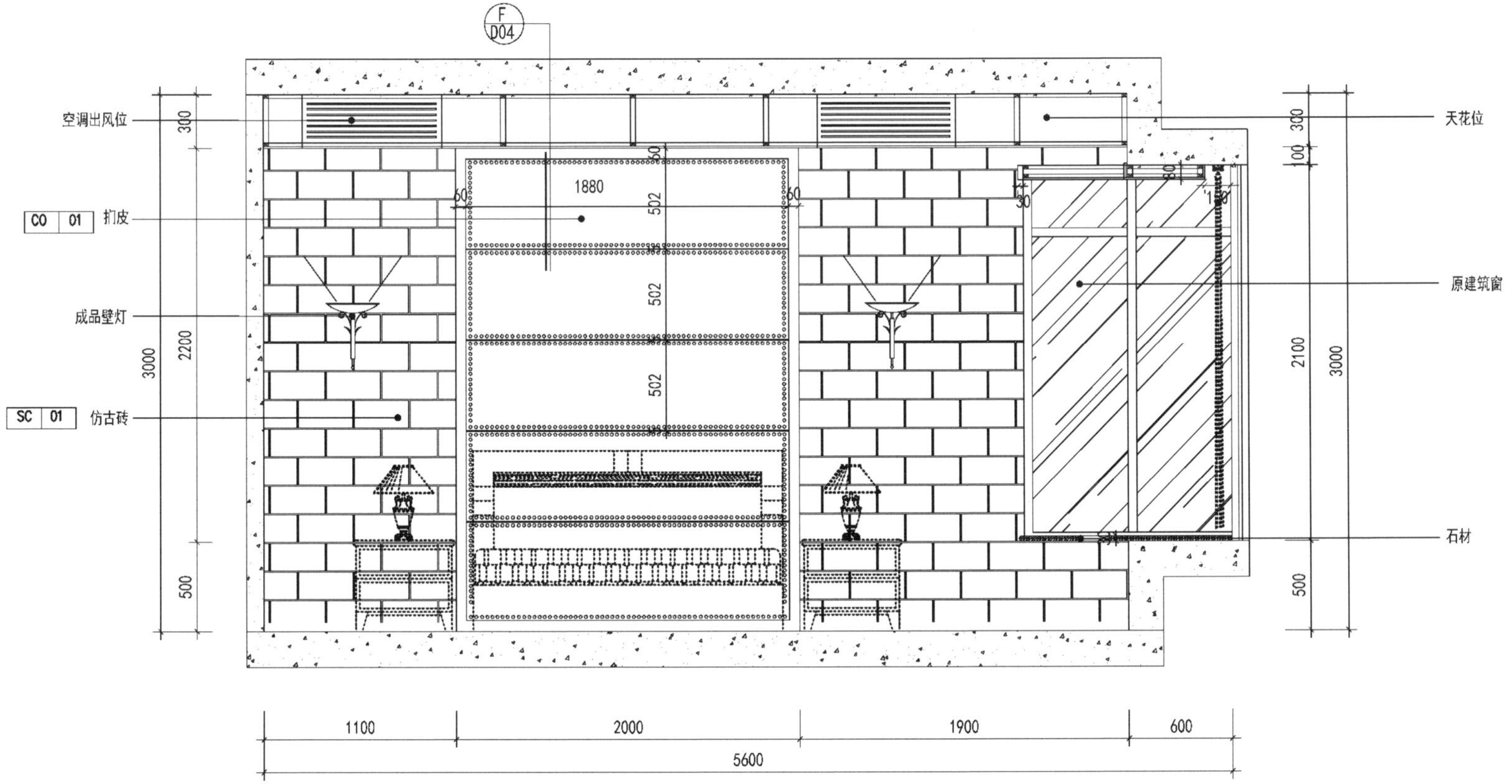
F
D04
空调出风位
CO 01 扪皮
成品壁灯
SC 01 仿古砖
天花位
原建筑窗
石材
1880
60
502
502
502
60
30
80
130
300
2200
500
3000
300
100
2100
500
3000
1100
2000
1900
600
5600

背景墙样式七 1:30

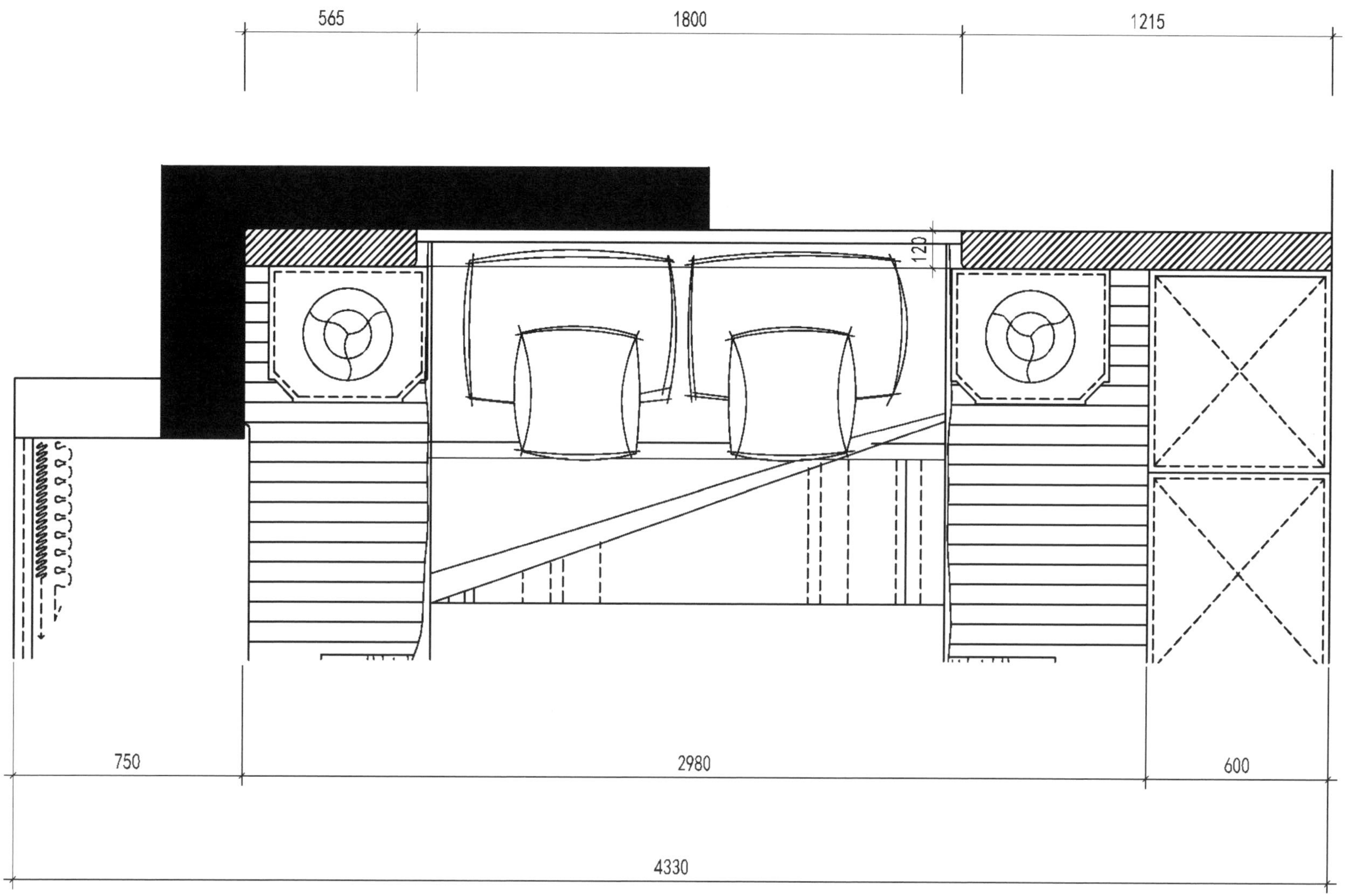

背景墙样式八 1:30

第五章

大理石背景墙

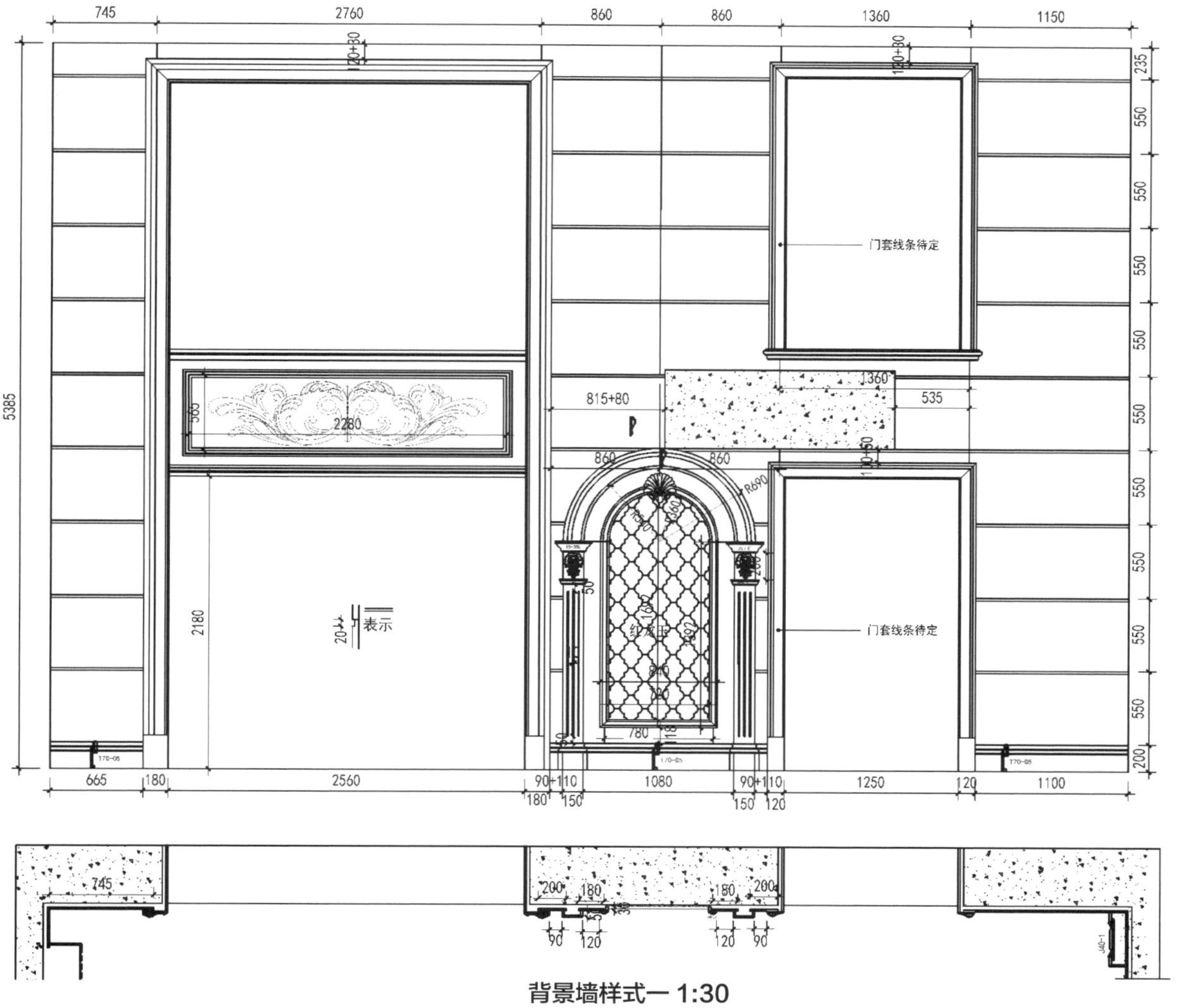

745
2760
860
860
1360
1150
5385
门套线条待定
门套线条待定
815+80
1360
535
2280
2180
表示
R690
665
180
2560
90+110
1080
90+110
1250
120
1100
180
150
150
120
235
550
550
550
550
550
550
550
550
550
200
745
200
180
180
200
90
120
120
90

背景墙样式一 1:30

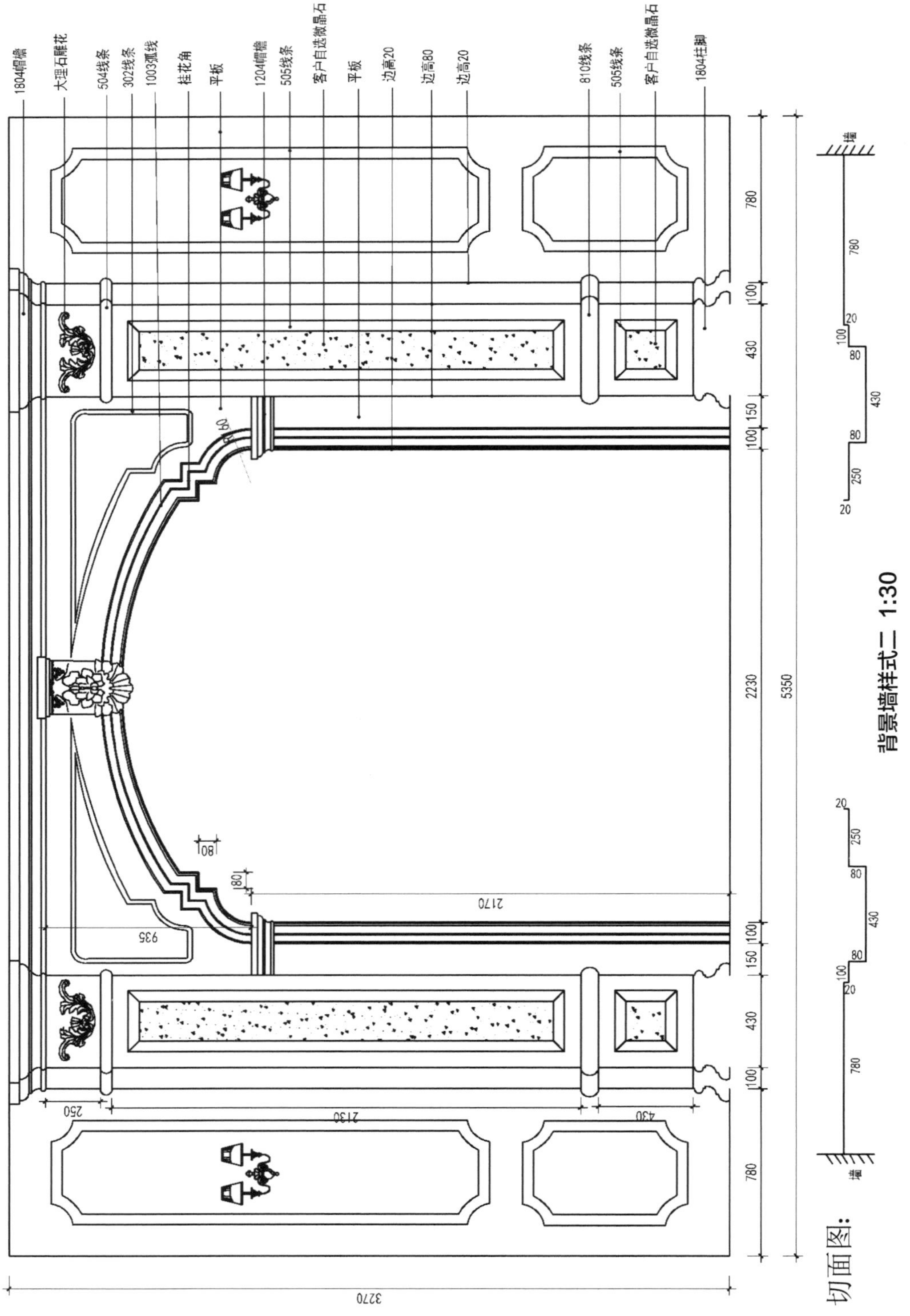
1804帽檐
大理石雕花
504线条
302线条
1003弧线
柱花角
平板
1204帽檐
505线条
客户自选微晶石
平板
边高20
边高80
边高20
810线条
505线条
客户自选微晶石
1804柱脚
3270
250
2130
430
935
80
80
60
2170
780
100
430
150
100
2230
100
150
430
100
780
5350
切面图:
墙
780
20
100
80
430
80
250
20
20
250
80
430
80
100
20
780
墙

背景墙样式二 1:30

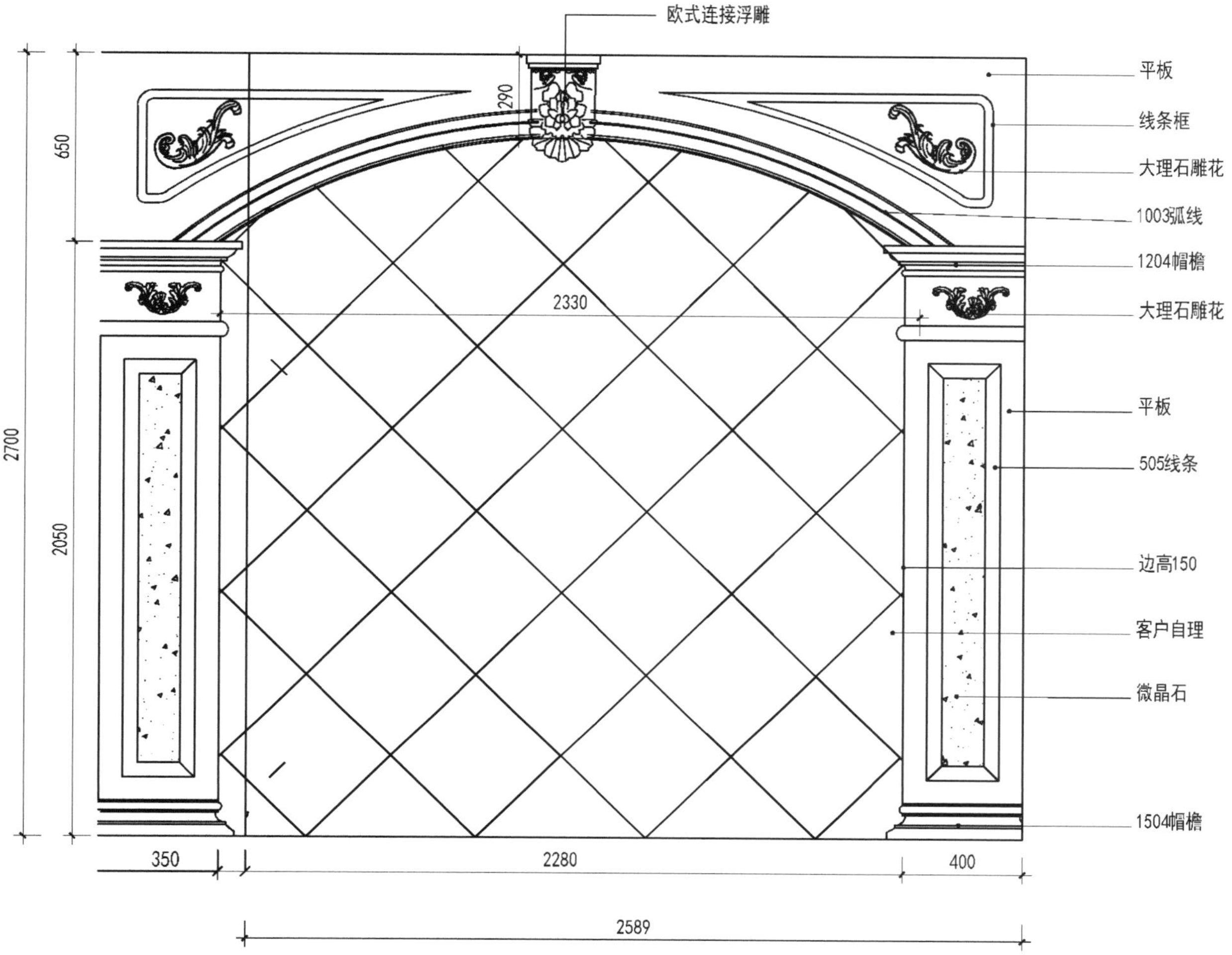
欧式连接浮雕
平板
线条框
大理石雕花
1003弧线
1204帽檐
大理石雕花
平板
505线条
边高150
客户自理
微晶石
1504帽檐
290
650
2700
2050
2330
350
2280
400
2589

背景墙样式三 1:30

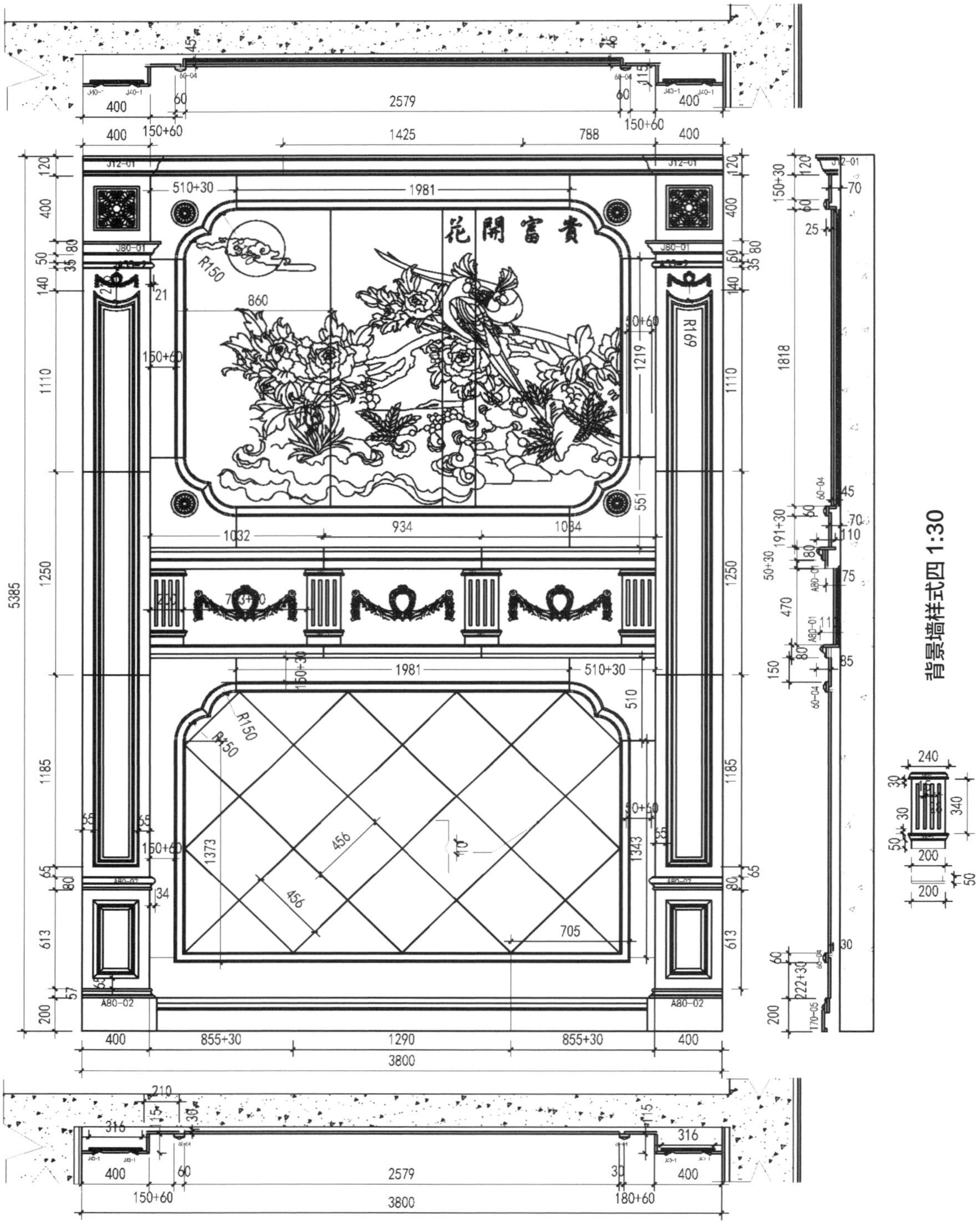
貴富開花
3800
5385
2579
1981
R150
R169
J12-01
J80-01
A80-01
A80-02

背景墙样式四 1:30

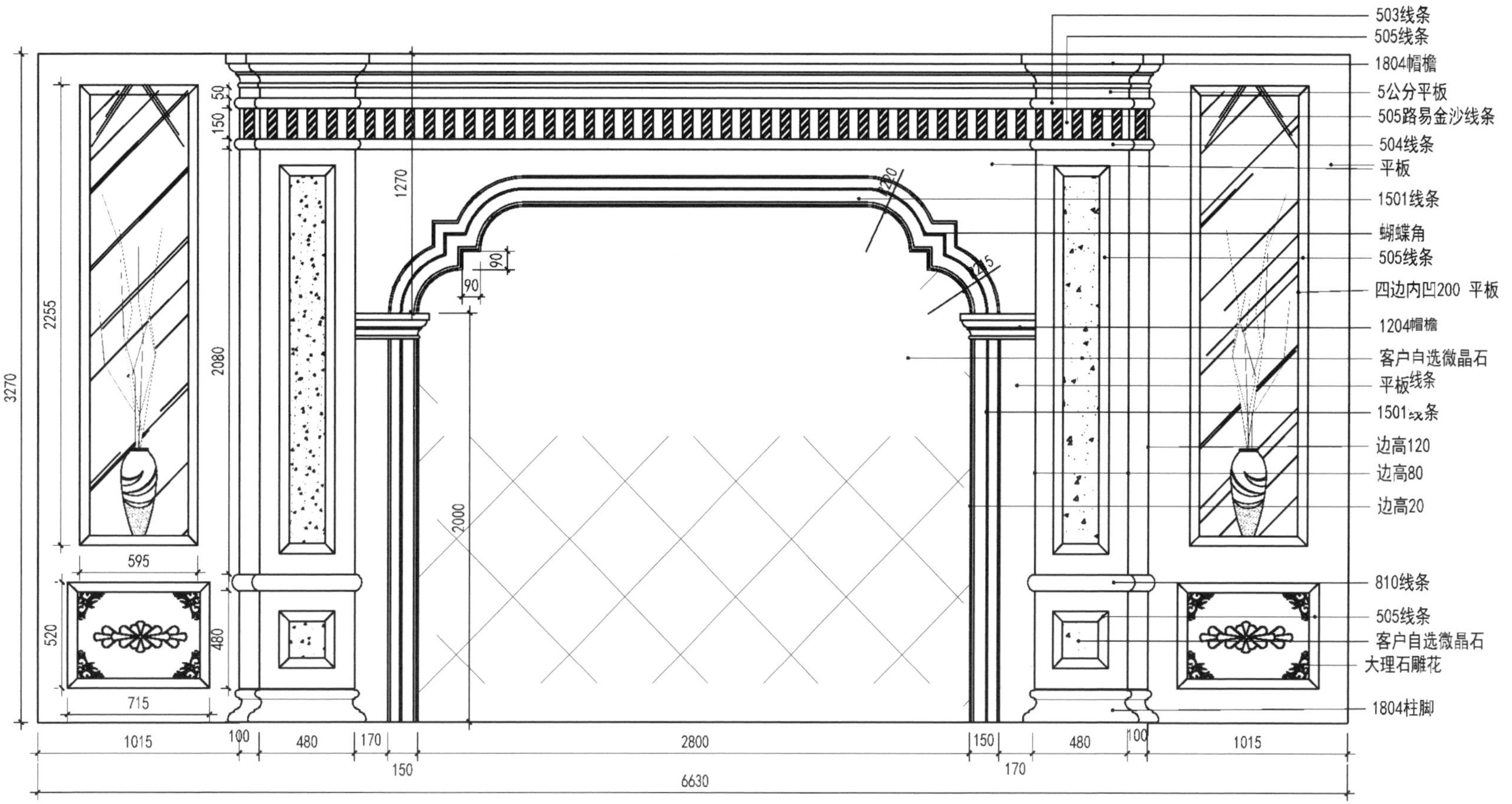
503线条
505线条
1804帽檐
5公分平板
505路易金沙线条
504线条
平板
1501线条
蝴蝶角
505线条
四边内凹200 平板
1204帽檐
客户自选微晶石
平板线条
1501线条
边高120
边高80
边高20
810线条
505线条
客户自选微晶石
大理石雕花
1804柱脚
3270
2255
595
520
715
50
150
1270
2080
480
90
90
2000
1015
100
480
170
150
2800
150
170
480
100
1015
6630

背景墙样式五 1:30

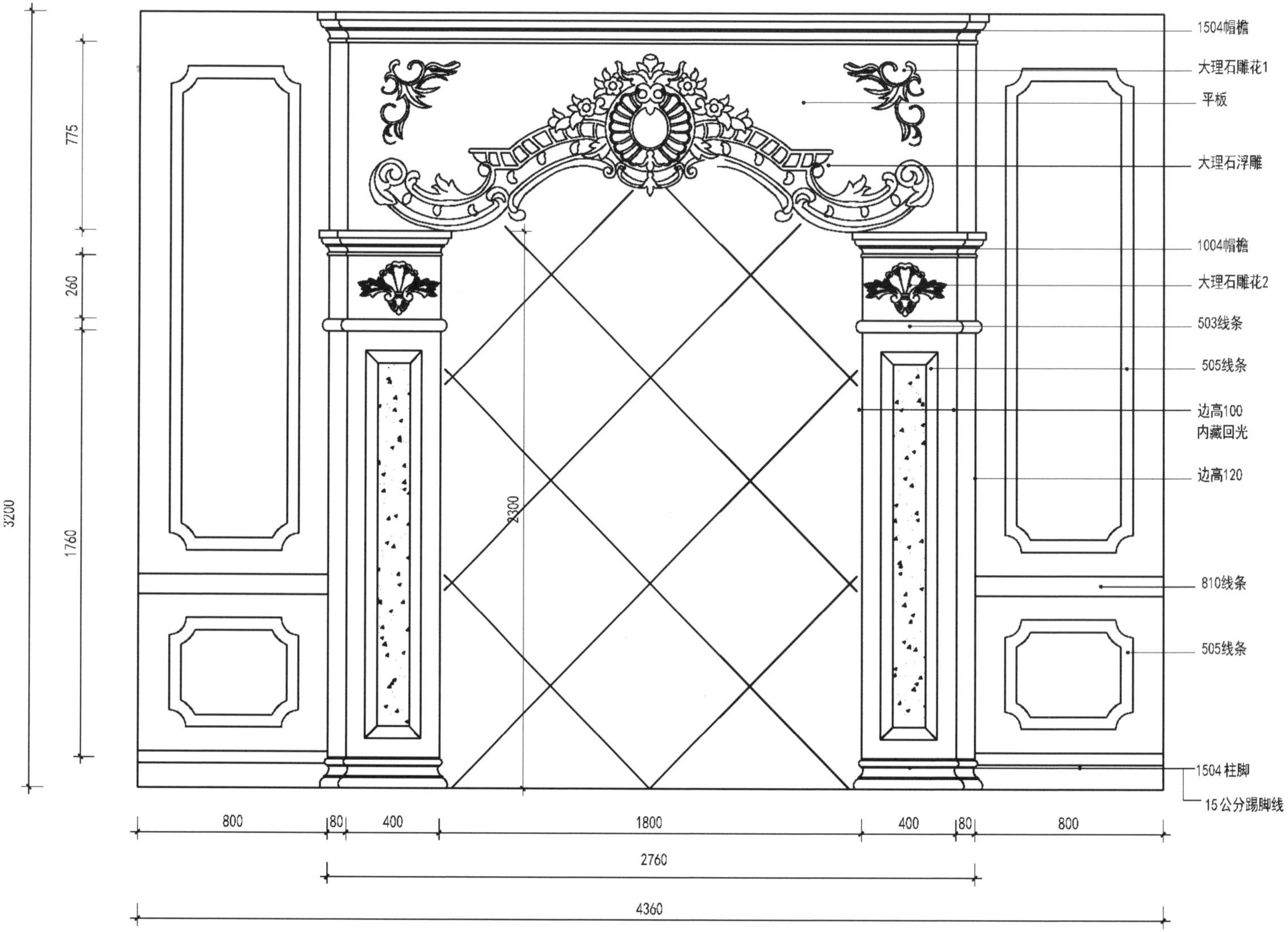
1504帽檐
大理石雕花1
平板
大理石浮雕
1004帽檐
大理石雕花2
503线条
505线条
边高100
内藏回光
边高120
810线条
505线条
1504柱脚
15公分踢脚线
775
260
1760
3200
2300
800
80
400
1800
400
80
800
2760
4360

背景墙样式六 1:30

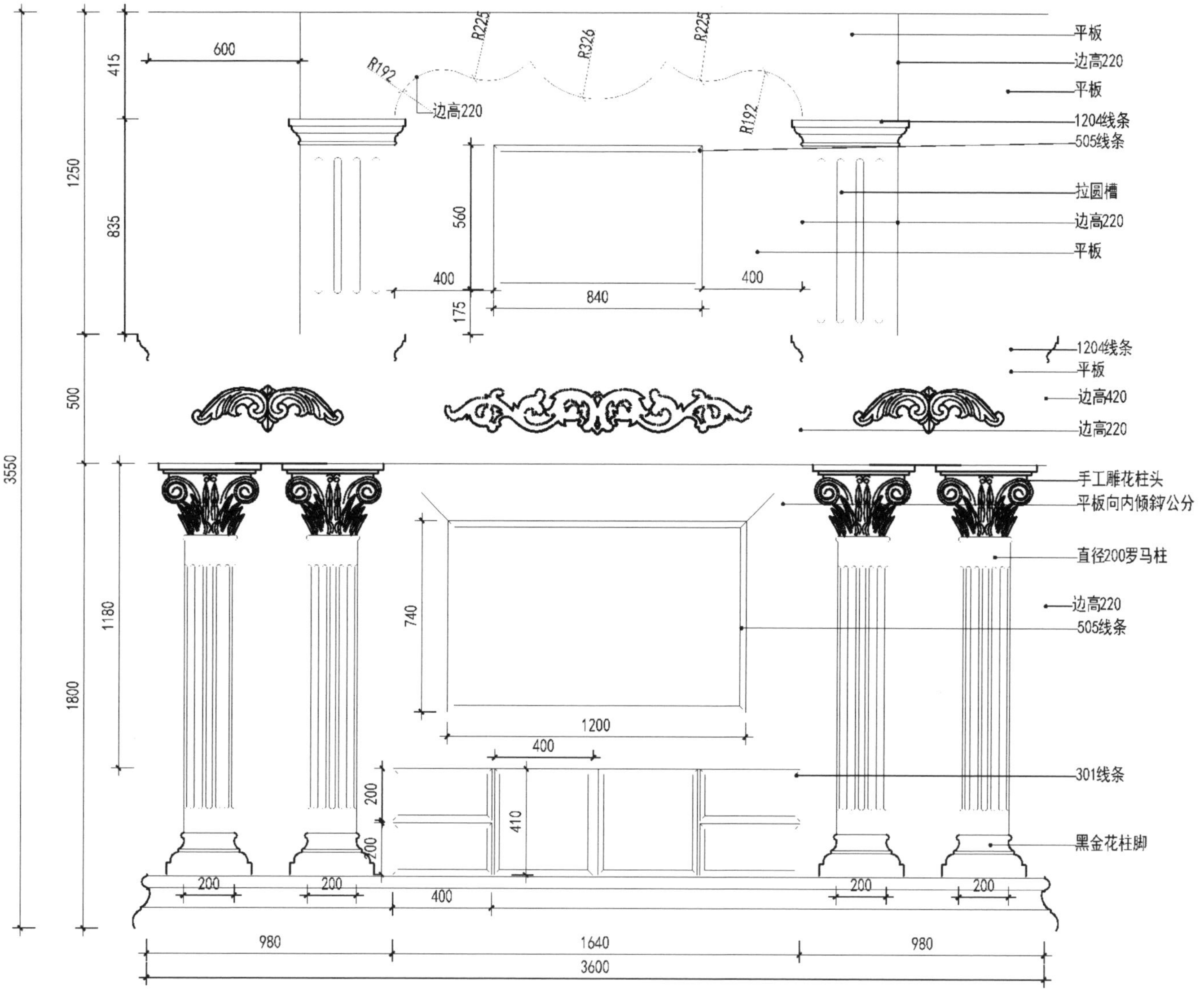
平板
边高220
平板
1204线条
505线条
拉圆槽
边高220
平板
1204线条
平板
边高420
边高220
手工雕花柱头
平板向内倾斜7公分
直径200罗马柱
边高220
505线条
301线条
黑金花柱脚
边高220
R192
R225
R326
R225
R192
600
415
835
1250
560
400
840
400
175
500
3550
1180
1800
740
1200
400
200
200
410
200
200
400
200
200
980
1640
980
3600

背景墙样式七 1:30

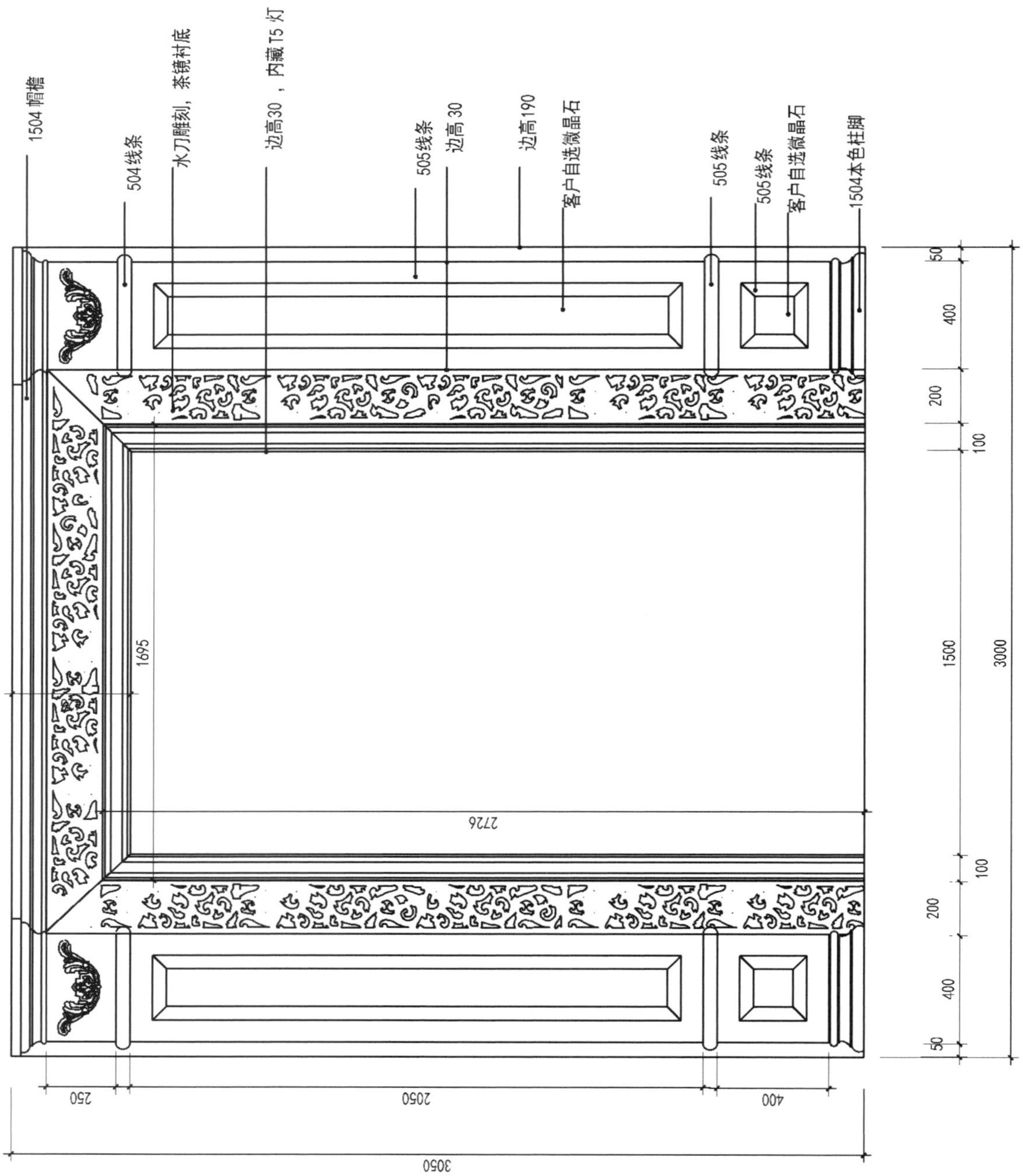
1504 帽檐
504线条
水刀雕刻，茶镜衬底
边高30 ，内藏 T5 灯
505线条
边高 30
边高190
客户自选微晶石
505 线条
505线条
客户自选微晶石
1504本色柱脚
50
400
200
100
1500
100
200
400
50
3000
1695
2726
250
2050
400
3050

背景墙样式八 1:30

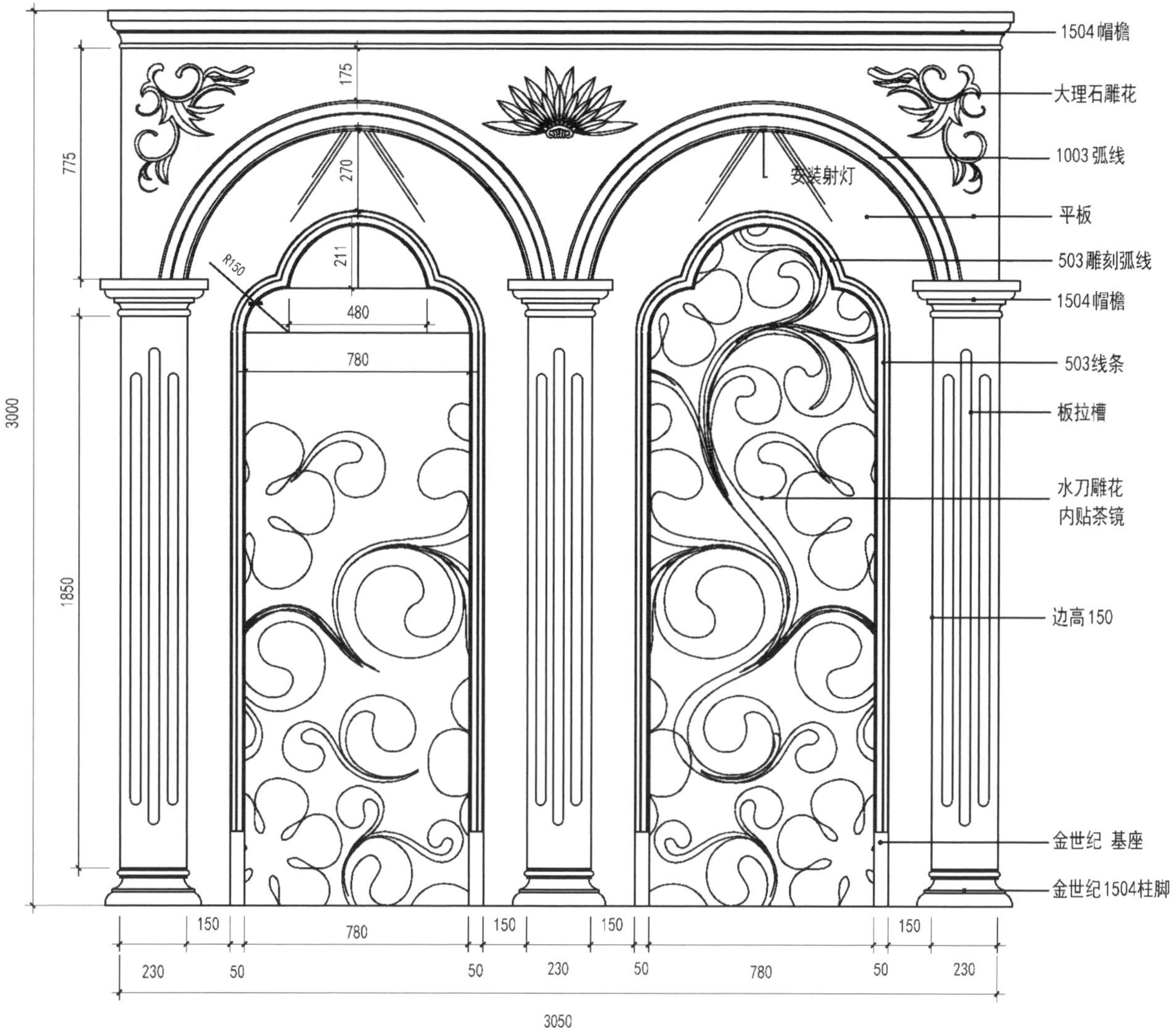
1504帽檐
大理石雕花
1003弧线
安装射灯
平板
503雕刻弧线
1504帽檐
503线条
板拉槽
水刀雕花
内贴茶镜
边高150
金世纪 基座
金世纪1504柱脚
175
270
211
R150
480
780
775
1850
3000
230
150
50
780
50
150
230
150
50
780
50
150
230
3050

背景墙样式九 1:30

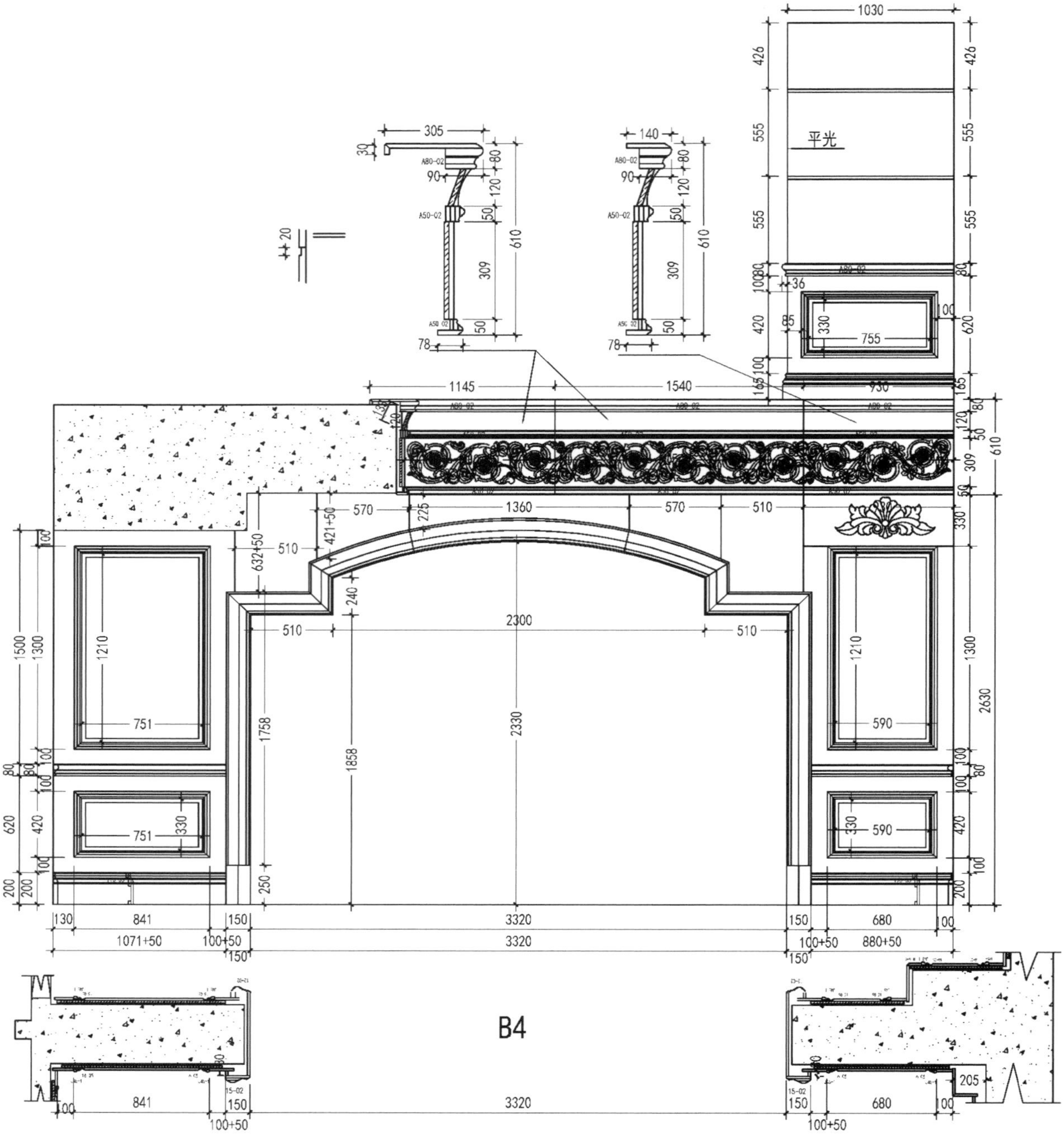
1030
426
555
平光
555
A80-02
36
85
330
755
620
305
30
A80-02
90
80
120
A50-02
50
610
309
50
78
140
20
1145
1540
730
A80-02
570
1360
570
510
225
421+50
632+50
510
240
2300
510
510
1210
1500
1300
751
1758
1858
2330
1210
1300
2630
590
330
751
590
420
620
250
200
130
841
150
3320
150
680
100
1071+50
100+50
150
3320
150
100+50
880+50
B4
841
150
3320
150
680
100
100+50
100+50
205

背景墙样式十 1:30

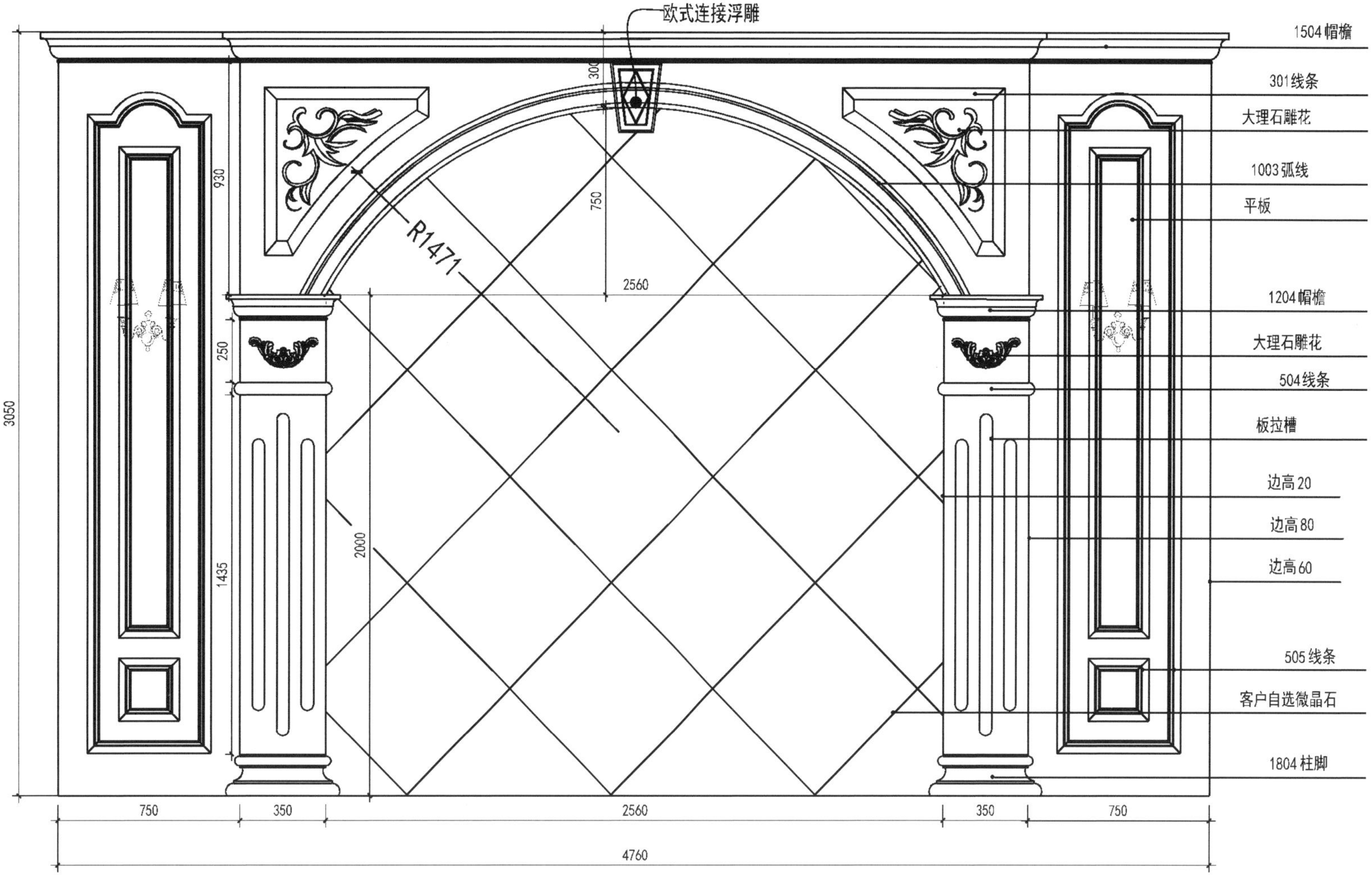
欧式连接浮雕
1504帽檐
301线条
大理石雕花
1003弧线
平板
1204帽檐
大理石雕花
504线条
板拉槽
边高20
边高80
边高60
505线条
客户自选微晶石
1804柱脚
R1471
300
750
930
250
1435
2000
2560
3050
750
350
2560
350
750
4760

背景墙样式十一 1:30

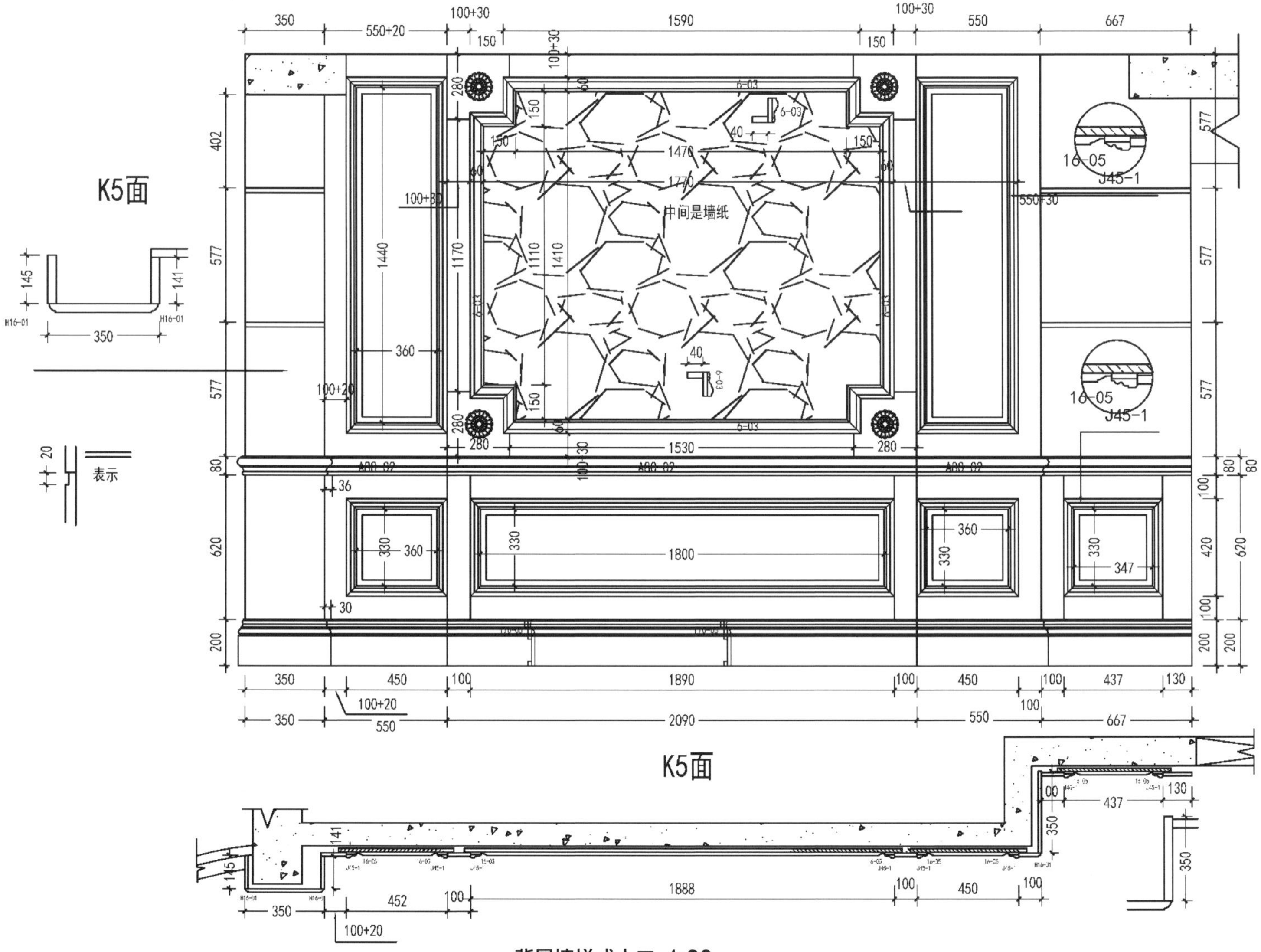

背景墙样式十二 1:30

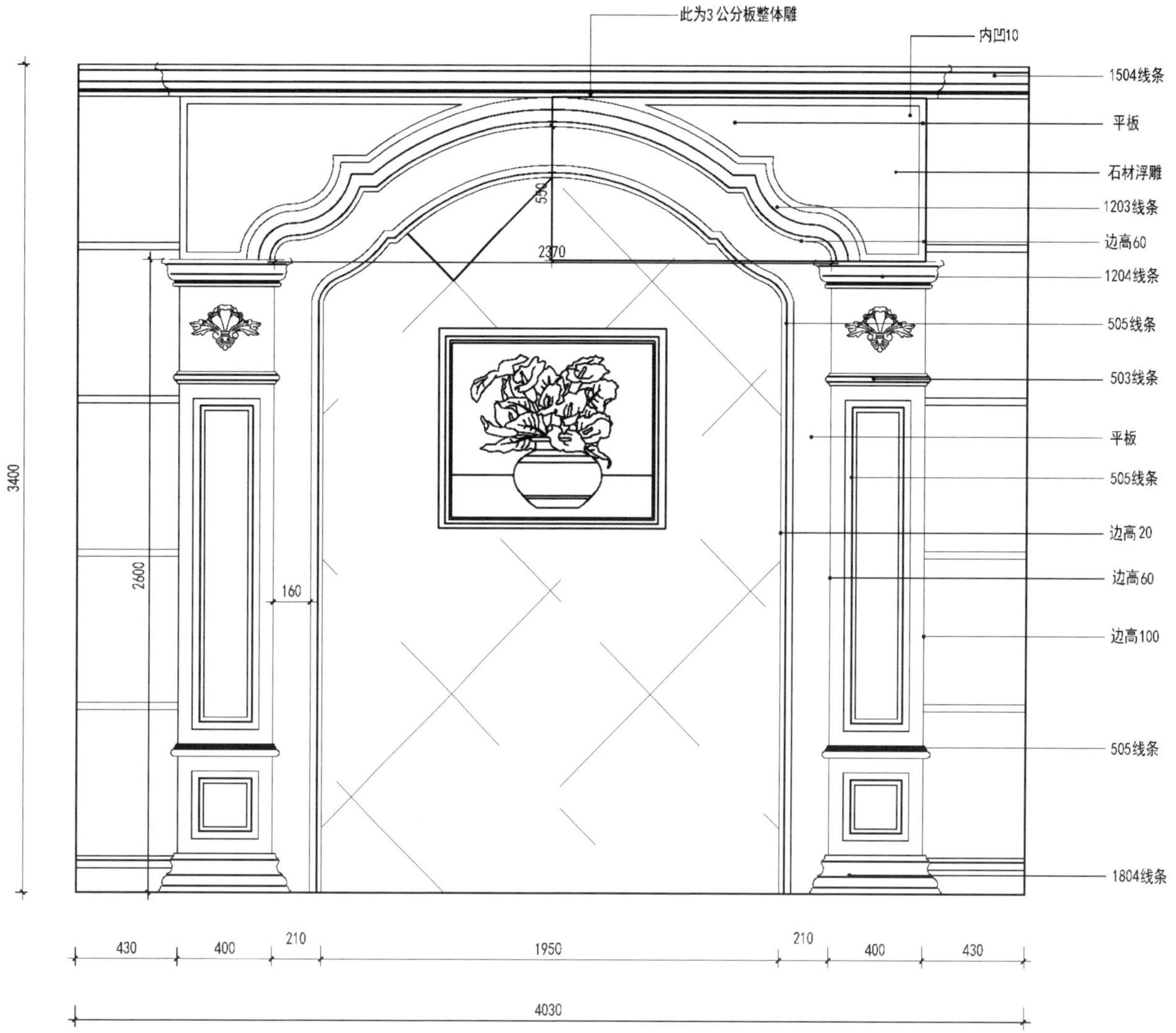
此为3公分板整体雕
内凹10
1504线条
平板
石材浮雕
1203线条
边高60
1204线条
505线条
503线条
平板
505线条
边高20
边高60
边高100
505线条
1804线条
550
2370
160
2600
3400
430
400
210
1950
210
400
430
4030

背景墙样式十三 1:30

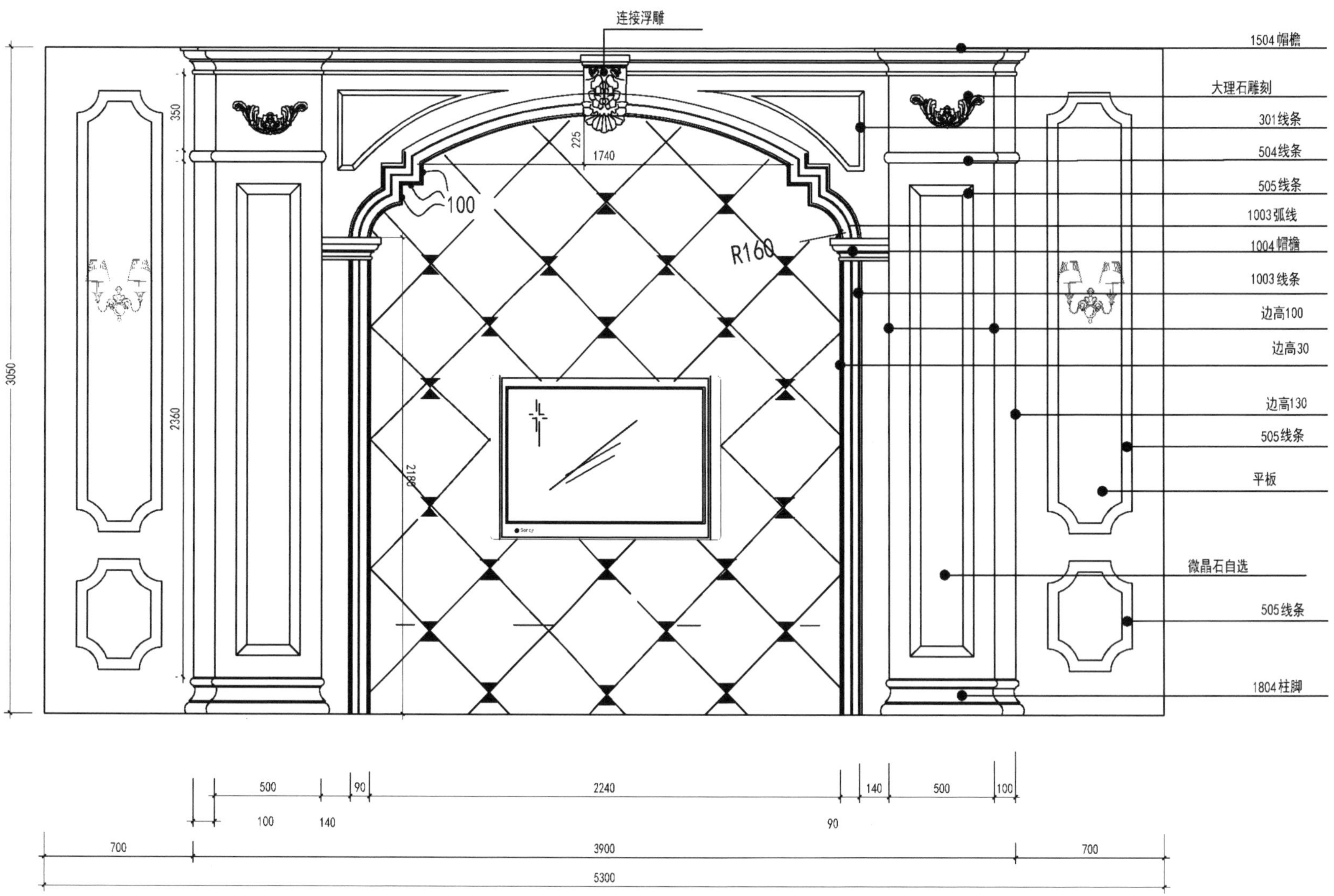
连接浮雕
1504帽檐
大理石雕刻
301线条
504线条
505线条
1003弧线
1004帽檐
1003线条
边高100
边高30
边高130
505线条
平板
微晶石自选
505线条
1804柱脚
R160

背景墙样式十四 1:30

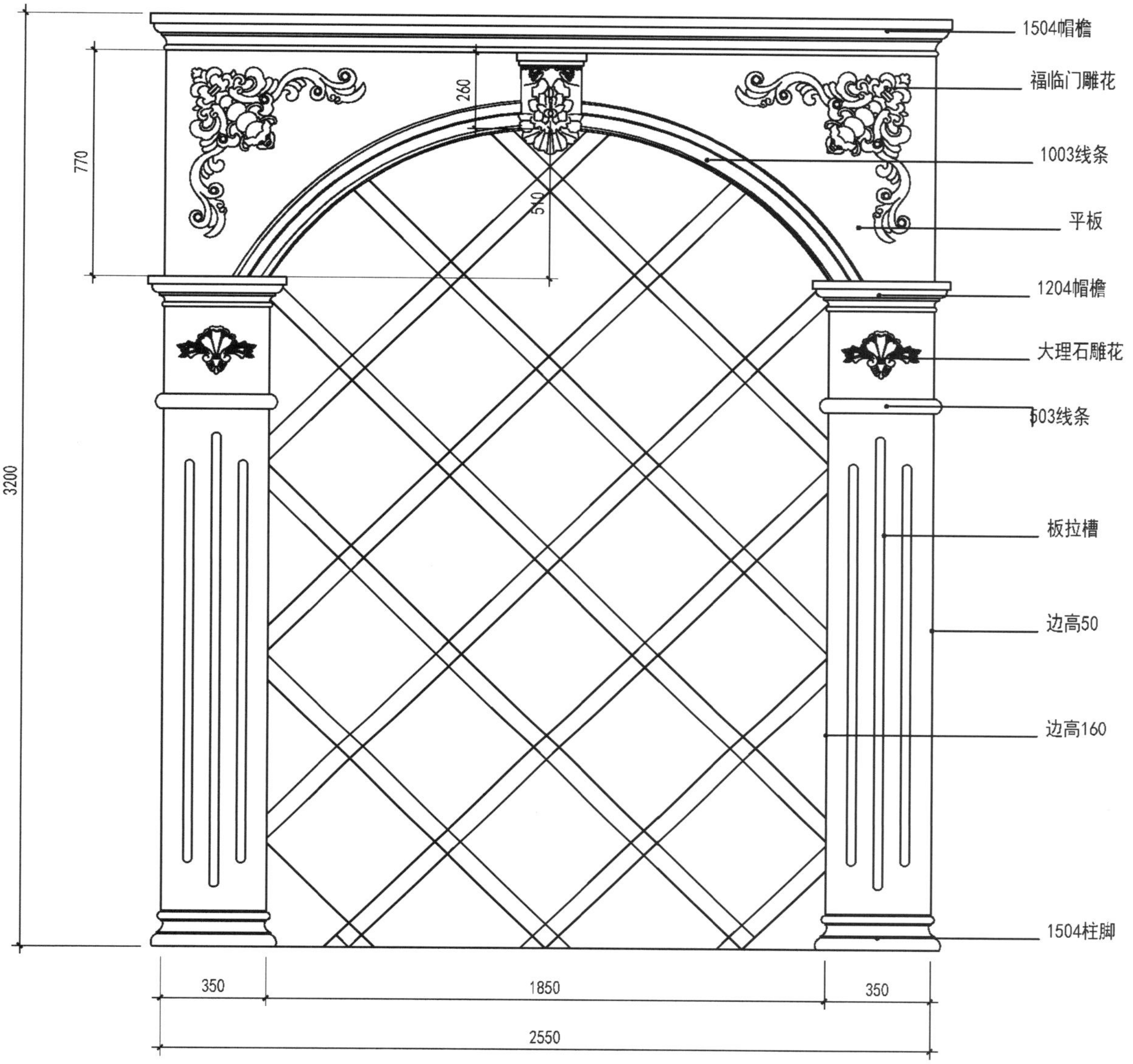
1504帽檐
福临门雕花
1003线条
平板
1204帽檐
大理石雕花
503线条
板拉槽
边高50
边高160
1504柱脚
770
260
510
3200
350
1850
350
2550

背景墙样式十五 1:30

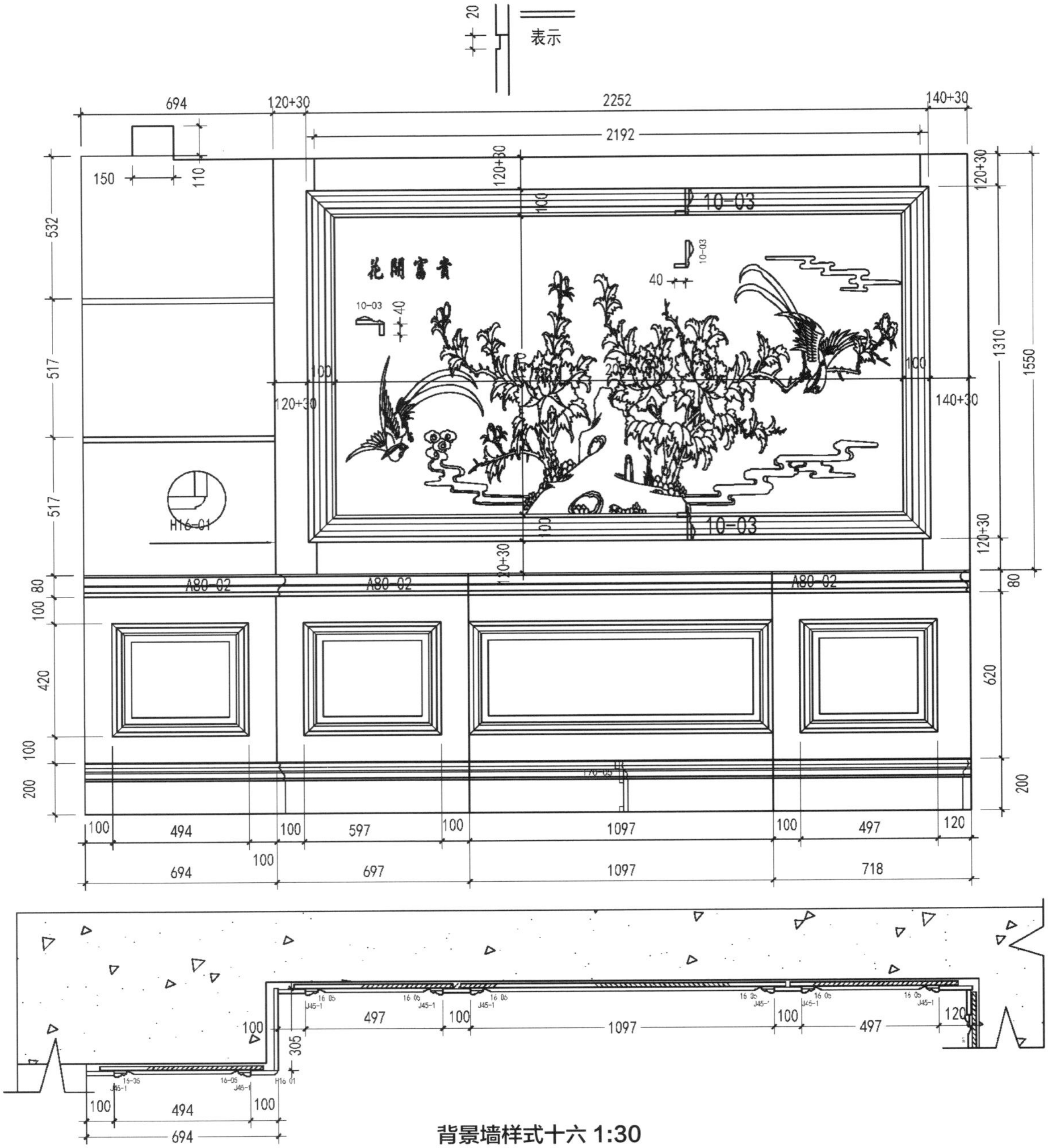
20
表示
694
120+30
2252
140+30
2192
150
110
120+80
100
10-03
花開富貴
40
120+30
140+30
1310
1550
532
517
517
H16-01
A80-02
A80-02
A80-02
80
100
420
100
200
620
200
100
494
100
597
100
1097
100
497
120
694
100
697
1097
718
497
100
1097
100
497
120
100
305
100
494
100
694

背景墙样式十六 1:30

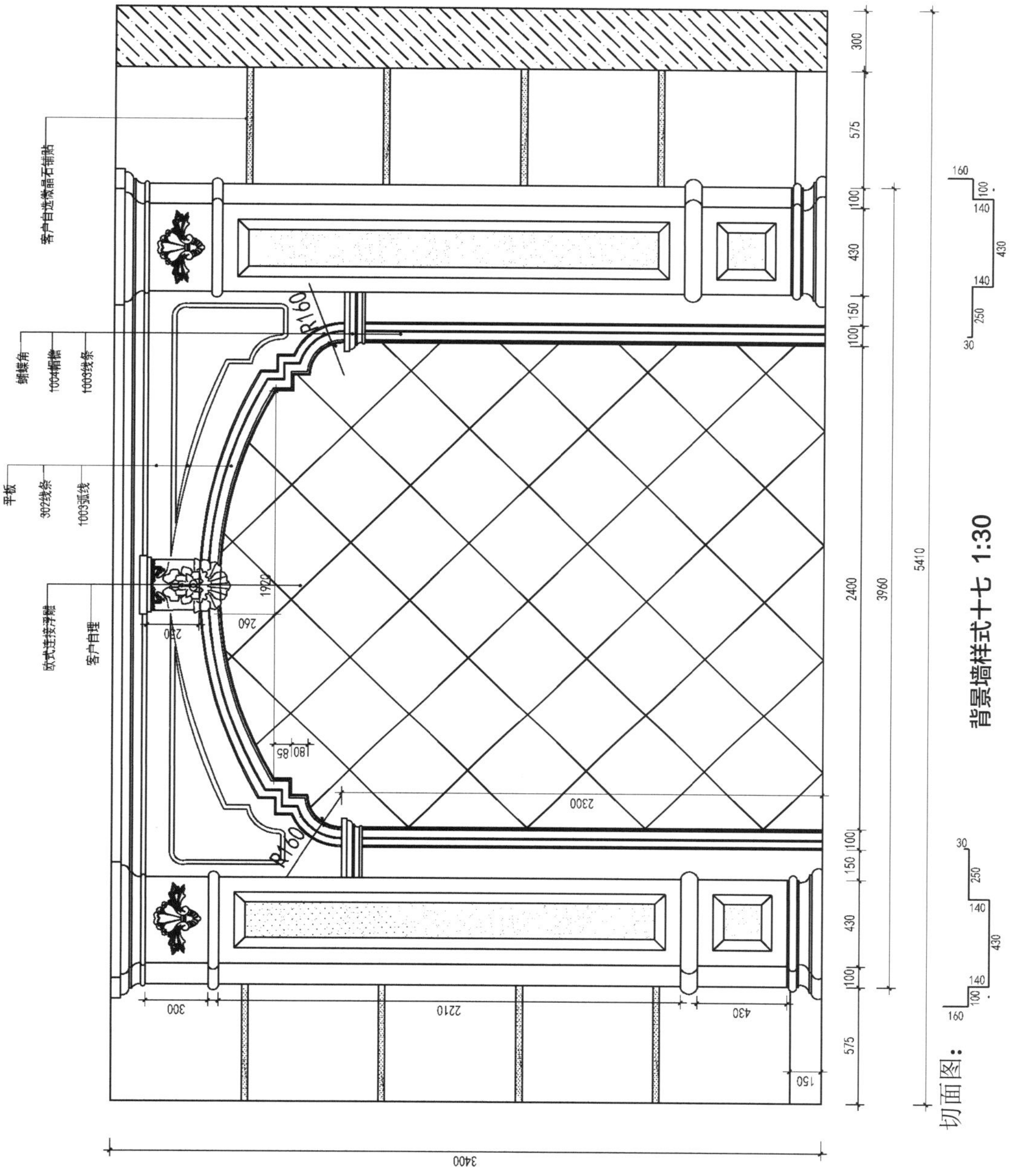
客户自选微晶石铺贴
蝴蝶角
1004帽檐
1003线条
平板
302线条
1003弧线
欧式花浮雕
客户自理
R160
1920
260
250
300
2210
430
150
2300
80
85
300
575
100
430
150
100
2400
3960
5410
3400
160
140
250
30
切面图:

背景墙样式十七 1:30

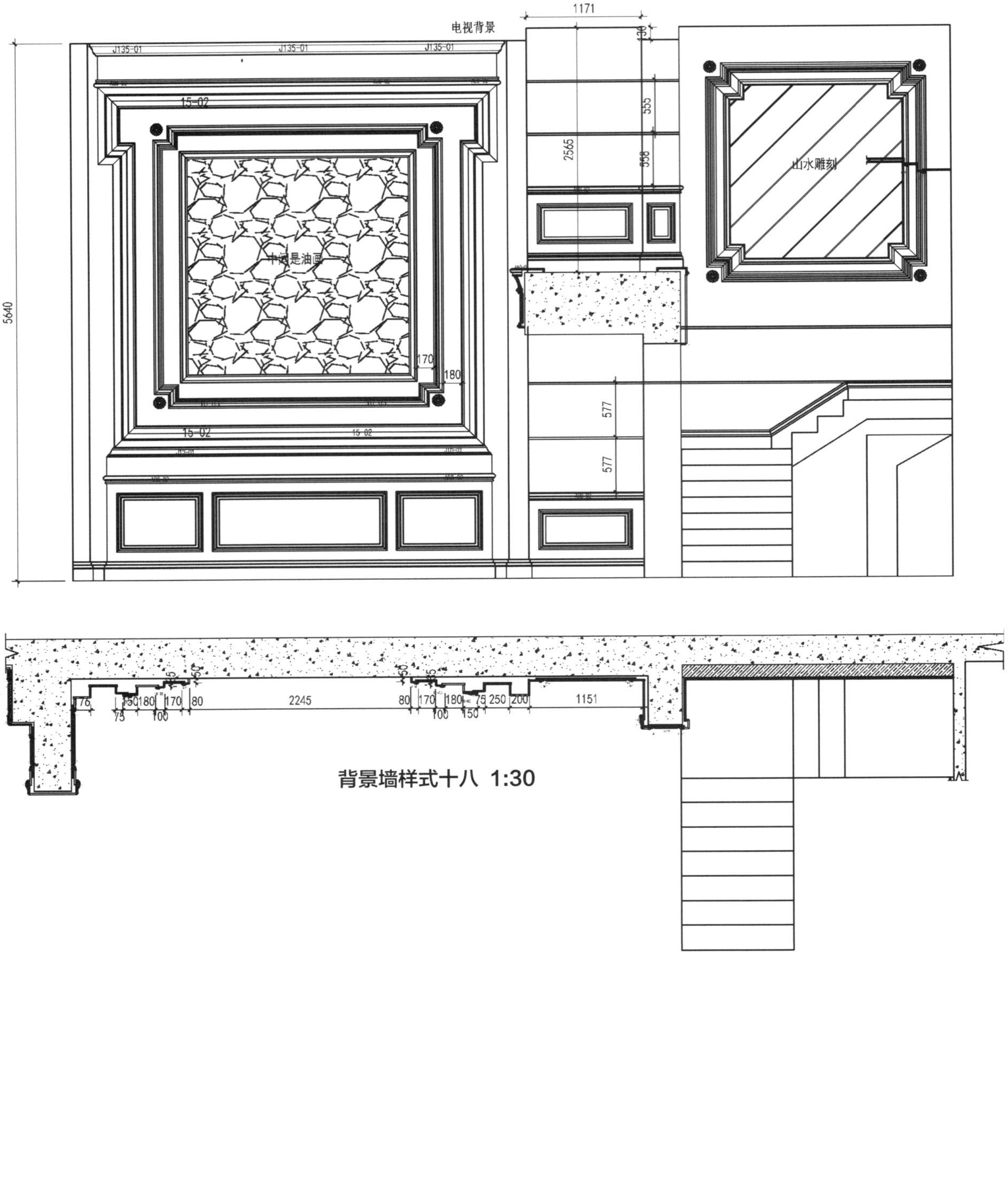

电视背景
1171
130
J135-01
J135-01
J135-01
15-02
15-02
中间是油画
山水雕刻
5640
2565
555
558
170
180
577
577
176
150
180
170
80
2245
80
170
180
75
250
200
1151
75
100
100
150

背景墙样式十八 1:30

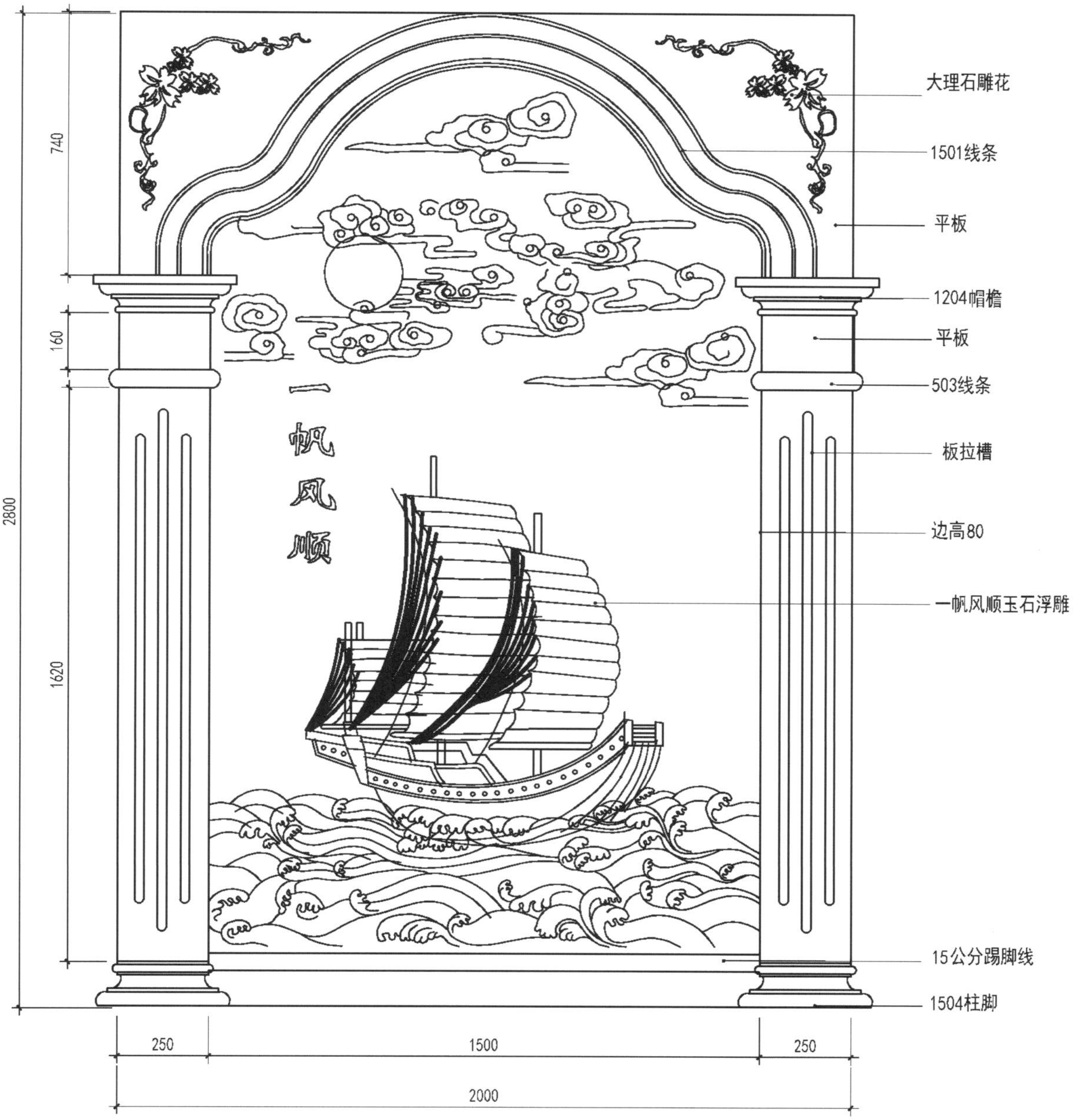
大理石雕花
1501线条
平板
1204帽檐
平板
503线条
板拉槽
边高80
一帆风顺玉石浮雕
15公分踢脚线
1504柱脚
一帆风顺
740
160
2800
1620
250
1500
250
2000

背景墙样式十九 1:30

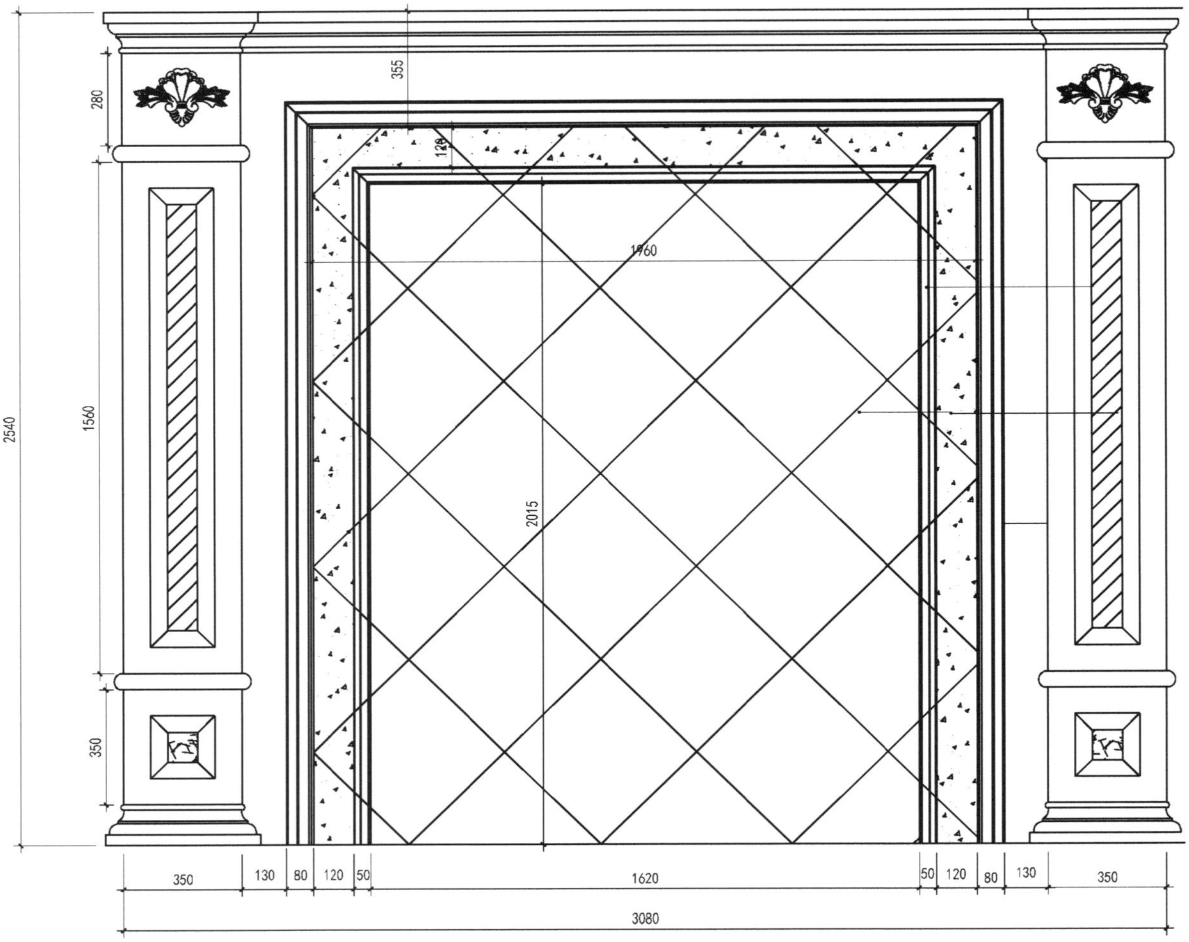
355
280
120
1960
2540
1560
2015
350
350
130
80
120
50
1620
50
120
80
130
350
3080

背景墙样式二十 1:30

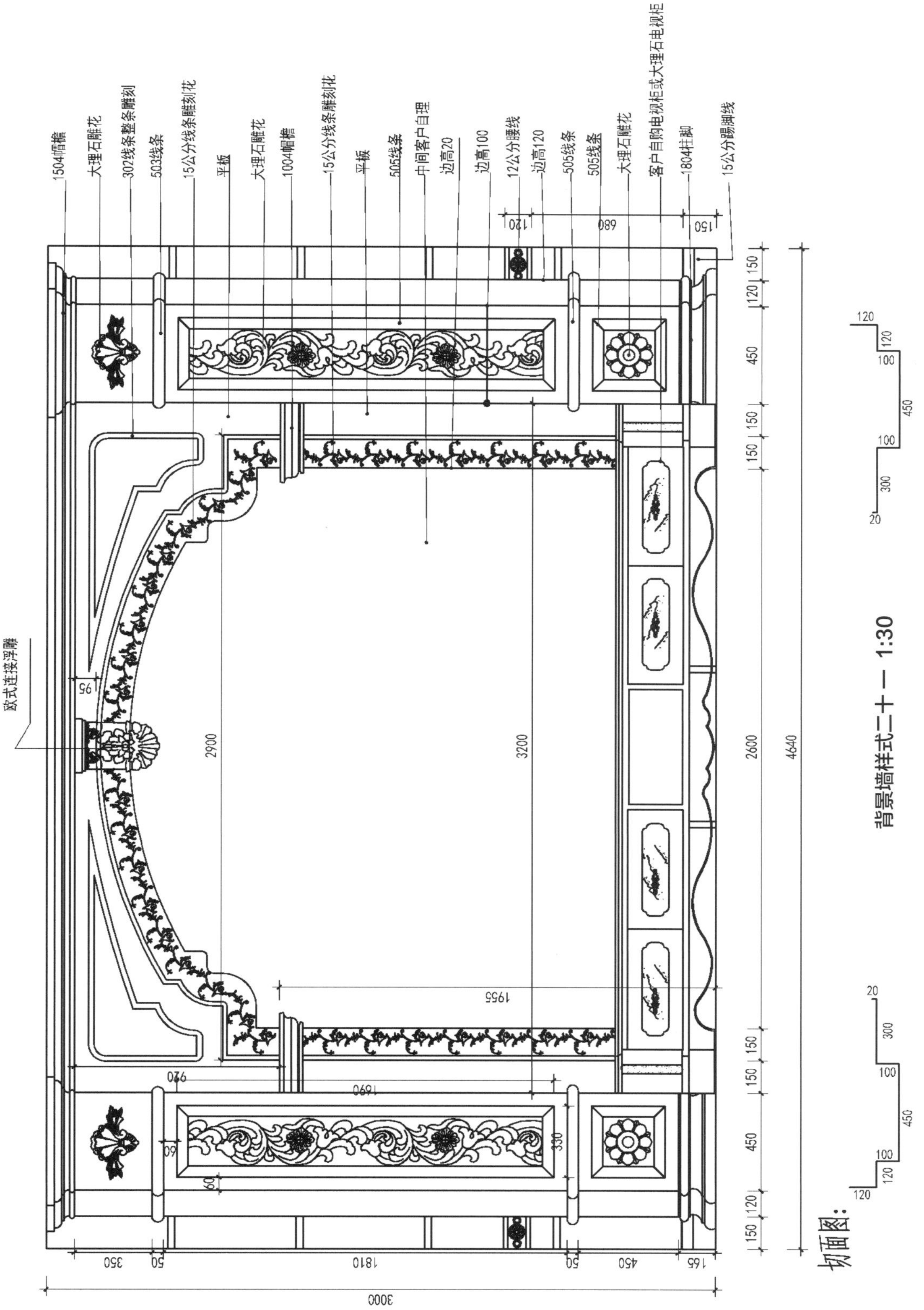
1504帽檐
大理石雕花
302线条整条雕刻
503线条
15公分线条雕刻花
平板
大理石雕花
1004帽檐
15公分线条雕刻花
平板
505线条
中间客户自理
边高20
边高100
12公分腰线
边高120
505线条
505线条
大理石雕花
客户自购电视柜或大理石电视柜
1804柱脚
15公分踢脚线
欧式连接浮雕
切面图:
3000
4640
2600
3200
2900
1955
1810
1690
920
680
350
450
165
50
95
330
60
150
120
100
300
20

背景墙样式二十一 1:30

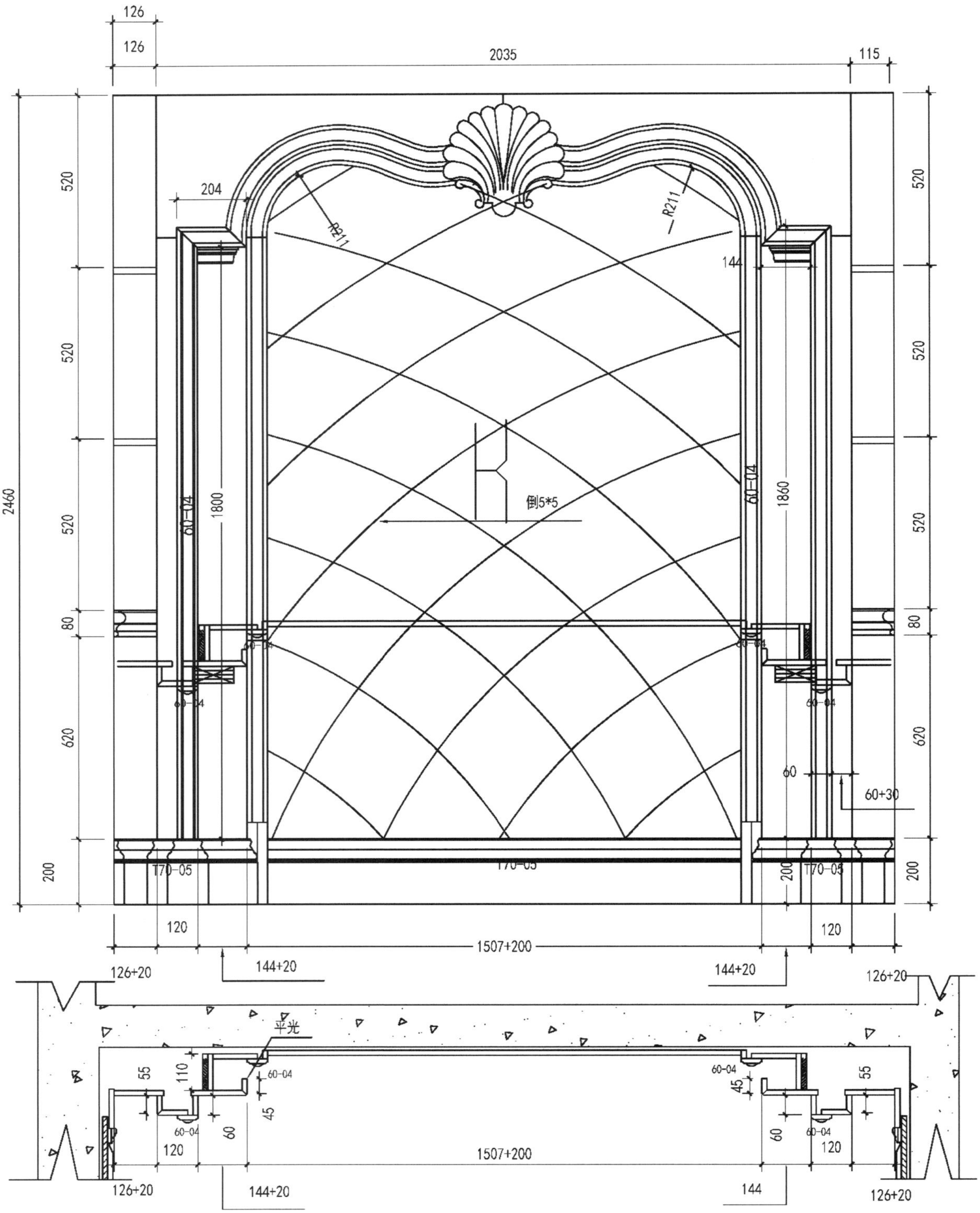

背景墙样式二十二 1:30

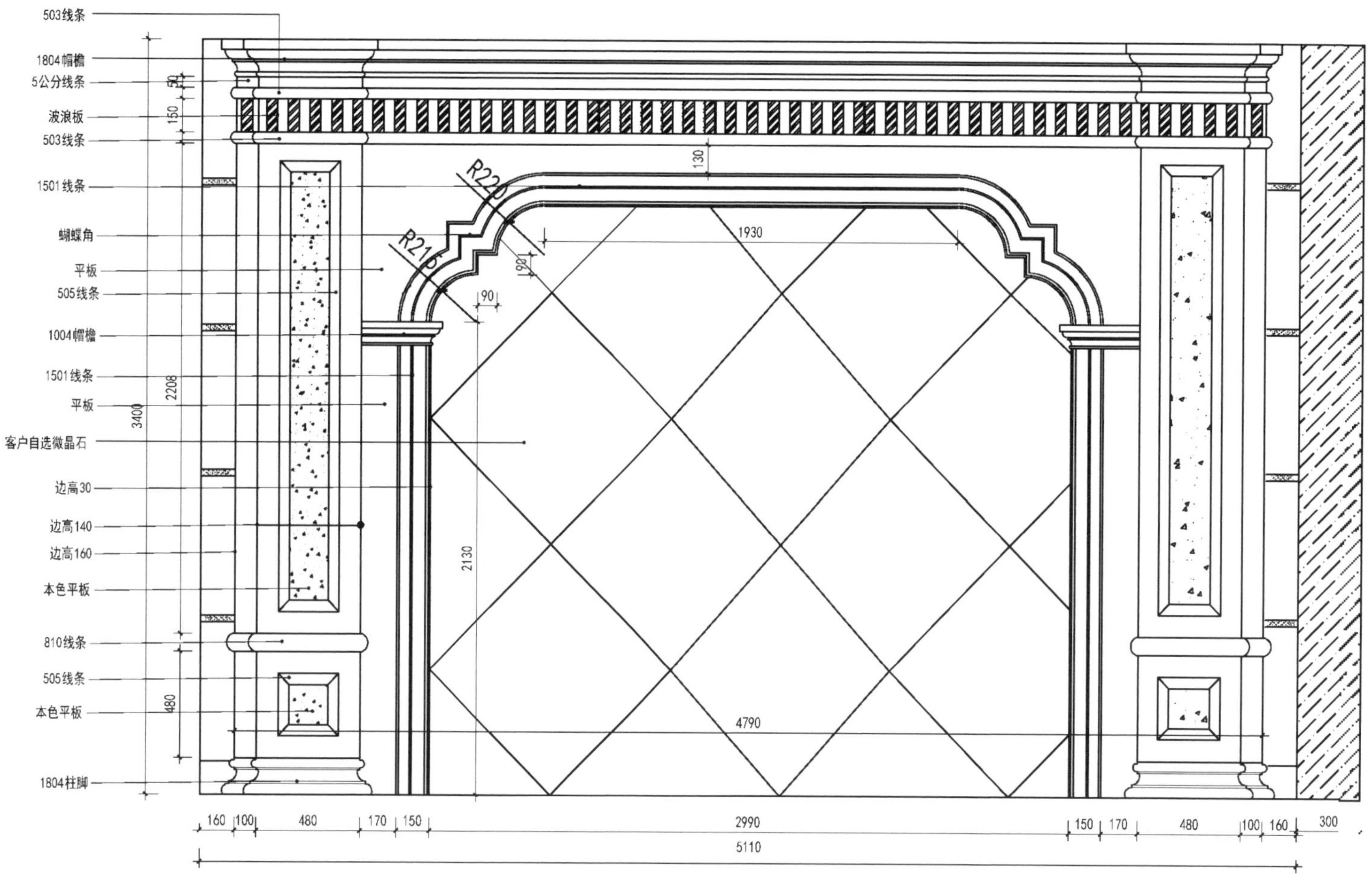

切面图:

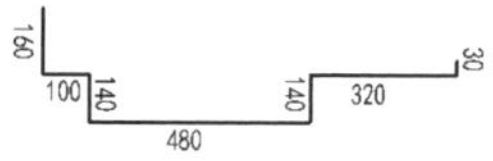

背景墙样式二十三 1:30

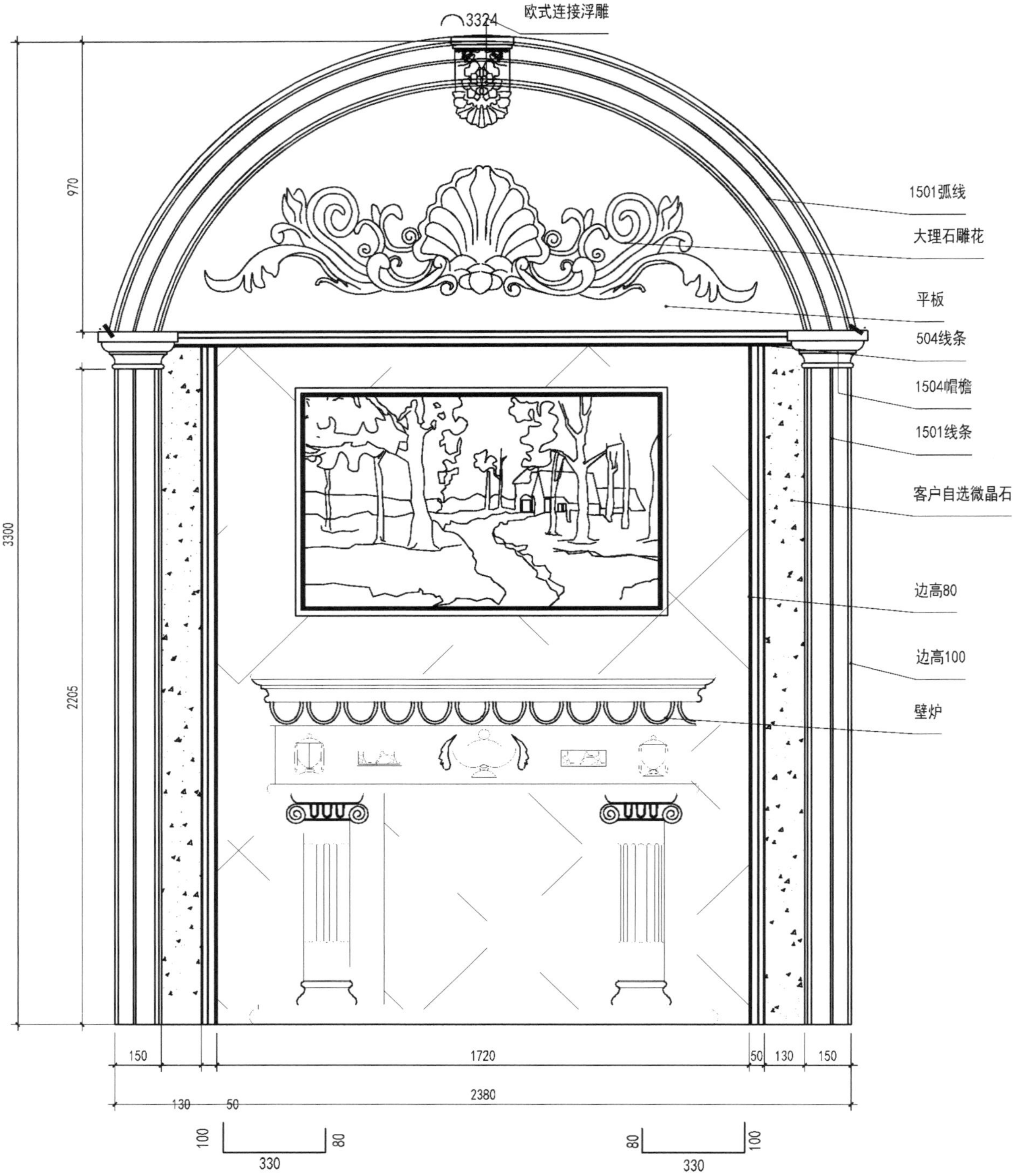
3324
欧式连接浮雕
1501弧线
大理石雕花
平板
504线条
1504帽檐
1501线条
客户自选微晶石
边高80
边高100
壁炉
970
3300
2205
150
1720
50
130
150
2380
130
50
100
80
330
80
100
330

背景墙样式二十四 1:30

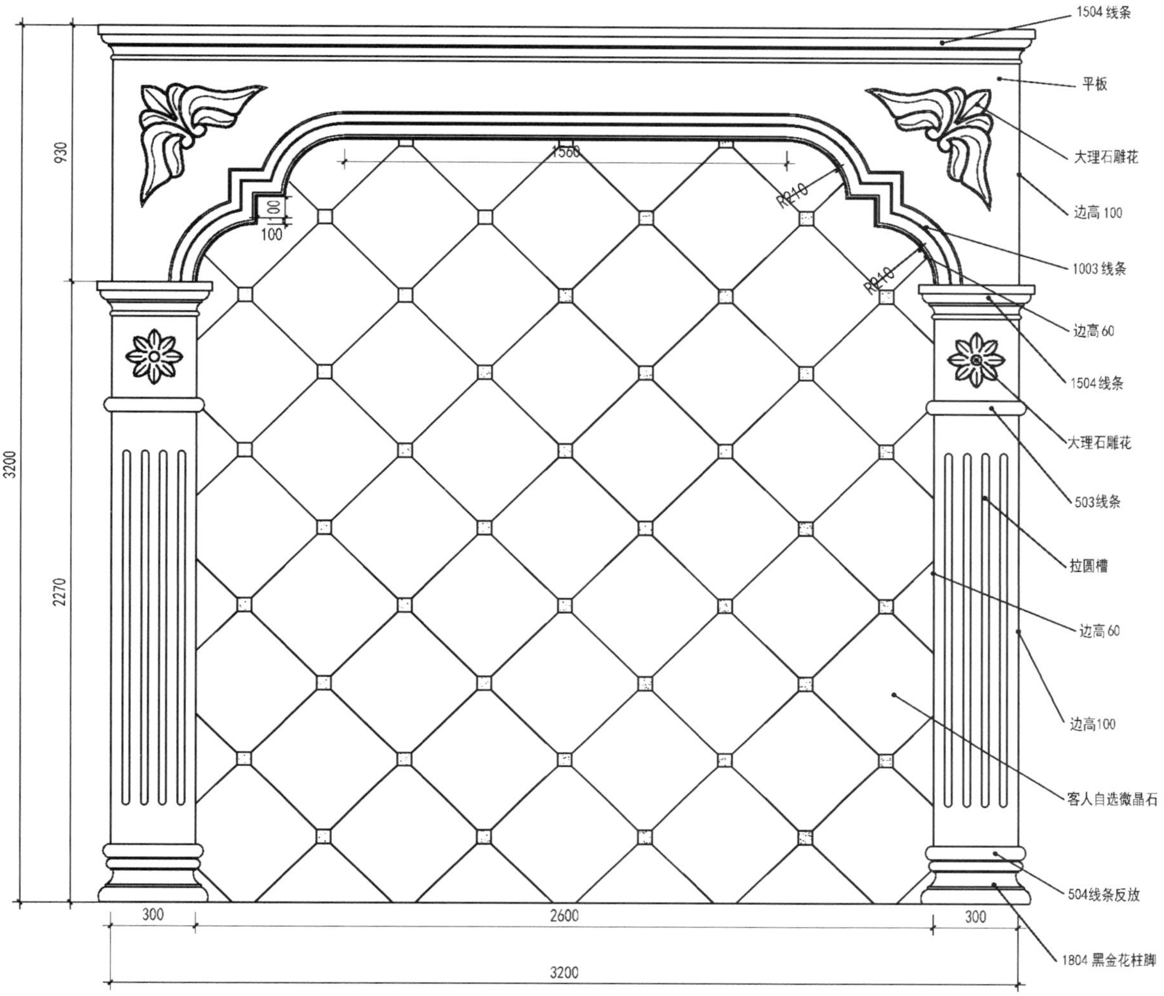
1504 线条
平板
大理石雕花
边高 100
1003 线条
边高 60
1504 线条
大理石雕花
503线条
拉圆槽
边高 60
边高100
客人自选微晶石
504线条反放
1804 黑金花柱脚
930
3200
2270
1560
R210
R210
100
100
300
2600
300
3200

背景墙样式二十五 1:30

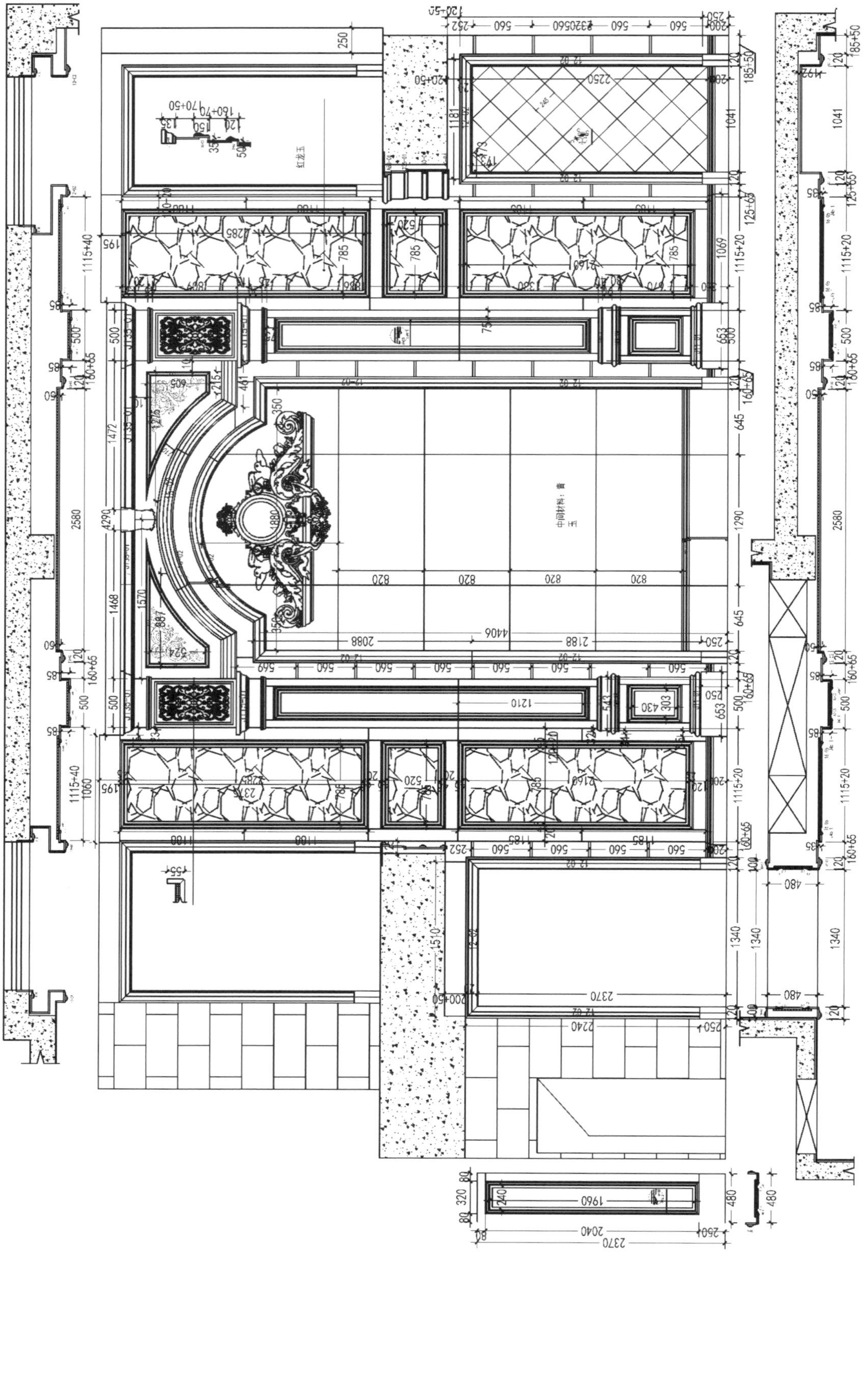

背景墙样式二十六 1:30

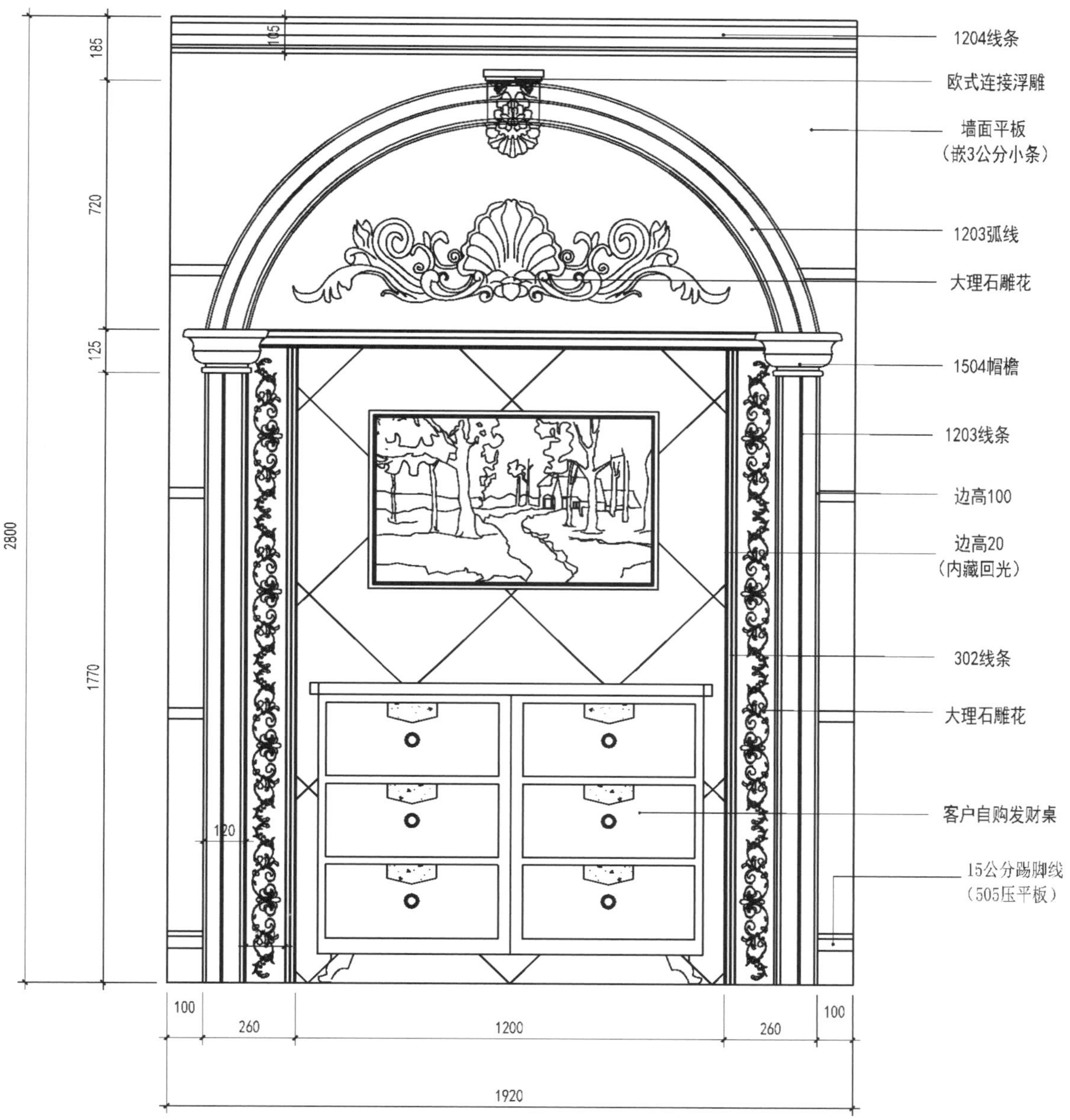

185
105
720
125
2800
1770
120
100
260
1200
260
100
1920
1204线条
欧式连接浮雕
墙面平板
（嵌3公分小条）
1203弧线
大理石雕花
1504帽檐
1203线条
边高100
边高20
（内藏回光）
302线条
大理石雕花
客户自购发财桌
15公分踢脚线
（505压平板）

背景墙样式二十七 1:30

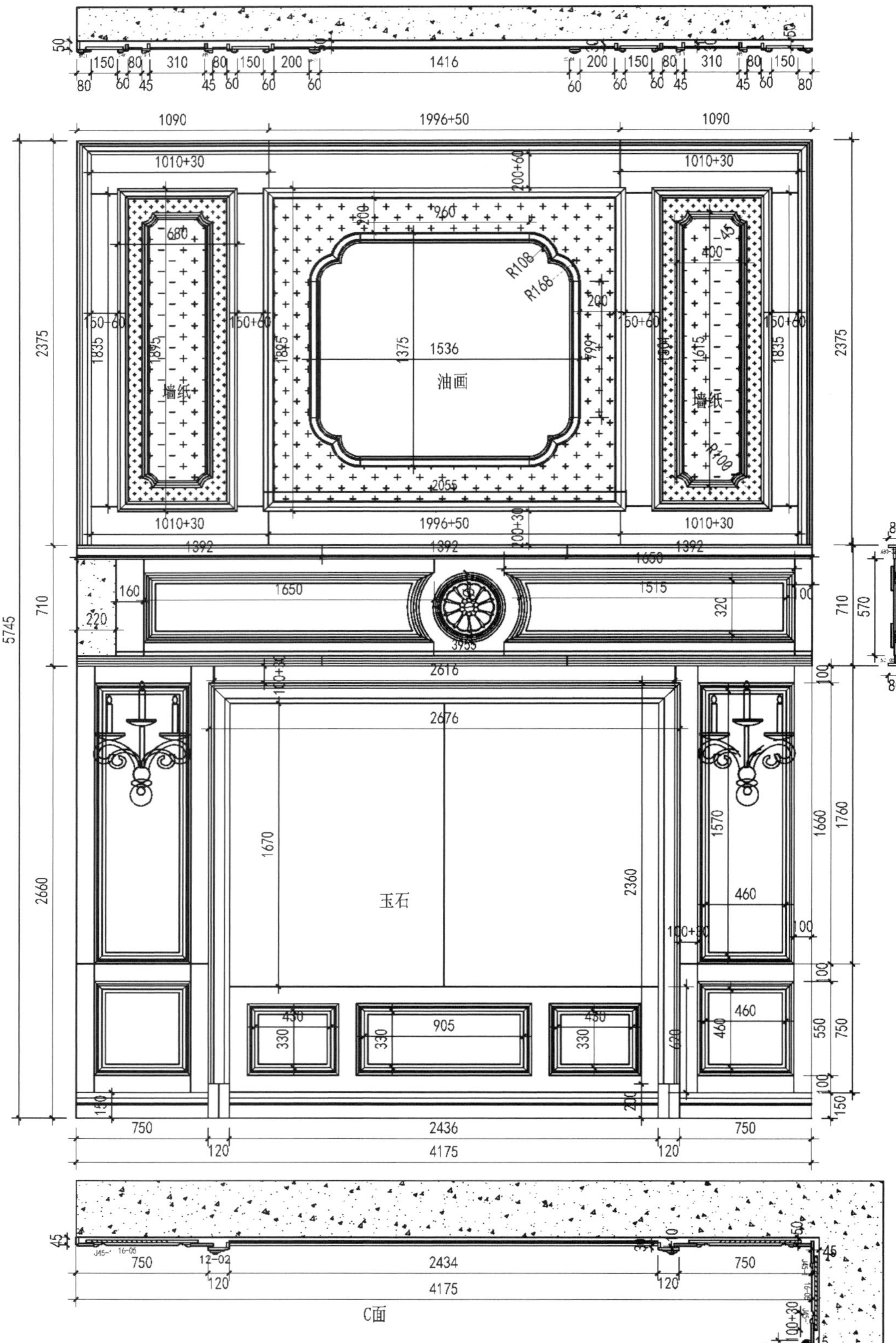

背景墙样式二十八 1:30

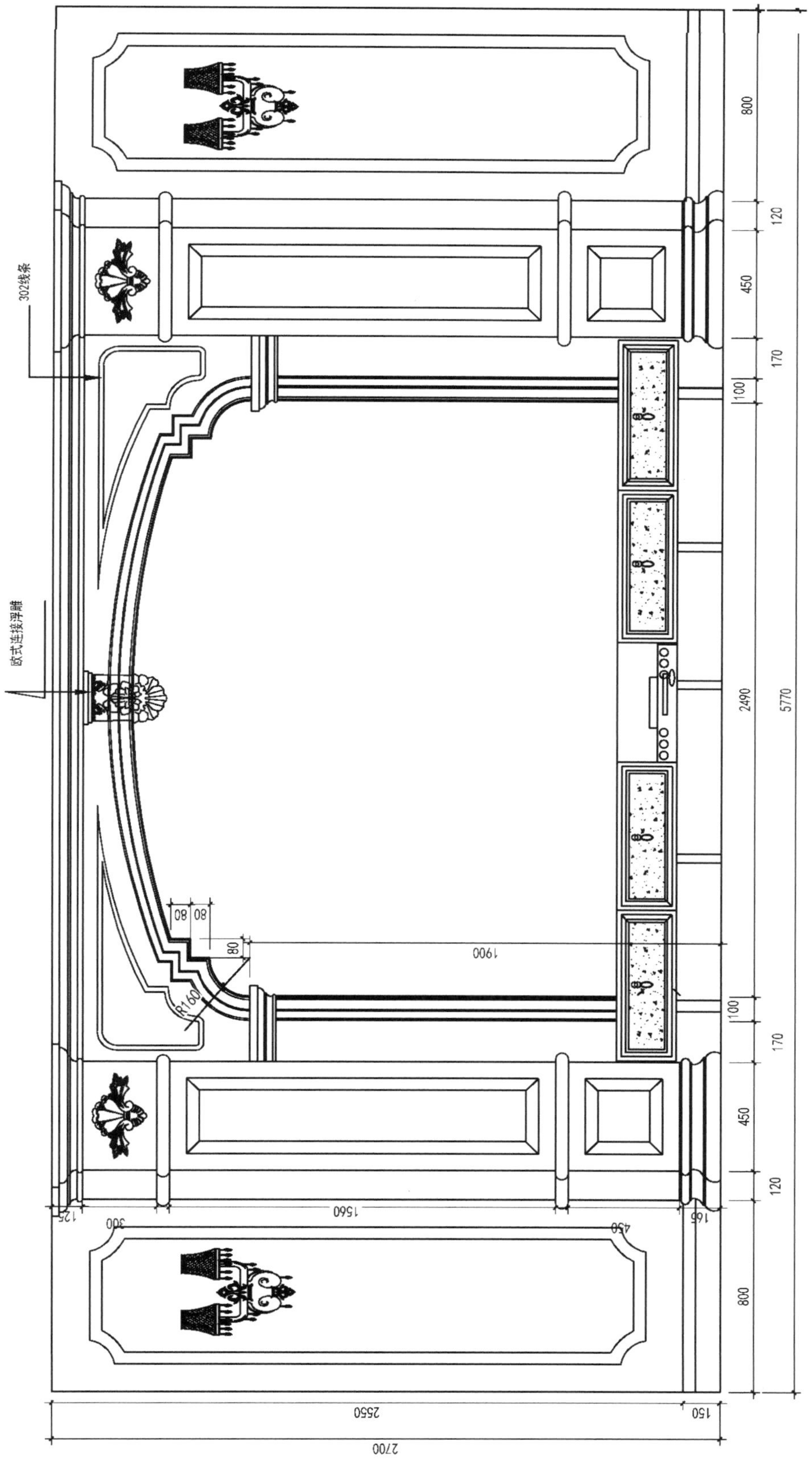

背景墙样式二十九 1:30

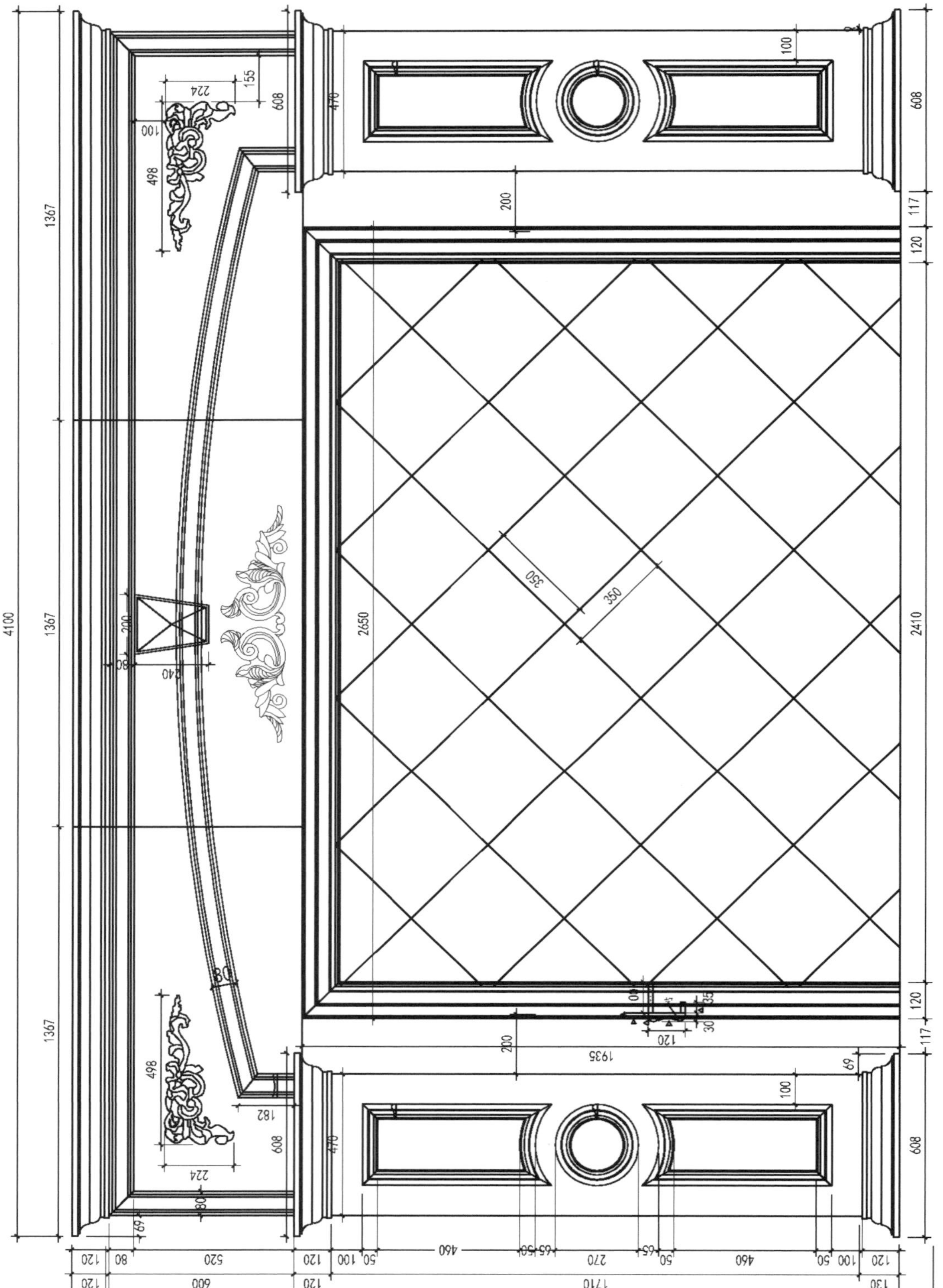
4100
1367
1367
1367
2650
2410
2680
1960
600
120
1710
130
520
80
100
50
460
65
270
350
350
1935
608
470
498
224
155
100
200
240
182
117
69
30
35

背景墙样式三十 1:30

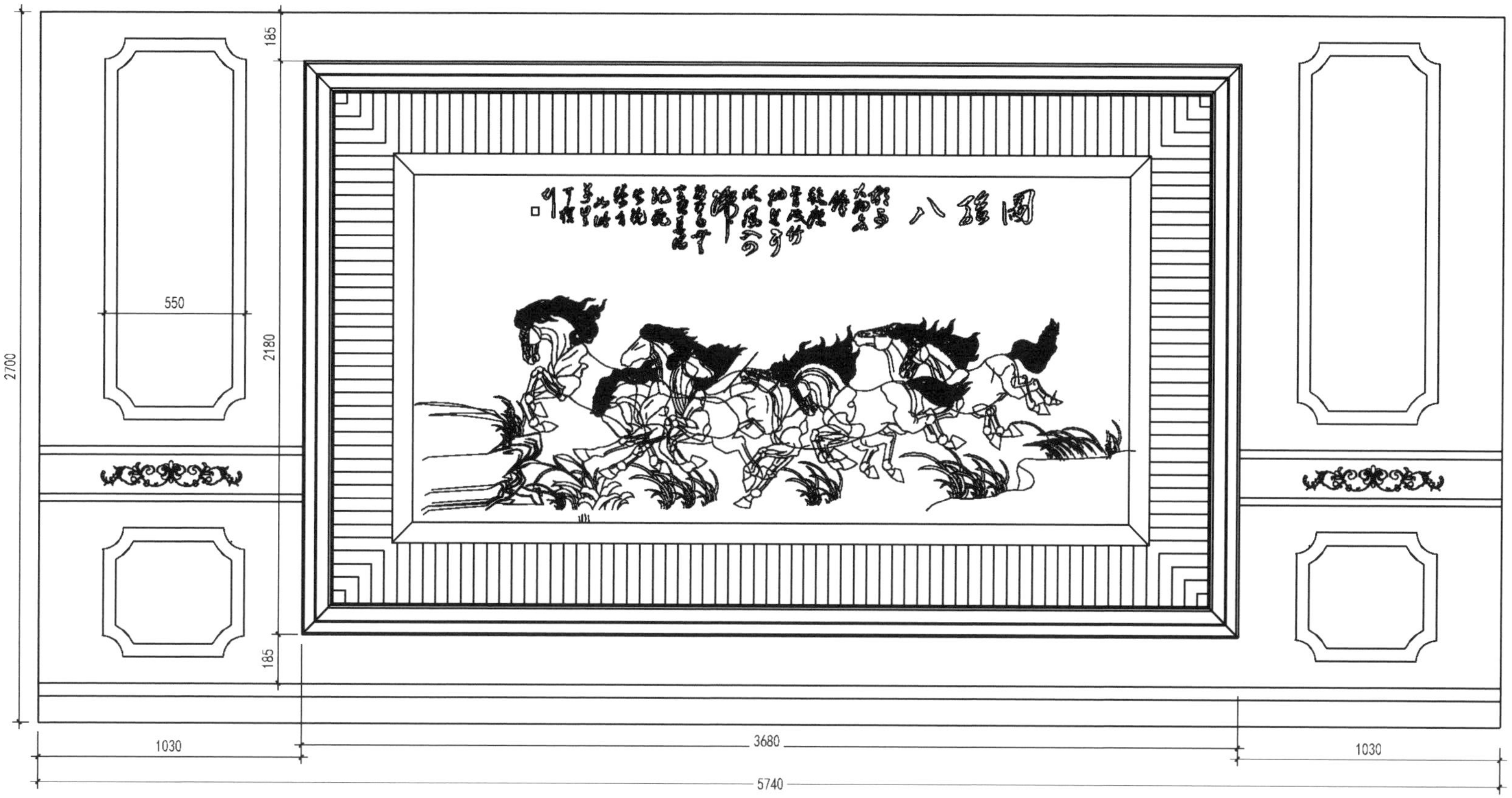

背景墙样式三十 — 1:30

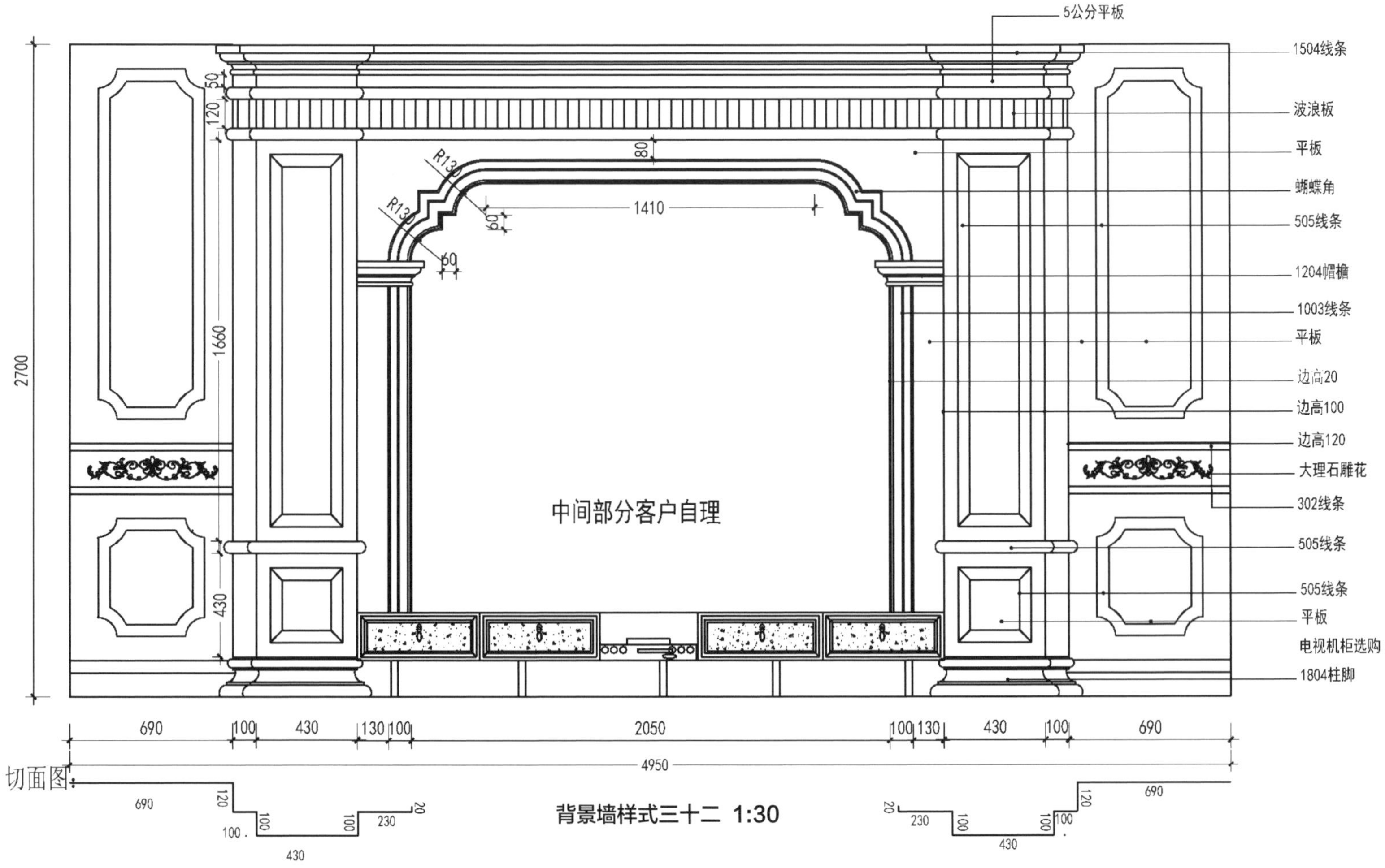

背景墙样式三十二 1:30

背景墙样式三十三 1:30

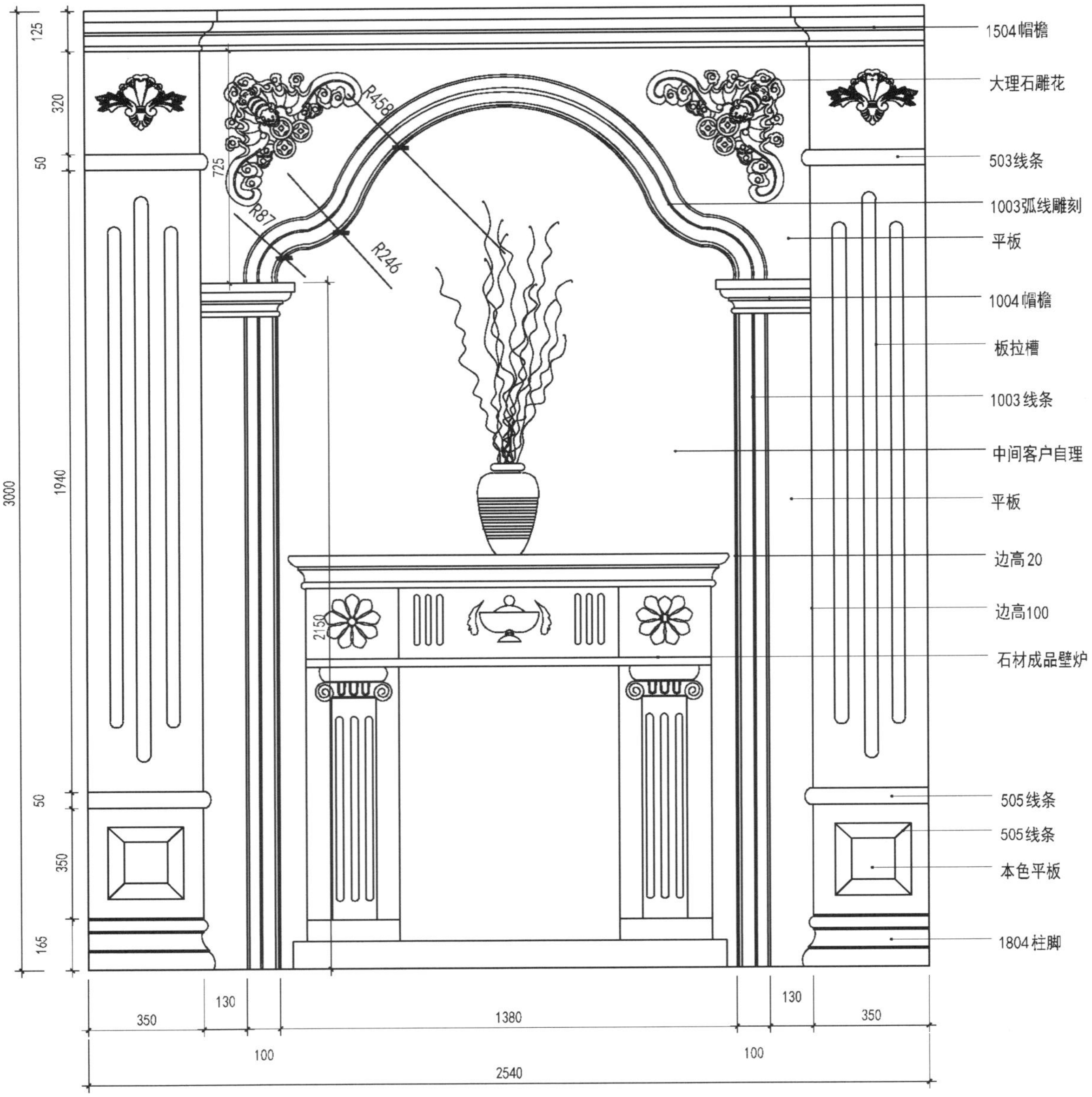
1504帽檐
大理石雕花
503线条
1003弧线雕刻
平板
1004帽檐
板拉槽
1003线条
中间客户自理
平板
边高20
边高100
石材成品壁炉
505线条
505线条
本色平板
1804柱脚
R458
R87
R246
725
2150
125
320
50
1940
50
350
165
3000
350
130
1380
130
350
100
100
2540

背景墙样式三十四 1:30

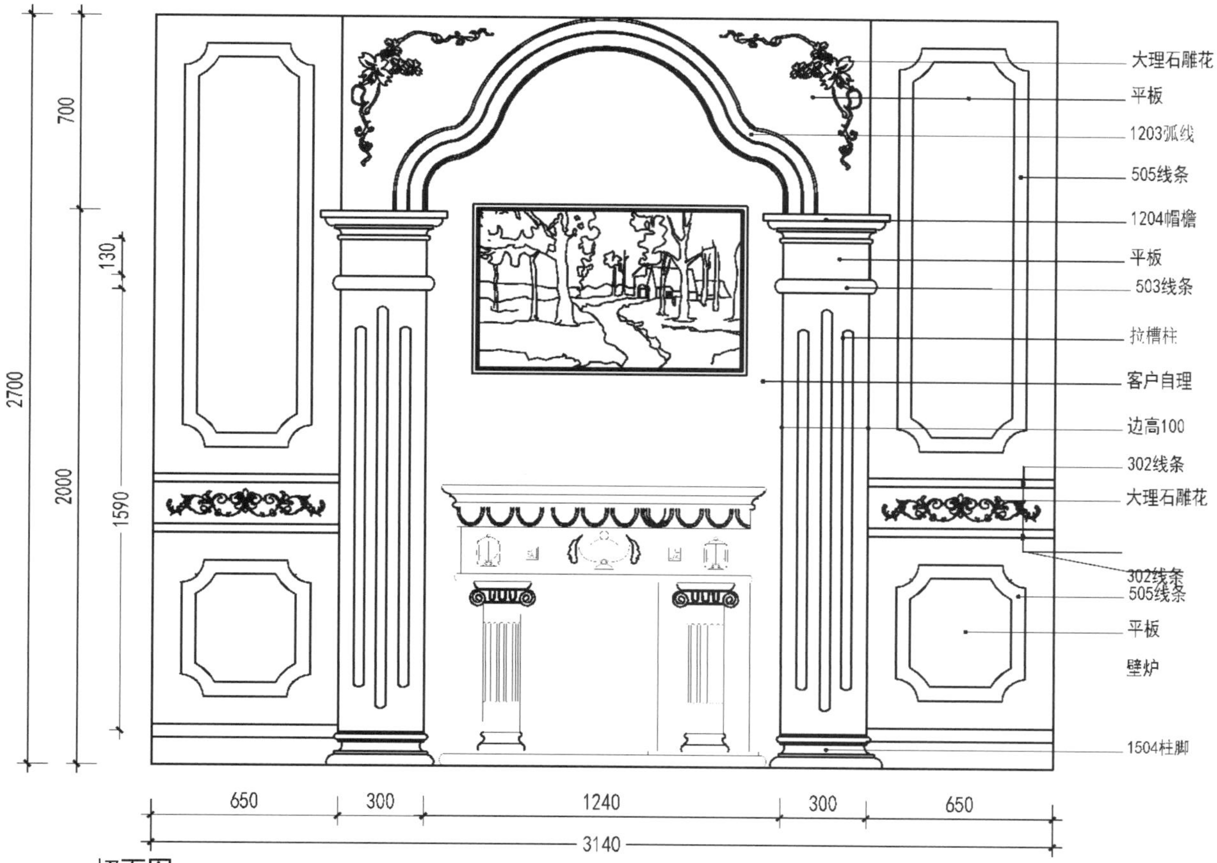

切面图:

背景墙样式三十五 1:30

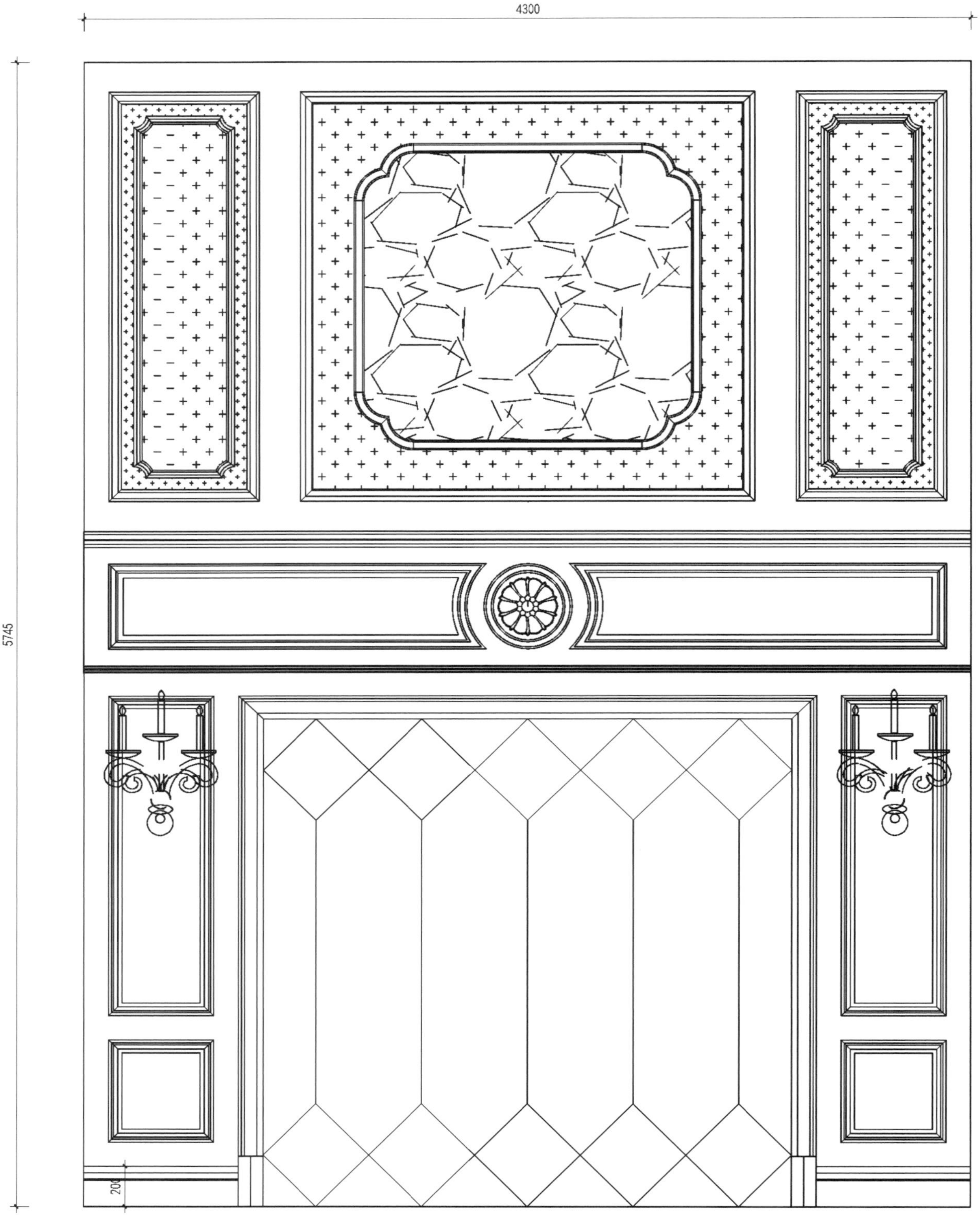

背景墙样式三十六 1:30

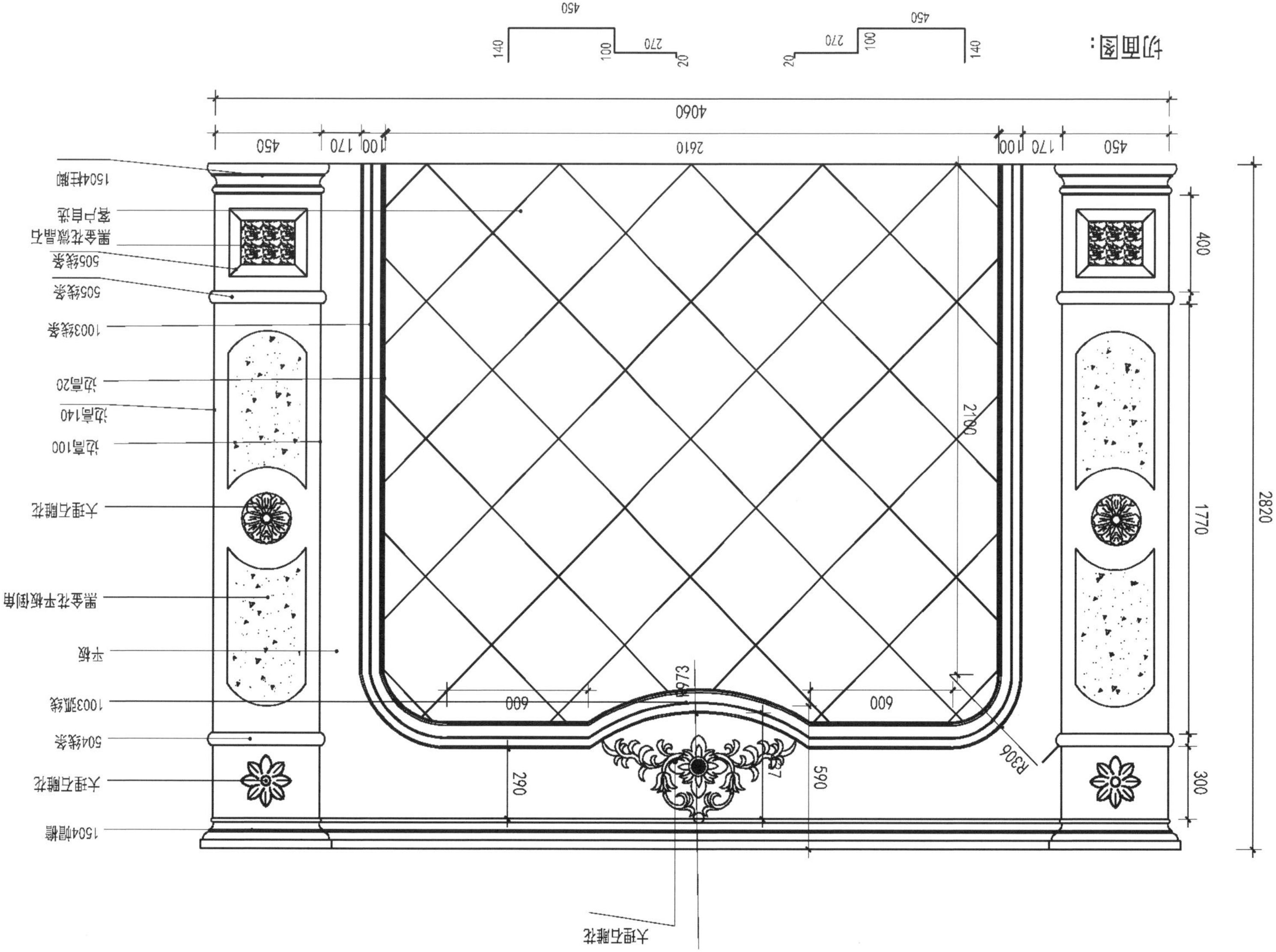

背景墙样式三十七 1:30

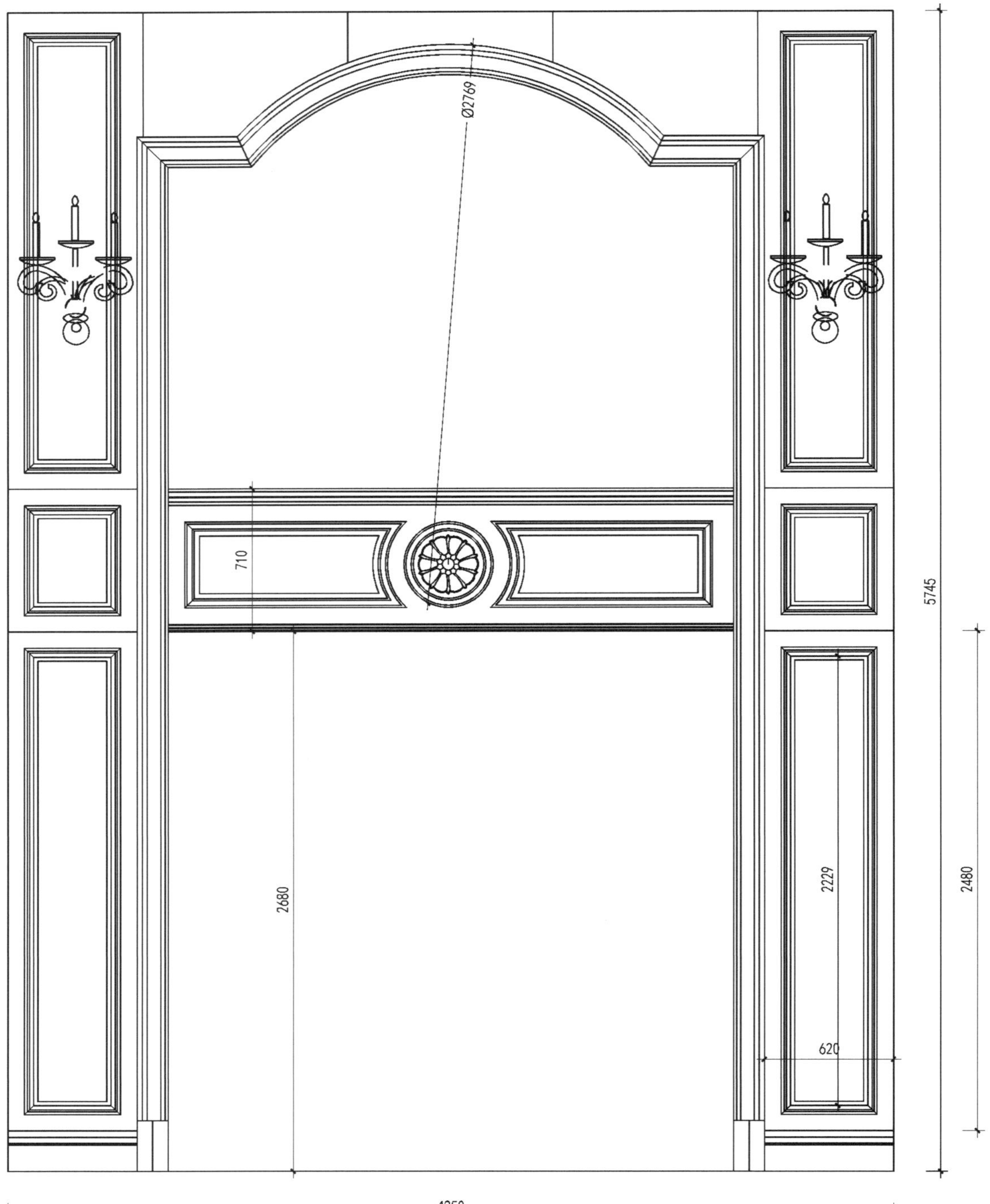

背景墙样式三十八 1:30

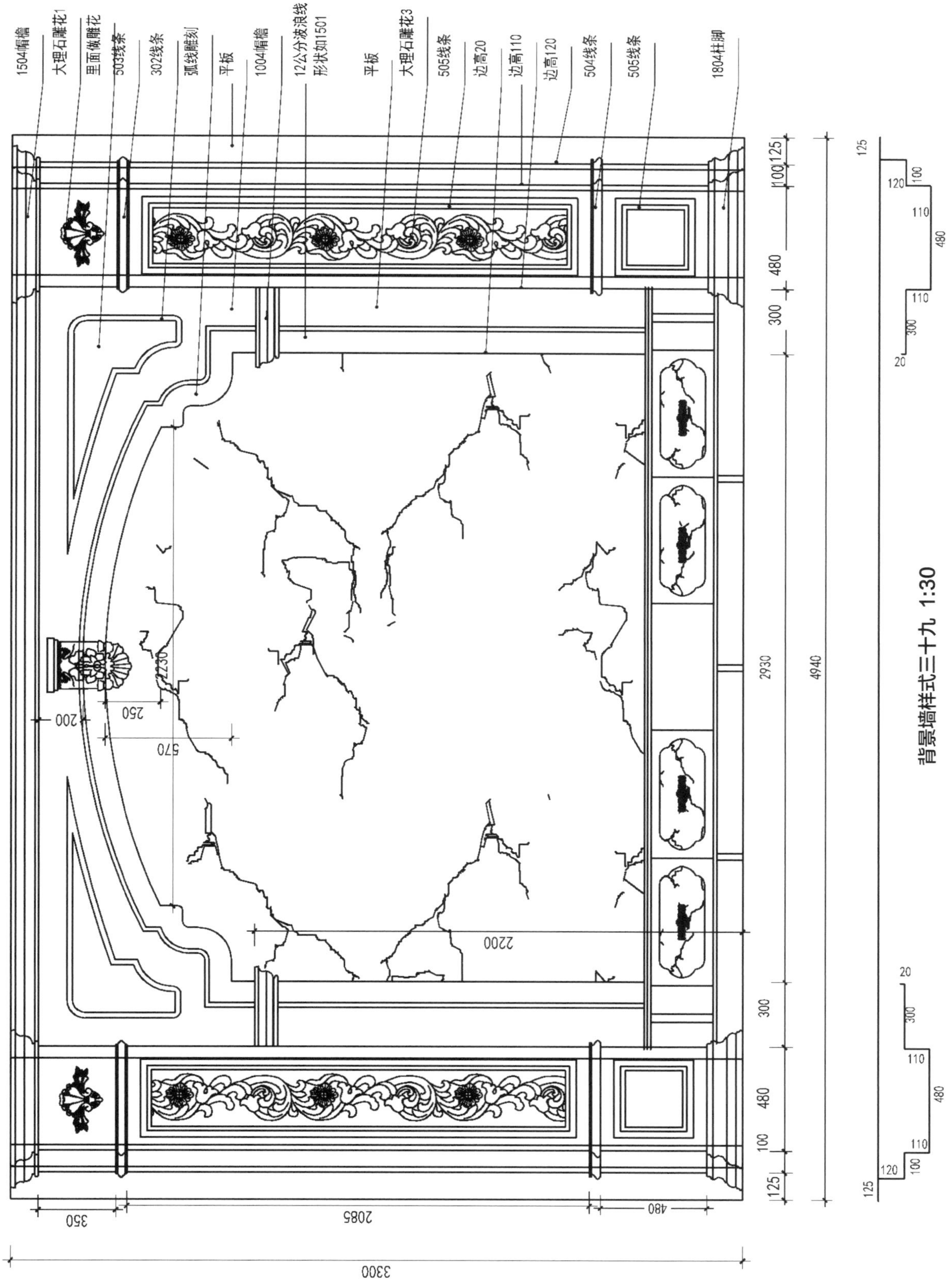
1504帽檐
大理石雕花1
里面做雕花
503线条
302线条
弧线雕刻
平板
1004帽檐
12公分波浪线
形状如1501
平板
大理石雕花3
505线条
边高20
边高110
边高120
504线条
505线条
1804柱脚
125
100
480
300
2930
4940
300
480
100
125
2230
250
200
570
2200
350
2085
480
3300
125
120
100
110
480
110
300
20

背景墙样式三十九 1:30

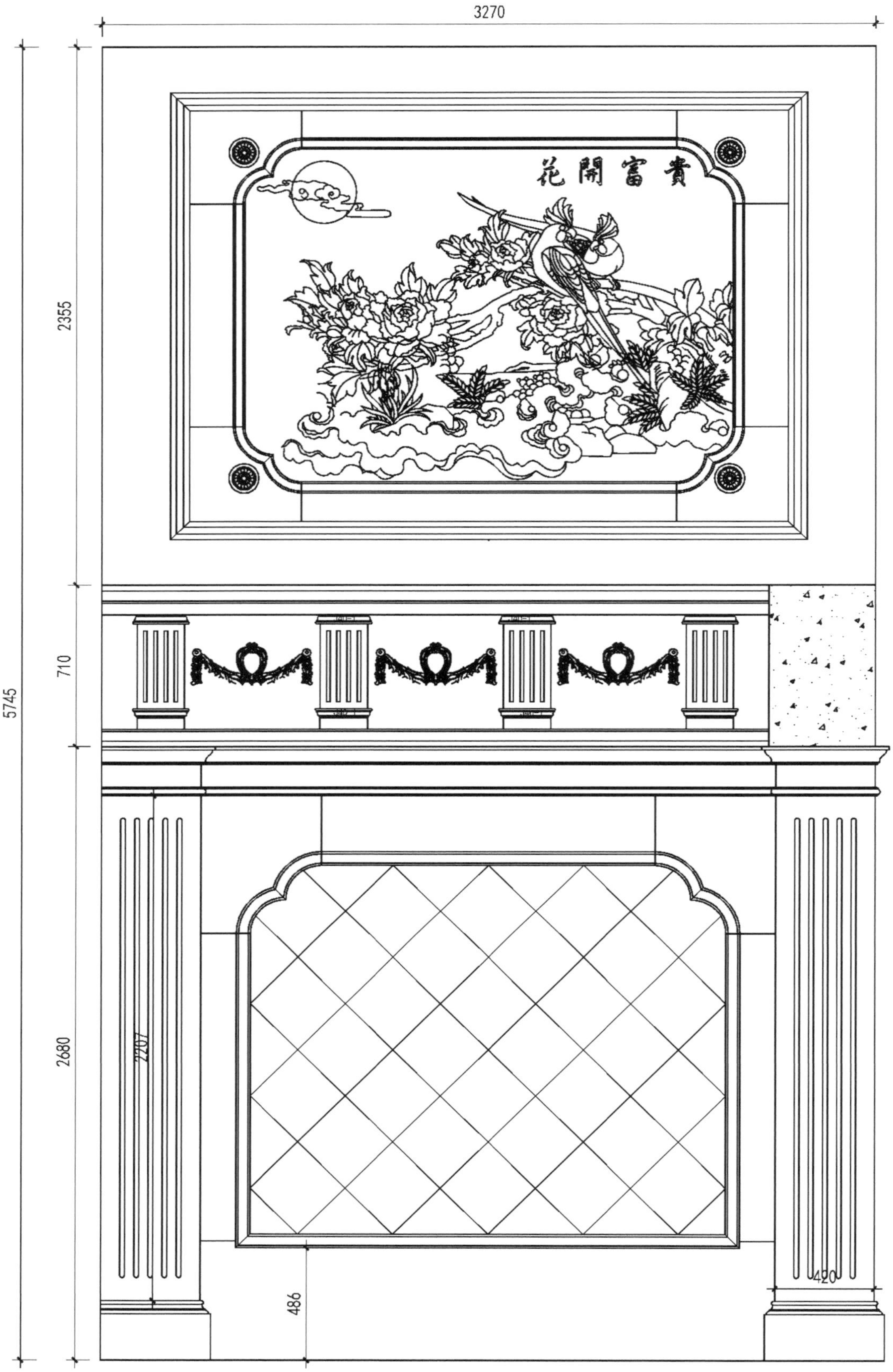
3270
2355
710
5745
2680
2207
486
420
花開富貴

背景墙样式四十 1:30

第六章

背景墙分解实例

第一节 案例一

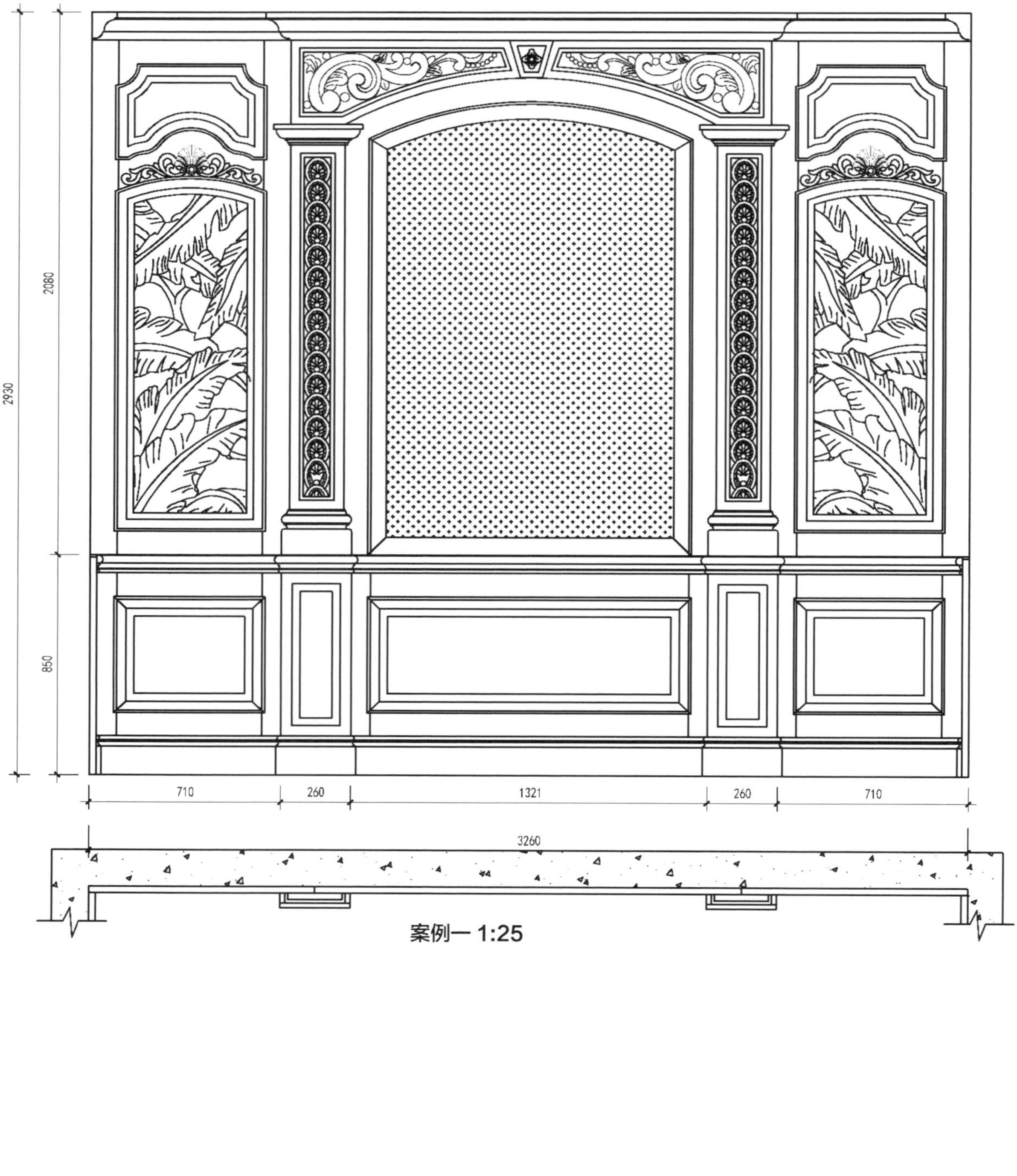

案例一 1:25

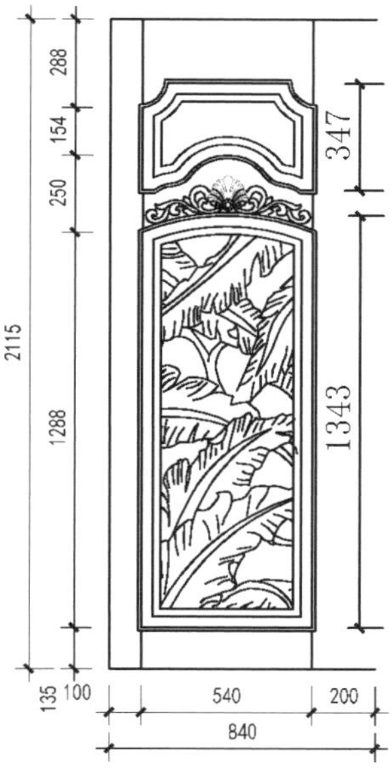

护墙板：2115*840*25=2（对称）
竖坊：2115*100*25=2
2115*200*25=2
横枋：560*288*25=2
560*250*25=2
560*135*25=2
芯板：342*535*18=2
雕花板：1338*535*25=2
雕花件：520*160*18=2

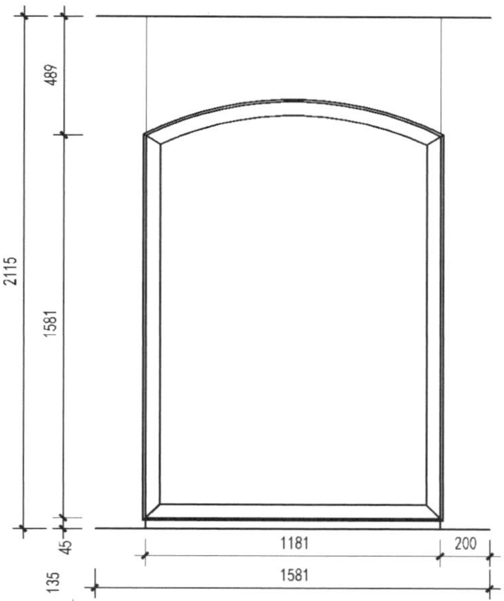

护墙板：2115*1581*25=1
竖坊：2115*200*25=2
横枋：1201*489*25=1
1201*45*25=1
67线：1700*67*35=2
1300*67*35=1
弧形*67*35=1

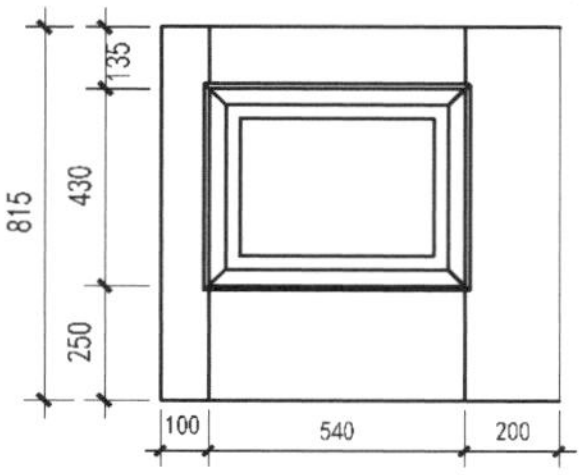

护墙板：815*840*25=2（对称）
竖坊：815*100*25=2
815*200*25=2
横枋：560*135*25=2
560*250*25=2
芯板：425*535*18=2

局部大样图 1:30

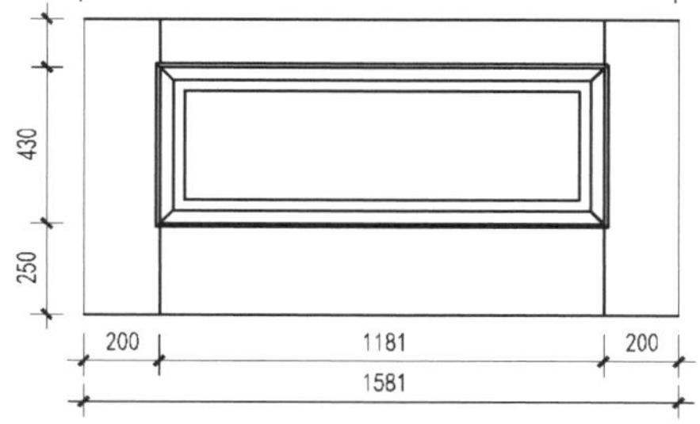

护墙板：815*1581*25=1
竖坊：815*200*25=2
横枋：1201*135*25=1
1201*250*25=1
芯板：425*1176*18=1

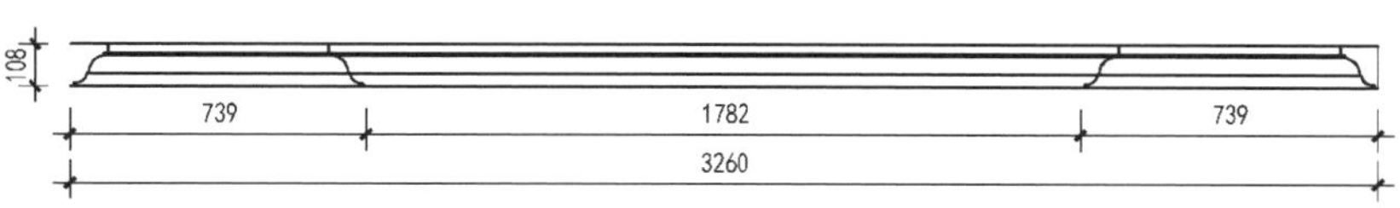

帽线：3260*108=1

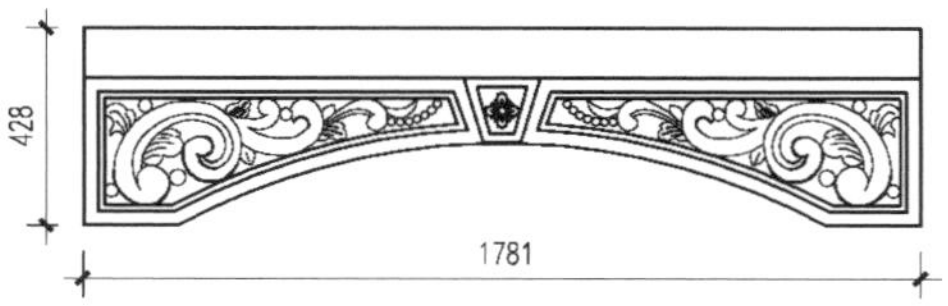

雕花板：1781*428*25=1

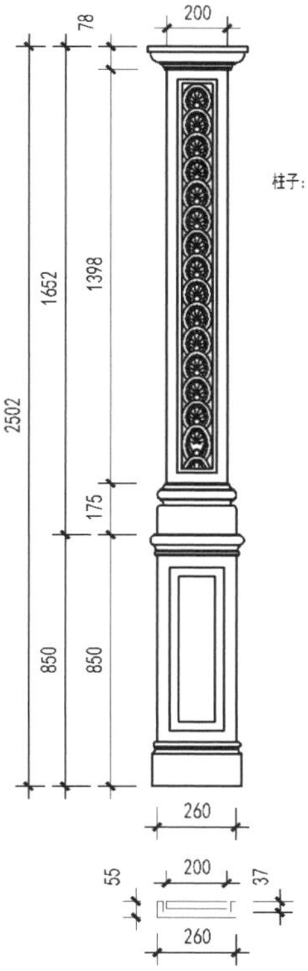

柱子：2502*260*55=2
1702*200*25=2
850*260*18=2
850*37*18=4

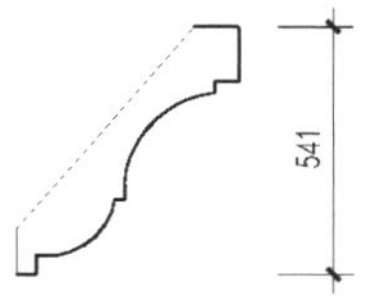

帽线：2200*108=6

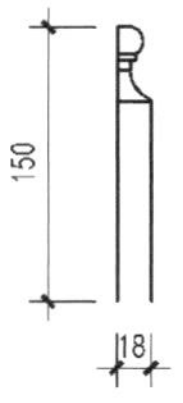

踢脚线：2200*150*18=2

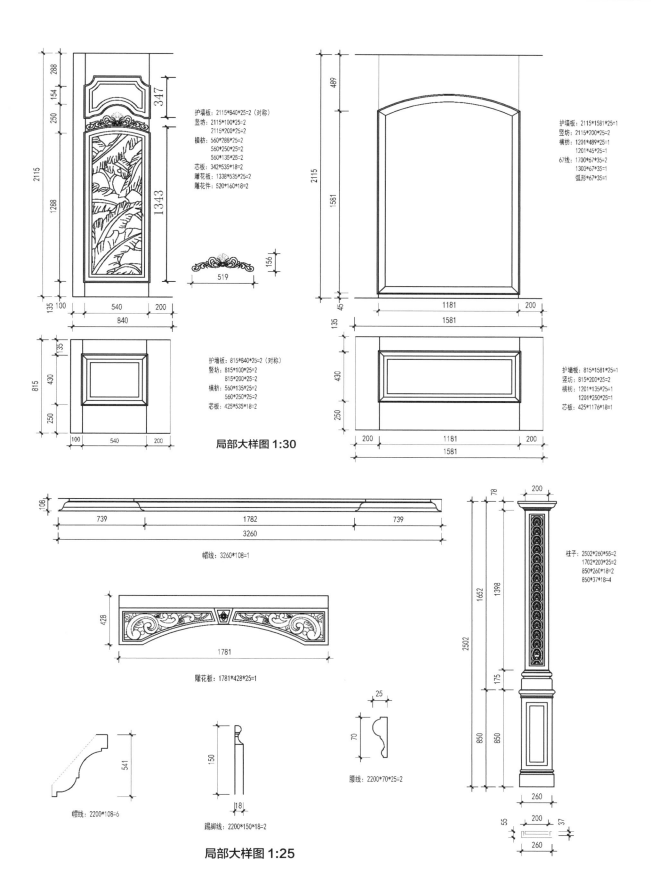

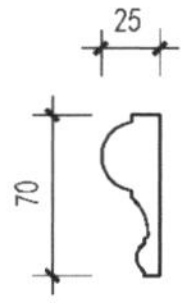

腰线：2200*70*25=2

局部大样图 1:25

第二节 案例二

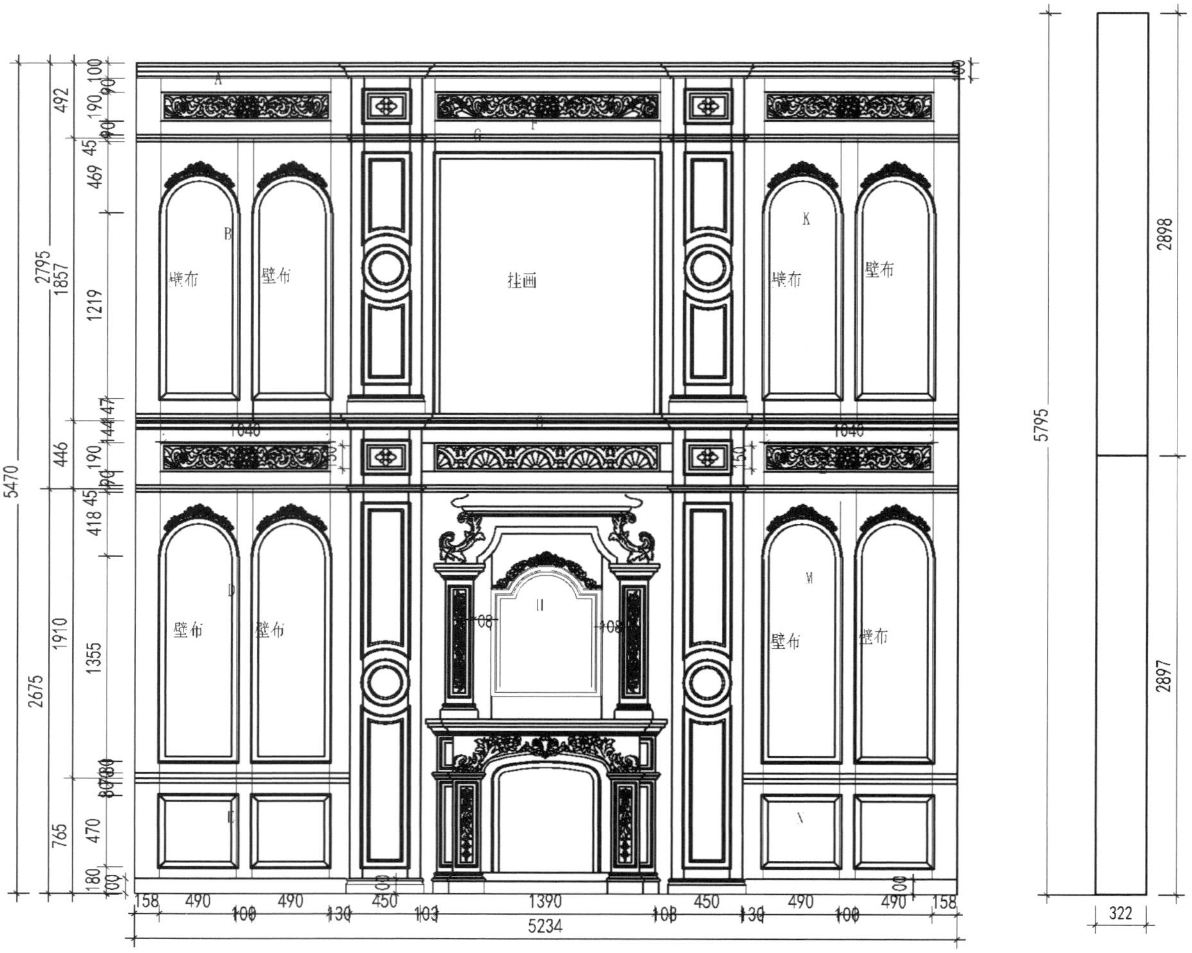

案例二 1:50

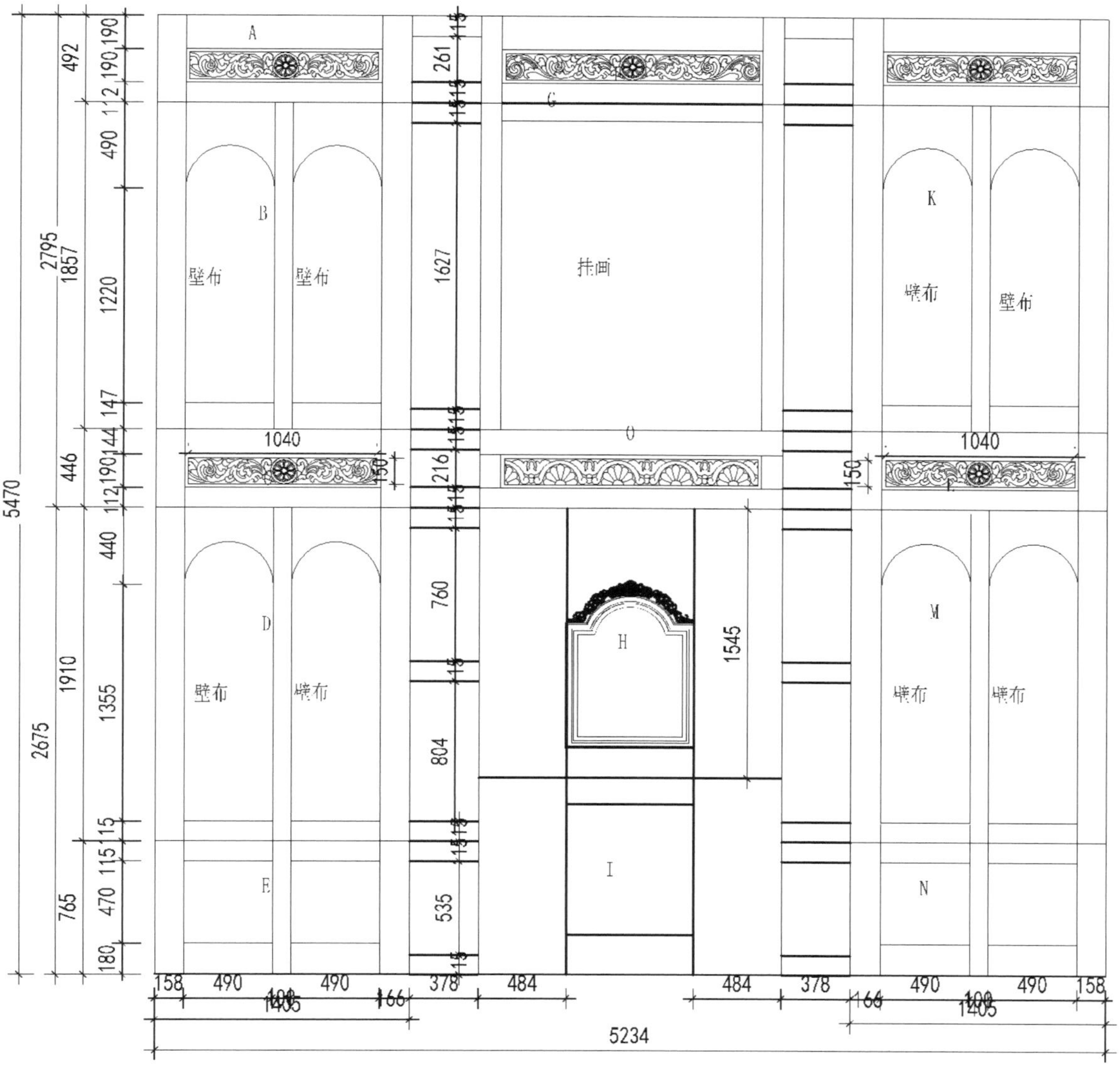
A
B
壁布
壁布
挂画
G
O
H
I
D
E
K
M
N
1040
1040
150
150
1627
1545
760
804
535
216
261
5470
2795
2675
1857
1910
765
492
490
1220
446
440
1355
470
180
158
490
100
490
166
1405
378
484
484
378
5234

80 290 80
450
柱子墙板链接图
护墙板连接处
柱子背后肋板与两侧护墙板链接处

局部大样图 1:30

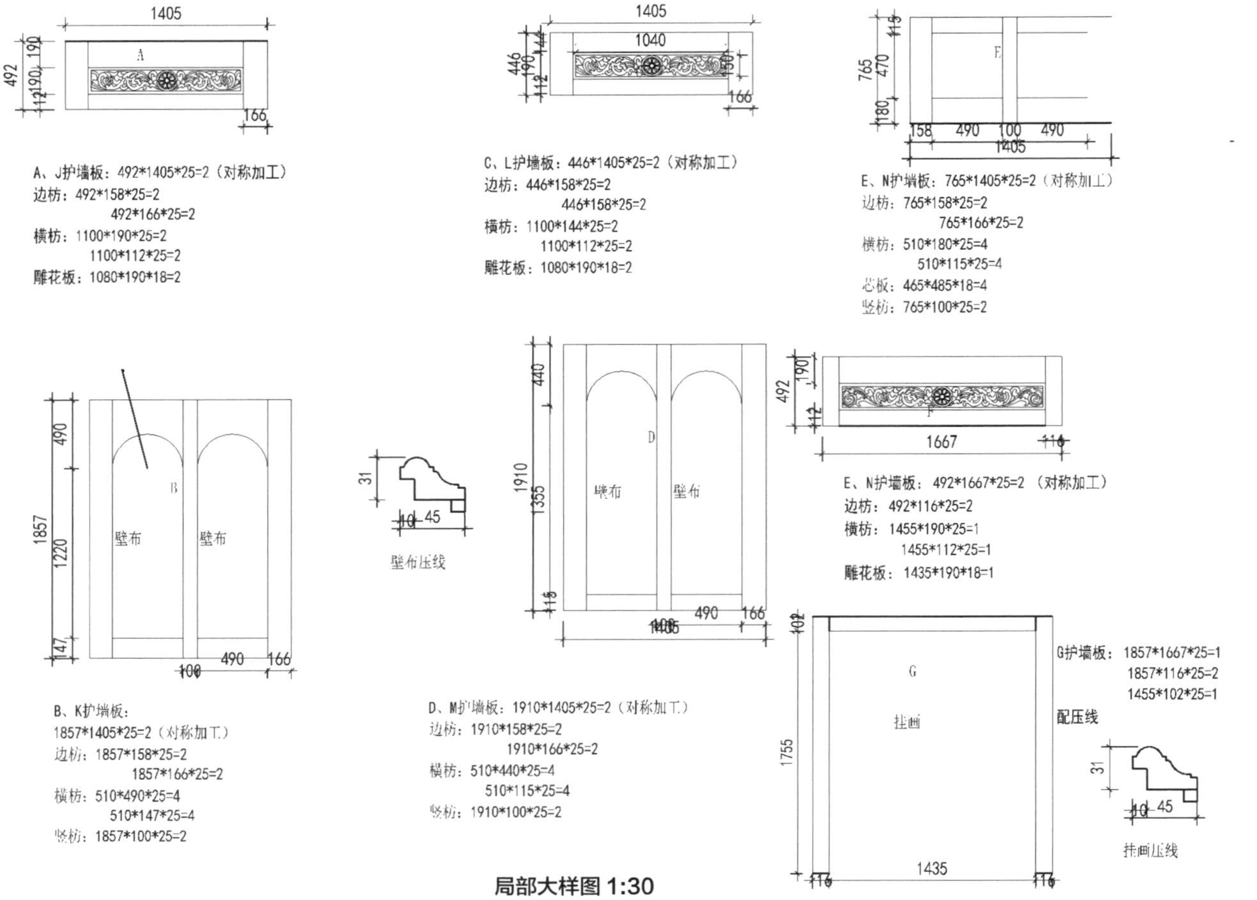
A、J护墙板：492*1405*25=2（对称加工）
边枋：492*158*25=2
492*166*25=2
横枋：1100*190*25=2
1100*112*25=2
雕花板：1080*190*18=2
C、L护墙板：446*1405*25=2（对称加工）
边枋：446*158*25=2
446*158*25=2
横枋：1100*144*25=2
1100*112*25=2
雕花板：1080*190*18=2
E、N护墙板：765*1405*25=2（对称加工）
边枋：765*158*25=2
765*166*25=2
横枋：510*180*25=4
510*115*25=4
芯板：465*485*18=4
竖枋：765*100*25=2
壁布
壁布压线
B、K护墙板：
1857*1405*25=2（对称加工）
边枋：1857*158*25=2
1857*166*25=2
横枋：510*490*25=4
510*147*25=4
竖枋：1857*100*25=2
D、M护墙板：1910*1405*25=2（对称加工）
边枋：1910*158*25=2
1910*166*25=2
横枋：510*440*25=4
510*115*25=4
竖枋：1910*100*25=2
E、N护墙板：492*1667*25=2（对称加工）
边枋：492*116*25=2
横枋：1455*190*25=1
1455*112*25=1
雕花板：1435*190*18=1
G护墙板：1857*1667*25=1
1857*116*25=2
1455*102*25=1
配压线
挂画
挂画压线

局部大样图 1:30

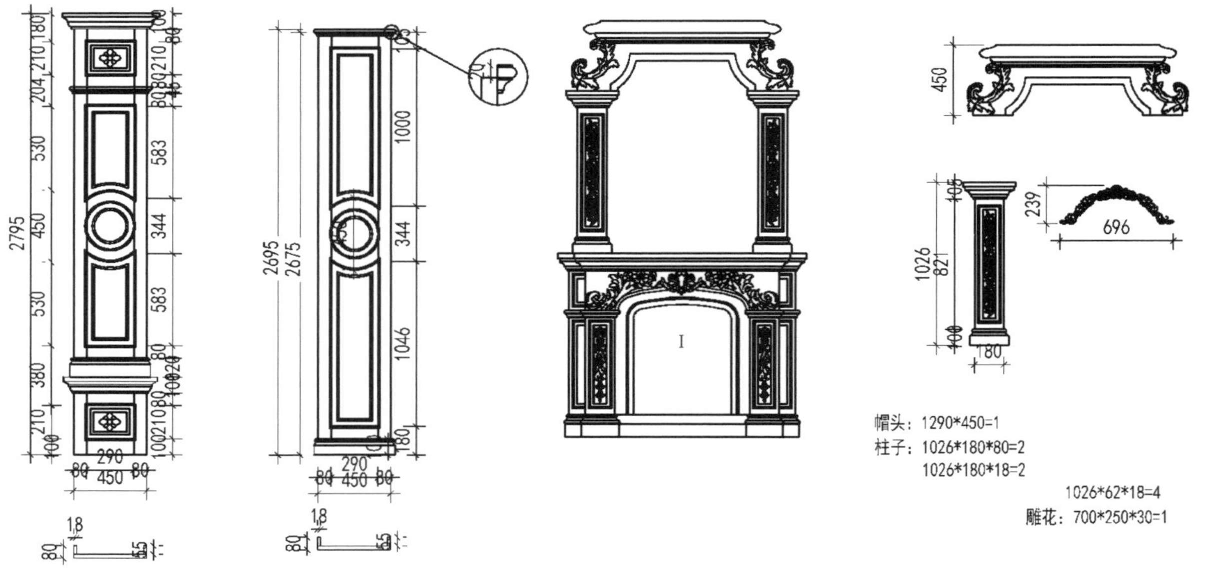
帽头：1290*450=1
柱子：1026*180*80=2
1026*180*18=2
1026*62*18=4
雕花：700*250*30=1

局部大样图 1:30

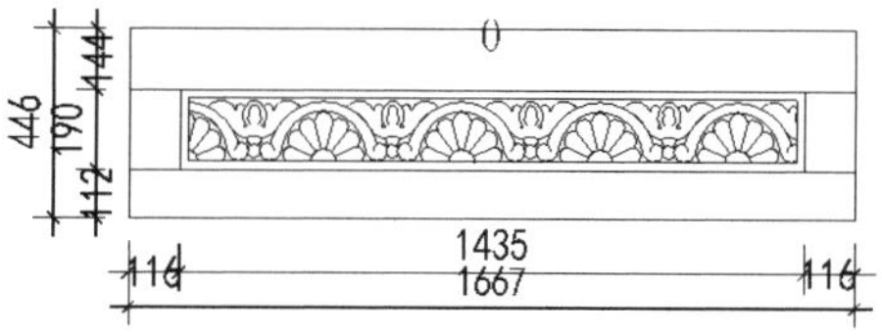

0护墙板： 446*1667*25=1 （对称加工）
边枋： 1667*144*25=1
1667*112*25=1
横枋： 210*116*25=2
雕花板： 1435*190*18=1

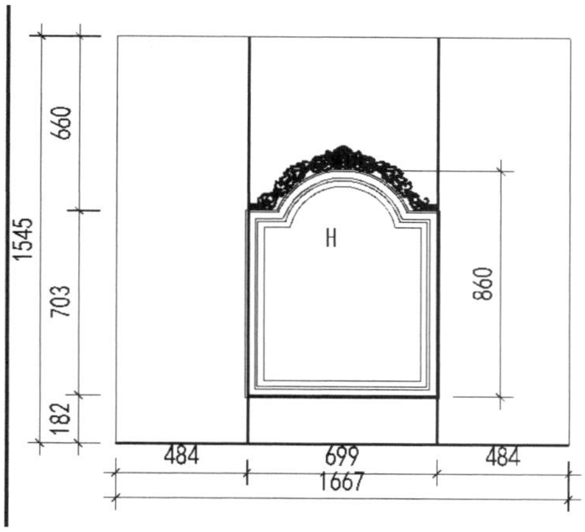

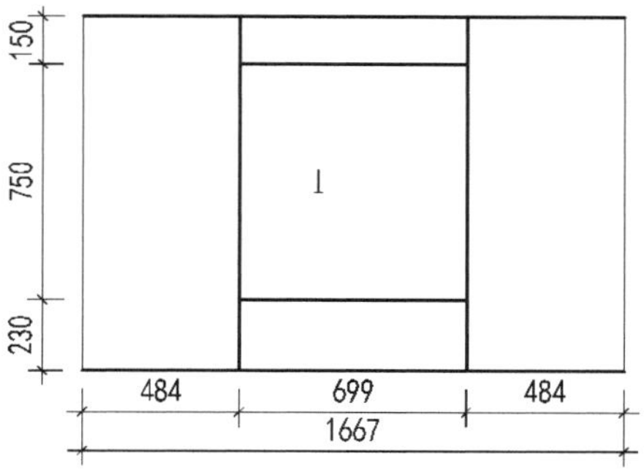

I护墙板： 1130*1667*25=1 （对称加工）
边枋： 1130*484*25=2
横枋： 719*150*25=1
719*230*25=1
芯板： 770*719*25=1

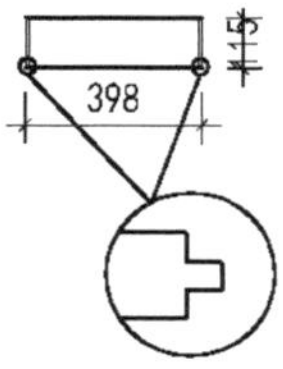

肋板：
115*398*25=22

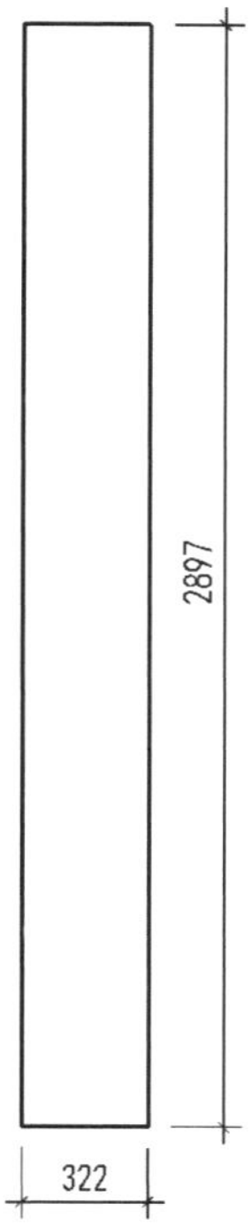

局部大样图 1:30

第三节 案例三

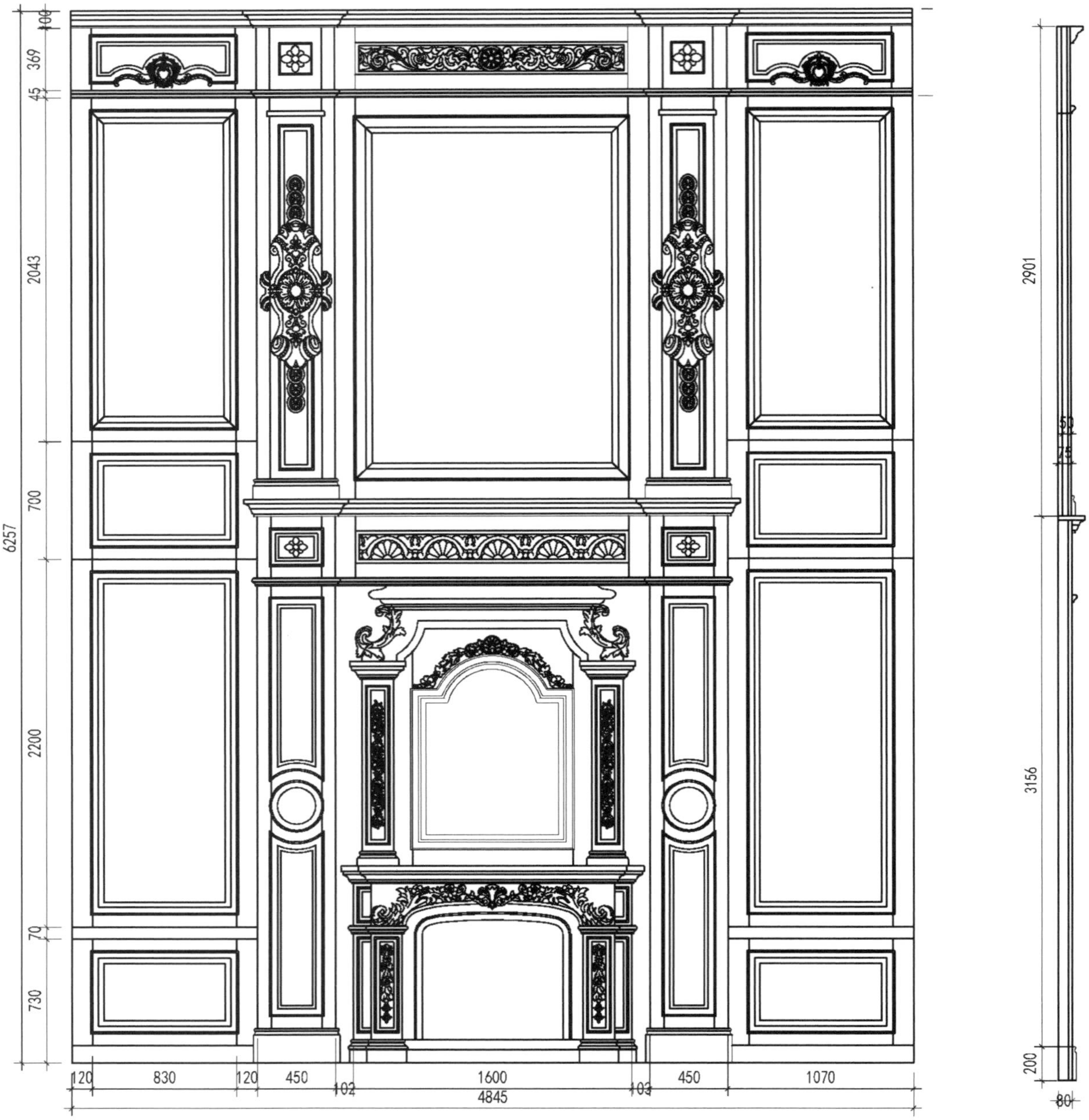

案例三 1:30

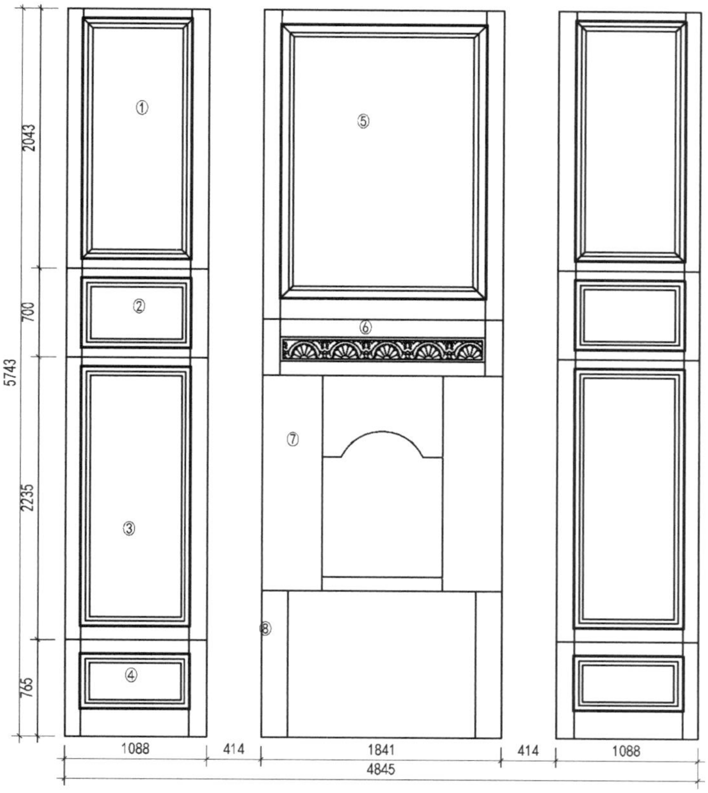

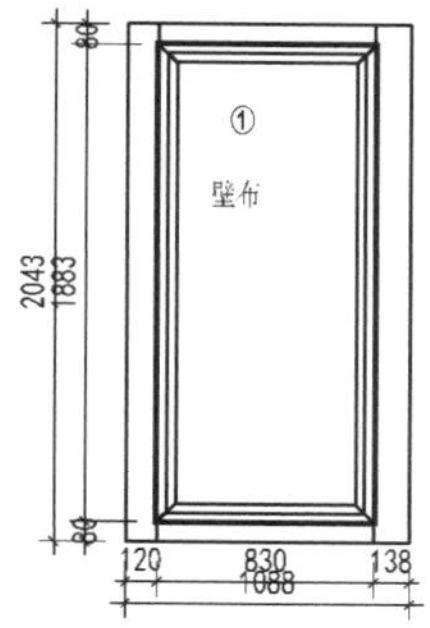

护墙板：2043*1088*25=2(对称)
竖枋：2043*120*25=2
2043*138*25=2
横枋：850*80*25=4

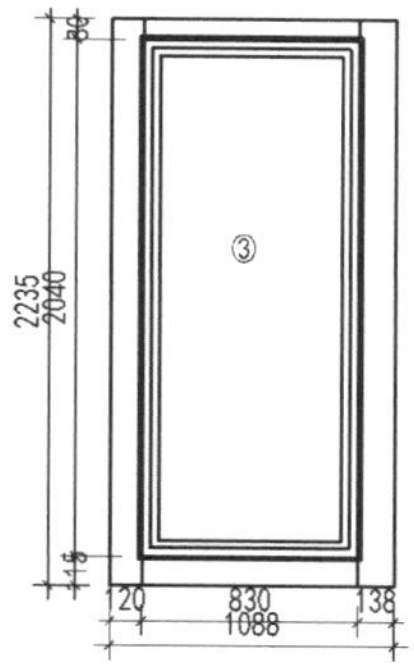

护墙板：2235*1088*25=2(对称)
竖枋：2235*120*25=2
2235*138*25=2
横枋：850*80*25=4
芯板：2035*825*18=2

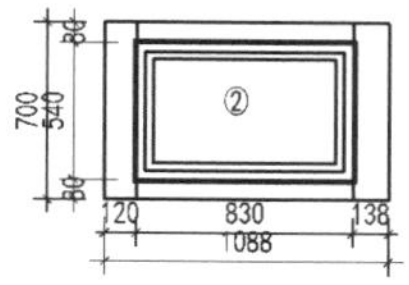

护墙板：700*1088*25=2(对称)
竖枋：700*120*25=2
700*138*25=2
横枋：850*80*25=4
芯板：535*825*18=2

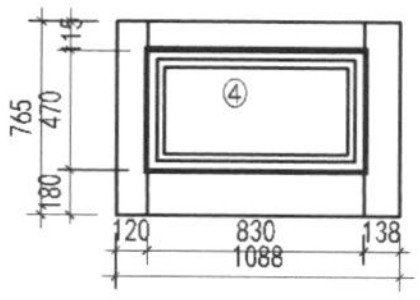

护墙板：765*1088*25=2(对称)
竖枋：765*120*25=2
765*138*25=2
横枋：850*115*25=2
850*180*25=2
芯板：465*825*18=2

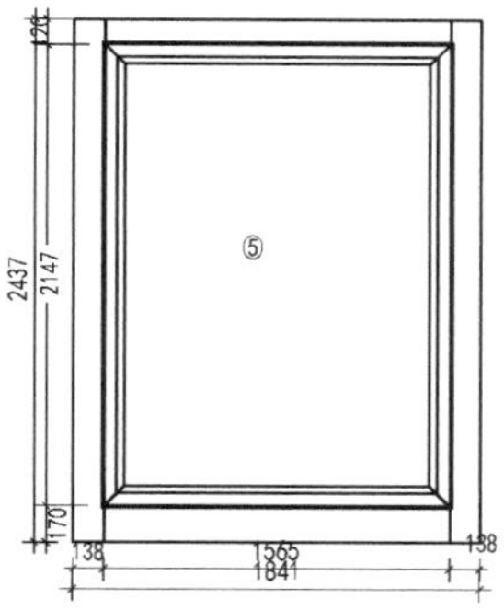

护墙板：2437*1841*25=1
竖枋：2437*138*25=2
横枋：1585*120*25=1
1585*170*25=1

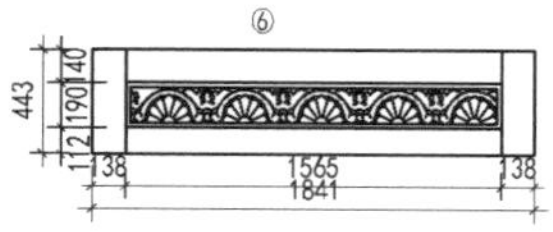

护墙板：443*1841*25=1
竖枋：443*138*25=2
横枋：1585*140*25=1
1585*112*25=1
雕花件：1565*190*25=1

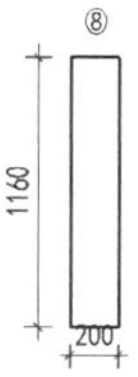

平板：1160*200*25=2

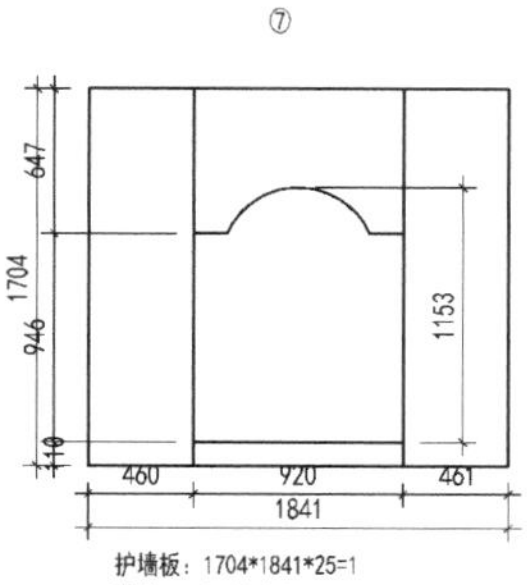

护墙板：1704*1841*25=1
竖枋：1704*460*25=2
横枋：920*647*25=1
920*110*25=1
芯板：1148*915*18=1

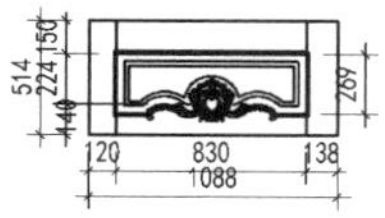

帽头装饰板：514*1088*25=2(对称)
竖枋：514*120*25=2
514*138*25=2
横枋：850*150*25=2
850*140*25=2
芯板：264*825*18=2

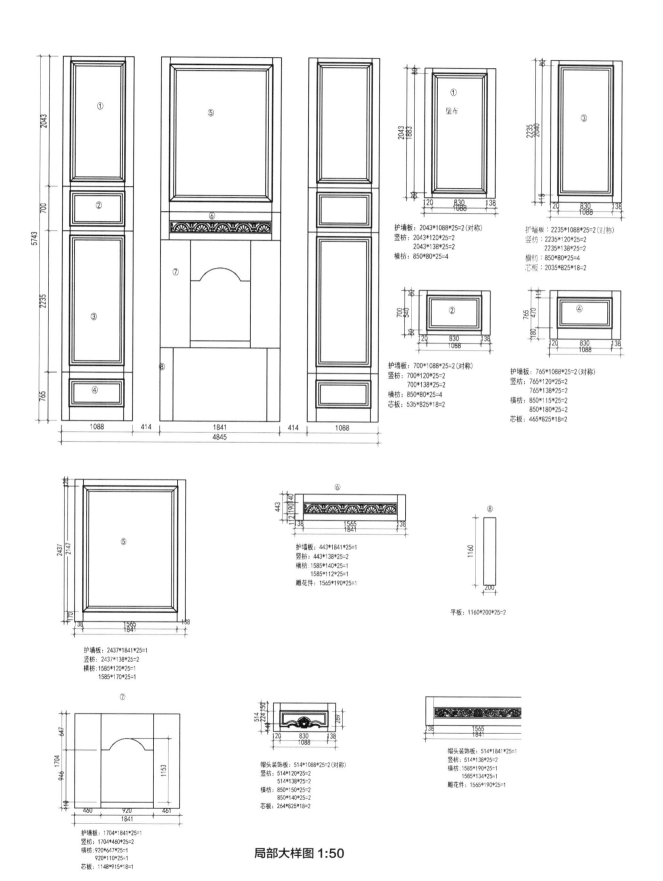

帽头装饰板：514*1841*25=1
竖枋：514*138*25=2
横枋：1585*190*25=1
1585*134*25=1
雕花件：1565*190*25=1

局部大样图 1:50

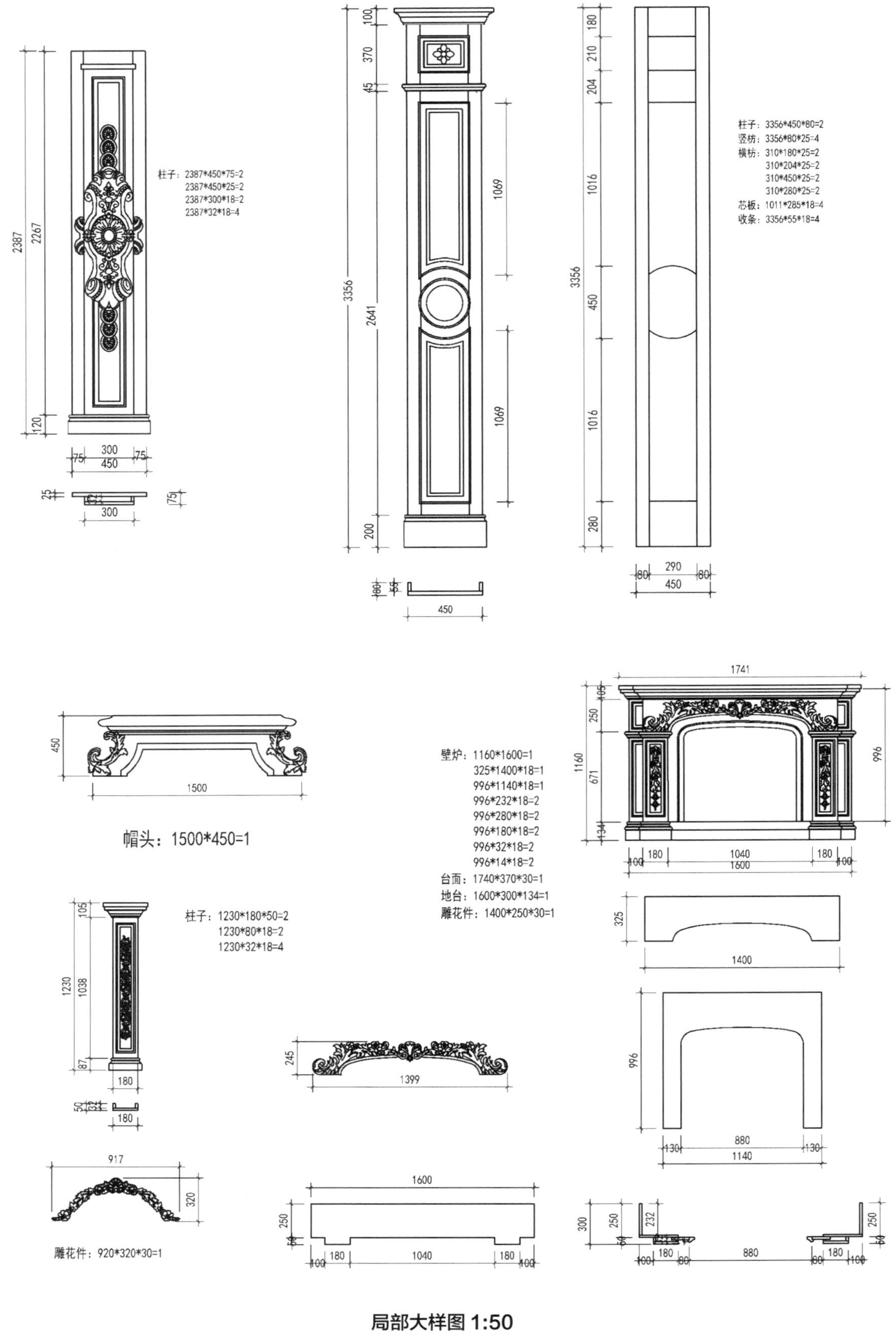
柱子：2387*450*75=2
2387*450*25=2
2387*300*18=2
2387*32*18=4
柱子：3356*450*80=2
竖枋：3356*80*25=4
横枋：310*180*25=2
310*204*25=2
310*450*25=2
310*280*25=2
芯板：1011*285*18=4
收条：3356*55*18=4
帽头：1500*450=1
壁炉：1160*1600=1
325*1400*18=1
996*1140*18=1
996*232*18=2
996*280*18=2
996*180*18=2
996*32*18=2
996*14*18=2
台面：1740*370*30=1
地台：1600*300*134=1
雕花件：1400*250*30=1
柱子：1230*180*50=2
1230*80*18=2
1230*32*18=4
雕花件：920*320*30=1

局部大样图 1:50

第四节 案例四

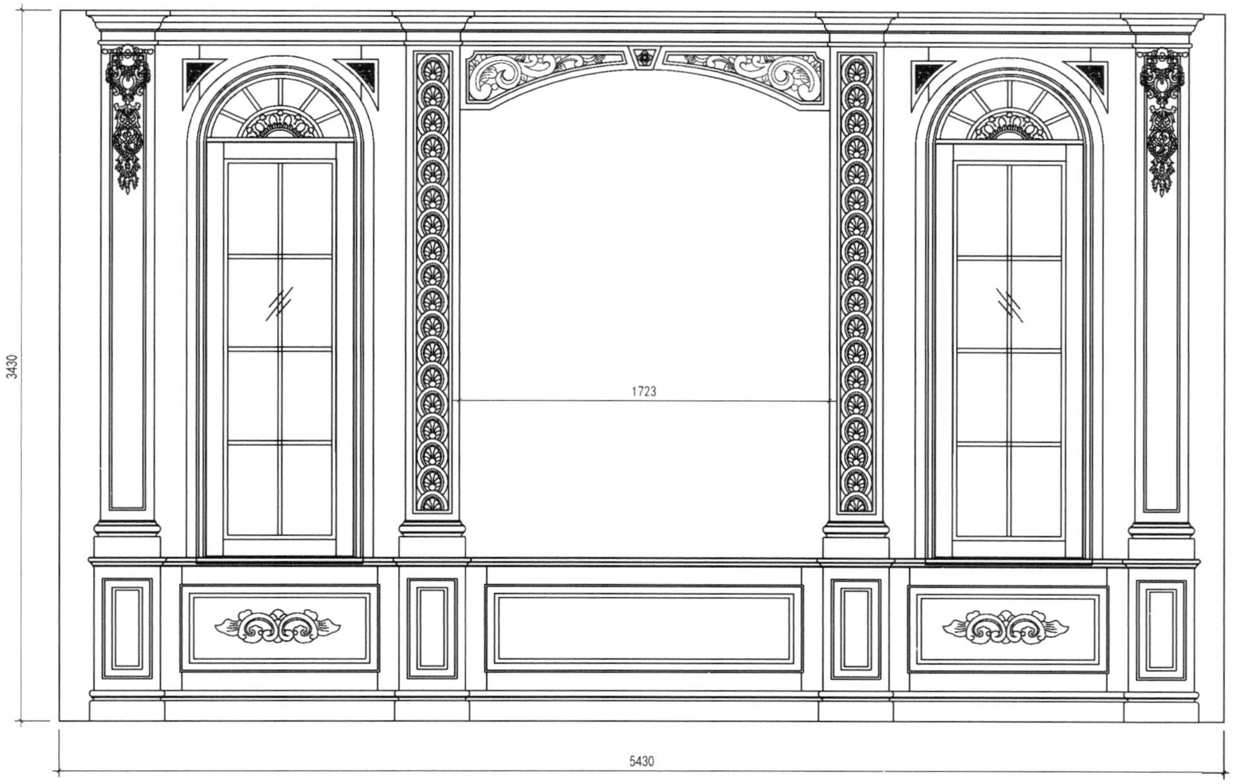

案例四 1:25

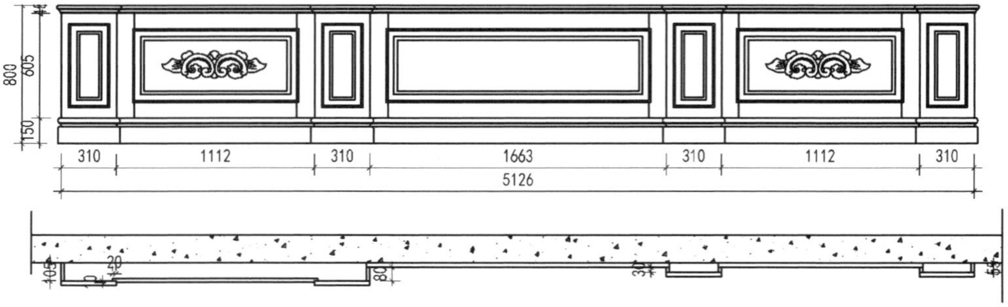
800
605
150
310
1112
310
1663
310
1112
310
5126
105
20
80
30
55

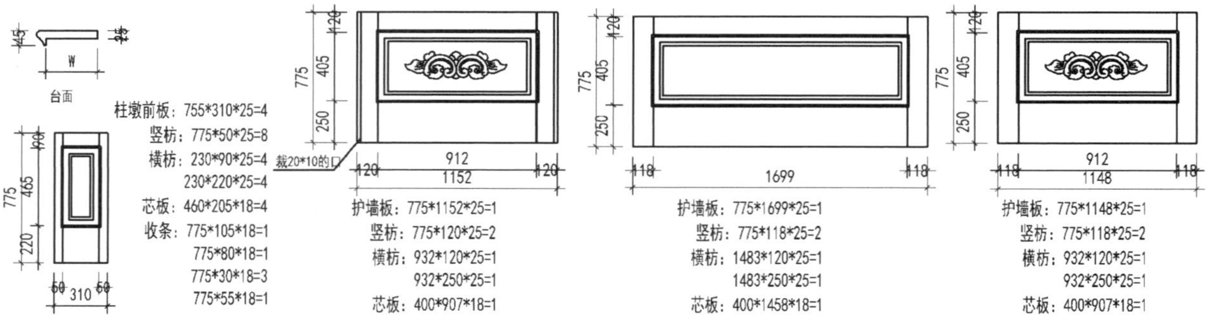
台面
W
775
465
220
60
310
60
柱墩前板：755*310*25=4
竖枋：775*50*25=8
横枋：230*90*25=4
230*220*25=4
芯板：460*205*18=4
收条：775*105*18=1
775*80*18=1
775*30*18=3
775*55*18=1
裁20*10的口
775
120
405
250
120
912
120
1152
护墙板：775*1152*25=1
竖枋：775*120*25=2
横枋：932*120*25=1
932*250*25=1
芯板：400*907*18=1
775
120
405
250
118
1699
118
护墙板：775*1699*25=1
竖枋：775*118*25=2
横枋：1483*120*25=1
1483*250*25=1
芯板：400*1458*18=1
775
120
405
250
118
912
118
1148
护墙板：775*1148*25=1
竖枋：775*118*25=2
横枋：932*120*25=1
932*250*25=1
芯板：400*907*18=1

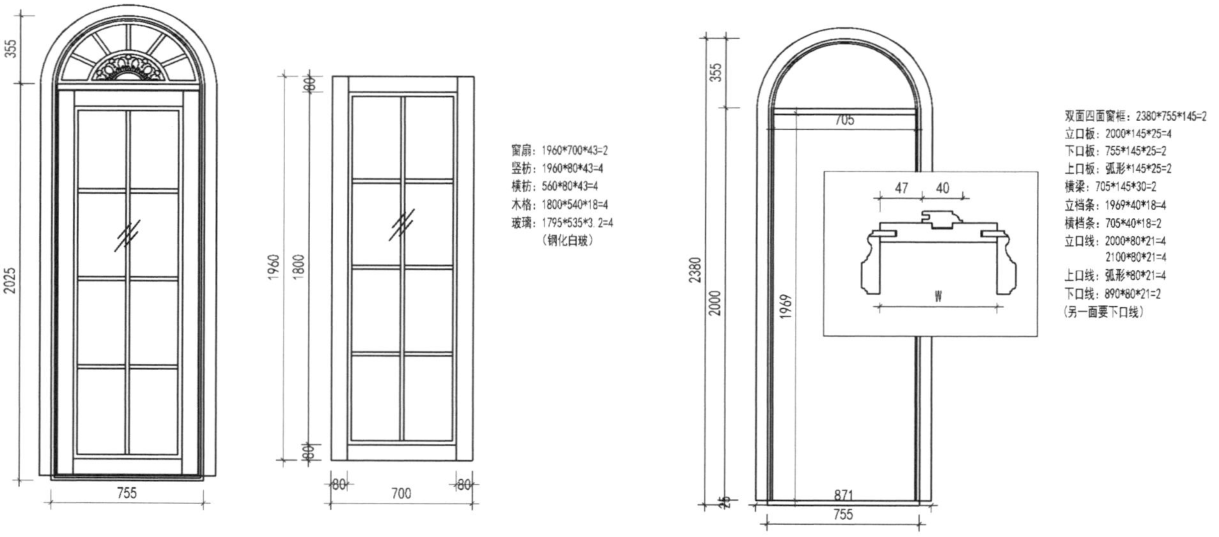
355
2025
755
1960
1800
80
80
80
700
80
窗扇：1960*700*43=2
竖枋：1960*80*43=4
横枋：560*80*43=4
木格：1800*540*18=4
玻璃：1795*535*3.2=4
（钢化白玻）
355
705
2380
2000
1969
871
755
47
40
W
双面四面窗框：2380*755*145=2
立口板：2000*145*25=4
下口板：755*145*25=2
上口板：弧形*145*25=2
横梁：705*145*30=2
立档条：1969*40*18=4
横档条：705*40*18=2
立口线：2000*80*21=4
2100*80*21=4
上口线：弧形*80*21=4
下口线：890*80*21=2
（另一面要下口线）

局部大样图 1:30

第五节 案例五

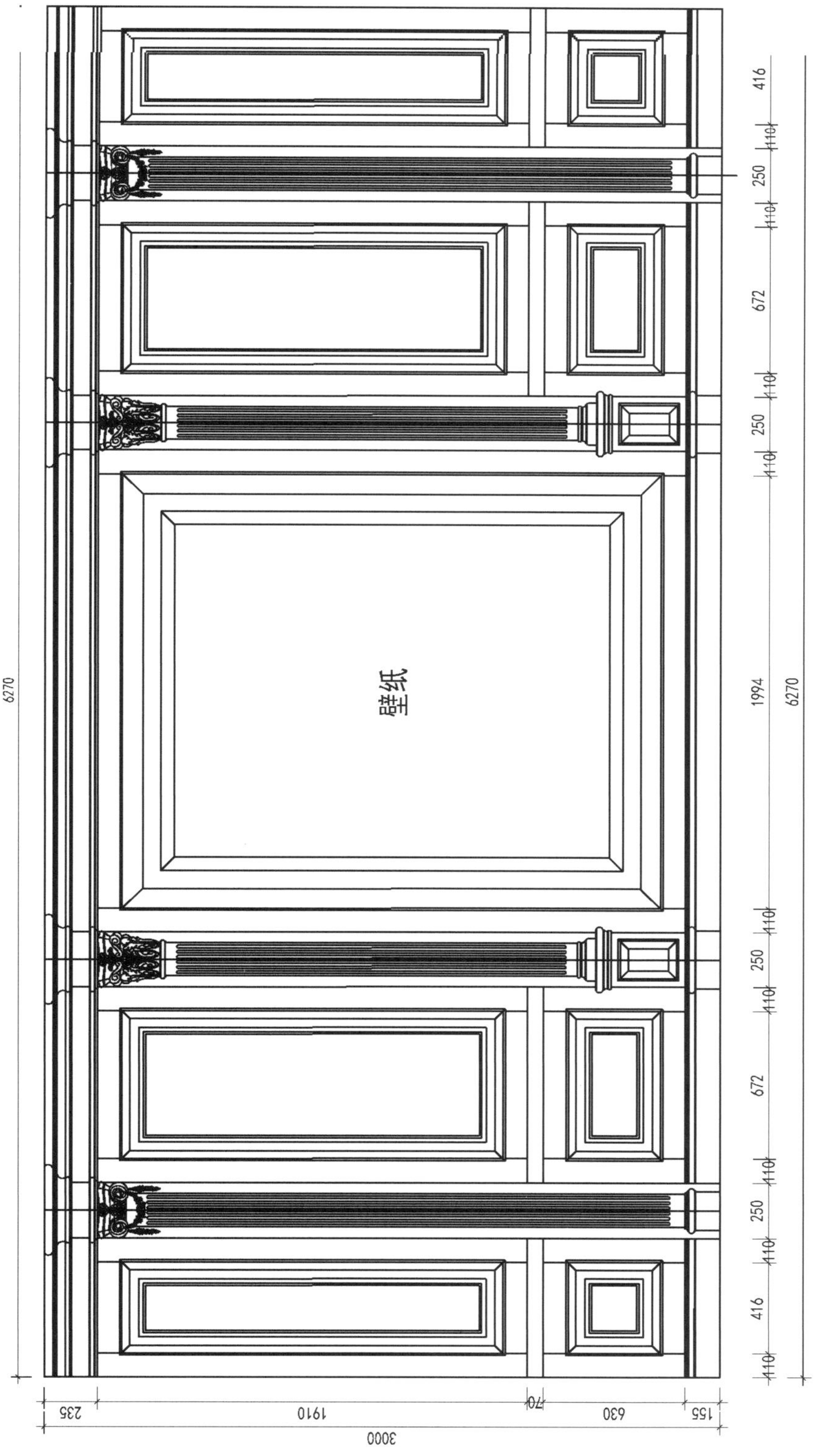

案例五 1:25

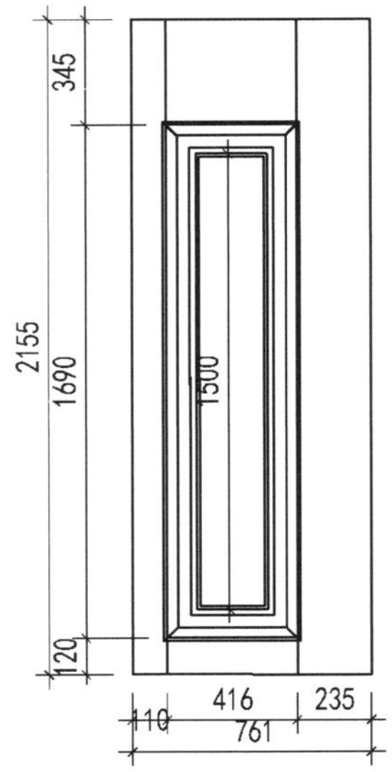

护墙板：2155*761*25=2（对称）
竖枋：2155*110*25=2
2155*235*25=2
横枋：436*345*25=2
436*120*25=2
衬板：1685*411*10=2
芯板：1500*226*12=2

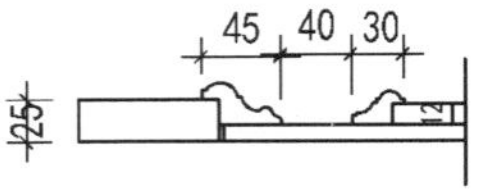

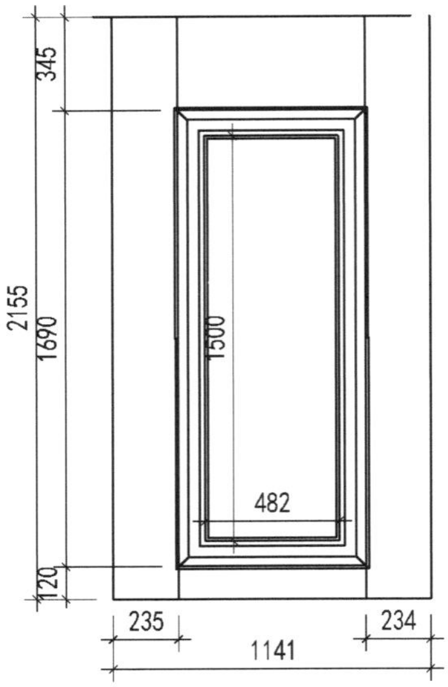

护墙板：2155*1141*25=2
竖枋：2155*235*25=4
横枋：692*345*25=2
692*120*25=2
衬板：1685*667*10=2
芯板：1500*482*12=2

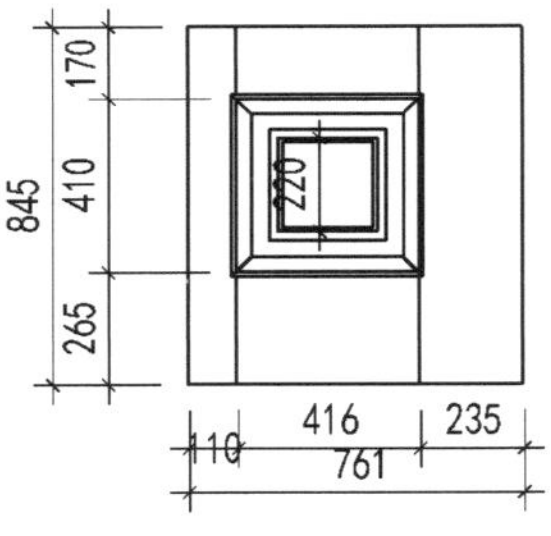

护墙板：845*761*25=2（对称）
竖枋：845*110*25=2
845*235*25=2
横枋：436*170*25=2
436*265*25=2
衬板：405*411*10=2
芯板：220*226*12=2

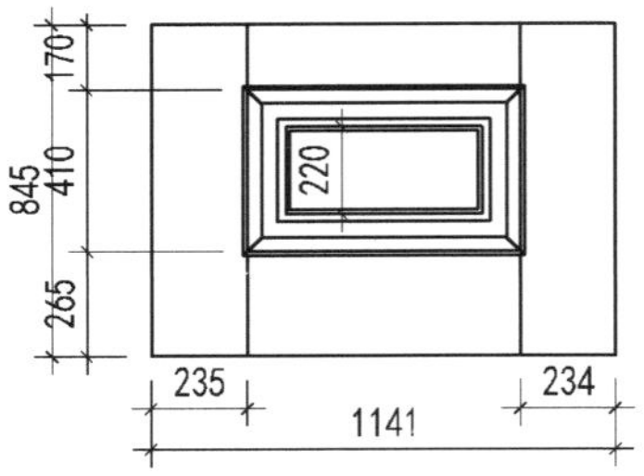

护墙板：845*1141*25=2
竖枋：845*235*25=4
横枋：692*345*25=2
692*120*25=2
衬板：405*667*10=2
芯板：220*482*12=2

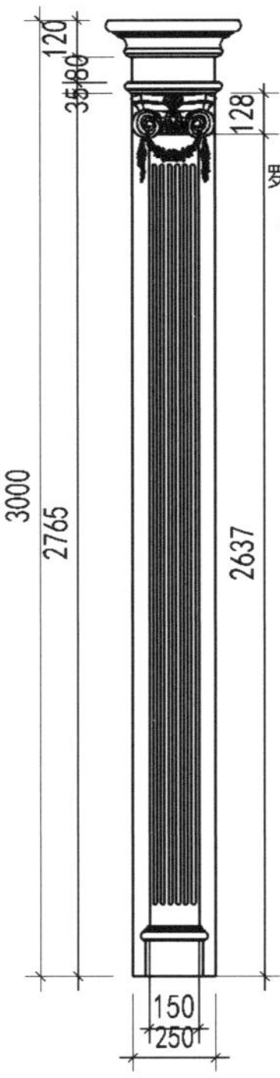

柱子：3000*250=2
3000*250*25=2
罗马柱：2637*150*75=2
虎头：257*128*100=2

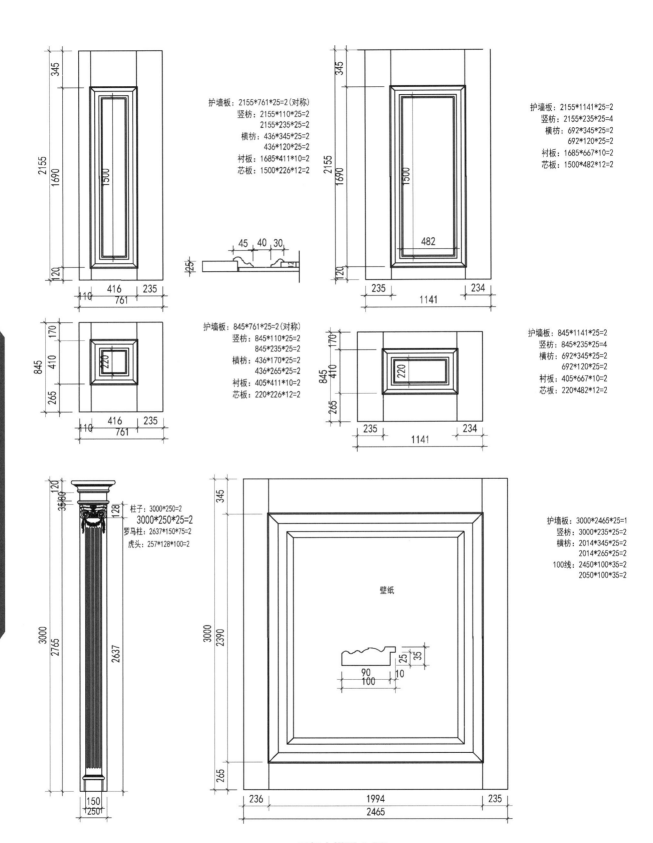

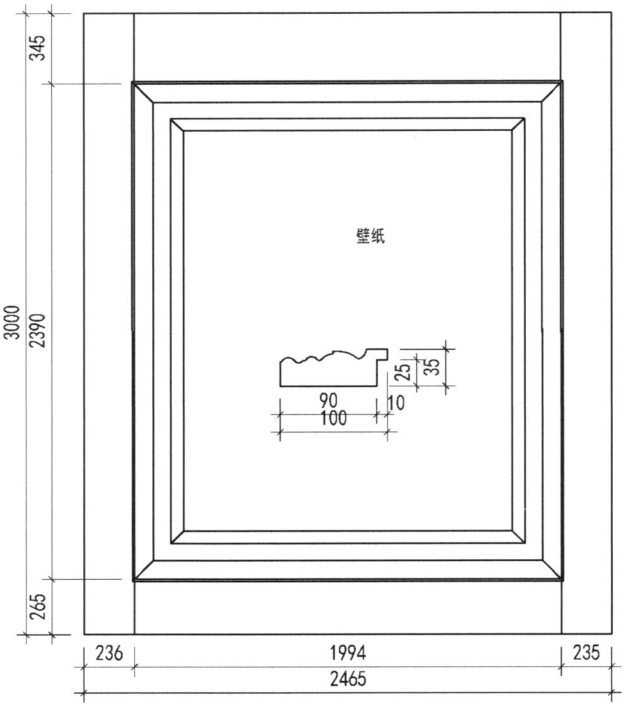

护墙板：3000*2465*25=1
竖枋：3000*235*25=2
横枋：2014*345*25=2
2014*265*25=2
100线：2450*100*35=2
2050*100*35=2

局部大样图 1:30

第六节 案例六

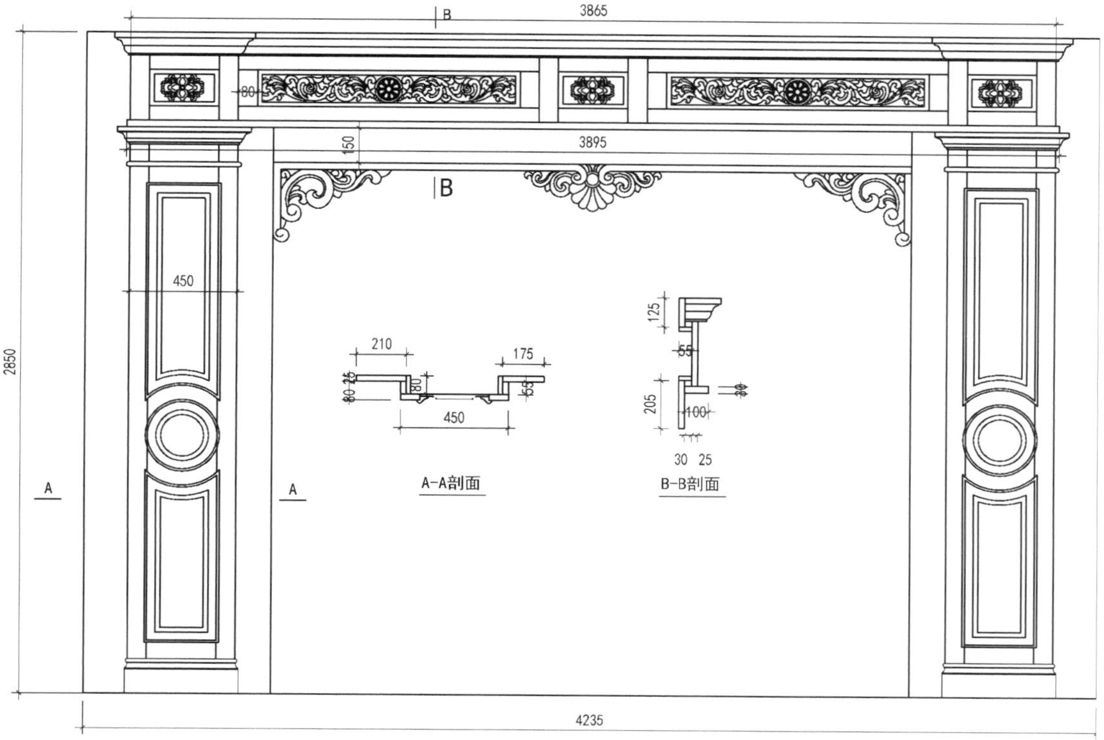

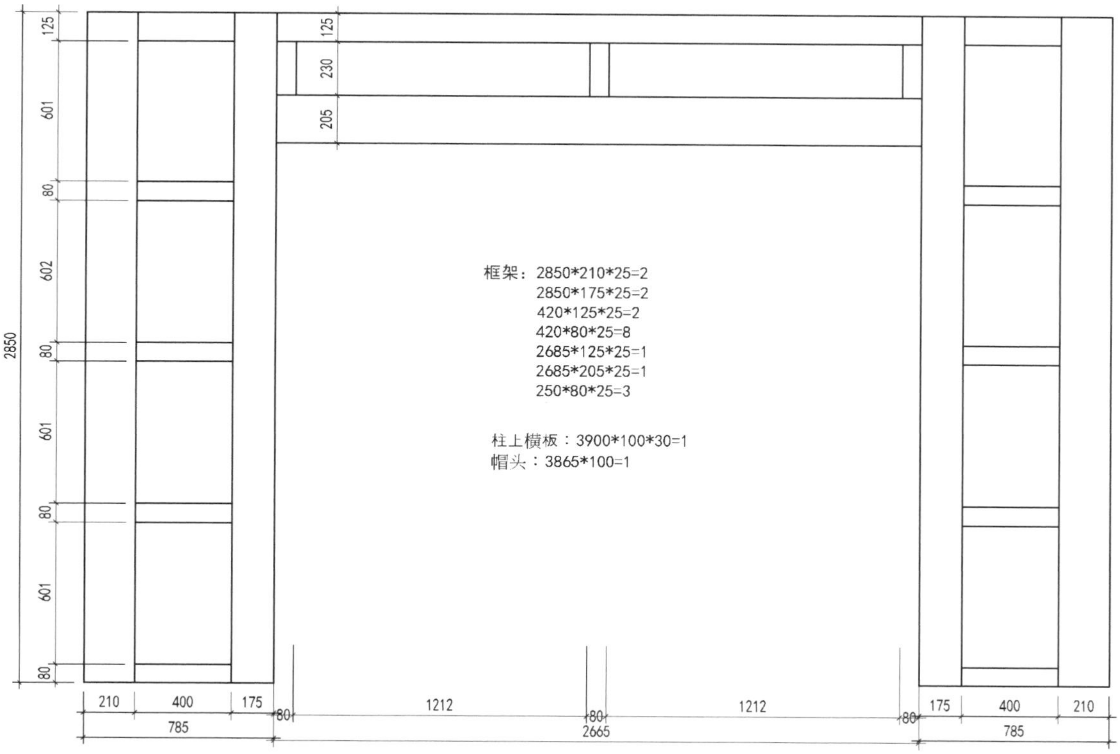

案例六 1:30

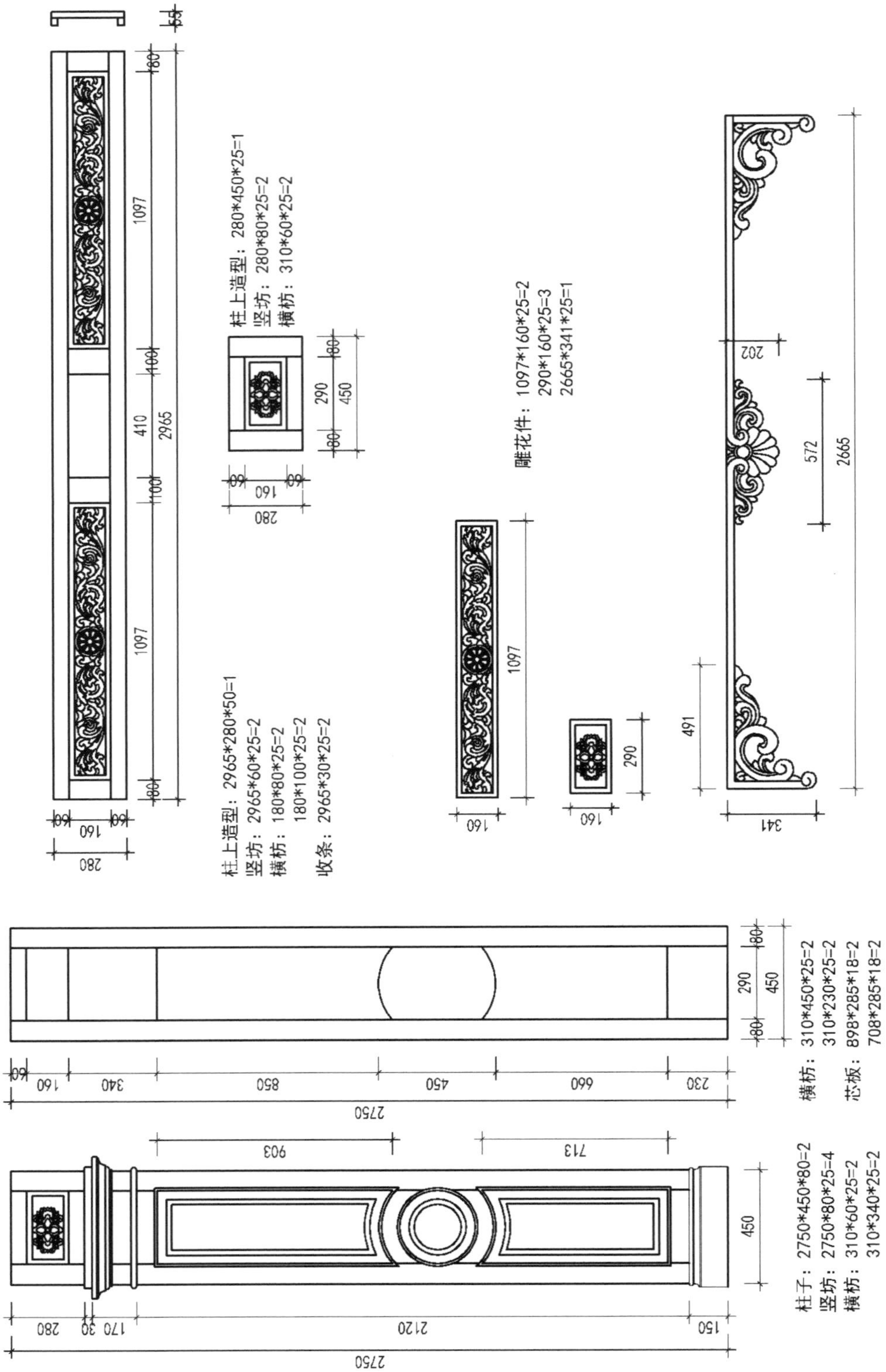
柱上造型：280*450*25=1
竖坊：280*80*25=2
横枋：310*60*25=2
雕花件：1097*160*25=2
290*160*25=3
2665*341*25=1
柱上造型：2965*280*50=1
竖坊：2965*60*25=2
横枋：180*80*25=2
180*100*25=2
收条：2965*30*25=2
横枋：310*450*25=2
310*230*25=2
芯板：898*285*18=2
708*285*18=2
柱子：2750*450*80=2
竖坊：2750*80*25=4
横枋：310*60*25=2
310*340*25=2

局部大样图 1:25

第七节 案例七

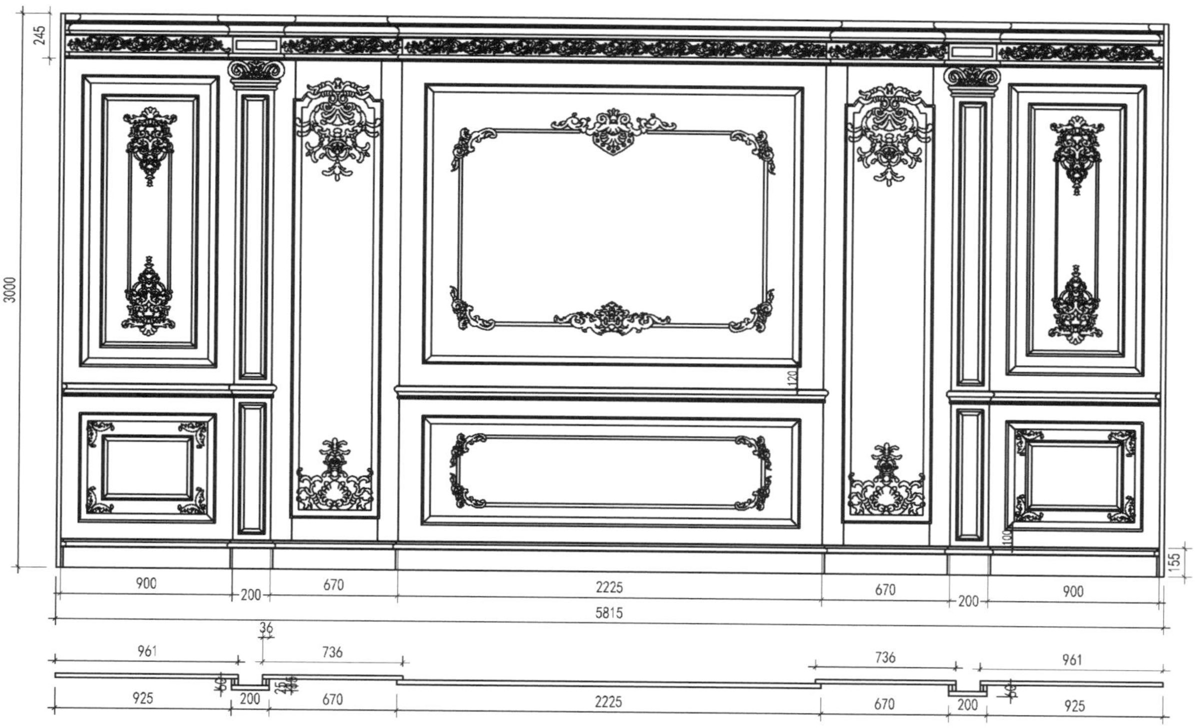

案例七 1:25

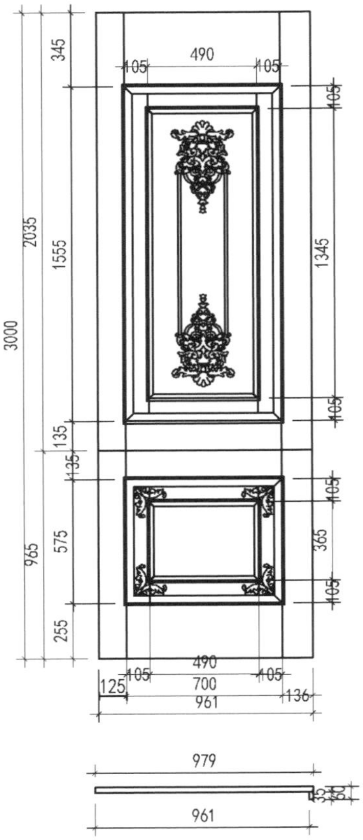

护墙板上：2035*961*25=2（对称加工）
边枋：2035*125*25=2
2035*136*25=2钉收边条
收边条：2035*35*18=2
横枋：720*345*25=2
720*135*25=2
衬板：1550*105*18=4
505*105*18=4
芯板：1335*480*12=2

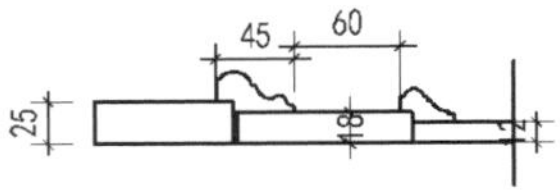

护墙板下：965*961*25=2（对称加工）
边枋：965*125*25=2
965*136*25=2钉收边条
收边条：965*35*18=2
横枋：720*255*25=2
720*135*25=2
衬板：570*105*18=4
505*105*18=4
芯板：355*480*12=2

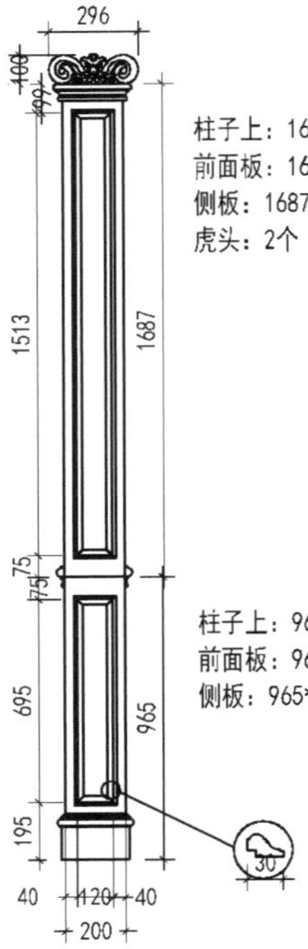

柱子上：1687*200*60=2
前面板：1687*200*25=2
侧板：1687*35*18=4
虎头：2个

柱子上：965*200*60=2
前面板：965*200*25=2
侧板：965*35*18=4

上下护墙板连接处

局部大样图 1:30

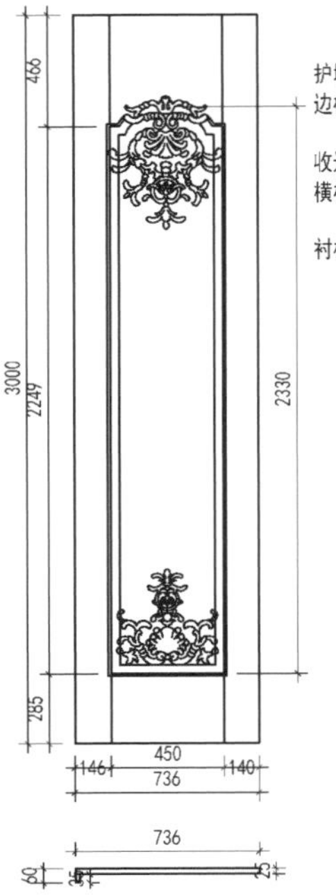

护墙板：3000*736*25=2（对称加工）
边枋：3000*146*25=2钉收边条
3000*140*25=2
收边条：3000*35*18=2
横枋：470*466*25=2
470*285*25=2
衬板：2325*445*18=2

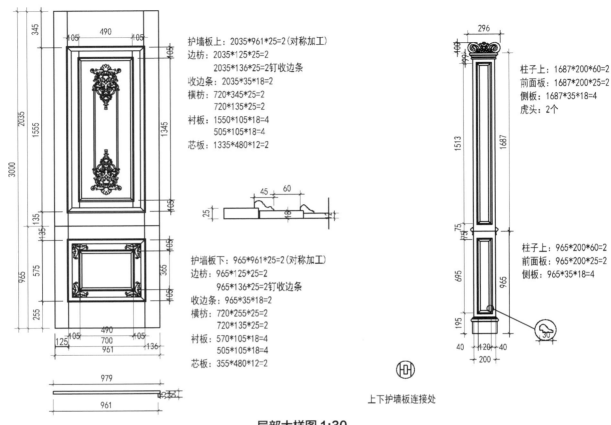

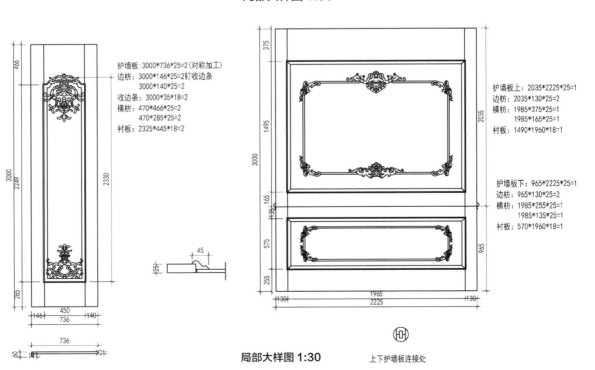

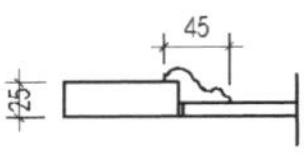

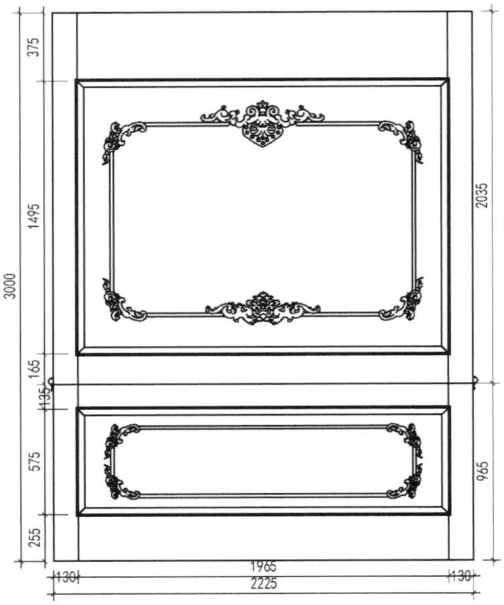

护墙板上：2035*2225*25=1
边枋：2035*130*25=2
横枋：1985*375*25=1
1985*165*25=1
衬板：1490*1960*18=1

护墙板下：965*2225*25=1
边枋：965*130*25=2
横枋：1985*255*25=1
1985*135*25=1
衬板：570*1960*18=1

局部大样图 1:30

上下护墙板连接处

第八节 案例八

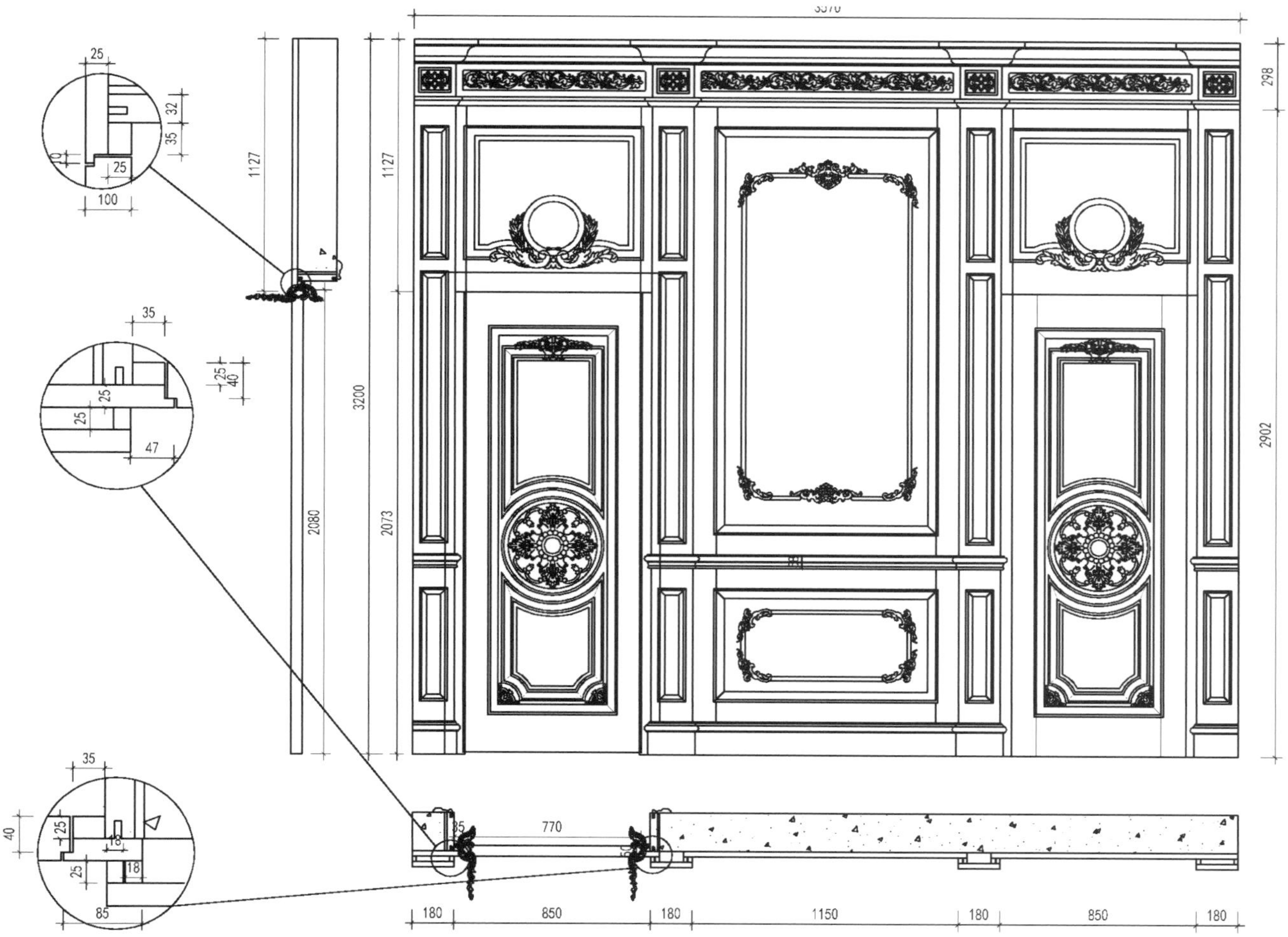

案例八 1:30

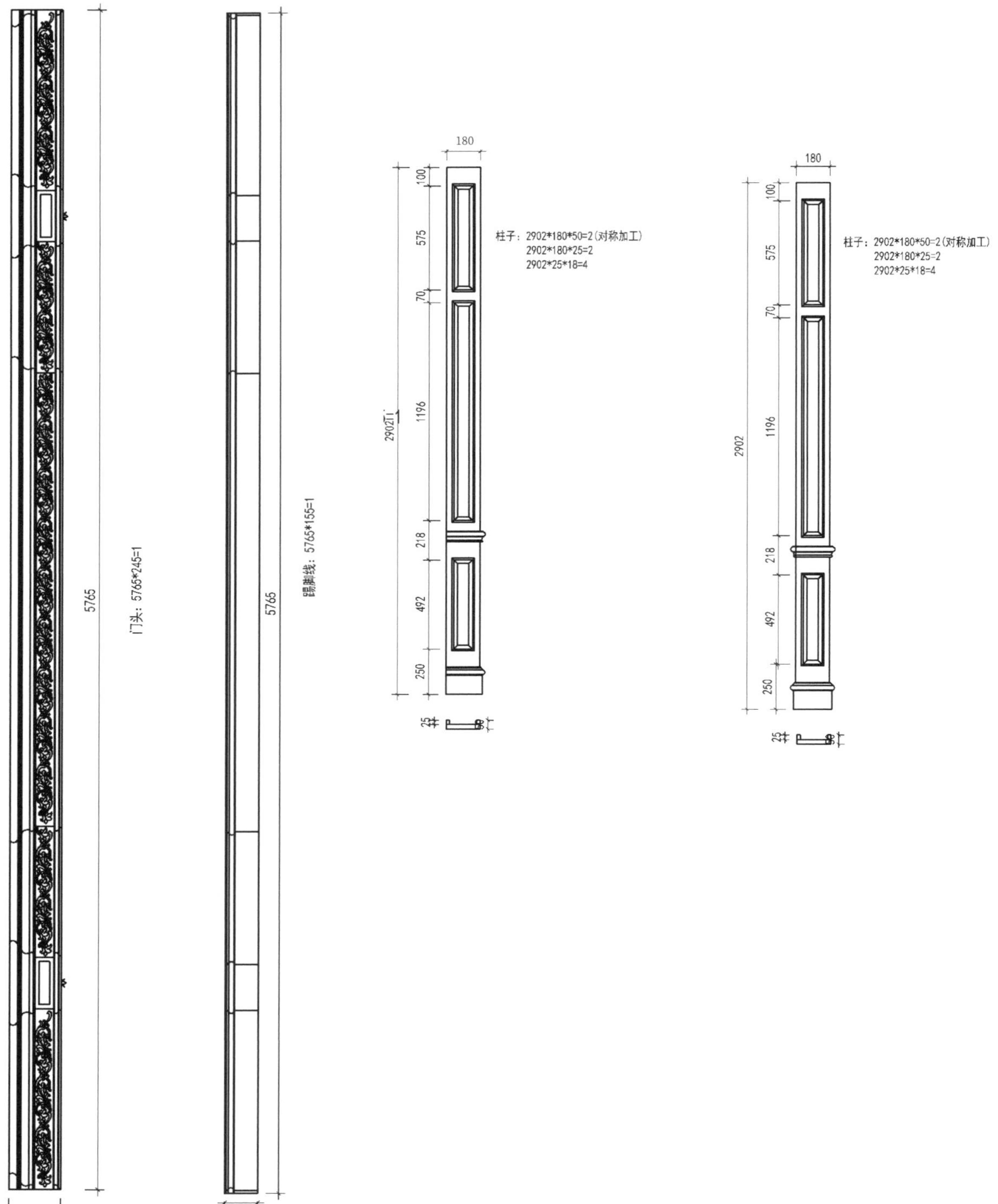
5765
门头：5765*245=1
245
5765
踢脚线：5765*155=1
155
180
100
575
70
1196
218
492
250
2902
柱子：2902*180*50=2(对称加工)
2902*180*25=2
2902*25*18=4
180
100
575
70
1196
218
492
250
2902
柱子：2902*180*50=2(对称加工)
2902*180*25=2
2902*25*18=4

局部大样图 1:25

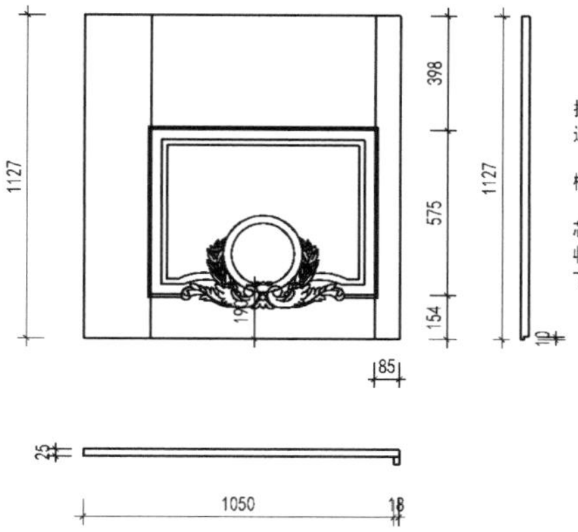

护墙板：1127*1068*25=1
边枋：1127*227*25=1
　　　1127*85*25=1
横枋：776*398*25=1
　　　776*190*25=1
芯板：570*751*18=1
收口条：1127*25*18=1
下方注意开槽

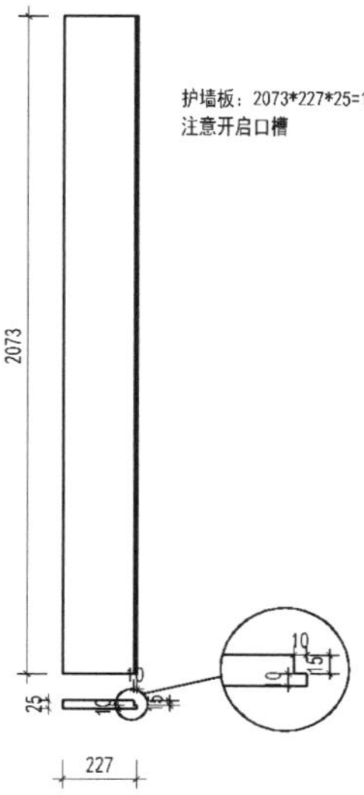

护墙板：2073*227*25=1
注意开启口槽

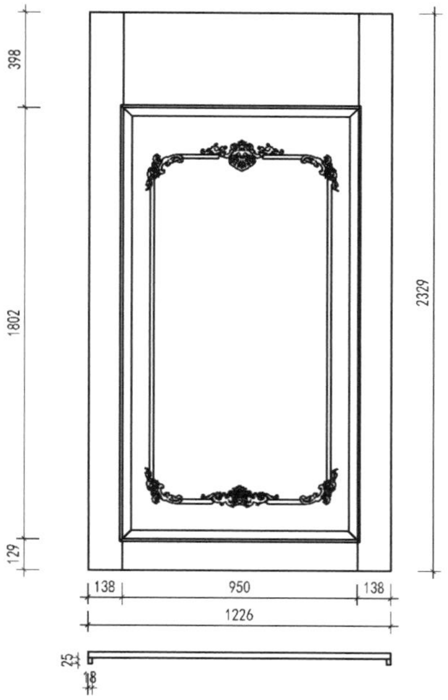

护墙板：2329*1226*25=1
边枋：2329*138*25=2
横枋：970*398*25=1
　　　970*129*25=1
芯板：1797*945*18=1
收口条：2329*25*18=1

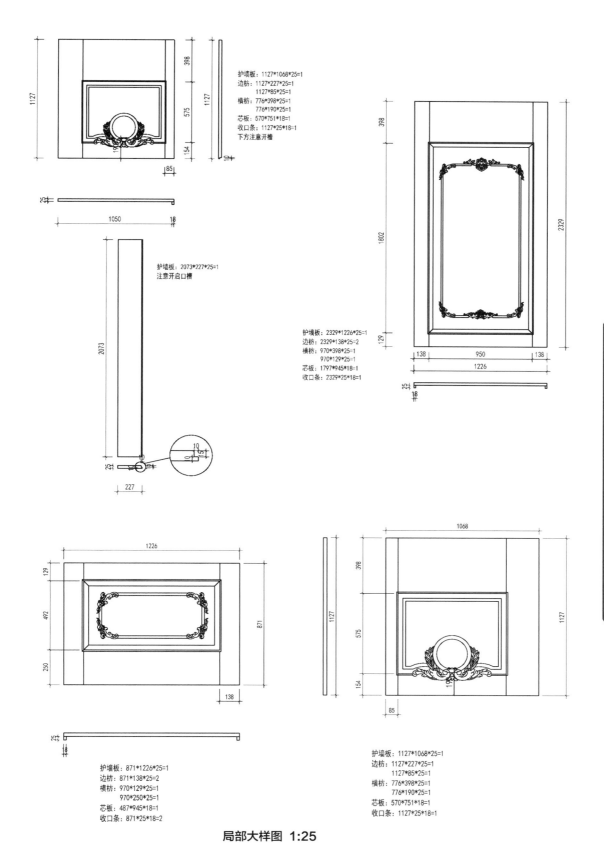

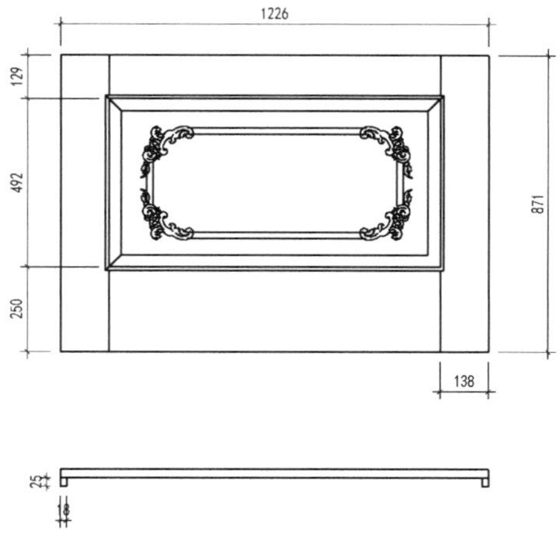

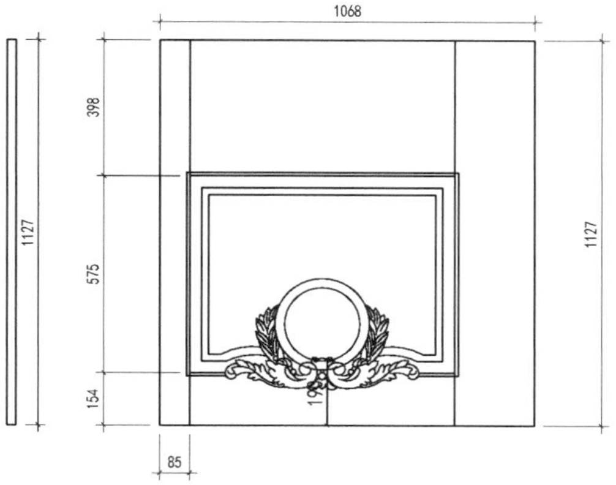

护墙板：871*1226*25=1
边枋：871*138*25=2
横枋：970*129*25=1
　　　970*250*25=1
芯板：487*945*18=1
收口条：871*25*18=2

护墙板：1127*1068*25=1
边枋：1127*227*25=1
　　　1127*85*25=1
横枋：776*398*25=1
　　　776*190*25=1
芯板：570*751*18=1
收口条：1127*25*18=1

局部大样图 1:25

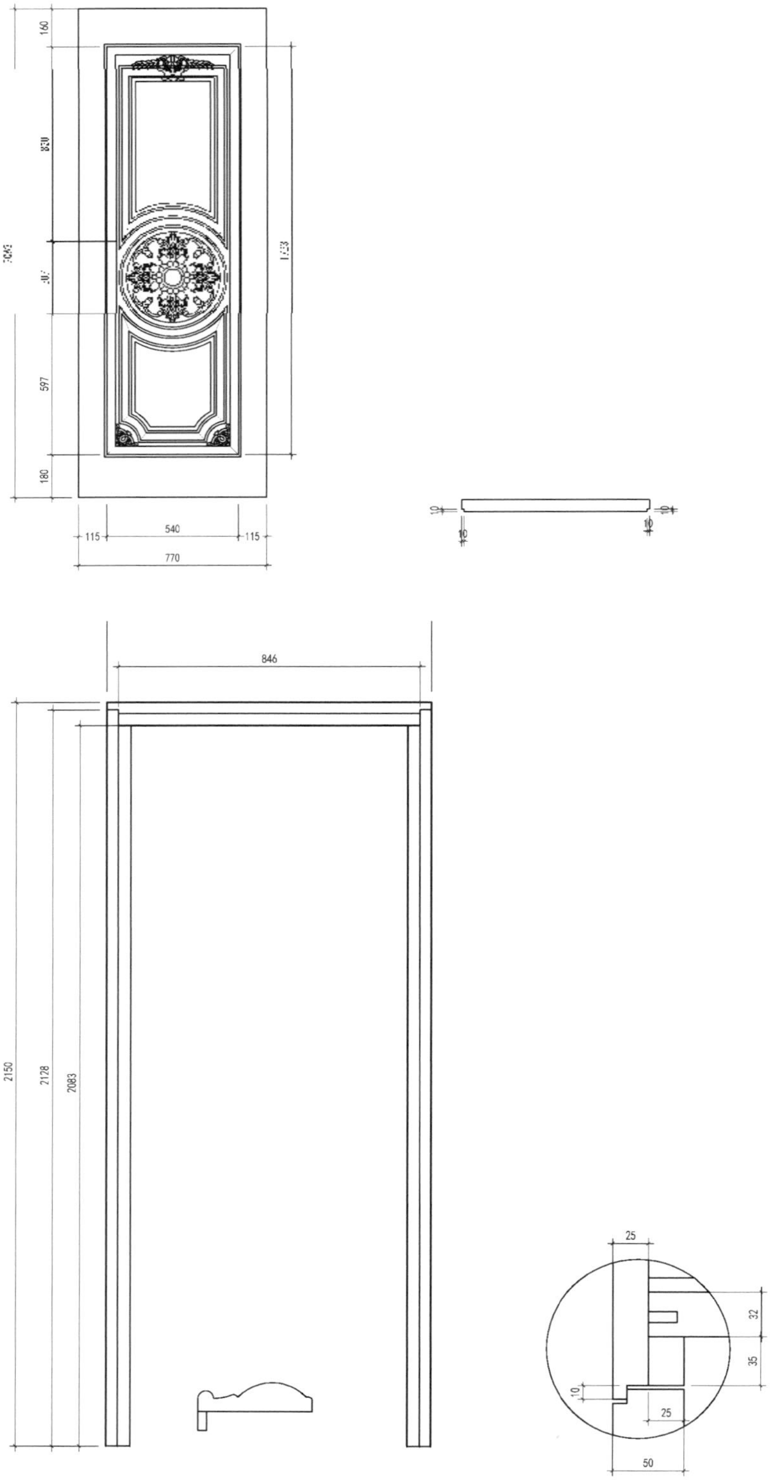
160
830
597
180
540
115
115
770
10
10
10
10
846
2150
2128
2083
25
32
35
10
25
50

局部大样图 1:25

第九节 案例九

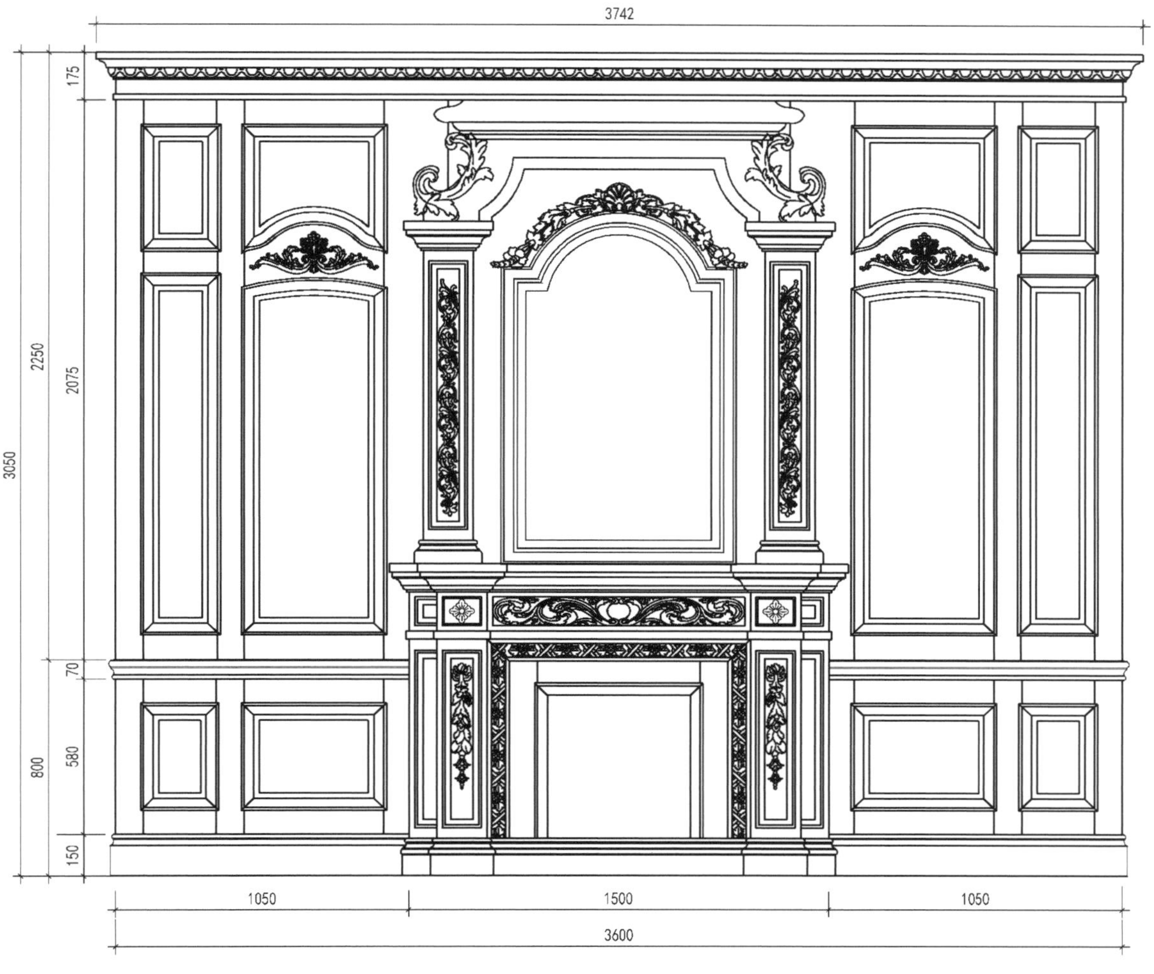

案例九 1:30

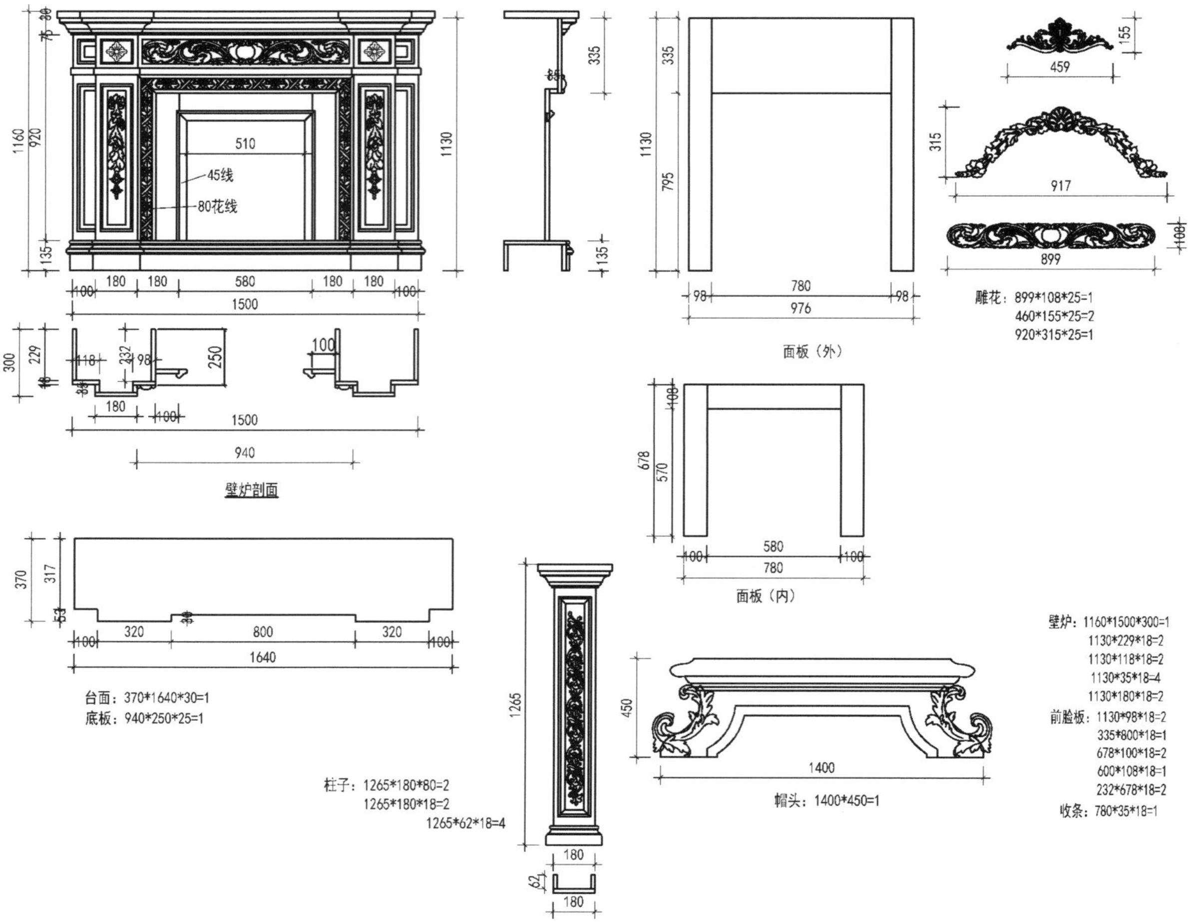
510
45线
80花线
壁炉剖面
面板（外）
面板（内）
雕花：899*108*25=1
460*155*25=2
920*315*25=1
台面：370*1640*30=1
底板：940*250*25=1
柱子：1265*180*80=2
1265*180*18=2
1265*62*18=4
帽头：1400*450=1
壁炉：1160*1500*300=1
1130*229*18=2
1130*118*18=2
1130*35*18=4
1130*180*18=2
前脸板：1130*98*18=2
335*800*18=1
678*100*18=2
600*108*18=1
232*678*18=2
收条：780*35*18=1

局部大样图 1:25

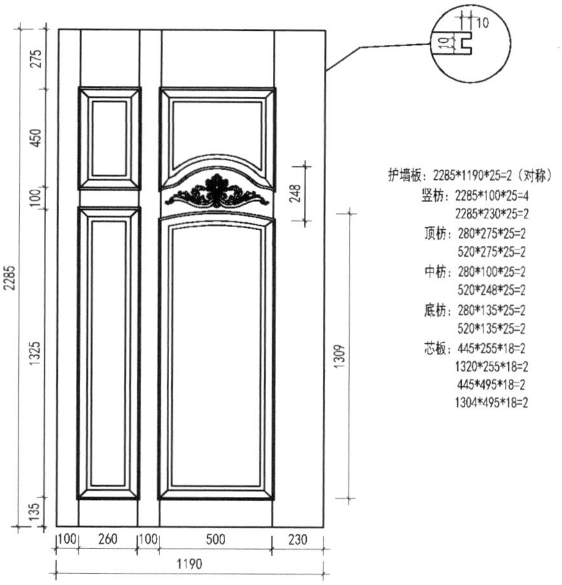
275
450
100
1325
135
2285
248
1309
10
10
100 260 100 500 230
1190
护墙板：2285*1190*25=2（对称）
竖枋：2285*100*25=4
2285*230*25=2
顶枋：280*275*25=2
520*275*25=2
中枋：280*100*25=2
520*248*25=2
底枋：280*135*25=2
520*135*25=2
芯板：445*255*18=2
1320*255*18=2
445*495*18=2
1304*495*18=2

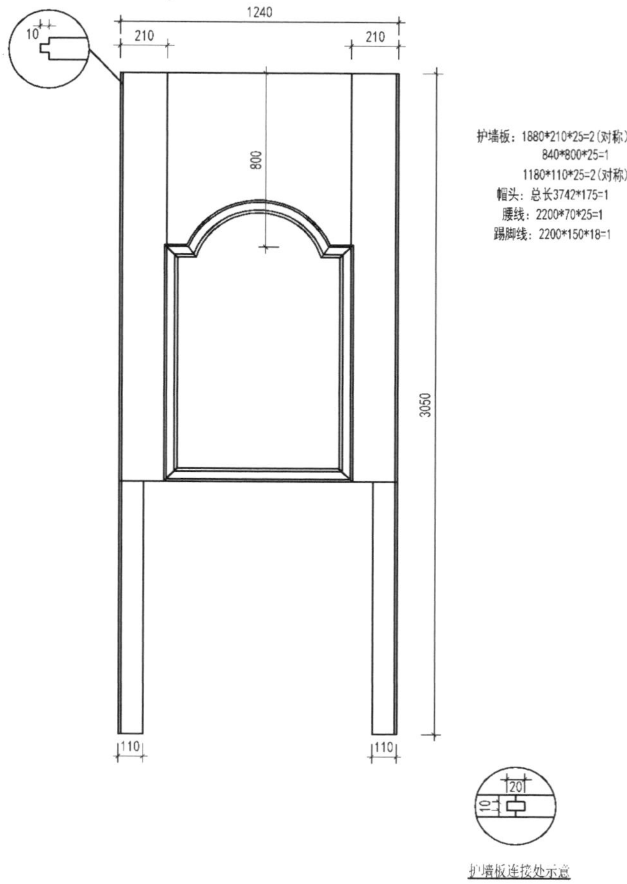
1240
210
210
10
10
800
3050
110
110
护墙板：1880*210*25=2（对称）
840*800*25=1
1180*110*25=2（对称）
帽头：总长3742*175=1
腰线：2200*70*25=1
踢脚线：2200*150*18=1
20
10
护墙板连接处示意

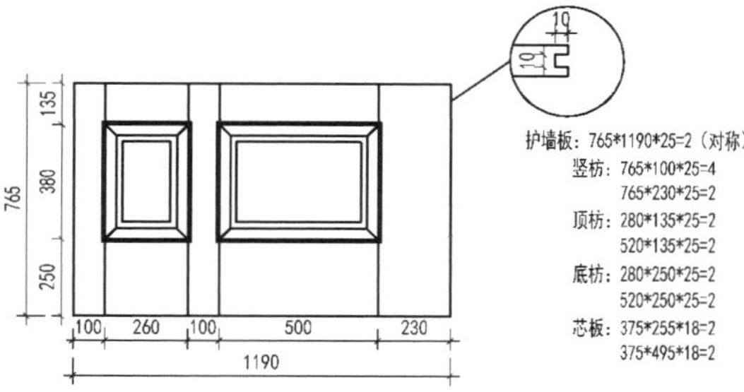
135
380
765
250
10
10
100 260 100 500 230
1190
护墙板：765*1190*25=2（对称）
竖枋：765*100*25=4
765*230*25=2
顶枋：280*135*25=2
520*135*25=2
底枋：280*250*25=2
520*250*25=2
芯板：375*255*18=2
375*495*18=2

局部大样图 1:25

第十节 案例十

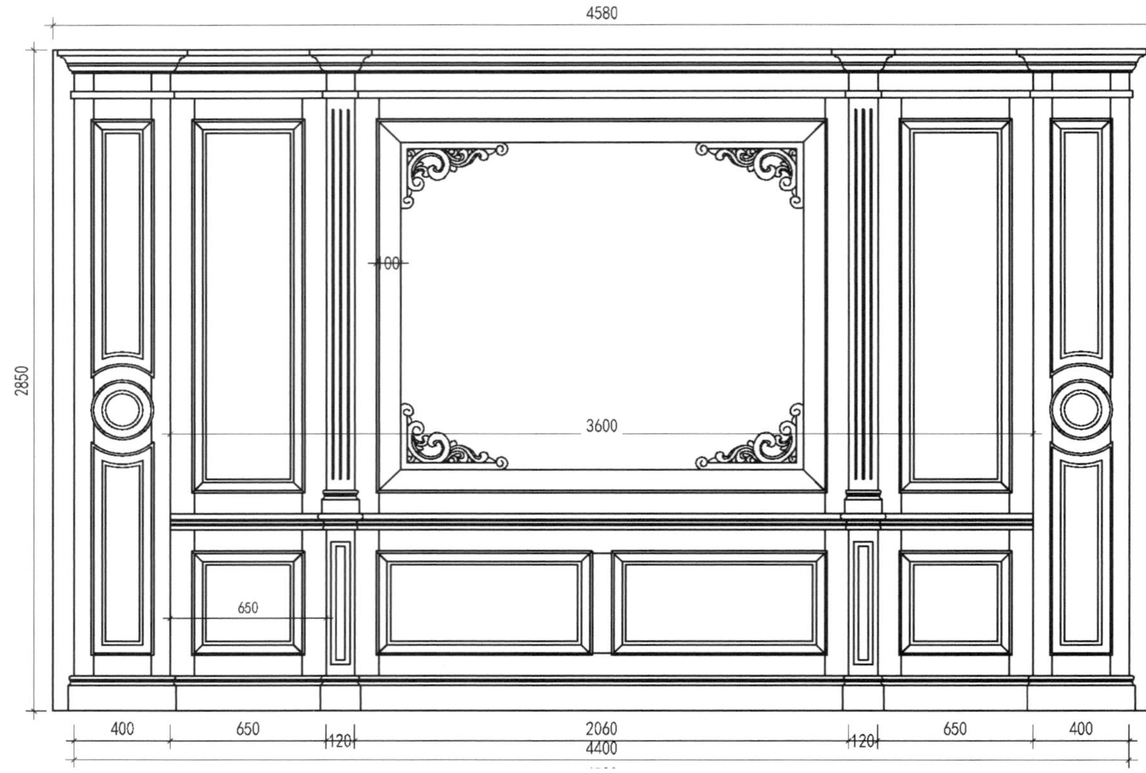

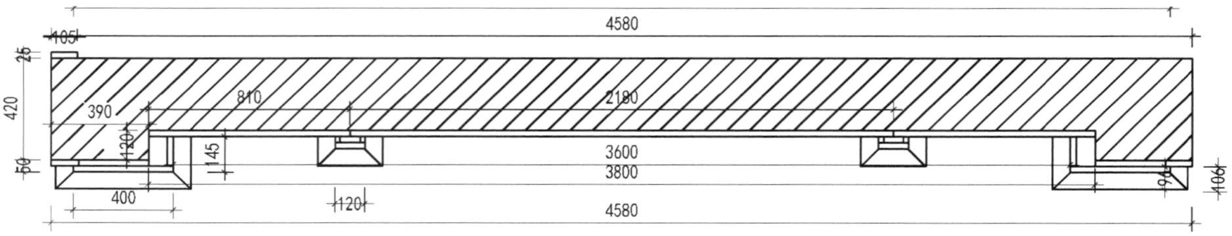

案例十 1:25

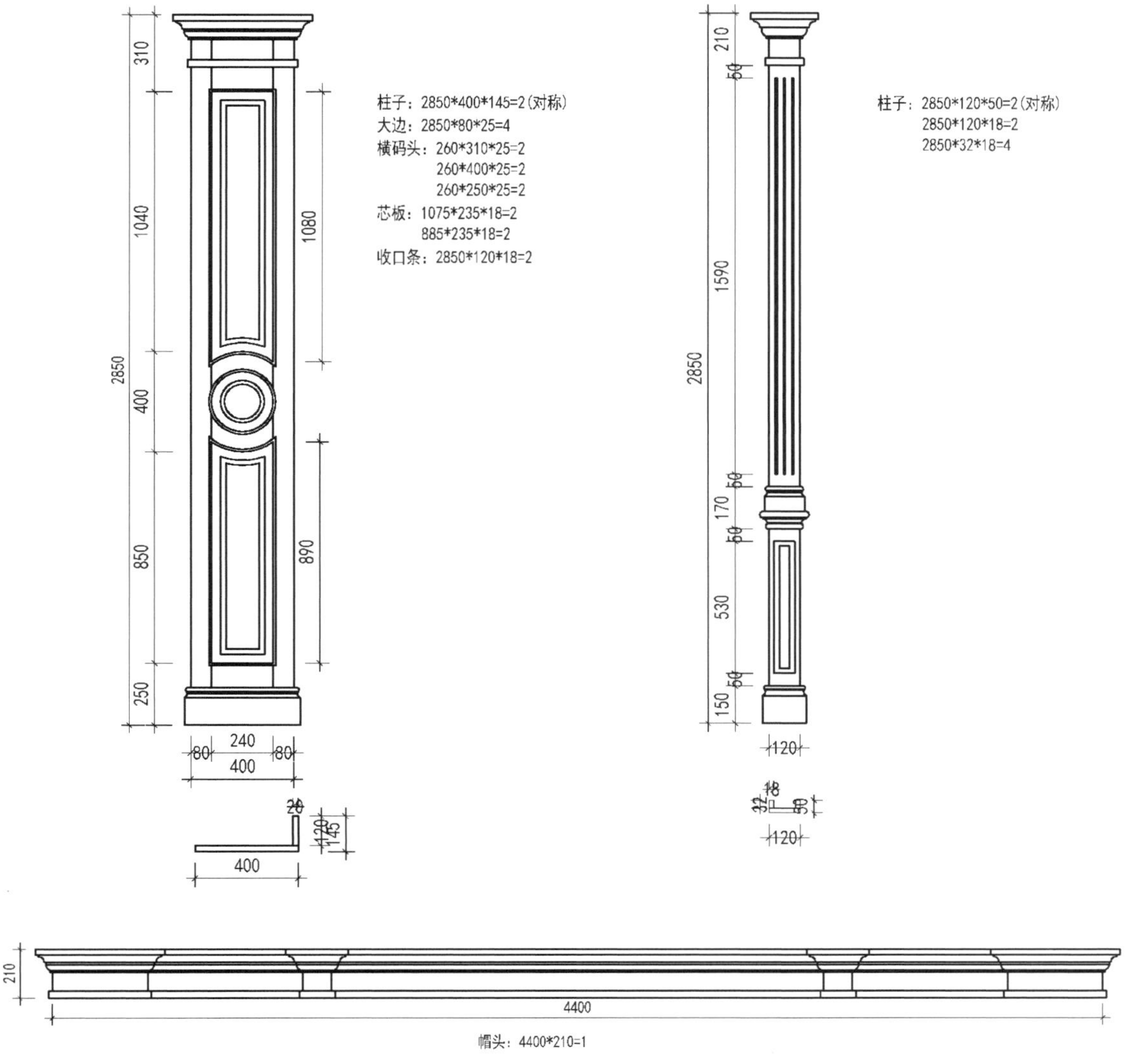
柱子：2850*400*145=2(对称)
大边：2850*80*25=4
横码头：260*310*25=2
260*400*25=2
260*250*25=2
芯板：1075*235*18=2
885*235*18=2
收口条：2850*120*18=2
柱子：2850*120*50=2(对称)
2850*120*18=2
2850*32*18=4
帽头：4400*210=1

局部大样图 1:25

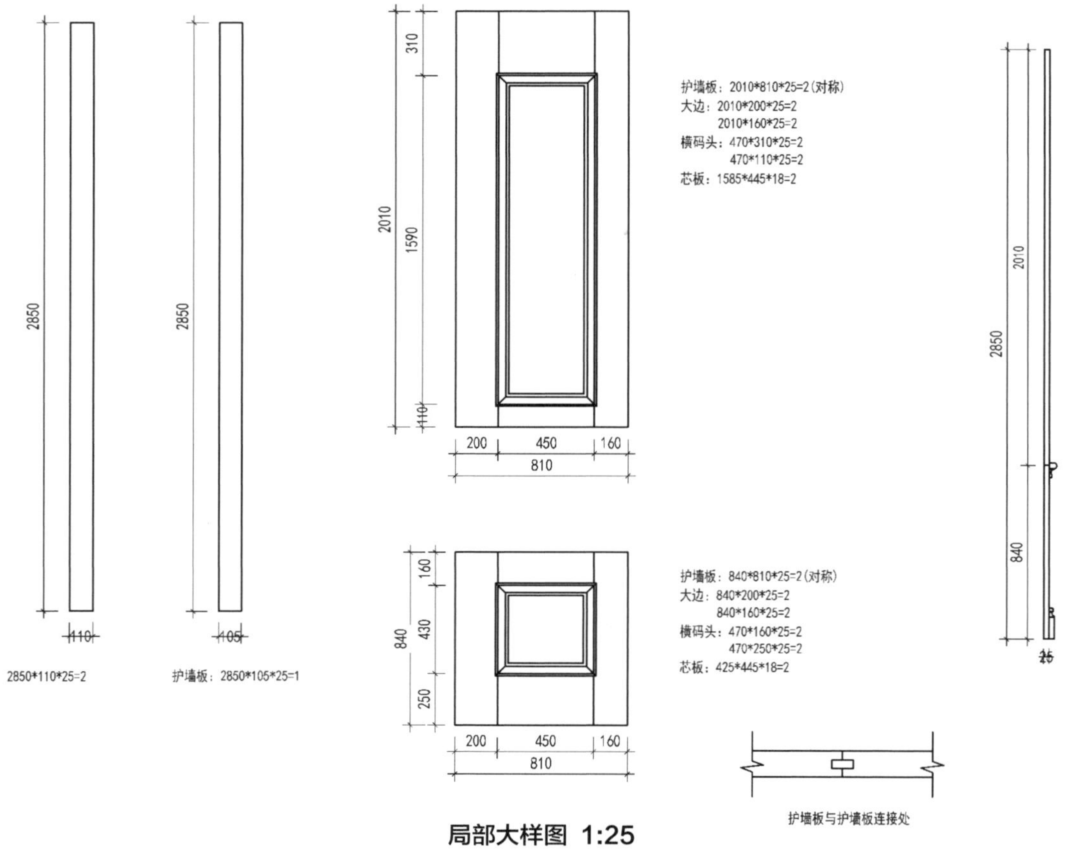
2850*110*25=2
护墙板：2850*105*25=1
护墙板：2010*810*25=2(对称)
大边：2010*200*25=2
2010*160*25=2
横码头：470*310*25=2
470*110*25=2
芯板：1585*445*18=2
护墙板：840*810*25=2(对称)
大边：840*200*25=2
840*160*25=2
横码头：470*160*25=2
470*250*25=2
芯板：425*445*18=2
护墙板与护墙板连接处

局部大样图 1:25

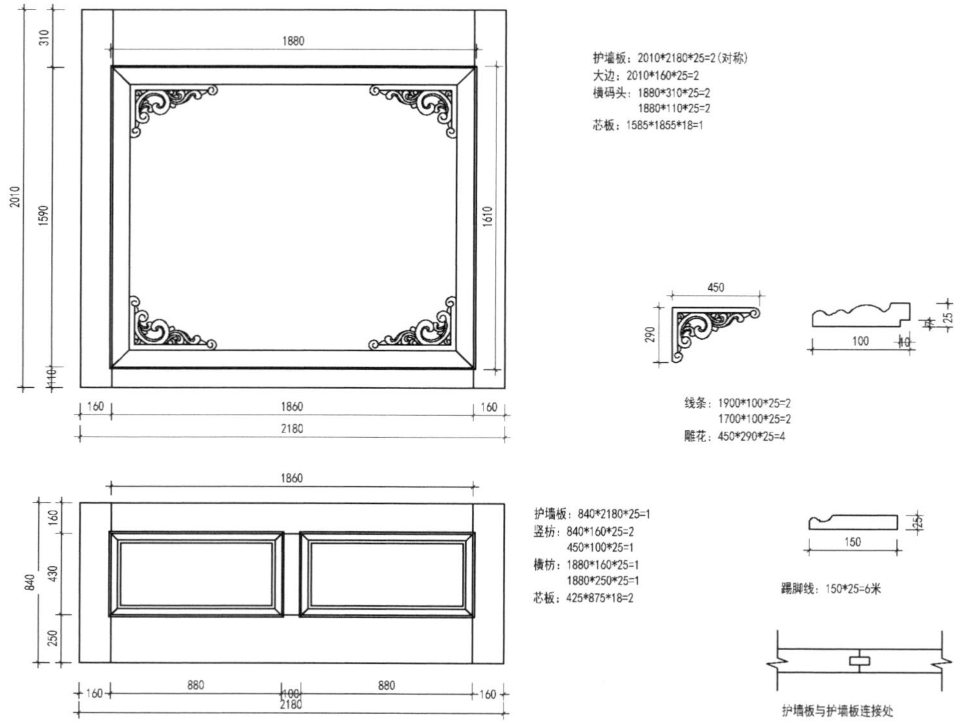
护墙板：2010*2180*25=2(对称)
大边：2010*160*25=2
横码头：1880*310*25=2
1880*110*25=2
芯板：1585*1855*18=1
线条：1900*100*25=2
1700*100*25=2
雕花：450*290*25=4
护墙板：840*2180*25=1
竖枋：840*160*25=2
450*100*25=1
横枋：1880*160*25=1
1880*250*25=1
芯板：425*875*18=2
踢脚线：150*25=6米
护墙板与护墙板连接处

局部大样图 1:25

第十一节 案例十一

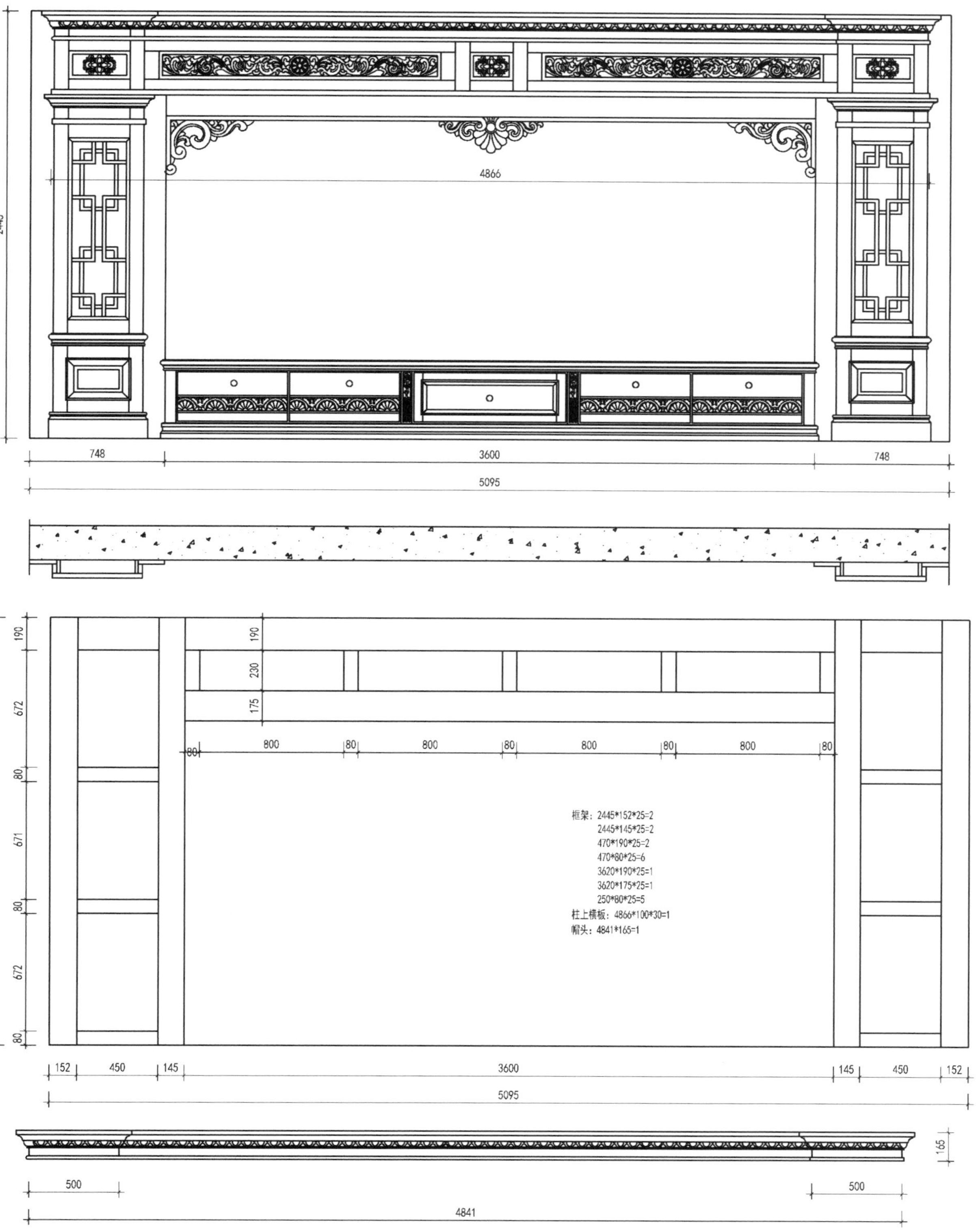
4866
2445
748
3600
748
5095
2445
190
230
175
672
80
671
80
672
80
80
800
80
800
80
800
80
800
80
框架：2445*152*25=2
2445*145*25=2
470*190*25=2
470*80*25=6
3620*190*25=1
3620*175*25=1
250*80*25=5
柱上横板：4866*100*30=1
帽头：4841*165=1
152
450
145
3600
145
450
152
5095
165
500
500
4841

案例十一 1:25

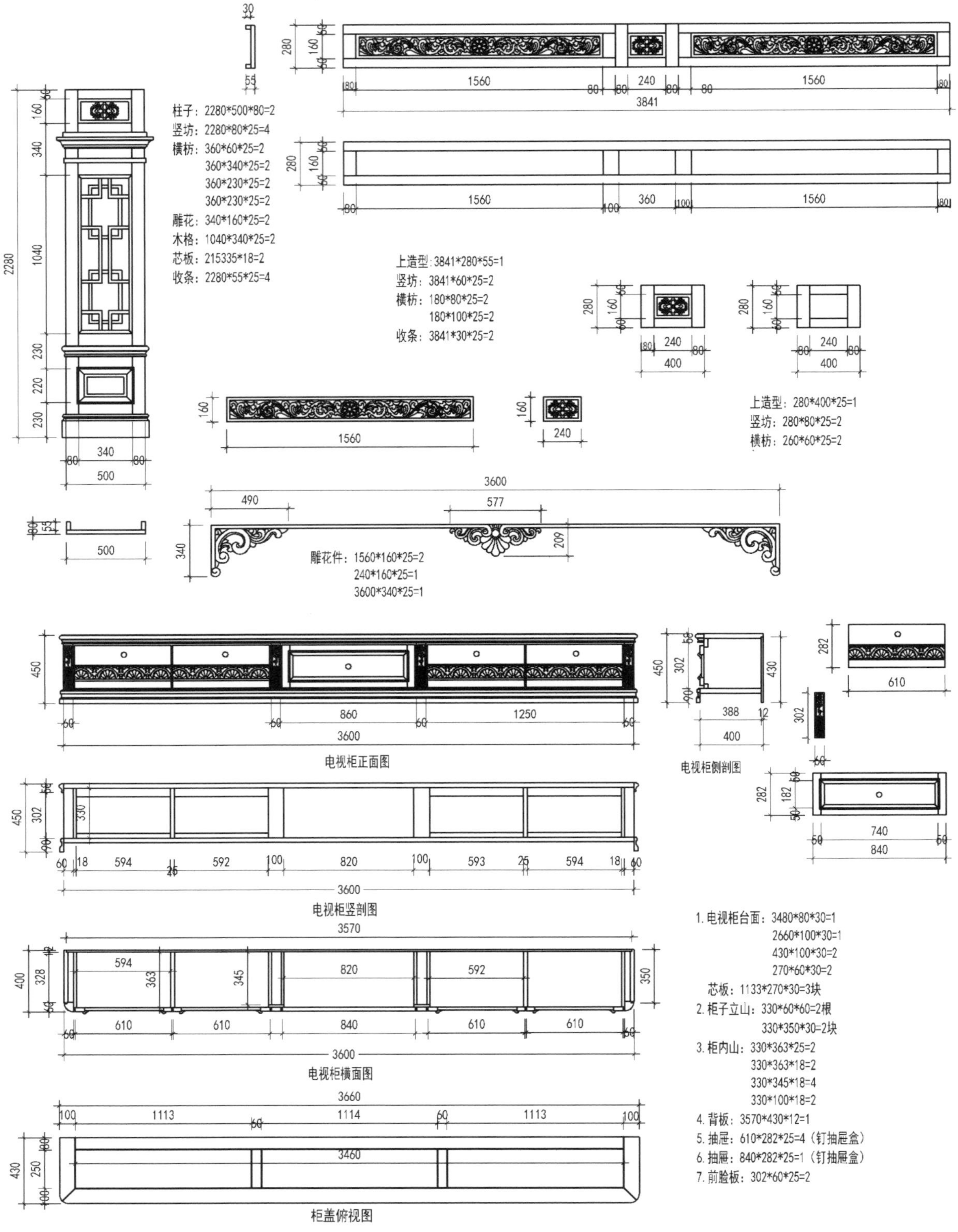

柱子：2280*500*80=2
竖坊：2280*80*25=4
横枋：360*60*25=2
360*340*25=2
360*230*25=2
360*230*25=2
雕花：340*160*25=2
木格：1040*340*25=2
芯板：215335*18=2
收条：2280*55*25=4
上造型：3841*280*55=1
竖坊：3841*60*25=2
横枋：180*80*25=2
180*100*25=2
收条：3841*30*25=2
上造型：280*400*25=1
竖坊：280*80*25=2
横枋：260*60*25=2
雕花件：1560*160*25=2
240*160*25=1
3600*340*25=1
电视柜正面图
电视柜侧剖图
电视柜竖剖图
电视柜横面图
柜盖俯视图
1. 电视柜台面：3480*80*30=1
2660*100*30=1
430*100*30=2
270*60*30=2
芯板：1133*270*30=3块
2. 柜子立山：330*60*60=2根
330*350*30=2块
3. 柜内山：330*363*25=2
330*363*18=2
330*345*18=4
330*100*18=2
4. 背板：3570*430*12=1
5. 抽屉：610*282*25=4（钉抽屉盒）
6. 抽屉：840*282*25=1（钉抽屉盒）
7. 前脸板：302*60*25=2

局部大样图 1:25

酒窖 / 榻榻米设计方案 ▶

全屋定制 CAD 设计图集

主编 杨岚

中国林業出版社
CFPH China Forestry Publishing House

图书在版编目（C I P）数据

全屋定制 CAD 设计图集 / 杨岚主编 . -- 北京 : 中国林业出版社 , 2020.7
ISBN 978-7-5219-0625-7

Ⅰ . ①全… Ⅱ . ①杨… Ⅲ . ①室内装饰设计－计算机辅助设计－ AutoCAD 软件－图集 Ⅳ . ① TU238.2-39

中国版本图书馆 CIP 数据核字 (2020) 第 102063 号

中国林业出版社
责任编辑：李 顺 陈 慧
出版咨询：（010）83143569

出 版：中国林业出版社（100009 北京西城区德内大街刘海胡同 7 号）
网 站：http://www.forestry.gov.cn/lycb.html
印 刷：深圳市汇亿丰印刷科技有限公司
发 行：中国林业出版社
电 话：（010）83143500
版 次：2020 年 7 月第 1 版
印 次：2020 年 7 月第 1 次
开 本：889mm×1194mm 1 ／ 16
印 张：14.5
字 数：400 千字
定 价：598.00 元（全 3 册）

前言

Preface

本套《全屋定制CAD设计图集》是一种个性化、多样化的设计理念，其通过“互联网+”的营销模式，以数字化和智能化的方式进行生产，随着社会的不断发展，全屋定制逐渐被广大消费者所接受，它强调的是个性化设计及家居设计风格的统一，全屋定制不仅能让我们的生活更加舒适，也能独树一帜地演绎主人的生活理念。

全屋定制涵盖了用户调查、方案设计、后期沟通、工厂生产、安装、售后等一系列服务，因此必须依靠强大的企业或服务平台，实现设计、生产、施工、饰品配套等多种资源的整合与利用；以全屋设计为主导，配合专业定制和整体主材配置来实现属于客户自己的家装文化。

想在未来的全屋定制行业占领先机，除了依靠品质、服务等因素，对整装品牌而言，人是不可或缺的重要力量。因此企业对于设计师的培养和设计师自身能力的提升，越来越显得必不可少。

作为全屋定制企业最核心的岗位——设计师，任重而道远，设计师不仅是企业价值的创造者，更是帮助企业解决问题的行动者，设计师在企业的转型升级、突破瓶颈等问题中都是中坚力量，设计师面对的挑战和困难也是非常艰巨的。

为了能让广大设计师和我们的同行业者更快解决实际问题，找到用户需求，我们特将近年来的生产实践整理成册，本套系列丛书分为三部分，第一部分背景墙；第二部分为酒窖、榻榻米；第三部分为酒柜。

我们在整理这套书时候尽量原创，在编写过程中参考和引用了很多行业内知名的企业、设计师的宝贵资料和研究成果，同时也参照了很多行业图集，在此基础上进行了部分修改！在此对原作者和研究者表示衷心的感谢！

本书在编写过程中，肯定有诸多纰漏之处，我们也向本书提出质疑或提供建议的读者表示诚挚的敬意！

编者

2020年3月

POMEROL

The End

HADID

SENTINEL OF LIBERTY

Contents

目 录

第一章

别墅、住宅酒窖整体施工案例

第一节 欧式仿古风格酒窖

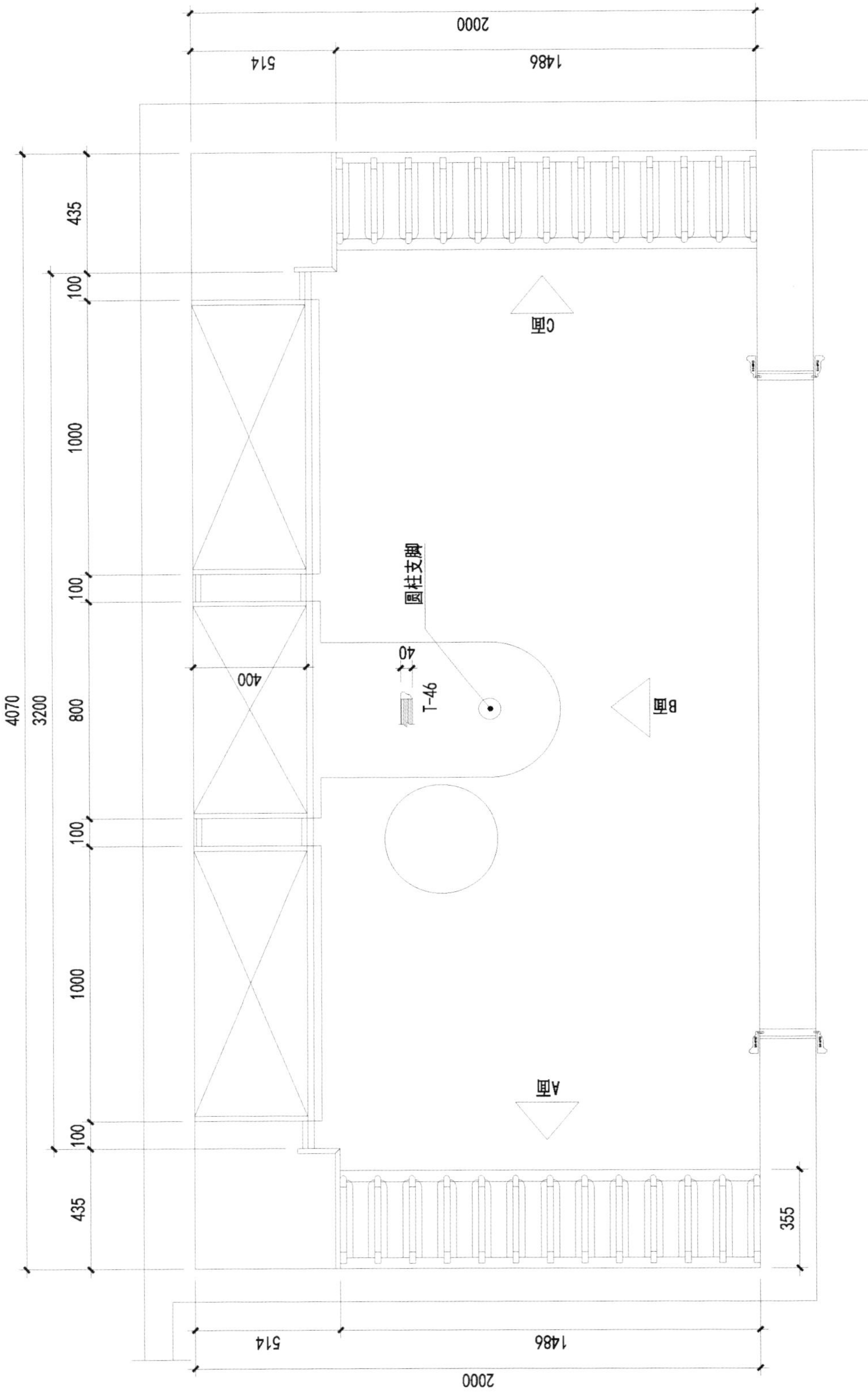

样式一 平面图 1:25

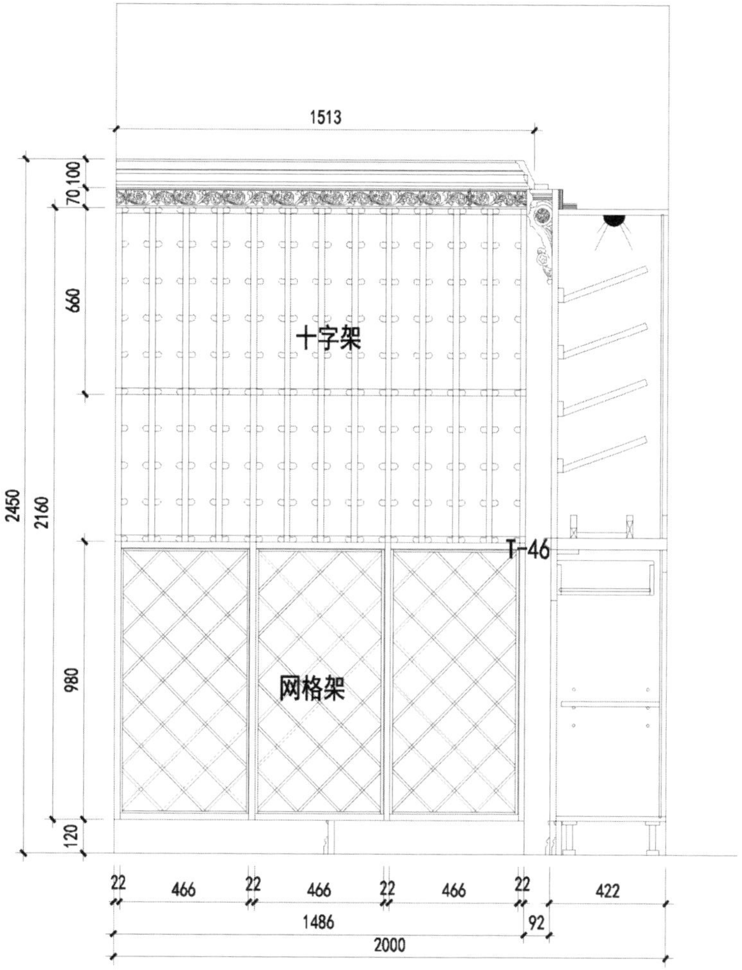

样式一 A 面立面图 1:25

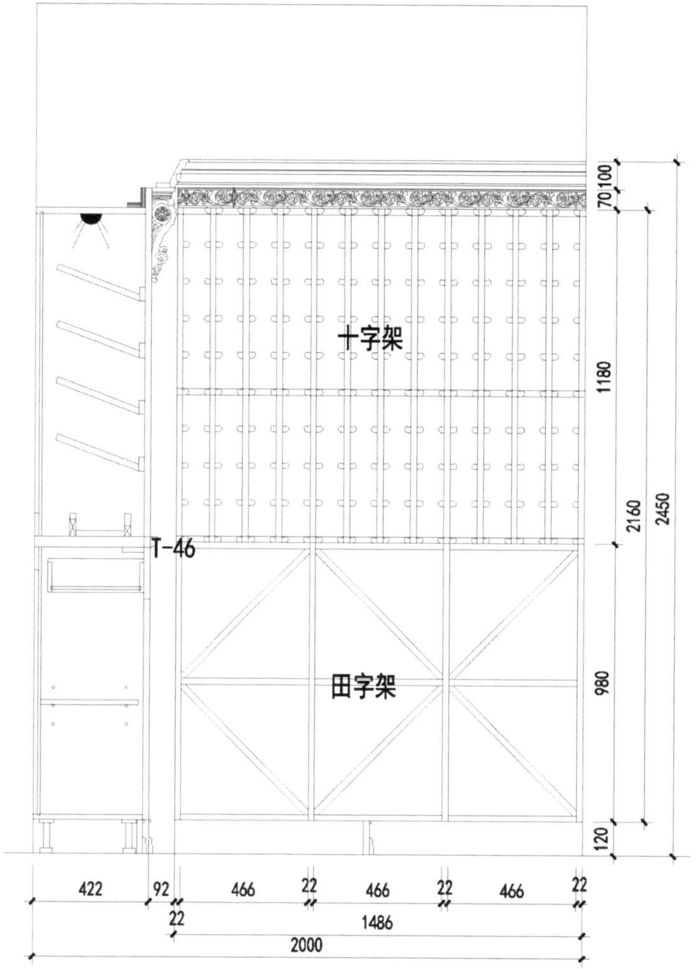

样式 一 C 面立面图 1:25

样式一 B 面立面图 1:25

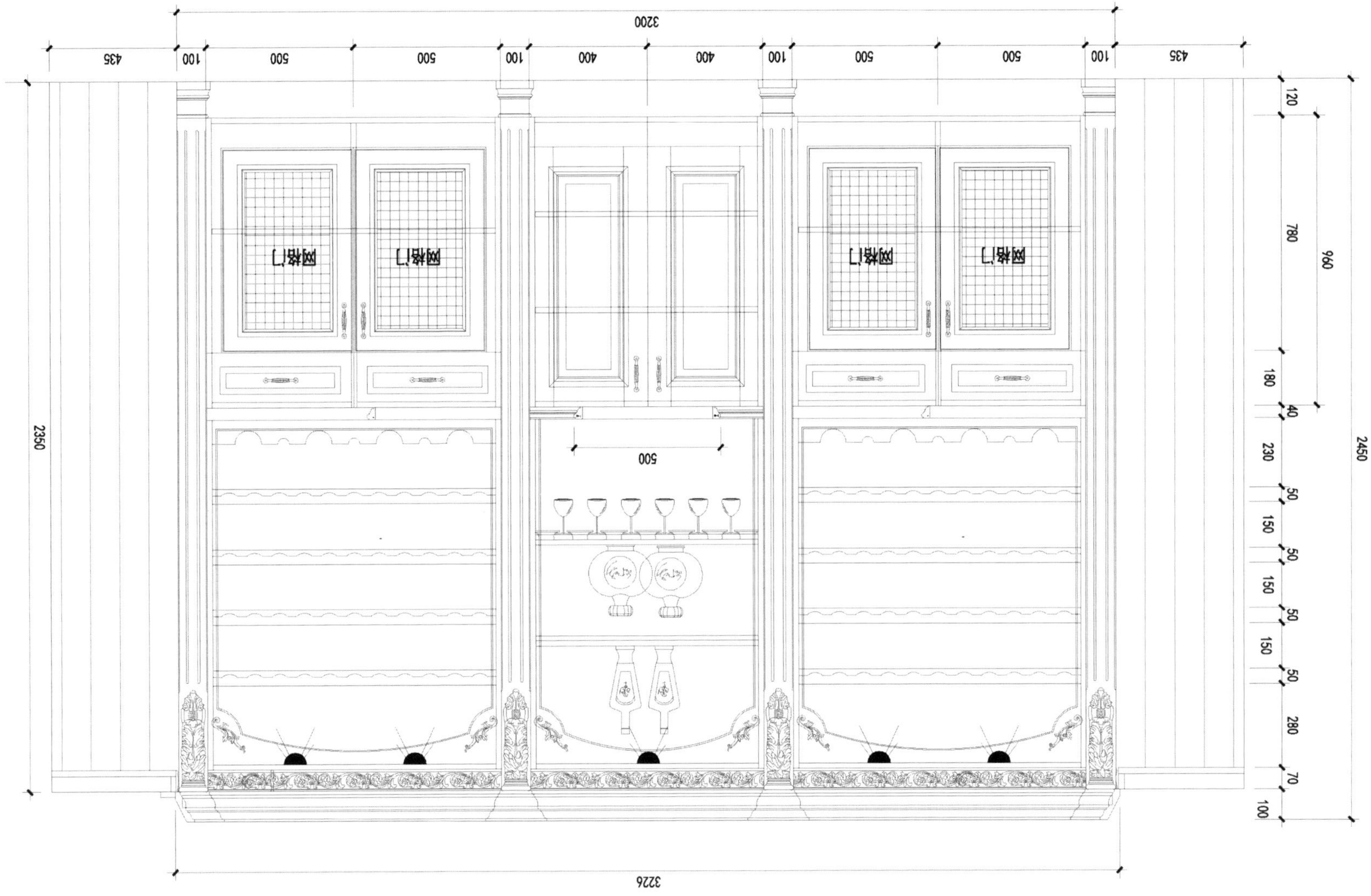

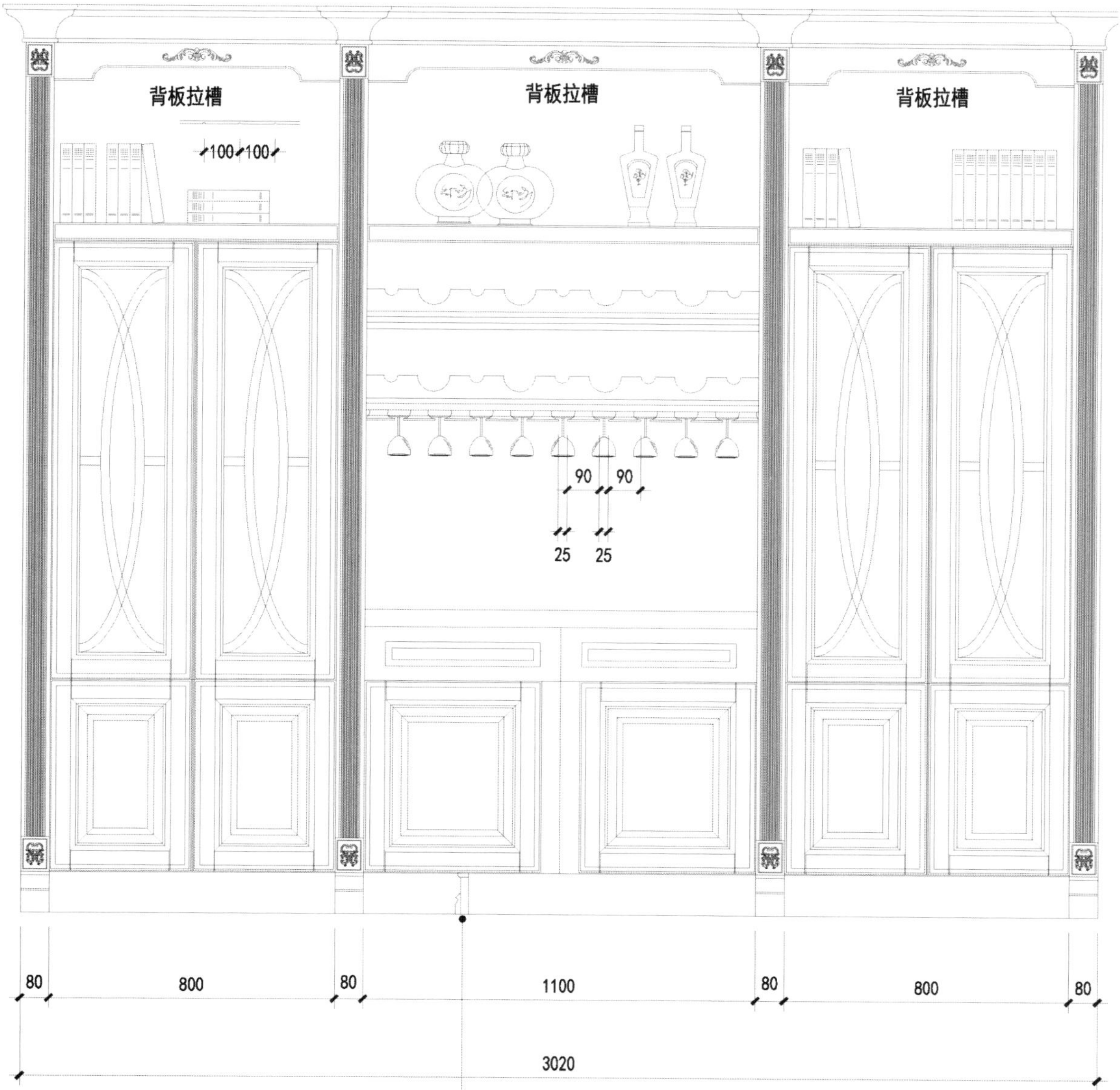

样式二 立面图 1:25

全屋定制 CAD 设计图集－酒窖／榻榻米

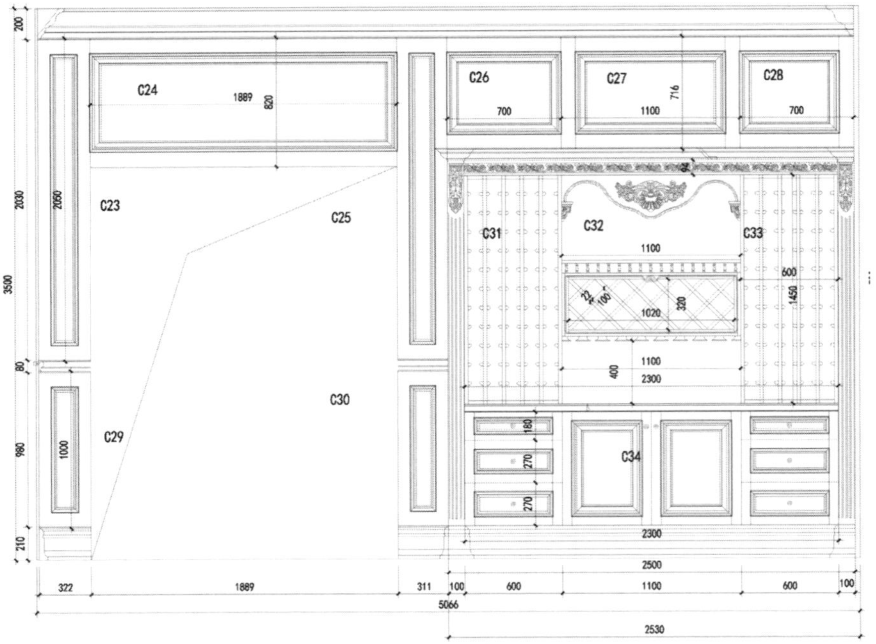

样式三 立面图 1:25

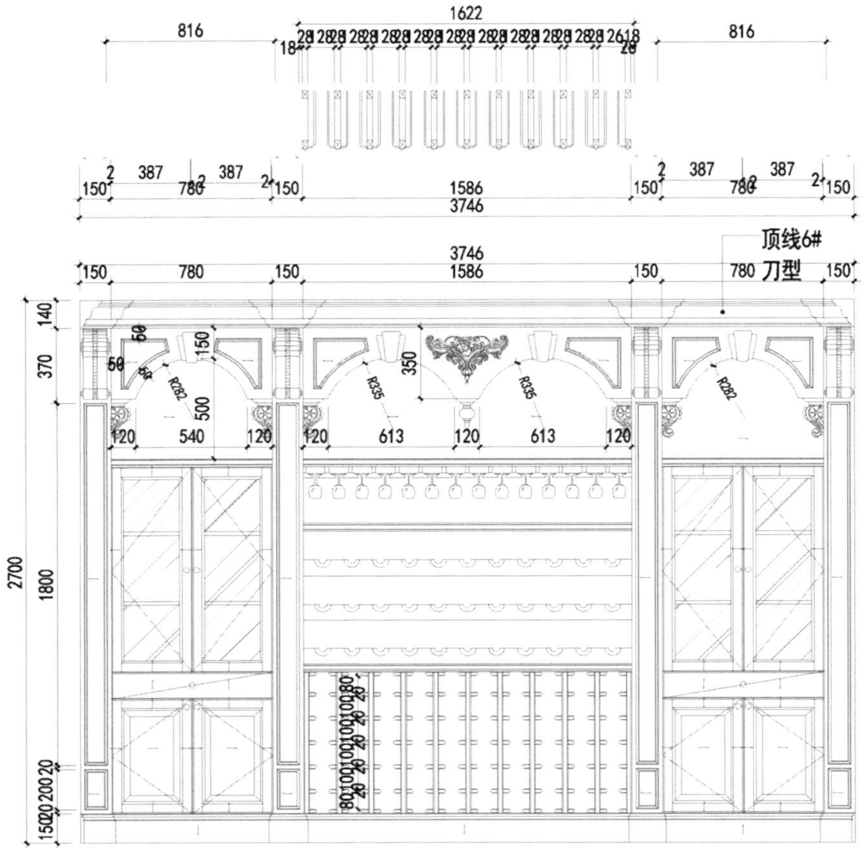

样式四 立面图 1:25

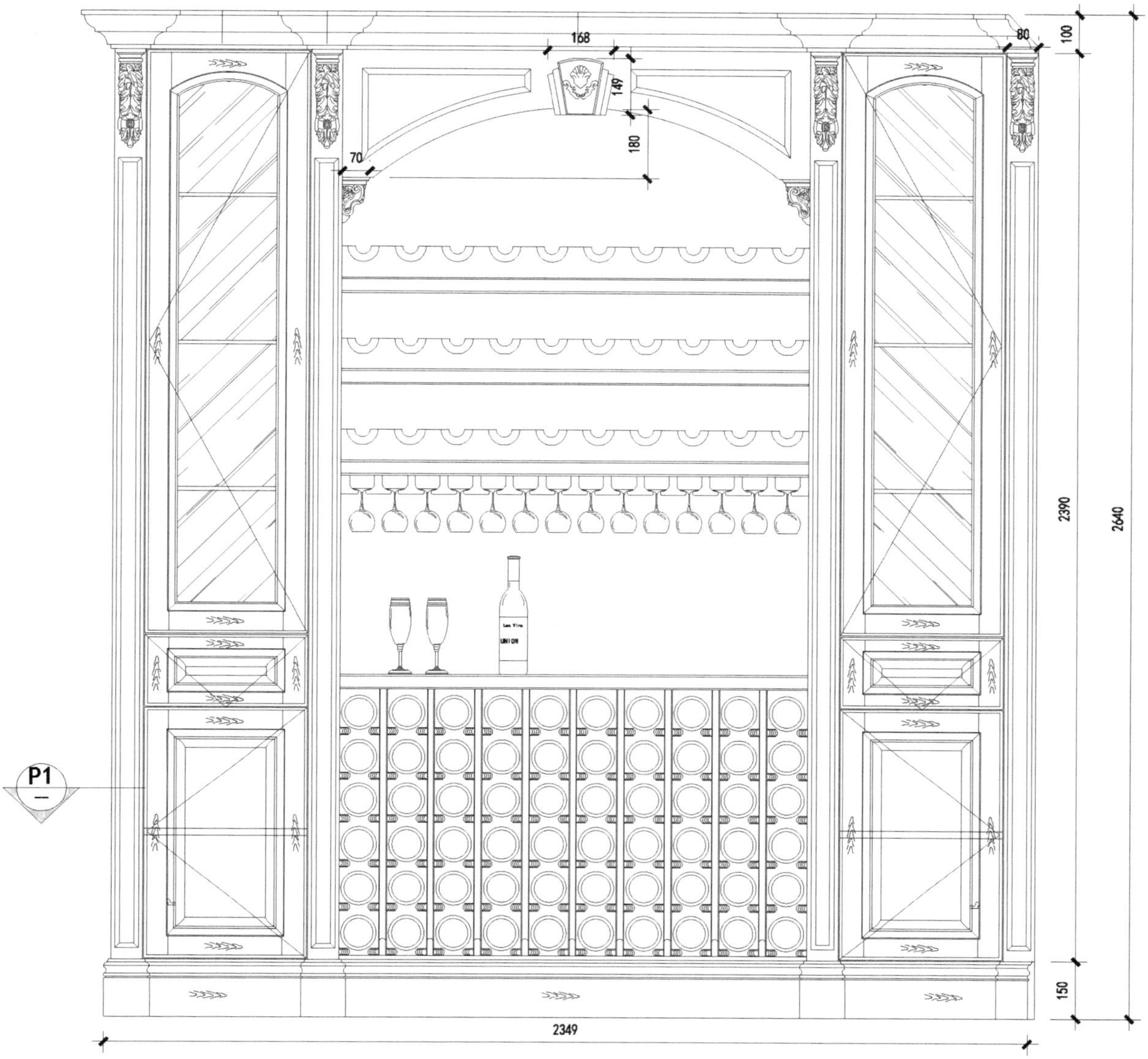
168
80
100
149
180
70
2390
2640
P1
150
2349

样式五 立面图 1:25

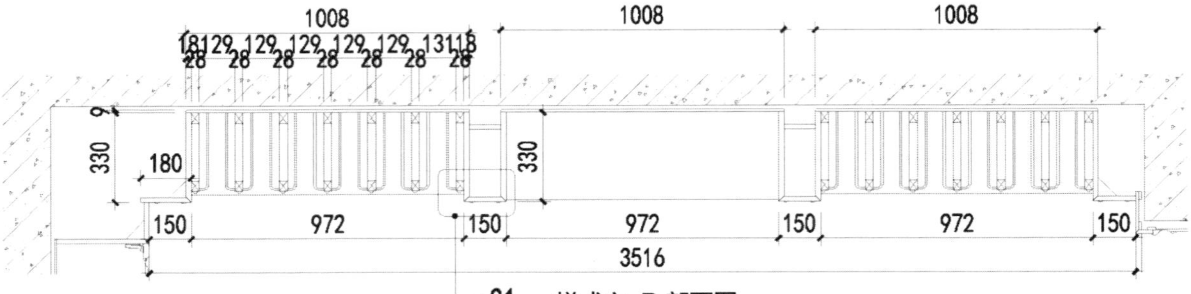

样式六 B 部面图

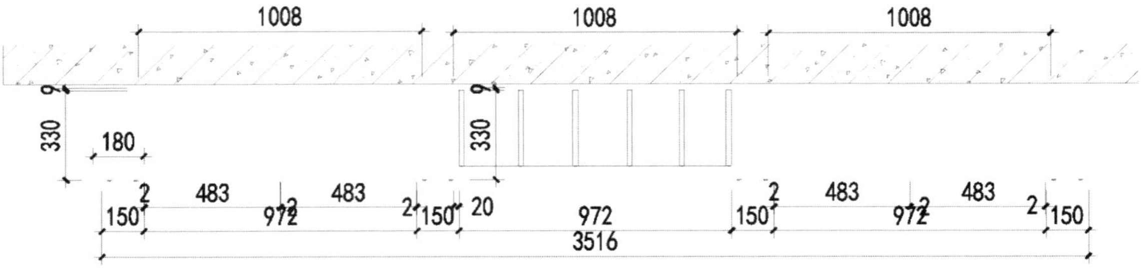

样式六 A 部面图

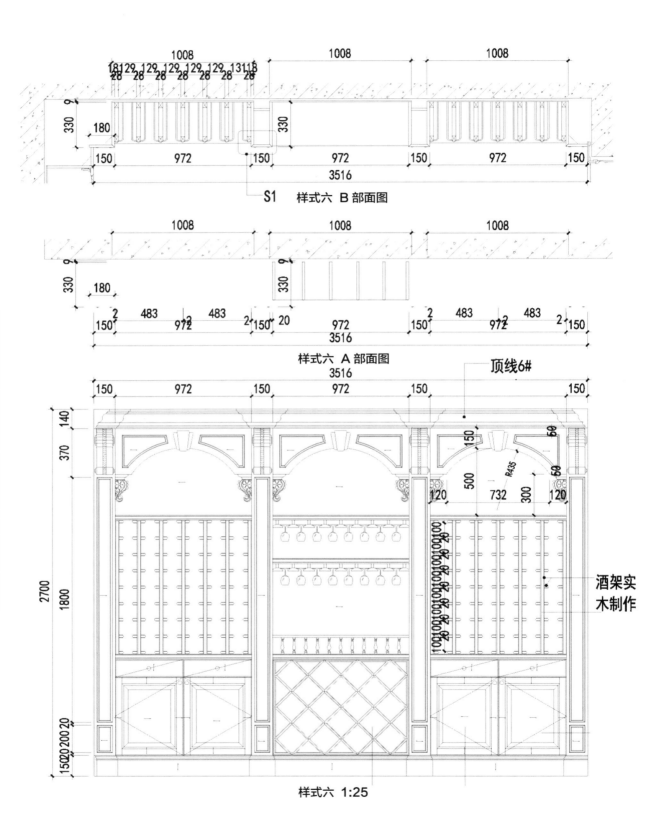

样式六 1:25

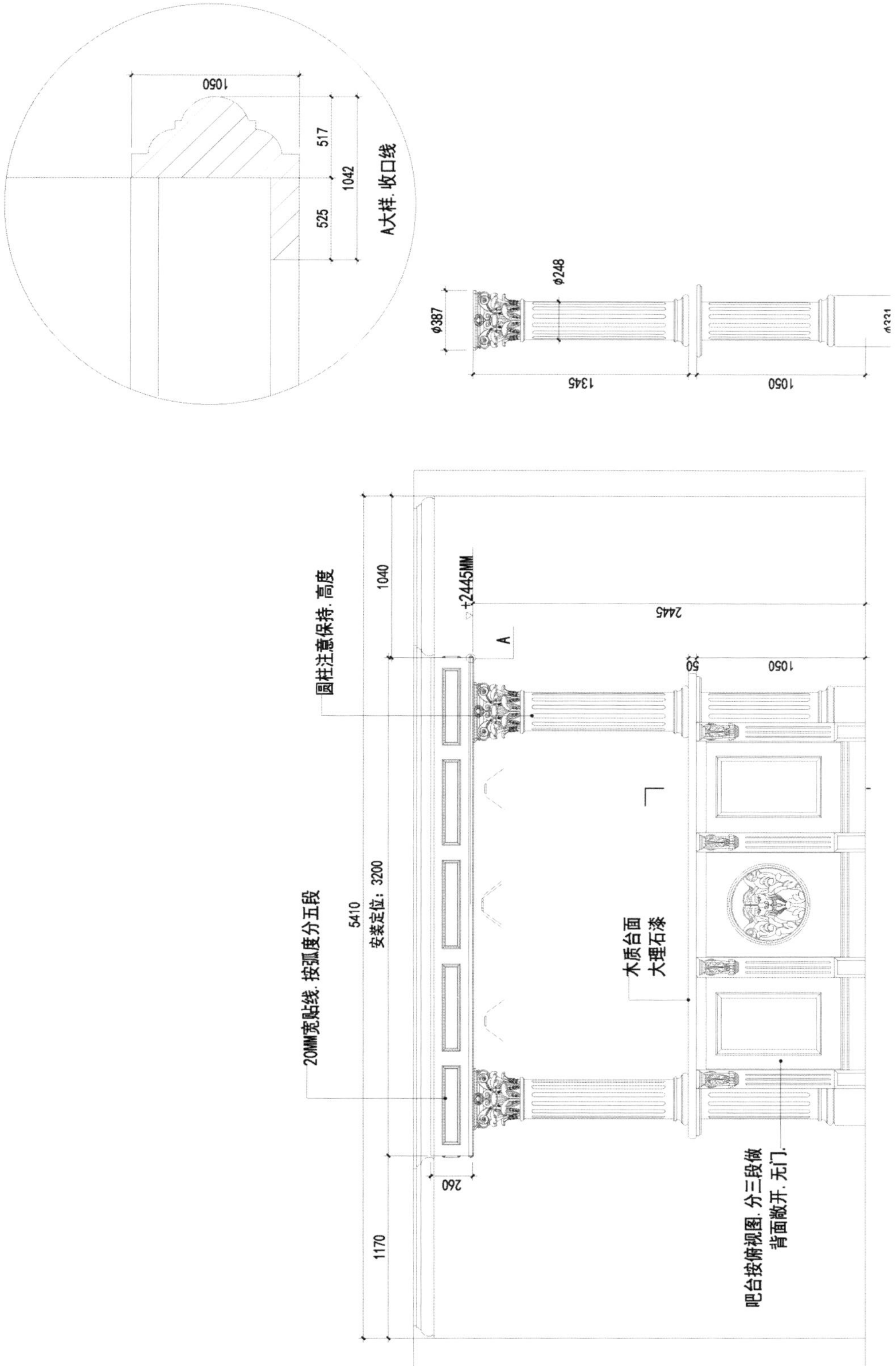
1050
517
1042
525
A大样. 收口线
Φ387
Φ248
1345
1050
圆柱注意保持. 高度
+2445MM
1040
2445
A
50
1050
20MM宽贴线. 按弧度分五段
5410
安装定位：3200
木质台面
大理石漆
260
1170
吧台按俯视图. 分三段做
背面敞开. 无门.
2815

样式七 立面图 1:25

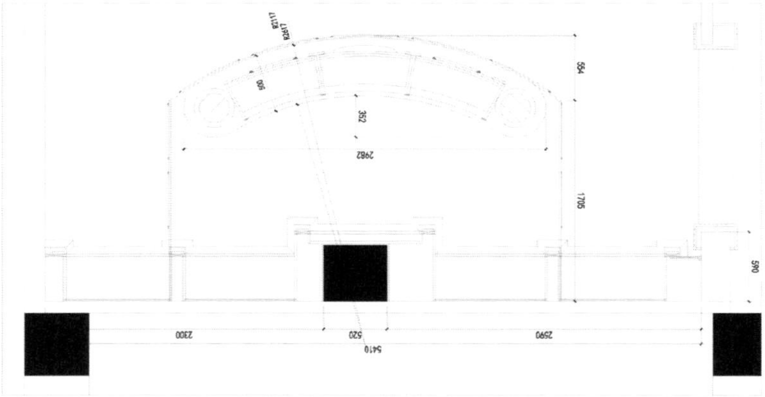

样式七 平面图 1:25

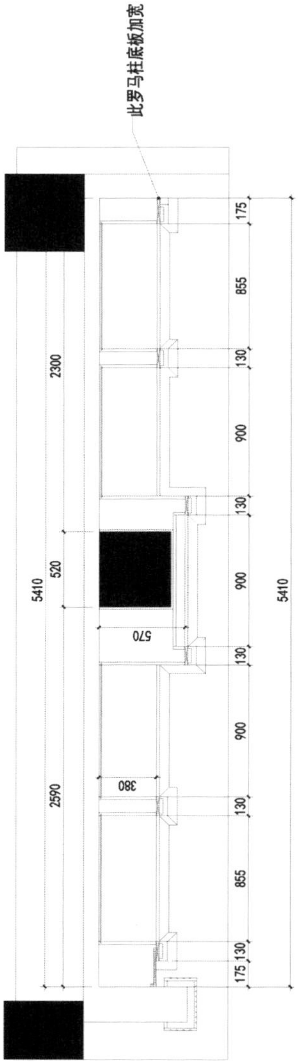

样式七 D 平面图 1:25

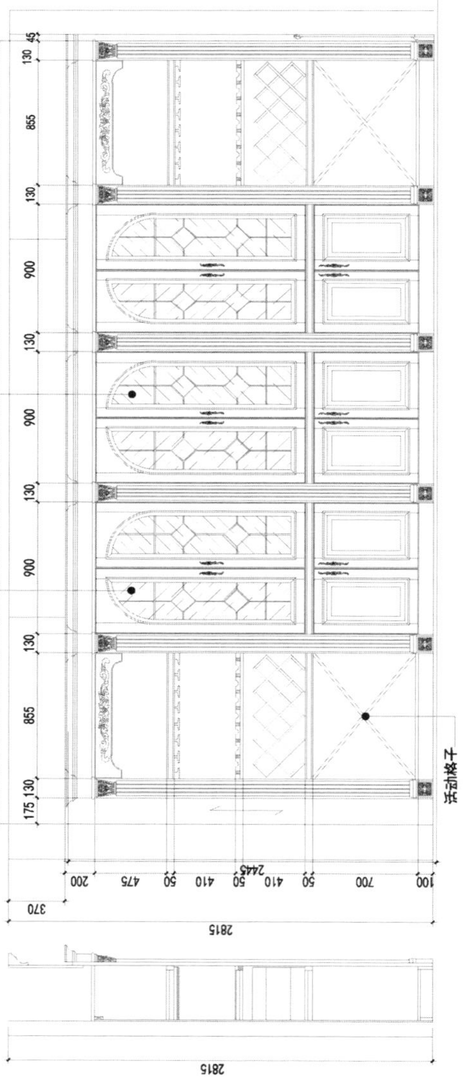

样式七 立面图 1:25

第二节 简约风格酒窖

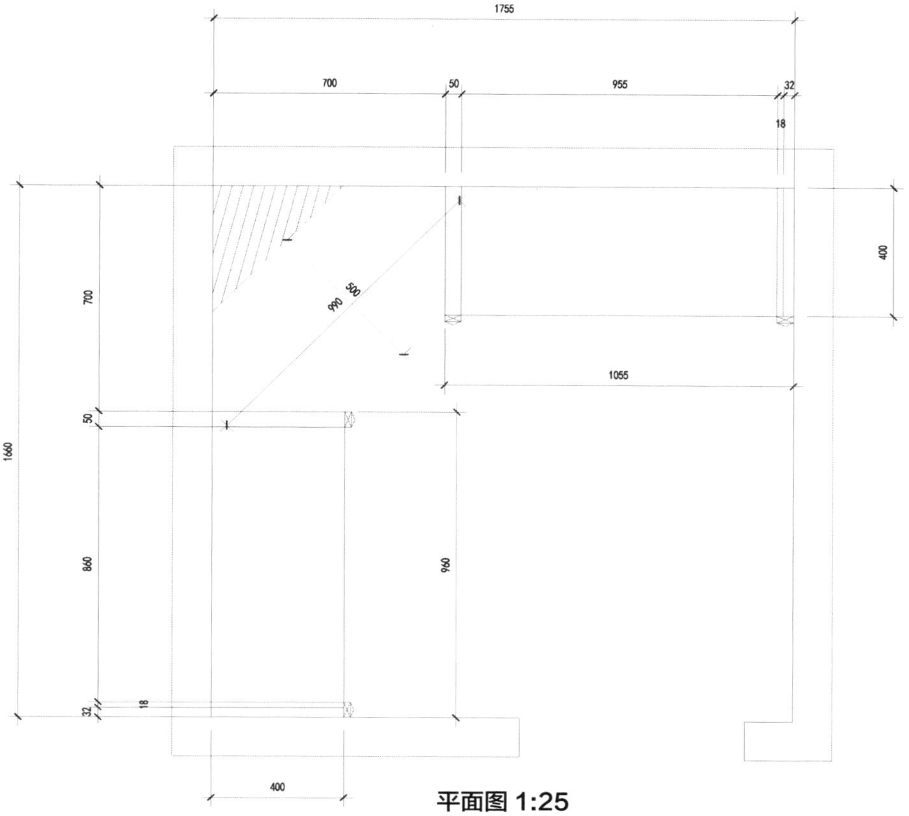

平面图 1:25

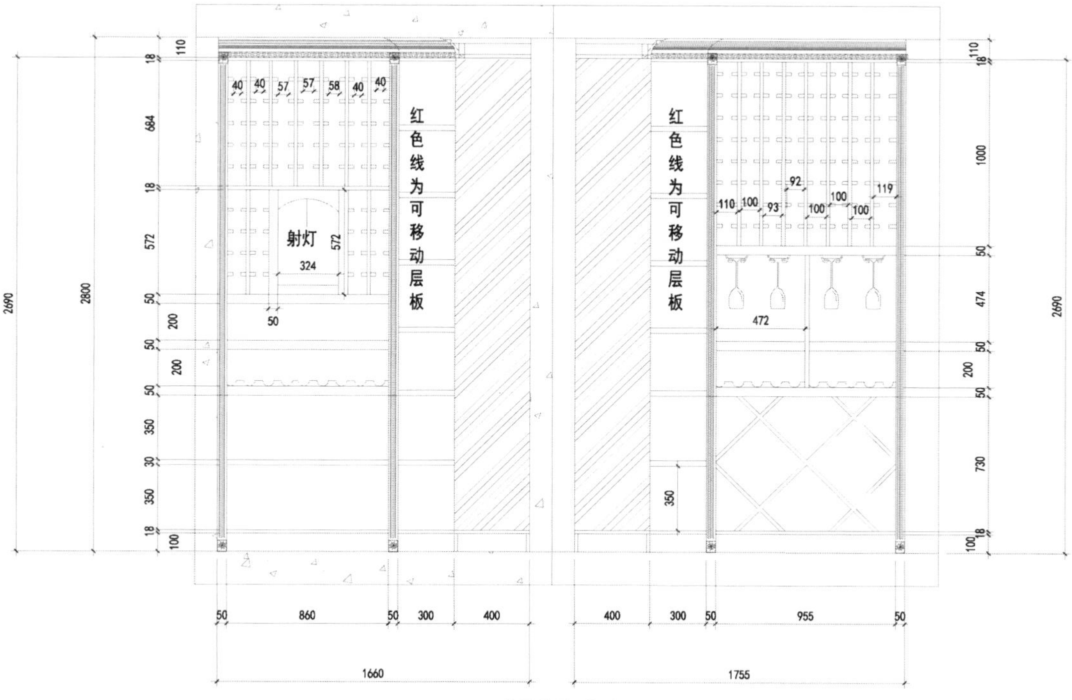

立面图 1:25

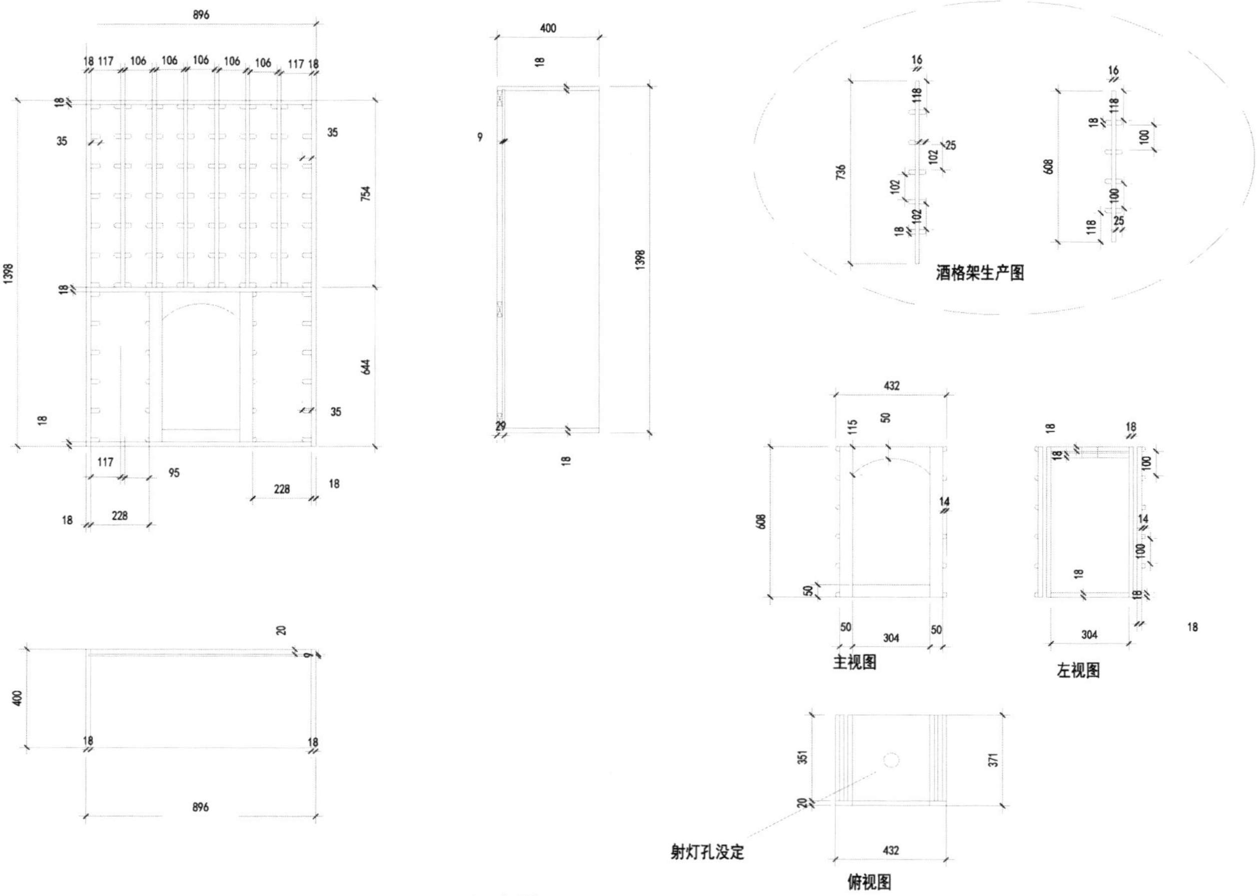
酒格架生产图
主视图
左视图
射灯孔没定
俯视图

局部大样图 1:25

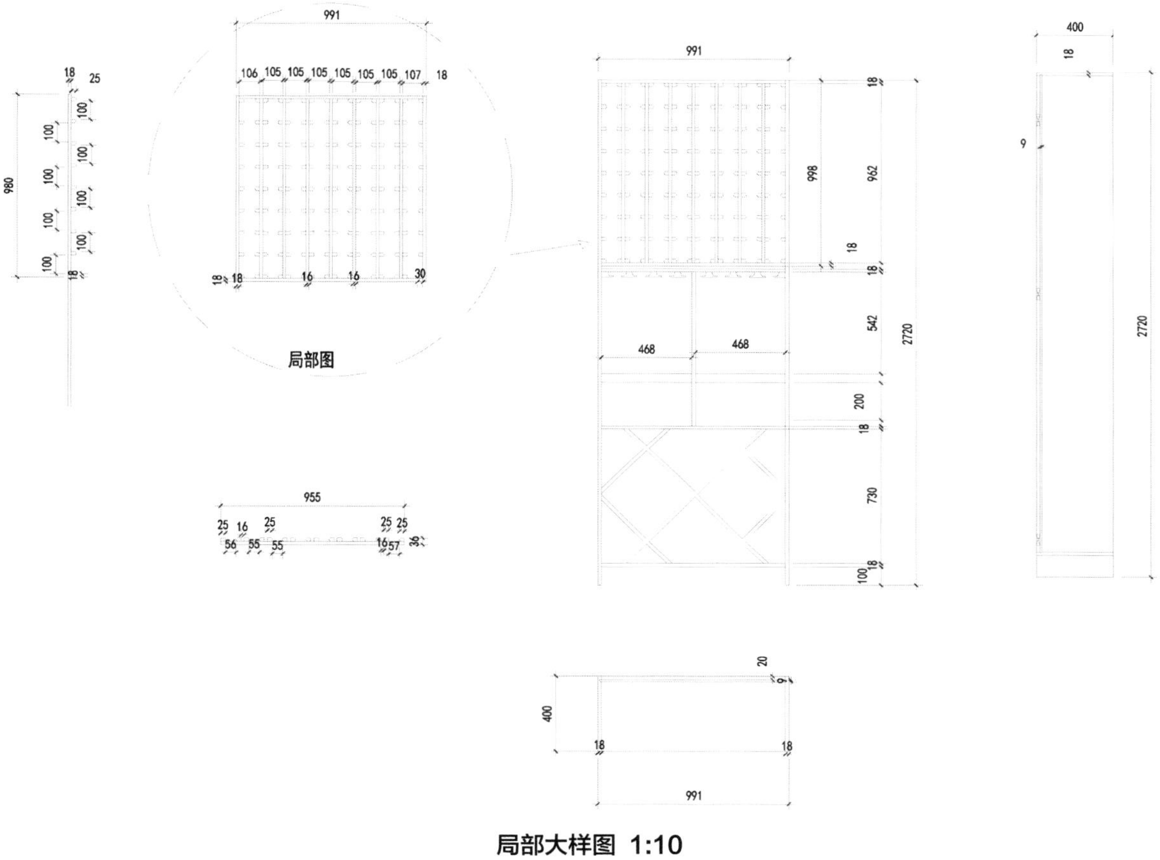
局部图
991
106
105
107
18
25
100
980
16
30
955
56
55
57
36
468
998
962
542
200
730
2720
400
9
20

局部大样图 1:10

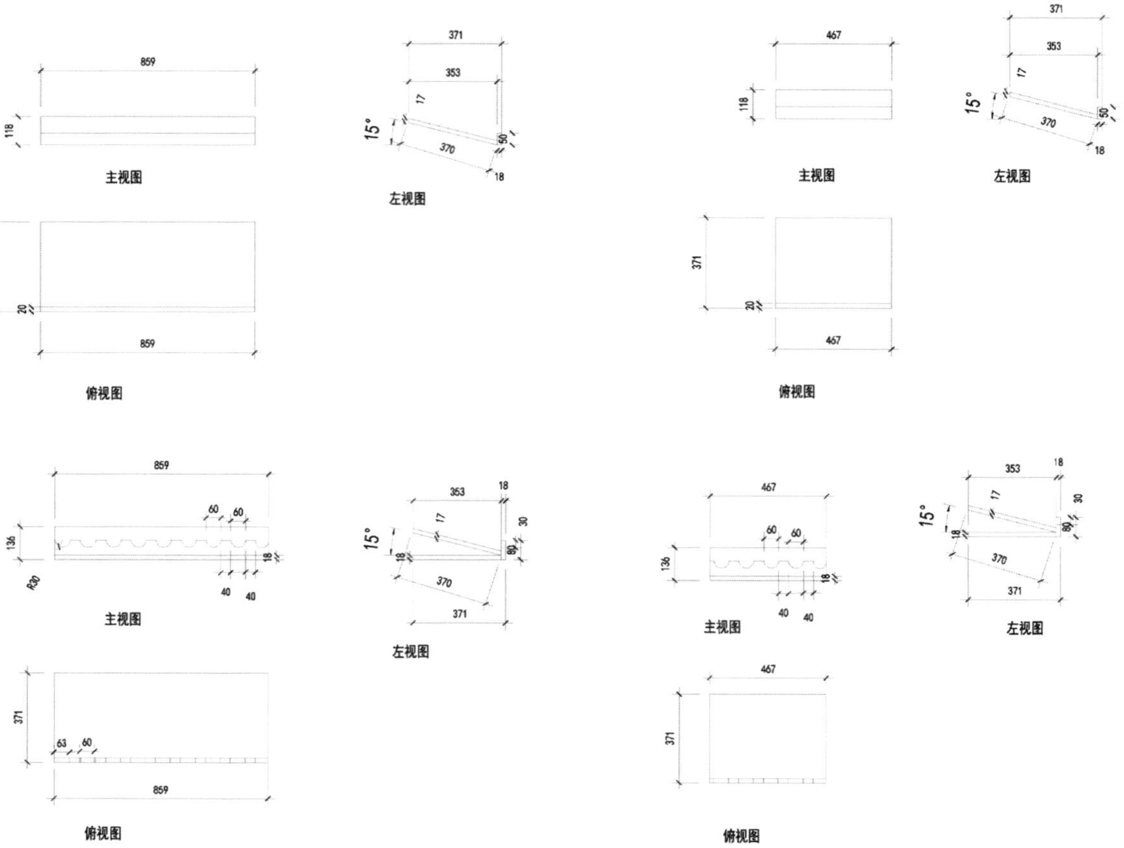
主视图
左视图
主视图
左视图
俯视图
俯视图
主视图
左视图
主视图
左视图
俯视图
俯视图

局部大样图 1:10

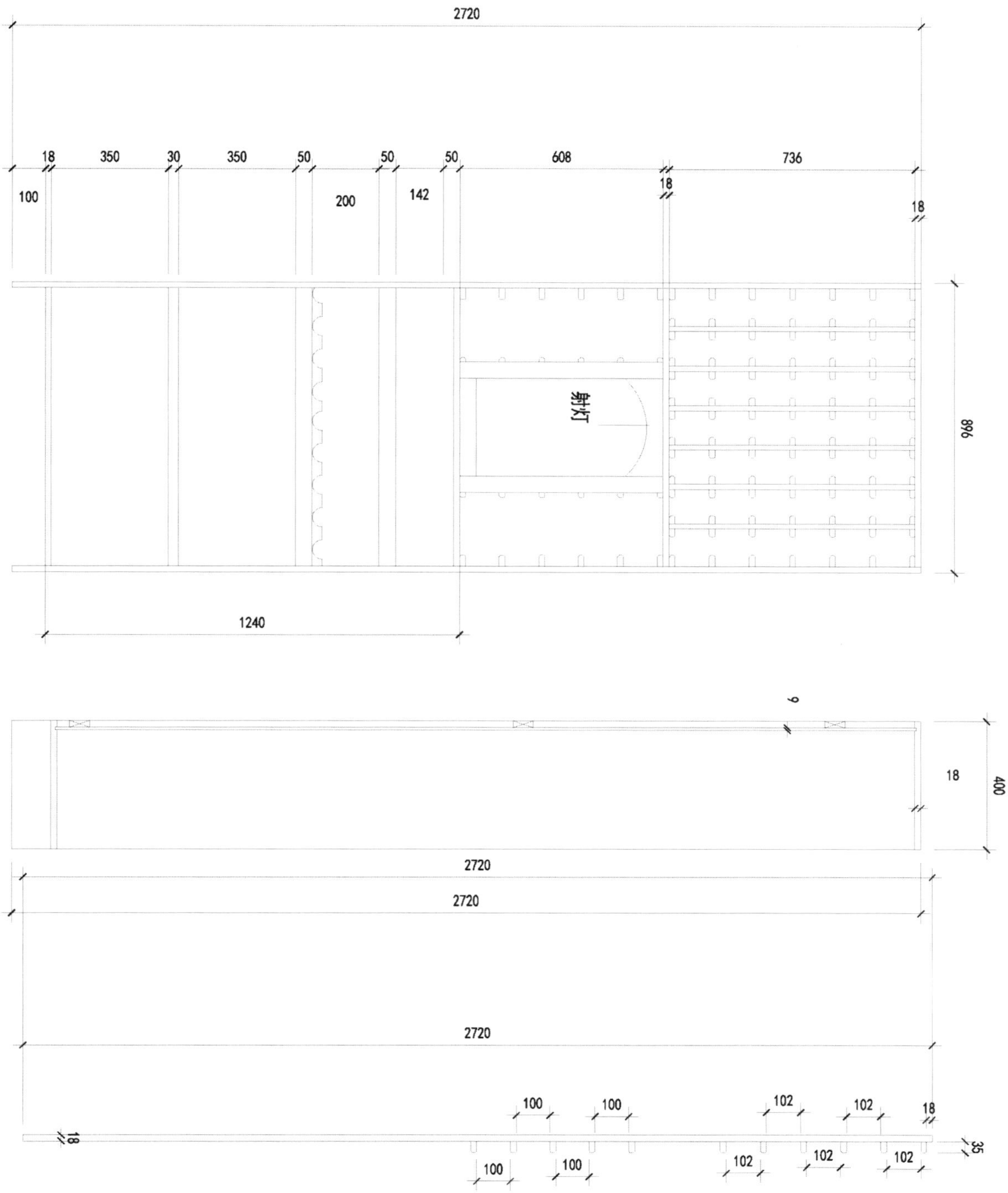
2720
18
350
30
350
50
50
50
608
736
18
18
100
200
142
射灯
896
1240
9
18
400
2720
2720
2720
100
100
102
102
18
18
35
100
100
102
102
102

局部大样图 1:10

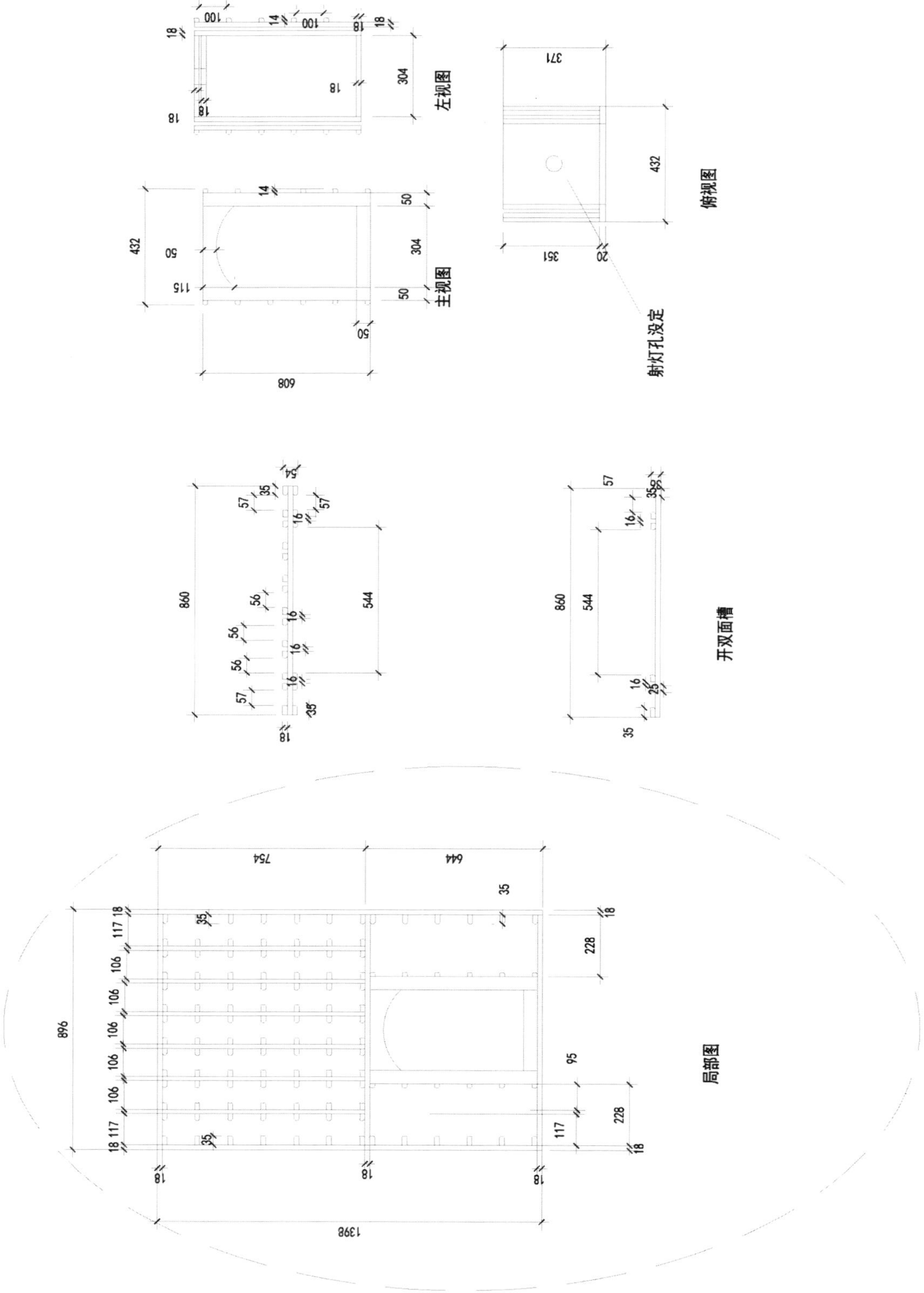
左视图
主视图
俯视图
射灯孔没定
开双面槽
局部图

局部大样图 1:10

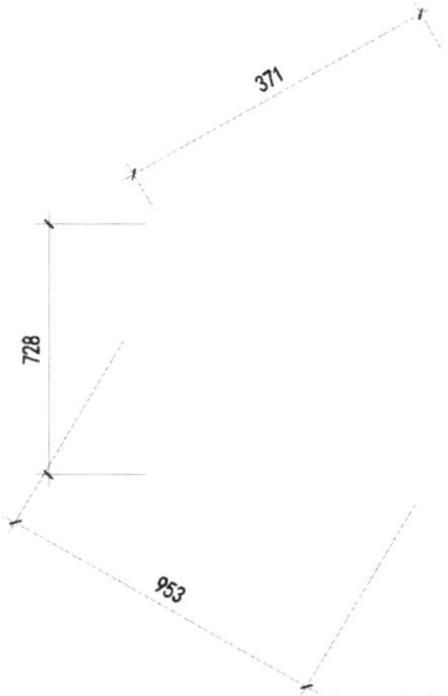

371
728
953
成型尺寸立体图
953
728
504
334
504
334
1053
1053
504
504
20
20
45°
酒格板
307
556
45°
500
400
45°
90°
307
424
990
400
18厘厚顶底板
266
613
45°
471
400
45°
90°
422
988
400
30厘厚活动层板
307
556
45°
500
400
45°
90°
307
424
989
400
30厘厚固层板
1055
424
960
局部大样图 1:10

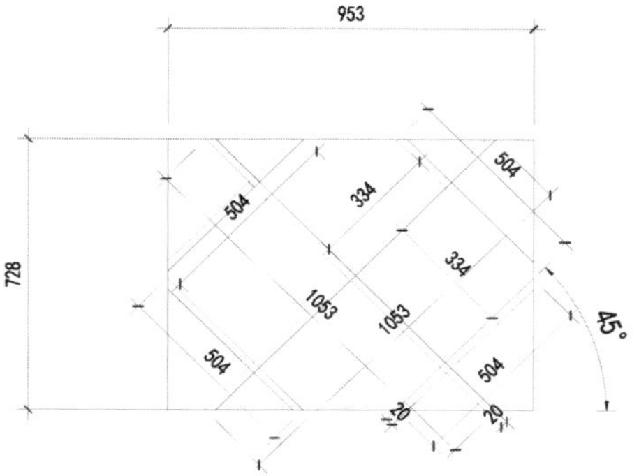

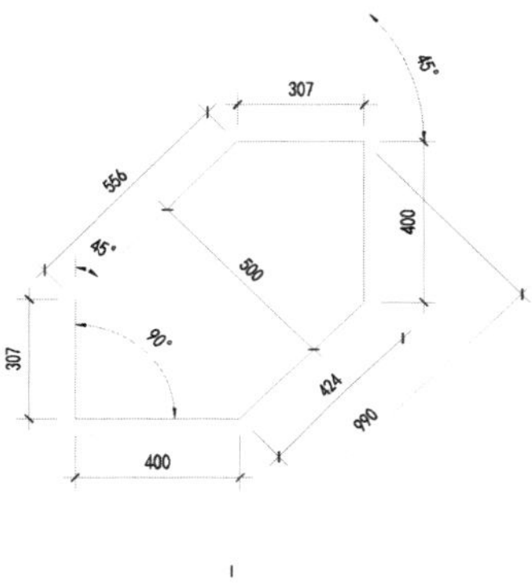

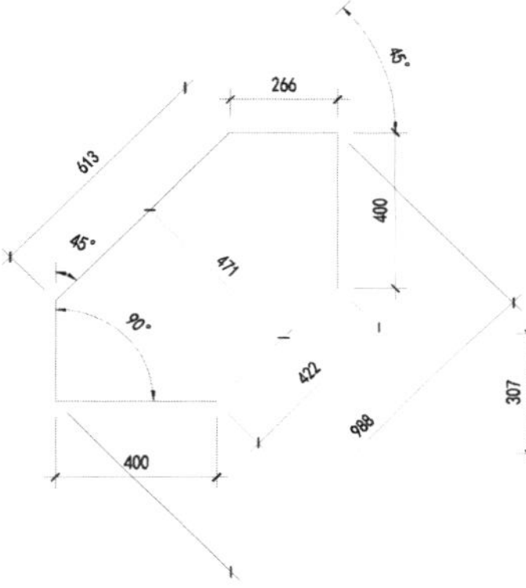

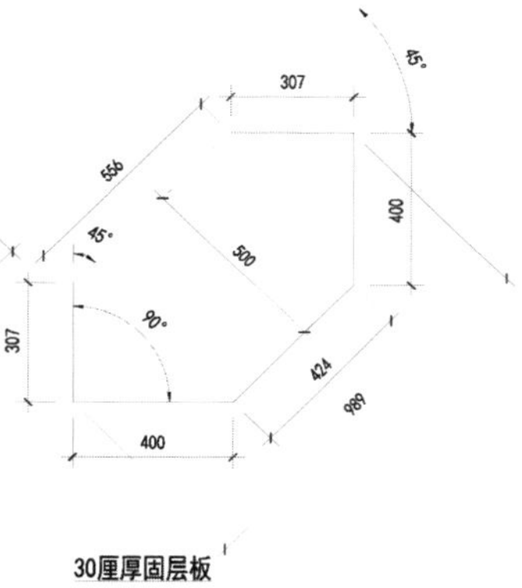

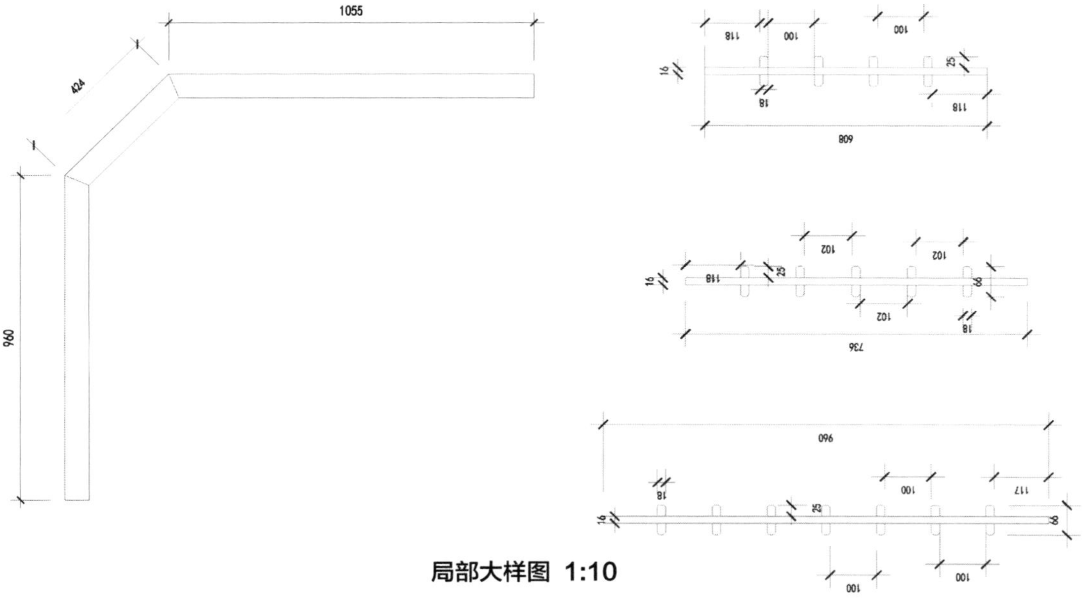

第三节 实木豪华酒窖

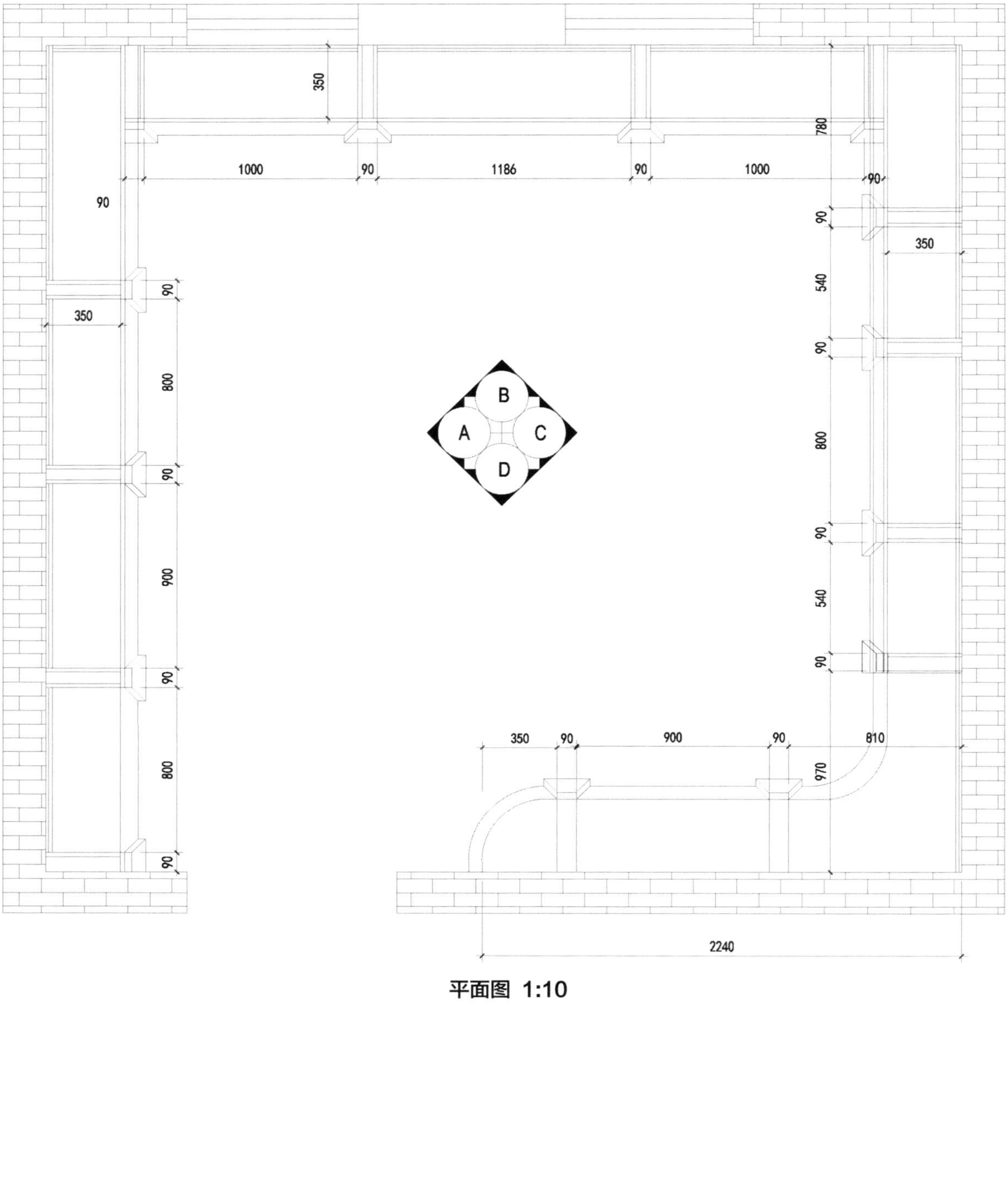

平面图 1:10

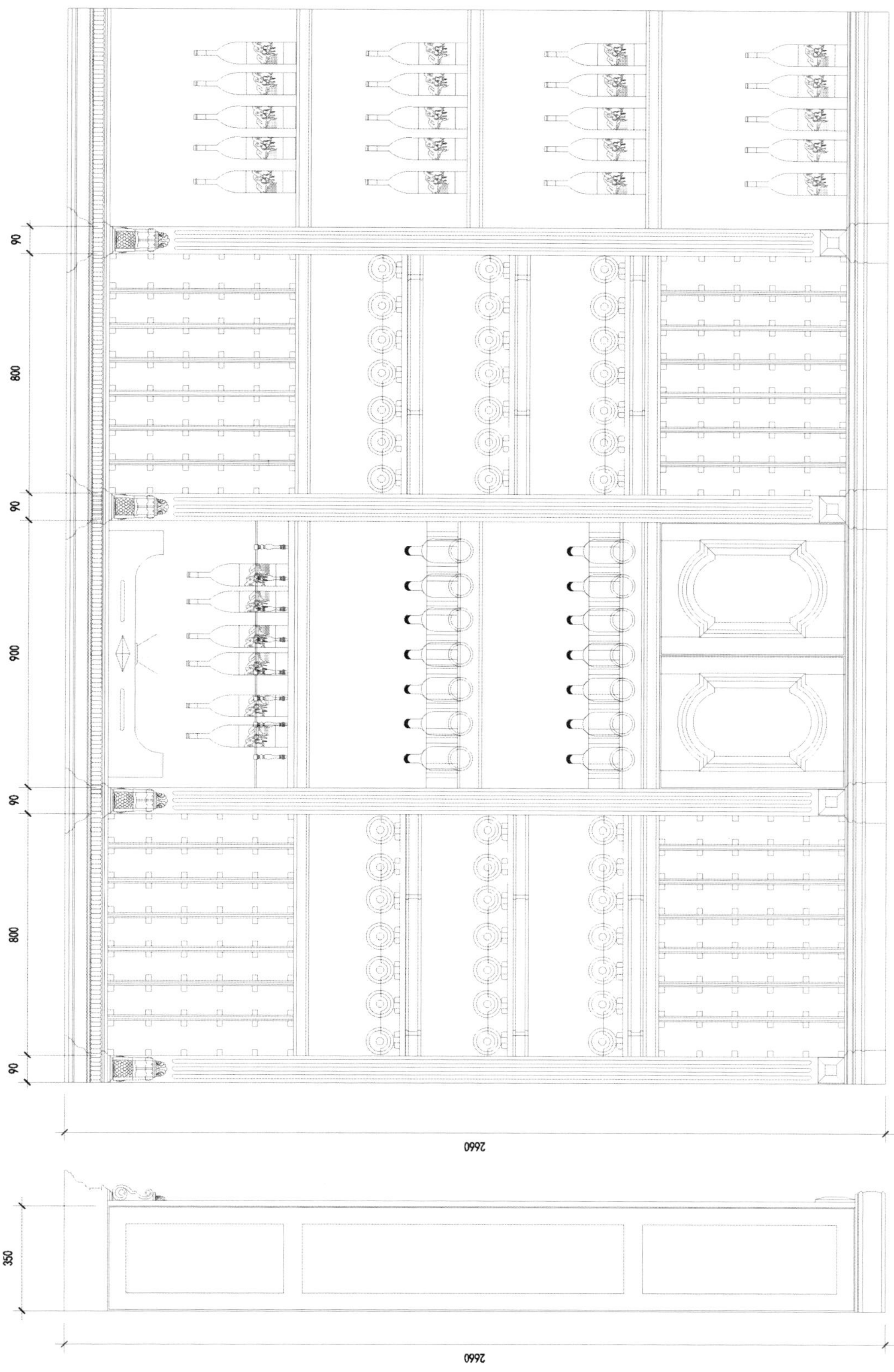
90
800
90
900
90
800
90
2660
350
2660

A 面立面图 1:10

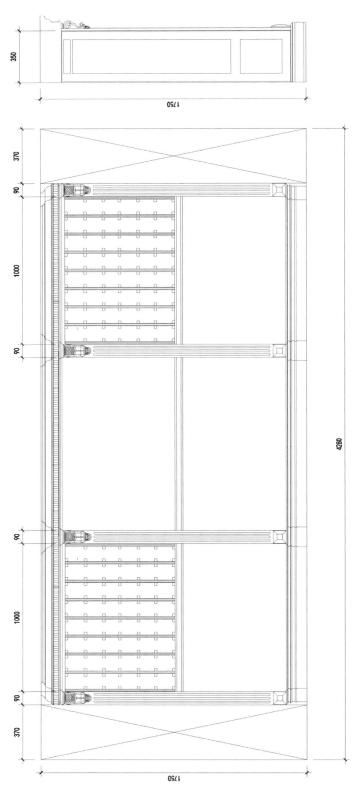

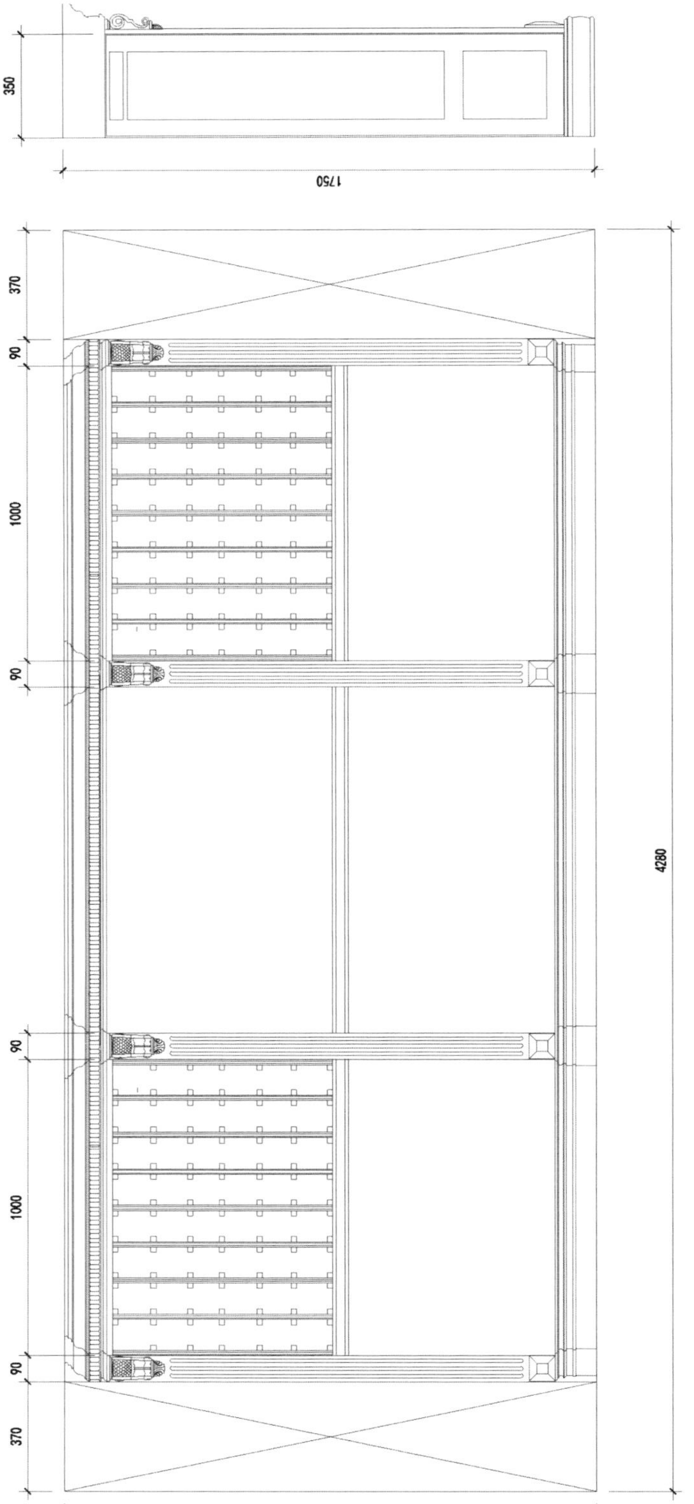

B 面立面图 1:20

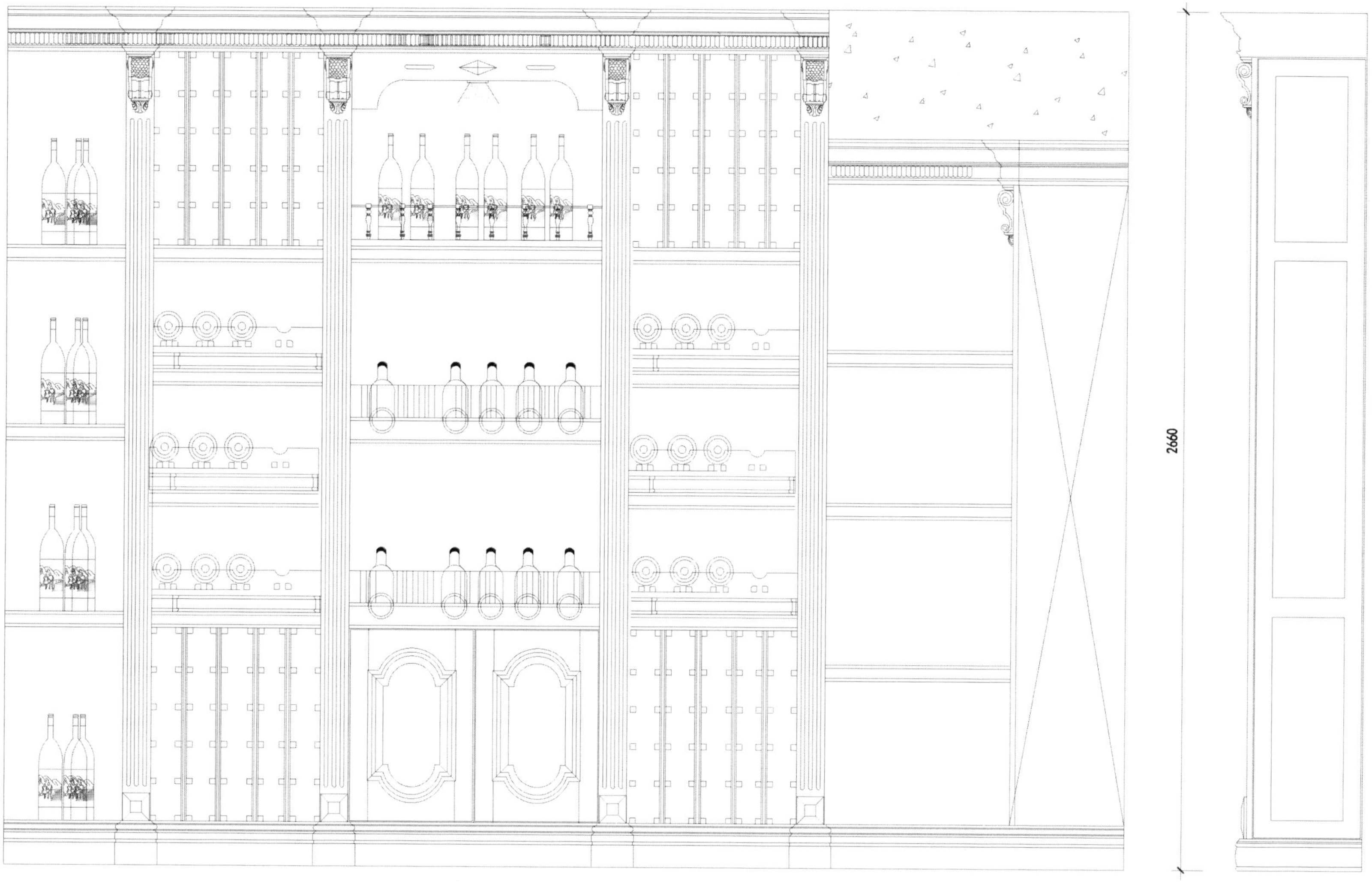

C 面立面图 1:20

D 面立面图 1:20

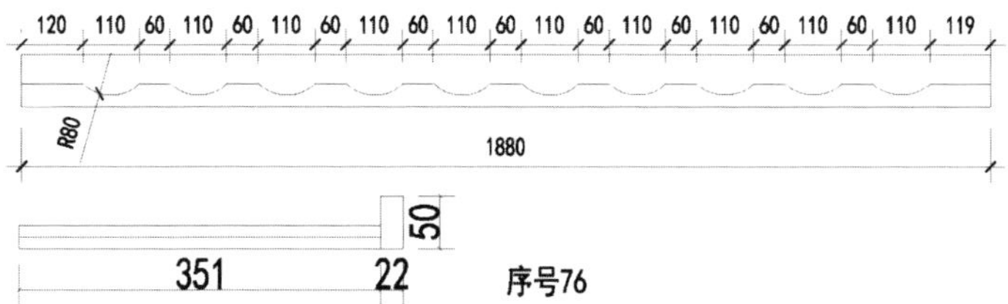

序号76
波浪板：940*351*22=10
挡条：940*50*22=10

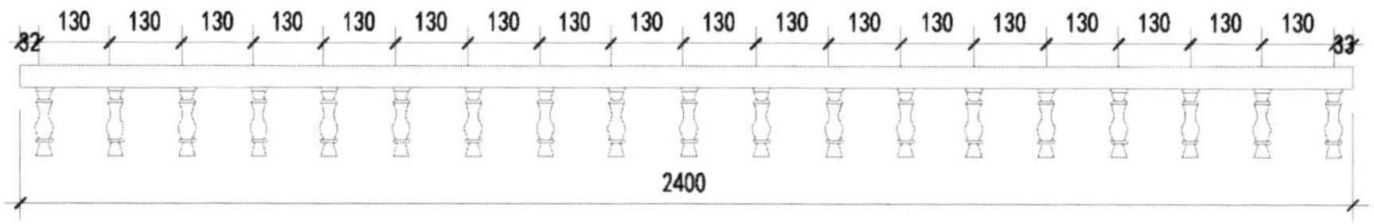

序号77
廊桥杆：1200*22*22=2
小葫芦：38个

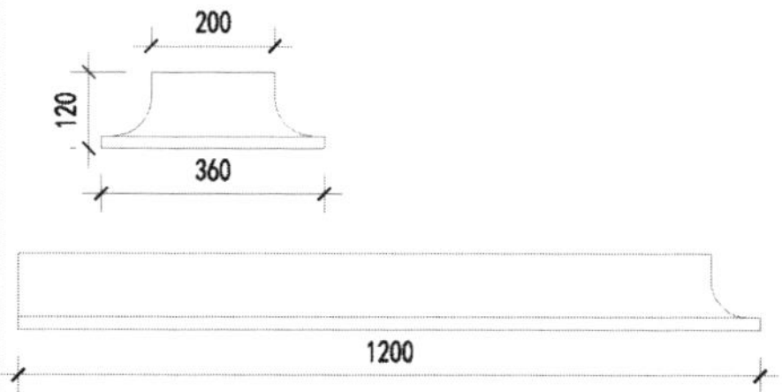

序号113
酒杯架：300*90*30=9

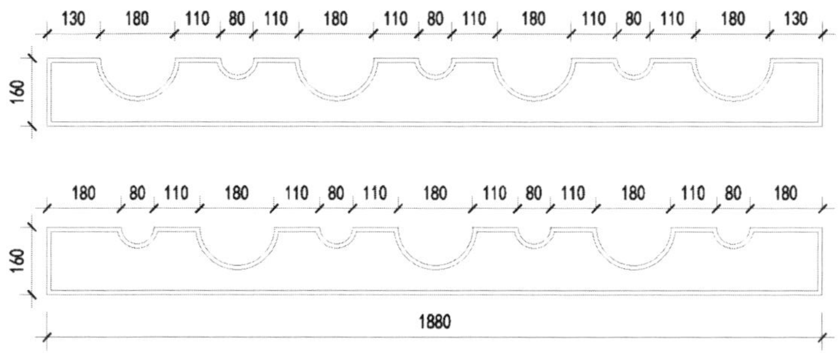

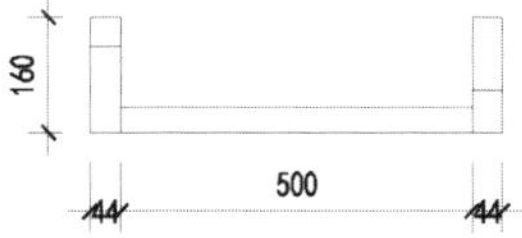

序号78
平板：940*250*18=2
造型板：940*80*22=4
各2块

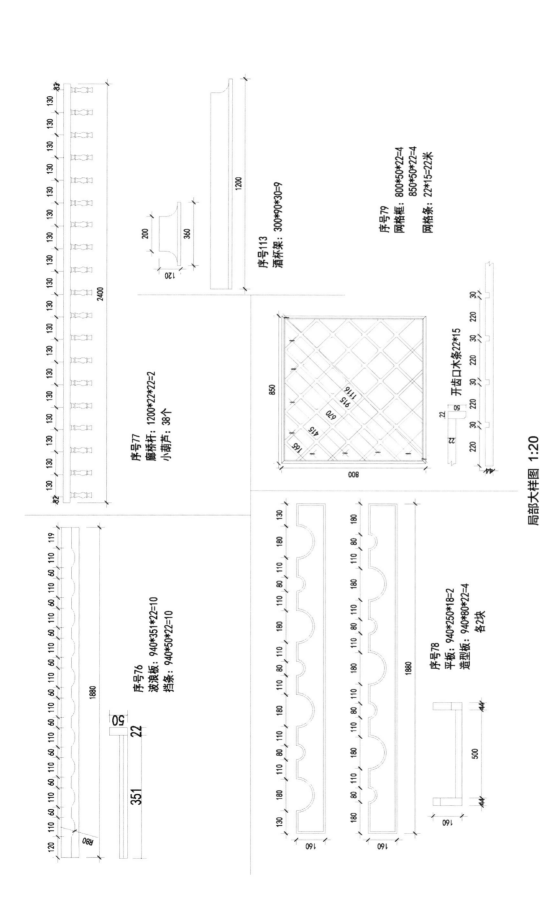

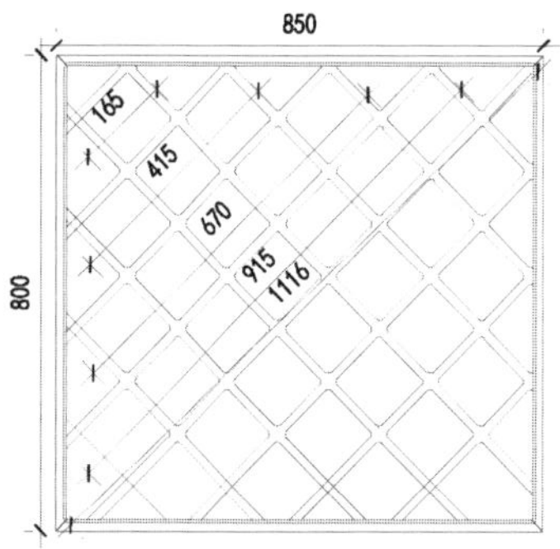

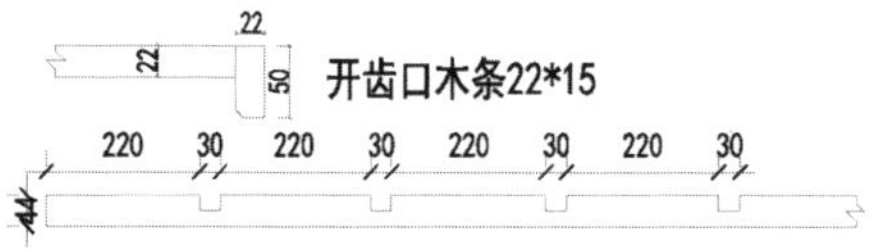

序号79
网格框：800*50*22=4
850*50*22=4
网格条：22*15=22米

局部大样图 1:20

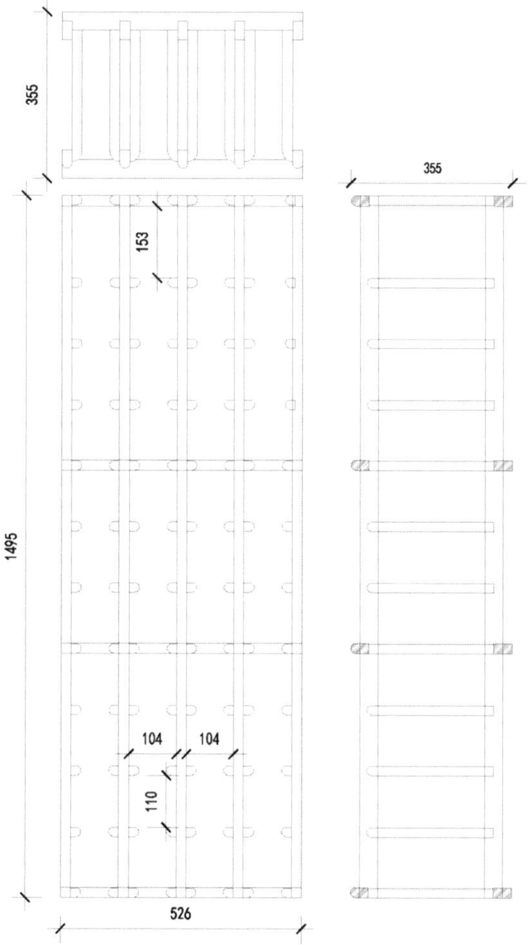

序号46　直立式酒架
酒架尺寸：1495*526*355=1
横向：526*40*22=4(方头)
526*40*22=4(圆头)
竖向：1495*40*22=5(方头)
1495*40*22=5(圆头)
圆头木条：280*22*20=96

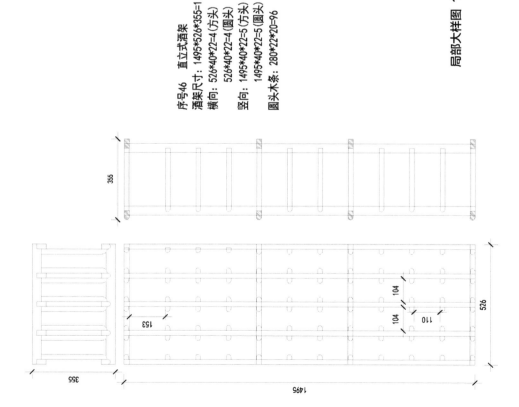

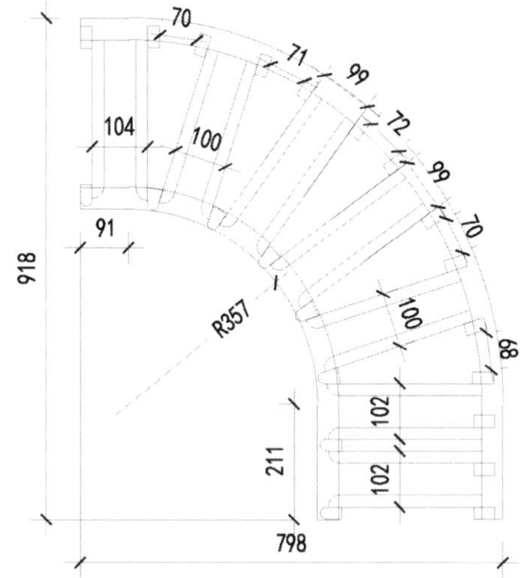

序号47　直立式酒架
酒架尺寸：1495****355=1 弧形
横向：526*40*22=4(方头)　弧形
526*40*22=4(圆头)　弧形
竖向：1495*40*22=8(方头)
1495*40*22=8(圆头)
圆头木条：280*22*20=168

局部大样图 1:15

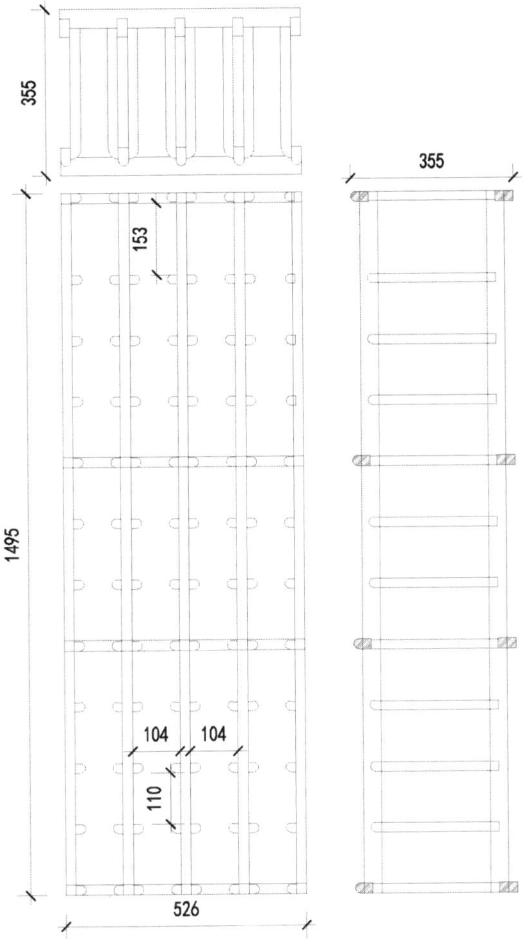

序号107　直立式酒架
酒架尺寸：1495*526*355=1
横向：526*40*22=4(方头)
　　　526*40*22=4(圆头)
竖向：1495*40*22=5(方头)
　　　1495*40*22=5(圆头)
圆头木条：280*22*20=96

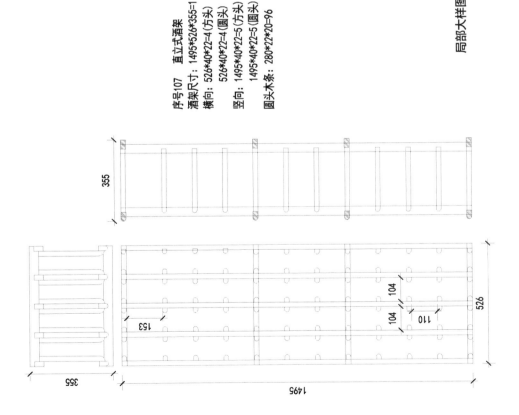

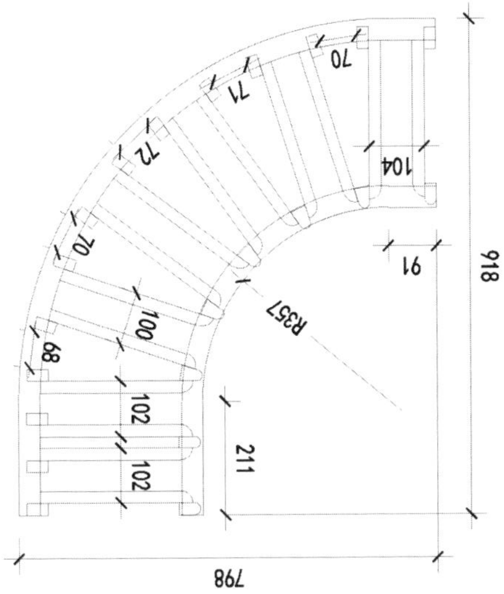

序号108　直立式酒架
酒架尺寸：1495****355=1 弧形
横向：526*40*22=4(方头) 弧形
　　　526*40*22=4(圆头) 弧形
竖向：1495*40*22=8(方头)
　　　1495*40*22=8(圆头)
圆头木条：280*22*20=168

局部大样图 1:15

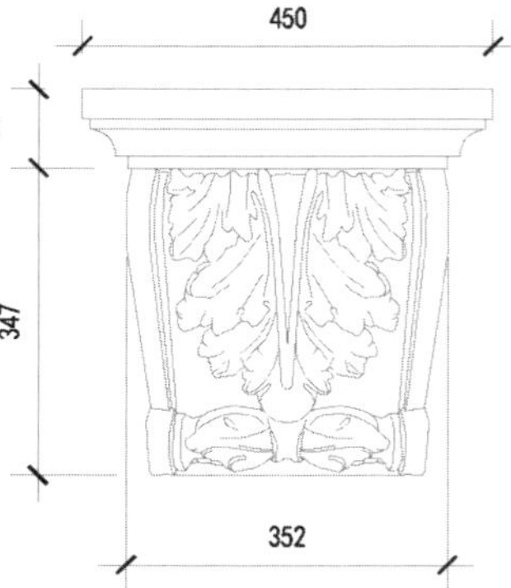

花头：150*29*55=4
116*117*45=4

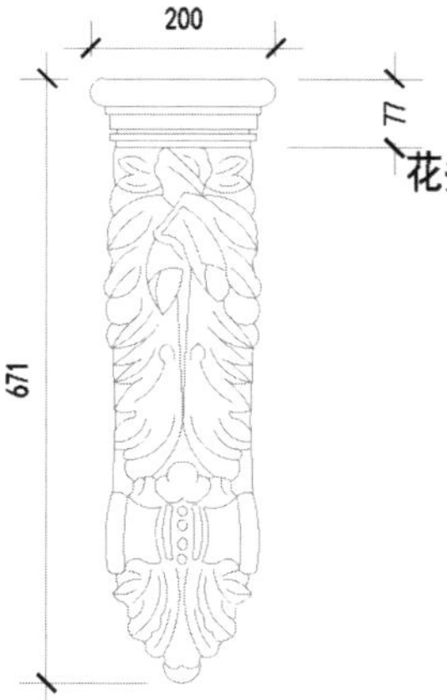

花头：100*90*39=8
297*100*88=8

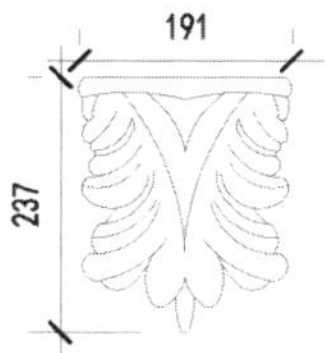

花头：118*96*22=8

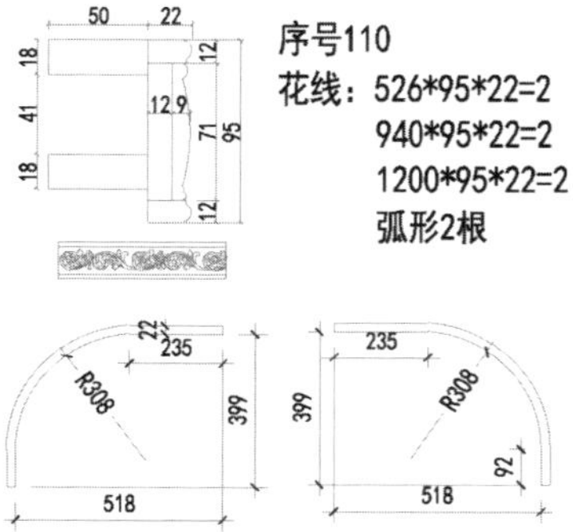

序号110
花线：526*95*22=2
940*95*22=2
1200*95*22=2
弧形2根

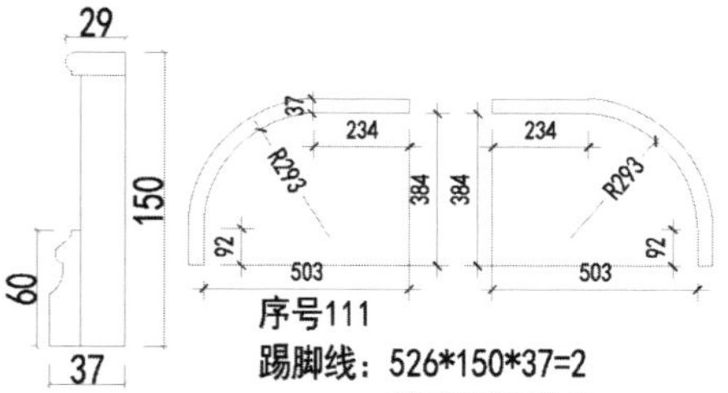

序号111
踢脚线：526*150*37=2
940*150*37=2
1200*150*37=2
2400*150*37=1
弧形2根

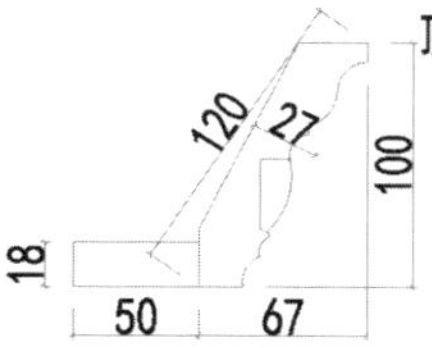

序号112
顶线：526*120*27=2
940*120*27=2
1200*120*27=2
2400*120*27=1
弧形2根

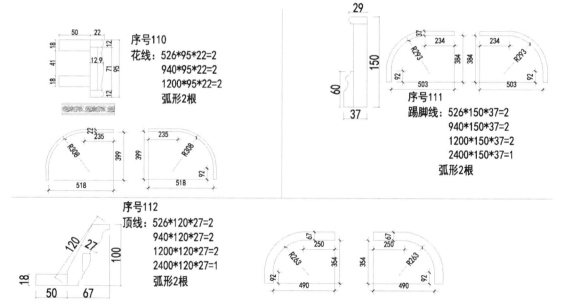

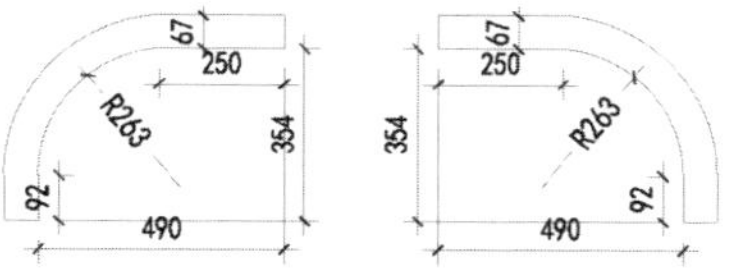

局部大样图 1:15

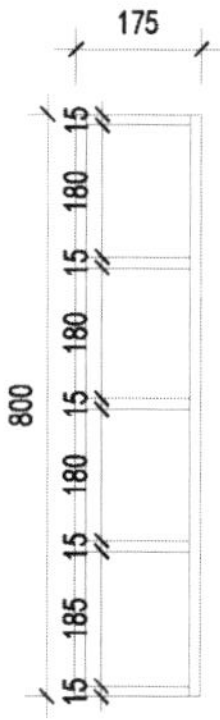

序号80
平板：800*373*15=4
145*373*15=10

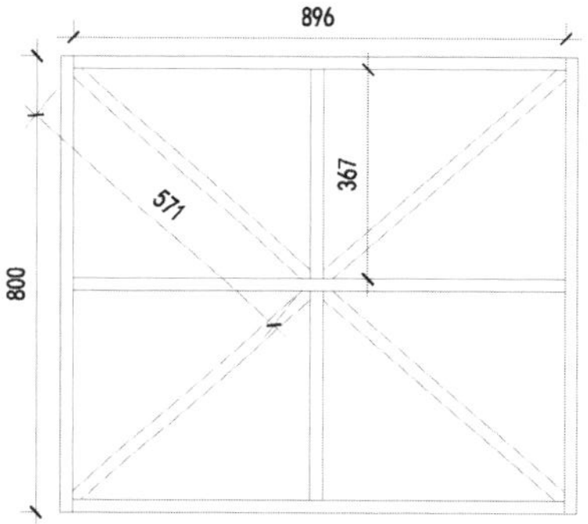

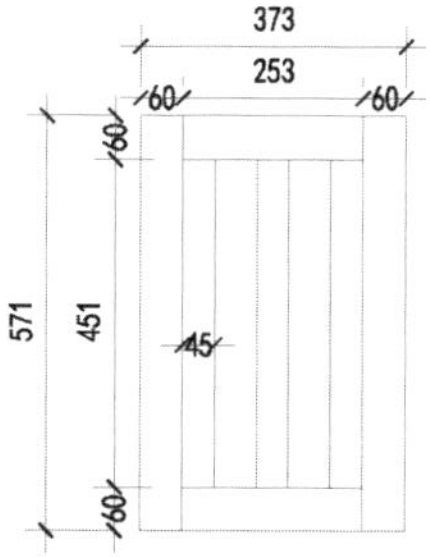

序号81
斜板：571*373*22=8
竖枋：571*60*22=16
473*60*22=16
横枋：275*60*22=16

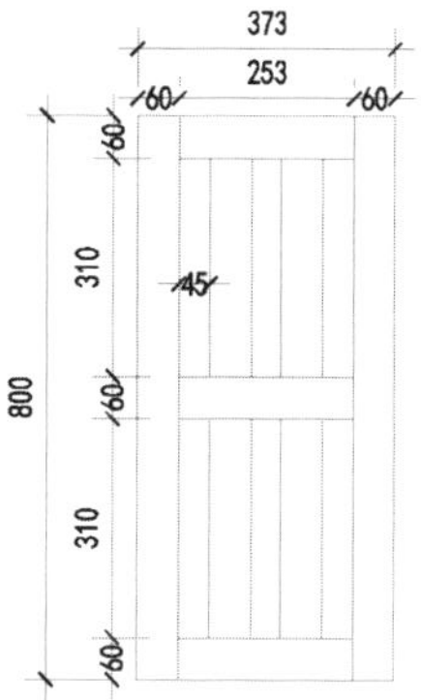

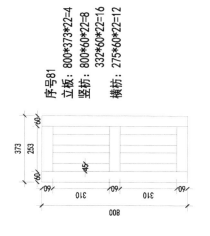

序号81
立板：800*373*22=4
竖枋：800*60*22=8
332*60*22=16
横枋：275*60*22=12

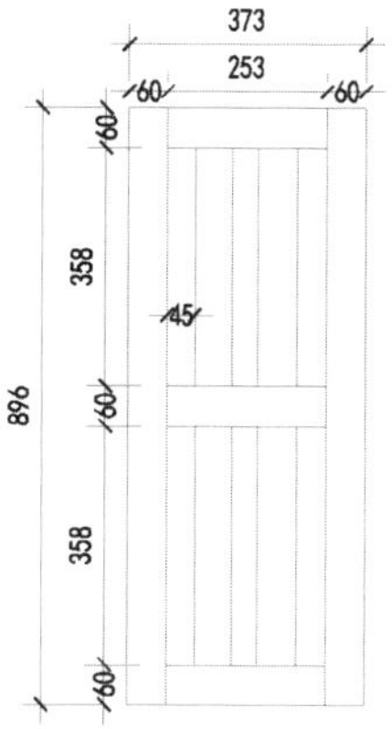

序号81
横板：896*373*22=6
竖枋：896*60*22=12
380*60*22=24
横枋：275*60*22=18

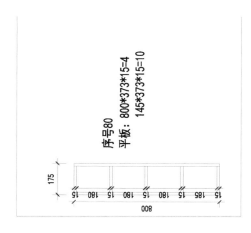

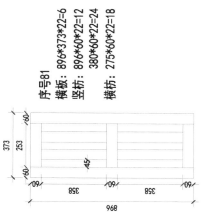

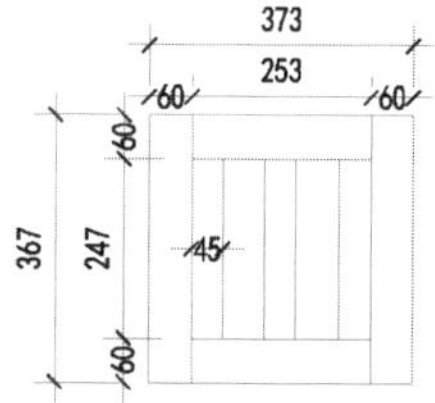

序号81
短立板：367*373*22=4
竖枋：367*60*22=8
269*60*22=8
横枋：275*60*22=8

局部大样图 1:15

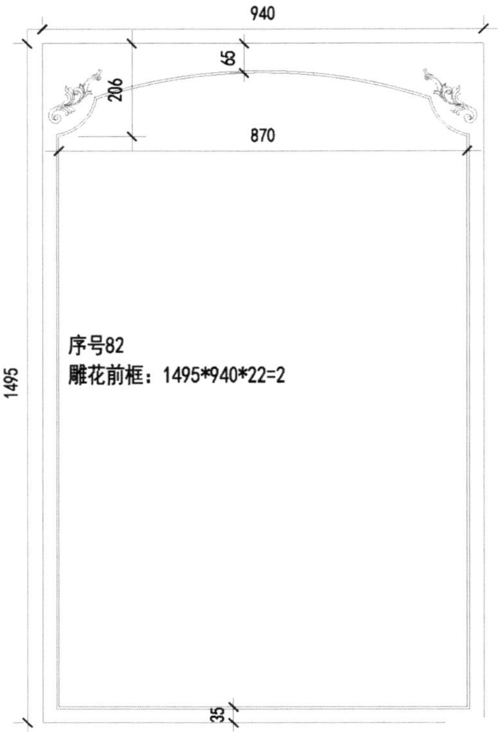

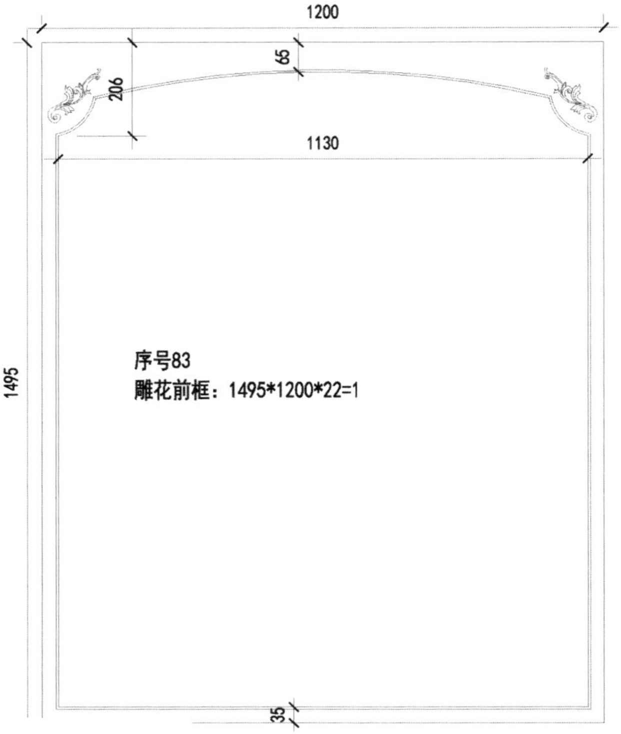

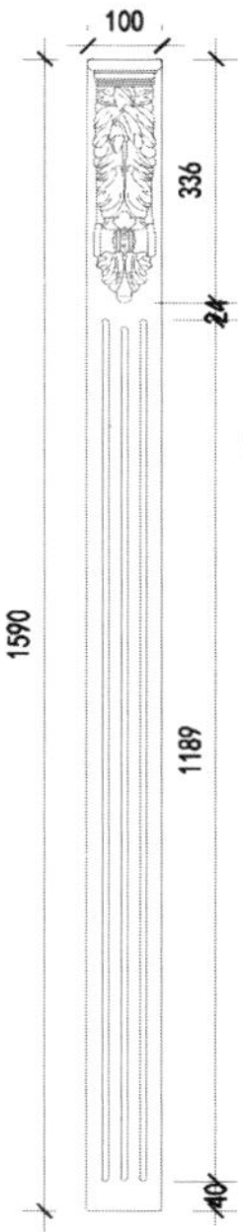

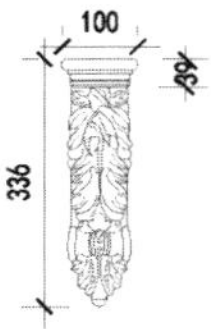

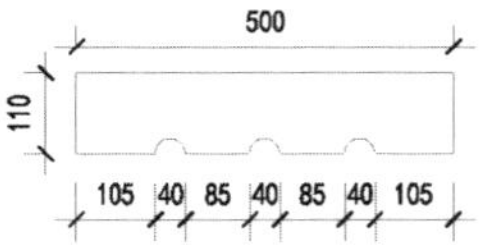

序号107　罗马柱料单
拉槽底板：1590*100*22=8
花头：100*90*39=8
　　297*100*88=8
辅助板：1590*64*18=16

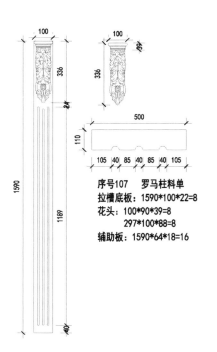

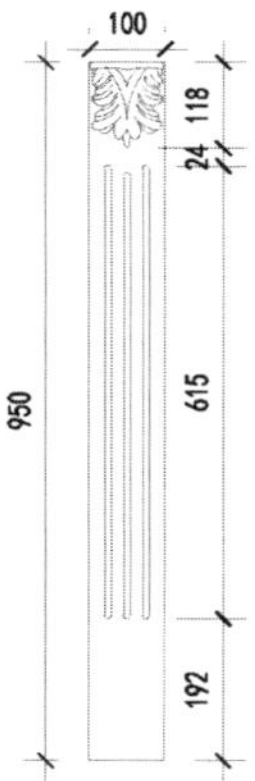

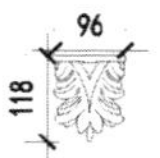

序号108　罗马柱料单
拉槽底板：950*100*22=8
花头：118*96*22=8
辅助板：950*64*18=16

局部大样图 1:15

第四节 罗马柱小型酒窖

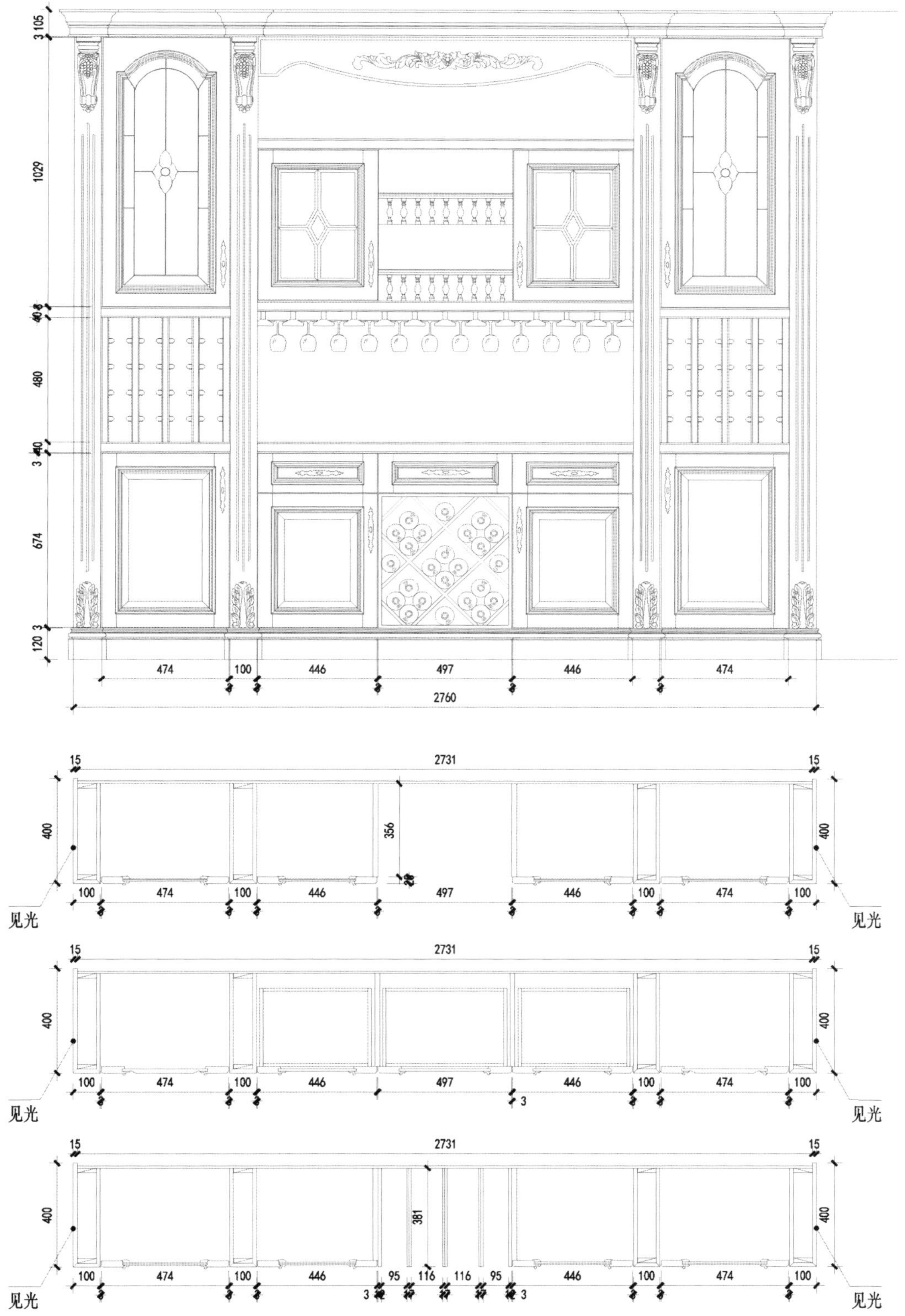

样式一 1:15

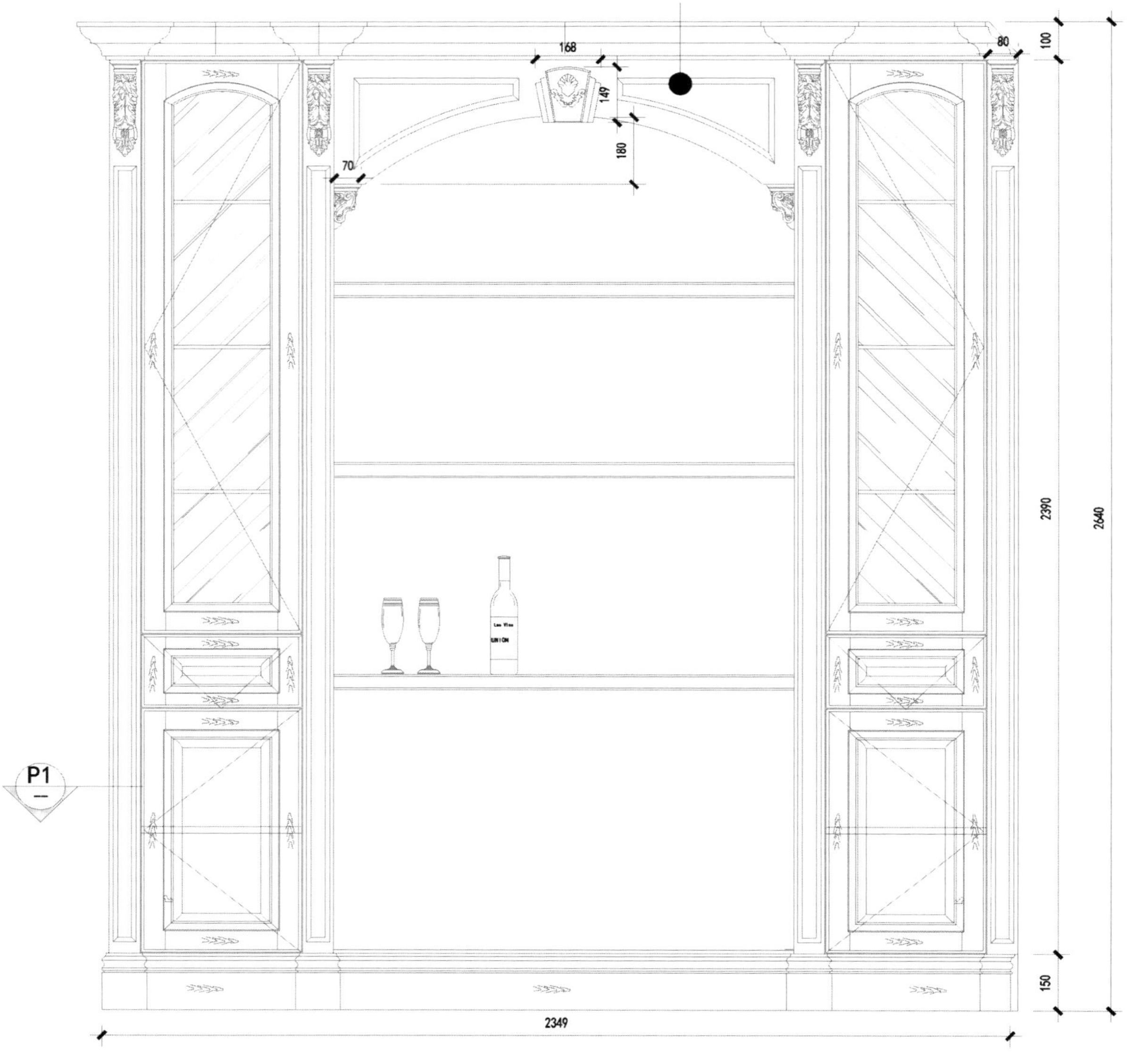

样式二 立面图 1:10

470
370
490
2500
2372
90
1000
90
1000
90
1000
90
3396
图39
740
802
96
370
330
2400

460
497
497
1000
420
3416
497
497
1000
321
370

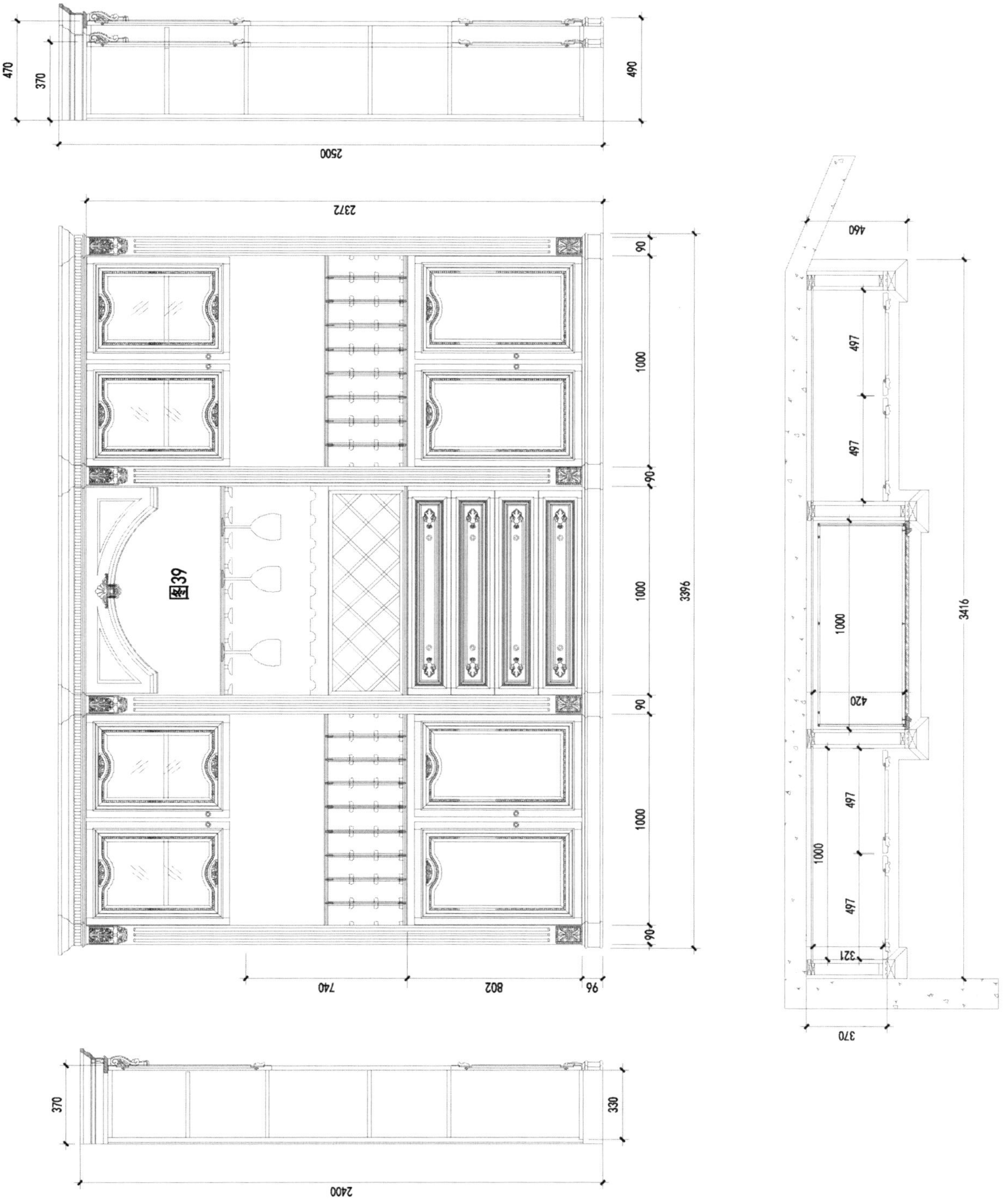

样式三 1:10

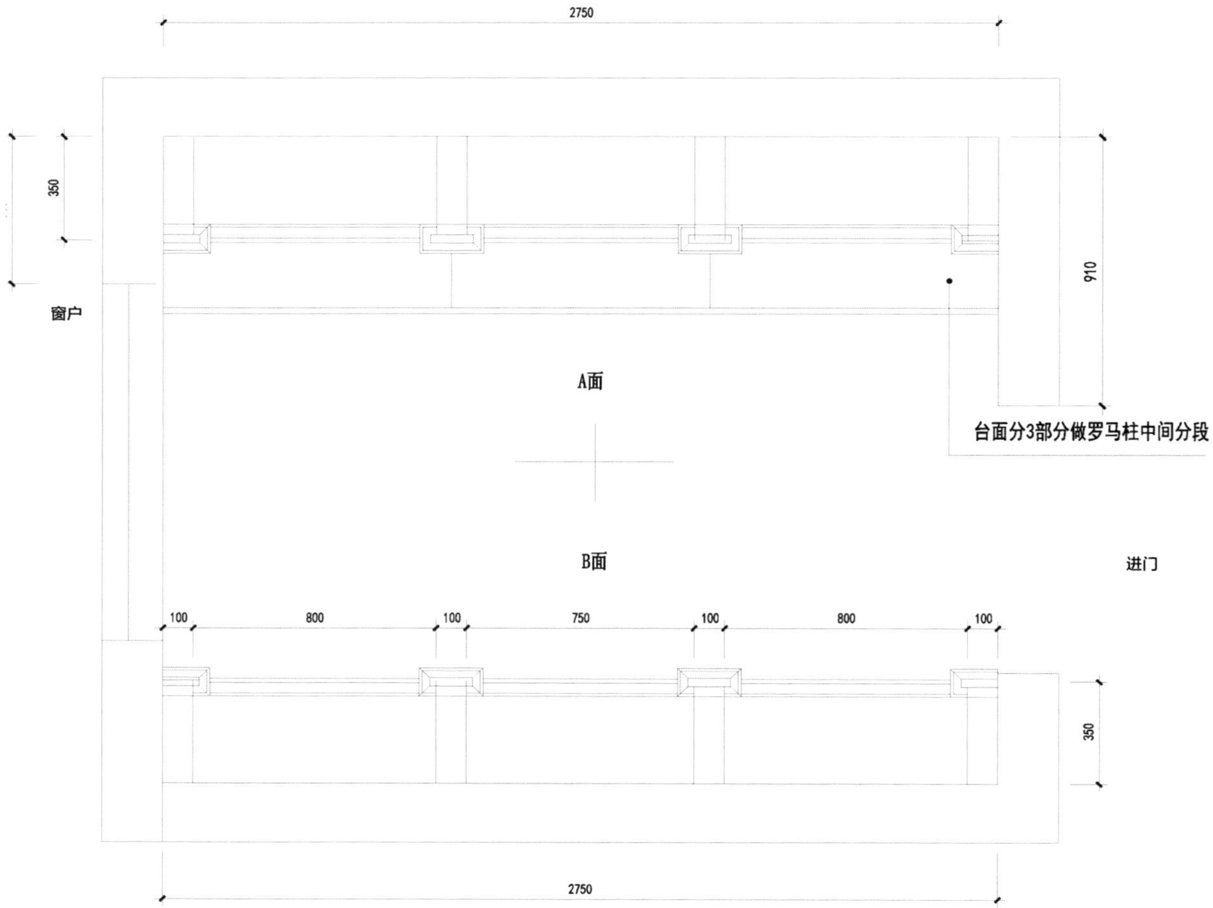
2750
350
910
窗户
A面
台面分3部分做罗马柱中间分段
B面
进门
100
800
100
750
100
800
100
350
2750

样式四 平面图 1:10

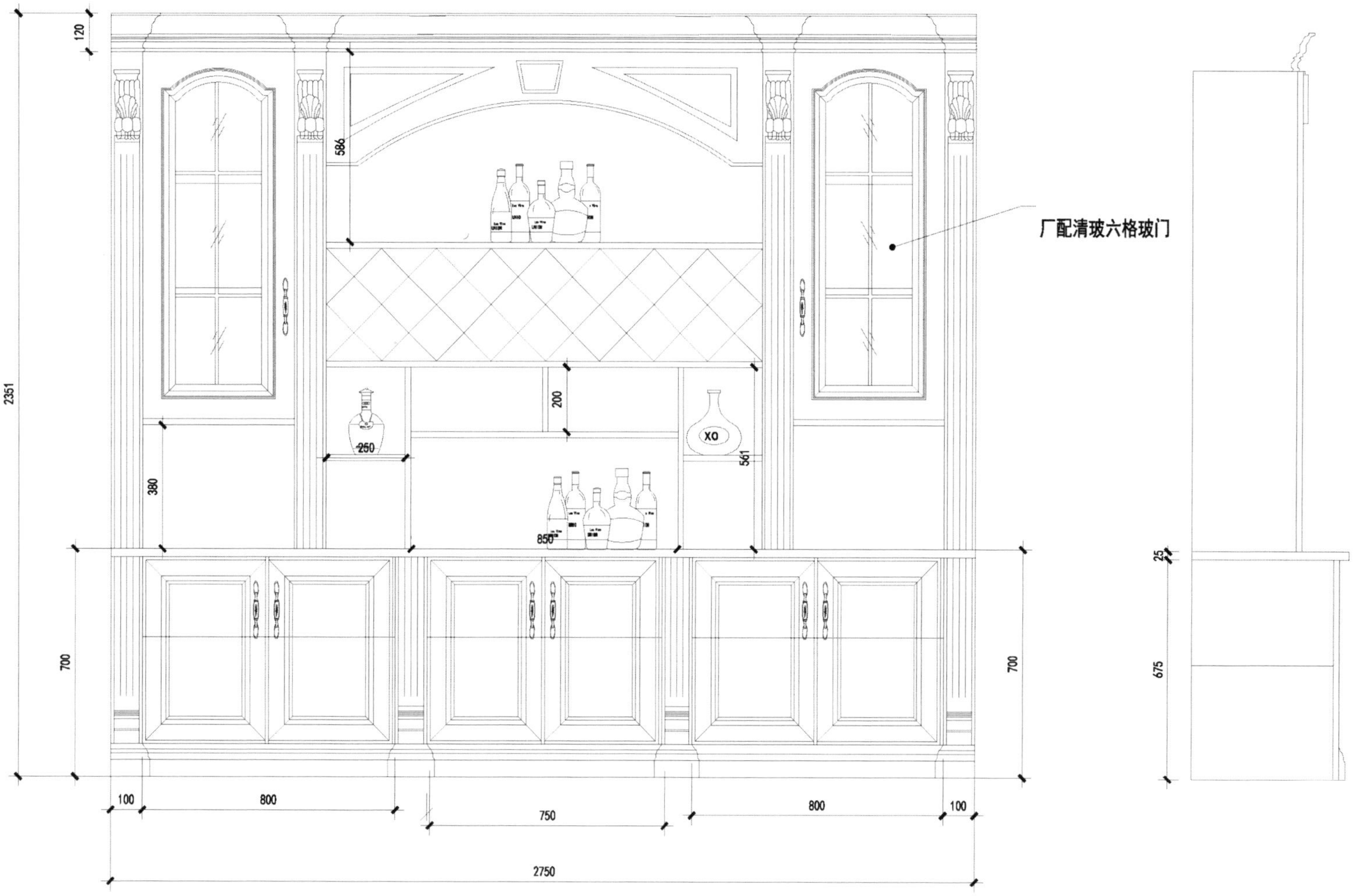

样式四 A 面立面图 1:10

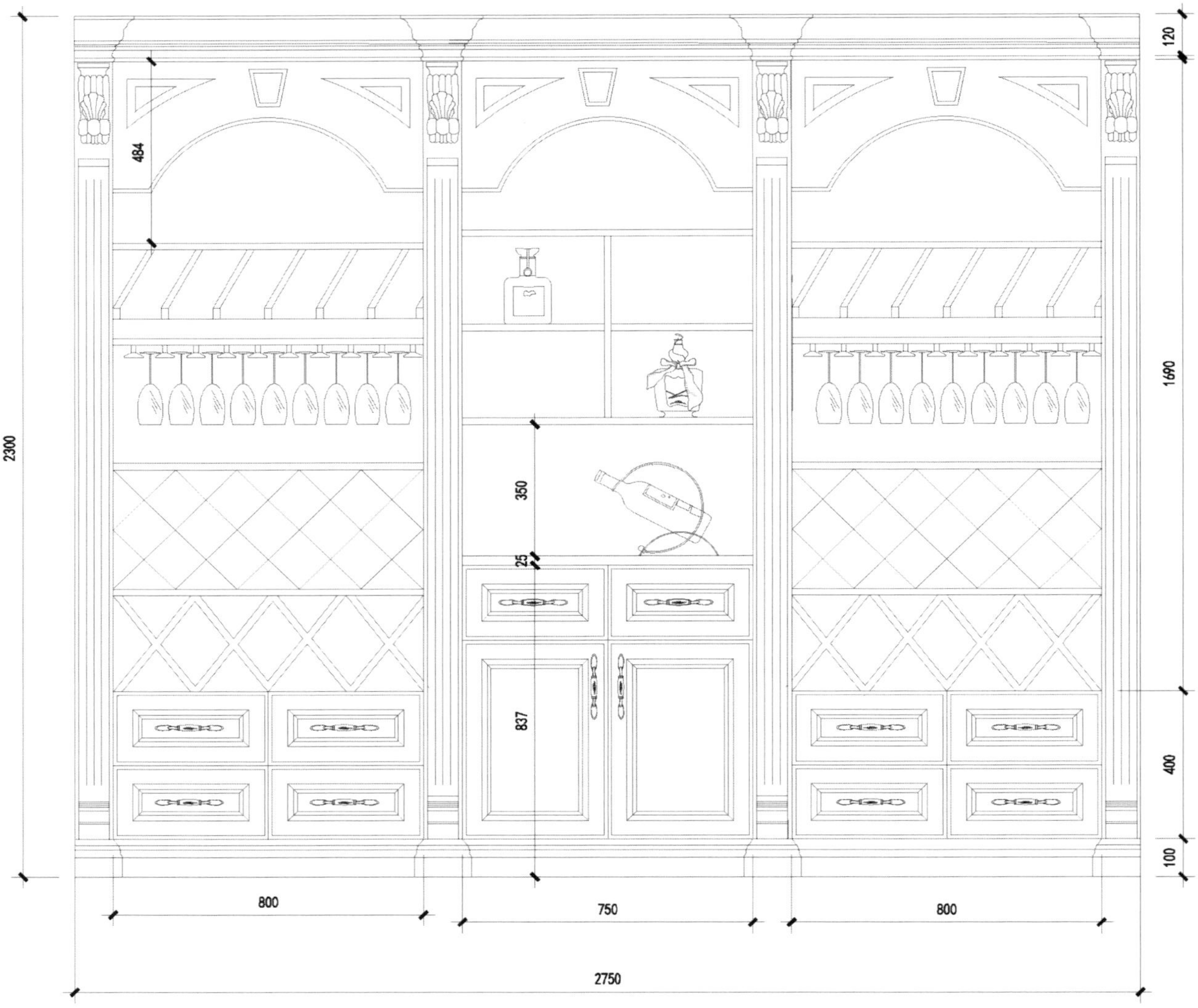

样式四 B 面立面图 1:20

第五节 欧式奢华酒窖

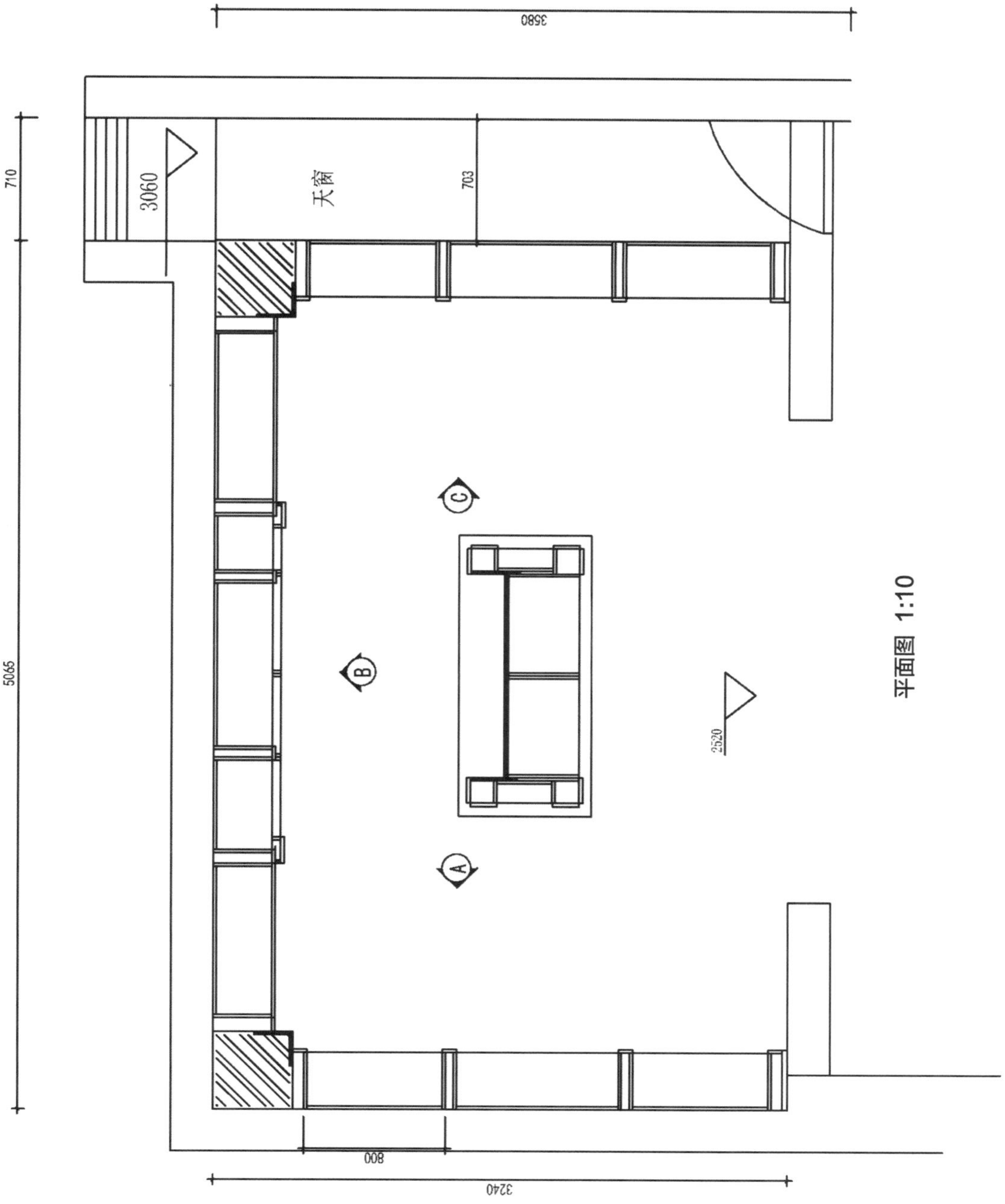
3580
710
3060
天窗
703
5065
C
B
A
2520
800
3240
平面图 1:10

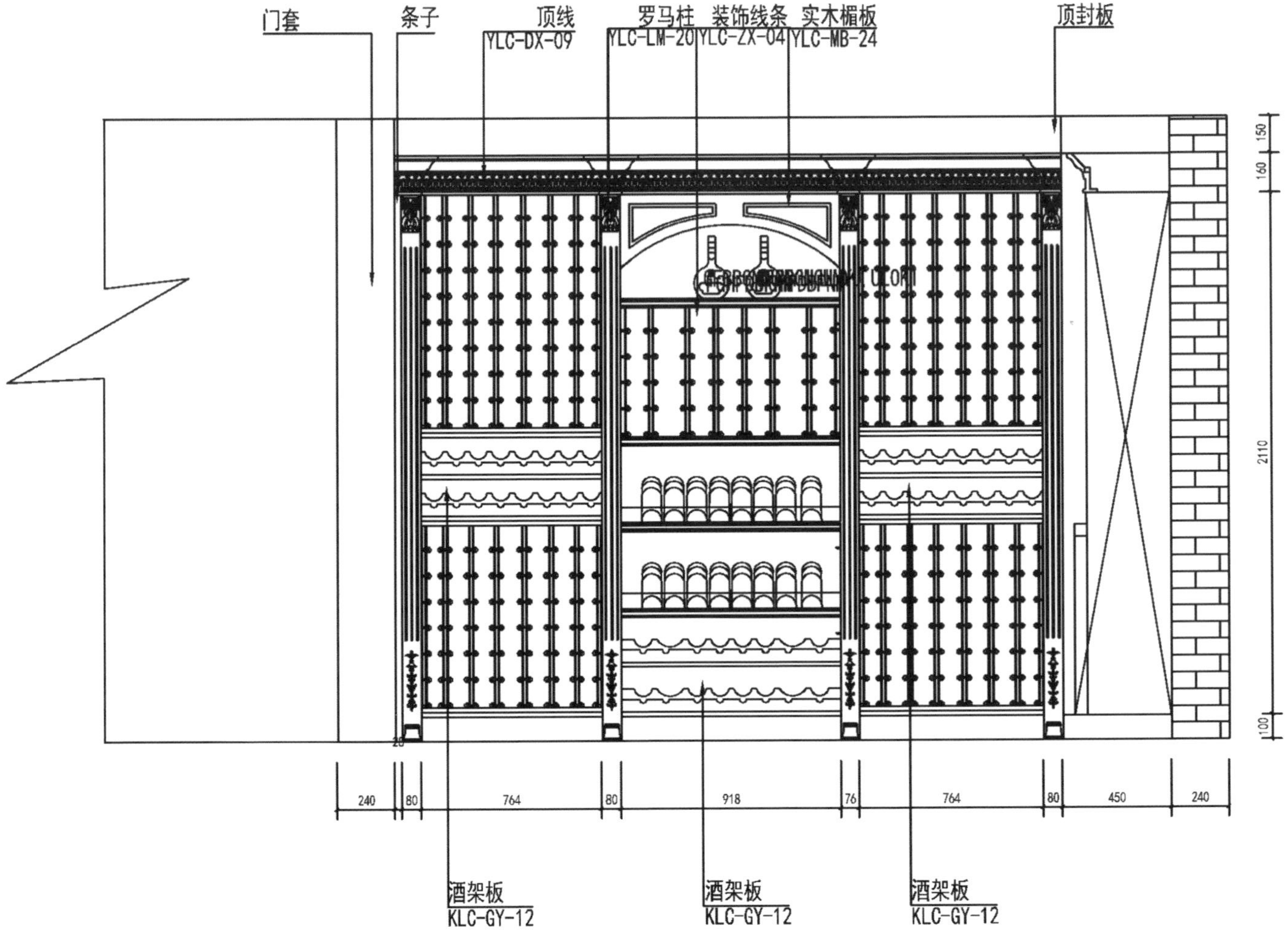
门套
条子
顶线
YLC-DX-09
罗马柱
YLC-LM-20
装饰线条
YLC-ZX-04
实木楣板
YLC-MB-24
顶封板
150
160
2110
100
240
80
764
80
918
76
764
80
450
240
酒架板
KLC-GY-12
酒架板
KLC-GY-12
酒架板
KLC-GY-12

A 面立面图 1:10

5065
710
3060
470
大窗
B 面平面图 1:10
550
230
90
230
俯视图
顶线
装饰线条
实木楣板
罗马柱
顶封板
封板
2110
2520
铜条玻璃工艺门
普通实木抽屉*3全拉
大罗马

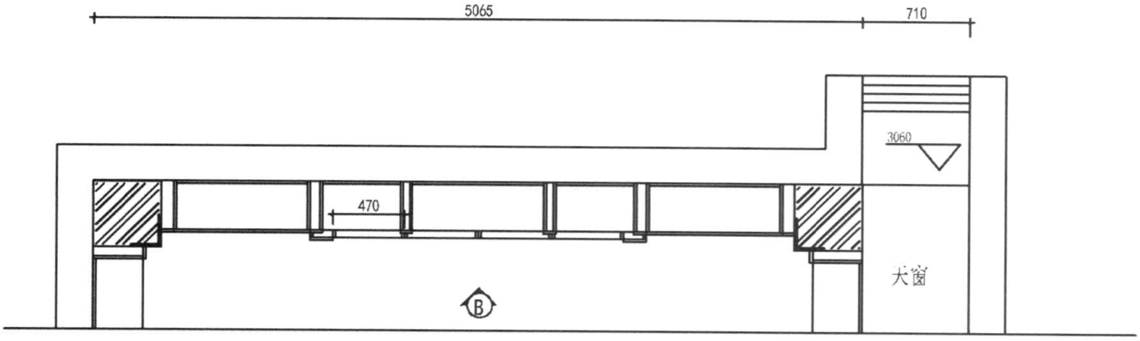

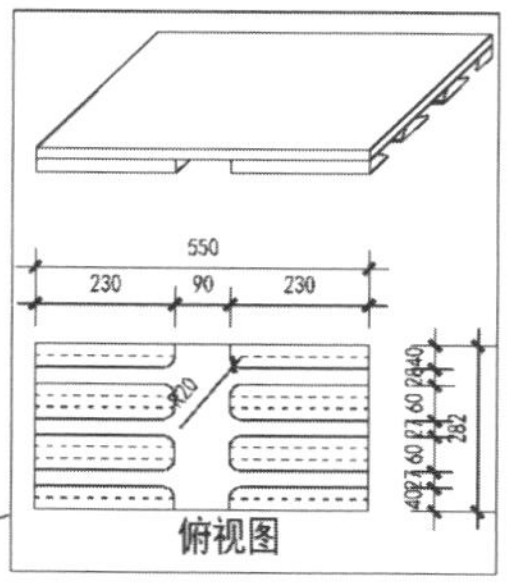

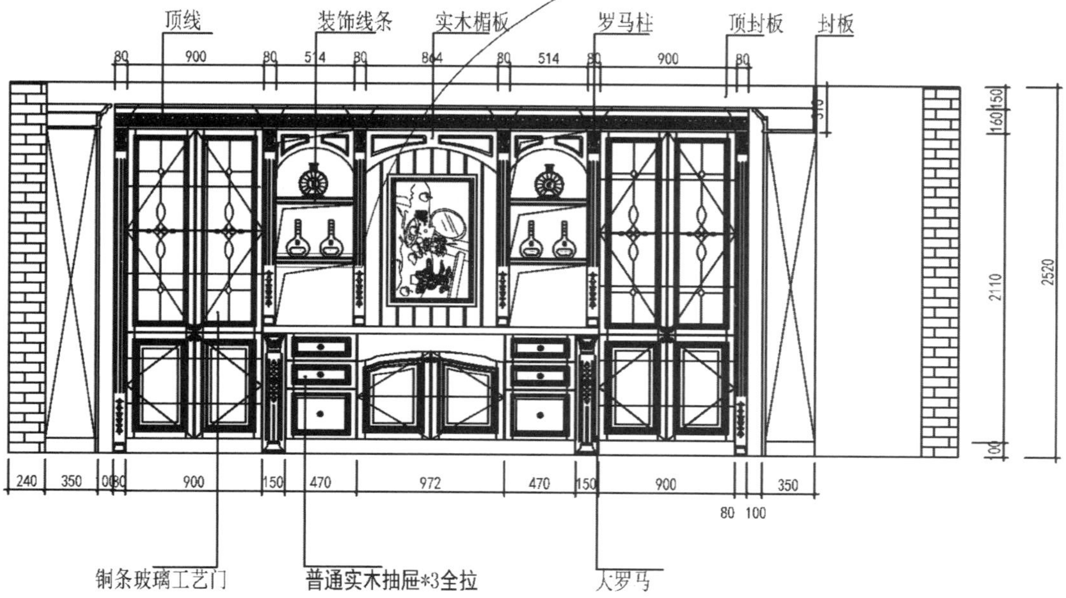

B 面立面图 1:10

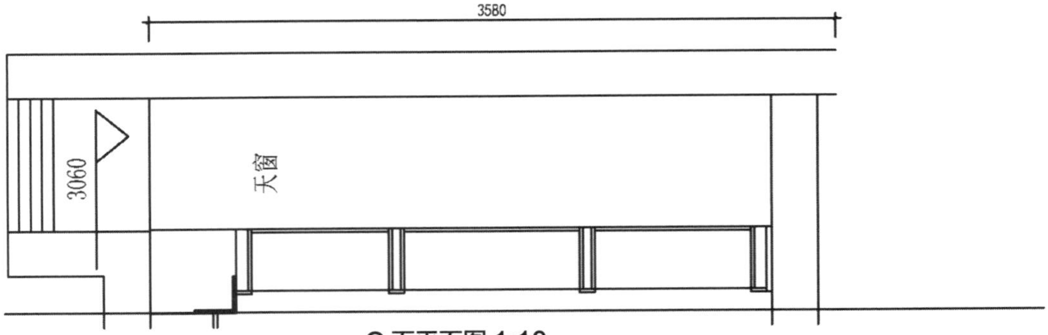

C 面平面图 1:10

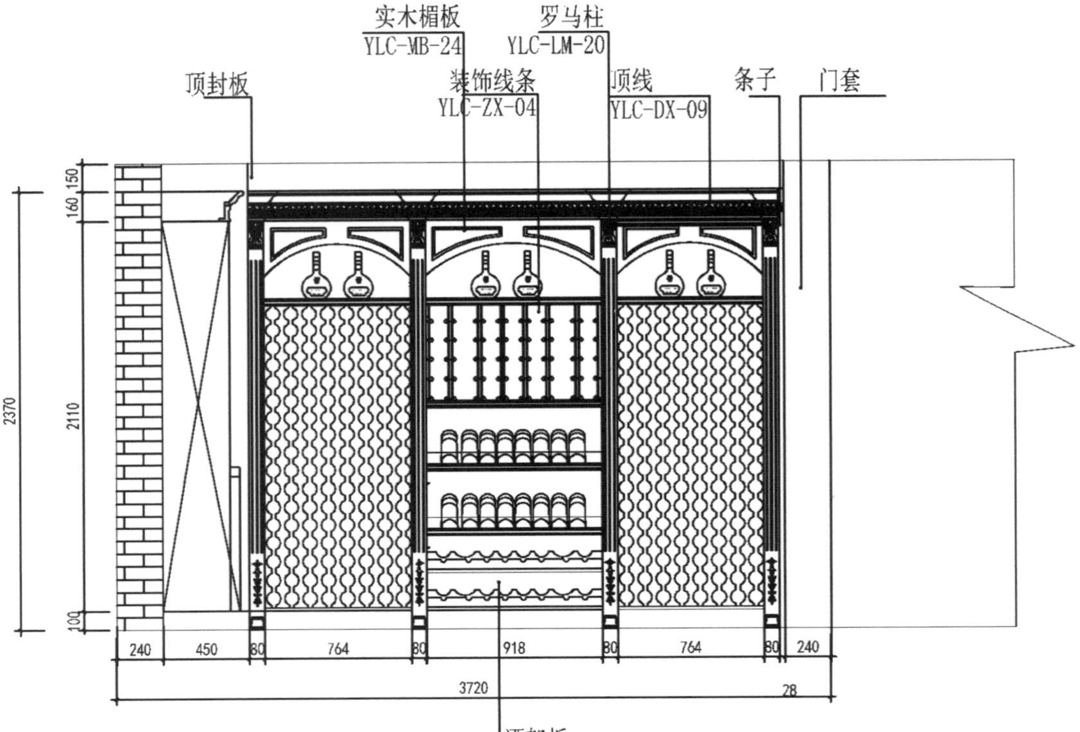

C 面立面图 1:10

第六节 简欧实木酒窖

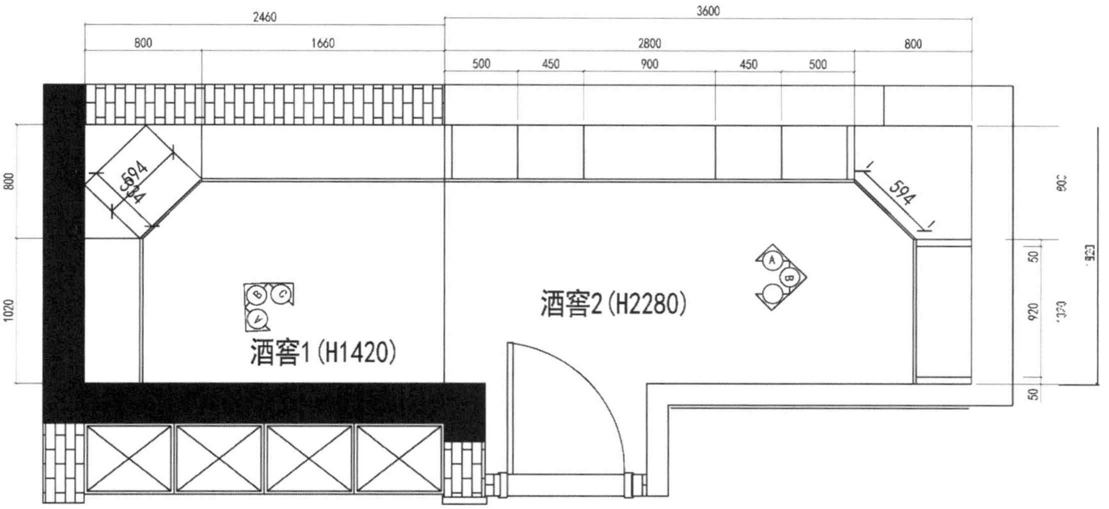

平面图 1:10

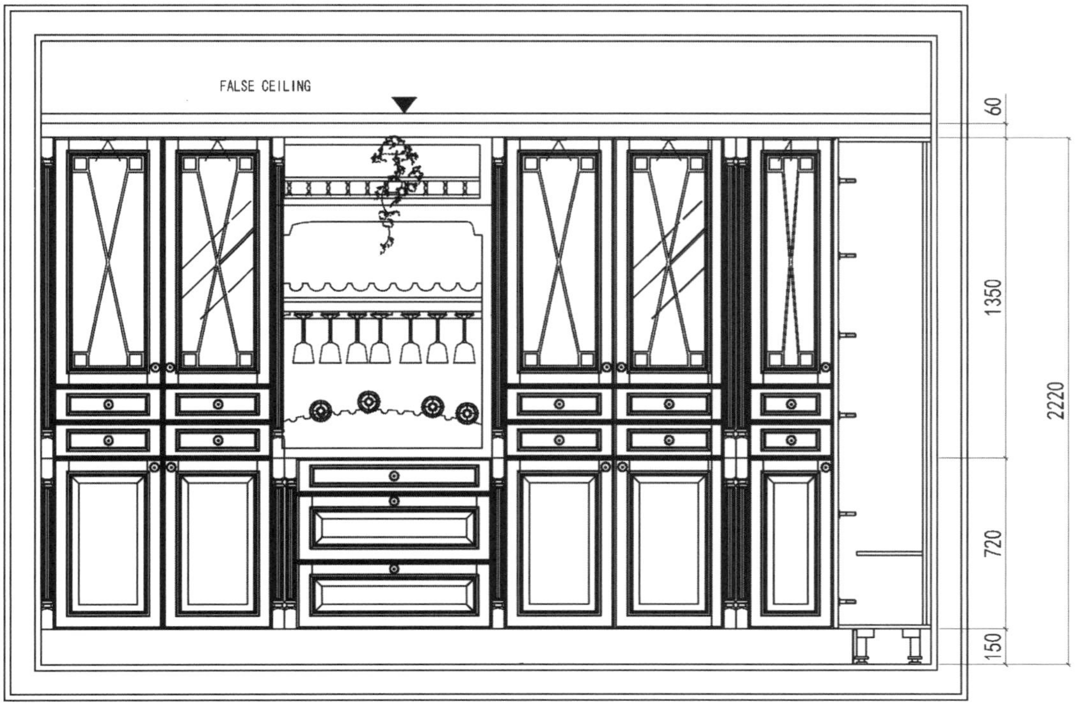

A 面立面图 1:10

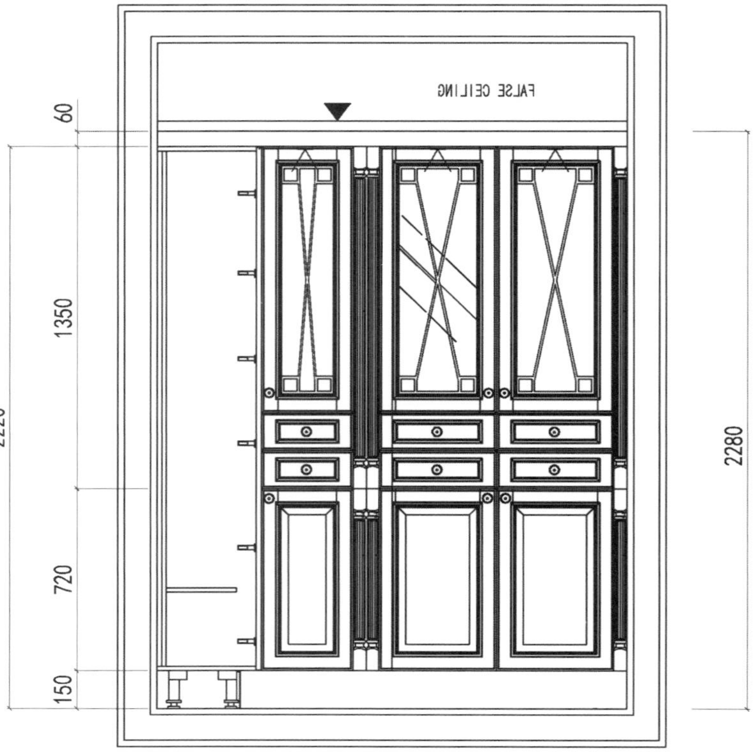

B 面立面图 1:10

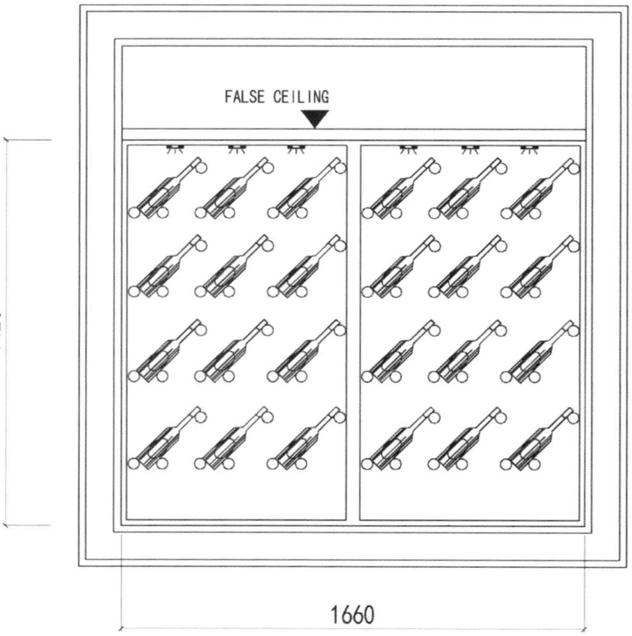

局部大样图 1:10

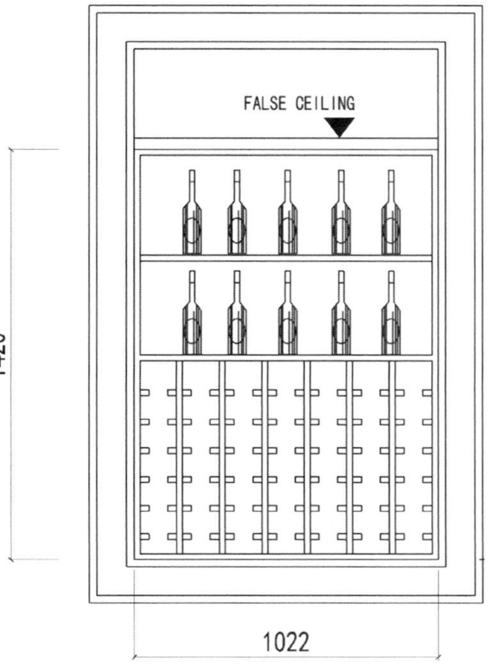
FALSE CEILING
1420
1022

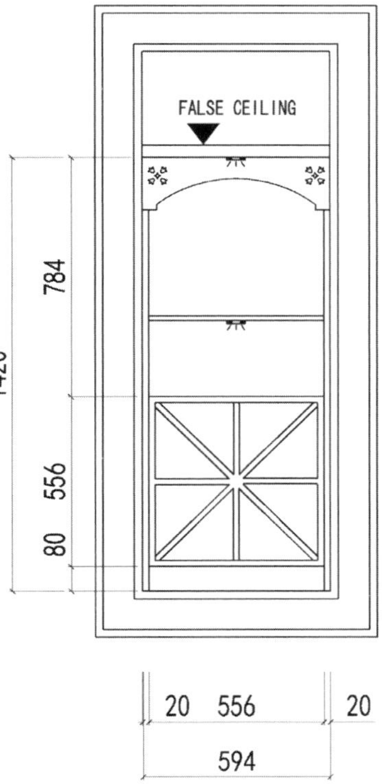
FALSE CEILING
784
1420
556
80
20
556
20
594

局部大样图 1:10

第七节 红橡原木酒窖

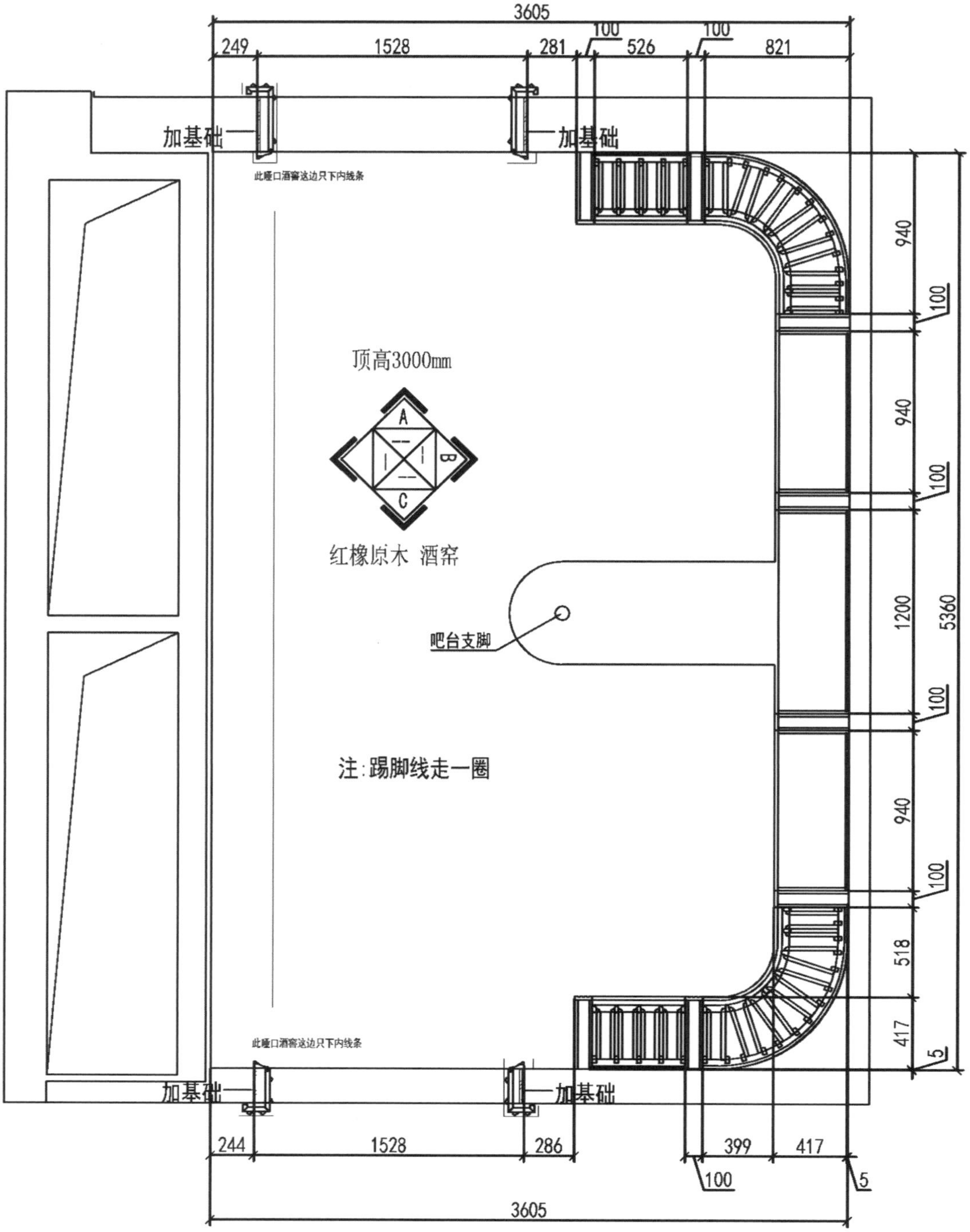

平面图 1:10

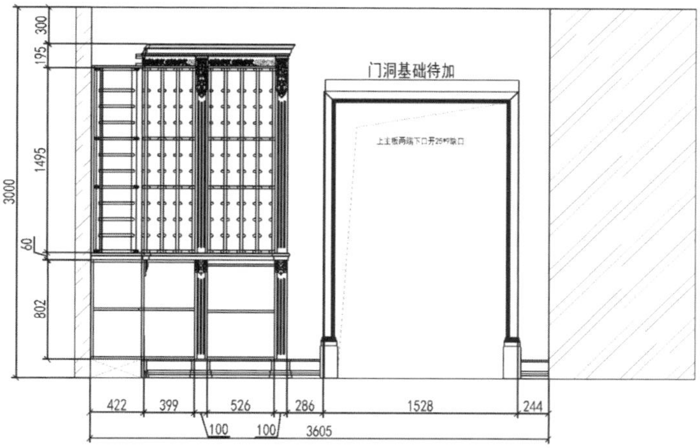

A 面立面图 1:10

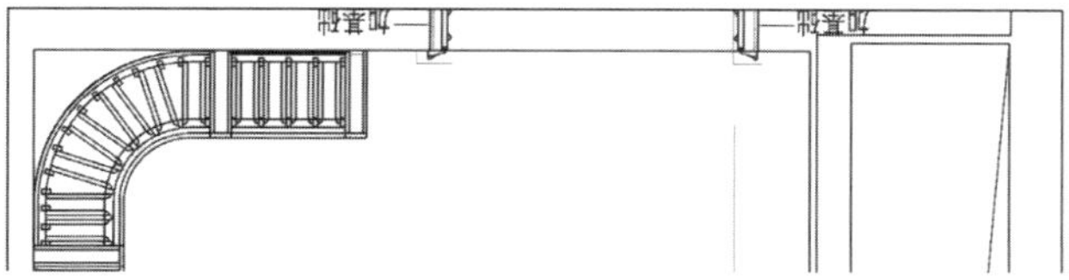

A 面平面图 1:10

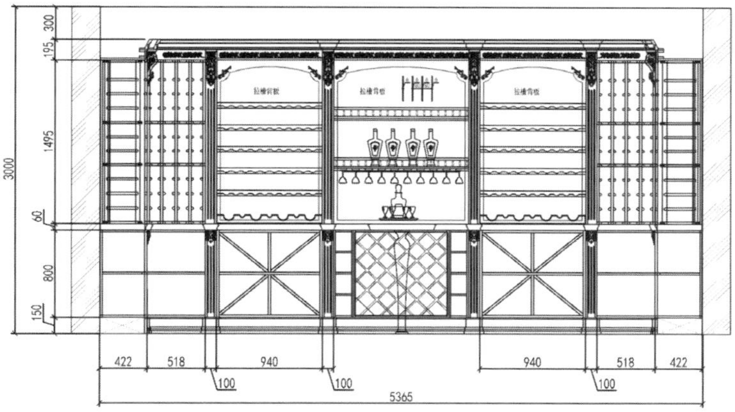

B 面立面图 1:10

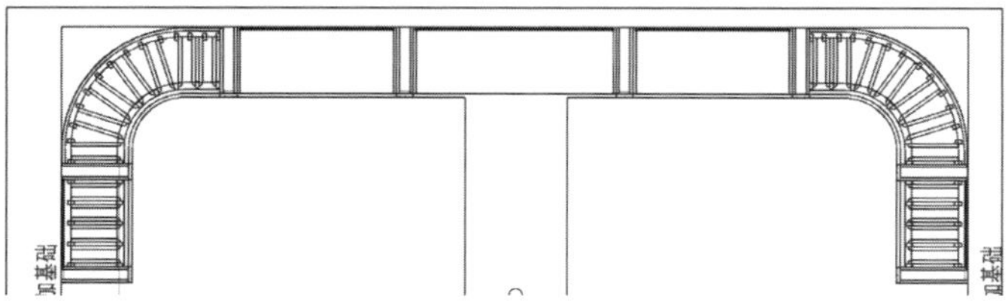

B 面平面图 1:10

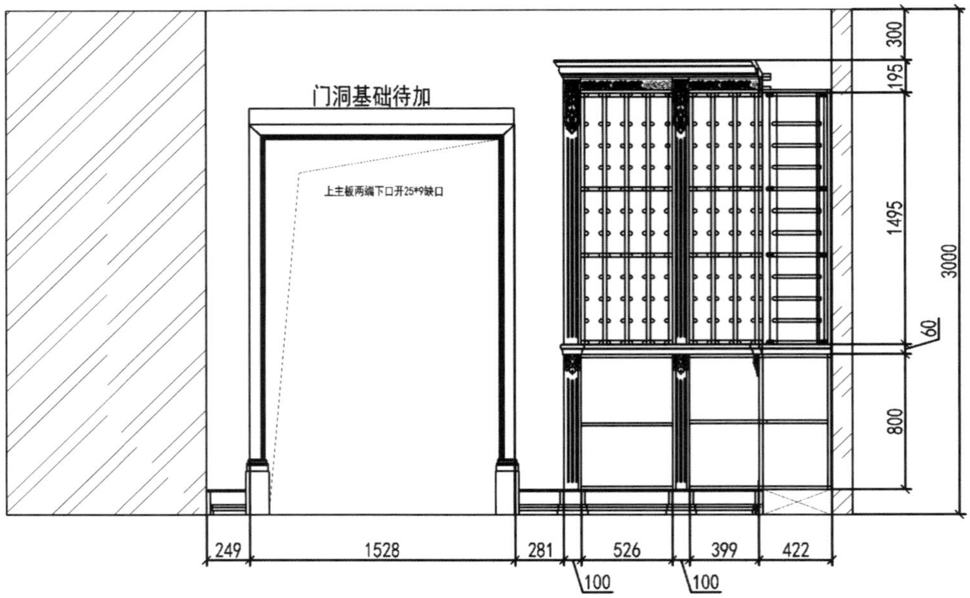

C 面立面图 1:10

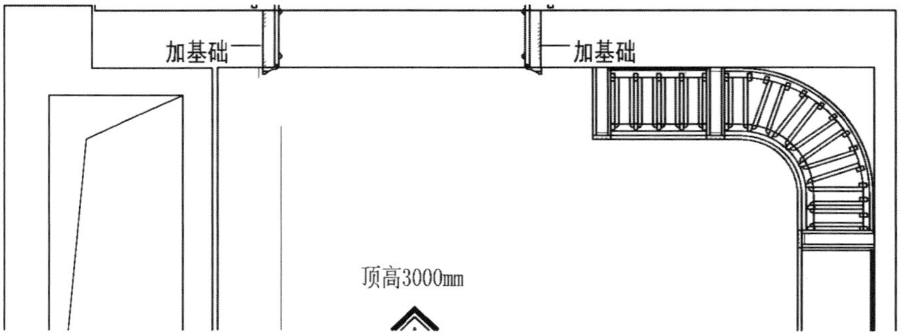

C 面平面图 1:10

第八节 U 字型欧式酒窖

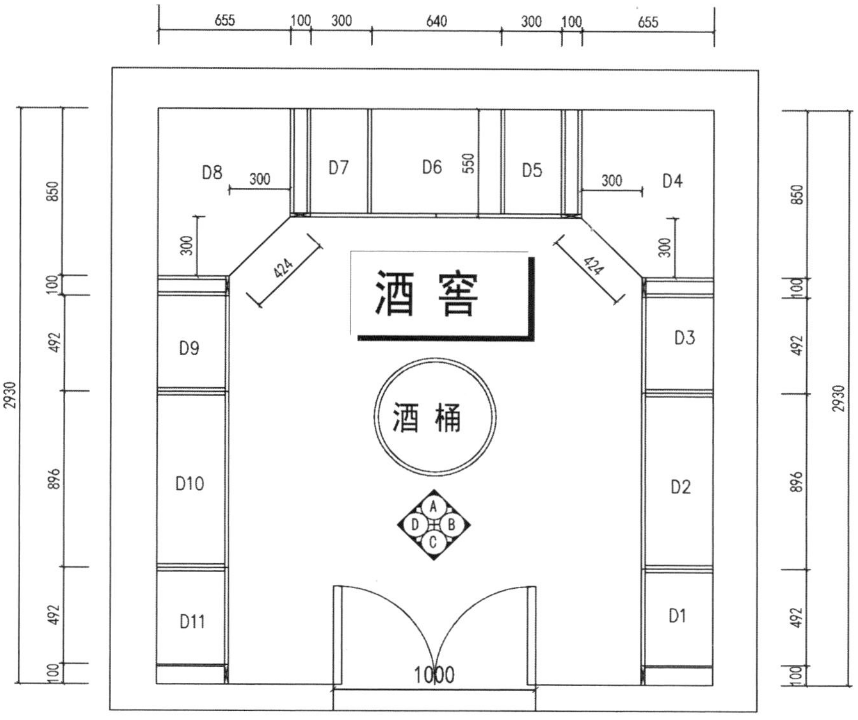

平面图 1:10

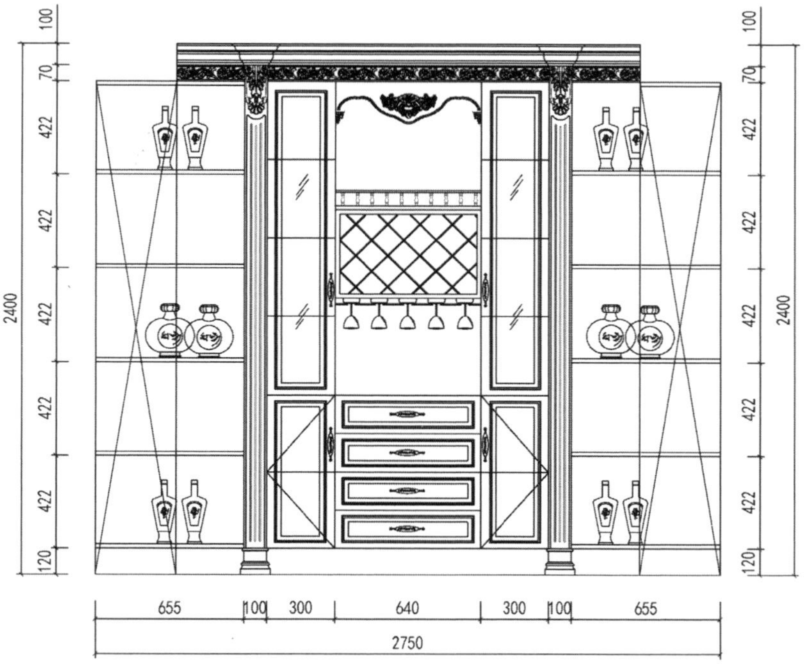

A 面立面图 1:10

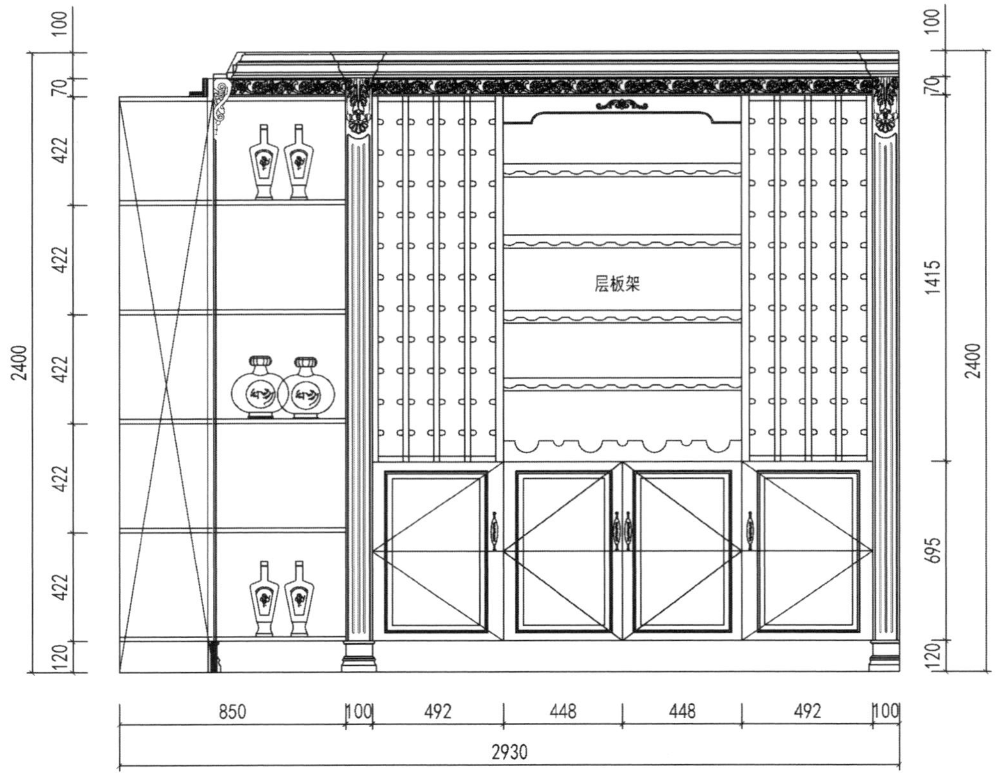

B 面立面图 1:10

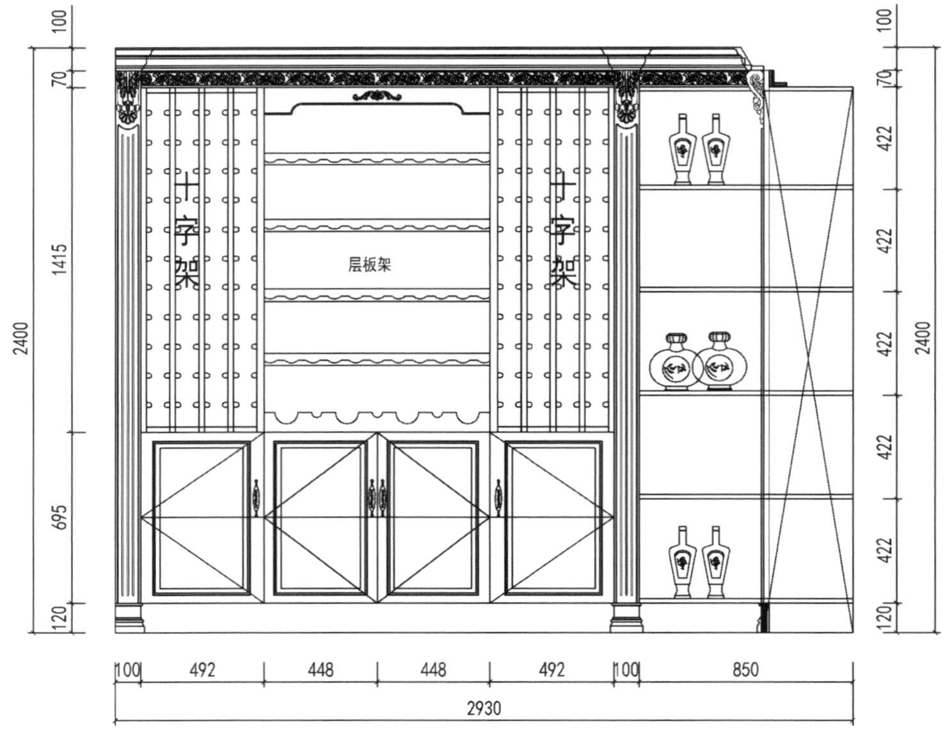

D 面立面图 1:10

第九节 雪茄吧酒窖

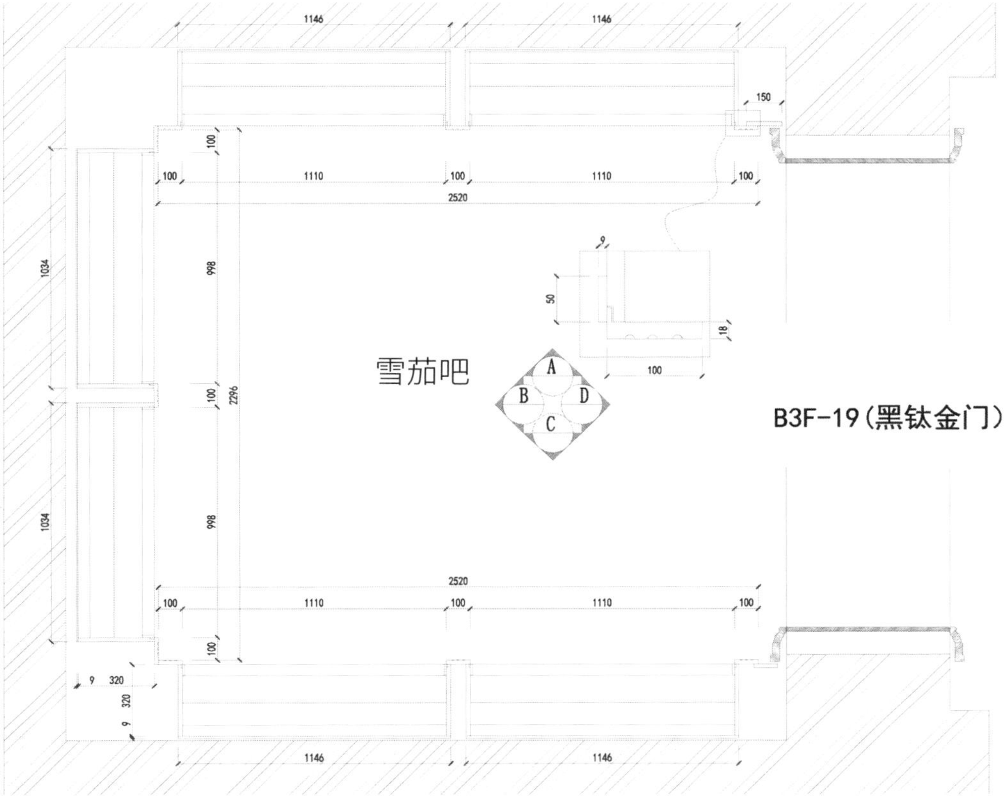

平面图 1:25

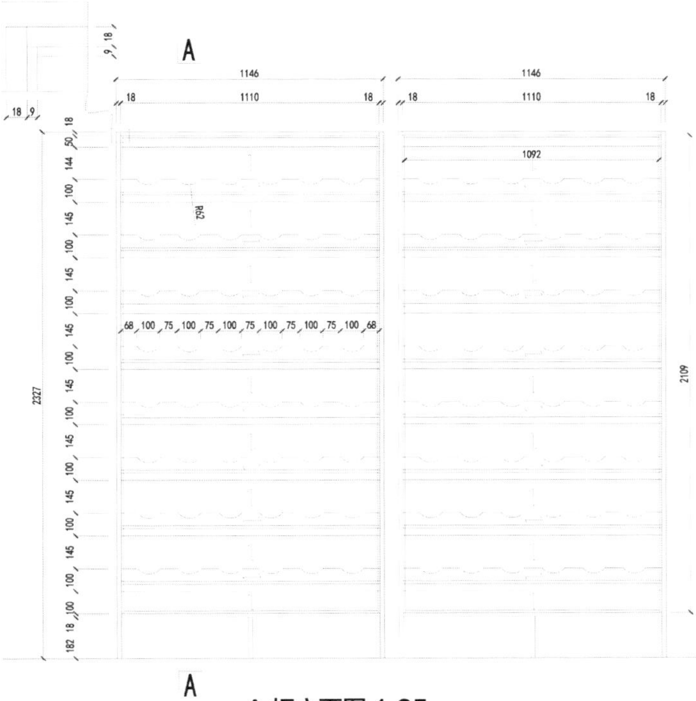

A 柜立面图 1:25

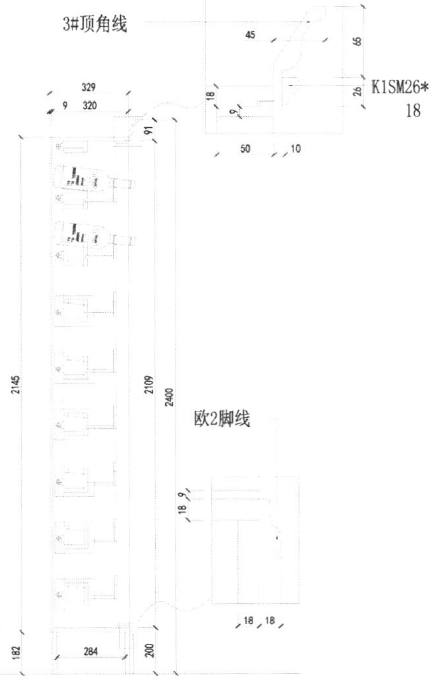

A-A 断面图 1:25

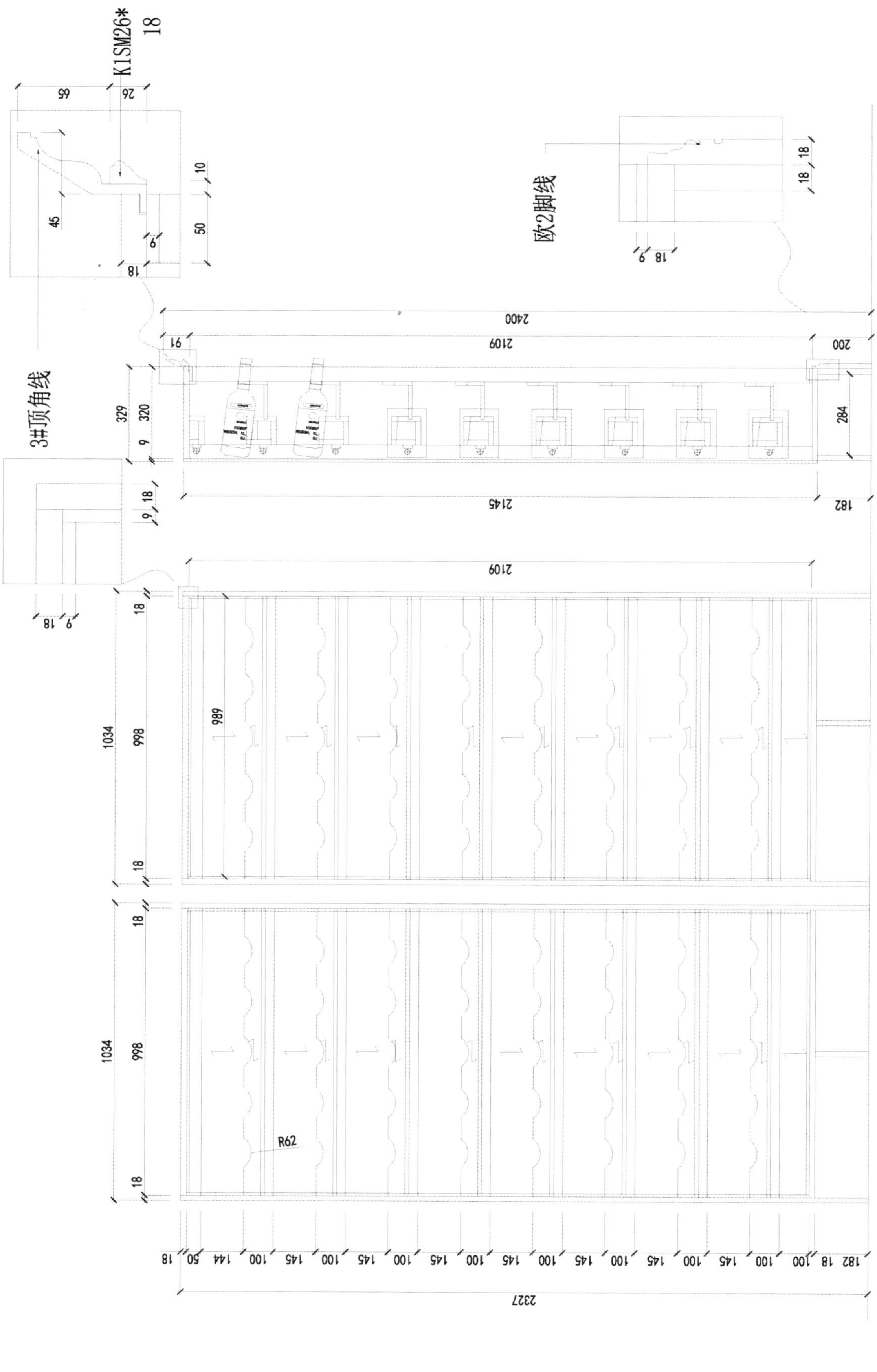

A-A 断面图 1:25

B 面立面图 1:25

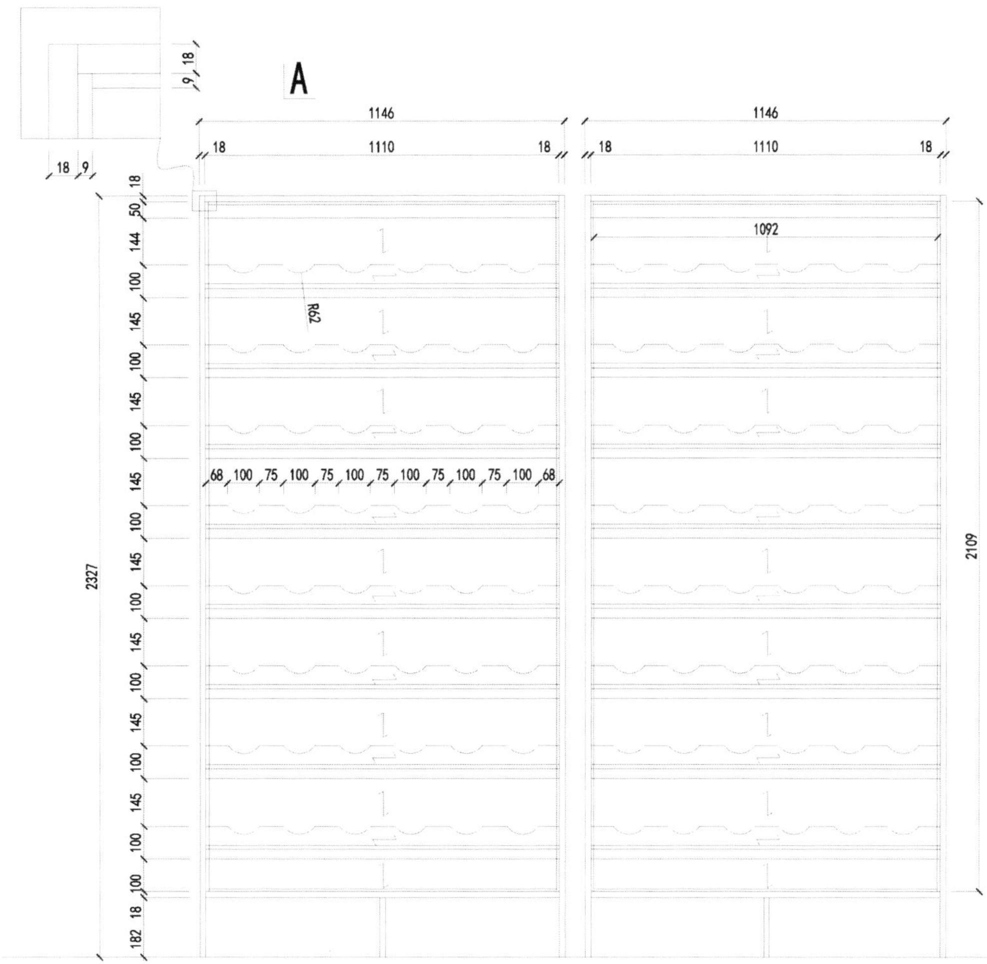

C 柜立面图 1:25

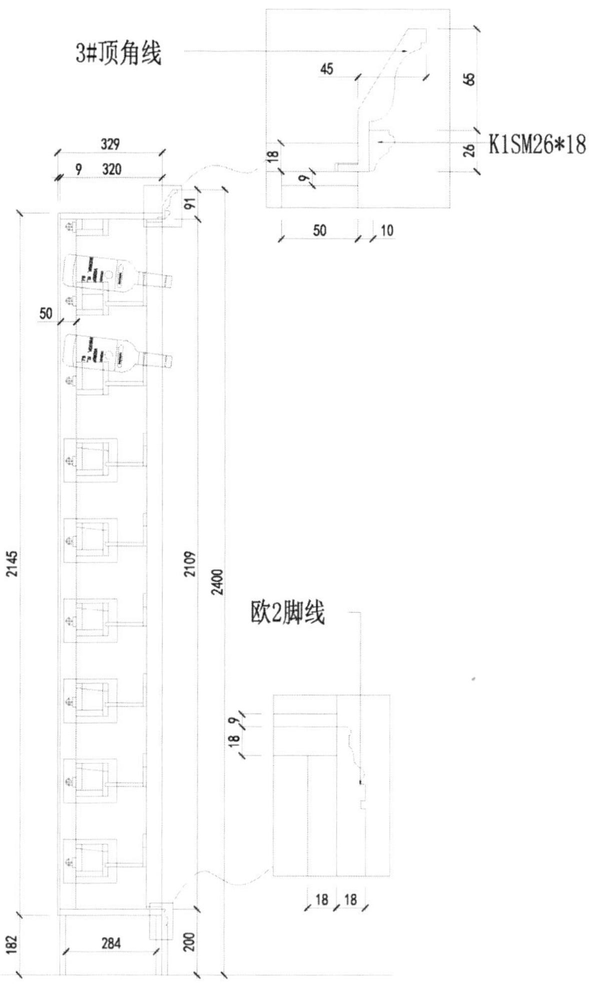

A-A 断面图 1:25

注意：12MM钢化玻璃槽位要开好.

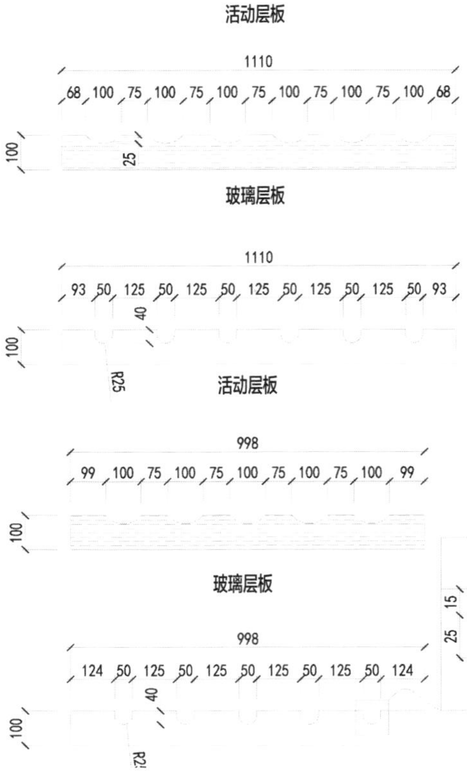
活动层板
1110
68 100 75 100 75 100 75 100 75 100 75 100 68
100
25
玻璃层板
1110
93 50 125 50 125 50 125 50 125 50 125 50 93
40
100
R25
活动层板
998
99 100 75 100 75 100 75 100 75 100 99
100
玻璃层板
998
124 50 125 50 125 50 125 50 125 50 124
40
100
15
25

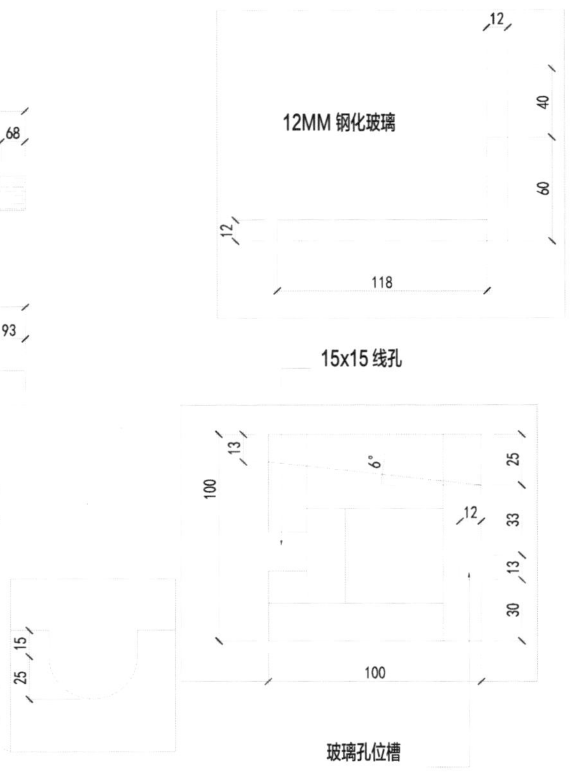
12
12MM 钢化玻璃
40
60
12
118
15x15 线孔
13
100
6°
25
12
33
13
30
100
玻璃孔位槽

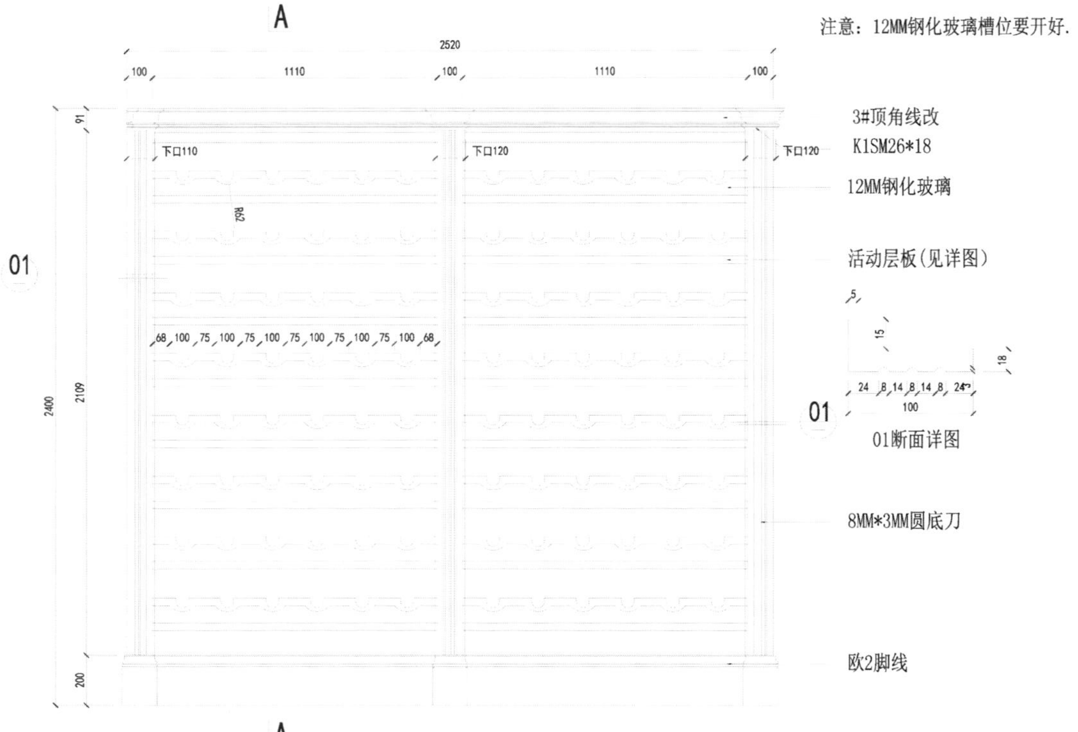
A
注意：12MM钢化玻璃槽位要开好.
2520
100 1110 100 1110 100
91
下口110
下口120
下口120
3#顶角线改
K1SM26*18
12MM钢化玻璃
R25
01
活动层板(见详图)
68 100 75 100 75 100 75 100 75 100 75 100 68
5
15
18
24 8 14 8 14 8 24
100
01
01断面详图
2400
2109
8MM*3MM圆底刀
欧2脚线
200
A

A 柜立面图 1:10

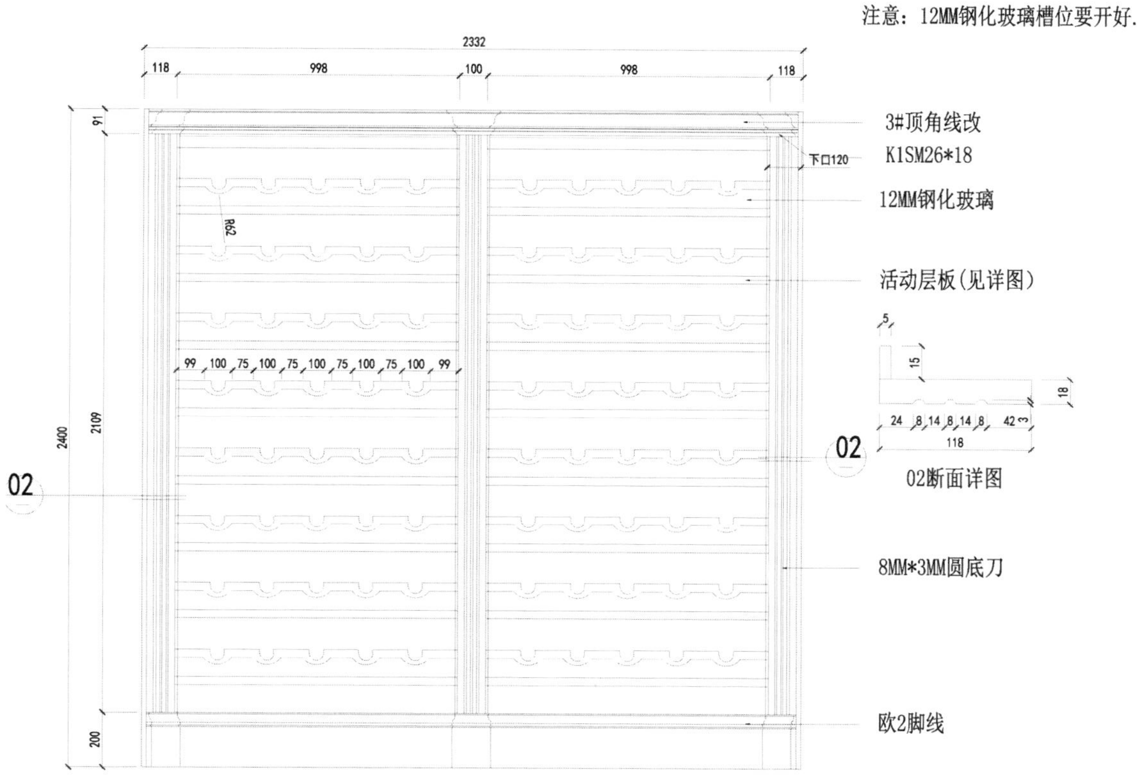

B 柜立面图 1:10

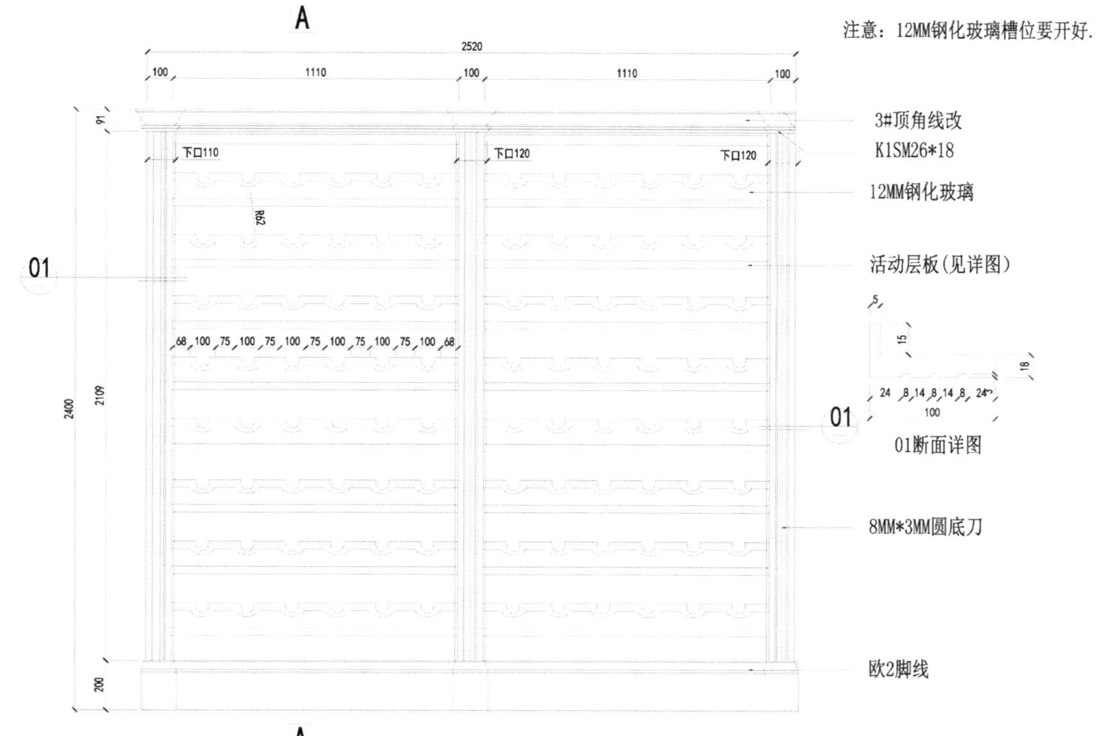

C 柜立面图 1:10

第二章

商用酒庄酒窖整体施工案例

第一节 大型品酒庄园

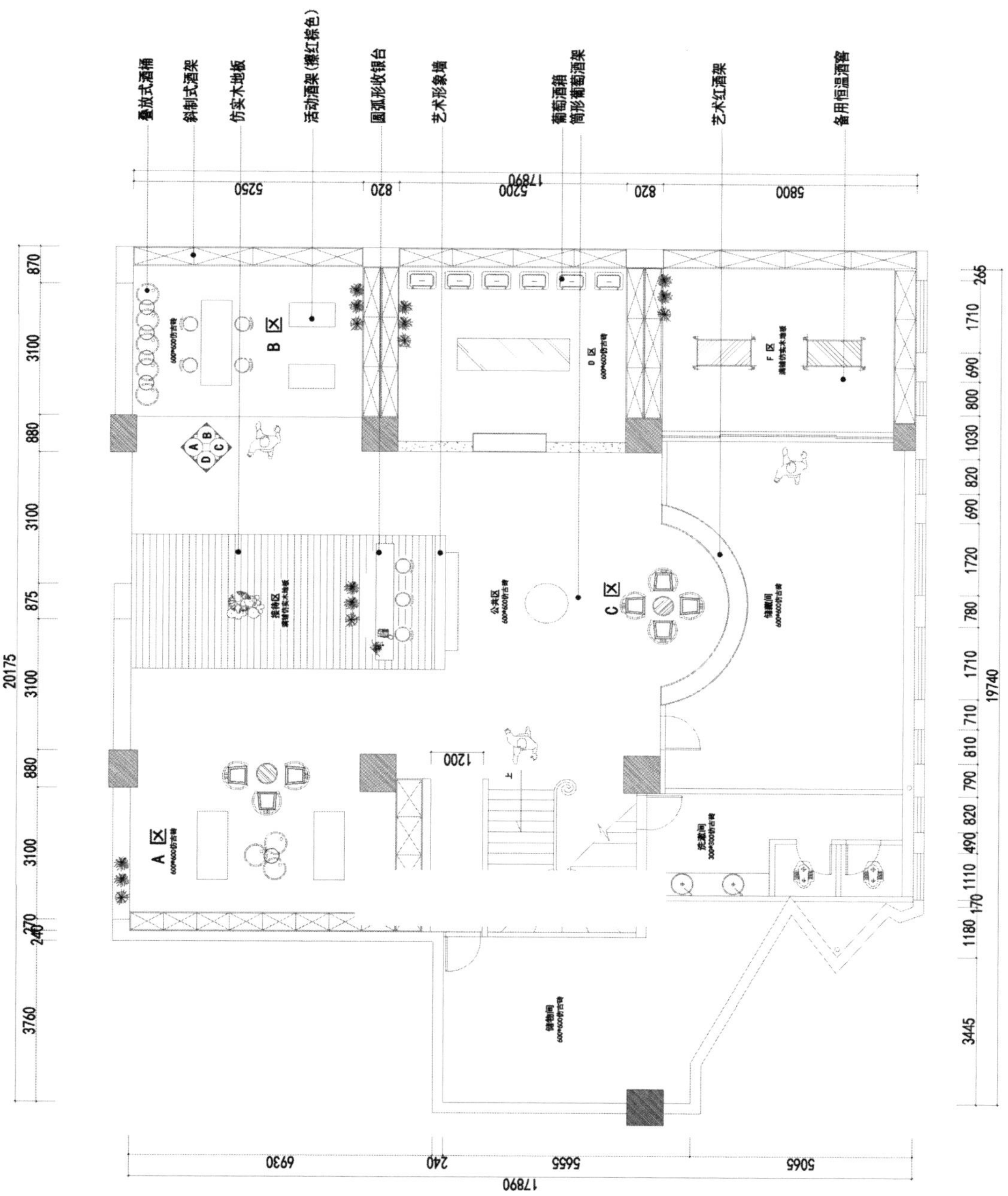

平面布置图 1:50

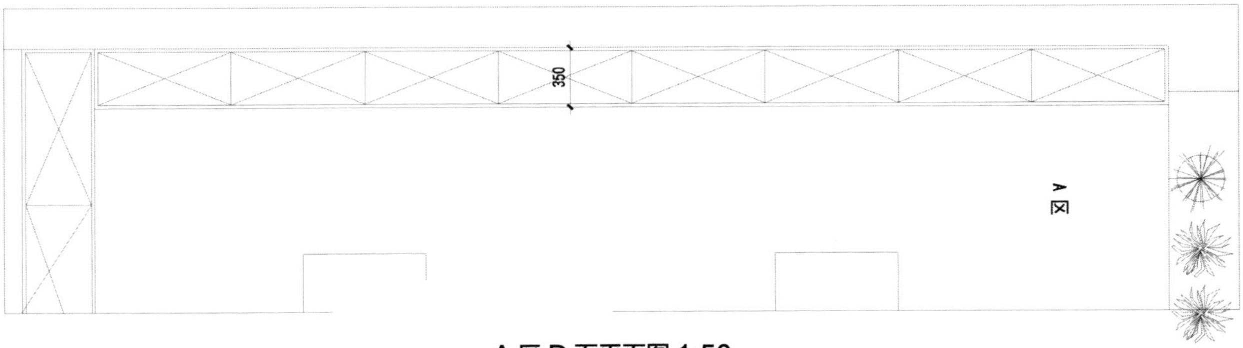

A区D面平面图 1:50

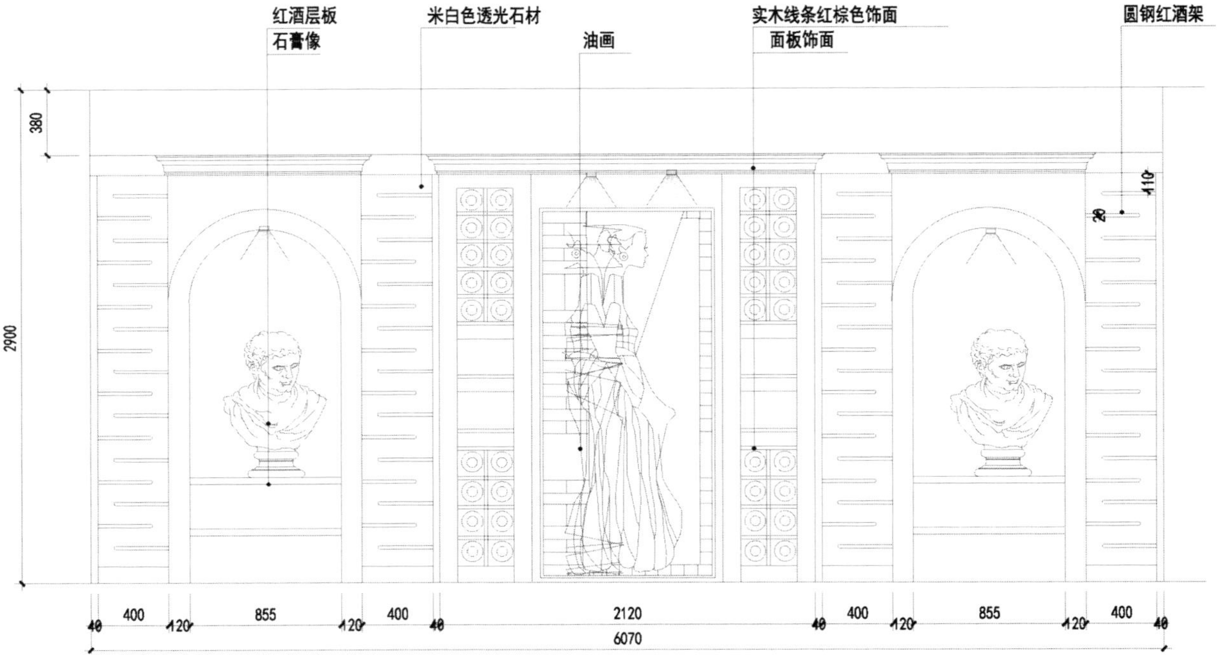

A区D面立面图 1:50

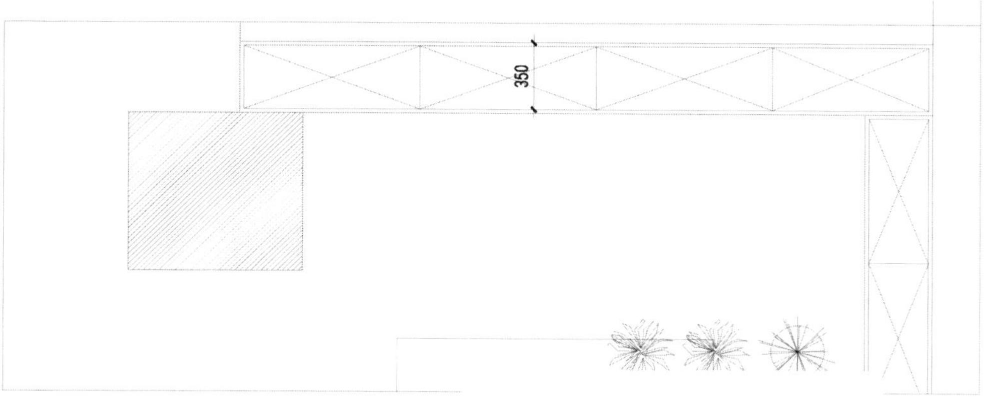

A 区 C 面平面图 1:50

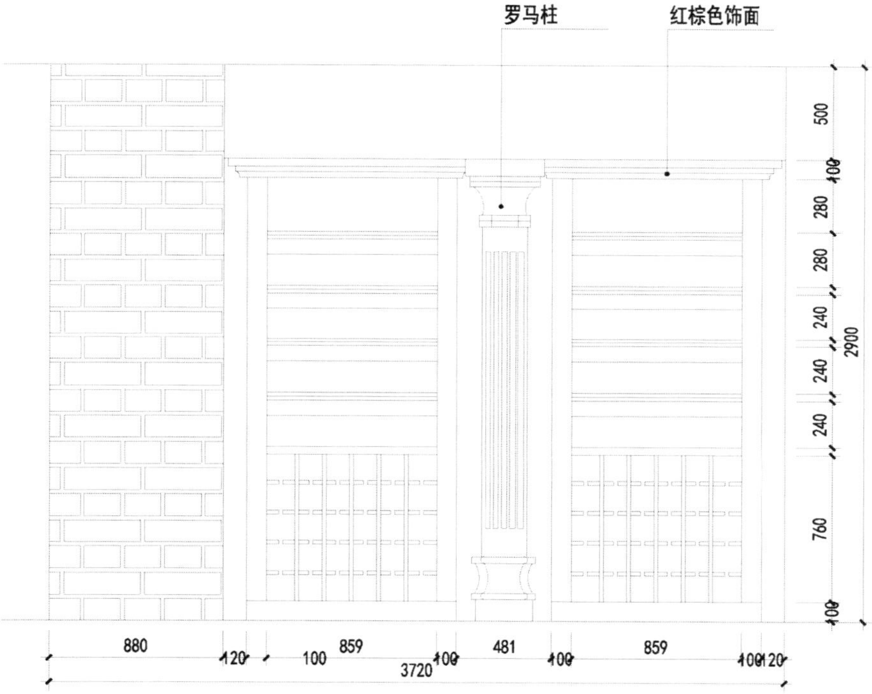

A 区 C 面立面图 1:50

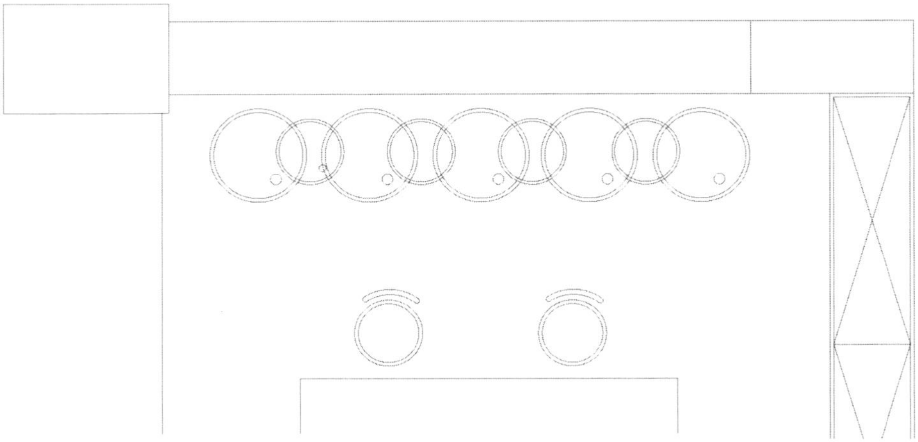

B 区 A 面平面图 1:50

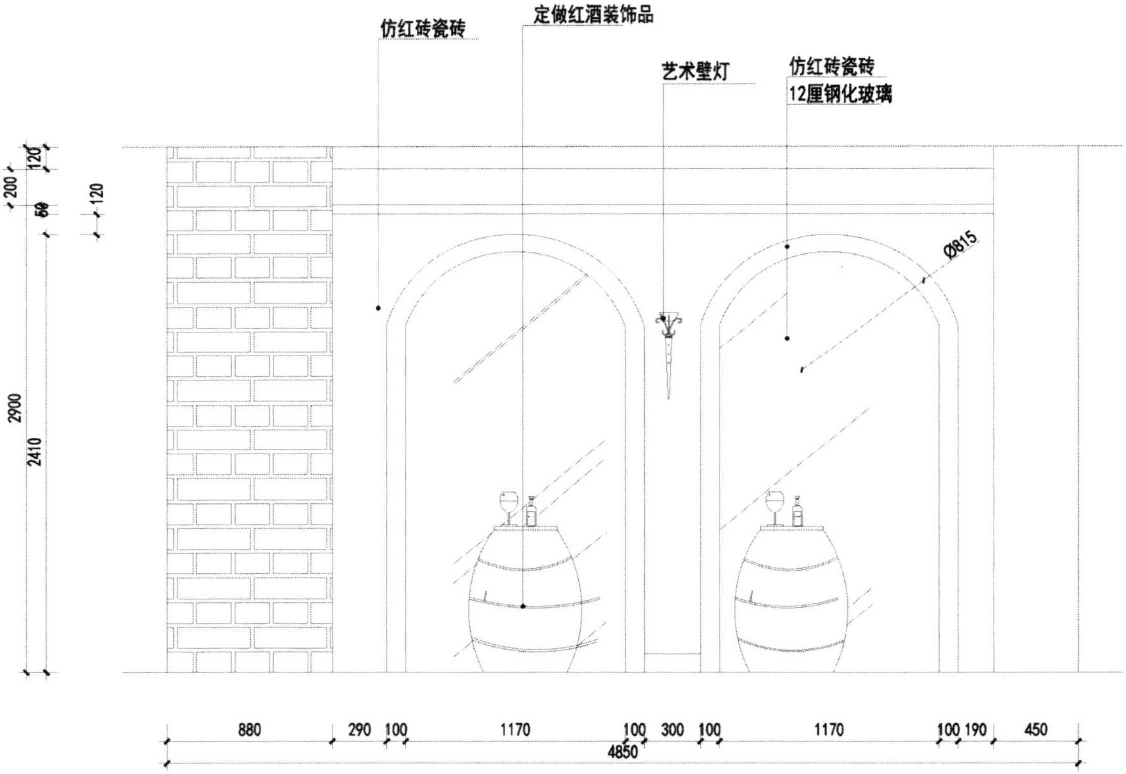

B 区 A 面立面图 1:50

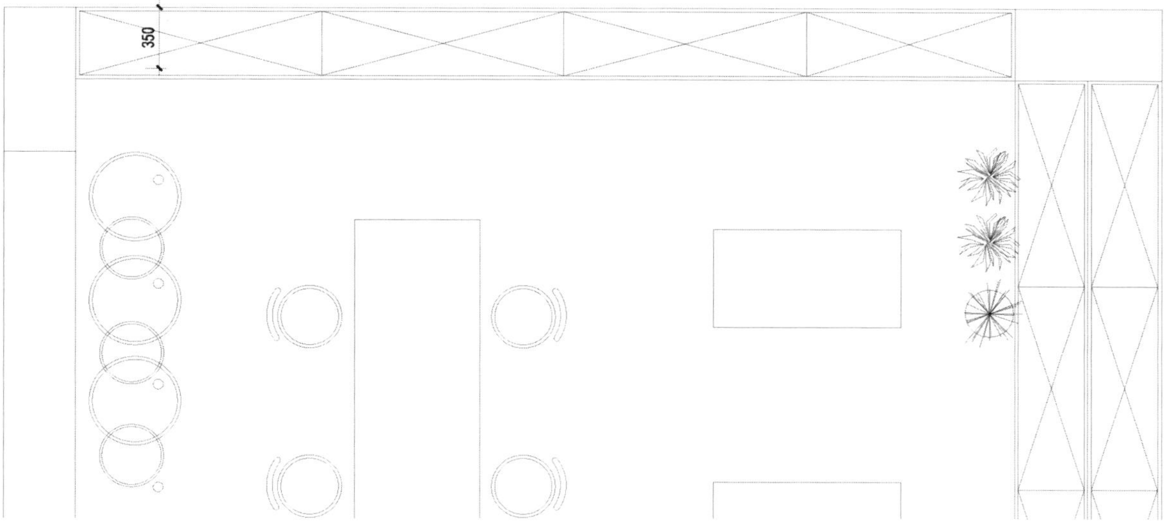

B 区 B 面平面图 1:50

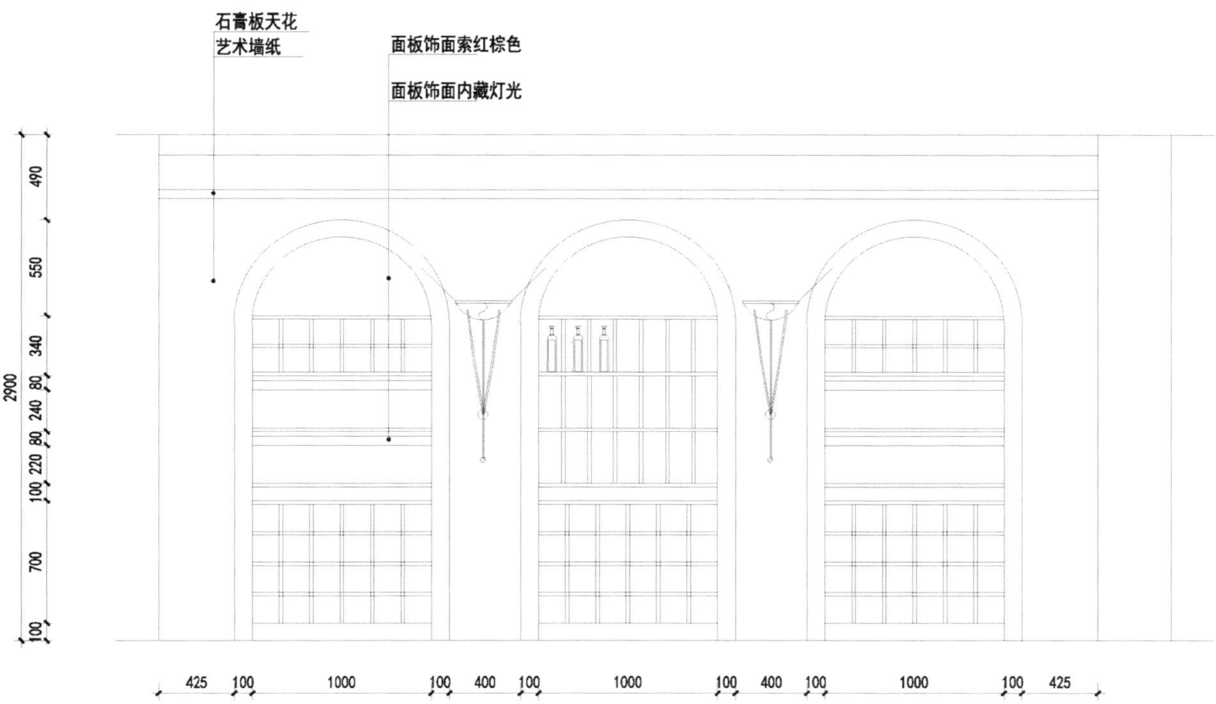

B 区 B 面立面图 1:50

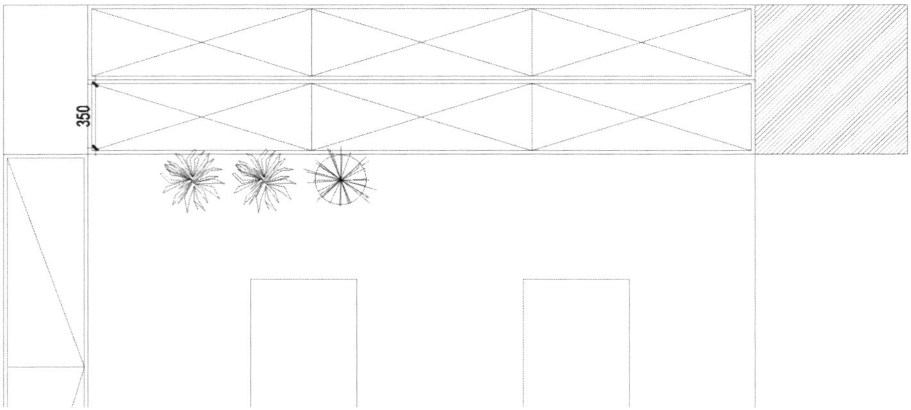

B 区 C 面平面图 1:20

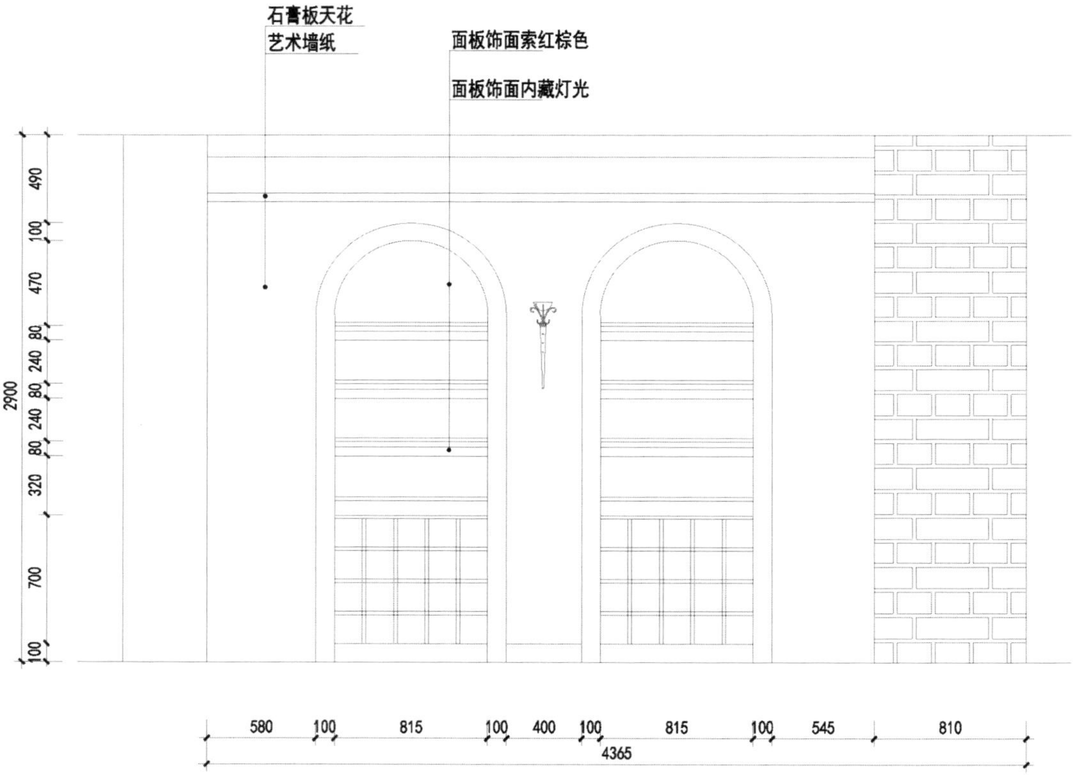

B 区 C 面立面图 1:20

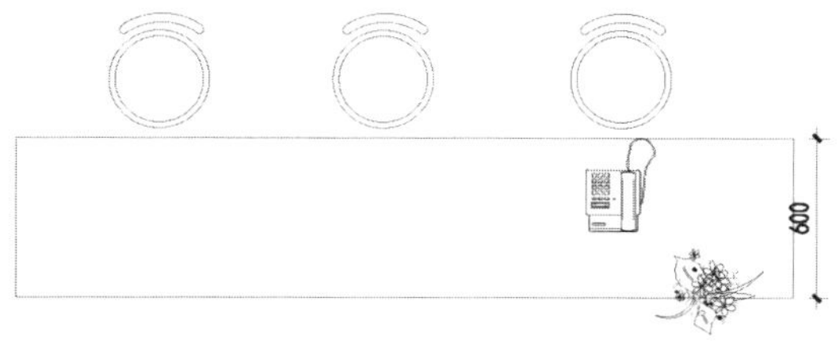

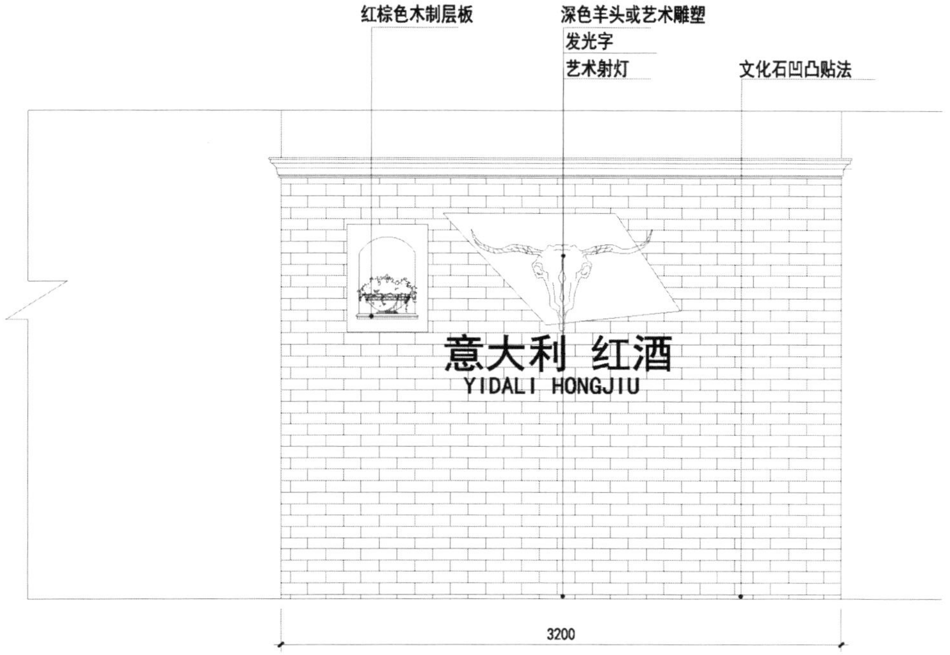

接待区背景墙立面图 1:20

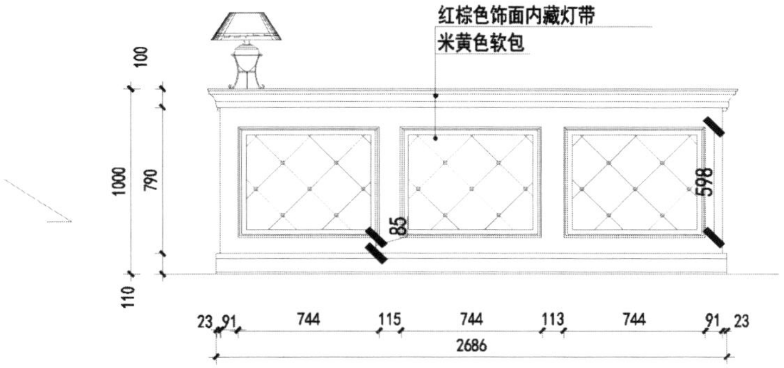

前台立面图 1:20

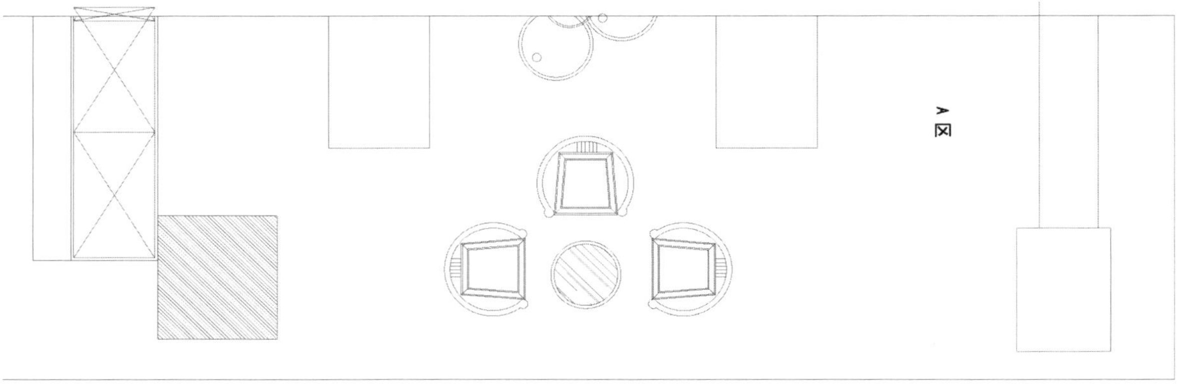

A 区 B 面平面图 1:50

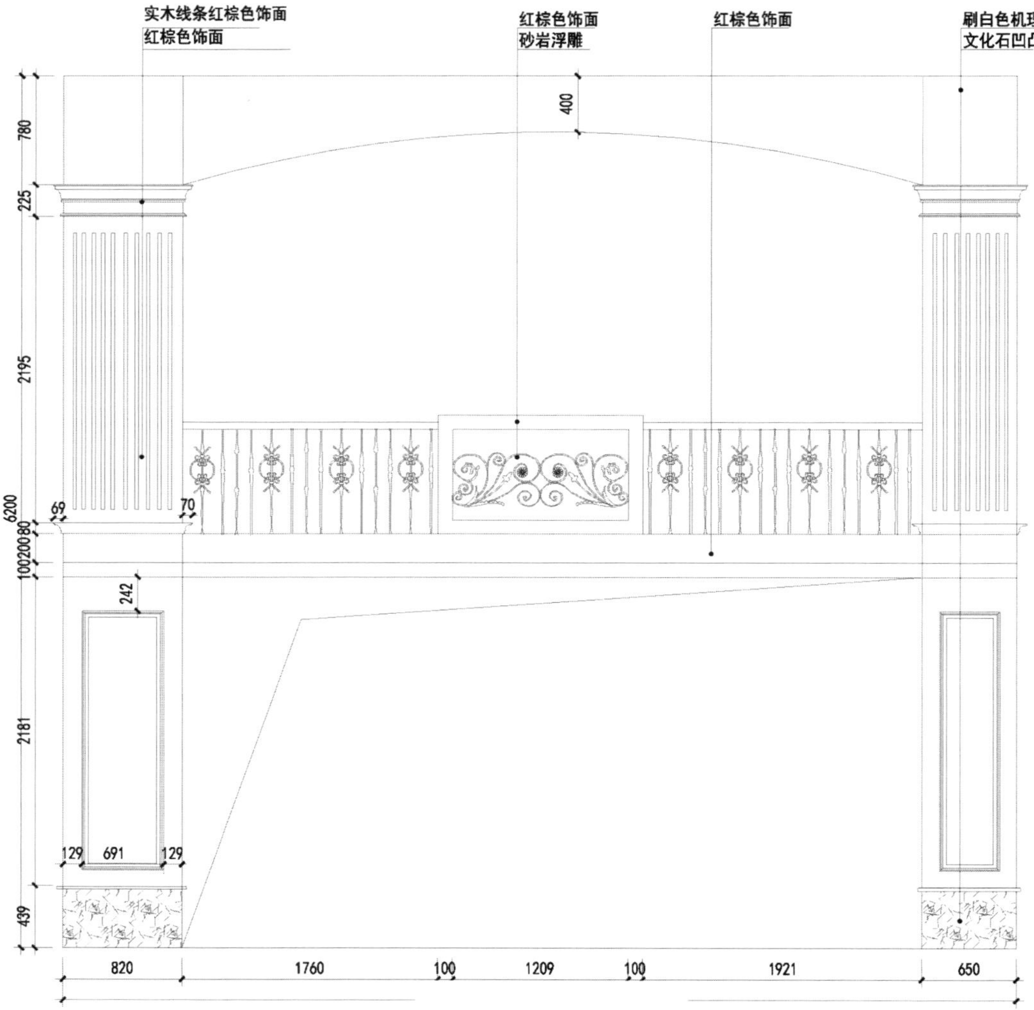

接待区 B 面立面图 1:50

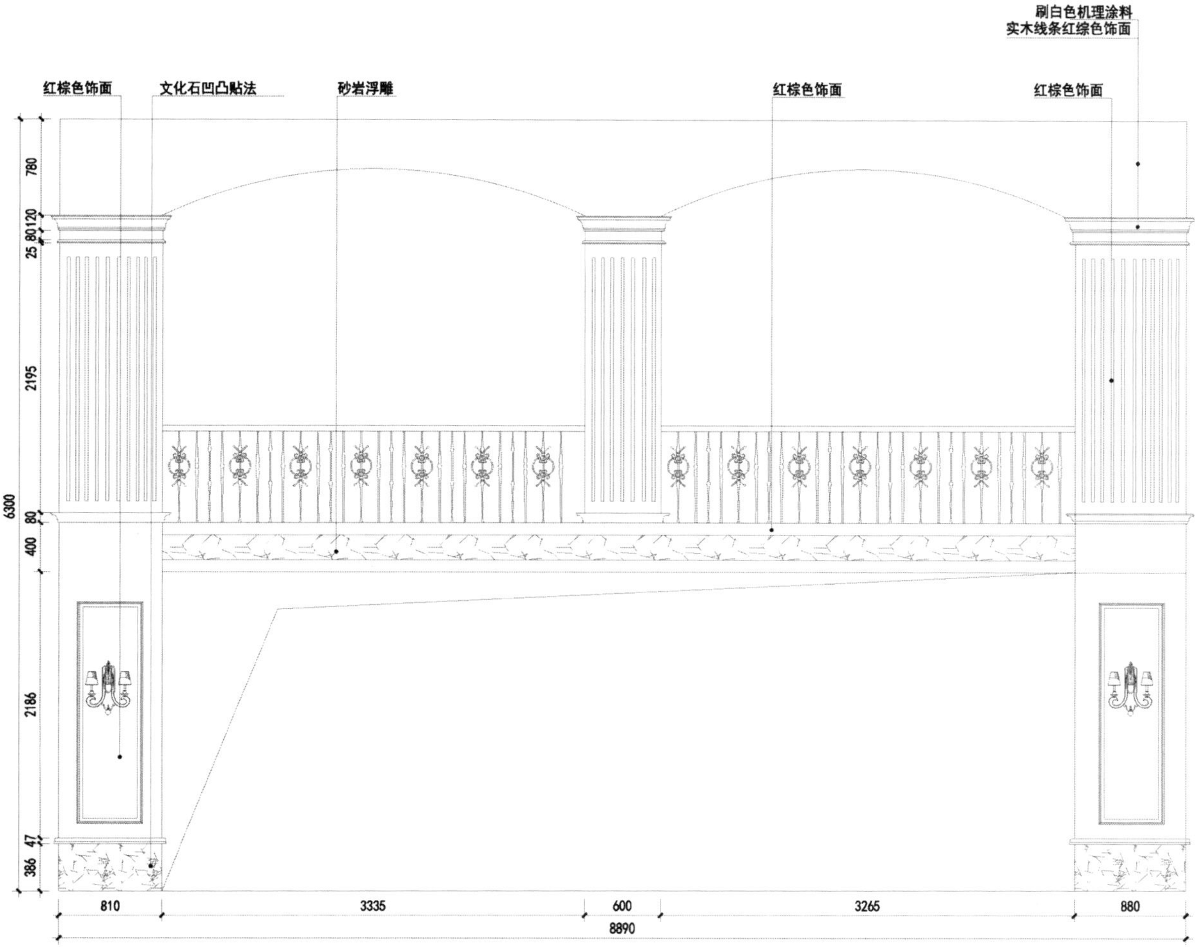

接待区 A 面立面图 1:50

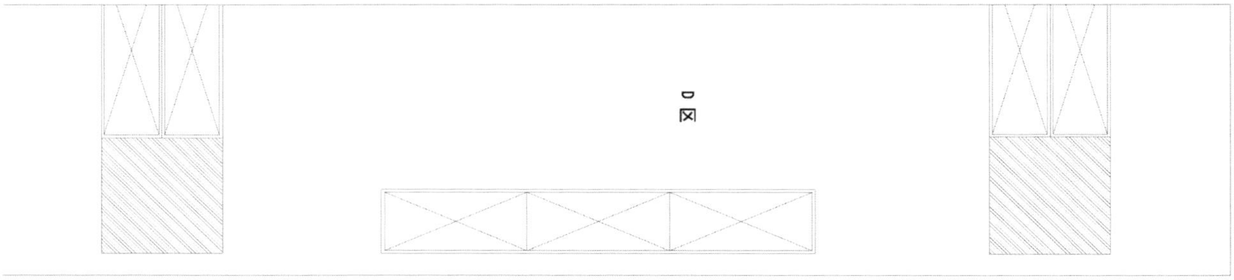

C 区 B 面平面图 1:20

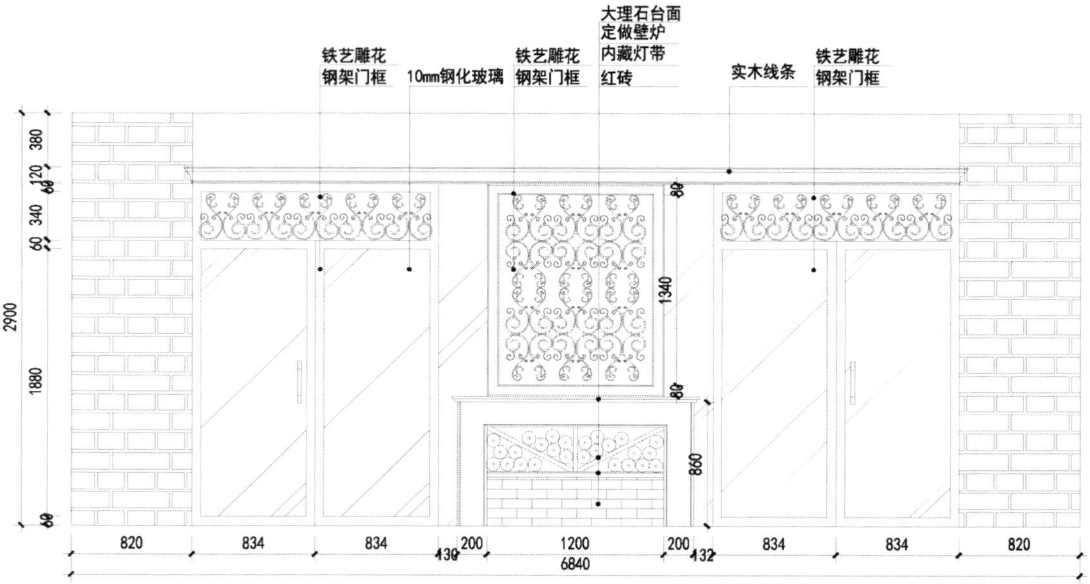

C 区 B 面立面图 1:20

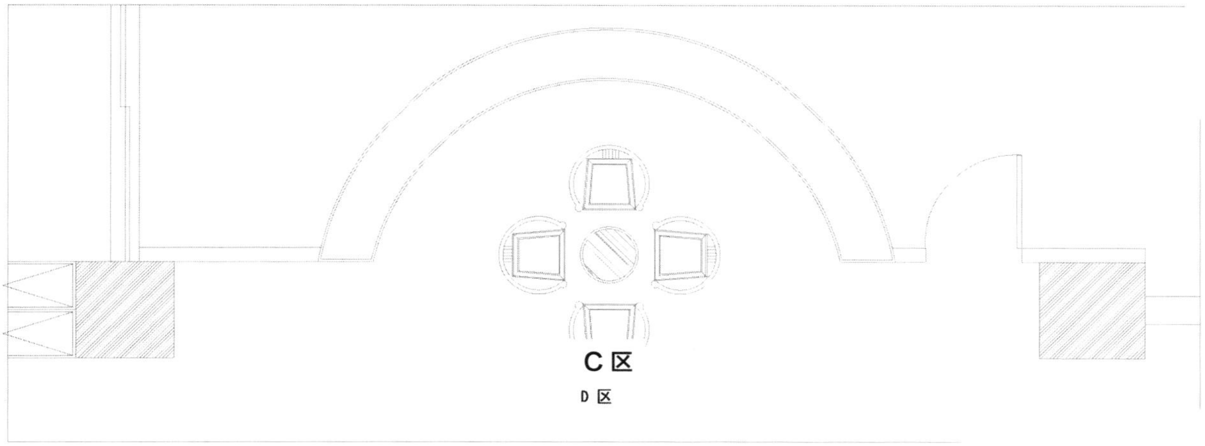

C 区 C 面平面图 1:20

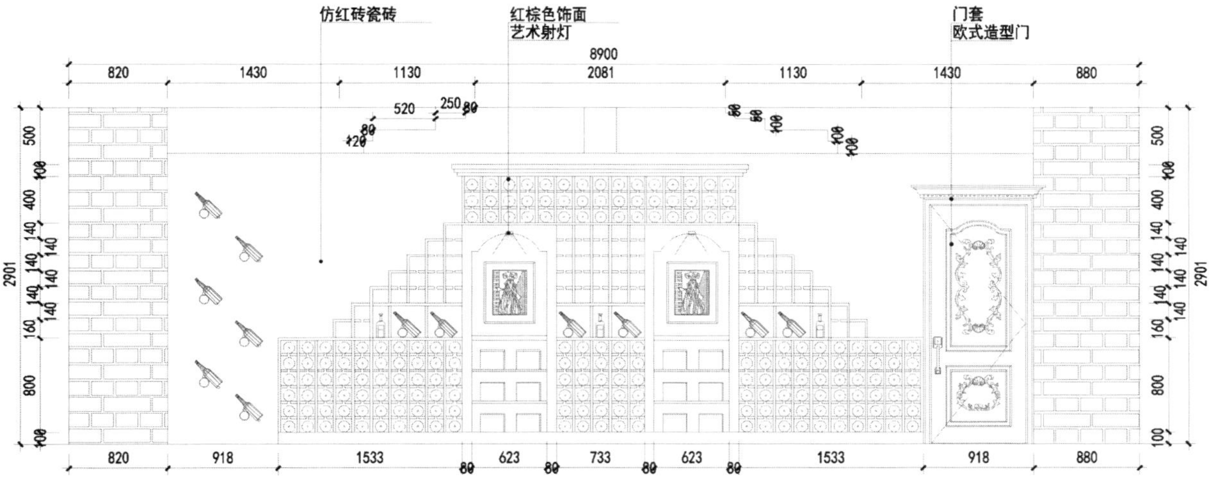

C 区 C 面立面图 1:20

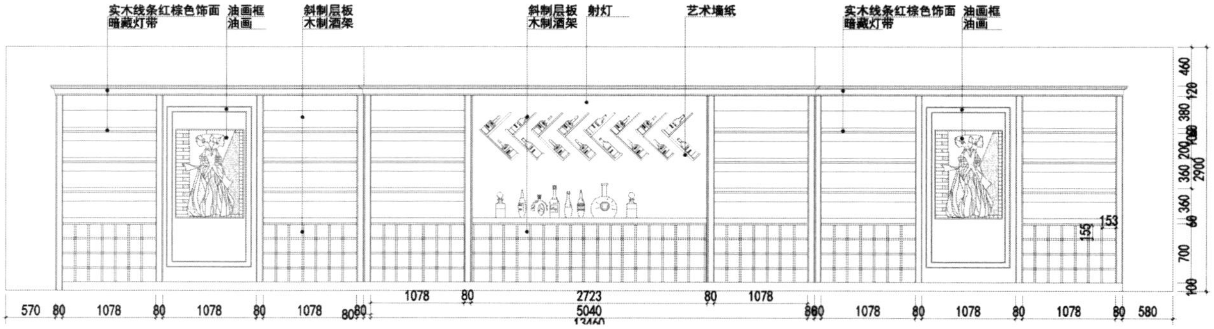

D 区立面图 1:80

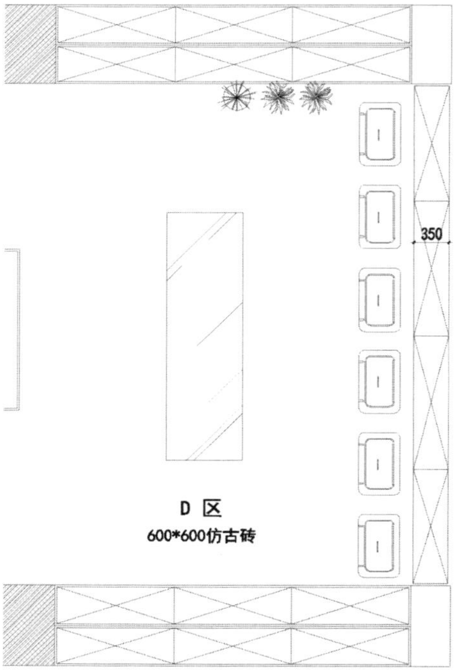

D 区平面布置图 1:80

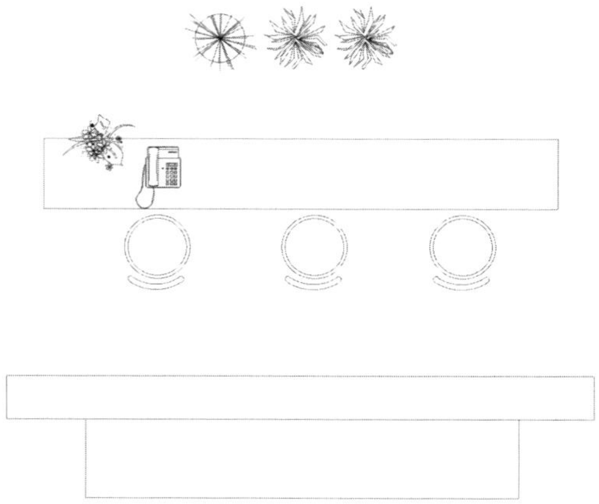

公共区平面图 1:50

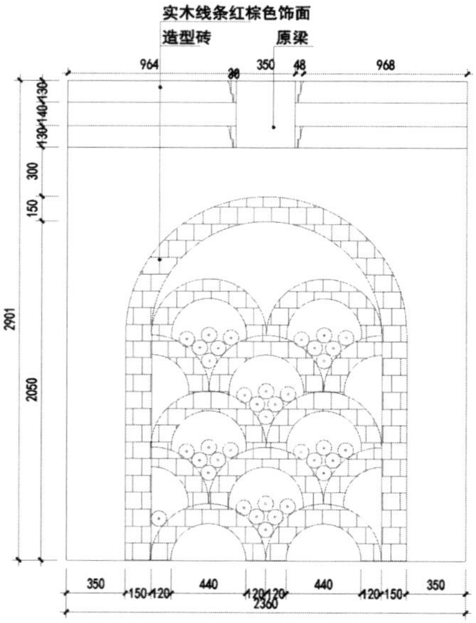

公共区立面图 1:50

第二节 百利玛店酒窖方案

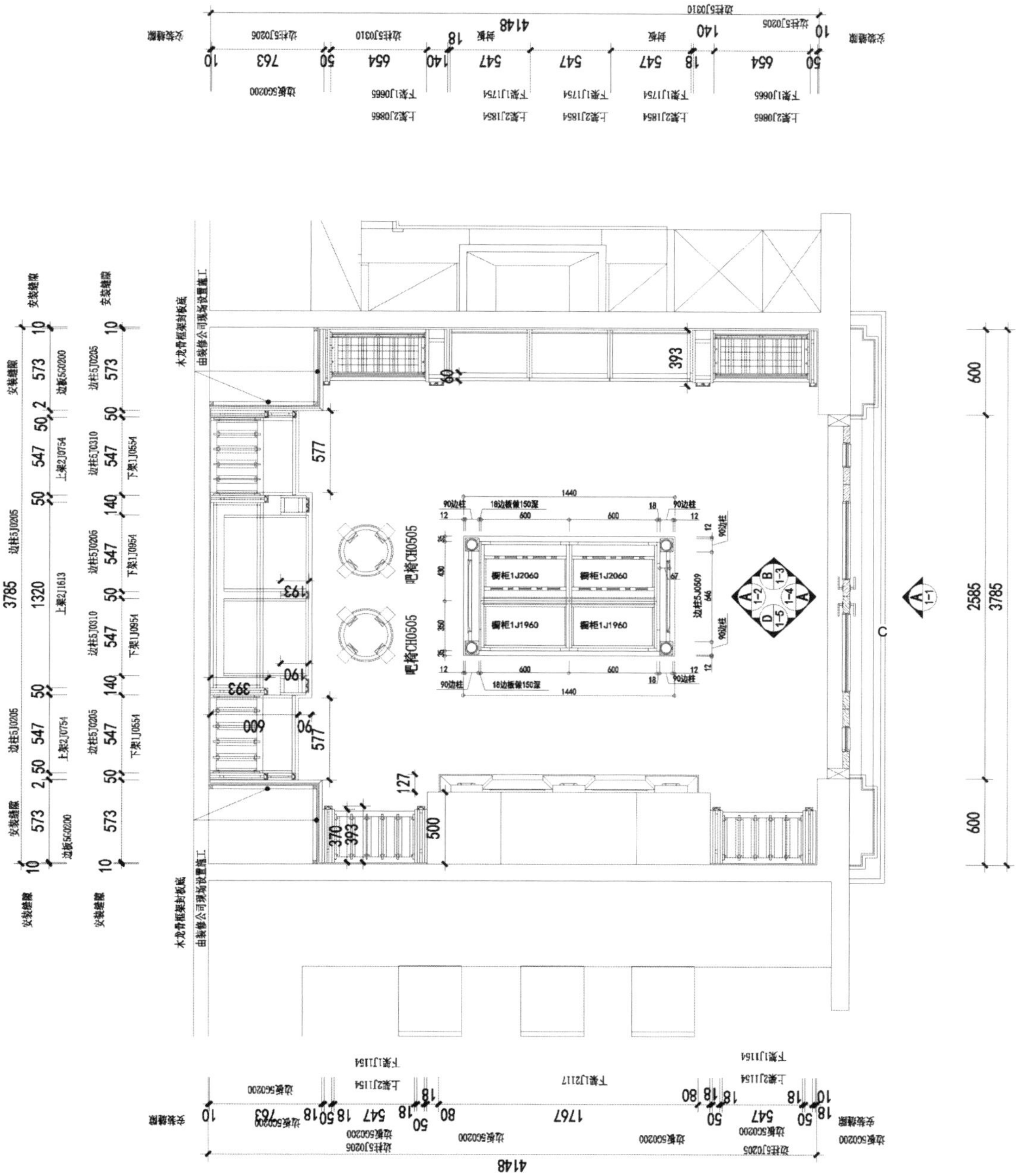

酒窖平面布置图 1:50

全屋定制 CAD 设计图集－酒窖／榻榻米

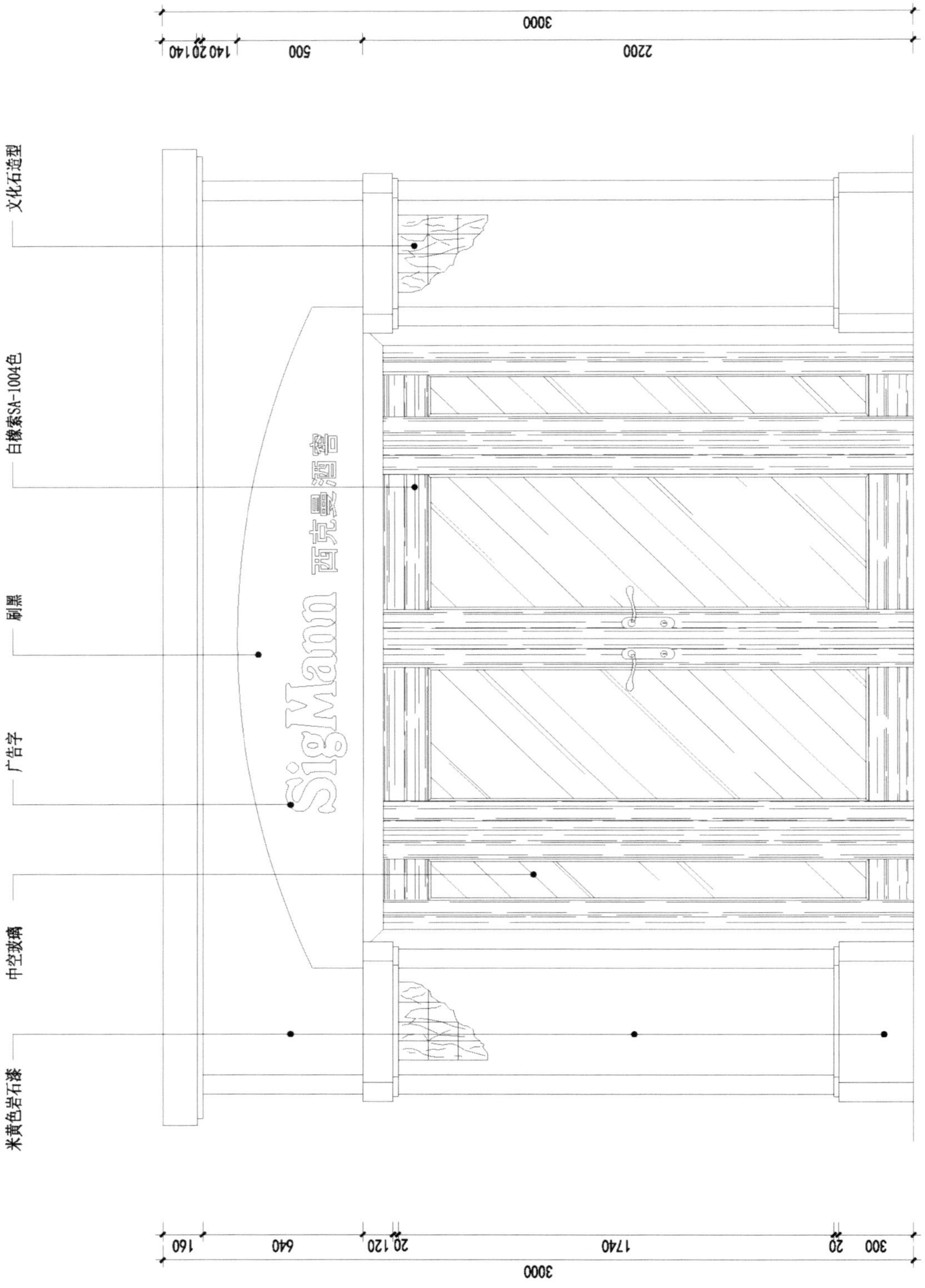

1-1 酒窖门面立面图 1:50

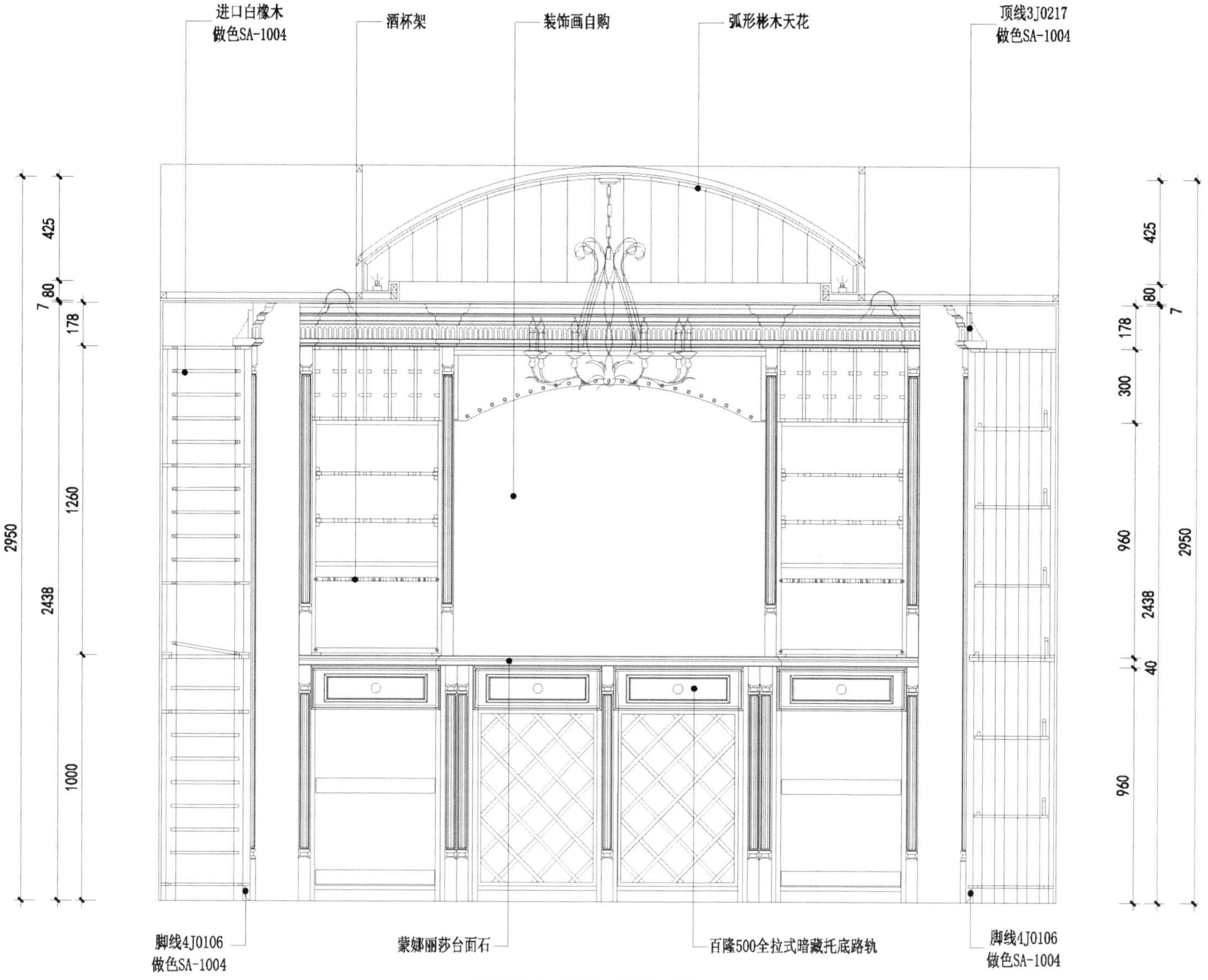
顶线3J0217
做色SA-1004
弧形榉木天花
装饰画自购
酒杯架
进口白橡木
做色SA-1004
脚线4J0106
做色SA-1004
百隆500全拉式暗藏托底路轨
蒙娜丽莎台面石
脚线4J0106
做色SA-1004
2950
425
80
7
2438
40
178
300
960
960
1260
1000

1-2 酒窖 A 立面示意图 1:50

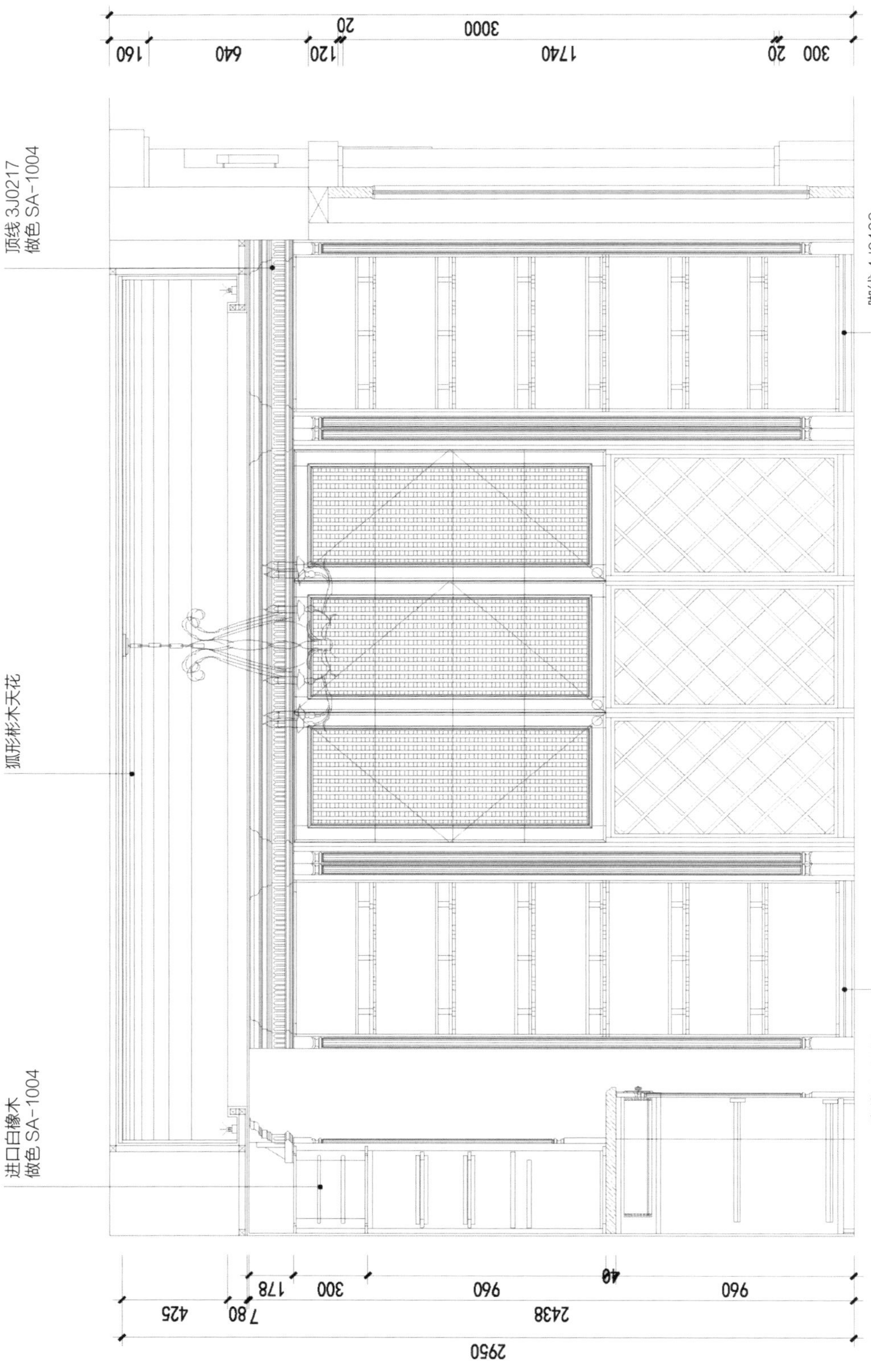
顶线 3J0217
做色 SA-1004
弧形杉木天花
进口白橡木
做色 SA-1004
脚线 4J0106
做色 SA-1004
脚线 4J0106
做色 SA-1004
3000
20
160
640
120
1740
20
300
2950
425
80
7
2438
178
300
960
40
960

1-3 酒窖 B 立面示意图 1:50

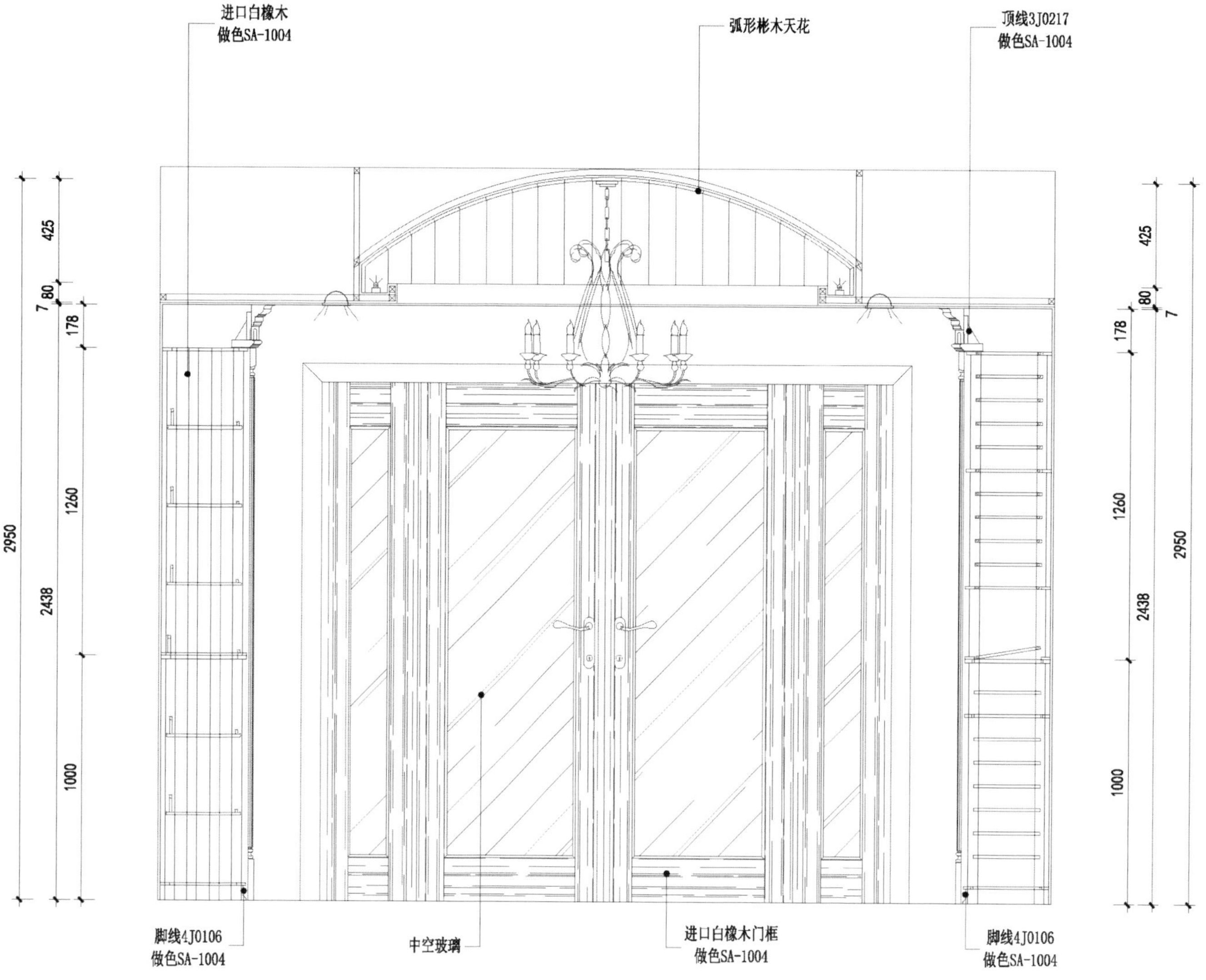

1-4 酒窖 C 立面示意图 1:50

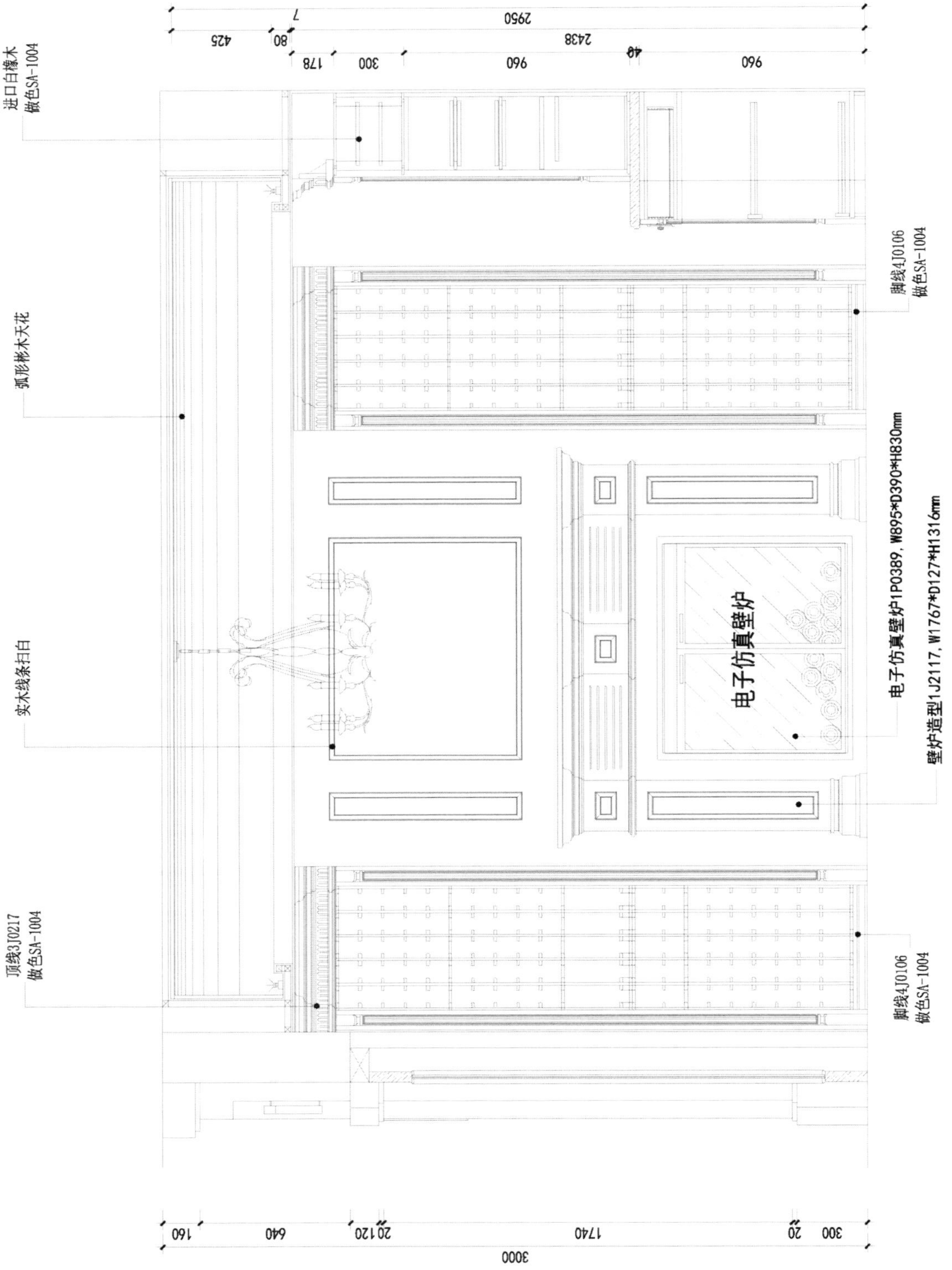

1-5 酒窖 D 立面示意图 1:50

不见光
不见光
不见光
平面图 1：15
577
1465
577
2619
600
90
690
左侧图 1：15
立面图 1：15
柚木台面
岛台边柱5J0509
做色SA-1004
720
880
120
90
646
90
12
850
12
侧视图 1：15
边柱5J0509
做色SA-1004
白橡木
做本色SA-1002
柚木台面
脚线4G0212
做色SA-1004
地柜1J1960
地柜1J1960
前视图 1：15

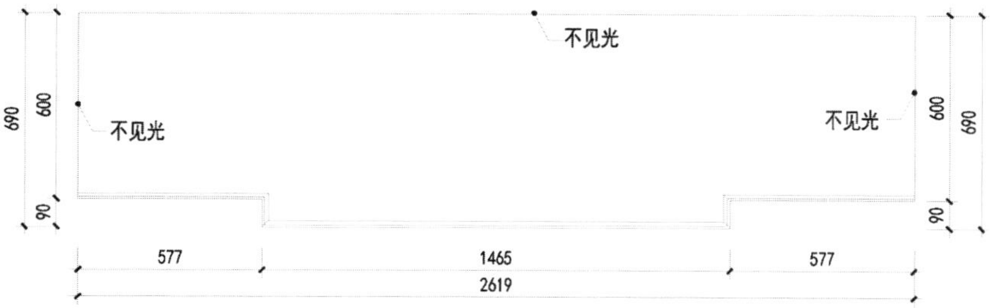

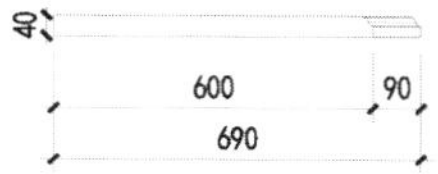

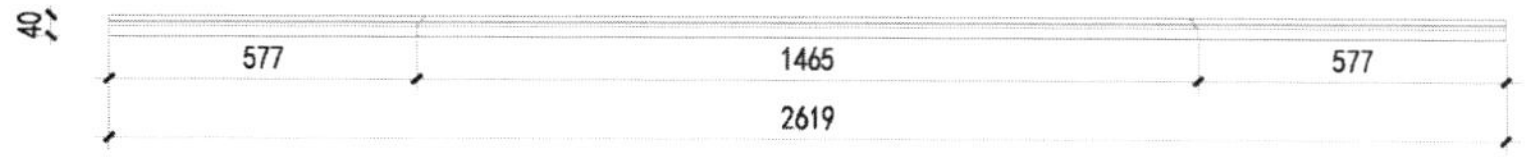

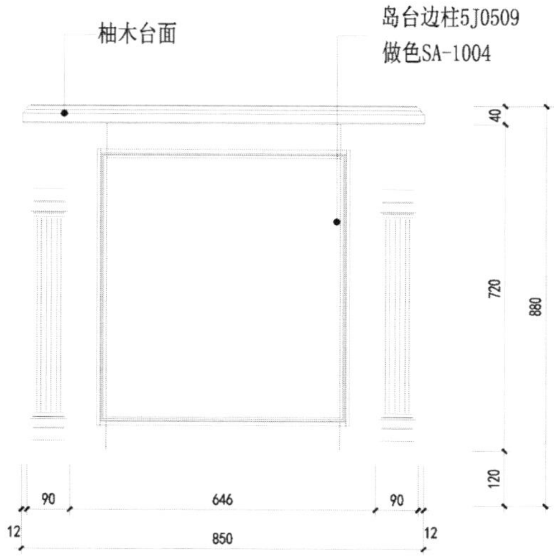

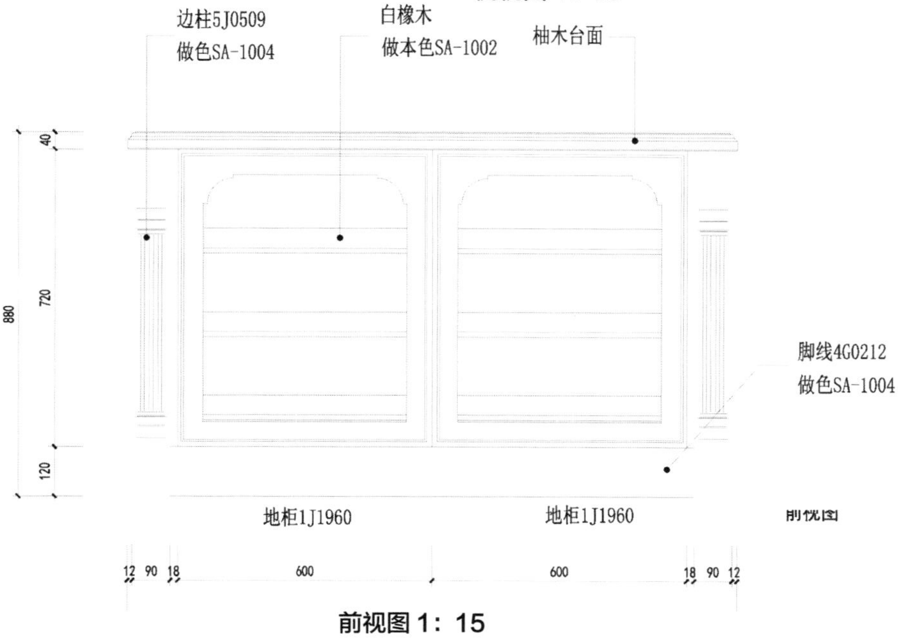

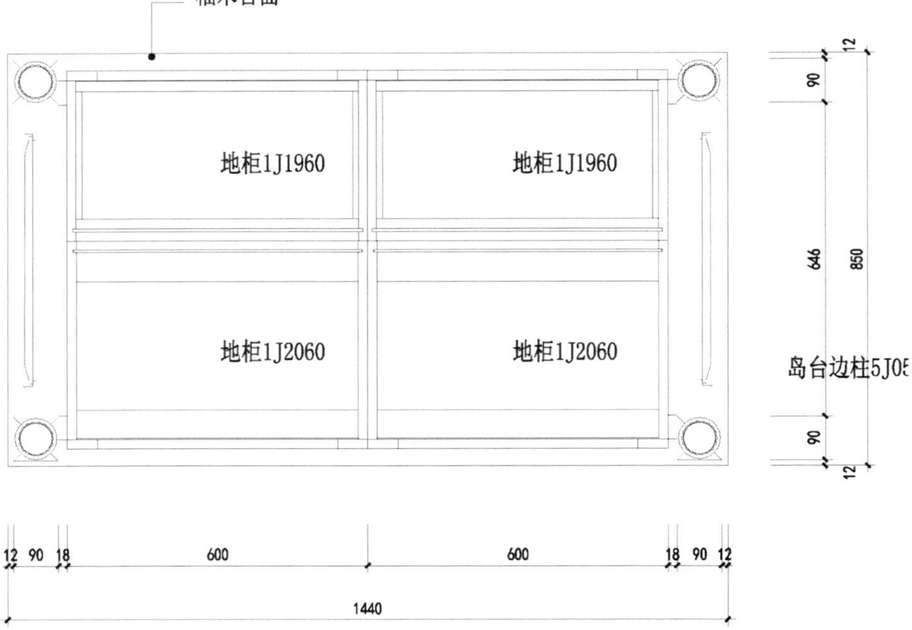
柚木台面
地柜1J1960
地柜1J1960
地柜1J2060
地柜1J2060
岛台边柱5J05
12
90
646
850
90
12
12 90 18 600 600 18 90 12
1440

俯视图 1：15

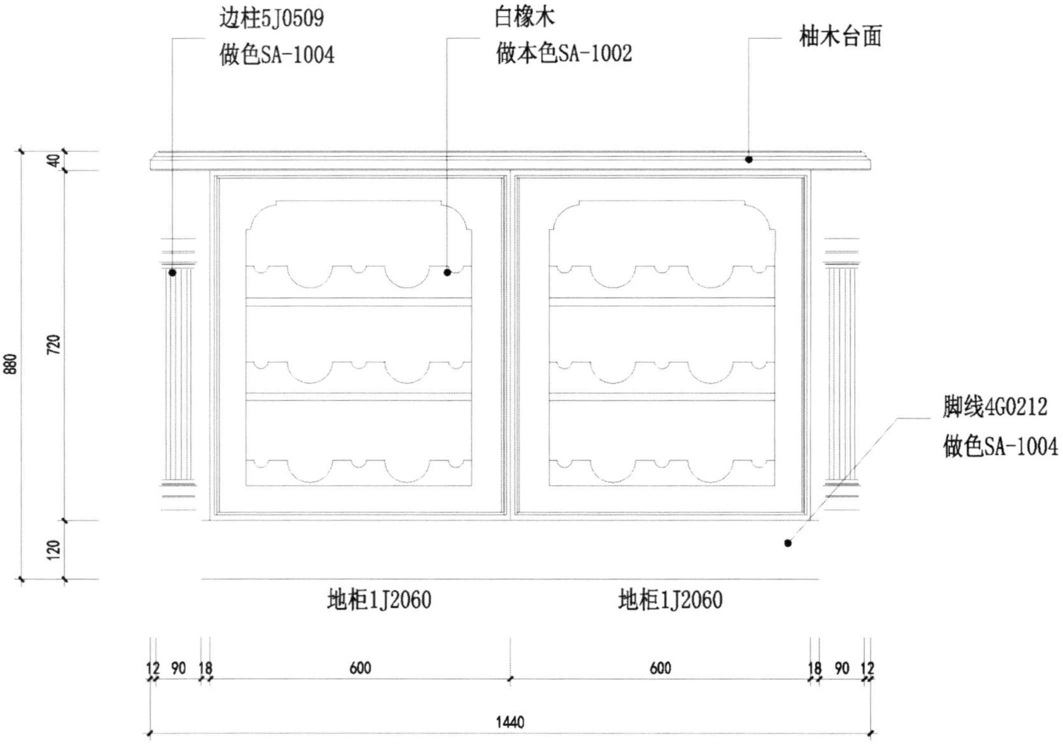
边柱5J0509
做色SA-1004
白橡木
做本色SA-1002
柚木台面
40
720
880
120
脚线4G0212
做色SA-1004
地柜1J2060
地柜1J2060
12 90 18 600 600 18 90 12
1440

后视图 1：15

第三章

板式榻榻米

第一节 升降台榻榻米

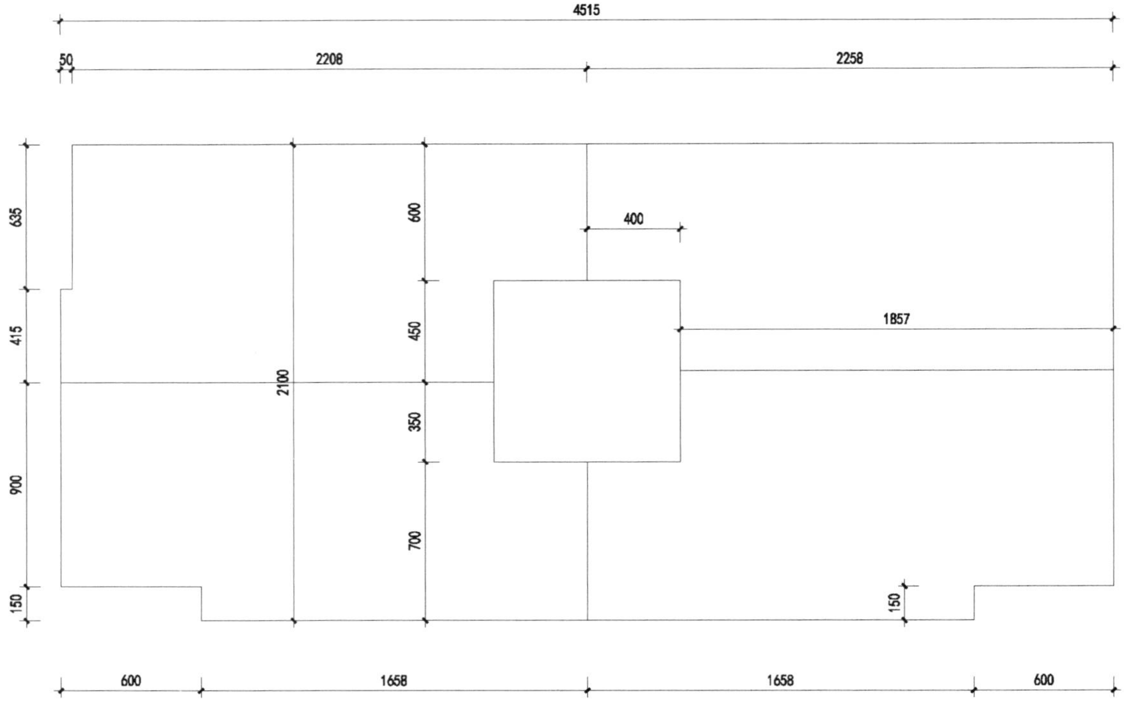

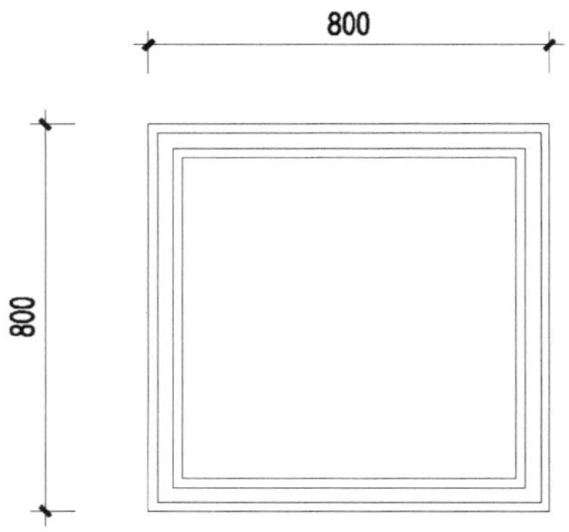

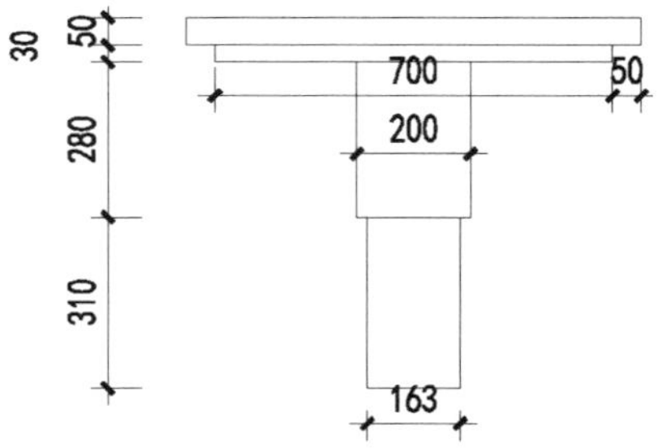

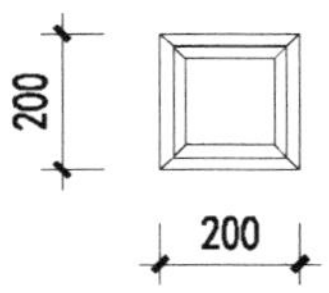

样式一 1:30

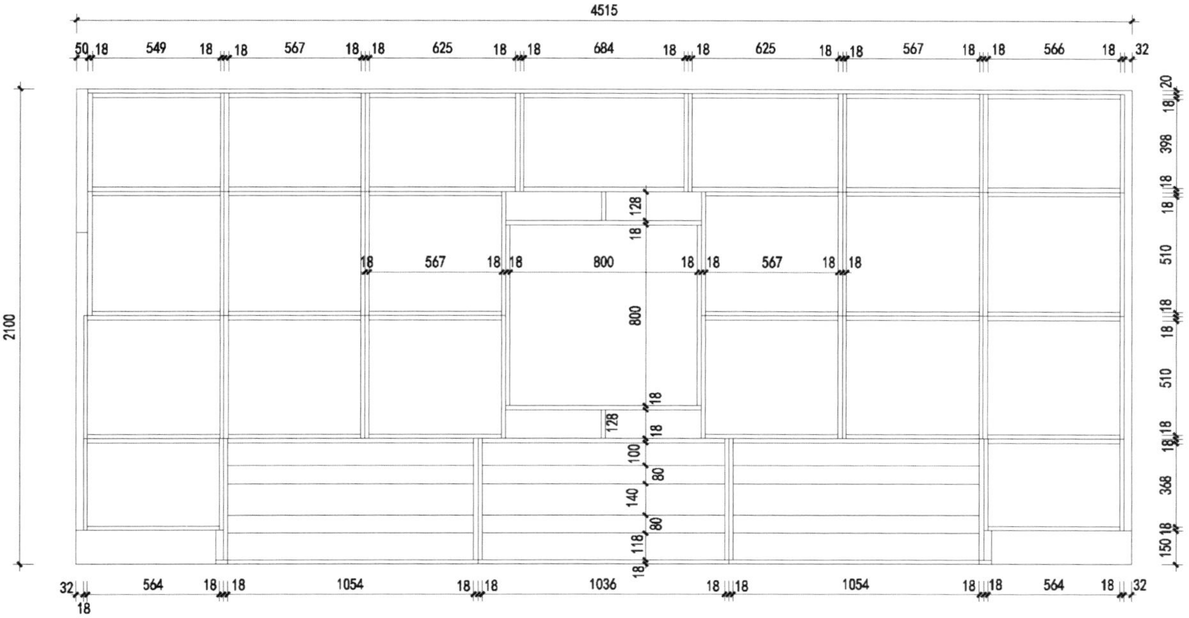

样式一 平面图 1:30

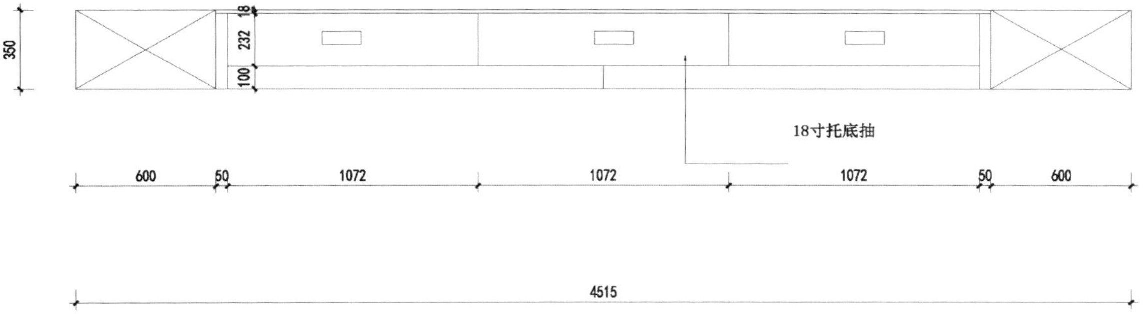

样式 一 立面图 1:30

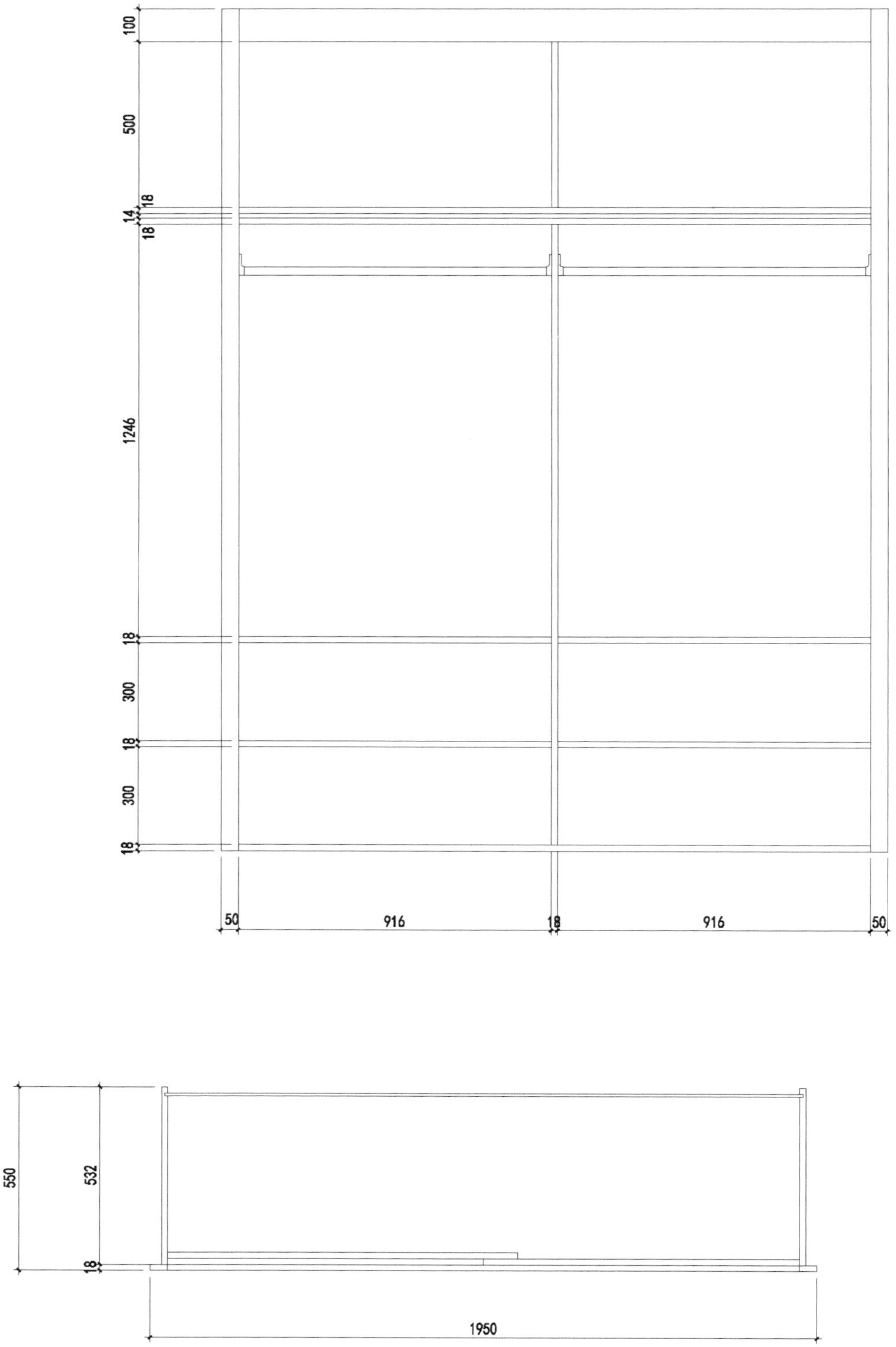

样式一 局部大样图 1:30

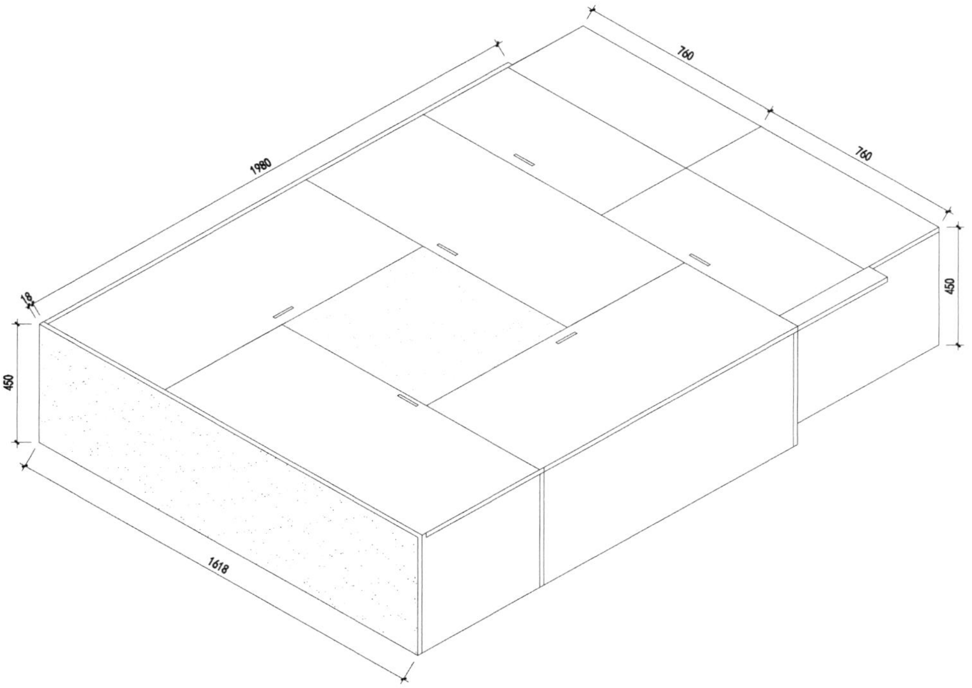

样式二 榻榻米布置图 1:20

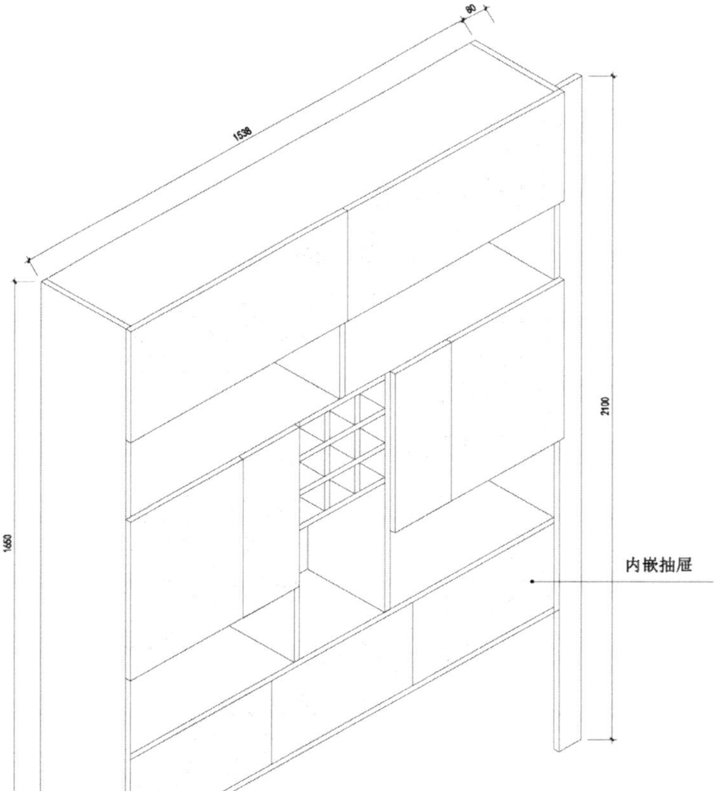

样式二 台上柜布置图 1:20

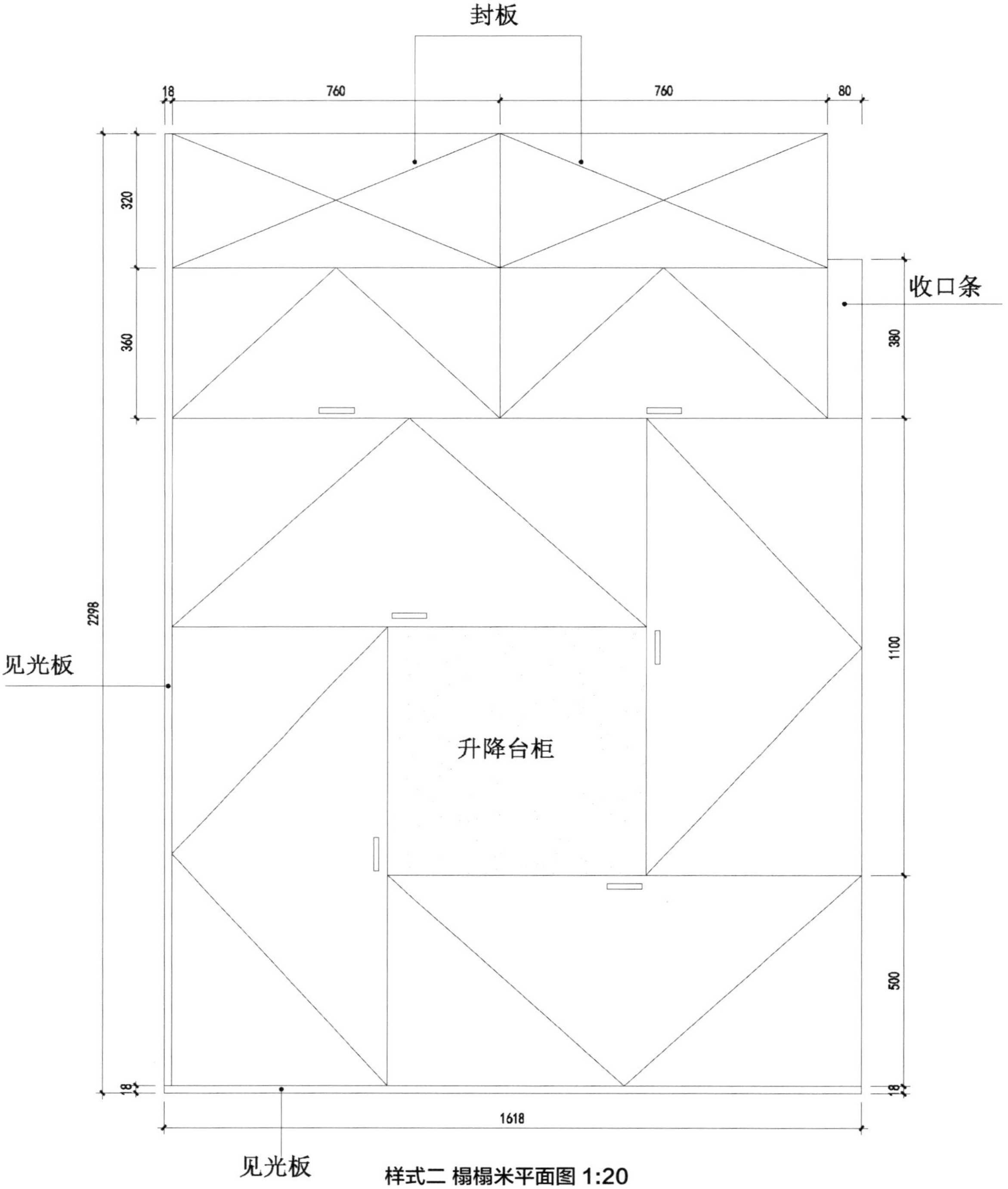

样式二 榻榻米平面图 1:20

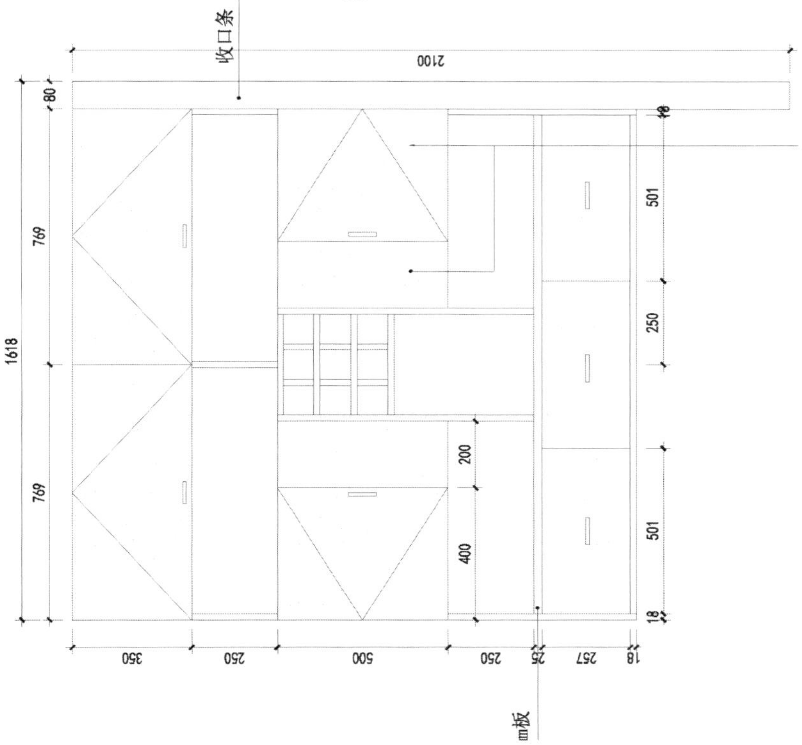

样式二 立面图 1:20

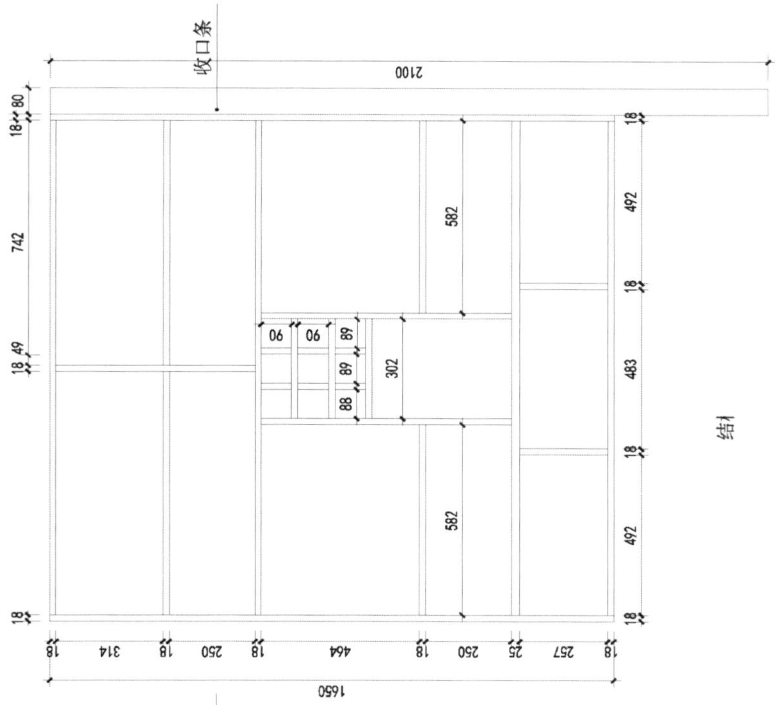

样式二 结构图 1:20

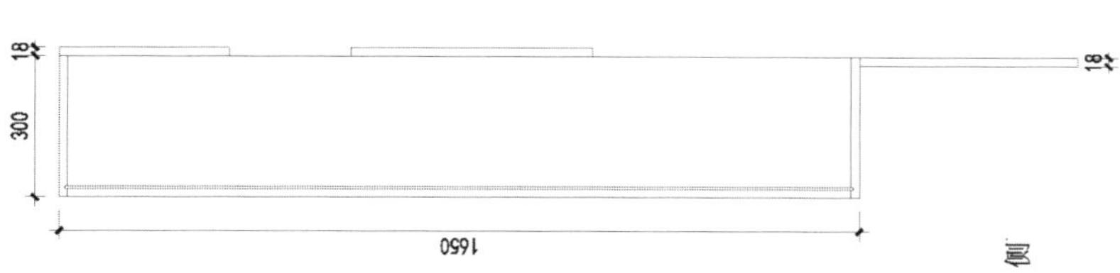

样式二 侧面图 1:20

样式二 塌塌米内部结构图 1:20

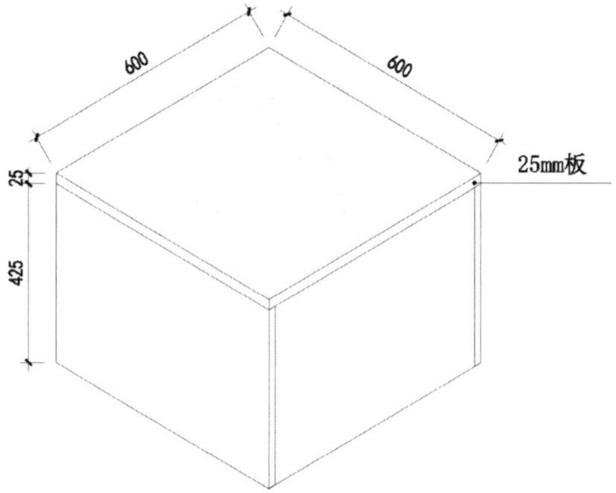

样式二 升降台柜面布置图 1:20

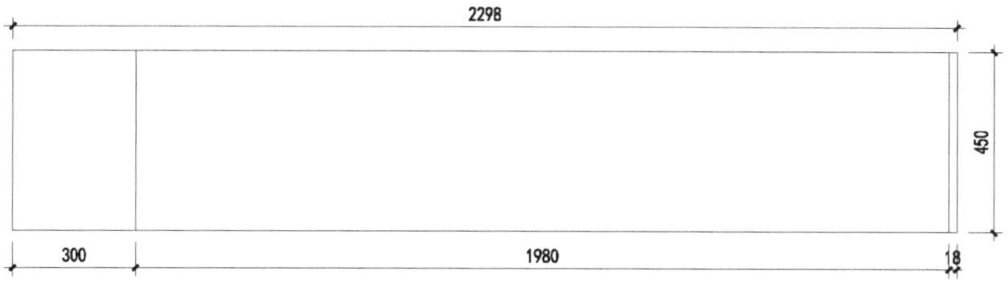

侧立面图

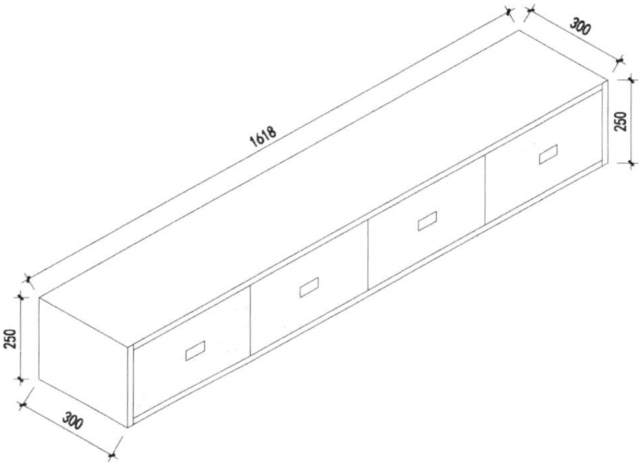

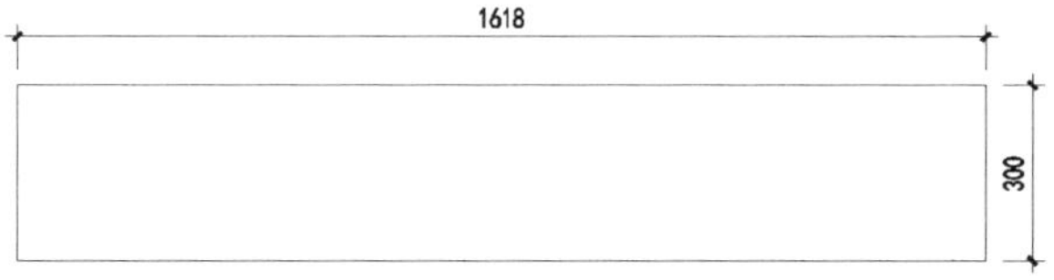

平面图

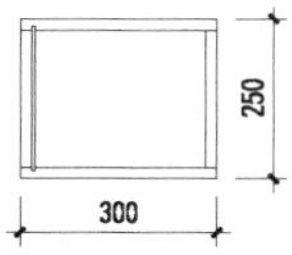

侧立面图

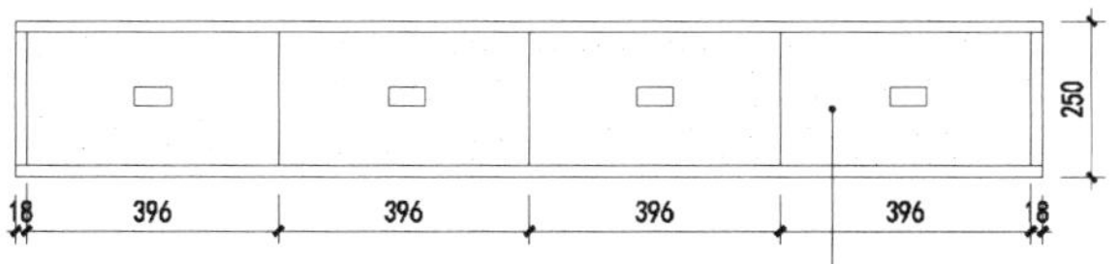

立面图

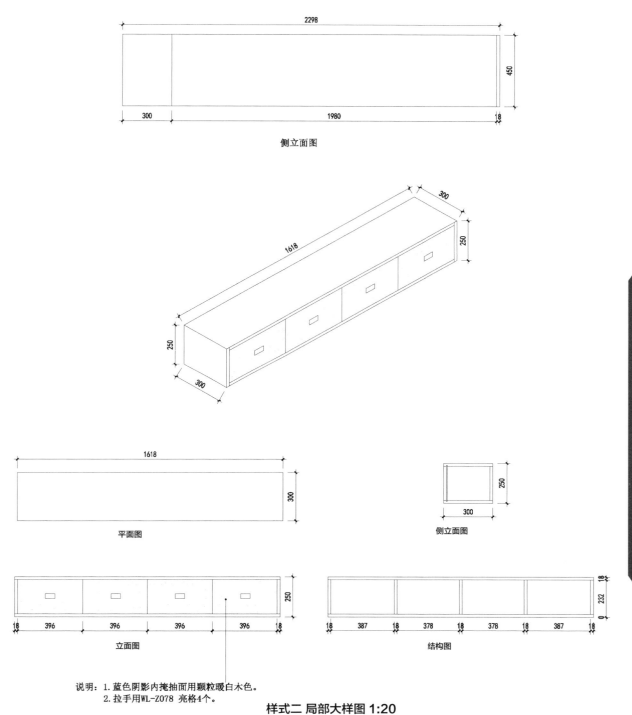

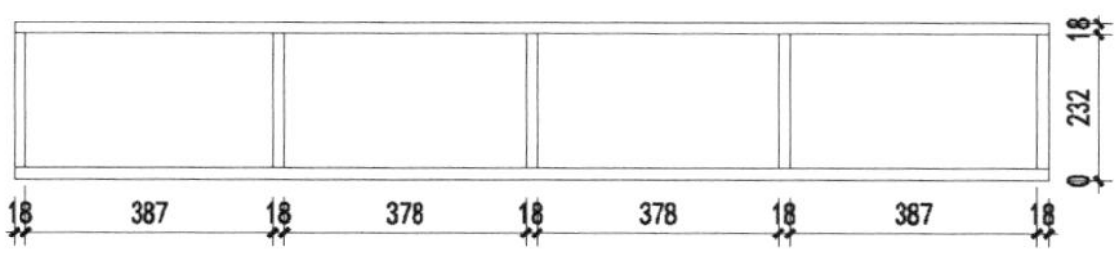

结构图

说明：1. 蓝色阴影内掩抽面用颗粒暖白木色。
2. 拉手用WL-Z078 亮格4个。

样式二 局部大样图 1:20

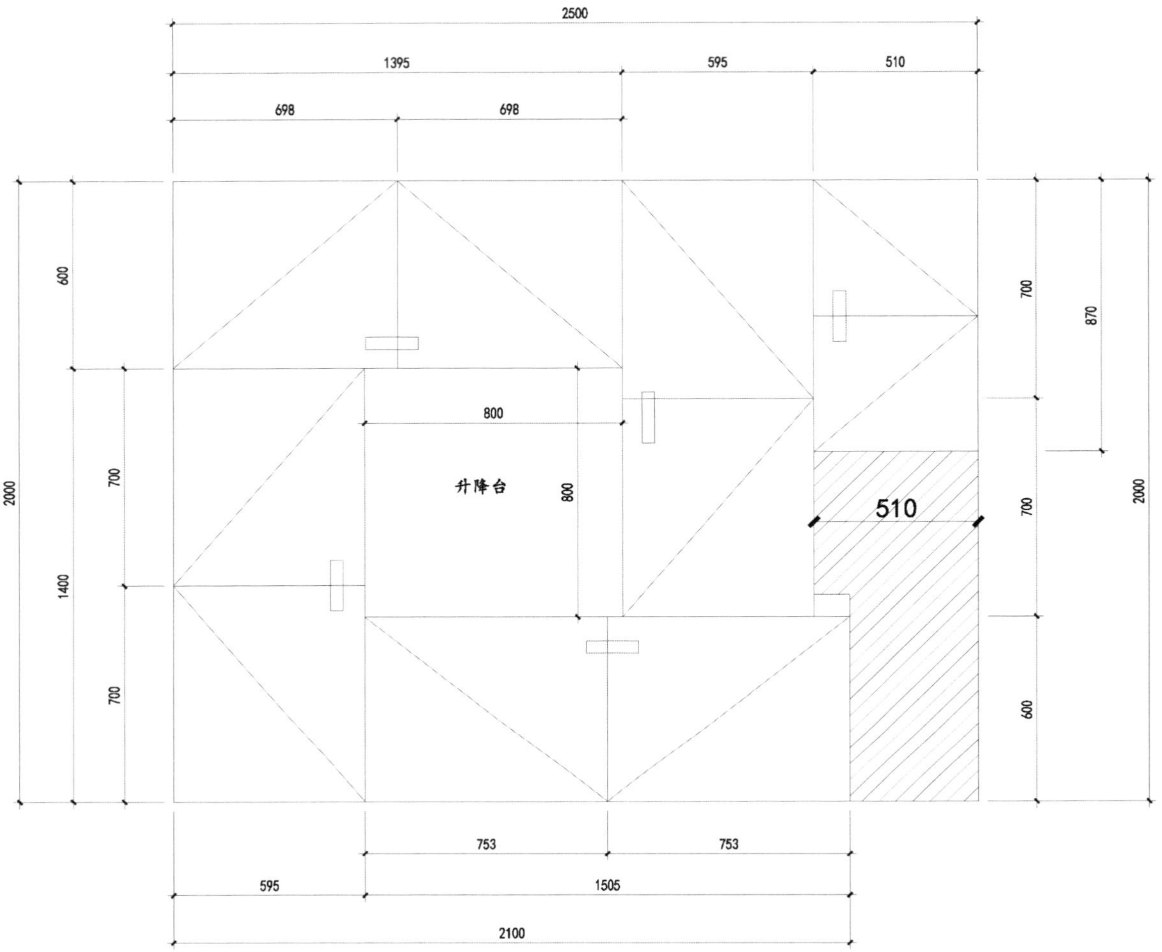
2500
1395
595
510
698
698
600
870
700
800
升降台
800
2000
700
510
700
2000
1400
700
600
753
753
595
1505
2100

样式三 平面图 1:25

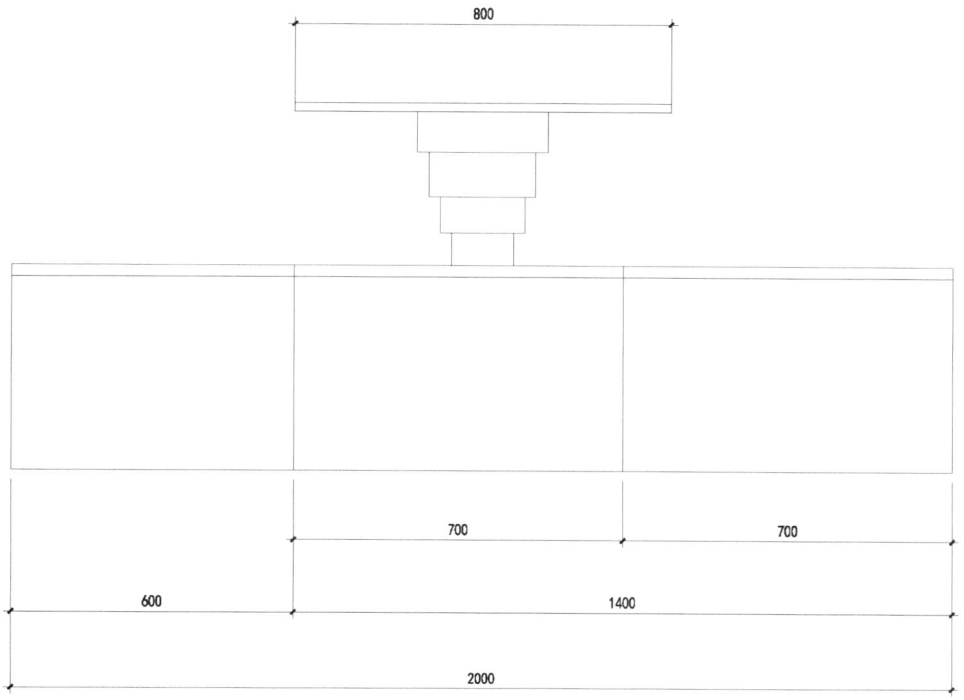

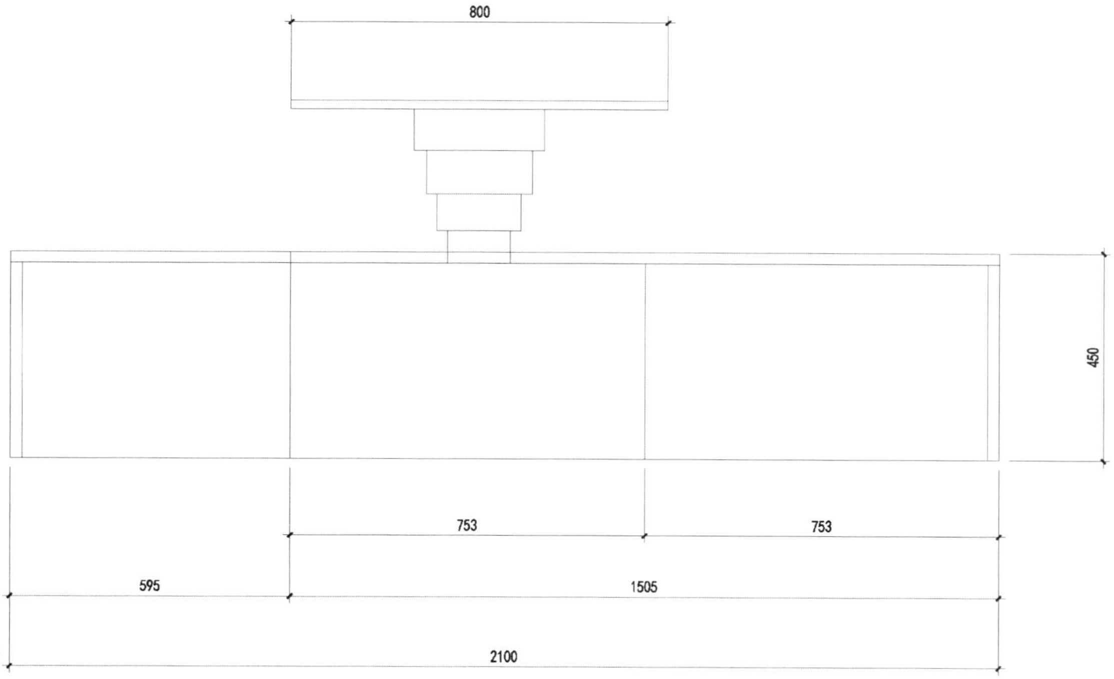

样式三 立面施工图 1:20

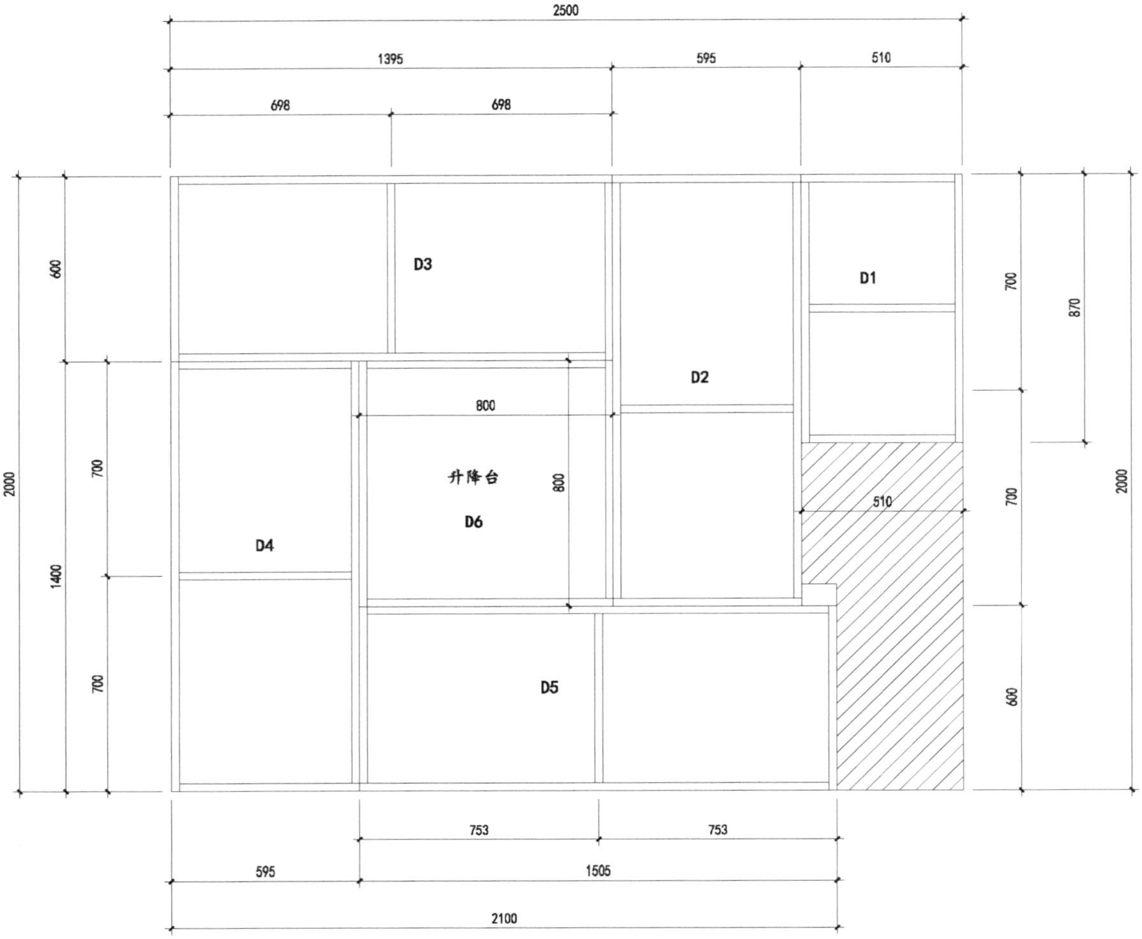

样式三 平面结构图 1:20

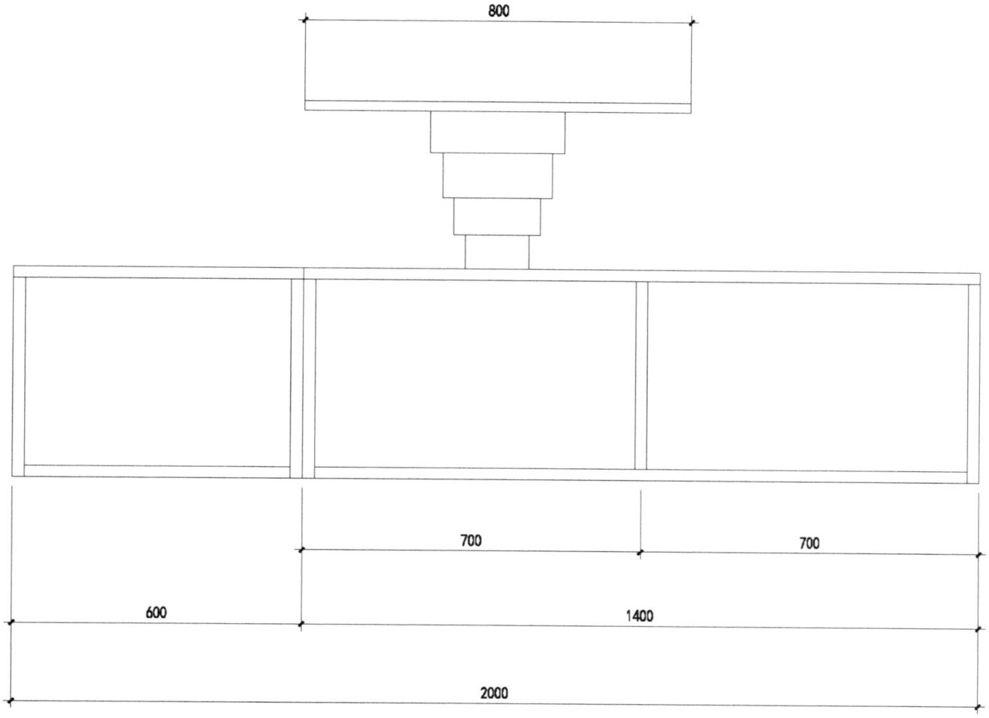

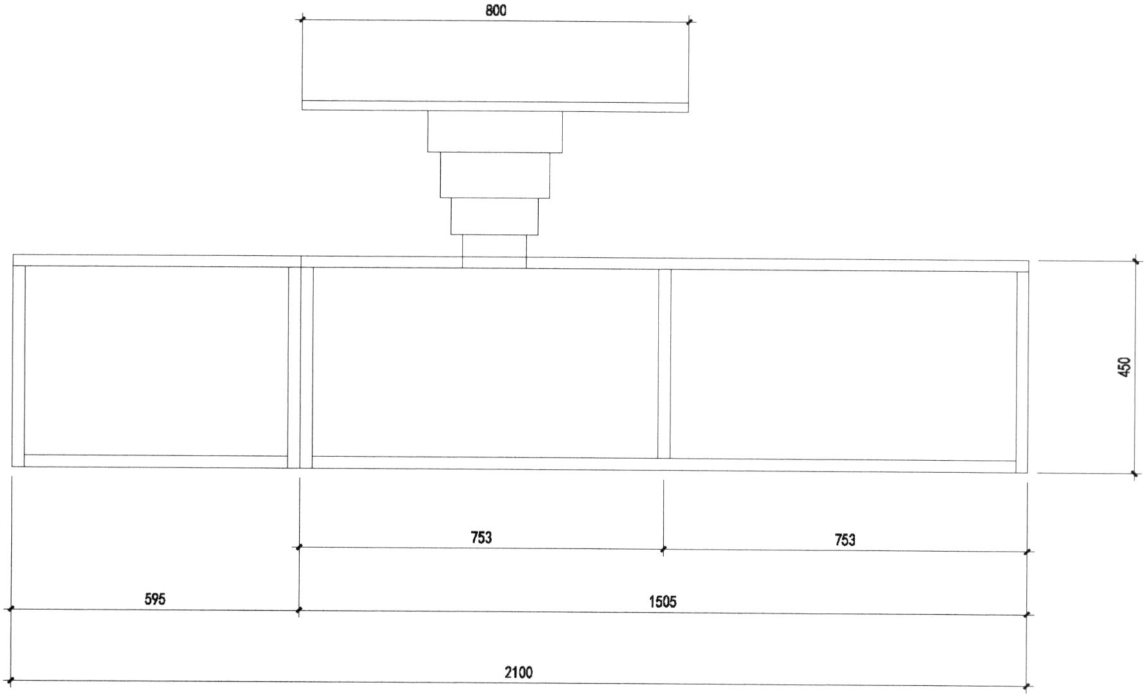

样式三 局部大样图 1:25

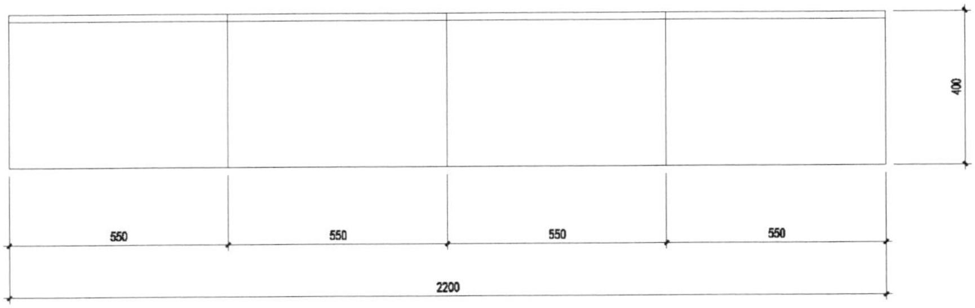

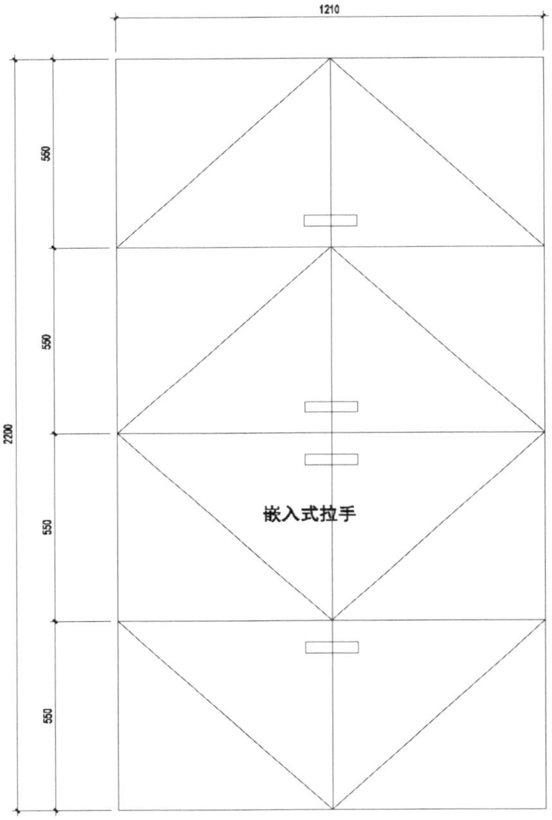

俯视图

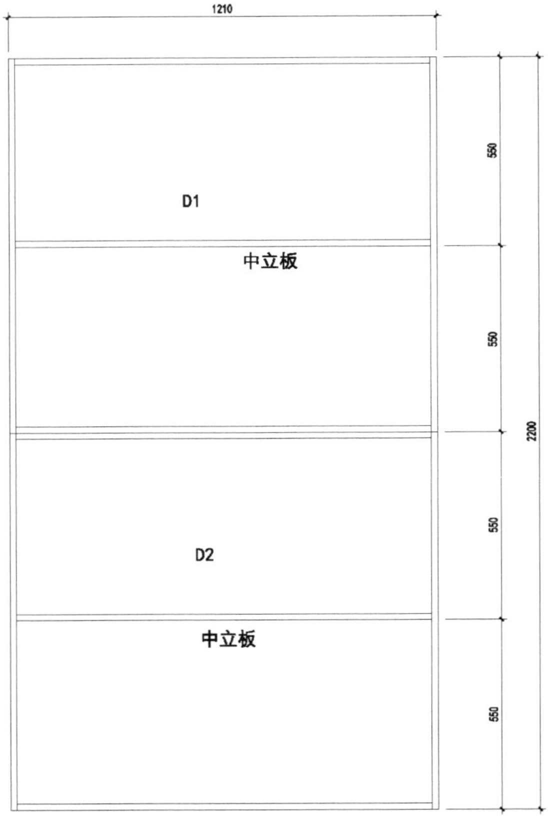

内部结构图

样式三 局部大样图 1:25

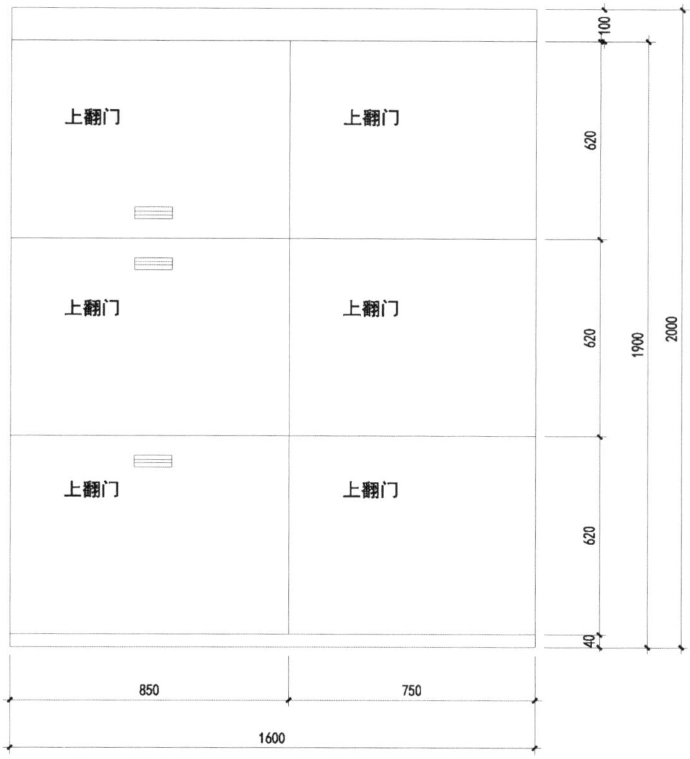

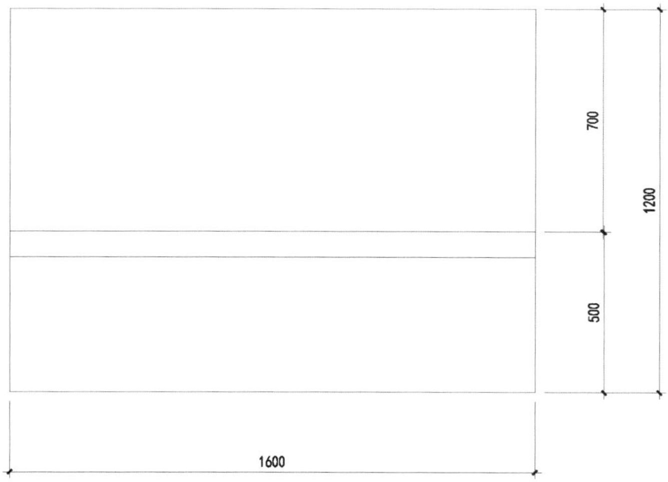

样式三 局部大样图 1:25

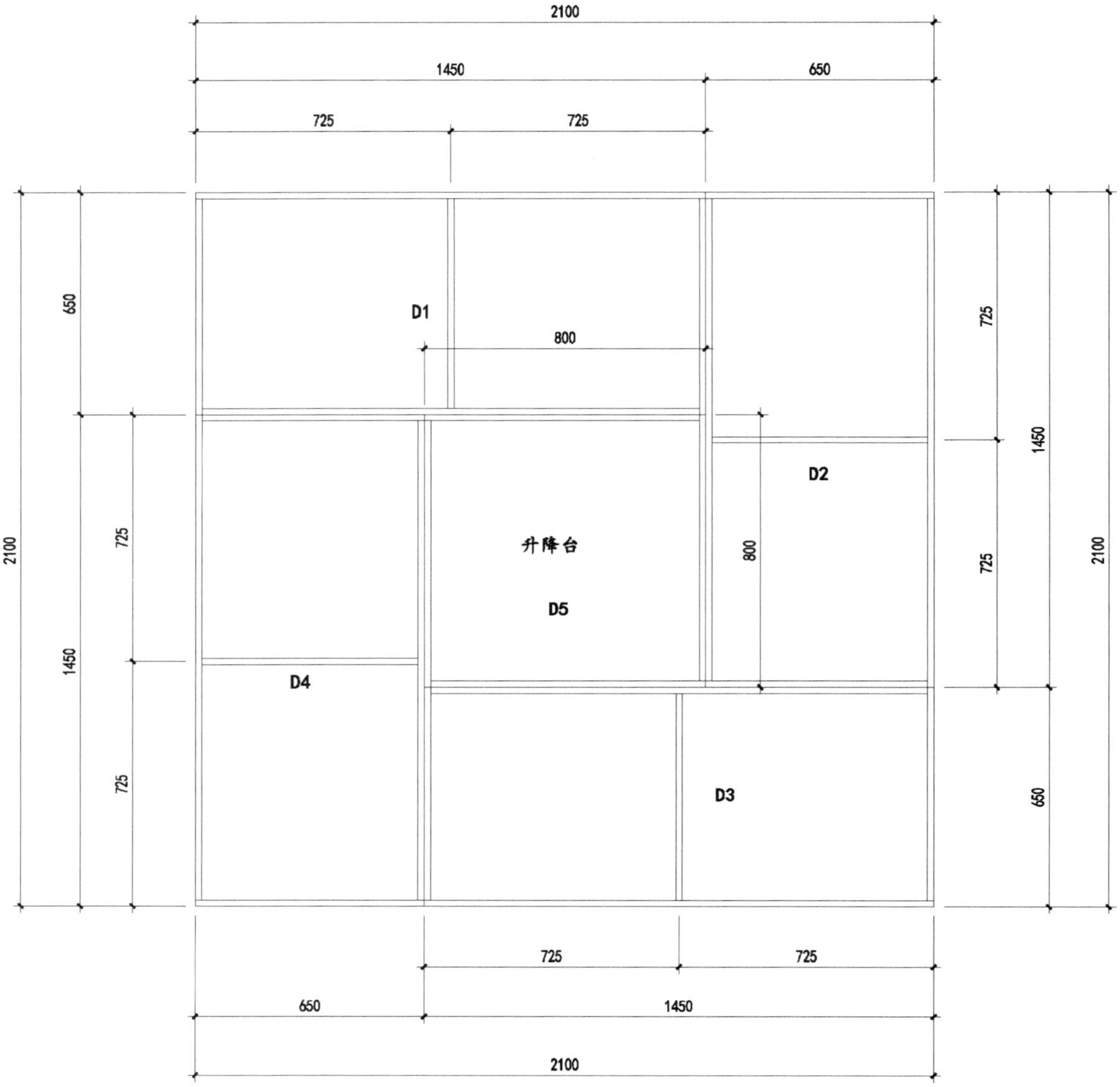
2100
1450
650
725
725
D1
800
650
725
1450
2100
725
1450
725
D2
800
升降台
D5
D4
D3
725
650
2100
725
725
650
1450
2100

样式三 俯视图 1:25

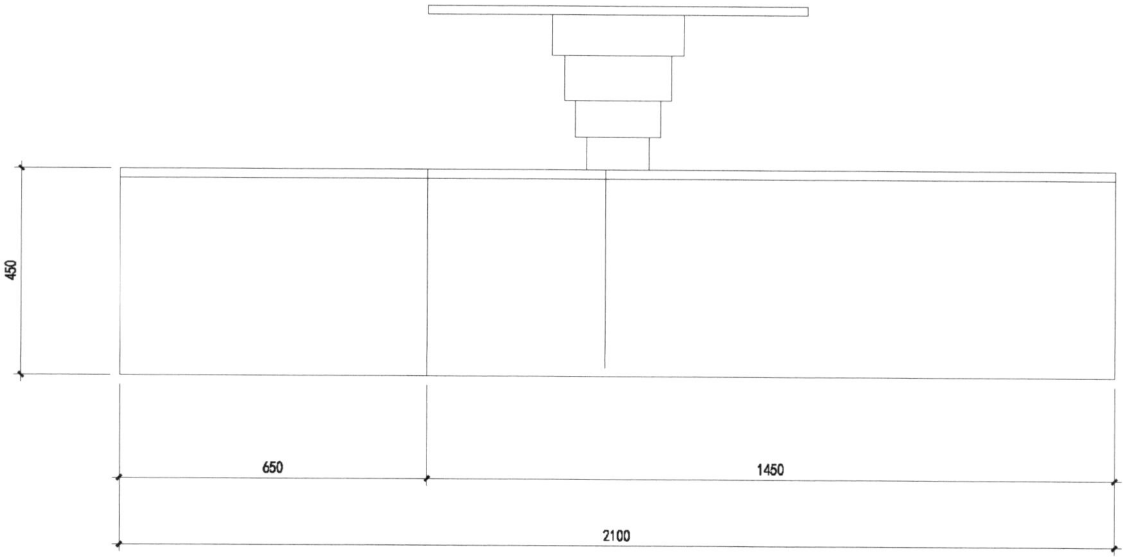

样式三 侧立面图 1:25

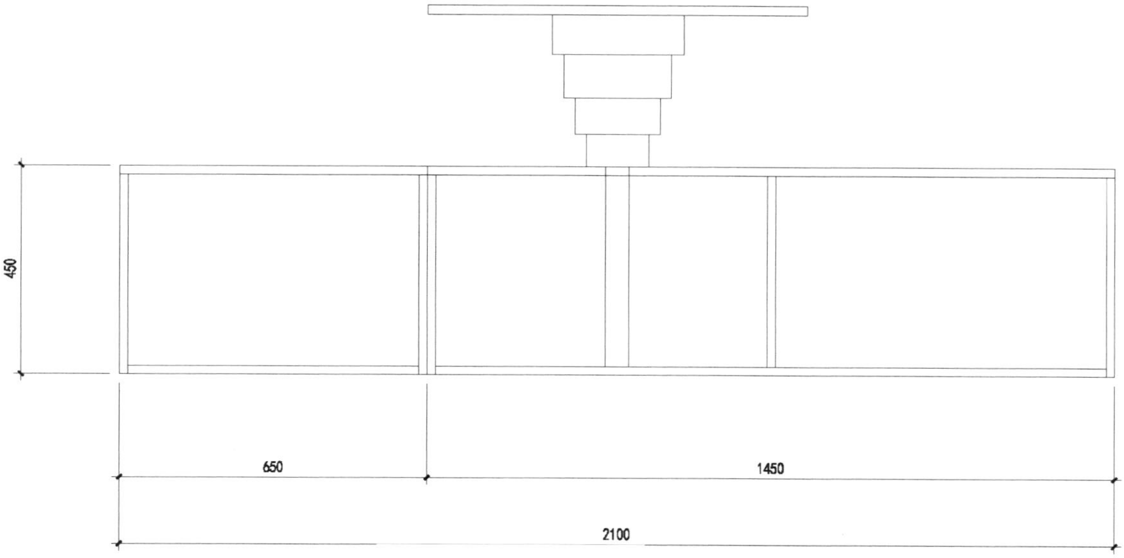

样式三 侧立面内部结构图 1:25

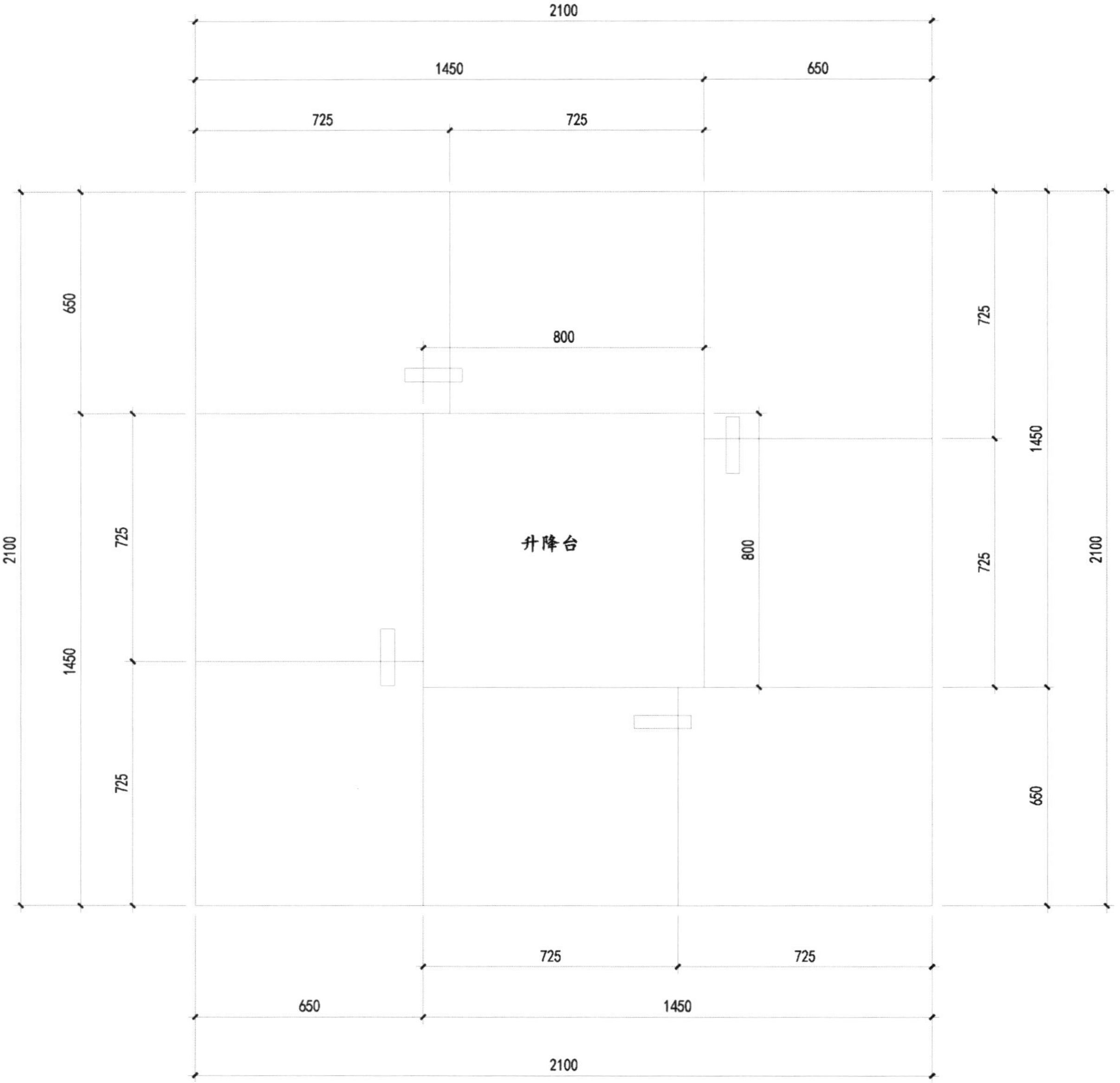

样式三 平面施工图 1:25

第二节 衣柜一体榻榻米

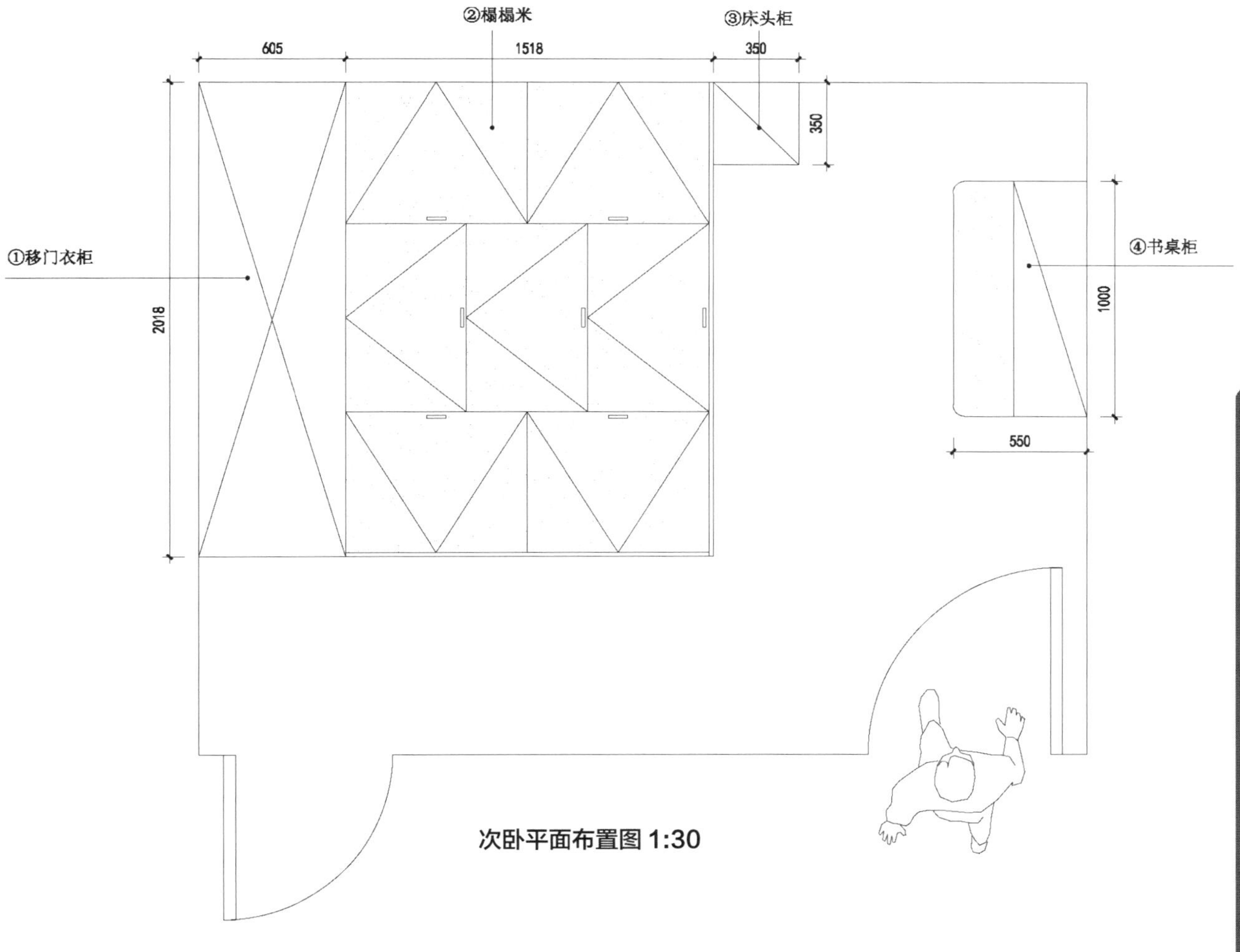

次卧平面布置图 1:30

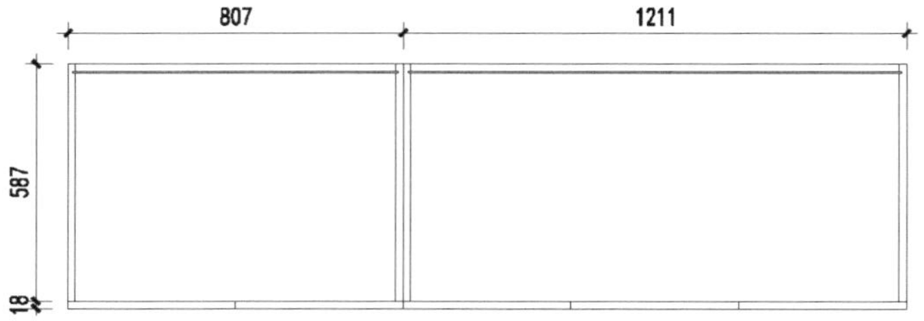

顶柜俯视图 1:20

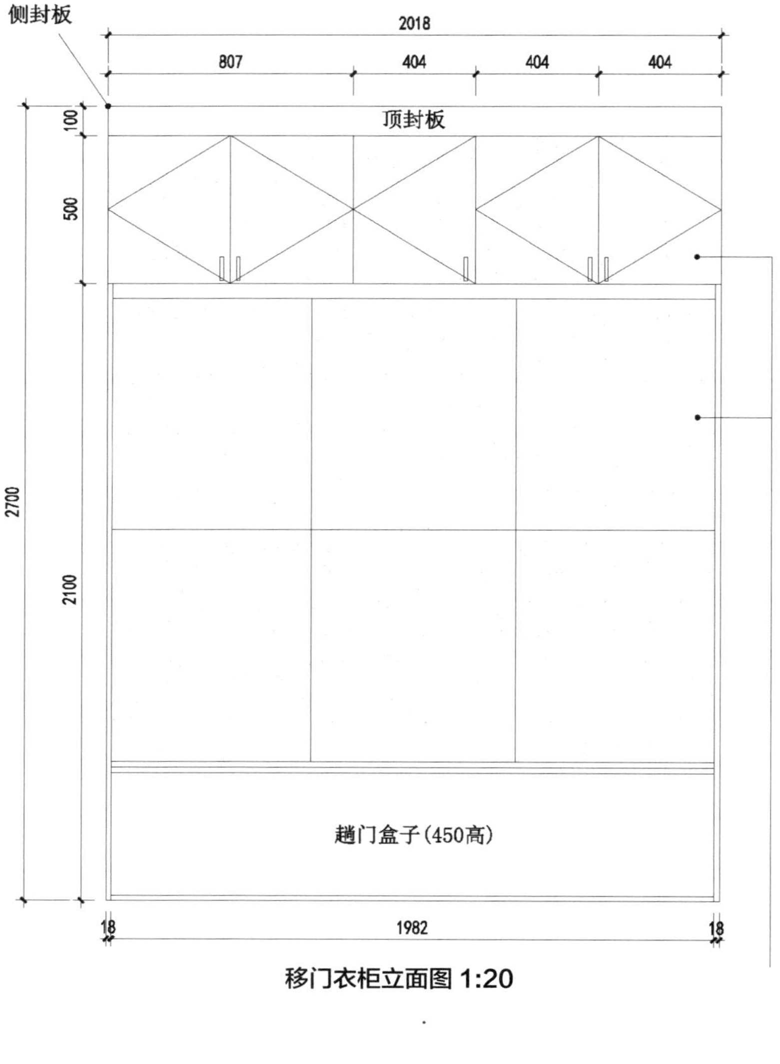

移门衣柜立面图 1:20

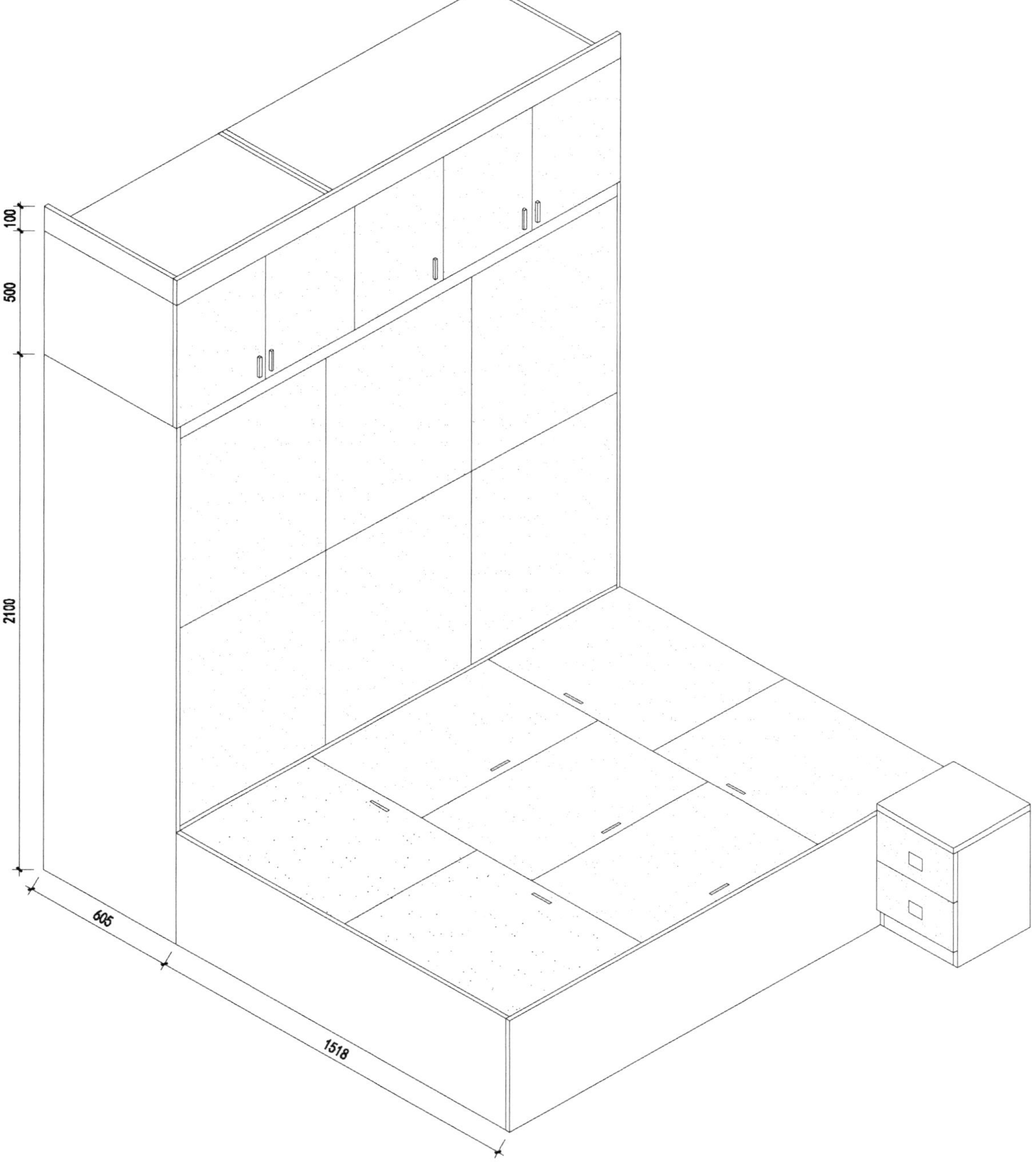

塌塌米布置图 1:20

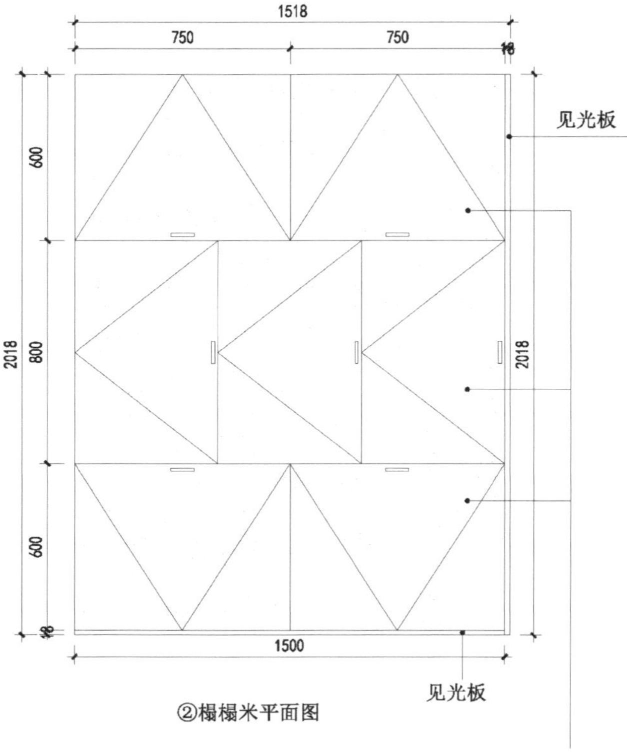

②榻榻米平面图

说明：1. 蓝色阴影处用暖白木色，
橙色阴影处用鸡翅木色。
2. 拉手用WL-K01 拉丝

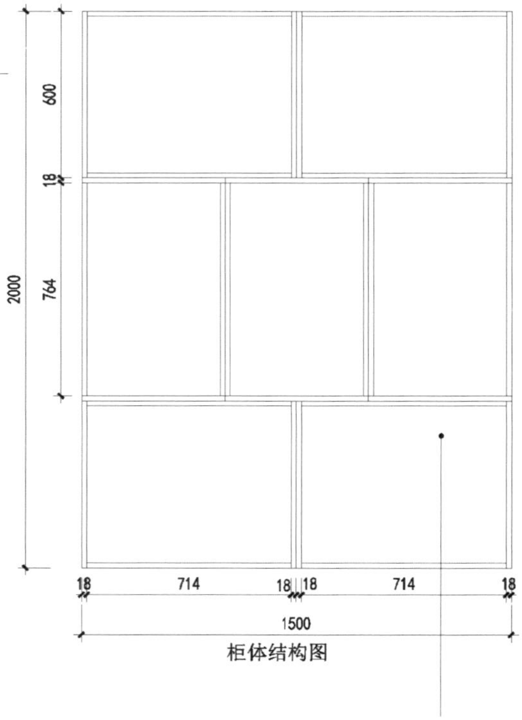

柜体结构图

说明：由7个单元柜组成，底板全用18板。

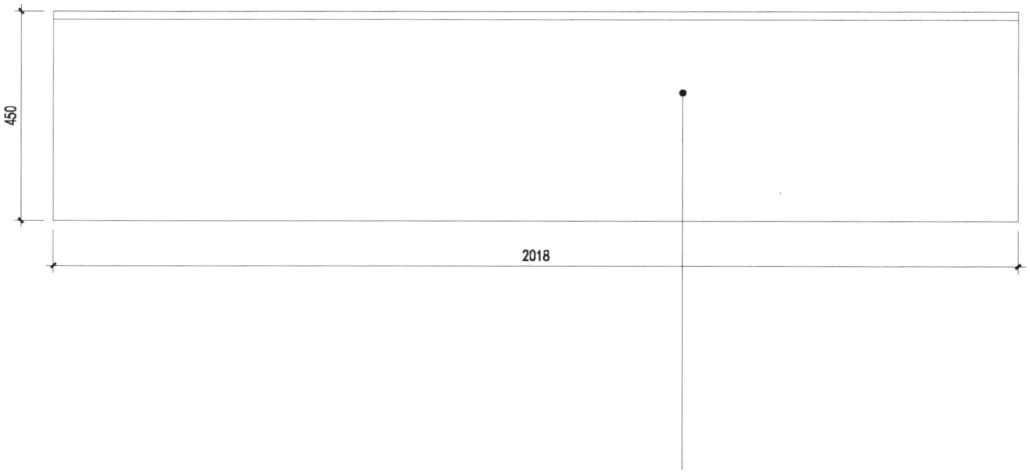

说明：榻榻米含门高度450。

局部大样图 1:15

第三节 简约独立榻榻米

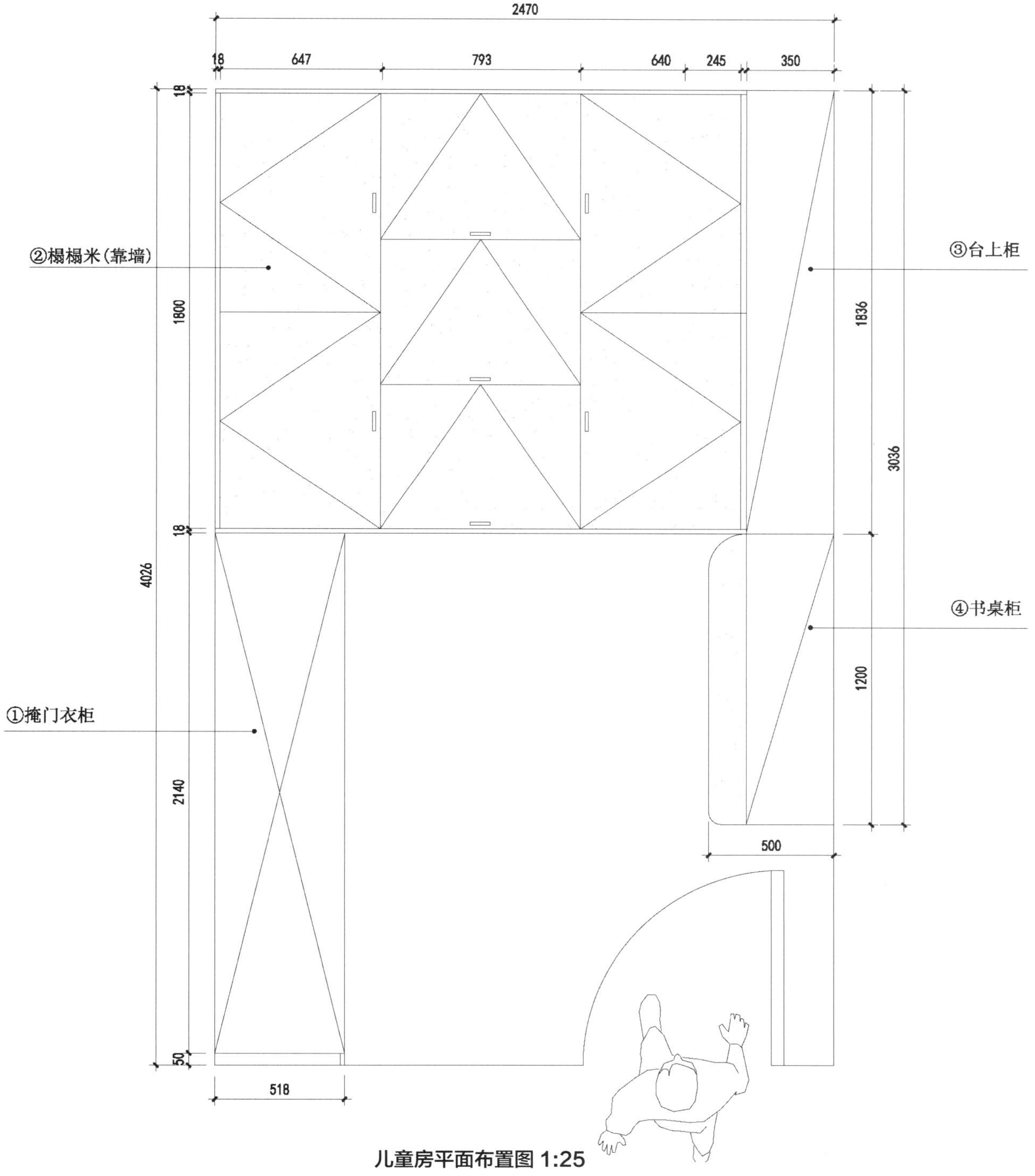

儿童房平面布置图 1:25

2190
50
880
380
880
518
俯视图 1:25
侧封板
2140
880
380
440
440
顶封板
100
600
2700
2220
1330
600
70
收口条
2.22米
开放柜
50
440
440
380
440
440
2190
掩门衣柜立面图 1:25
100
600
2000
500
18
518
侧面图 1:25

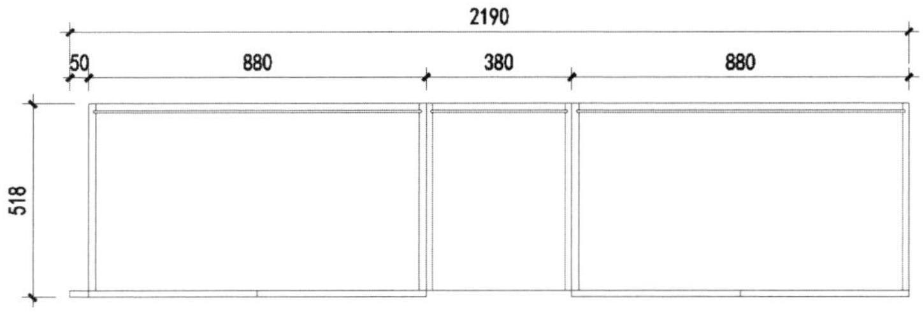

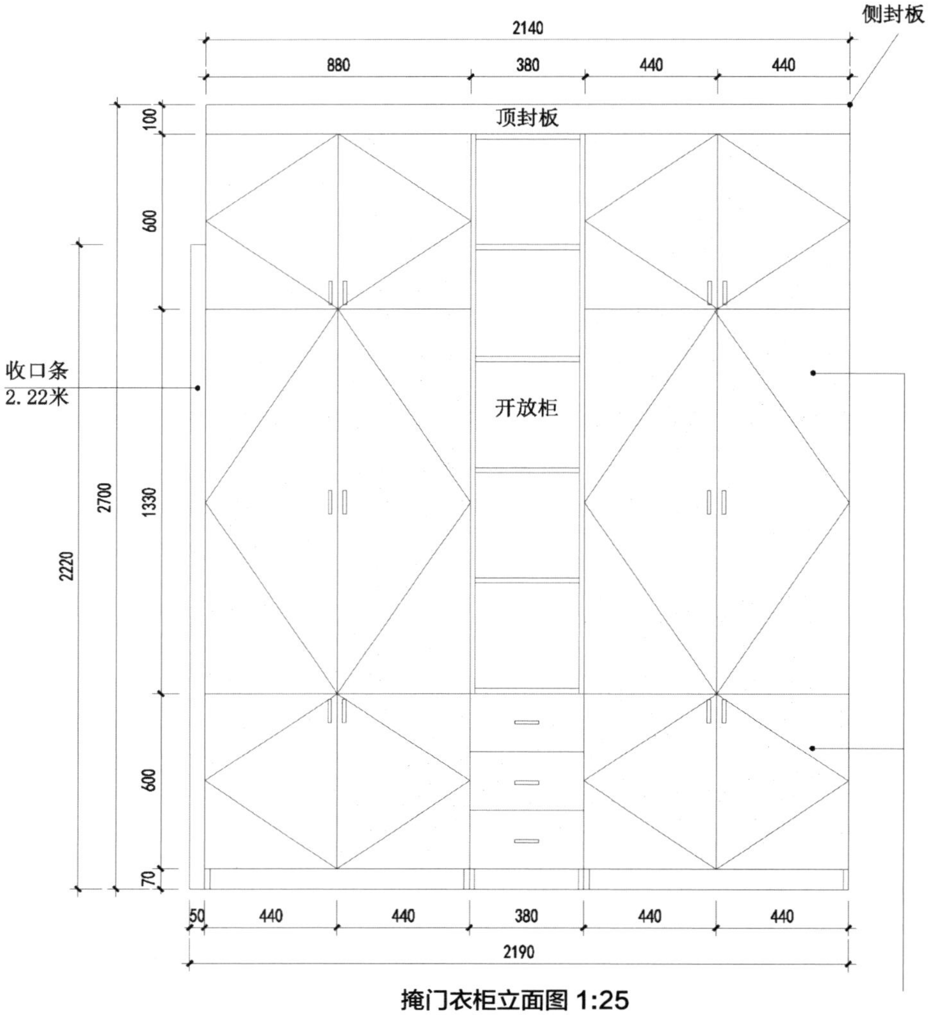

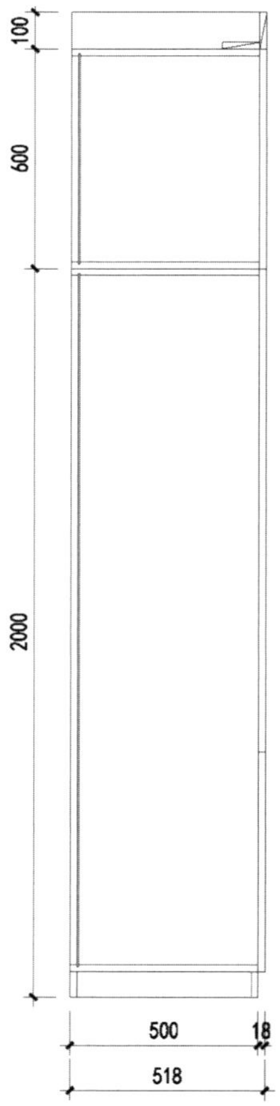

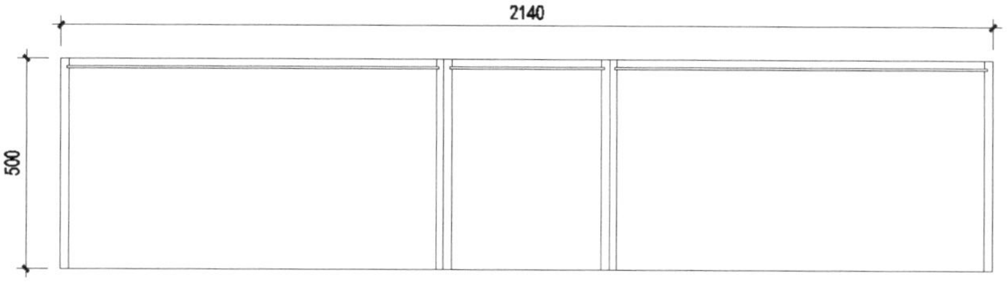

俯视图 1:25

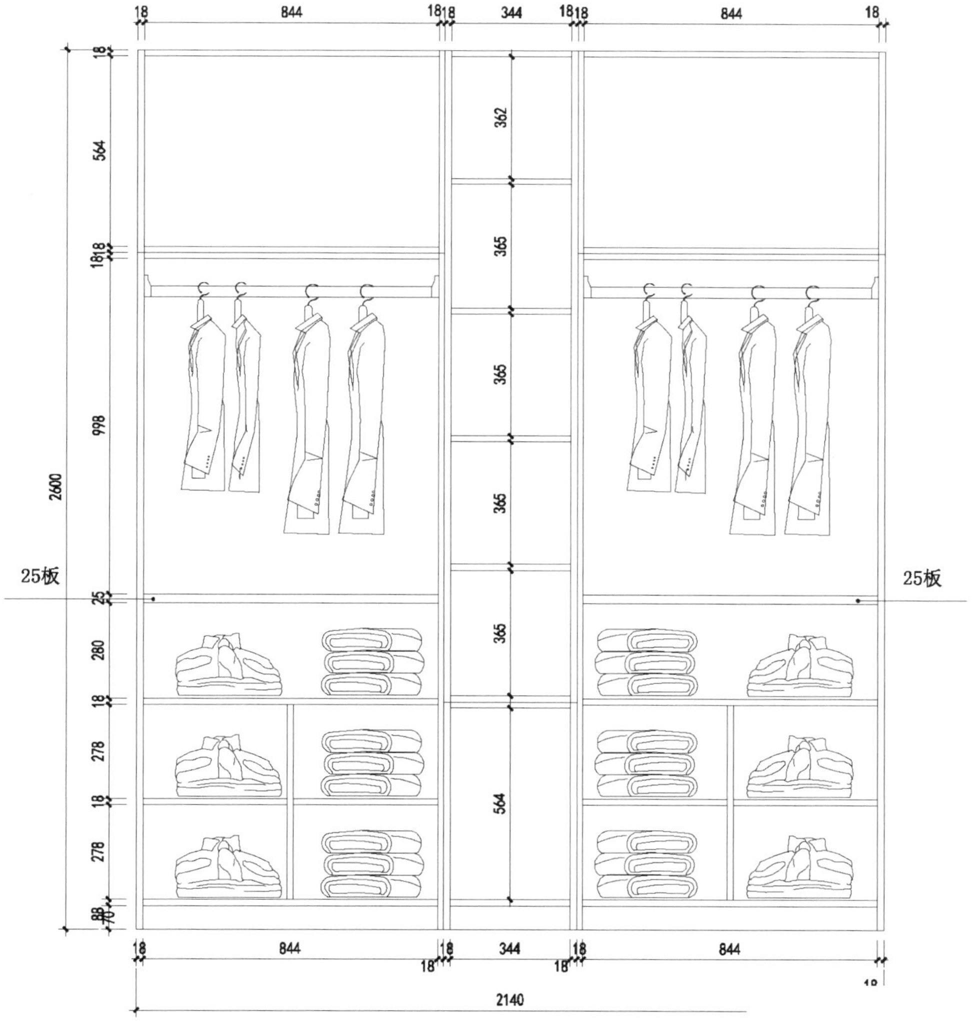

柜体结构图 1:25

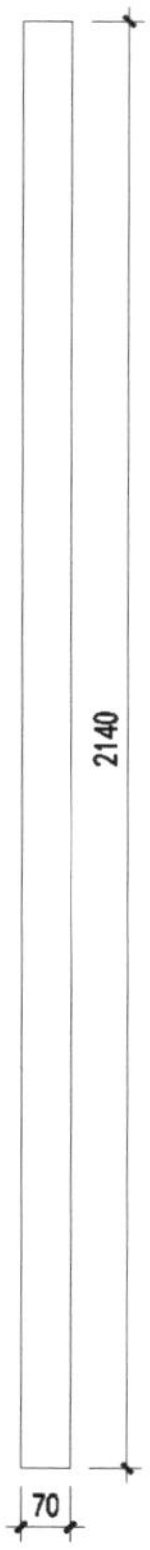

下收口
（地脚线装饰）

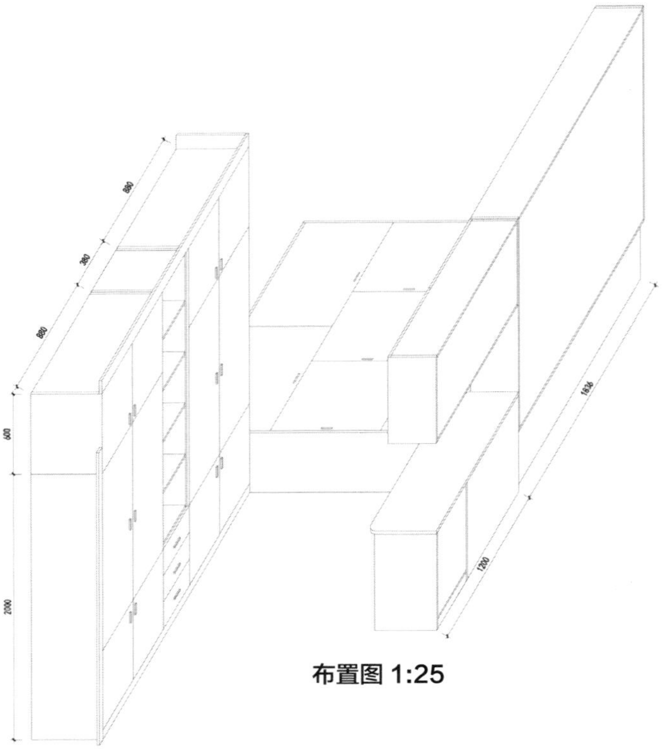

布置图 1:25

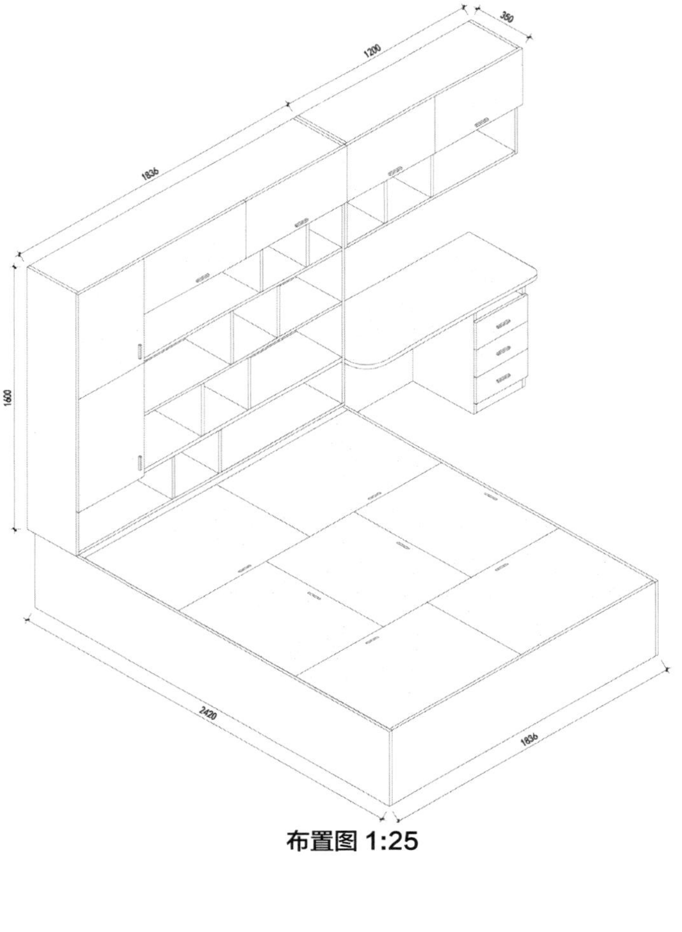

布置图 1:25

俯视图 1:25

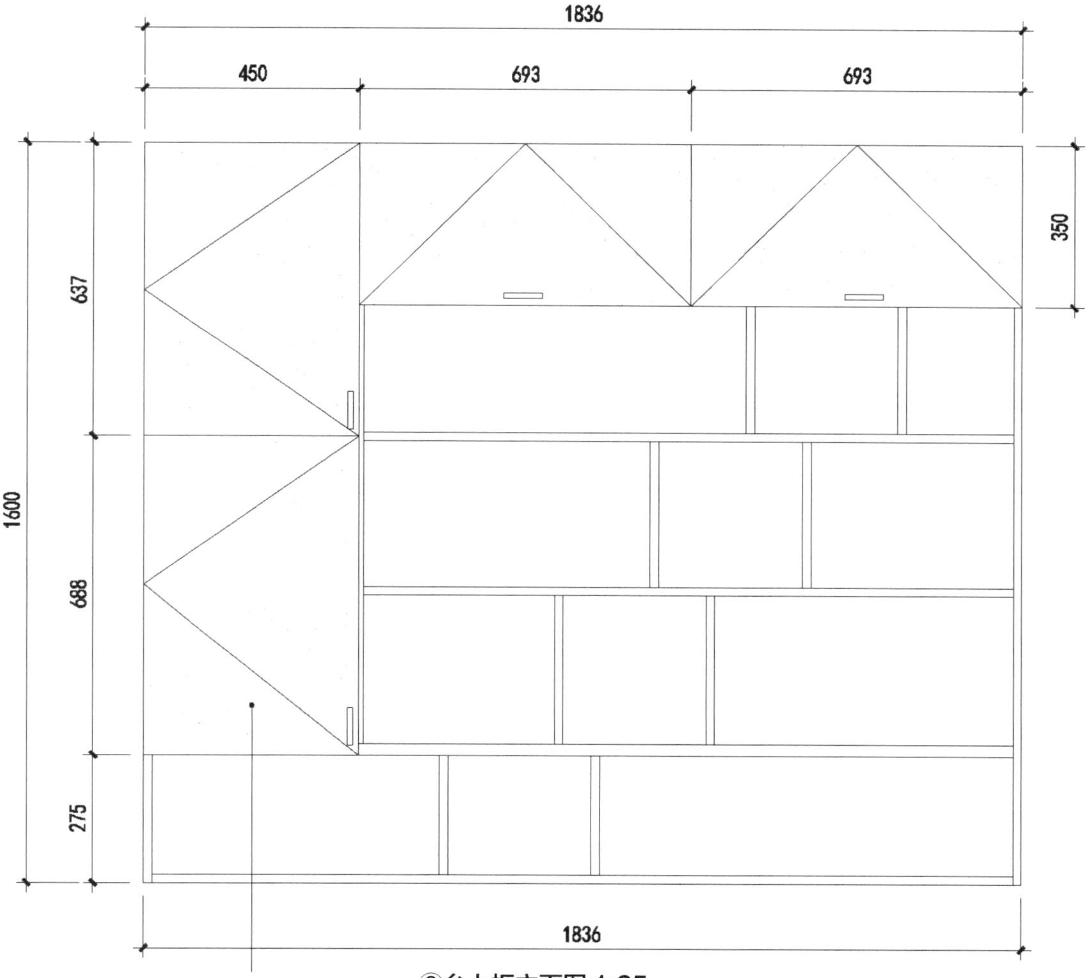

③台上柜立面图 1:25

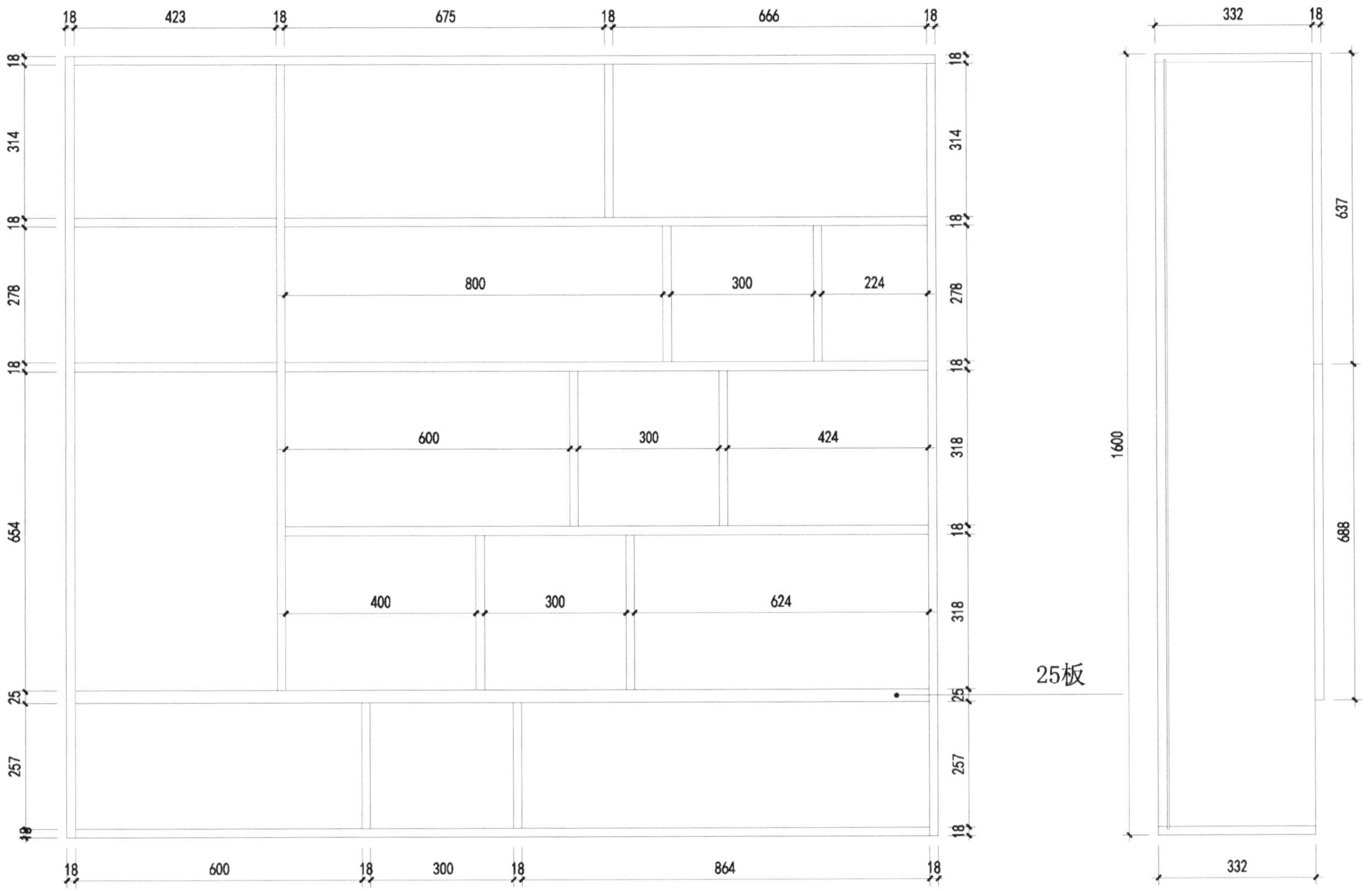
18
423
675
666
314
278
654
25
257
800
300
224
600
424
400
624
318
864
332
637
688
1600
25板

局部大样图 1:25

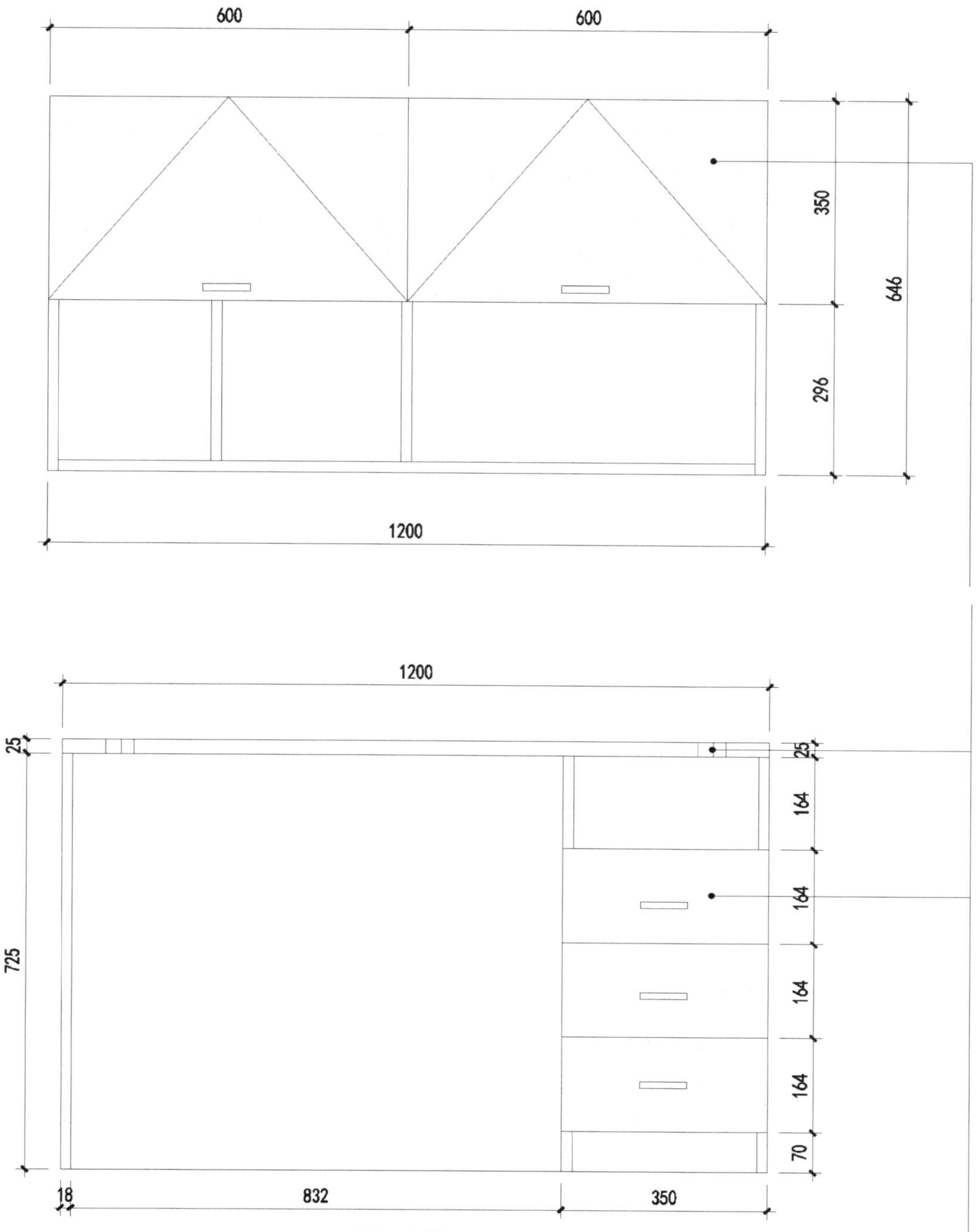
600
600
350
296
646
1200
1200
25
25
164
164
164
164
70
725
18
832
350

局部大样图 1:25

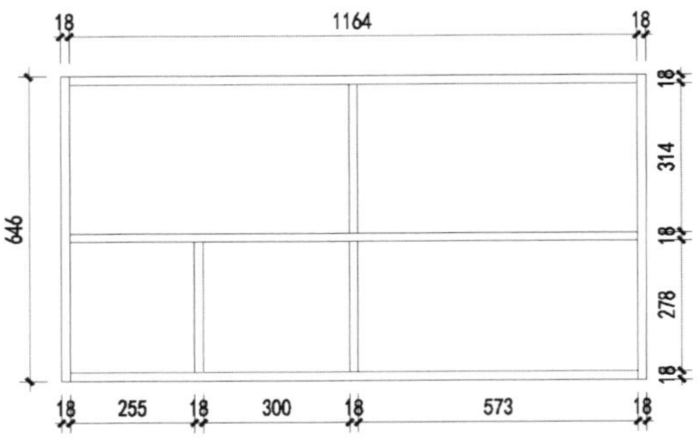

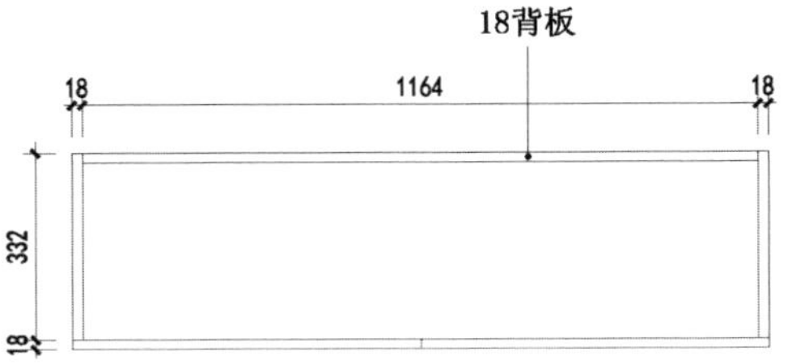

吊柜俯视图

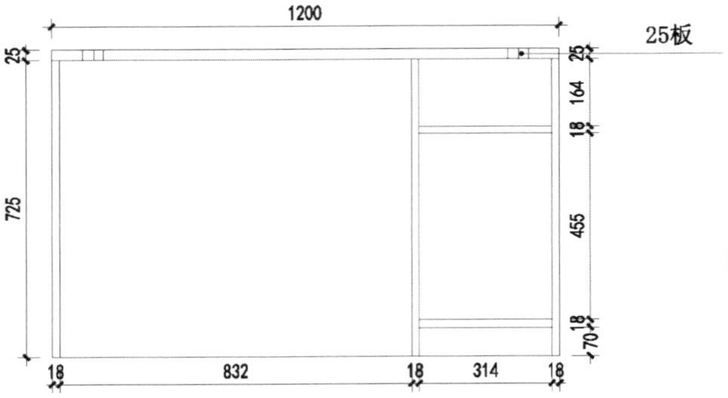

结构图

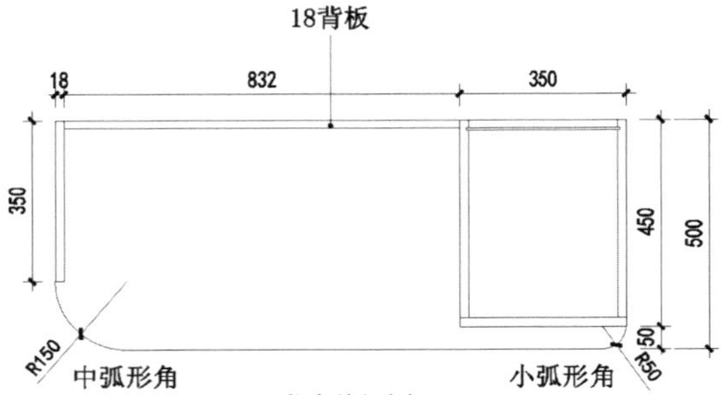

书桌俯视图

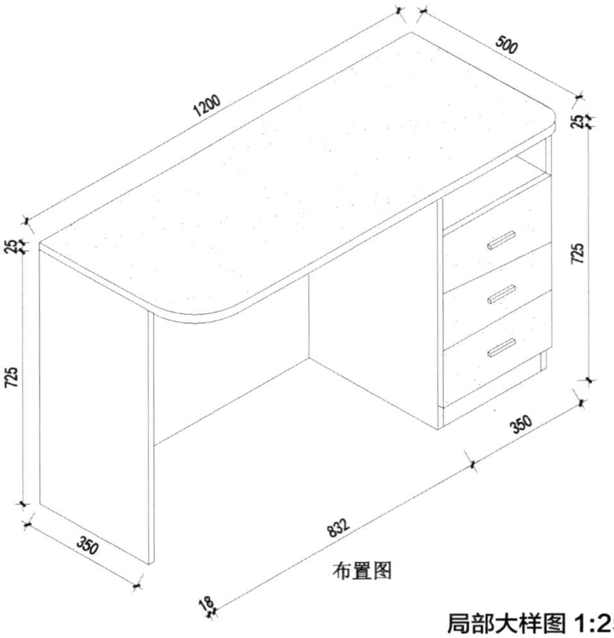

布置图

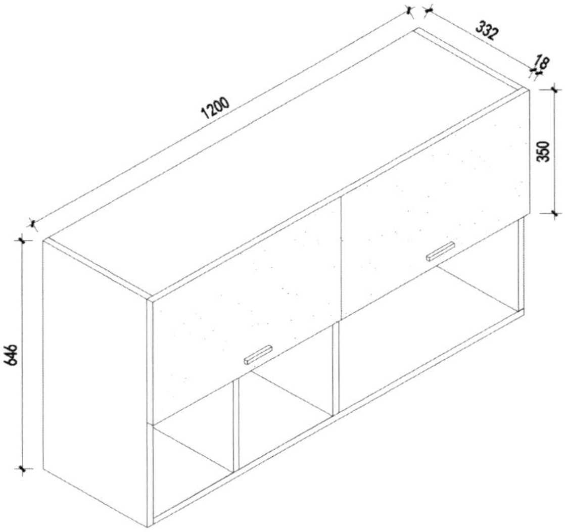

局部大样图 1:25

第四节 L 型衣柜榻榻米

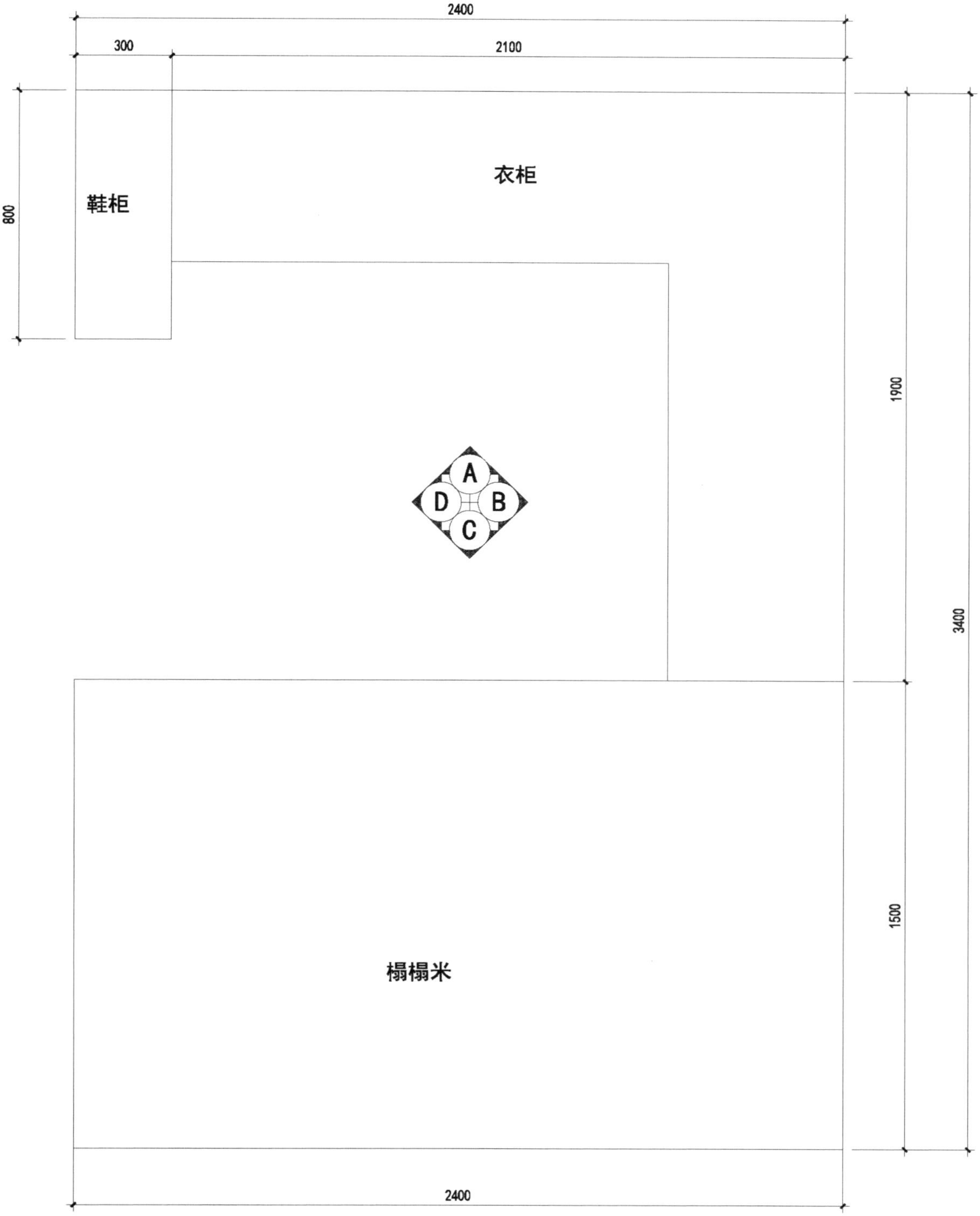

L 型衣柜榻榻米平面布置图 1:25

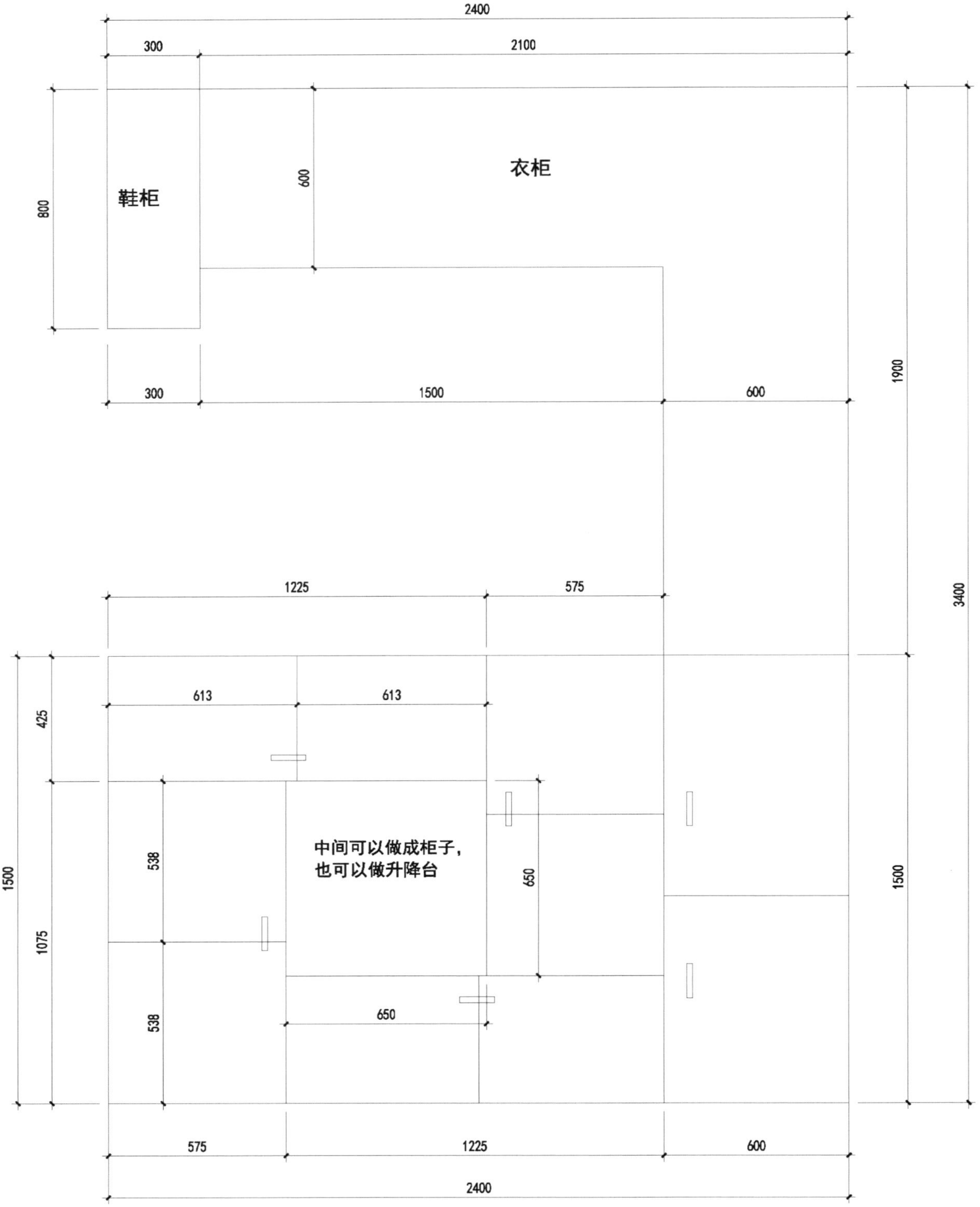
2400
300
2100
鞋柜
衣柜
600
800
1900
3400
300
1500
600
1225
575
613
613
425
中间可以做成柜子，
也可以做升降台
538
650
1500
1075
538
650
1500
575
1225
600
2400

平面施工图 1:25

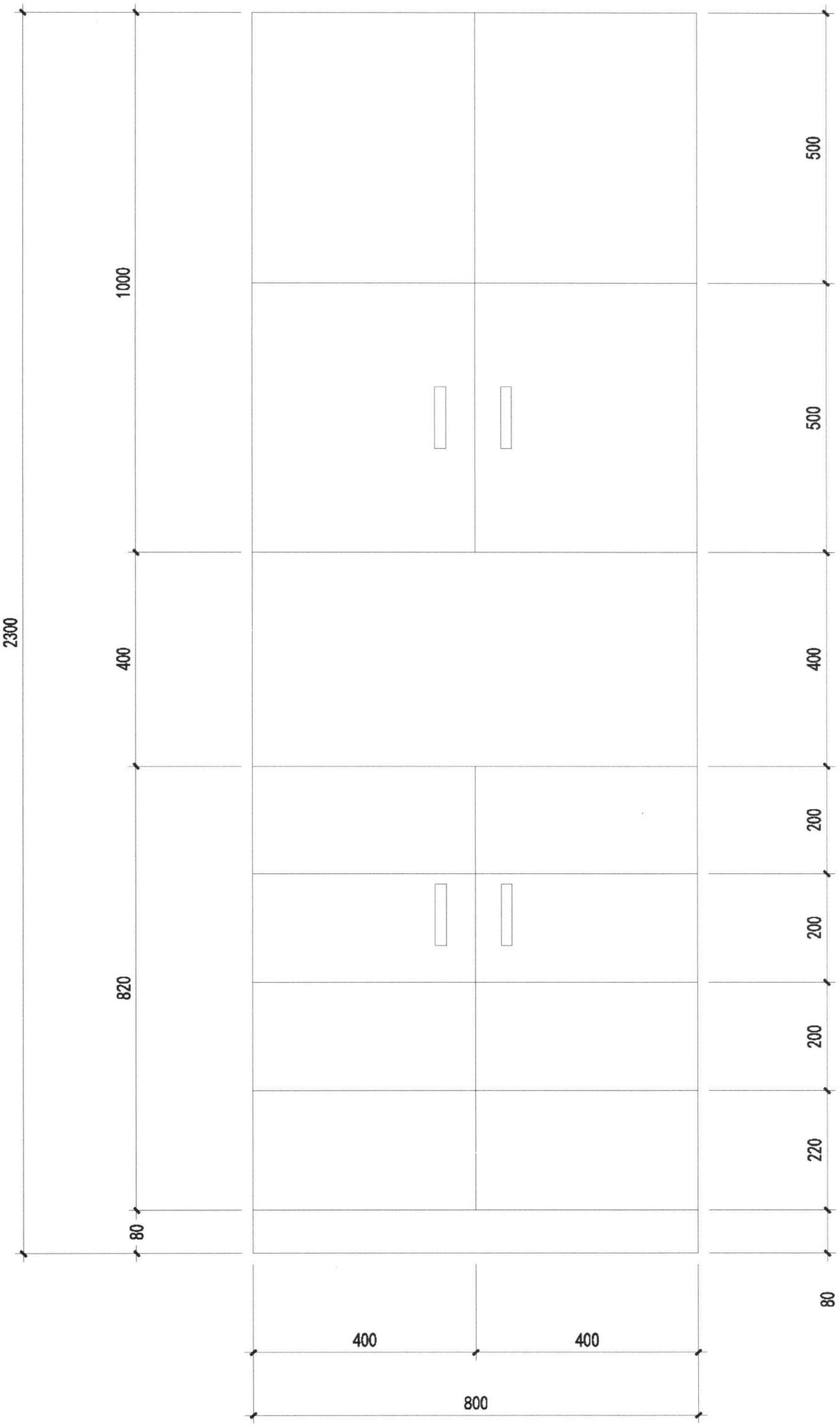

局部大样图 1:25

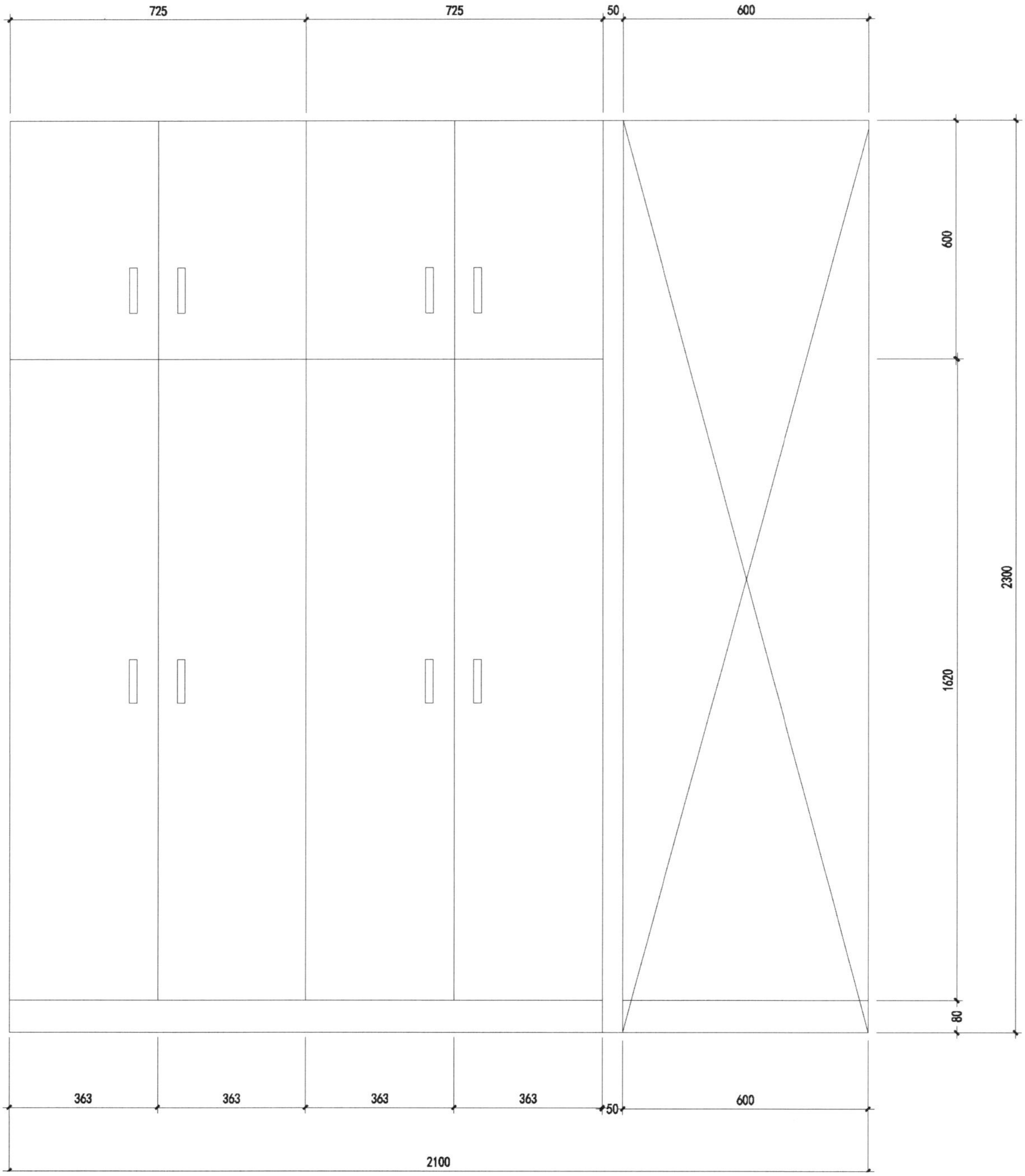
725
725
50
600
600
1620
80
2300
363
363
363
363
50
600
2100

A 面立面图 1:25

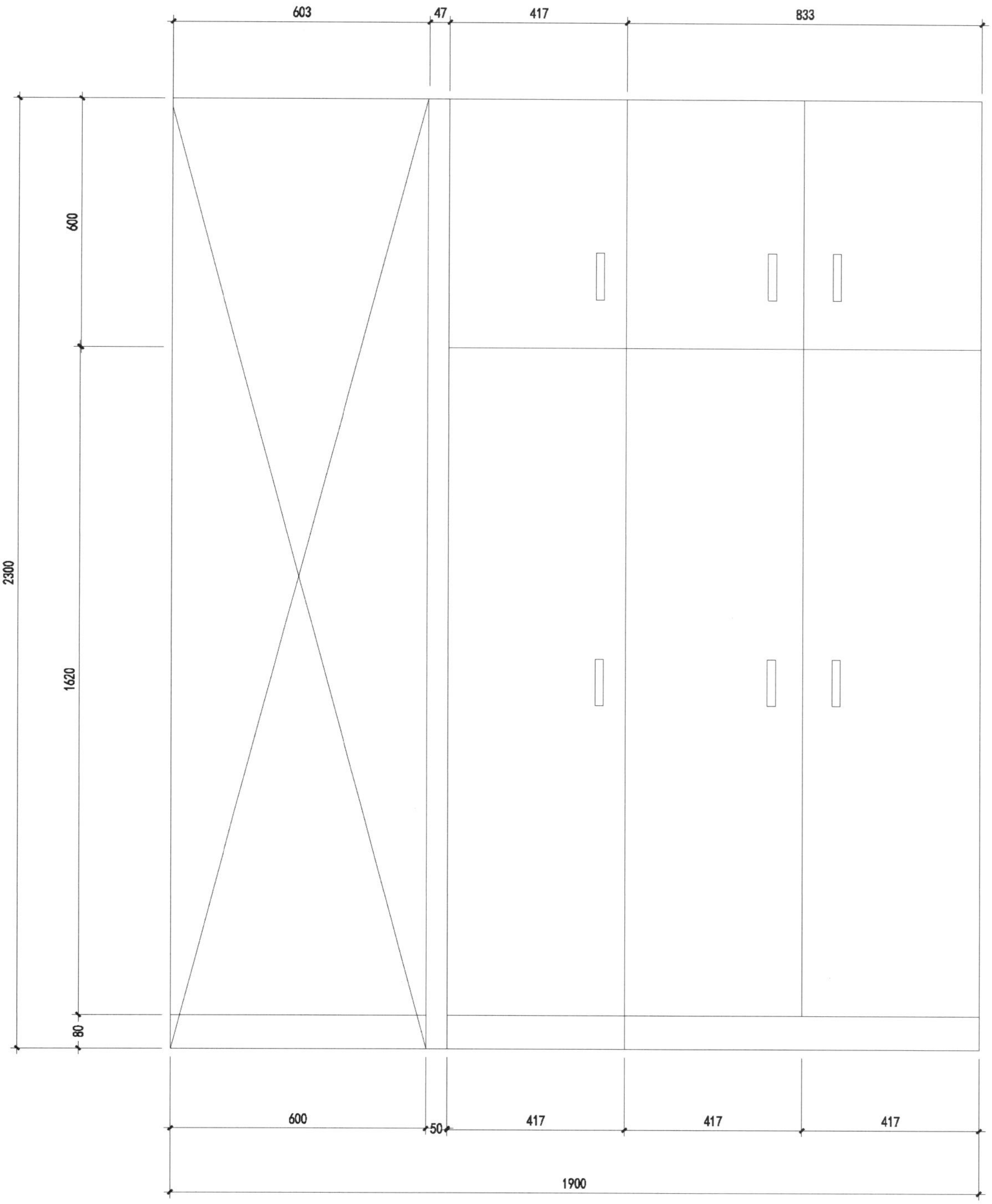
603
47
417
833
600
2300
1620
80
600
50
417
417
417
1900

B 面立面图 1:25

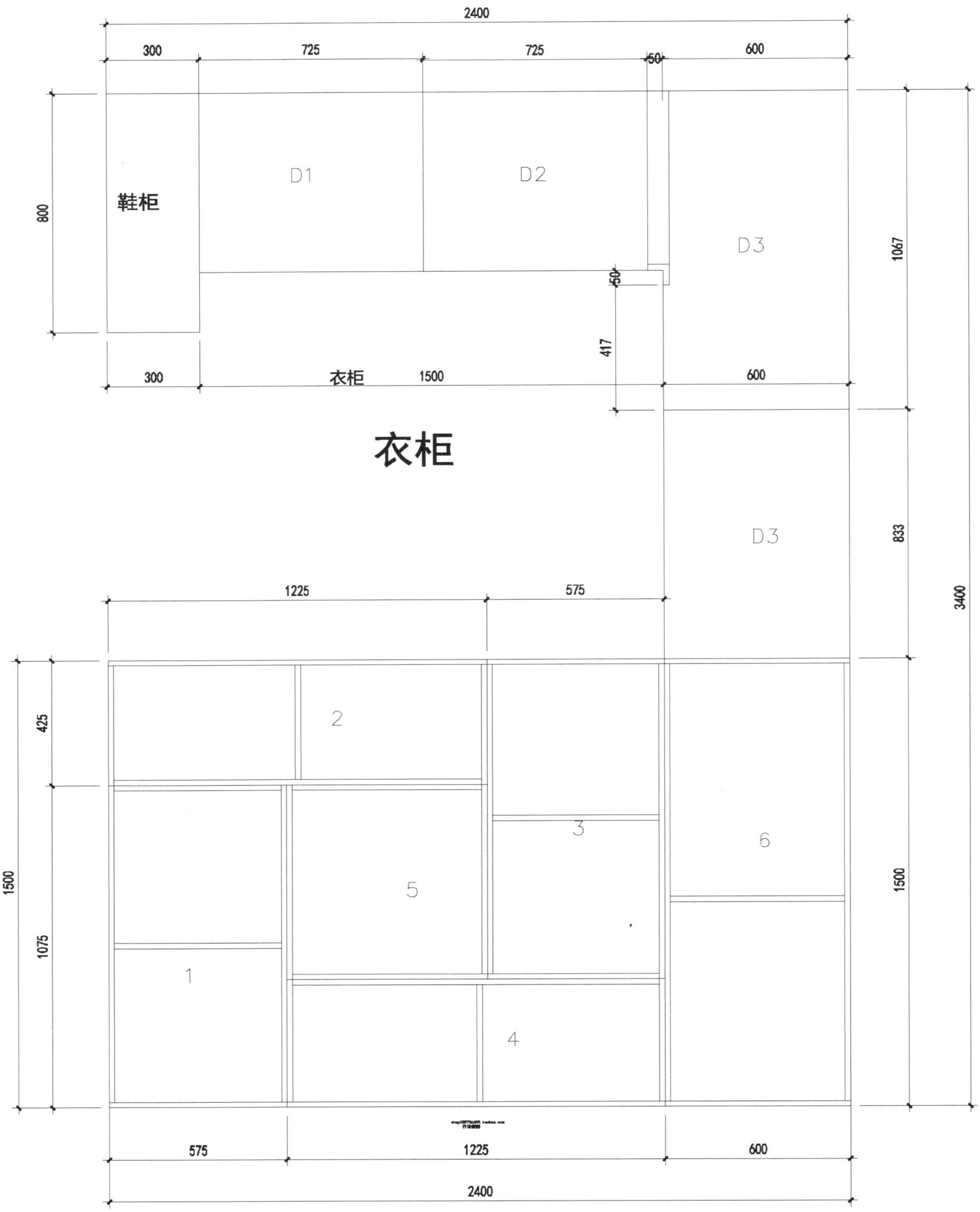
2400
300
725
725
50
600
800
鞋柜
D1
D2
D3
1067
50
417
300
衣柜
1500
600
衣柜
D3
833
3400
1225
575
425
2
3
6
5
1500
1075
1500
1
4
575
1225
600
2400

平面结构图 1:25

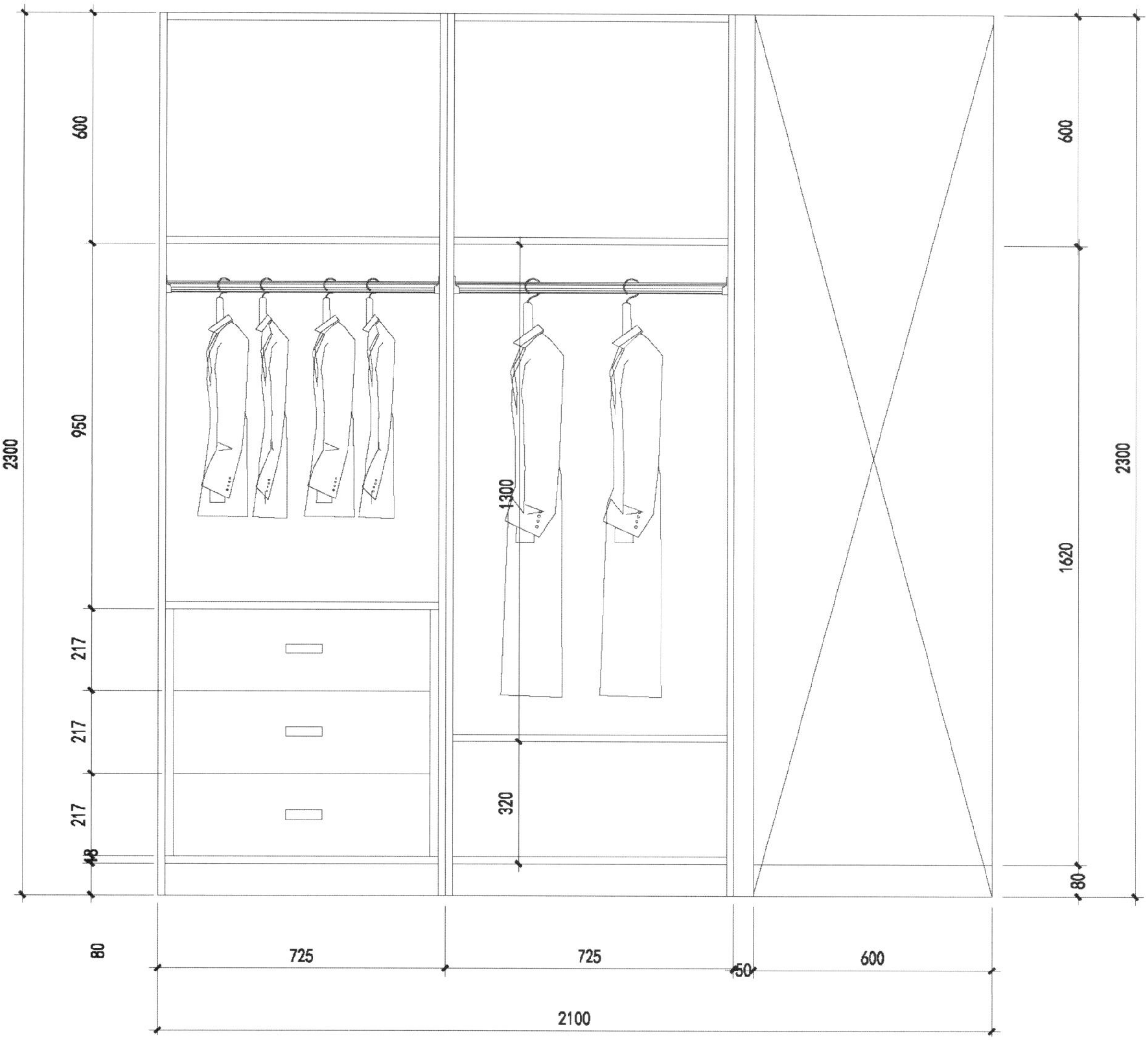
2300
600
950
217
217
217
18
80
725
725
50
600
2100
1300
320
600
1620
2300
80

A 面立面结构图 1:25

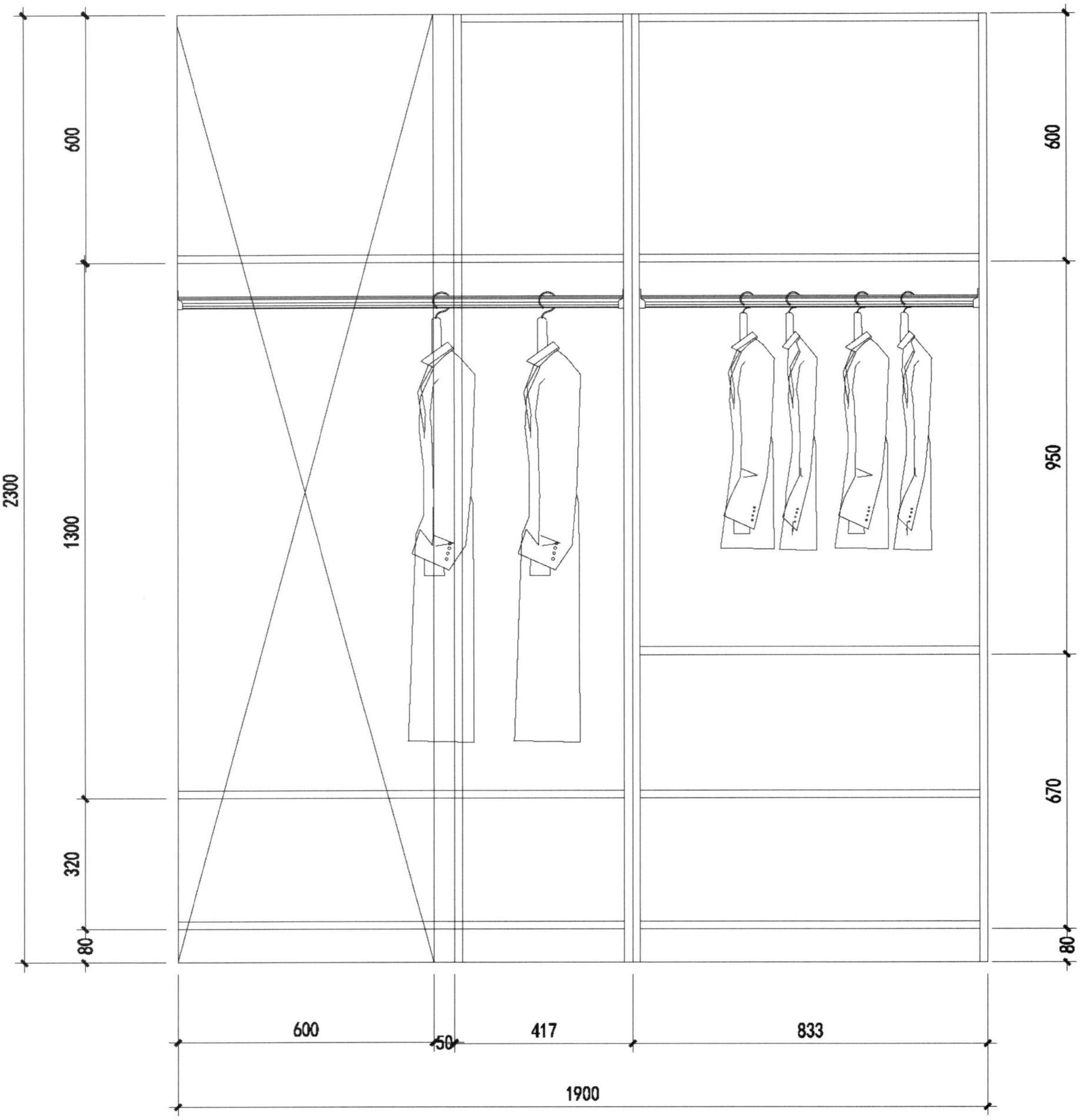
600
1300
320
80
2300
600
950
670
80
600
50
417
833
1900

B 面立面结构图 1:25

第五节 组合柜榻榻米

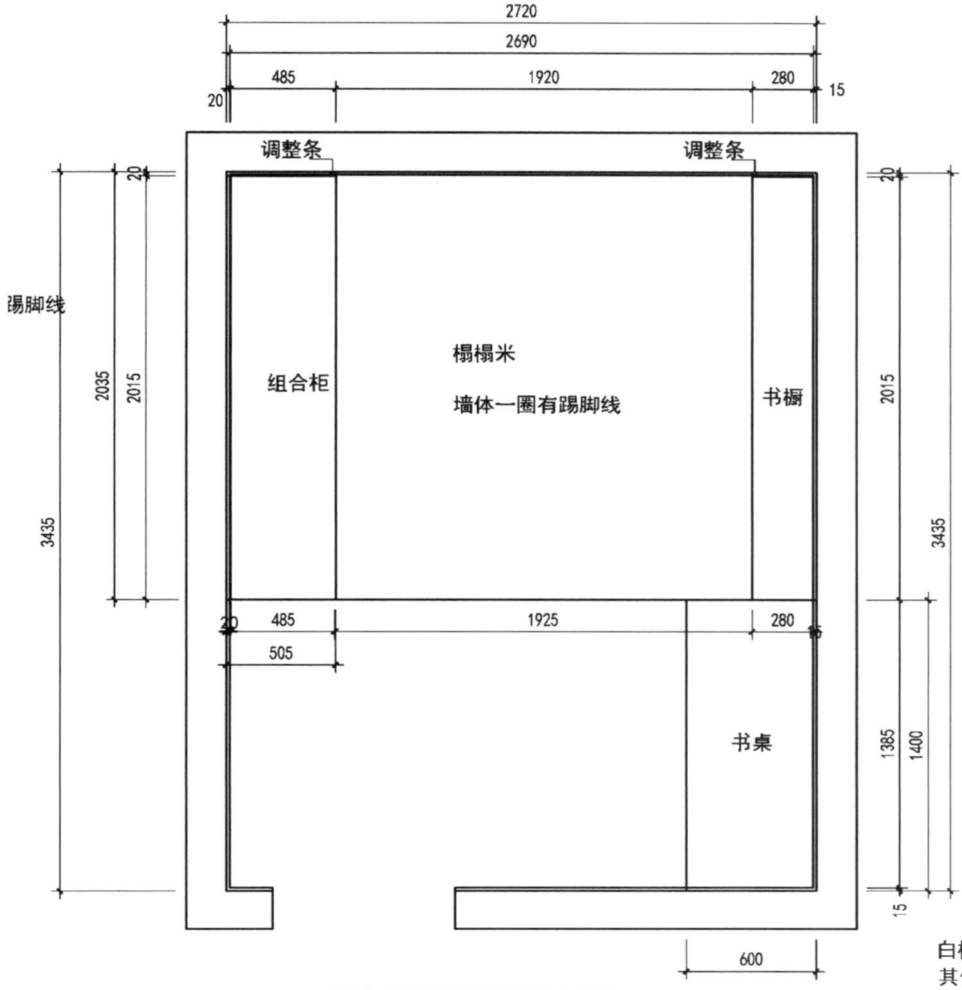

白橡，只有榻榻米是多层板，
其他全部是颗粒板

组合柜榻榻米平面图 1:25

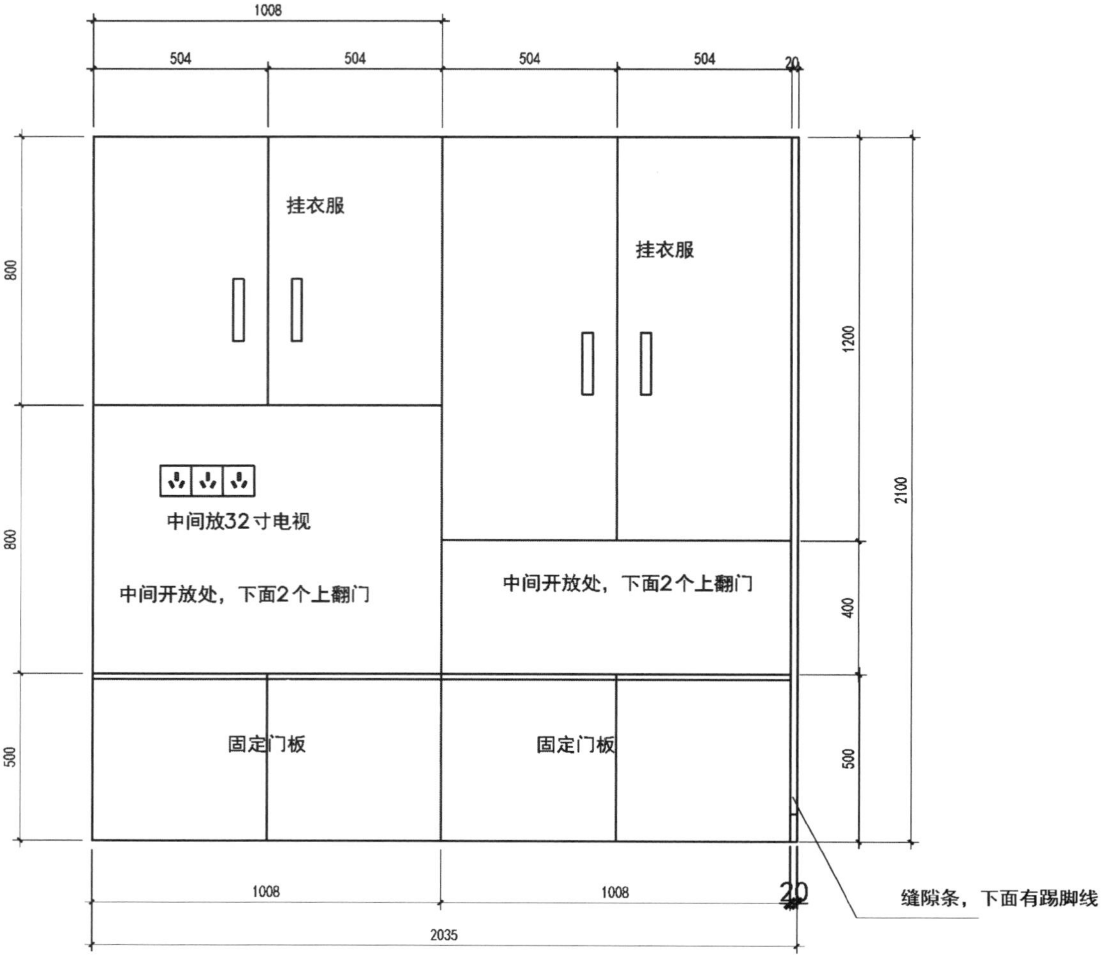

1008
504
504
504
504
20
挂衣服
挂衣服
800
800
500
1200
2100
400
500
中间放32寸电视
中间开放处，下面2个上翻门
中间开放处，下面2个上翻门
固定门板
固定门板
1008
1008
20
2035
缝隙条，下面有踢脚线

组合柜立面图 1:25

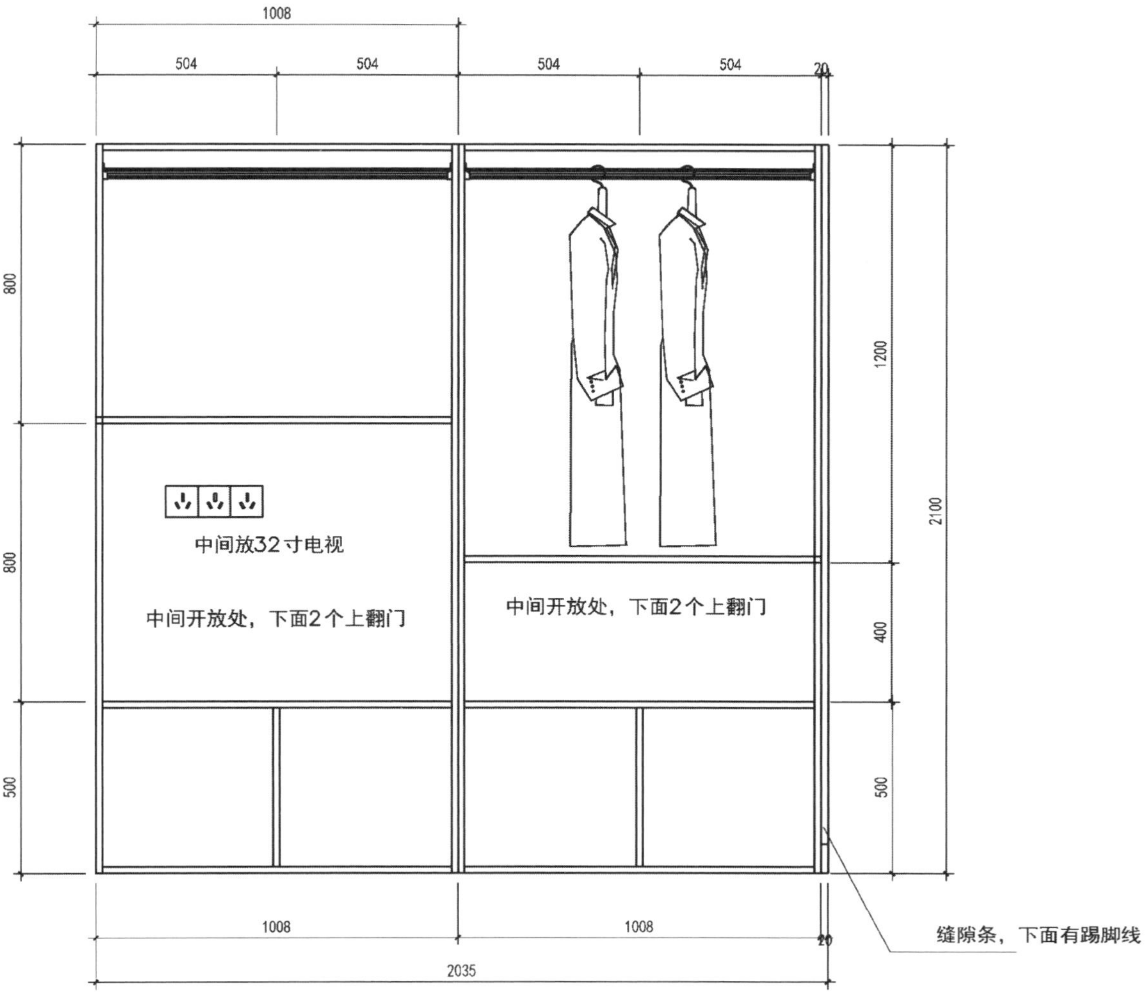

组合柜立面布置图 1:25

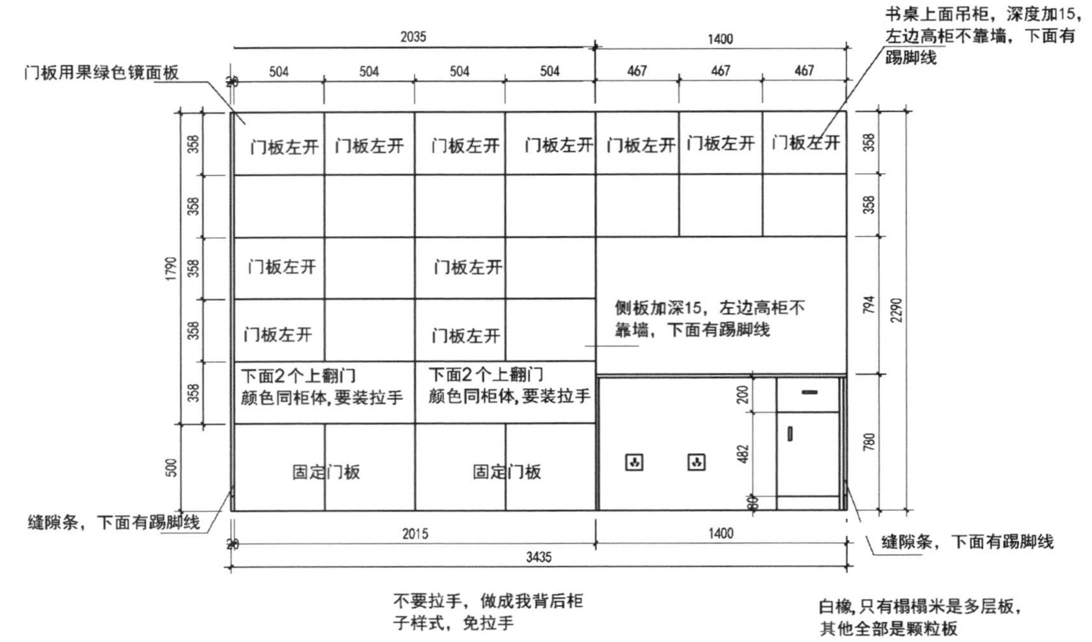

门板用果绿色镜面板

书桌上面吊柜，深度加15，左边高柜不靠墙，下面有踢脚线

侧板加深15，左边高柜不靠墙，下面有踢脚线

下面2个上翻门颜色同柜体，要装拉手

固定门板

缝隙条，下面有踢脚线

不要拉手，做成我背后柜子样式，免拉手

白橡，只有榻榻米是多层板，其他全部是颗粒板

书橱立面图 1:25

不要拉手，做成我背后柜子样式，免拉手

门板用果绿色镜面板

书桌上面吊柜，深度加15，左边高柜不靠墙，下面有踢脚线

下面2个上翻门颜色同柜体，要装拉手

缝隙条，下面有踢脚线

缝隙条，下面有踢脚线

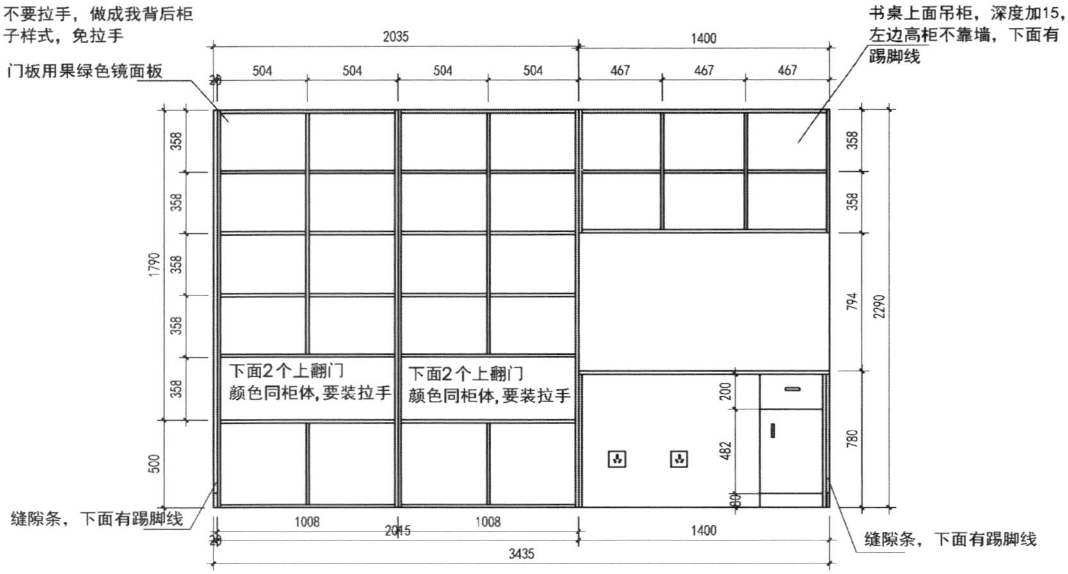

书橱立面布置图 1:25

白橡，只有榻榻米是多层板，其他全部是颗粒板

全屋定制 CAD 设计图集 — 酒窖／榻榻米

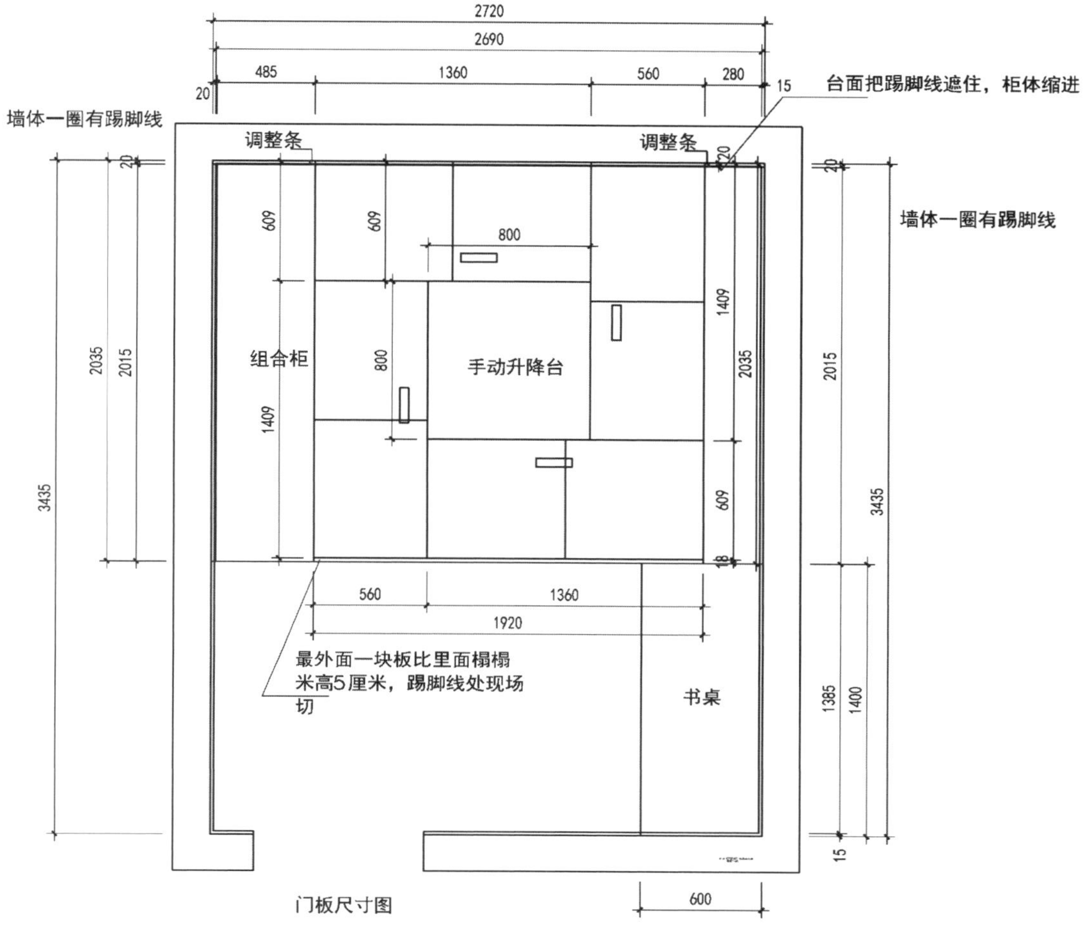
2720
2690
485
1360
560
280
20
15
台面把踢脚线遮住，柜体缩进
墙体一圈有踢脚线
调整条
调整条
20
20
墙体一圈有踢脚线
609
609
800
1409
组合柜
800
手动升降台
2035
2015
2035
2015
1409
609
3435
3435
18
560
1360
1920
最外面一块板比里面榻榻
米高5厘米，踢脚线处现场
切
书桌
1385
1400
15
600

门板尺寸图

平面结构图 1:25

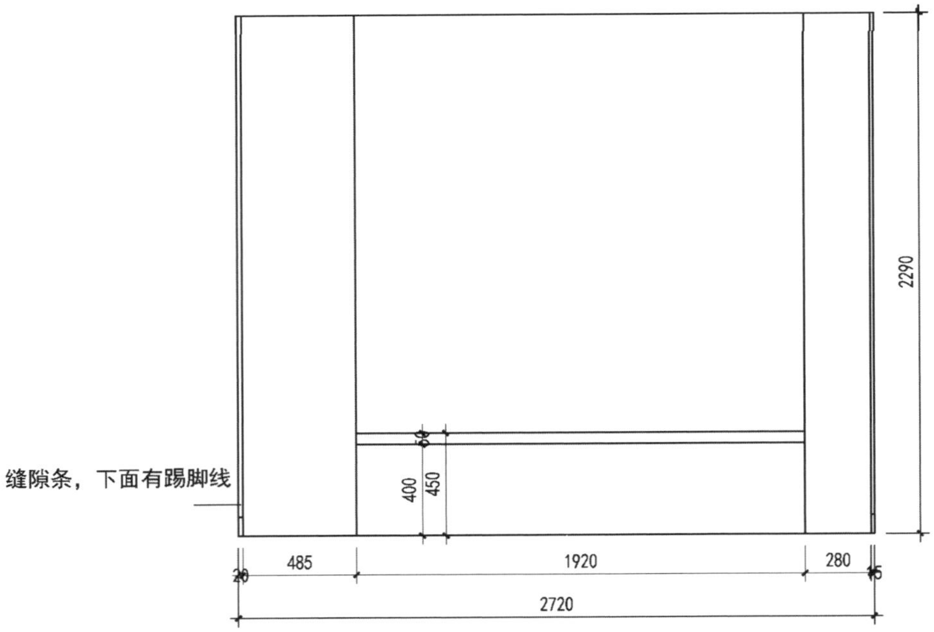
缝隙条，下面有踢脚线
2290
400
450
20
485
1920
280
15
2720

局部大样图 1:35

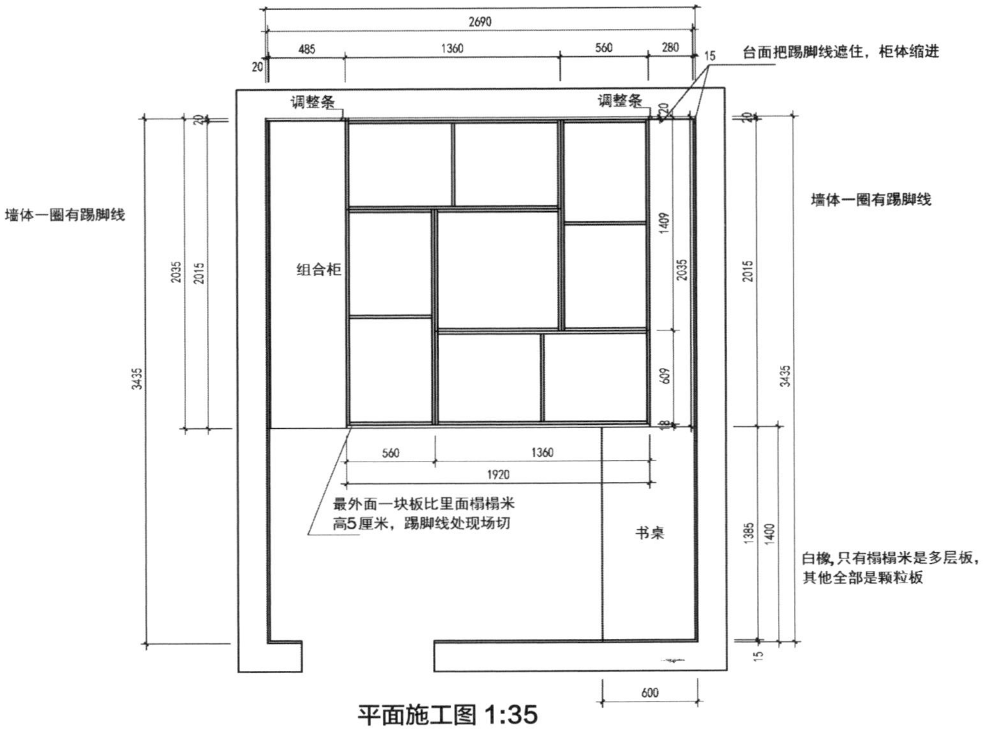
2690
485
1360
560
280
20
15
台面把踢脚线遮住，柜体缩进
调整条
调整条
墙体一圈有踢脚线
墙体一圈有踢脚线
组合柜
1409
2035
2015
609
3435
560
1360
1920
最外面一块板比里面榻榻米
高5厘米，踢脚线处现场切
书桌
1385
1400
白橡，只有榻榻米是多层板，
其他全部是颗粒板
600

平面施工图 1:35

第六节 柜体包围式榻榻米

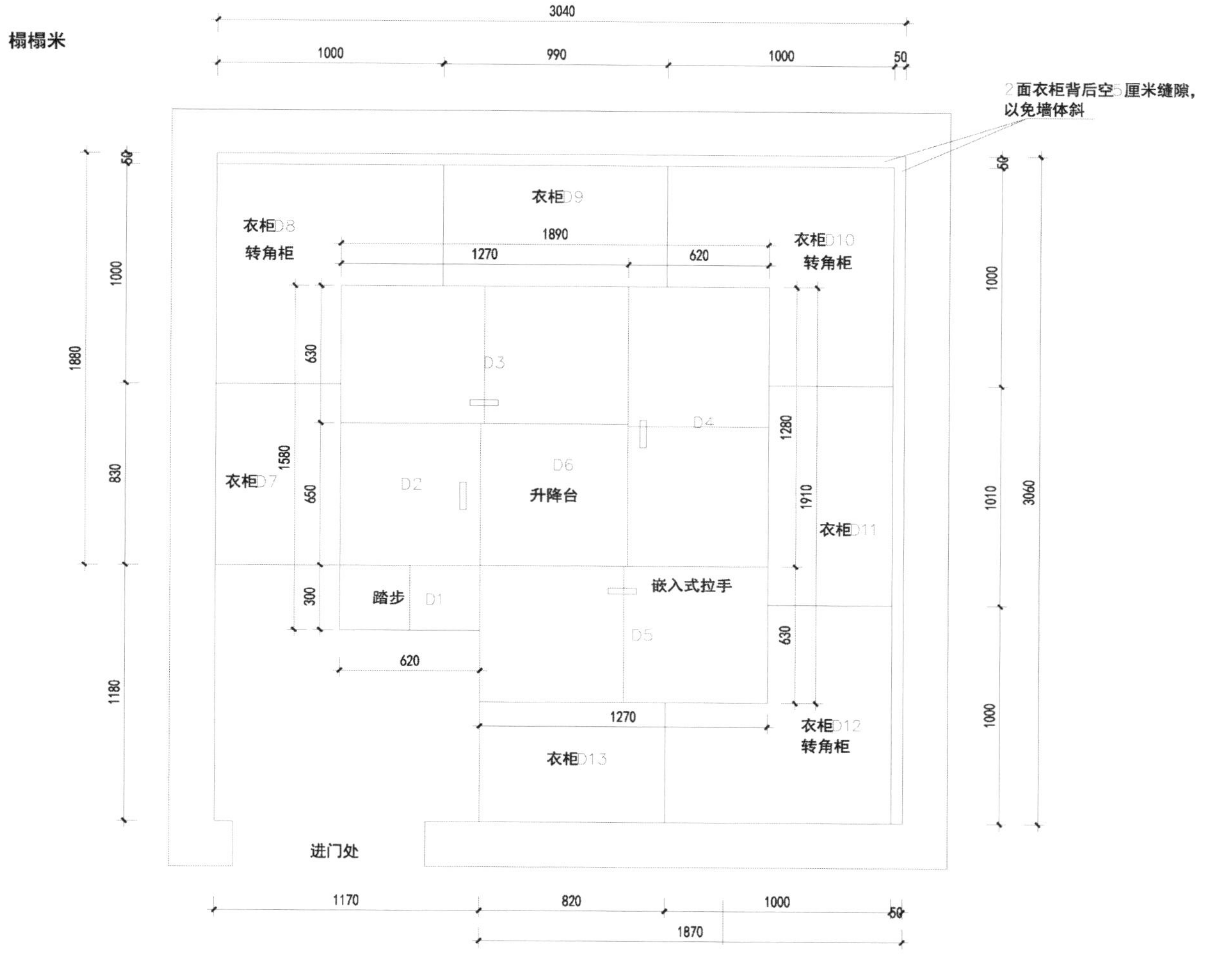

柜体包围式榻榻米平面图 1:35

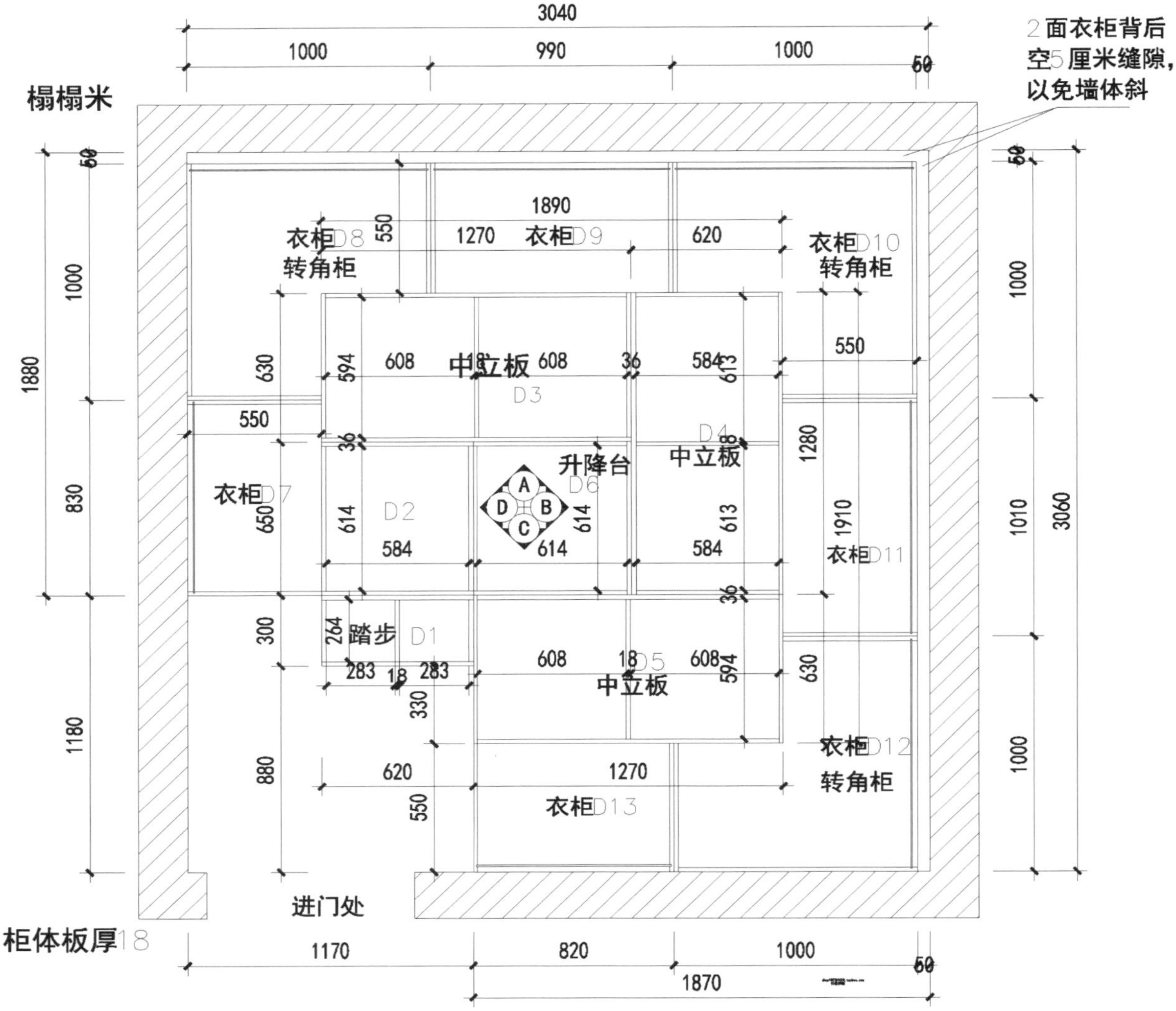
3040
1000
990
1000
50
2面衣柜背后空5厘米缝隙，以免墙体斜
榻榻米
1880
1000
830
1180
630
650
300
880
550
1890
1270
620
衣柜D8
转角柜
衣柜D9
衣柜D10
转角柜
608
18
中立板
D3
36
584
594
613
550
1280
1910
1010
3060
36
D4
中立板
升降台
D6
衣柜D7
614
D2
584
614
A
B
C
D
613
衣柜D11
264
踏步
D1
283
18
283
330
608
18
D5
608
594
中立板
630
衣柜D12
转角柜
620
1270
衣柜D13
进门处
柜体板厚18
1170
820
1000
50
1870

平面施工图 1:40

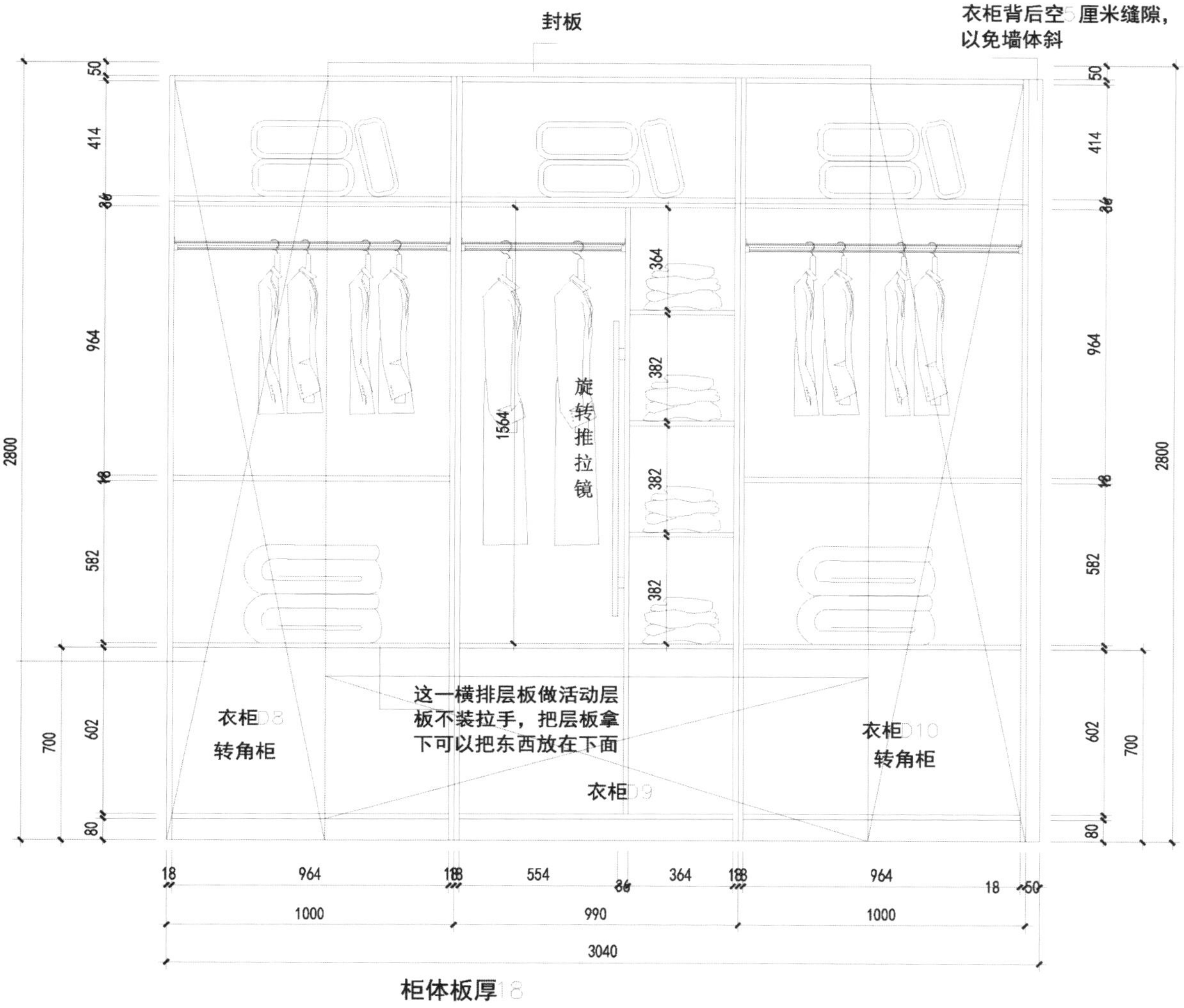

封板
衣柜背后空5厘米缝隙，
以免墙体斜
旋
转
推
拉
镜
这一横排层板做活动层
板不装拉手，把层板拿
下可以把东西放在下面
衣柜08
转角柜
衣柜09
衣柜010
转角柜
2800
50
414
36
964
18
582
602
700
80
1564
364
382
382
382
18
964
554
364
1000
990
3040
柜体板厚18

A 面衣柜立面图 1:35

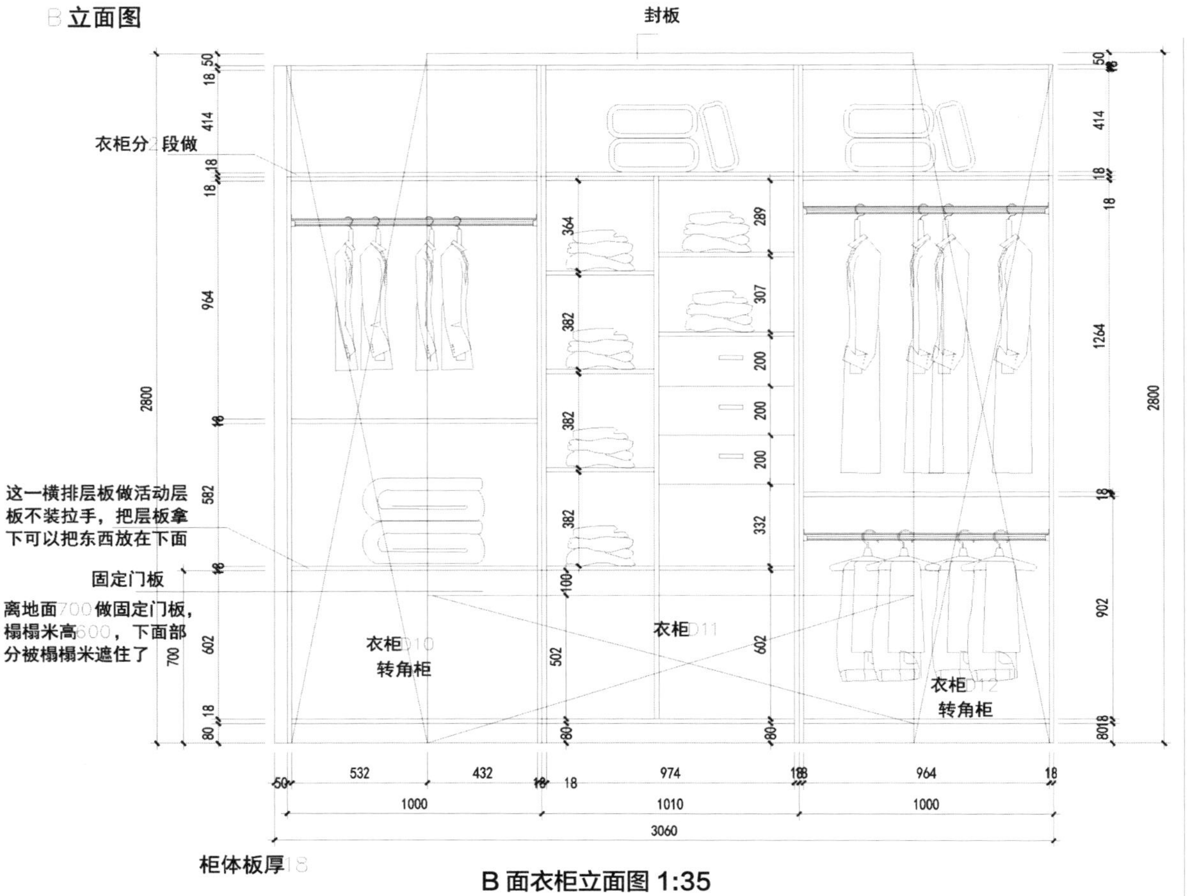
B立面图
封板
衣柜分2段做
这一横排层板做活动层板不装拉手，把层板拿下可以把东西放在下面
固定门板
离地面700做固定门板，榻榻米高600，下面部分被榻榻米遮住了
衣柜D10
转角柜
衣柜D11
衣柜D12
转角柜
2800
3060
1000
1010
1000
柜体板厚18

B 面衣柜立面图 1:35

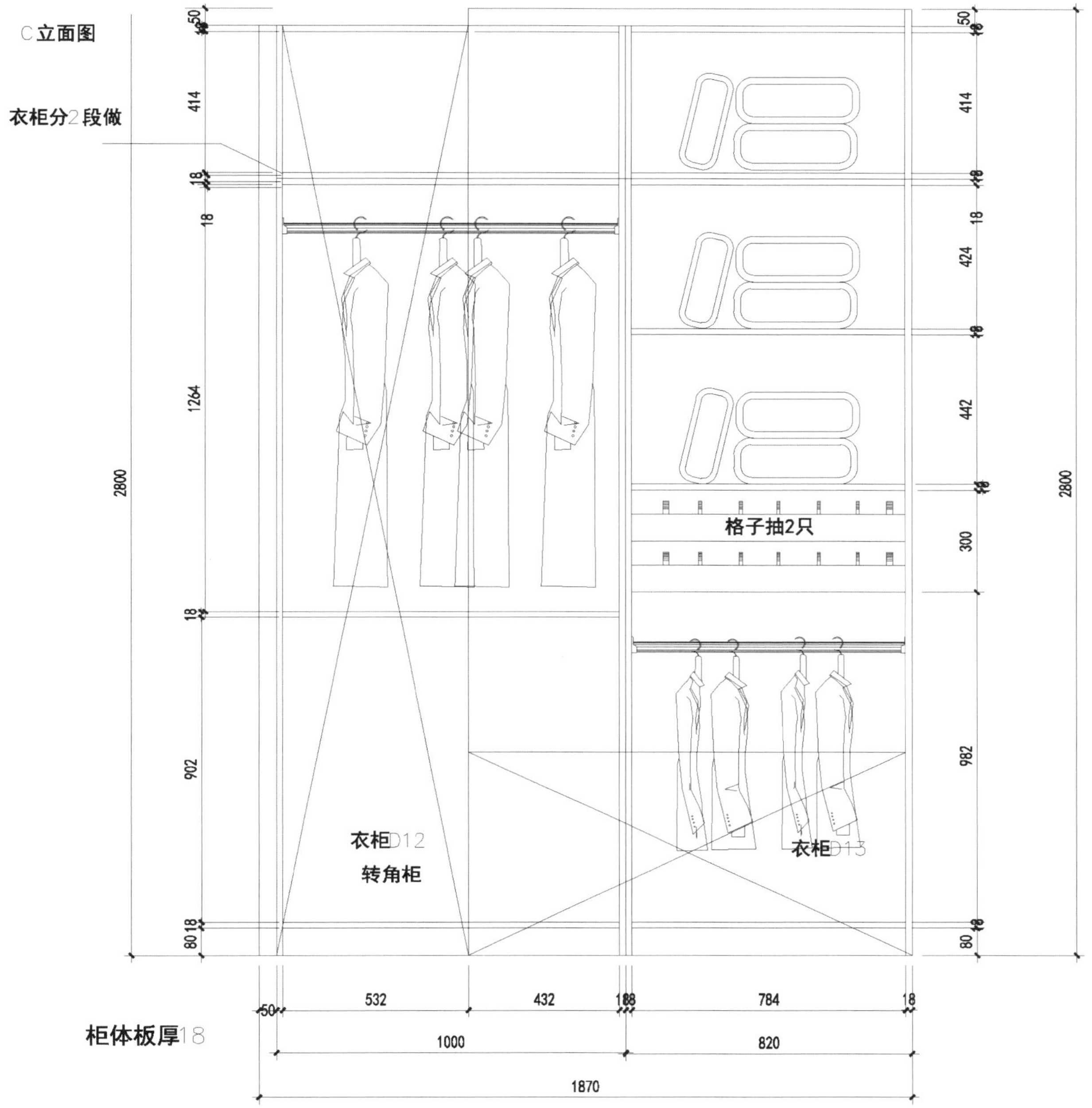
C立面图
衣柜分2段做
格子抽2只
衣柜D12
转角柜
衣柜D13
柜体板厚18
50
414
18
1264
902
80
2800
424
442
300
982
532
432
784
1000
820
1870

C 面衣柜立面图 1:35

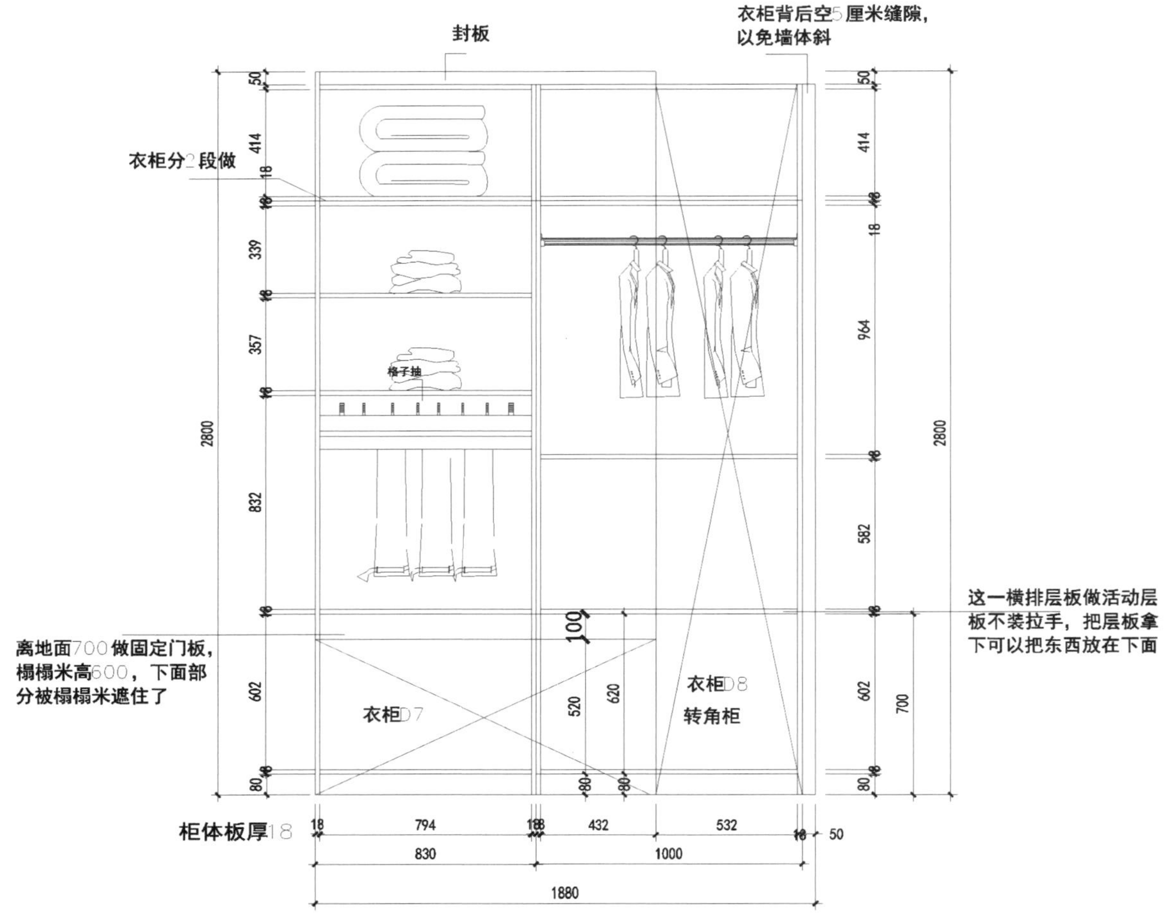
封板
衣柜背后空5厘米缝隙，以免墙体斜
衣柜分2段做
格子抽
这一横排层板做活动层板不装拉手，把层板拿下可以把东西放在下面
离地面700做固定门板，榻榻米高600，下面部分被榻榻米遮住了
衣柜D7
衣柜D8
转角柜
柜体板厚18
50
414
18
339
357
832
602
80
2800
964
582
700
520
620
100
794
432
532
830
1000
1880

D 面衣柜立面图 1:35

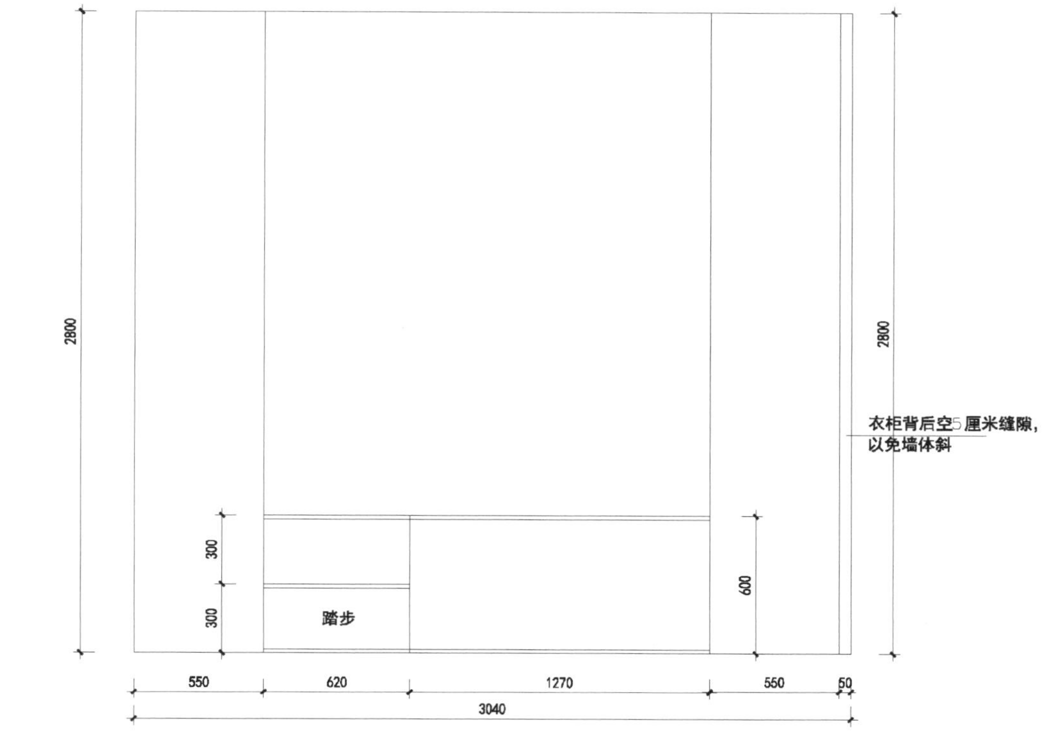

A 面立面图 1:35

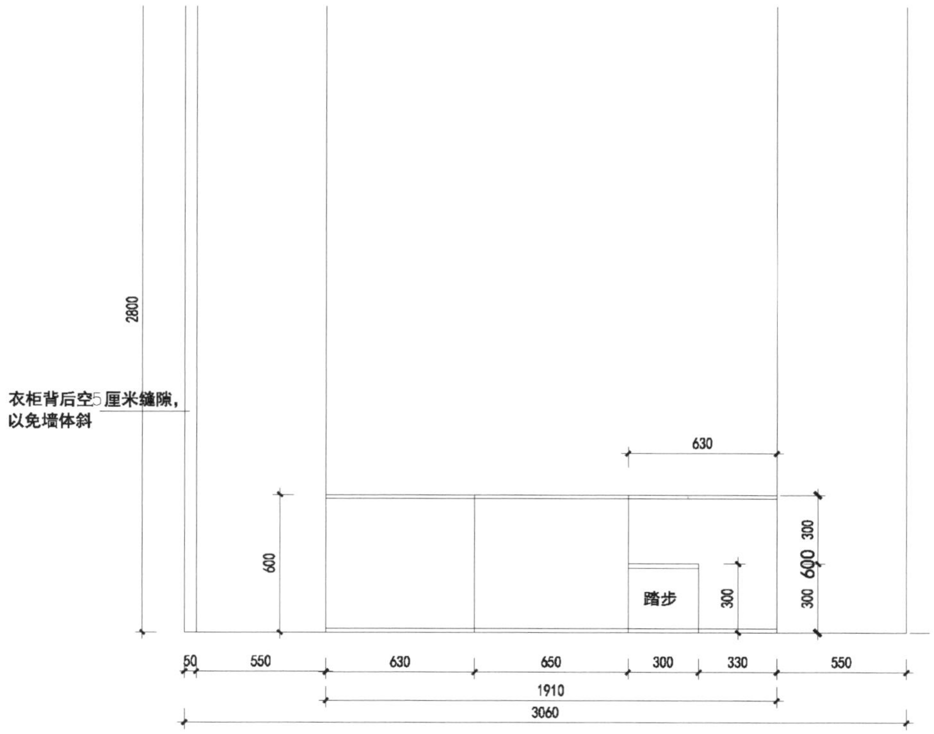

B 面立面图 1:35

第七节 步入式榻榻米

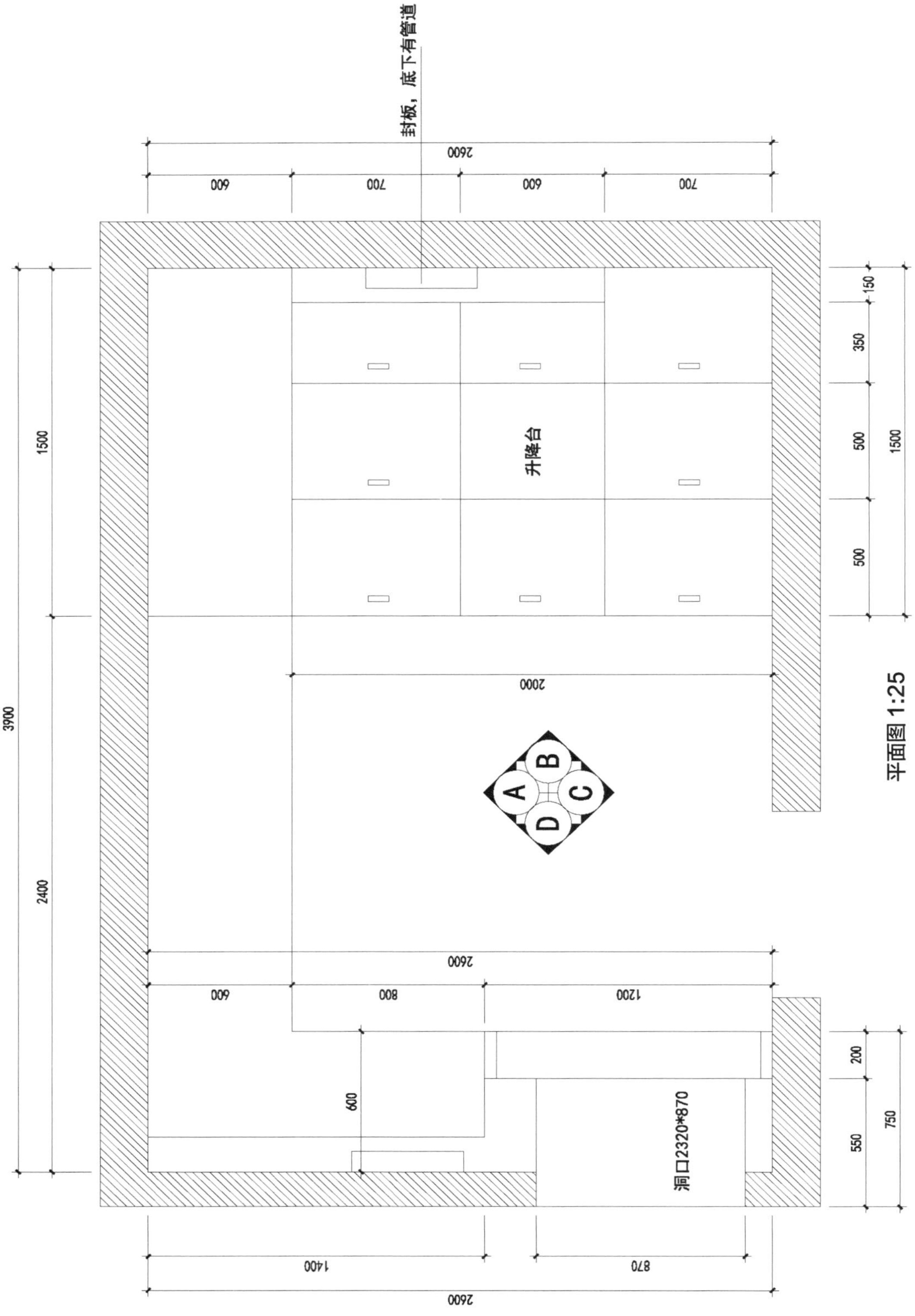
封板，底下有管道
2600
600
700
600
700
150
350
500
500
1500
升降台
2000
3900
1500
2400
A
B
C
D
2600
600
800
1200
200
550
750
600
洞口2320*870
1400
870
2600
平面图 1:25

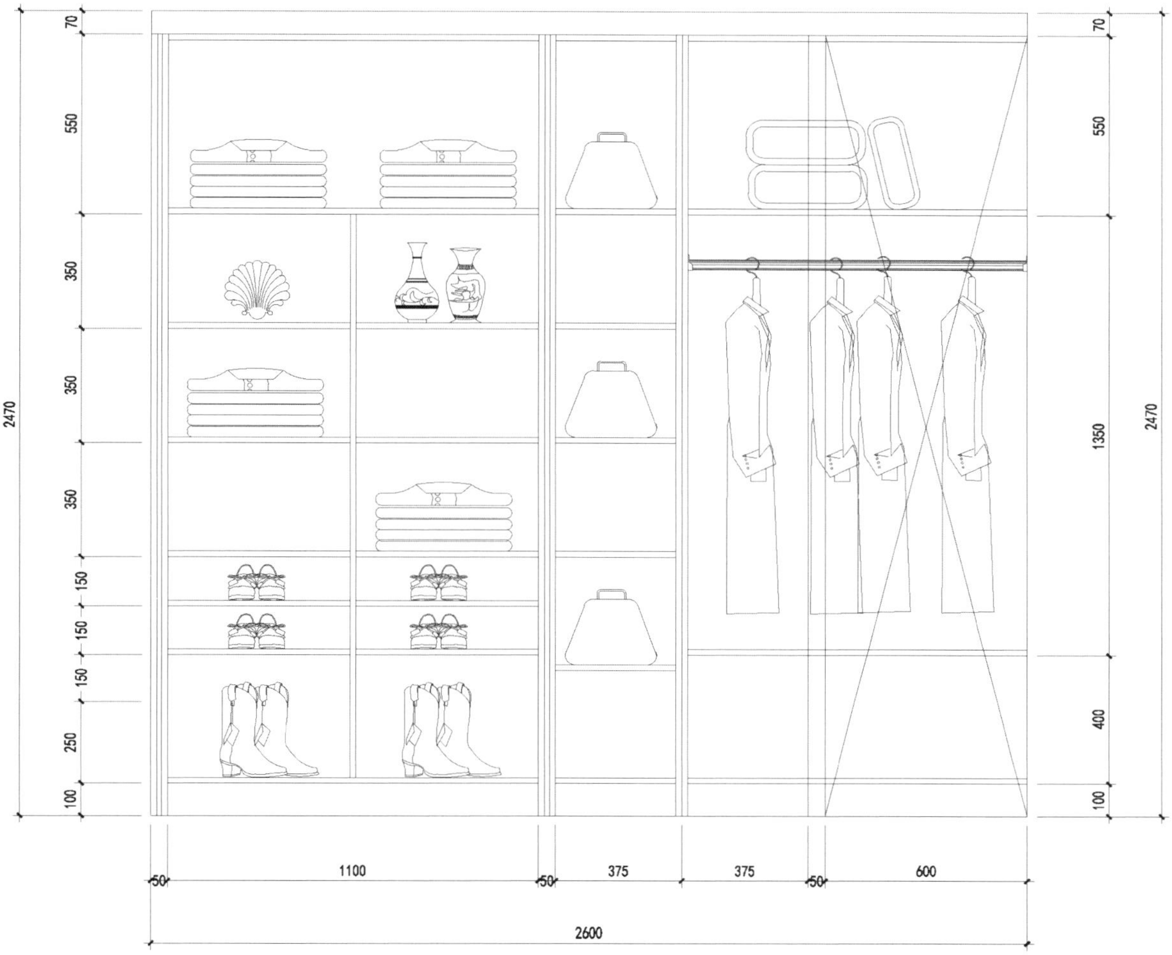
70
550
350
350
350
150
150
150
250
100
2470
70
550
1350
400
100
2470
50
1100
50
375
375
50
600
2600

D面布置图 1:25

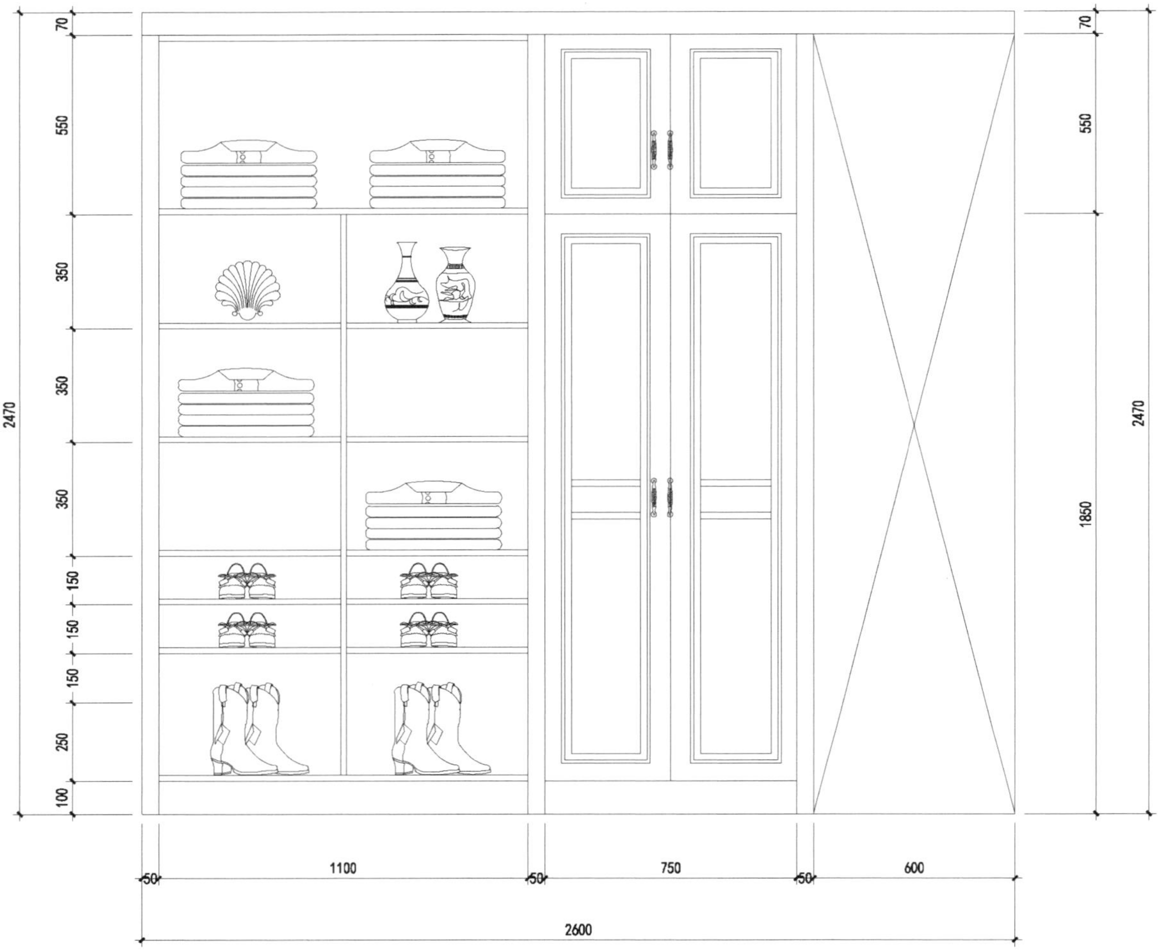
70
550
350
350
350
150
150
150
250
100
2470
70
550
1850
2470
50
1100
50
750
50
600
2600

D面立面图 1:25

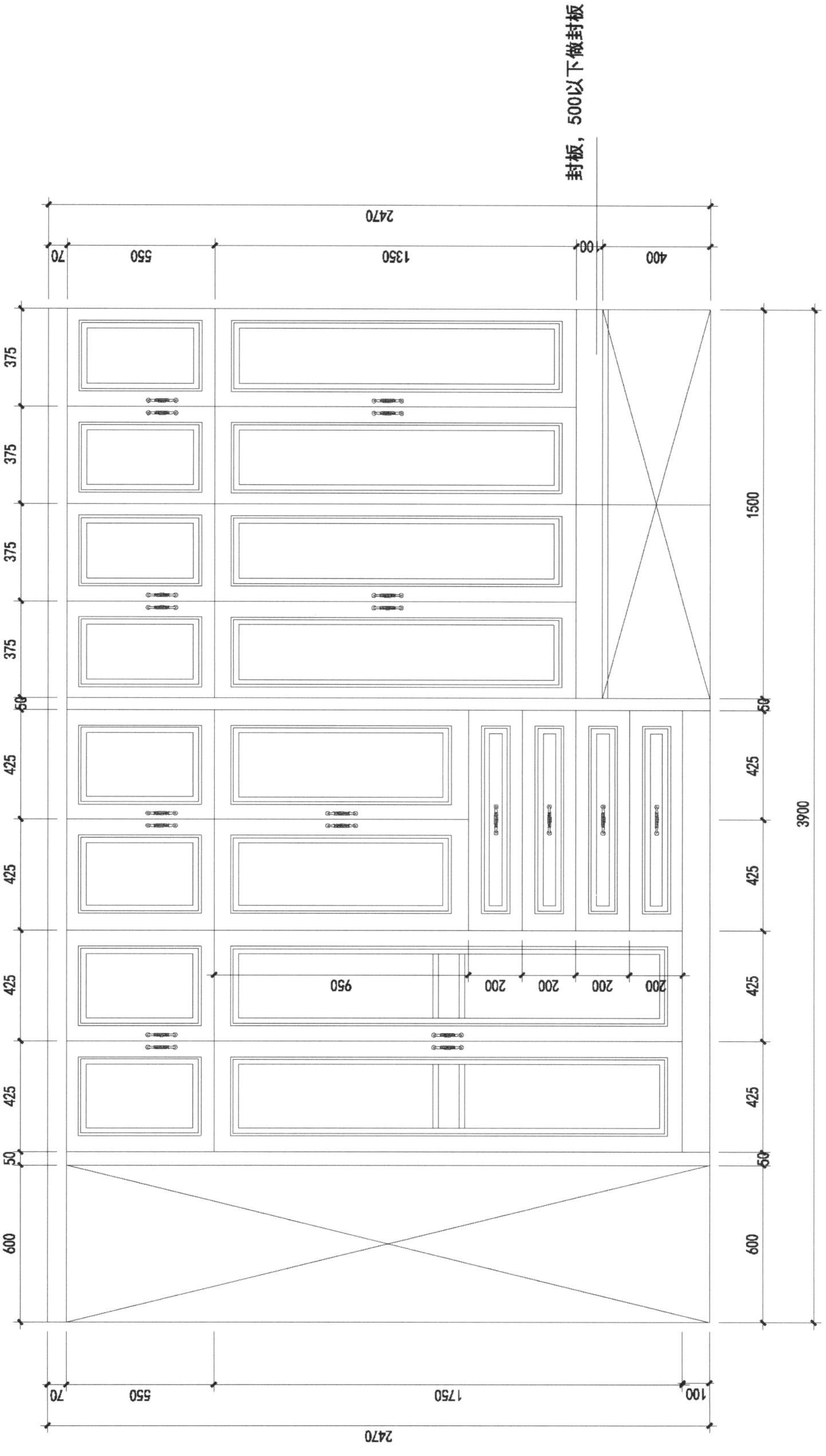

封板，500以下做封板
2470
70
550
1350
100
400
375
375
375
375
50
425
425
425
425
50
600
1500
3900
950
200
200
200
200
1750
100

A面立面图 1:25

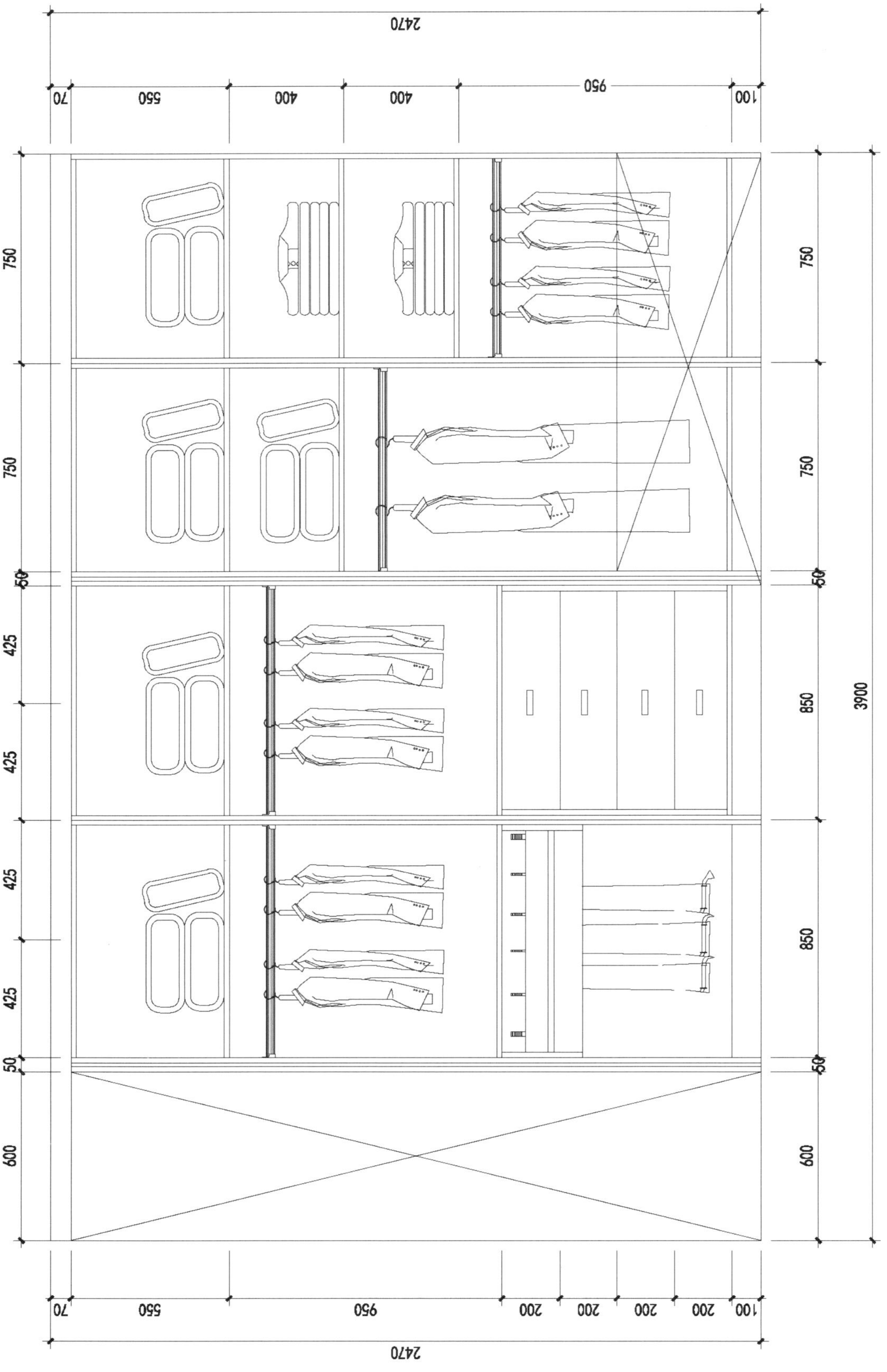
2470
70
550
400
400
950
100
750
750
50
425
425
425
425
50
600
850
850
3900
950
200
200
200
200
2470

A面布置图 1:25

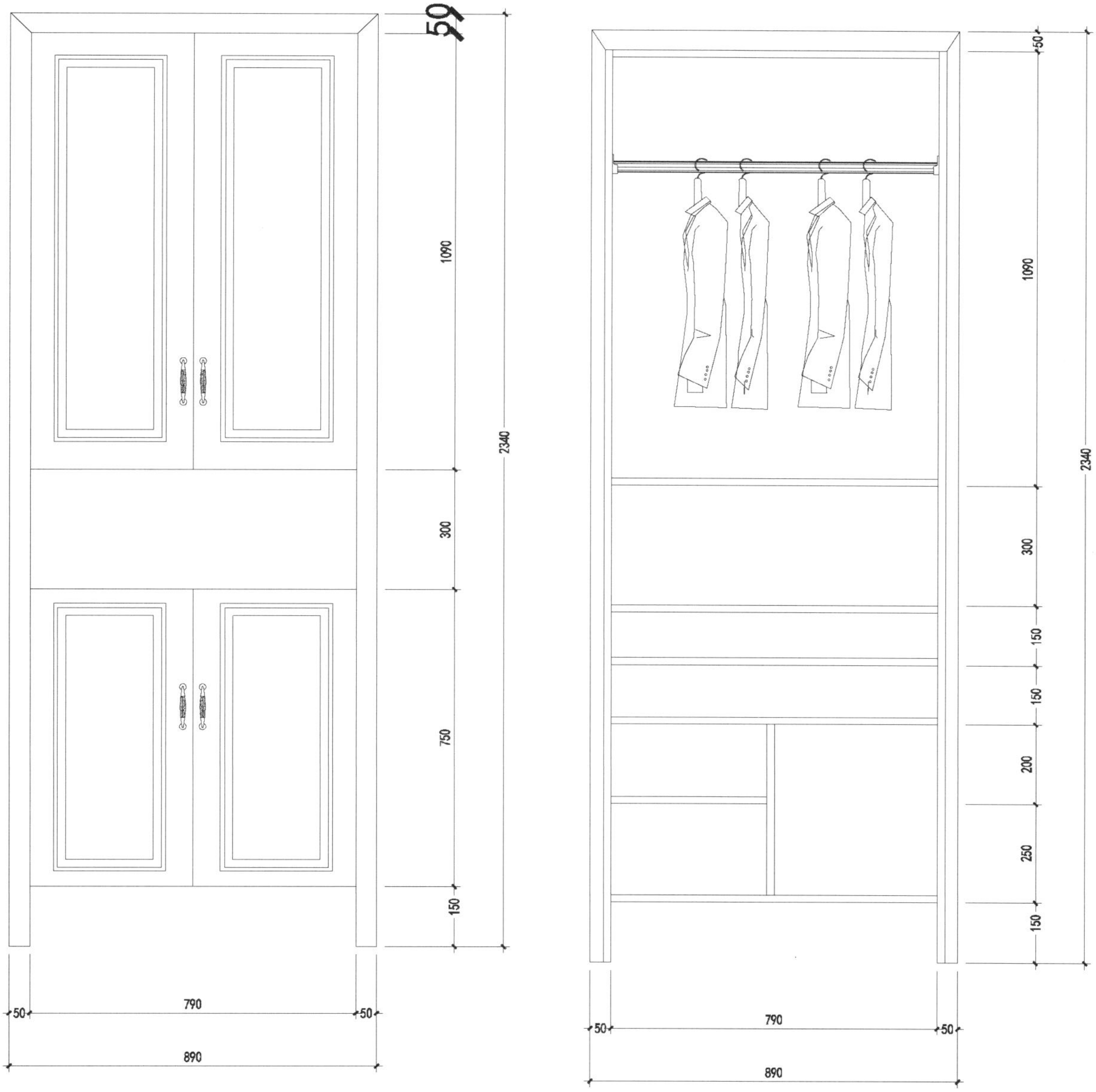
50
1090
300
750
150
2340
50
790
50
890
50
1090
300
150
150
200
250
150
2340
50
790
50
890

局部大样图 1:25

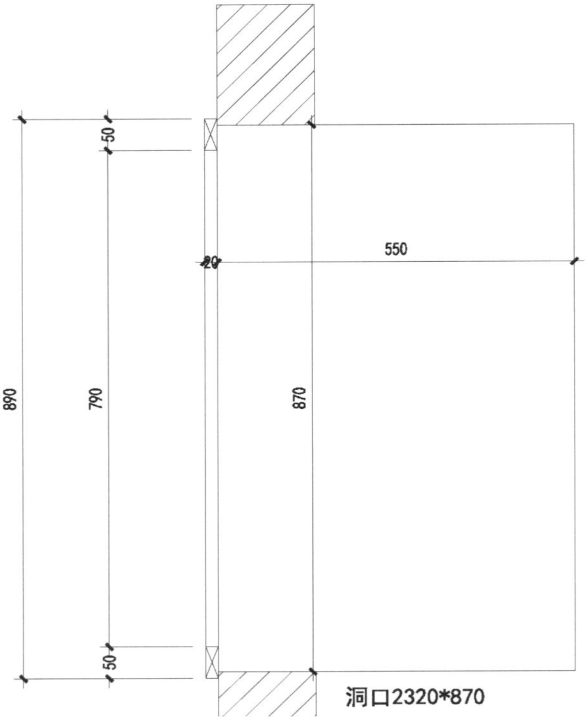

局部大样图 1:25

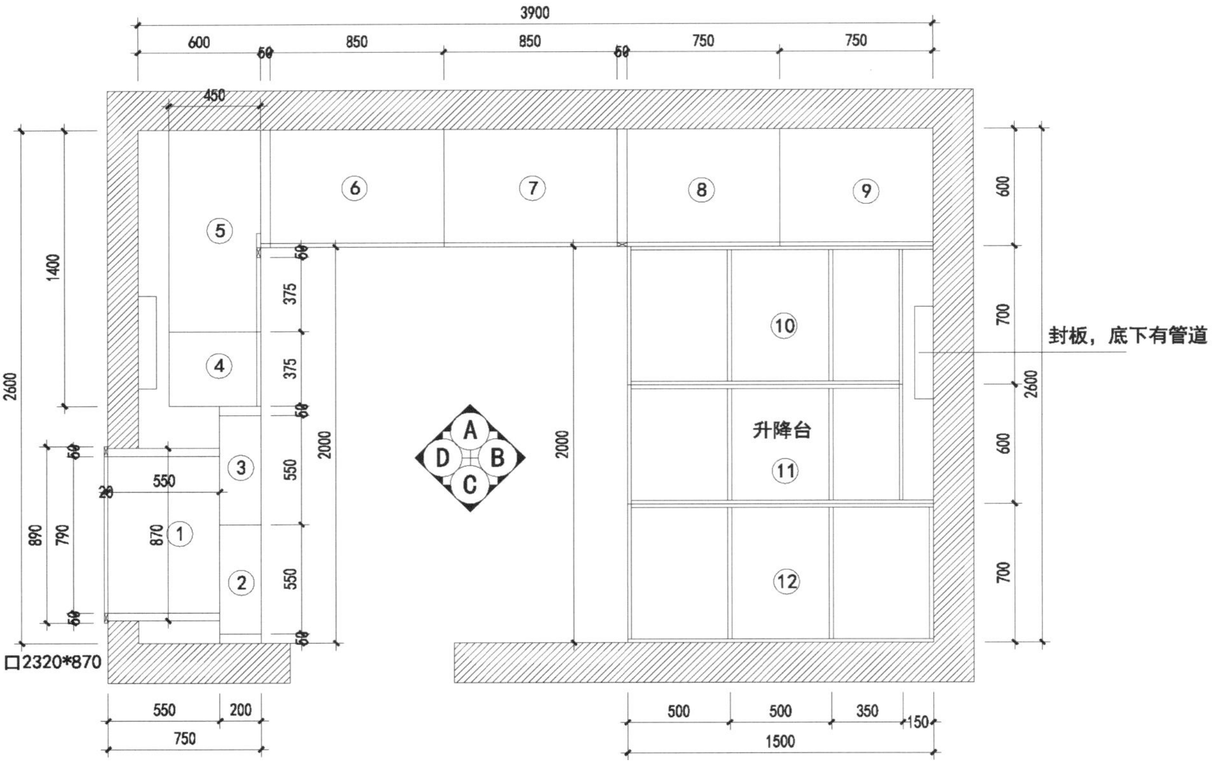

平面施工细节图 1:25

第八节 功能型榻榻米

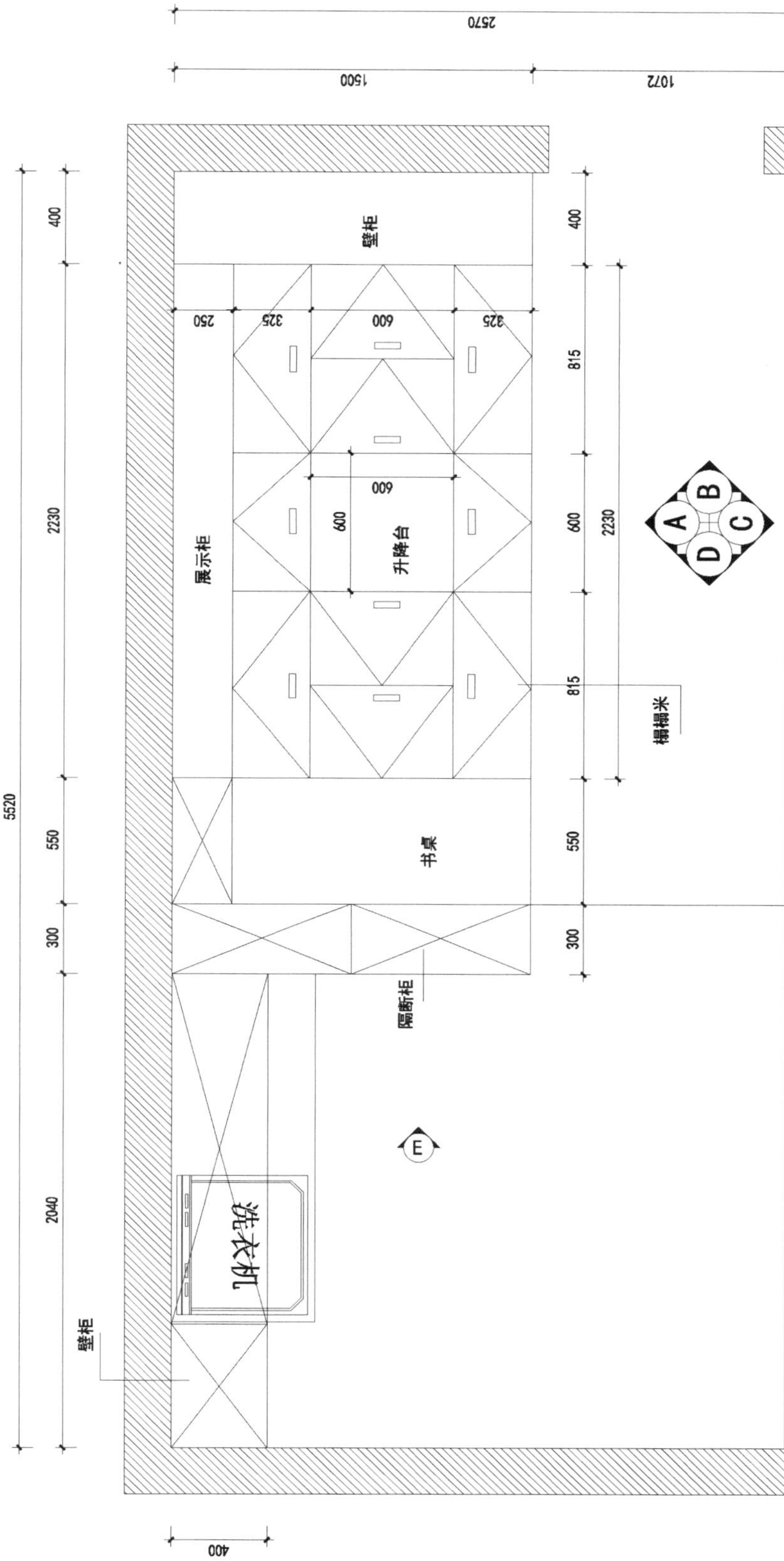

样式一 平面图 1:25

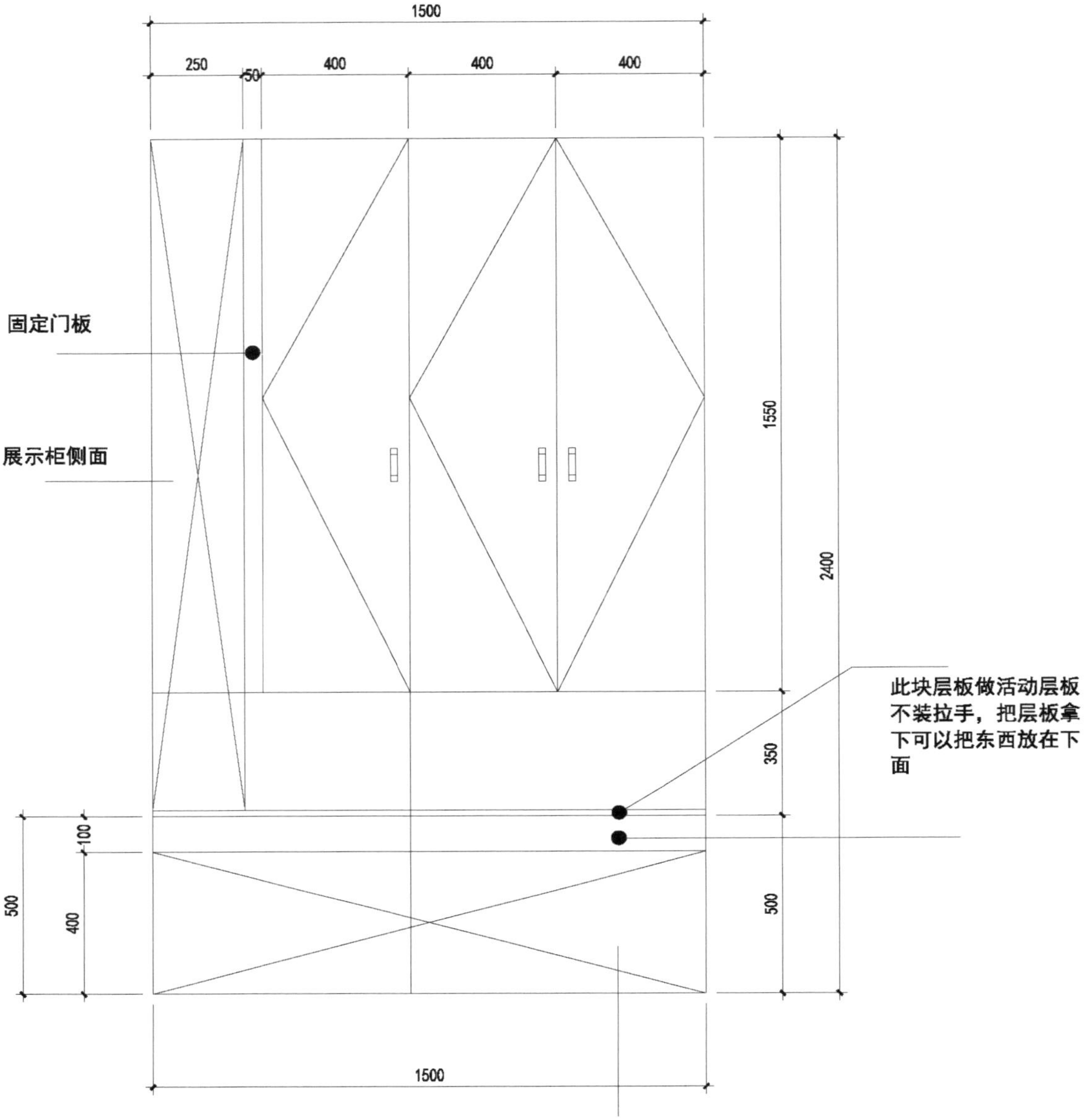
1500
250
50
400
400
400
固定门板
展示柜侧面
1550
2400
此块层板做活动层板不装拉手，把层板拿下可以把东西放在下面
350
100
500
400
500
1500

B 面立面图 1:25

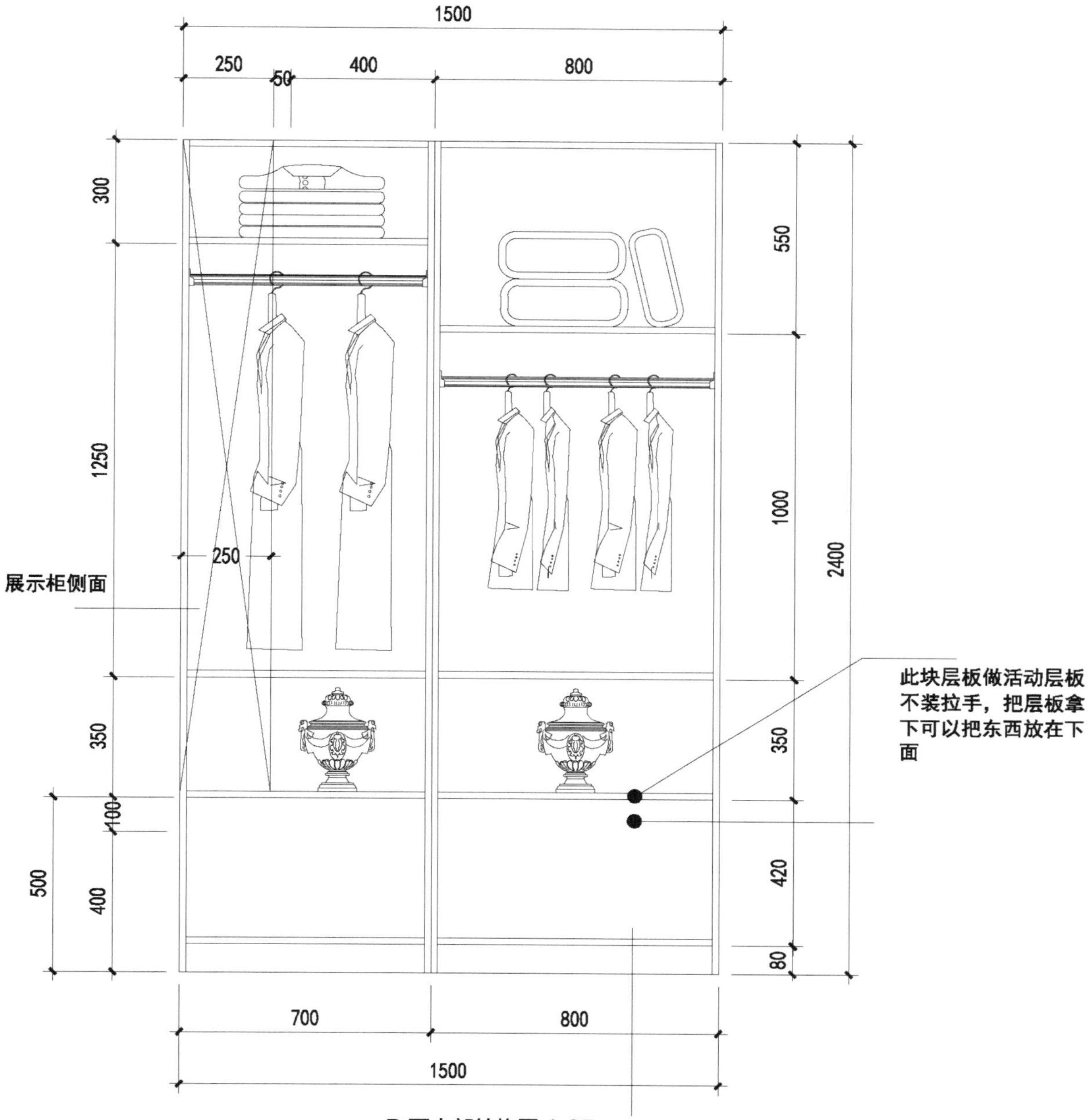
1500
250
50
400
800
300
1250
250
展示柜侧面
350
100
500
400
550
1000
2400
此块层板做活动层板不装拉手，把层板拿下可以把东西放在下面
350
420
80
700
800
1500

B 面内部结构图 1:25

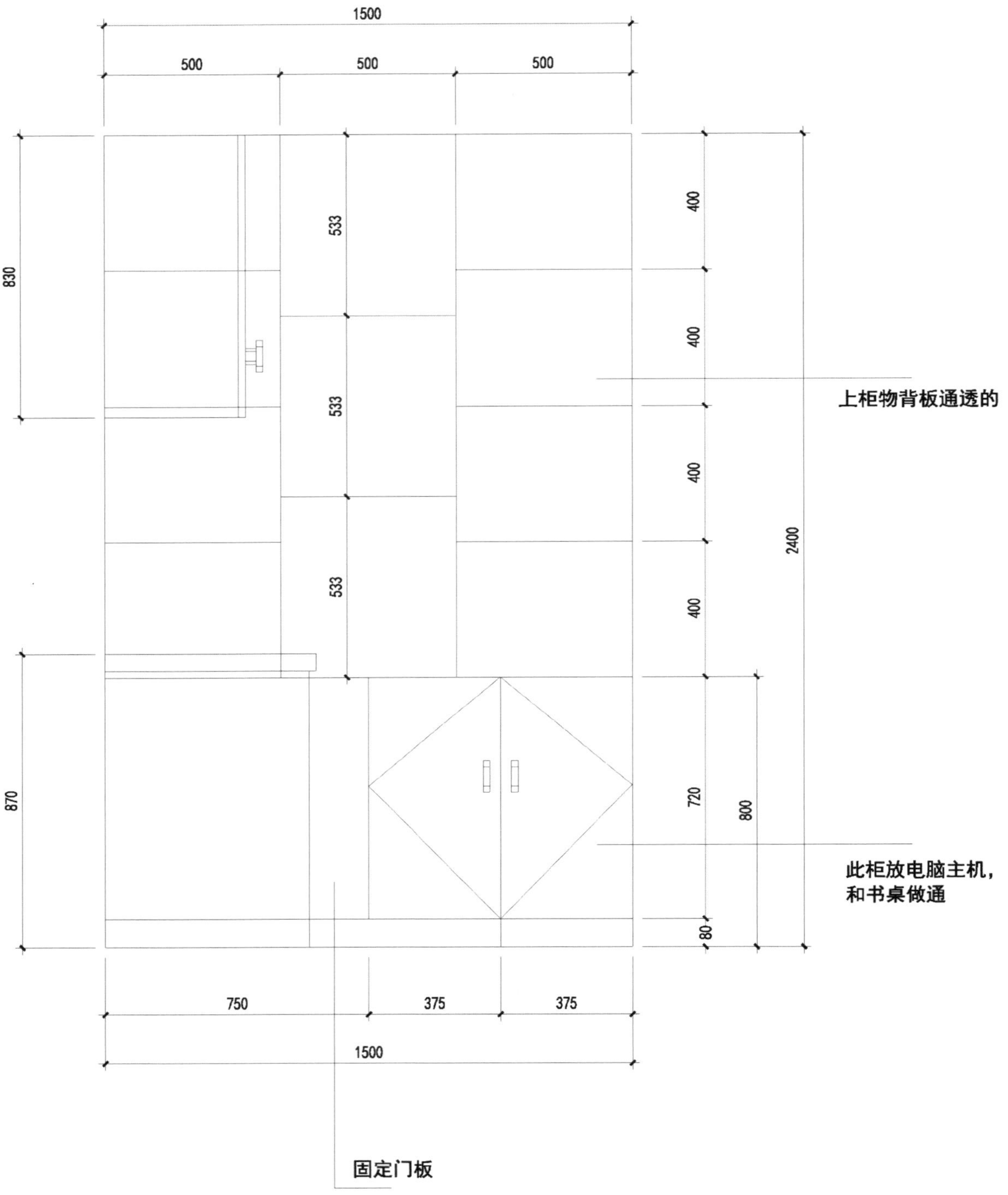
1500
500
500
500
830
533
533
533
400
400
400
400
2400
上柜物背板通透的
870
720
800
80
此柜放电脑主机，
和书桌做通
750
375
375
1500
固定门板

D 面结构图 1:25

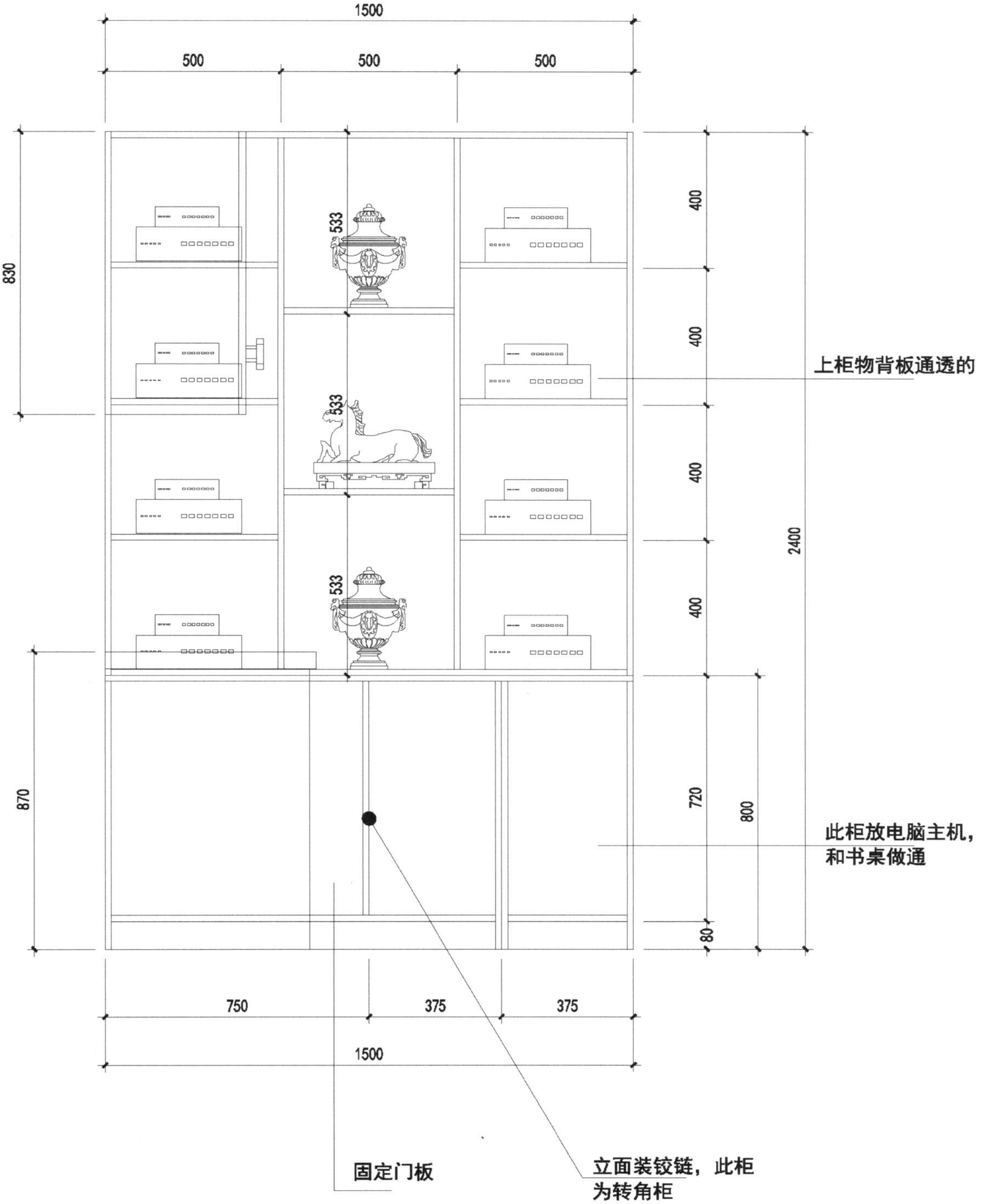
1500
500
500
500
830
870
533
533
533
400
400
400
400
720
80
800
2400
上柜物背板通透的
此柜放电脑主机，
和书桌做通
750
375
375
1500
固定门板
立面装铰链，此柜
为转角柜

E 面内部结构图 1:25

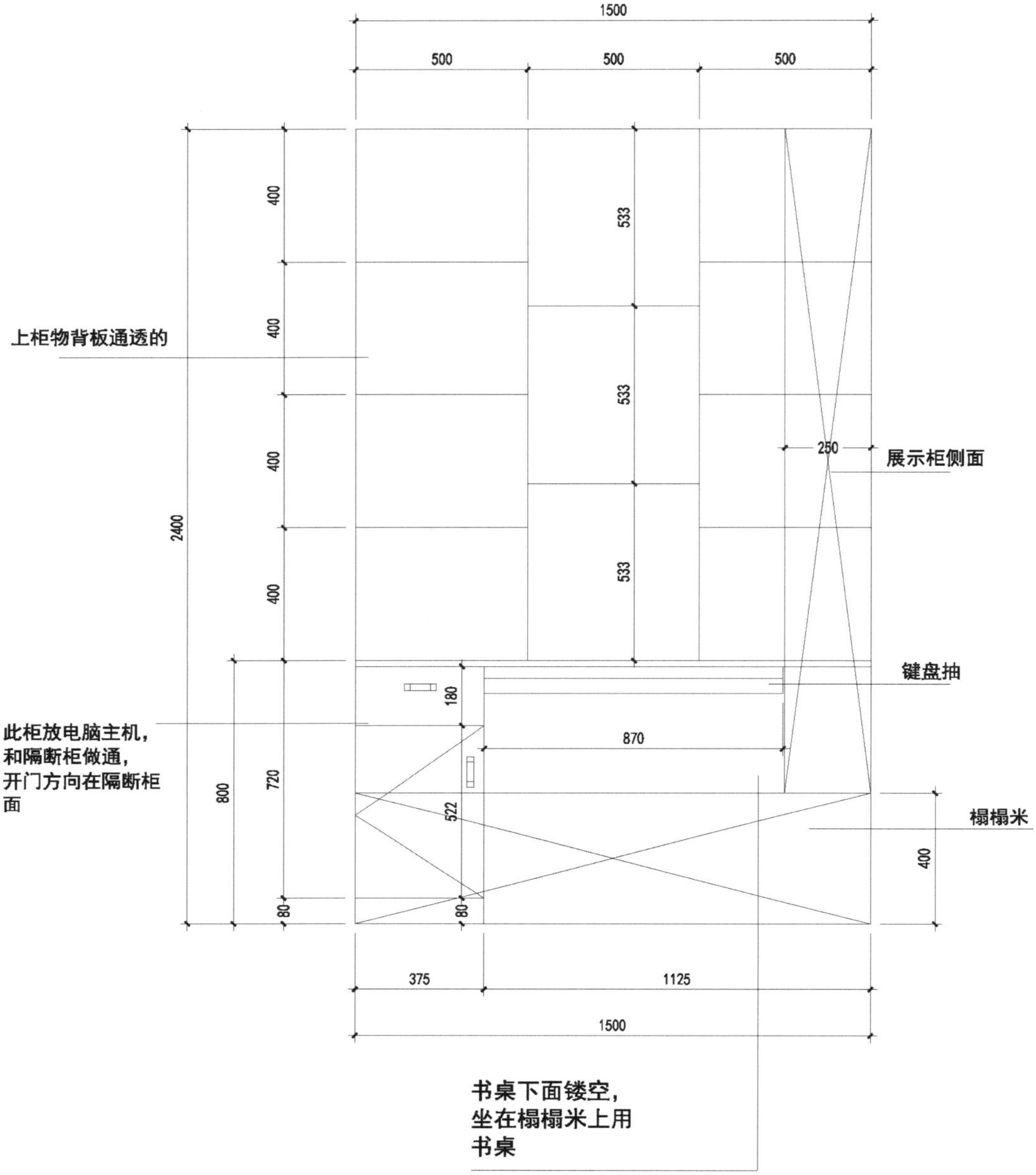
1500
500
500
500
400
400
400
400
2400
533
533
533
上柜物背板通透的
250
展示柜侧面
键盘抽
180
870
此柜放电脑主机，
和隔断柜做通，
开门方向在隔断柜
面
800
720
522
80
80
榻榻米
400
375
1125
1500
书桌下面镂空，
坐在榻榻米上用
书桌

D面立面图 1:25

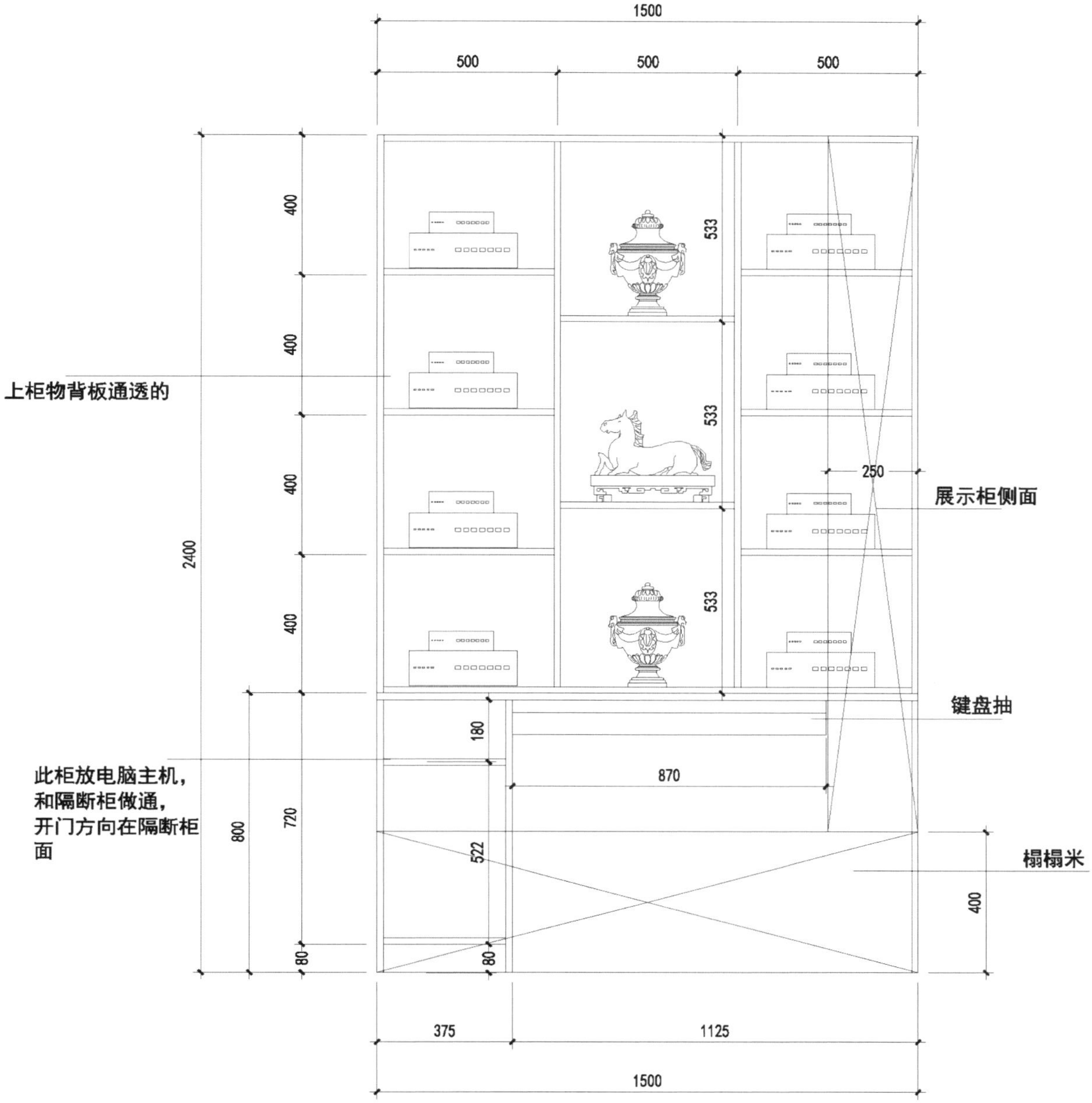
1500
500
500
500
400
400
400
400
533
533
533
2400
250
上柜物背板通透的
展示柜侧面
键盘抽
180
870
此柜放电脑主机，
和隔断柜做通，
开门方向在隔断柜
面
800
720
522
榻榻米
400
80
80
375
1125
1500

D 面内部结构图 1:25

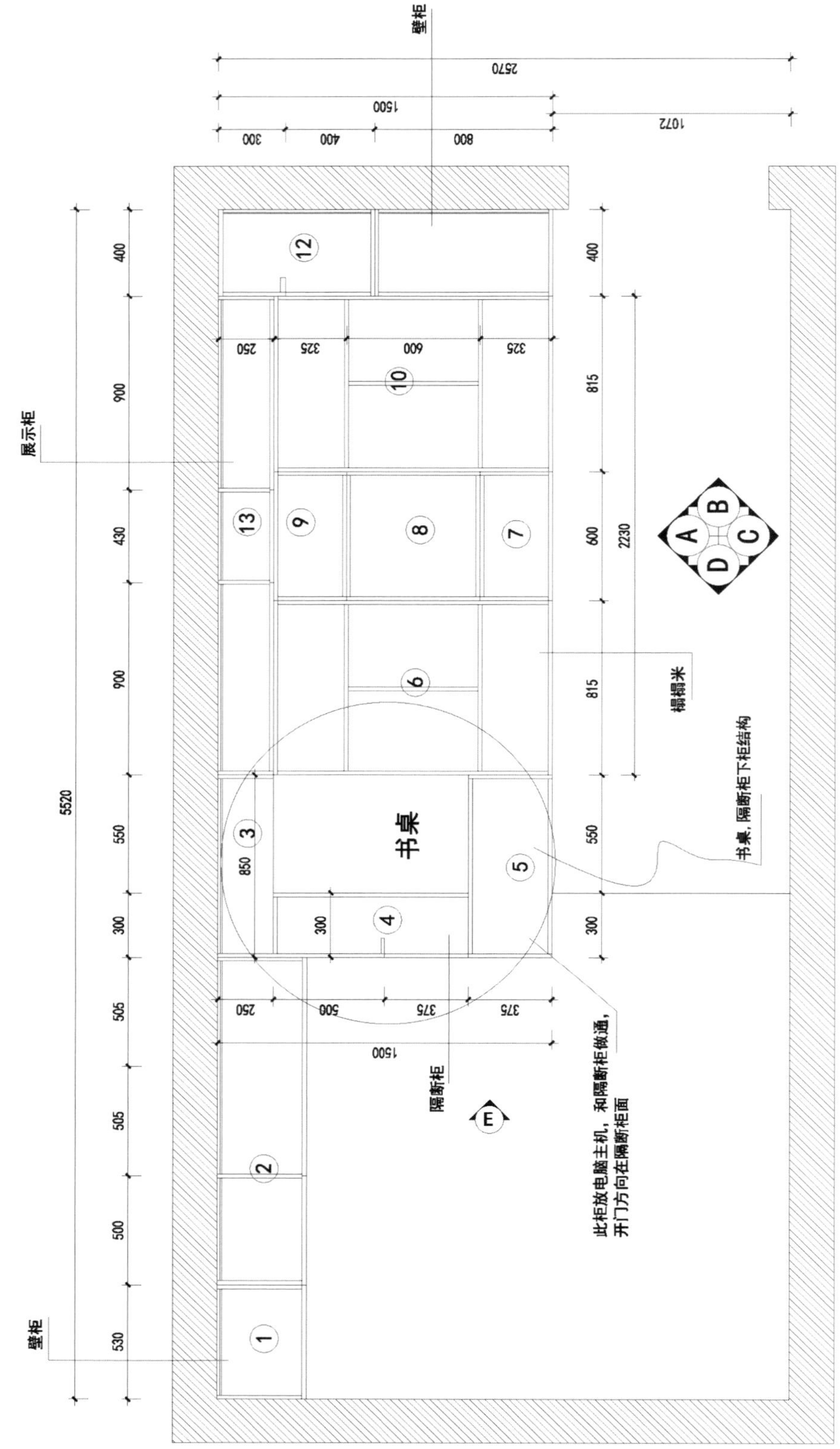
壁柜
2570
1500
1072
300
400
800
展示柜
400
900
430
900
550
300
505
505
500
530
5520
250
325
600
325
815
600
815
2230
榻榻米
书桌，隔断柜下柜结构
书桌
850
300
250
500
375
375
1500
隔断柜
此柜放电脑主机，和隔断柜做通，
开门方向在隔断柜面
壁柜
400
1
2
3
4
5
6
7
8
9
10
12
13
A
B
C
D
E

平面施工图 1:25

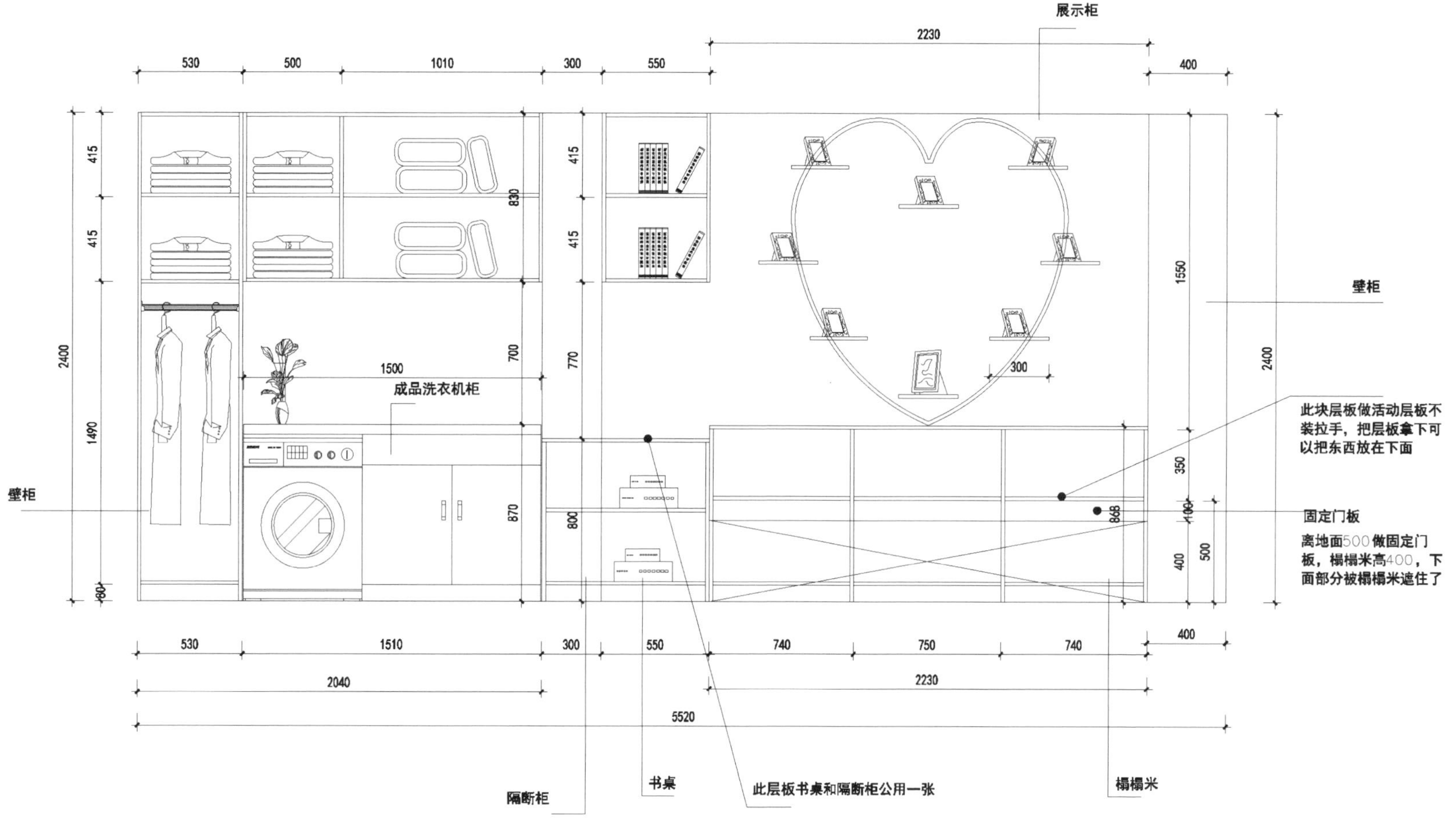
展示柜
2230
530
500
1010
300
550
400
415
415
830
700
770
1500
成品洗衣机柜
2400
1490
870
800
80
1550
壁柜
300
此块层板做活动层板不装拉手，把层板拿下可以把东西放在下面
350
100
868
400
500
固定门板
离地面500做固定门板，榻榻米高400，下面部分被榻榻米遮住了
1510
740
750
2040
5520
隔断柜
书桌
此层板书桌和隔断柜公用一张
榻榻米

A 面内部结构图 1:25

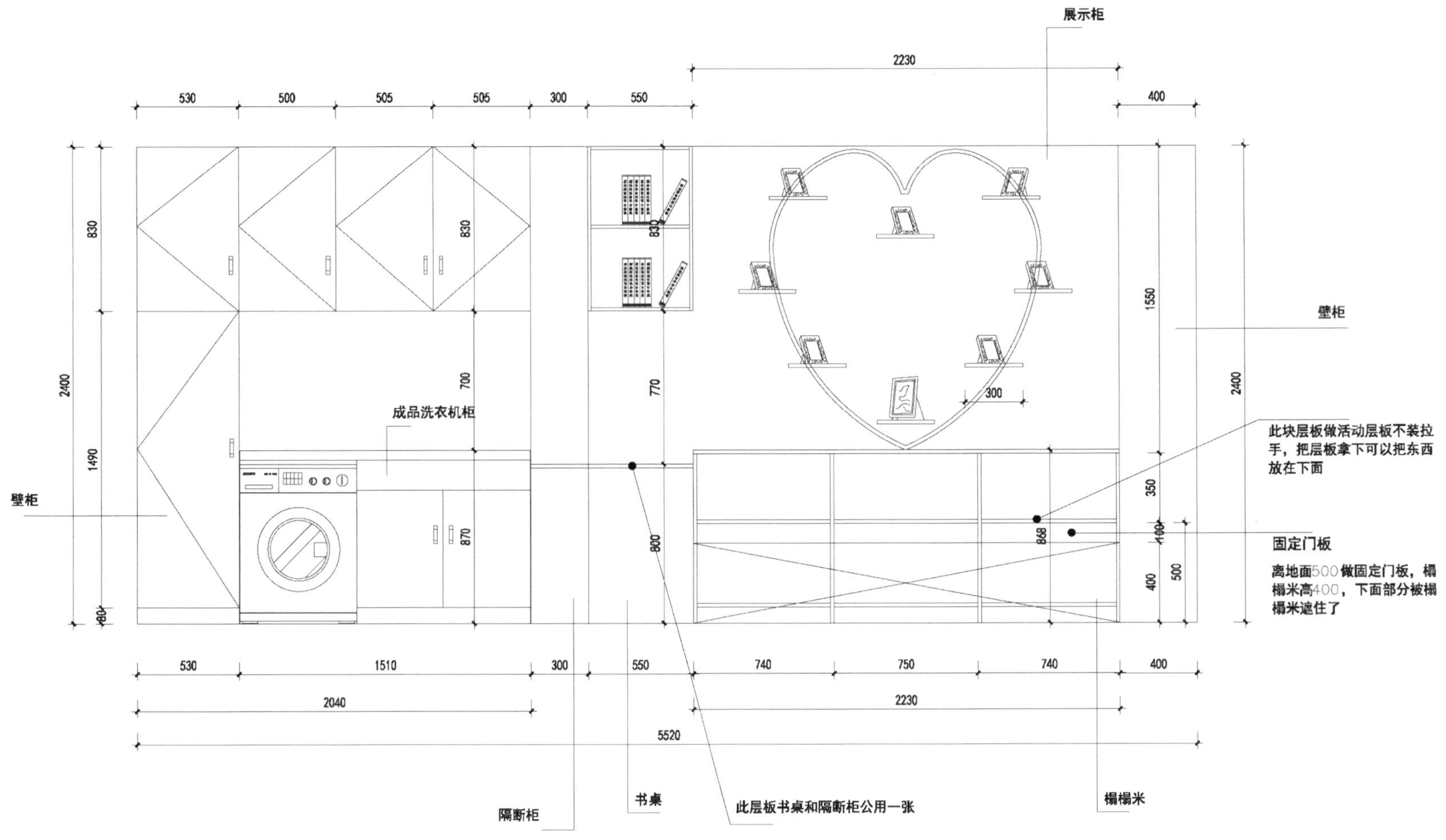
展示柜
2230
530
500
505
505
300
550
400
830
2400
1490
80
700
770
1550
2400
300
830
成品洗衣机柜
870
800
350
868
100
400
500
壁柜
壁柜
此块层板做活动层板不装拉手，把层板拿下可以把东西放在下面
固定门板
离地面500做固定门板，榻榻米高400，下面部分被榻榻米遮住了
530
1510
300
550
740
750
740
400
2040
2230
5520
隔断柜
书桌
此层板书桌和隔断柜公用一张
榻榻米

A面立面图 1:25

第九节 全屋榻榻米

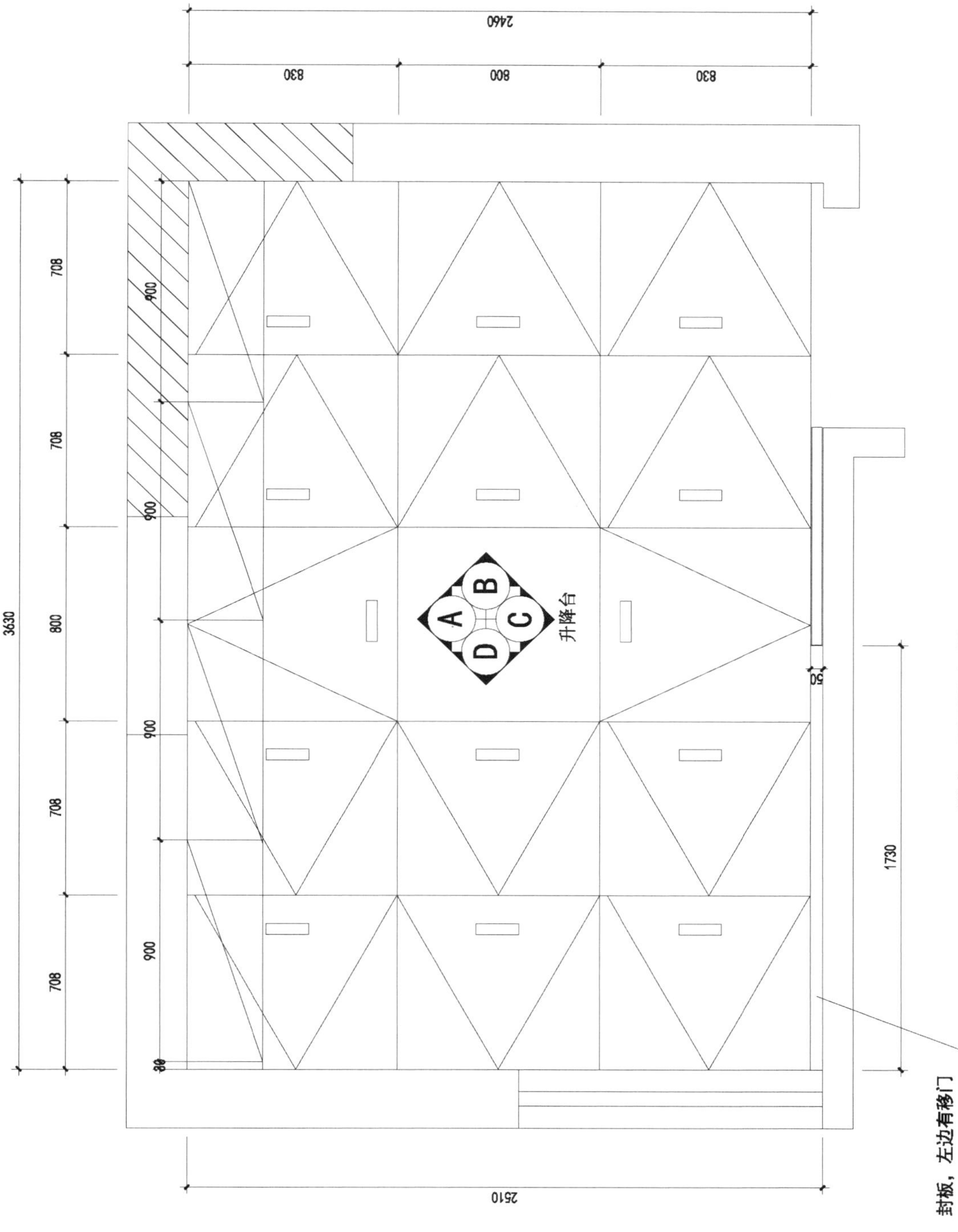

样式一 平面图 1:25

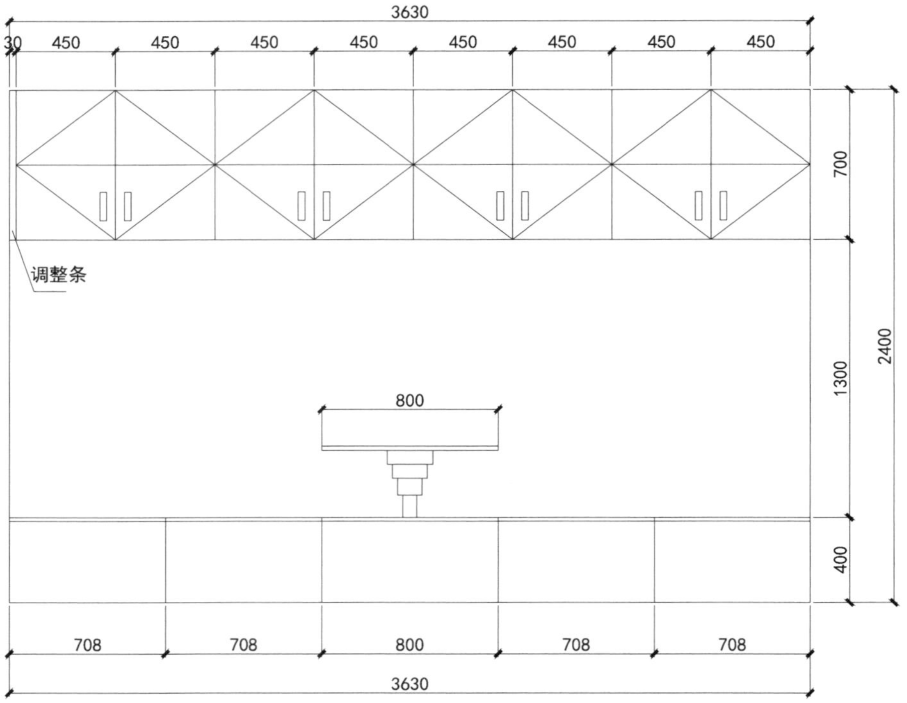

样式一 A 面立面图 1:25

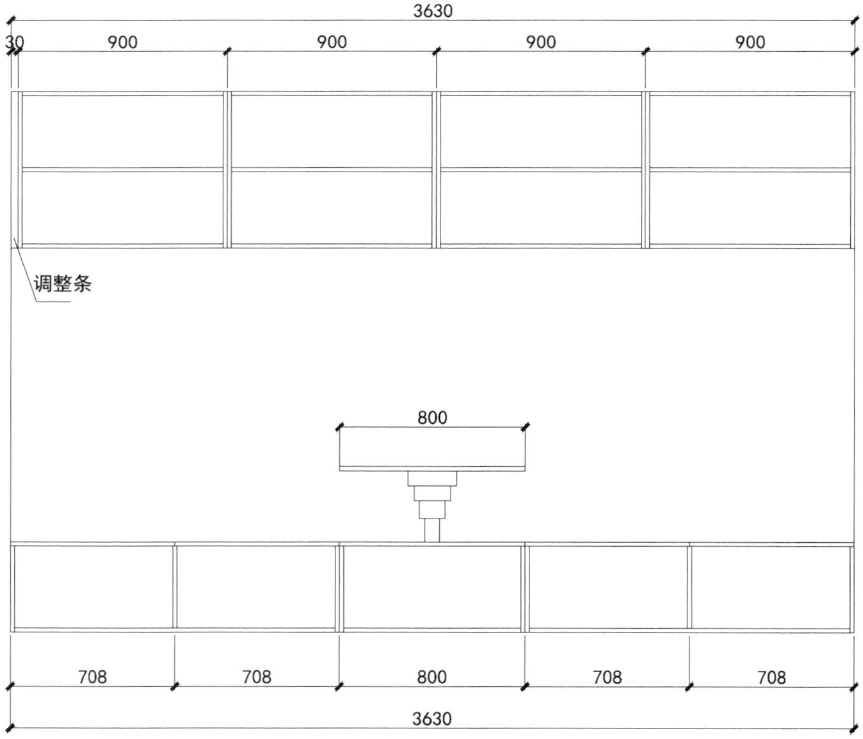

样式一 A 面内部结构图 1:25

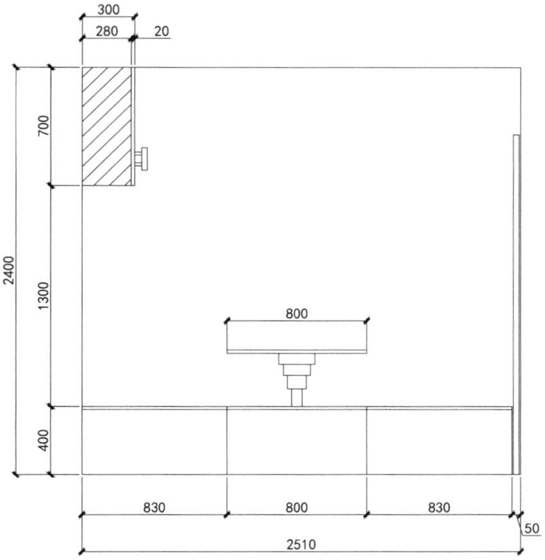

样式一 B 面立面图 1:25

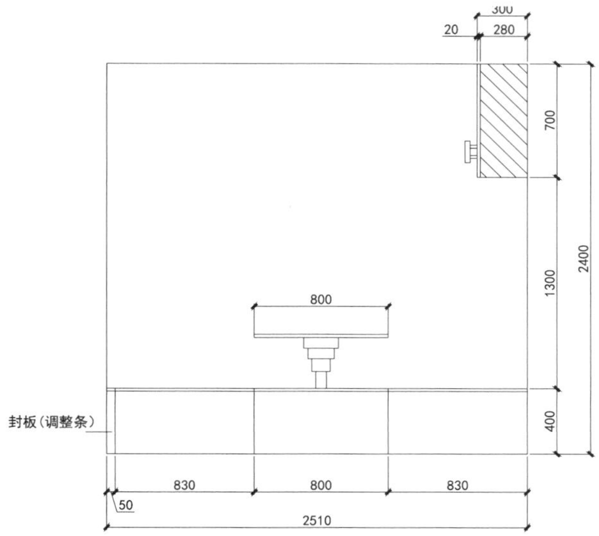

样式一 D 面立面图 1:25

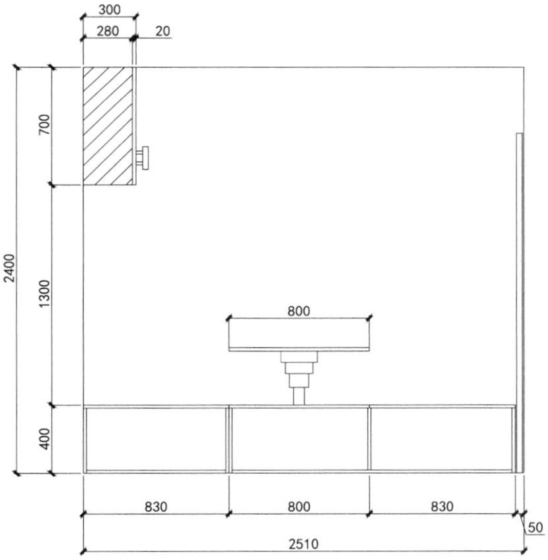

样式一 B 面内部结构图 1:25

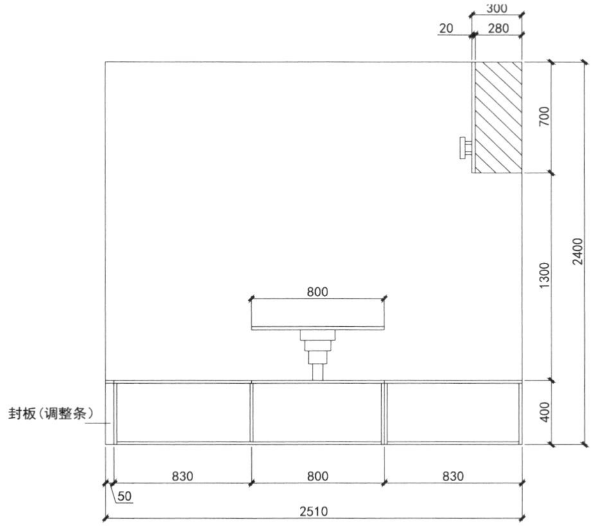

样式一 D 面内部结构图 1:25

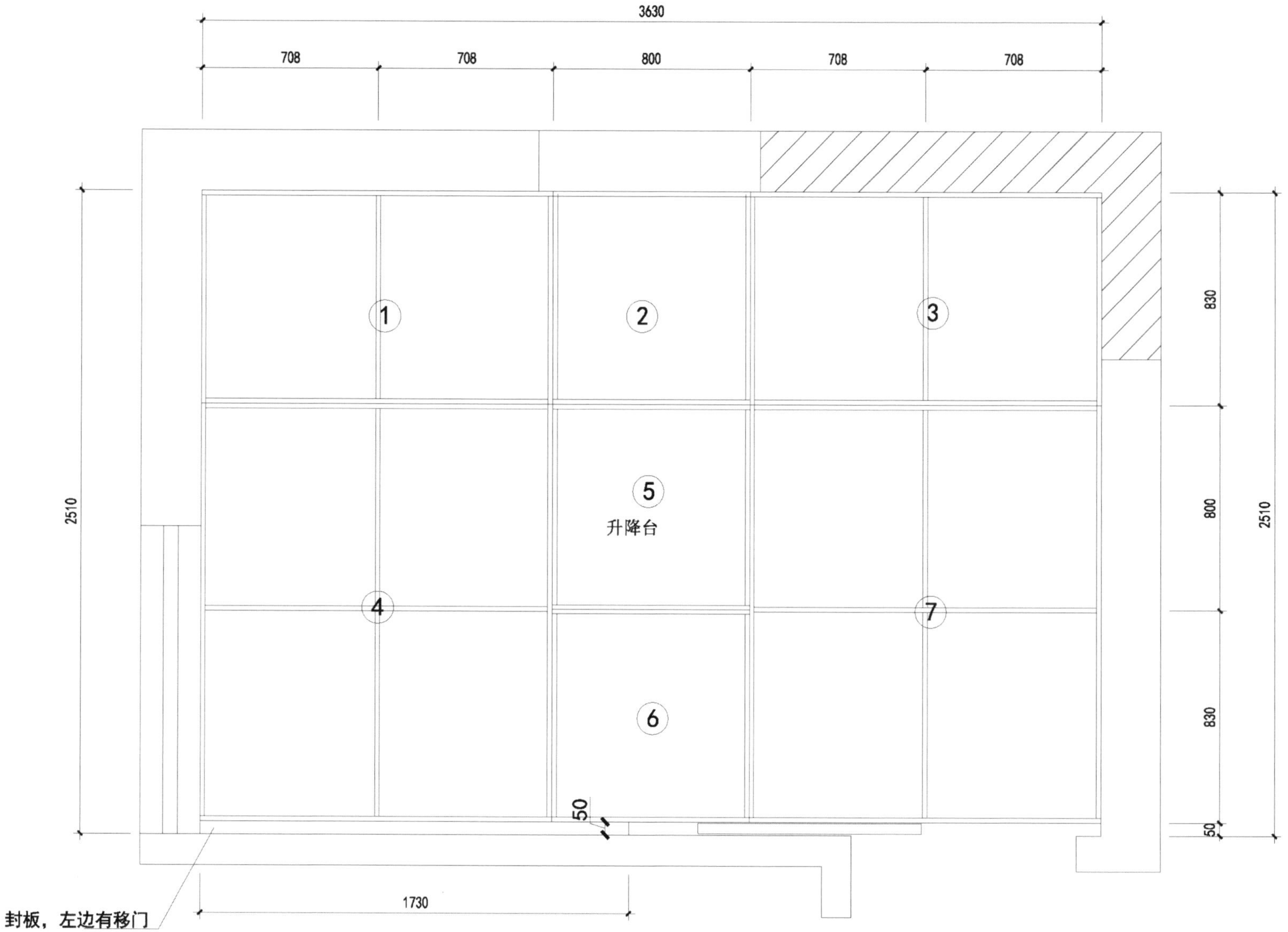

样式一 俯视结构图 1:25

样式一 俯视结构图 1:25

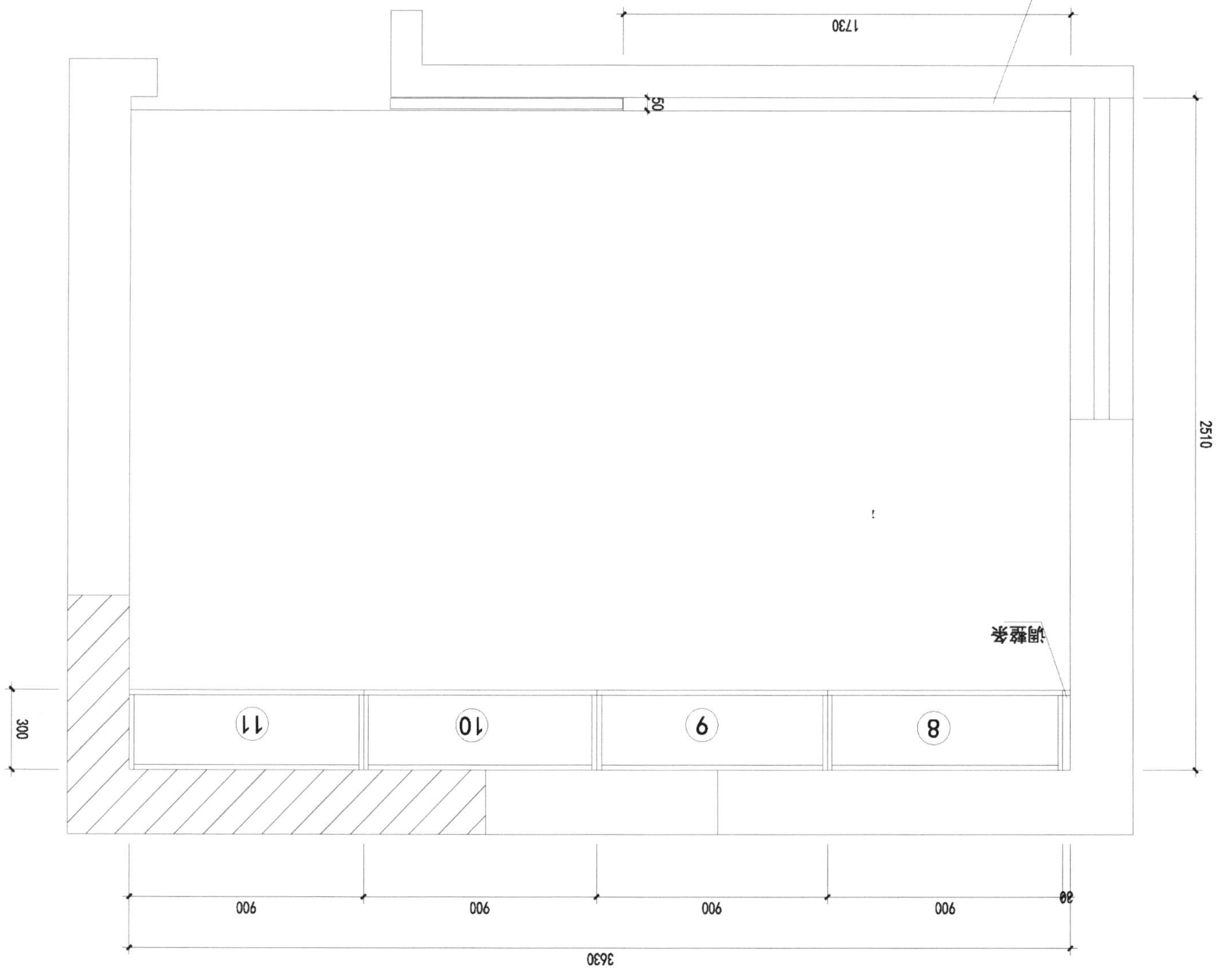

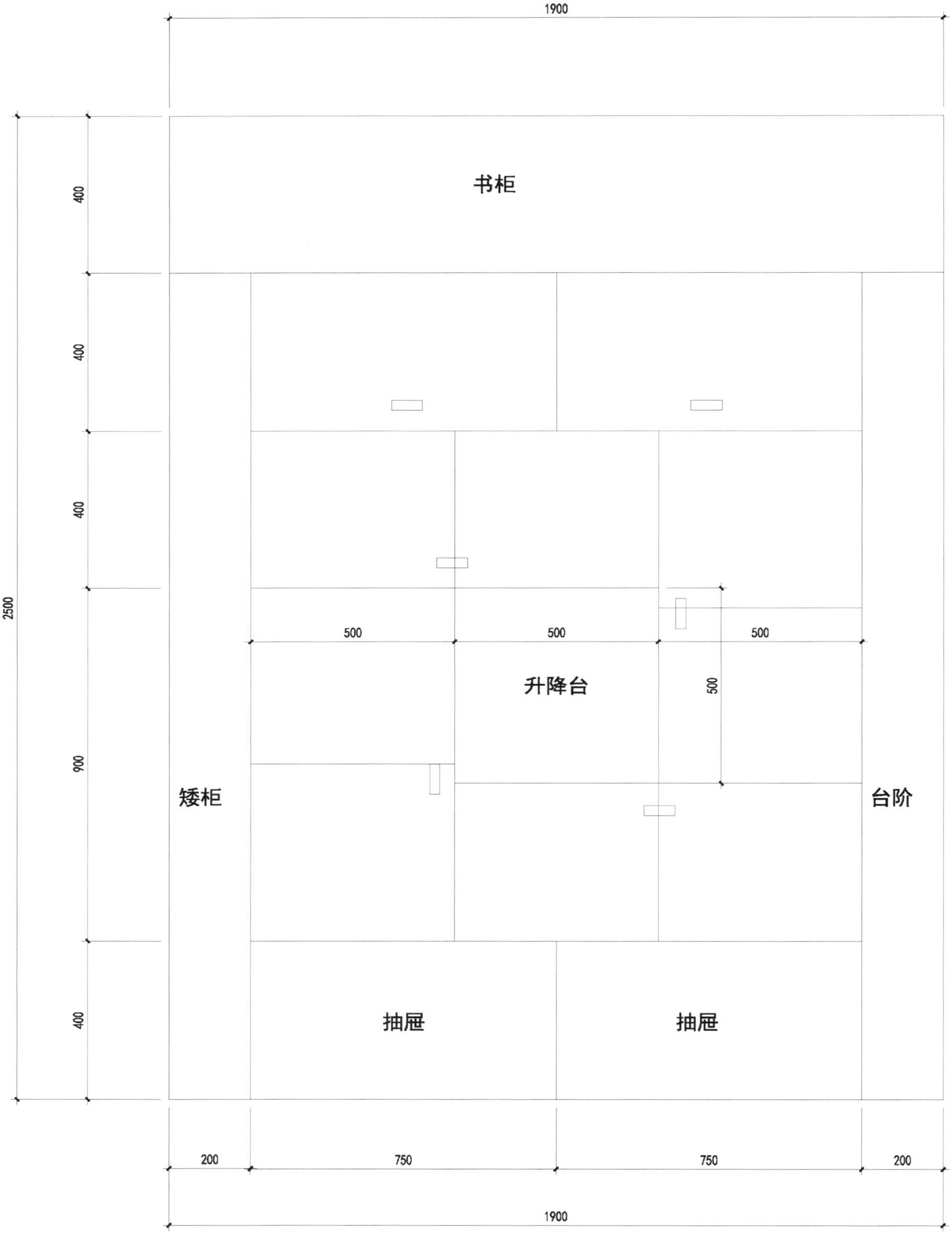
1900
书柜
400
400
400
2500
900
400
500
500
500
升降台
500
矮柜
台阶
抽屉
抽屉
200
750
750
200
1900

样式二 平面图 1:25

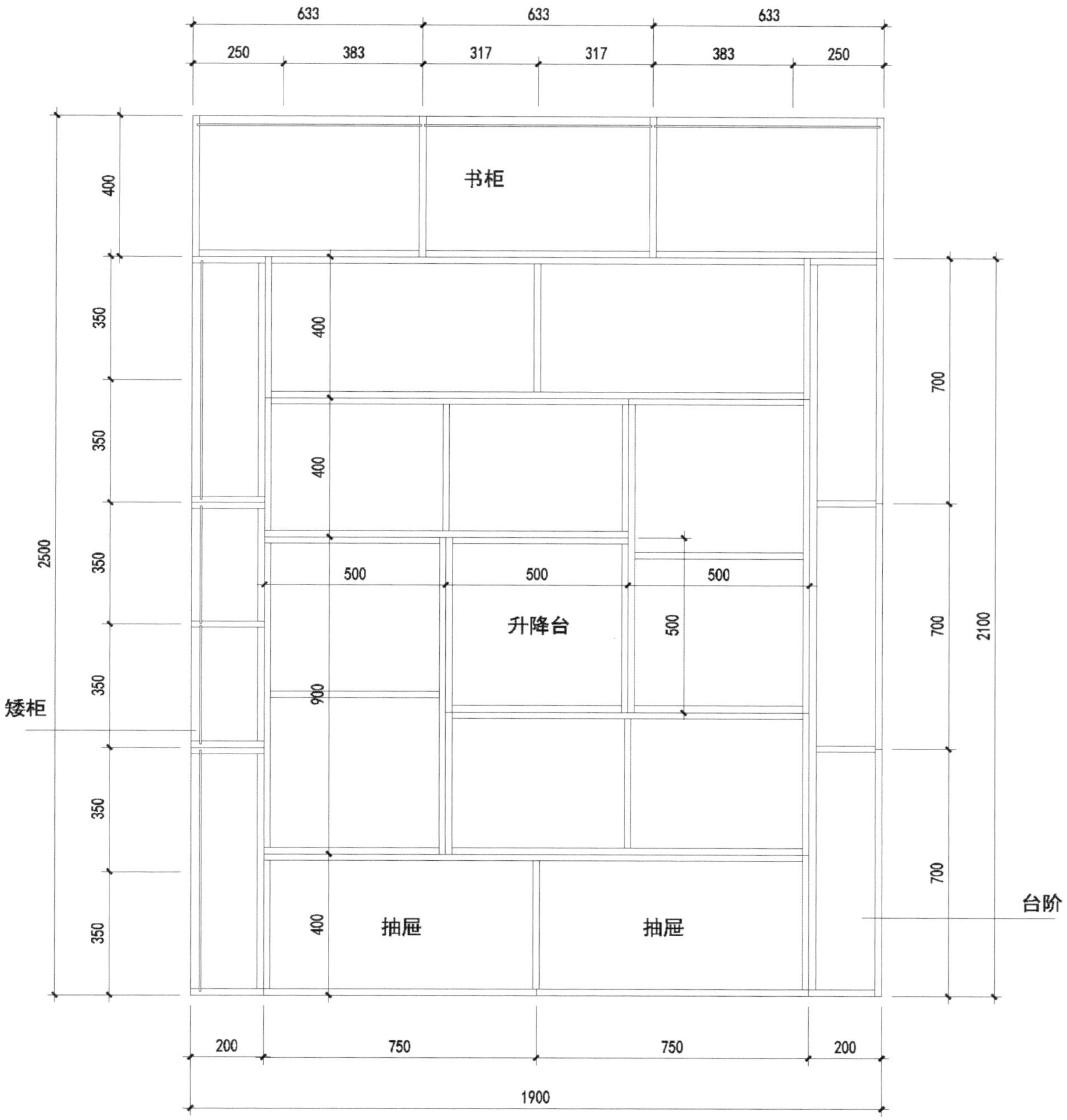

样式二 平面施工图 1:25

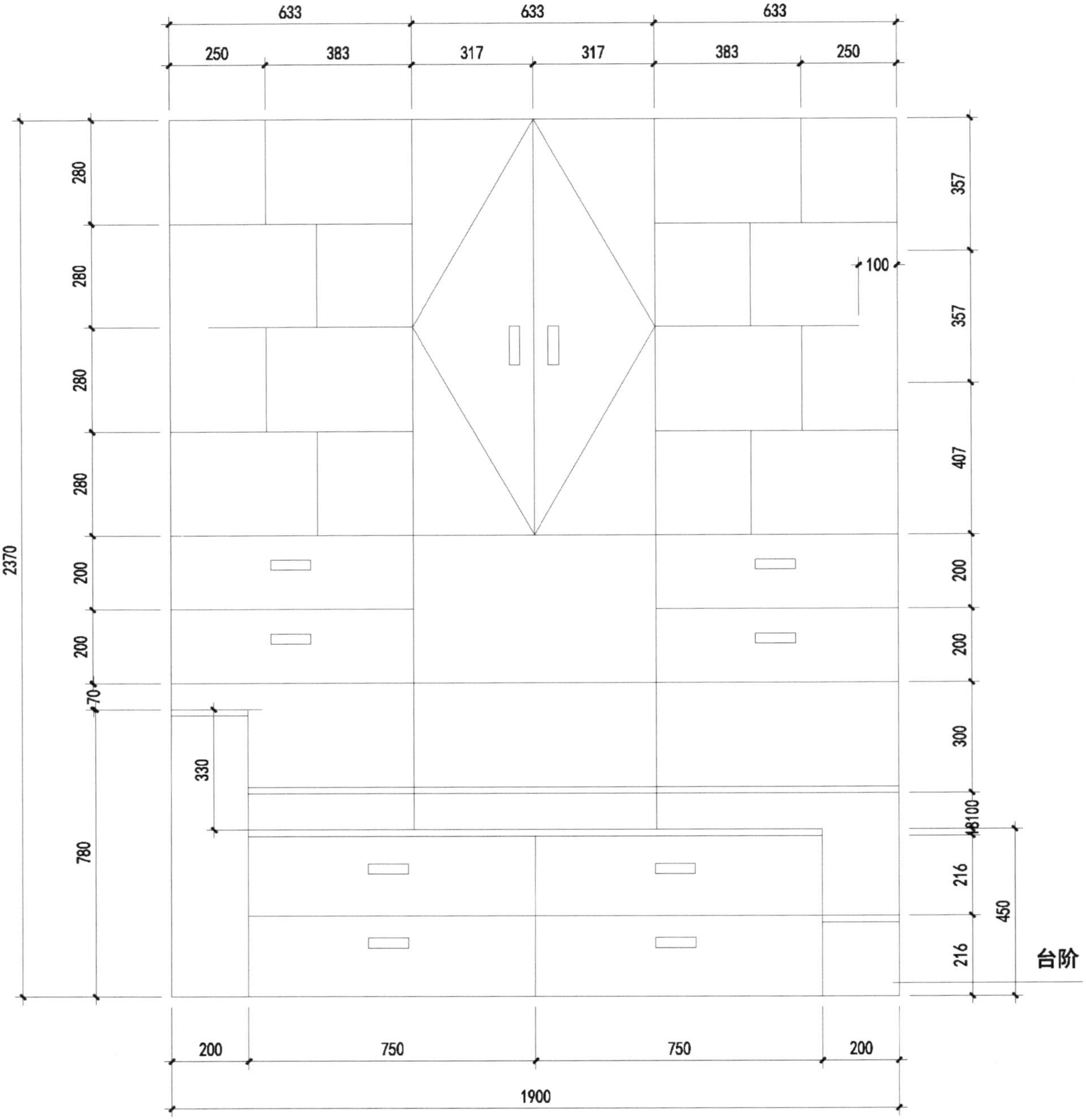

样式二 书柜立面图 1:25

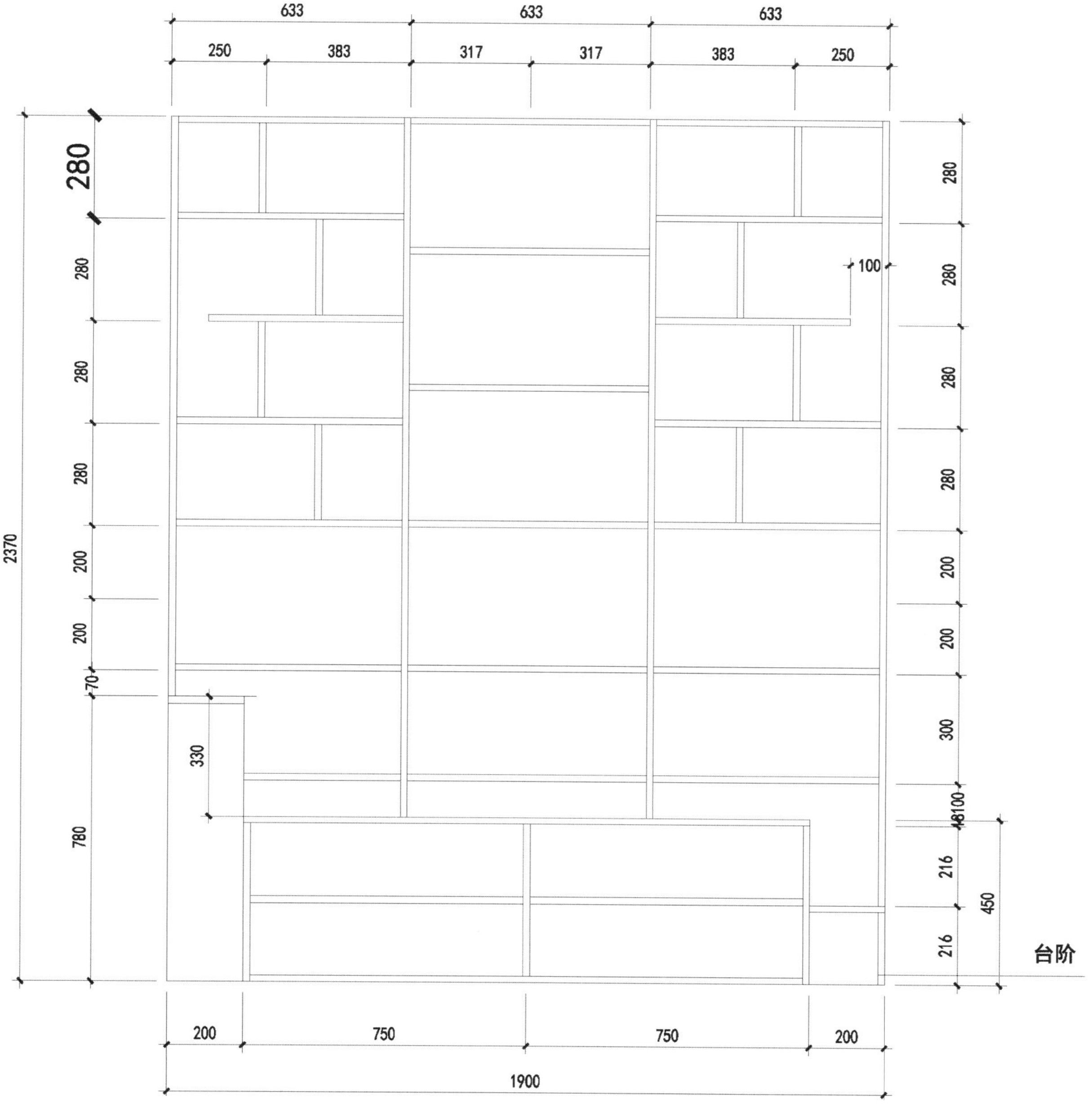

样式二 书柜立面施工图 1:25

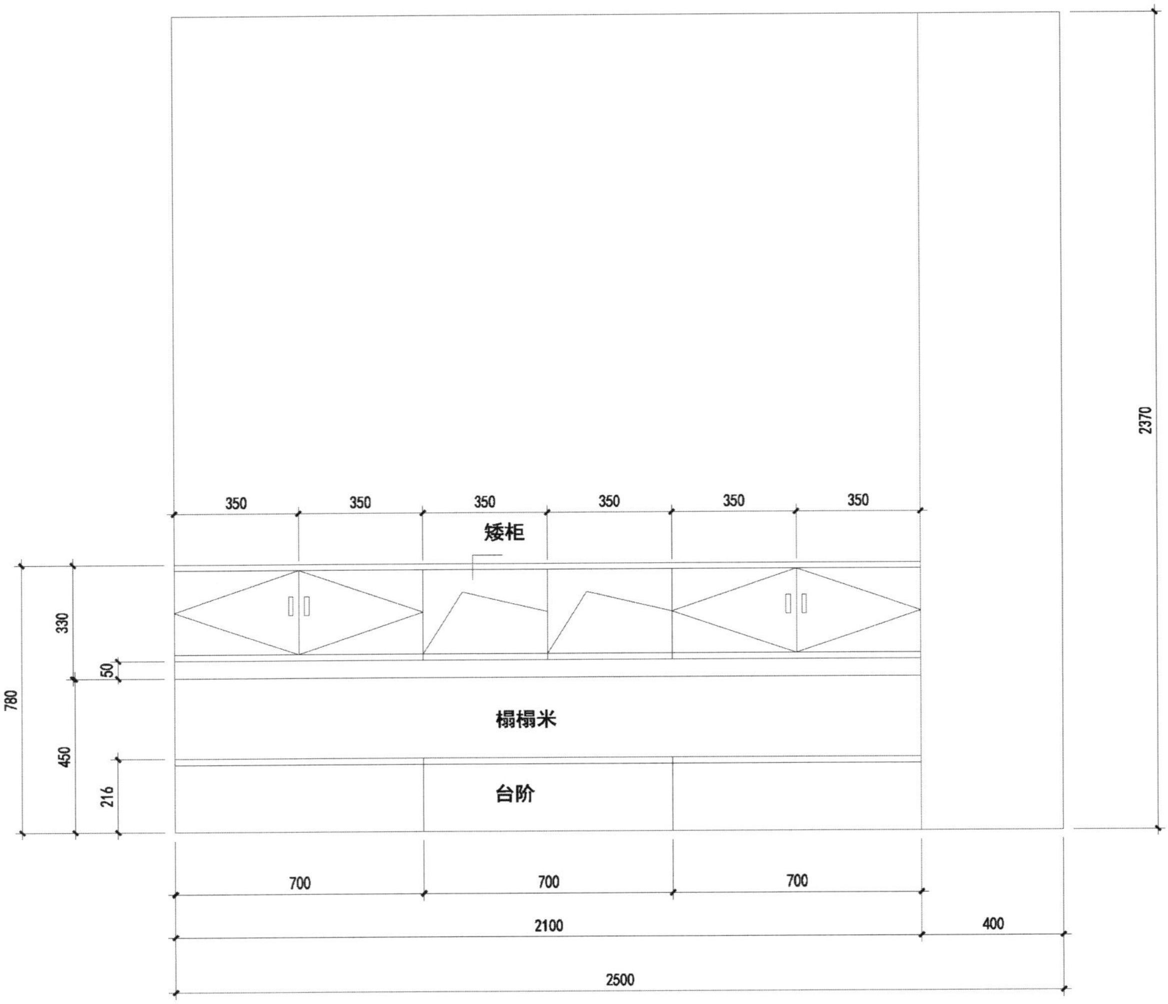

样式二 矮柜立面图 1:25

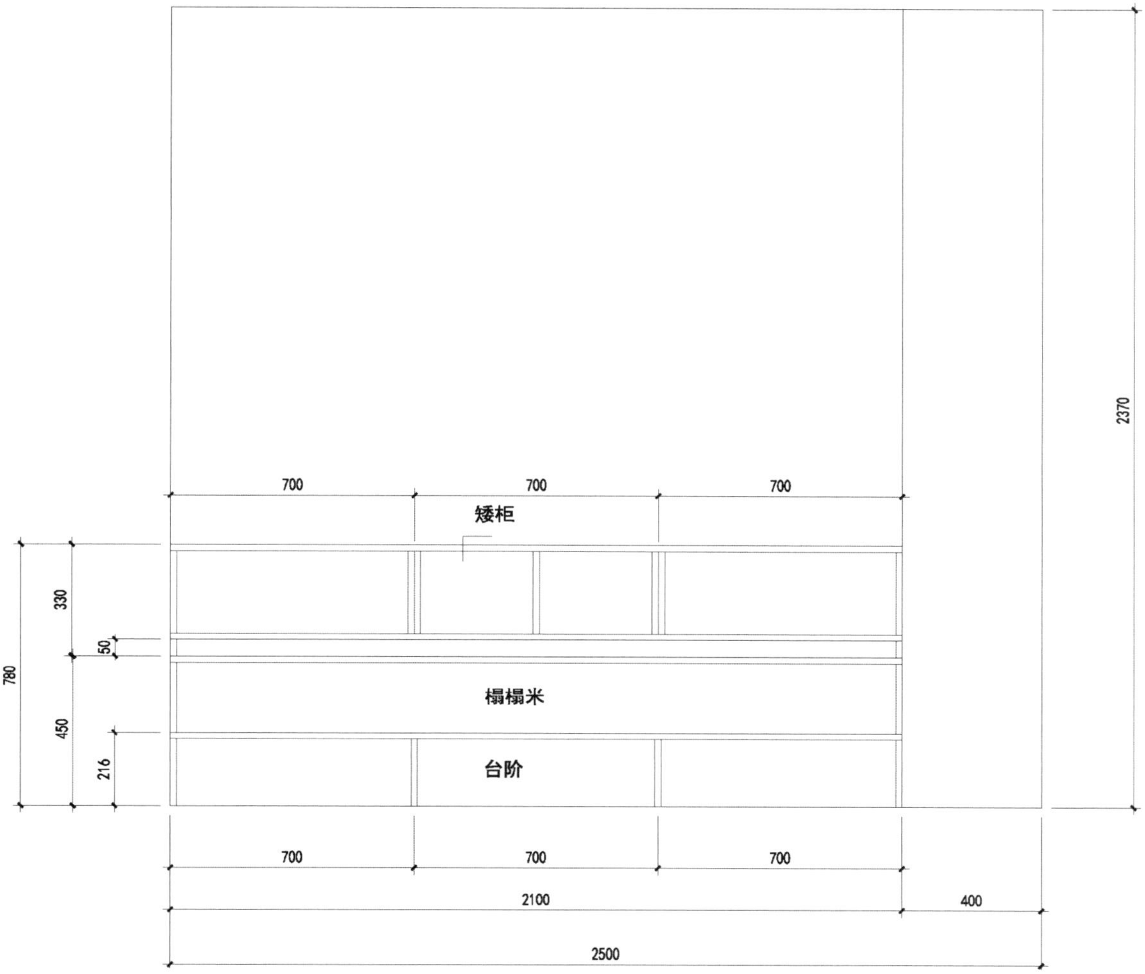

样式二 矮柜立面施工图 1:25

第十节　开敞式榻榻米

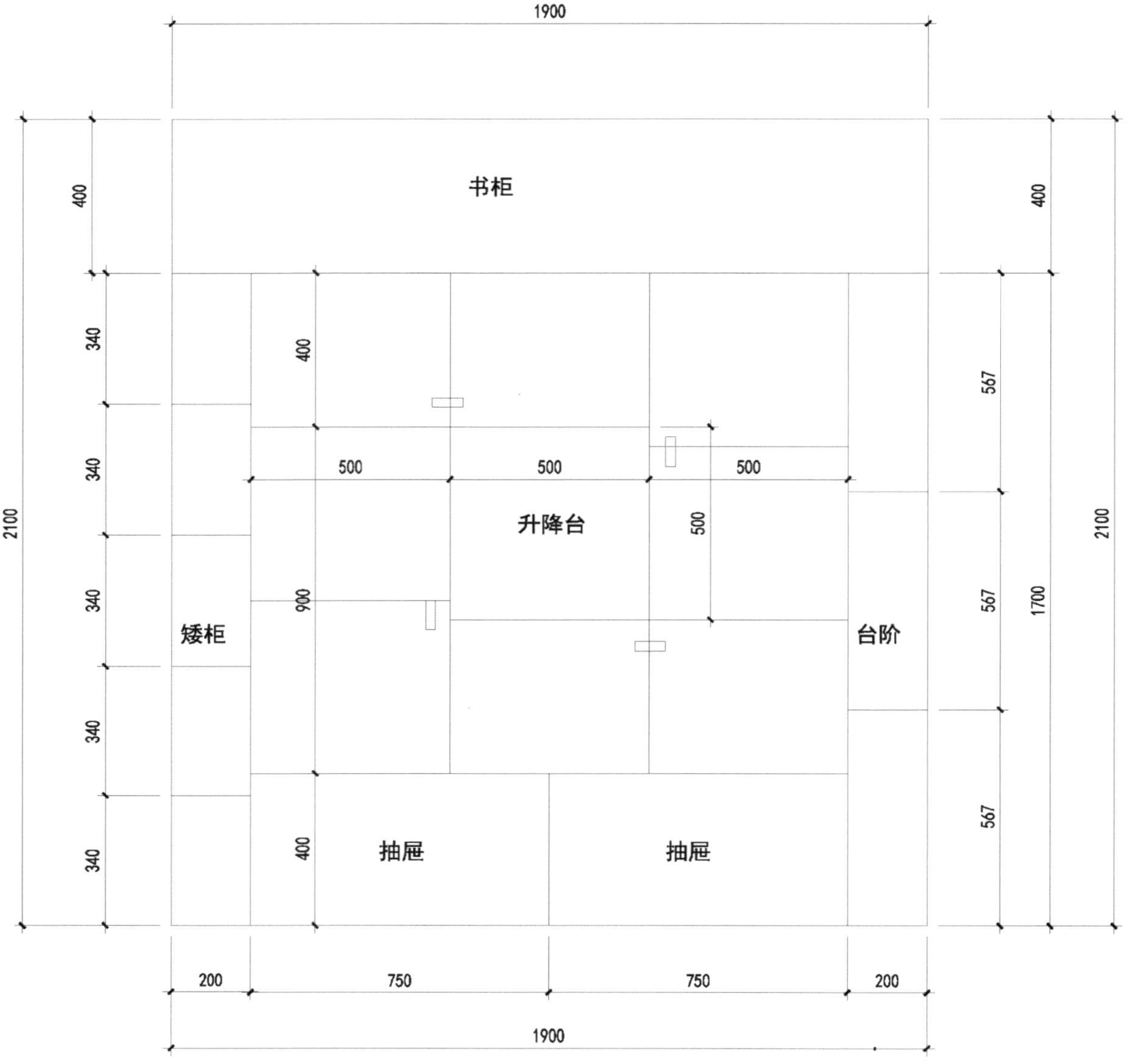

平面图 1:25

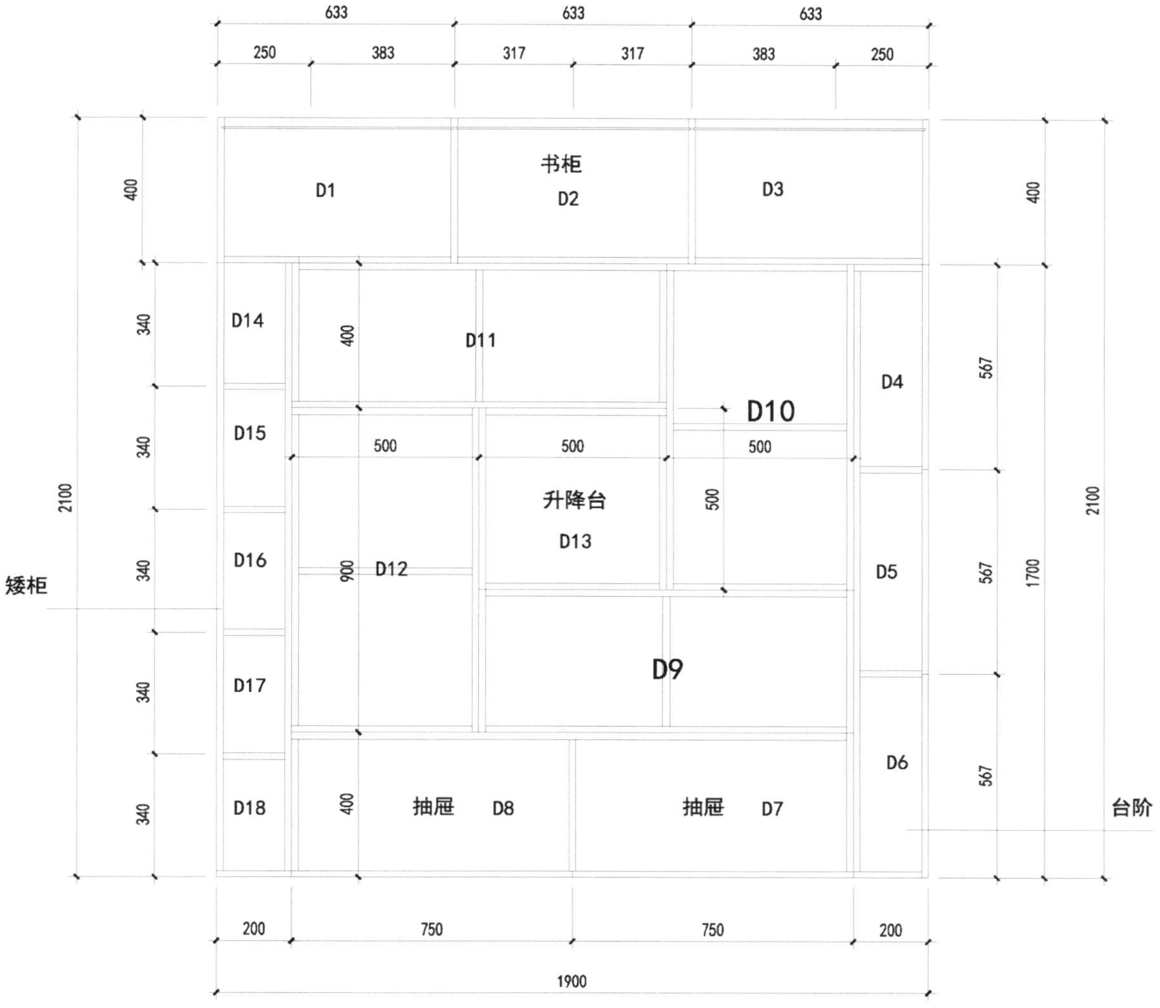

633
633
633
250
383
317
317
383
250
书柜
D1
D2
D3
D14
D15
D16
D17
D18
D11
D10
D4
D5
D6
升降台
D13
D12
D9
抽屉
D8
抽屉
D7
矮柜
台阶
2100
400
340
340
340
340
340
400
900
400
500
500
500
500
400
567
567
567
1700
2100
200
750
750
200
1900

平面施工图 1:25

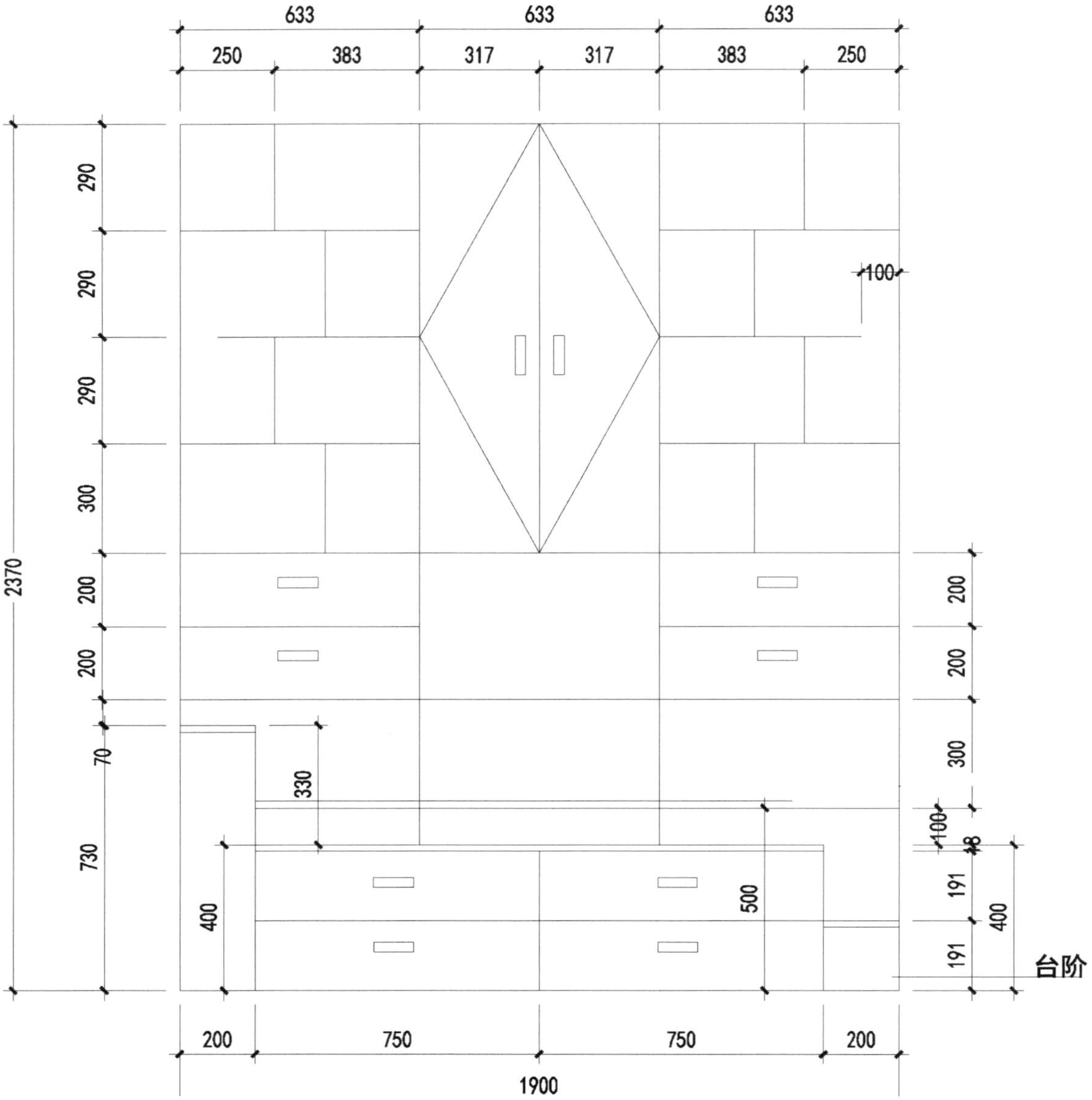
633
633
633
250
383
317
317
383
250
100
290
290
290
300
200
200
70
730
2370
330
400
500
200
200
300
100
18
191
191
400
台阶
200
750
750
200
1900
书柜立面图 1:25

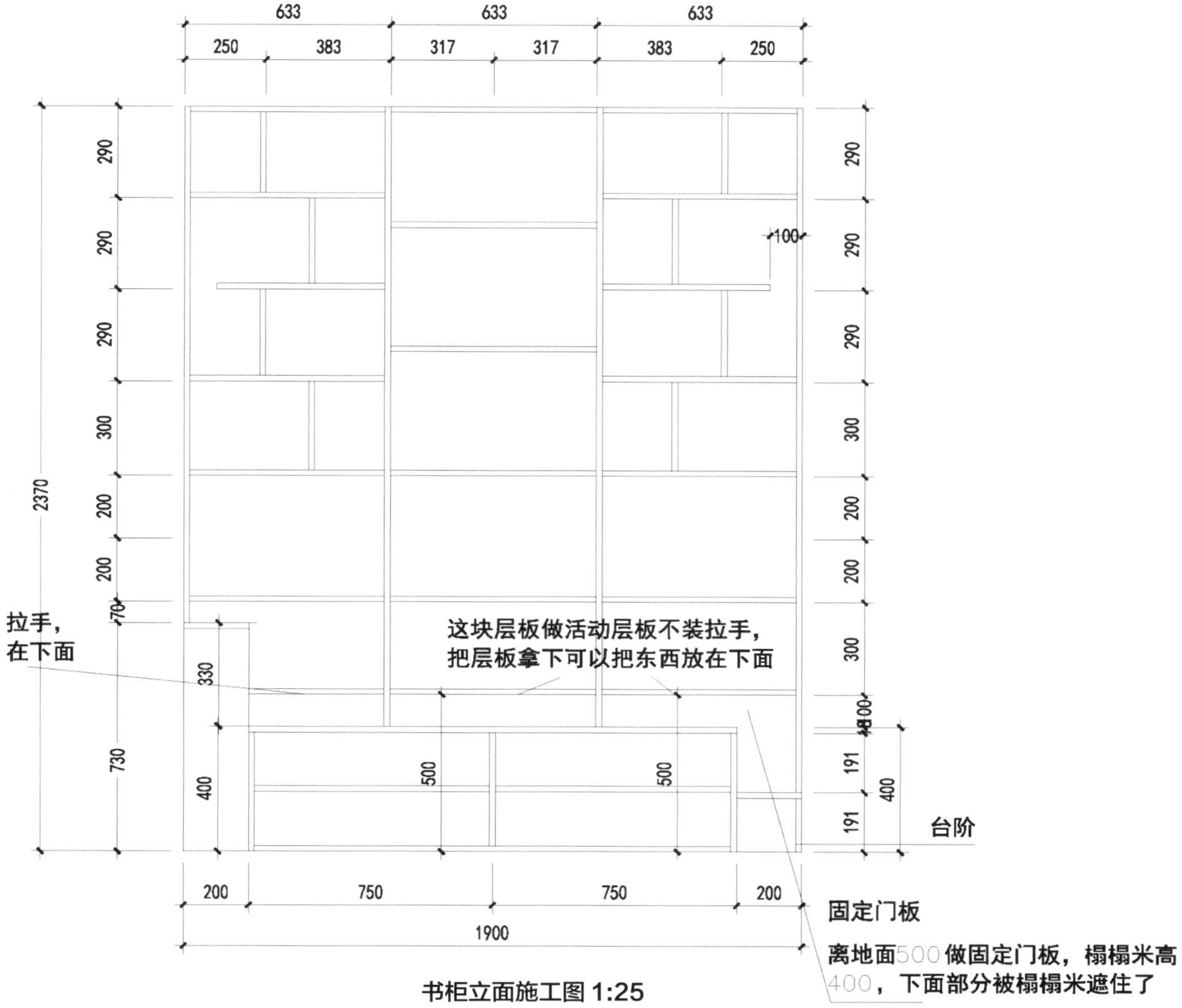
633
633
633
250
383
317
317
383
250
290
290
290
300
200
200
70
330
730
400
2370
100
300
100
191
191
400
500
500
200
750
750
200
1900
拉手，
在下面
这块层板做活动层板不装拉手，
把层板拿下可以把东西放在下面
台阶
固定门板
离地面500做固定门板，榻榻米高
400，下面部分被榻榻米遮住了

书柜立面施工图 1:25

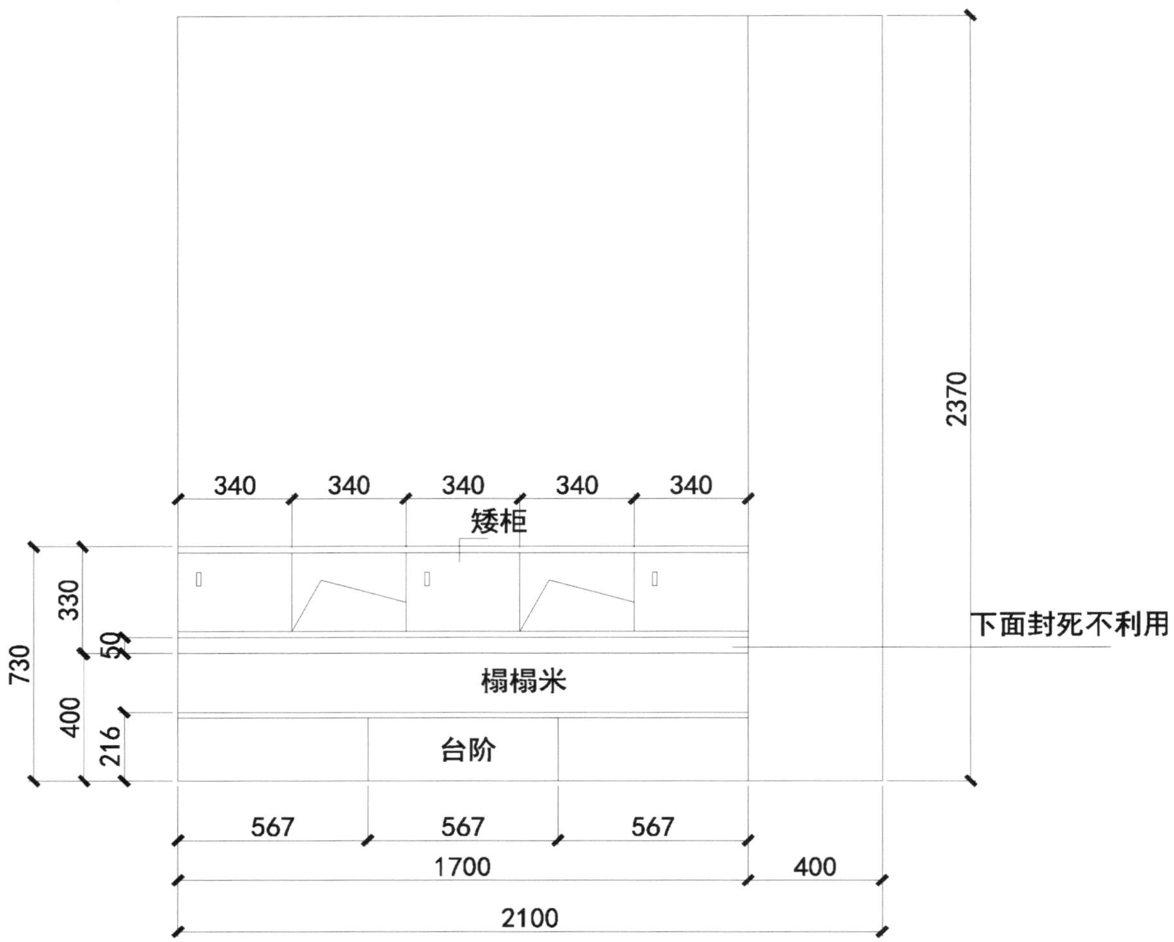
340
340
340
340
340
矮柜
2370
330
730
50
50
下面封死不利用
榻榻米
400
216
台阶
567
567
567
1700
400
2100

矮柜立面图 1:25

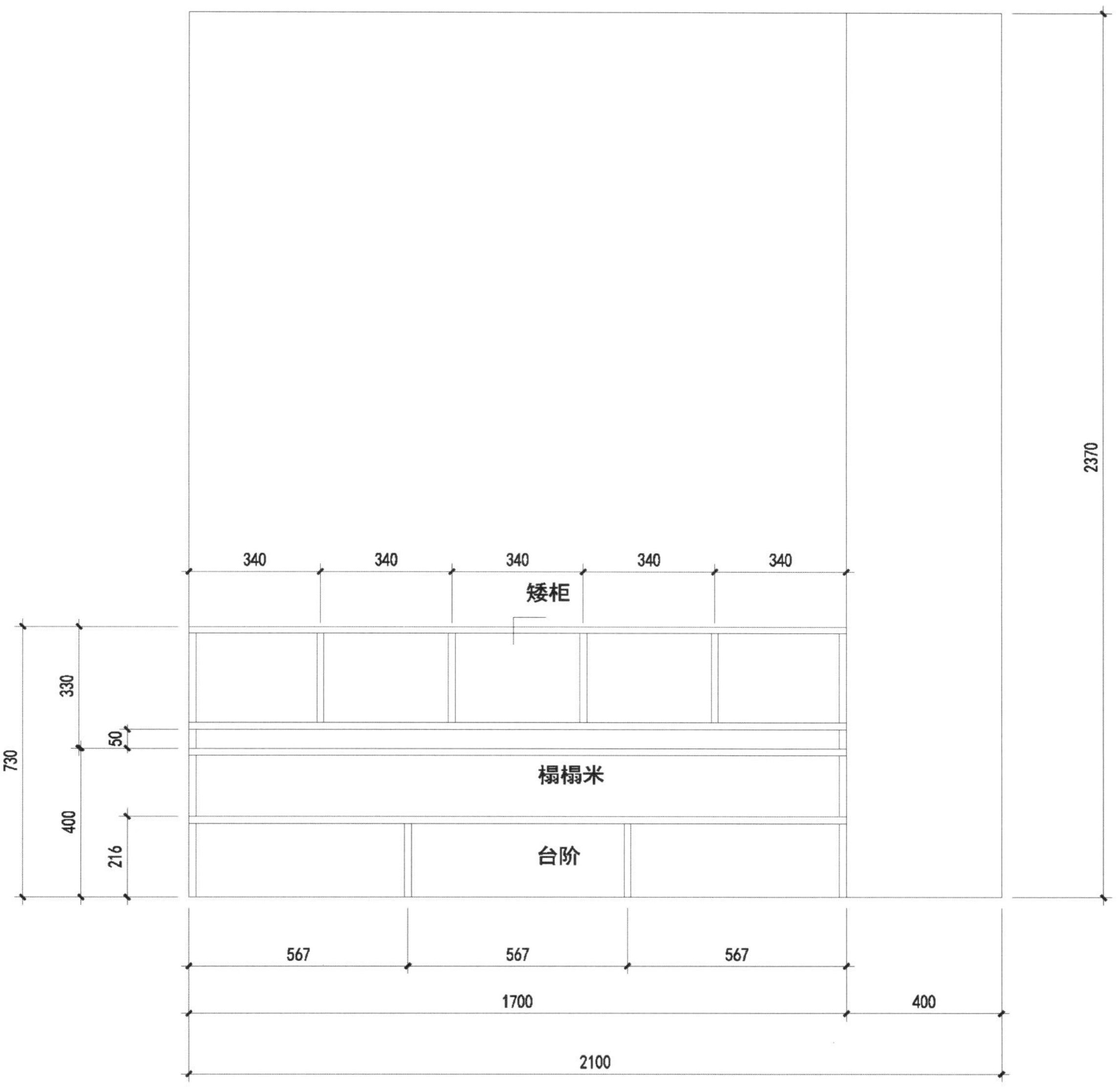
340
340
340
340
340
矮柜
330
50
730
400
216
榻榻米
台阶
2370
567
567
567
1700
400
2100

矮柜立面施工图 1:25

第十一节 飘窗榻榻米

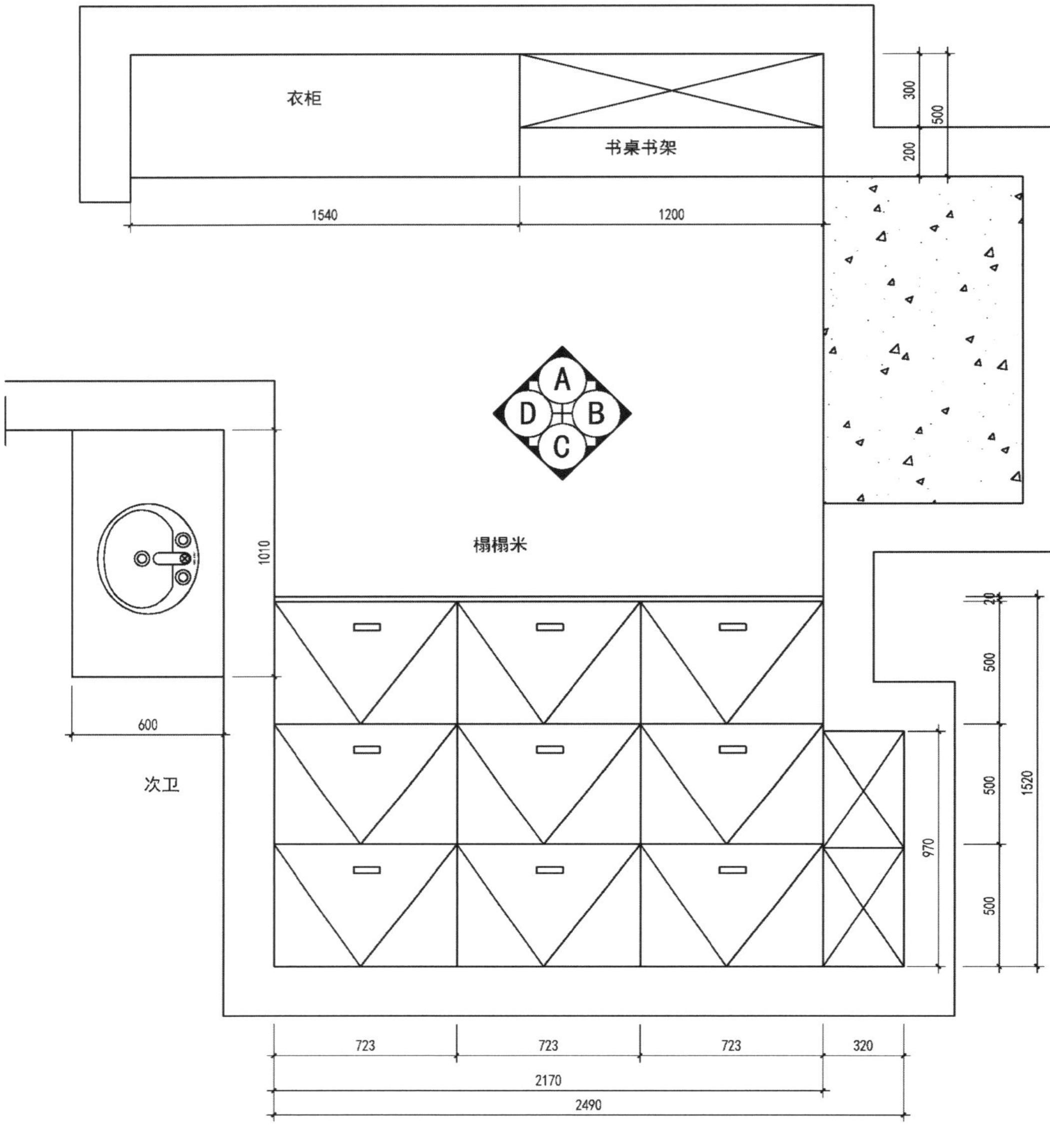

平面图 1:25

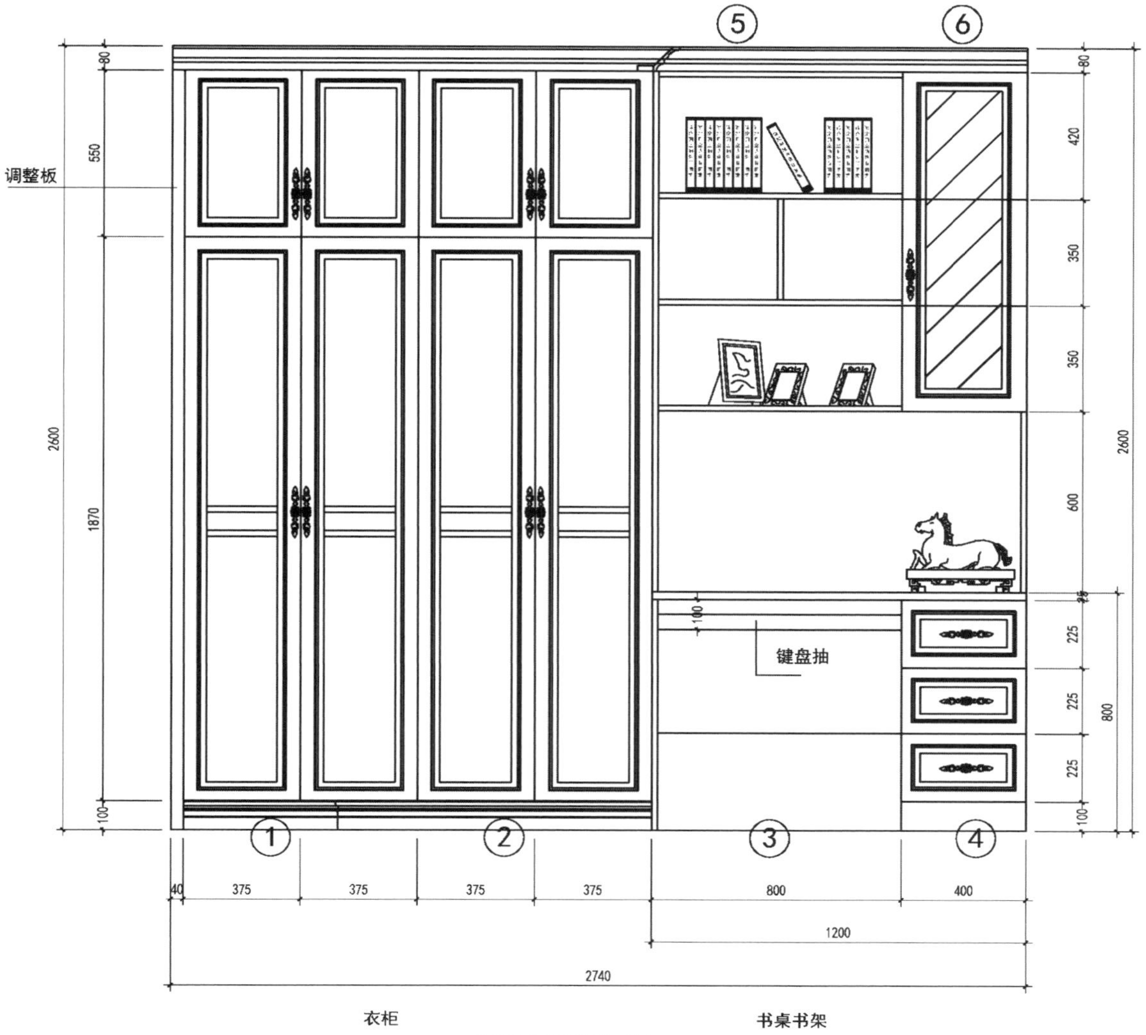

⑤
⑥
调整板
80
550
2600
1870
100
420
350
350
600
2600
100
225
225
225
800
100
键盘抽
①
②
③
④
40
375
375
375
375
800
400
1200
2740
衣柜
书桌书架

A 面立面图 1:25

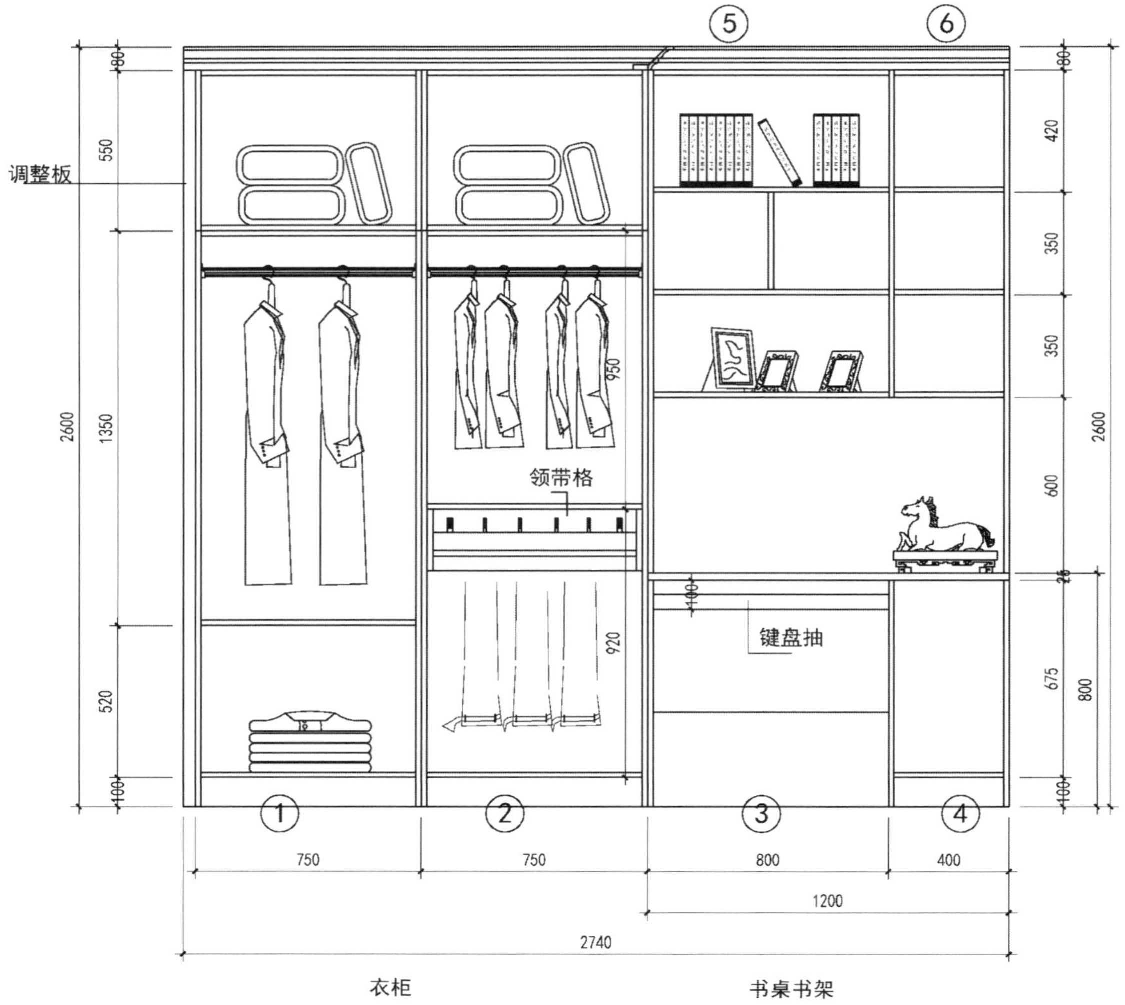

5
6
调整板
80
550
1350
520
100
2600
950
领带格
920
100
键盘抽
420
350
350
600
25
675
800
100
2600
1
2
3
4
750
750
800
400
1200
2740
衣柜
书桌书架

A 面内部结构图 1:25

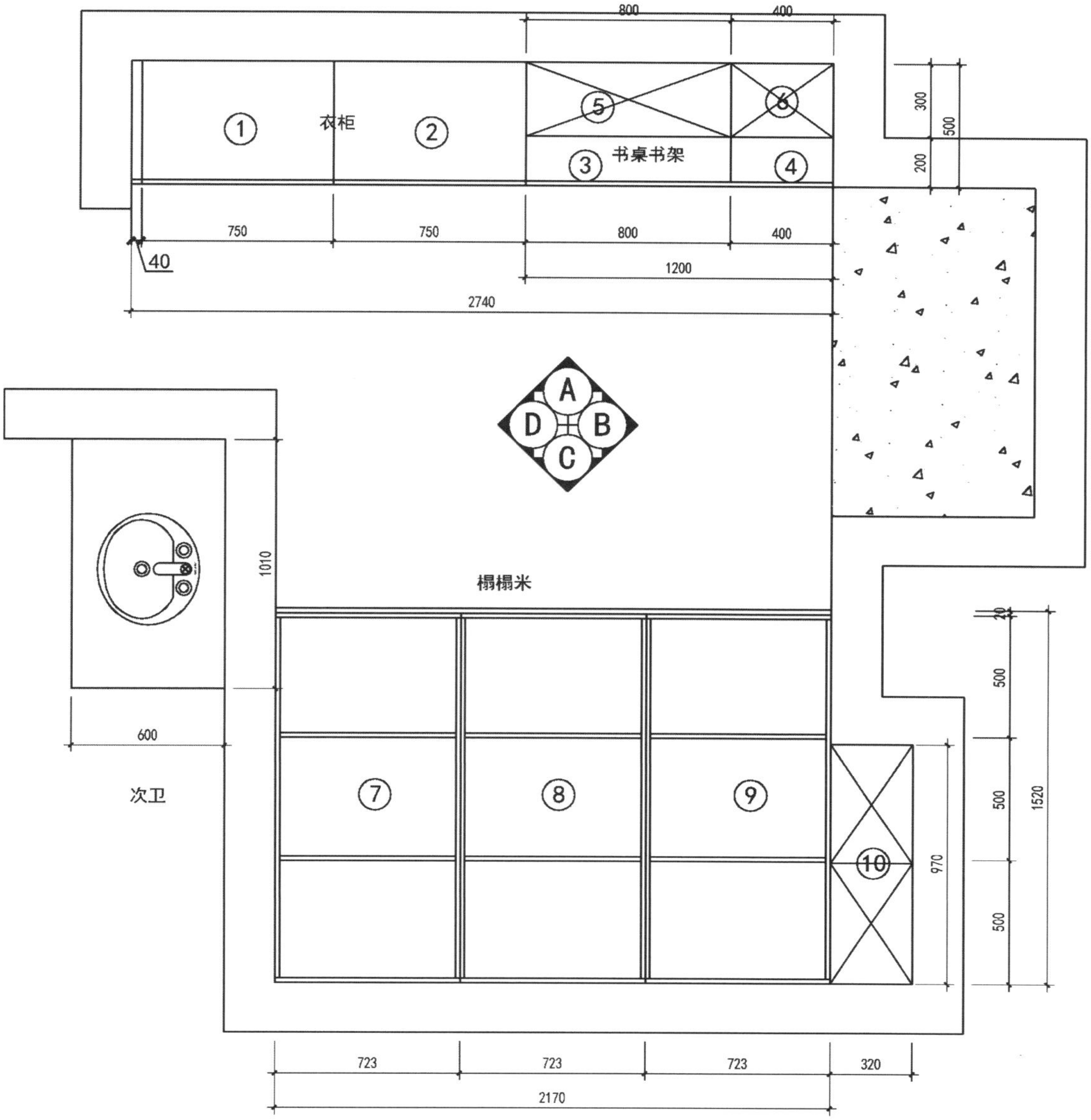
800
400
衣柜
书桌书架
300
500
200
750
750
800
400
40
1200
2740
A
B
C
D
1010
榻榻米
600
次卫
500
500
1520
970
500
723
723
723
320
2170

俯视结构图 1:25

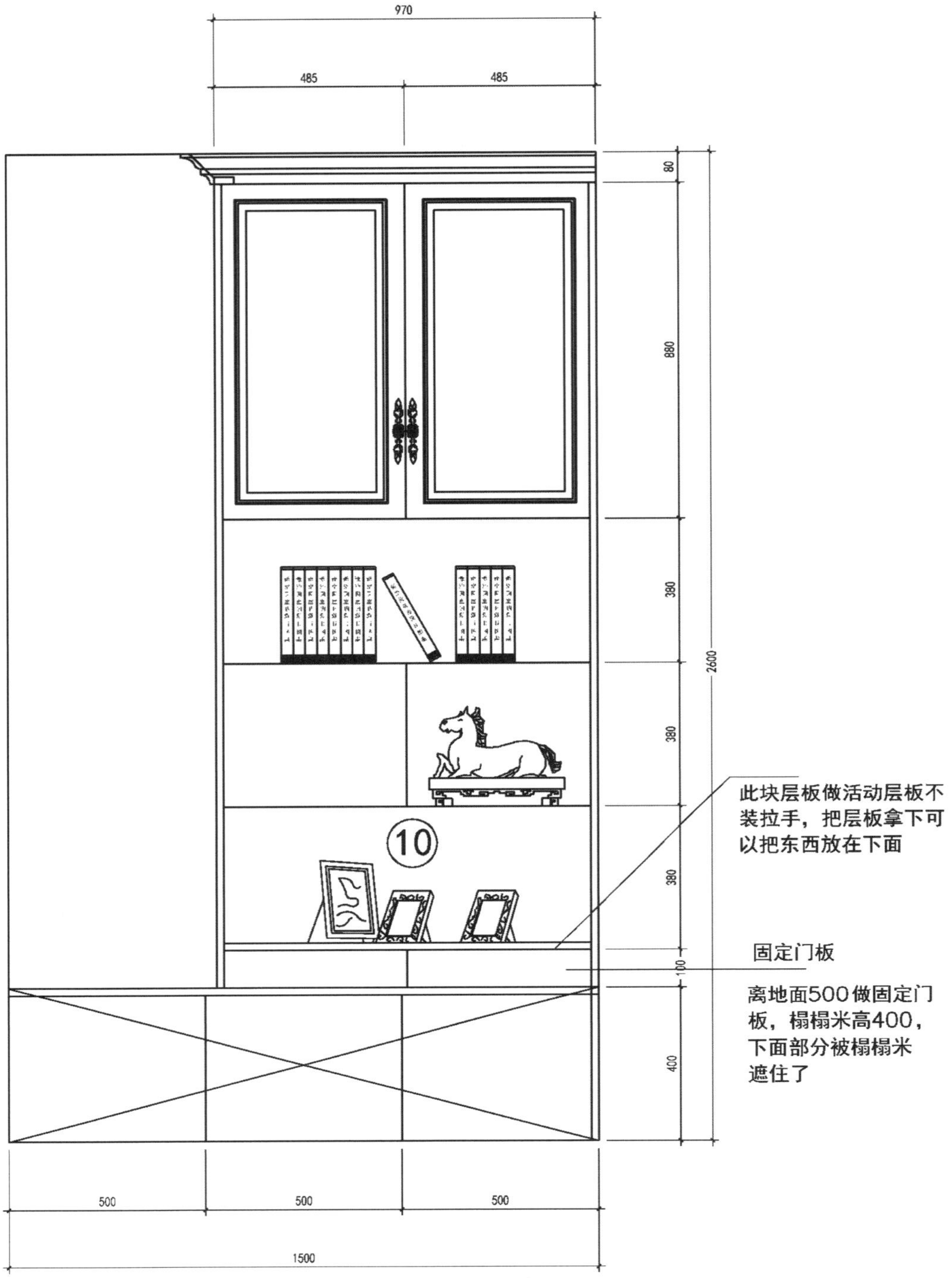
970
485
485
80
880
380
380
380
100
400
2600
10
此块层板做活动层板不装拉手，把层板拿下可以把东西放在下面
固定门板
离地面500做固定门板，榻榻米高400，下面部分被榻榻米遮住了
500
500
500
1500

B 面立面图 1:25

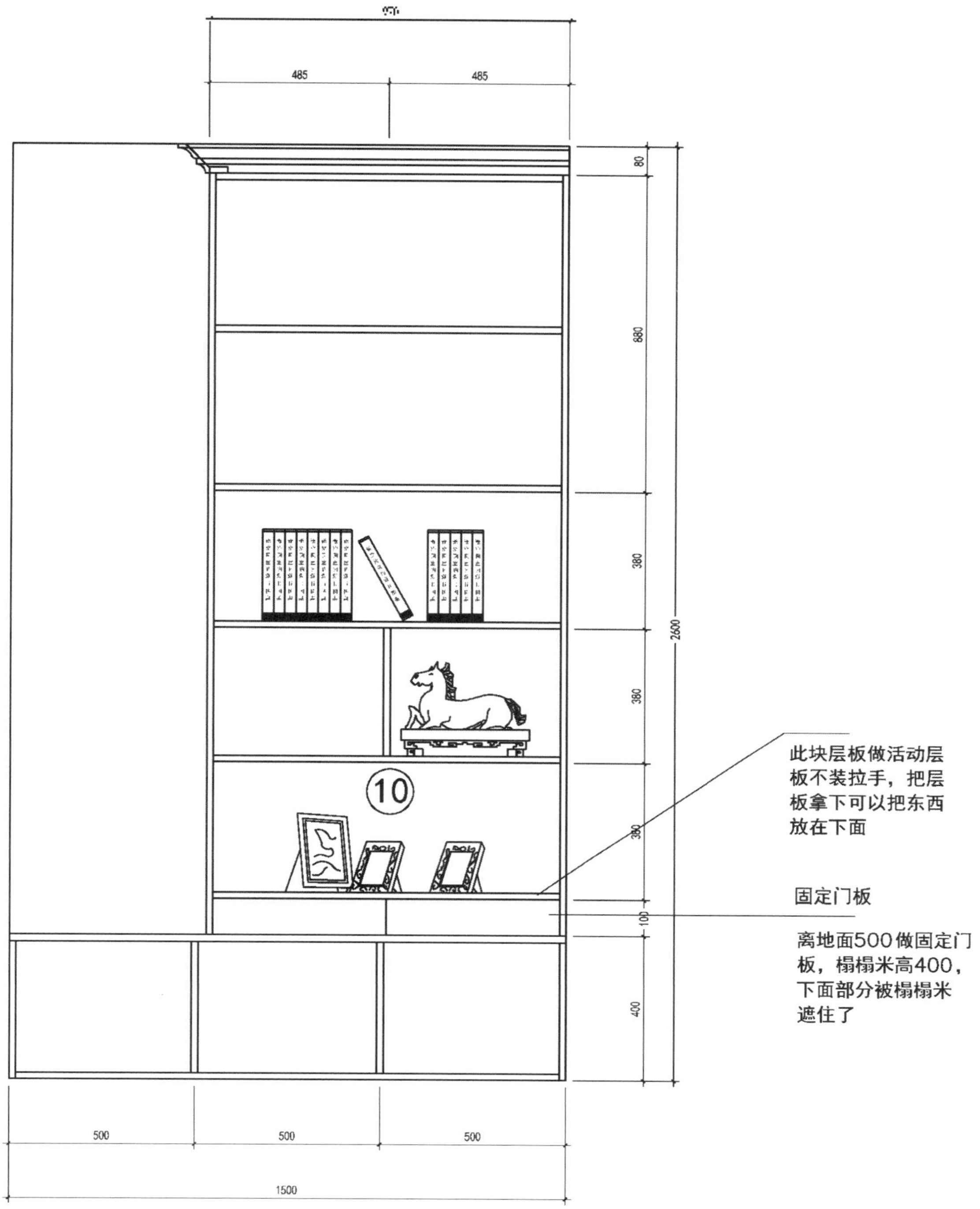
485
485
80
880
380
380
380
100
400
2600
10
此块层板做活动层板不装拉手，把层板拿下可以把东西放在下面
固定门板
离地面500做固定门板，榻榻米高400，下面部分被榻榻米遮住了
500
500
500
1500

B 面内部结构图 1:25

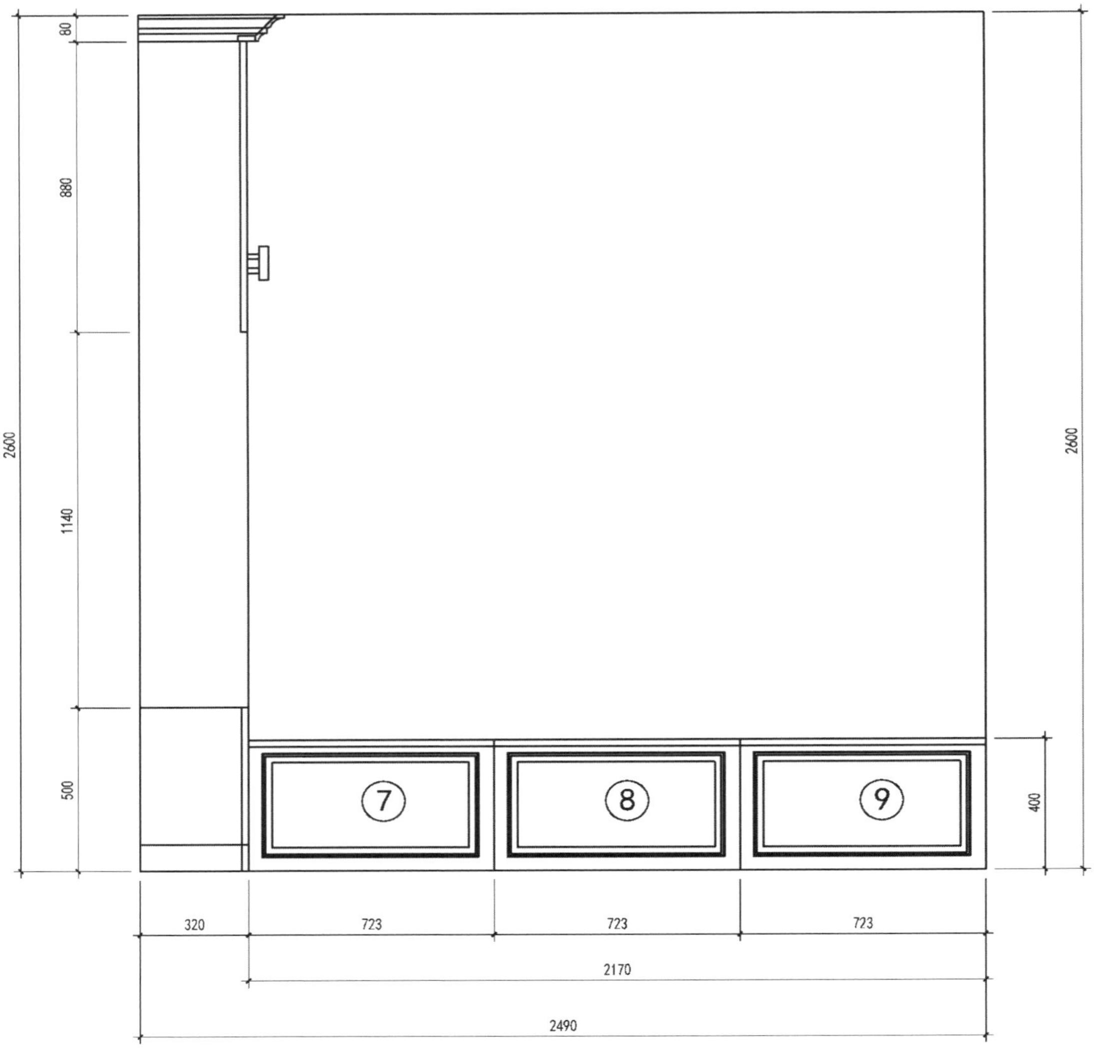
80
880
1140
500
2600
7
8
9
400
2600
320
723
723
723
2170
2490

C 面立面图 1:25

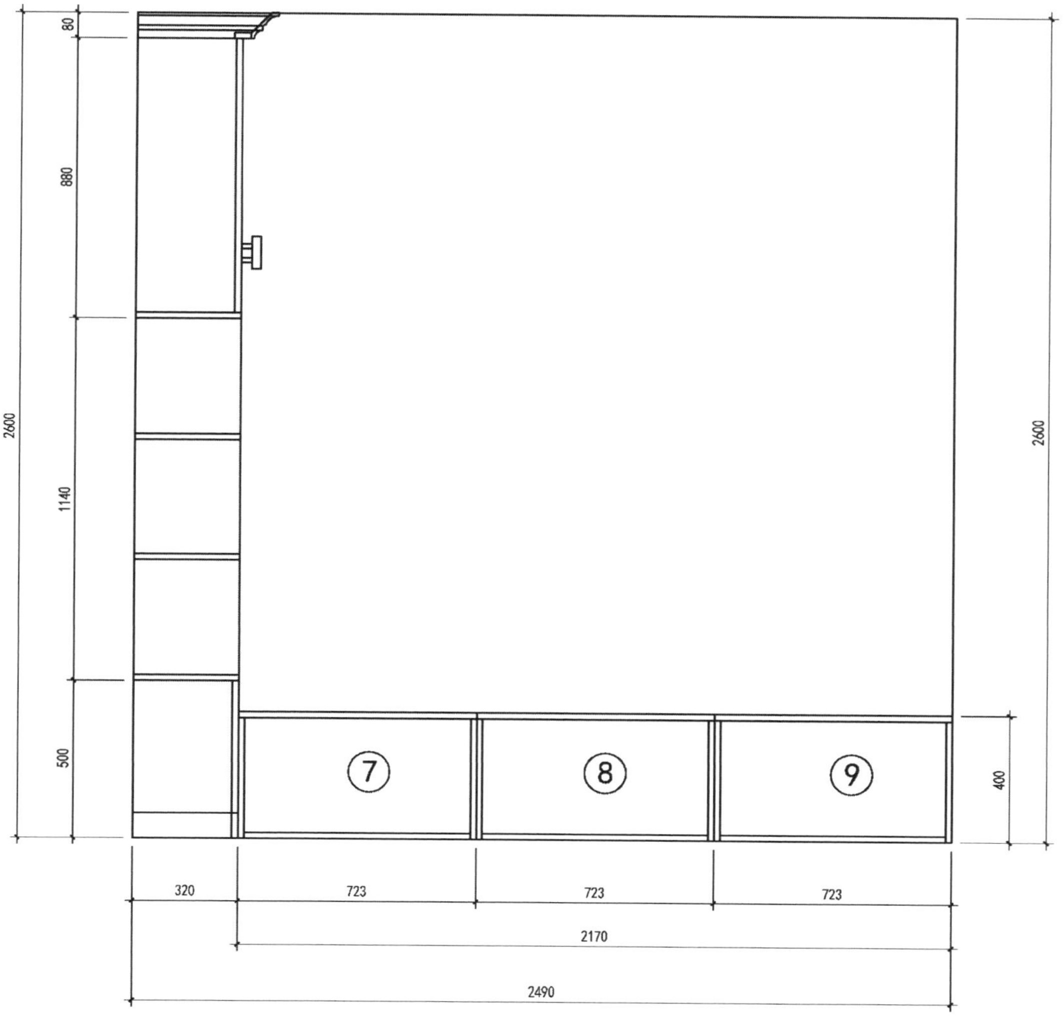
80
880
1140
500
2600
2600
400
7
8
9
320
723
723
723
2170
2490

C 面内部结构图 1:25

第十二节　创意阶梯式抽屉榻榻米

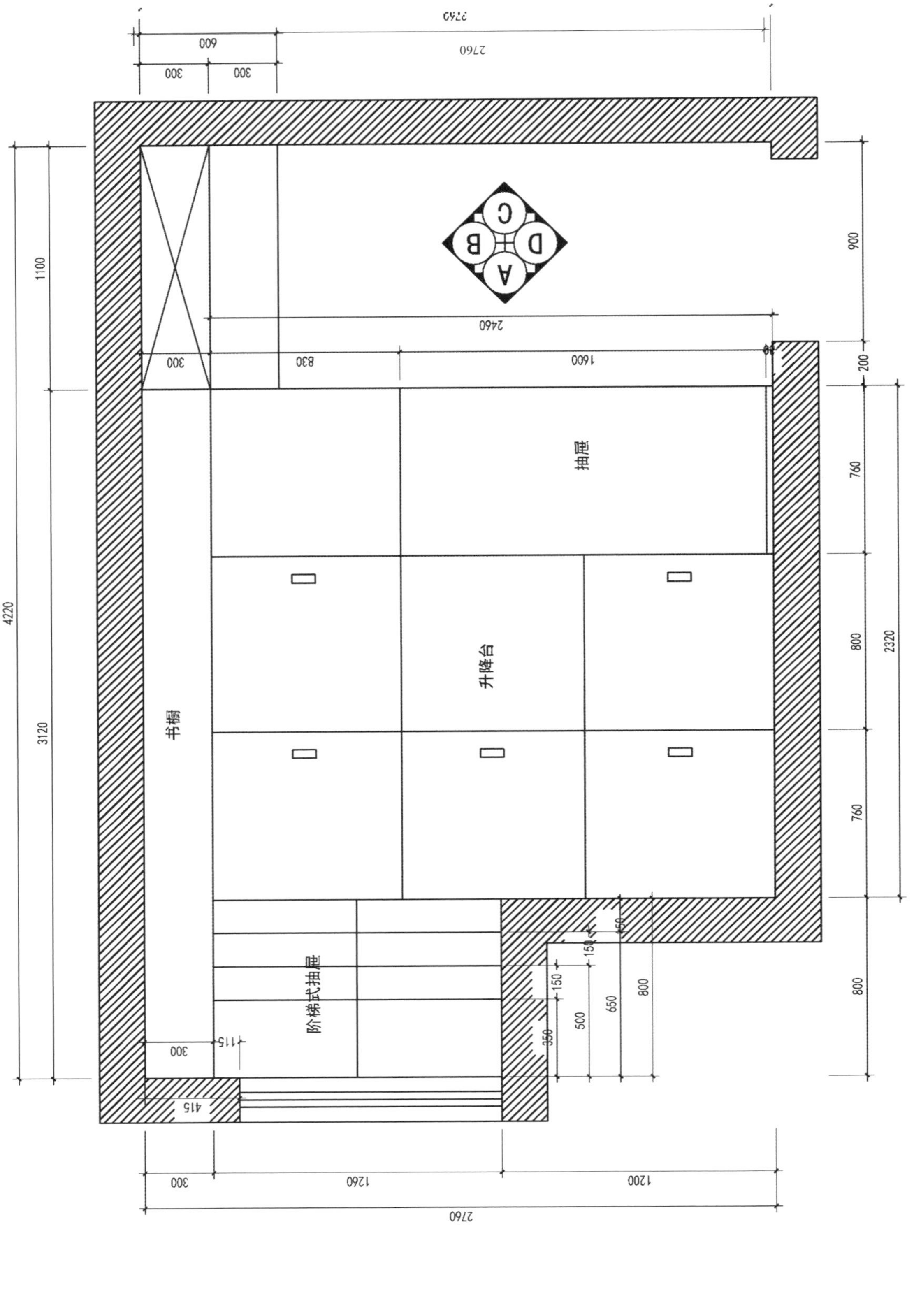

平面图 1:25

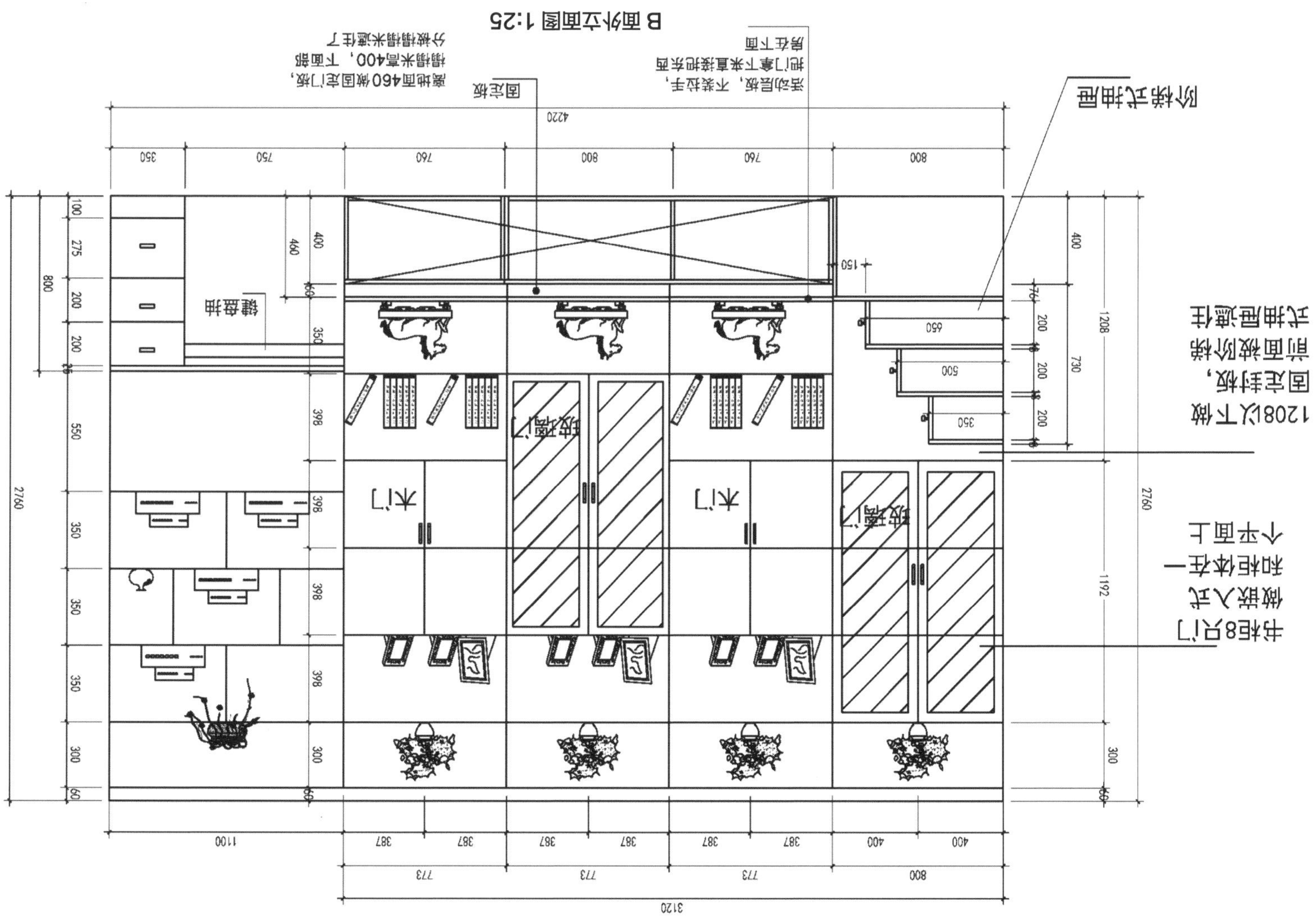
活动层板，不装拉手，
把门拿下来直接把东西
房在下面
固定板
离地面460做固定门板，
榻榻米高400，下面部
分被榻榻米遮住了
阶梯式抽屉
键盘抽
木门
玻璃门
1208以下做
固定封板，
前面被阶梯
式抽屉遮住
书柜8只门
做嵌入式
和柜体在一
个平面上

B 面外立面图 1:25

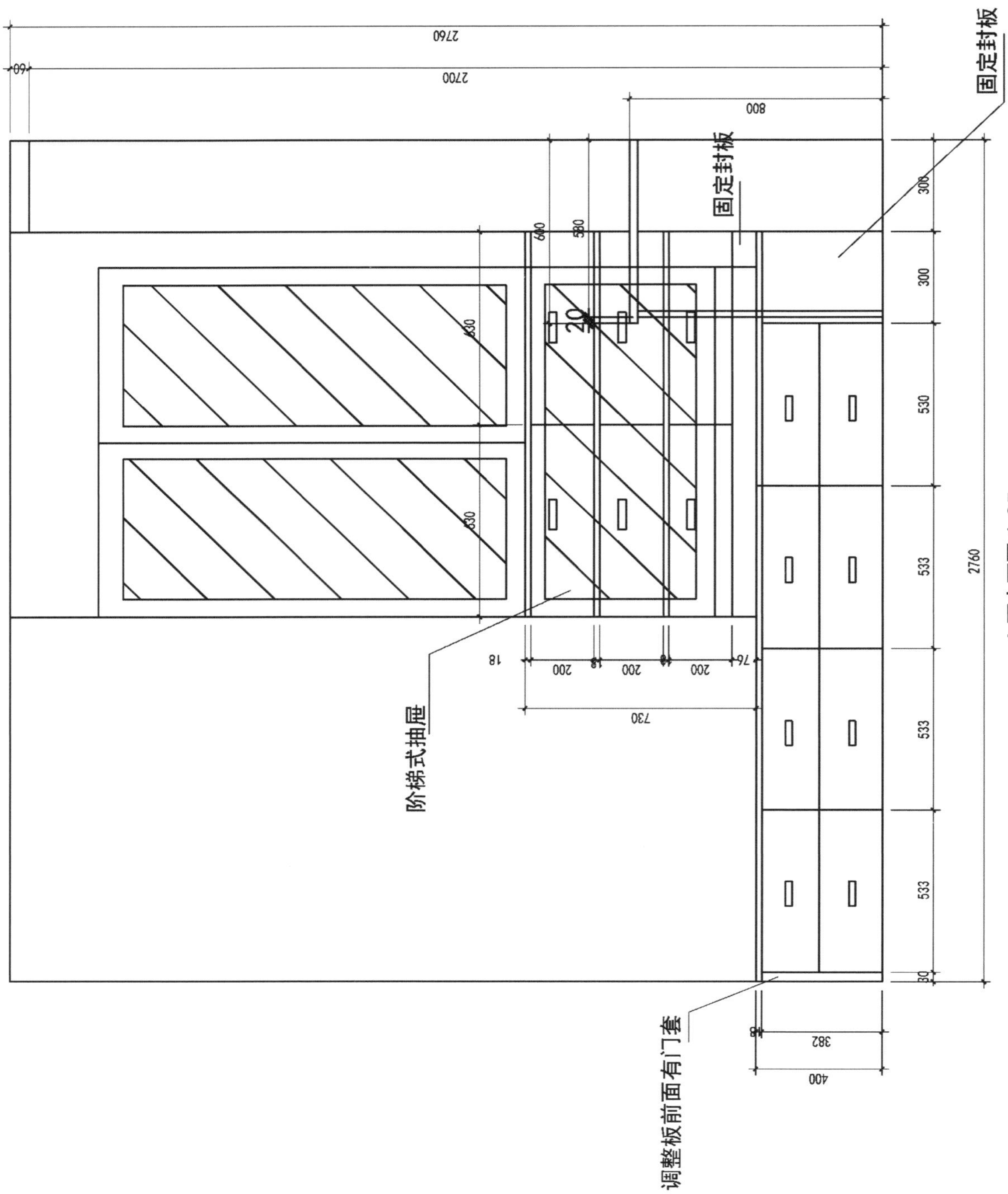
固定封板
固定封板
阶梯式抽屉
调整板前面有门套
2760
2700
60
800
300
300
530
533
533
533
30
382
400
730
200
200
200
18
76
600
580
630
630

A 面立面图 1:25

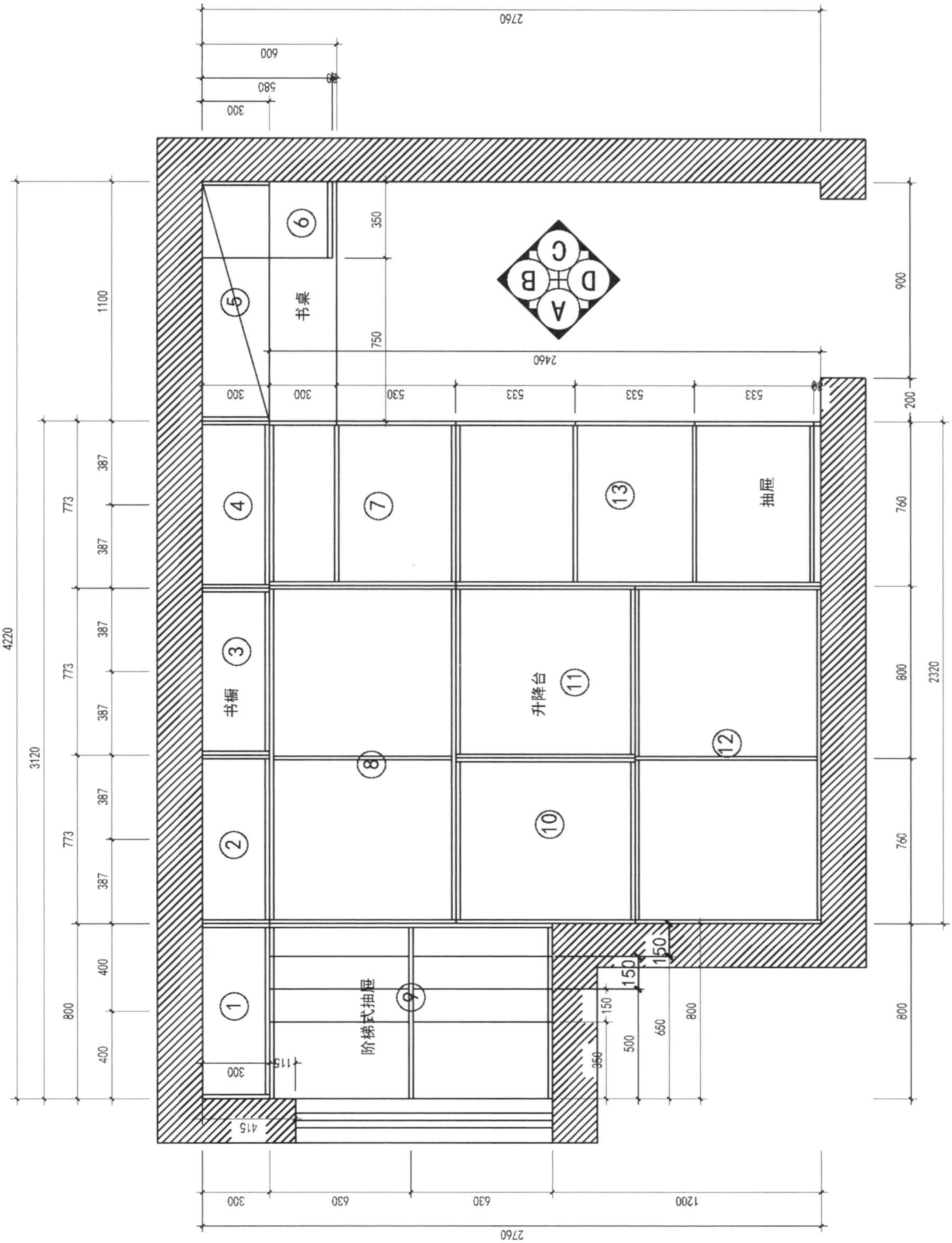
书桌
书橱
升降台
阶梯式抽屉
抽屉
2760
600
580
300
4220
3120
1100
773
387
400
800
2460
350
750
900
200
760
2320
530
533
630
1200
415
150
500
650

俯视结构图 1:25

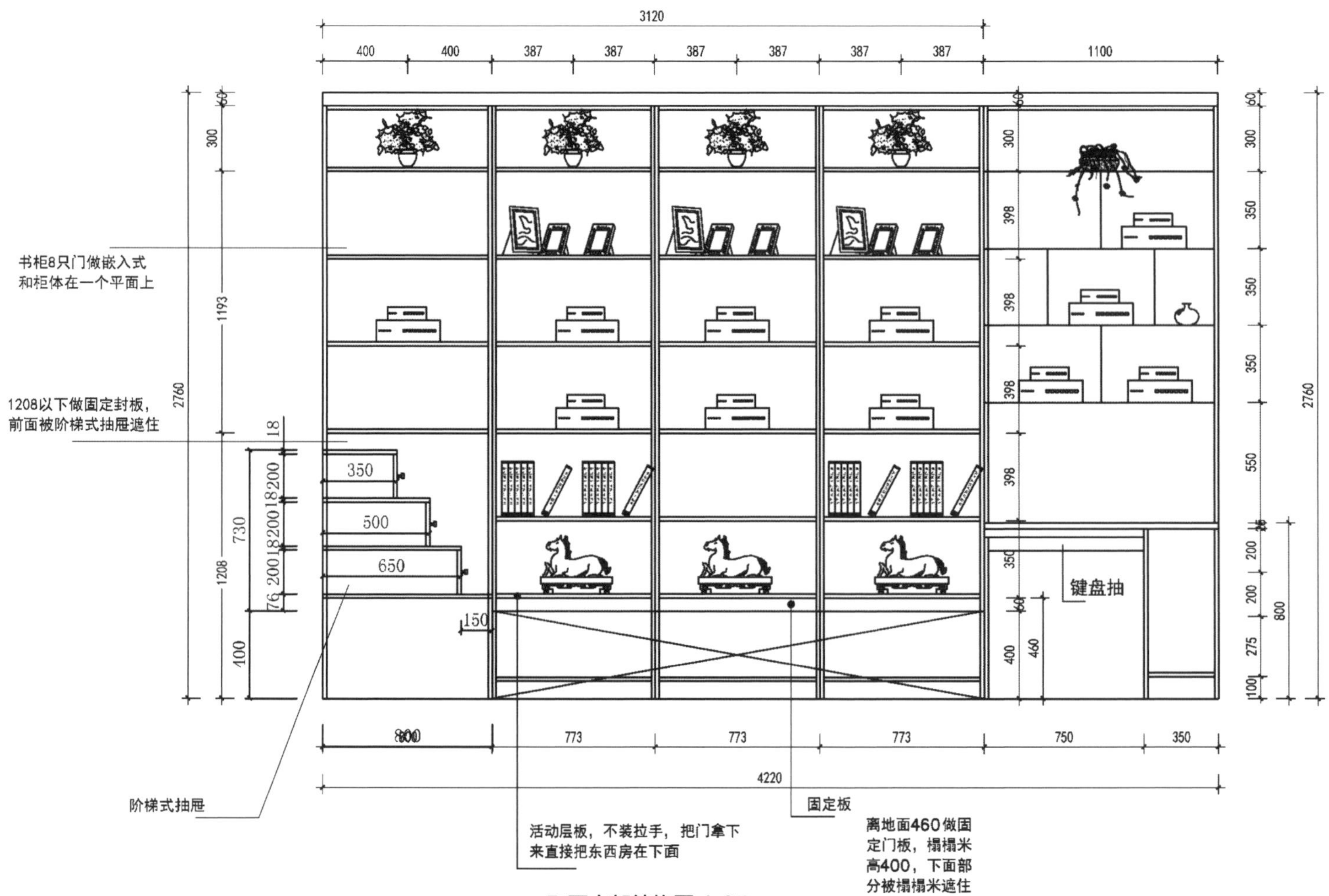
书柜8只门做嵌入式
和柜体在一个平面上
1208以下做固定封板，
前面被阶梯式抽屉遮住
阶梯式抽屉
键盘抽
活动层板，不装拉手，把门拿下
来直接把东西房在下面
固定板
离地面460做固
定门板，榻榻米
高400，下面部
分被榻榻米遮住

B 面内部结构图 1:25

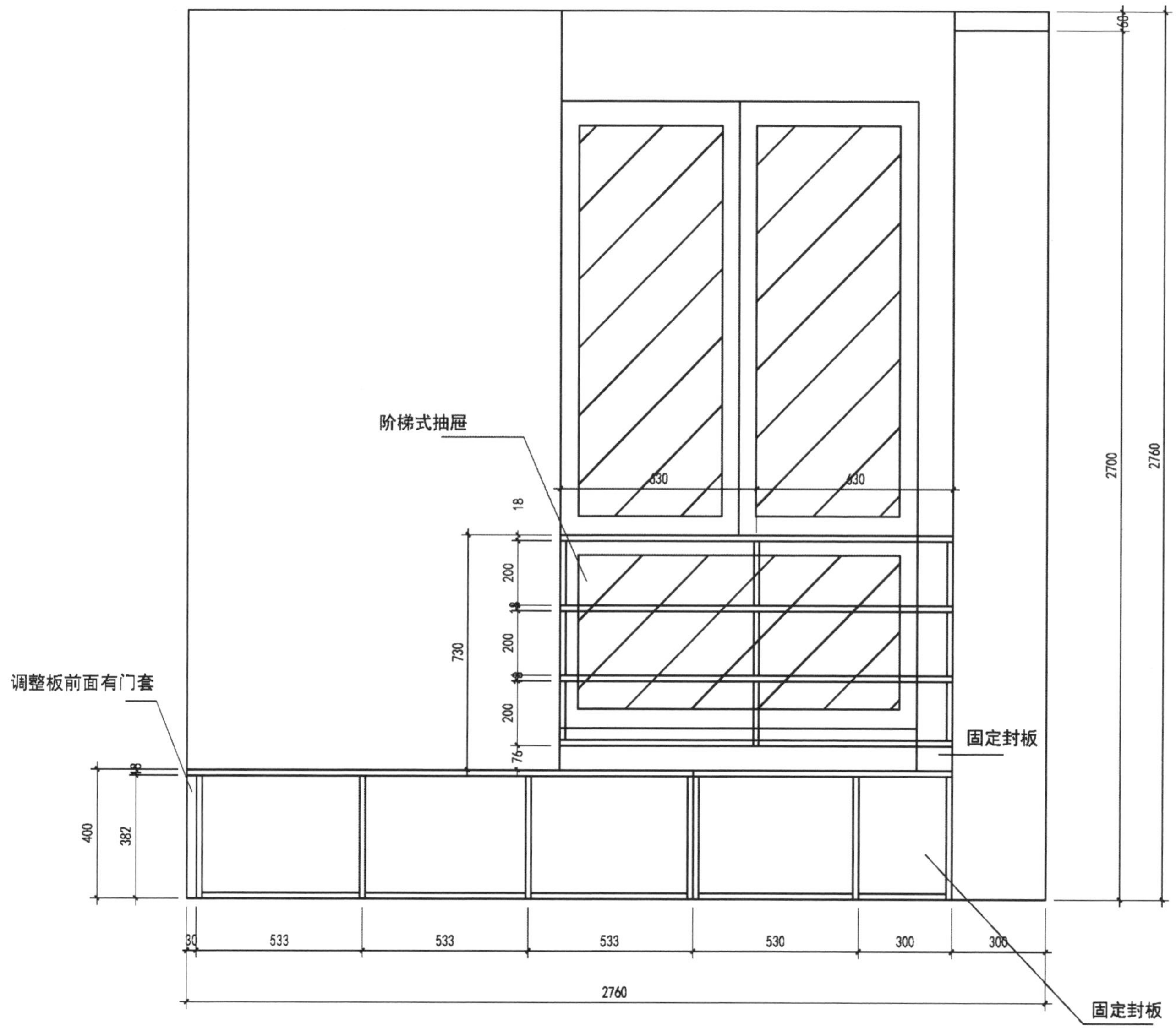
阶梯式抽屉
调整板前面有门套
固定封板
固定封板
630
630
18
200
18
200
18
200
76
730
400
382
18
2700
2760
60
30
533
533
533
530
300
300
2760

A 面内部结构图 1:25

第十三节 全功能榻榻米

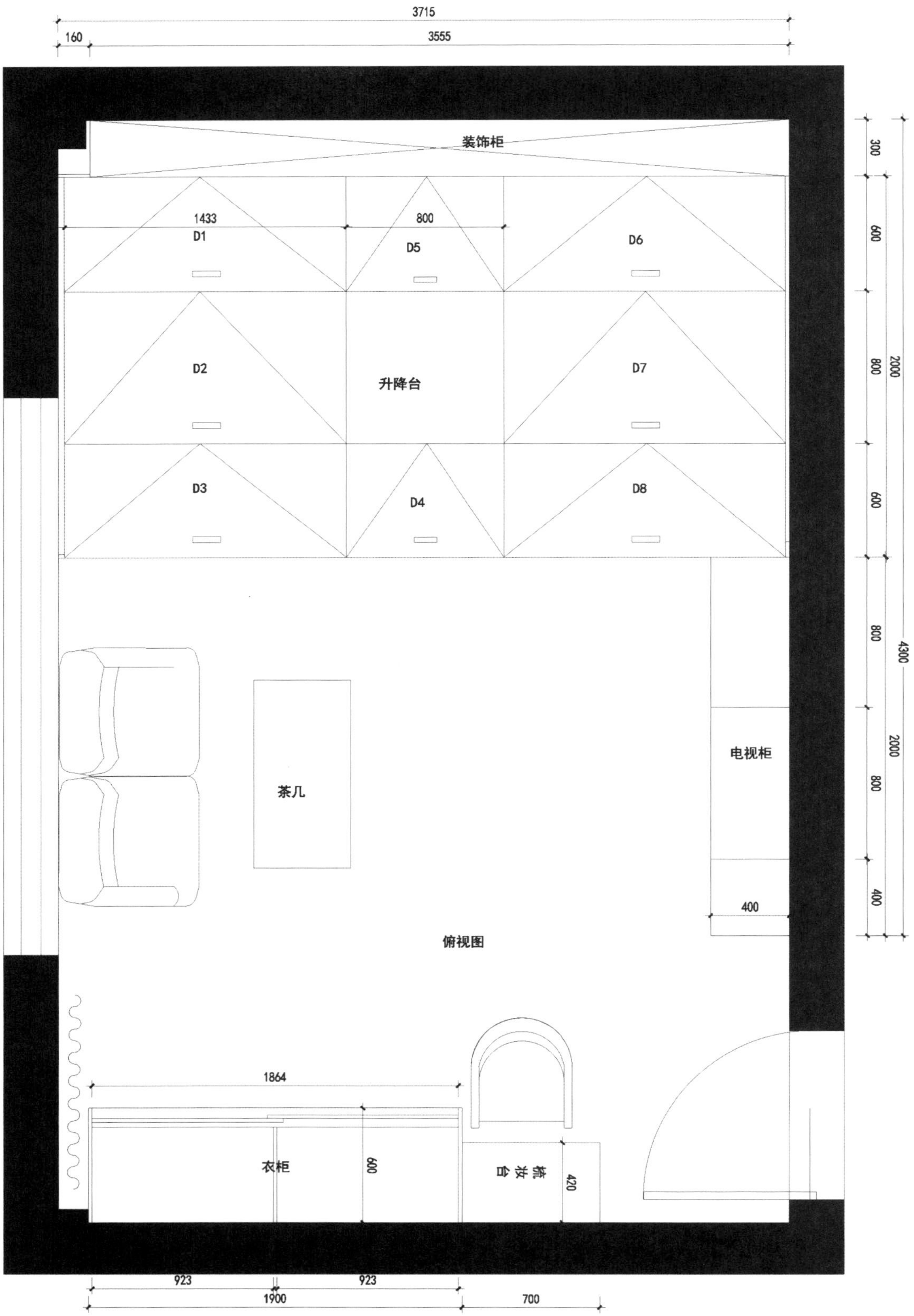

平面图 1:25

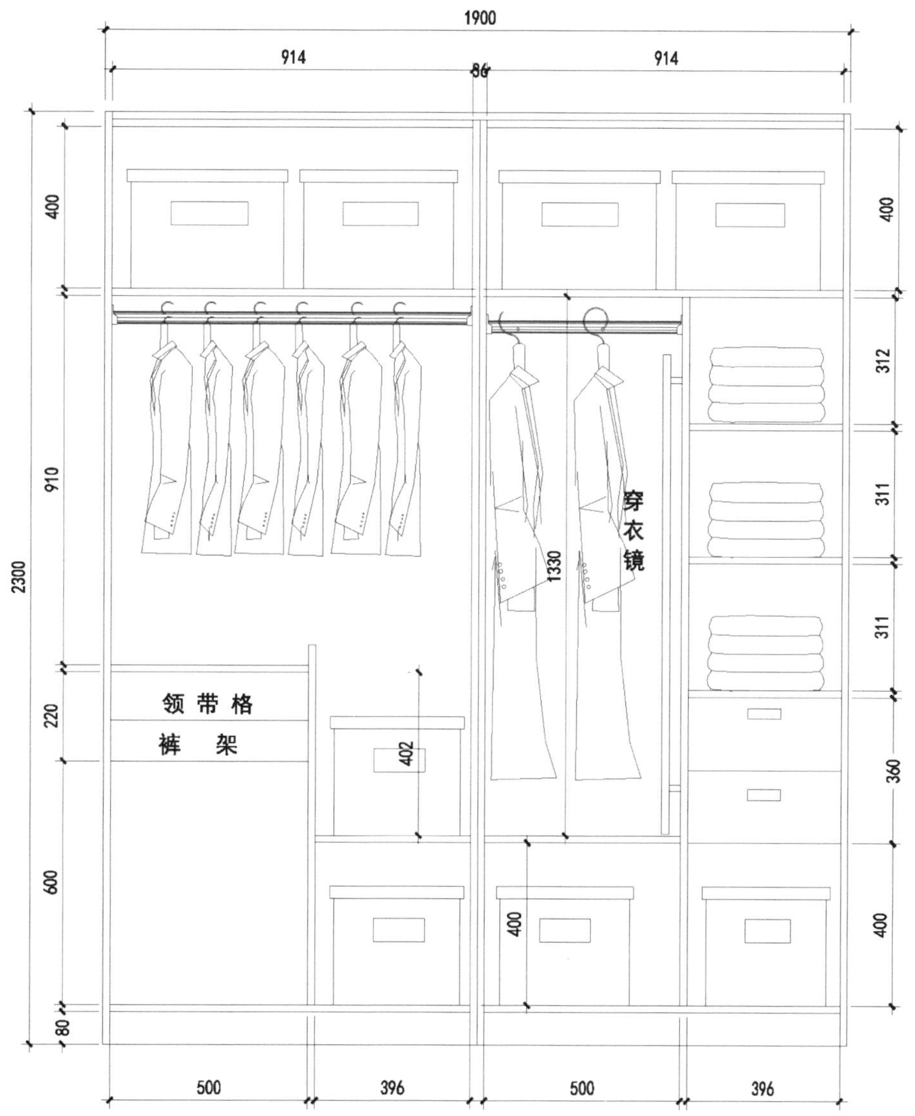

衣柜侧立面图 1:25

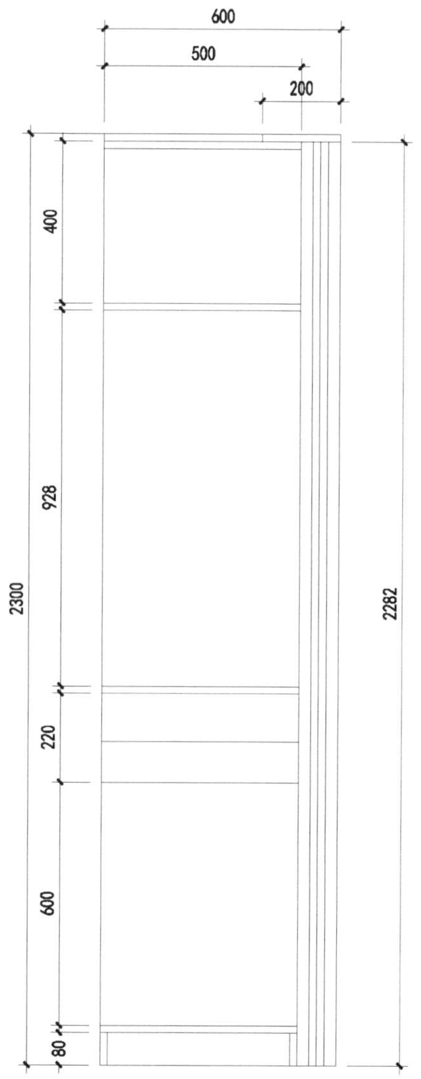

衣柜侧面图 1:25

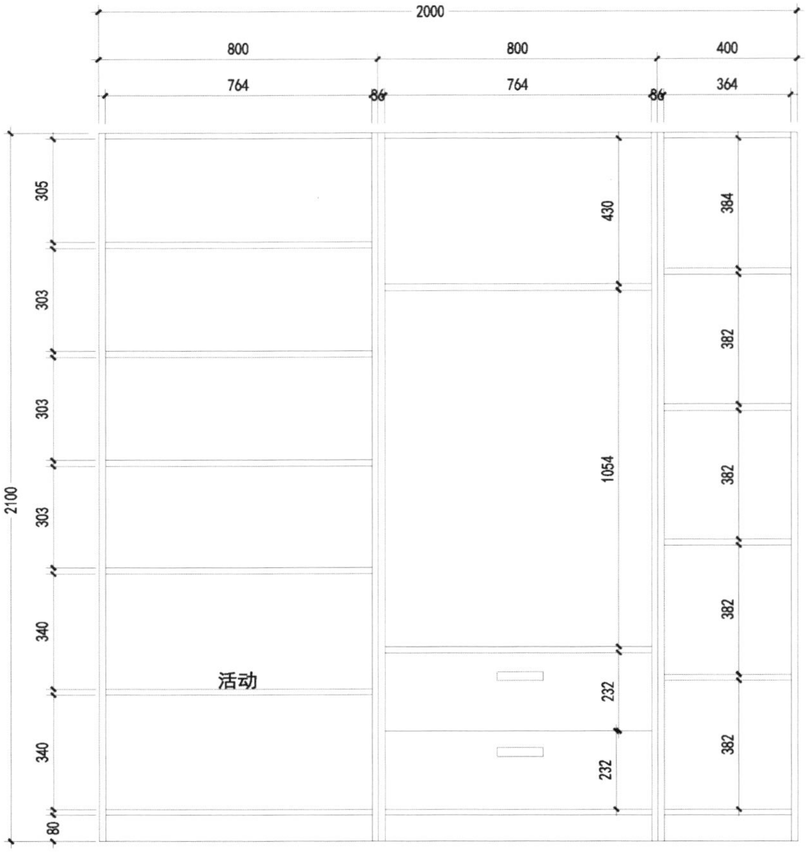

电视柜立面图 1:25

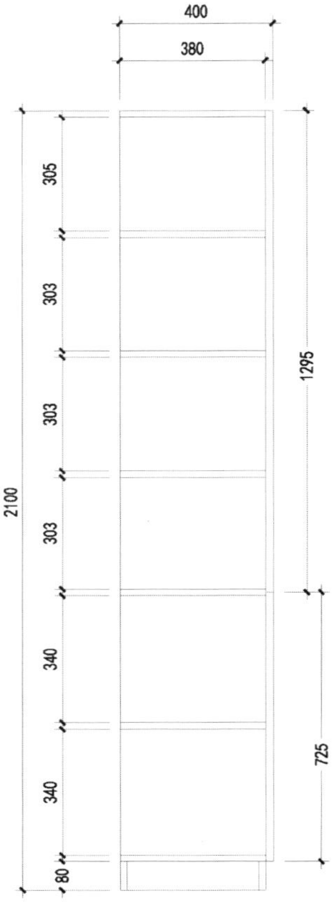

电视柜侧面图 1:25

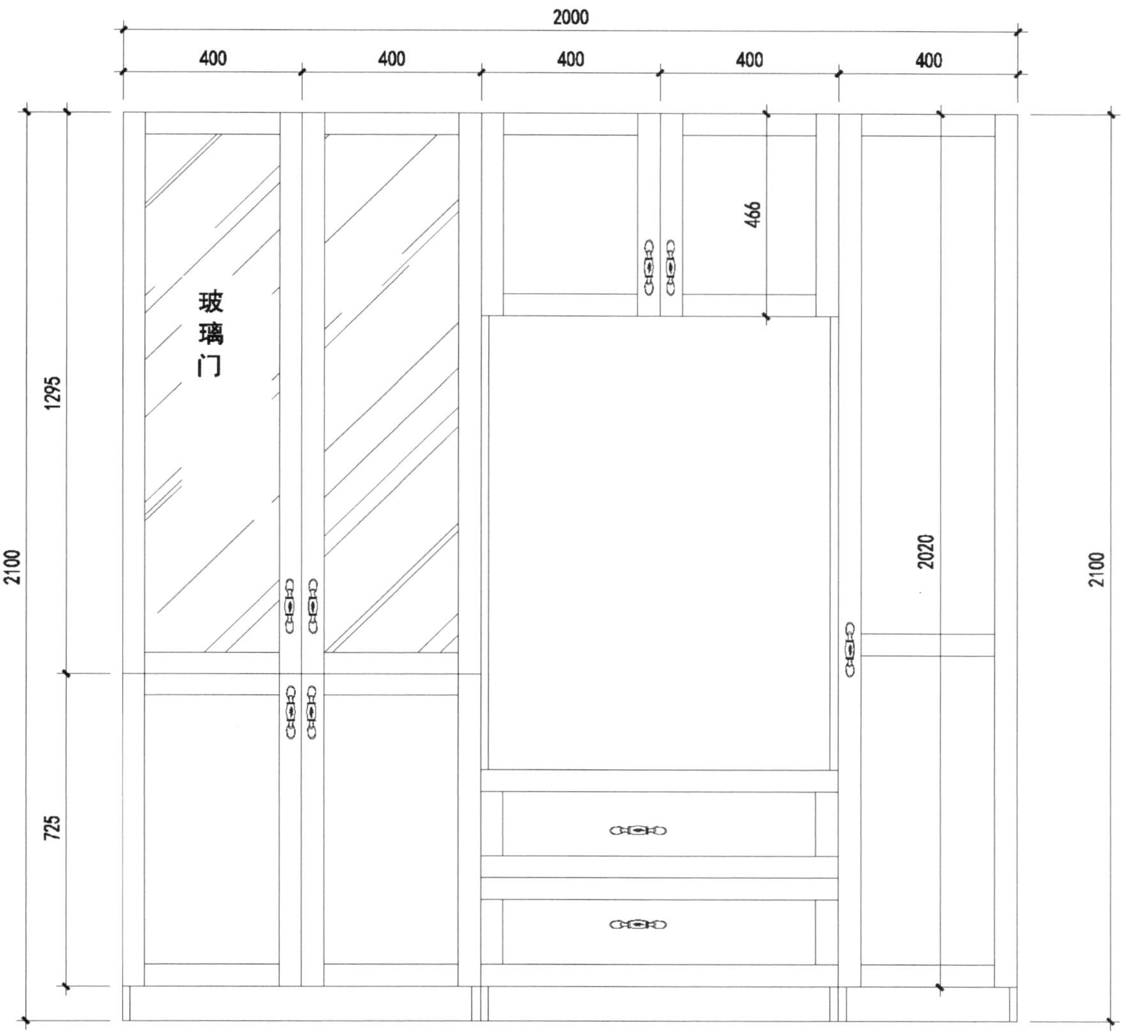
2000
400
400
400
400
400
466
玻
璃
门
1295
2100
2020
2100
725

电视柜立面图 1:25

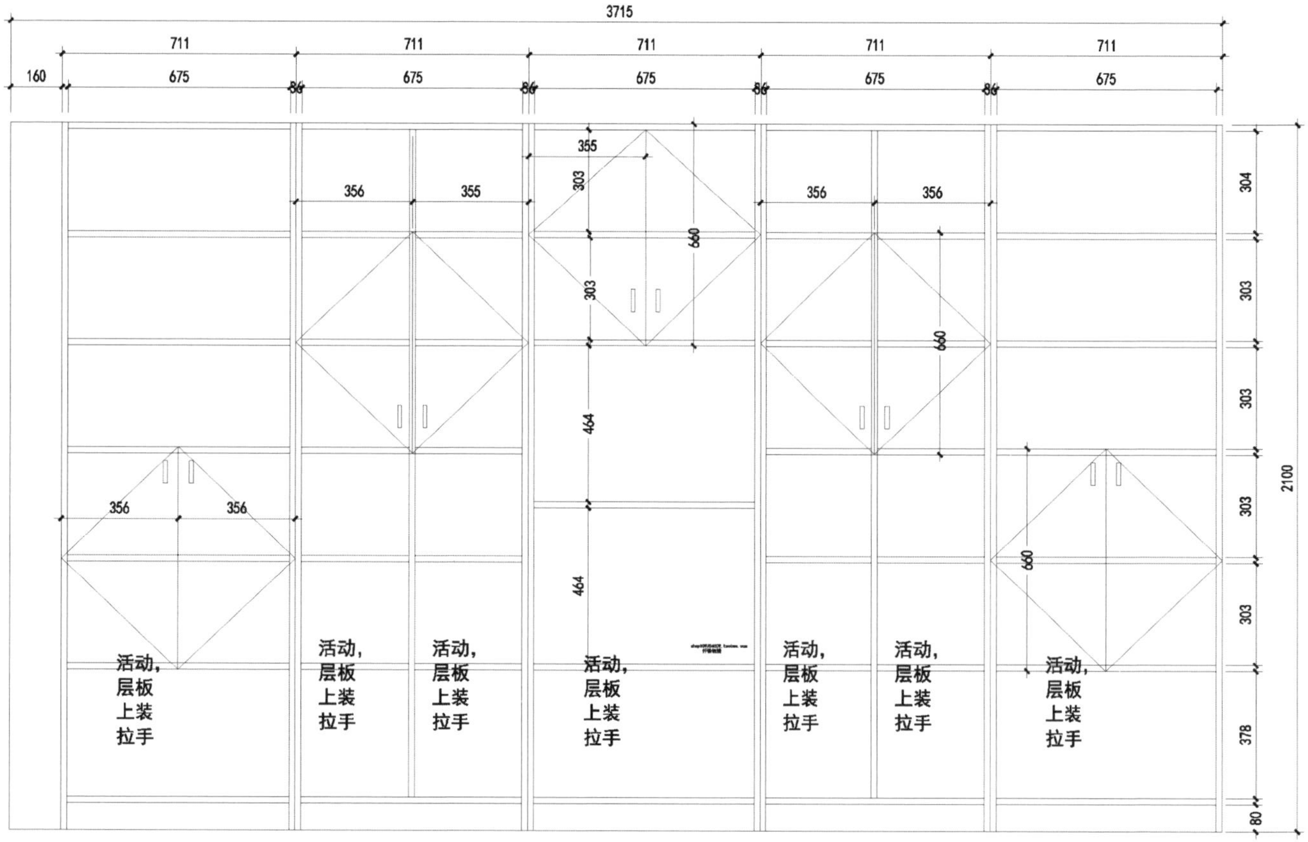

装饰柜立面图 1:25

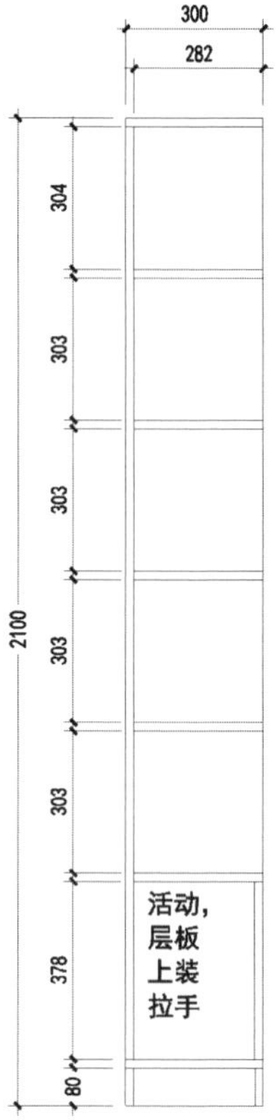

装饰柜侧面图 1:25

榻榻米

板材颜色：琥珀樱桃颗粒板
门板：板开门

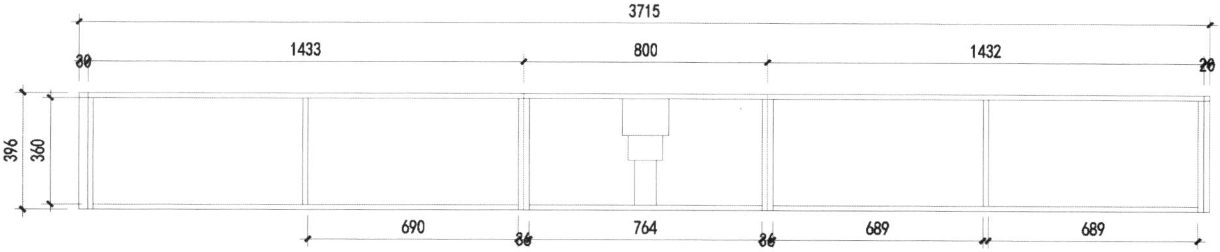

塌塌米立面图 1:25

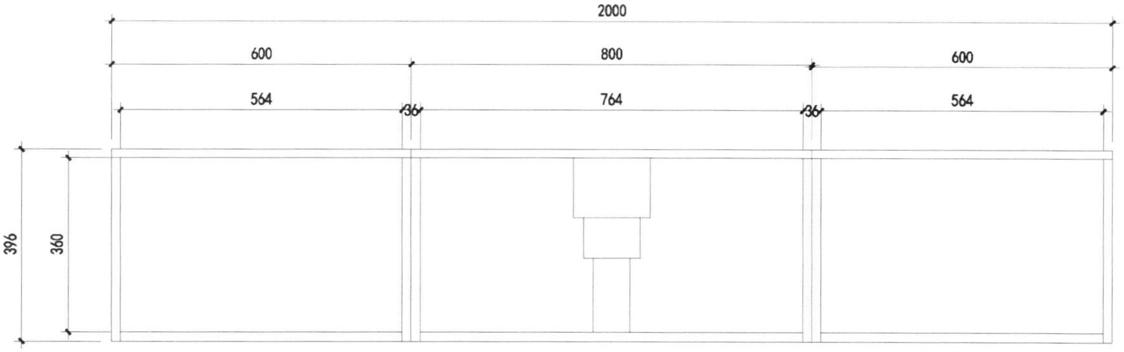

塌塌米侧面图 1:25

第十四节 简约式榻榻米

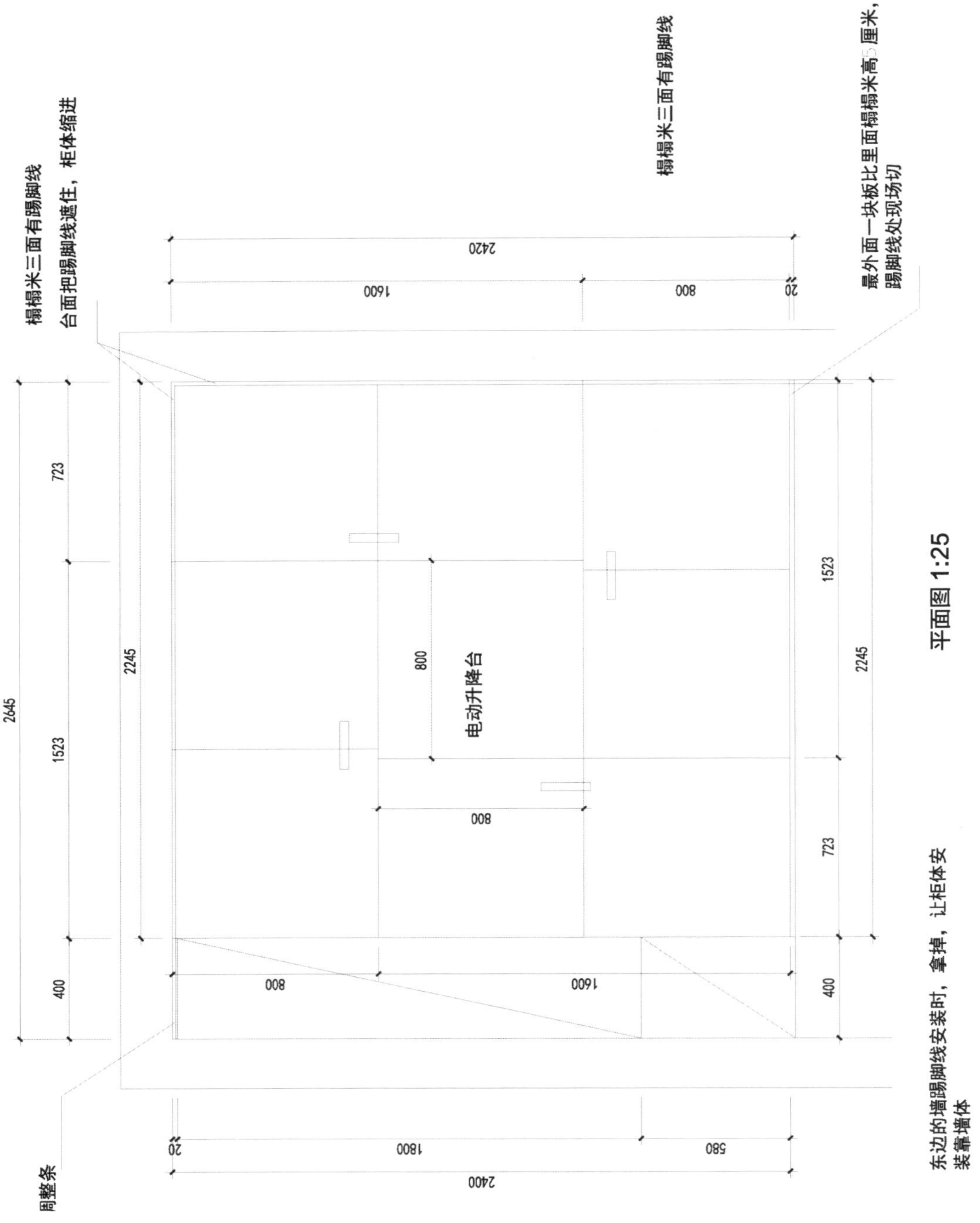
榻榻米三面有踢脚线
台面把踢脚线遮住，柜体缩进
榻榻米三面有踢脚线
最外面一块板比里面榻榻米高5厘米，
踢脚线处现场切
2420
1600
800
20
2645
723
1523
400
2245
800
电动升降台
800
1523
723
400
2245
800
1600
平面图 1:25
东边的墙踢脚线安装时，拿掉，让柜体安
装靠墙体
20
1800
580
2400
周整条

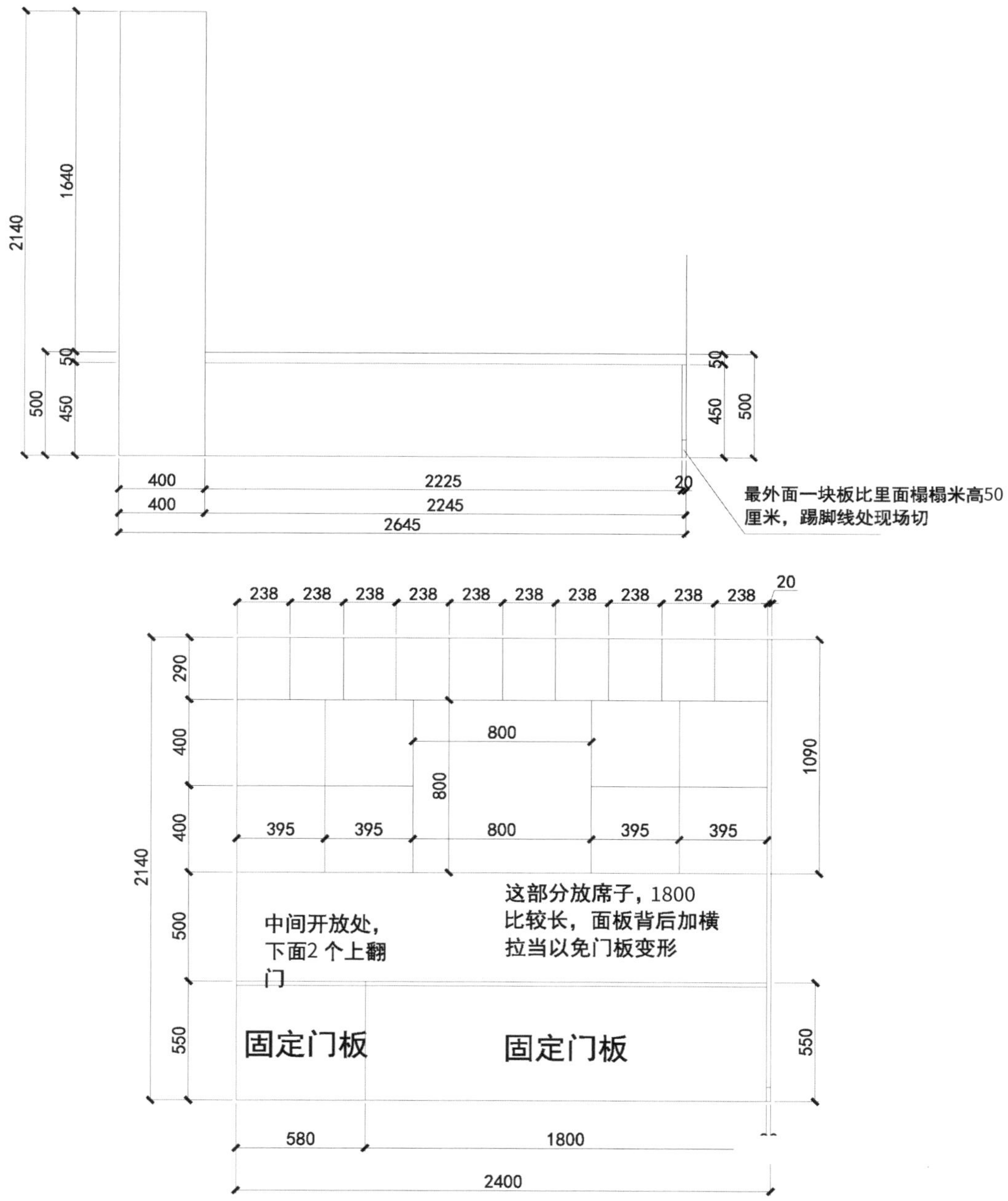
2140
1640
50
500
450
400
2225
20
2245
2645
最外面一块板比里面榻榻米高50厘米，踢脚线处现场切
238
290
400
800
395
1090
500
550
这部分放席子，1800比较长，面板背后加横拉当以免门板变形
中间开放处，下面2 个上翻门
固定门板
固定门板
580
1800
2400

局部大样图 1:25

榻榻米三面有踢脚线

榻榻米三面有踢脚线
台面把踢脚线遮住，柜体缩进

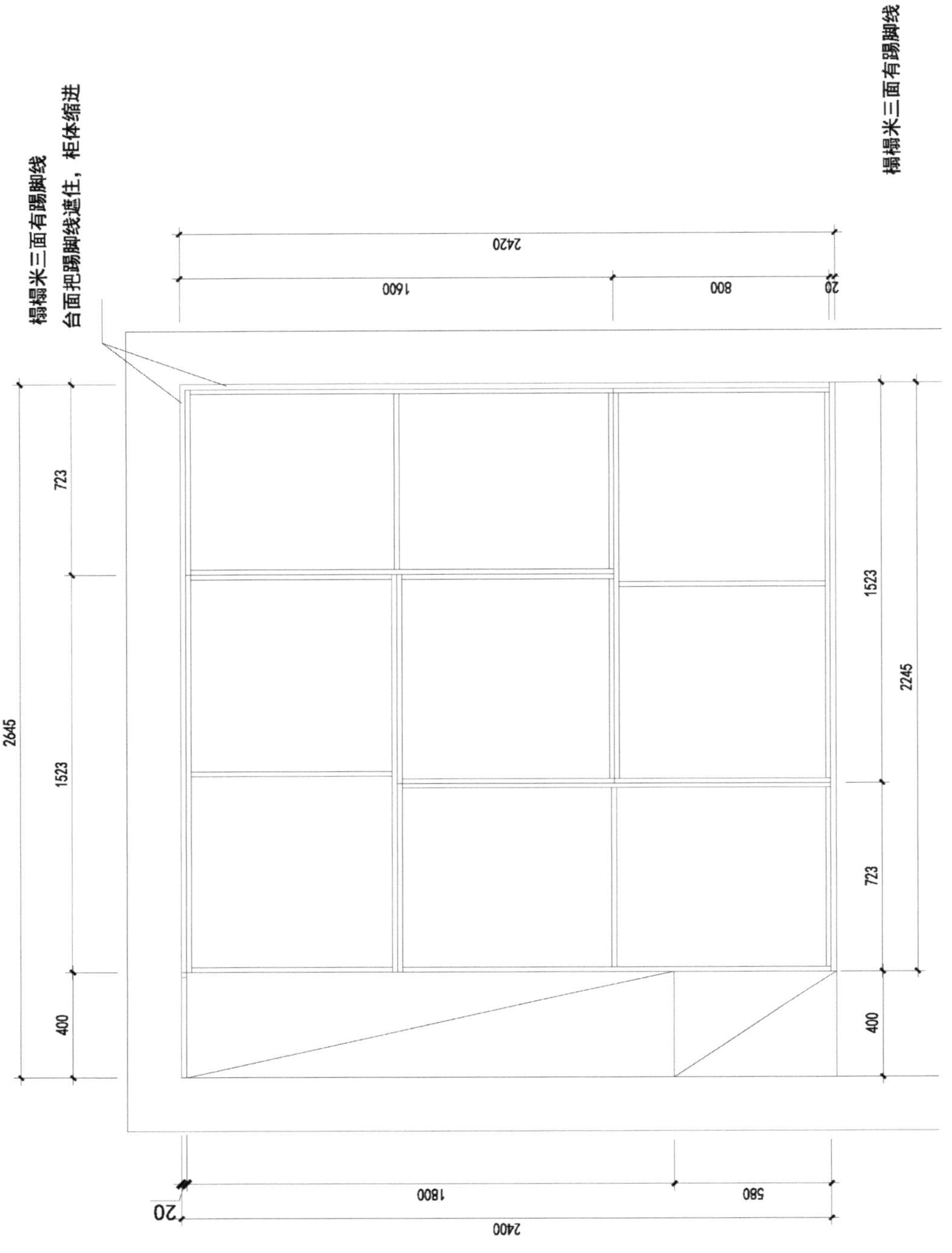

平面施工图 1:25

东边的墙踢脚线安装时，拿掉，让柜体安装靠墙体

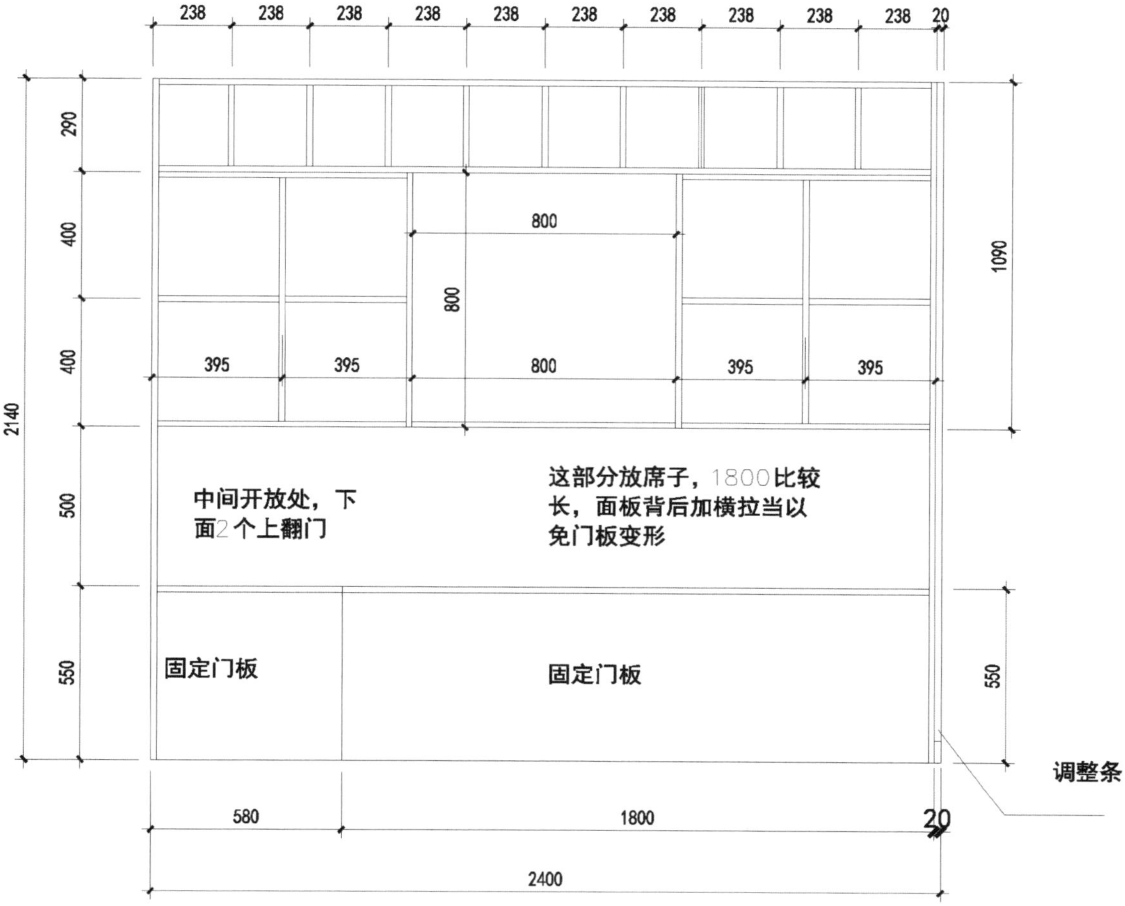
238
238
238
238
238
238
238
238
238
238
20
290
400
400
500
550
2140
1090
550
800
800
395
395
800
395
395
中间开放处，下面2个上翻门
这部分放席子，1800比较长，面板背后加横拉当以免门板变形
固定门板
固定门板
调整条
580
1800
20
2400

局部大样图 1:25

第十五节 抽屉踏步式榻榻米

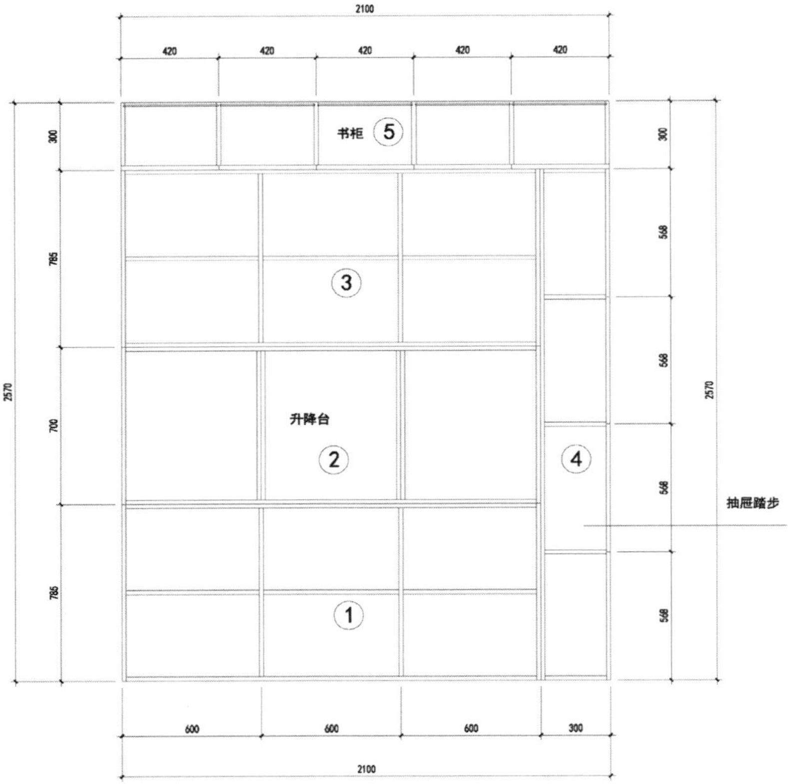

俯视结构图 1:25

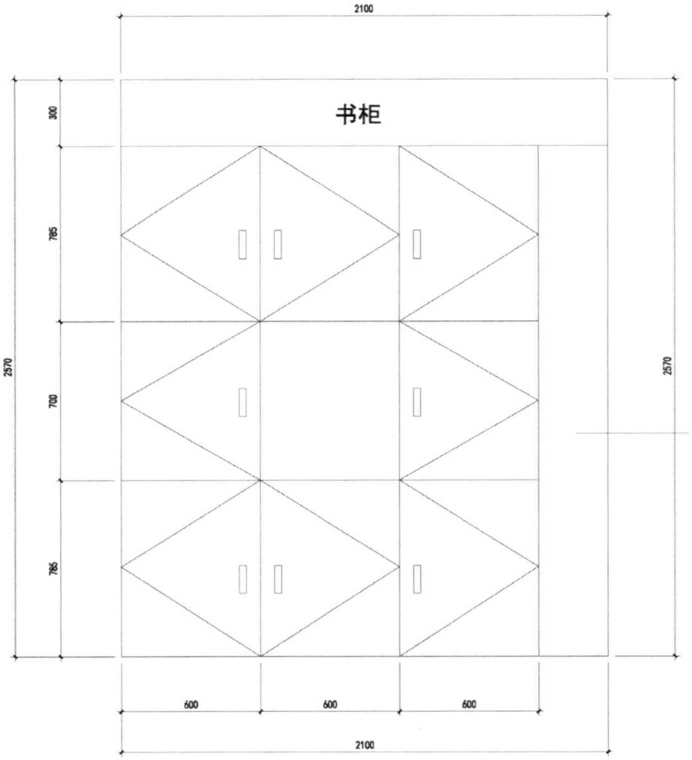

书柜立面图 1:25

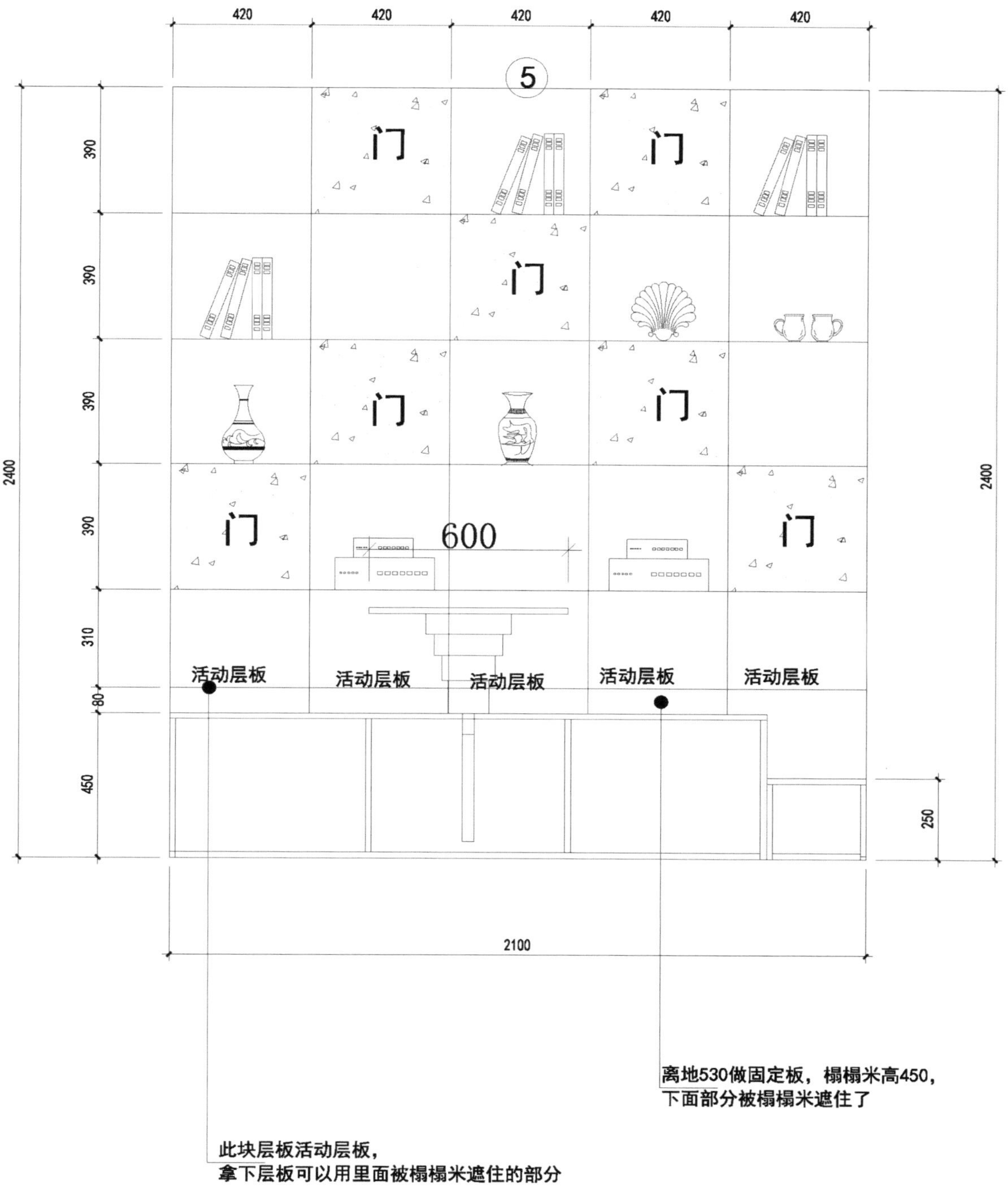
420
420
420
420
420
5
门
门
门
门
门
门
门
600
活动层板
活动层板
活动层板
活动层板
活动层板
390
390
390
390
310
80
450
2400
2400
250
2100
离地530做固定板，榻榻米高450，
下面部分被榻榻米遮住了
此块层板活动层板，
拿下层板可以用里面被榻榻米遮住的部分

书柜立面结构图 1:25

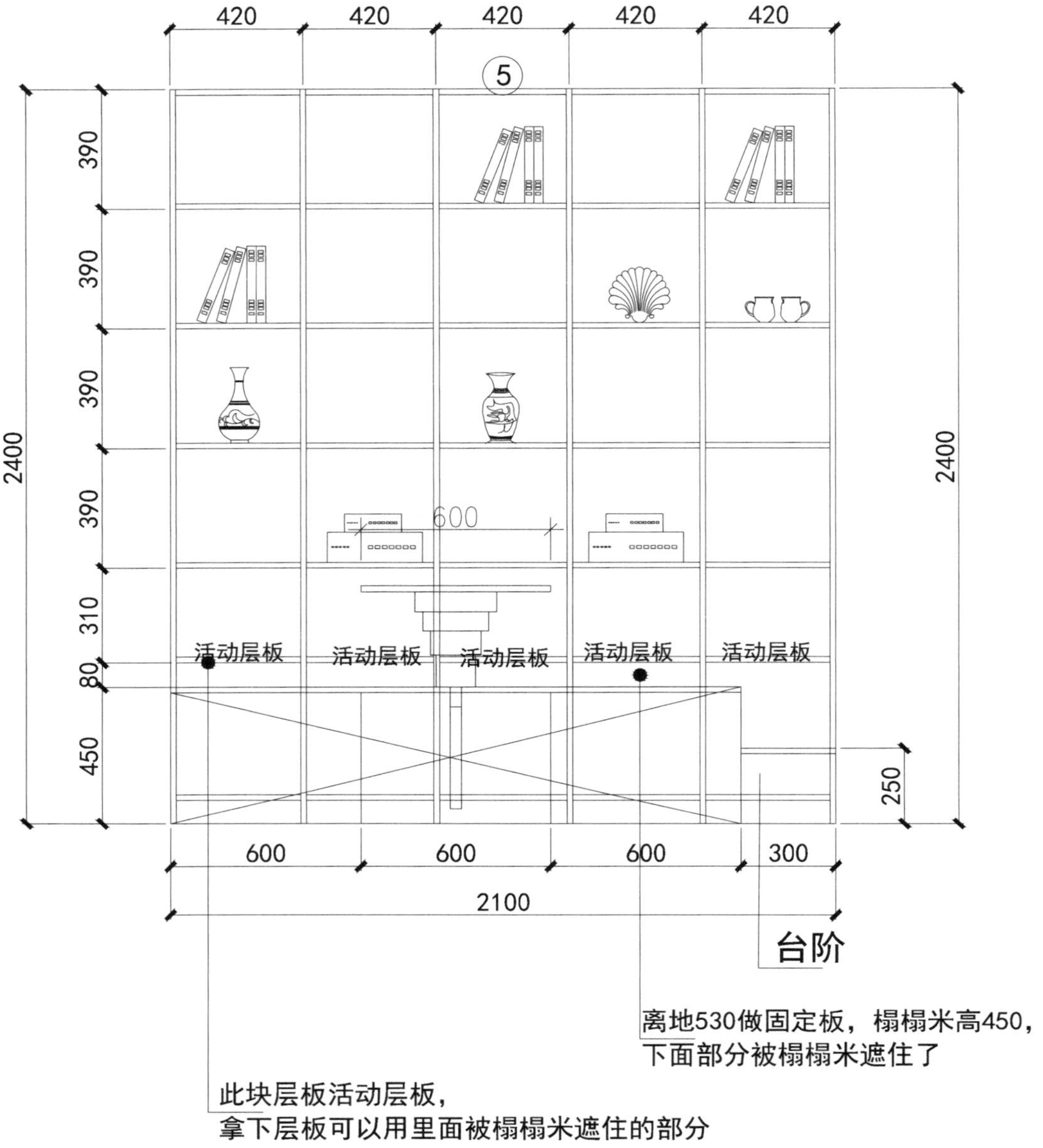

420
420
420
420
420
5
390
390
390
390
310
80
450
2400
2400
600
活动层板
活动层板
活动层板
活动层板
活动层板
250
600
600
600
300
2100
台阶
离地530做固定板，榻榻米高450，
下面部分被榻榻米遮住了
此块层板活动层板，
拿下层板可以用里面被榻榻米遮住的部分

书柜立面施工图 1:25

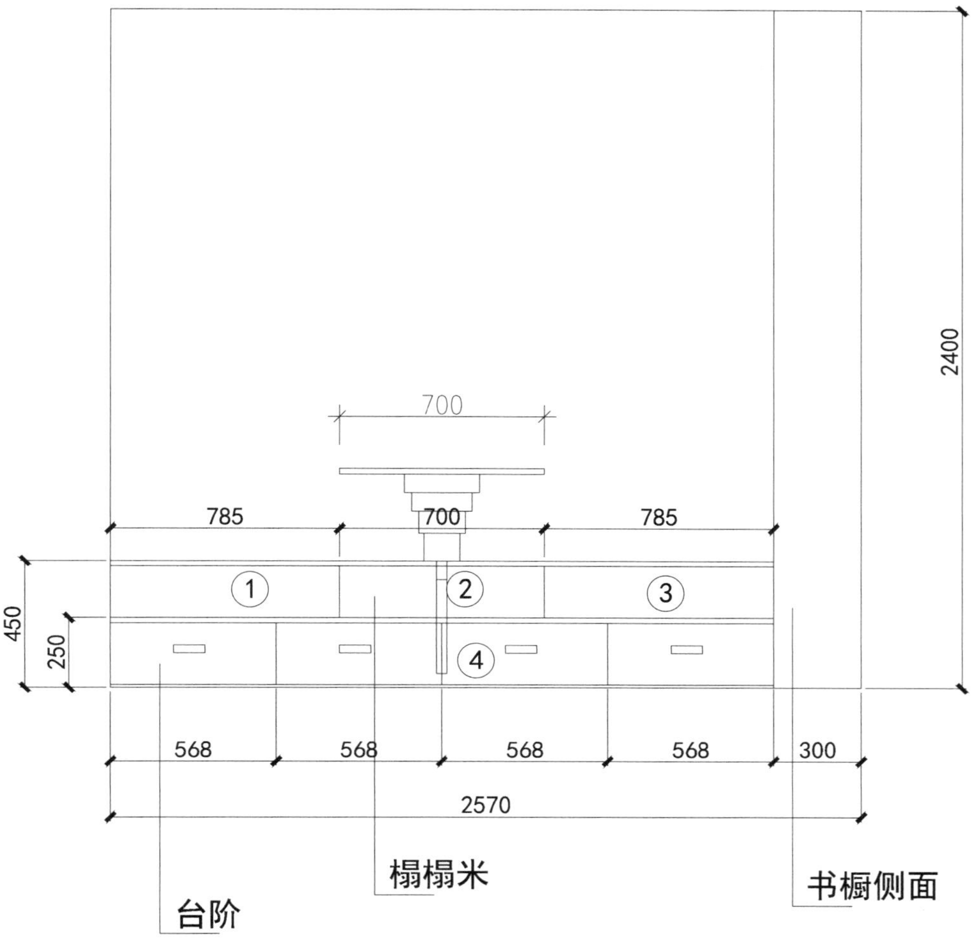
700
785
700
785
1
2
3
4
450
250
2400
568
568
568
568
300
2570
榻榻米
台阶
书橱侧面

塌塌米立面图 1:25

第十六节 全敞开榻榻米

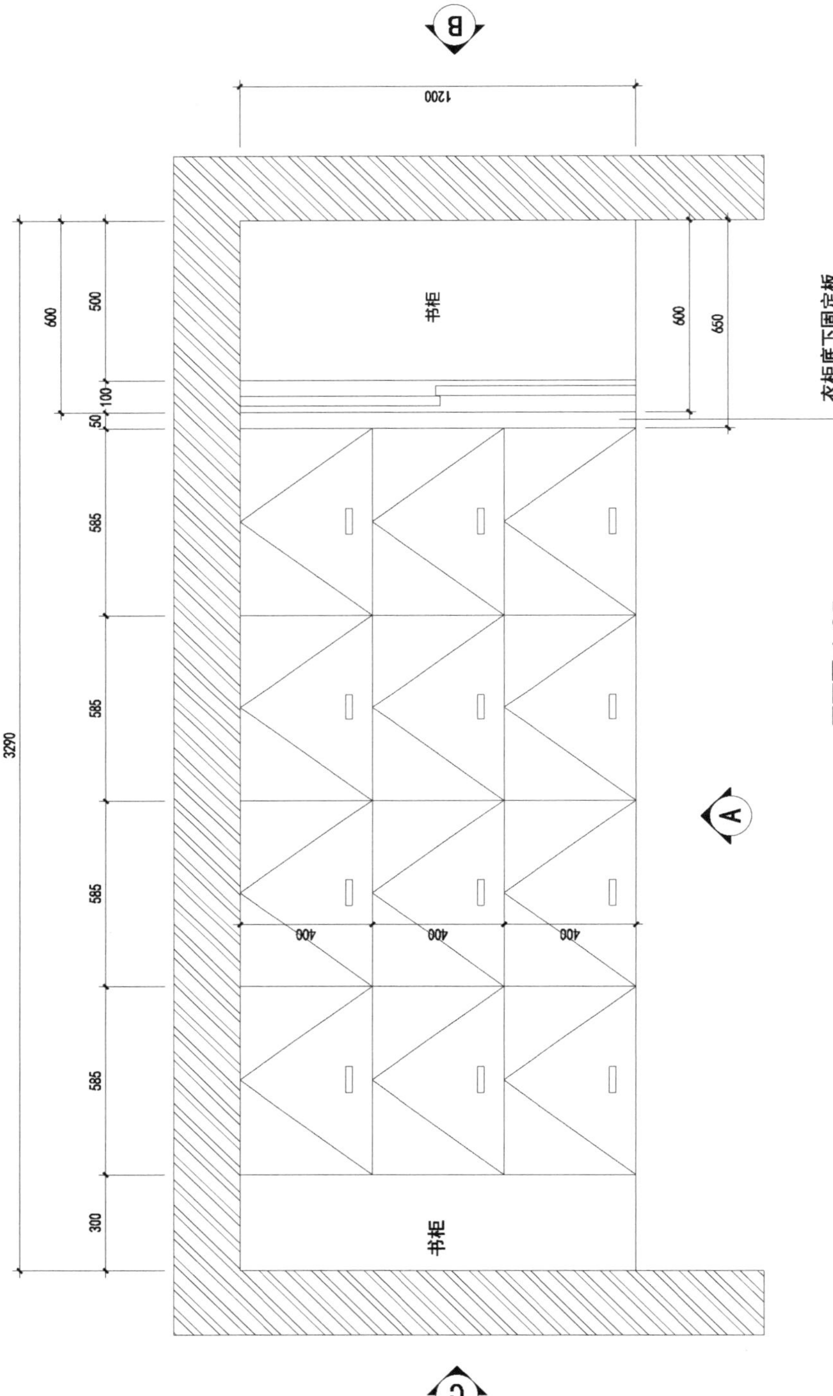
B
1200
600
500
书柜
600
650
衣柜底下固定板
100
50
585
585
585
585
300
3290
400
400
400
书柜
A
C
平面图 1:25

B 面书柜立面图 1:25

固定门板
离地面440做固定门板，榻榻米高
400，下面部分被榻榻米遮住了

此块层板做活动层板不装拉手，
把层板拿下可以把东西放在下面

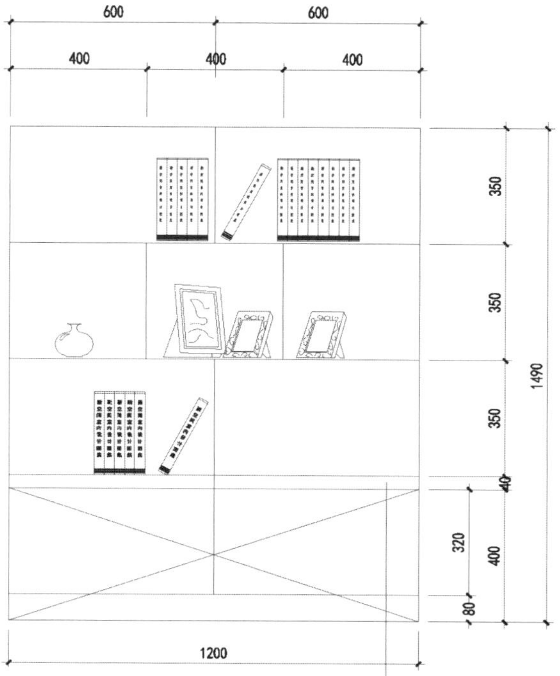

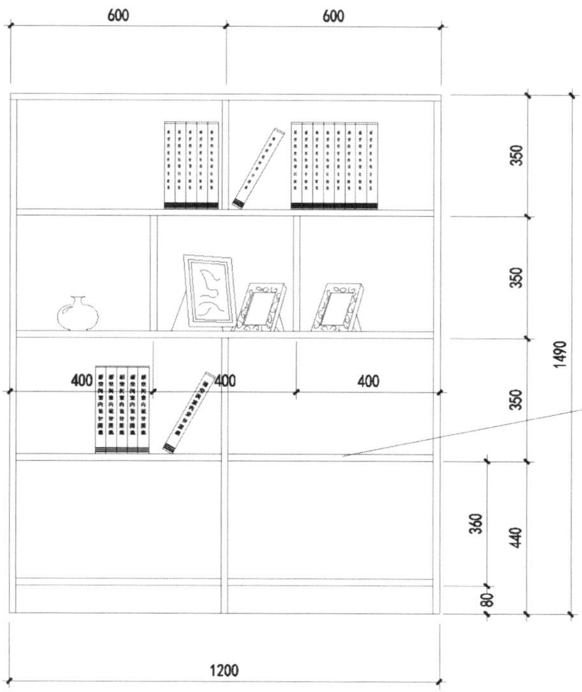

B 面书柜内部结构图 1:25

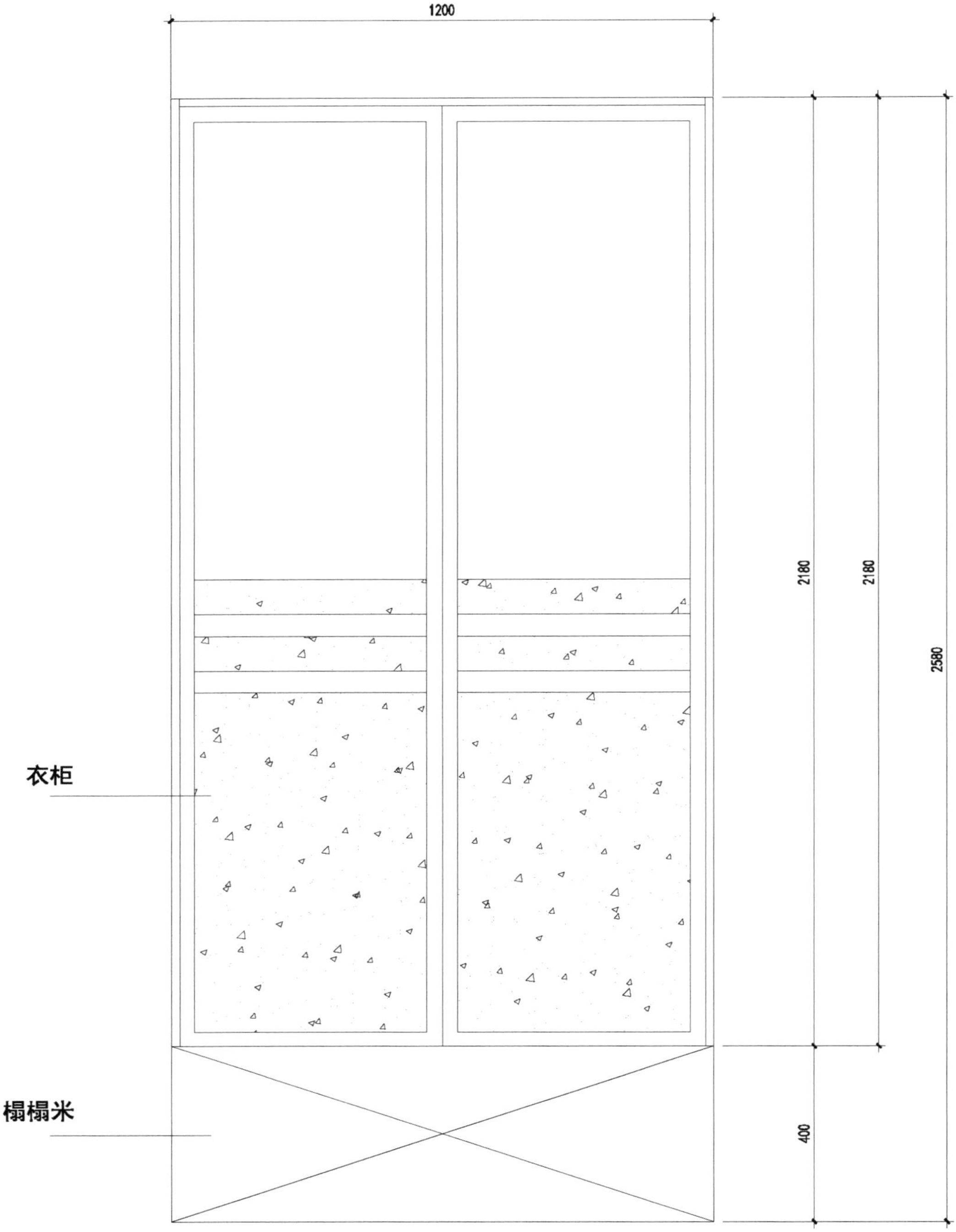
1200
2180
2180
2580
400
衣柜
榻榻米

C 面立面图 1:25

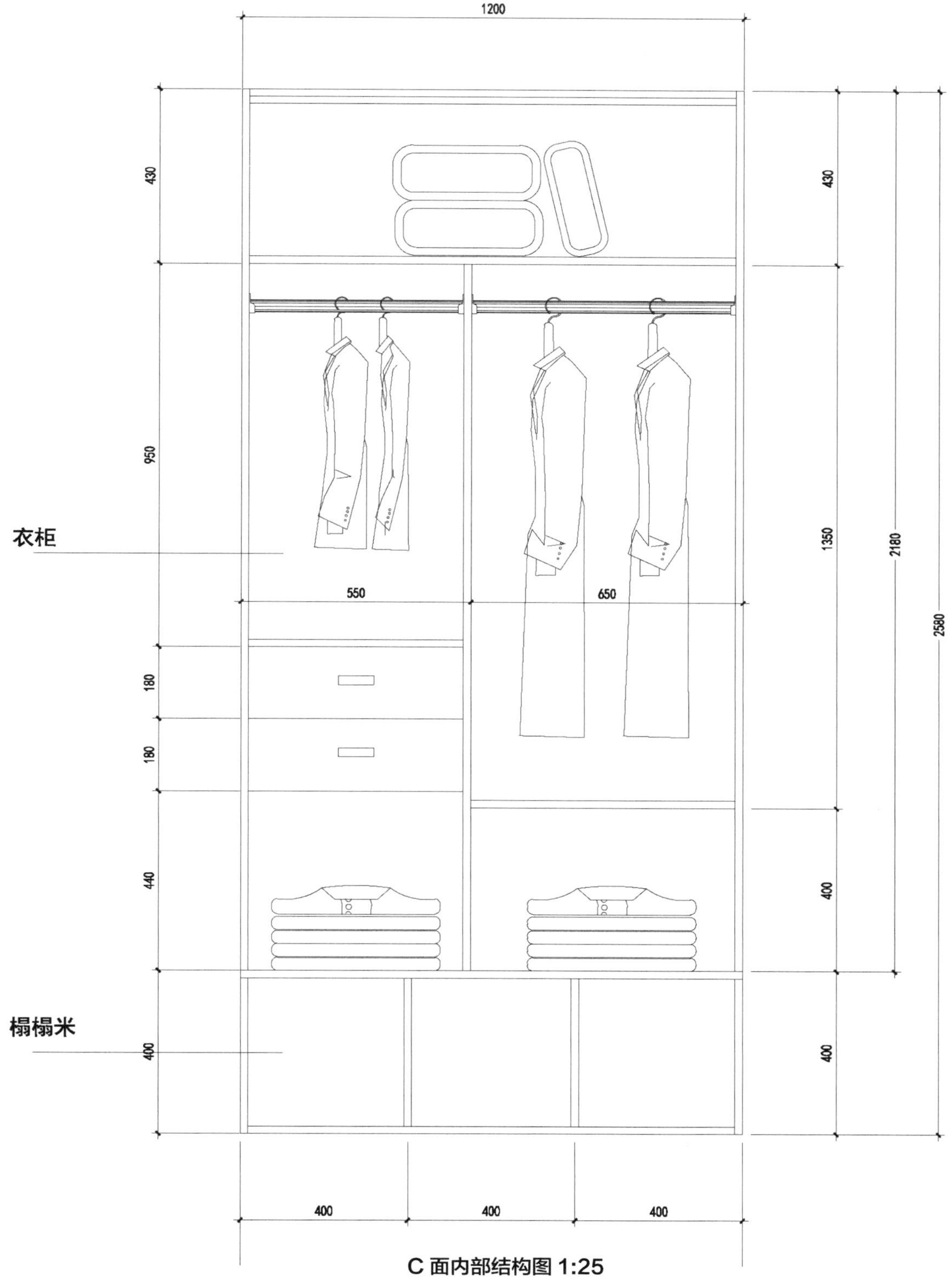
1200
430
950
180
180
440
400
衣柜
550
650
430
1350
400
400
2180
2580
榻榻米
400
400
400

C 面内部结构图 1:25

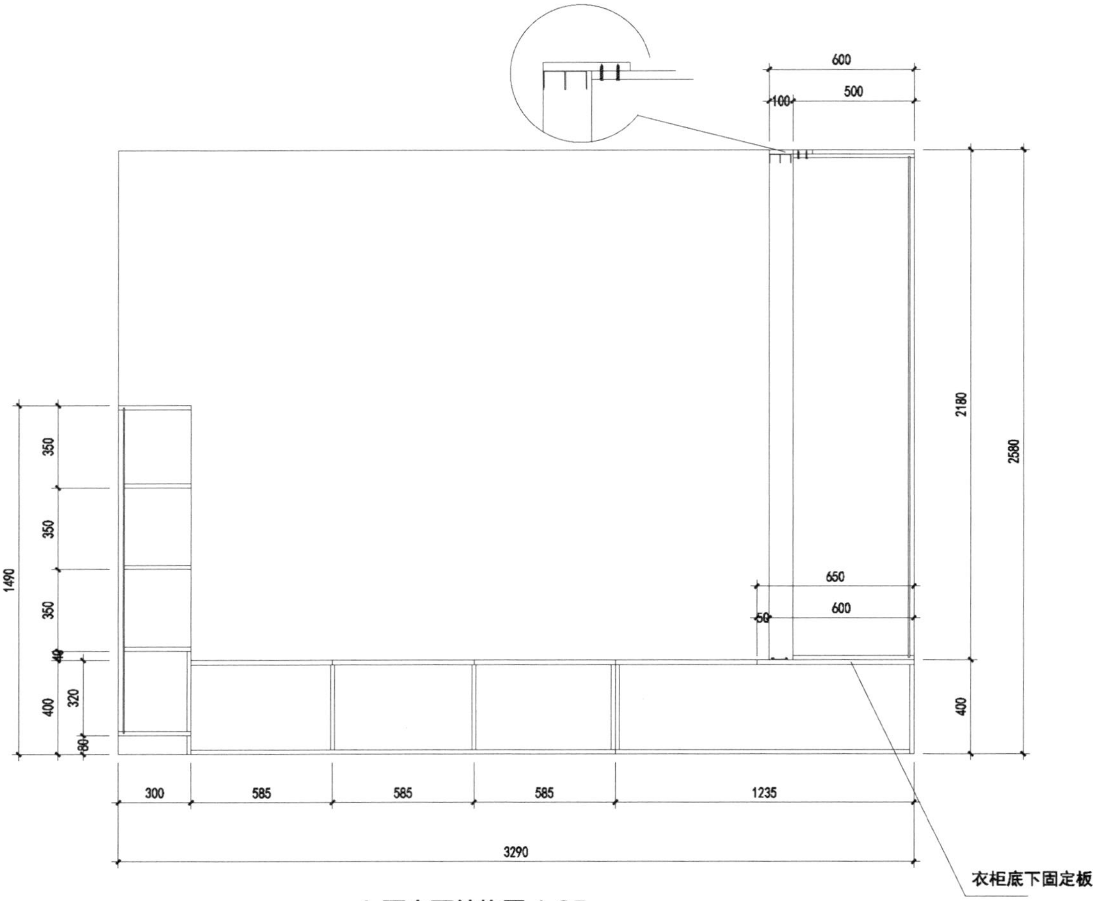

A 面立面结构图 1:25

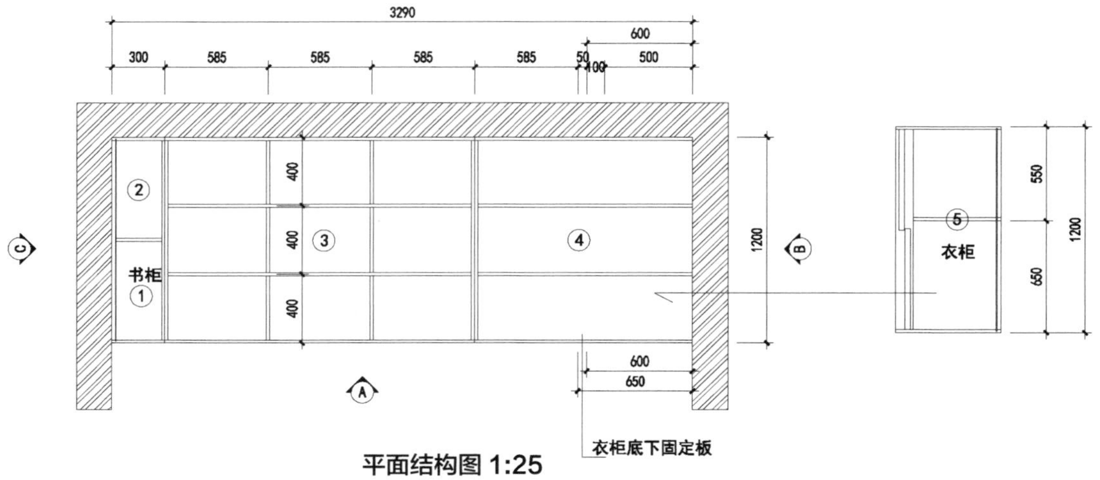

平面结构图 1:25

第十七节 书房榻榻米

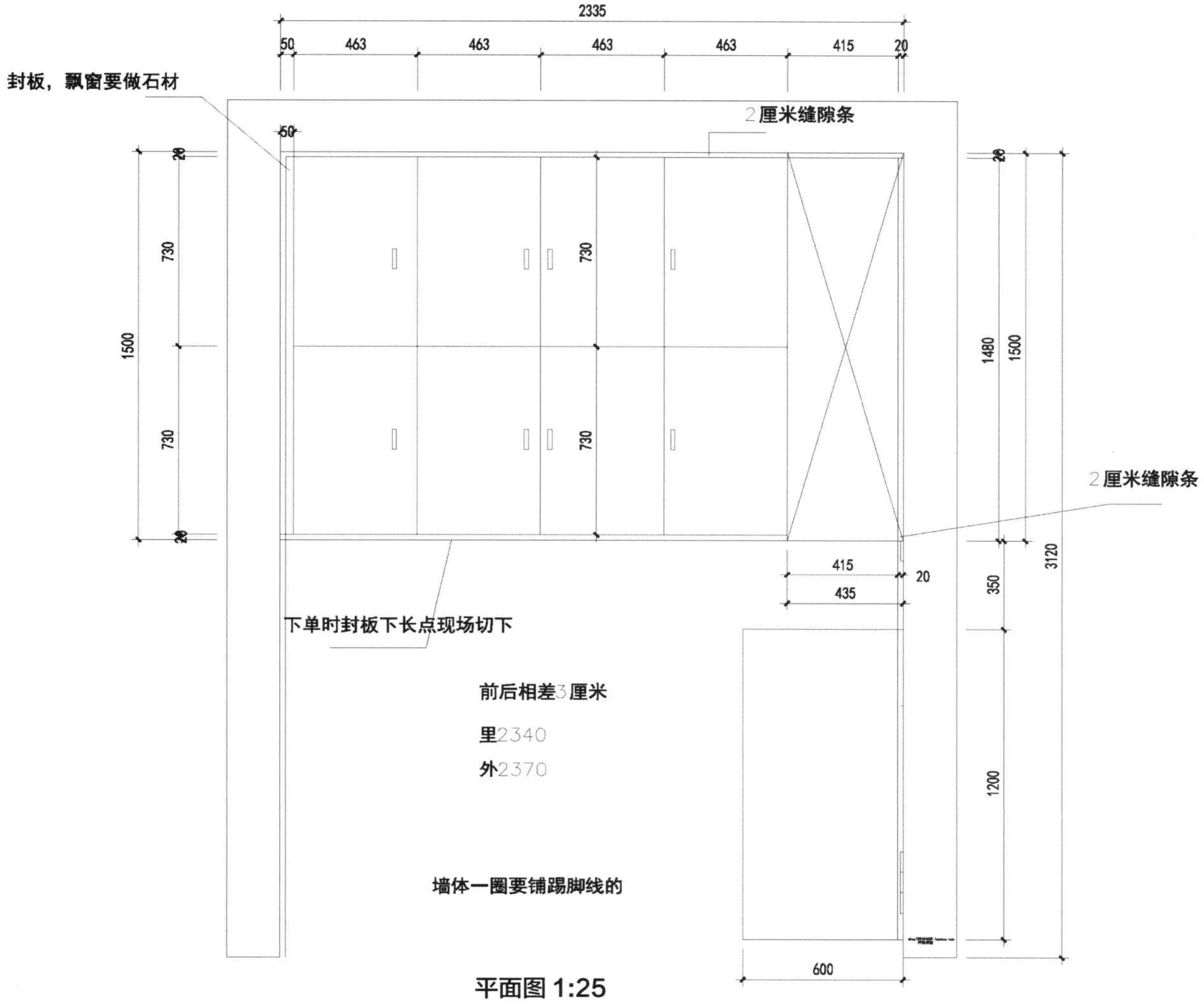

平面图 1:25

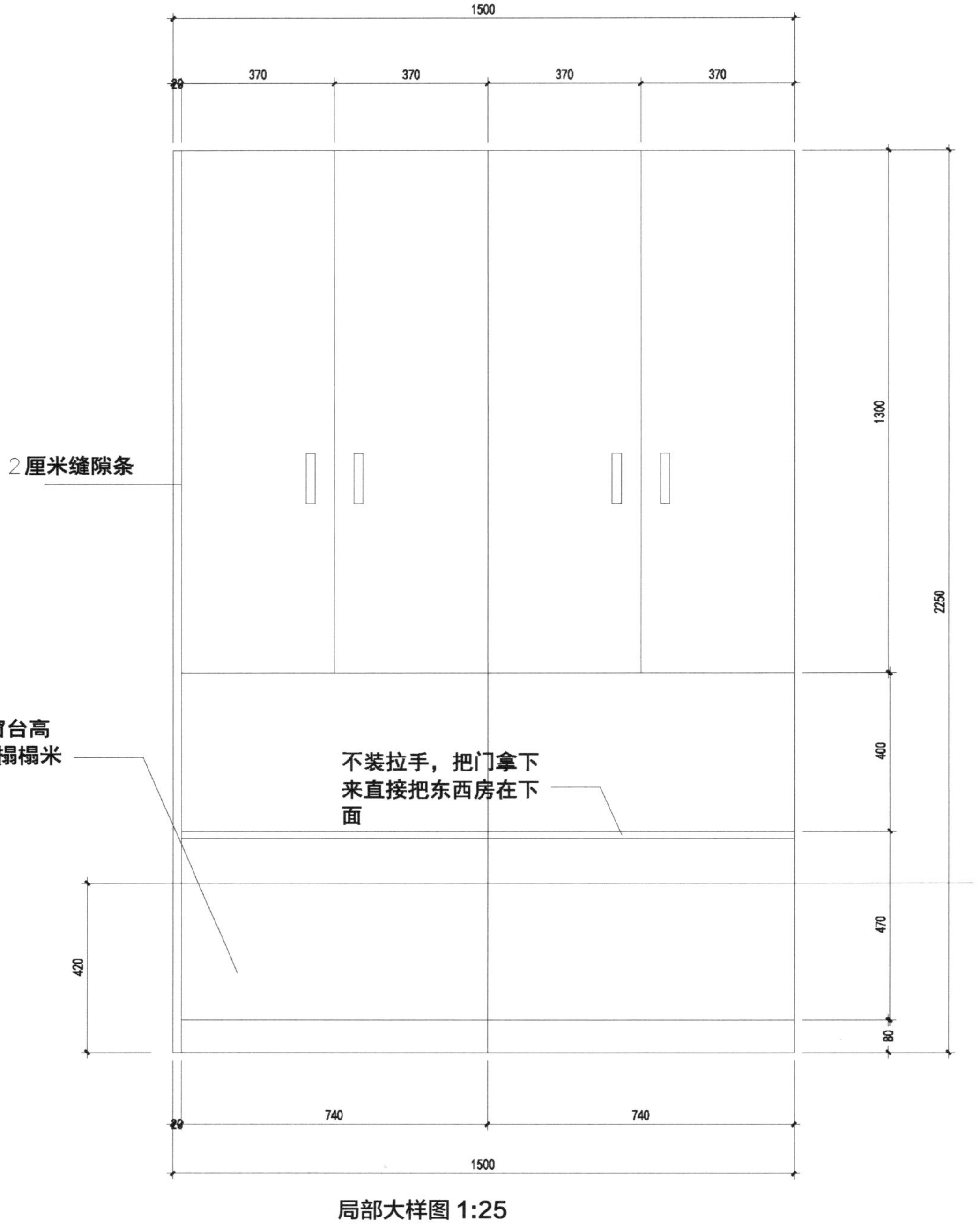
1500
20
370
370
370
370
2厘米缝隙条
1300
2250
地板没铺，窗台高
480 －地板榻榻米
做高420
不装拉手，把门拿下
来直接把东西房在下
面
400
470
420
80
20
740
740
1500

局部大样图 1:25

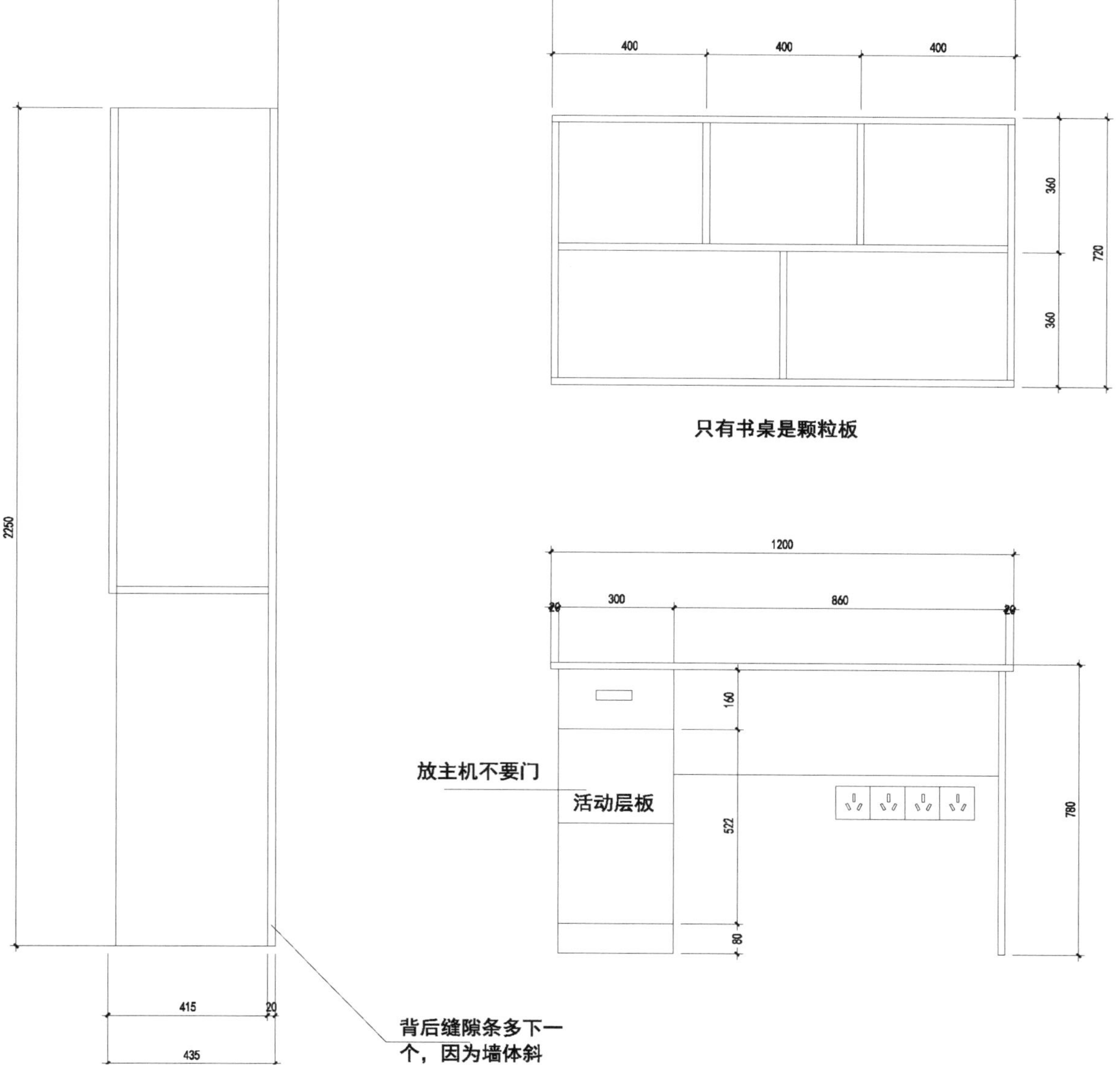
1200
400
400
400
360
360
720
只有书桌是颗粒板
2250
1200
20
300
860
20
160
放主机不要门
活动层板
522
780
80
415
20
435
背后缝隙条多下一
个，因为墙体斜

局部大样图 1:25

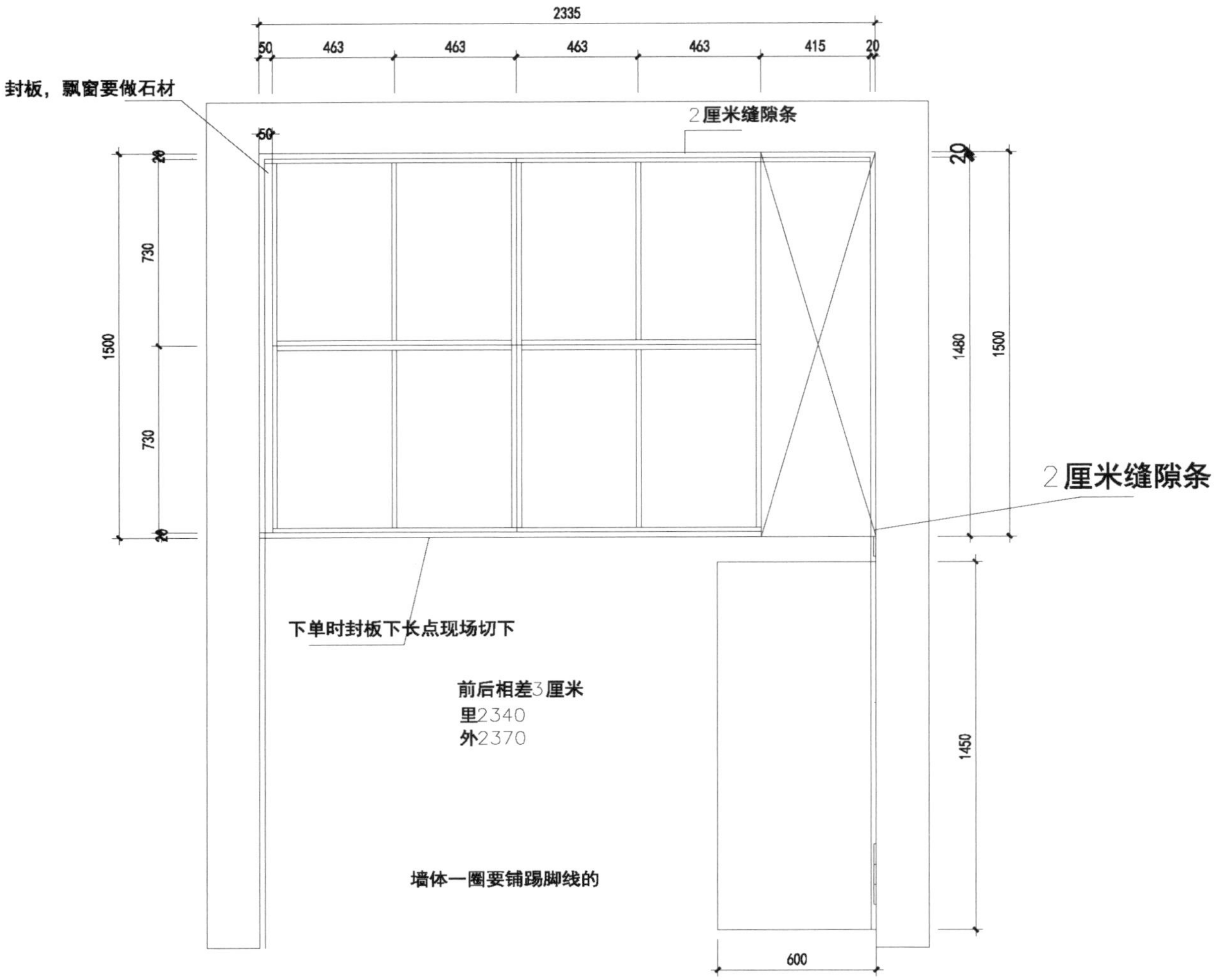
2335
50
463
463
463
463
415
20
封板，飘窗要做石材
2厘米缝隙条
50
20
730
1500
730
20
20
1480
1500
2厘米缝隙条
下单时封板下长点现场切下
前后相差3厘米
里2340
外2370
1450
墙体一圈要铺踢脚线的
600

平面结构图 1:25

第四章

实木榻榻米

第一节 简欧实木榻榻米

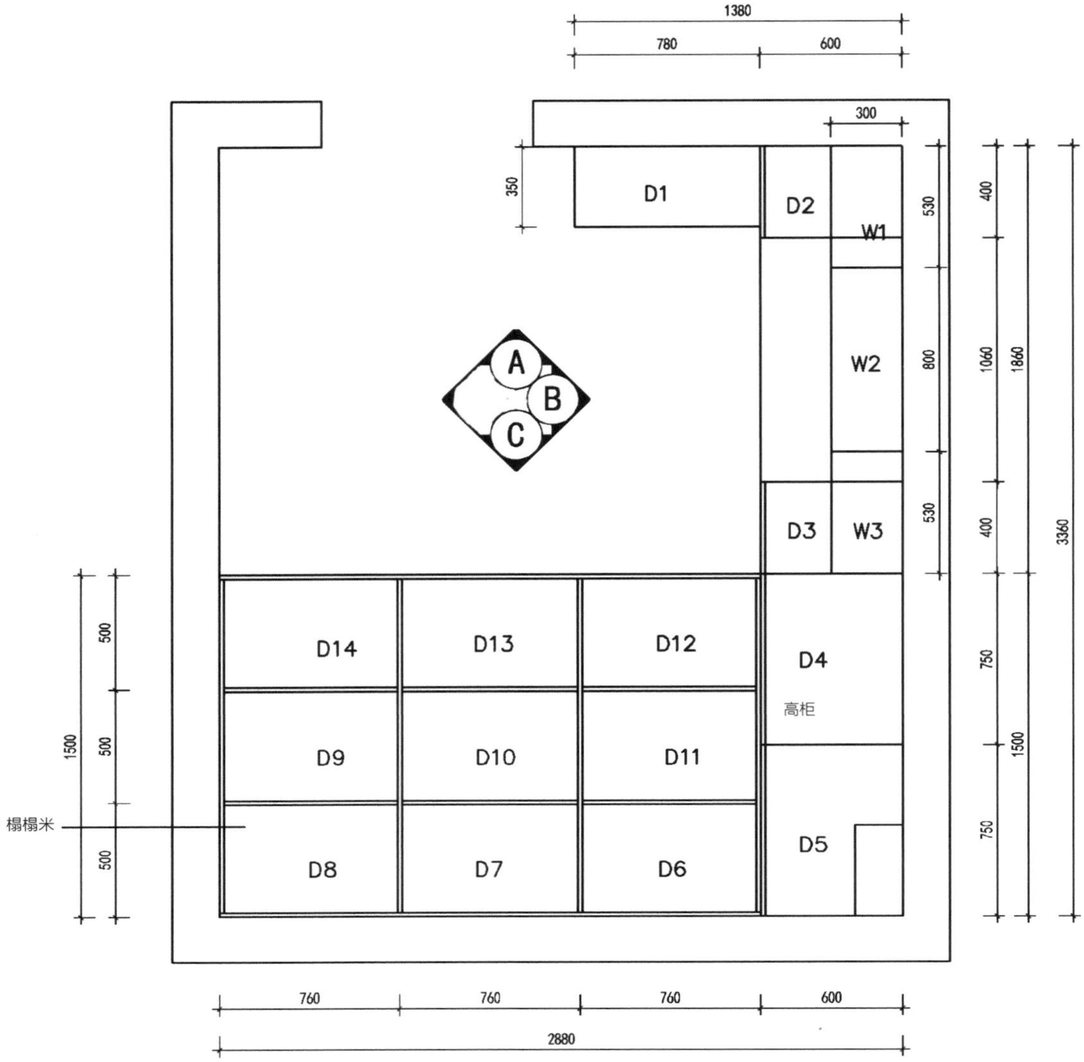

平面图 1:30

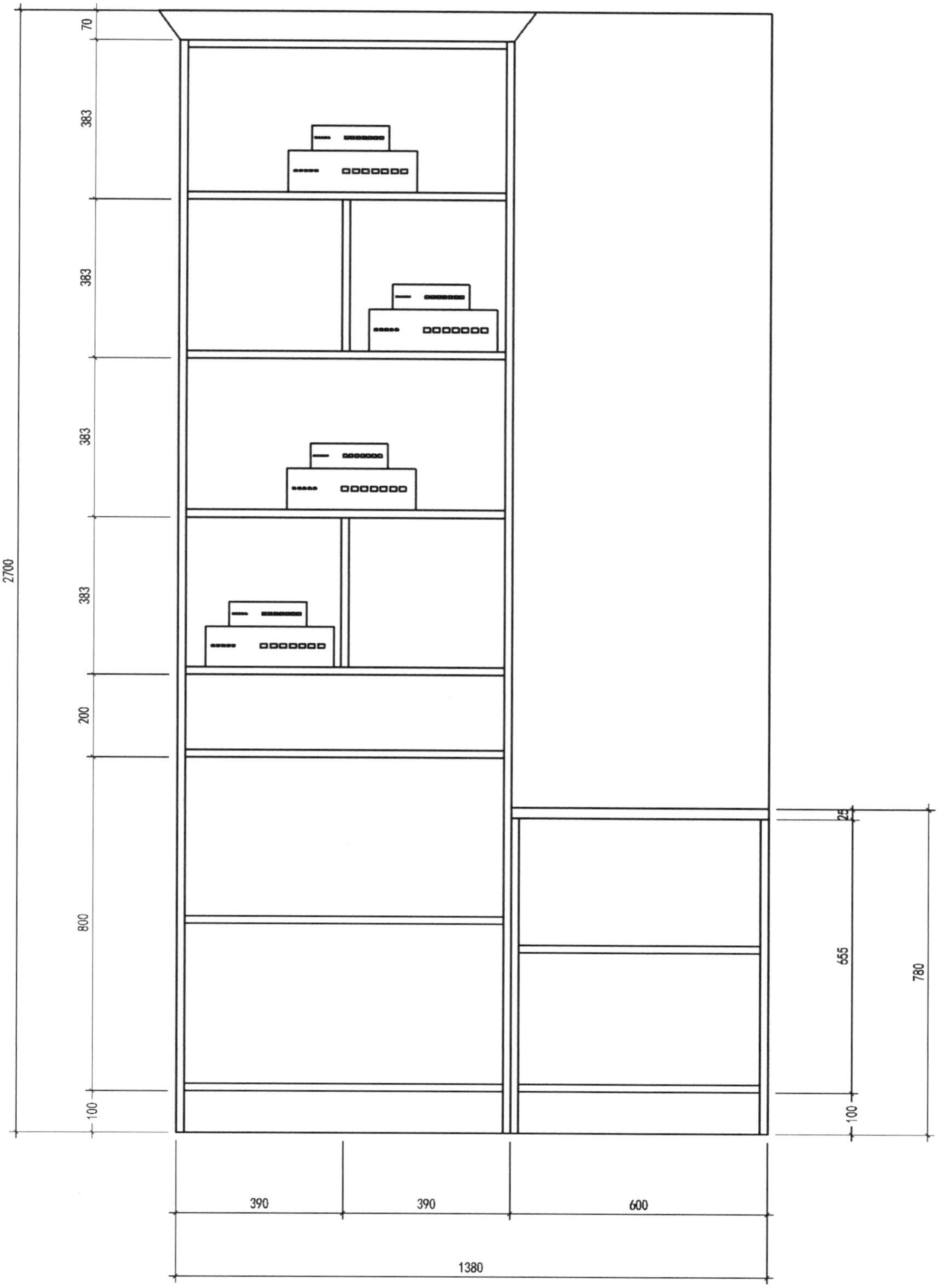
70
383
383
383
383
200
800
100
2700
25
655
780
100
390
390
600
1380

A 面立面结构图 1:30

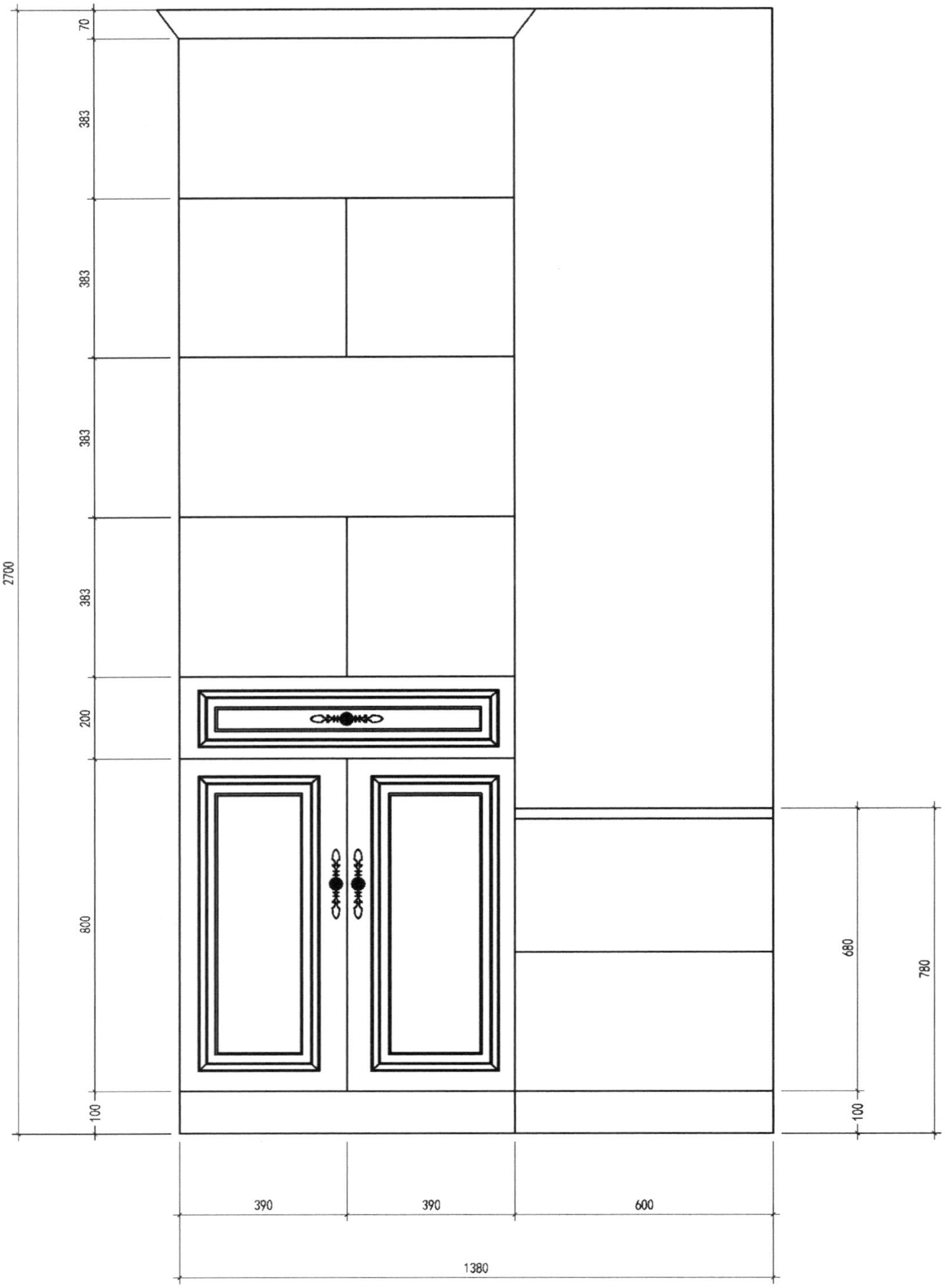
70
383
383
383
383
200
800
100
2700
680
780
100
390
390
600
1380

A 面立面图 1:30

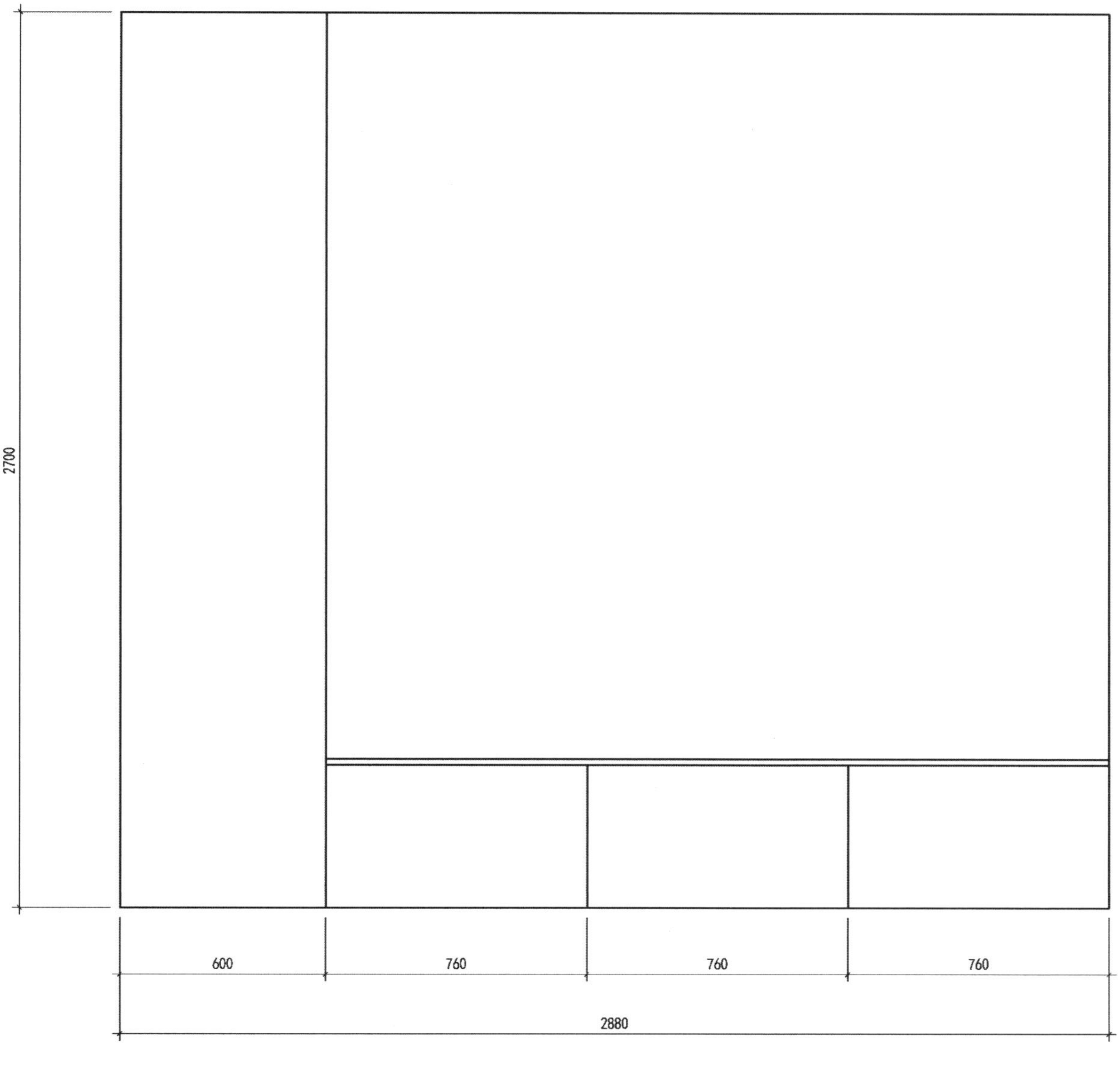
2700
600
760
760
760
2880

C面立面图 1:30

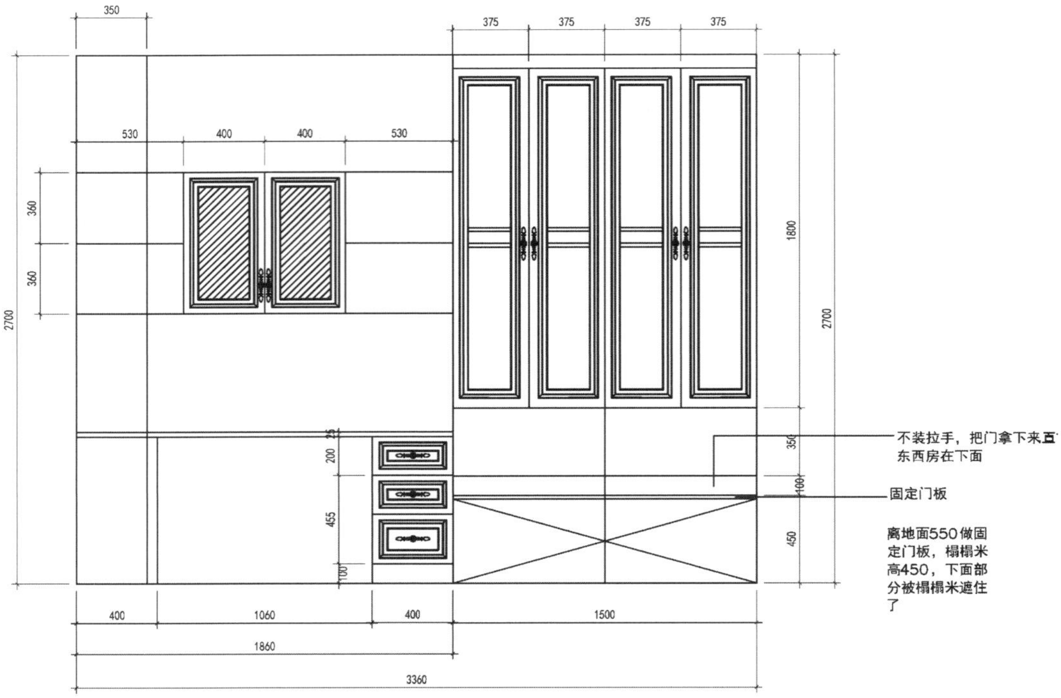
不装拉手，把门拿下来直
东西房在下面
固定门板
离地面550做固定门板，榻榻米高450，下面部分被榻榻米遮住了

B 面立面图 1:30

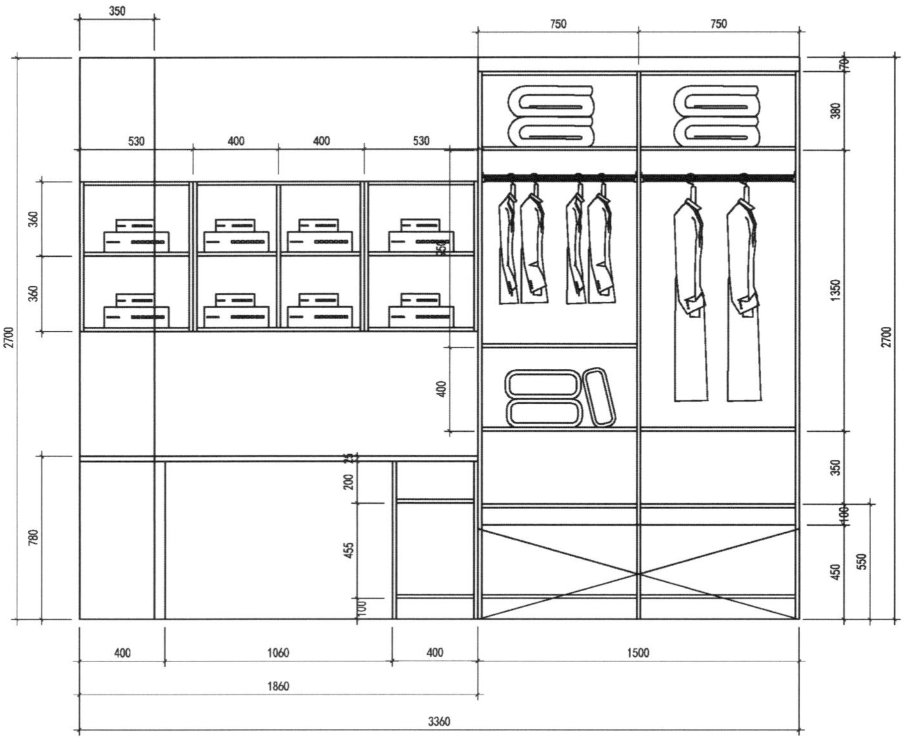

B 面立面结构图 1:30

第二节 实木升降榻榻米

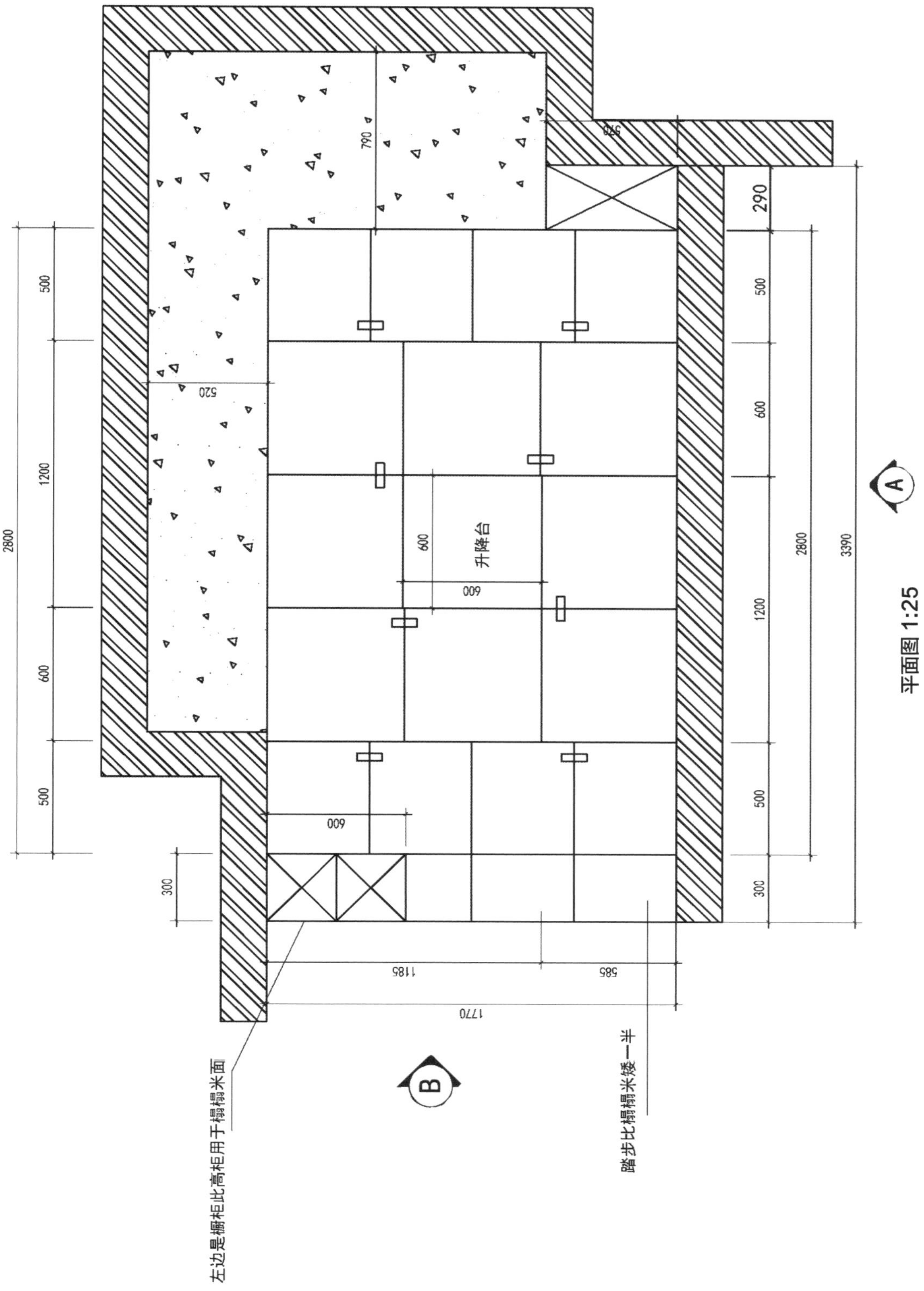

升降台
600
2800
3390
1185
585
1770
左边是橱柜比高柜用于榻榻米面
踏步比榻榻米矮一半
平面图 1:25

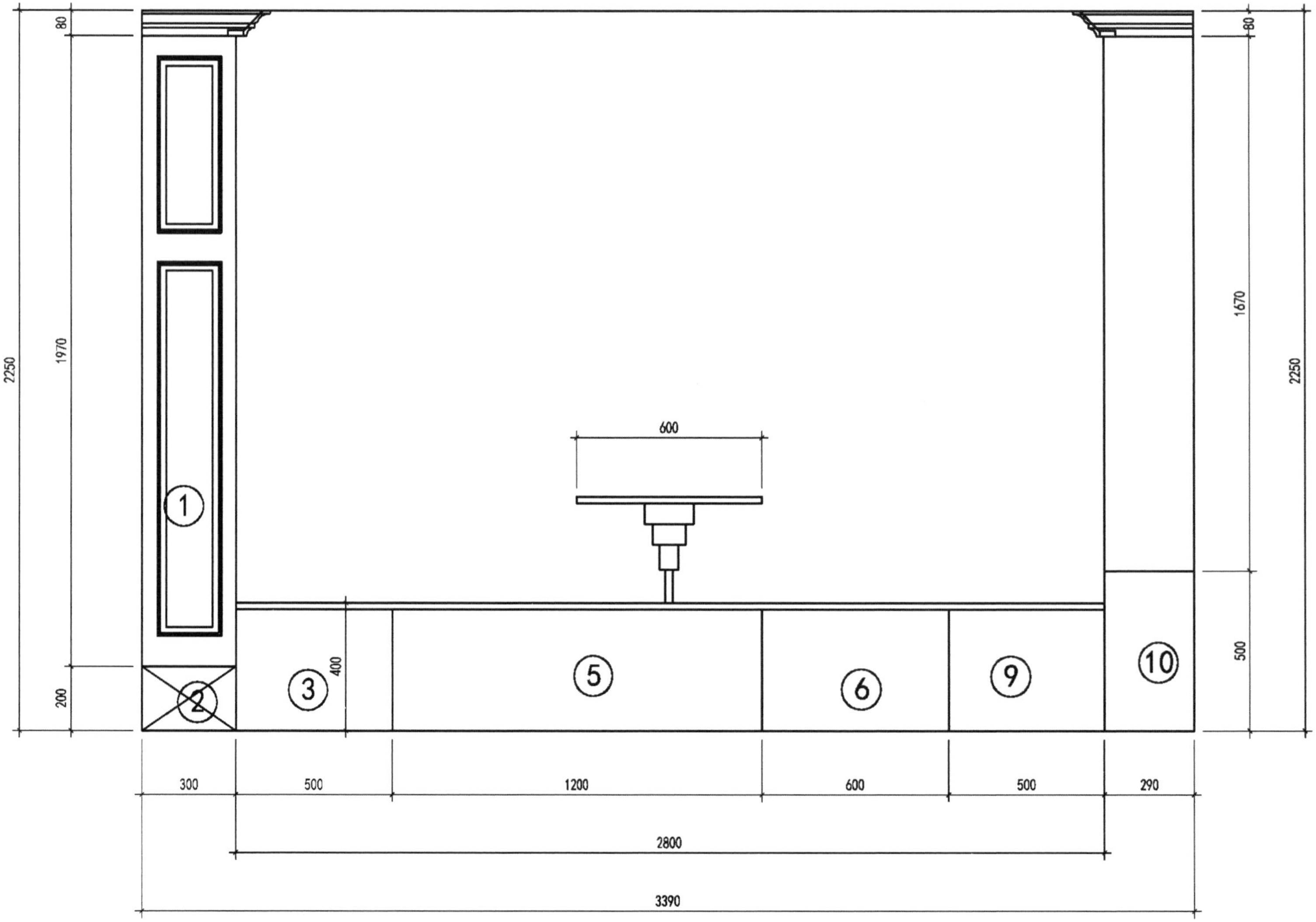
80
1970
200
2250
600
1670
500
80
2250
400
300
500
1200
600
500
290
2800
3390

A 面立面图 1:25

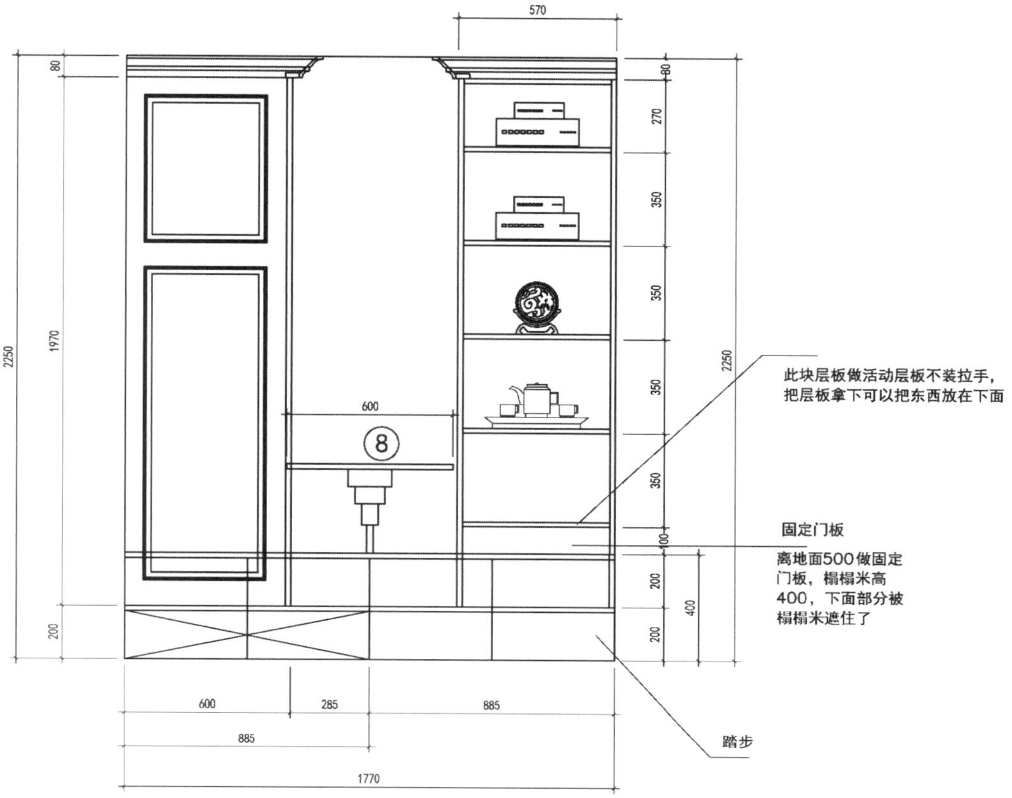

B 面立面结构图 1:25

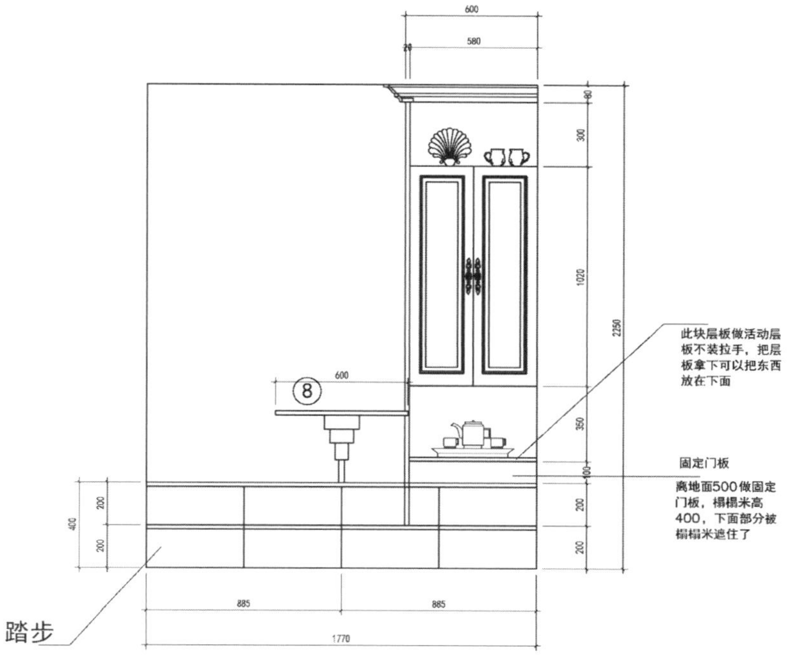

B 面对立面结构图 1:25

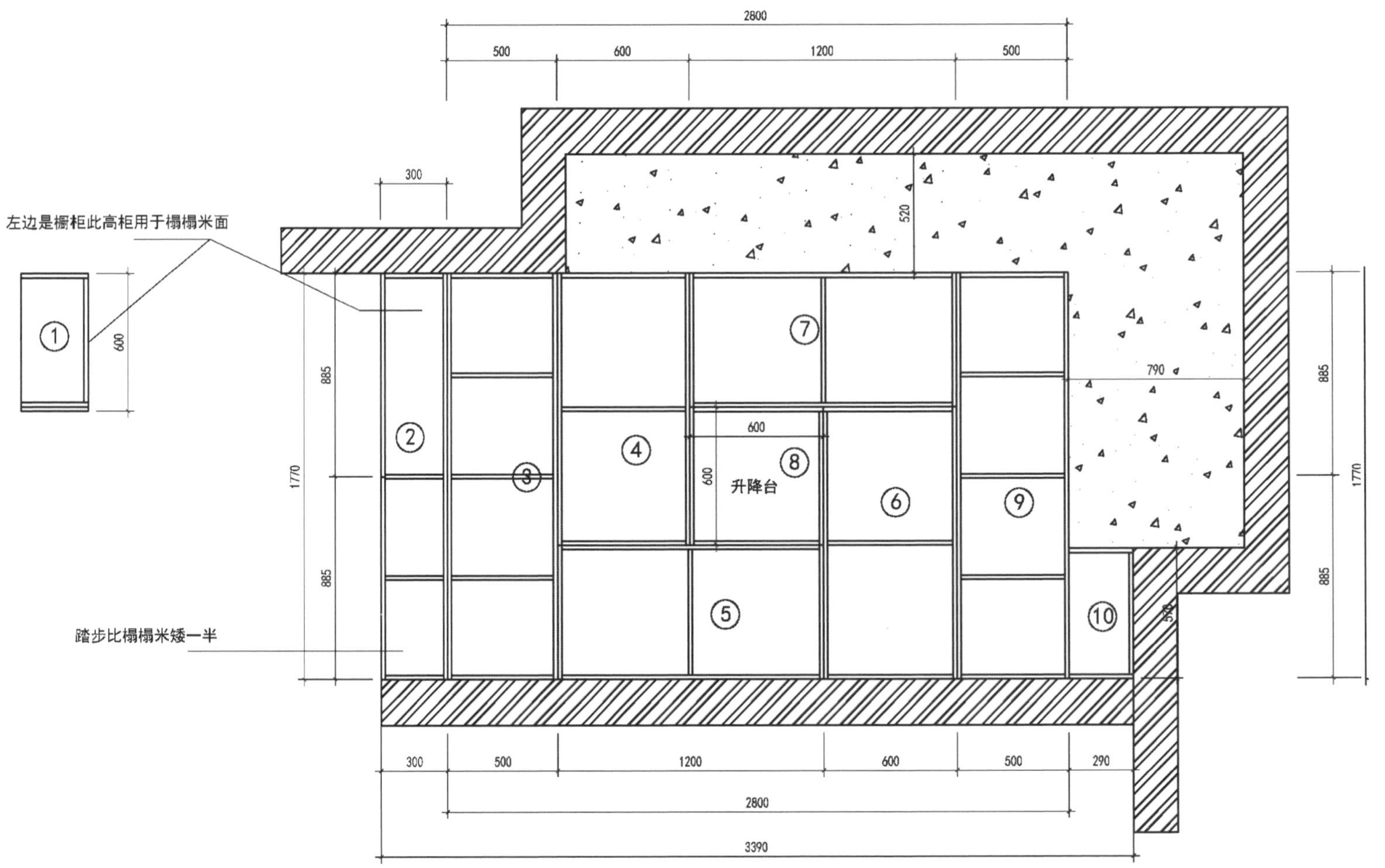
2800
500
600
1200
500
300
左边是橱柜此高柜用于榻榻米面
①
600
885
1770
885
②
③
④
⑤
⑥
⑦
⑧
600
600
升降台
⑨
⑩
520
790
踏步比榻榻米矮一半
300
500
1200
600
500
290
2800
3390
885
1770
885

平面结构图 1:25

第三节 简欧风格榻榻米

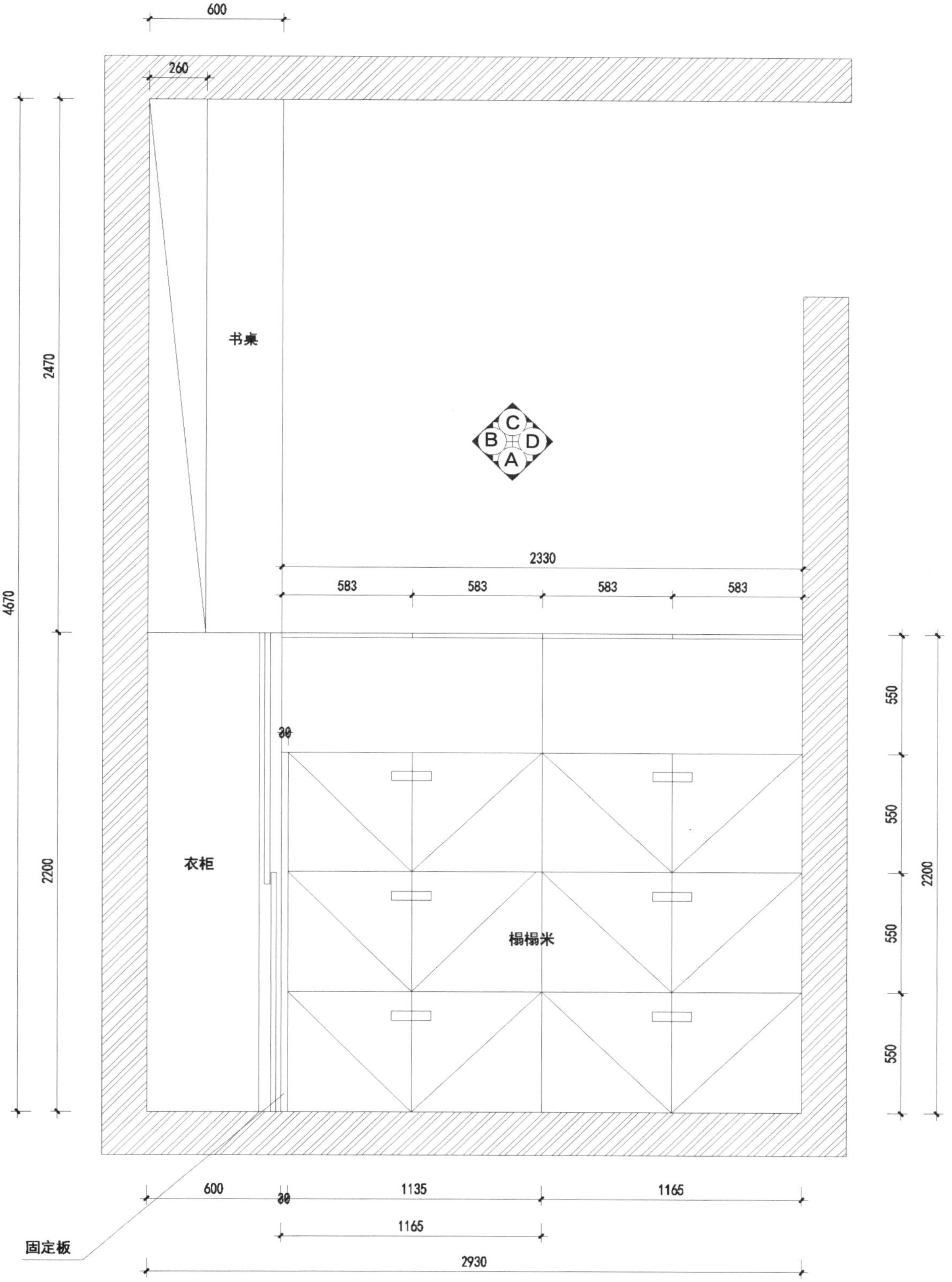

平面图 1:25

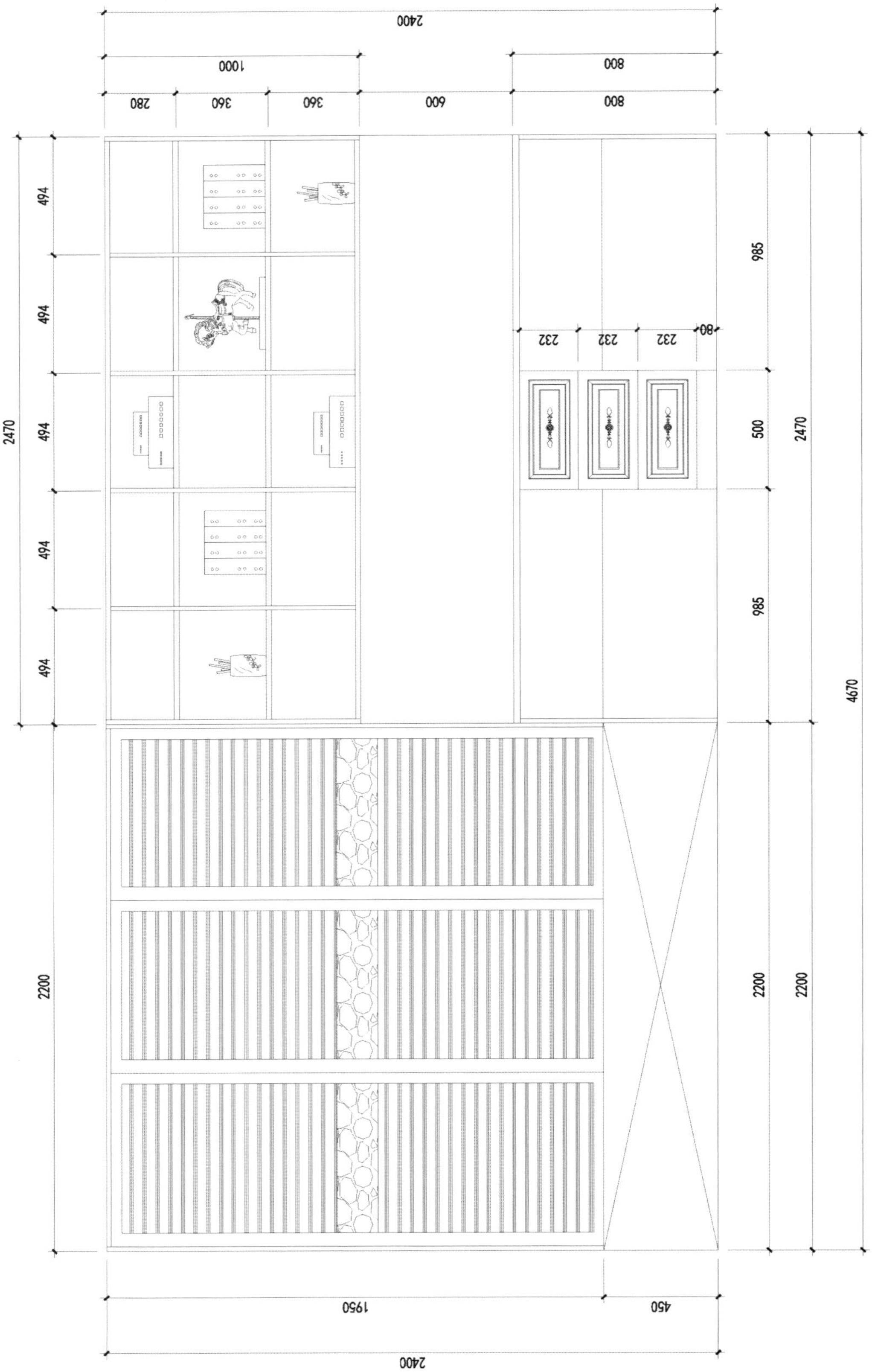
2400
1000
800
280
360
360
600
800
494
494
494
494
494
2470
985
232
232
232
80
500
2470
985
4670
2200
2200
2200
1950
450
2400

B 面立面图 1:25

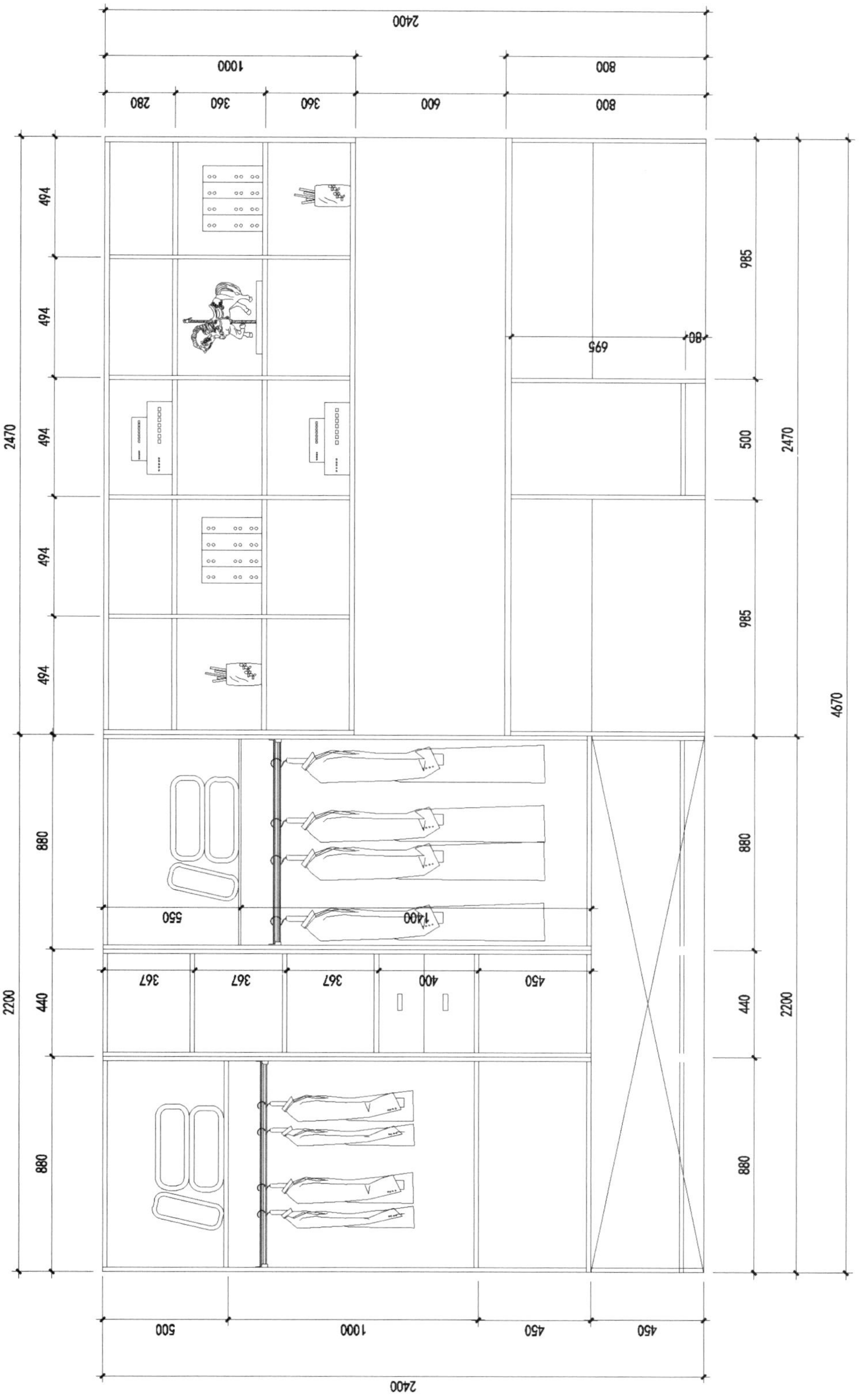

B 面立面结构图 1:25

全屋定制 CAD 设计图集 — 酒窖／榻榻米

2200
2470
880
440
880
494
494
494
494
494
2400
500
1000
450
450
367
367
367
400
450
550
1400
280
360
360
600
800
1000
800
2400
695
80
880
440
880
985
500
985
2200
2470
4670

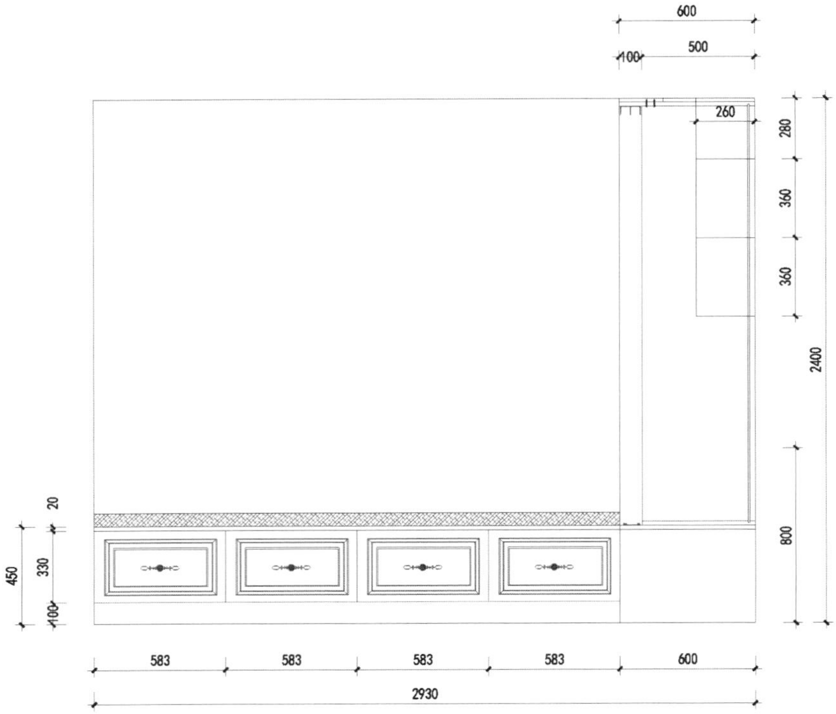

A 面立面图 1:25

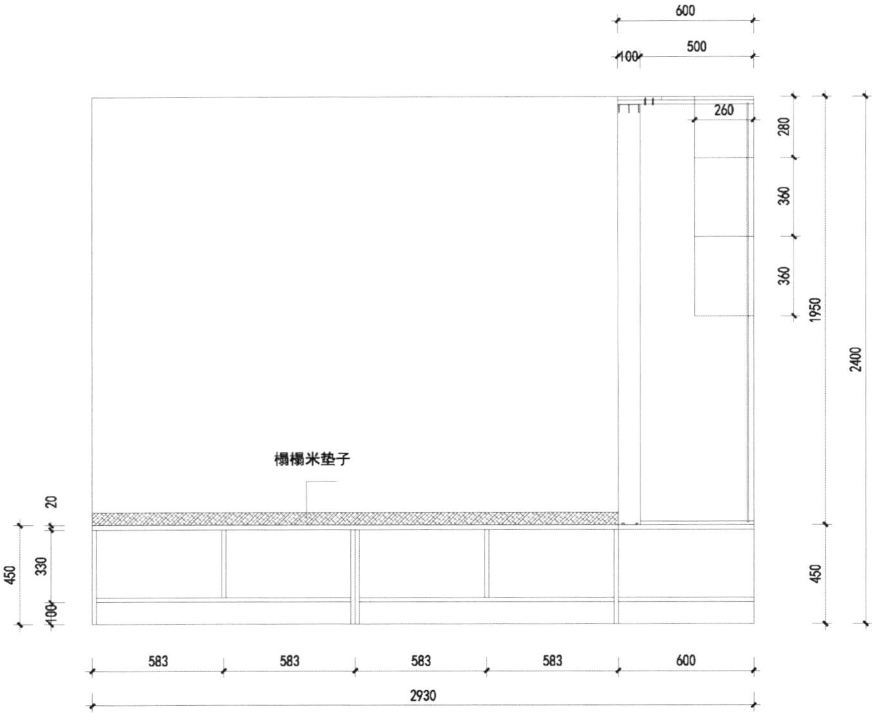

A 面立面结构图 1:25

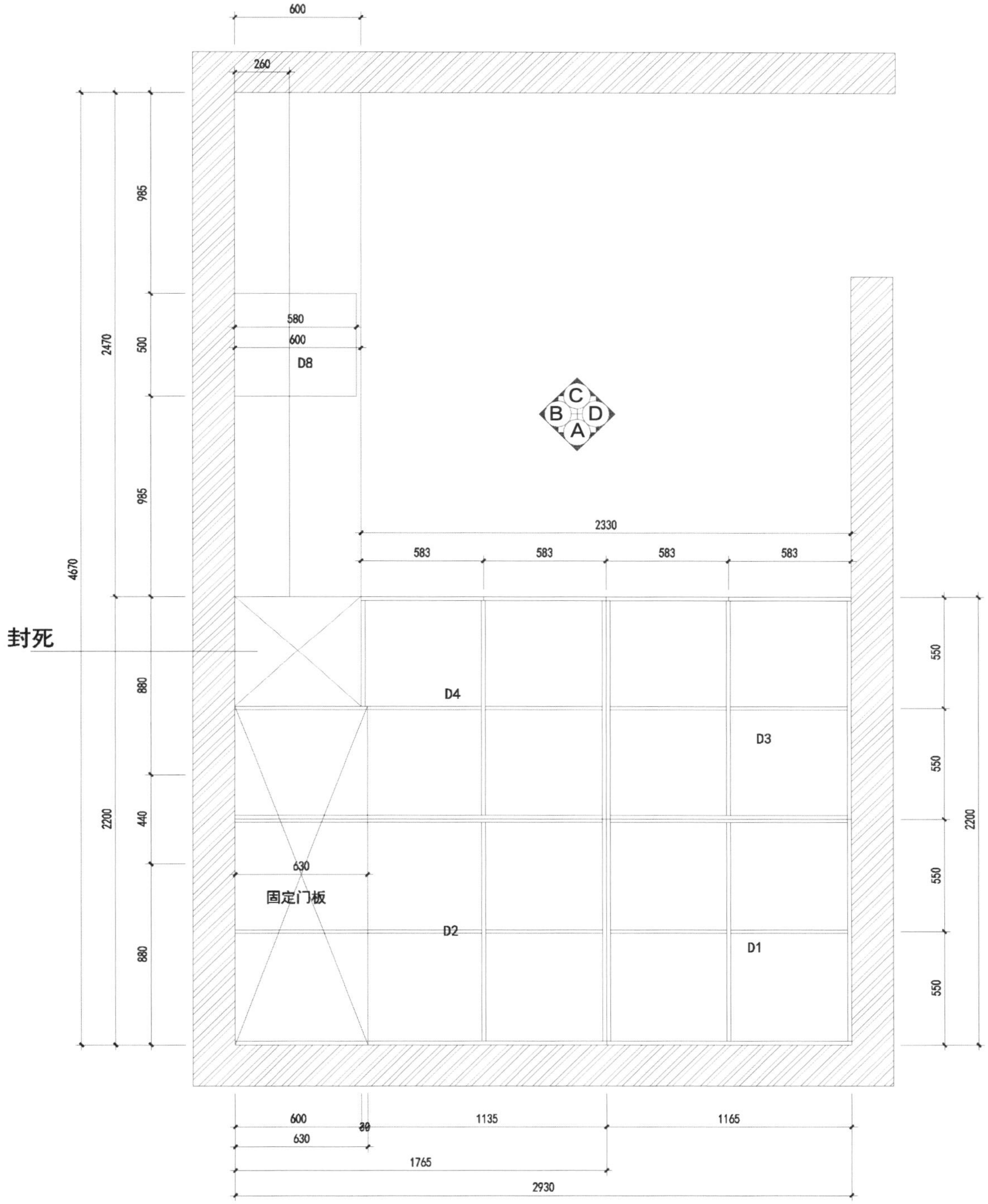
600
260
985
2470
500
580
600
D8
C
B
D
A
4670
2330
583
583
583
583
封死
880
D4
D3
550
550
2200
440
630
固定门板
550
2200
D2
D1
550
880
600
30
1135
1165
630
1765
2930

平面施工图 1:25

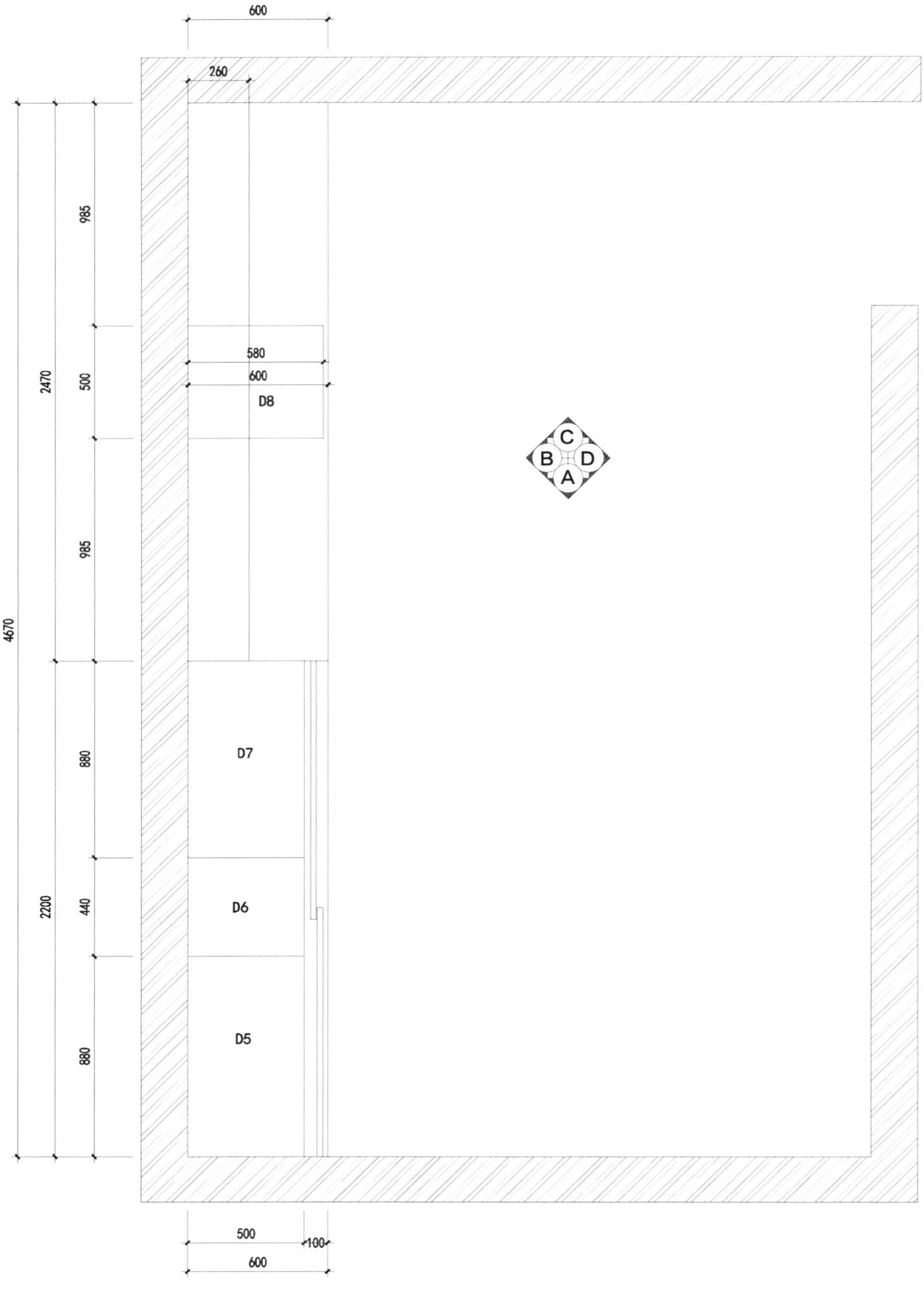
600
260
985
500
985
880
440
880
2470
2200
4670
580
600
D8
D7
D6
D5
C
B
D
A
500
100
600

衣柜平面结构图 1:25

第四节 异形布局榻榻米

柜体内部结构图

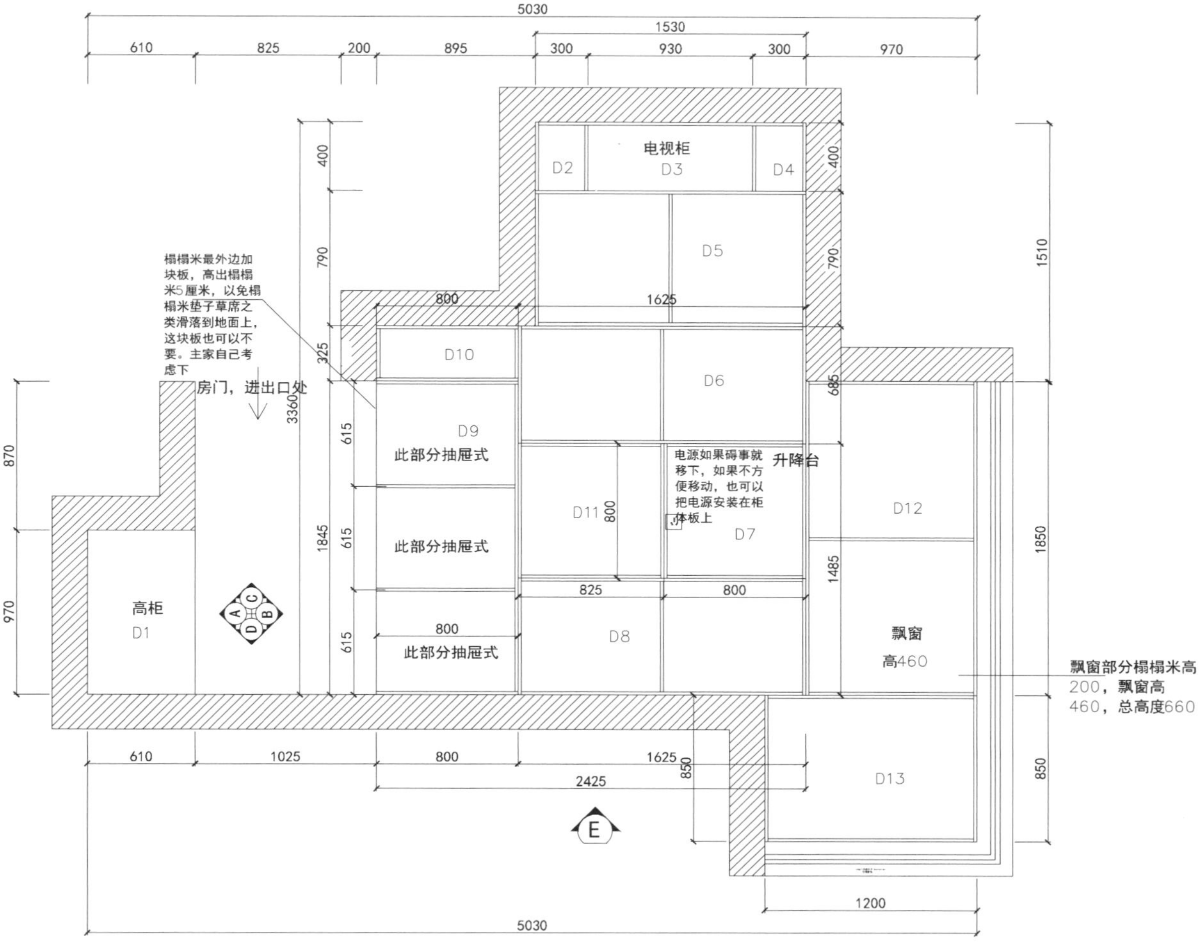

平面结构图 1:25

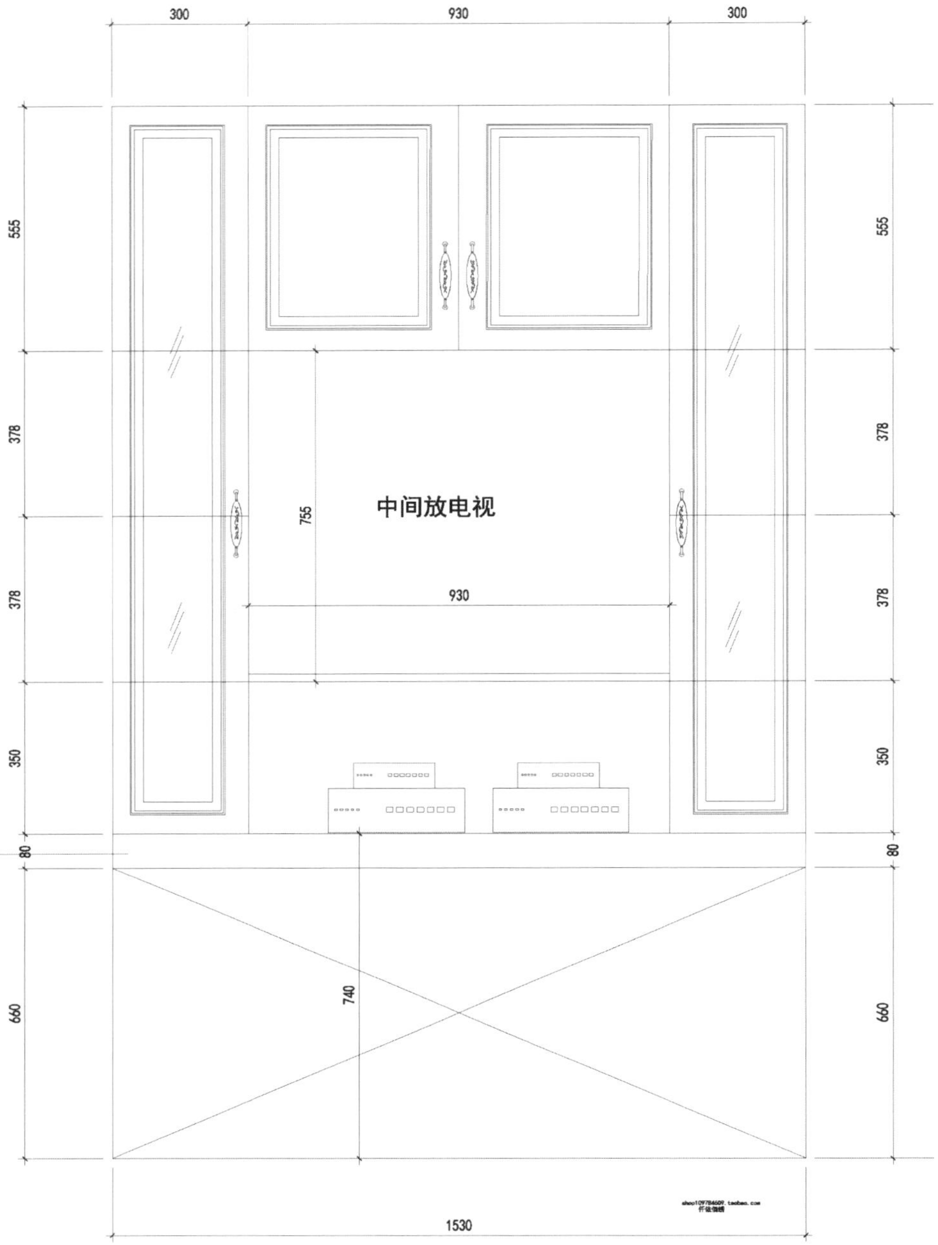

固定门板

离地面740做固定门板，榻榻米高660，下面部分被榻榻米遮住了

C 面立面图 1:25

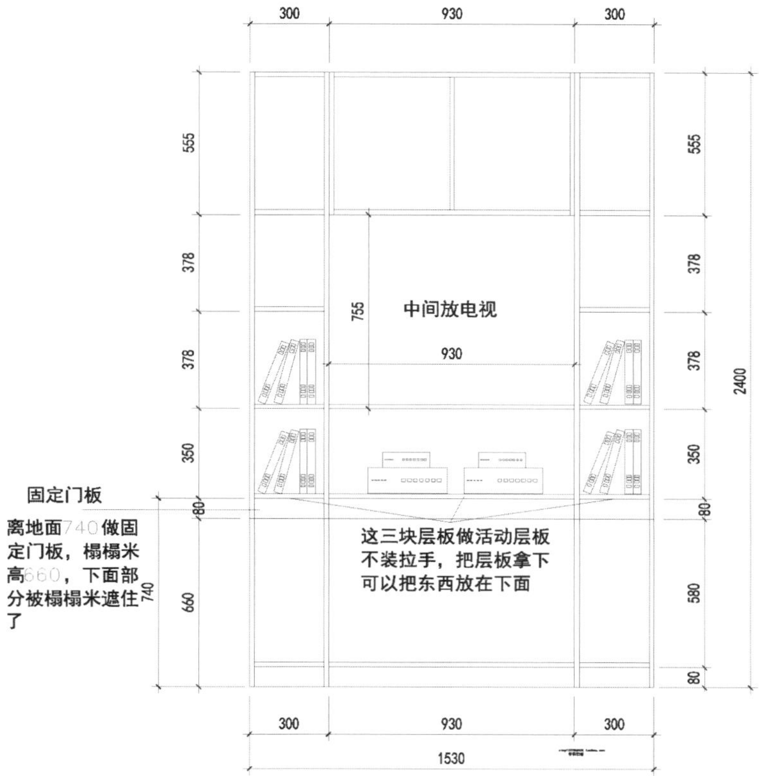

300
930
300
555
378
378
350
80
660
740
580
80
2400
755
中间放电视
930
固定门板
离地面740做固定门板，榻榻米高660，下面部分被榻榻米遮住了
这三块层板做活动层板不装拉手，把层板拿下可以把东西放在下面
1530

C 面立面图 1:25

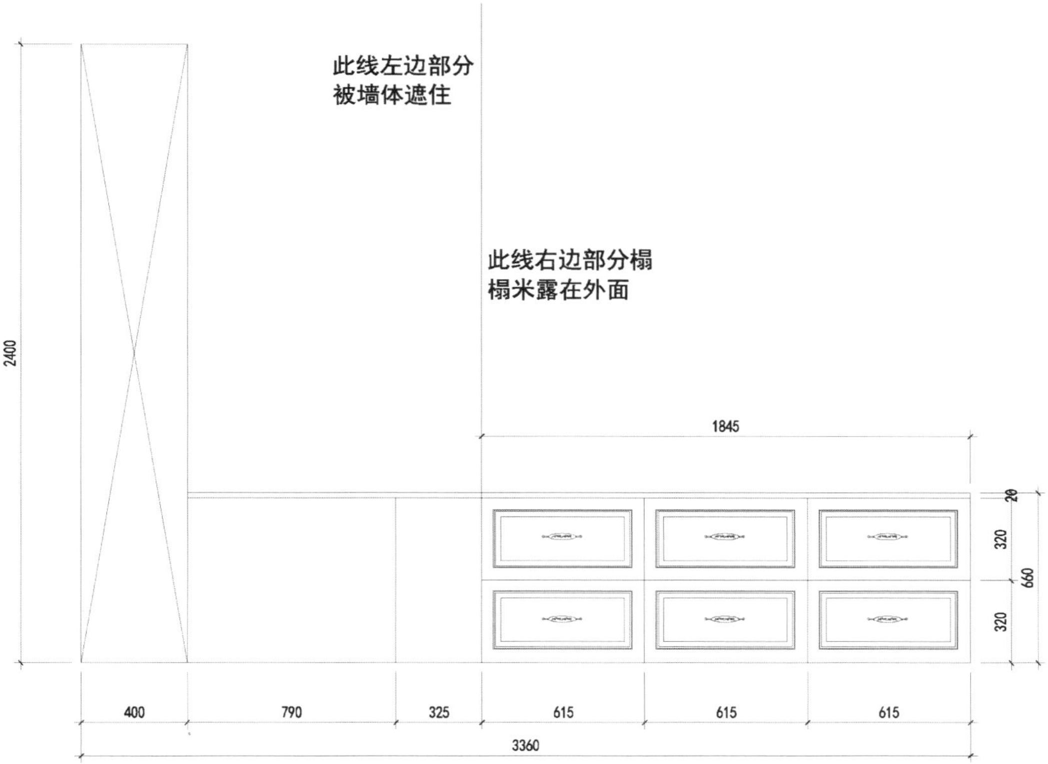

此线左边部分被墙体遮住
此线右边部分榻榻米露在外面
2400
1845
20
320
320
660
400
790
325
615
615
615
3360

B 面立面图 1:25

第五节 步入式实木榻榻米

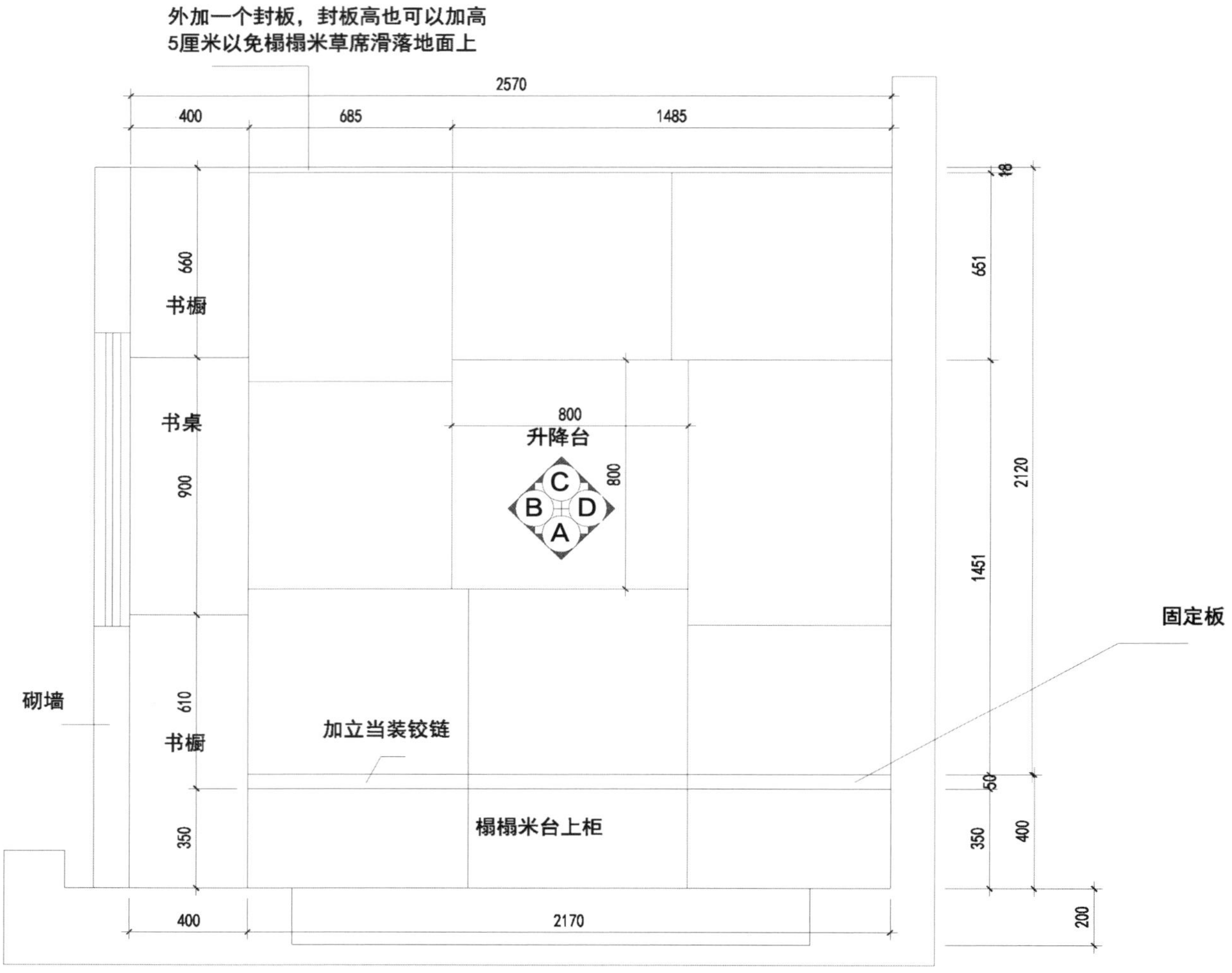

样式一 平面图 1:25

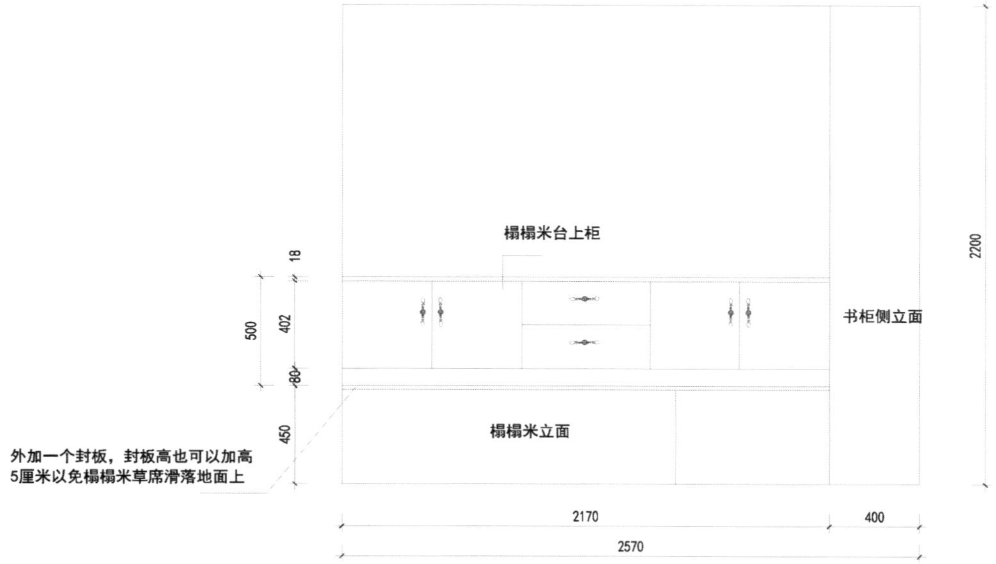
榻榻米台上柜
书柜侧立面
榻榻米立面
外加一个封板，封板高也可以加高
5厘米以免榻榻米草席滑落地面上
2200
18
500
402
80
450
2170
400
2570

样式一 A 面立面图 1:25

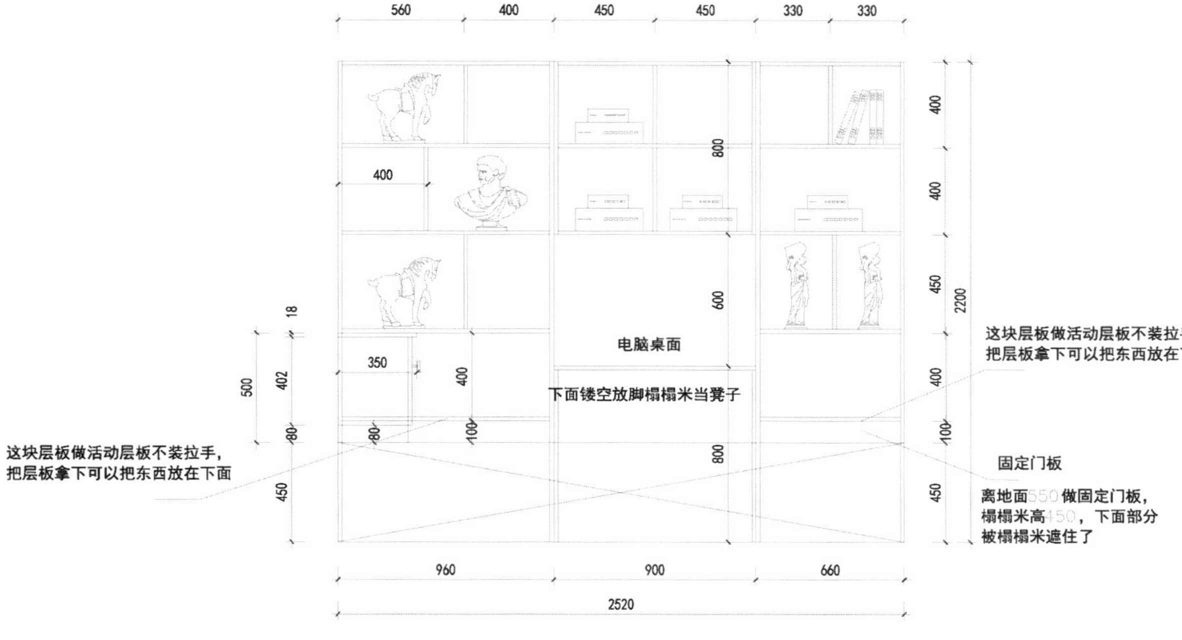
560
400
450
450
330
330
400
800
600
电脑桌面
350
400
下面镂空放脚榻榻米当凳子
这块层板做活动层板不装拉手，
把层板拿下可以把东西放在下面
这块层板做活动层板不装拉手，
把层板拿下可以把东西放在下面
固定门板
离地面550做固定门板，
榻榻米高450，下面部分
被榻榻米遮住了
18
500
402
80
100
450
2200
960
900
660
2520

样式一 B 面立面图 1:25

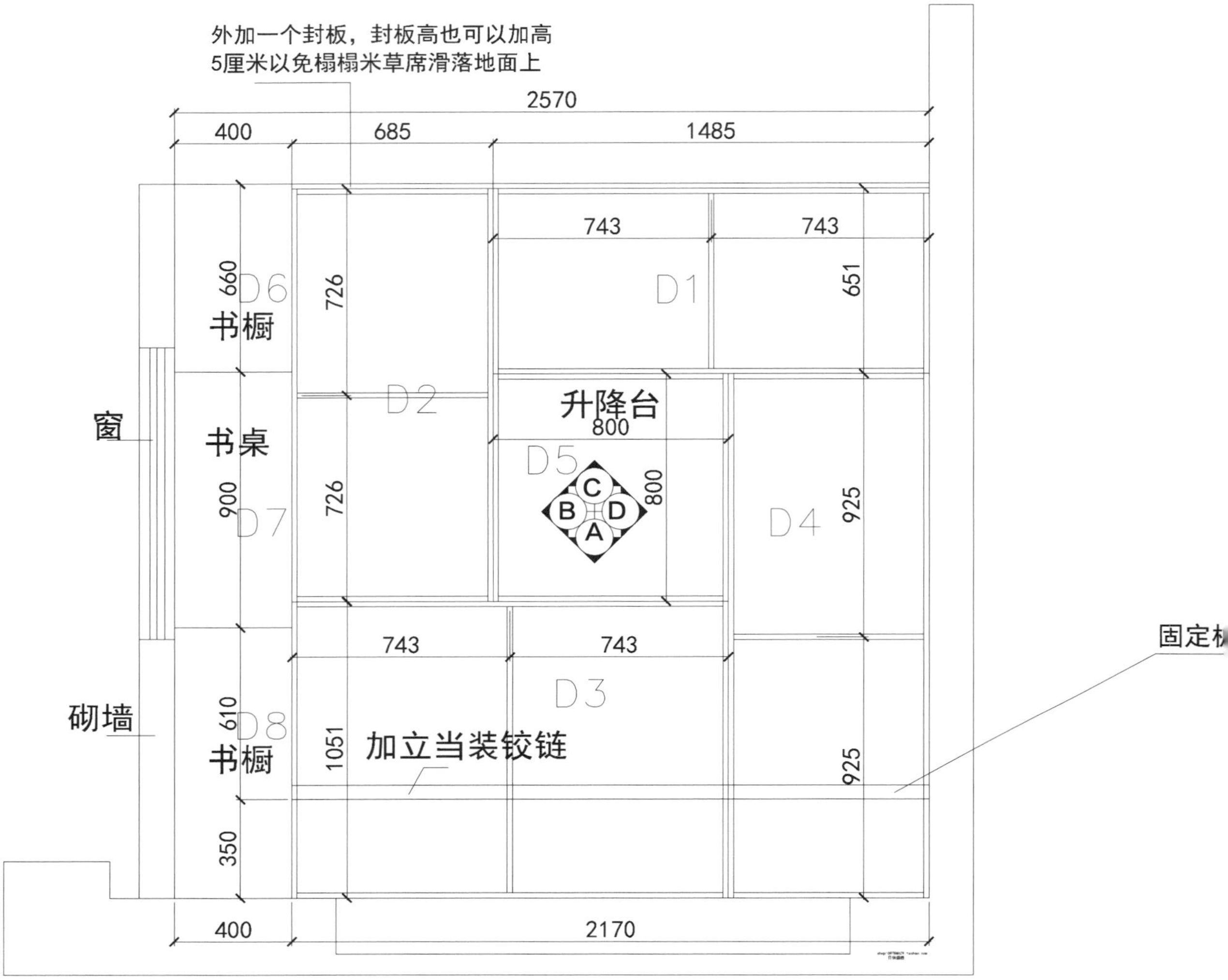
外加一个封板，封板高也可以加高
5厘米以免榻榻米草席滑落地面上
2570
400
685
1485
743
743
D6
660
书橱
726
D1
651
D2
升降台
800
窗
书桌
D5
C
B
D
A
800
900
D7
726
D4
925
743
743
D3
固定板
砌墙
610
D8
书橱
1051
加立当装铰链
925
350
400
2170

样式一 平面施工图 1:25

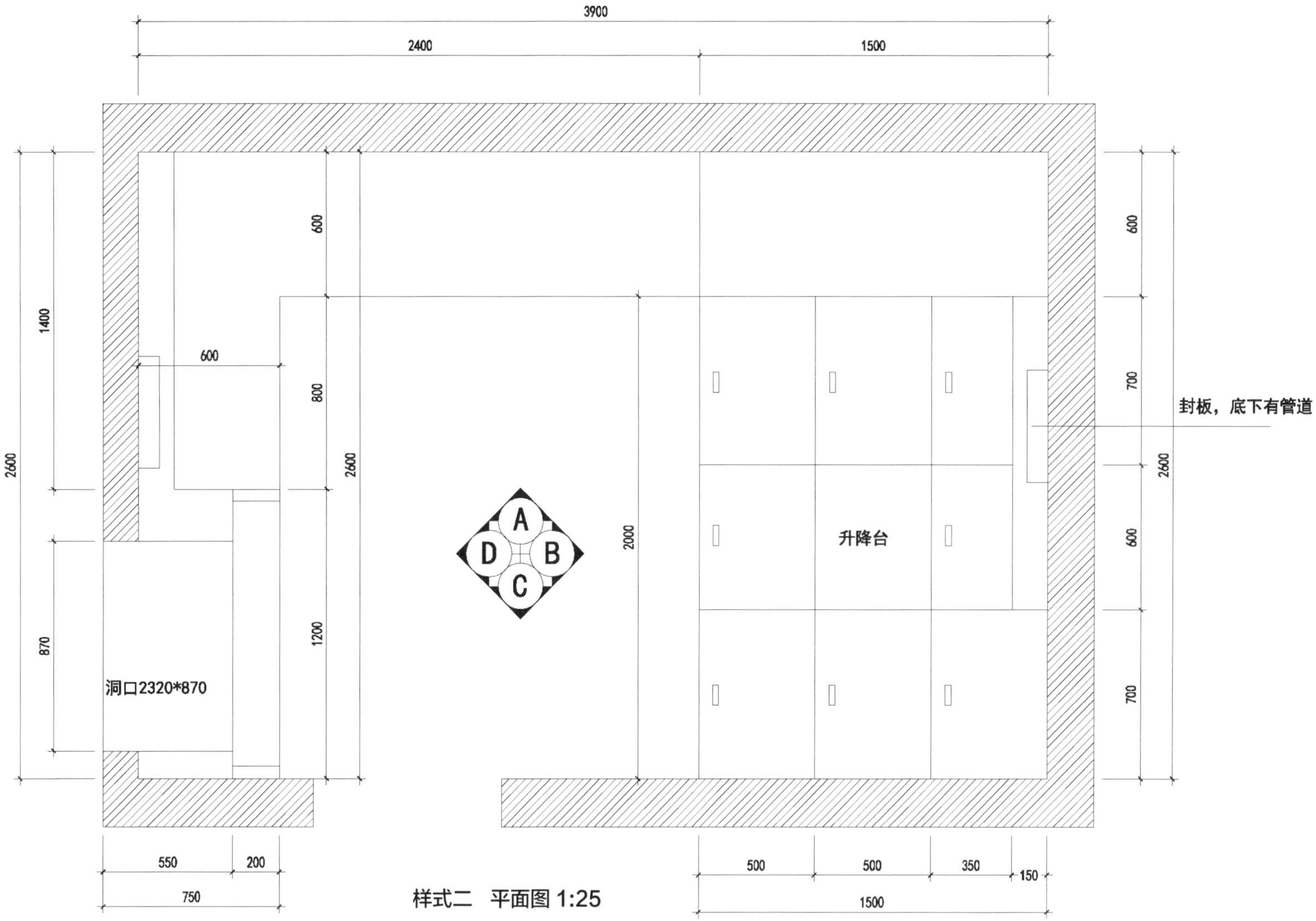
3900
2400
1500
2600
1400
870
600
800
1200
2600
2000
700
600
700
600
2600
封板，底下有管道
升降台
洞口2320*870
A
B
C
D
550
200
750
500
500
350
150
1500

样式二 平面图 1:25

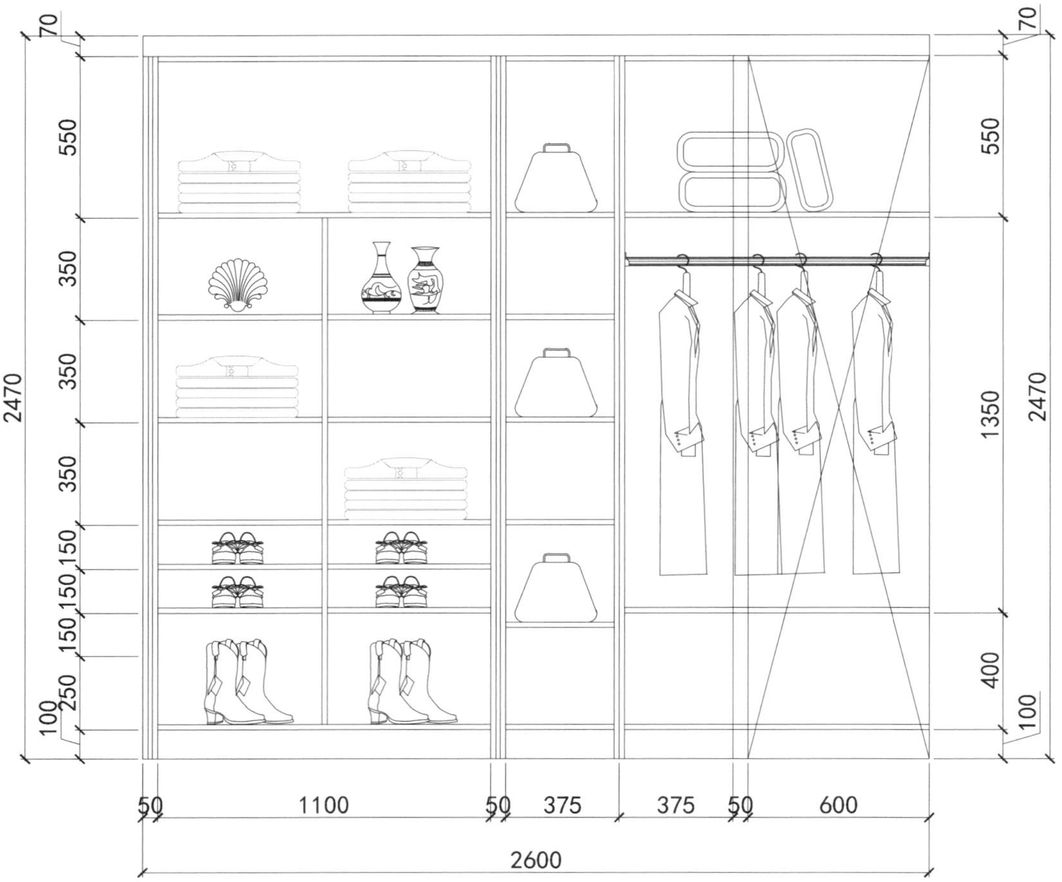

样式二 D 面立面图 1:25

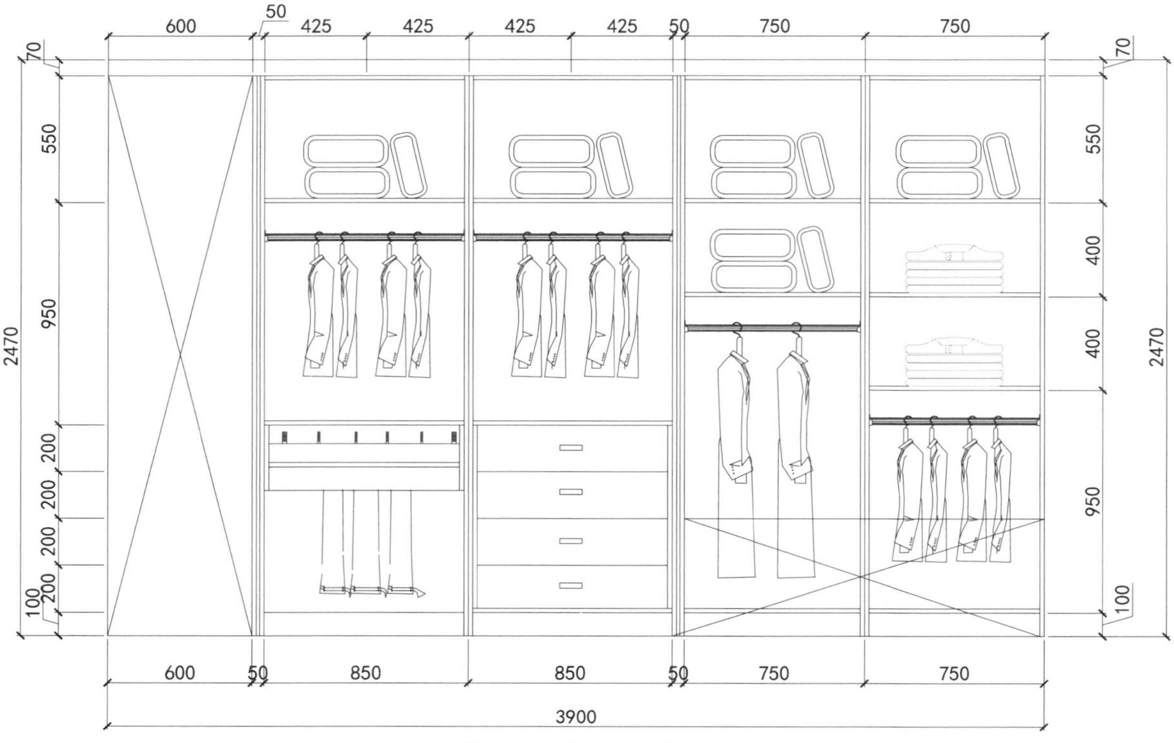

样式二 A 面立面图 1:25